精通CFD工程仿真与案例实战

——FLUENT GAMBIT ICEM CFD Tecplot

李鹏飞　徐敏义　王飞飞◎主编

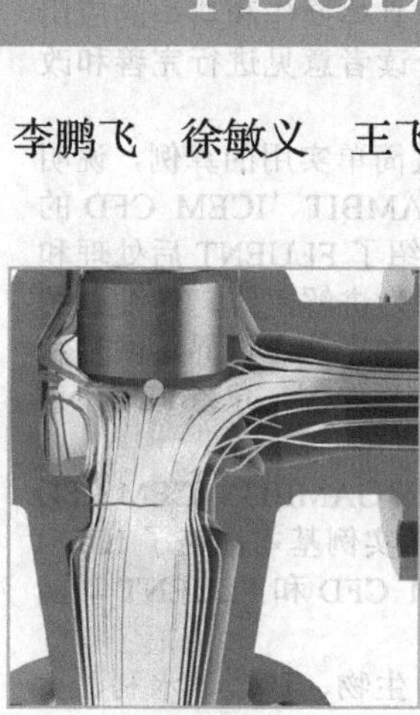

第2版

人民邮电出版社

北京

图书在版编目（CIP）数据

精通CFD工程仿真与案例实战 : FLUENT GAMBIT ICEM CFD Tecplot / 李鹏飞，徐敏义，王飞飞主编. -- 2版. -- 北京 : 人民邮电出版社，2017.6
ISBN 978-7-115-45313-6

Ⅰ. ①精… Ⅱ. ①李… ②徐… ③王… Ⅲ. ①计算流体力学－应用软件 Ⅳ. ①O35-39

中国版本图书馆CIP数据核字(2017)第092608号

内 容 提 要

本书详细介绍了FLUENT、GAMBIT、ICEM CFD和Tecplot基础理论、具体操作和典型的应用案例。本书是在原有第一版的基础上，增加了近几年CFD的热点应用，结合读者意见进行完善和改进后的第二版。

全书共分9章。第1章介绍了CFD基本理论及软件的基本应用，并通过简单实用的算例，说明了FLUENT的求解过程和后处理步骤。第2章介绍了CFD前处理概念和GAMBIT、ICEM CFD的使用方法。第3章介绍了CFD求解理论和FLUENT的使用方法。第4章介绍了FLUENT后处理和Tecplot使用方法。第5章是网格应用实战，以10个网格应用的典型实例为讲解主线，详细介绍GAMBIT和ICEM CFD创建四面体网格、六面体网格的功能应用，涉及局部加密法、边界层网格和块结构化网格的划分方法。第6章至第9章都是综合实战案例，通过37个典型算例，介绍FLUENT在多个领域的应用。第9章的11个算例为此次第二版图书的新加算例。

本书理论讲解详细、操作介绍直观、实例内容丰富，全面介绍了FLUENT、GAMBIT、ICEM CFD和Tecplot应用于流体工程计算的操作，具有较强的实用性。本书包含的大量实例基本涵盖了ICEM CFD和FLUENT在各大领域中的典型应用，本书的这些经典算例是对ICEM CFD和FLUENT功能应用很全面的总结。

本书可作为能源、航空航天、船舶、石油、化工、机械、制造、汽车、生物、环境、水利、火灾安全、冶金、建筑、材料等众多领域的研究生和本科生学习CFD基本理论和软件应用的教材，也可供上述领域的科研人员、企业研发人员，特别是从事CFD基础和应用计算的人员学习参考。

◆ 主　　编　李鹏飞　徐敏义　王飞飞
　责任编辑　张　涛
　责任印制　焦志炜

◆ 人民邮电出版社出版发行　　北京市丰台区成寿寺路11号
　邮编　100164　　电子邮件　315@ptpress.com.cn
　网址　http://www.ptpress.com.cn
　固安县铭成印刷有限公司印刷

◆ 开本：787×1092　1/16
　印张：39　　　　　　2017年6月第2版
　字数：1 099千字　　　　2024年7月河北第3次印刷

定价：108.00元（附光盘）

读者服务热线：(010)81055410　印装质量热线：(010)81055316
反盗版热线：(010)81055315
广告经营许可证：京东市监广登字20170147号

第一版推荐序

我在 FLUENT 中国工作时就认识了李鹏飞博士，合作至今已近 4 年。目前，他是海基公司的 CFD 高级培训讲师，他对技术的理解和痴迷令我印象深刻。他思想敏锐，是一位非常踏实且有才华的青年学者。几年来，他的学术论文和各种科研成果接连被国际顶级杂志刊登，其质量都很高，这印证了我对他的印象。

海基盛元信息科技公司最早把 FLUENT 软件引进了中国，为 CFD 软件在中国的推广与应用起到了重要作用。李鹏飞博士在海基公司主要负责 ICEM CFD 和 FLUENT 软件的基础和高级培训，开课有 ICEM CFD 与 FLUENT 标准培训、FLUENT 高级燃烧模拟培训等课程。目前该培训课程已经成功举办五期，参加培训的学员有来自东方电气、中石油、中海油、国家电网和宝钢（简称）等大型企业的研发技术人员；还有来自清华大学、北京大学、中国科学院、中国科技大学、国防科技大学等科研机构的教师和研究生。学员们经过培训后，都反映收获很多，对李鹏飞博士的评价很高。

李鹏飞博士的研究主要涉及工业过程的节能减排，致力于通过数值模拟研究流动、传热与反应流过程细节，并弄清提高工业过程效率和节能的途径。他曾经在华中科技大学煤燃烧国家重点实验室做过相关研究，目前在北京大学湍流与复杂系统国家重点实验室做学术研究。在这些国家重点科研机构里，他参与了很多国家重大项目，如国家重大科技专项、973、863 和国家自然科学基金等项目，积累了大量数值模拟的基础研发和工业应用经验。

李鹏飞博士持续对 CFD 保持着高度的热爱，并对 FLUENT 软件技术问题提出了许多很有价值的宝贵建议，当他提出要写一本 CFD 方面的书时，我就大力支持并鼓励他创作。现在，他与北京大学徐敏义博士、王飞飞博士一同将他们的宝贵经验和体会总结成书，在他们的 CFD 专著即将出版时，我祝贺他们在 CFD 方面取得的成绩，也祝愿他们在今后的工作生活中获得更大的成功！

是为序。

上海海基盛元信息科技有限公司
技术总监　隋洪涛博士

第二版自序

5 年前，有出版社到北京大学联系我，说经他们调研，读者对 FLUENT 的技术普及图书需求很广，问我能不能准备相关书稿。我当时写过 CFD 方面的论文，做过 CFD 方面的技术培训和项目咨询，基于对 CFD 的理解与研究经验，我想把这项任务接下来，编写一部较全面的 FLUENT 技术图书。我拟了内容提纲，试写了部分章节，交给了出版社。经过评审和立项，这件事情就敲定了。由于 FLUENT 软件涉及学科门类多，应用范围广，为提高图书质量，我和同在北京大学进行 CFD 研究的徐敏义博士和王飞飞博士一起合作准备书稿，书最终于 2011 年年底面世。

当时市面 FLUENT 技术书籍还不多，也还没有介绍 ICEM CFD 和 Tecplot 内容的图书。本书介绍了较多 ICEM CFD 和 Tecplot 的内容，也引入了很多网格划分和 CFD 模拟在各个领域应用的案例，吸引了不少读者的兴趣，第一版图书目前已重印了 9 次。随着销量的增加，获得的好评也越来越多，也收到了不少读者来信。目前第一版图书已出版了 5 年，这期间作者一直继续从事 CFD 研究。我们根据这几年读者的反馈，结合我们对 CFD 的理解，融合目前 CFD 市场对热门案例的需求，我们对第一版图书进行了仔细修订。修订主要从 4 方面进行：（1）增加了 FLUENT 在更多领域应用的案例，第二版图书已经包含了 FLUENT 的 37 个算例；（2）修改完善了 ICEM CFD 网格划分案例；（3）对全书进行了语言润色和文字勘误修订；（4）根据读者意见对细节内容进行了修改。期望这本改版的图书能受到更多读者的欢迎。

本书仍是 CFD 在 FLUENT 领域的技术工具书，供 CFD 工作者了解 FLUENT 操作与案例使用。虽然本书第 2 章至第 4 章对网格划分、求解器和后处理进行了基础知识介绍，但这些内容主要针对 FLUENT 求解器，因此，严格意义上本书不是 CFD 专业学术专著，而是对 FLUENT 求解器涉及的基础理论与应用案例的汇总。学术方面，编者在湍流反应流和高效低污染燃烧领域进行了较多研究，本书修订新版后，我也将推出学术专业性和原创性更强的英文学术专著，供与该领域的学术研究者交流。

感谢北京大学湍流与复杂系统国家重点实验室、华中科技大学能源与动力工程学院、海基科技公司、ANSYS 公司、Tecplot 公司、南京佳力图机房环境技术股份有限公司和大连海事大学对笔者的支持。本书的编写汇总了不少 ICEM CFD、FLUENT 和 Tecplot 的各方技术资料，也参考了 ICEM CFD、FLUENT 和 Tecplot 的官方教程，在此向 ANSYS 和 Tecplot 公司表示感谢。感谢人民邮电出版社，他们卓有成效的工作，使本书成了 FLUENT 畅销书。也许可以说，本书对促进 CFD 与 FLUENT 软件在中国的技术应用是有一些影响的。编者也会继续跟踪 CFD 在各领域的最新进展，并及时将这些内容介绍给读者。

一如既往，期望读者对改版图书提出意见和反馈。

李鹏飞
于华中科技大学

前　言

计算流体力学（Computational Fluid Dynamics，CFD），是通过计算机模拟流体流动、传热、化学反应等物理现象的技术。通过 CFD 技术，可利用计算机分析并显示流场中的现象，能在较短时间内预测流场。CFD 模拟能帮助理解流体力学问题，为实验提供指导，为设计提供参考，节省人力、物力和时间。随着计算机硬件和算法的发展，CFD 技术的应用越来越广泛。

本书是针对从事 CFD 工作的科研人员和企业研发人员的需要编写的，内容涉及基础操作、高级应用和大量应用案例。本书的实例均来源于各领域的实际研发项目，既涉及基础研究，又包括工程实用算例，应用性和借鉴性较强。无论是初学者还是已有经验的 CFD 工作人员都会从本书中有所收获。

本书第 1 章至第 4 章分别详细介绍了 GAMBIT 和 ICEM CFD 前处理、FLUENT 求解和 Tecplot 后处理的基本技术和操作方法。第 5 章至第 9 章分别介绍了网格和综合求解案例。网格实例方面，本书通过 10 个典型的网格实例，给用户提供学习各类网格划分方法的技术。这些算例都是精心挑选的，应用方法全面。通过学习这些算例，读者将掌握 GAMBIT 和 ICEM CFD 最核心和关键的功能，并能依靠这些方法解决绝大多数实际网格问题。综合求解实例方面，本书通过 37 个经典算例，介绍 FLUENT 在各个领域中的应用。这些实例涵盖了 FLUENT 在各大领域中的应用，是对 FLUENT 求解功能应用最全面的总结。读者可以通过这些经典算例的学习，迅速地掌握所在领域中 FLUENT 应用方法和技巧，并帮助解决实际项目问题。

各章介绍的实例可以从本书的配套光盘中找到，光盘中有典型实例讲解视频。

本书第一版由李鹏飞、徐敏义、王飞飞编写，第二版由李鹏飞修订及编写。第二版对第一版内容进行了修订与更新，并大幅增加了 CFD 在各个领域应用的算例。本书的编写得到上海海基盛元信息科技有限公司研发总监隋洪涛博士的帮助和支持。感谢北京大学湍流与复杂系统国家重点实验室、华中科技大学能源与动力学院、大连海事大学轮机工程学院和大连理工大学工程力学系师生在 CFD 技术上的帮助。

虽然本书的第二版经过了内容修订，但由于篇幅和时间有限，书中疏漏和错误在所难免。技术上，如果读者有更多 CFD 项目模拟需求，可以通过邮件（pfli@hust.edu.cn）联系本书笔者。本书编辑和投稿联系邮箱为：zhangtao@ptpress.com.cn。

作者

目　录

第1章

CFD 概述

1.1 计算流体力学概述

1.1.1 计算流体力学的基本思想和本质

计算流体力学（Computational Fluid Dynamics，CFD）是通过计算机进行数值模拟，分析流体流动和传热等物理现象的技术。通过 CFD 技术，可利用计算机分析并显示流场中的现象，从而能在较短的时间内预测流场。CFD 模拟能帮助理解流体力学问题，为实验提供指导，为设计提供参考，从而节省人力、物力和时间。

根据流体力学知识，自然界不涉及化学反应的单相流动现象都可以用两个方程来描述：连续性方程（即质量守恒方程）和 Navier-Stokes 方程（即动量守恒方程）。理论上，如果已知某一时刻流场的参数（如速度分布），将之设为初值，然后代入这两个方程中直接求解，即可求得任一时刻、任一地点流场的参数。然而，基于 Navier-Stokes 方程本质的非线性以及边界条件处理的困难，除少数简单的问题外，解析和数值求解 Navier-Stokes 方程都是极具挑战性的任务。证明 Navier-Stokes 方程解的存在性与光滑性仍是美国克雷数学研究所（Clay Mathematics Institute）悬赏 100 万美元征解的世纪难题。

实际上对于湍流，如果直接求解三维非稳态的控制方程，对计算机的内存和 CPU 要求非常高，目前还无法应用于工程计算。工程中，为降低计算过程对内存和 CPU 的要求，一般需将非稳态的 Navier-Stokes 方程对时间做平均处理，期望得到对时间做平均化的流场。但 Navier-Stokes 方程对时间做平均处理后，控制方程组并不封闭（即方程组的未知数大于方程数），因此需要人为构造额外的方程，使方程组封闭，这个构造额外方程的过程就是建立湍流封闭模式，即建立湍流模型的过程。这样处理后的时均化的控制方程，采用目前的计算机求解，求解速度已可以接受，可应用于工程问题的计算。这就是当前商业软件（如 FLUENT、CFX 和 STAR-CD 等）广为采用的 CFD 处理方法。

1.1.2 计算流体力学的优势

计算流体力学是流体力学的一个分支。当前，研究流体力学问题有 3 类方法，即实验分析、理论分析和 CFD 模拟。

实验测量的结果较为真实可信，它是研究流体力学问题的基础。CFD 新算法的提出和理论分析的结果都需要具体实验的验证。目前，实验测量仍是研究流体力学问题的重要方法。然而，实验测量耗时长、成本高，而且往往由于测量方法的限制，测量设备难免会对真实流场造成干扰，从而使从实验设备（如风洞）中获得某些细部数据较为困难。

理论分析的结果一般具有普遍性，从而为实验设计和新 CFD 算法提供了理论基础。目前，流体力学问题，尤其是湍流问题，机理方面的进展十分缓慢。但每一次湍流新理论的提出都伴随着湍流研究的新进展，例如，普朗特的边界层理论，克罗格洛夫（kolmogorov）的-5/3 理论等。但是，要对湍流这个复杂的随机流动过程提出新的机理方面的解释，也十分困难。

CFD 克服了实验测量和理论分析的某些缺点，且具有优势，如 CFD 方法成本低，耗时短，获得流场中的数据比较容易。在计算机上进行一次 CFD 分析，就好比在计算机上进行了一次虚拟的流体力学实验。如果采用的 CFD 方法合理，CFD 分析就可在省时又省力的情况下对流动过程进行准确预测。然而，目前 CFD 方法还没有标准，即对某种流动现象采用什么模型、什么网格、什么方法处理，还没有形成标准化的处理方法（只有推荐方法）。因此，一方面应该把 CFD 看成一种研究手段、一个工具，将 CFD 技术与实验测量、理论分析结合起来，发挥分析人员的主观能动性，才可能比较顺利地解决问题；另一方面，CFD 分析人员应该加强 CFD 基本理论的学习和应用经验的积累，提高职业水平，合理充分地使用好这个强大的工具。

总而言之，流体力学的 3 类分析方法（理论分析、实验测量和 CFD 模拟）各有优势，不能武断地认为 CFD 未来的发展会取代实验和理论分析，CFD 虽然克服了实验和理论分析方面的某些劣势，但其也只是研究流动问题的手段之一，三者应该相辅相成、相互补充，同为研究流动问题服务。

1.1.3 CFD 学科诞生与工程化背景

计算流体力学近 30 年来得到了飞速发展，其与计算物理、计算化学、计算力学一样，都是计算科学领域的学科。随着近几十年计算机技术的进步，计算机处理速度有了飞速的提高，从而使计算机对工程现象进行数值模拟分析逐渐成为可能。流体力学工作者也注意到了计算条件的飞速发展，并开发和发展了适合当前计算机处理速度的湍流模型和计算方法。目前，学术界和工业界都已公认 CFD 是解决流动和传热相关问题强有力的工具。因此，CFD 学科的发展与计算机处理速度的进步是密不可分的。正是计算速度的大幅提升，刺激了 CFD 技术的快速发展，也由于 CFD 数值处理方法的进步，使利用超级计算机、工作站等计算设备求解实际工程问题成为了可能。

1.1.4 计算流体力学的应用领域

流体动力学应用如今已遍及航空航天、船舶、能源、石油、化工、机械、制造、生物、水处理、火灾安全、冶金、环境等众多领域。从高层建筑结构通风到微电机散热，从发动机、风扇、涡轮、燃烧室等机械到整机外流气动分析，可以认为只要有流动存在的场合，都可以利用计算流体力学进行分析。具体的工程应用场合包括但不限于以下行业。

- 汽车与交通行业：分析行驶中的汽车外流场、两车相撞过程、地铁进站过程、车用空调效果、汽车内燃机燃烧效果、汽车尾气处理设备化学反应模拟等。
- 航空航天：飞机外流场、机翼设计、导弹发射过程、航空发动机燃烧效果、飞行器内空调效果等。
- 土木与建筑：建筑群风场、计算风工程、风荷载对建筑的影响、室内气流组织、排烟、隧道通风、建筑自然通风效果等。
- 热科学与热技术：电子仪器的散热分析、传热与流动过程、工业换热器、导热过程、辐射换热过程等。
- 热能工程、化工及冶金行业：燃烧过程的分析、加热炉与锅炉的模拟、工业窑炉的工作过程、钢水铸造过程模拟等。
- 流体机械：水轮机、风机与泵等流体机械内部流动分析。
- 环境工程：河流中污染物的扩散、工厂排放污染物在气体中的扩散、污水处理工厂设计、旋转搅拌器模拟等。
- 舰船领域：舰船推进器非稳态流动分析等。
- 生物技术行业：血管内血液流动过程模拟、旋转生物反应器内多相流的模拟等。

这些问题过去主要靠经验与实验获得设计参考，而今可采用 CFD 技术提供更快捷和全面的解决方案，而且 CFD 技术的应用领域还在迅速扩展，可以认为只要有流动、传热、化学反应、多相流、相变存在的过程，都可以尝试利用 CFD 进行模拟分析。

1.2 计算流体力学问题的解决过程

采用 CFD 解决某一实际问题分为 3 步：前处理、求解、后处理。下面对这 3 个过程进行具体说明。

1.2.1 前处理

前处理的目的是将具体问题转化为求解器可以接受的形式。这里，求解器可以接受的形式就是计算域和网格，即前处理需要建立计算域并划分网格。这两者虽然只是求解过程的准备工作，但都很耗时，且对求解结果的精确度起决定性影响。

计算域，即 CFD 分析的区域，一般为流动区域。对计算域进行合理处理可以极大地减小计算量，如果是具有对称性的流动，可以设置一个含对称面（或对称轴）的计算域处理。又如，如果只关心流场的某一细部，通过设置合理边界条件和该细部的计算域，可只对该细部的计算域进行 CFD 分析，无须求解整个流场。

网格，即对计算域划分的单元。网格的数目和质量对求解过程有重要的影响。网格的数目应该够多，以确保能合理描述流动过程；但网格的数目不应过分地多，以免浪费计算资源。在网格的质量方面，应该尽量使用结构化网格。对于二维流动的模拟，应尽量使用四边形网格；对于三维流动的模拟，应尽量使用六面体网格，以提高求解精度。网格划分通常要占到 CFD 总体模型与参数设置时间的 40% 以上。对实际模型划分高质量的结构化网格，需要进行专门的网格划分训练和经验积累。网格划分技术并不神秘，只要经过训练，人人都可以成为复杂模型结构化网格划分的高手。

对计算域划分好网格后，可定义边界条件。边界条件定义好后即完成前处理，此时可以输出网格文件给求解器计算了。

1.2.2 求解

求解器读取前处理生成的文件后，设置好各种模型和参数，就可以开始进行迭代计算了。

在求解器界面中，读入前处理生成的文件后，应首先检查该文件的网格质量是否符合求解器的要求，网格是否出现负体积。确认网格没有问题后，应检查计算域单位（如尺寸单位、参数单位等）。然后设置求解器，如是定常还是非定常问题、显式还是隐式格式等。再设置各类模型，如湍流模型、多相流模型、组分传输模型、化学反应模型、辐射模型等。再设置流体的物性，如密度、比热、导热率、粘性等。再具体设置计算域的边界条件。然后设置压力与速度耦合方式、离散格式、欠松弛因子。最后对计算域进行初始化，并设置关键位置的求解参数监视器，就可以开始进行迭代计算了。

1.2.3 后处理

后处理过程即对已经计算收敛的结果继续处理，以获得直观清晰的、便于交流的数据和图表。后处理可以利用商业求解器自带的功能进行，如 FLUENT 和 CFX 都自带了较为完善的后处理功能，可以获得计算结果的矢量图、等值线图、迹线图等。后处理也可以利用专业的后处理软件完成，如常用的 TECPLOT、origin、FIELDVIEW 和 EnSight 等后处理软件。

1.3 计算流体力学商业软件介绍

1.3.1 前处理器

1. GAMBIT

GAMBIT 是 FLUENT 公司早年开发的前处理软件。GAMBIT 能处理主流 CAD 数据类型的几何文件，生成四面体、六面体、棱锥和棱柱形的结构化与非结构化网格，能生成边界层网格。对于复杂几何体，GAMBIT 能将几何体进行分区，以在每个区内生成高质量的结构化网格。

GAMBIT 通过它的用户界面（GUI）来接受用户的输入。GAMBIT GUI 能使设计人员简单而又直接地实现建立模型、网格化模型、指定模型区域大小等基本步骤，这对于很多建模过程来说已经足够了。GAMBIT 软件可对自动生成的 Journal 文件进行编辑，以自动控制修改或生成新几何与网格；可以导入由 Pro/E、UG、CATIA、SolidWorks、ANSYS、PATRAN 等大多数 CAD/CAE 软件所建立的几何和网格，导入过程可利用自动公差修补几何功能，以保证 GAMBIT 与 CAD 软件接口的稳定性和保真性，从而保证几何体识别质量，减小工程师的工作量；具备几何修正功能，在导入几何时会自动合并重合的点、线、面；具备几何修正工具条，在消除短边、缝合缺口、修补尖角、去除小面、去除单独辅助线和修补倒角时更加快速、自动、灵活，而且准确保证几何体的精度；G/TURBO 模块可以准确而高效地生成旋转机械中的各种风扇以及转子、定子等几何模型和计算网格；可以划分包括边界层等 CFD 特殊要求的高质量网格；GAMBIT 中专用的网格划分算法可以保证在复杂的几何区域内直接划分出高质量的四面体、六面体网格或混合网格；可高度智能化地选择网格划分方法，可对极其复杂的几何区域划分出与相邻区域网格连续的、完全非结构化的混合网格；可为 FLUENT、POLYFLOW、FIDAP、ANSYS 等求解器生成和导出所需要的网格和格式。自从 ANSYS 将 FLUENT 整合进 ANSYS 大软件包后，GAMBIT 软件已停止了更新，但 GAMBIT 在国内的用户数较多。

2. ICEM CFD

ICEM 是 Integrated Computational Engineering and Manufacturing 的缩写。ICEM CFD Engineering 公司于 1990 年成立，专注于解决网格划分问题。2000 年 ANSYS 公司收购 ICEM CFD，并于 2004 年推出了界面简洁、操作方便的 ICEM CFD/AI*Environment。它具有基于 Windows 形式的界面，支持当前流行的 CAD 数据类型，能进行几何结构的修补和简化，具有强大的网格划分功能，可输出多达 100 种求解器支持的网格文件。ICEM CFD 出色的网格划分功能体现在其对非结构化四面体网格和结构化六面体网格的处理。在非结构化四面体网格处理方面，ICEM CFD 能根据几何尺寸的主要轮廓自动生成四面体网格，并自动生成三棱柱边界层网格。在结构化六面体网格处理方面，ICEM CFD 通过自顶而下或自下而上的方式创建复杂的拓扑结构，通过创建与几何体形状近似的拓扑结构来创建高质量的六面体结构化网格。ICEM CFD 是目前最优秀的网格划分工具之一，也是今后更多 CFD 工作者会选择的网格划分软件，本书也会重点介绍 ICEM CFD 网格划分相关基础与算例。

3. GRIDGEN

自 1984 年以来，GRIDGEN 的用途已从起初的航空领域发展到自动化、动力、化学流程和其他行业。GRIDGEN 的编程人员在 1994 年成立了 Pointwise 公司，推出了商用化后继产品 GRIDGEN，迄今已有 15 版。GRIDGEN 可以生成多块结构化网格、非结构化网格和混合网格，可以采用 CAD 的输出几何文件生成网格，如 CATIA、UG 等 CAD 数据，其他 CAD 数据可经由 IGES 转化导入。用户可以自行确定几何形状，生成后的网格可以写成十几种计算流体软件包的数据格式，包括了著名商用 CFD 软件格式，如 PHOENICS、FLUENT、STAR-CD、CFX 等。对于自编 CFD 程序，GRIDGEN 给出了标准 PLOT3D 数据格式（结构化格式）和非结构化网格数据格式。

1.3.2　求解器

1. FLUENT

FLUENT 是用于模拟流体流动、热传导及其他物理和化学耦合过程的计算机程序。它提供了完全的网格灵活性，用户可以使用非结构与结构化网格，例如，用二维三角形或四边形网格、三维四面体/六面体/金字塔形网格来解决具有复杂外形的流动，甚至可以用混合型非结构网格。它允许用户根据解的具体情况对网格进行修改（细化/粗化）。

FLUENT 是用 C 语言编写的，因此具有很大的灵活性。除此之外，为了高效地执行、交互地控制，以及灵活地适应各种计算机与操作系统，FLUENT 使用 Client/Server 结构，因此，它允许同时在用户桌面工作站和高性能服务器上分布式地运行程序。

在 FLUENT 中，解的计算与显示可以通过交互界面和菜单界面来完成。高级用户可以通过写宏和菜单函数自定义和优化界面。

FLUENT 解算器具有如下模拟能力。

- 用非结构自适应网格模拟 2D 或者 3D 流场，它所使用的非结构网格主要有三角形/五边形、四边形/五边形，或者混合网格，其中，混合网格有棱柱形和金字塔形。
- 不可压或可压流动。
- 定常或者非定常流动分析。
- 无粘、层流和湍流。
- 牛顿流或者非牛顿流。
- 对流热传导，包括自然对流和强迫对流。

- 耦合热传导和对流。
- 辐射热传导模型。
- 惯性（静止）坐标系非惯性（旋转）坐标系模型。
- 多重运动参考框架，包括滑动网格界面和 rotor/stator interaction modeling 的混合界面。
- 化学组分混合和反应，包括各种燃烧子模型和表面沉积反应模型。
- 热、质量、动量、湍流和化学组分的控制体源。
- 粒子、液滴和气泡的离散相拉格朗日轨迹计算，包括了离散相和连续相的耦合。
- 多孔介质流动。
- 一维风扇/热交换模型。
- 两相流，包括气穴现象。
- 复杂外形的自由表面流动。

上述各功能使得 FLUENT 具有广泛的应用，包括但不限于以下几个方面。

- 过程工程。
- 热能过程。
- 化学工程。
- 环境工程。
- 油/气能量的产生和环境应用。
- 航天和涡轮机械的应用。
- 汽车工业的应用。
- 热交换应用。
- 电子/HVAC/应用。
- 材料处理应用。
- 建筑设计和火灾研究。

在目前的 CFD 市场上，FLUENT 以其在非结构网格的基础上提供丰富的物理模型而著称，业内公认的数值算法和鲁棒性较好的求解器保证了计算结果的精度，新的 NITA 算法大大缩短了求解瞬态问题所需的时间，成熟的并行计算能力适用于 Windows、Linux 或 UNIX 平台，而且既适用于单机的多处理器，又适用于网络连接的多台计算机。动态加载平衡功能自动监测并分析并行性能，通过调整各处理器间的网格平衡分配各 CPU 的计算负载。

FLUENT 的湍流模型应用一直处于商业 CFD 软件的前沿，它提供了丰富的湍流模型，其中有经常使用的湍流模型，也包含针对强旋流和各相异性流的雷诺应力模型等。随着计算机处理速度的显著提高，FLUENT 已经将大涡模拟（LES）纳入其标准模块，并且开发了更加高效的分离涡模型（DES），FLUENT 提供的壁面函数和加强型壁面处理的方法可以很好地处理壁面附近的流动问题。

FLUENT 的气动声学模型也备受关注。FLUENT 有多种方法计算由非稳态压力脉动引起的噪声。瞬态大涡模拟（LES）预测的表面压力可以使用 FLUENT 内嵌的快速傅立叶变换（FFT）工具转换成频谱。Fflow-Williams&Hawkings 声学模型可以用于模拟从非流线型实体到旋转风机叶片等各式各样噪声源的传播，宽带噪声源模型允许在稳态结果的基础上进行模拟，这是快速评估设计是否需要改进的非常实用的工具。

FLUENT 的动网格模型可以满足内燃机、阀门、弹体投放和火箭发射等包含有运动部件的模拟需求。它提供了几种网格重构方案，根据需要用于同一模型中的不同运动部件，仅需要定义初始网格和边界运动。动网格与 FLUENT 提供的其他模型（如雾化模型、燃烧模型、多相流模型、自由表面预测模型和可压缩流模型）相兼容。搅拌槽、泵和涡轮机械中的周期性运动也可以使用 FLUENT 中的动网格模型（Moving Mesh）进行模拟，滑移网格和多参考坐标系模型被证实非常可靠，和其他相关模型（如 LES 模型、化学反应模型和多相流模型等）有很好的兼容性。

FLUENT 提供了一系列应用广泛的对流、热传导及辐射模型。对于热辐射，P1 和 Rossland 模型适用于介质光学厚度较大的环境，基于角系数的 surface to surface 模型适用于介质不参与辐射的情况，DO（Discrete Ordinates）模型适用于包括玻璃的任何介质，DTRM（Discrete Ray Tracing Module）模型也同样适用。太阳辐射模型使用光线追踪算法，包含了一个光照计算器，它允许光照和阴影面积的可视化，这使得气候控制的模拟更加有意义。

FLUENT 也提供了其他与传热紧密相关的汽蚀模型、可压缩流体模型、热交换器模型、壳导热模型、真实气体模型和湿蒸汽模型等。相变模型可以分析流体的融化和凝固。离散相模型（DPM）可用于模拟液滴和湿粒子的蒸发及煤粉燃烧。附加源项和完备的热边界条件使得 FLUENT 的传热模型成为满足各种模拟需要的、成熟可靠的工具。

化学反应模型方面，湍流状态下的化学反应模型在 FLUENT 软件诞生以来就一直占据着很重要的地位。多年来，FLUENT 强大的化学反应模拟能力已帮助工程师完成了对各种复杂燃烧过程的模拟。涡耗散概念模型、PDF 组分输运模型以及有限速率化学模型已经加入到 FLUENT 的主要模型中，目前包含：涡耗散模型，火焰面模型以及能模拟气体燃烧、煤燃烧、液体燃料燃烧的非预混模型。预测 NO_x 生成的模型也被广泛地应用。

许多工业应用涉及发生在固体表面的化学反应，FLUENT 表面反应模型可以用来分析气体和表面组分之间的化学反应以及不同表面组分之间的化学反应，以确保表面沉积和反应现象能被准确预测。对催化转化、气体重整、污染物控制装置及半导体制造等领域的模拟都受益于这一技术。

FLUENT 的化学反应模型可以和大涡模拟（LES）及分离涡（DES）湍流模型联合使用，将这些非稳态湍流模型耦合到化学反应模型中，可预测火焰的稳定性及燃尽特性。

多相流混合物在各种工业中较为常见，FLUENT 软件是多相流模拟方面的先驱，其丰富的模拟能力可以帮助工程师洞察设备内某些难以探测的现象。Eulerian 多相流模型通过分别求解各相流动方程的方法分析相互渗透的各种流体或各相流体，对于颗粒相流体采用特殊的物理模型进行模拟。占用资源较少的混合模型也可用于模拟颗粒相与非颗粒相的混合。FLUENT 也可用来模拟三相混合流（液、颗粒、气），如泥浆气泡柱和喷淋床的模拟；可模拟相间传热和相间传质的流动，使得对均相及非均相的模拟成为可能。

FLUENT 标准模块中还包括离散相模型（DPM），可用于模拟离散相颗粒的运动，如喷雾干燥器、煤粉炉、液体燃料喷雾等。可以考虑射入的粒子及液滴与连续相流体之间发生的热、质量和动量的交换。

VOF（Volume of Fluid）模型可用于预测界面分明的自由表面流动，如海浪，水在空气中的射流运动等。汽蚀模型已被证实可以很好地应用到水翼艇、泵及液滴喷雾的模拟。沸腾现象可以通过用户自定义函数来实现。

FLUENT 提供了专门的工具来生成几何模型及网格创建。GAMBIT 允许用户使用基本的几何构建工具创建几何，它也可用来导入 CAD 文件，然后修正几何以便于 CFD 分析。为了方便灵活地生成网格，FLUENT 还提供了 TGrid，这是一种采用最新技术的体网格生成工具。这两款软件都具有自动划分网格及通过边界层技术、非均匀网格尺寸函数及六面体为核心的网格技术快速生成混合网格的功能。对于涡轮机械，可以使用 G/Turbo，术语及参数化的模板帮助用户快速地完成几何创建及网格划分。

FLUENT 的后处理可以生成有实际意义的图片、动画、报告，这使得 CFD 的结果非常容易地被转换成工程师和其他人员可以理解的图形，表面渲染、迹线追踪仅是该工具的几个特征，却使 FLUENT 的后处理功能独树一帜。除此之外，FLUENT 的数据结果还可以导入到第三方的图形处理软件或者其他后处理软件做进一步分析。

用户自定义函数能使用户自定义某些 FLUENT 功能。功能强大的资料库和详尽的帮助文档提供了全方位的技术支持。FLUENT 的全球咨询服务可提供各类客户的技术咨询服务。另外，一些附加应用模块，比如质子交换膜（PEM）、固体氧化物燃料电池、磁流体、连续光纤拉制等模块也包含在 FLUENT 软件包中。

总而言之，对于模拟复杂流场结构的不可压缩/可压缩流动，FLUENT 是理想的软件。对于不同的流动领域和应用，FLUENT 公司还提供了其他几种解算器，其中包括 NEKTON、FIDAP、POLYFLOW、IcePak 及 MixSim。

2. CFX

CFX 也是 ANSYS 公司模拟工程传热与流动问题的商用程序。作为世界上唯一采用全隐式耦合算法的大型商业软件，算法上的独特性、丰富的物理模型和前/后处理的完善性，使得 ANSYS CFX 在结果精确性、计算稳定性、计算速度和灵活性上都有着优异的表现。除了一般的流动问题外，ANSYS CFX 还可以模拟诸如燃烧、多相流、化学反应等复杂流场。ANSYS CFX 还可以和 ANSYS Structure 及 ANSYS Emag 等软件配合，实现流体分析和结构分析、电磁分析等的耦合。

ANSYS CFX 也被集成在 ANSYS Workbench 环境下，方便用户在单一操作界面上实现对整个工程问题全流程的模拟。

3. CART3D

CART3D 的核心技术由 NASA Ames 研究中心开发，包括几何输入、表面处理和相交、网格生成及流动模拟。其被完全集成在 ANSYS ICEM CFD 仿真环境中。

通过应用最新的计算图形学、计算几何学和计算流体动力学技术，CART3D 提供了自动和高效的几何处理与流体分析功能。该软件与求解 N-S 方程的 CFD 分析比较，其最大优势在于分析速度提高了至少 10 倍。

CART3D 区别于其他 CFD 程序的最重要的特征就是“快”。其专注于气动分析、整体气动升阻力及力矩计算和六自由度投掷分析；其核心技术由 NASA Ames 研究中心开发，充分体现了权威性；CART3D 可以输入多种几何模型；可以读入外部网格文件；基于部件的表面处理，使各部件可以单独移动旋转，程序自动确定部件之间的相交并提出模拟的外部湿表面；空间网格自动生成，对表面描述的复杂性不敏感；有限体积法中心差分求解无粘欧拉方程；并行效率优异，并行加速与 CPU 数目成近似直线关系；适合多攻角、多马赫数、多侧滑角批处理计算，方便生成气动数据库。CART3D 在飞行器气动外流分析领域具有很强的专业性。

4. AIRPAK

AIRPAK 是面向建筑和设计等领域的专业人工环境系统分析软件，特别是在 HVAC 领域，它是目前国际上 HVAC 领域比较流行的商用 CFD 软件。它可以精确地模拟所研究对象内的空气流动、传热和污染等物理现象，它可以准确地模拟通风系统的空气流动、空气品质、传热、污染和舒适度等问题，并依照 ISO 7730 标准提供舒适度、PMV、PPD 等衡量室内空气质量（IAQ）的技术指标，从而减少设计成本，降低设计风险，缩短设计周期。

AIRPAK 采用 FLUENT 求解器，从而得到准确的结果；其具备自动网格划分功能，具有自动化的非结构化、结构化网格生成能力；支持四面体、六面体以及混合网格，因而可以在模型上生成高质量的网格；可以对设计性能进行专业评估。模型广泛：强迫对流、自然对流和混合对流模型；热传导模型、流体与固体耦合传热模型、热辐射模型；层流、湍流，稳态及瞬态问题。其具有强大的报告和可视化工具：提供了专业全面的数值模拟结果，可以模拟不同空调系统，不同气流组织形式下室内的温度场、湿度场、速度场、空气龄场、污染物浓度场、PMV 场、PPD 场等，以对房间的气流组织、热舒适性和室内空气品质进行全面综合评价。

5. ICEPAK

ICEPAK 是专门为电子产品工程师定制开发的专业电子热分析软件。借助 ICEPAK 的分析和优化结果，用户可以减少设计成本，提高产品的一次成功率，改善电子产品的性能，提高产品设计的可靠性，缩短产品的上市时间。

ICEPAK 软件提供了丰富的物理模型，可以模拟自然对流、强迫对流和混合对流、热传导、热辐射、流——固的耦合换热、层流、湍流、稳态、非稳态等流动现象。另外，ICEPAK 还提供了其他分析软件不具备的许多专业特定功能，如模型真实的几何、真实的风机曲线、真实的物性参数等。ICEPAK 也提供了其他分析软件包不具备的能力，包括精确的模拟非矩形设备、接触阻力、各向异性热传导率、非线形风扇曲线、散热设备、外部热交换器等。

6. STAR-CD

STAR-CD 是由 CD-adapco 公司开发的。在完全不连续网格、滑移网格和网格修复等关键技术上，STAR-CD 经过了超过 200 名知名学者的补充与完善。20 多年来，STAR-CD 一直是计算流体力学模拟的通用平台，并获得了良好的声誉。STAR-CD V4 引入了结构分析计算的求解能力，成为了分析流动、传热和应力模拟的一体化通用软件。值得一提的是，CD-adapco 公司推出的新一代 CFD 软件 STAR-CCM+（Computational Continuum Mechanics），其采用连续介质力学数值技术，不仅可进行流体分析，还可进行结构等其他物理场的分析。

STAR-CD 是目前世界上使用广泛的专业计算流体力学（CFD）分析软件之一，由综合性 CAE 软件和服务提供商 CD-adapco 集团开发。

STAR-CD 的解析对象涵盖基础热流解析，导热、对流、辐射（包含太阳辐射）热问题，多相流问题，化学反应/燃烧问题，旋转机械问题，流动噪声问题等。在其 V4 版本中，STAR-CD 将解析对象扩展到流体/结构热应力问题、电磁场问题和铸造领域。作为最早引入非结构化网格概念的软件，STAR-CD 保持了对复杂结构流域解析的优势，其最新的基于连续介质力学的求解器具有内存占用少、收敛性强、稳定性好的特点。

STAR-CD 作为重要工具，可进行许多工程项目，例如，高速铁路、汽车开发设计、低排放内燃机、能源化工、动力机械、船舶设计、家电电子、飞行器设计、空间技术等，并为客户取得良好的效益。

STAR-CCM+搭载了 CD-adapco 独创的最新网格生成技术，可以完成复杂形状数据输入、表面准备、表面网格重构、自动体网格生成（包括多面体网格、六面体核心网格、十二面体核心网格、四面体网格）等生成网格所需的一系列作业。

STAR-CCM+使用 CD-adapco 倡导的多面体网格，相比于原来的四面体网格，在保持相同计算精度的情况下，可以使计算性能提高 3～10 倍。

7. PHOENICS

PHOENICS 是世界上第一套计算流体与计算传热学的商用软件，它是 Parabolic Hyperbolic Or Elliptic Numerical Integration Code Series 的缩写，这意味着流动和传热现象都可以使用 PHOENICS 软件来模拟计算。除了通用计算流体/计算传热学软件应该拥有的功能外，PHOENICS 软件还有自己独特的功能。

- 开放性：PHOENICS 最大限度地向用户开放了程序，用户可以根据需要修改/添加用户程序、用户模型。PLANT 及 INFORM 功能的引入使用户不再需要编写 FORTRAN 源程序，GROUND 程序功能使用户修改添加模型更加随意、方便。
- CAD 接口：PHOENICS 可以读入第三方 CAD 软件的图形文件。

- MOVOBJ：运动物体功能可以定义物体运动，避免了使用相对运动方法的局限性。
- 大量的模型选择：20 多种湍流模型、多种多相流模型、多流体模型、燃烧模型、辐射模型。
- 提供了欧拉算法，也提供了基于粒子运动轨迹的拉格朗日算法。
- 计算流动与传热时能同时计算浸入流体中固体的机械和热应力。
- VR（虚拟现实）用户界面引入了一种崭新的 CFD 建模思路。
- PARSOL（CUT CELL）：部分固体处理。
- 软件自带 1 000 多个例题，附有完整的可读可改的原始输入文件。
- 包含 PHOENICS 专用模块。

1.3.3 后处理软件

1. TECPLOT

TECPLOT 是绘图和数据分析的通用软件，是进行数值模拟、数据分析和测试的理想工具。作为功能强大的数据显示工具，TECPLOT 通过绘制 XY、2-D 和 3-D 数据图以显示工程和科学数据结果。

它主要有以下功能。

- 可直接读入常见的网格、CAD 图形及 CFD 软件（FLUENT、STAR-CD、PHOENICS）生成的文件。
- 能直接导入 CGNS、DXF、EXCEL、GRIDGEN、PLOT3D 格式的文件。
- 能导出的文件格式包括 BMP、AVI、FLASH、JPEG 和 Windows 等常用格式。
- 能直接将结果在互联网上发布，利用 FTP 或 HTTP 对文件进行修改、编辑等操作。也可以直接打印图形，并在 Microsoft Office 系列办公软件中进行复制和粘贴。
- 可在 Windows 9x\Me\NT\2000\XP 和 UNIX 操作系统上运行，文件能在不同的操作平台上相互交换。
- 利用鼠标直接进行单击操作即可知道流场中任一点的数值，能随意增加和删除指定的等值线（面）。
- ADK 功能使用户可以利用 FORTRAN、C、C++等语言开发特殊功能。

随着功能的扩展和完善，在工程和科学研究中 TECPLOT 的应用日益广泛，用户遍及航空航天、国防、汽车、石油等工业以及流体力学、传热学、地球科学等领域。

2. FIELDVIEW

FIELDVIEW 是由全球著名的后处理软件商 Intelligent Light 开发的一款功能强大的 CFD/FEA 专业后处理软件，它可帮助用户采用交互方式研究 CFD/FEA 解算结果，快速提取重要流动特征和关键数据，并具有强大的结果演示及发布功能。

FIELDVIEW 是世界上使用广泛的 CFD/FEA 后处理软件之一，适用于 UNIX、Linux、Windows 等多种操作系统，拥有众多商业 CFD 软件的接口，行业应用遍布汽车、航空航天、能源、化工与家电等。

FIELDVIEW 除了拥有一般 CFD 后处理工具的全部功能，比如云图、矢量图、等值线图、等值面、流线、脉线、粒子轨道线和函数计算等功能之外，还拥有一般 CFD 后处理工具所没有或者较弱的诸多高级功能，比如关键帧动画、流场特征提取、动态切割、扩展编程 FVX、数据演示及发布工具 ATView 等。FIELDVIEW 操作简单，支持 OpenGL 模式，画面精美。

为了使 FEA 模拟领域的用户也能分享其强大的功能，FIELDVIEW 从版本 V12 开始加入了对 Ls-Dyna 软件数据的支持，在后续的版本中还将进一步完善对 FEA 软件的支持，以期在流固耦合等前沿问题的可视化分析方面获得突破，使整个 CAE 后处理领域的解决方案更加完善。

3. EnSight

EnSight 是由美国 Computational Engineering International（CEI）公司开发的后处理软件，专注于

开发和支持 CAE 计算结果与科学数据可视化。

可使用 EnSight 来查看、理解、交流各种计算机处理数据结果。在工业、科研、产品设计等领域，EnSight 提供了丰富的解决方案。EnSight 可处理百万甚至上亿的结点单元，具有并行处理与渲染的优势，并支持 VR 系统环境以及实时协同等功能。

EnSight 主要产品包括 EnSight、EnSight Gold 和 EnSight DR。

作为通用的可视化工具，EnSight 提供的功能包括以下几个方面。

- 广泛的图形包，如切削面、等值面、流线、向量箭头、提升面、图表、数据查询、动画和流动特征提取等。
- 大部分有限元软件（FEA）和流体分析软件（CFD）的后处理。
- 支持各种通用分析工具以及标准数据格式的读取和转换。
- 可处理结构、非结构及混合网格和粒子数据。
- 可直接输出图片与动画。
- 图形编辑器。
- 支持体渲染。
- 医学图像工具。
- 石油/天然气工具。
- 交互式图形。
- 批处理图形。
- 内嵌组件。

EnSight 支持大量的工程软件。

- 流体分析：FLUENT、ANSYS CFX、CFD++、EDM、FIDAP、FINE/Aero、FINE/Turbo、FIRE、FOAM、GASP、KIVA、N3S、Polyflow、PowerFLOW、SCRYU/Tetra、STAR-CD, VECTIS 等。
- 结构分析，碰撞分析：ABAQUS，ANSYS，I-DEAS，MSC.Marc，MSC.Nastran，LS-DYNA，RADIOSS-CRASH 等。
- 机械分析：MSC.ADAMS。
- 铸造分析：MAGMA。
- 流体——结构耦合分析：MSC.Dytran 和 RADIOSS-CFD。
- CAD 文件导入：CATIA、Pro/E、Unigraphics、SolidWorks、Parasolid、IGES、STEP 以及 ACIS。
- 其他：MSC.PATRAN、Plot3D、TECPLOT、CGNS、HDF5、NetCDF、STL 以及 Wavefront OBJ 等。

1.4 FLUENT 的操作界面

1.4.1 启动 FLUENT 界面

成功安装 ANSYS FLUENT 后，选择开始/所有程序/ANSYS / Fluid Dynamics / FLUENT 命令启动 FLUENT，此时将弹出如图 1-1 所示的启动界面。在 Dimension 选项

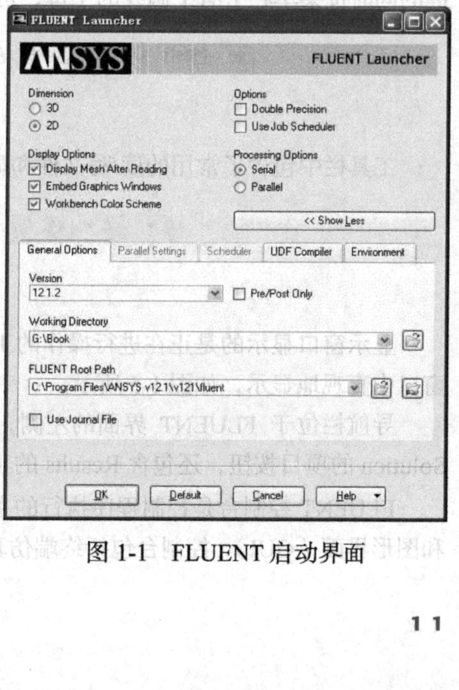

图 1-1 FLUENT 启动界面

组中选中 2D 选项，在 Working Directory 组合框中选择设定的工作目录，然后单击 OK 按钮，启动 FLUENT 求解器。

1.4.2 FLUENT 主界面

图 1-2 所示为 FLUENT 的主界面，根据各菜单和按钮功能的不同，可将该主界面分为菜单栏、工具栏、显示窗口、导航栏、任务页面和控制台。

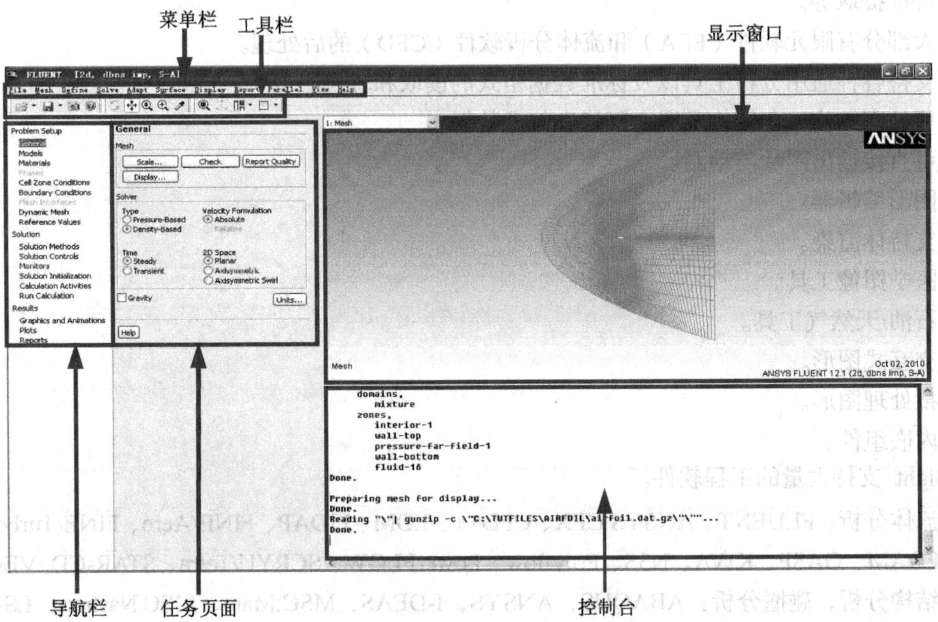

图 1-2 FLUENT 主界面

菜单栏中包含了一系列同类型操作的下拉菜单按钮（见图 1-3）。单击菜单上的按钮，或按住 Alt 键的同时按菜单栏上有下画线的字母，可以弹出下拉菜单。

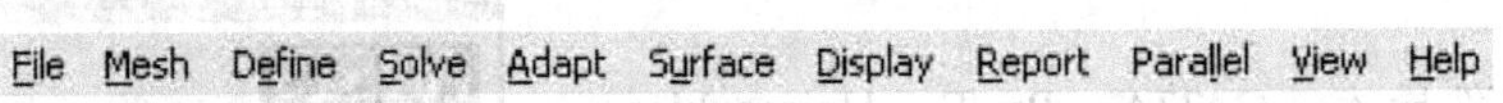

图 1-3 菜单栏

工具栏中包含了常用的读/写文件和显示操作的快捷按钮，如图 1-4 所示。

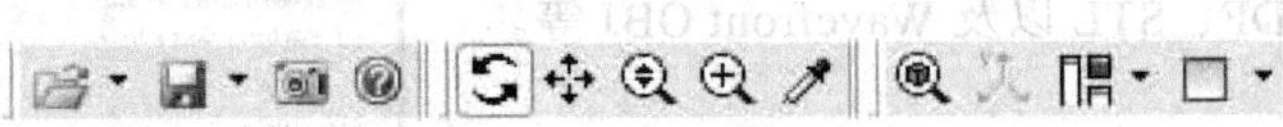

图 1-4 工具栏

显示窗口显示的是正在进行操作的工况。计算域、网格、迭代过程、后处理结果等都可以在显示窗口中直观地显示，如图 1-5 所示。

导航栏位于 FLUENT 界面的左侧，其包含了一系列任务页，包括 Problem Setup 的项目按钮和 Solution 的项目按钮，还包含 Results 的项目按钮，如图 1-6 所示。

FLUENT 控制台是控制程序执行的主窗口。用户和控制台之间有两种交流方式，即文本界面（TUI）和图形界面（GUI）。控制台包括终端仿真程序和菜单按钮的图形界面。

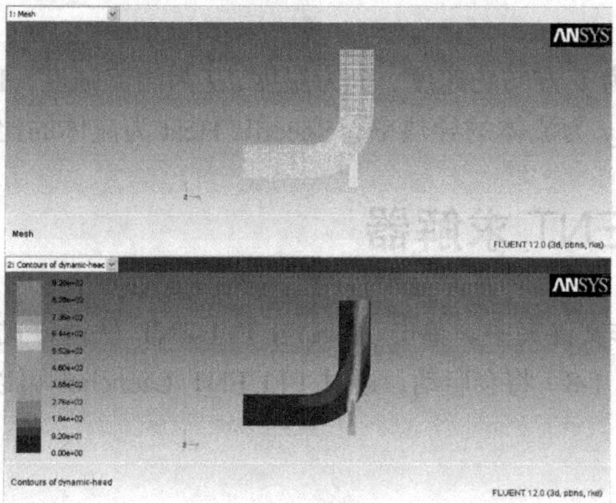

图 1-5　显示窗口

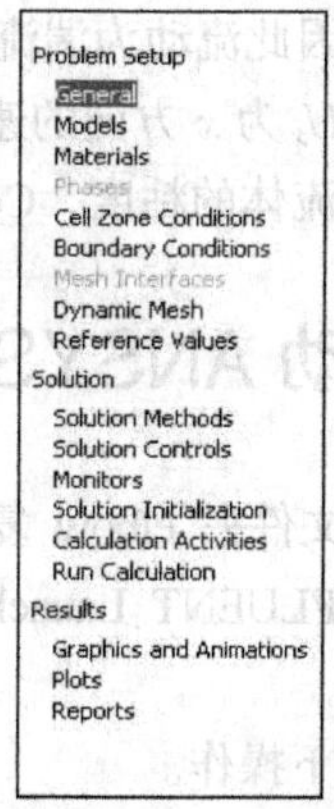

图 1-6　导航栏

1.5　FLUENT 的基础操作

本节将通过一个实际的 FLUENT 算例来展示 FLUENT 求解流动过程的基本操作。

本节的算例涉及弯道混合管。管道混合部件在各类工业应用中很常见。实际工业过程通常需要由给定的管道入口处的速度和温度预测管道中的局部流场和温度，这可以通过 CFD 模拟预测。

通过对这个开篇基础算例的学习，用户将学习到以下几点。

- 建立 FLUENT 求解的基本印象，对 CFD 求解过程有感性和理性的基本认识。
- 学习读入并检查网格的步骤、操作界面和基本方法。
- 学习设定模型和物性的步骤和基本方法。
- 学习设定边界条件和求解参数的步骤和基本方法。
- 学习简单的后处理功能显示云图、矢量图和 XY 点图。
- 了解使用二阶迎风格式提高求解精度的方法，并将其应用于该算例计算。

算例问题描述：

该算例的计算域如图 1-7 所示。冷流体以 26℃的温度进入大直径的管道，在弯道处与初始温度为 40℃的热流体混合。管道尺寸单位为英寸，流体物性和边界条件以国际单位为主。主进口处的雷诺

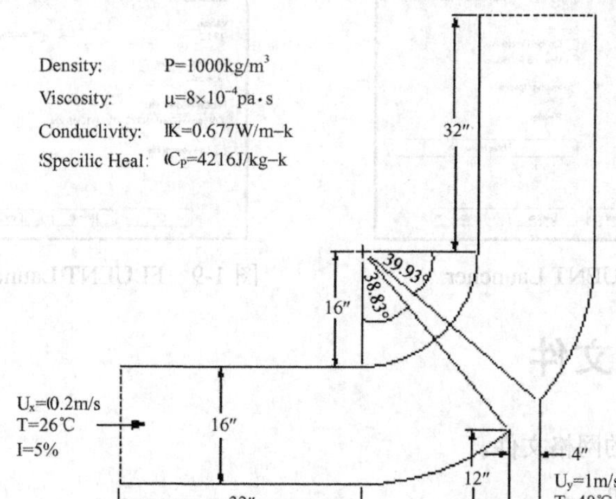

图 1-7　计算域

数为 2.03×10^5，因此流动为湍流。

图 1-7 中，U_x 为 x 方向的速度，U_y 为 y 方向的速度，T 为温度，I 为湍流强度，Density 为流体密度，Viscosity 为流体的粘度，Conductivity 为流体的导热率，Specific Heat 为流体的比热容。

1.5.1 启动 ANSYS FLUENT 求解器

将光盘内的文件夹 elbow 复制到工作文件夹中。单击 ANSYS FLUENT 快捷方式图标（）启动 FLUENT。这时 FLUENT Launcher（见图 1-8）将会启动，通过 FLUENT Launcher 可以选择启动相应的 FLUENT 求解器。

这时进行以下操作。

（1）在 Dimension 选项组中选中 2D 选项。因为本算例的计算域是二维的，因此选择 2D 求解器。

（2）在 Processing Options 选项组中选中 Serial 选项。本算例不采用并行计算。

（3）确保 Display Mesh After Reading、Embed Graphics Windows 和 Workbench Color Scheme 复选框都被勾选。

（4）确保没有勾选 Double Precision 复选框。本算例使用单精度求解器，不需勾选该复选框。

注：通过单击 Default 按钮，可以恢复默认设置。

单击 Show More 按钮即可出现如图 1-9 所示的更多选项。这时应在 Working Directory 组合框中输入工作目录的路径，或通过单击按钮来选择路径。

操作完成后，单击 OK 按钮，启动 ANSYS FLUENT。

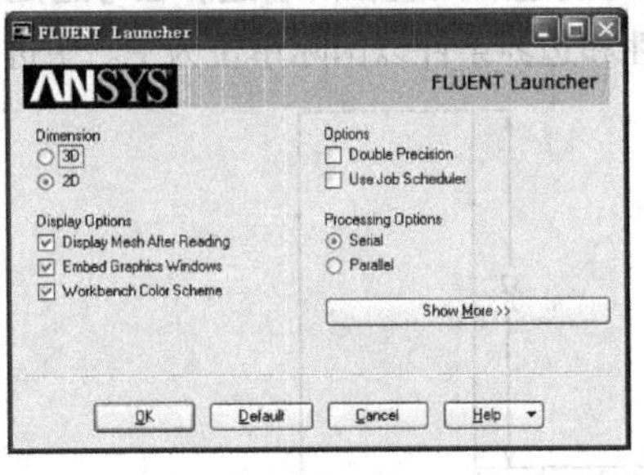

图 1-8 FLUENT Launcher

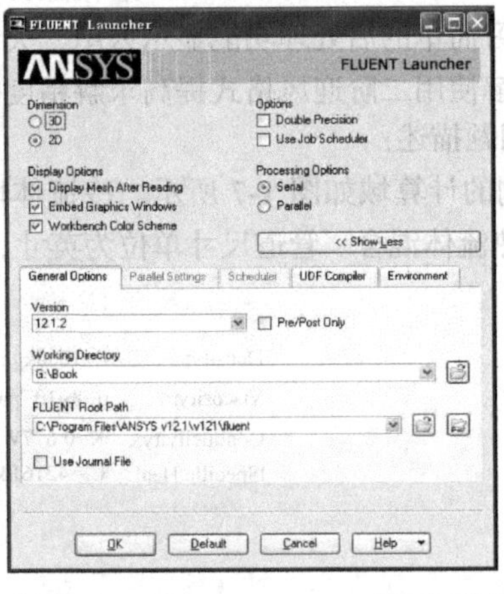

图 1-9 FLUENT Launcher 的展开界面

1.5.2 读入网格文件

读入名为 elbow.msh 的网格文件。

操作为 File/Read/Mesh。

在工作目录文件夹中找到上一步骤中复制过来的 elbow 文件夹，读入文件夹内的 elbow.msh 文件。读入网格文件后，控制台中出现以下提示。

```
> Reading "C:\TUTFILES\ELBOW\ELBOW.MSH"...
    383 nodes.
    154 nodes.
   1300 2D interior faces, zone  3.
    100 2D wall faces, zone  4.
      8 2D velocity-inlet faces, zone  5.
      4 2D velocity-inlet faces, zone  6.
      8 2D pressure-outlet faces, zone  7.
     34 2D wall faces, zone  8.
    918 triangular cells, zone  9.

Building...
     mesh
     materials,
     interface,
     domains,
     zones,
         fluid-9
         wall-8
     pressure-outlet-7
     velocity-inlet-6
     velocity-inlet-5
     wall-4
     internal-3
Done.
```

1.5.3 网格检查

在导航栏的 General 一栏进行网格检查操作，操作为 General/Check。ANSYS FLUENT 将在控制台中报告网格检查的结果。

该提示中，Domain Extents 显示的是计算域在 x 和 y 方向上的尺寸（单位为 m）。应尤其注意，Volume statistics 下的 minimum volume 不能为负值，若出现负值，则说明该网格有负体积，需重新进行网格划分。

```
Domain Extents:
   x-coordinate: min (m) = 0.000000e+000, max (m) = 6.400001e+001
   y-coordinate: min (m) = -4.538534e+000, max (m) = 6.400000e+001
 Volume statistics:
   minimum volume (m3): 2.782191e-001
   maximum volume (m3): 3.926230e+000
     total volume (m3): 1.682930e+003
 Face area statistics:
   minimum face area (m2): 8.015718e-001
   maximum face area (m2): 4.118252e+000
 Checking number of nodes per cell.
 Checking number of faces per cell.
 Checking thread pointers.
 Checking number of cells per face.
 Checking face cells.
 Checking cell connectivity.
 Checking bridge faces.
 Checking right-handed cells.
 Checking face handedness.
```

```
    Checking face node order.
    Checking closed cells.
    Checking contact points.
    Checking element type consistency.
    Checking boundary types.
    Checking face pairs.
    Checking wall distance.
    Checking node count.
    Checking nosolve cell count.
    Checking nosolve face count.
    Checking face children.
    Checking cell children.
    Checking storage.
Done.
```

1.5.4 尺寸检查

进行 General/Scale 操作后，弹出 Scale Mesh 对话框，如图 1-10 所示，然后进行以下操作。

（1）确保 Scaling 选项组中的 Convert Units 选项被选中。

（2）在 Mesh Was Created In 下拉列表中选择 in，即设定创建网格时的单位为英寸。

（3）单击 Scale 按钮，进行网格尺寸转换操作。此时应注意只单击一次 Scale 按钮，若多次单击 Scale 按钮，网格尺寸可能进行了多次转换。

（4）在 View Length Unit In 下拉列表中选择 in（英寸）作为操作时显示的长度单位。

（5）单击 Close 按钮关闭 Scale Mesh 对话框。

此时，计算域网格尺寸被正确设定，且后续操作中遇到的长度单位都设置为英寸。

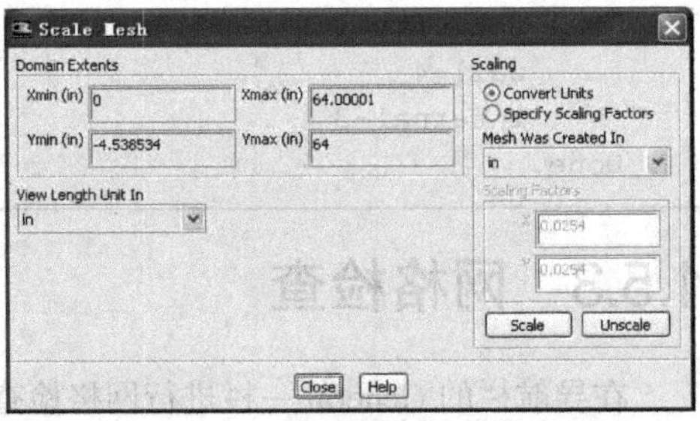

图 1-10 计算域缩放设置对话框

1.5.5 网格光顺化

在菜单栏中的 Mesh 下拉菜单中选择 Smooth/Swap 命令，弹出 Smooth/Swap Mesh 对话框（见图 1-11），然后进行网格光顺化操作。

（1）单击 Smooth 按钮，再单击 Swap 按钮，并重复该操作，直到控制台中提示 Number Swapped 的数为 0。

（2）单击 Close 按钮关闭 Smooth/Swap Mesh 对话框。

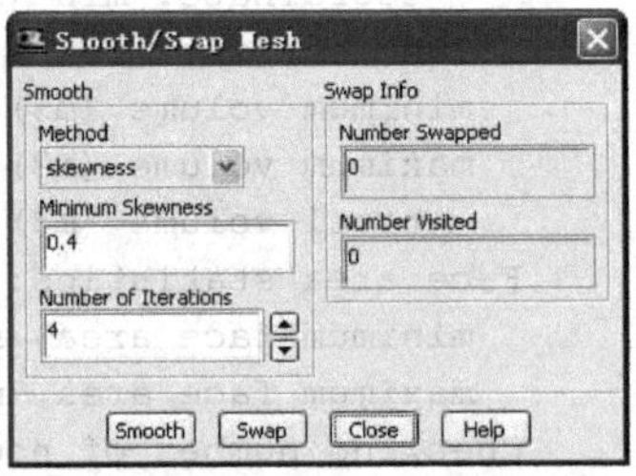

图 1-11 网格光顺化设置对话框

1.5.6 显示网格

（1）进行 General / Display 操作，弹出 Mesh Display 对话框（见图 1-12），保持默认设置，然后单击 Display 按钮，网格将在窗口中显示，如图 1-13 所示。

（2）用户可以通过鼠标中键（滚轮）画出一个长方形区域，以进行放大或缩小图形显示的操作。以右下方向画出长方形为放大图形显示的操作，以左上方画出长方形为缩小图形显示的操作。

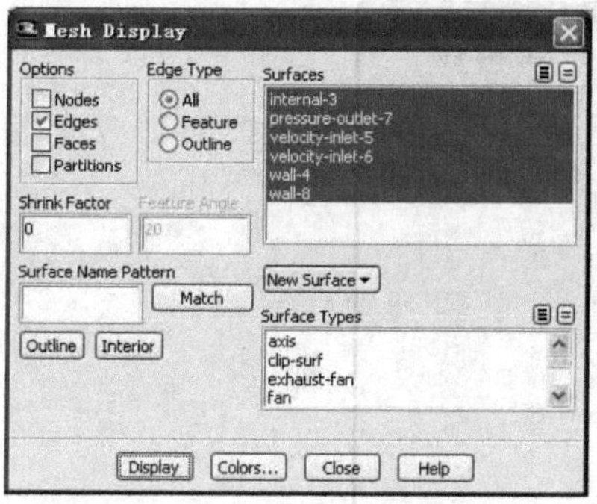

图 1-12　网格显示对话框

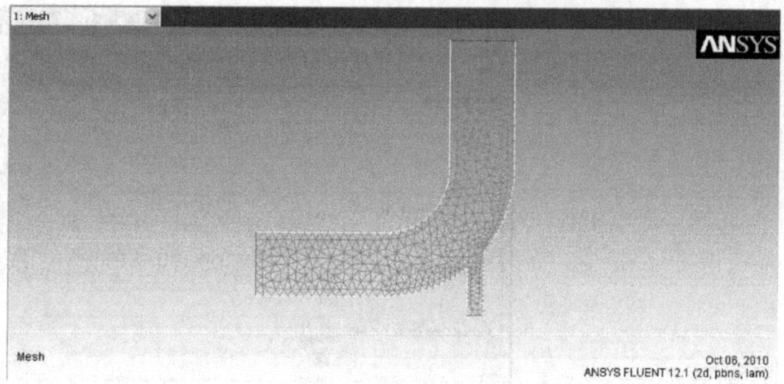

图 1-13　网格显示

1.5.7　模型参数设置

（1）保持导航栏中 General 下的默认选项，如图 1-14 所示。

（2）在导航栏内进行 Models / Viscous / k-epsilon 操作，弹出 Viscous Model 对话框。设置湍流模型为 k-ε 模型（见图 1-15），然后保持 Viscous Model 对话框内的默认参数设置，单击 OK 按钮关闭该对话框。

（3）在导航栏内进行 Model / Energy 操作，弹出 Energy 对话框，勾选 Energy Equation 复选框，如图 1-16 所示。

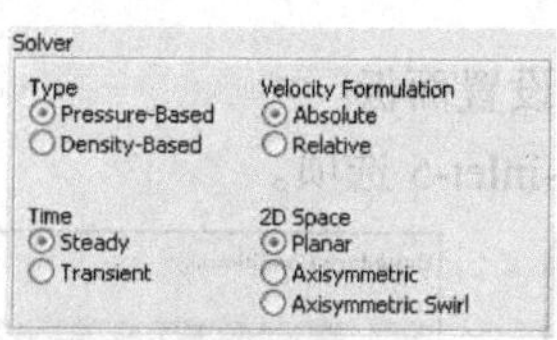

图 1-14　导航栏中 General 中的选项

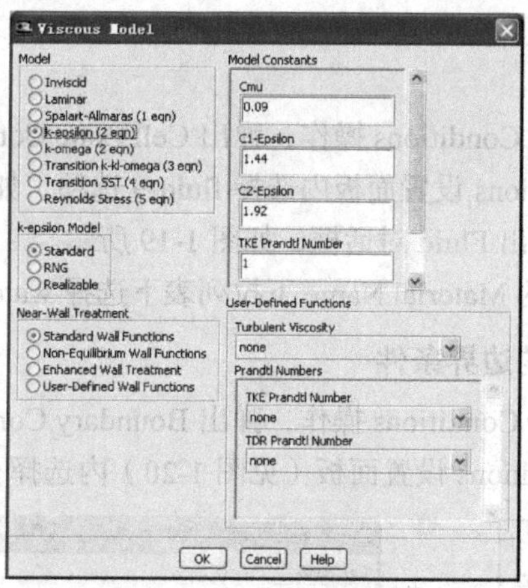

图 1-15　湍流模型设置对话框

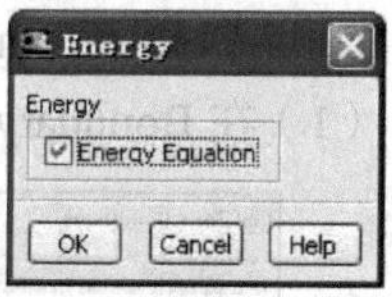

图 1-16　Energy 对话框

1.5.8　物性参数设置

单击导航栏中的 Material 选项，双击任务页面中的 Fluid 选项，弹出 Create/Edit Materials 对话框（见图 1-17）。在 Name 文本框中输入 water，在 Properties 选项组中设置如表 1-1 所示的物性。

表 1-1　　　物性参数设置

Density (kg/m^3)	1 000
Cp (Spedfic Heat) (j/kg-k)	4 216
Thermal Conductivity (w/m-k)	0.667
Viscosity (kg/m-s)	0.000 8

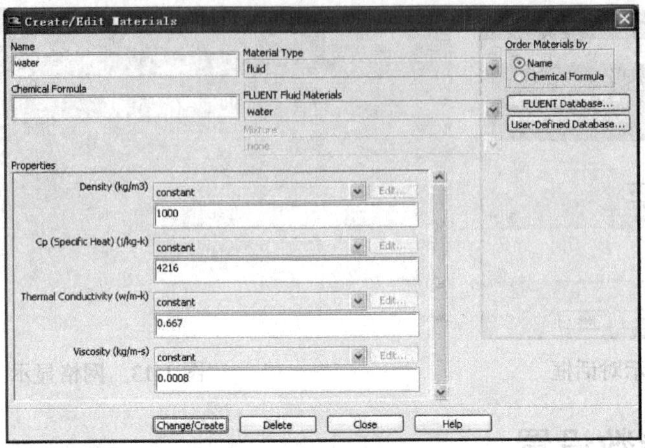

图 1-17　材料物性设置

（1）单击 Change/Create 保存数据。当 FLUENT 询问是否覆盖 air 的物性时，单击 No 按钮。此时，water 作为一种物质已经加入到了物性列表中，这样 Fluid 中便有了两种物质，即 water 和 air。

（2）单击 Close 按钮关闭对话框。

1.5.9　边界条件参数设置

1. 设置计算域流体

进行 Define / Cell Zone Conditions 操作，弹出 Cell Zone Conditions 设置面板。

① 在 Cell Zone Conditions 设置面板内选择 fluid-9 选项，如图 1-18 所示。

② 单击 Edit 按钮，弹出 Fluid 对话框，如图 1-19 所示。

③ 在 Fluid 对话框中的 Material Name 下拉列表下选择 water，然后单击 OK 按钮。

2. 设置冷流体入流的边界条件

进行 Define / Boundary Conditions 操作，弹出 Boundary Conditions 设置面板。

（1）在 Boundary Conditions 设置面板（见图 1-20）内选择 velocity-inlet-5 选项。

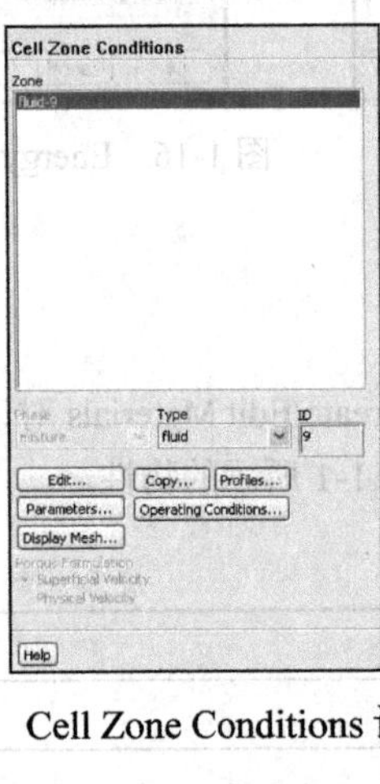

图 1-18　Cell Zone Conditions 设置面板

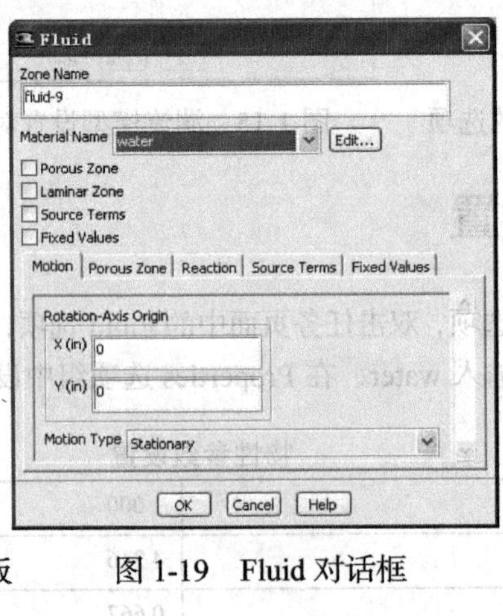

图 1-19　Fluid 对话框

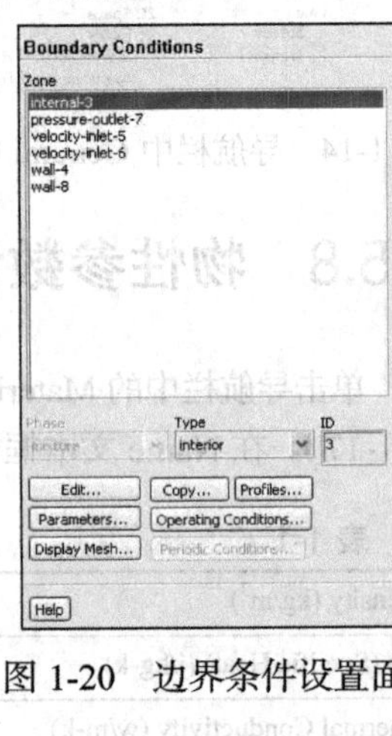

图 1-20　边界条件设置面板

（2）单击 Edit 按钮，弹出 Velocity Inlet 对话框，在 Velocity Magnitude(m/s) 文本框中输入 0.2，如图 1-21 所示。

（3）在 Specification Method 下拉列表中选择 Intensity and Hydraulic Diameter 选项。
（4）在 Turbulent Intensity (%)文本框中输入 5，在 Hydraulic Diameter (in)文本框中输入 32。
（5）选择 Thermal 选项卡，在 Temperature (k) 文本框中输入 293，如图 1-22 所示。
（6）单击 OK 按钮关闭对话框。

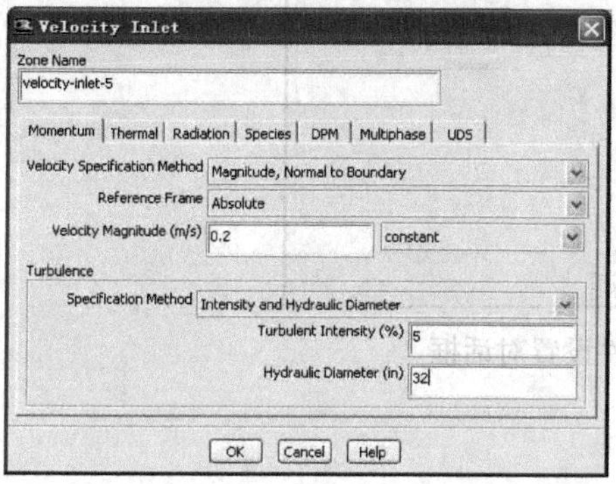

图 1-21 速度进口边界条件设置对话框

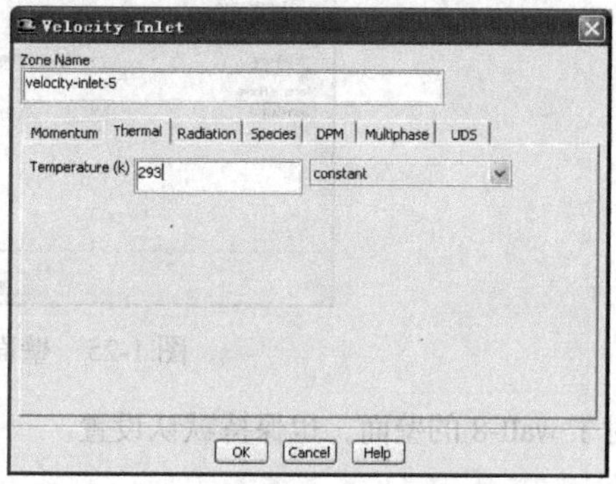

图 1-22 速度进口边界温度设置对话框

提 示： 如果用户不确定 velocity-inlet-5 这个边界代表哪一个进口，可以进行 Display / Mesh 操作，在弹出的 Mesh Display 对话框内单独选择该边界显示，这样即可确认该边界代表的位置。

3. 设置热流体入流的边界条件

重复 velocity-inlet-5 边界的设置方法，并且输入如表 1-2 所示的数据。

表 1-2 入流边界条件设置

Velocity Magnitude(m/s)	1
Turbulent Intensity (%)	5
Hydraulic Diameter (in)	8
Temperature (k)	313

4. 设置 pressure-outlet-7 的边界条件

按照如图 1-23 和图 1-24 所示的参数设置 Pressure-outlet-7 的边界条件。

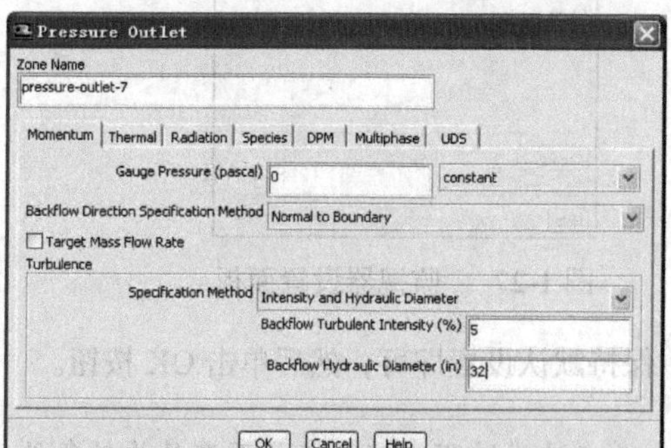

图 1-23 压力出口设置对话框

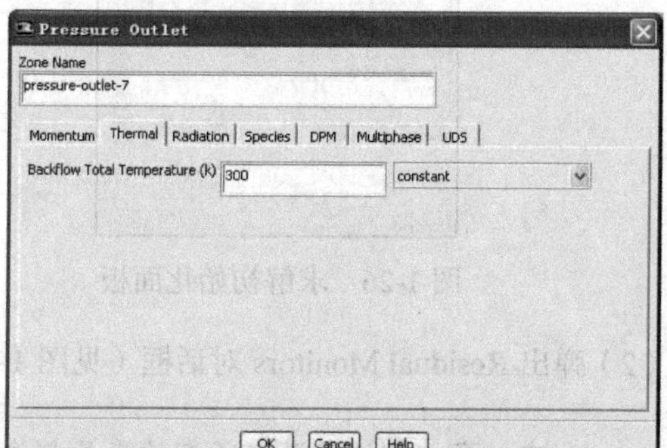

图 1-24 Thermal 选项卡

对于 wall-4 的壁面，保持如图 1-25 所示的默认设置即可。

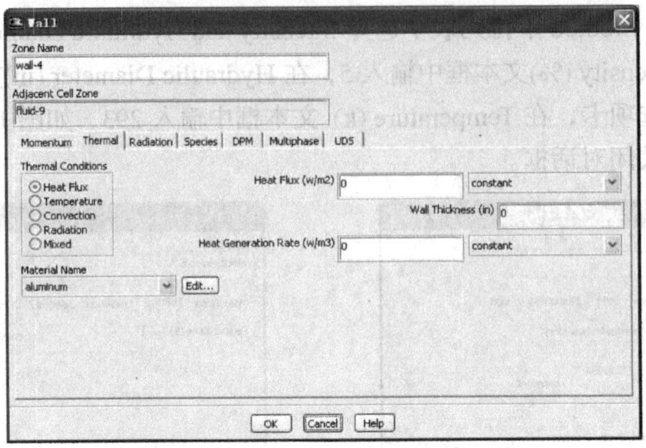

图 1-25　壁面边界条件设置对话框

对于 wall-8 的壁面，也保持默认设置。

1.5.10　求解参数设置

1. Solve / Initialization

（1）在 Solution Initialization 设置面板内的 Compute from 下拉列表中选择 all-zones 选项，如图 1-26 所示。

（2）单击 Initialize 按钮对计算域变量进行初始化。

2. Solve / Monitors

（1）在 Monitors 设置面板内选择 Residuals – Print，Plot。然后单击 Edit 按钮，如图 1-27 所示。

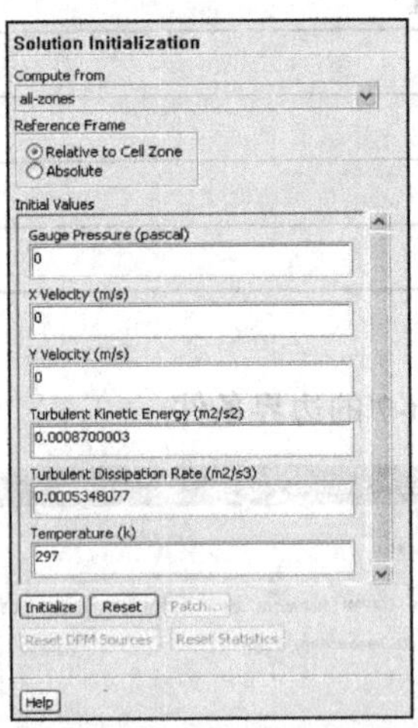

图 1-26　求解初始化面板

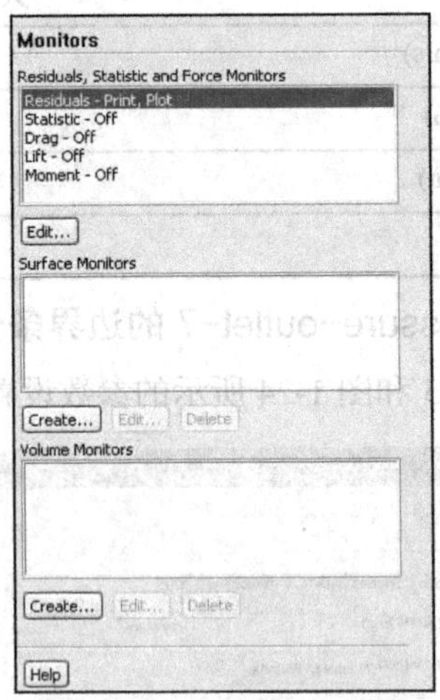

图 1-27　监视器设置面板

（2）弹出 Residual Monitors 对话框（见图 1-28），保持默认设置即可，然后单击 OK 按钮。

> 注　意：默认设置中所有的变量都被监视，并在迭代过程中确认其是否满足收敛条件。收敛将在满足变量的收敛标准后实现。默认的收敛标准是除能量残差的收敛标准为 10^{-6} 外，其他变量的收敛标准都必须降低到 10^{-3} 以下。

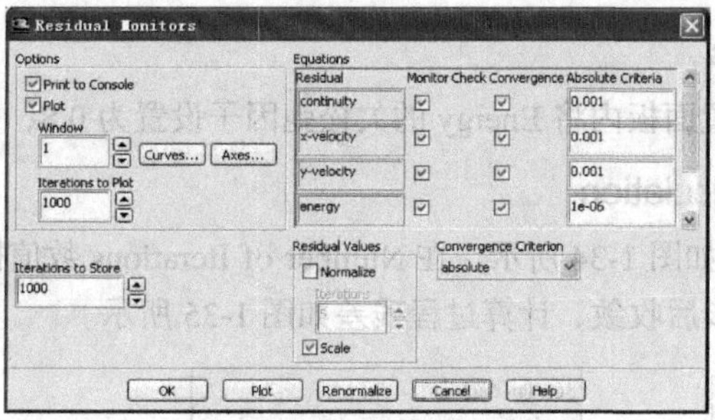

图 1-28　残差监视器设置对话框

1.5.11　迭代求解

1. File/Write/Case

保存工况文件，文件名默认为 elbow.cas。

2. Solve/Run Calculation

（1）在 Run Calculation 设置面板内的 Number of Iterations 数值框内输入 500，如图 1-29 所示。

（2）单击 Calculate 按钮开始迭代。

迭代将在进行约 60 步后收敛，并且弹出如图 1-30 所示的迭代提示对话框，单击 OK 按钮即可。计算过程残差如图 1-31 所示。

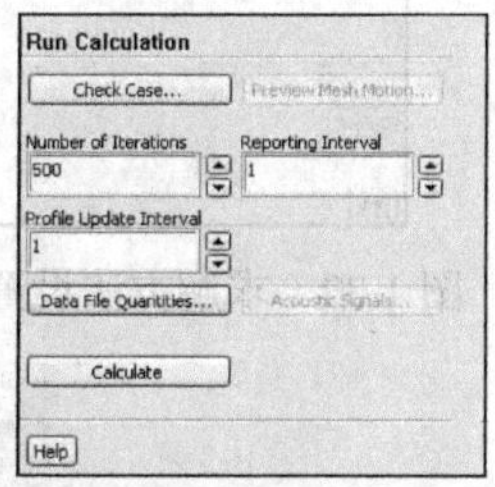

图 1-29　求解运行设置面板

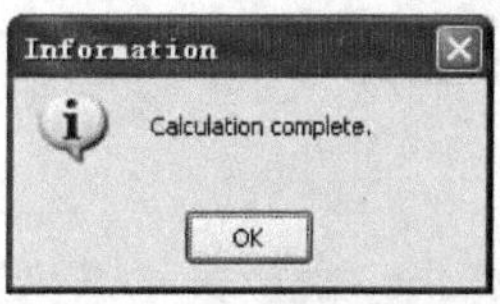

图 1-30　迭代提示对话框

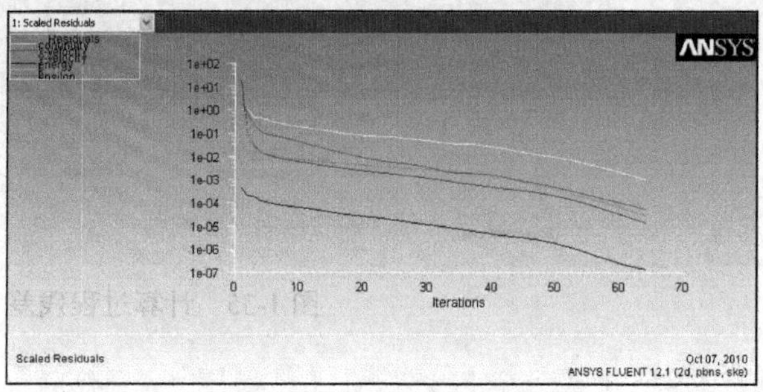

图 1-31　计算过程残差

3. File / Write / Date

保存数据文件，文件名默认为 elbow.dat。

1.5.12　利用高阶离散格式获得精确解

使用一阶离散格式求解的结果可能并不精确，对速度和温度场的预测可能误差较大。采用二阶离散格式可以提高解的精确性。

1. Solution / Methods

在 Solution Methods 设置面板内（见图 1-32），在 Spatial Discretization 选项组中的 Momentum、Turbulent Kinetic Energy、Turbulent Dissipation Rate 和 Energy 下拉列表中选择 Second Order Upwind 选项，即选择二阶离散格式。

2. Solution / Controls

在 Solution Controls 设置面板内将 Energy 的欠松弛因子设置为 0.8，如图 1-33 所示。

3. Solution / Run Calculation

继续进行 500 步迭代，如图 1-34 所示，在 Number of Iterations 数值框内输入 500，单击 Calculate 按钮。迭代将在继续约 60 步后收敛，计算过程残差如图 1-35 所示。

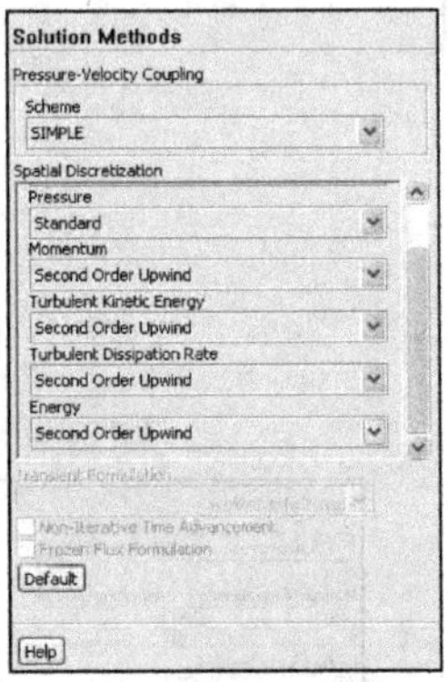

图 1-32　求解方法设置面板

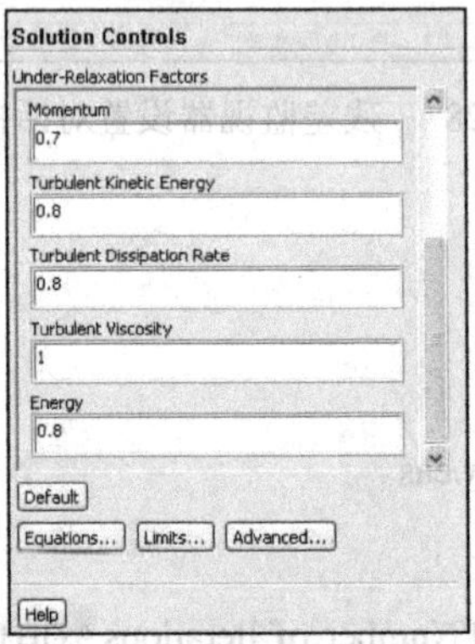

图 1-33　求解控制设置面板

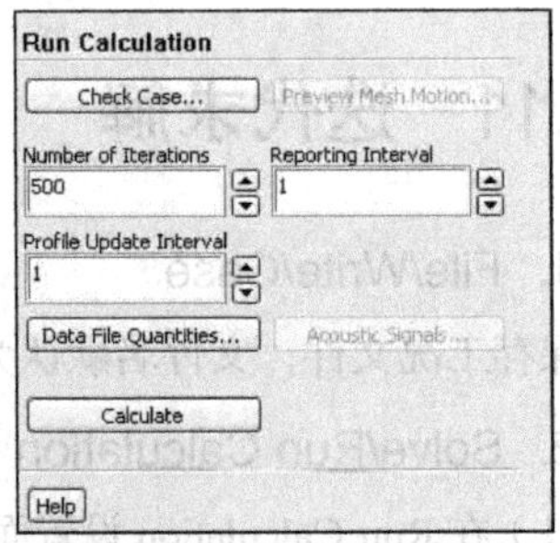

图 1-34　求解运行设置面板

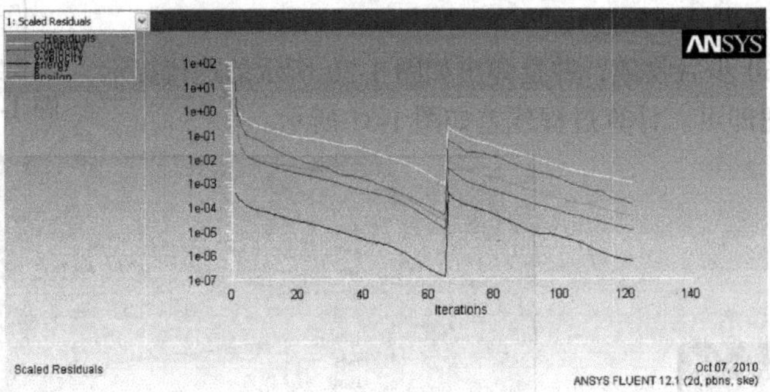

图 1-35　计算过程残差

注　意：当改变了求解模型或参数后，应继续进行迭代，并确保迭代完成后的残差满足收敛要求。

4. File / Write / Case & Data

保存第二次计算的二阶离散格式的工况和数据文件，文件名分别为 elbow2.cas 和 elbow2.dat。此时迭代计算已经完成，下一步可以进行后处理操作。

1.6　显示计算结果与分析结果数据

1.6.1　显示速度的云图

（1）进行 Display / Graphics and Animations 操作，在 Graphics and Animations 设置面板内（见图 1-36）

选择 Contours 选项，然后单击 Set Up 按钮。

（2）在 Contours 对话框内（见图 1-37）勾选 Filled 复选框，在 Contours of 下拉列表内选择 Velocity 选项，然后单击 Display 按钮，将出现如图 1-38 所示的速度云图。

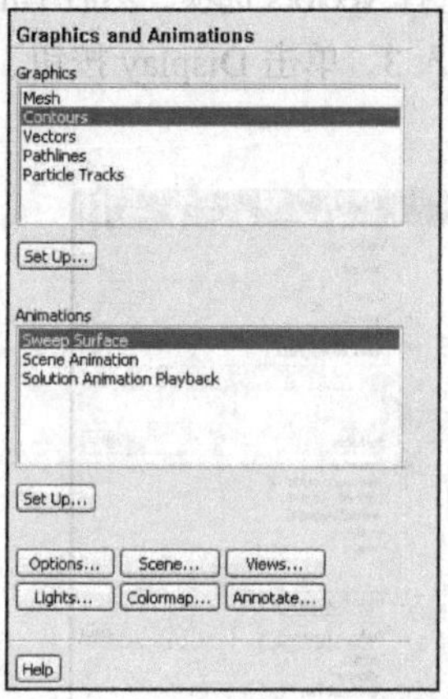

图 1-36　后处理设置面板

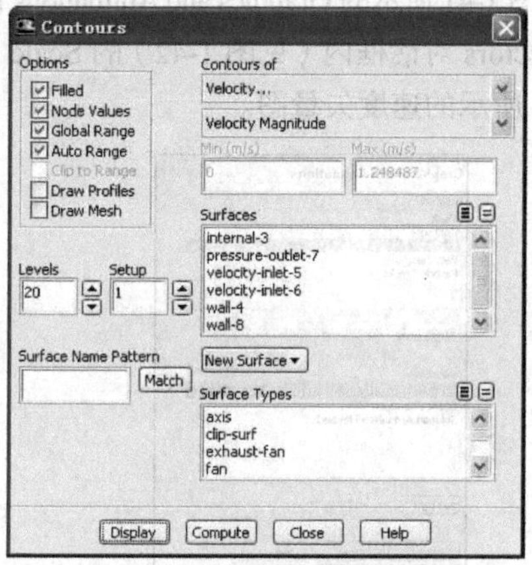

图 1-37　云图设置对话框

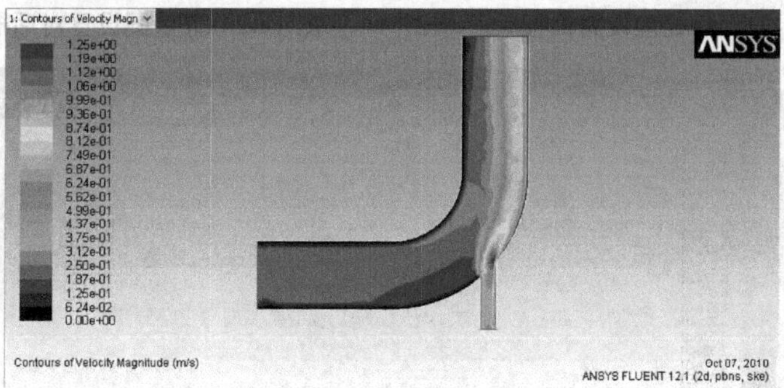

图 1-38　速度云图

1.6.2　显示温度的云图

（1）在 Contours 对话框内（见图 1-39），在 Contours of 下拉列表内选择 Temperature 选项，然后单击 Display 按钮，将出现如图 1-40 所示的温度云图。

（2）单击 Close 按钮关闭对话框。

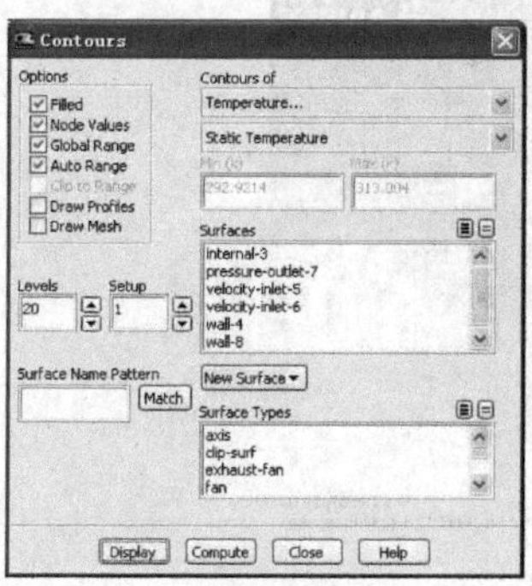

图 1-39　云图设置对话框

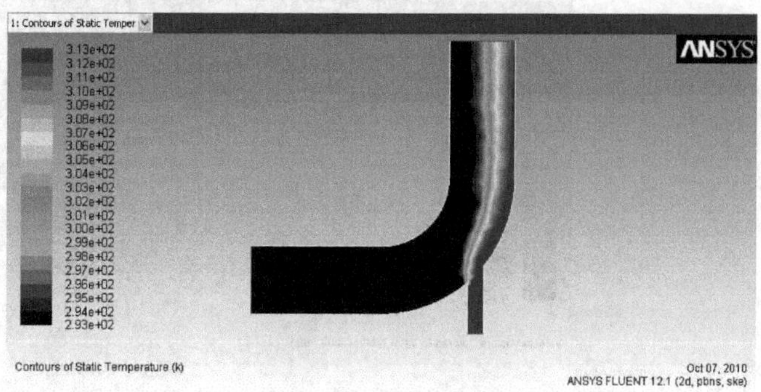

图 1-40　温度云图

1.6.3 显示速度矢量图

（1）在如图 1-41 所示的 Graphics and Animations 设置面板内选择 Vectors 选项，然后单击 Set Up 按钮。

（2）在 Vectors 对话框内（见图 1-42）的 Scale 文本框中输入 3，单击 Display 按钮，显示窗口中将显示如图 1-43 所示的速度矢量图。

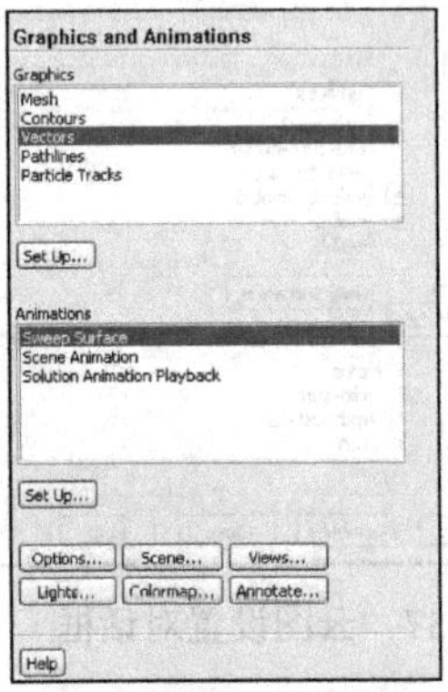

图 1-41　后处理设置面板

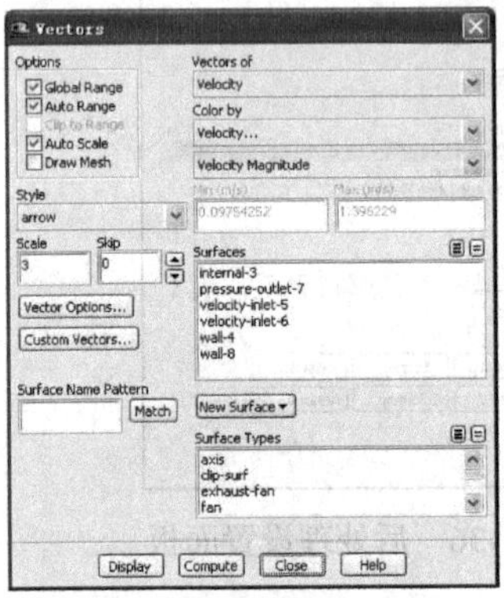

图 1-42　矢量图设置对话框

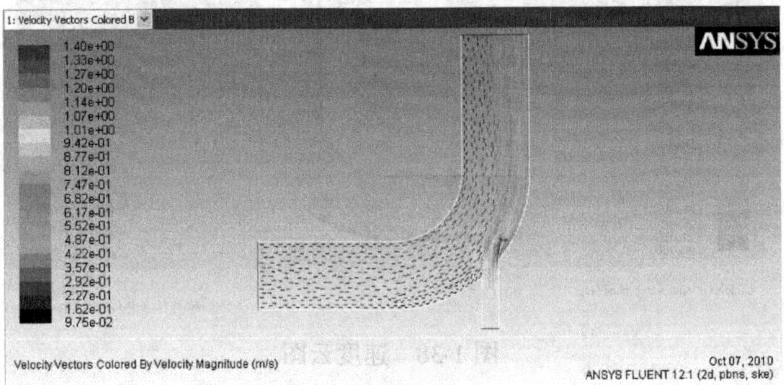

图 1-43　速度矢量图

（3）使用鼠标中键（滚轮）向右下方画出一个方框，以框选一个区域，该区域将被放大，放大后显示的局部速度矢量图如图 1-44 所示。使用鼠标中键向左上方画出方框将使显示区域缩小。

（4）单击 Close 按钮关闭对话框。

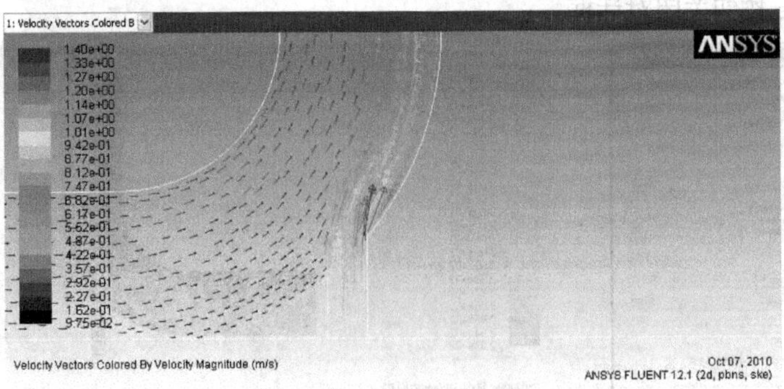

图 1-44　速度矢量图的局部放大效果

1.6.4　显示出口温度的 XY 点图

（1）进行 Display / Plots 操作，在 Plots 设置面板中选择 XY Plot 选项，然后单击 Set Up 按钮，如图 1-45 所示。

（2）在 Solution XY Plot 对话框中（见图 1-46）的 Y Axis Function 下拉列表中选择 Temperature 选项。在 Surfaces 列表中选择 pressure-outlet-7 选项，然后单击 Plot 按钮，即可出现如图 1-47 所示的出口温度的 XY 点图。

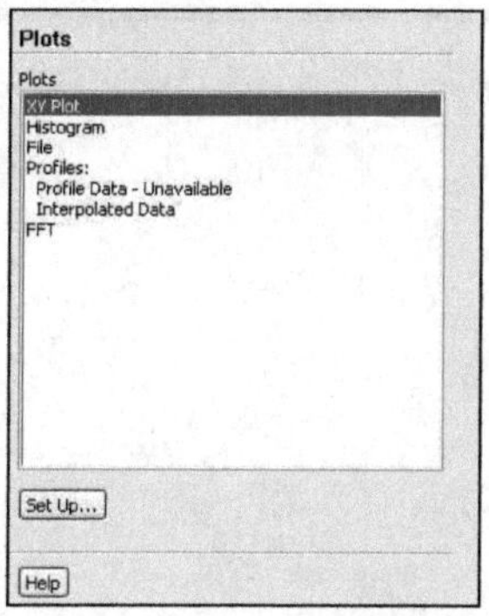

图 1-45　Plots 设置面板

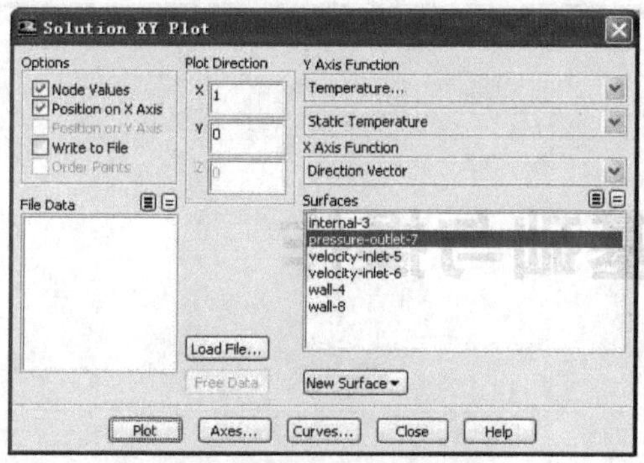

图 1-46　XY 点图设置对话框

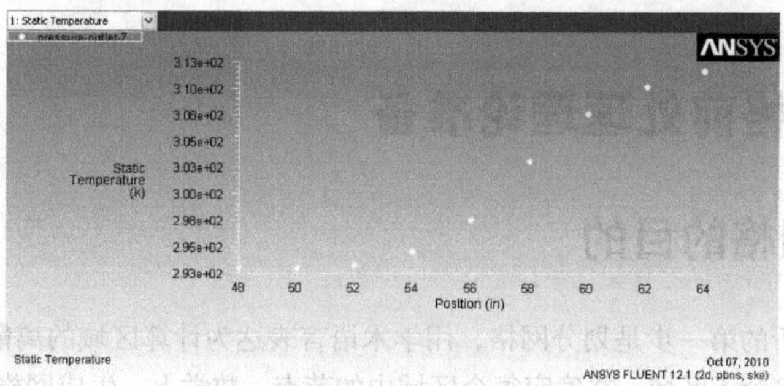

图 1-47　XY 点图显示

1.7　本章总结

通过这个开篇算例，用户学习了模拟流场和温度场的基本方法，对用 FLUENT 求解 CFD 过程有了直观的印象，这对今后深入学习 CFD 是很有帮助的。本算例涉及的读/写工况和数据文件的方法、设置求解参数的方法、设置物性的方法、设置边界条件的方法、设置求解控制参数的方法以及后处理的方法等都是用 FLUENT 求解中比较基本且常用的方法，熟悉这些设置方法是非常必要的。通过对后面章节的学习，用户还可以了解到更多理论和应用实例，如：不仅会学习如何设置参数，还会学习到为什么这样设置参数，怎样才能让模拟更容易收敛，怎样才能让模拟的结果更准确。

第 2 章

网格基础与操作

2.1 CFD 网格前处理理论准备

2.1.1 划分网格的目的

计算流体力学分析的第一步是划分网格，用学术语言表达为计算区域的离散化，即将空间上连续的计算区域划分成许多个子区域，并确定每个区域中的节点。数学上，生成网格后（即离散化后），就将连续的控制方程进行了离散，即将描写流动与传热的偏微分方程转化为各个节点上的代数方程组。

划分网格的本质是用有限个离散的单元体来代替原来的连续空间。

2.1.2 网格几何要素

网格划分结束后，可以得到以下 5 种几何要素，如图 2-1 和图 2-2 所示。

- Cell：单元体，离散化的控制体计算域由表征流体和固体区域的网格所确定。
- Face：面，Cell 的边界。
- Edge：边，Face 的边界。
- Node：节点，Edge 的交汇处/网格点。
- Zone：区域，一组节点、面和（或者）单元体。边界条件数据存储在 Face 中，材料数据和源项存储在 Zone 的 Cell 中。

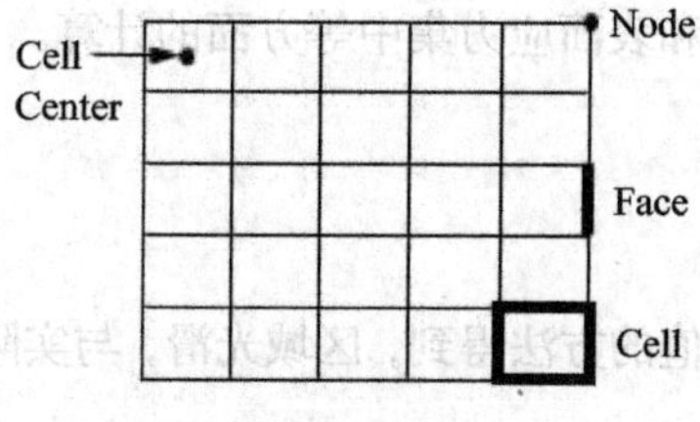

图 2-1　二维网格

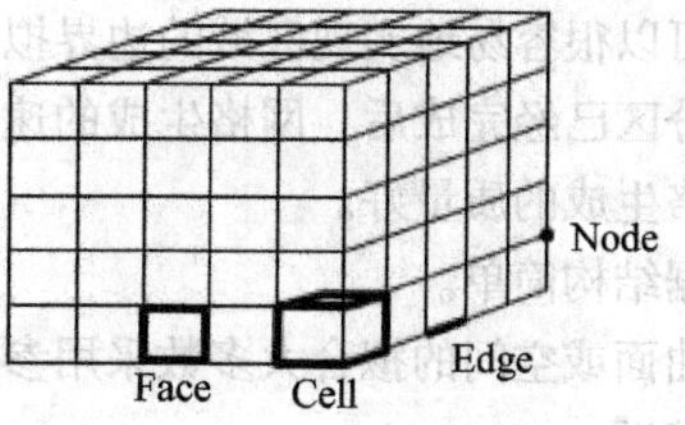

图 2-2　三维网格

2.1.3　网格形状

在 2D 模拟中，FLUENT 可以使用三角形和四边形单元以及它们的混合单元构成网格。在 3D 模拟中，FLUENT 可以使用四面体、六面体、棱锥和楔形单元构成网格。

三维实体的四面体和六面体网格生成算法现在还远远没有成熟。部分四面体网格生成器虽然已经进入了实用的阶段，但是对任意几何体进行自动剖分的问题仍然没有解决。现在的解决方法是采用分区处理的办法，将复杂的几何区域划分为若干个简单的几何区域，然后分别剖分再合成。对不规格几何体的处理也是如此。

六面体的网格生成技术主要采用的是间接方法，即由四面体网格剖分作为基础，然后生成六面体。这种方法生成网格的速度比较快，但是生成的网格很难达到完全的六面体，会剩下部分的四面体，四面体和六面体之间需要金字塔形的网格来连接。现在还没有比较成熟的直接生成六面体的网格生成方法。六面体网格更容易实现壁面处的正交性原则，因而计算精度较高，求解收敛性好，但是对型面逼近效果较差。四面体网格的优点在于能够容易地生成网格，逼近壁面程度高，但是四面体网格计算精度不高，且生成网格数量较多，因而计算量较大。

选择哪种类型的单元取决于用户的应用。当选择网格类型的时候，应当考虑以下问题。

- 设置时间（Setup Time）。
- 计算成本（Computational Expense）。
- 数值耗散（Numerical Diffusion　）。

对于二维网格，ANSYS FLUENT 可以接受三角形或四边形的网格，如图 2-3 所示。而对于三维网格，六面体、四面体、棱柱形、金字塔形或多面体单元都可以使用，如图 2-4 所示。块结构网格、三角形或四边形的混合网格、四面体与六面体的混合网格 ANSYS FLUENT 也可以接受。

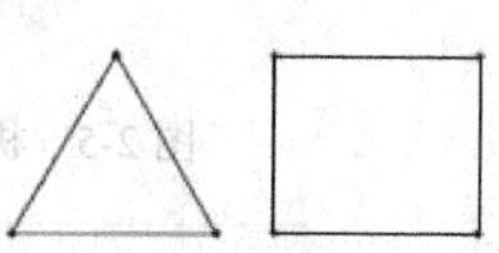

三角形和四边形

图 2-3　2D 网格类型

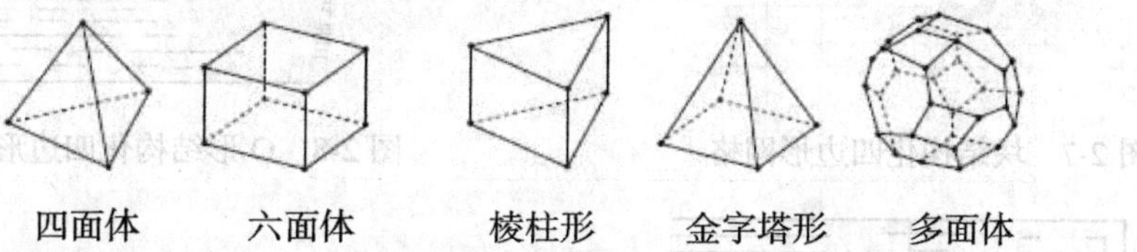

四面体　六面体　棱柱形　金字塔形　多面体

图 2-4　3D 网格类型

2.1.4　结构化与非结构化网格

1. 结构化网格

从严格意义上讲，结构化网格指网格区域内所有的内部点都具有相同的毗邻单元。结构化网格是正交处理点的连线，意味着每个点都具有相同数目的邻点。结构化网格有很多优点。

- 它可以很容易地实现区域的边界拟合，适于流体和表面应力集中等方面的计算。
- 当分区已经完成后，网格生成的速度快。
- 网格生成的质量好。
- 数据结构简单。
- 对曲面或空间的拟合大多数采用参数化或样条插值的方法得到，区域光滑，与实际的模型更容易接近。

结构化网格典型的缺点是适用范围比较窄，尤其随着近几年计算机和数值方法的快速发展，用户对求解区域的复杂性要求越来越高。在这种情况下，结构化网格生成技术就显得力不从心了。结构化网格的生成技术主要包括代数网格生成方法，主要应用参数化和插值的方法，对处理简单的求解区域十分有效，而 PDE 网格生成方法则主要用于空间曲面网格的生成。

2. 非结构化网格

同结构化网格的定义相对应，非结构化网格是指网格区域的内部点不具有相同的毗邻单元，即与网格剖分区域内部的不同内部点相连的网格数目不同。对于非结构网格来说，也就是不规则的连接，每个点周围的点的数目是不同的。

图 2-5 ~ 图 2-14 所示为 ANSYS FLUENT 可以接受的结构化和非结构化网格。O 形网格，具有零厚度壁面的网格，C 形网格，块结构网格以及非结构的三角形、四边形与四面体、六边形与六面体网格都可被接受。

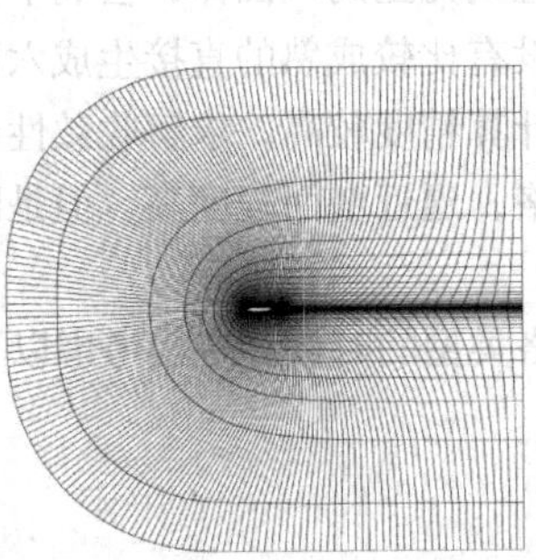

图 2-5　机翼的结构化四边形网格

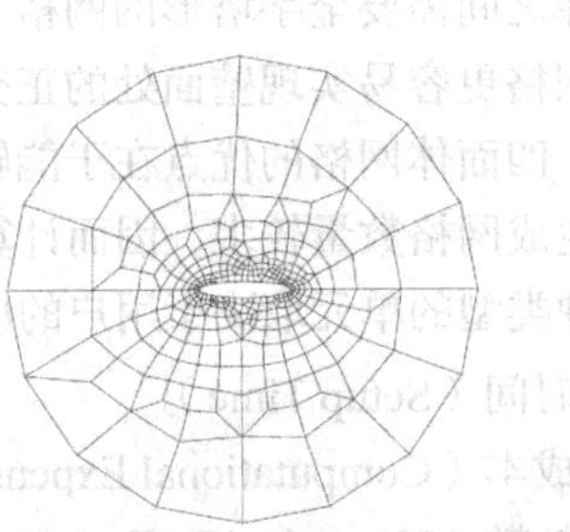

图 2-6　非结构四边形网格

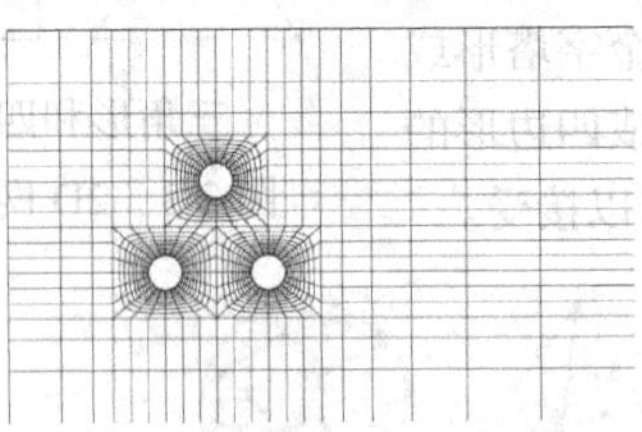

图 2-7　块结构化四边形网格

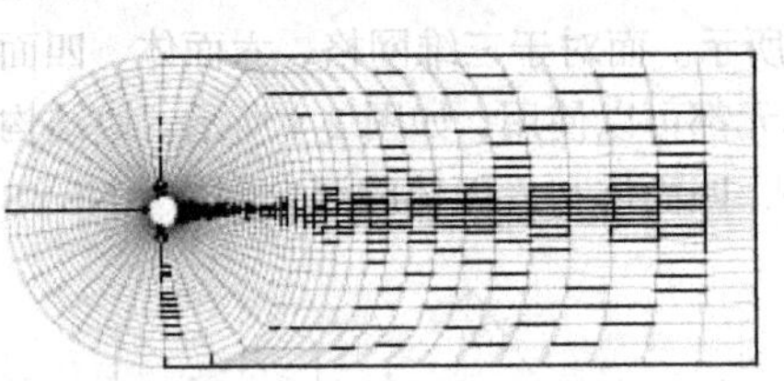

图 2-8　O 形结构化四边形网格

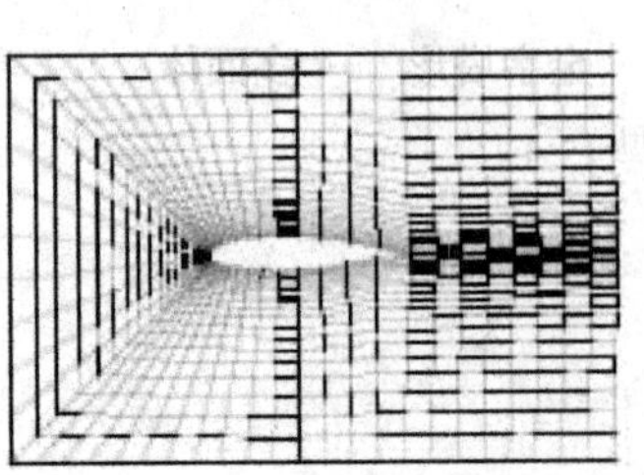

图 2-9　C 形结构化四边形网格

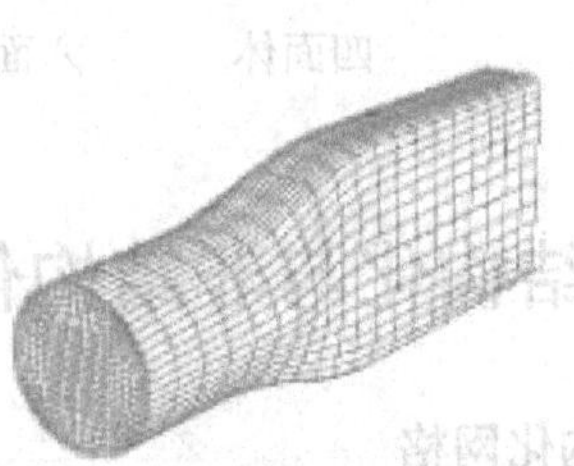

图 2-10　3D 块结构网格

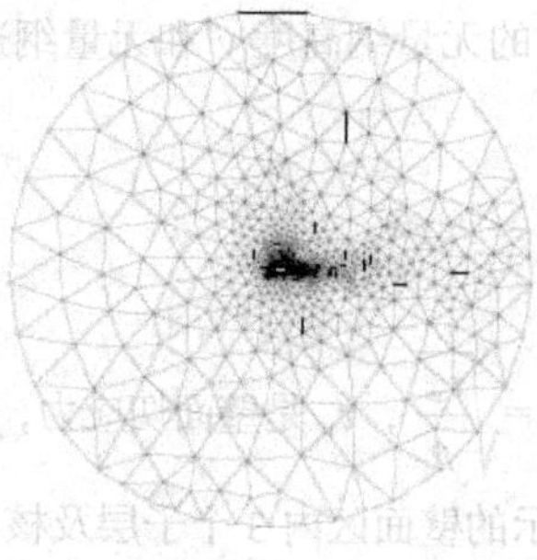

图 2-11　翼形的非结构三角形网格

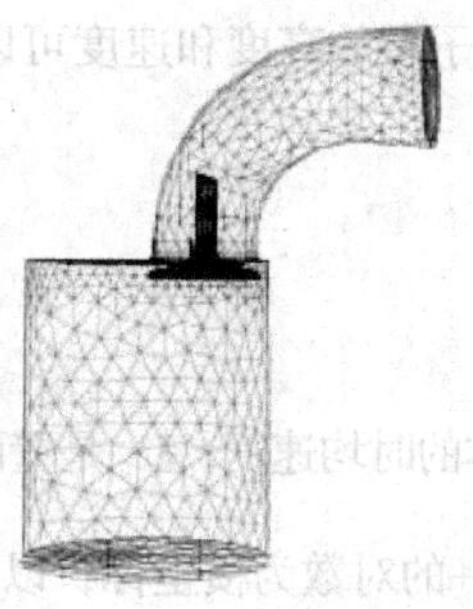

图 2-12　非结构四面体网格

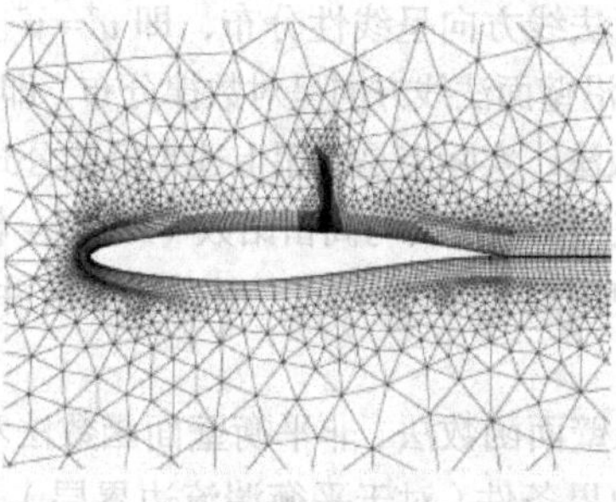

图 2-13　三角形与四边形混合网格

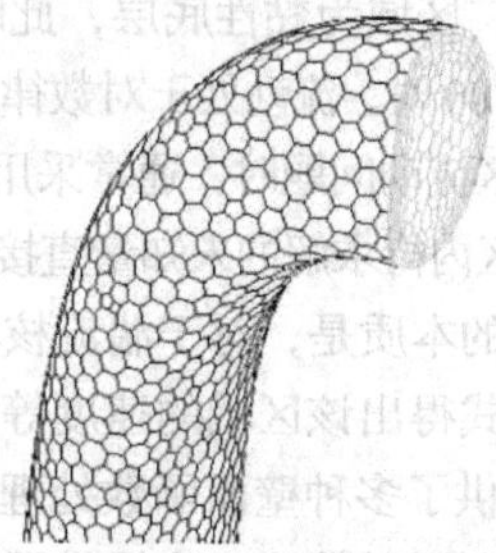

图 2-14　多面体网格

2.1.5　壁面和近壁区网格处理原则

通常使用的湍流模型（如 k-ε 模型）针对充分发展的湍流才有效，它们只在高 Re（雷诺数）的湍流模拟中适用。但是，近壁区附近 Re 较低，湍流发展并不充分，湍流的脉动影响不如分子黏性的影响大，该区域不能使用高 Re 数的湍流模型，必须采用特殊的处理方法，而且在网格划分上也要进行特殊的处理。本节介绍的壁面函数法可以与 k-ε 模型等配合，解决近壁区的流动计算问题。

1. 壁面边界层与壁面函数

对于有壁面的流动，当主流为充分发展湍流时，根据离壁面法线距离的不同，可将流动划分为壁面区（或称内区、近壁区）和核心区（或称外区）。

核心区是完全湍流区，为充分发展的湍流。

在壁面区，由于有壁面的影响，流动与核心区不同。壁面区可分为 3 个子层，如图 2-15 所示。

- 黏性底层。
- 过渡层。
- 对数律层。

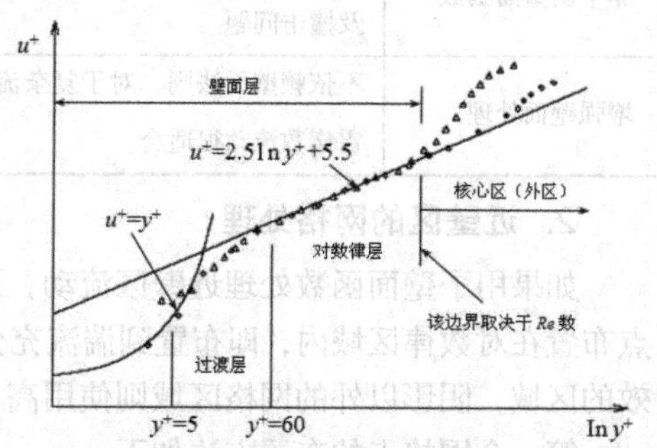

图 2-15　近壁区 3 个子层的划分

黏性底层是一个紧贴壁面的极薄层，在动量、热量和质量的交换过程中黏性力起主要作用，而湍流切应力可以忽略，因此流动几乎可以看成层流流动，且在平行于壁面方向上的速度分量沿壁面法线方向呈线性分布。

过渡层处于黏性底层之外，在此层中，黏性力和湍流切应力的作用相当，流动状况较为复杂，很难用公式或定律表述。实际工程计算中由于过渡层厚度极小，可不考虑此层，直接以对数律层的方法处理。

对数律层处于近壁区的最外层，黏性力的影响不明显，湍流切应力占主要地位，流动处于充分发展的湍流状态，流速分布接近对数律。

壁面区内不同子层的高度和速度可以用沿壁面法向的无量纲高度 y^+和无量纲速度 u^+表达。

$$u^+=\frac{u}{U_\tau}$$

$$y^+=\frac{yU_\tau}{\nu}$$

其中，u 是流体的时均速度，U_τ 是壁面摩擦速度，$U_\tau=\sqrt{\frac{\tau_w}{\rho}}$ ，τ_w 是壁面切应力，y 是壁面的垂直距离。

图 2-15 是以 y+的对数为横坐标，以 u+为纵坐标表示的壁面区内 3 个子层及核心区的流动。图 2-15 中的三角形及空心圆代表两种 Re 数下实验测得的速度值 u+，直线为对速度进行拟合后的结果。

在 $y^+<5$ 时，区域为黏性底层，此时速度沿壁面法线方向呈线性分布，即 $u^+=y^+$。

在 $60<y^+<300$ 时，流动处于对数律层，此时速度沿壁面法线方向呈对数律分布，即 $u^+=2.5\ln y^+ +5.5$。

在处理近壁区流动问题时，通常采用的是壁面函数法，实际上是利用上述半经验公式，将壁面上的物理量与湍流核心区内待求解的未知量直接联系起来。壁面函数法要与高雷诺数（Re）k-ε 模型配合使用。

壁面函数法的本质是，对于湍流核心区的流动使用 k-ε 模型求解，而在壁面区并不进行求解，直接使用半经验公式得出该区域的速度等物理量。

FLUENT 提供了多种壁面函数处理方式，如标准壁面函数法、非平衡壁面函数法和增强壁面处理。标准壁面函数法利用对数校正法提供了必需的壁面边界条件（对于平衡湍流边界层）。而非平衡壁面函数法用来改善高压力梯度、分离、再附和滞止等情况下的结果。标准壁面函数法和非平衡壁面函数法都允许在近壁面区域上使用相对较粗的网格。对于大多数高雷诺数情况使用标准的或者非平衡的壁面函数。增强壁面处理选项把混合边界模型和两层边界模型结合起来，对低雷诺数流动或者复杂近壁面现象很适合，湍流模型在内层上得到了修正。表 2-1 所示为几种壁面处理方法的比较。

表 2-1　　几种壁面处理方法的比较

	优　　点	缺　　点
标准壁面函数	应用较多，计算量小，有较高的精度	适合高雷诺数流动，对低雷诺数流动问题，有压力梯度和大的体积力、低雷诺数和高速三维流动问题不合适
非平衡壁面函数	考虑了压力梯度，可以计算分离，再附着以及撞击问题	对低雷诺数流动问题，有较强压力梯度及强体积力问题不适合
增强壁面处理	不依赖壁面法则，对于复杂流动，特别是低雷诺数流动很适合	要求网格密，因而要求计算机处理时间长，内存大

2. 近壁区的网格处理

如果用了壁面函数处理近壁区流动，那么划分网格时不需要在壁面区加密，只需要把第一个内节点布置在对数律区域内，即布置到湍流充分发展的区域，如图 2-16 所示。图中阴影部分是壁面函数有效的区域，阴影以外的网格区域则使用高 Re 湍流模型进行求解。

第一个网格点的布置方法如下。

对于标准或者非平衡的壁面函数法，每个壁面相邻的单元体中心必须位于对数律层（log-Law Layer）中，$y_p^+\approx 30-300$。

对于增强的壁面处理（EWT），每个与壁面相邻的单元体中心应该位于黏性亚层上，$y_p^+\approx 1$。

为了在网格划分之前知道首层网格的高度，应估计第一层网格的单元体大小，可由下式估算：

$$y_p^+=\frac{y_p u_\tau}{\nu} \Rightarrow y_p=\frac{y_p^+ \nu}{u_\tau}$$

而$U_t=\sqrt{\frac{t_w}{\rho}}=U_e\sqrt{\frac{\overline{C}_f}{2}}$

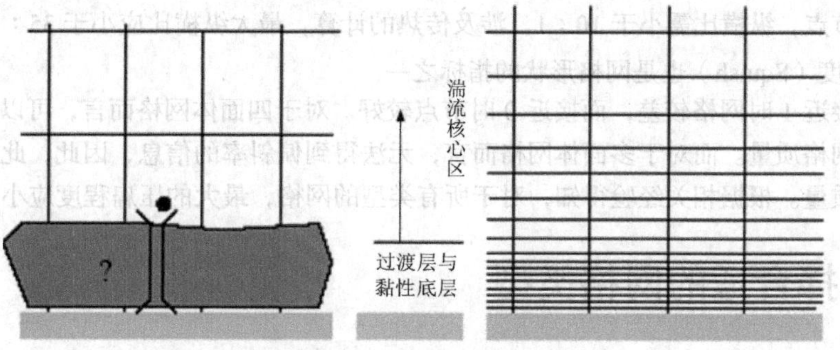

图 2-16 近壁区网格处理

表面摩擦系数也可以从经验公式中估算。

对于平板：$\frac{\overline{C}_f}{2}\approx\frac{0.037}{Re_L^{1/5}}$，对于管道：$\frac{\overline{C}_f}{2}\approx\frac{0.039}{Re_{D_h}^{1/4}}$。

对于近壁区流动的求解，还应注意，因为首层网格高度是估算的，且同一个模型上不同壁面处y^+的值是不一样的，因此要在得到初步结果后使用后处理工具检查近壁区网格的布置，检查y^+是否符合要求。

3. 层流时的近壁网格处理

对于层流流动的求解，其附壁的网格需满足：

$$y_p\sqrt{\frac{u_\infty}{v_x}}\leqslant 1$$

其中y_p表示从附壁单元中心到壁面的距离；u_∞表示流动速度；v表示流体的动力粘性系数；x表示从边界层起始点开始沿壁面的距离。

2.1.6 网格质量评价标准

网格质量对计算精度和稳定性有很大的影响，网格质量包括以下内容。

- 所有网格的节点压扁程度（Cell Squish）。节点压扁程度定量描述了节点偏离其相应正交面的程度。
- 三角形和四面体节点的歪斜程度（Cell Equivolume Skew）。
- 多面体网格的面压扁程度（Face Squish）。
- 各类网格的纵横比（Aspect Ratio）。

节点密度和聚集度方面，因流动的连续性被离散化，因此，某些流动的显著特征（如剪切层、分离区域、激波、边界层和混合区域）被求解的精确程度取决于网格的节点密度和分布。绝大多数情况下，流动关键区域上较差的网格分布会使求解精度降低，甚至得到非物理解。对于流动极具变化的区域或剪切率变化较大的区域，需采用足够细的网格。

网格单元的形状（包括偏斜率、纵横比和压扁程度）对求解精度也有重要影响。

- 偏斜率（Skewness）为实际节点形状与同等体积等边形节点的差别。

高的偏斜率会降低解的精确性，并降低收敛性。例如，理想的四边形网格顶角的角度接近 90°，而三角形网格的最佳顶角角度为 60°。一般而言，对于绝大多数流动，三角形与四面体网格的最大偏斜率应低于 0.95，而平均偏斜率应低于 0.33。最大偏斜率大于 0.95 可能导致收敛困难，并需要进一步的求解控制处理，如降低欠松弛因子或选择基于压力的耦合求解器。

- 纵横比（Aspect Ratio）为节点被拉长的程度。

一般而言，在流动核心区（远离壁面的区域）内应避免纵横比大于 5 : 1。对于边界层内的四边形、六面体与楔形节点，纵横比需小于 10 : 1。涉及传热的计算，最大纵横比应小于 35 : 1。

- 压扁程度（Squish）也是网格形状的指标之一。

压扁程度接近 1 时网格较差，而接近 0 时节点较好。对于四面体网格而言，可以采用偏斜率或压扁程度来衡量网格质量。而对于多面体网格而言，无法得到偏斜率的信息，因此，此时需依靠压扁程度来判断网格质量。根据相关经验得知，对于所有类型的网格，最大的压扁程度应小于 0.99。

2.1.7 选择合适的网格类型

网格类型的选择需综合考虑划分网格时间、计算量和精确度，要根据实际应用情况而定。

1. 划分网格时间

对于划分网格时间而言，大多数实际工程流体问题都涉及复杂的几何体，对这些复杂的几何体划分块结构网格（包含四边形或六面体节点）非常耗时。因此，对于复杂的几何体，使用三角形或四面体节点的非结构网格将大大减少划分网格所需的时间。然而，如果几何体本身相对简单，无论使用非结构网格还是结构化网格，其划分时间都不是太长。

2. 计算量

当几何体较为复杂或者计算域较大时，相比四边形或六面体网格，采用三角形或四面体网格可以使网格数大为减少，这是因为三角形或四面体网格允许在特定区域设置相应的网格大小（可在某些区域设置较大的网格），而结构化的四边形或六面体网格强迫某些节点布置在并不需要的场合（因为其是结构化的）。另外，将整体计算域的四面体网格转换为多面体网格也能减少总网格数。尽管网格变粗，但计算速度将提高，因此能在收敛性好的前提下节省计算量。一般而言，推荐以下设置。

- 对于简单几何体，使用四边形或六面体网格。
- 对于中等复杂的几何体，使用非结构化四边形或六面体网格。
- 对于相对复杂的几何体，使用三角形或四面体网格，并配合棱柱形边界层网格。
- 对于极其复杂的几何体，使用纯三角形或四面体网格。

3. 精确度

对于流体计算而言，多尺度计算容易产生数值扩散，这在 CFD 中也称为假扩散。假扩散是相对真实的流动扩散过程而言的，也就是说，实际流动过程会存在扩散作用，数值求解过程也会产生扩散作用，但数值求解产生的扩散并不是实际物理过程，而是因数值截断误差产生的。对于数值扩散，需注意以下内容。

- 当真实扩散作用相对较小时，数值扩散作用较大，如模拟的对象以对流为主时。
- 所有的数值求解都存在一定程度的假扩散，这是由于求解流动方程离散格式的截断误差造成的。
- ANSYS FLUENT 中使用的二阶精度格式与 MUSCL 离散格式能减小数值扩散。
- 数值扩散造成的影响与网格数相反，也就是说，减小数值扩散的措施之一是增加网格数，细化网格。
- 当流动方向与网格正交时，数值扩散最低，这与网格选择有关。当使用三角形与四面体网格时，流动永远也不会与网格正交，而使用四边形与六面体网格时，有可能使网格与流动方向垂直。但对于复杂流动而言，这也很难实现。对于简单流动，如流体流过长管，这时可以使用四边形或六面体网格，并将网格布置得与流动方向正交，从而最小化数值扩散的影响。这时的求解结果比使用三角形或四面体的精确。

4. 网格的要求与限制

在计划解决问题前，应该注意下面的几何图形设定以及网格结构的必要条件。

- 对于 2D 轴对称图形而言，必须定义笛卡尔坐标系的 x 轴为旋转轴（见图 2-17）。
- 周期性边界条件要具有周期性网格，GAMBIT 和 ICEM CFD 都能产生周期性边界。需注意周期性边界面内网格设置需相同，这样才能使用 make/periodic 命令创建周期性边界。

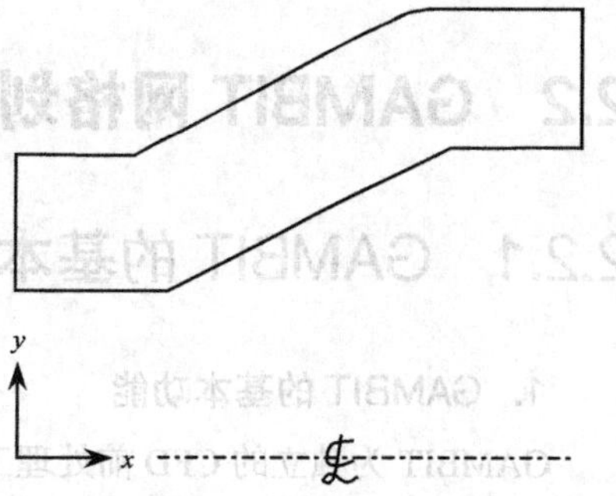

图 2-17 轴对称图形必须以 x 轴为中线

2.1.8 网格自适应

在 CFD 求解过程中，首次划分的网格可能因网格疏密程度不够或网格质量不高等因素无法满足计算精度要求，因而可以在得到初步计算结果后，基于初步计算的结果对网格进行自适应，对网格进行加密、稀疏或其他操作。网格自适应能够在没有前处理软件帮助的情况下实现网格粗化和细化，网格自适应操作可使用 FLUENT 软件完成。

图 2-18 ~ 图 2-21 所示为二维平面网格自适应的效果及其计算出的压力场。原始网格较为稀疏，使用原始网格计算得到的压力场不太理想，而经过压力梯度区域的自适应后，在压力梯度较大的地方，网格被加密。使用经过自适应加密后网格计算得到的压力场更加精确，更符合实际物理过程，即以物理场初步计算结果为基础的网格自适应对弓形激波和膨胀波有更好的模拟结果。

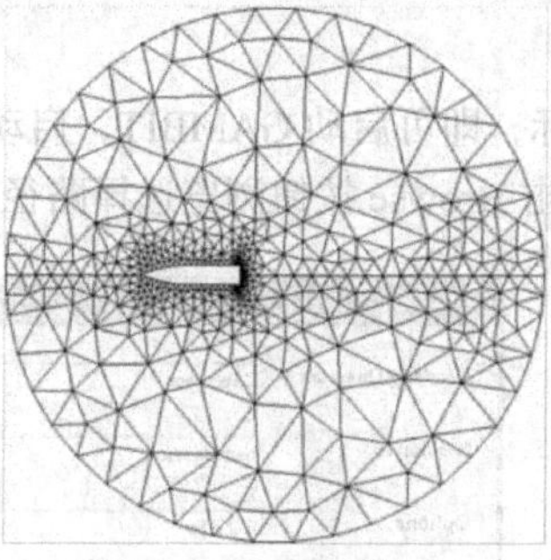
图 2-18 原始网格

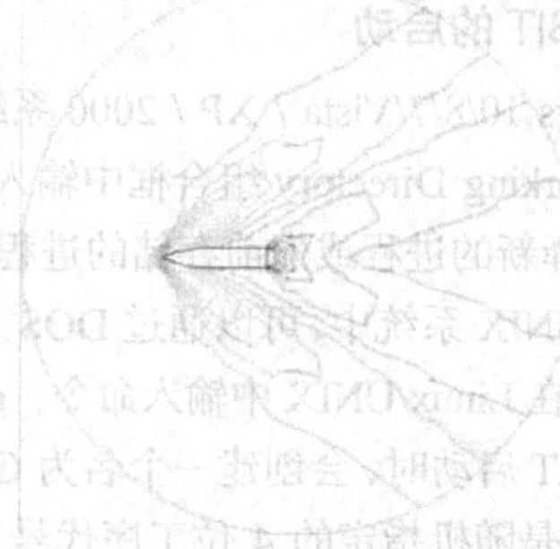
图 2-19 使用原始网格计算的压力场

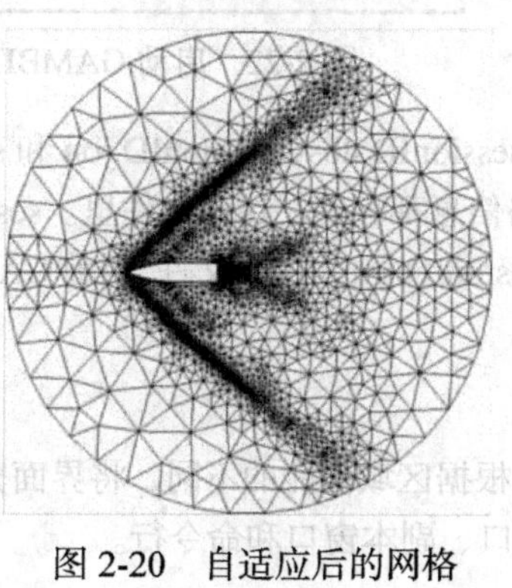
图 2-20 自适应后的网格

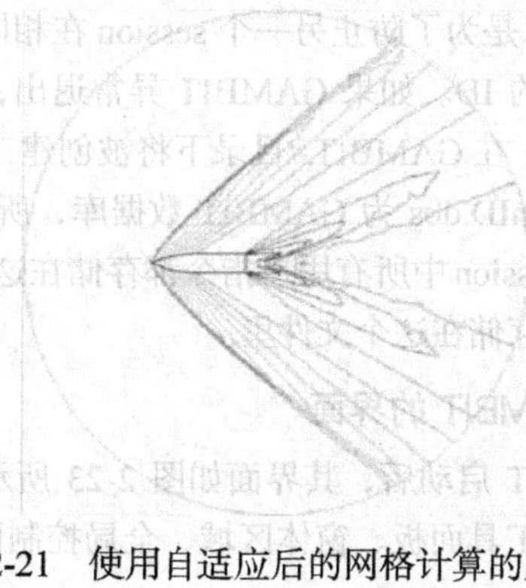
图 2-21 使用自适应后的网格计算的压力场

2.2 GAMBIT 网格划分

2.2.1 GAMBIT 的基本功能与界面

1. GAMBIT 的基本功能

GAMBIT 为独立的 CFD 前处理工具。在几何建模与导入方面，GAMBIT 具备 ACIS 实体建模能力，ACIS 文件是扩展名为.sat 的文件。利用 AutoCAD 可以输出三维实体。利用该文件格式可以在三维建模软件之间进行相互交换。除 ACIS 实体建模能力外，GAMBIT 还具备 STEP、Parasolid 和 IGES 等的接口。GAMBIT 能为各种版本的 FLUENT 求解器生成网格，包括 FIDAP 和 POLYFLOW 等，生成的网格包含结构化和非结构化类型，六面体、四面体、金字塔形和棱柱体网格。GAMBIT 还能进行网格质量检查、边界区域指定和网格输出操作。

2. GAMBIT 的操作流程

GAMBIT 的操作流程如下。

- 几何构造，通过 GAMBIT 建模工具或者 CAD/CAE 几何文件接口，对几何模型编辑修补。
- 网格生成，包括局部网格（边或边界）和全局网格（面或体）。
- 检查网格质量。
- 边界和连续区域的指定。
- 为 FLUENT 输出网格。

3. GAMBIT 的启动

在 Windows 10/8/7/Vista / XP / 2000 系统中双击图标，即可启动 GAMBIT，启动界面如图 2-22 所示。可在 Working Directory 组合框中输入工作目录或单击 Browse 按钮浏览选择路径。在 Session Id 下拉列表中选择新的进程或先前存储的进程。

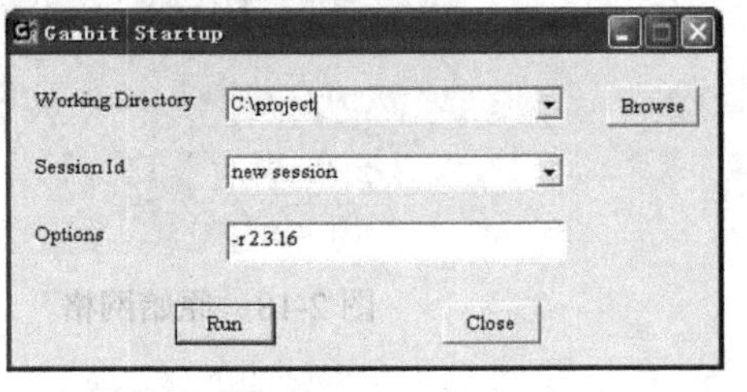

图 2-22 启动 GAMBIT 程序

在 Linux/UNIX 系统中，可以通过 DOS 命令提示符进入 GAMBIT 或在 Linux/UNIX 中输入命令：gambit session。

当 GAMBIT 启动时，会创建一个名为 GAMBIT.#的工作目录，其中#是随机指定的 4 位工序代号，GAMBIT 还创建一个锁定的文件 sessionID.lok，其在工作目录下。sessionID.lok 是为了防止另一个 session 在相同的工作路径下使用相同的 ID。如果 GAMBIT 异常退出，这个文件必须手动删除。在 GAMBIT.#目录下将被创建三个文件，即 sessionID.dbs、sessionID.jou 和 sessionID.trn。其中，sessionID.dbs 为 GAMBIT 数据库，所有几何和网格信息都存储在这个文件里。sessionID.jou 为日志文件，session 中所有用户指令都存储在这个文件中。sessionID.trn 为副本文件，当前 GAMBIT session 所有输出都存储在这个文件里。

4. GAMBIT 的界面

GAMBIT 启动后，其界面如图 2-23 所示。GAMBIT 根据区域功能的不同，将界面分为主菜单工具栏、操作工具面板、窗体区域、全局控制面板、描述窗口、副本窗口和命令行。

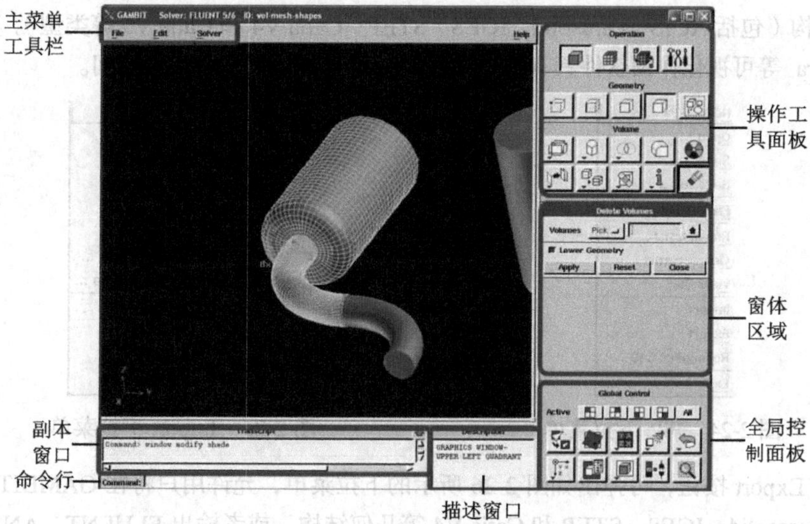

图 2-23　GAMBIT 的界面

操作工具面板是用户将要使用的主要建模工具，通过操作工具面板，用户可以先建立模型，再进行网格划分，最后指定区域和边界条件。

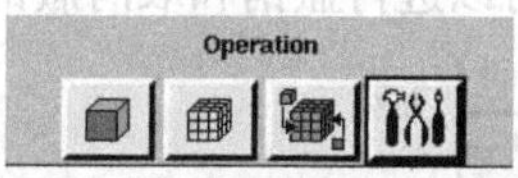

Operation 工具栏由几何元素、网格划分、边界条件和工具栏选择几部分组成。用户在单击相应的按钮之后，下面的工具栏中将出现对应的工具。

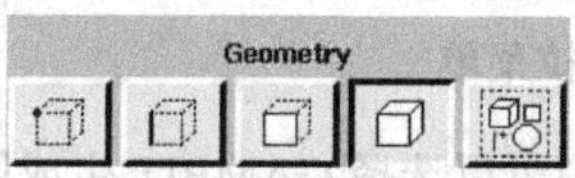

Geometry 工具栏由创建点、线、面、体和组等几部分组成。

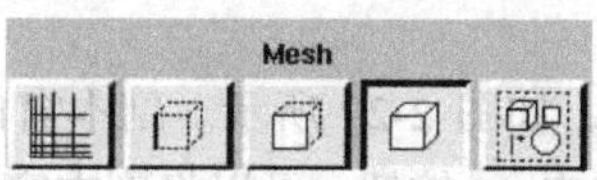

Mesh 工具栏由边界层、线、面、体和组网格划分几部分组成。

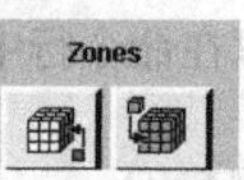

Zones 工具栏由边界条件设定和区域类型设定两部分组成。

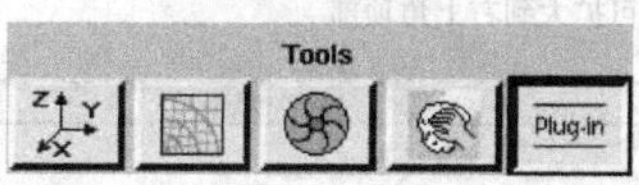

Tools 工具栏可允许用户选择相应的坐标系，对视图窗口设定网格点、擦除等。

用户单击 File 按钮，可弹出如图 2-24 所示的下拉菜单，从上到下依次允许用户进行新建、打开、保存、另存为、打印图形到打印机或到文件（保留图片的类型是 BMP 和 TIF 等）、运行日志命令、清除日志、屏幕编辑、从日志文件中删除不必要记录、错误命令和退出等操作。

用户单击 Import 按钮，可弹出如图 2-25 所示的下拉菜单，允许用户从 GAMBIT 以外直接调入相应的几何体结构（包括 ACIS、Parasolid、IGES、STEP、Catia V4 和 Catia V5 等类型）。其与 AutoCAD 及 ProE Optegra 等可视化作图软件具有良好的接口，这会为用户节约建模时间。

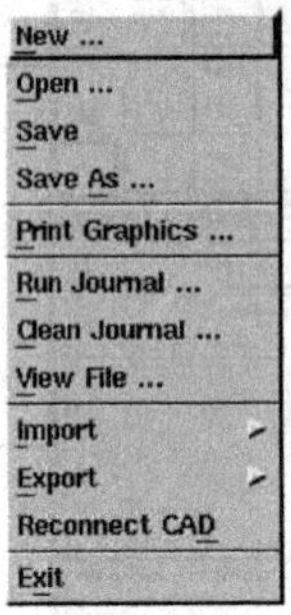

图 2-24 File 下拉菜单

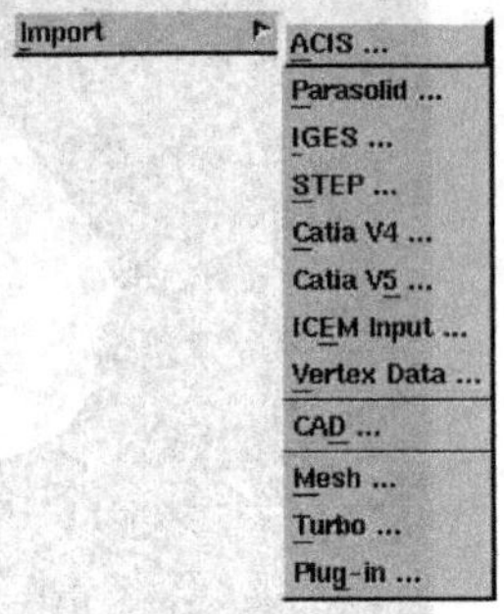

图 2-25 Import 下拉菜单

用户单击 Export 按钮，可弹出如图 2-26 所示的下拉菜单，允许用户将在 GAMBIT 中建好的模型输出 ACIS、Parasolid、IGES、STEP 和 Catia V4 等几何结构，或者输出 FLUENT、ANSYS 和 CFX 等流体力学求解软件的网格文件（*.msh）。

用户通过如图 2-27 所示下拉菜单中的 Title 命令可以更改 Session 的名称，该名称显示在窗口标题栏中，还可以改动定义、修改和浏览参数。通过 Defaults 命令可以设置一些默认的变量，其会在启动时自动加载。通过 Undo 和 Redo 命令可以进行撤销和取消撤销的操作。

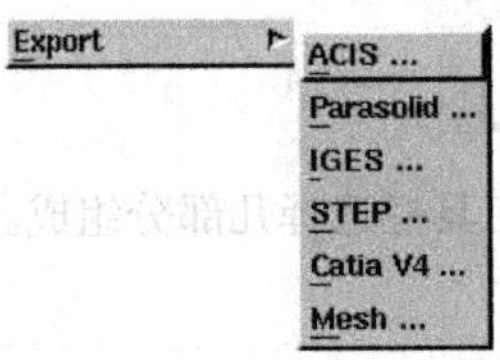

图 2-26 Export 下拉菜单

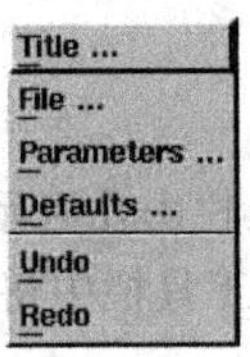

图 2-27 编辑下拉菜单

在求解器下拉菜单（见图 2-28）中可以选择 GAMBIT 生成网格相对应的求解器。根据选择求解器的不同，可使用的网格算法、单元类型、区域类型、边界类型和输出网格文件会有所不同。默认的求解器是 FLUENT 5/6。

用户界面有副本窗口和描述窗口，如图 2-29 所示。副本窗口记录了 GAMBIT 的操作步骤和命令过程，其内容与 trn 文件一样。通过单击 按钮，可以将副本窗口放大到顶部，以详细查看操作步骤。描述窗口给出了各个按钮的功能提示。如果不熟悉某个按钮的功能，可以将鼠标指针移动到该按钮上，描述窗口即自动提示该按钮的功能。用户可以在命令行中输入非图形用户界面的命令以实现某些功能。

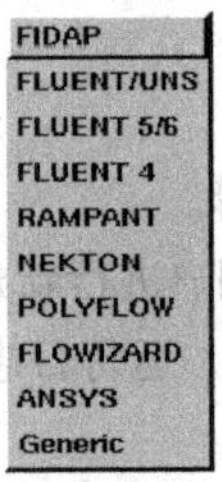

图 2-28 求解器下拉菜单

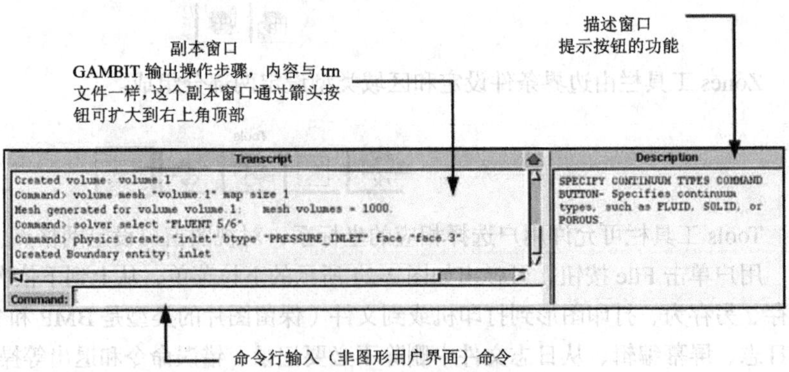

图 2-29 用户界面

GAMBIT 鼠标操作有拖动、双击、放大/缩小和选择等，各操作的实现方法如表 2-2 所示。若要选择一个单独的实体，可将鼠标指针移动到实体上，按住 Shift 键的同时单击即可。若要选取一个面或体，则在它限制边缘处按住 Shift 键的同时单击即可。若要选择多个实体，则进行多次实体选择的操作即可，此时最后选取的对象加亮并显示为红色，先前选取的对象加亮并显示为粉红色。

表 2-2　　鼠标操作

操　作	左　键	中　键	右　键
拖动	x/y 轴旋转	移动模型	放大或缩小/z 轴旋转
Shift + 单击	选择	下一个	接受 / 下一个选择
双击	–	先前视图	保存视图到日志文件中
Ctrl + 单击	拖动放大/缩小	拉伸放大/缩小	单击指向网格

通过窗口控制的命令，可以对显示区的窗口进行设置，各按钮的功能如表 2-3 所示。

表 2-3　　窗口控制按钮的功能

让模型全部显示在预览区域	旋转控制	四分窗口四视图	轻光源标记	撤销重做
选择显示方向	更改标签和能见度，显示/隐藏网格	金属框架结构、阴影、隐藏	显示颜色	检查网格

2.2.2　GAMBIT 基本术语

通过 GAMBIT 几何操作，可以为流体和固体区域创建计算域，为划分网格做准备。进行几何创建与处理操作时，GAMBIT 相当于一个 CAD 软件。

利用 GAMBIT 进行几何处理操作时，有关几何信息的术语如下。

- Vertex：顶点。
- Edge：边，至少有一个顶点（在有一个顶点的情况下，整个边缘形成一个环形）。
- Face：面（不一定是平面），至少有一个边缘（除了球体和圆环面）。
- Volume：几何体，可认为是一个密封的连接面。

用 GAMBIT 视窗创建简单的三维几何体是比较方便的，但通常工程模拟的模型实体十分复杂，这在 GAMBIT 中实现有一定的难度。实际上可以通过 CAD、Solidworks 或 Pro/E 等建模软件先完成几何模型的建立，然后导入 GAMBIT 中进行处理和网格划分。

- GAMBIT 可以导入主流的建模软件，如 Pro/E、Solidworks、UGII、Ansys 和 AutoCAD 等建立的模型文件。
- GAMBIT 导入其他软件几何结构的方法为：进行 File/import/格式操作。
- GAMBIT 能识别的文件格式包括 ACIS、Parasolid、IGES、STEP、Catia V4/5、ICEM input、Vertex Data、CAD、msh 和 turbo 等。

2.2.3　GAMBIT 几何通用操作

GAMBIT 的几何类型包含顶点、边、面和几何体。这些几何类型都可以进行移动、复制、镜像、旋转、连接、拆分、删除和信息统计等通用操作。熟悉了这些通用操作，可以方便而快速地由简单几何体创建复杂几何体。

1. 移动与复制

用户在创建模型之后，可利用移动和复制的操作对所选几何实体进行操作，可以进行平移、旋转、镜像和缩放的操作，也可以对实体重新定位或者定向生成体积的副本，如表 2-4 所示。

表 2-4　　实体定位或定向生成体积副本

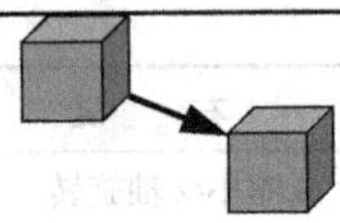	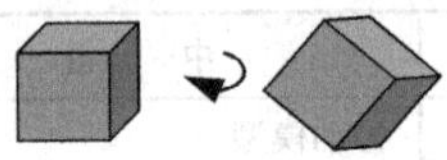	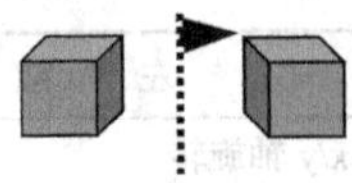	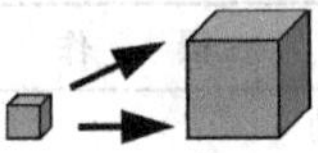
转化、平移	旋转	镜像	缩放

单击 → → ，即可弹出如图 2-30 所示的设置面板，用户在移动或者复制实体时，按照如下步骤进行操作即可完成对点、线、面和体的相应操作。

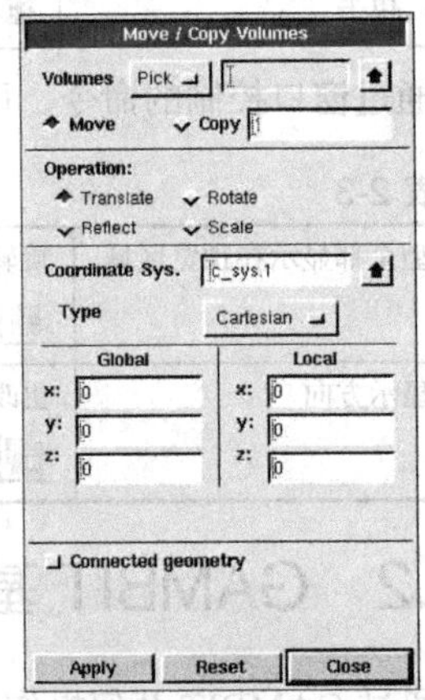

图 2-30　移动和复制实体设置面板

（1）选取所需移动的图元（Pick 加亮部分对应选项）。

（2）选取图中 Operation 四个选项中的某一项以进行移动或复制。Translate 表示移动实体、Rotate 表示旋转实体、Reflect 表示对称实体、Scale 表示缩放实体。

（3）定义参照系（Coordinate Sys），包括点或者线。

（4）单击 Apply 按钮即可完成对图元的移动或者复制。

2. 连通性

对于用于 CFD 的几何模型而言，理解连通性的概念非常重要。如当两个面的某一条边的位置重合时，流体如果要从这个边通过，则这两个面应该是连通的，即这个重合的边不能阻止流体。为了实现连通性，需使这个重合边上的数据共享。若两个实体的连接边界上的节点是共享的，则称其面为正投影接触面，反之为非正投影接触面，如图 2-31 所示。

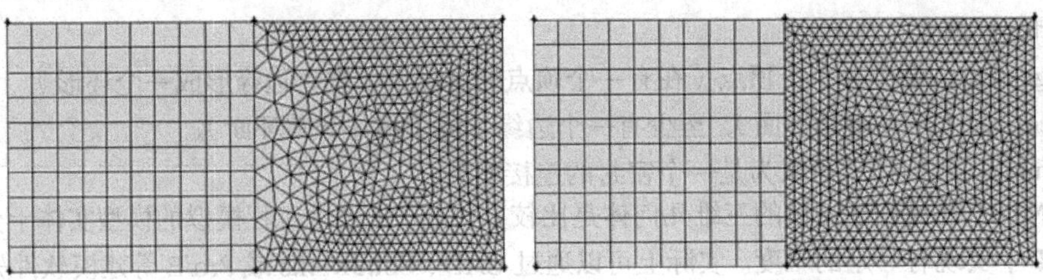

图 2-31　投影接触面

通过连接操作，可以将原本不连通的点、边和面连通。这个操作将删除所有重复的实体，并重新连接相应的实体，已经存在的网格将被保存。进行连接操作时，几何的公差需满足 ACIS 标准。

单击 → → ，在弹出的如图 2-32 所示的设置面板中选择需要连通的线和面，并设置接触处的实体类型（Real 等），单击 Apply 按钮即可完成连通操作。

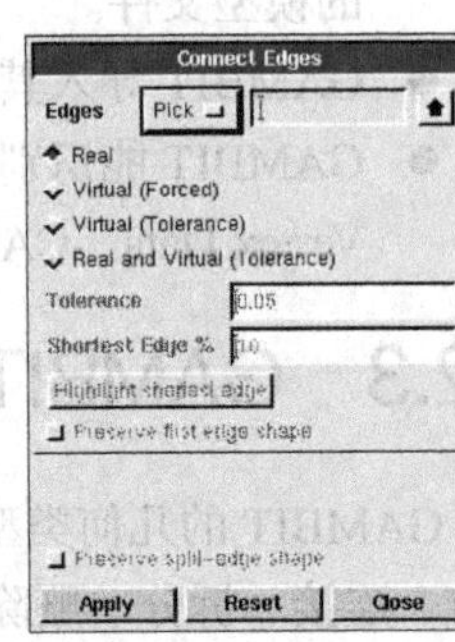

图 2-32　连接边设置面板

最初的一个面通过复制和转换操作后，会变成两个面，这两个面的位置重合。该重合位置实际上有两条边，一条属于左边的面，一条属于右边的面。而此时，这两个面实际上并不连通，流体不能从这个重合位置通过。

进行边连接操作后，重合的两条边变成了一条边，且这两个面具备了连通性，流体可以从重合位置通过，如图 2-33 所示。

与连通实体相反的操作为拆分实体，拆分操作如图 2-34 所示，原本只有一条边共享两个面，进行拆分操作后，一条共享的边成为了两条重合的边，其中每个面拥有一条边。

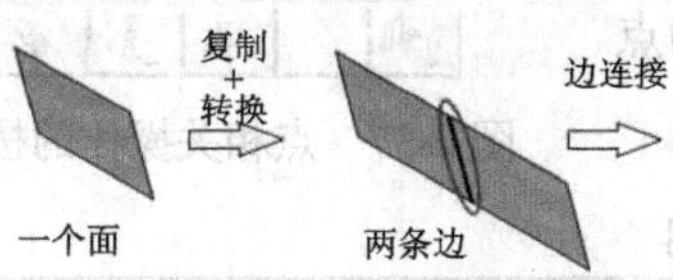

图 2-33 两个面的连通操作

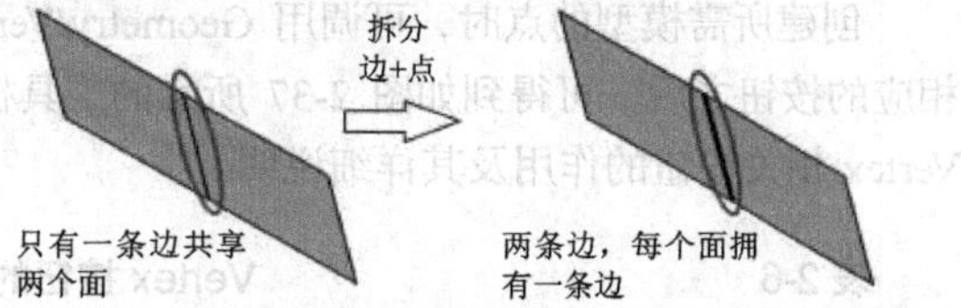

图 2-34 两个面的拆分

单击，即可弹出如图 2-35 所示的设置面板。选择需要拆分的线和面，并设置接触处的实体拆分之后所得到的实体（如线、线加线上的点或者线加部分线上的点）。单击 Apply 按钮即可完成拆分操作。

3. 删除体

通过删除操作可以删除不需要的几何体。删除操作的设置面板如图 2-36 所示。其中的 Lower Geometry 复选框如果被勾选，将会删除选中的几何体以及低层次几何体，该复选框默认是勾选的。当删除一个层低几何体时（如删除一个面），如果其属于一个高层次的几何体（如该面属于某一个体），那么该低层次几何体（面）将不能被删除，并且会在副本窗口中出现错误提示。如果取消勾选该复选框，那么这些低层的几何体将会保留下来。

单击，即可弹出如图 2-36 所示的设置面板，选择需要删除的实体，并设置是否需要保留低层次的实体。单击 Apply 按钮即可完成实体的删除操作。

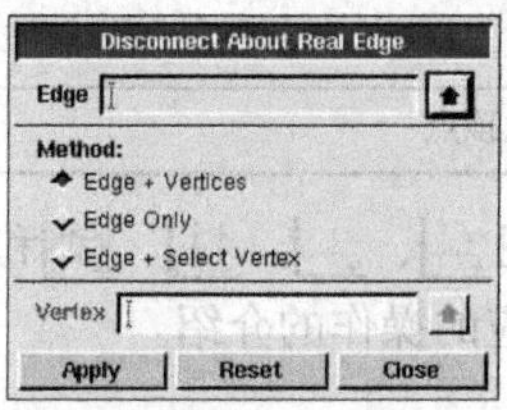

图 2-35 拆分面设置面板

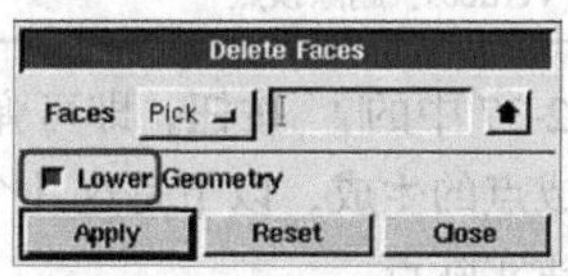

图 2-36 删除实体设置面板

4. 其他通用操作

还有有关统计、疑问、修改颜色和标志的操作按钮，其功能如表 2-5 所示。

表 2-5 通用操作

按 钮	功 能
	几何体坐标系的统计、低级拓扑、网格信息、要素以及节点标志等
	检查 ACIS 几何体的正确性
	疑问：把几何模型和目标名称联系起来
	获得总的实体数目
	修改实体颜色
	改变实体标志

2.2.4 GAMBIT 几何造型

1. 创建点

创建所需模型的点时，可调用 Geometry/Vertex 工具栏。在单击相应的按钮之后，可得到如图 2-37 所示的工具栏。表 2-6 所示为点 Vertex 相关按钮的作用及其详细说明。

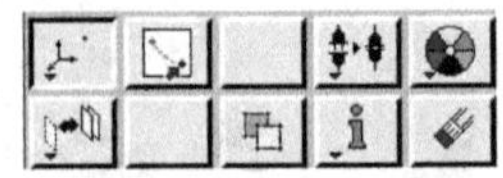

图 2-37　点相关操作的按钮

表 2-6　Vertex 按钮的作用及其详细说明

按　钮	功　能	详 细 说 明
	Create Vertex：生成顶点	在设定的位置生成一个实际顶点，在一条边或一个面上生成一个实际或虚拟顶点，生成一个与某实体相关的虚拟顶点，在两条边的交叉部位生成一个实际或者虚拟顶点
	Slide Virtual Vertex：平滑虚拟顶点	沿一条边或一个面的边生成的一个虚拟顶点
	Connect Vertices：连接顶点 Disconnect Vertices：分离顶点	连接实际和（或）虚拟顶点，分离两个或多个实体的公共顶点
	Modify Vertex Color：改变顶点颜色 Modify Vertex Label：改变顶点标签	改变一个顶点的颜色 改变一个顶点的标签
	Move/Copy Vertices：移动/复制顶点 Align Vertices：校准顶点	移动和（或）复制顶点，校准顶点和相连的几何结构
	Convert Vertices：转换顶点	将虚体顶点转换为实体顶点
	Summarize Vertices Check Vertices Query Vertices Total Entities：检查顶点信息	显示顶点摘要信息，检查顶点拓扑结构和几何结构的真实性，打开一个顶点查询列表，显示实体总数
	Delete Vertices：删除顶点	删除实际或者虚拟顶点

右键单击图 2-37 中的 按钮，即可弹出下拉列表，出现 、 、 、 和 等按钮。通过这些按钮即可完成点的生成，以下是这几个按钮的作用及相应的操作的介绍。

（1）直接创建实际点。

该按钮允许用户在任意指定的位置生成一个实际的顶点。单击 按钮即可弹出 Create Real Vertex 设置面板（见图 2-38），其详细设定如表 2-7 所示。

表 2-7　Create Real Vertex 设置面板中各选项的作用

选　项	作　用
Coordinate Sys.	设定指定顶点的位置所参考的坐标系
Type	设定所选参考的坐标系的类型，包括 Cartesian Cylindrical Spherical
Global	设定顶点关于 Global 或者 Local 坐标系的位置
Local	设置点的标签

在图 2-38 中输入相应的坐标和标签，单击 Apply 按钮即可在视图中看见如图 2-39 所示的点。

（2）在边上创建点。

该按钮允许用户在实际边上生成一个实际的或者虚拟的顶点。单击 按钮，则弹出 Create Vertex On Edge 设置面板，如图 2-40 所示。

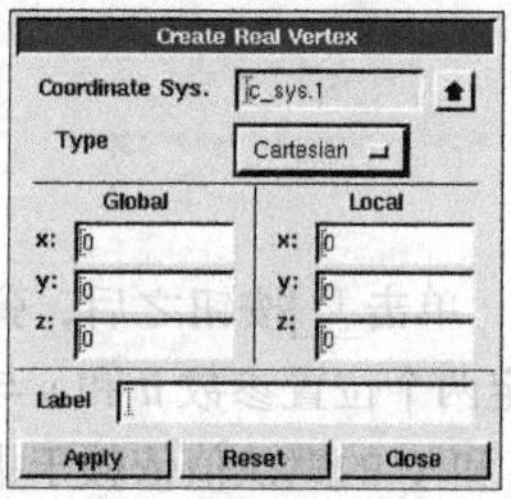

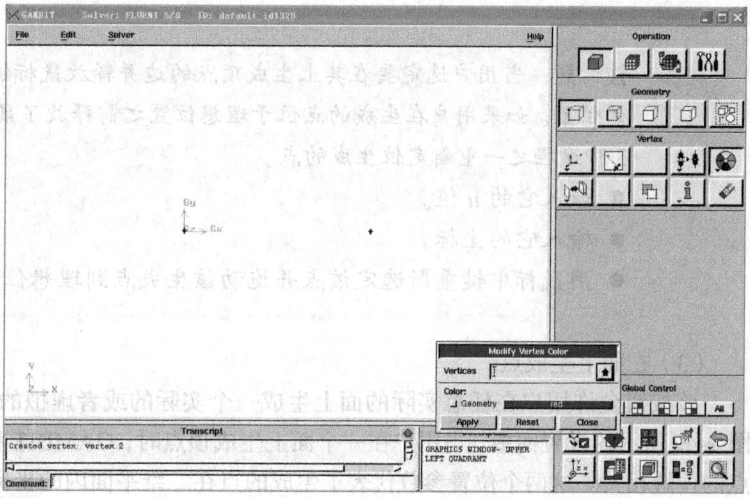

图 2-38　Create Real Vertex 设置面板　　图 2-39　通过坐标创建端点

当用户在一条边上生成一个顶点时，GAMBIT 设定一个位置参数 u（图 2-40 中的 U Value）与顶点生成位置关联。该位置参数提供了从该边的起始端点算起相对于该边整个长度的比例。例如，如果用户要将生成点的位置设定在边的中心，则 u 的值为 0.5。u 的默认值依赖于设定在其上的生成顶点的边所使用的方法。设定边有两种方法。

- 通过 Edge 列表框，如图 2-41 所示。
- 通过鼠标从图形窗口显示的模型中选择边。

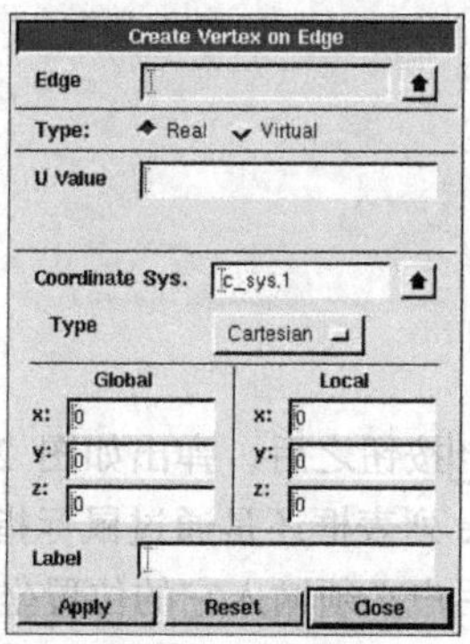

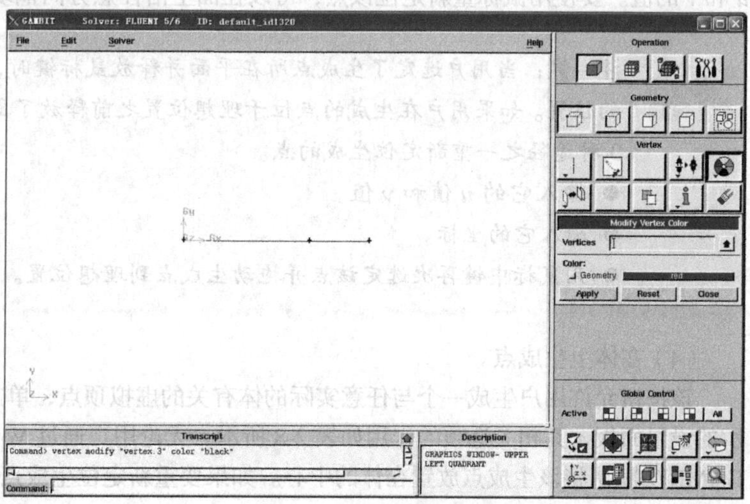

图 2-40　Create Vertex On Edge 对话框　　图 2-41　通过边创建点

如果用户通过列表框来设定边，GAMBIT 将指定 u 的默认值为 0.5，即将生成点设定在边的中心。如果要重新定位生成点，用户可以输入 u 的新值或者直接输入需生成的点的坐标。如果用户输入坐标来描述一个点时，该点不在边上，那么 GAMBIT 将“吸住”该点到边上，即 GAMBIT 将改变坐标系的新的顶点以使其投影到指定边的最近一点上。

如果用户通过鼠标来设定该边，GAMBIT 将根据选定的边的确切位置指定 u 的值。例如，如果用户通过选择从边的起始顶点算起 27.3%长度的位置的点来选择一个边，GAMBIT 将指定 u 的值为 0.273。如果要用鼠标重新定位该顶点，可以沿该边拖动该顶点。

注　意：当用户选定要在其上生成顶点的边并释放鼠标键时，GAMBIT 定位顶点生成的位置。如果用户在生成的点位于理想位置之前释放了鼠标键，那么用户可以通过以下 3 种途径之一重新定位生成的点。

- 输入它的 *u* 值。
- 输入它的坐标。
- 用鼠标中键重新选定该点并拖动该生成点到理想位置。

（3）在面上生成点。

该按钮允许用户在任意实际的面上生成一个实际的或者虚拟的顶点，单击按钮之后，弹出如图 2-42 所示的设置面板。当用户在一个面上生成顶点时，GAMBIT 将设定两个位置参数 *u* 和 *v* 与生成点的位置相关。这两个位置参数代表了生成的点在二维平面内的坐标。*u* 和 *v* 的默认值依赖于指定生成顶点所在平面使用的方法。这里有两种方法指定该面。

- 通过 Face 列表框。
- 利用鼠标在图形窗口显示的模型中选择该面。

如果用户通过 Face 列表框指定该面，GAMBIT 将指定参数 *u* 和 *v* 的默认值使得生成点位于面的中心。如果要重新定位生成的点，用户可以输入 *u* 和 *v* 的新值或者直接输入生成点的坐标。如果用户输入的坐标值所代表的点不在面上，GAMBIT 将主动使这个点设置到面上，即 GAMBIT 将更改坐标值以使得新的点投影到面上最近的点。如果用户通过鼠标设定该面，GAMBIT 将根据选择该面时的点指定 *u* 和 *v* 的值。要使用鼠标重新定位该点，可以在面上沿任意方向拖动该点。

注　意：当用户选定了生成点所在平面并释放鼠标键时，GAMBIT 将确定该顶点生成的位置。如果用户在生成的点位于理想位置之前释放了鼠标键，那么用户可以通过以下 3 种途径之一重新定位生成的点。

- 输入它的 *u* 值和 *v* 值。
- 输入它的坐标。
- 用鼠标中键再次选定该点并拖动生成点到理想位置。

（4）在体上生成点。

该按钮允许用户生成一个与任意实际的体有关的虚拟顶点，单击按钮之后，弹出如图 2-43 所示的设置面板，其相关选项的作用如表 2-8 所示。无论用户通过 Volume 列表框还是通过鼠标指定体，GAMBIT 默认将该生成点放置在体的中心。如果要重新定位生成点，用户必须输入它的位置坐标。

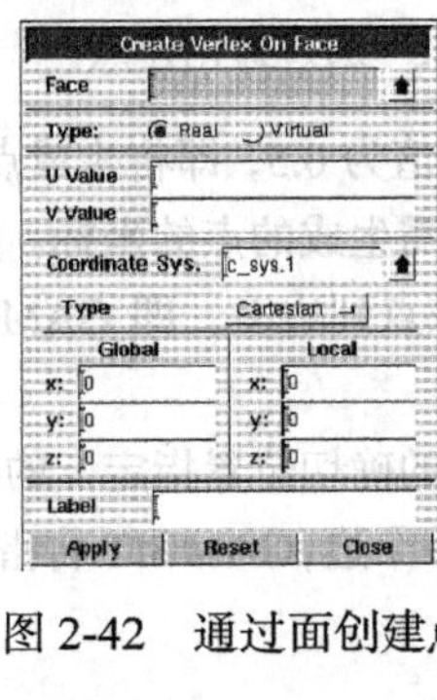

图 2-42　通过面创建点

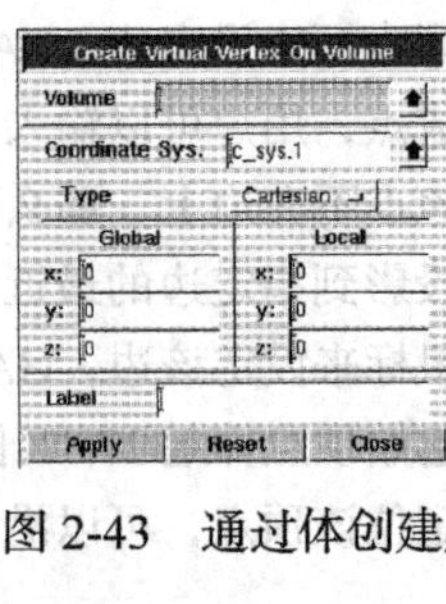

图 2-43　通过体创建点

表 2-8　　Create Virtual Vertex On Volume 设置面板中的选项

选　项	作　用
Coordinate Sys.	设定指定顶点位置时所参考的坐标系
Type	设定所选的参考坐标系的类型，包括 Cartesian Cylindrical Spherical
Global	设定顶点关于 Global 或者 Local 坐标系的位置
Local	设置点的标签

> **注　意**：用户不可以通过鼠标生成或者重新定位与体相关的虚拟顶点。GAMBIT 不要求新的顶点位于与其相关联的体中。因此，如果用户设定的顶点位于体之外，GAMBIT 并不主动设置该点到体中。

2. 创建边

在 GAMBIT 中完成点的创建之后，可调用 Geometry/Edge 工具栏，在单击相应的按钮之后，可得到如图 2-44 所示的工具栏，表 2-9 所示为 Edge 中相关按钮的作用及其详细说明。

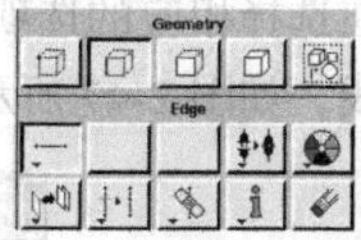

图 2-44　Create Edge 工具栏

表 2-9　　Edge 中相关按钮的作用及其详细说明

按　钮	功　能	详 细 说 明
	Create Edge	生成一条实体的或者虚拟的边
	Connect Edges Disconnect About Real Edge	连接实体的和（或者）虚拟的边，分离两个或者多个实体公共边
	Modify Edge Color Modify Edge Label	更改边的颜色；更改边的标签
	Move/Copy Edges Align Edges	移动和（或者）复制边，校准边和连接的几何结构
	Split Edges Merge Edges	分割或者融合一条边
	Convert Edges	将非实体的边转变为实体的边
	Summarize Edges Check Edges Query Edges Total Edges	显示边的摘要信息，检查边的拓扑和几何结构的合理性，打开边查询列表，显示实体总数
	Delete Edges	删除实体的或者虚拟的边

右键单击按钮，则会出现创建边的基本按钮，即、、、、、、、、和，各个按钮的作用和详细说明如表 2-10 所示。

表 2-10　　Create Edge 的相关按钮

按　钮	作　用	详 细 说 明
	Create Straight Edge	在现有的两个或者多个顶点之间生成一条或者多条直边
	Create Real Circular Arc	生成圆弧边
	Create Real Full Circle	生成整个圆边
	Create Real Elliptical Arc	生成椭圆弧边
	Create Real Conic Arc	生成二次曲线弧边
	Create Real Fillet Arc	在现有的两条边之间生成一条指定半径的倒角弧
	Create Real Edge From Vertices	根据指定的 3 个或者多个现有顶点生成一条 NURBS 边
	Revolve Vertices	通过旋转顶点生成一条或者多条圆弧边
	Project Edge On Face	将现有的一条边投影到一个现有面上以生成一个符合该面轮廓的新边

这里仅介绍按钮和按钮的用法，其他按钮的用法基本与这两个按钮类似。

（1）通过两点创建直线。

单击按钮，则弹出如图 2-45 所示的设置面板。

选择创建直线所需的端点，单击图 2-45 中的 Vertices（黄色加亮部分）对应的按钮，弹出 Vertex List (Multiple)设置面板，如图 2-46 所示。

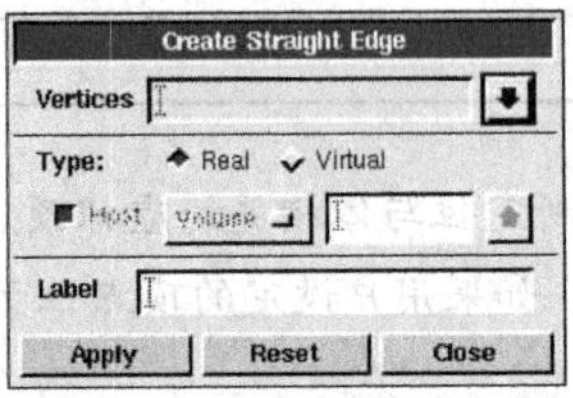

图 2-45　通过两点创建直线

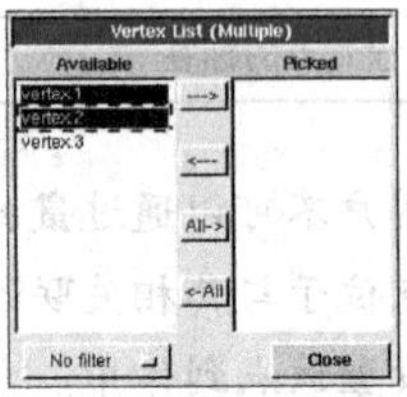

图 2-46　选取创建直线所需的点

在选择相应的选项并进行相关设置之后，单击图 2-45 中的 Apply 按钮就能在视图窗口中看见输出的直线，如图 2-47 所示。

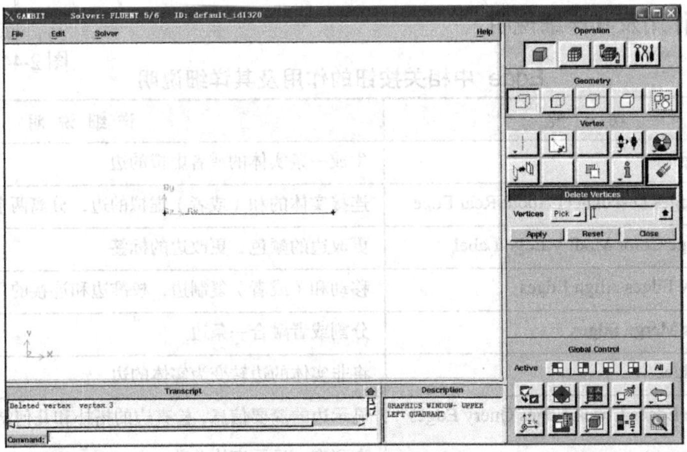

图 2-47　创建直线

（2）通过旋转一点生成线。

单击按钮，弹出如图 2-48 所示的设置面板，用户可通过围绕指定的轴旋转现有的实体或虚体的顶点来生成一条或者多条实体圆弧边。如图 2-48 所示的设置面板中的各个选项的作用如表 2-11 所示。

表 2-11　Revolve Vertices 设置面板中的选项的作用

选　项	作　用
Vertices	指定组成该圆弧边的端点
Angle	指定顶点旋转通过的角度
Axis	包括两个组件： 按钮允许用户定义点旋转时围绕的轴心 矢量始末端点的坐标用以确定旋转轴
Height	设定起点和终点的高度差
Label	为新边指定标签

选取所需旋转的一点或多个点，设置旋转角度，由 Axis 定义旋转轴，通过 Height 设定起点和终点

的高度差，并且输入标识（或默认 Label），即可得到相应的曲线。图 2-49 所示为 Revolve Vertices 生成旋转曲线的实例。

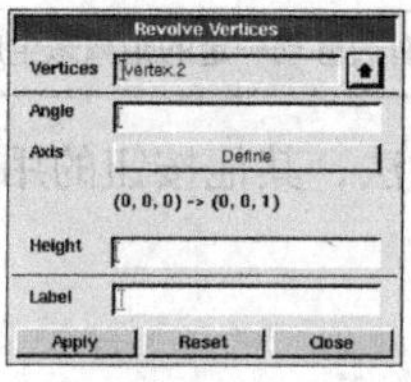

图 2-48　Revolve Vertices 设置面板

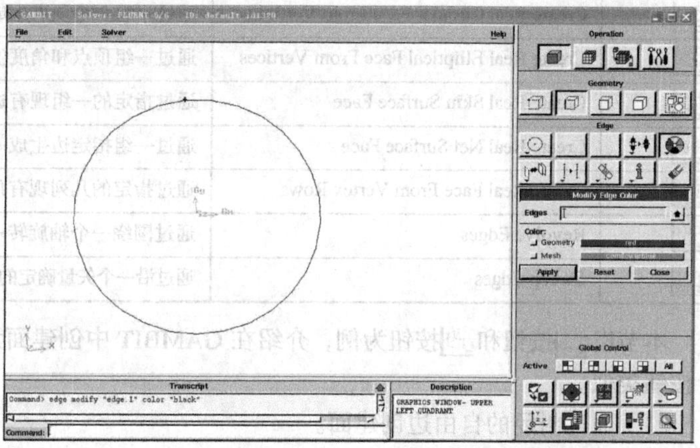

图 2-49　Revolve Vertices 生成旋转曲线的实例

3. 创建面

用户可调用 Geometry/Face 工具栏，在单击相应的按钮之后，可得到如图 2-50 所示的面控制工具栏，表 2-12 所示为 Face 工具栏中各按钮的作用及其详细说明。

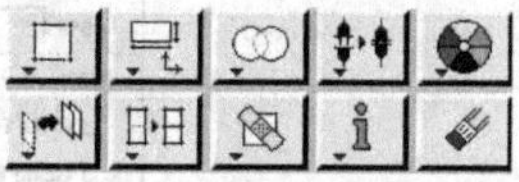

图 2-50　面控制工具栏

表 2-12　面控制工具栏中的相关按钮的作用

按　钮	作　用	详 细 说 明
	Form Face	通过现有的边或者顶点生成面
	Create Face	生成 3 种基本形状之一的面
	Boolean Operations	合并、相交和去除面
	Connect Faces Disconnect Faces	合并实面和虚面，分离两个实体的公共面
	Modify Face Color Modify Face Label	更改面的颜色，更改面的标签
	Move/Copy Faces Align Faces	移动和（或者）复制面，校准面和相连的几何结构
	Split Faces Merge Faces Collapse Faces	在一个面或者点的位置分割面、融合面、将面缩成边
	Heal Real Faces Convert Faces	修复实面几何结构，将非实面转换成实面
	Summarize Faces Check Faces Query Faces Total Entities	显示面摘要信息，检查几何结构和拓扑结构的合理性，打开面查询列表，显示实体总数
	Delete Faces	删除实面或者虚面

用户主要通过按钮创建相应的面，右键单击该按钮，可得到其相关的其他按钮，各个按钮的作用以及详细说明如表 2-13 所示。

表 2-13　创建面的按钮及其作用

按　钮	作　用	详 细 说 明
	Create Face From Wireframe	通过现有的边生成面
	Create Real Parallelogram Face	通过现有顶点生成平行四边形面
	Create Real Polygon Face	通过一组 3 个或者多个顶点生成一个多边形面

续表

按　钮	作　用	详 细 说 明
	Create Real Circular Face From Vertices	通过一组 3 个顶点生成平面圆面
	Create Real Elliptical Face From Vertices	通过一组顶点和角度生成二维椭圆面
	Create Real Skin Surface Face	通过指定的一组现有边生成一个表面
	Create Real Net Surface Face	通过一组指定边生成一个网格表面
	Create Real Face From Vertex Rows	通过指定的几列现有顶点生成一个面
	Revolve Edges	通过围绕一个轴旋转一条现有的边生成一个面
	Sweep Edges	通过沿一个矢量确定的方向将一条现有边移动一定的距离来生成一个面

本节以□按钮和□按钮为例，介绍在 GAMBIT 中创建面元的具体做法，其他按钮的用法与这两个按钮类似。

（1）通过封闭的自由边创建面。

单击 Create Face from Wireframe 按钮，则可弹出如图 2-51 所示的设置面板。

单击 Edges 右侧的⬆按钮，弹出如图 2-52 所示的设置面板，然后选取创建面所需的边。

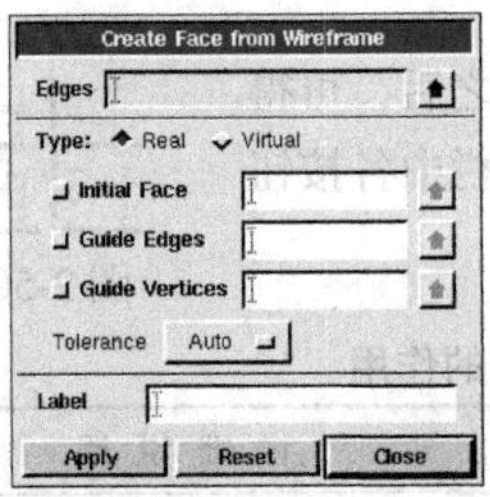

图 2-51　通过自由边创建面元

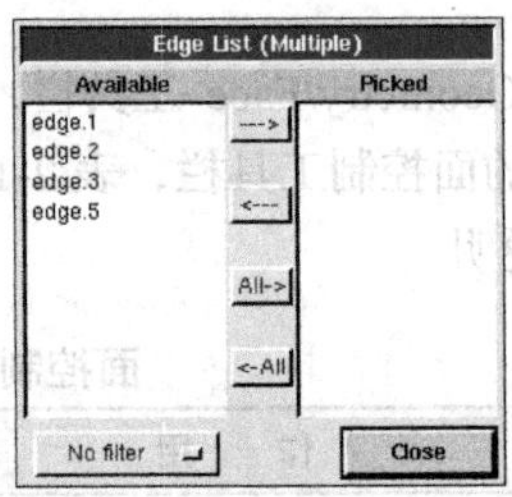

图 2-52　选择创建面所需的边

设置面元的类型（Type），选择所创建的面的类型（Real 或者 Virtual）。通常保持 Initial Face、Guide Edges 和 Guide Vertices 选项的默认设置。

设置所创建的面的 Label 或者不输入（默认即可）。

单击 Apply 按钮，完成面元的创建，如图 2-53 所示。

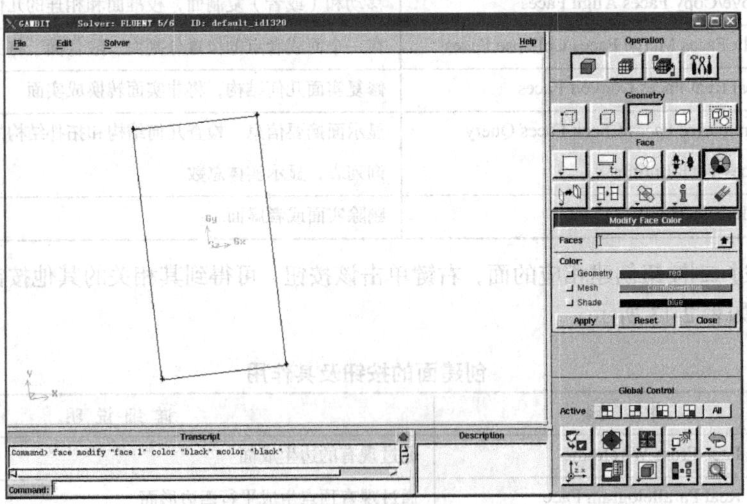

图 2-53　通过边创建面元的实例

（2）通过旋转一条线生成面。

用户可以通过围绕指定轴旋转现有的线来生成实的三边或者四边形面。单击按钮，则可弹出如图 2-54 所示的设置面板。

要想通过 Revolve Edges 生成面，用户必须在如图 2-54 所示的设置面板中设定以下参数。

- 用于旋转的一条或者多条实边。
- 旋转轴（在 Axis 中可自行设定相关的旋转轴）。
- 该边围绕转轴旋转通过的角度，最后也可设定标签。

图 2-55 所示为通过 Revolve Edges 按钮得到旋转面元的实例。

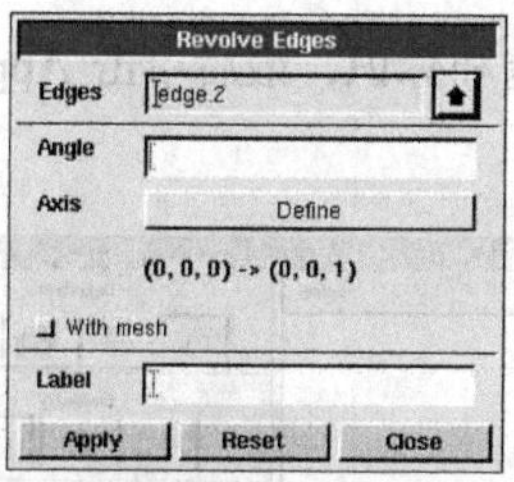

图 2-54　Revolve Edges 设置面板

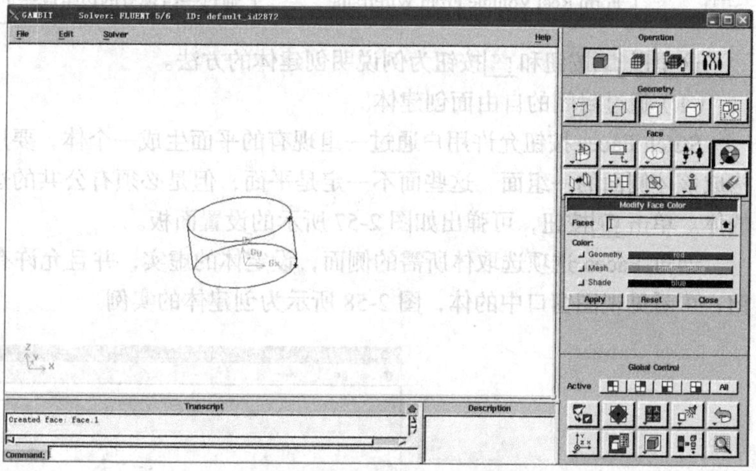

图 2-55　通过旋转边生成面元

4. 创建体

用户可调用 Geometry/Volume 工具栏，在单击相应的按钮之后，可得到如图 2-56 所示的体控制工具栏，表 2-14 所示为 Volume 工具栏中各按钮的作用及其相关的详细说明。

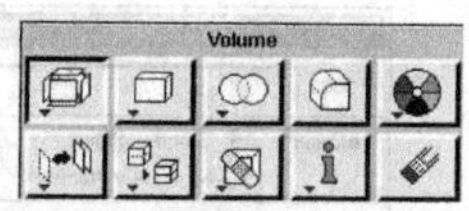

图 2-56　Volume 工具栏

表 2-14　　创建体的按钮的作用

按　钮	作　用	详 细 说 明
	Form Volume	通过现有的面或者边生成体
	Create Volume	生成具有几个基本形状之一的体
	Boolean Operations	合并、交叉或者删除体
	Blend Volumes	修整体的边
	Modify Volume Color Modify Volume Label	更改体的颜色，更改体的标签
	Move/Copy Volumes Align Volumes	移动和（或者）复制体，校准体和相连的几何结构
	Split Volume Merge Volumes	分割或者融合体
	Heal Real Volume Convert Volumes	修整实际的体的几何结构，将非实体转换为实体
	Summarize Volumes Check Volumes Query Volumes Total Entities	显示体的摘要信息，检查拓扑结构和几何结构的有效性，打开体查询列表，显示实体总数
	Delete Volumes	删除实际的或者虚拟的体

用户在创建几何模型时，可直接通过现有图元创建体。右键单击按钮，可得到创建实体的一些相关按钮。表 2-15 所示为创建实体的各个按钮的作用及详细说明。

表 2-15　　创建体的按钮的作用及详细说明

按　钮	作　用	详 细 说 明
	Stitch Faces	通过现有的一组面生成体
	Sweep Real Faces	通过沿着指定的路径扫描一个面生成一个体
	Revolve Real Faces	通过把一个面旋转指定的角度生成一个体
	Form Real Volume From Wireframe	通过一组现有的边生成一个体

这里以按钮和按钮为例说明创建体的方法。

（1）通过封闭的自由面创建体。

Stitch Faces 按钮允许用户通过一组现有的平面生成一个体，要用面来构建一个体，用户必须设定构成该体侧面的一组面。这些面不一定是平面，但是必须有公共的边以使得该组面确定一个完全封闭的体。单击按钮，可弹出如图 2-57 所示的设置面板。

通过 Faces 选项选取体所需的侧面，设定体的虚实，并且允许有公差和标识，最后单击 Apply 按钮，可看见视图窗口中的体，图 2-58 所示为创建体的实例。

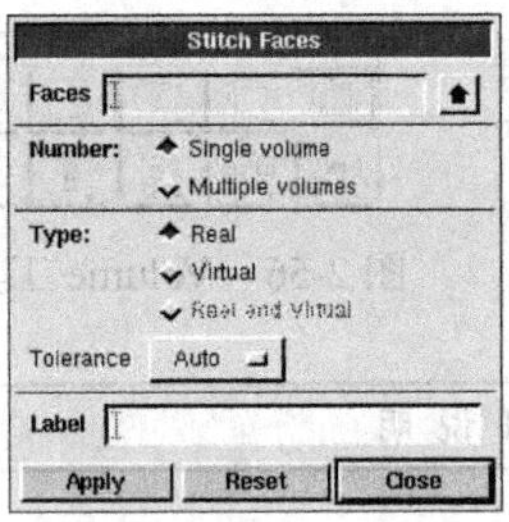

图 2-57　通过自由面组成实体对话框

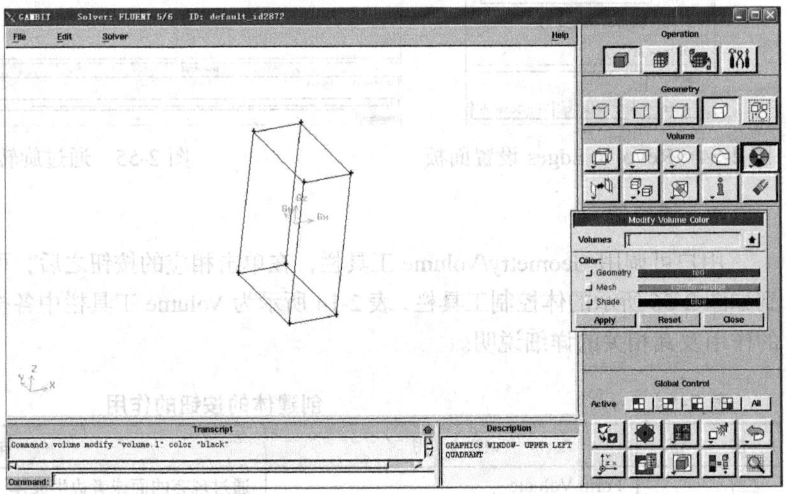

图 2-58　由面创建实体的实例

（2）通过扫描面生成体。

要想通过 Sweep Real Faces 按钮生成一个或者多个体，用户必须指定将要进行扫描的轮廓线、路径和类型。轮廓线应由一个或者多个被扫描的面构成，路径提供了扫描操作的轨迹。类型决定了生成的体与这些扫描轮廓线及路径相关的最终形状和方位。单击 Geometry/Volume 工具栏中的 Sweep Real Faces 按钮，即可弹出如图 2-59 所示的设置面板。

- 选取 Volume 所需的被扫描面，由 Faces（黄色加亮部分）选定。
- 选取扫描路径（点或线）。
- 设定 Volume 的虚实和标识。
- 单击 Apply 按钮，可看见视图窗口中的 Volume，图 2-60 所示为创建体的实例。

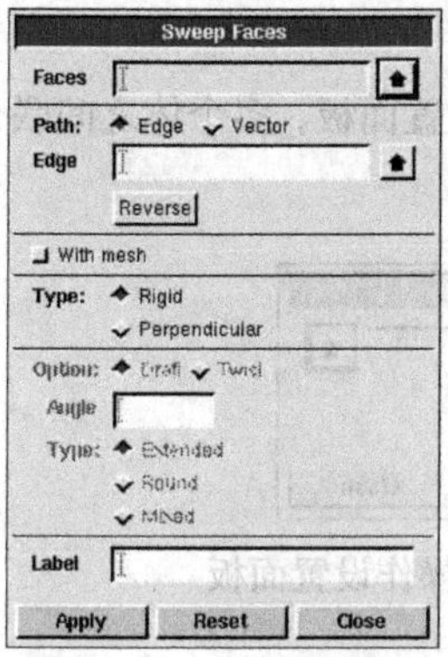

图 2-59　通过扫描面生成体

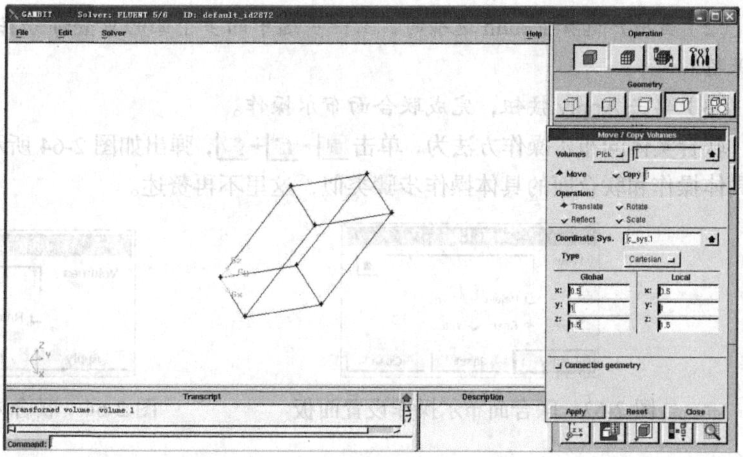

图 2-60　通过扫描面创建体的实例

2.2.5　GAMBIT 实体几何操作

1. 布尔操作：联合

用户可以在 GAMBIT 中对所创建的包含两个或者多个实面的几何结构进行相应的布尔操作，主要操作包括合并、删除和相交实面。进行布尔操作时，所指定的面不一定必须是平面，但是它们必须在其交叉区域重合，布尔操作各按钮的作用及详细说明如表 2-16 所示。

表 2-16　　布尔操作的按钮及详细说明

按　钮	命　令	详细说明
	合并实面（Unite Real Faces）	将两个或者多个实面合并成一个实面
	删除实面（Subtract Real Faces）	删除两个或者多个实面的公共区域
	相交实面（Intersect Real Faces）	生成一个代表两个或者多个实面交叉区域的面

这里以按钮为例，说明布尔操作的具体用法。

单击按钮，可得到如图 2-61 所示的合并实面的设置面板，然后旋转相应的需要进行合并的几个面。这里若选择了 Retain 选项，则表示保留原来的面。

联合的布尔操作能将多个实体联合成一个实体。选择要联合的多个实体时，选择的顺序不重要。原本的两个面或两个相交实体，通过进行联合布尔操作后，可以成为一个面或一个实体，如图 2-62 所示。

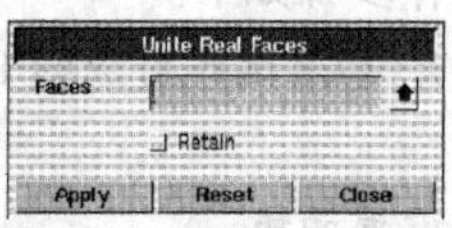

图 2-61　合并实面设置面板

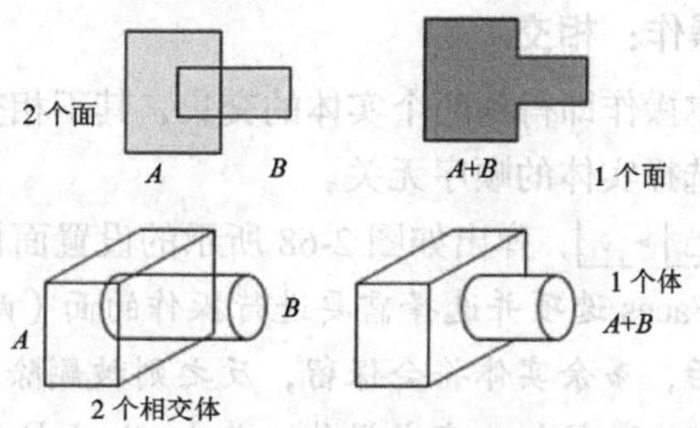

图 2-62　联合布尔操作

联合面的布尔操作方法为，单击→→，弹出如图 2-63 所示的设置面板，具体操作步骤如下。

（1）选择需要合并的面（两个或者多个）。

（2）当用户选择 Retain 选项时，上一步选中的多个面的重叠部分在完成操作之后将被删除，反之，将保留。

（3）单击 Apply 按钮，完成联合面布尔操作。

联合实体的布尔操作方法为，单击，弹出如图 2-64 所示的设置面板，多个体之间联合的具体操作和联合面的具体操作步骤类似，这里不再赘述。

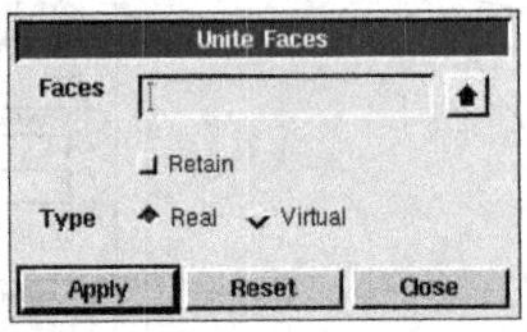

图 2-63　联合面布尔操作设置面板

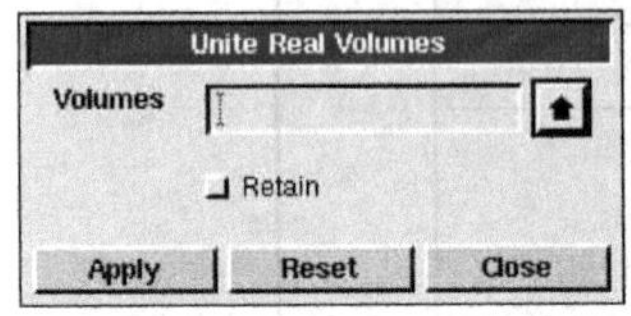

图 2-64　联合体布尔操作设置面板

2. 布尔操作：相减

相减的布尔操作即将一个几何实体减去另一个实体，其相交或重合的部分被减去。原来的两个面或两个实体，进行相减的布尔操作后，会成为两部分，如图 2-65 所示。

单击，弹出如图 2-66 所示的设置面板，其具体操作步骤如下。

（1）激活 Face 框，选择一个实体作为被减面。如果选择对应的 Retain 选项，布尔操作完成之后，被减实体将会保留，反之则被删除。

（2）激活 Faces 框，选择一个实体作为减面。如果选择对应的 Retain 选项，布尔操作完成之后，该实体将会保留，否则被删除。

（3）单击 Apply 按钮，完成相减布尔操作。

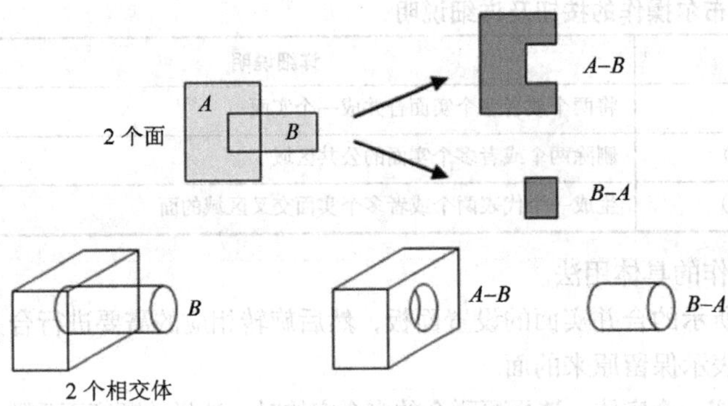

图 2-65　相减布尔操作

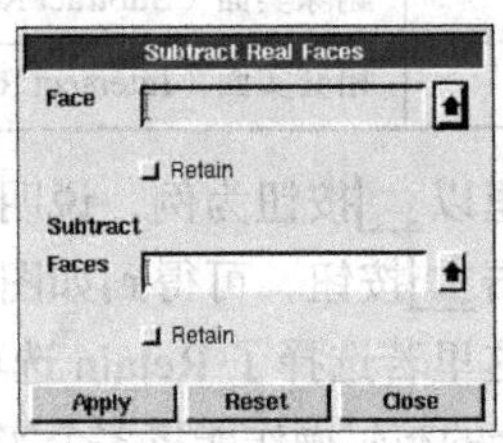

图 2-66　面相减布尔操作设置面板

3. 布尔操作：相交

相交的布尔操作即得到两个实体的交集，其不相交或不重合的部分被减去，如图 2-67 所示，该操作的结果也与选择实体的顺序无关。

单击，弹出如图 2-68 所示的设置面板，其具体操作步骤如下。

（1）激活 Faces 选项并选择需要进行操作的面（两个或者多个），如果选择对应的 Retain 选项，布尔操作完成之后，多余实体将会保留，反之则被删除。

（2）单击 Apply 按钮，完成操作，单击 Close 按钮，即可关闭设置面板。

单击，弹出如图 2-69 所示的设置面板，其具体操作步骤如下。

（1）激活 Volumes 选项并选择需要进行操作的体（两个或者多个），如果选择对应的 Retain 选项，布尔操作完成之后，被减实体将会保留，反之则被删除。

（2）单击 Apply 按钮，完成操作，单击 Close 按钮，即可关闭设置面板。

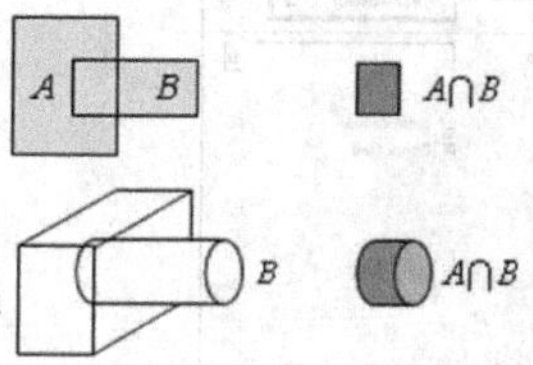

图 2-67　相交布尔操作

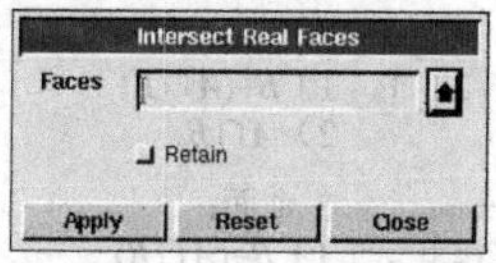

图 2-68　面相交布尔操作设置面板

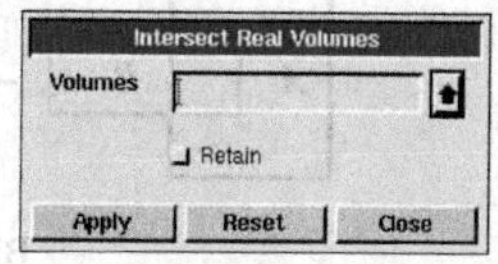

图 2-69　体相交布尔操作设置面板

4. 分离边

分离操作可以利用两个几何实体的相交部分把一个目标划分为两部分，或者把多个目标划分为多部分。利用该操作把几何体分解为较小、较简单的单元体是很有用的。

单击，弹出如图 2-70 所示的分离边设置面板。其具体操作步骤如下。

（1）单击 Edge 右侧对应的按钮，然后选择需要分离的边。

（2）选择边分离之后类型（实线 Real 或者虚线 Virtual）。

（3）选择分离线的图元。

- Point 是用户直接在线上找一个点对线进行分解。
- Vertex 是用户利用线上存在的点对线进行分解。
- Edge 是用户利用与待分解的线相交的线将线分解。

（4）指定边的分离点，如平分或按比例分离，通过设定 U Value 选项可以指定分离边的比例，如 0.5 表示分离比例。图 2-71 所示为一条边被平分为两条边。

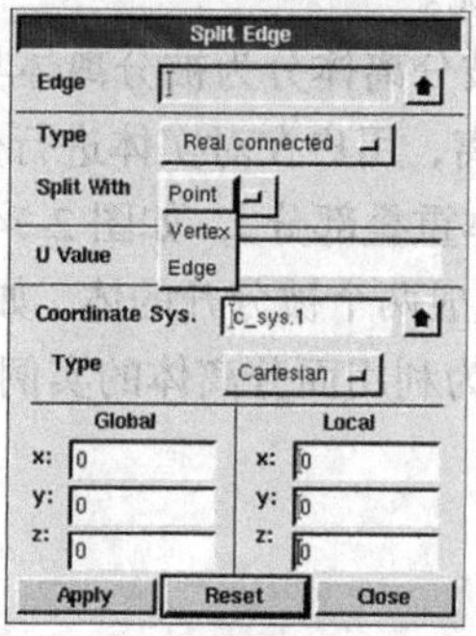

图 2-70　分离边设置面板

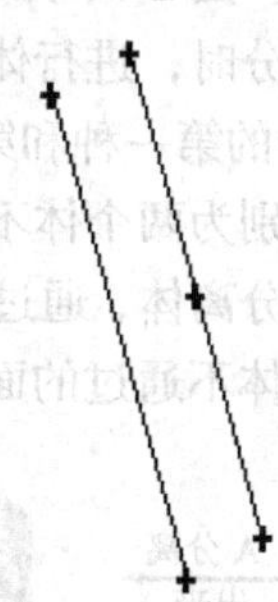

图 2-71　通过点分离边的实例

（5）保持其他默认设置，单击 Apply 按钮，完成操作。

（6）单击 Close 按钮即可关闭设置面板。

5. 分离面

通过分开面的操作可以将面分离。进行此操作时，选择面的顺序不重要，而且面不一定要为平面。在默认情况下，作为结果的目标是相连的。分离面有 3 种情况，如图 2-72 所示。

当用户选择直接划分，而不选择 Bidirectional 选项时，进行面分离之后，将会把被分离面分为被分离面与相交面不重叠部分和重叠部分，如图 2-72 中的第一种和第二种情况。当用户选择使用 Bidirectional 划分时，在对面进行分离之后，被操作的两个面将剩下 3 种平面（分别为两个平面不重叠的部分和两面元重叠部分），如图 2-72 中的第三种情况。

在操作工具面板中单击，弹出如图 2-73 所示的设置面板，具体操作步骤如下。

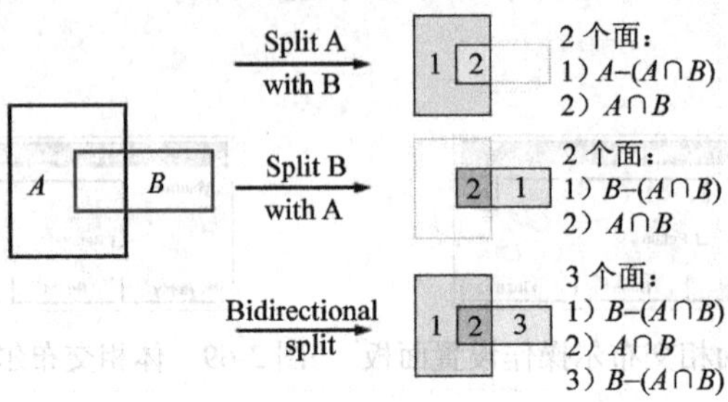

图 2-72　分离面的实例

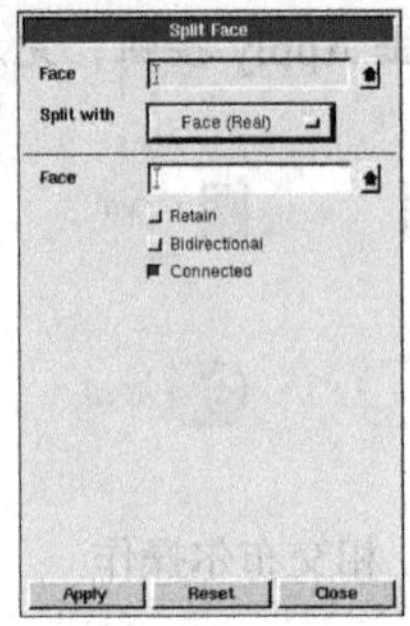

图 2-73　分离面设置面板

（1）单击第一个 Face 选项右侧对应的按钮，然后选择需要分离的面元。

（2）选择分离面的图元（包括面、线或者多个点）类型。

（3）选择分离图元之后，通过第二个 Face 选项选择相应的图元。

- 当用户选择 Retain 选项时，上一步选择的分离图元将被保留，反之，被删除。
- 当用户选择 Bidirectional 选项时，将按照上述内容保留平面。
- 当用户选择 Connected 选项时，GAMBIT 会先将上面选择的图元进行连接操作，分离完成之后，所有的面是连接在一起的。

（4）单击 Apply 按钮，完成操作，单击 Close 按钮即可关闭设置面板。

6. 分离体

与分离边和分离面类似的还有分离体的操作。该操作选择实体的顺序不重要，通过该操作能进行单个体或多个体的分离。图 2-74 所示为分离体的 3 种情况。

当用户选择直接划分时，进行体分离之后，将会把被分离体分为被分离体与相交体不重叠部分和重叠部分，如图 2-74 中的第一种和第二种情况。双向分离，用户在对实体进行分离之后，被操作的两个体将剩下 3 种体（分别为两个体不重叠的部分和两个体重叠部分），如图 2-74 中的第 3 种情况。

用户还可以通过面分离体，通过面分离体后，可以生成两个被分开的体。如果这个面在体的内部，那么会生成一个拥有流体不通过的面的体。图 2-75 所示为利用面分离体的实例。

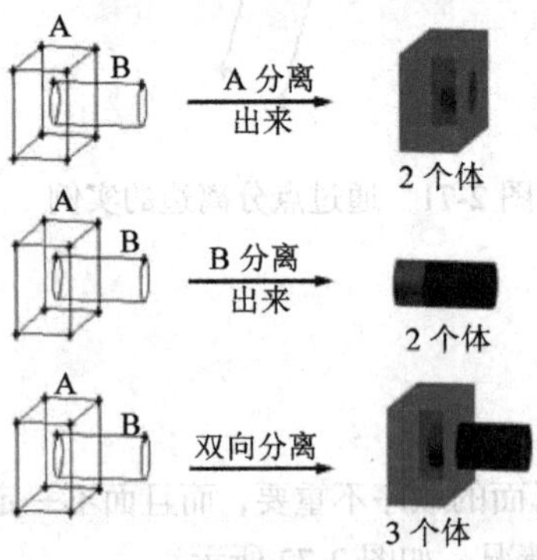

图 2-74　分离体的 3 种情况

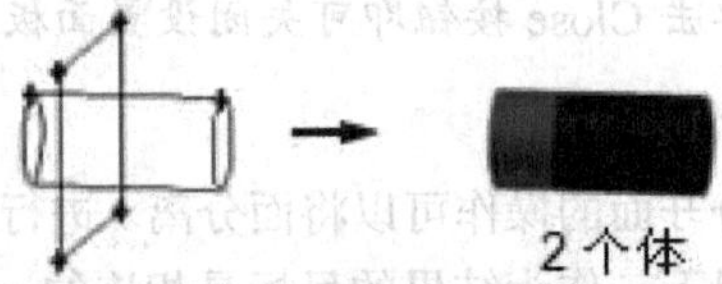

图 2-75　利用面分离体的实例

单击 ，弹出如图 2-76 所示的设置面板，其具体操作步骤如下。

（1）单击第一个 Volume 选项右侧对应的按钮，然后选择需要分离的实体。

（2）选择分离体的图元（包括体、面或者多个点）类型。

（3）选择分离图元之后，通过第二个 Volume 选项选择相应的图元。

- 当用户选择 Retain 选项时，上一步选择的分离图元将被保留，反之，被删除。
- 当用户选择 Connected 选项时，GAMBIT 会先将上面选择的图元进行连接操作，分离完成之后，所有的面是连接在一起的。
- 当用户选择 Bidirectional 选项时，将按照前面的说法保留平面。

（4）单击 Apply 按钮，完成操作，单击 Close 按钮即可关闭设置面板。

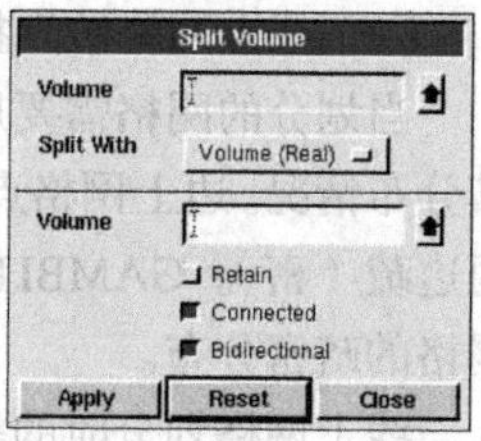

图 2-76　分离体设置面板

2.2.6　GAMBIT 划分实体网格

为了对创建的模型进行模拟仿真，在几何模型内建立高质量的网格是必不可少的。在用户创建了相应的几何模型或者从外面接口软件导入相关的图元之后，即可对实体进行网格划分，并由 GAMBIT 导出以进行计算。

通常为了减少网格数量，需要将加密的网格限制在需要的部位，例如，大流场梯度的位置和希望得到详细流场分布的位置。为了控制网格的大小分布，通常可以依据线、面和体直接进行网格划分。若用户不使用 size functions，则实体将会生成均匀的网格。若用户使用 size functions 划分网格，则可实现对模型中局部网格和边、面及体边界层的网格分布的控制。在对整体模型进行网格划分之前，用户可以先对较低级别的图元进行网格划分，通过控制边网格上的 Grade（边界上不同的间隔尺寸）来控制包含这条边上网格的分布，进而对整个模型内部的网格尺寸和均匀分布等产生影响。本节将介绍线、面和体 3 种图元对模型进行网格划分的方法。

1. 划分边网格

对线网格的划分则是通过控制不同形式的网格、间隔和等级参数来实现的，以下是具体步骤和详细介绍。单击 → → ，弹出 Mesh Edges 设置面板，如图 2-77 所示。

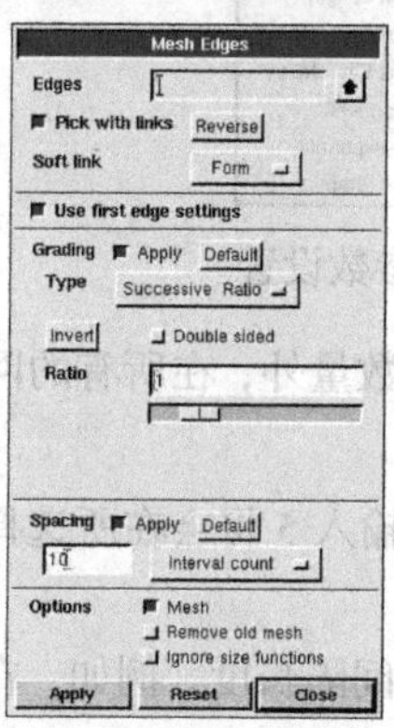

图 2-77　Mesh Edges 设置面板

（1）软连接。

当用户选择多条边时，则可选择将其连接，使得网格上的节点信息完全一样。实现了软连接的边线，则可以一次性全部被选中。在划分边线网格时，用户可以根据需要随时修改软连接。通过选择 Soft link 实现不同的软连接类型设置（Form 表示形成连接，Break 表示断开连接，Maintain 表示保持连接）。在默认情况下，GAMBIT 会在用户所选择边之间形成连接。

（2）线上网格节点显示。

在图 2-77 中激活 Edges 选项右边的按钮对应的设置面板，选择需要进行网格划分的边线。GAMBIT 中用 sense 来显示网格划分的方向，每次选择的边都会出现一个箭头以显示出它的方向。用户可以通过 Shift 键加鼠标中键改变边的方向。

当用户选中一条边时，这条边的网格会用白色节点显示出来（见图 2-78）。这些节点暂时只是没有适用于边界的临时网格，上面显示的边界网格是基于当前的 Grade 和 Space 参数的。当用户修改网格等级和间距参数时，这个临时网格将立即更新，并在视图窗中显示。

当用户单击应用按钮生成边界网格之后，这些节点将显示为蓝色，如图 2-79 所示。

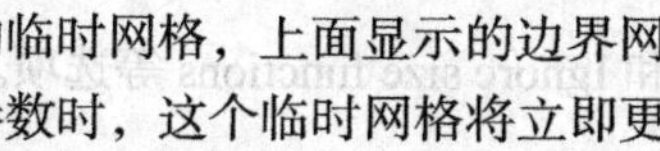
图 2-78　边网格节点划分显示

图 2-79　最终生成的边网格节点

（3）线上网格节点控制。

当划分的网格需要局部加密或者进行不均匀的网格划分时，应该进一步定义对应边的网格点数及其分布情况。边上网格点的分布可分为两种情况，一种是单调递增或者单调递减；另一种是中间密（疏）两边疏（密）。GAMBIT 主要通过控制边上网格节点的分布类型（分布等级）和网格间的间隙来控制网格的疏密分布。

线上网格划分时的等级 Grade 用来控制沿着边的网格密度分布。网格密度等级（Grade）有单边和双边两种分级方式，如图 2-80 所示。

- 双边分级方式可以是对称或不对称的两种网格。
- 对称分级方式会产生关于中心对称的网格。
- 不对称分级方式会产生关于中心不对称的网格。
- 单边分级方式是利用一个常数 R 分级来描述相邻两个网格元素之间的长度比，其中变量比例 Ratio 定义为：$R=\dfrac{L_{i+1}}{L_i}$，即下一个网格尺寸与当前边上的网格尺寸之比。R 是能被用户指定的值（连续比例）或许由 GAMBIT 计算出来，此外在 GAMBIT 中也可以用边界的长度和间隔信息来决定 R 的值。

用户选定线上网格等级类型之后，则应为边线设定相应的比例以及网格尺寸，如图 2-81 所示。以 Successive Ratio 为例，如果用户不选择 Invert 对应的 Double sided 选项，那么此时的网格就是单边网格。如果选择 Double sided，则此时的网格就是双边网格，若 Ratio 1 中的值和 Ratio 2 中的值相等，则为对称网格，否则为不对称网格。

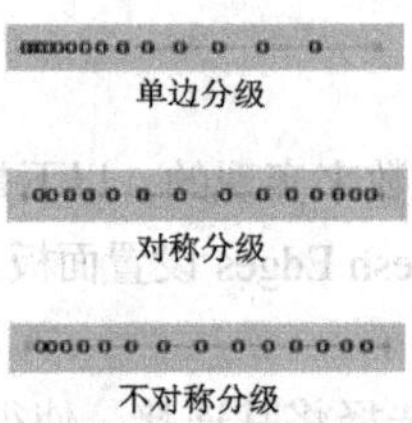

图 2-80　密度等级的不同分级方式

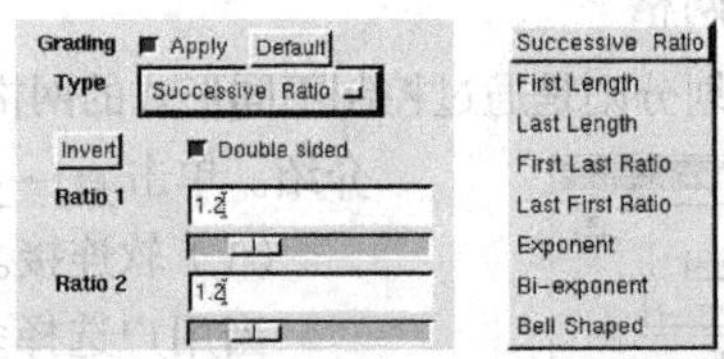

图 2-81　网格增长规律参数设置

除了利用网格类型（Grade）来直接控制边线上的间隔（Spacing）网格的数量外，在所有的网格形成时，用户可以通过下列的间隔功能指定边线上的网格数量。

- 间隔数（Int Erval Count）用于指定在边界上分点的间隔数，例如，输入 5 将会在所选择的边界上创建 5 个间隔（6 个节点，包括结束的节点）。
- 间隔尺寸（Interval Size，默认设置）用于指定在边界上分点时使用的间隔长度，例如，在一条长度为 10 的边上设置间隔尺寸为 2，则会在边上产生 5 个间隔。
- 最短边的百分比（Shortest Edge %）用于指定最短网格的百分数。例如，最短边在模型中的百分比是 1%，输入一个值 20 将会以 0.2 为间隔创建网格。

（4）其他选项。

在线网格划分节点时还包括 Mesh、Remove old mesh 和 Ignore size functions 等选项。

- Mesh：将会对所选中的边进行网格划分。
- Remove old mesh：将会移除所选中的边之前划分的网格。
- Ignore size functions：在划分网格时，因 size function 具有优先权，只有当这个按钮被激活时，GAMBIT 才忽略所选边的 size function 的影响。
- 以上所有设置完成之后，单击 Apply 按钮即可完成边线网格节点的划分。

2. 划分面网格

（1）面网格类型及划分方法。

GAMBIT 软件对于面网格的划分提供了 3 种网格组成元素类型，即四边形（Quad）、三角形（Tri）和四边形/三角形（Quad/Tri）混合划分。同时还提供了 5 种网格划分 Type（Map、Submap、Pave、Tri Primitive 和 Wedge Primitive）的方法。表 2-17 所示为 5 种网格划分的方法及其适用的类型。

表 2-17　网格类型

划 分 方 法	描 述	适 用 类 型		
		Quad	Quad/Tri	Tri
Map	划分四边形结构化网格	×	×	
Submap	将一个不规则区域划为几个规则区域并划分结构化网格	×		
Pave	划分非结构网格	×	×	×
Tri Primitive	将一个三角形区域划分为 3 个四边形区域并划分规则网格	×		
Wedge Primitive	在一个楔形的尖端划分三角形网格，沿着楔形向外辐射划分四边形网格		×	

以下是利用 GAMBIT 对不同结构的面进行网格划分的例子。

- 利用 Map 方法划分四边形网格（Quad Map），如图 2-82 所示。
- 利用 Submap 方法划分四边形网格（Quad：Submap），如图 2-83 所示。

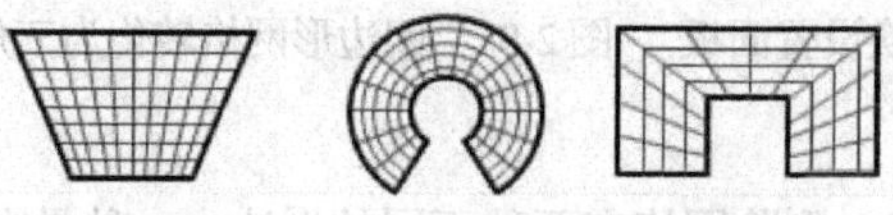

图 2-82　Quad Map 类型网格

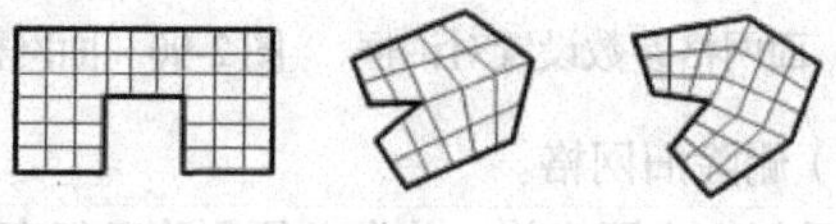

图 2-83　Quad Submap 类型网格

- 利用 Tri Primitive 方法划分四边形网格（Quad Tri Primitive），如图 2-84 所示。
- 利用 Pave 方法划分四边形网格（Quad Pave），如图 2-85 所示。
- 利用 Map 方法划分四边形/三角形混合网格（Quad/Tri Map），如图 2-86 所示。

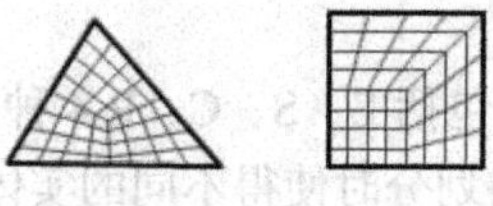

图 2-84　Quad Tri Primitive 类型网格

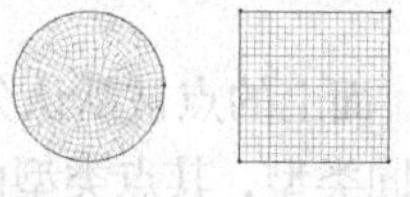

图 2-85　Quad Pave 类型网格

图 2-86　Quad/Tri Map 网格

- 利用 Pave 方法划分四边形/三角形混合网格（Quad/Tri Pave），如图 2-87 所示。
- 利用 Wedge 方法划分四边形/三角形混合网格（Quad/Tri Wedge），如图 2-88 所示。

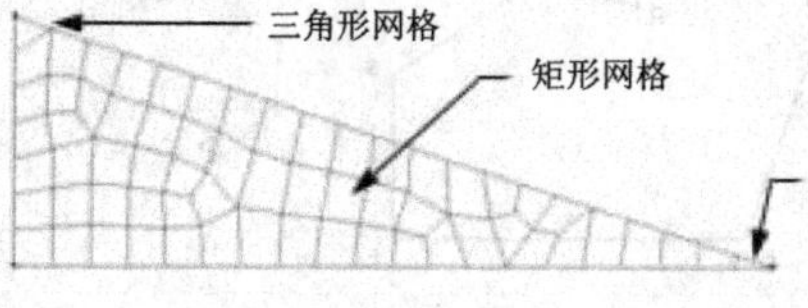

图 2-87　Quad/Tri Pave 网格

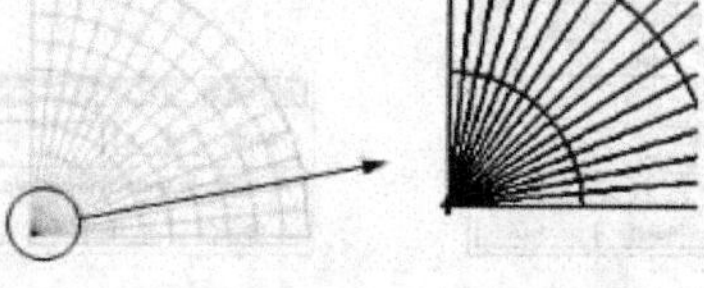

图 2-88　楔形四边形/三角形混合网格

（2）面网格划分步骤。

单击按钮→按钮→按钮，弹出 Mesh Faces（面网格）参数设置面板，如图 2-89 所示，其具体操作步骤如下。

① 单击第一个 Faces 选项右侧对应的按钮，然后选择需要划分网格的面。

② 设置面上网格的类型（Elements）及网格划分方法（Type）。

③ 按照前面介绍的方法设定面上网格的疏密。

④ 按照前面介绍的内容设置网格划分时的其他选项等。

⑤ 单击 Apply 按钮，完成操作，单击 Close 按钮即可关闭设置面板。

（3）面网格类型转换。

在 GAMBIT 中，用户可以通过按钮将已经划分好的四边形网格转换为三角形网格，在弹出的如图 2-90 所示的设置面板中选择需要转换网格的面（如果用户不愿意将边界层上的网格一起转换，则可以选择 Exclude boundary layers faces 选项，否则将会一起转换），然后单击 Apply 按钮即可完成转换，如图 2-91 所示。

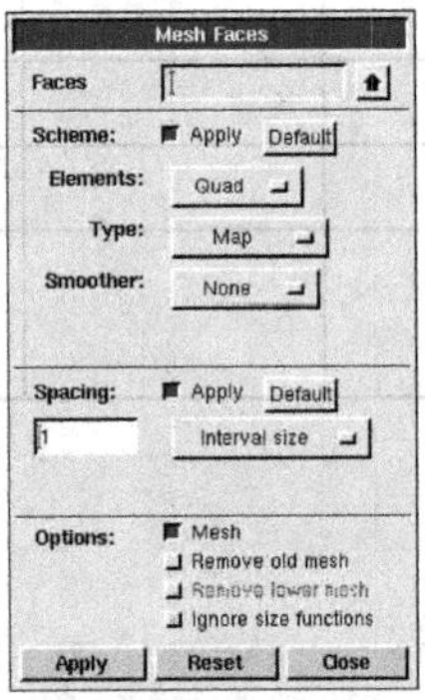

图 2-89　面网格参数设置对话框

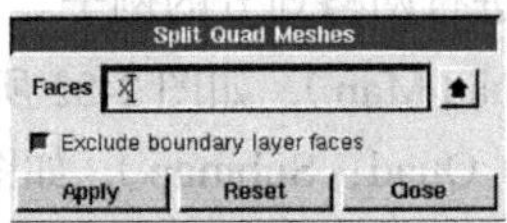

图 2-90　面网格类型转换设置面板

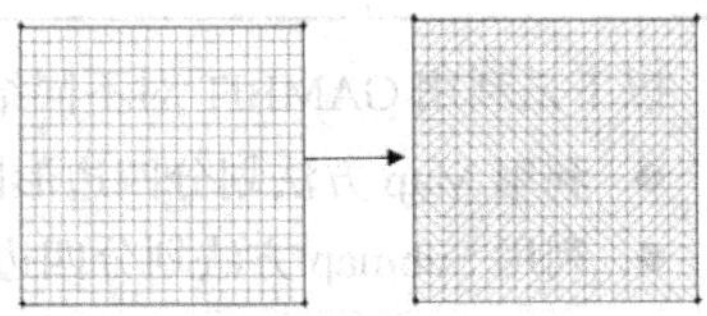

图 2-91　四边形网格转化为三角形网格

（4）删除旧网格。

在重新生成网格前，首先必须删除已经存在的网格。删除网格有两种不同的做法。一种是在划分实体网格时，选择 Remove old mesh 选项，在生成网格的同时删除旧网格，如图 2-92 所示。另一种是直接删除已存在的网格，单击→→，在弹出的如图 2-93 所示的设置面板中选择需要删除网格的实体。若用户选择了 Remove unused lower mesh 选项，则将同时删除低级的 topology 网格，反之保留。

（5）面点类型。

● 点类型介绍。

基于连接顶点的两条边之间的角度，面上的点被默认分为几种类型（包括 E、S、C、R 4 种），如图 2-94 所示。几个面共有的点可以为不同类型，其点类型的不同将在网格划分时使得不同的实体产生网格拓扑结构。

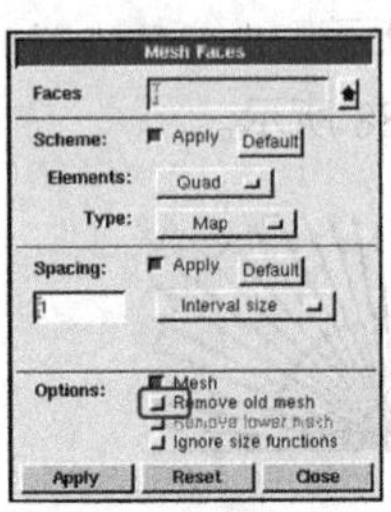

图 2-92　删除旧网格

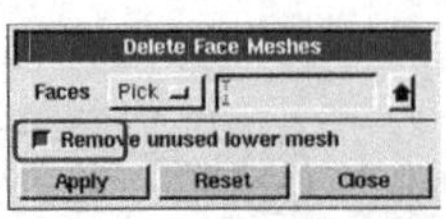

图 2-93　直接删除网格

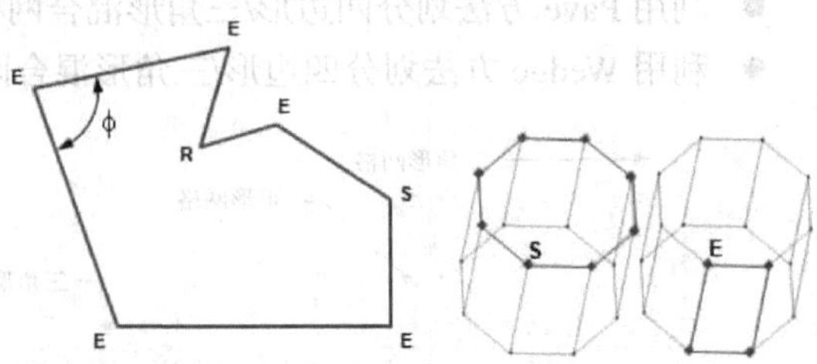

图 2-94　面点类型

● 修改面点类型。

一个点可以有多种类型，每种类型属于一个面。而对于给定的点的类型，GAMBIT 会自动选择相应的生成网格的方法。单击→→，通过在弹出的设置面板中选择相应的点，可以改变它们的默认类型。

2.2.7　划分体网格

相比四面体网格，高质量的六面体网格是首选。对于六面体网格，几何体需要分解为多个简单的几何体，这样才可以使用六面体网格划分方式。但在某些问题中，几何体可能相当复杂，将实体划分为六面体网格不切实际，因此对于这些问题则可以将复杂实体划分为四面体网格或者混合体（四面体加六面体）网格。对于给定的网格的尺寸应控制离散误差和数据扩散，为了减少计算量，网格数量应尽量少。网格类型的不同将直接造成网格数量的不同。

例如，对于 10×10×10 立方体，比较分别用 Hex 方法和 Tet 方法划分后的网格数量，尺寸大小选择 1，那么使用 Hex 方法将会生成 1 000 个网格单元，而使用 Tet 方法则会生成 7 726 个网格单元。

1. 体网格类型及划分方法

GAMBIT 会根据所选择的求解器和体上面的结合类型自动地选择一种网格划分方式，GAMBIT 为用户提供了和面网格类似的 3 种方法对三维几何体进行网格划分，主要包括 3 种网格组成元素类型（Elements）：仅用六面体（Hex）、六面体+适当位置用部分楔形网格（Hex/Wedge）和四面体加上适当位置用六面体及楔形网格等混合单元（Tet/Hybrid）混合，也同时提供了 6 种网格划分 Type（Map、Submap、Tri Primitive、cooper、Tet/Hybrid 和 Stairstep）的方法。表 2-18 所示为 6 种网格划分的方法及其适用的网络元素类型。

表 2-18　三维网格划分方法及其适用类型

划分方法	描　述	适用类型		
		Hex	Hex/wedge	Tet/Hybrid
Map	生成六面体结构化网格	×		
Submap	将一个不可图视化实体分割成可视化区域，并在每个区域中划分六面体结构化网格	×		
Tri Primitive	将一个含 4 个侧面的实体分割成 4 个六面体区域并在每个区域生成可视化网格	×		
Copper	扫描整个体积的指定的源面的网格节点类型	×	×	
Tet/Hybrid	指定该网格主要包括四面体网格单元，但是在合适的位置也可以包含六面体楔体网格单元等			×
Stairstep	生成普通六面体网格和一个与原始体积形状近似的平滑网格	×		
Hexcore	指定该网格主要包括六面体单元，但在合适的位置也可以包括面体楔体网格单元等			×

以下是利用 GAMBIT 对不同结构的体进行网格划分的例子。

- 利用 Map 方法划分六面体网格（Hex-Map），如图 2-95 所示。
- 利用 Submap 方法划分六面体网格（Hex-Submap），如图 2-96 所示。
- 利用 Tri Primitive 方法划分六面体网格（Hex- Tri Primitive），如图 2-97 所示。
- 利用 Cooper 方法划分六面体网格（Hex-Cooper），如图 2-98 所示。

图 2-95　Map 六面体网格

图 2-96　Submap 六面体网格

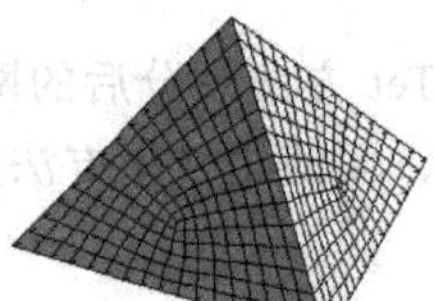

图 2-97　Tri Primitive 六面体网格

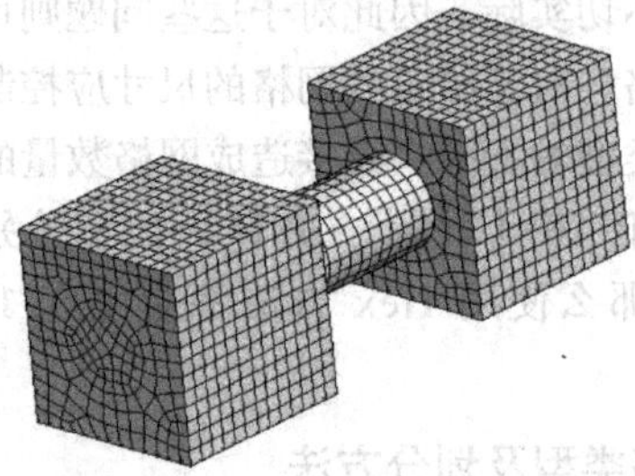

图 2-98　利用 Cooper 网格划分六面体网格

- 利用 Cooper 划分的六面体+适当位置用部分楔形网格（hex/Wedge-Cooper）和六面体、楔形网格等混合单元网格（Tet/Hybrid-Cooper），如图 2-99 所示。
- 利用 Tri/Hybrid 方法划分四面体网格（Tri/Hybrid-Tgrid），如图 2-100 所示。
- 利用 HexCore 方法划分楔形网格等混合单元网格（Tri/Hybrid），如图 2-101 所示。

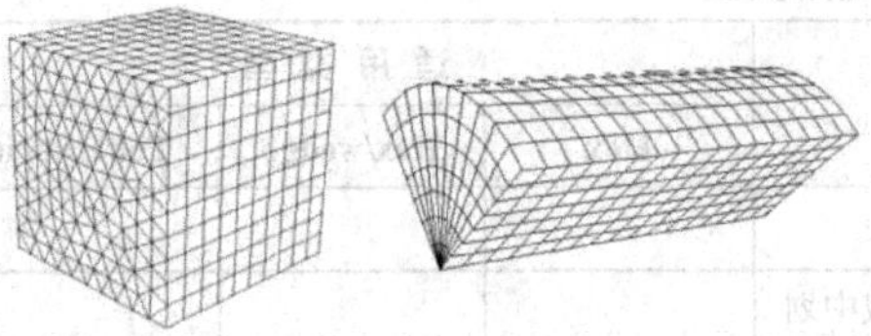

图 2-99　部分楔形网格+混合单元网格

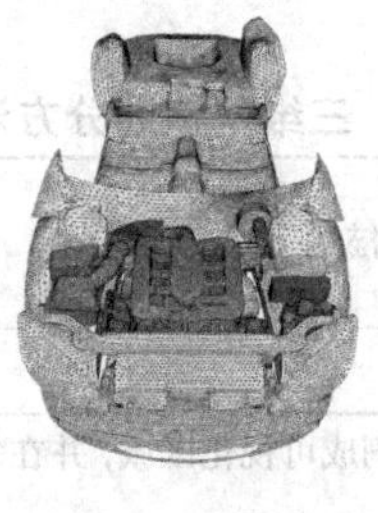

图 2-100　四面体网格（Tri/Hybrid-Tgrid）

图 2-101　六面体核心网格

2. 体网格划分细节

- 六面体网格——Map 和 Submap。

利用 Map 和 Submap 方法划分网格的实体必须是较为合理规则的几何体，所有的面都必须是规则的，如图 2-102 所示。

- 六面体网格——Tet Primitive。

对于四面体、三角形面，用户可以直接用 Tet Primitive 方法划分体网格。Tet Primitive 方法是，首先通过连接线、面、体的中心点将四面体划分为几个不同的子域，然后分别对不同的子域采用 Map 方法划分网格，如图 2-103 所示。

- 六面体网格——Cooper。

Cooper 方法是将面网格（或一组面网格）从体的一端投影到另一端，然后拉伸网格从而生成体网格。Cooper 生成网格的投影方向与其方向有关，与这个方向拓扑垂直的面叫做源面，在使用 Cooper 方法划分网格之前，应该预先画好源面上的网格。而与源面相交的面叫做侧面，这个面上的网格不必提前划分，但侧面网格必须是 Mappable 或 Submappable，如图 2-104 和图 2-105 所示。

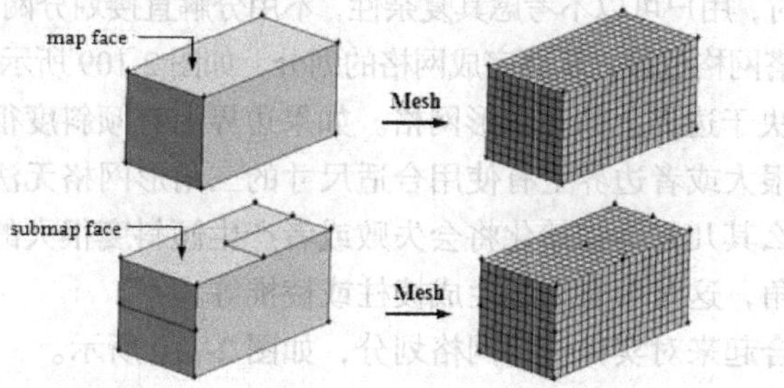

图 2-102　利用 Map 和 Submap 方法划分网格的几何体

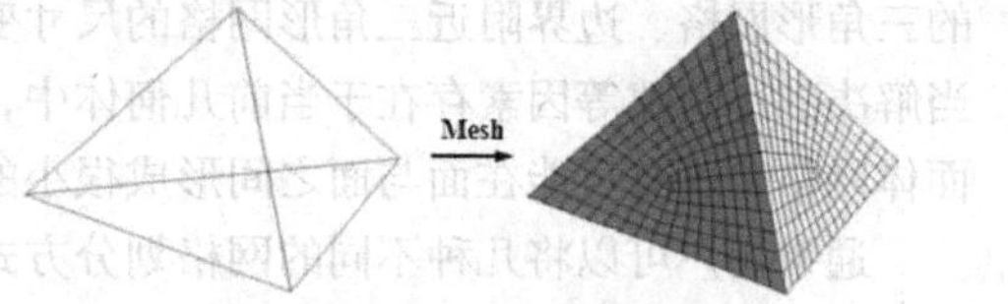

图 2-103　在四面体中生成六面体类型的网格

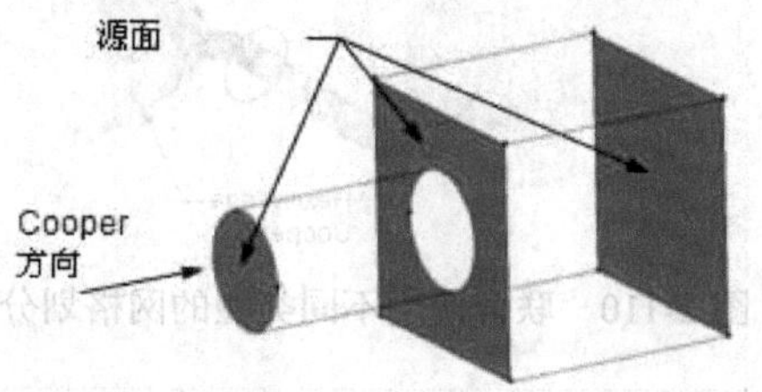

图 2-104　Cooper 划分网格源面

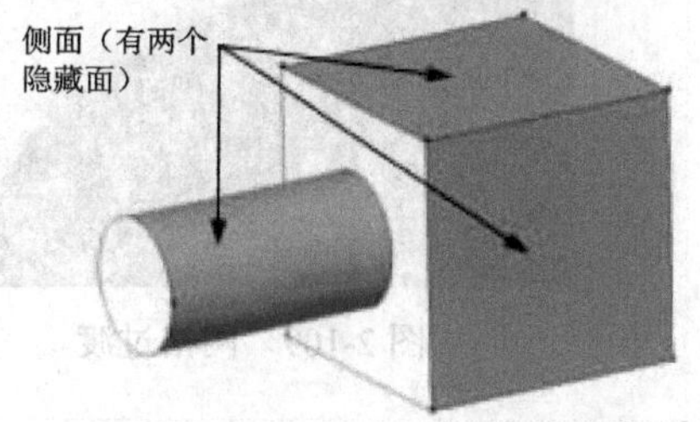

图 2-105　Cooper 划分网格侧面

图 2-106 和图 2-107 所示为利用 Cooper 方法划分六面体网格的实例。

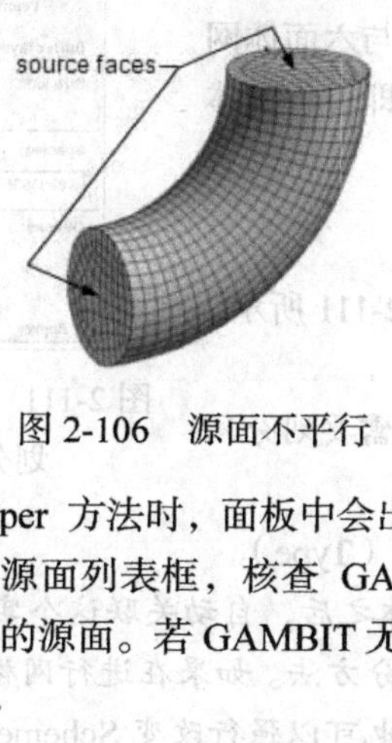

图 2-106　源面不平行

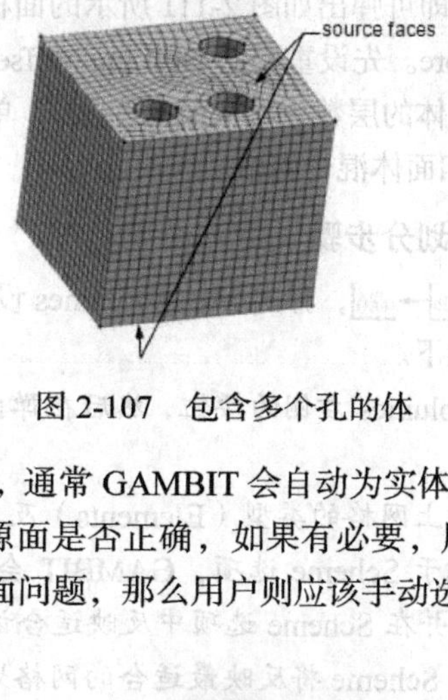

图 2-107　包含多个孔的体

当选择 Cooper 方法时，面板中会出现源面列表框，通常 GAMBIT 会自动为实体选择源面。这时用户则应该检查源面列表框，核查 GAMBIT 选择的源面是否正确，如果有必要，用户则需要更改 GAMBIT 所选择的源面。若 GAMBIT 无法自动解决源面问题，那么用户则应该手动选择相应的源面，如图 2-108 所示。

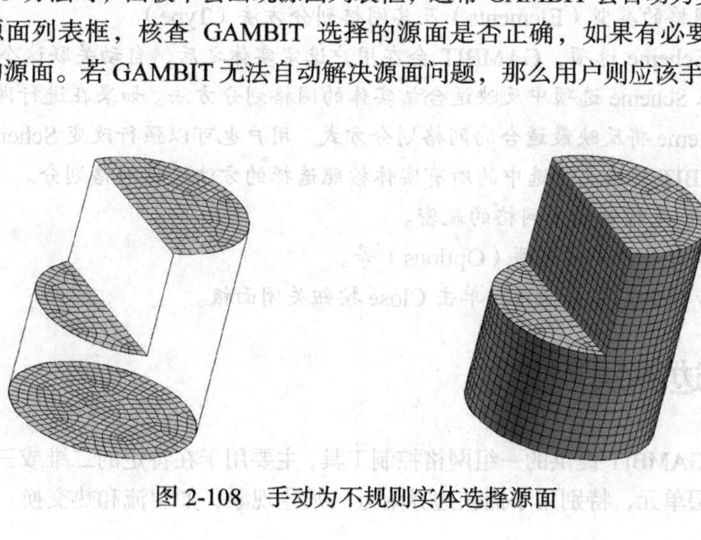

图 2-108　手动为不规则实体选择源面

- 四面体/混合体网格-Tgrid。

对于很多复杂的几何结构体而言，在划分网格时，用户可以不考虑其复杂性，不用分解直接划分网格，而是在四面体网格和六面体网格之间自动采用金字塔网格过渡，从而完成网格的划分，如图 2-109 所示。

利用 Tgrid 划分的四面体网格，质量主要取决于边界上的三角形网格。如果边界上有倾斜度很大的三角形网格、边界附近三角形网格的尺寸变化很大或者边界上有使用合适尺寸的三角形网格无法适当解决的小间隙等因素存在于当前几何体中，那么其几何体初始化将会失败或者产生倾斜度很大的四面体网格，还有可能在面与面之间形成很小的夹角，这时可能无法生成棱柱或棱椎等。

通常用户可以将几种不同的网格划分方式联合起来对实体进行网格划分，如图 2-110 所示。

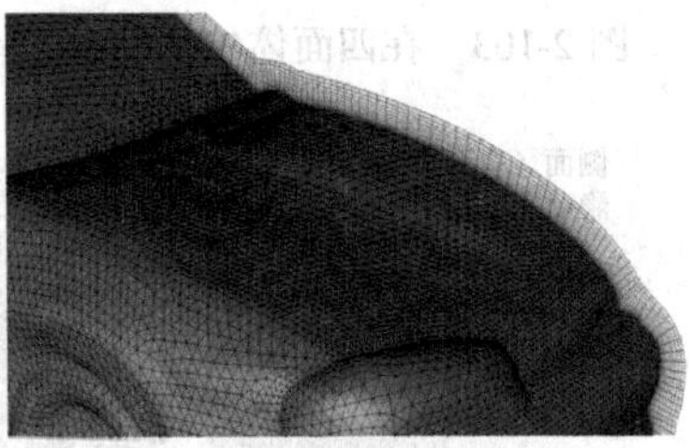

图 2-109　网格过渡

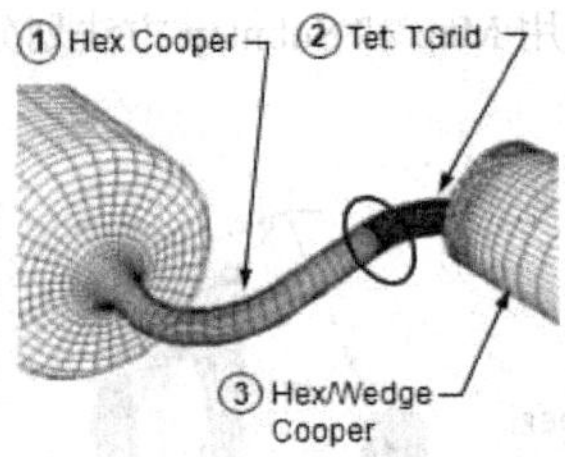

图 2-110　联合使用不同类型的网格划分方法

- HexCore 网格。

HexCore 是将六面体网格和四面体网格结合起来对实体进行划分的方法，其能够完全自动化地划分适合几何体的更少的网格单元。单击 ，即可弹出如图 2-111 所示的面板，选择需要进行网格划分的实体和 HexCore。先设重要的 Hexcore_Offset_Layers，确定与六面体网格中心之间四面体的层数（默认值为 3 层），单击 Apply 按钮即可将实体划分为六面体/四面体混合网格。

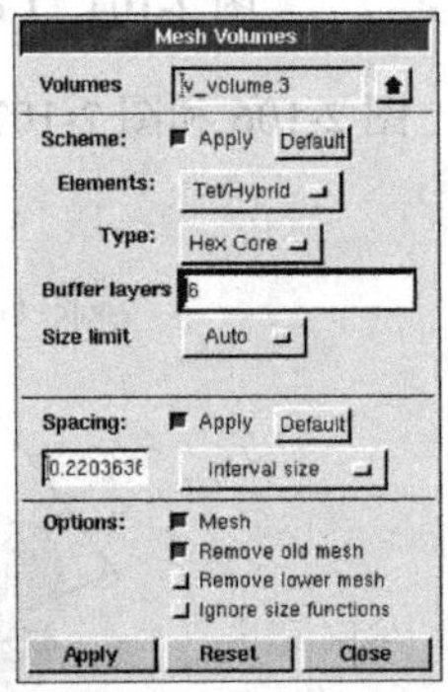

图 2-111　六面体核心网格划分参数设置

3. 体网格划分步骤

单击 ，弹出 Mesh Volumes 设置面板，如图 2-111 所示，具体操作步骤如下。

（1）单击 Volumes 右侧的按钮，然后在弹出的面板中选择需要划分网格的实体。

（2）设置面上网格的类型（Elements）及其网格划分方法（Type）。

（3）一般对于 Scheme 选项，GAMBIT 会在用户选定实体之后，自动关联这个实体的形状、拓扑结构以及类型，并在 Scheme 选项中反映适合该实体的网格划分方法。如果在进行网格划分时，选中了多个实体，那么 Scheme 将反映最适合的网格划分方式。用户也可以强行改变 Scheme 选项中的网格划分方法，这时 GAMBIT 将指定所选中的所有实体按照选择的方法进行网格划分。

（4）设定 Spacing 来控制面上网格的疏密。

（5）设置网格划分时的其他选项（Options）等。

（6）单击 Apply 按钮，完成操作，单击 Close 按钮关闭面板。

2.2.8　划分边界层网格

边界层网格是 GAMBIT 提供的一组网格控制工具，主要用于在特定的二维或三维几何体边界上生成要求很高的边界层单元，特别用于捕获边界附近的某些现象，如湍流和热交换。边界层网格是一些从边界扩展到域的单元层，其是在边界附近产生高质量的单元。对于二维模型，则应在某边界线附近生成边界层；而对于三维模型，则应该在某边界平面附近生成边界层。图 2-112 所示为划分了边界层网格的实例。

单击 → → ，将会弹出如图 2-113 所示面板，具体操作步骤如下。

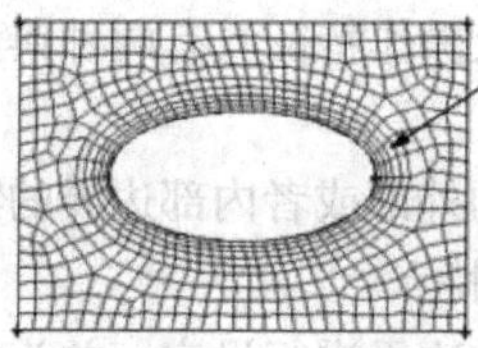

图 2-112　含有边界层网格的实例

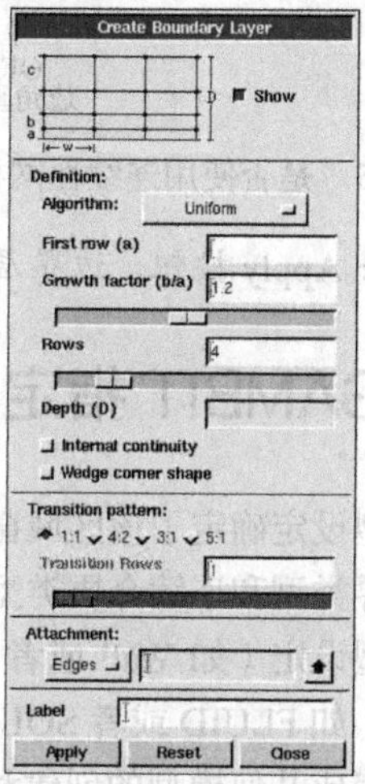

图 2-113　边界层网格参数设置

（1）设定 Algorithm 边界层算法，GAMBIT 提供了 3 种不同的类型边界层算法。

- Uniform：划分完成后的边界层是均匀增长的。用户输入边界层 4 个参数（First row、Growth factor、Rows 和 Depth 中的 3 个即可，第 4 个参数则可由 GAMBIT 自动计算获得）。
- 纵横比（第一层）：划分完成后的边界层是从靠近边界的第一层开始呈幂次方增长的。
- 纵横比（最后一层）：划分完成后的边界层是从远离边界的最外层开始呈幂次方增长的。在划分基于纵横比的网格时，跟均匀边界层类似，应该输入 First Row、Number of Rows 和 Aspect ratio of last layer 参数中的一个，从而完成边界层网格的参数设置。

（2）设定具体的网格类型（Transition pattern），GAMBIT 为用户提供了 4 种边界层网格类型，如图 2-114 所示。

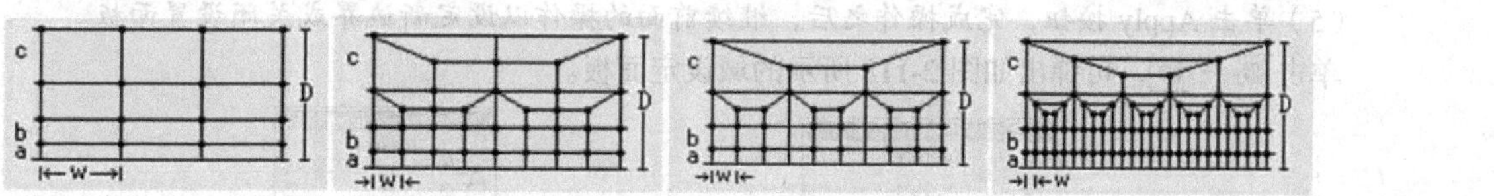

图 2-114　不同类型的边界层网格

（3）设定边界层过渡类型，即设置图 2-113 中的 a、b、c、D 的具体数值。

（4）在 GAMBIT 划分边界层时，其用于设置内部连续性的选项（Internal continuity）允许三维的边界层形成没有交叉和重叠的区域，如图 2-115 所示。用户可选择设定计算域中是否使用连续边界层。

（5）在 GAMBIT 划分边界层时，其边界楔形角截面选项（Wedge corner shape）可以用于在一个拐点或反向的顶点处生成一个圆弧楔形单元作为二维边界层。选择该选项和取消选择该选项时，划分网格之后的结果对比如图 2-116 所示。

（6）选定需要划分边界层网格的边界（线或者面），从附着体的箭头指向实体的中心。边界层最初显示为橙色，表明它是暂时的，当设置变化的时候显示效果会立即更新。

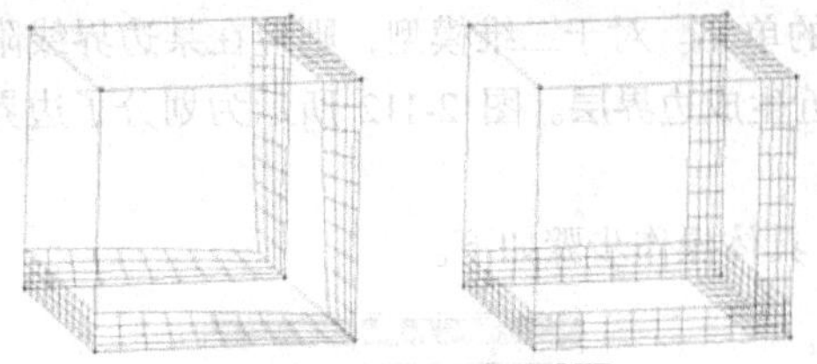

图 2-115　是否使用连续性网格的对比

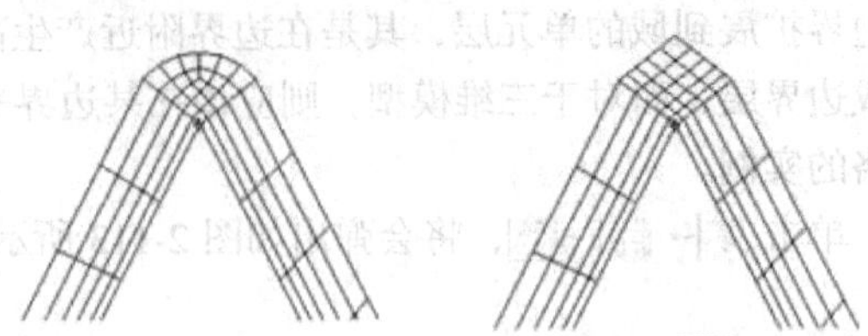

图 2-116　对比效果

（7）单击 Apply 按钮，边界层被显示成白色，完成操作后单击 Close 按钮即可关闭设置面板。

2.2.9　GAMBIT 指定边界和域类型

区域类型设定确定了该区域截面和指定区域内的模型的实体及操作特征。有两种典型的区域类型设定，即边界类型和连续介质类型。

边界类型设定（如 Wall 或者 Pressure-outlet 等）确定了模型的外部或者内部边界的特点。连续介质类型设定（如 FLUID 或者 SOLID）确定了模型内部指定区域的特点。

在用户完成几何模型的创建和网格的划分之后，需要对模型的边界进行设定，并为模型内部设定单独的域。在 GAMBIT 中，模型边界条件和域的可选类型主要取决于所选择的求解器。若用户不进行任何边界设定操作，那么在用户导出网格时，GAMBIT 将默认设定边界条件的面或者线为 Wall 边界，其模型内部的面或者线则默认设定为 Interior。而模型内部则被默认设定为流体域（FLUID）。

单击[icon]→[icon]，可弹出如图 2-117 所示的边界条件设定面板。

设定边界条件的具体操作如下。

（1）设定操作类型。Add 表示添加新的边界条件；Modify 表示对已有的边界条件进行修改；Delete 表示删除已经存在的边界条件；Delete all 表示删除所有存在的边界条件。

（2）激活 Name 选项，输入字符，设定边界的名称。

（3）选择边界类型，其种类取决于所选择的求解器。

（4）选择对应的边界实体（线或者面）。

（5）单击 Apply 按钮，完成操作之后，继续前面的操作以设定新边界或关闭设置面板。

单击[icon]→[icon]，可弹出如图 2-118 所示的域设定面板。

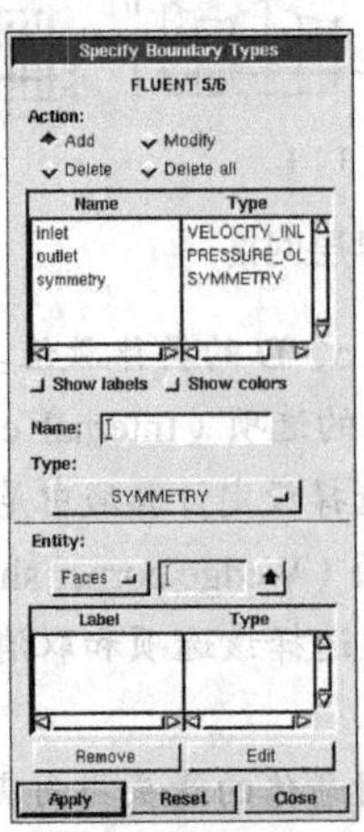

图 2-117　边界条件设定面板

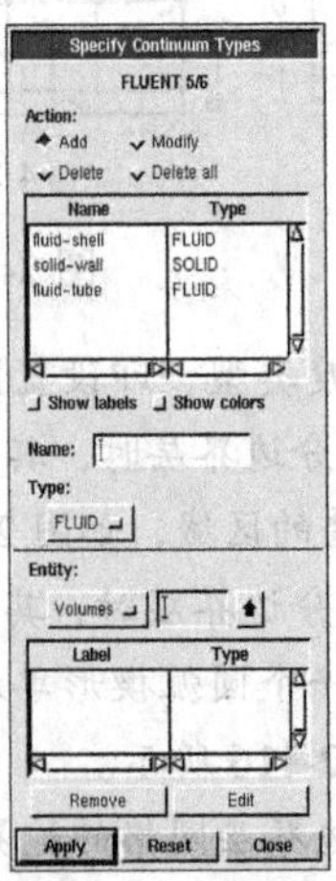

图 2-118　域设置面板

设定域类型的具体操作如下。

（1）设定操作类型。Add 表示添加新的域；Modify 表示对已有的域进行修改；Delete 表示删除已经存在的域；Delete all 表示删除所有存在的域。

（2）激活 Name 选项，输入字符，设定域的名字。

（3）选择域类型（FLUID 或 SOLID）。

（4）选择对应的实体。

（5）单击 Apply 按钮，完成操作之后，继续前面的操作以设定新域或关闭设置面板。

2.2.10　尺寸函数

尺寸函数和前面介绍的边界层都是 GAMBIT 提供的网格控制工具。尺寸函数可以从源或原点开始，在特定的几何区域内平稳地控制网格尺寸。当流动物理模型、弯曲几何体以及有间隙的模型需要高质量的网格时，尺寸函数也可以用来光滑转换网格。尺寸函数可以和边界层结合使用，从而实现对网格大小及分布的控制，其效果如图 2-119 所示。

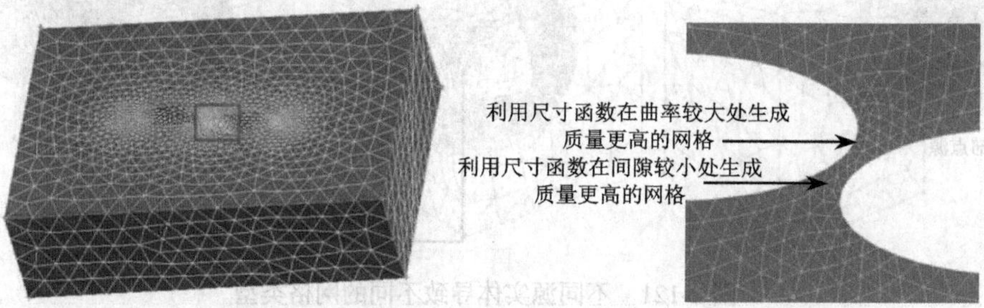

图 2-119　利用尺寸函数生成质量较高的网格

1．设定尺寸函数

尺寸函数控制一个包括线、面、体的空间区域的网格分布，与控制线上的网格分布类似。单击 → ，弹出尺寸函数设置面板，如图 2-120 所示。

（1）局部网格尺寸函数控制。

设定局部网格尺寸函数控制时，首先要设置尺寸函数类型、来源实体、附属体和尺寸参数，其中尺寸函数类型直接决定了网格生成的标准。GAMBIT 提供了 4 种尺寸控制类型来控制 4 种区域。

- 固定点。

源的固定区域，需设置初始尺寸、邻近源实体的网格尺寸、增长比率、两个邻近网格的大小比例、尺寸限制以及附属物上所允许的最大网格尺寸。

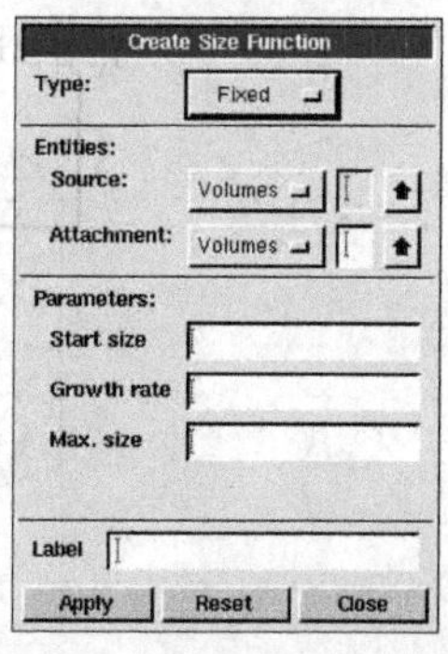

图 2-120　尺寸函数设置面板

- 曲率。

高度弯曲的表面附近的区域，需设置曲角度、两个邻近的网格元素表面的点被允许的最大角度、增长比率和尺寸限制，类似于固定点。

- 近似。

离对象指定距离的区域，在大模型中会比较缓慢。如果使用不当，则会导致尺寸急剧改变；近似追近函数指定在平面间隔（3D）和边缘间隔（2D）中的单元数。对于 3D 间隔而言，间隔两边的一对面被指定为源面，而对于 2D 间隔而言，间隔两边的线或者包含间隔的面可以被指定为源面。当选择一个体作为源时，所有相对的面可能默认为存在 3D 间隔。近似追近函数需要设定的参数包括间隔单元数（即间隔中的网格层数）、增长比率和尺寸限制。

- 网格化。

确定网格是从已画好网格的边界区域出发，并以可控的方式延伸。网格化尺寸函数是从已划分网格的源实体发展到附着体的尺寸函数，其需要设定的参数包括初始化参数、增长比率和尺寸限制。

（2）设定源实体。

设定尺寸函数的类型后，应继续设定源实体（定义受影响区域的源实体及其位置）、附属实体（将会受到影响的网格）及其他参数，包括尺寸控制的特性（不包含网格大小）、增长比率、尺寸限制和初始值等。已经网格化的尺寸函数不必输入初始化的参数。

使用尺寸函数的源实体可以是点、线、面、体，这些实体可以附着在体的内部或者外部，确定了源实体后，就基本确定了域的形状，如图 2-121 所示。

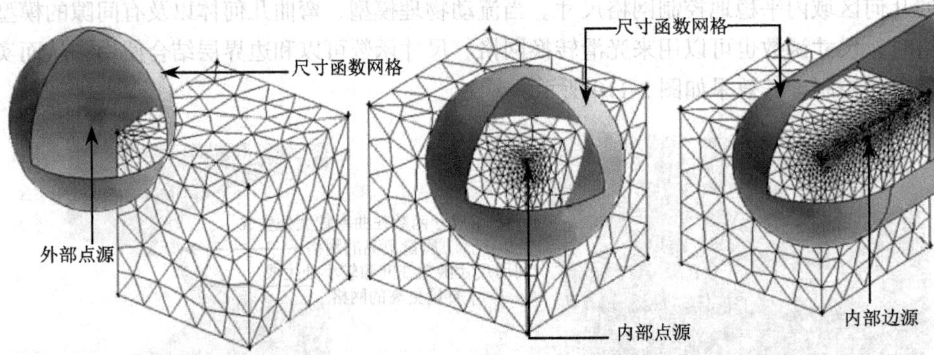

图 2-121　不同源实体导致不同的网格类型

选定源实体之后，用户应该进一步设定尺寸函数附着体。附着体将影响尺寸函数网格，如图 2-122 所示。

针对不同的尺寸函数类型，需要设置不同的尺寸函数参数。

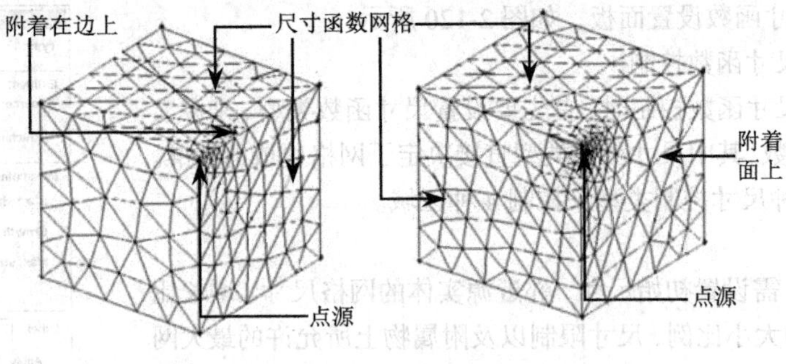

图 2-122　尺寸函数附着体对网格的影响

2. 修改和查看尺寸函数

（1）查看尺寸函数。

单击![]→![]，弹出如图 2-123 所示的设置面板，具体操作步骤如下。

① 选择要查看的尺寸函数。

② 单击初始化按钮。

③ 使用滑杆来查看网格的范围，如图 2-124 所示。

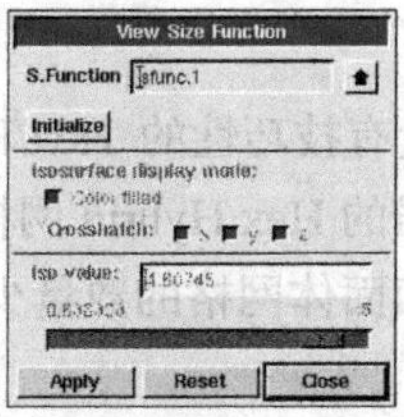

图 2-123　查看尺寸函数设置面板

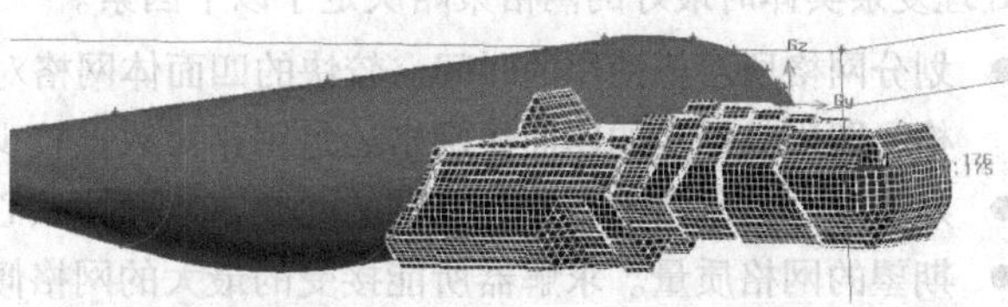

图 2-124　仅显示利用尺寸函数划分的网格

（2）修改尺寸函数。

尺寸函数的输入参数可以在被创建后修改，单击 — ，弹出修改尺寸函数设置面板，如图 2-125 所示，具体操作步骤如下。

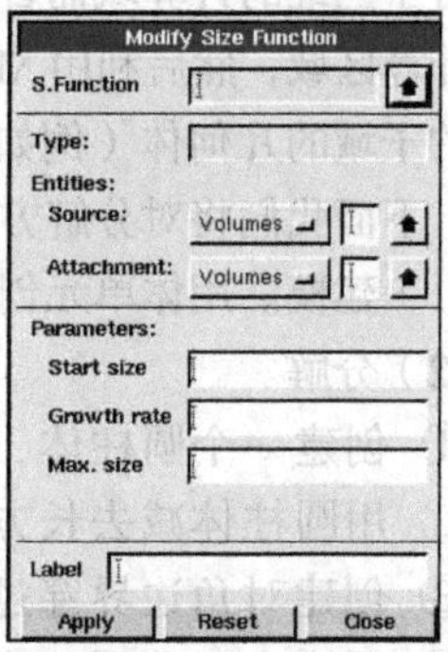

图 2-125　修改尺寸函数设置面板

① 选择需要修改的尺寸函数。

② 选择相应的源和附着体。

③ 设置尺寸和增长比率。

④ 单击 Apply 按钮，使修改生效。

2.2.11　网格划分策略分析简介

通常为了处理真实实体，用户需要根据几何体结构选择不同的网格策略，例如，运用体积分解划分六面体网格、四面体网格或者六面体核心网格等。每一种网格划分方法在网格的计算耗费、网格尺寸、质量、结算模型、时间和能力方面都存在着一种权衡方法，因此在划分网格时，需要选择正确的网格策略。

1. 四面体网格

四面体网格适用于复杂实体。以四面体为主的网格，其大多数的网格区域包括金字塔形。棱柱和六面体边界层的金字塔形及六面体形状从表面生成，这里壁面（边界层）很重要。四面体网格通常采用尺寸功能和边界层来划定表面/体网格，以确保模型的网格质量。其绝对尺寸功能用来解决曲率和边界问题，而相对尺寸功能则用来细化一些区域。图 2-126 所示为用尺寸功能和边界层自动生成的四面体网格。

2. 六面体核心网格

六面体核心网格用来减少网格数量和提高网格整体质量，适用于近壁面和大范围的流动实体。六面体核心网格可以在复杂表面体积上大幅度地减少网格数目并提高网格整体质量。和尺寸功能一样，偏移层可以减少高缺陷的四面体网格，在边界和六面体核心中产生小间距。六面体核心网格不能和一些物理模型兼容，和四面体与六面体核心也有尺寸距离。图 2-127 和图 2-128 所示为将不同类型的实体划分为六面体核心网格的实例。

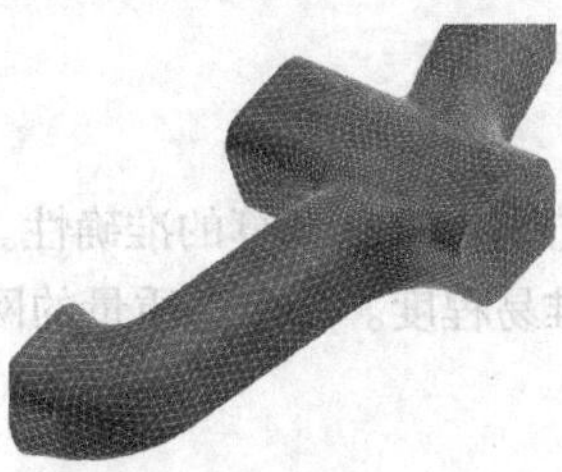

图 2-126　用尺寸功能和边界层自动的四面体网格

图 2-127　船体的流动实体

图 2-128　多管的流动实体

处理复杂实体时最好的网格策略决定于以下因素。

- 划分网格所希望使用的时间。较快的四面体网格对比较少网格数量有技巧性的 Hex/Hybrid 网格，即用数量多的四面体网格还是用相对数量较少但划分技巧性强的 Hex/Hybrid 网格。
- 期望划分的网格数。对于特定的问题，六面体核心网格的数量比四面体网格的数量少得多。
- 期望的网格质量。求解器所能接受的最大的网格倾斜度和方向比。
- 模型的物理条件。根据模型的流动特点选择解析流动所需要的网格类型与数量。

对于三维的计算域而言，通常适宜直接采用以六面体为主的网格。首先运用布尔运算和分割体积分解计算区域，然后利用 Map、Submap、Tet-Primitive 和 Cooper 等方法创造六面体网格。对于含有很复杂的子域的几何体（例如，混合容器里的包含桨叶的子域），则可以直接采用四面体（Tet）来生成网格。下面我们将对分解方法举例进行说明，如下面的长方体含有空球体。

（1）建模。用体单元创造一个球体和一个长方体，并从长方体里减去球体。

（2）分解。

① 创建一个圆柱体，这个圆柱体的直径要比球体的直径小，高度要高于长方体。

② 用圆柱体减去长方体。

③ 创建对角边界穿过顶面和底面，再用这些边创建一个对角面。

④ 用这个面分裂这个类长方体，具体过程如图 2-129 所示。

（3）划分网格。

① 划分源面网格，并依次划分面上的网格。

② 划分六面体网格，以上一步中生成的面网格为源面，采用 Cooper 方法对分解之后的类长方体进行网格划分，如图 2-130 所示。

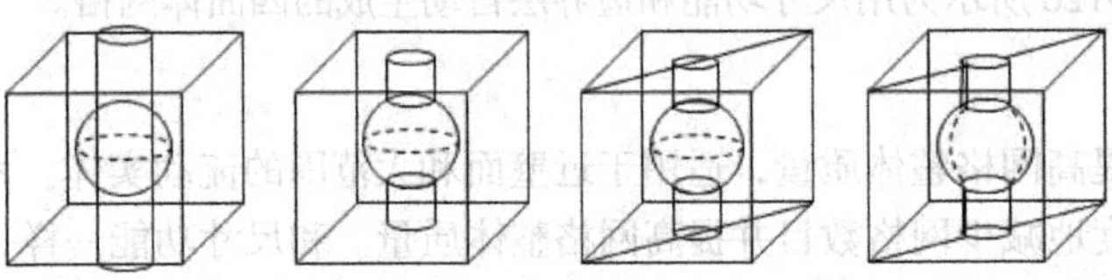

图 2-129　长方体（含空球体）划分六面体核心网格的步骤

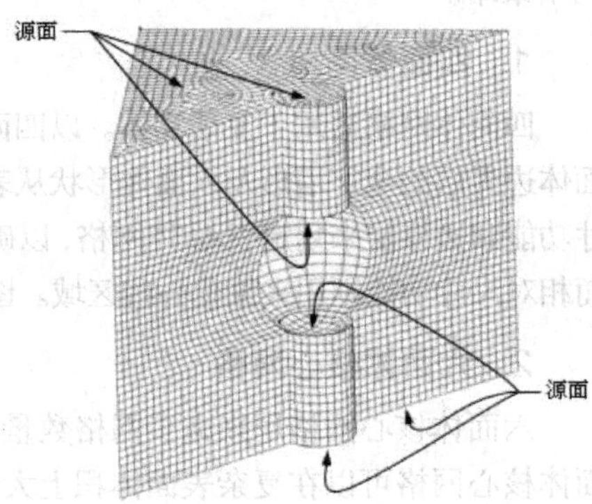

图 2-130　六面体核心网格划分结果

2.2.12　网格质量管理及网格输出

1. 网格质量

对生成网格的质量进行检查是很重要的，因为类似失真等问题会严重影响 CFD 计算的准确性。网格质量将影响单元间的通量计算，因此，直接影响计算的精度和收敛的难易程度。一个高质量的网格的要求如下。

- 体和表面整洁，邻近复杂表面没有裂片和小特点。
- 待解决的实体特性好（包括间距、曲率和尖角等）。
- 用近似的尺寸功能增长率和尺寸限制、边界梯度、空间等创建好的表面网格。

GAMBIT 有多种评估网格质量的方法，主要包括以下几种。

- Aspect Ratio：纵横比率。不同的网格单元有不同的计算方法，等于 1 是最好的单元，如正三角形、正四边形、正四面体和正六面体等，一般情况下不要超过 5：1。
- Diagonal Ratio：对角比率。仅适用于四边形和六面体单元，默认大于或等于 1。该值越高，说明单元越不规则，最好等于 1。
- Edge Ratio：边比率。长边与最短边的长度之比。大于或等于 1，最好等于 1，仅适用于四边形和六面体单元。
- EquiAngle Skew：通过单元夹角计算的歪斜度。在 0～1 中，0 表示质量最好，1 表示质量最差。最好控制在 0～0.4 中。
- EquiSize Skew：通过单元大小计算的歪斜度。在 0～1 中，0 表示质量最好，1 表示质量最差。对于质量好的 2D 单元，该值最好在 0.1 以内，3D 单元在 0.4 以内。
- MidAngle Skew：中间角。通过单元边中点连线夹角计算的歪斜度，仅适用于四边形和六面体单元。在 0～1 中，0 表示质量最好，1 表示质量最差。
- Size Change：相邻单元大小之比。仅适用于 3D 单元，最好控制在 2 以内。
- Stretch：伸展度。通过单元的对角线长度与边长计算出来，仅适用于四边形和六面体单元。在 0～1 中，0 表示质量最好，1 表示质量最差。
- Tape：锥度。仅适用于四边形和六面体单元，在 0～1 中，0 表示质量最好，1 表示质量最差。
- Volume：单元体积。仅适用于 3D 单元，划分网格时应避免出现负体积。

2. 网格质量检查

GAMBIT 为用户提供了快捷的网格质量检查功能，包括几种品质分析方法，可以用来评价网格的品质。例如，在 EquiAngle Deviation 和 EquiVolume Deviation 这样的失真分析中，值越小越好。确保网格系统中所有单元的面积/体积都为正值也是很重要的。

在 Global Control 工具箱中单击按钮，弹出 Examine Mesh 设置面板如图 2-131 所示。

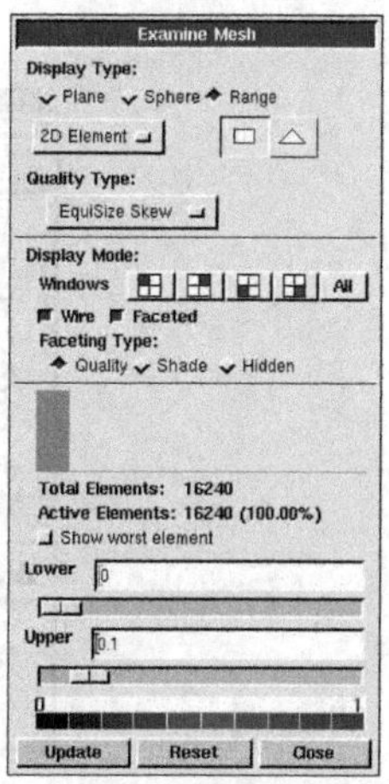

图 2-131 网格质量检查设置面板

检查网格质量的步骤如下。

（1）在设置面板中的 Display Type 下选择 Range 选项。

设置面板的底部将出现一个直方图，是由代表关于具体品质类型（Quality Type）的网格单元的统计分布的条形图构成的。直方图中每一个竖条对应唯一的高品质和低品质。

（2）3D Element 类型默认设置为方体。

（3）在 Quality Type 中选择 EquiAngle Skew，在直方图中单击绿色的竖条，观察该品质范围内的单元。每一个单元都有一个位于 0～1 中的失真值。0 代表理想单元。直方图分为 10 条，每一条代表失真值的 0.1 增量。对于一个好的网格系统，直方图左边的条图大，而右边的条图小。

（4）观察完毕后，单击 Close 按钮关闭设置面板。

3. 网格输出

完成上述所有网格划分的步骤之后，用户需要从 GAMBIT 中将网格导出，进而导入求解器中计算，具体步骤如下。

（1）保存文件。

（2）进行 File/export 操作，在弹出的对话框中输入导出的网格文件的名称，如图 2-132 所示。若用户需要输出二维网格，则需要选择对话框上的 Export 2-D(X-Y) Mesh 选项。

（3）单击 Accept 按钮即可完成输出。

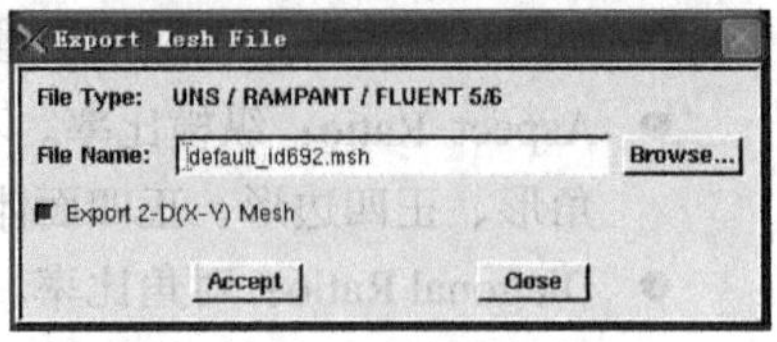

图 2-132 网格输出对话框

2.3 ICEM CFD 网格划分

2.3.1 ICEM CFD 基本功能与界面

1. ICEM CFD 文件类型

ICEM CFD 将所有的文件都存放在同一个项目名称的目录下，其主要的文件类型如下。

- Ttin（.tin）文件：几何文件，包含几何实体、材料点、对象的 Part 以及网格参数等信息。
- Domain file（.uns）网格文件：非结构化网格文件。
- Blocking file（.blk）块文件：包含有块的拓扑结构数据。
- Attribute file（.fbc）属性文件：包含边界条件、局部参数和单元类型。
- Parameter file（.par）参数文件：包含模型和单元参数。
- Journal file（.jrf）日志文件：包含了操作过程记录。

2. ICEM CFD 主界面

ICEM CFD 主界面如图 2-133 所示，根据界面上按钮与菜单的功能的不同，将主界面分为主菜单栏、快捷按钮栏、功能栏、目录树、数据输入区域、消息框、质量柱状图显示栏、显示坐标和选择工具弹出框等分区。

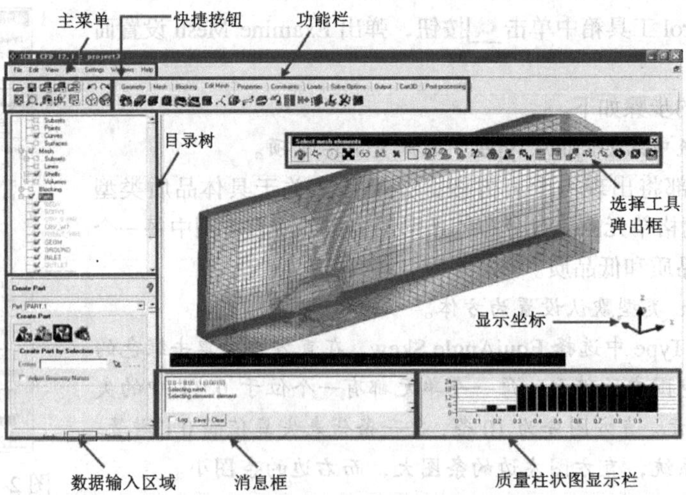

图 2-133 ICEM CFD 操作界面

3. ICEM CFD 鼠标操作

ICEM CFD 的鼠标操作有两种模式，即动态浏览模式与选择模式。在动态浏览模式下，鼠标操作如表 2-19 所示。在选择模式下，鼠标操作如表 2-19 所示。使用键盘上的 F9 快捷键能在选择模式下进行动态浏览与选择状态的切换。

表 2-19　　ICEM CFD 鼠标操作

鼠标左键	旋转
鼠标中键	移动变换
鼠标右键	缩放（上下运行）/2D 旋转（水平移动）
转轮	缩放

4. 主菜单栏

通过主菜单栏可以完成文件读取、编辑设置、显示设置、信息查看、选项设置和查看帮助文件等操作。主菜单栏如图 2-134 所示。

- 文件（File）。文件菜单提供了许多与文件相关的功能，如打开文件、保存文件、合并和输入几何模型以及存档，这些功能方便了用户管理 ICEM CFD 12.1 工程。
- 编辑（Edit）。此菜单包括后退、前进、命令行、网格转换为大小面结构、小面结构转化为网格以及结构化模型面等功能。
- 视图（View）。此菜单包括合适窗口、方法、俯视、仰视、左视、前视、后视、等角视、视图控制、保存视图、背景设置、镜像与复制、注释、加标记、清除标记以及网格截面剖视等命令。
- 信息（Info）。此菜单包括几何信息、面的面积、最大截面面积、曲线长度、网格信息、单元体信息、节点信息、位置、距离角度、变量、分区文件和网格报告等命令。
- 设置（Settings）。此菜单包括常规、求解、显示、选择、内存、远程、速度、重启、网格划分等命令。
- 帮助（Help）。此菜单包括启动帮助、启动用户指南、启动用户使用手册、启动安装指南和有关法律等命令。
- 窗口（Windows）。此菜单为窗口操作，可打开存在的不同的工程。

5. 快捷按钮栏

通过快捷按钮栏，用户可以实现 ICEM CFD 某些常用操作，如图 2-135 所示，各个按钮的具体功能如表 2-20 所示。

图 2-134　菜单栏

图 2-135　快捷菜单栏

表 2-20　　快捷按钮的功能

按钮图标	功　　能
	打开任意类型的已经独立保存并关闭了的相关文件，包括几何（*.tin）、网格和属性等
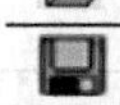	对已经完成的模型和网格进行快速保存
	其下拉列表可以完成一系列与网格相关的操作，包括打开、保存、关闭
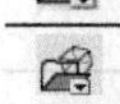	其下拉列表可以完成一系列与 Blocking 相关等的操作，包括打开、保存、关闭
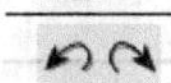	在建模过程中实现撤销和返回两个操作
	把实体放大至全屏显示
	局部放大
	测量距离、角度和位置等
	局部坐标，包括选择位置、测量、几何点网格节点的创建移动、对齐和加载等

续表

按钮图标	功　能
	刷新画面，包括几何结构和网格的重做
	标准视角，通过右下角的坐标符号选择 x、y、z，查看顶视、俯视、左视图等，Isometric（中间的蓝点）用于查看整体的模型
	几何/网格表面显示，将模型显示为框线、实体或透明等

6. 选择工具弹出框

选择工具弹出框在即将使用鼠标指针对对象进行选择时出现。利用选择工具弹出框可以帮助用户快速做出选择。此处介绍几何实体选择和网格选择工具弹出框中典型按钮的功能。

（1）几何选择工具弹出框。

几何选择工具弹出框如图 2-136 所示，其中典型按钮的功能如表 2-21 所示。

图 2-136　几何选择工具弹出框

表 2-21　几何选择功能

按钮图标	功　能
	多边形选择实体
	全选实体
	仅选择显示中的可见实体
	取消选择的实体
	在不同 Part 之间选择
	对选择的对象进行过滤

（2）网格选择工具弹出框。

网格选择工具弹出框如图 2-137 所示，其中典型按钮的功能如表 2-22 所示。

图 2-137　网格选择工具弹出框

表 2-22　网格选择功能

按钮图标	功　能
	圆形选择实体
	框选所能看见的实体
	选择边界线内的单元实体
	选择几何表面的网格

7. 功能栏

几何处理按钮如下。

几何处理的主要功能包括几何（点、线、面）生成、几何（点、线、面）修改、材料点定义。

网格处理按钮如下。

网格处理的主要功能包括设置网格类型，设置面网格尺寸，划分四面体、六面体与棱柱网格。

块处理按钮如下。

块处理的主要功能包括初始化块、切割块、修改块、设置块的尺寸以及产生结构化网格。

网格编辑按钮如下。

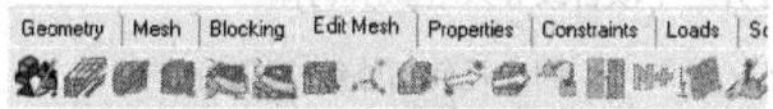

网格编辑的主要功能包括网格检查，网格光滑、细化/粗化、合并以及变换等。

输出按钮如下。

输出按钮的主要功能包括选择 CFD 求解器、指定边界条件和参数以及输出网格。

材料特征按钮如下。

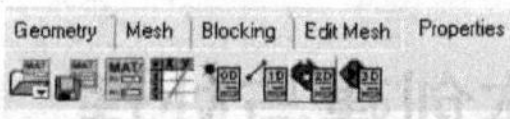

材料特征按钮的主要功能包括创建、读入、输出材料属性，应用到几何/单元。

约束特征按钮如下。

约束特征按钮的主要功能包括设置约束、位移、定义接触、初始速度、刚性墙。

加载按钮如下。

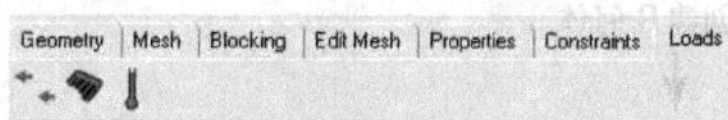

加载按钮的主要功能包括设置力、压力和温度载荷。

求解器设置按钮如下。

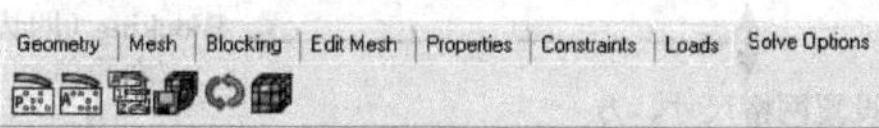

求解器设置按钮的主要功能包括设置参数和属性、创建 Subcase、输出 Input 文件和运行求解器。

后处理功能按钮如下。

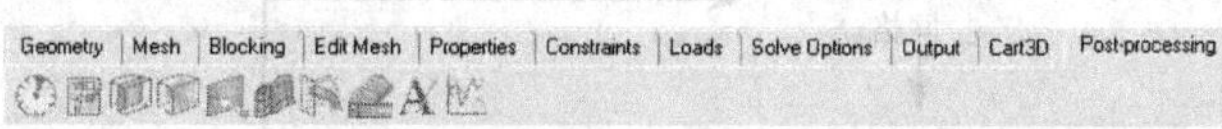

后处理按钮的主要功能包括可视化结果、剖面、流线、动画和计算积分等。

8. 目录树

目录树包含了图形的显示内容，主要有几何、网格、块和对象名称集（Part）的显示。通过单击“+”符号即可展开目录。在目录树中的每一个选项上单击鼠标右键即可显示该选项的快捷菜单，可用于进一步设置，如图 2-138 所示。

目录树中的对象名称集（Parts）是几何体、网格和块（Block）对象存放的位置，并予以不同的名称。在 Parts 内可以显示或隐藏所有的对象。Part 名字的颜色与实体显示颜色相匹配。在 Parts 上单击鼠标右键通过弹出的快捷菜单可以定义新的 Part 名字、定义包含对象名的子集、删除空的对象名或修改 Part 显示的颜色。右键单击目录树中的 Parts，在弹出的快捷菜单中选择 Create Part 命令可以新建 Part。

9. ICEM CFD 划分网格的工作流程

ICEM CFD 划分网格的工作流程可简要归纳为，新建或打开一个项目、导入或生成几何模型、划分网格、检查与编辑网格、将网格输出到 CFD 求解器。图 2-139 所示为 ICEM CFD 划分网格的工作流程。图 2-140 所示 ICEM CFD 划分网格的思路。

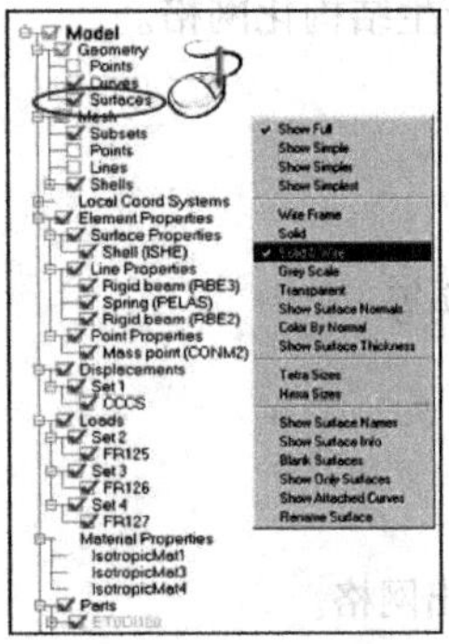

图 2-138　目录树

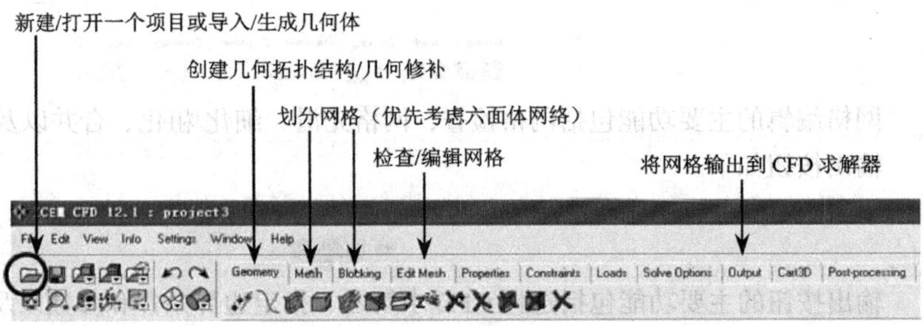

图 2-139　网格划分流程

2.3.2　ICEM CFD 几何体创建与处理

1. 导入几何体

选择 File/Import Geometry 子菜单中的命令可以导入通过其他 CAD 软件创建的几何体，如图 2-141 所示。ICEM CFD 可以接受的 CAD 文件类型较多，Pro/E、CATIA、SolidWorks、I-DEAS、Unigraphic 和 Solid Edge 等三维建模软件创建的几何文件都可以直接导入 ICEM CFD 中。

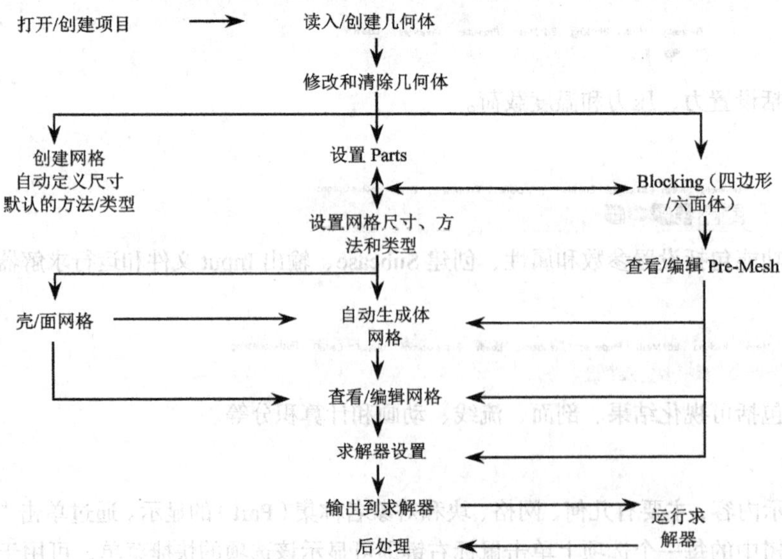

图 2-140　网格划分思路

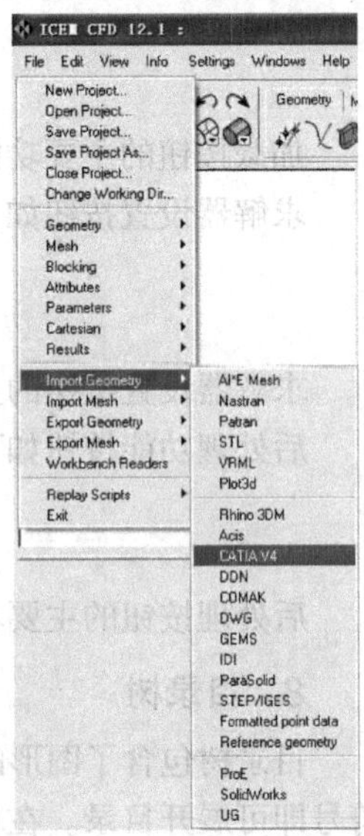

图 2-141　导入几何体

2. 创建几何体

通过 ICEM CFD 的几何体创建功能，可以创建简单的几何模型。虽然 ICEM CFD 创建几何体的功能也很强大，但其毕竟不是专业的 CAD 建模软件。ICEM CFD 的优势更在于划分网格，而不是创建几何体。对于比较复杂的几何体，推荐使用其他专业的 CAD 建模软件（如 Pro/E、UG、CATIA 和 SolidWorks 等）创建模型后，再通过 ICEM CFD 导入该模型。

通过 Geometry 功能栏（见图 2-142）可以完成创建与编辑几何体的操作。

（1）点的创建与编辑。

单击按钮，弹出如图 2-143 所示的面板，通过该面板可以进行各类点的创建与修改操作。面板中各图标的功能如表 2-23 所示。

图 2-142　几何功能栏

图 2-143　创建点面板

表 2-23　创建点面板中各图标的功能

图　标	功　能	图　标	功　能
	屏幕选择点		线的端点
	坐标输入		线段交点
	基点偏移法		在线上定义点
	三点定圆心		投影到线上的点
	在两点之间定义点		投影到面上的点

以坐标输入为例介绍在 ICEM CFD 中创建点的方法。在创建点面板中单击 XYZ 图标，然后在界面左下角的文本框中输入相应点的坐标，单击 Apply 按钮即可在右边视图窗中看见生成的点，如图 2-144 所示。如果用户想删除某点，则只需选中该点，然后单击 Delete 按钮即可。

（2）曲线的创建。

单击按钮，弹出如图 2-145 所示的面板，通过该面板可以进行各类线的创建与修改操作。面板中各图标的功能如表 2-24 所示。

表 2-24　创建线面板中各图标的功能

图　标	功　能	图　标	功　能
	连接多点生成样条线		线段分段
	三点定弧线		线段合并
	使用圆心和两点定义圆		从表面抽取线段
	从表面内部抽线		线段修改
	面相交线		将两条线段按箭头指示方向合成一条
	投影到面上的线		

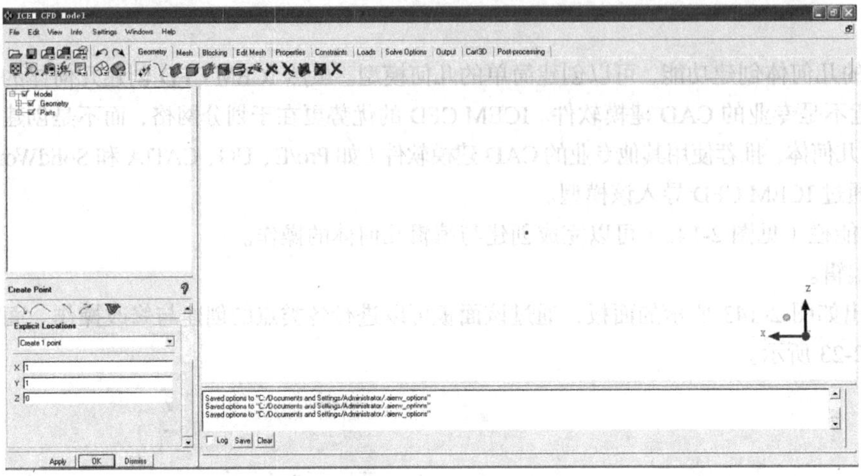

图 2-144　创建点　　　　图 2-145　创建线面板

这里以连接已存在的点生成曲线为例介绍在 ICEM CFD 中创建线的方法。在创建线面板中单击图标，然后在视图窗中依次选择需要连接的点，单击 Apply 按钮即可在右边视图窗中看见生成的线，如图 2-146 所示。

（3）面的创建。

单击按钮，弹出如图 2-147 所示的面板，通过该面板可以进行各类面的创建与修改操作。面板中部分图标的功能如表 2-25 所示。

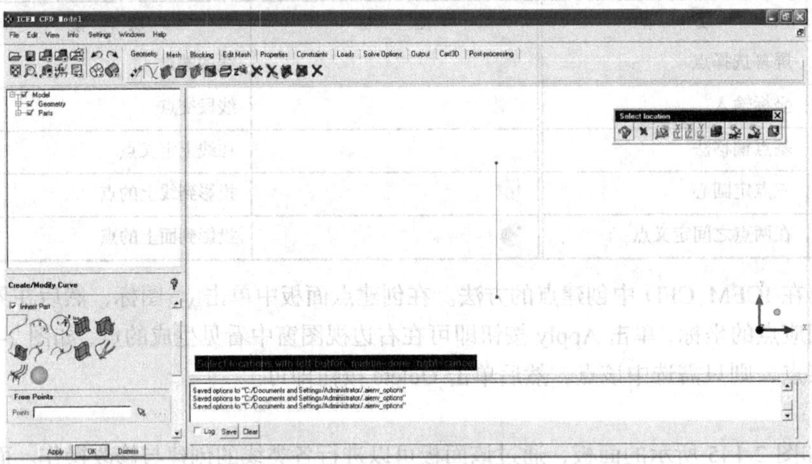

图 2-146　利用两点创建线　　　　图 2-147　创建面面板

表 2-25　　创建曲面面板中部分图标的功能

图　标	功　能	图　标	功　能
	由线生成面		抽取中面
	放样		修剪表面
	沿直线方向放样成面		合并/近似表面
	回转		几何简化
	利用数条曲线放样成面		外形简化
	面的法向偏移		生成标准形状几何面

以连接已存在的线生成曲面为例介绍在ICEM CFD中创建面的方法。在创建面面板中单击图标，在视图窗中选择需要连接的线，单击 Apply 按钮即可在右边视图窗中看见生成的面，如图 2-148 所示。

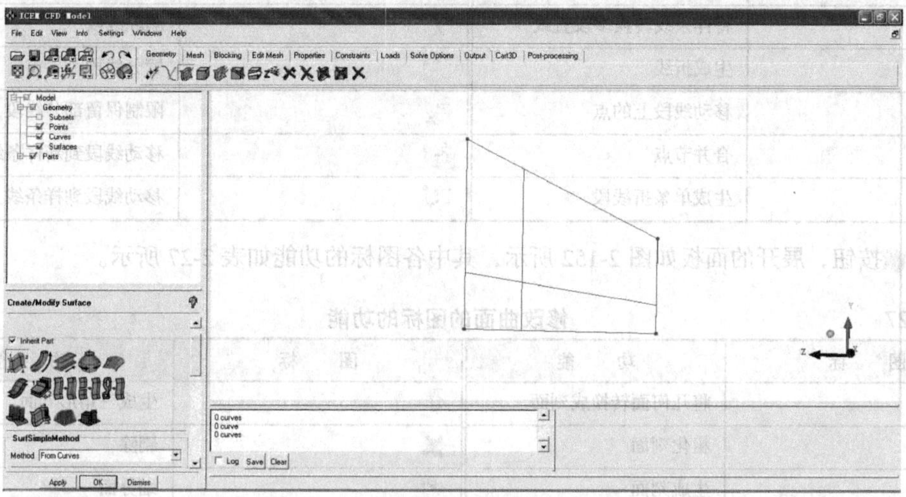

图 2-148　创建面

（4）BODY 的创建。

在给模型划分网格之前，应该先确定该模型的计算区域。对于复杂的几何模型而言，推荐使用 Geometry 功能栏中的 Create Body 按钮来进行定义。

通常有两种定义模型计算区域的方法。

- 材料点定义方法（Material Points）。推荐使用两点中间点定义（Centroid of 2 points）方法。完成模型的完整性检查之后，在视图窗中单击模型的两点，使得其中点在模型的所需区域内，中点确定后即可通过材料点法定义计算域。
- 通过封闭表面定义体区域（By Topology）。在采用这种方法定义计算域时，首先必须创建拓扑结构(Entire Model表示自动定义所有封闭区域；Selected Surfaces表示用户选择能封闭的表面)。

单击按钮，弹出如图 2-149 所示的面板，单击右边视图窗中的几何体边界上的两点，然后单击 Apply 按钮，几何体中即可创建一个 Body（注意：应该确保该 Body 在几何体内部），从而确保计算区域的有效性。

（5）线和面的修改等。

单击按钮，弹出如图 2-150 所示的面板。用户可通过这个面板对已存在的线、面进行修改。

单击按钮即可展开面板，如图 2-151 所示。各图标的功能如表 2-26 所示。

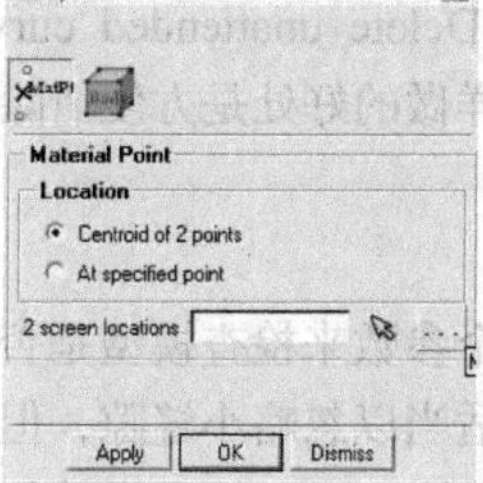

图 2-149　Create Body 面板

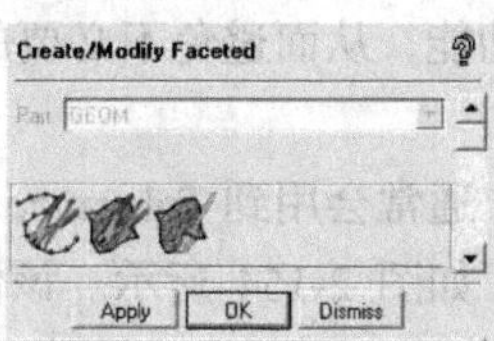

图 2-150　修改线和面面板

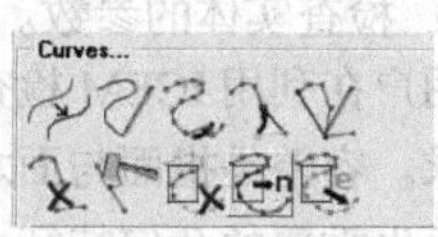

图 2-151　修改曲线的图标

表 2-26　　修改曲线的图标的功能

图　标	功　能	图　标	功　能
	将样条线转换多段直线		删除线段
	生成折线		劈分线段
	移动线段上的点		限制保留部分线段
	合并节点		移动线段到新样条线上
	生成单条折线段		移动线段到样条线上

单击按钮，展开的面板如图 2-152 所示，其中各图标的功能如表 2-27 所示。

表 2-27　　修改曲面的图标的功能

图　标	功　能	图　标	功　能
	将几何面转换成刻面		生成三角形刻面
	粗化刻面		删除
	生成刻面		细分面
	合并边		删除没有选择的三角形刻面
	劈分边		移动至新建的刻面上
	对换边		移动至已有的刻面上
	移动节点		合并面
	合并节点		

（6）Repair 实体。

在创建或者导入几何模型之后，首先要做的是检查模型的几何尺寸是不是能够抓住所需创建模型的重要特征，诊断其几何的完整性。ICEM CFD 的 Repair Geometry 功能为用户提供了相应的方法。

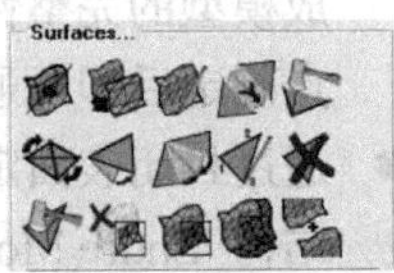

图 2-152　修改曲面的图标

● 功能介绍。

进行 Geometry/Repair Geometry/Build Diagnostic Topology 操作，弹出如图 2-153 所示的面板。用户设置期望检查的曲面或体、容差（Tolerance）等之后，单击 Apply 按钮即可完成对模型几何完整性的检查。

在检查模型时，用户可以选择分析几何模型的具体部分，包括 3 种，即 All parts（所有的几何模型，这个是默认的检查方法）、Only visible parts（仅对 Parts 目录树下激活的可见表面进行模型几何分析，而非激活对象则不受到任何影响）、Selection（用选择模式仅对选取的表面进行分析）。

若用户选择 Part by part，那么在 ICEM 进行几何分析并建立拓扑结构时，将按一次一个 Part 的方式建立拓扑结构，并使用 Assemblies 方法保持 Part 的分离。若用户选择 Delete unattended curves and points，那么在操作时将会删除独立的线（绿色显示）和暗绿色的点，这样做的好处是方便清除不需要的点或者线，当然用户也可以关闭该功能，从而避免不必要的删除。

● 检查实体的参数。

用户在利用 ICEM 检查几何体时，通常会用到 Tolerance（容差）这个参数来检查模型是否已经达到要求。容差是指面与面之间的间隙，如图 2-154 所示。该值要设置得适当以忽略小缝隙，但不能遗漏或丢失重要的几何特征。通常容差设置应该是预计划分的最小网格尺度的 1/10（或需要捕捉最小几何体的特征尺度）。

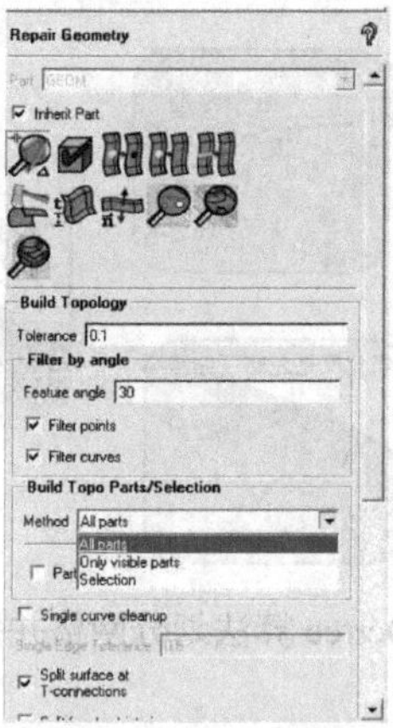

图 2-153　Repair Geometry 面板

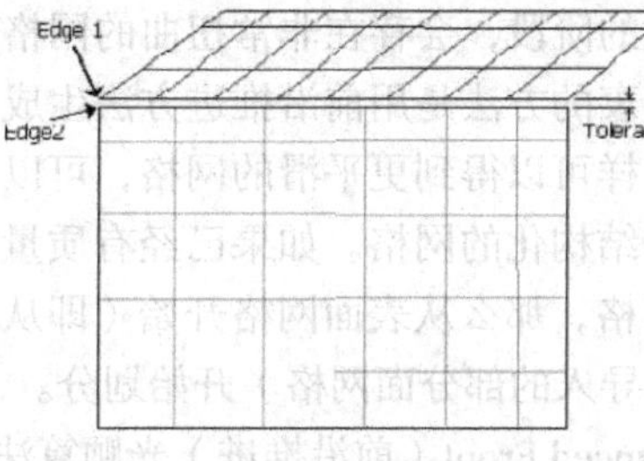

图 2-154　容差

如果用户设置了面板中的角度过滤，那么在检查几何体时，当曲线之间的切线夹角小于设定角度时，ICEM 曲线上的点被过滤掉（同时对过滤的点作隐匿 Made Dormant）；当表面之间的切线夹角小于设定角度时，面之间的边线被过滤掉（同时对过滤的线作隐匿 Made Dormant）。如果用户设置的容差大于实体的厚度，那么在容差范围内这些面被看作是重叠面，并删除其中一个。如果这项操作不符合实际情况，那么用户应该增加容差或者重新创建几何模型并将其导入 ICEM 中继续操作。

● 检查几何实体颜色指示。

红线（Red Curve）表示该模型满足容差，几何模型的面与面之间的间隙在容差范围之内，无需修正，是用户需要的物理模型。而黄线（Yellow Edges）表示表面是缺失的或者面之间的缝隙大于容差，通常是一些需要修补的几何模型，如图 2-155 所示。

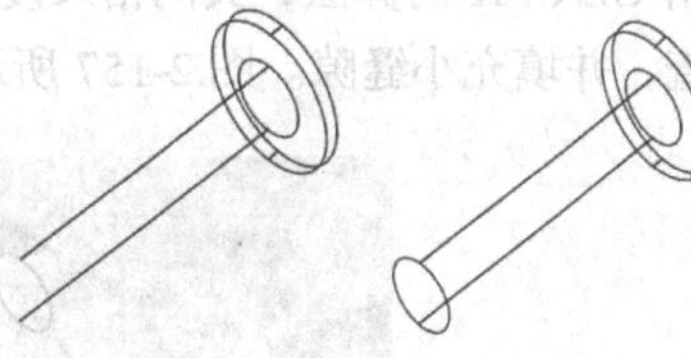

图 2-155　几何容差检查

2.3.3　ICEM CFD 划分非结构网格

ICEM CFD 为用户提供了强大的自动划分四面体网格的功能。这个功能将几何模型自动划分成非结构化网格，适用于复杂模型，并能够在解的基础上适应网格。但是这个网格划分方法也存在一些缺陷，需要用户在使用这个功能划分网格的时候加以注意。四面体网格通常填充体积效率不会很高，每一个网格上的节点属于更多的单元，并且各向同性细化（对于边界层来说不是很好），这些网格与六面体网格相比，一般质量要差一些。以下是利用 ICEM CFD 的 Tetra 自动划分网格的具体步骤。

1. 自动网格算法

ICEM CFD 为用户提供了 3 种划分网格的方法，包括 Octree、阵面推进法和前沿推进法，其具体介绍如下。

（1）Octree 算法。

Octree 算法是 ICEM CFD 最重要的生成四面体网格的算法。绝大多数四面体网格是在生成三角形面网格后，基于面网格生成体网格。这种算法的困难在于细长表面、缝隙等模型的局部细节处理难度较大。而 Octree 算法首先生成独立的体网格，然后进行网格调整，将网格映射到面、线和点上。网格与几何模型表面局部细节能按需求处理，可以选择捕捉局部细节，也可以忽略局部细节，如图 2-156 所示。

（2）快速 Delaunay 阵面推进算法。

使用这种方法可以得到非常有效的网格，生成的网格没有使用前沿推进方法生成的网格平滑，这种方法可能会出现稳定性的问题，特别是在初始化的阶段，会存在非常扭曲的网格元素，一种折衷的方法是用前沿推进方法生成内部的点，这样可以得到更平滑的网格，可以被用来产生非结构化的网格。如果已经有质量较好的表面网格，那么从表面网格开始（即从八叉树或者从导入的部分面网格）开始划分。

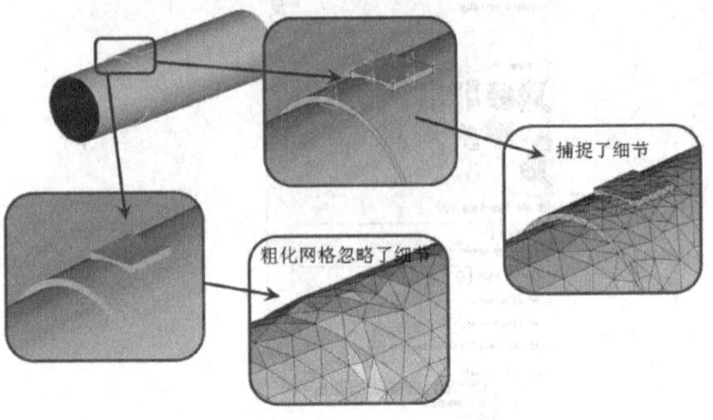

图 2-156　利用 Octree 算法划分网格并捕捉细节

（3）Advanced Front（前沿推进）光顺算法。

对边界进行离散化（如在二维空间里用一组多边形来近似），这就是最初的前沿。在区域内加入三角形或四边形，并且加入的三角形或四边形中至少有一条边与前沿重合。在每一步中需要更新前沿。当不再有新的前沿留下时，网格的生成也就完成了。这种方法要求整个区域的边界是封闭的，但是对于边界不封闭的区域，前沿也可以被推进，直到前沿和区域的距离相等为止。虽然前沿推进方法的实现思想很简单，但实现这一方法的细节很复杂，并且生成网格所花费时间较多且不稳定。

该方法生成网格的速度和阵面推进的一样快，但是使用阵面推进法是从表面向内部推进网格，主要利用 GE/CFX 的算法，其网格尺度变化更加渐进、更精细，表面网格质量必须相当高，才能够自适应检查，并填充小缝隙。图 2-157 所示为以上 3 种网格划分方法划分网格结果的比较。

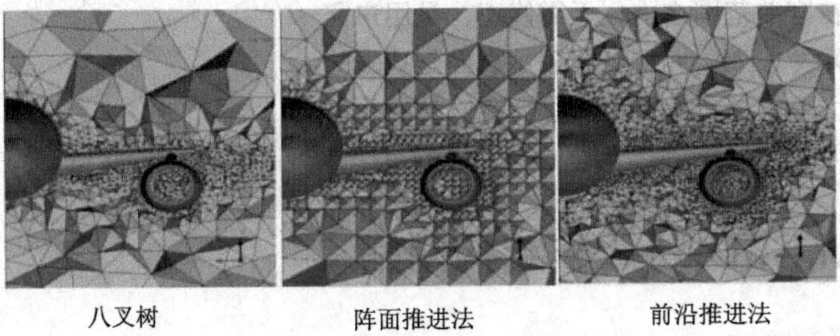

图 2-157　3 种网格划分方法的比较

2. 网格类型

用户采用 ICEM CFD 自动划分网格时，可采用 3 种网格划分方式。

（1）四面体/混合网格。

四面体混合网格是使用较为普遍的一种网格划分方法，其主要采用四面体网格，还可以带有部分六面体核心网格和棱柱层网格，图 2-158 所示为 3 种网格类型的比较。

图 2-158　不同网格类型的比较

- 带有六面体核心网格。
  - ➢ 采用六面体网格填充主要区域。
  - ➢ 用四面体网格（阵面推进法则）来填充表面或棱柱层和六面体核心网格之间的区域。
  - ➢ 四面体网格和六面体网格间采用金字塔形过渡。
- 有附面层（棱柱层网格）。
  - ➢ 从三角形表面网格开始生成棱柱层。
  - ➢ 从四边形面网格开始生成六面体网格。
  - ➢ 四面体或六面体核心网格填充内部区域。
  - ➢ 金字塔覆盖四边形区域。
- 六面体核心或六面体附面层。

将四面体、棱柱层与结构六面体网格合并的混合网格。

（2）六面体为主的网格。

- 这种方法从已存在的四边形面网格开始生成网格。
- 接近几何模型表面的六面体网格质量较好。
- 有时内部网格质量稍差。
- 这种网格往往能够满足静态变形要求。

（3）笛卡尔网格。

- 采用纯六面体自动进行网格划分。
- 具有体适应的特点。
- 是快速创建体网格的方法。

使用六面体为主的网格和笛卡尔网格划分方法对同一几何模型进行网格划分后的效果比较如图 2-159 所示。

3. 全局网格参数

采用四面体划分网格时，用户首先可以对整个模型进行全局参数设置，对几何模型进行初略的网格分布设置。单击按钮，弹出如图 2-160 所示的面板。

（1）设置全局比例参数。

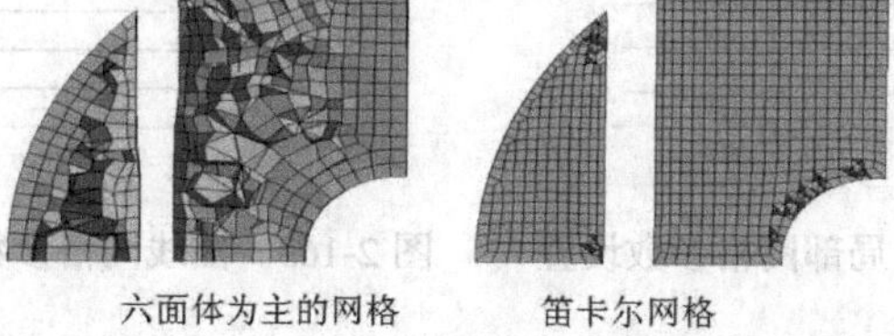

图 2-159　同一个几何体不同分网方法的比较

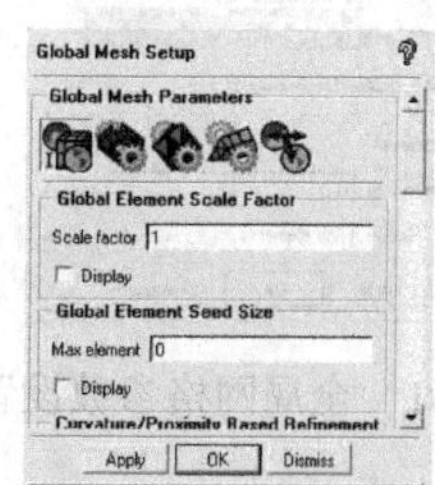

图 2-160　全局网格比例参数设置

图 2-160 中的全局参数主要包括两个。

- Scale factor。全局网格参数的乘法因子。默认是 1，如果增大此值，则网格总数减少，减小则反之。
- Global Element Seed Size。用户可以在这里设定模型中可能存在的最大尺寸。如果用户不想设置局部参数，那么可以使用默认的全局设置。在划分网格时，软件会自动地计算这些值，并创建小的网格来捕捉几何体的细节。

（2）设置面网格全局参数。

单击按钮，可弹出如图 2-161 所示的面板，在这个面板中，用户可以对所选择的面进行参数设置（覆盖前面的设定值，即修改之前所设置的全局参数）。在这一操作中，用户需要设定平面上的网格划分类型，主要有 3 种。

- All Tri，面网格全部由三角形组成。
- Quad w/one Tri，面上所有的网格除有一个三角形之外，其余的都是四边形，这个三角形允许在不均匀的 loop 边界上过渡。
- Quad Dominant，四边形占大部分的网格，允许面上有几个过渡的三角形。当划分的几何模型比较复杂时或纯四边形网格质量不好时，该划分类型是比较适用的。
- All Quad，所选的曲面都是四边形。

4. 局部网格控制

（1）在面上进行局部网格控制。

单击按钮，可以弹出如图 2-162 所示的面板。用户可以通过选定相关的实体面来进行局部网格参数的设置。

首先从右边的视图窗口中选择相关的实体面，然后设置尺寸参数，局部面网格参数设置将会覆盖赋予该面上的全局网格参数设置。假如在 Part 网格参数设置后修改面网格参数，则面网格划分也会覆盖原先通过 Part 对该面进行的网格参数设置。

用户还可以右键单击模型树，选择 Tetra/Hexa Sizes，视图窗口中将会在每个面上显示网格大小图标，从而为用户提供一个直观的最大尺寸的网格视图。

（2）在线上进行局部网格控制。

单击按钮，弹出如图 2-163 所示的面板。

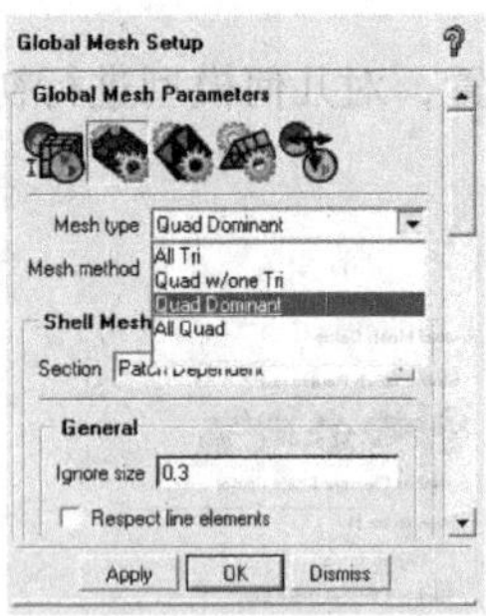

图 2-161 全局网格参数设置

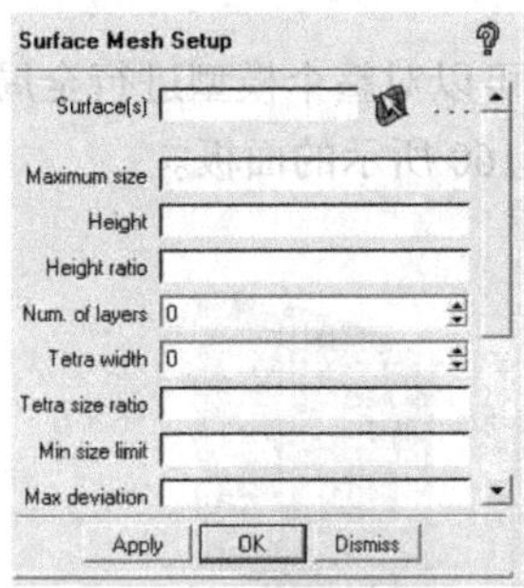

图 2-162 局部网格参数设置

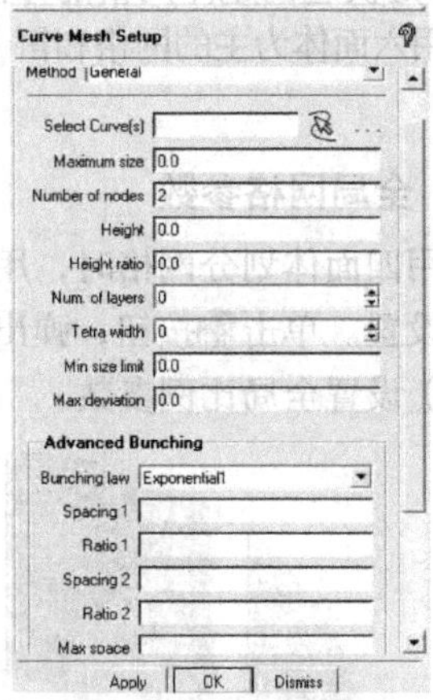

图 2-163 曲线网格参数设置

具体操作步骤如下。

① 单击 Select Curve(s)右侧的按钮，然后选择需要划分网格的曲线。

② 设置曲线上最大网格的尺寸以及节点数目。

③ 若用户需要在曲线附近设置边界层，那么需要在 Num. of layers 数值框中输入相应的层数。

④ 在 Advanced Bunching 选项组中，用户可以设置曲线上网格的具体参数，包括均匀性（如均匀网格和指数型增长网格等）、具体网格间距以及增长率等。

⑤ 单击 Apply 按钮即可完成对特定的曲线的局部网格尺寸的设置。

（3）在 Part Mesh Setup 对话框中进行局部网格控制。

用户除了可以对所建模型进行全局网格参数设定之外，为了使部分区域的网格与整体模型的网格不同，还可以通过局部网格参数设置来对不同的区域进行设置。用户可以在 Part 里进行局部网格设定，还能对相关的线和面进行网格设定。

在 Part 里进行局部网格设置的方法如下。

单击按钮，弹出如图 2-164 所示的对话框。在这个对话框中，用户可以对模型的 Part 进行局部网格数量的设定。

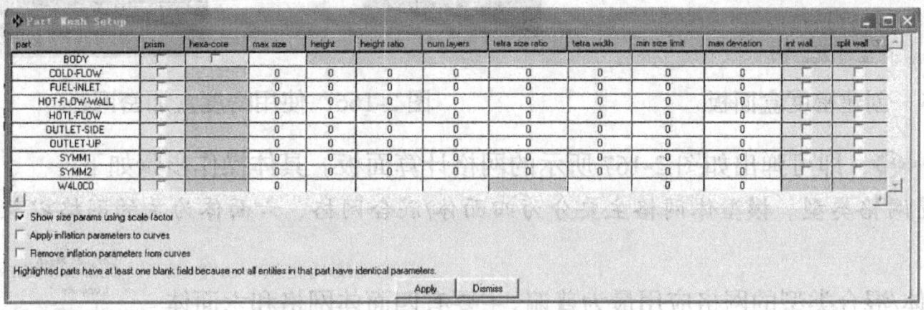

图 2-164　设置 Part 部件网格参数

上面的对话框中将会出现用户所创建的模型的所有 Part 部分。

max. size 这个值乘以前面设定的全局比例尺寸的因子就等于实际网格的尺寸，通常软件会为用户自行计算一个值。用户需要自行设置该参数才能实现局部网格的不同划分。

假如用户希望在曲线上生成四边形的层（如孔周围的网格），则应该设置下列参数。

- height，曲线上第一层四边形的高度。
- height ratio，生长率，这个值能够决定之后几层网格的高度。层数即曲线周围的局部网格层数。

此外，用户在设定局部网格参数时，还应该勾选 Apply inflation parameters to curves 复选框，以将上述设置应用到相应的曲线和面上。

5. 用密度盒进行局部加密

所谓的密度盒加密是指用一定大小的网格填充体区域，例如，在机翼尾迹设定这样的区域。若用户在一个固定的区域内进行网格加密，那么需要创建一个盒子（用户需要指定这个区域的边界顶点），这样即可在这个固定的区域中进行网格加密。实际上在进行密度盒局部网格加密时，可以不存在任何实际的几何模型（如圆柱）。网格节点不限制在密度盒表面，加密的网格也可以与几何体表面相交，并在密度盒内创建网格。

单击按钮，弹出如图 2-165 所示的面板，具体操作步骤如下。

（1）设置密度盒名字。

（2）设置 Size。

（3）乘以比例因子（Scale Factor）。

（4）设置网格生长比率（Ratio）。

（5）设置密度盒内填充网格的层数（Width）。

（6）选择密度盒类型（Type）。

（7）用 2~8 个位置的点（2 点为圆柱状）圈定密度盒区域。

（8）用所选对象的边界作为密度盒。

（9）单击 Apply 按钮，完成密度盒加密，如图 2-166 所示。

6. 运行 Octree 算法

设定所需的网格参数之后，用户即可计算出所使用的模型的网格。

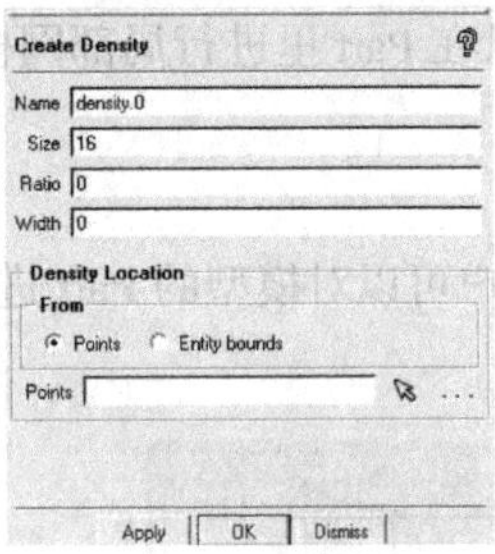

图 2-165　创建密度盒面板

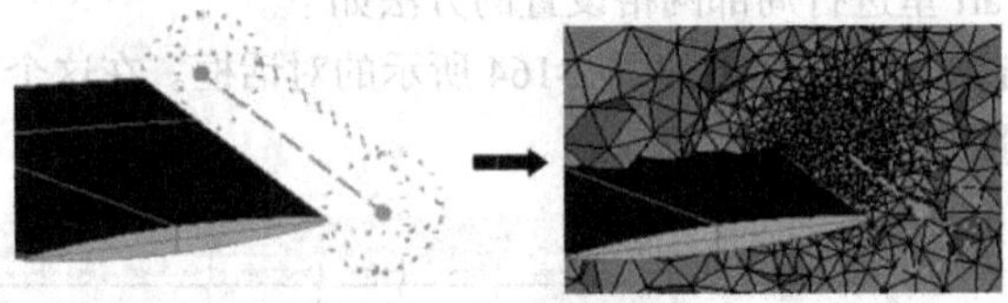

图 2-166　使用密度盒加密网格

单击→，即可弹出如图 2-167 所示的网格计算面板。具体操作步骤如下。

（1）设置网格类型。模型体网格主要分为四面体/混合网格、六面体为主的网格以及笛卡尔网格等类型。

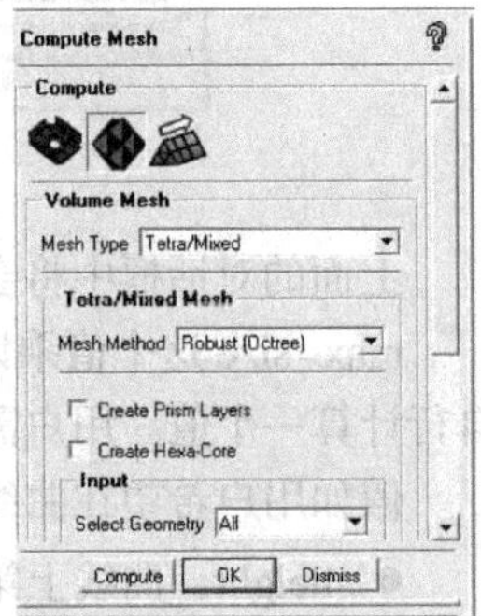

图 2-167　网格计算面板

- 四面体/混合类型的网格应用最为普遍，主要有四面体网格和六面体核心网格。
- 笛卡尔网格用来填充主要区域，四面体网格（阵面推进法则）用来填充表面或棱柱层和六面体核心网格之间的区域，而四面体网格和六面体网格间采用金字塔形过渡，是较快的创建体网格的办法。
- 六面体为主的网格只能从已经存在的四边形面网格开始，近表面的六面体网格质量比较好，但是模型内部的网格质量要差一些，这种网格通常能够满足静态变形要求。

对于初始的几何模型，用户应使用四面体/混合网格来对体进行网格划分。

如果用户选择通过网格划分来创建棱柱层网格，则应该先进行模型部件的网格设置，在四面体网格完成后立即开始，并在现有的四面体网格上生成。

如果用户选择创建六面体核心网格，那么 ICEM 在划分网格时将保留表面网格（或棱柱层），放弃原来的四面体网格，并采用迪卡尔网格填充体内部，采用金字塔形过渡。

（2）选择网格划分算法。用户可选择 Octree tetra 作为网格划分的算法。

（3）设置需要进行网格划分的几何体结构。

- All，表示对所有可见且存在的几何结构进行网格划分（默认）。
- Part by Part，表示依次对选择的部件进行网格划分，每个部件之间的网格独立且不一致。
- From file，选择有存储步骤的 tin 文件进行网格划分。
- Existing Mesh，表示从已经生成网格的部件开始划分。

（4）单击 Compute 按钮即可实现对网格划分的设置。

7. 查看网格切面图

ICEM CFD 允许用户对已经划分好的网格进行预览，以检查已经划分好的网格。有两种方法供用户使用，一种是使用切面的方法检查网格的类型和大小，另一种是检查网格的具体质量。

右键单击目录树中的 Mesh，在弹出的快捷菜单中选择 Cut plane/show cut plane 命令或选择菜单栏中的 Veiw/mesh cut plane 命令。使用上述任意一种方法都会弹出如图 2-168 所示的面板，单击 Apply 按钮即可在右边的视图窗中看到相应的切面网格，如图 2-169 所示。

8. 网格质量检查

ICEM CFD 为用户提供了非常全面的网格质量检查评判标准，包括 Quality、Angle、Minimum value of several other lumped criteria 等，供用户检测不同类型的网格时选择。

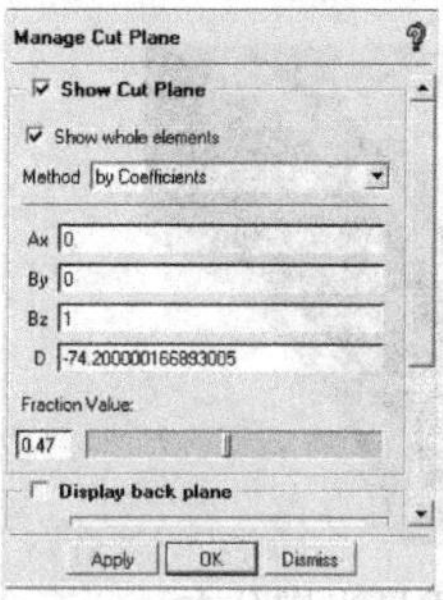

图 2-168　网格切面面板

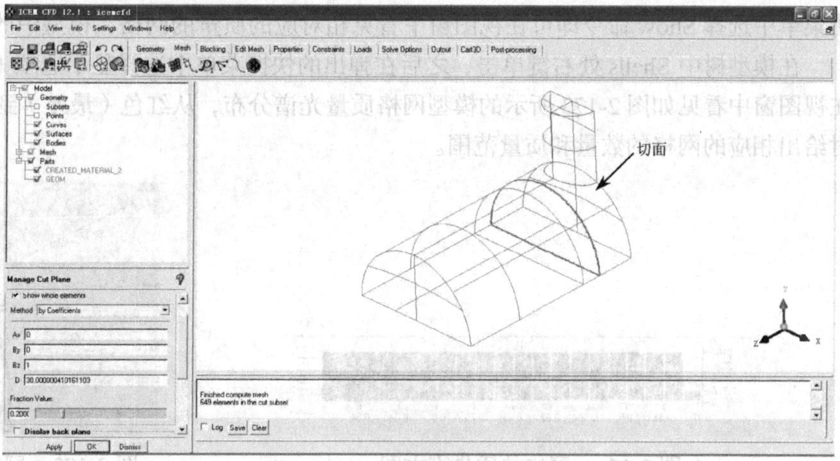

图 2-169　网格切面显示

单击按钮，可弹出如图 2-170 所示的网格质量检查面板，用户可以利用该面板诊断模型所划分的网格的单个单元的质量。选定相应的要检查的模型之后，单击 Apply 按钮即可出现如图 2-171 所示的网格质量直方图。

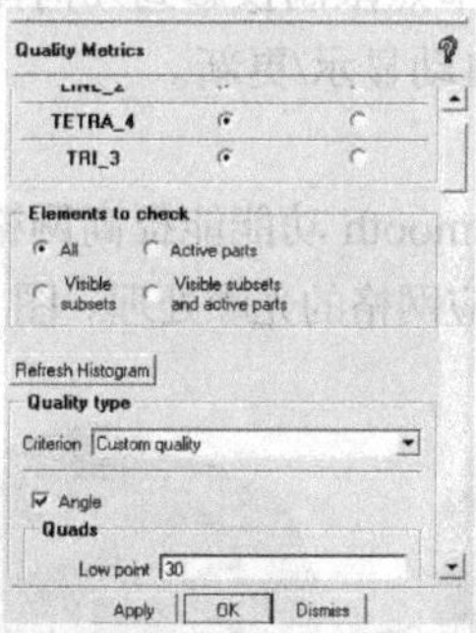

图 2-170　网格质量检查面板

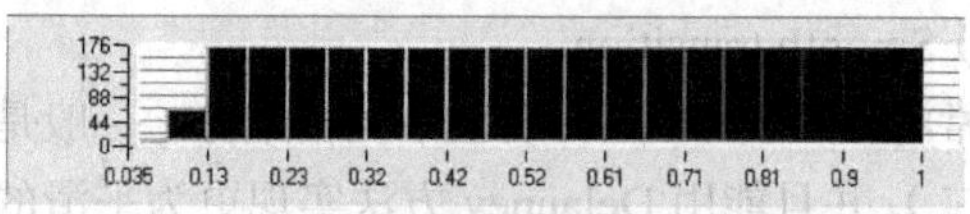

图 2-171　网格质量直方图

用户也可以通过自定义质量的方法来对所划分的网格进行检查，选择图 2-170 中 Criterion 下拉列表中的 Custom quality，进而对四边形网格和三角形网格的质量进行定义，用户可以从以下几方面进行设置。

- Angle（角度）：定义各个网格模型下相邻网格的夹角，尽量使所划分网格的这个角度大于 18°。
- Distortion（变形）：最小与最大行列式的比率，只用于四边形。
- Aspect ratio（纵横比）：最大边与最小边长度的比率。
- Max warp（最大折角）：两个可见三角形之间的最大角，只用于四边形。
- Skew（歪斜）：面之间法线夹角最小与最大的比率，一般这个值应不超过 0.7。
- Min edge（网格的最小边的长度）。
- Surface Deviation（曲面偏差）：单元中心到几何体表面的法向距离。
- Minimum/Maximum value：定义好的质量范围的最小值/最大值。
- Low/High point：质量最差的值（低/高端）。

设置完这些参数之后，单击 Apply 按钮，相应地也会在操作界面的右下方出现如图 2-172 所示的所检查的网格的质量直方图。

直方图的 x 轴表示网格的质量范围，通常最大是 1（最理想的网格），最小是 0（质量最差的网格）。y 轴表示某个质量范围内的数量最多的单元数。在直方图的图标区域单击鼠标右键，然后在弹出的快捷菜单中选择 Show 命令即可在视图窗中看见相对应的质量的网格在模型中的具体分布位置。

在模型树中 Shells 处右键单击，之后在弹出的快捷菜单中选择显示选项（Color by Quality），即可在视图窗中看见如图 2-173 所示的模型网格质量光谱分布，从红色（最差）到蓝色（最理想），并且同时给出相应的网格的数量和质量范围。

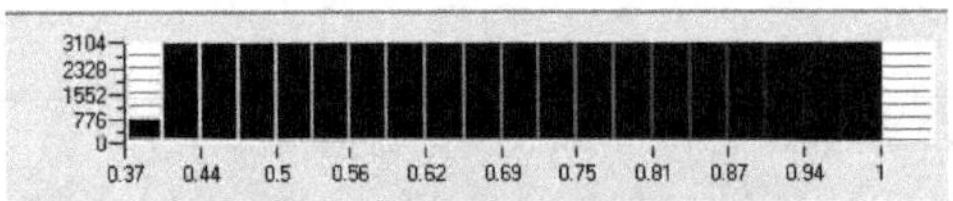

图 2-172　网格的质量直方图

图 2-173　网格质量光谱分布

9. 网格光顺化

由于用户初始划分的网格通常比较粗糙，因此网格的质量一般不会很高，这时需要对质量不高的那一部分网格进行光顺改进。ICEM CFD 的 Smooth 功能允许用户修复和改善所有的单元网格，并可以引入几何体或者移动网格的节点来达到改善网格质量的目的（自动调整节点限制投影到几何体上，曲线上的节点只可以在曲线上移动），网格质量改善之后，网格柱状图会自动显示/更新。

（1）Smooth 功能。

采用混合网格 Octree 算法的网格初始时由直角四面体组成，使用 Smooth 功能能提高网格质量。在结束网格划分后进行 Edit Mesh/Smooth Mesh Globally 操作即可完成对相应网格的光顺处理。图 2-174 所示为对网格采用 Smooth 功能的前后效果对比。

（2）Smooth transition。

通常将八叉树（Octree 算法）网格细分（一般是一分为二），并且能用 Delauney 方法实现更为平滑的网格过渡。图 2-175 所示为采用 Smooth transition 对网格进行光顺的前后效果对比。

单击按钮，弹出如图 2-176 所示的 Smooth Elements Globally 面板。

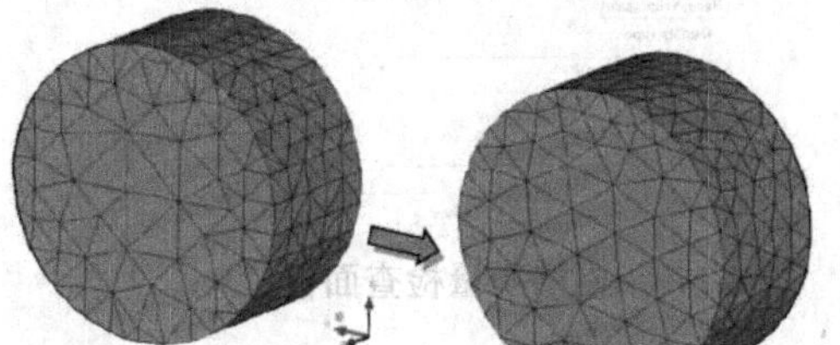

图 2-174　网格光顺效果对比

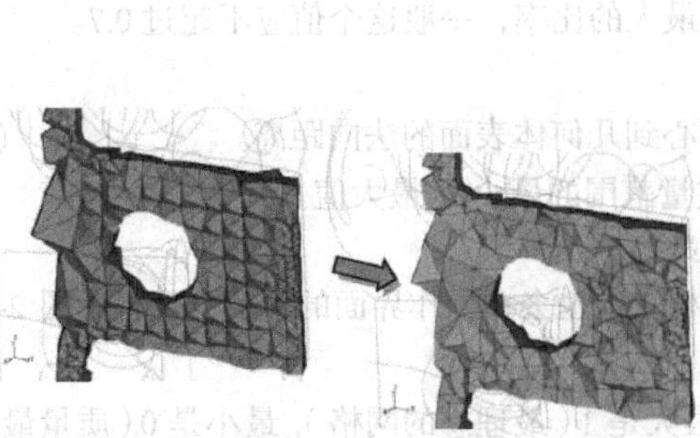

图 2-175　光顺后的网格效果对比

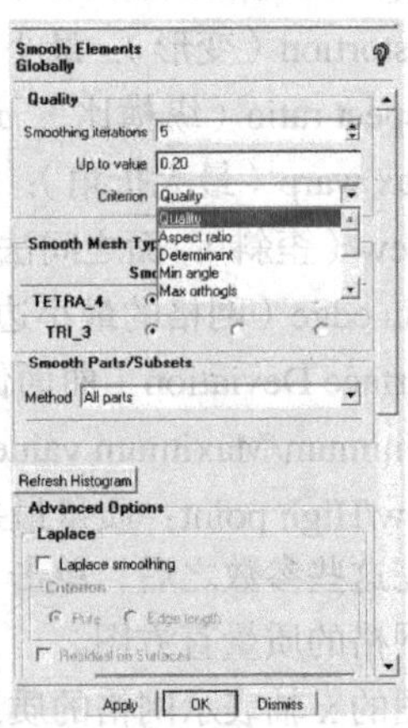

图 2-176　光顺网格参数设置面板

为完成网格的光顺工作，用户需要进行如下操作。

① 设定 Criterion（标准），例如，选择之前提到的网格夹角 Angel 等。

② 设置 Smooth Mesh Type（光顺网格类型）。

- Smooth：实际被光顺的网格类型。网格的质量将作为柱状图的一部分出现。
- Freeze：在光顺网格的过程中，节点的位置不改变，单元不出现在柱状图中。
- Float：随着临近单元的光顺，节点可以被移动，但是质量被忽略，不在柱状图中出现。
- Example：在光顺四面体的过程中冻结三棱柱和棱锥，表面网格随着移动。

③ 设置 Smooth Parts/Subsets（光顺 Parts/子集）。

- All Part：光顺所有的网格。
- Only active parts：光顺所有激活的网格。
- Only visible parts：光顺所有可视网格。
- Active parts and visible subsets：光顺激活的并且可视的网格。

④ 设定 Advanced Options（高级选项），勾选 Laplace smoothing 复选框。

Laplace smoothing（拉普拉斯光顺法）是相对于邻近的网格单元设置更加统一的网格尺寸。建议只对三角形使用。光顺四面体时，取消勾选此复选框，建议这项功能在生成三棱柱之前使用。

- Not just worst 1%：对所有的单元进行光顺，不仅是对网格质量最差的 1%的网格进行光顺处理。
- Violate geometry：节点不受几何体的约束，可以在用户定义的容差内移动绝对或相对最小单元边的长度。

⑤ 单击 Apply 按钮即可完成网格光顺参数的设置。

10. 其他网格控制选项

（1）基于曲率细分网格。

在用户进行网格划分时，ICEM 可以自动对网格进行细分以捕捉几何体细部特征。细分的网格小于表面设定的网格，可以基于几何模型的线的曲率进行网格划分。

进行 Curvature/Proximity Based Refinement 操作，弹出如图 2-177 所示的面板。

用户可按照下列步骤进行设置。

① 设置 Min size limit，这个值需要与 Scale Factor 相乘作为网格细分的下限。主要用于几何形状确定的网格，避免了对每一对象设定网格参数。

② 设置 Refinement，表示沿圆布置的网格数量，这是为了避免网格被细分达到极细的地步，进而造成网格数量极其大，即沿圆布置的网格数量达到设定值后即停止增长。

- 单击 Apply 按钮即可完成参数设置。

图 2-178 所示为 Refinement 为 12 时的网格细分效果，可以看到，两个圆周均被细分为 12 个节点。

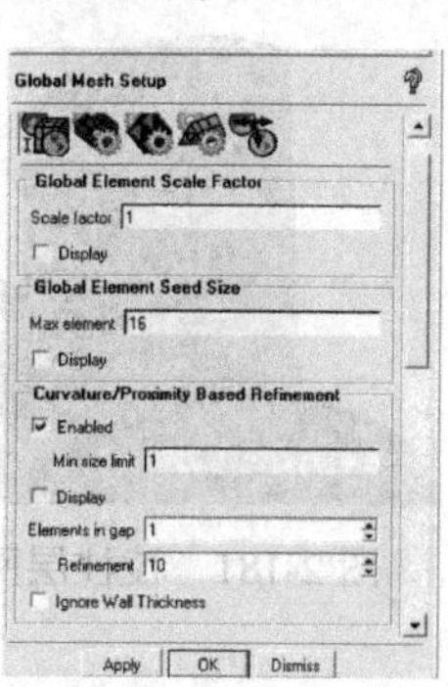

图 2-177　Global Mesh Setup 面板

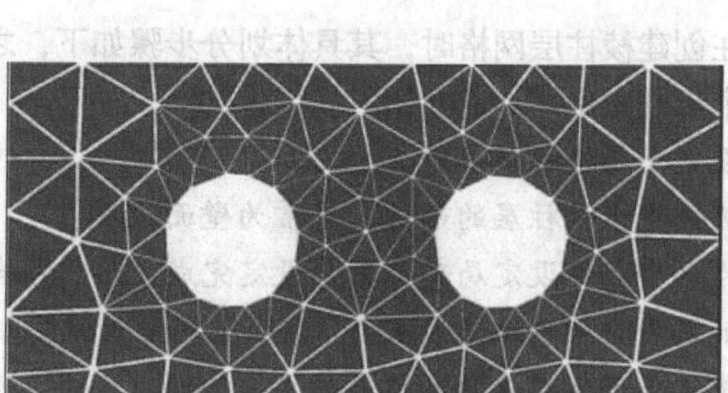

图 2-178　Refinement 为 12 时网格效果

（2）缝隙网格细分。

- 在如图 2-177 所示的面板中设置 Elements in gap 的具体数值，表示缝隙单元个数，即窄缝隙中需要的网格数量。为避免网格细分达到极细的地步，进而造成网格数量极其大，即沿圆布置的网格数量达到设定值后即停止增长。
- 缝隙网格尺寸不会小于 Natural size（最小尺寸乘以全局比例因子得到）。如果裂缝间只有一个网格，那么必须减小最小尺寸，以减小 Natural size，进而实现对缝隙里的网格加密。

（3）周期性边界网格。

定义周期性边界条件（Define Periodicity）是在周期性面上强行进行节点对齐。用户可以只取对称的几何模型的一个周期进行网格划分和求解。

单击按钮，弹出周期性网格参数设置面板，如图 2-179 所示。在该面板中可以设置周期性网格的周期类型，ICEM 中的几何周期分为两类。

- 旋转周期（Rotational Periodic），用户需要设置基点（Base）、轴（Axis）和角度（Angle）。
- 平移周期（Transitional Periodic），需要设置偏移量（Offset）。

图 2-180 所示为利用周期网格对圆盘进行划分的结果，从图 2-180 中可以看见，我们只需要对圆盘的 1/12 进行网格划分即可，在划分周期性边界网格时，用户应把材料点放在近中间面。

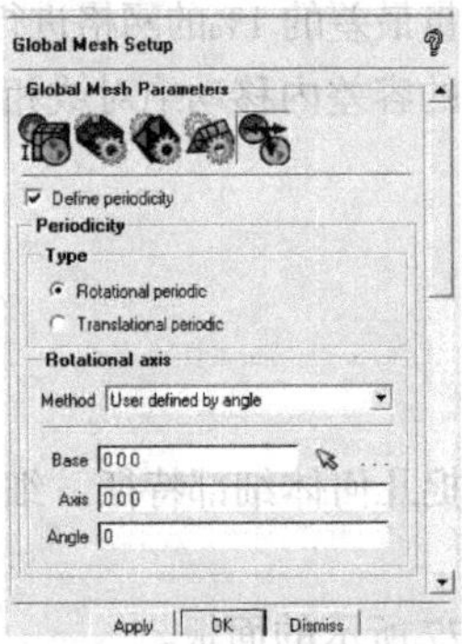

图 2-179　设置周期性网格参数

图 2-180　周期性网格

2.3.4　ICEM CFD 划分棱柱边界层网格

1. 进行棱柱网格划分的目的

为了更好地模拟边界层效应，并使网格和表面的正交性更好。通常用户可以利用 ICEM CFD 强大的棱柱层网格划分功能对某些特定曲面划分棱柱层，如图 2-181 所示。

2. 棱柱网格的生成步骤

用户在创建棱柱层网格时，其具体划分步骤如下，之后本小节将对各个步骤做出详尽的介绍。

（1）设定全局棱柱层参数。

（2）选择产生棱柱层的部件，通常为壁面边界。

（3）为每个部件设定局部参数，设定完成之后，将会覆盖全局设定。如果用户采用默认参数 0，则会采用全局设定。

（4）选定是否从存在的网格开始。

（5）选定是否作为体网格的一部分运行。

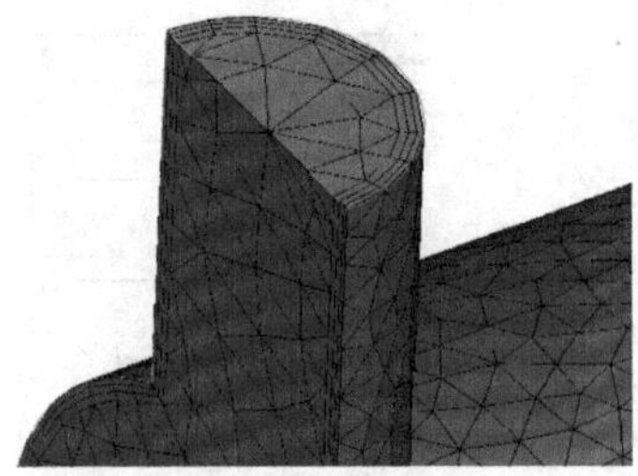

图 2-181　棱柱层网格

3. 棱柱网格的设置参数

（1）全局参数。

跟上一节划分非结构网格类似，用户在为实体划分棱柱形网格时，首先要对实体棱柱层进行全局参数设定，以期获得一个初步的棱柱网格划分。

单击→，即可弹出如图 2-182 所示的棱柱层网格全局参数设置面板。

各个参数设置及其意义如下。

- Growth law（增长规律）：棱柱层网格从曲面出发，每层之间的高度的比值，包括指数形式增长（exponential）和线性增长（linear）两种方式。
- Initial height：初始棱柱层网格的高度，如果用户不指定，则系统将自动计算。
- Number of layers：棱柱的层数。
- Height ratio：每层棱柱之间的高度比例。
- Total height：总棱柱厚度。

用户必须指定 4 个参数（后面 4 个 initial height、Number of layers、Height ratio、Total height）中的 3 个，才可以使用 Compute params 选项计算余下的参数，从而完成对棱柱网格的划分。

（2）局部参数。

用户可以用体网格划分的方法完成棱柱层网格的生成，也可以独立地生成棱柱层网格。单击→，弹出如图 2-183 所示的设置面板。单击 Select Parts for Prism Layer 按钮，即可弹出如图 2-184 所示的对话框。若用户不经过这一步局部棱柱网格参数设置，系统将会采用全局默认的参数来进行网格划分。独立生成棱柱层网格应从表面网格开始划分，若是从体网格开始划分，那么这个划分方法只能支持四面体，不能从六面体核心网格开始划分，且不能和内部六面体网格冲突。

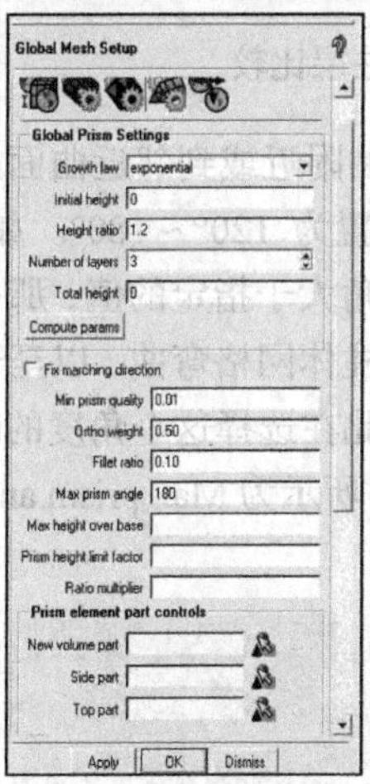

图 2-182　设置棱柱层网格参数

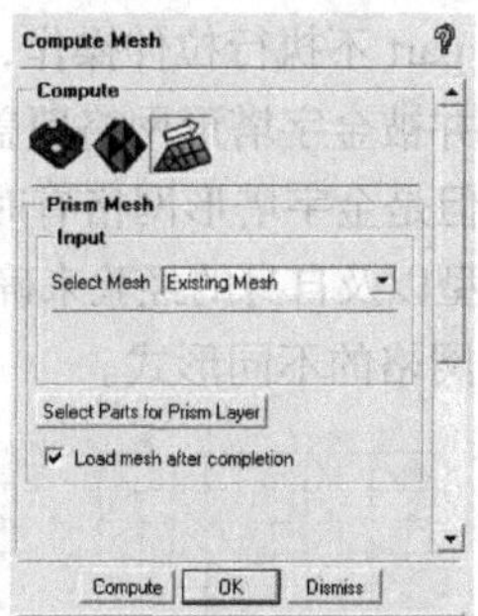

图 2-183　Compute Mesh 设置面板

① 激活 prism 选项，并设置其他几个参数。

- height：初始棱柱层网格的高度，如果用户不指定，系统将自动计算。
- num layers：棱柱的层数。
- height ratio：每层棱柱之间的高度比例。

② 返回 Compute Mesh 设置面板，单击 Compute 按钮，完成操作。

4. 棱柱网格光顺选项设置

在划分棱柱层时，应该注意保持棱柱网格生成与表面正交性（Fix Marching Direction）。图 2-185

所示为部分棱柱形全局参数，下面将对相关参数进行简单介绍。

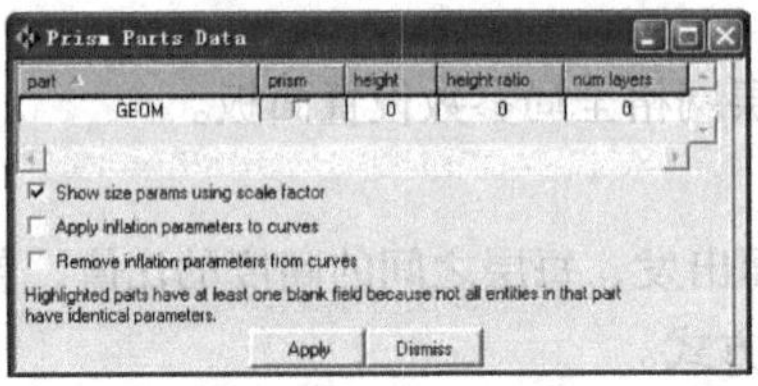

图 2-184 选择需要划分棱柱层网格的部件

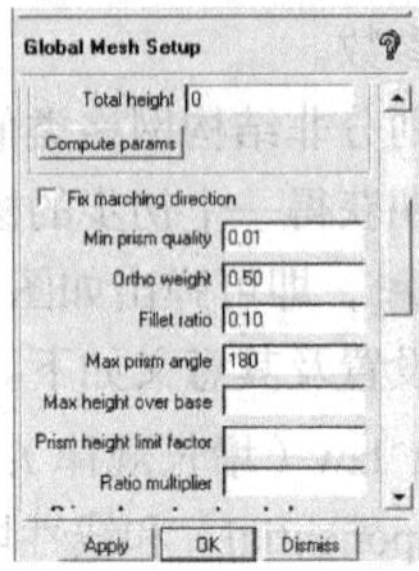

图 2-185 棱柱层网格光顺设置面板

- Min prism quality：最低允许棱柱质量。每层都受此限定，当质量不满足设置的参数时，重新对其进行光顺或者用金子塔形单元覆盖（或替换）。
- Ortho weight：正交权因子。节点移动权因子，0 表示提高三角形质量，1 表示提高棱柱正交性。
- Fillet ratio：圆角比率，即在拐角处圆滑棱柱网格线。0 表示没有圆角，1 表示圆角曲率等于棱柱层高度，图 2-186 所示为 Fillet ratio 分别取不同的值时，所对应的不同形式的棱柱层网格。如果在狭窄的空间内，通常夹角小于 60°，可能就没有空间生成设定圆角比率的圆角。

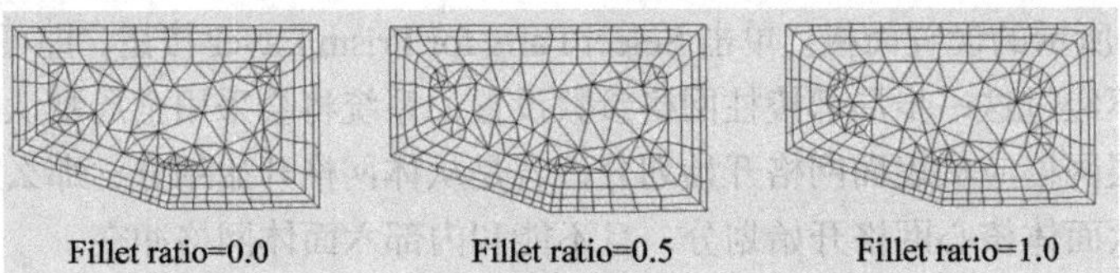

图 2-186 不同圆角比率的棱柱层比较

- Max prism angle：最大棱柱角。这个角度能够控制弯曲附近或到邻近曲面的棱柱层生成，而在棱柱网格停止的位置会用金字塔形连接网格，通常设置为 120° ~ 180°。如果只从一个 part 拉伸而临近的 part 不执行拉伸操作，并且两个曲面的夹角大于指定的值，那么棱柱网格会和临近的曲面分离并被金字塔形网格覆盖，这是为了防止棱柱体网格弯曲，以至于生成具有低质量角度的网格。但是金字塔形网格有时也会出现问题，因此在选择这个角度的时候，用户一定要根据实际的模型以及自身的经验来确定这个值。图 2-187 所示为 Max prism angle 取不同的角度时，表面棱柱层网格的不同形式。

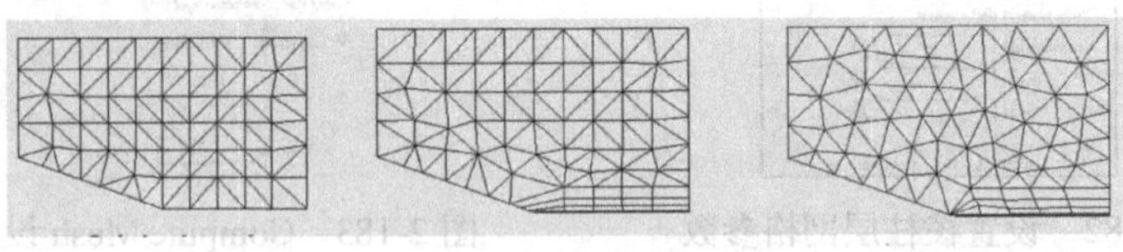

0° 180° 140°

图 2-187 不同 Max prism angle 的棱柱层比较

- Max height over base：限制棱柱体网格的纵横比。在棱柱体网格的纵横比超过指定值的区域内，棱柱层将会停止生成，因此棱柱层的数目在局部区域内无法保证，棱柱层边界网格融接为金字塔形网格。
- Prism height limit factor：棱柱高度限制系数，用来限制网格的纵横比。如果 factor 达到了指定值，棱柱体网格的高度不会扩展，可以保证指定的棱柱体网格层数。如果相邻两个单元尺寸差异的 factor 大于 2，则棱柱层网格功能失效。图 2-188 所示为 Prism height limit factor 对棱柱层网格的影响。

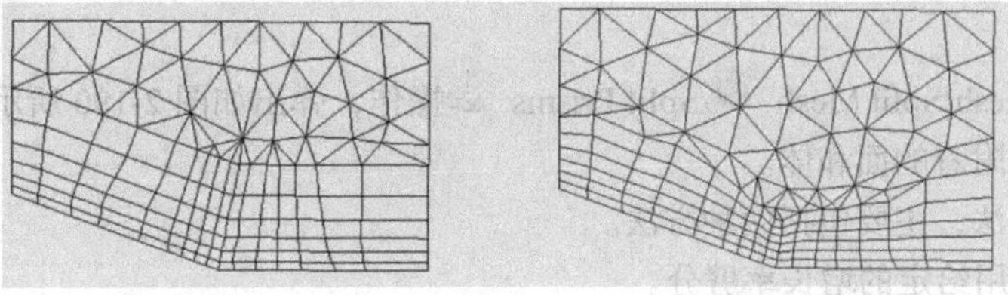

factor = 0　　　　　　　　factor = 0.5

图 2-188　不同 Prism height limit factor 的棱柱层比较

5. 棱柱层网格部件控制

在用户划分棱柱层网格时，应该首先指定棱柱层网格的附着体。如图 2-182 所示的设置面板中的相关参数的作用如下。

- New volume part：表示指定新的 part 存放棱柱单元或者从已有的面（或体）网格 part 中选择。
- Side part：选择存放侧面网格的 part。
- Top part：表示用户选择的是存放最后一层棱柱顶部三角形面单元。
- Extrude into orphan region，当选择这个选项时，表示生成网格时是向已有体单元外部生成棱柱，而不是向内发展。

6. 平滑光顺棱柱体网格

用户在划分网格之后，需要对网格进行光顺，以便能够得到质量更好的网格。对于棱柱层网格，IECM CFD 提供了两种方法，一种是用户在划分棱柱层时预先自行设定棱柱层网格的光顺参数；另一种是利用 IECM CFD 的网格光顺功能对已存在的棱柱网格进行光顺。

在划分棱柱层时，可设定光顺选项，如图 2-189 所示，相关选项的意义及其设置如下。

- Number of surface smoothing steps：为了得到高质量的棱柱层，需预先准备三角形网格，并设置棱柱网格生成前，光顺网格的计算次数。棱柱层网格的质量主要取决于预备的三角形网格的质量，通常应保证这些网格的质量在 0.3 以上。如果只有一层预长层，可以设置 Surface/Volume steps 为 0。对于其他情况，系统默认的参数已满足要求。
- Triangle quality type：表示提高三角形质量的类型，这一步操作是在划分第一层棱柱形网格的同时完成的。Laplace 光顺通常适合检查棱柱层的最终质量。

图 2-189　设置棱柱层网格光顺参数

- Number of volume smoothing steps：在划分棱柱层网格之前，对已存在的四面体网格进行光顺的次数。棱柱层网格的质量主要取决于预备的四面体网格的质量，通常应保证这些网格的质量在 0.3 以上。如果只有一层预长层，可以设置 surface/volume steps 为 0。对于其他情况，系统默认的参数已满足要求。
- Max directional smoothing steps：最大方向光顺步长，这是基于初始质量重新定义的增长方向，并在每层内部单独进行计算。
- Read a Prism Parameters File：读取一个棱柱层网格文件，这个选项允许从上一个模型中读取可能需要使用的参数。如果能读进来，那么这一步中将无须重设参数。

7. 劈分棱柱体网格

如果用户需要生成多层棱柱，则可利用 ICEM 首先在附着实体上生成单层棱柱，然后将其劈分为多层，这样速度较快。

（1）进行 Edit Mesh/Split Mesh /Split Prisms 操作，弹出如图 2-190 所示的设置面板。

（2）选择棱柱层附着的面和体。

（3）设置劈分方法，主要包括两种方法。

- Fix ratio：采用给定的增长率劈分。
- Fix initial height：采用第一层给定的高度进行劈分。

（4）定义劈分网格的层数。

（5）选择是否有选择性地对已存在的棱柱层进行劈分。

8. 重新分布棱柱层

如果用户最初划分的棱柱层不符合要求，那么可以采用棱柱层网格重新分布的方式对已有的棱柱层进行调整。

（1）进行 Edit Mesh/Split Mesh /Redistribute Prism Edge 操作，弹出如图 2-191 所示的设置面板。用户在重新分配网格时，可选择是指定增长比例还是指定初始网格高度。

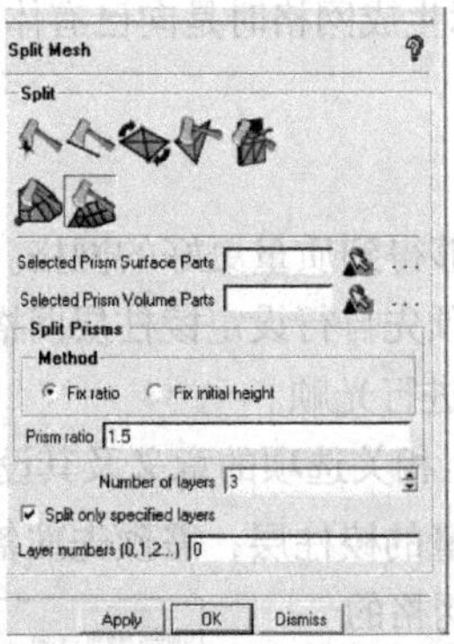

图 2-190　劈分棱柱层网格

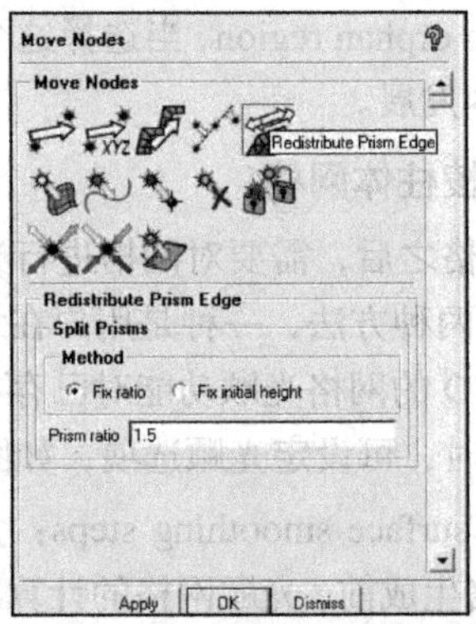

图 2-191　Move Nodes 设置面板

（2）选择棱柱层网格分配方法。

- Fix ratio：采用给定的增长率重新分配，旧的棱柱层网格按照固定增长率重新生成棱柱层。
- Fix initial height：采用第一层给定的高度进行分配。初始高度是指所有的网格层重新分布以使第一层的厚度满足设定值，且按一定比例增长。

（3）单击 Apply 按钮即可完成棱柱层网格的重新分配，如图 2-192 所示。

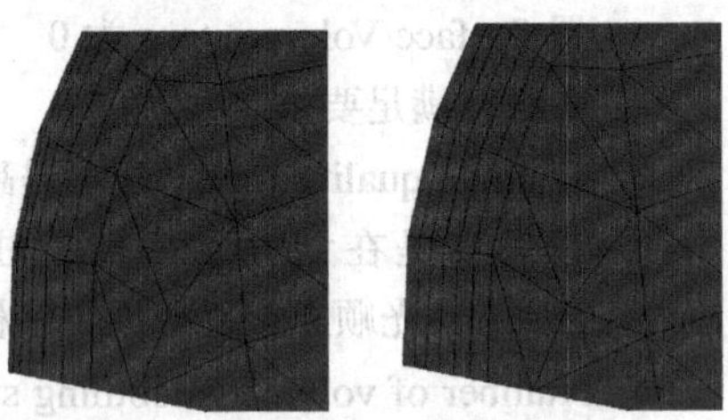

图 2-192　重新分配棱柱层网格

2.3.5　ICEM CFD 划分六面体结构化网格

ICEM CFD 另一个强大的功能是划分六面体结构化网格。这种六面体结构化网格的填充体积效率比较高，与四面体网格相比，质量一般较好。但是对于复杂几何图形而言，需要做很多准备工作，在计算成本上也要高于同样的四面体网格。但是高质量的结构化六面体网格，能提高求解精度，增强求解的收敛性，依然是高质量网格划分的重要选择。本节将主要介绍利用 ICEM CFD 划分六面体网格的步骤以及相关的知识。

划分六面体的基本思路如下。

（1）一定要对几何模型和怎样划分块结构有一个清晰的认识。

（2）导入在其他软件里生成复杂几何模型，开始工程 project。

（3）分块（选择自上而下或者自下而上的划分方法）。

（4）局部块结构划分。

（5）指定块与几何结构的关联，通常是物体边与曲线之间建立关联。

（6）根据划分的块结构创建 O 形结构。

（7）在拓扑结构上移动块顶点。

（8）设置网格划分参数（设置曲面和曲线网格尺寸、细化调整边尺寸分布）。

（9）观察网格并检查（或改善）网格质量。

（10）输出网格。

1. 块划分

用户在进行六面体网格划分时，主要是通过分块实现的。块可以沿着几何模型切分成贴体形状，每个块很容易生成纯迪卡尔网格，进而可以实现块沿着曲线的扫略，并沿某个面划分为非结构化网格。此外块体的面和线会映射到实体上，对于具有相同结构的实体，用户则可以直接调用之前已经独立保存的块。

图 2-193 所示为对一个实体进行六面体网格划分的例子，（a）是几何体，（b）是对几何体进行块划分的结果，（c）是直接利用划分的块生成网格的结果，我们可以清晰地看到，因为（c）中的块没经过面和线的映射，因此只能沿着块的结构轮廓划分网格。如果用户将块体的线和面映射到了几何体对应的线和面上，则进一步生成的网格如（d）所示。

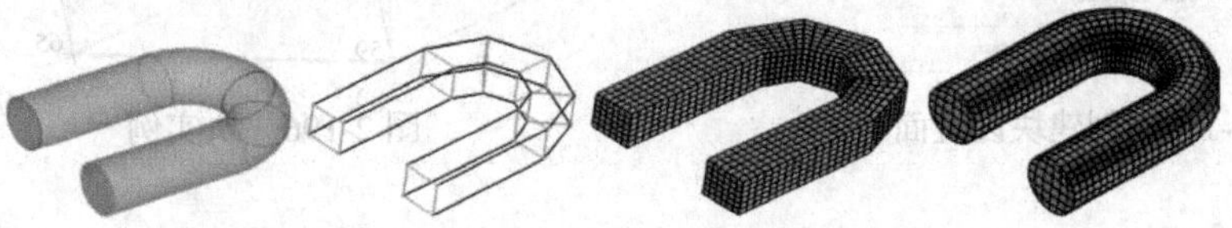

图 2-193　块划分生成网格的步骤

（1）块划分方法。

用户在对几何体进行网格划分时，主要有两种方法，分别是自上而下和自下而上的方法。

- 自上而下方法。当用户使用这种网格划分方法时，则是采用雕刻的方法将几何实体的块拓扑直接一步一步地雕刻出来。
- 自上而下方法。当用户使用这种方法时，则创建块的过程将是逐层创建，创建面，拉伸生成块，然后进行复制以完成拓扑的生成。

有时用户则可以结合两种方法一起完成对几何体网格的划分。

（2）块相关信息。

介绍使用块划分方法对几何体进行六面体划分之前，用户首先应该了解块（Blocking）各部分的名称术语。图 2-194 所示为块上不同构件的名称，如 Vertex、Edge、Face 和 Block 等。

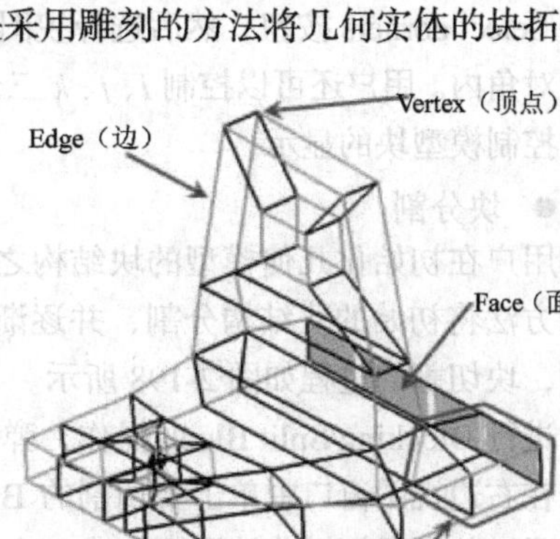

图 2-194　块上的不同构件

2. 创建拓扑结构

（1）初始块结构。

六面体网格通过分块划分产生，每个块可以沿着几何结构切分成贴体形状，并且很容易生成纯迪卡尔网格。在块中划分网格可以实现块沿着曲线的扫略，沿某个面还可以将非结构块体的面和线映射到实体上。通常用户可以联合使用自上而下和自下而上两种网格拓扑创建技术，进行结构化网格的划分。

本节主要以自上而下方法为例介绍六面体网格的划分方法。要为模型划分网格并创建新的块结构，用户必须首先创建一个初始的块，包裹整个模型。

单击按钮，弹出如图 2-195 所示的设置面板。

保持默认的设置，直接单击 Apply 按钮，则 ICEM 会创建一个能完全包住模型的初始块。

若选择了 2D Planer，那么单击 Apply 按钮，则可生成在 z=0 的 xy 平面内环绕 2D 几何实体的二维的面块。

在模型树中可以确认曲线被选中，并且名字不被选中。右键单击 Geometry/Curbves/show Curve Names，取消显示曲线的名字；同时还可以利用相同的命令使得所有的曲面不显示。打开 Blocking/Vertices 并右键单击 Vertices/Numbers，显示点的数字（即被系统设置的号），如图 2-196 所示。

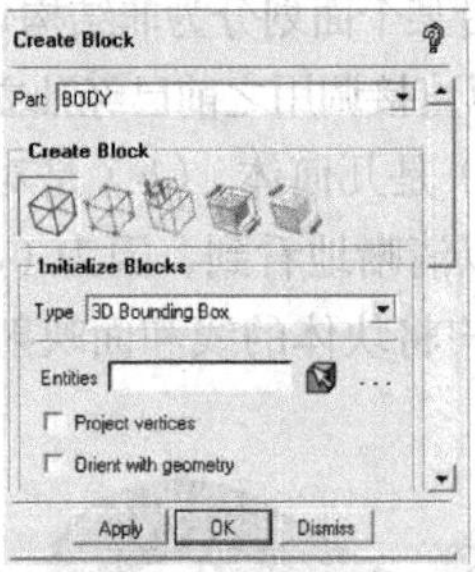

图 2-195　创建块设置面板

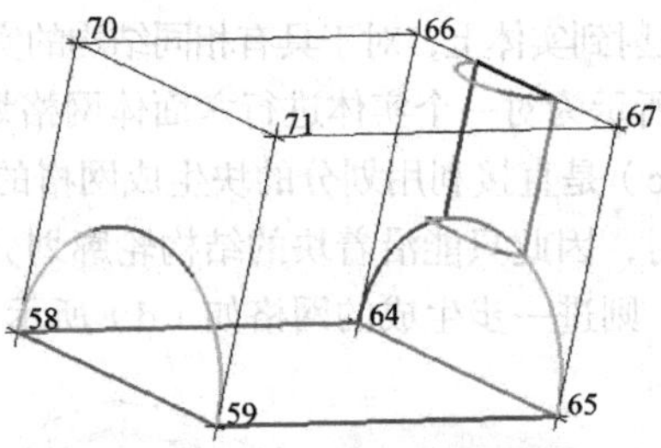

图 2-196　块实例

（2）切割块。

● 块控制。

当几何模型比较复杂时，用户往往需要对局部的几何模型块或者网格等进行调整，这时用户可以使用 ICEM 提供的块控制功能来实现部分块的显示或隐藏。

右键单击模型树下面的 Blocking/Index，Index Control 面板将会显示在右下角，如图 2-197 所示。单击 Select corners 按钮，然后选择视图窗口中的任意两点，则视图窗口中的两个点会被限制在这两个点的对角内。用户还可以控制 i、j、k 三个方向的数值大小，从而控制模型块的显示。

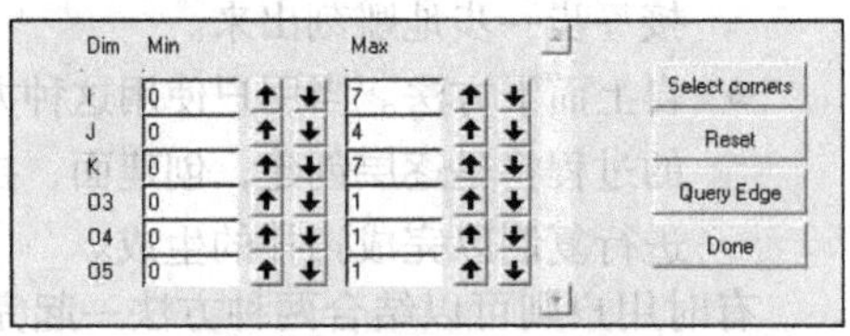

图 2-197　块控制面板

● 块分割。

用户在初始化几何模型的块结构之后，可采用自顶向下的方法将初始的块结构分割，并逐渐雕刻出具体的几何模型，块切割的过程如图 2-198 所示。

进行 Blocking/Split Block 操作，弹出如图 2-199 所示 Block 切割设置面板。

在右边视图窗口中单击要切割的 Block 对应的边线，则该线变成红色并加亮显示，如图 2-200 所示。通过单击鼠标键确认即可完成一个块的分割。重复如图 2-198（b）所示的操作，可以大体雕刻出几乎完全包裹模型的块。自此，几何模型的块分割和雕刻操作初步完成。

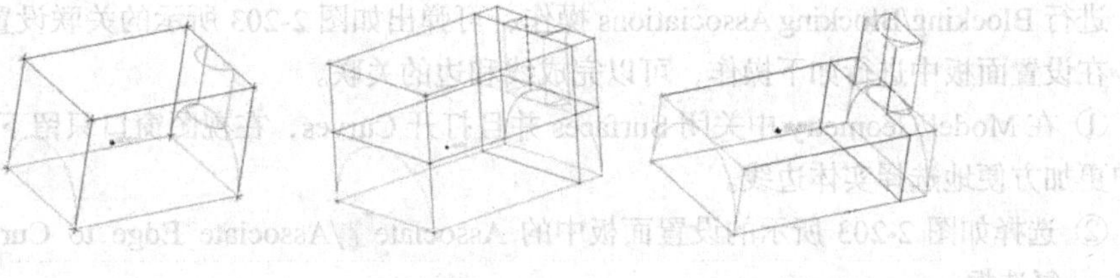

（a）　　　　　　（b）　　　　　　（c）

图 2-198　块切割的过程

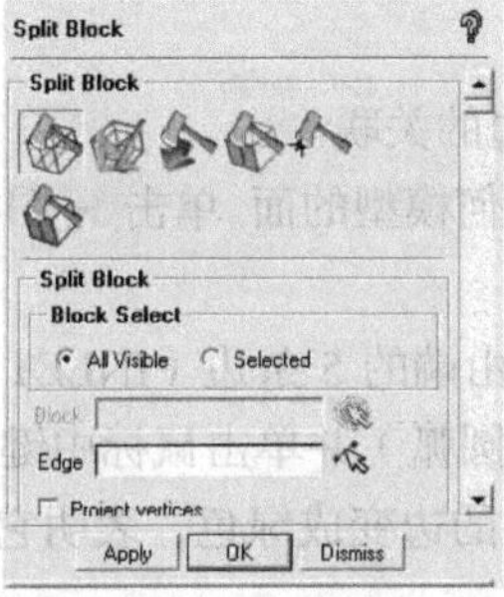

图 2-199　切割边设置面板

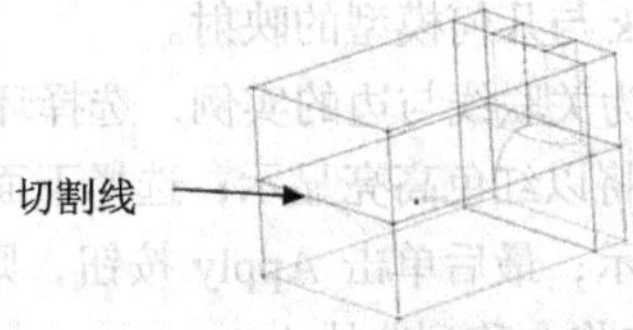

图 2-200　切割边

（3）删除块。

单击按钮，弹出如图 2-201 所示的设置面板，在右边视图窗口中选择没有包围几何模型的块，通过鼠标中键确认以删除多余的块。若用户在删除块时，勾选了 Delete permanently 复选框，那么 ICEM 将永久性删除多余的块，否则，被删除的块会被放在 parts 下的 VORFN 中，以便用户在必要时候可以重新使用它。

在默认情况下（即不勾选 Delete permanently 复选框），移动块到 parts 下的 VORFN 中，VORFN 被重建比永久删除更稳定（不需重新计算索引）。实际上打开模型树中的 VORFN 可以使删除了的 Block 显示出来。

图 2-202 所示为永久删除块和非永久删除块之间的差别，图 2-202（a）中是没有永久删除 Block，图 2-202（b）是永久删除了 Block，永久删除造成了图 2-202 中两处的网格节点数的不同。但是，在有些情况下，永久删除是有利的，例如，

- 删除所有 VORFN，可以作为复杂拓扑的修改工具（索引重新计算）。
- 删除单独的块可以释放与 VORFN 连接的点。

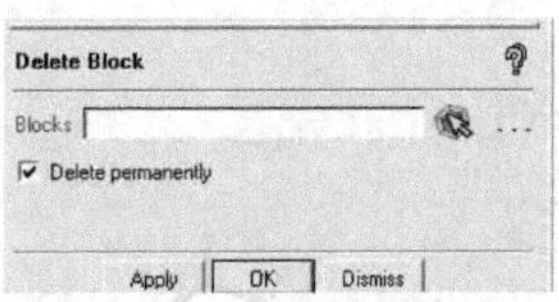

图 2-201　删除块设置面板

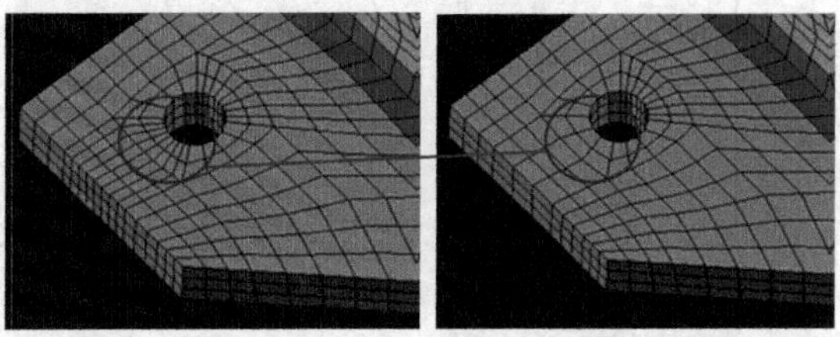

（a）　　　　（b）

图 2-202　彻底删除块和非彻底删除块之间的差别

（4）在几何体与块之间建立关联。

用户在完成了对几何结构的块结构划分之后，应当将块和模型关联起来（通常是通过边与曲线、点与顶点的关联来实现的）。

进行 Blocking/Blocking Associations 操作，可弹出如图 2-203 所示的关联设置面板。

在设置面板中进行如下操作，可以完成线和边的关联。

① 在 Model/Geometry 中关闭 Surfaces 并且打开 Curves，在视图窗口只留下 Block 和 Curves 以使用户更加方便地选择实体边线。

② 选择如图 2-203 所示的设置面板中的 Associate /Associate Edge to Curve ，并勾选 Project vertices 复选框。

③ 选择 Edges，在视图窗口选择即将被关联的块的边。

④ 选择 Curves，即在右边视图窗口中选择被关联的 Curve，并单击鼠标中键确认。

⑤ 单击 Apply 按钮，完成块的边与曲线的关联。

⑥ 重复上面步骤，即可完成所有 Block 和几何模型的边的关联。

在模型树中选择 Geometry/Surface，使视图窗口中显示几何模型的面。单击 图标之后，单击 Apply 按钮即可完成 Block 与几何模型的映射。

图 2-204 所示为关联线与边的实例，选择环绕大圆柱自由端的 5 条边（INLET 侧）并单击鼠标中键，则被选中的边将以红色高亮显示；选择下面的曲线（半圆弧）并单击鼠标中键或 Apply 按钮，曲线将以白色高亮显示；最后单击 Apply 按钮，则所有被选中的边变成绿色，表明它们与曲线关联（约束），并且块的顶点将会移到曲线上。

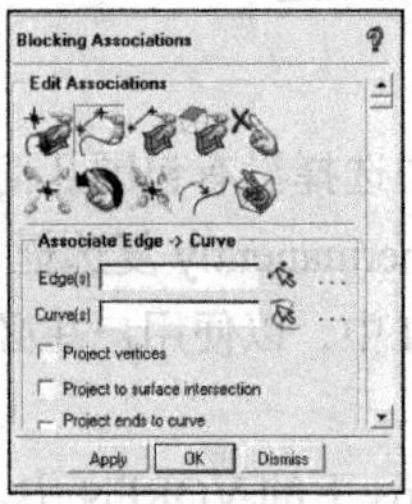

图 2-203　关联设置面板

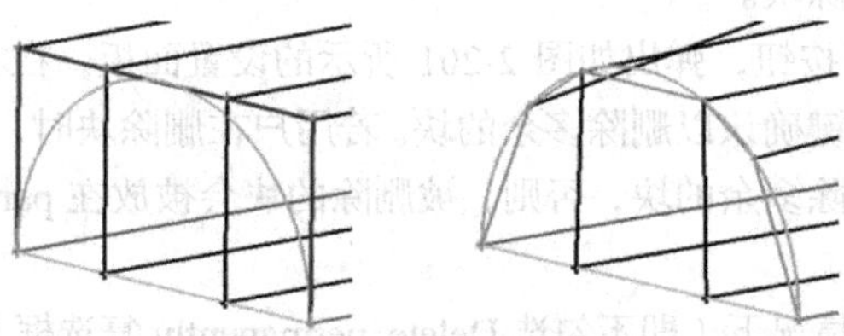

图 2-204　关联线与边

在关联曲线时，用户还可以右键单击模型树中 Block 下的 Edges，然后在弹出的快捷菜单中选择 Show associations 命令，则在视图窗口中可以看见如图 2-205 所示的映射，显示 Block 到曲面或者曲线的关联箭头。

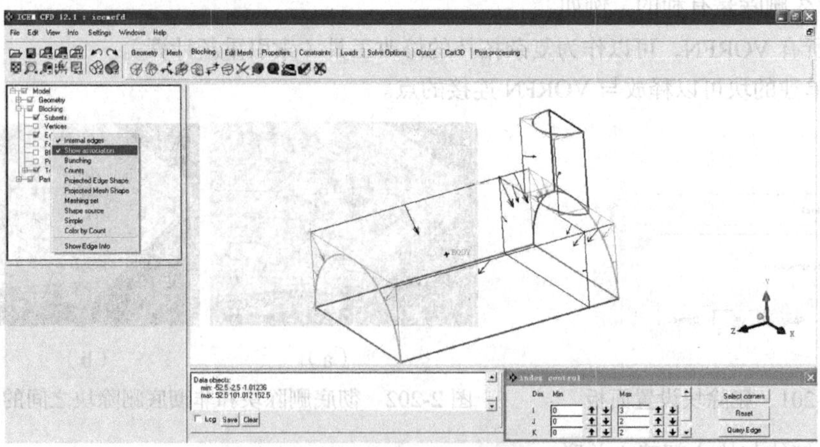

图 2-205　几何与块之间的映射

在上一步中，用户可进行 Blocking/Associate /Snap Project Vertices 操作，然后单击 Apply 按钮，

则系统将会自动捕捉顶点到最近的几何位置上，但是有些顶点捕捉到相关联的曲线上后，并不一定位于非常理想的位置。因此通常还需要对映射完成之后的块顶点进行适当的移动。在移动完位置不理想的点之后，用户划分的网格质量必将有所提高。

进行 Blocking/Move Vertex 操作，弹出移动点的设置面板，如图 2-206 所示。

拖动点到理想的位置，并确认顶角的顶点被移动到曲线的端点位置，完成移动后单击鼠标中键或者单击 Apply 按钮。在操作过程中，用户可以单击鼠标右键，取消前面的移动，但是不会退出操作。

（5）设置网格尺寸。

用户在完成几何模型的块划分之后，需要对块进行网格参数设置，以便进一步生成网格并将其导出。网格参数的设定与前面提到的网格划分参数类似，也包括全局网格参数设定和局部网格参数设定两项。

单击 Mesh/Surfaces Mesh Setup 图标，可以弹出如图 2-207 所示的全局网格参数设置面板。

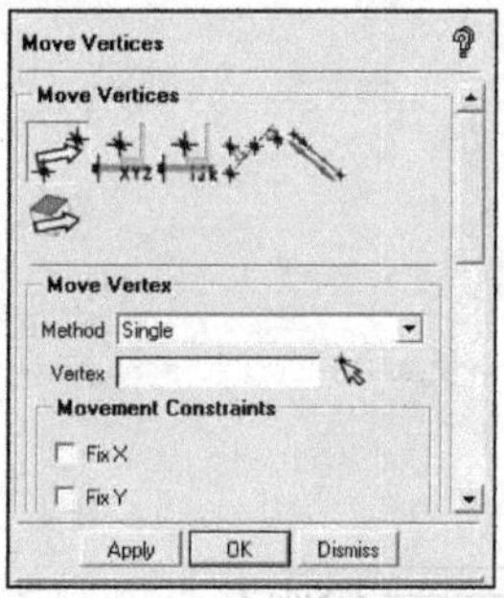

图 2-206　移动点设置面板

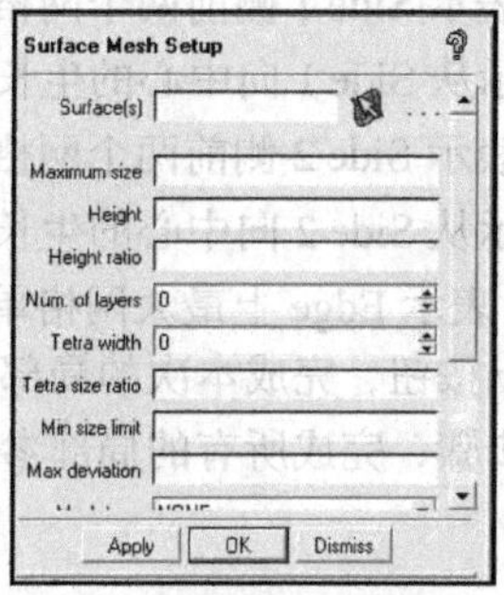

图 2-207　全局网格参数设置面板

① 在模型树 Surfaces 中选择模型所有的面。

② 选择模型树中的 Surfaces，进行 Geometry/Surfaces/Hexa sizes 操作，显示网格大小。

③ 单击 图标，选择期望划分网格的面，然后设置网格的最大尺寸 Maximum 等。若用户不设置其他参数，ICEM 将自动计算。

④ 单击 Apply 按钮，将会看到命令框中显示的进行全集网格参数设置后的网格的数量。

⑤ 单击模型树中的 Pre-Mesh 即可看见模型被初步划分的网格。

⑥ 在模型树中选择 Blocking/Edges 并单击鼠标右键，在弹出的快捷菜单中选择 Counts 命令。在块的边上会显示线上的网格点数目，如图 2-208 所示。如果各个边上的默认网格数目可以接受，则不必再进行局部的网格参数设置。

在设定全局网格参数时，几何模型所有的面、线上的参数完全一样，网格均匀，但这时的网格不一定能很好地反映流体的状态，而且一些远端流场的网格容易被扭曲。因此通常用户可以重新定义块边网格某一部分的参数，以得到更好的网格质量。

局部网格参数设定的方法如下。

① 关闭模型树中的 Pre-Mesh，视图窗口中只剩下模型的外框。进行 Blocking/Pre-Mesh Params /Edge Params 操作，得到如图 2-209 所示的边线网格参数设置面板。通过这个面板就可对局部的网格参数进行设置了。

② 激活 Edge 选项右边的 按钮，然后选择需要重新设置参数的边线。

③ 设置所选边线上需要划分网格的节点数。

④ 选取边线上网格的增长类型，如图 2-210 所示。图中面板上的其他参数的含义如图 2-211 所示，具体定义如下。

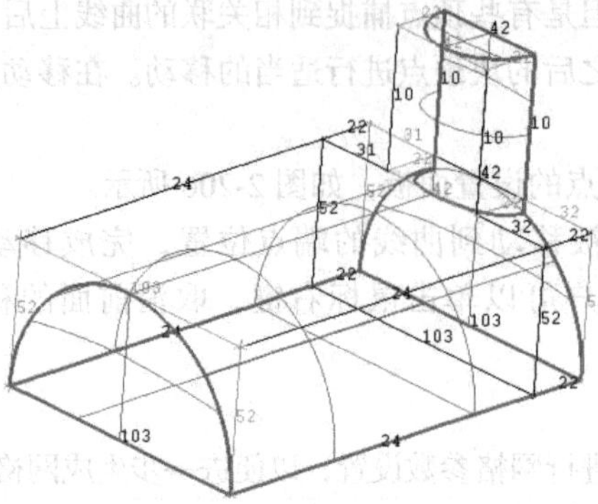

图 2-208　块网格参数显示

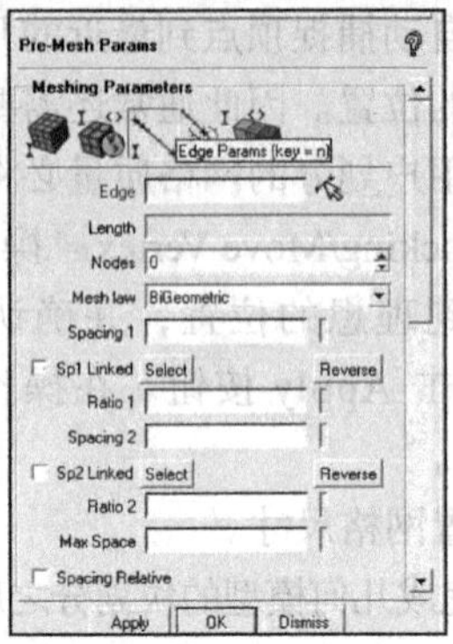

图 2-209　边线网格参数设置面板

- Spacing 1 表示 Side 1 侧前两个网格点的距离。
- Ratio 1 表示从 Side 1 向中心的生长比率。
- Spacing 2 表示 Side 2 侧前两个网格点的距离。
- Ratio 2 表示从 Side 2 向中心的生长比率。
- Max Space 表示 Edge 上最大网格单元距离。

⑤ 单击 Apply 按钮，完成本次的局部参数设置。

⑥ 重复以上步骤，完成所有的局部参数设置操作。

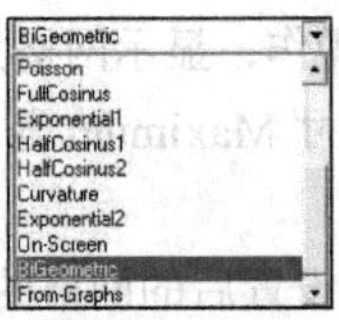

图 2-210　不同的网络增长类型

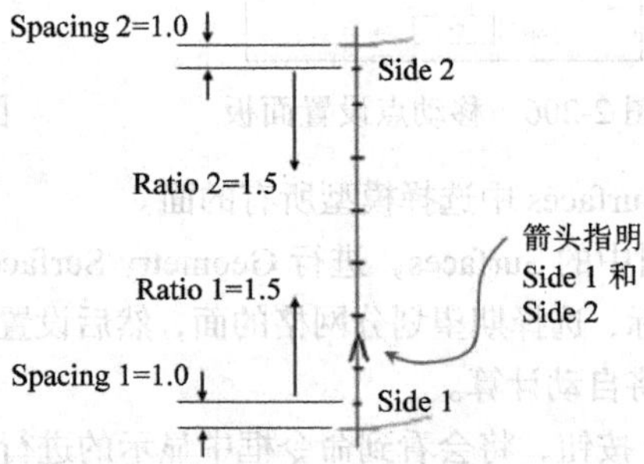

图 2-211　网格参数定义

（6）查看网格。

在划分完网格并进一步生成网格之前，用户可以利用 IECM CFD 先查看块在对应的实体上的投影情况，进而可以针对不正确或不完整的拓扑结构进行局部调整。右击模型树 Edges 并选择 Projectededge、Shape 观察边投影形状。

单击模型树中 Blocking 下的 Pre-Mesh，则可以预览所创建的模型的网格，如图 2-212 所示。

（7）检查网格质量。

类似于前面内容所讲述的混合网格划分过程中，网格质量的检查。用户也可以通过自定义质量的方法来对所划分的网格模型进行检查，选择图 2-213 中 Criertion 对应的下拉菜单中的质量检查指标，进而对四边形和三角形进行质量的定义，可以从以下几方面进行设置。

- Determinant：决定性指标，表示测量单元变形，其中大部分求解器接受>0.1，但是用户应争取>0.2。
- Angle：角度，表示定义各个网格模型的相邻网格的夹角，尽量使划分的网格的这个角度大于 18°。
- Aspect ratio：纵横比，最长边与最短边长度的比值，用户应尽量减小模型网格中的这个值。
- skewness：歪斜率，面与面之间法线夹角的最小值与最大值的比值，一般这个值应不超过 0.7。

单击 Blocking 下的按钮，可弹出如图 2-213 所示的设置面板。

单击 Apply 按钮即可出现如图 2-214 所示的网格质量直方图，并在中间命令解释框中显示各个分布区间对应的网格的数量和所占总网格数的比例。

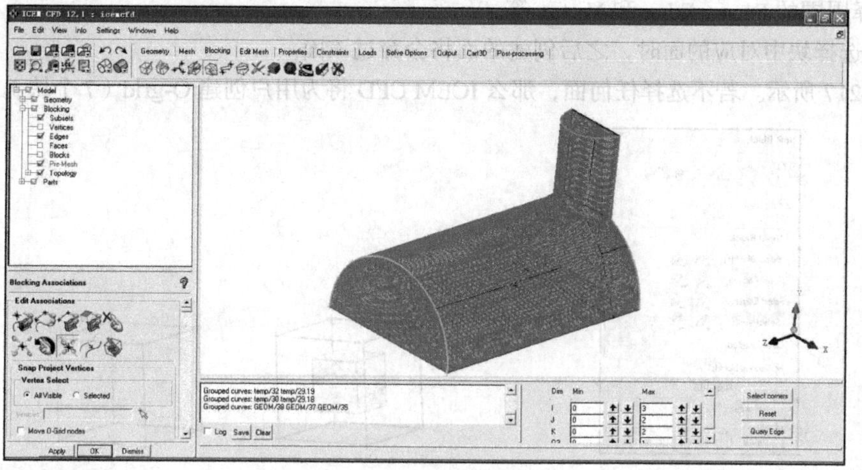

图 2-212　查看网格

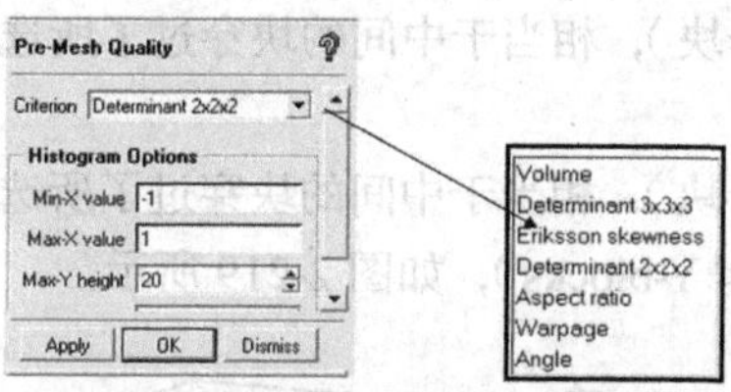

图 2-213　网格质量检查设置面板

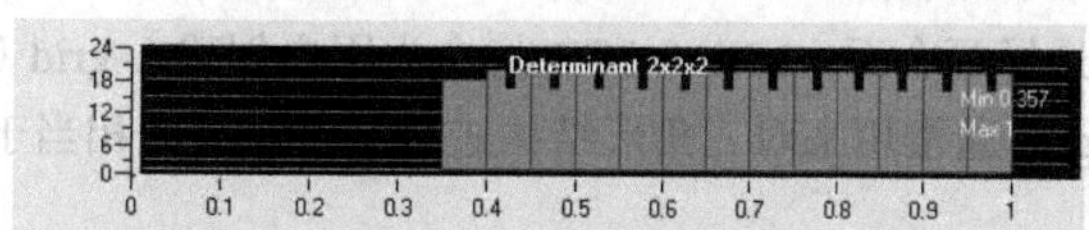

图 2-214　网格质量直方图

3. 划分 O-grid 块

（1）O-grid 块。

当用户创建的拓扑块必须位于曲线或曲面（如圆柱和复杂几何模型）上时，用户应尽量避免歪斜的情况，提高壁面附近聚集的网格点的效率，明显地提高网格质量。为了达到这种要求，通常采用 O-grid 创建的一系列块结构排列成 O 形或环绕形，图 2-215（a）所示为利用 O-grid 创建网格之后的效果。ICEM 为用户提供了 3 种 O-grid 基本类型，包括 O-grid、C-grid（半个 O-grid）以及 L-grid（1/4 O-grid），图 2-215（b）所示为 3 种类型网格的比较。

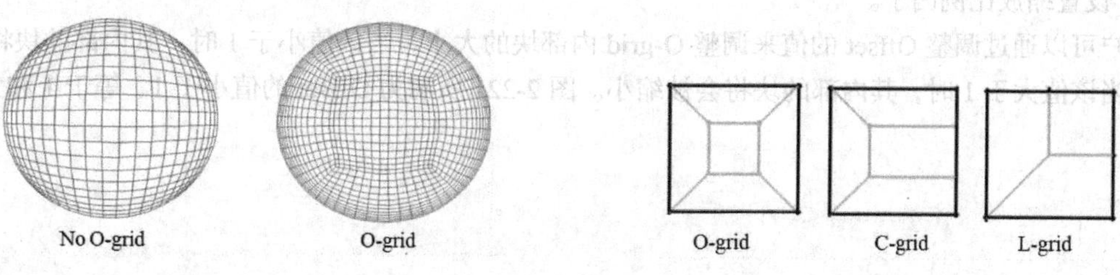

（a）　　　　　　（b）

图 2-215　不同类型的 O-grid

（2）创建 O-grid。

创建完整的 O-grid。

单击按钮，在弹出的面板中选择图标，如图 2-216 所示。

创建 O-grid 的具体步骤如下。

a. 选择需要创建 O-grid 处的 Blocks，用户可通过加减图标的方法对实体块进行选择或取消选择。

b. 选择周围的 Face、Edge 和 Vertex 等。

当用户选择块中对应的面时，之后创建的面将会穿过该面。

如图 2-217 所示。若不选择任何面，那么 ICEM CFD 将为用户创建 O-grid（7 个块）。

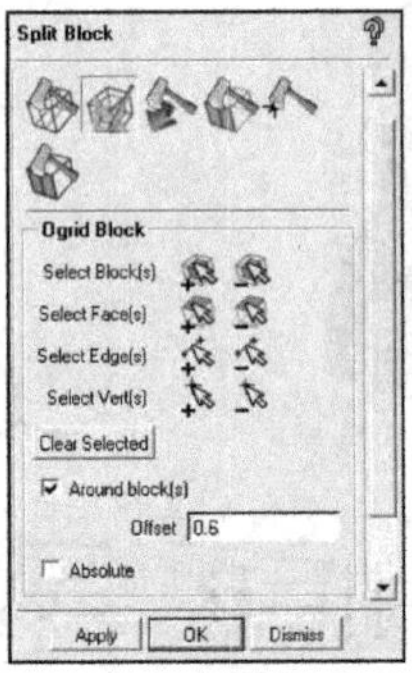

图 2-216　O-grid 参数设置面板

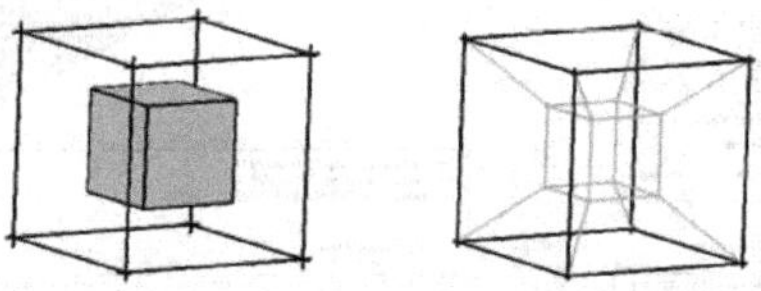

图 2-217　创建 O-grid

若选择一个面，ICEM CFD 将会为用户创建 C-grid（6 个块），相当于中间的块穿过了所选的面，如图 2-218 所示。

若选择两个面，ICEM CFD 将会为用户创建 L-grid（5 个块），相当于中间的块穿过了所选的两个面。L-grid 通常用来对三角形结构进行网格划分（相当于创建 Y-blocks），如图 2-219 所示。

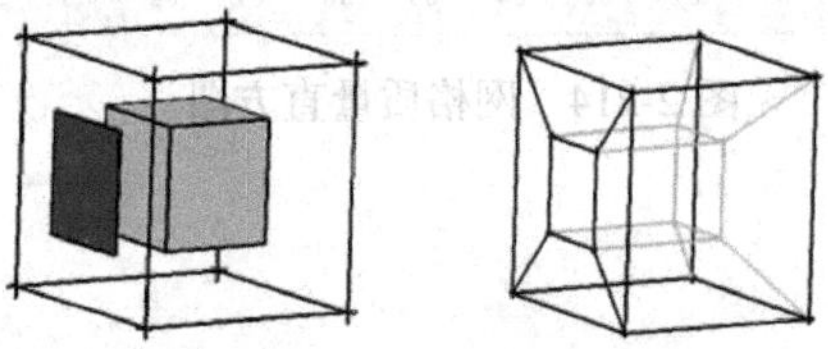

图 2-218　C-grid

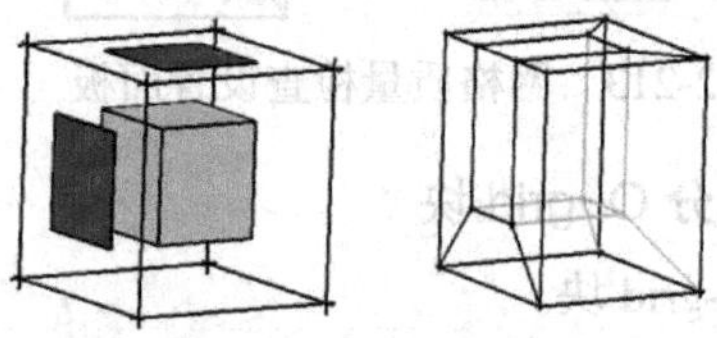

图 2-219　L-grid

c. 选择是否要创建包围块的 O-grid。

用户在创建 O-grid 时，可以选择是否在实体周围创建，这种做法非常适合模型内部中空的情况或者不同材质的实体。图 2-220 所示为仅在块内创建 O-grid 和在块外创建 O-grid 的例子。

d. 设置缩放比例因子。

用户可以通过调整 Offset 的值来调整 O-grid 内部块的大小。当该值小于 1 时，其内部的块将会被放大。当该值大于 1 时，其内部的块将会被缩小。图 2-221 所示为 Offset 的值小于 1、等于 1 和大于 1 的情况。

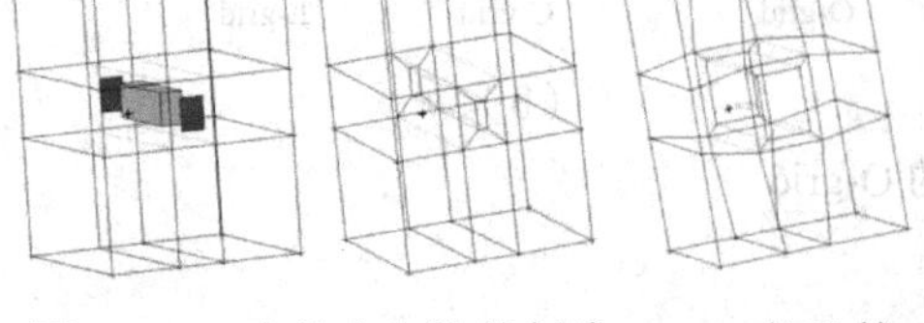

图 2-220　在块内和块外创建 O-grid 的比较

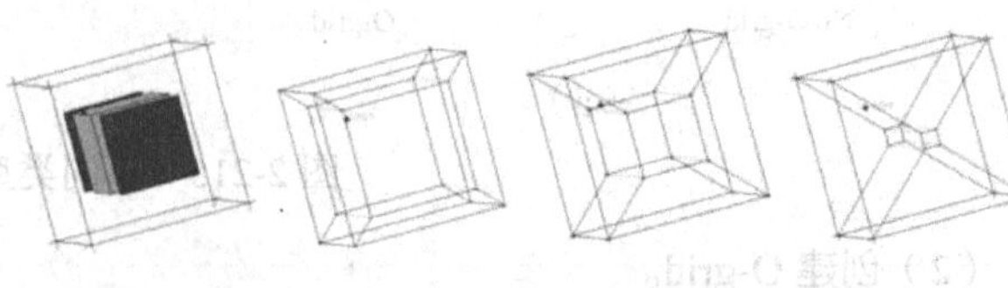

图 2-221　不同 Offest 值对应的 O-grid

e. 单击 Apply 按钮即可完成设置，并且完成对 O-grid 的创建。

（3）O-grid 的坐标控制。

用户在创建实体拓扑时，通常会将块划分为很多子块。ICEM 默认将每个子块的顶点分别编号，以方便用户对其中的某些子块进行选择或者操作。

用户开始对实体进行块划分之后，其初始块坐标分别创建了 *i*、*j*、*k* 三个索引，并与全局直角坐标系 *i*、*j*、*k* 对齐。在切割块并生成子块的过程中，这些块依然沿用 *i*、*j*、*k* 三个方向索引，维持在全局坐标系的方向上。但当用户创建了 Ogrid 之后，Ogrid 块就不再符合全局直角坐标方向，因此可以为每个 Ogrid 单独创建新的索引方向（3、4……）。当对某一个 Ogrid 进一步划分时，系统将针对每个 Ogrid 分别进行延伸编号（如 3：1，3：2……），单击目录树下的 Vertices/Indices，即可看见相应的块顶点索引，如图 2-222 所示。

右键单击 Blocking，在弹出的快捷菜单中选择 Index Control 命令，弹出如图 2-223 所示的设置面板，允许用户通过视图窗口对 Blocking 进行选择性显示。

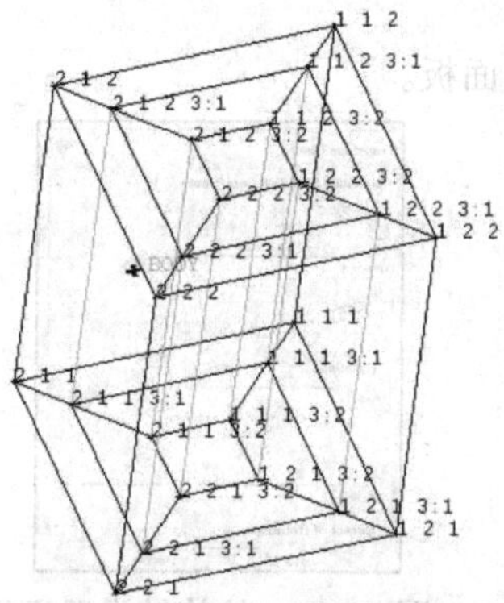

图 2-222　O-grid 坐标控制

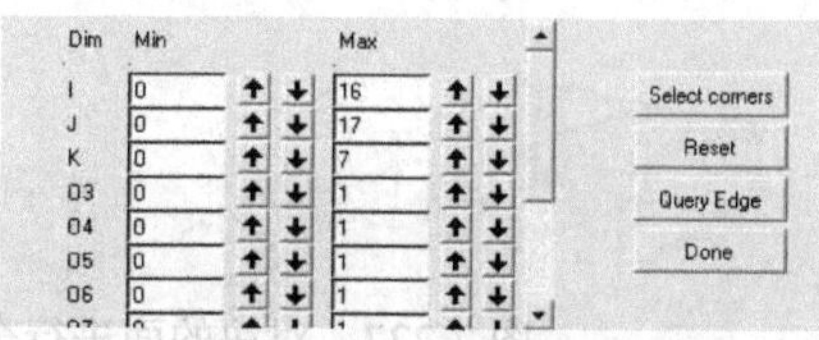

图 2-223　块显示控制

如图 2-223 所示的设置面板中各个选项的作用如下。

- 用户可以选择增大 I、J、K 和 03、04 等的 Min 及 Max 值，对模型块进行开启或者关闭。
- Select corners：分别选择视图窗口中期望显示的 Block 模型的对角上的两点。
- Reset：单击该按钮，则可显示右边视图窗口中的所有 Block 模型。
- Done：单击该按钮，则关闭 Index Control 设置面板。

4．拓扑结构调整的相关操作

（1）块和面的合并。

在用户进行实体拓扑划分的过程中，通常还会需要将切割过的块或者面合并等。下面将介绍对不同的块和面进行合并的具体方法。

① 单击图标，弹出如图 2-224 所示的设置面板，用户可通过这个控制面板对块进行相关操作，如合并块和面以及编辑 O-grid 等。

② 单击对话框中的图标，用户可将已经切开的块重新合并，使其形成一个完整的块。在进行这一步操作时，用户不能合并处在不同 Part 中的块，如果用户一定要合并相关的块，就必须先将被合并的块放置到相同的 Part 中。

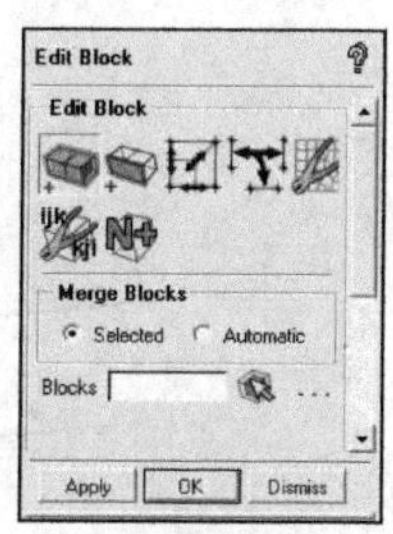

图 2-224　编辑块设置面板

③ 选择需要合并的块，并通过鼠标中键确认。

④ 单击 Apply 按钮，完成操作。

块合并操作完成之后的效果如图 2-225 和图 2-226 所示。

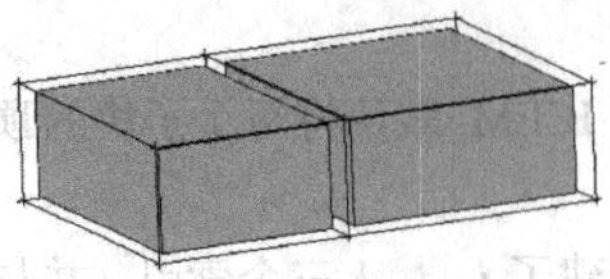

图 2-225　合并前的块

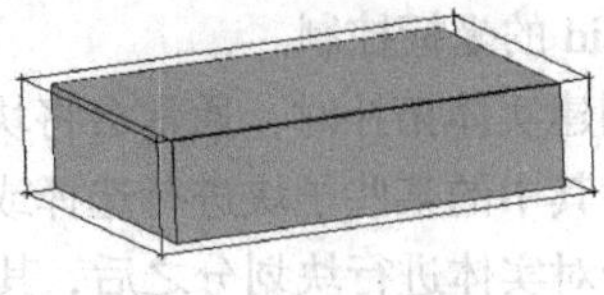

图 2-226　合并后的块

ICEM 同样允许用户使用面合并功能合并处于相同 Part 中的面，在合并该面的同时，这个面两边的块也相应地合并，类似于块合并，用户必须在相同的索引或者 Part 中对多个面进行合并。

单击图中的图标，选择需要合并的面（或者单击将要合并的面的对角顶点），然后单击 Apply 按钮即可完成面的合并，如图 2-227 所示。

（2）块转换。

ICEM 的块转换功能可为用户完成实体拓扑块的平移、旋转、镜像和缩放等操作。这里以旋转为例介绍该功能的用法。

① 单击功能菜单中的按钮，弹出如图 2-228 所示的设置面板。

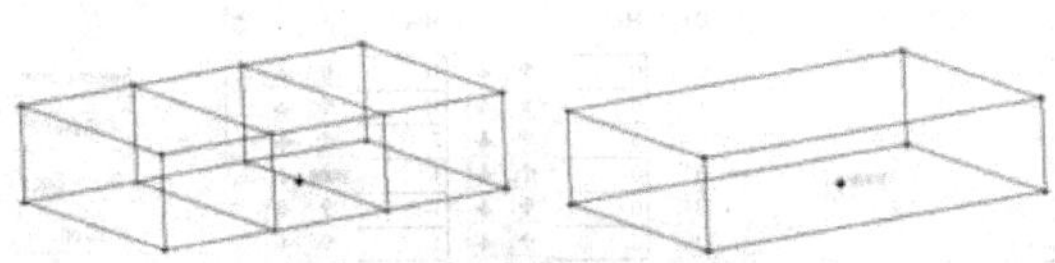

图 2-227　对块的面进行合并

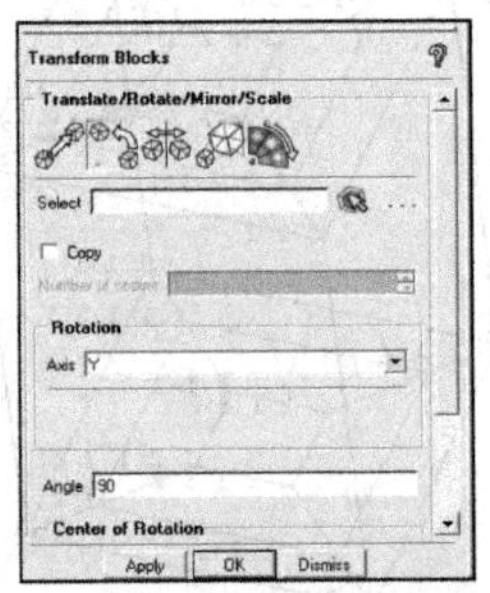

图 2-228　块旋转设置面板

② 激活 Select 右边的按钮所对应的对话框，然后在视图窗口中选择需要旋转的块。

③ 选择旋转轴，选择 3 个直角坐标轴或者在视图窗中选择两点。

④ 设置旋转角度。

⑤ 单击 Apply 按钮即可完成旋转操作。图 2-229 所示为将（a）中的块旋转 90° 后的结果。

当用户进行块划分以完成实体拓扑创建之后，通常会存在点不能出现在预期的位置上等情况。这个时候，用户需要使用 ICEM 的顶点调整功能移动顶点，将顶点移动到特定的位置上。单击按钮，弹出如图 2-230 所示的设置面板。通过该设置面板，用户可以实现对处于不理想位置的块顶点的调整，从而实现对某顶点的空间移动（包括空间任意两点间的移动、以某点为参照移动某一段空间距离和将点投影到某个平面上等）。

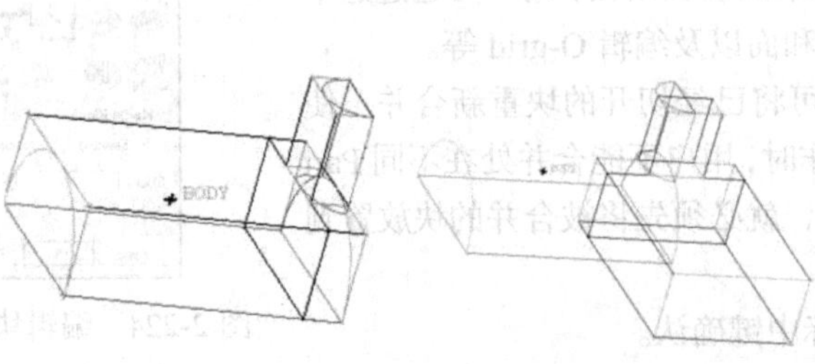

（a）　　（b）

图 2-229　将块旋转 90°

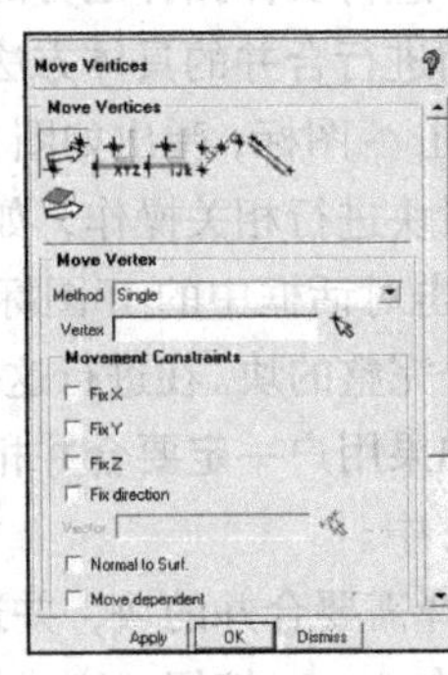

图 2-230　移动顶点设置面板

下面以将某点移动到空间另一位置为例，介绍该功能的用法。

① 激活图中的 Vertex 选项，单击 按钮，然后在右边的视图窗口中选择相应的需要移动的点。

② 按住鼠标左键，将需要移动的点拖动至理想的位置。

③ 单击 Apply 按钮确认，并退出操作。

（3）合并顶点。

在用户进行网格划分，创建实体拓扑时，通常需要将同一直线上的两点合并为一点。ICEM 的点合并功能可为用户实现这一操作。单击 按钮，弹出如图 2-231 所示的设置面板。

用户在执行这一操作时，可将两点合并至其中某一点（通过 按钮），也可以将一定容差距离内的两点或者多点合并成一点（通过 按钮）。

以前一种情况介绍合并顶点的方法。

① 选择需合并点的 Method，若需选择两点，则选中 2Vertices 选项（默认），合并多个点就选中 Multiple 选项。

② 在右边视图窗口中选择需合并的点。

③ 设置点合并方式。

- Propagate merge 表示将与所选择的点平行的点一起合并，如图 2-232 所示。

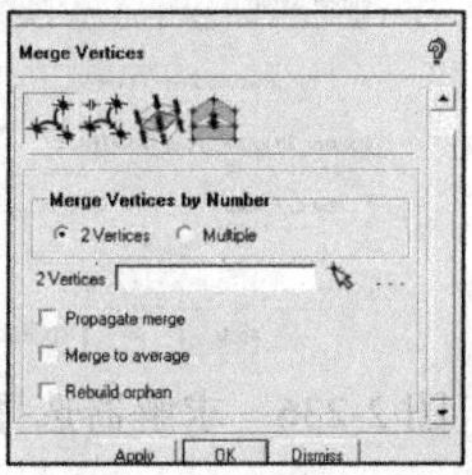

图 2-231　合并顶点设置面板

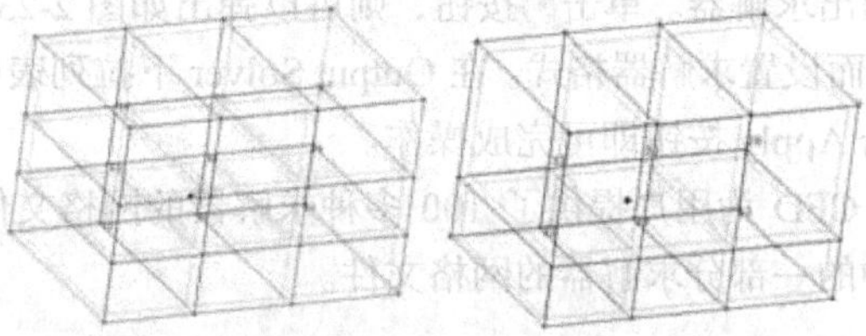

图 2-232　块顶点合并实例（平行）

- Merge to average 表示将与所选择的点合并到两点连线的中点，如图 2-233（b）所示，若不勾选此复选框，则合并到最先选择的点上，如图 2-233（c）所示。

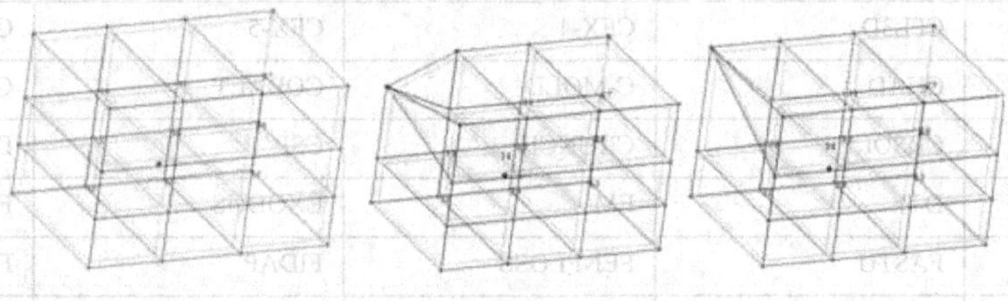

（a）　（b）　（c）

图 2-233　块顶点合并实例（将合并点放在中点）

注：（a）原始图；
（b）放在中点的图；
（c）放在最先选择的点上。

④ 单击 Apply 按钮，完成点合并。

ICEM 也提供了块塌陷功能，使得用户可将两个 Block 沿着某条线进行合并塌陷。单击 按钮，得到如图 2-234 所示的设置面板。塌陷操作完成后，退化之后的块将被删除，具体操作步骤如下。

① 选择需要合并的线，该线加亮（红色）显示，并选择需塌陷的块。

② 单击 Apply 按钮即可完成塌陷操作，如图 2-235 所示。

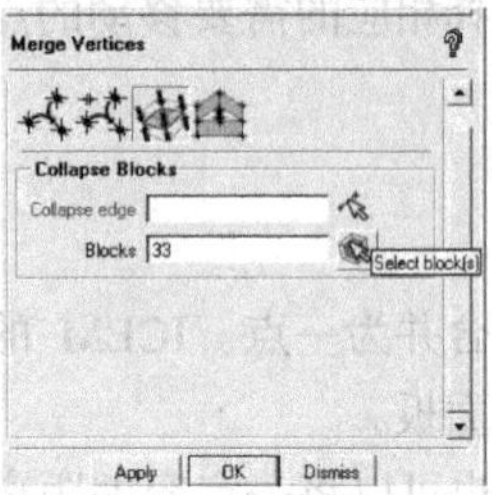

图 2-234 块塌陷设置面板

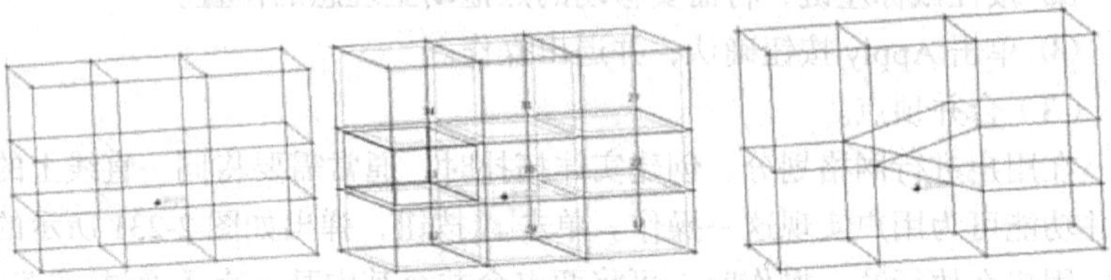

图 2-235 块塌陷实例

2.3.6 ICEM CFD 指定边界和域类型以及输出网格

通过以上的拓扑结构创建和网格划分之后，接下来应该将网格文件导出，使其成为计算模拟软件能够读入的网格文件。

1. 指定求解器

为了能够输出期望模拟软件可以读入的网格文件，用户首先应该设定网格输出求解器。单击按钮，则可以弹出如图 2-236 所示的设置面板，进而设置求解器格式。在 Output Solver 下拉列表中选择具体类型，单击 Apply 按钮即可完成操作。

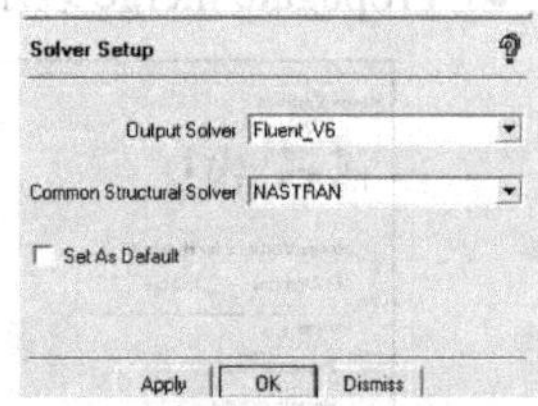

图 2-236 求解器选择设置面板

ICEM CFD 为用户提供了 100 多种求解器的网格文件。表 2-28 所示为其中的一部分求解器的网格文件。

表 2-28 ICEM CFD 支持的网格文件

ABAQUS	ACE-U	AcFlux	ACRi	ACUSOLVE
ADINA	AIRFLO3D	ALPHA-FLOW	ANSYS	ATTILA
AUTOCFD	BAGGER	CEDRE	CFD-ACE	CFDesign
CFD++	CFL3D	CFX-4	CFX-5	CFX-TASCflow
CGNS	CHAD	C-MOLD	COBALT	COMCO
CONCERT3D	CRSOL	CRUNCH	CSP	DATEX
DSMC-SANDIA	DTF	EM	EXODUS	FANSC
FASTEST-3D	FASTU	FENFLOSS	FIDAP	FIRE
FLEX	FLOTRAN	FLOWCART	FLOW-LOGIC	FLUENT
FLUENT	STAR CD	GASP	GLS3D(ADH)	GMTEC
GUST	HAWK	HDF	IBM-BEM	ICAT

2. 指定边界条件

（1）指定边界的名称。

为了方便用户在划分完网格并导出 Mesh 文件之后，能很快地确定相关的边界条件。ICEM CFD 12.1 允许用户先行确定模型的各个边界，主要通过 Parts 选项来体现，用户也可以直接采用系统默认设置，在导出网格之后，用 CFD 读取网格并重新设置网格边界条件。右键单击模型树中的 Parts 选项，在弹出的快捷菜单中选择 Create Part 命令，弹出 Create Part 设置面板，如图 2-237 所示。通过这个设置面板可以为创建的几何模型创建新的 Part（模型的边界）。

创建 Part 的具体步骤如下。

① 在 Greate Part 设置面板中输入新 Part 的名称。

② 选择创建 Part 的方法。

- Create Part by Selection：单击 Entities 选项右侧的箭头，在右边视图窗中选择要创建新 Part 所需加入的实体。
- Create Part near Position：在输入点的附近创建新 Part。
- Create Part in Region：在视图窗口中的几何模型内部（通过输入相应的 *x*、*y*、*z* 坐标来选择相应的区域）创建新 Part。
- Create Part with Block：通过 Block 来创建相应的 Part。

③ 激活 Entities 选项右侧的按钮所对应的面板，然后在右边的视图窗口中选择模型表面。

④ 单击 Apply 按钮完成新 Part 的创建。

⑤ 通过重复以上步骤来完成实体其他平面的 Part 的创建。

在完成 Part 的设置之后，用户可以单击 Part 的名称前面的选项框，显示或者关闭视图窗口中的相应的 Part。右键单击 Part 的名称，用户可以方便地同时关闭（或开启）所有的 Part，编辑、删除 Part，或者改变 Part 颜色等。

（2）指定各名称边界的边界条件。

在设定求解器之后，用户应继续为实体指定相应的边界条件，方便后续仿真求解过程中的边界输入。

单击按钮，弹出如图 2-238 所示的对话框，询问用户将设置什么类型求解器的边界条件。这里以 FLUENT 为例进行说明。在图 2-238 中选取 FLUENT_V6（或 ANSYS FLUENT），单击 Okay 按钮即可弹出如图 2-239 所示的边界条件设置对话框。

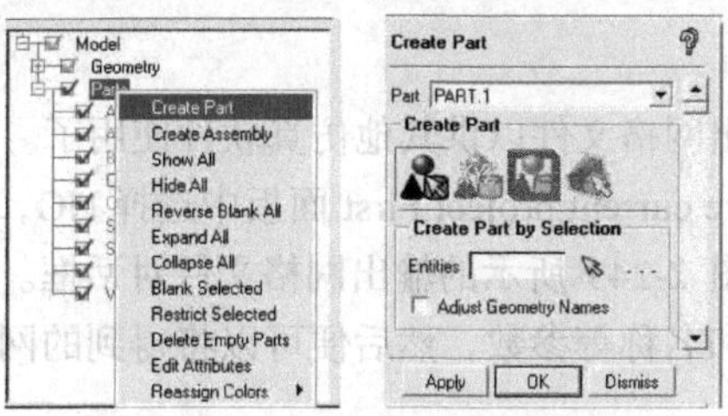

图 2-237　Greate Part 设置面板

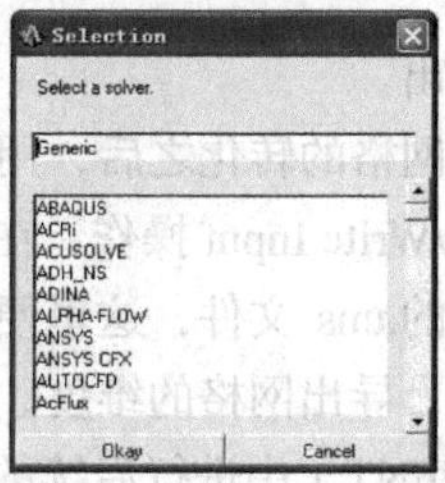

图 2-238　选择求解器

在这个对话框中可以对边界条件进行设置，具体操作步骤如下。

① 选择 Mixed/unknown 下的边界名，并选择子目录下的 Create New 选项，即可弹出如图 2-240 所示的对话框。

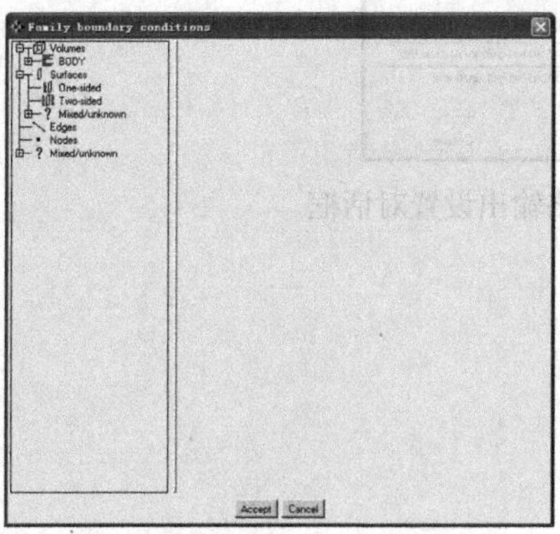

图 2-239　边界条件设置对话框

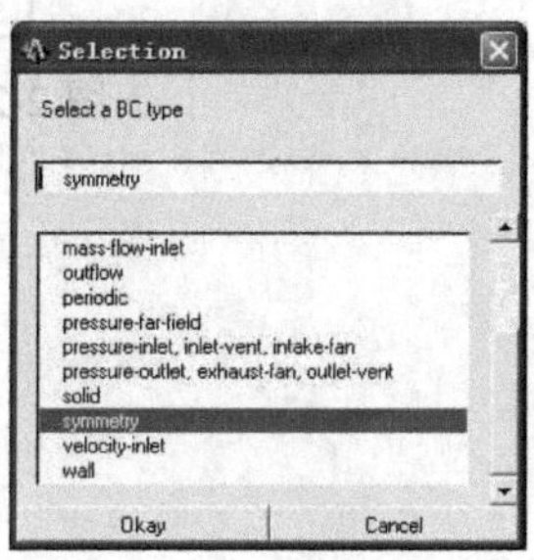

图 2-240　设置边界条件

② 在列表中选取相关的边界条件类型，单击 Okay 按钮即可完成边界条件的设置。

③ 依次对所有的 Part 重复以上操作，即可完成对所建模型的边界条件的设置。

3. 输出网格

（1）生成永久网格。

用户在将划分好的网格输出之前还应将其转化为永久性网格，即生成.uns 网格文件。当这一步操作完成之后，Blocking 分块的改变将不再影响网格，此后用户可以通过 Edit Mesh 标签栏中的工具来编辑得到网格。用户可通过两种方法完成这一操作，不过应根据求解器所需的网格质量来决定具体转化为哪一类网格。

- 转化为非结构化网格（进行 Pre-Mesh/Convert to Unstruct Mesh 操作），如图 2-241 所示。
- 结构化网格（进行 File/Blocking/Save Multiblock Mesh 操作），如图 2-242 所示。

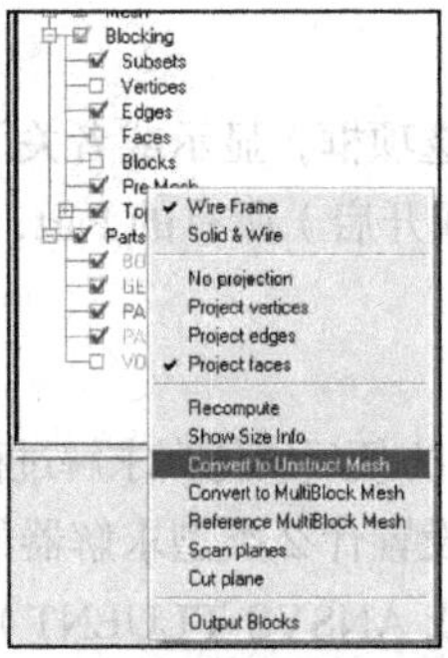

图 2-241　转换为非结构化网格

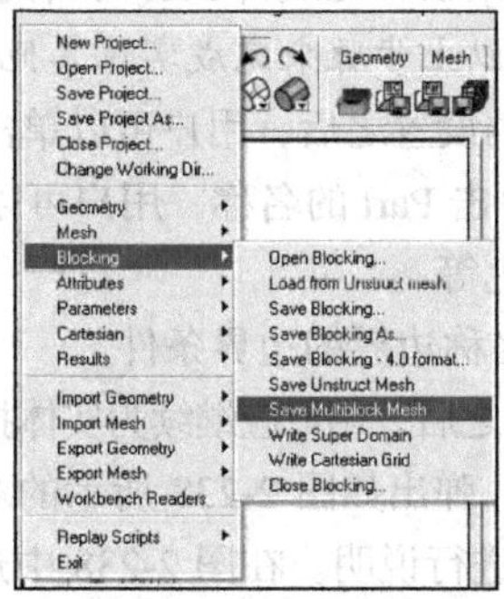

图 2-242　转换为结构化网格

（2）网格输出。

完成永久性网格的转化之后，用户即可导出网格文件以供其他仿真软件使用了。

进行 Output/Write Input 操作，在弹出的 save current project First 面板中选择 NO，并在之后的控制面板中选择相应的.uns 文件，这里便会弹出如图 2-243 所示的输出网格文件对话框。在这里设置网格文件的指定路径，导出网格的维度、缩放比例和名称等参数，然后便可以将得到的网格文件在后续模拟软件（如 FLUENT）中进行后续的计算。

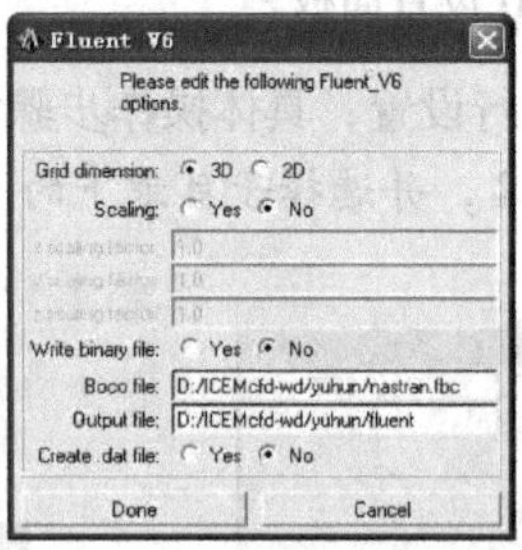

图 2-243　网格输出设置对话框

第3章

FLUENT 基础与操作

3.1 FLUENT 求解，启动 FLUENT 与 FLUENT 并行计算

双击 FLUENT 快捷方式图标后，FLUENT 软件将被启动，弹出 FLUENT 的启动对话框，如图 3-1 所示。

在 Dimension（维度）选项组中，对于三维模拟，选择 3D 求解器，对于二维模拟，选择 2D 求解器。

在 Display Options（显示选项）选项组中，对图形窗口做出设置。

- 勾选 Display Mesh After Reading（读入后显示网格）复选框后，可以让 FLUENT 读入网格后自动显示网格。其中，所有的边界条件都会显示，而内部计算域不会显示。

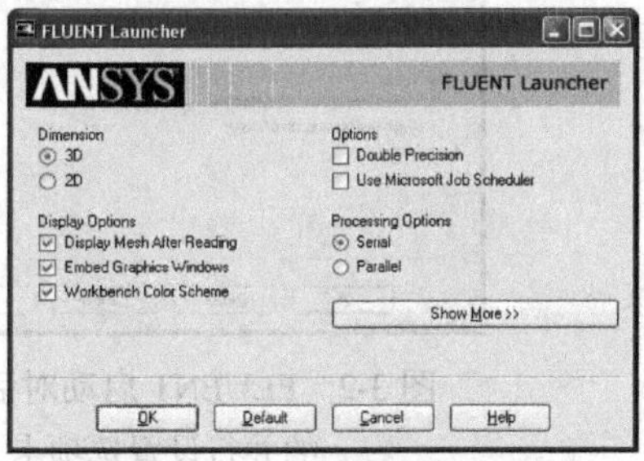

图 3-1 FLUENT 启动对话框

- 勾选 Embed Graphics Windows（嵌入图形窗口）复选框后，图形窗口会被植入 FLUENT 中，而不是浮动的活动窗口。
- 勾选 Workbench Color Scheme（彩色设计工作台）复选框后，FLUENT 将使用默认的背景颜色（如蓝色），而不是经典的黑色背景。

在 Options（选项）选项组中，可以勾选 Double Precision（双精度）复选框，让 FLUENT 运行双精度求解器（默认情况下，FLUENT 将启动单精度求解器）。对于大多数情况而言，单精度求解器已能很好地满足精度要求，且计算量小，然而对于以下一些特定的问题，使用双精度求解器可能更有利。

- 几何特征包含某些极端的尺度（如非常长且窄的管道），单精度求解器可能不能足够精确地表达各尺度方向的节点信息。

- 如果几何模型包含多个通过小直径管道相互连接的体，而某一个区域的压力特别大（因为用户只能设定一个总体的参考压力位置），此时，双精度求解器可能更能体现压差带来的流动。
- 对于某些高导热系数比或高宽纵比的网格，使用单精度求解器可能会遇到收敛性不佳或精确度不足的问题，此时，使用双精度求解器可能会有所帮助。

在 Options（选项）选项组中，可以勾选 Use Microsoft Job Scheduler（使用微软工作调度程序）复选框来进行作业调度。

在 Processing Options（处理选项）选项组中，选中 Serial（串行处理）选项可以进行单核 CPU 求解，选中 Parallel（并行）选项可以进行并行计算。一旦选中 Parallel（并行）选项，用户需在 Number of Processes（处理器数目）数值框中设定处理器的数目。选中 Parallel（并行）选项将激活 Parallel Settings（并行设置）选项卡，如图 3-2 所示。如果图中不显示该选项卡，单击 Show More >> 按钮即可。

在 Interconnects（互联）下拉列表框中定义互联特性，对绝大多数情况，推荐采用默认的设置。

在 Run Types（运行类型）选项组中选中 Shared Memory on Local Machine（本地机器共享内存）选项，并行计算时将使用本地机器的共享内存。选中 Distributed Memory on a Cluster（集群分布式内存）选项时，将在各自机器上进行分布式计算。

在 General Options（一般选项）选项卡中进行运行 FLUENT 时的一般性设置，如图 3-3 所示。

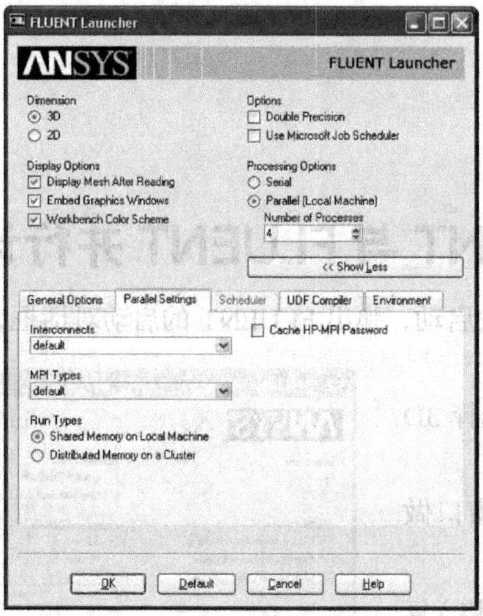

图 3-2　FLUENT 启动对话框中的并行设置选项卡

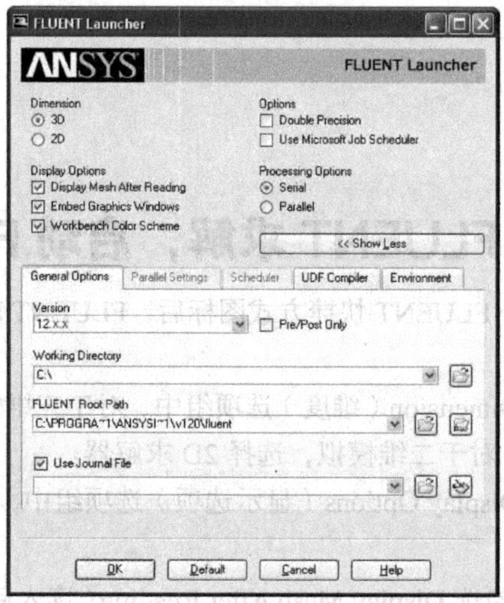

图 3-3　FLUENT 启动对话框中的 General Options 选项卡

在 Version（版本）下拉列表中选择合适的 FLUENT 版本，此下拉列表中包含 FLUENT 所有可用的安装版本。

勾选 Pre/Post Only（只前/后处理）复选框后，启动的 FLUENT 将只能对算例进行设置与后处理，而不能进行计算。

在 Working Directory（工作目录）组合框中设置工作文件夹的路径，或通过单击按钮来选择文件夹。

在 FLUENT Root Path（FLUENT 安装路径）组合框中设置 FLUENT 安装的路径，或通过按钮来选择文件夹。

勾选 Use Journal File（使用日志文件）复选框后即可指定日志文件的路径与名称，也可以通过单击按钮来选择目录和文件。通过使用日志文件，可以自动加载算例，对相关参数自动设置，迭代直到收敛，并输出结果文件。

在 Scheduler（调度程序）选项卡中可以使 FLUENT 运行多种作业调度程序如 Windows 系统的微软作业调度程序或 Linux/UNIX 系统的 LSF 与 SGE 程序。在 Windows 系统中勾选 Options 选项组中的 Use Microsoft Job Scheduler 复选框或在 Linux/UNIX 系统中勾选 Use Job Scheduler 复选框，将激活此选项卡，如图 3-4 所示。

在 Computer Cluster Head Node Name 组合框内输入机器的名字。如果 FLUENT 已经在一个节点上运行，此项可空白。

如果想让 FLUENT 在相关资源已经通过调度程序分配后再启动，可以勾选 Start When Resources are Available（在资源可利用后启动）复选框。

在 Windows 系统下，UDF Compiler 选项卡用于进行用户自定义的函数（User-Defined Functions，UDFs）的相关编译设置，如图 3-5 所示。

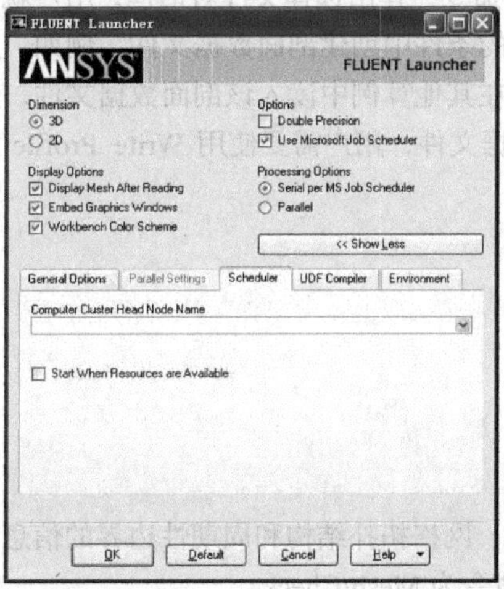

图 3-4　FLUENT 启动对话框中的调度程序选项卡

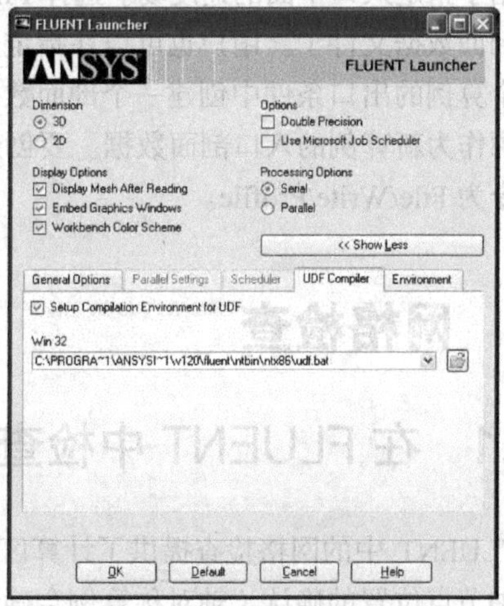

图 3-5　FLUENT 启动对话框中的 UDF 编译选项卡

默认情况下将勾选 Setup Compilation Environment for UDF 复选框，并指定 FLUENT 安装文件夹内的批处理文件。这是推荐的设置，而且已经通过较新版本的 Visual Studio C++编译器的检验。

注：对于 6.3 及以上版本的 FLUENT，要设置工作目录，可以右键单击 FLUENT 图标，在弹出的快捷菜单中选择“属性”命令，然后在起始位置一栏中将起始位置设置为用户想要的文件夹目录。

3.2　FLUENT 脚本文件自动运行

通过运行脚本文件，FLUENT 可以自动执行脚本文件的命令，从而完成参数和模型设定操作。该功能非常适用于一系列有类似参数和边界条件设置的模型，通过手动设定一个工况的参数，并录制此参数设置过程的脚本文件，其他的一系列工况通过直接运行脚本文件即可完成设置。这一系列工况中如果有个别参数设置不同，只需手动修改个别参数即可，极大地减轻了工作量。

要开始脚本文件录制进程，可选择 File/Write/Start Journal 命令。在文件选择对话框中输入文件名之后，日志记录就开始了，并且 Start Journal 命令会变成 Stop Journal 命令。退出程序或者选择 Stop Journal 命令就可以结束日志文件的记录。用户可以在选择 File/Read/Journal 命令之后，在选择文件对话框中读入脚本文件。

3.3 FLUENT 文件类型

FLUENT 中常用的文件类型为 msh、cas、dat 和 profile。

msh 文件可以在 GAMBIT 或 ICEM CFD 等其他网格划分软件建好网格和设置好边界条件之后通过 export 功能进行输出，该文件可以被 FLUENT 求解器读取。

case 文件包括网格、边界条件、解的参数、用户界面和图形环境等信息。

data 文件包含每个网格单元的计算结果值以及收敛的历史纪录（残差值）。FLUENT 自动保存的文件类型，默认为 date 和 case 文件。

profile 文件为边界条件变量的剖面数据，能用于指定求解域的边界区域的流动条件。例如，它们可以用于指定入口平面的速度场。选择 File/Read/Profile 命令，弹出选择文件对话框，用户就可以读入边界剖面数据文件了。用户也可以在指定边界或者表面的条件中创建剖面数据文件。例如，用户可以在一个算例的出口条件中创建一个剖面数据文件，然后在其他算例中读入该剖面数据文件，并使用出口轮廓作为新算例的入口剖面数据。要创建一个剖面数据文件，用户需要使用 Write Profile 面板，菜单命令为 File/Write/Profilc。

3.4 网格检查

3.4.1 在 FLUENT 中检查网格

FLUENT 中的网格检查提供了计算区域、体积统计、网格拓扑结构和周期性边界的信息，以及关于 x 轴节点位置的确认（轴对称算例会确认此信息）。命令为 Mesh/Check。

注　意：推荐用户将网格文件读入 FLUENT 解算器后，立即使用该命令检查网格的正确性，以在设定工况之前检查任何可能出现的网格错误。如果网格有问题，那么设置后的工况也会求解出错。

通过 General 任务页的 Check 按钮可以检查网格。为了避免 FLUENT 求解设置与迭代计算出错，在读入网格文件后立即检查网格质量是一个需要养成的习惯。

网格检查命令为 Mesh/Check。

对于某一个算例，对网格进行检查后，控制台输出的内容如下。

```
Mesh Check
Domain Extents:
x-coordinate: min (m) = -4.000000e-002, max (m) = 2.550000e-001
y-coordinate: min (m) = 0.000000e+000, max (m) = 2.500000e-002
Volume statistics:
minimum volume (m3): 2.463287e-009
maximum volume (m3): 4.508038e-007
total volume (m3): 4.190433e-004
minimum 2d volume (m3): 3.000589e-007
maximum 2d volume (m3): 3.019523e-006
Face area statistics:
minimum face area (m2): 4.199967e-004
maximum face area (m2): 2.434403e-003
```

```
Checking number of nodes per cell.
Checking number of faces per cell.
Checking thread pointers.
Checking number of cells per face.
Checking face cells.
Checking cell connectivity.
Checking bridge faces.
Checking right-handed cells.
Checking face handedness.
Checking face node order.
Checking for nodes that lie below the x-axis.
Checking element type consistency.
Checking boundary types:
Checking face pairs.
Checking periodic boundaries.
Checking node count.
Checking nosolve cell count.
Checking nosolve face count.
Checking face children.
Checking cell children.
Checking storage.
Done.
```

输出信息中 Domain Extents（计算域范围）显示了计算域 *x*、*y* 和 *z* 坐标的最大值及最小值，单位是 m。Volume statistics（体积统计）包括单元体积的最大值、最小值以及总体积，单位是 m^3。体积为负值表示有一个或多个单元存在不正确的连接，即网格有负体积。用户通常可以用 Adapt/Iso-Value Adaption（等值自适应）命令确定负体积单元，并在图形窗口中确认其位置，以便于进一步使用网格处理软件修改网格。在进行 FLUENT 工况和参数设置之前这些负体积必须消除，大多数情况都需要重新划分网格来避免负体积的出现。

对于 2D 轴对称算例，x 轴下方的节点数将被列出。对于 2D 轴对称算例而言，x 轴下方是不允许有节点的，这是因为 2D 轴对称单元的体积是通过旋转二维单元体积得到的，如果 x 轴下方有节点，就会出现负体积。因此，对于 2D 轴对称问题用户需注意，FLUENT 要求计算域应以 x 轴为对称轴，并且 y 轴负方向不允许有节点，即所有的计算域都应布置在 x 轴正方向。

对于具有旋转周期性边界的计算域，FLUENT 会计算周期角的最大值、最小值、平均值以及规定值。通常用户容易犯的错误是没有正确指定角度。对于平移性周期边界，FLUENT 会检测边界信息以保证边界确实是周期性的。

3.4.2　报告网格统计量

1. 网格数

通过 Mesh/Info/Size 命令可以获得网格节点数、表面数、单元数以及网格分区数等信息。网格的分区是并行处理所需要的功能。

下面是一个简单工况的输出例子。

```
Mesh Size
Level Cells Faces Nodes Partitions
0     7917 12247 4468   1
2 cell zones, 11 face zones.
```

即有 7 917 个单元数，12 247 个面，4 468 个节点和 1 个分区。

2. 内存使用量

通过使用 Mesh/Info/Memory Usage 命令可以查看网格的内存使用量。

3. 网格区域信息

通过 Mesh/Info/Zones 命令，用户可以在控制台窗口中输出每一区域的节点、表面和单元的信息。网格区域信息包括节点总数，以及对于每一个表面和单元区域来说的表面与单元数、单元的类型、边界条件类型、区域标志等。

某一个算例的网格区域信息如下。

```
Zone sizes on domain 1:
21280 hexahedral cells, zone 4.
532 quadrilateral velocity-inlet faces, zone 1.
532 quadrilateral pressure-outlet faces, zone 2.
1040 quadrilateral symmetry faces, zone 3.
1040 quadrilateral symmetry faces, zone 7.
61708 quadrilateral interior faces, zone 5.
1120 quadrilateral wall faces, zone 6.
23493 nodes.
```

4. 分区信息

通过 Mesh/Info/Partitions 命令可以查看并行计算时的分区信息。统计包括单元数、表面数、界面数和与每一划分相邻的划分数。

3.5 计算域尺寸设置

3.5.1 FLUENT 的计算单位系统

在 FLUENT 中可以使用多种尺寸系统，如国际单位制或英制。用户可在 General 任务页中单击 Units 按钮调出 Set Units 对话框，然后对单位进行设置，如图 3-6 所示。一般而言，保持默认的国际单位制 si 即可。也可以使用其他单位系统，如英制单位（british）。

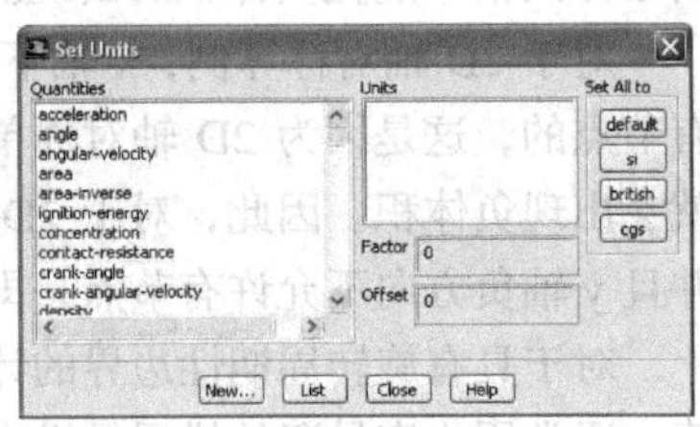

图 3-6 Set Units 对话框

3.5.2 在 FLUENT 中设置计算域尺寸

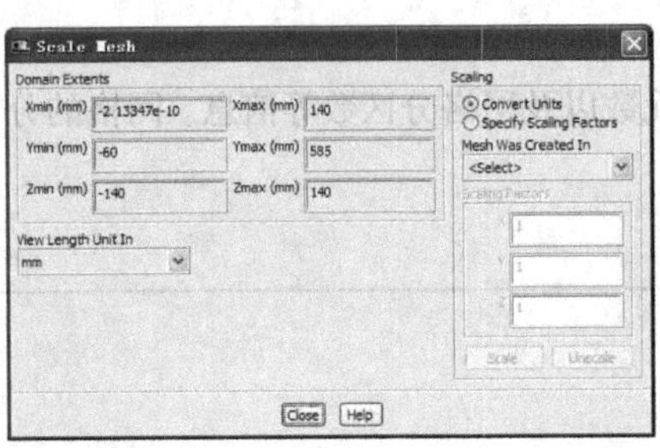

图 3-7 设置计算域的大小

单击 General 任务页中的 Scale 按钮，可以弹出 Scale Mesh 对话框，在该对话框中可以查看并设置网格的尺寸，如图 3-7 所示。FLUENT 默认的模型的长度单位为 m，如果创建计算域时长度单位并不是 m，可以通过 Mesh Was Created In 下拉列表选择相应的创建计算域时的长度尺度（如 mm），然后单击 Scale 按钮，此时 FLUENT 将根据相应的 Scaling Factors（缩放比率）对计算域进行放大或缩小的操作。进行此操作后，Domain Extents（计算域范围）选项组中显示的计算域的长度会发生变化。用户可以通过 View Length Unit In 下拉列表选择计算域显示时的单位。计算域单位的设定和尺寸范围的确认是实际计算中必须重视的设置环节。

> 注　意：Scale Mesh 对话框中的操作与 Set Units 对话框中的操作有区别。Scale Mesh 对话框中的设置是对几何模型进行比例缩放，而 Set Units 对话框中的设置只改变单位，不改变几何外形的尺寸。例如，一个几何外形尺寸为 1m^3 的计算域，通过 Scale Mesh 对话框将单位 m 设置为 mm，几何外形尺寸就变成了 1mm^3。如果使用 Set Units 对话框将 m 设置为 mm，那么几何外形尺寸不变，还是 1 000 000 000mm^3，只是单位变成了 mm。

3.6　定义湍流模型

3.6.1　流体与流动的分类

要理解湍流运动，首先需要对流体与流动的分类有所了解，本节首先介绍这些基础知识。

1. 流体的黏性

黏性（Viscosity）是流体内部发生相对运动而引起的内部的相互作用。流体在静止时虽不能承受切应力，但在运动时，对相邻两层流体间的相对运动（即相对滑动速度）是有抵抗的，这种抵抗力称黏性应力。流体所具有的这种抵抗两层流体间相对滑动速度的性质（或普遍说来，即抵抗变形的性质）称为黏性。虽然流体在流动时才表现出黏性，而在静止时不呈现黏性，但是黏性是流体的固有属性之一，它的大小依赖于流体的性质，并随温度和压力等变化。

2. 理想流体（Ideal Fluid）和黏性流体（Viscous Fluid）

理想流体是一种设想的没有黏性的流体，在流动时各层之间没有相互作用的切应力，即没有内摩擦力。十分明显，理想流体对于切向变形没有任何抗拒能力。这样根据黏性的不同，我们可以将流体分为理想流体和黏性流体两大类。应该强调指出，真正的理想流体在客观实际中是不存在的，它只是实际流体在某些条件下的一种近似模型。

3. 层流（Laminar Flow）和湍流（Turbulent Flow）

实验表明，黏性流体运动有两种形态，即层流和湍流。这两种形态的性质截然不同。层流的流体运动规则，各部分分层流动互不掺混，质点的轨迹线是光滑的，而且流动稳定。湍流的特征则完全相反，流体运动极不规则，各部分激烈掺混，质点的轨线杂乱无章，而且流场极不稳定。这两种截然不同的运动形态在一定条件下可以相互转化。

从湍流定义上讲，湍流是非定常的、不规则的（非周期性的）运动，其输运量（如质量分数、动量、组分标量）都在时间与空间尺度上脉动。湍流中涡旋的运动以涡的形式表现。湍流运动中包含大量不同尺度的涡。流动中大涡的尺寸与速度和平均流动是一个数量级。大涡的能量来自宏观流动，能量由大涡转移到小涡，在最小尺度的涡中，湍流能量逐渐转换为内能，以涡耗散的形式被消耗。

湍流表现为速度场等参数的脉动。这些脉动使动量、能量和物质进行混合，因此导致了输运量的脉动。这些脉动是高频且小尺度的，因此直接求解的计算量相当大。通过进行时间平均或总体平均的处理能去除小尺度脉动的影响，获得求解计算量可被接受的方程组。但是，这些方程组并不封闭，而且包含未知的变量。正因为如此，湍流模型就是要通过假设模型来获得这些变量，使方程组封闭。

湍流运动提高了流动的混合。湍流运动虽表现为无序的随机运动，但其统计平均值却是有规律的，可以用方程描述，这使得湍流模拟成为了可能。

4. 牛顿流体（Newtonian Fluid）和非牛顿流体（Non-Newtonian Fluid）

如果流体切应力与剪切变形速率符合线性关系，则称其为牛顿流体。而切应力与变形速率不成线性关系的称为非牛顿流体。通常油脂、油漆、牛奶、牙膏、血液和泥浆等均为非牛顿流体。非牛顿流体的研究在石油和化工以及很多轻工业中有着广泛的应用。

5. 可压缩流体（Compressible Fluid）和不可压缩流体（Incompressible Fluid）

在流体的运动过程中，由于压力和温度等因素的改变，流体质点的体积（或密度，因质点的质量一定）或多或少有所改变。流体质点的体积或密度在受到一定压力差或温度差的影响下可以改变的这个性质称为压缩性。真实流体都是可以压缩的。它的压缩程度依赖于流体的性质及外界的条件。因此在一般情况下液体可以近似地看成不可压缩。但是对于某些特殊的问题，如水中爆炸或水击等问题，则必须把液体看作是可压缩的。气体的可压缩性比液体大得多，因此在一般情形下应该将其当作可压缩流体处理。但是如果压力差较小，运动速度较小，并且没有很大的温度差，则实际上气体所产生的体积变化也不大，此时，也可以近似地将气体视为是不可压缩的。

可压缩流体的连续方程中含密度，因而可把密度视为连续方程中的独立变量进行求解，再根据气体的状态方程求出压力。不可压流体的压力场是通过连续方程间接规定的。由于没有直接求解压力的方程，不可压流体流动方程的求解具有其特殊的困难。

6. 亚音速流动（Subsonic）与超音速流动（Supersonic）

当气流速度很大或者流场压力变化很大时，流体就会受到压速性的影响。马赫数的定义为当地速度与当地音速之比。当马赫数小于 1 时，流动为亚音速流动；当马赫数远远小于 1 时，流体的可压速性及压力脉动对密度变化的影响都可以忽略。当马赫数接近 1 时候（跨音速），可压速性的影响就显得十分重要了。如果马赫数大于 1，流体就变为了超音速流动。FLUENT 对于亚音速、跨音速以及超音速等可压流动都有模拟能力。

7. 定常流动（Steady Flow）和非定常流动（Unsteady Flow）

以时间为标准，根据流体流动的物理量（如速度、压力和温度等）是否随时间变化，将流动分为定常与非定常两大类。当流动的物理量不随时间变化时，称其为定常流动；反之称为非定常流动。定常流动也称为恒定流动或者稳态流动；非定常流动也称为非恒定流动或非稳态流动。许多流体机械在起动或关机时的流体流动一般是非定常流动，而正常运转时可看作是定常流动。

3.6.2 判断湍流的标准

- 对于外流而言，流动为湍流的判断标准一般为：
  - ➢ 外掠平板 $Re_x > 500\,000$。
  - ➢ 外掠障碍物 $Re_d > 20\,000$。
- 对于内流而言，$Re_d > 2\,300$；其中，$Re_L = \dfrac{\rho UL}{\mu}$，$L = x$、$d$、$d_h$ 等。
- 对于自然对流而言，$\dfrac{Ra}{Pr} \cdots 10^9$，$Ra = \dfrac{\beta g L^3 \Delta T}{\nu\alpha}$ 为瑞利数，$Pr = \dfrac{\nu}{\alpha}$ 为普朗特数。

3.6.3　湍流模型的评价与选择

1. 需要引入湍流模型的原因与湍流模拟方法分类

Navier-Stokes 方程为描述流体运行的控制方程。运用三维非稳态 Navier-Stokes 方程对流动进行直接数值计算时，必须采用很小的时间与空间步长才能分辨出湍流中详细的空间结构及变化剧烈的时间特征，而这对内存空间和 CPU 运行速度的要求非常高，除少数拥有超级计算机的研究者以外，Navier-Stokes 方程的直接数值计算还无法运用于工程计算。因此，需要引入某种处理方法，对 Navier-Stokes 方程进行简化，使之可以适用于工程计算，这就是接下来即将介绍的大涡模拟方法和雷诺平均模拟方法。

- 大涡模拟法。湍流的脉动与混合主要由大尺度的涡运动造成。大尺度的涡从主流中获取能量，通过相互作用，大尺度的涡破碎为小尺度的涡，在此过程中能量从大尺度的涡传递到小尺度的涡，小尺度涡的主要作用是耗散能量。分析不同尺度涡的特点，发现大尺度的涡是各向异性的，且随流动的情形而异；而小尺度的涡几乎是各向同性的，且不同流动情形中小尺度涡有许多共性。根据对流动涡运动的认识，就产生了大涡模拟法。大涡模拟法的本质为用非稳态的 Navier-Stokes 方程来直接模拟大尺度涡运动，而通过模型来模拟小尺度涡运动，即大涡直接求解，小涡用模型。小涡对大涡的影响通过近似的模型来考虑，这称为亚格子雷诺应力（Subgrid Reynolds）。最早的亚格子模型为 Smagorinsky 模型，以后很多人对此进行了改进。大涡模拟对内存和 CPU 运行速度的要求虽然仍然很高，但远低于直接模拟方法对计算机资源的要求，在工作站和 PC 上都可以进行大涡模拟。
- 雷诺平均模拟法。上述介绍的大涡模拟法对大尺度的涡仍然进行了直接求解，计算量仍然较大，而应用雷诺平均法，将 Navier-Stokes 方程对时间进行平均，引入模型进行求解，计算量更小，更适合应用于工程数值计算。雷诺平均模拟法需要引入模型的原因为，将 Navier-Stokes 方程对时间进行平均后，得出的关于时均物理量的控制方程中包含了未知量，因此得到的方程的个数小于未知量的个数，无法直接求解。要使方程组封闭，使方程组可解，必须使方程组中方程的个数等于未知数的个数，这就要通过假设，创建模型来实现。这种模型把未知的更高阶的时间平均值表示成较低阶的计算中可确定量的函数。

2. FLUENT 提供的湍流模型

FLUENT 提供了以下湍流模型。

（1）Spalart-Allmaras 模型。

（2）k-ε 模型。

- 标准 k-ε 模型。
- 重整化 RNG k-ε 模型。
- 可实现 k-ε 模型。

（3）k-ω 模型。

- 标准 k-ω 模型。
- 剪切应力 SST k-ω 模型。

（4）v2-f 模型。

（5）转捩 k-kl-ω 模型。

（6）转捩 k-ω 模型。

（7）雷诺应力 RSM 模拟。

- 线性压力应力 RSM 模型。
- 二次压力应力 RSM 模型。
- 低雷诺数应力 ω RSM 模型。

（8）分离涡模型，其包含以下 RANS 子模型。

- Spalart-Allmaras 模型。
- 可实现 k-ε 模型。
- 剪切应力 SSTk-ω 模型。

大涡模型，其包含以下亚格子模型。

- Smagorinsky-Lilly 亚格子模型。
- WALE 亚格子模型。
- 动力 Smagorinsky 模型。
- 湍动能输运亚格子模型。

下面对其中主要的一些湍流模型进行介绍。

（1）Spalart-Allmaras 模型。

为了解决动力漩涡黏性，Spalart-Allmaras 模型求解相对简单的方程，其是只求解一个修正涡黏性输运方程的计算量较少的 RANS 模型。在修正形式下，近壁区的涡黏性更容易被求解。它包含了一组新的方程，在这些方程里不必去计算和剪切应力层厚度相关的长度。Spalart-Allmaras 模型主要在空气动力学和流体机械等含有中度分离现象的应用场合被使用，如接近音速或超音速的机翼绕流以及边界层流动等。Spalart-Allmaras 模型被特别设计用于模拟包含壁面射流的空气动力学问题，在含逆压梯度的边界层流动中模拟结果较好，在流体机械等透平机应用中也很广泛。

Spalart-Allmaras 模型对于预测低雷诺数模型是十分有效的，该流动过程中，边界层中黏性影响的区域能被很好地处理。在 FLUENT 中，Spalart-Allmaras 模型能适用于网格质量较差的工况，这在湍流并不需要精确计算时将是较好的选择。还有，该模型中近壁的变量梯度比在 k-ε 模型和 k-ω 模型中的要小很多，这使得该模型对于数值的误差变得不敏感。

需要注意的是，Spalart-Allmaras 模型是一种新出现的模型，目前不能断定它适用于所有复杂的工程流动模拟。例如，不能依靠其预测均匀衰退、各向同性湍流。还需要注意的是，单方程的模型经常因为对计算域长度的不敏感而受到批评。

（2）标准 k-ε 模型。

标准 k-ε 模型自从被 Launder and Spalding 提出之后，迅速成为工程流场计算中主要的湍流模型。标准 k-ε 湍流模型是在工业应用中被普遍使用的湍流模型，其计算收敛性和精确性都非常符合工程计算的要求。ANSYS FLUENT 包含考虑压缩效应、浮力、燃烧的 k-ε 湍流模型子模型。但其也有某些限制，如 ε 方程包含不能在壁面计算的项，因此必须使用壁面函数，另外，标准 k-ε 湍流模型预测强分离流、包含大曲率的流动和强压力梯度流动的结果较弱。目前人们已知晓 k-ε 模型适用的范围，因此对它进行了改进，已经出现了 RNG k-ε 模型和带旋流修正 k-ε 模型。

（3）RNG k-ε 模型。

RNG k-ε 模型来源于严格的统计技术。它和标准 k-ε 模型很相似，但是 RNG k-ε 模型在 ε 方程中加了一个条件，从而有效地提高了精度。RNG k-ε 模型考虑了湍流漩涡，提高了在这方面的精度。RNG 理论为湍流 Prandtl 数提供了一个解析公式，而标准 k-ε 模型使用的是用户提供的经验常数。而且标准 k-ε 模型是一种高雷诺数的模型，RNG 理论提供了一个考虑低雷诺数流动黏性的解析公式。这些公式的效用依靠能否正确处理近壁区域。这些特点使得 RNG k-ε 模型比标准 k-ε 模型在更广泛的流动中有更高的可信度和精度。

在重整规化群（RNG）k-ε 湍流模型中，其 k-ε 方程中的常数由重整规化群理论得到，并包含低 Re 流动效应和旋流修正的子模型。重整规化群（RNG）k-ε 湍流模型在复杂剪切流动、含高剪切率的流动、旋流和分离流场合中的预测比标准 k-ε 湍流模型要好。

（4）可实现 k-ε 模型。

可实现 k-ε 模型是近期才出现的，比起标准 k-ε 模型，可实现 k-ε 模型为湍流黏性增加了一个公式，可实现 k-ε 模型还为耗散率增加了新的传输方程，这个方程来源于一个为层流速度脉动而作的精确方程。"可实现"一词意味着模型中与雷诺应力有关的量满足某些数学限制，与实际流动的物理情况相符，如 $u_i'u_j'>0$，雷诺剪切应力项的施瓦兹不等式 $\left(\overline{u_i'u_j'}\right)^2\leqslant u_i^2u_j^2$。标准 k-ε 湍流模型和重整规化群（RNG）k-ε 湍流模型并不是可实现的。可实现（Realizable）k-ε 湍流模型的优势在于其能较精确地预测平面和圆形射流扩散作用。而且它对于旋转流动、强逆压梯度的边界层流动、流动分离和二次流也有很好的表现。

可实现 k-ε 模型和 RNG k-ε 模型在强流线弯曲、漩涡和旋转方面比标准 k-ε 模型有更好的表现。由于可实现 k-ε 模型是新出现的模型，因此现在还没有确凿的证据表明它比 RNG k-ε 模型有更好的表现。但是一些研究表明可实现 k-ε 模型在预测流动分离和复杂二次流方面有很好的作用。

可实现 k-ε 模型的一个不足是，在计算旋转和静态流动区域时不能提供自然的湍流粘度。这是因为可实现 k-ε 模型在定义湍流粘度时考虑了平均旋度的影响。这种额外的旋转影响已经在单一旋转参考系中得到证实，而且表现要好于标准 k-ε 模型。由于这些修改，在把它应用于多重参考系统中时需要注意。

（5）标准 k-ω 模型。

标准 k-ω 模型是基于 Wilcox k-ω 模型，为考虑低雷诺数、可压缩性和剪切流传播而修改的。Wilcox k-ω 模型能预测自由剪切流传播速率，如尾流、混合流动、平板绕流、圆柱绕流和放射状喷射，因而可以将其应用于墙壁束缚流动和自由剪切流动。标准 k-ε 模型的一个变形是 SST k-ω 模型，它也被封装在 FLUENT 中。

（6）剪切压力传输（SST）k-ω 模型。

SST k-ω 模型由 Menter 发展而来，以便其在广泛的领域中优于 k-ε 模型，并且在近壁自由流中 k-ω 模型有广泛的应用范围和精度。为了达到此目的，k-ε 模型被修改成了 k-ω 模型。SST k-ω 模型和标准 k-ω 模型相似，但 SST k-ω 模型比标准 k-ω 模型在广泛的流动领域中有更高的精度和可信度。k-ω 模型在预测近壁区绕流和旋流方面有优势。

（7）雷诺压力模型（RSM）。

在 FLUENT 中，RSM 是被精细开发的模型。RSM 使得雷诺平均 Navier-Stokes 方程封闭，解决了关于方程中的雷诺压力，还有耗散速率的不封闭问题。这意味在二维流动中加入了 4 个方程，而在三维流动中加入了 7 个方程，以能封闭方程组。

由于 RSM 比单方程和双方程模型更加严格地考虑了流线型弯曲、旋涡、旋转和张力快速变化，因此它对于复杂流动有更高的预测潜力。但是这种预测仅仅限于与雷诺压力有关的方程。压力张力和耗散速率被认为是使 RSM 模型预测精度降低的主要因素。

因为 FLUENT 模型对 RSM 模型进行了优化，在 FLUENT 中应用时，RSM 模型并不总是因为比简单模型好而花费更多的计算机资源。而且，在考虑雷诺压力的各向异性时，必须用 RSM 模型。RSM 典型的应用包括飓风流动、燃烧室高速旋转流、管道中二次流等。尤其是强旋流运动，使用 k-ε 模型或 k-ω 模型都不能正确预测流过程，此时只有 RSM 模型才能获得强旋流流动的精确结果。

（8）大涡模型（LES）。

湍流流场中起主导作用的是大尺度的涡，小尺度的涡主要引起湍流动量的扩散。理论上可以通过数值直接模拟（DNS）湍流模型，但是在实际工程中并不可行，它的计算代价太大。传统的流场计算方法是用雷诺平均处理的 Navier-Stokes 方程，即 RANS 法。理论上，LES 模拟的计算量和精确度处于 DNS 与 RANS 之间。简单地讲，LES 模型是大尺度涡直接求解，而小尺度涡模拟求解，使用 LES 模型的原则如下。

- 动量、质量、能量主要由大尺度涡传输。
- 大涡在流动中起主导作用，它们主要由流动的几何体和边界条件来确定。
- 小涡不起主导作用（尺度上），但其解决方法更具有通用性。
- 当仅有小涡时，更容易创建通用的模型。

在实际工程中使用大涡模型时，其需要高质量的网格划分，这需要很大的计算代价。只有计算机硬件性能大幅提高或者采用并行运算时，LES 才可能用于实际工程计算。

3. 选择合适的湍流模型

虽然目前已经提出了多种湍流模型，但不幸的是还没有普遍适用于各种流动现象的湍流模型。湍流模型的选择取决于流动包含的物理问题、精确性要求、计算资源的限制、模拟求解时间的限制。表 3-1 和表 3-2 所示为各湍流模型的描述及应用场合，这些表为如何选择湍流模拟提供了重要的参考信息。

表 3-1　湍流模型描述

模　型	描　述
Spalart-Allmaras	单一输运方程模型，直接解出修正过的湍流黏性，用于有界壁面流动的航空领域（需要较好的近壁面网格），尤其是绕流过程；可以使用粗网格
Standard k-ε	基于两个输运方程的模型解出 k 和 ε。默认的 k-ε 模型，系数由经验公式给出；只对高 Re 的湍流有效；包含黏性热、浮力、压缩性选项
RNG k-ε	标准 k-ε 模型的变形，方程和系数来自解析解，在 ε 方程中改善了模拟高应变流动的能力；用来预测中等强度的旋流和低雷诺数流动
Realizable k-ε	标准 k-ε 模型的变形，用数学约束改善模型性能。能用于预测中等强度的旋流和绕流
Standard k-ω	两个输运方程求解 k 和 ω。对于有界壁面和低雷诺数流动性能较好，尤其是绕流问题；包含转捩。自由剪切和压缩性选项
SST k-ω	标准 k-ω 模型的变形；使用混合函数将标准 k-ε 模型与标准 k-ω 模型结合起来；包含了转捩和剪切流选项
Reynolds Stress	直接使用输运方程来解出雷诺应力，避免了其他模型的黏性假设；模拟强旋流相比于其他模型有明显优势

表 3-2　湍流模型选择及应用场合

模　型	用　法
Spalart-Allmaras	计算量小，对一定复杂的边界层问题有较好效果 计算结果没有被广泛测试，缺少子模型 典型的应用场合为航空领域的绕流模拟
Standard k-ε	应用多，计算量适中，有较多数据积累和比较高的精度 对于曲率较大和压力梯度较强等复杂流动模拟效果欠佳 一般工程计算都可使用该模型，其收敛性和计算精度能满足一般的工程计算要求，但模拟旋流和绕流有缺陷
RNG k-ε	能模拟射流撞击、分离流、二次流和旋流等中等复杂流动 受到涡旋黏性各向同性假设限制 除强旋流过程无法精确预测外，其他流动都可以使用该模型

续表

模　型	用　法
Realizable k-ε	和 RNG 基本一致，还可以更好地模拟圆形射流问题 受到涡旋黏性各向同性假设限制 除强旋流过程无法精确预测外，其他流动都可以使用该模型
Standard k-ω	对于壁面边界层、自由剪切流、低雷诺数流动性能较好。适合于存在逆压梯度情况时的边界层流动、分离和转换
SST k-ω	基本与标准 k-ω 模型相同。由于对壁面距离依赖性较强，因此不太适用于自由剪切流
Reynolds Stress	是最复杂的 RANS 模型。避免了各向同性的涡旋黏性假设。占用较多的 CPU 时间和内存。较难收敛。对于复杂 3D 流动较适用（例如，弯曲管道，旋转，旋流燃烧，旋风分离器），尤其是强旋流运动

（1）雷诺平均模型（RANS）与大涡模型（LES）的选择。

在复杂高雷诺数湍流流动中精确求解，直接求解 Navier-Stokes 方程的方法近期内不太可能实现。两种代替方法用于把 Navier-Stokes 方程不直接模拟，即不直接求解，而用模型封闭，即雷诺平均模拟（RANS）和大涡模拟（LES）。两种方法都引入了控制方程的附加条件，这些条件用于使模型封闭（封闭意味着有足够的方程来解所有的未知数）。雷诺平均模拟主要用于实际工程计算以及使用的模型，如 Spalart-Allmaras、k-ε 系列、k-ω 系列和 RSM。LES 提供了一种处理方式，依靠时间和空间上的过滤对大涡直接求解，而对小涡模型求解，以进行方程组封闭。必须强调的是，LES 应用于工业的流动模拟还处于起步阶段。一般而言，LES 的精确度比 RANS 高很多。RANS 只有在模型假设适用于模拟对象流动时，模拟结果才准确。

（2）计算 CPU 耗时的影响。

从计算的角度看，Spalart-Allmaras 模型在 FLUENT 中是最经济的湍流模型，因为这是单方程模型，只有一个湍流输运方程被求解。k-ε 模型相比于 Spalart-Allmaras 模型需要更多的计算资源，因为作为两方程模型，k-ε 模型多求解了一个方程。可实现 k-ε 模型的计算资源比标准 k-ε 模型稍多。而由于额外的脉动项处理和高度非线性，RNG k-ε 模型的计算资源需求比标准 k-ε 模型多 10%～15%。与 k-ε 模型类似，k-ω 模型也是两方程模型，其计算资源需求与 k-ε 模型类似。

相比于 k-ε 模型和 k-ω 模型，因为 RSM 模型需要求解更多数量的输运方程，其需要的内存容量和 CPU 时间更多。FLUENT 运用精心设计的算法，减少了每步迭代所需的 CPU 时间。一般而言，ANSYS FLUENT 中的 RSM 模型相比 k-ε 模型和 k-ω 模型增加了 50%～60%的 CPU 时间和 15%～20%的内存容量。

同样，RSM 模型需要比 k-ε 模型和 k-ω 模型更多的时间，因为它求解了更多方程组。

3.6.4　壁面函数的选择

FLUENT 提供了多种壁面函数处理方式，如标准壁面函数法、非平衡壁面函数法和增强壁面处理。标准壁面函数法利用对数校正法提供了必需的壁面边界条件（对于平衡湍流边界层）。而非平衡壁面函数法用来改善高压力梯度、分离、再附和滞止等情况下的结果。标准壁面函数法和非平衡壁面函数法都允许在近壁面区域上使用相对较粗的网格。对于大多数高雷诺数情况使用标准的或者非平衡的壁面函数（$Re > 10^6$）。增强壁面处理选项把混合边界模型和两层边界模型结合起来，对低雷诺数流动或者复杂近壁面现象很适合，湍流模型在内层上得到了修正。表 3-3 所示为壁面处理方法的比较，用户可以根据不同的应用场合选择对应的壁面函数。

表 3-3　　几种壁面处理方法的比较

	优　点	缺　点
标准壁面函数法	应用较多，计算量小，有较高的精度	适合高雷诺数流动，对低雷诺数流动问题，有压力梯度、高度蒸腾和大的体积力、低雷诺数和高速三维流动问题不合适
非平衡壁面函数法	考虑了压力梯度，可以计算分离，再附着以及撞击问题	对低雷诺数流动问题，有较强压力梯度、强体积力及强三维性问题不适合
增强壁面处理	不依赖壁面法则，对于复杂流动，特别是低雷诺数流动很适合	要求网格密，因而要求计算机处理时间长，内存大

3.6.5　在 FLUENT 中设定湍流模型

在 FLUENT 中设定湍流模型的过程如下。

在 Viscous Model 对话框中选中 Inviscid（无粘）选项，FLUENT 会将流体视为没有黏性的理想流体，此时无须指定其他参数，如图 3-8 所示。

在 Viscous Model 对话框中选中 Laminar（层流）选项，FLUENT 会将流体视为层流流动求解，如图 3-9 所示。若勾选 Low-Pressure Boundary Slip 复选框，将考虑压力较低时速度和温度滑移边界条件对流动的影响，比如半导体制造装置的模拟。

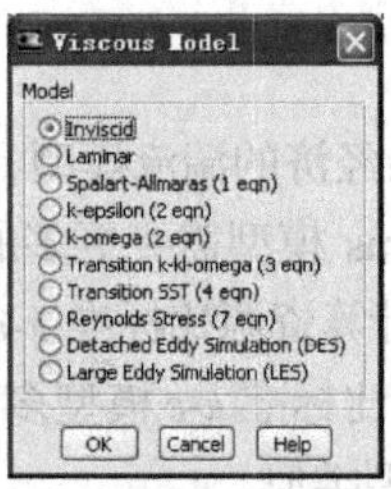

图 3-8　在 Viscous 模型对话框中选择无粘流动

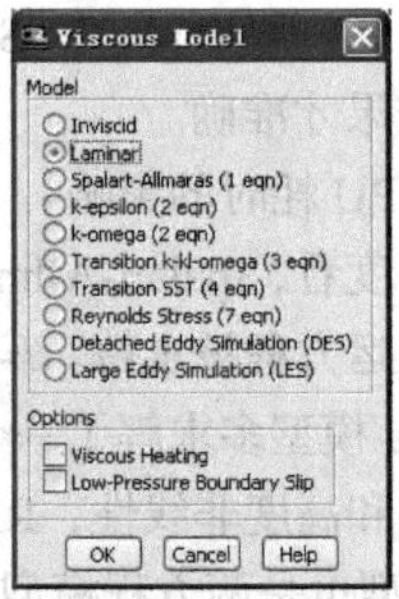

图 3-9　在 Viscous 模型对话框中选择层流流动

在 Viscous Model 对话框（见图 3-10）内选中 Spalart-Allmaras (1 eqn)选项，即选择了 Spalart-Allmaras 模型。Spalart-Allmaras Production 选项组中的 Vorticity-Based（基于涡的生成）选项和 Strain/Vorticity-Based（基于应变/涡的生成）选项为两种计算变形张量的方法。包含涡和应变张量能更精确地预测湍流涡旋的影响，因而一般结果更为可靠。FLUENT 的默认选项（Vorticity-Based）只考虑了涡旋张量，可能过度预测涡黏性。勾选 Spalart-Allmaras Options 下的 Low-Re Damping 复选框后，将考虑低雷诺数阻尼对湍流黏性的影响，默认此复选框是勾选的。Model Constants 数项组中的常数是模型方程中常数的推荐值，对于绝大多数情况都推荐使用这些值。

在 Viscous Model 对话框内选中 k-epsilon (2 eqn)选项，即选择了 k-ε 模型，如图 3-11 所示。在 k-epsilon Model 选项组中选中 Standard 选项、RNG 选项或 Realizable 选项，则会分别激活 Standard k-ε（标准 k-ε 模型）、RNG k-ε（重整化 k-ε 模型）或 Realizable k-ε（可实现 k-ε 模型）。

选择 RNG k-ε 模型后，会出现设置 RNG k-ε 模型的两个选项，即 Differential Viscosity Model 和 Swirl Dominated Flow。Differential Viscosity Model 指定是否考虑湍流黏性在低雷诺数时的 RNG 修正，默认情况下此选项不激活。Swirl Dominated Flow 指定 RNG k-ε 模型中的湍流黏性是否考虑旋流修正，该选项只在 3D 或 2D 旋转轴对称求解器中才会出现，在有些情况下，激活该选项可以提高求解精度。勾选该复选框后，对于中等强度的旋流能获得较为精确的结果。

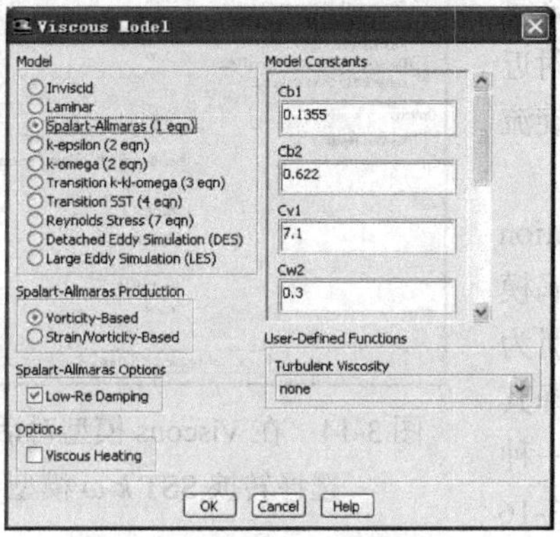

图 3-10　在 Viscous 模型对话框中选择 Spalart-Allmaras 模型

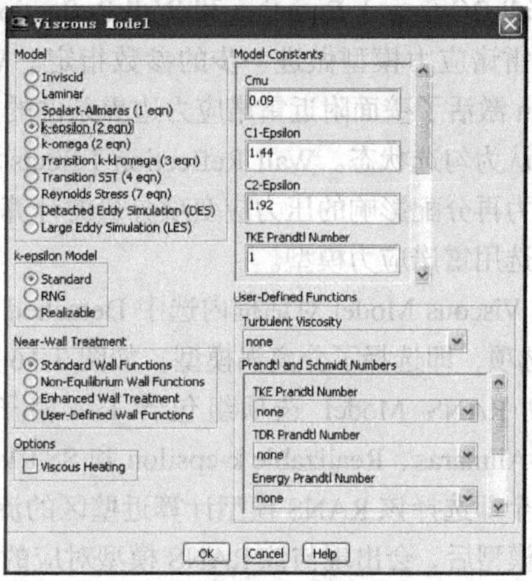

图 3-11　在 Viscous 模型对话框中选择 *k-ε* 模型

在 Viscous Model 对话框内选中 k-omega (2 eqn)选项，即选择了 *k-ω* 模型，如图 3-12 所示。在 k-omega Model 选项组中选中 Standard 选项或 SST 选项可分别激活 Standard *k-ω*（标准 *k-ω* 模型）和 Shear-Stress Transport (SST) *k-ω*（剪切应力输运 *k-ω* 模型）。k-omega Options（*k-ω* 模型选项）选项组中有两个备选项，分别为 Low-Re Corrections（低雷诺数修正）和 Shear Flow Corrections（剪切流修正）。Low-Re Corrections 指定是否考虑低雷诺数时预测流动精度的修正。Shear Flow Corrections 指定是否考虑预测自由剪切流的修正，该选项仅在选择标准 *k-ω* 模型时才会出现。

图 3-13 和图 3-14 所示为选择转捩 *k-kl-ω* 模型和转捩 SST *k-ω* 模型。

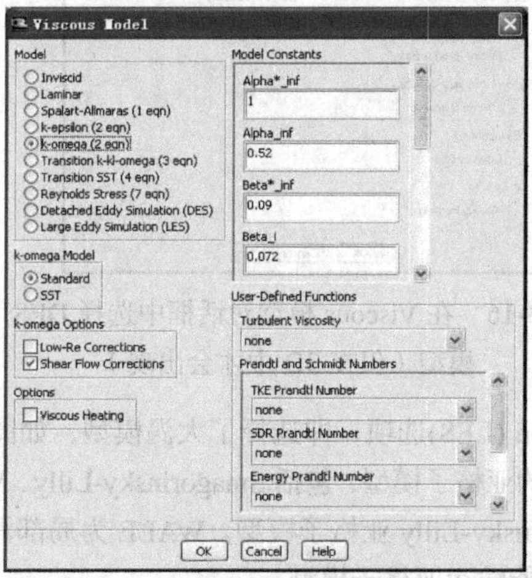

图 3-12　在 Viscous 模型对话框中选择 *k-ω* 模型

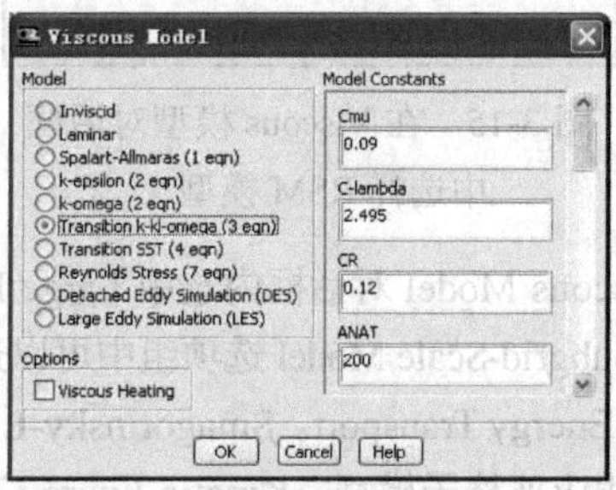

图 3-13　在 Viscous 模型对话框中选择转捩 *k-kl-ω* 模型

在 Viscous Model 对话框内选中 Reynolds Stress (7 eqn)选项，即选择了雷诺应力模型，如图 3-15 所示。Reynolds-Stress Model 选项组中的 Linear Pressure-Strain、Quadratic Pressure-Strain 和 Stress-Omega 三个选项用于选择雷诺应力模型的子模型。Linear Pressure-Strain 为线性的压力应变模型。Quadratic Pressure-Strain 为二次压力应变模型，能优化平面应变、旋转平面应变和轴对称突扩或收缩等各类基本剪切流动的预测结果。Stress-Omega 选项激活基于 *ω* 方程和 LRR 模型的应力输运模型，该模型适合模拟流经曲面的绕流和旋流流动。Reynolds-Stress Options 选项组中的 Wall BC from k Equation 和 Wall Reflection Effects 两个选项能对雷诺应力模型做进一步的参数指定。Wall BC from k Equation 激活了壁面附近雷诺应力边界条件的显式设置，该复选框默认为勾选状态。Wall Reflection Effects 考虑了壁面附近垂直应力再分配影响的压力应变项分量的计算。在预测强旋流时，需选用雷诺应力模型。

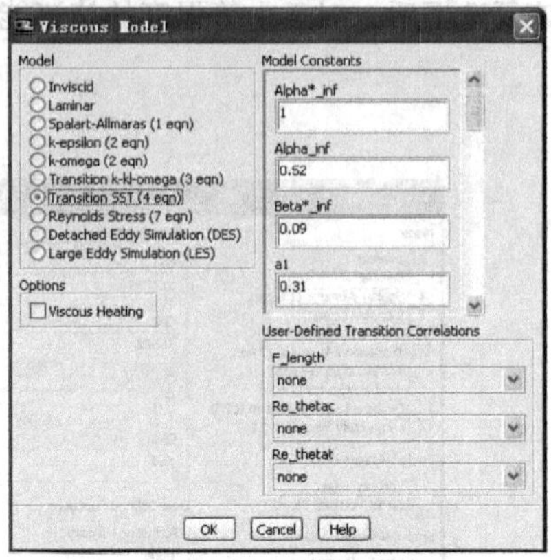

图 3-14　在 Viscous 模型对话框中选择转捩 SST k-ω 模型

在 Viscous Model 对话框内选中 Detached Eddy Simulation (DES)选项，即选择了分离涡模型，如图 3-16 所示。分离涡模型中的 RANS Model 选项组包含了亚格子模型，分别为 Spalart-Allmaras、Realizable k-epsilon 和 SST k-omega。选择其中的一个即选择该 RANS 模型计算近壁区的流动。激活了一种 RANS 模型后，会出现与该 RANS 模型对应的设置，如图 3-16 中选择了 Spalart-Allmaras 子模型，则出现了 Spalart-Allmaras Production 选项组，这与单独使用 Spalart-Allmaras 模型时的设置思路一样。DES Options（分离涡模型选项）中的 Delayed DES 复选框被勾选后，对基于雷诺平均模型的近壁区高长宽比的网格处理有帮助，默认此复选框为勾选状态。

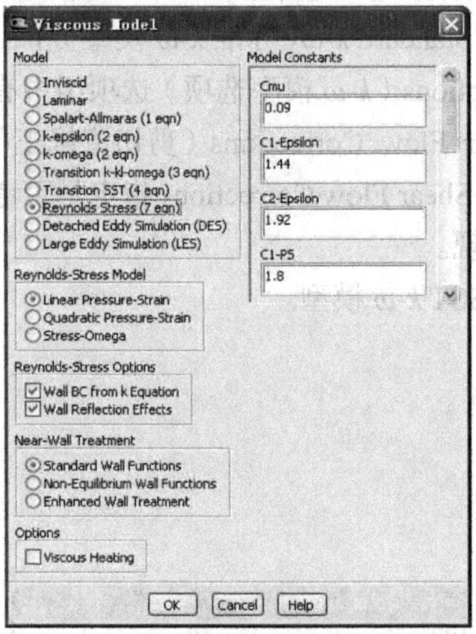

图 3-15　在 Viscous 模型对话框中选择 RSM 模型

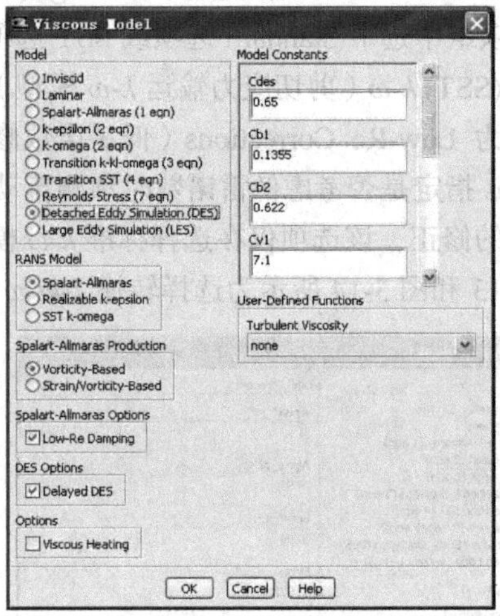

图 3-16　在 Viscous 模型对话框中选择 DES 模型（仅在 3D 中才会出现）

在 Viscous Model 对话框内选中 Large Eddy Simulation (LES)选项，即选择了大涡模型，如图 3-17 所示。在 Subgrid-Scale Model 选项组中可以选择大涡模型的亚格子模型，包括 Smagorinsky-Lilly、WALE 和 Kinetic-Energy Transport。Smagorinsky-Lilly 为 Smagorinsky-Lilly 亚格子模型。WALE 为局部涡黏性的壁面自适应亚格子模型。Kinetic-Energy Transport 为动能输运亚格子模型。

勾选 LES Model Options 下的 Dynamic Stress 复选框能激活动态应力模型，此时 Smagorinsky 常数（Cs）的值将基于运动过滤尺度的信息动态计算得出。若不激活 Dynamic Stress 选项，FLUENT 将 Smagorinsky 常数（Cs）设定为 0.1，该值对于绝大多数的流动都能获得较好的结果。如果激活 Dynamic Stress 选项，那么动态计算 Smagorinsky 常数（Cs）能进一步提高计算精度。在选择 Smagorinsky-Lilly 亚格子模型后会出现 Dynamic Stress 选项。

勾选 Dynamic Energy Flux 复选框能激活动态能量流模型，在选择了 Kinetic-Energy Transport 亚格

子模型后会出现此选项。勾选 Dynamic Scalar Flux 复选框能动态计算湍流 Cs 数的值。

Near-Wall Treatment（近壁区处理）指定了模拟湍流流动近壁区的处理方式，当选择 k-epsilon 或 Reynolds Stress 模型时对话框会出现此选项组。选择 Standard Wall Functions、Non-Equilibrium Wall Functions、Enhanced Wall Treatment 或 User-Defined Wall Functions 将分别激活标准壁面函数、非平衡壁面函数、增强型壁面处理或用户自定义壁面速度分布。

当选择 Enhanced Wall Treatment（增强型壁面处理）时，可以选择 Pressure Gradient Effects 和 Thermal Effects 选项，分别考虑压力梯度和温度对计算的影响。

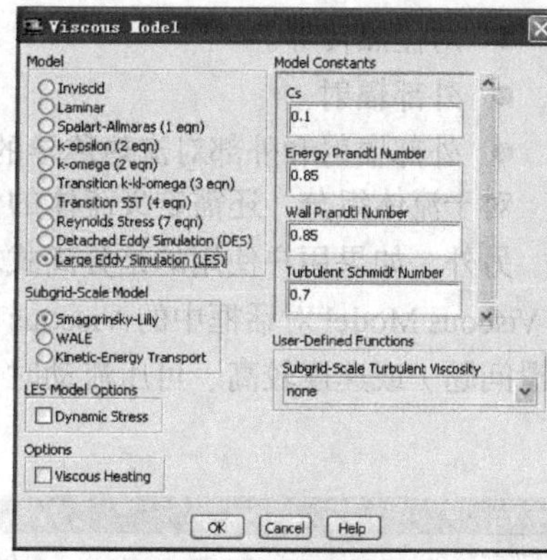

图 3-17 在 Viscous 模型对话框中选择 LES 模型（仅在 3D 中才会出现）

Options 下还有一些备选项。勾选 Viscous Heating 复选框，会考虑黏性耗散项对能量方程的影响，当求解可压缩流动时建议激活该选项。当使用基于压力的求解器时，该选项将被自动激活且用户无法取消。选择 Full Buoyancy Effects 选项将考虑浮力对耗散的影响，该选项仅在选择 k-epsilon 模型或 Reynolds Stress 模型，且在 Define/Operating Conditions 对话框中设定非零加速度时才会出现。

3.7 对流换热计算

3.7.1 在 FLUENT 中考虑对流换热

进行 Models/Energy/Edit 操作，在弹出的对话框中勾选 Energy Equation 复选框，即可使流动的计算考虑对流传热效应，如图 3-18 所示。

激活了能量方程后，应在流动入口、出口和壁面处定义热边界条件，菜单命令为 Define/ Boundary Conditions。图 3-19 所示为设置进口边界的温度为 838 K，图 3-20 所示为设置壁面热边界条件时，将壁面温度设定为 1 330 K。

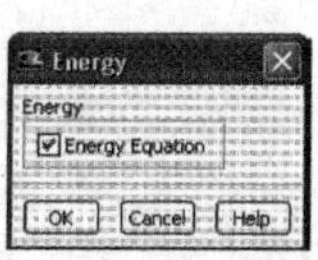

图 3-18 激活能量方程

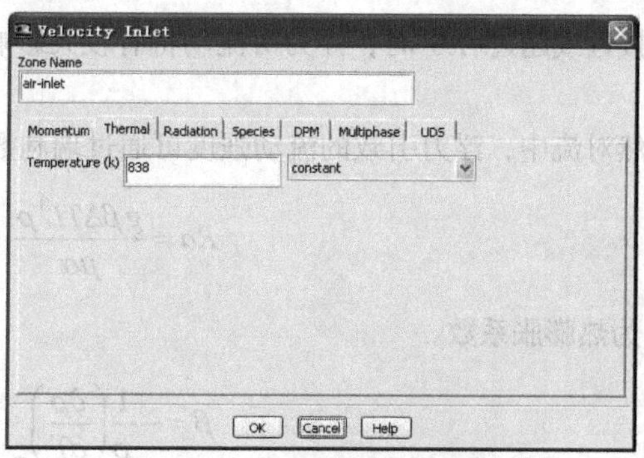

图 3-19 进口边界的温度设定

壁面热边界可以有多种指定方法。

- 指定热流量。
- 指定温度。

- 对流热传导。
- 外部辐射。
- 外部辐射和外部对流热传导的结合。

对于流体组分，还需定义流体的传热属性，如热容和导热系数等，菜单命令为 Define/Materials。

另外，如果用户使用的是分离式求解器且模拟黏性流动，可以在能量方程中包含黏性生成热，勾选 Viscous Model 对话框中的 Viscous Heating 复选框（见图 3-21）即可。当流体中的剪切应力较大（如润滑问题）或速度较高、可压流动时，应考虑勾选该复选框。

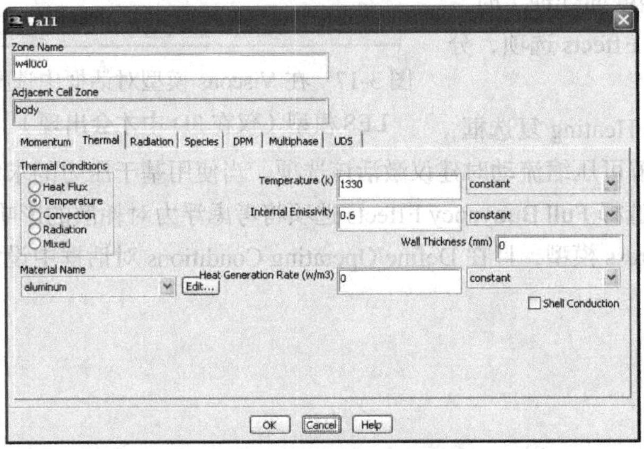

图 3-20　壁面边界的温度设定

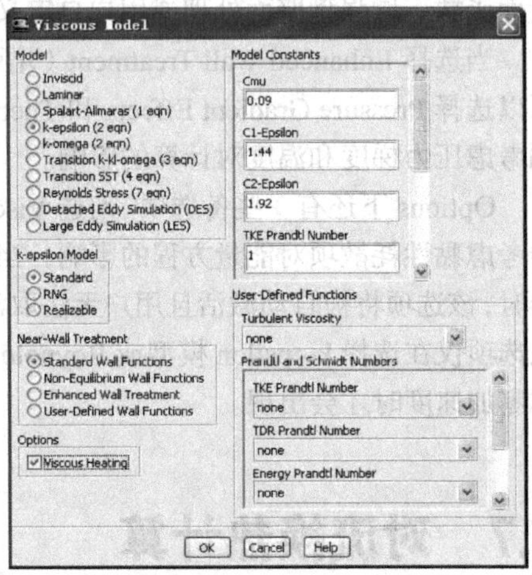

图 3-21　湍流模型中的 Viscous Heating 选项

3.7.2　考虑自然对流问题的场合与方法

1. 混合对流的无量纲数

混合对流中，浮力的影响可通过格拉晓夫数与雷诺数之比来判别。

$$\frac{Gr}{Re^2}=\frac{\Delta\rho gh}{\rho v^2}$$

当此数值接近或超过 1.0 时，浮力对流动将有较大影响。相反，若此数较小，浮力的影响可以不予考虑。

在纯粹自然对流中，浮力引致的流动强度可通过瑞利数判定。

$$Ra=\frac{g\beta\Delta TL^3\rho}{\mu\alpha}$$

其中，β 为热膨胀系数。

$$\beta=-\frac{1}{\rho}\left(\frac{\partial\rho}{\partial T}\right)_p$$

α 为热扩散率系数。

$$\alpha=\frac{k}{\rho c_p}$$

若瑞利数大于 10^8，则浮力驱动的对流为层流，如湍流转捩的瑞利数为 $10^8 \sim 10^{10}$。

2. 在 FLUENT 中设定自然对流问题

当流体进行传热时，因温度的变化，流体密度也产生变化，密度变化加上重力的作用可使流动产生，这种浮力驱动的流动称为自然对流问题。

在 FLUENT 中求解自然对流问题时，有两种处理方法。

一种是利用理想气体方程描述物质组分的密度，另一种是当计算域中流体密度的变化不大时，可选择采用 Boussinesq 模型。

图 3-22 所示为 Create/Edit Materials 对话框，组分为 air（空气），在 Density（密度）一项中，FLUENT 默认设置为 1.225，即认为空气的密度为 1.225 kg/m^3 不变。如果不考虑浮力的影响，即不考虑自然对流时，计算流动问题该假设是合理的。但是，如果浮力的影响不能被忽略，那么密度就不能认为是常数了。比如，加热空气，热空气的密度较低，因此会产生浮力并产生热空气上升运动。因此，要正确模拟自然对流，流体组分的密度应该随压力和温度的变化而变化。可以采用理想气体方程关系式计算流体的密度，如图 3-23 所示，将密度设为不可压缩理想气体即可正确考虑浮力的影响，正确模拟自然对流问题。

需注意的是，一般计算密度采用理想气体方程关系式即可。为何此时采用的是不可压缩理想气体假设呢？这是因为虽然密度采用了理想气体关系式，但流动仍以不可压缩流体的计算方法求解，所以此时流体才被称为不可压缩理想气体。如果将密度设为理想气体，则 FLUENT 将认为流体是可压缩的，此时的 CFD 求解算法与不可压缩流体的 CFD 算法不同。

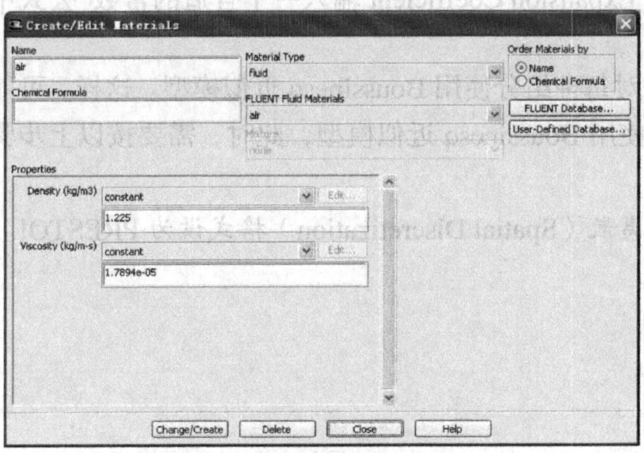

图 3-22 在 Create/Edit Materials 对话框中设定密度

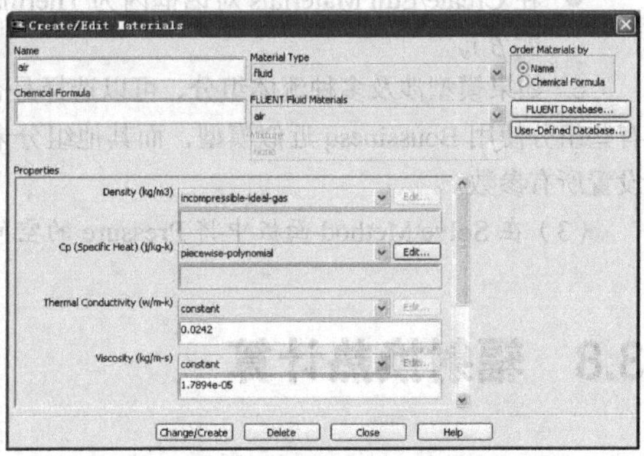

图 3-23 考虑自然对流问题时，一般将密度设为不可压缩理想气体

3. Boussinesq 模型

对于大多数自然对流问题，相比设定流体密度依问题而变化来求解，即设定密度可以求解，使用 Boussinesq 模型能加快收敛。

使用 Boussinesq 模型比使用依赖于温度变化而密度发生变化的模型能获得更快的收敛速度。除了动量方程中的浮力项，这种模型在其他的需要求解的方程中把密度视为常数。

$$(\rho-\rho_0)g \approx -\rho_0\beta(T-T_0)g$$

其中，ρ_0 为流体的密度（常数），T_0 为操作（工作或环境）温度，β 为热膨胀系数。

上述通过 Boussinesq 近似关系式 $\rho = \rho_0(1-\beta\Delta T)$ 来估算浮力项中的 ρ。只要流体密度变化很小，Boussinesq 近似就是精确的。

当流域内的温差较大时，Boussinesq 模型（假设）不再适用。另外，它也不能与组分计算、燃烧与反应流计算同时使用。

在 FLUENT 中设置浮力驱动的流动的步骤如下。

（1）在 Energy 对话框中激活能量方程。

（2）在 Operating Conditions 对话框中定义操作参数，如图 3-24 所示。

① 勾选 Gravity 复选框。

② 在 Gravitational Acceleration 选项组中的 X、Y、和 Z（3D 计算中才会出现）文本框中输入数值，以设定每个坐标方向上的加速度。

③ 若使用不可压缩理想气体模型，则在 Operating Conditions 对话框中检查 Operating Pressure（Pascal）文本框中的数值，以确定将其设为某个接近的数值（非 0）。

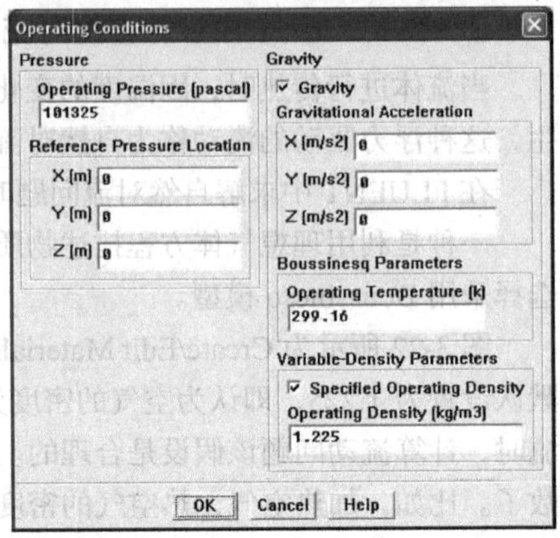

图 3-24 Operating Conditions 对话框

④ 视用户是否使用了 Boussinesq 近似模型，设定下面的相应参数。

a. 若未使用 Boussinesq 近似模型，则把流体密度定义为温度的函数。

b. 若使用了 Boussinesq 近似模型，则进行如下设置。

- 在 Operating Conditions 对话框中设置 Operating Temperature 为公式中的 T_0。
- 在 Create/Edit Materials 对话框中的 Density 下拉列表中选择 boussinesq，并输入一个相应的常数。
- 在 Create/Edit Materials 对话框内为 Thermal Expansion Coefficient 输入一个合适的常数（公式中的 β）。

c. 如果模型涉及多种流体组分，可以选择是否对每种组分使用 Boussinesq 近似模型。这样，可能有些组分使用 Boussinesq 近似模型，而其他组分未使用 Boussinesq 近似模型，此时，需要按以上步骤设置所有参数。

（3）在 Solve\Method 面板中将 Pressure 的空间离散（Spatial Discretization）格式设为 PRESTO!。

3.8 辐射换热计算

3.8.1 选择辐射换热模型

辐射换热模型能够应用的典型场合如下。

- 火焰辐射。
- 表面辐射换热。
- 导热、对流与辐射等传热过程中的耦合辐射换热问题。
- HVAC（Heating Ventilating and Air Conditioning，采暖、通风和空调工业）中的辐射换热以及汽车工业中车厢的传热分析。
- 玻璃加工、玻璃纤维拉拔过程以及陶瓷工业中的辐射传热。

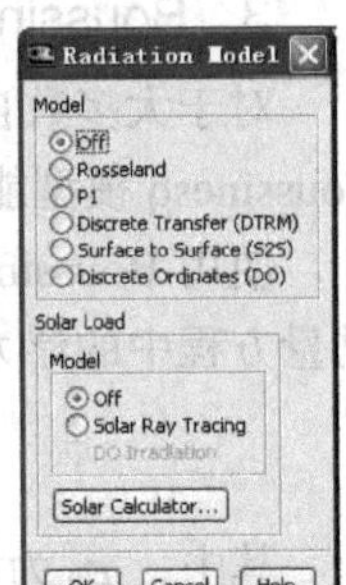

图 3-25 辐射模型选择对话框

FLUENT 提供了 Rosseland 模型、P1 模型、Discrete Transfer (DTRM)模型、Surface to Surface (S2S)模型和 Discrete Ordinates (DO)模型供用户选择，如图 3-25 所示。用户应针对具体辐射换热的情况，选择合适的辐射换热模型。

对于某些问题，某个辐射模型可能比其他模型更适用。在确定使用何种辐射模型时，需要考虑的因素如下。

- 光学厚度：光学厚度 αL 是确定选择辐射模型较好的指标。其中，L 为计算域的长度。例如，对于燃烧室内的流动，L 为燃烧室的直径。如果 $\alpha L>1$，最好选择使用 P1 或 Rosseland 辐射模型。P1 模型一般都用于光学厚度大于 1 的情况。若光学厚度大于 3，Rosseland 模型的计算量更小，而且更加有效。DTRM 和 DO 对于任何光学厚度都适用，但是它们计算量也更大。因此，如果精度可以接受，应尽可能地选择虽具有"光学厚度限制"但计算量较小的 P1 或 Rosseland 辐射模型。对于光学厚度较小的问题，只有 DTRM 和 DO 模型是适用的。
- 散射与发射：P1、Rosseland 和 DO 模型可考虑散射的影响，而 DTRM 忽略此项。由于 Rosseland 模型在壁面使用具有温度滑移的边界条件，因此，它对壁面发射率不敏感。
- 只有 P1 和 DO 模型考虑气体与颗粒之间的辐射换热。
- 半透明介质与镜面边界：只有 DO 模型允许出现镜面反射（全反射，如镜子）以及在半透明介质（如玻璃）内的辐射。
- 非灰体辐射：只有 DO 模型能够允许用户使用灰带模型计算非灰体辐射。
- 局部热源：对于具有局部热源的问题，P1 模型可能会过高估计辐射热流。在这种情况下，DO 模型可能会是最好的辐射计算方法。当然，如果具有足够多的射线数目，DTRM 模型的计算结果也可以接受。
- 表面辐射换热模型（S2S）适用于没有辐射介质情况下的封闭腔体内的辐射传热。

由上述确定使用辐射模型需考虑的因素可以看到，只有 P1 模型和 DO 模型能同时考虑散射和气体与颗粒间辐射换热的影响，而只有 DO 模型能在考虑散射和气体与颗粒间辐射换热的影响的同时，还考虑镜面反射或半透明介质以及非灰体辐射和局部热源的影响。而在应用场合方面，P1 模型仅适用于光学厚度较大的场合，即仅适用于计算域较大的场合，而 DO 模型在所有场合都可应用。因此，综合考虑，无论实际模拟对象是什么现象，都可以采用 DO 模型，不仅精度高，而且考虑的因素多。在计算域较大时，采用 P1 模型也能得到较为合理的结果，且此时 P1 模型的计算量相比 DO 模型少。总之，在实际计算中，P1 和 DO 模型是使用频率最多的模型。一般而言，光学厚度大于 1 且计算精度要求不高时，可使用 P1 模型。而 DO 模型在任何场合都可使用，其精度相对较高，但计算量也较大。

3.8.2 在 FLUENT 中设定 P1 辐射模型

用户可以通过 Define/Model/Radiation 命令调出 Radiation Model 对话框，如图 3-26 所示。在该对话框内选择 P1 辐射模型，在辐射模型参数方面，用户不需要进行其他设定。需注意的是，P1 模型仅适用于光学厚度较大的场合。

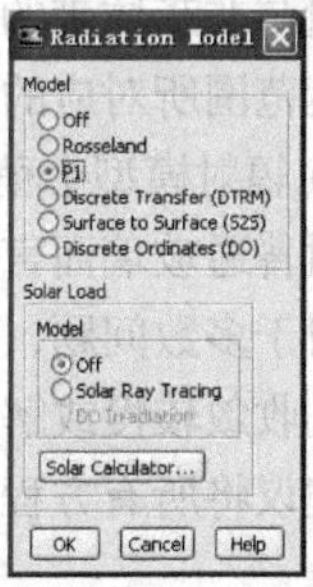

图 3-26 选择 P1 辐射模型

求解控制方面，用户可控制求解控制面板中的收敛标准（Solve/Monitors）和欠松弛因子（Solve/Controls）。P1 模型默认的收敛标准为 10^{-6}，由于此项残差与能量方程的残差紧密关联，其收敛标准与能量方程相同。P1 模型的欠松弛因子设定与其他变量相同，需要注意的是，由于辐射温度方程是相对稳定的标量输运方程，多数情况下，用户可以设定较大的欠松弛因子（0.9 ~ 1.0）。

3.8.3 在 FLUENT 中设定 Discrete Ordinates 辐射模型

用户可以通过 Define/Model/Radiation 命令调出 Radiation Model 对话框，在该对话框内选择

Discrete Ordinates (DO)辐射模型，如图 3-27 所示。

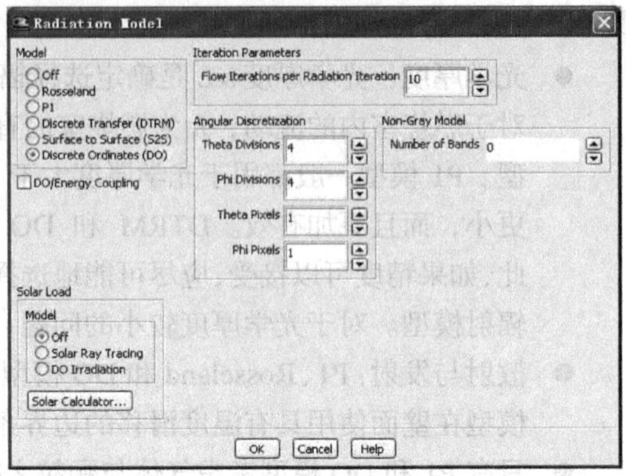

图 3-27 选择 Discrete Ordinates(DO)辐射模型

Iteration Parameters 下的 Flow Iterations per Radiation Iteration 数值框用于设置经过多少次流场迭代计算更新一次辐射的迭代。此参数默认为 10，即进行 10 次流场迭代计算才进行一次辐射换热方程组的迭代。如果计算过程中辐射方程的残差收敛得较为顺利，没有遇到残差振荡或残差不下降的问题，可以尝试减小此参数，从而进一步提高残差下降的速度，但此时可能引起残差的振荡而导致不收敛。增大此参数会使收敛过程更稳健，更容易使残差收敛，但这需耗费更多计算时间。

Angular Discretization 选项组中的 Theta Divisions 和 Phi Divisions 用于设置空间每个象限的离散控制角的数量。默认情况下 Theta Divisions 和 Phi Divisions 的数目均为 2。对于多数实际问题，这个设置是足够的。增大此参数意味着更细的空间离散角划分，可以更好地求解出较小的几何特征或者是温度在空间的强烈不均匀性。但是 Theta Divisions 和 Phi Divisions 参数值的增大也意味着计算量的增大。

Angular Discretization 选项组中的 Theta Pixels 和 Phi Pixels 用于设置像素，理解为求解辐射的分辨率。分辨率越高求，解越精确，同时计算量也越大。对于漫灰辐射，1×1 的默认像素设置是足够的。对于具有对称面、周期性条件、（辐射）镜面或者半透明边界而言，推荐使用3×3 的设置。但应该注意的是，提高分辨率将加大计算量。

DO/Energy Coupling 选项允许用户将能量方程和 DO 辐射方程耦合同时计算。当光学厚度大于 10 时，可以勾选该复选框，以加速辐射传热的收敛。该选项可以在灰体或非灰体辐射模型中使用。

若用户想用 DO 模型模拟非灰体辐射，可在 Radiation Model 对话框中的 Non-Gray Model 选项组中设定 Number of Bands 选项。默认情况下，Number of Bands 被设定为 0，表明仅考虑灰体辐射。由于计算量与非灰体带的数目直接相关，用户应尽量减少灰带的数目。多数情况下，对于具体问题所遇到的温度范围所对应的主要辐射波长，（气体）吸收与壁面的发射率接近于常数。对于这种情况，使用灰体 DO 辐射模型会稍有误差。而对其他的情况，非灰体的特征很重要，但只需要较少的灰带即可。例如，对普通玻璃而言，设定两 3 个灰带就足够了。

对于多数问题，默认的欠松弛系数 1 是足够的。对于光学厚度较大（$\alpha L > 10$）的问题，用户可能会遇到收敛较慢或解发生振荡的问题。在这种情况下，对能量方程和 DO 方程进行欠松弛处理是有效的，建议将所有方程的欠松弛因子设为 0.9 ~ 1.0。

3.8.4 辐射物质属性定义

在 FLUENT 中，当使用 P1、DO 或 Rosseland 辐射模型时，用户应在 Create/Edit Materials 对话框（通过 Define/Materials 命令调出）中设定流体的吸收系数与散射系数。若使用 DO 模型模拟半透明介质，用户应为半透明流体和固体介质设定折射率。对于 DTRM 模型，用户仅需要定义吸收系数。

若计算模型中包含燃烧产物的气相组分，气体的辐射吸收和散射可能比较重要。若流体中包含对散射有较大影响的分散相颗粒和液滴，比如计算液滴燃烧和煤粉燃烧，此时应增大散射系数。散射系数默认值为 0，即不考虑计算中的散射作用。对于 CO_2 和 H_2O 的混合物，可用 WSGGM 算法来确定总的吸收系数，这对燃烧与化学反应流的计算非常有用，如图 3-28 所示。

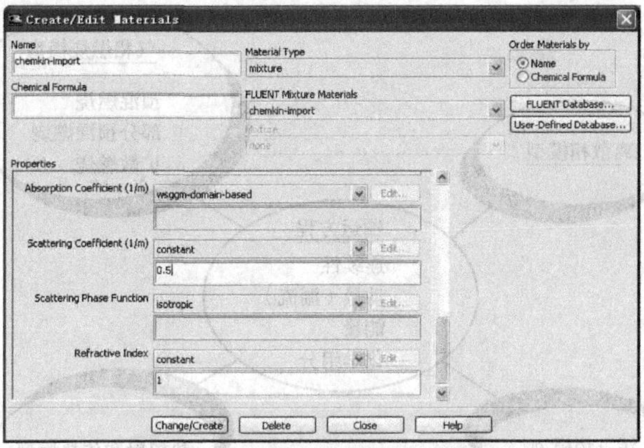

图 3-28　物性中有关辐射的设定

3.9　模拟不考虑化学反应的组分传输过程

模拟不考虑化学反应的组分传输过程的设置方法如下。

在 Species Model 对话框中的 Model 选项组中选择 Species Transport 模型，即组分输运模型，如图 3-29 所示。在 Reactions 下取消勾选 Volumetric 复选框，即不考虑体积反应。在 Options 下勾选 Inlet Diffusion 复选框，即考虑进口的扩散作用；勾选 Diffusion Energy Source 复选框，即考虑组分扩散过程引起的焓输运作用；勾选 Full Multicomponent Diffusion 复选框，即考虑组分之间的相互扩散作用，当流动的扩散传质过程相比对流传质过程不可忽略时应使用此项。勾选此复选框时，需设定物质的扩散系数。勾选 Thermal Diffusion 复选框，即考虑热扩散作用。在 Mixture Material 下拉列表中可以选择模拟的组分混合物，单击 Edit 按钮可以查看混合物的物性，并进行相应的修改。

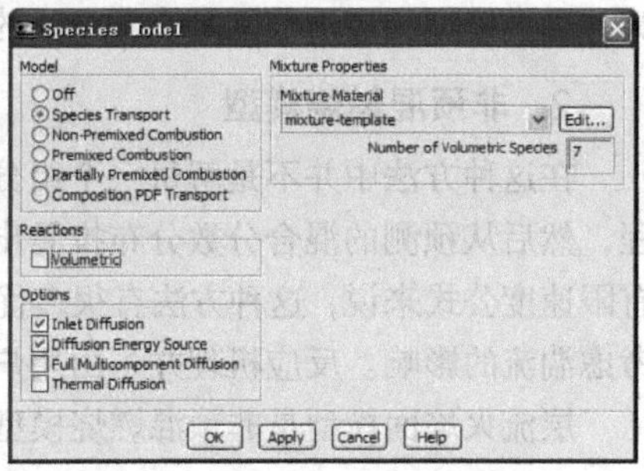

图 3-29　组分输运模型对话框

3.10　化学反应流与燃烧模拟

3.10.1　FLUENT 中的燃烧模型介绍

FLUENT 可以模拟基础与工业燃烧过程，如锅炉、内燃机、火箭发动机、火灾、点火、熄火和燃烧污染物生成等。FLUENT 在燃烧模拟中的应用如图 3-30 所示。

FLUENT 提供了 5 种模拟反应的方法。

- Generalized Finite-Rate Model（通用有限速度模型）。
- Non-Premixed Combustion Model（非预混燃烧模型）。
- Premixed Combustion Model（预混燃烧模型）。
- Partially Premixed Combustion Model（部分预混燃烧模型）。
- Composition PDF Transport Combustion Model（组分输运概率密度函数燃烧模型）。

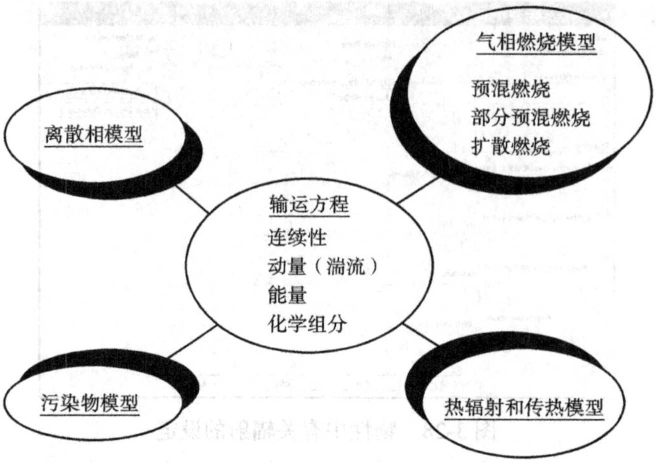

图 3-30　FLUENT 在燃烧模拟中的应用

1. 通用有限速度模型

该方法基于组分质量分数的输运方程解，采用用户定义的化学反应机理，对化学反应进行模拟。反应速度在这种方法中是以源项的形式出现在组分输运方程中的，计算反应速度的方法包括，从 Arrhenius 速度表达式计算，从 Magnussen 和 Hjertager 的涡耗散模型（EDM）计算或者从 EDC 模型计算。这类模型的应用范围是非常广泛的，其中包括预混、部分预混和非预混燃烧。

2. 非预混燃烧模型

在这种方法中并不是解每一个组分输运方程，而是解一个或两个守恒标量（混合分数）的输运方程，然后从预测的混合分数分布推导出每一个组分的浓度。该方法主要用于模拟湍流扩散火焰。对于有限速度公式来说，这种方法有很多优点。在守恒标量方法中，通过假定形式的概率密度函数 PDF 来考虑湍流的影响。反应机理并不由用户来确定，而是使用化学平衡计算来处理反应系统。

层流火焰面模型是非预混燃烧模型的扩展，它考虑了空气动力学应力效应对平衡化学反应的影响。

3. 预混燃烧模型

这一方法主要用于完全预混的燃烧系统。在这些问题中，完全预混反应物和燃烧产物被火焰前缘分开。通过解出反应进程变量来预测前缘的位置。湍流的影响是通过考虑湍流火焰速度计算得出的。

4. 部分预混燃烧模型

顾名思义，部分预混燃烧模型是用于描述非预混燃烧和完全预混燃烧相结合的系统。在这种方法中，解出混合分数方程和反应进程变量来分别确定组分浓度和火焰前缘位置。

5. 组分输运概率密度函数燃烧模型

该模型用来模拟湍流火焰实现中存在的有限速率反应，任意步数的反应机理都可以导入 FLUENT。该模型可用于求解预混、非预混及部分预混火焰，但用此模型需要较大的计算量。

3.10.2　反应模型的选择

解决包括组分输运和反应流动的问题时，首先要确定什么模型合适。模型选取的大致方针如下。

- 通用有限速度模型主要用于化学组分混合、输运和反应的问题；壁面或者粒子表面反应的问题（如化学蒸气沉积、表面催化、液滴或煤粉燃烧）。

- 非预混燃烧模型主要用于包括湍流扩散火焰的反应系统。这个系统接近化学平衡，其中的氧化物和燃料以两个或者 3 个通道分别流入所要计算的区域。
- 预混燃烧模型主要用于单一、完全预混反应物流动。
- 部分预混燃烧模型主要用于区域内快速反应（接近化学平衡）的部分预混燃烧工况。

表 3-4 所示为 FLUENT 中燃烧模型的应用场合，并注明了该模型是基于快速反应的模型还是基于有限速率的模型。该表对于燃烧模型的选择非常有用。快速反应模型无法考虑详细化学反应机理，而有限速率模型可以考虑详细化学反应机理。例如，实际燃烧过程为湍流非预混燃烧，且需要考虑化学反应的中间组分（如 OH 自由基分布），则可以选择涡耗散概念模型（EDC）或组分输运概率密度函数模型进行模拟。

表 3-4　　FLUENT 的燃烧模型

	预混燃烧	非预混燃烧	部分预混燃烧
快速反应模型	涡耗散模型（Eddy Dissipation Model）		
	预混燃烧模型（Premixed Combustion Model）	非预混燃烧平衡模型（Non-Premixed Equilibrium Model）	部分预混模型（Partially Premixed Model）
有限速率模型	层流有限速度模型（Laminar Finite-Rate Model）		
	涡耗散概念模型（Eddy-Dissipaton Concept Model）		
	组分输运 PDF 模型（Composition PDF Transport Model）		
		层流小火焰模型（稳态/非稳态）Laminar Flamelet Model（Steady/Unsteady）	

注　意： FLUENT 的初学者可能对 FLUENT 的燃烧模型分类有疑问。比如，既然实际燃烧过程分为非预混燃烧、预混燃烧和部分预混燃烧，那为什么 FLUENT 除了非预混燃烧模型、预混燃烧模型和部分预混燃烧模型之外还有通用有限速率模型和 PDF 组分输运燃烧模型？这些模型在具体应用中到底该如何选择？

其实，FLUENT 中燃烧模型的分类并不是完全基于燃烧应用场合的，而是基于燃烧模型算法的。FLUENT 根据模型中假设与理论的不同来区分不同的燃烧模型。

具体而言，通用有限速率模型求解的是组分质量分数的输运方程，反应速率以源项的形式出现在组分输运方程中，反应速率的得出可以依靠假设（如涡耗散 EDM 模型），也可以依靠阿累尼乌斯公式或化学反应机理求解（如涡耗散概念 EDC 模型）。通用有限速率模型可以应用在预混、非预混和部分预混燃烧场合，是应用得非常多的燃烧模型。

而非预混模型求解的并不是组分质量分数的输运方程，而是求解守恒标量（混合分数）的输运方程，然后通过求解的混合分数推算（基于平衡化学反应推算）温度和组分浓度等参数。这样处理，把化学反应速率计算的问题转化为了流动混合问题，进而也解决了化学反应速率难以求解的问题。在合适的场合应用该模型，不仅计算速率快，而且精度较高。非预混模型之所以只能在非预混燃烧领域中应用，是因为只有在非预混情况下才可以以混合分数的形式表达组分方程。一般将燃料进口射流的混合分数设定为 1，氧化剂进口射流的混合分数设定为 0，这样炉内的混合分数在 0 和 1 之间，可以将化学反应问题简化为流动混合问题求解。完全预混时，无法用混合分数描述守恒方程。

完全预混模型求解的是反应进程变量，并且认为反应物和燃烧产物被火焰锋面分开，通过计算湍流火焰传播速度来考虑湍流的影响。这与上述通用有限速率模型和非预混混合分数法采用的是完全不同的思路，完全预混模型只能在完全预混燃烧场合才能使用。

PDF 输运模型求解的是组分概率密度函数的守恒方程，该模型通过求解概率密度函数，且对反应速率的处理没有进行任何假设，因而计算精度较高，但计算量也较大。PDF 输运模型适用于非预混、完全预混和部分预混燃烧场合。

对于燃烧模型的选择，首先判断流动是层流还是湍流。

（1）如果为层流，则可直接选择层流有限速率模型，通过简化的总包机理或详细化学反应机理计算。

（2）如果流动为湍流，则需要进一步考察反应特征。

- 如果燃料与氧化剂通过多股射流，以非预混的形式送入炉内，则可以考虑选择涡耗散模型（EDM）、涡耗散/有限速率模型（EDM/FR）、涡耗散概念模型（EDC）、非预混模型和 PDF 组分输运模型。如果需要考虑详细化学反应机理，则只能在涡耗散概念模型（EDC）和 PDF 组分输运模型中作出选择。PDF 组分输运模型计算量非常大，实际应用中采用涡耗散概念模型（EDC）耦合详细化学反应机理模拟燃烧过程更为现实。
- 如果燃烧与氧化剂经完全预混后送入炉内，则可以考虑选择涡耗散模型（EDM）、涡耗散/有限速率模型（EDM/FR）、涡耗散概念模型（EDC）、预混模型和 PDF 组分输运模型。同样，如果需要考虑详细化学反应机理，则只能在涡耗散概念模型（EDC）和 PDF 组分输运模型中作出选择。PDF 组分输运模型计算量非常大，实际应用中采用涡耗散概念模型（EDC）模拟涉及详细化学反应机理的燃烧过程更为现实。
- 如果燃烧与氧化剂经部分预混后送入炉内，则可以考虑选择涡耗散模型（EDM）、涡耗散/有限速率模型（EDM/FR）、涡耗散概念模型（EDC）、部分预混模型和 PDF 组分输运模型。同样，如果需要考虑详细化学反应机理，则只能在涡耗散概念模型（EDC）和 PDF 组分输运模型中作出选择。PDF 组分输运模型计算量非常大，实际应用中采用涡耗散概念模型模拟涉及详细化学反应机理的燃烧过程更为现实。

需要说明的是，虽然非预混模型可以在后处理时查看中间组分（如 OH 自由基）的分布，但这与考虑详细化学反应的模型是不同的。考虑详细化学反应机理的模型（如涡耗散概念模型和 PDF 组分输运模型）是通过计算阿累尼乌斯公式得出各个中间组分的反应速率，求得的中间组分分布从根本上考虑了中间反应过程。而非预混模型根本上只是计算流动混合问题，中间组分的浓度是通过基于化学平衡假设查混合分数与组分浓度的对应关系（即 PDF 查表）获得的，从这个角度讲，非预混模型并不是严格意义上的考虑详细化学反应机理的模型，模拟出的反应过程中的中间组分浓度的结果仅仅是基于化学平衡假设得出的。

从模型准确性上来讲，一般而言，PDF 组分输运模型最为精确，涡耗散概念模型次之，其他模型只有在其适用的场合应用结果才可靠。如基于平衡假设的非预混模型只适用于平衡化学反应、火焰面模型适用于非平衡化学反应、预混燃烧模型只适用于反应物与生成物有明显界面的完全预混反应。

从计算量上讲，一般而言，涡耗散模型和非预混模型的计算量较小，PDF 组分输运模型的计算量最大。因涡耗散模型对所有的非预混、部分预混和完全预混燃烧场合都适用，因此若想快速得到比较可靠的燃烧模拟结果，可以先采用涡耗散模型进行初步计算，快速得到模拟结果为实际项目提供参考，而后再使用其他燃烧模型进一步获得更精确的结果。

3.10.3 通用有限速率模型

1. 通用有限速率模型的控制方程

当用户选择解化学物质的守恒方程时，FLUENT 通过第 i 种组分的对流扩散方程预估每种组分的质量分数，即 Y_i。守恒方程采用的通用形式如下。

$$\frac{\partial}{\partial t}(\rho Y_i)+\nabla\cdot(\rho\vec{v}Y_i)=-\nabla\vec{J}_i+R_i+S_i$$

其中 R_i 是化学反应的净产生速率，S_i 为离散相及用户定义的源项导致的额外产生速率。在系统中出现 N 种组分时，需要解 N–1 个该形式的方程。由于质量分数的和必须为 1，第 N 种组分的分数通过 1 减去 N–1 个已解得的质量分数得到。为了使数值误差最小，第 N 种组分最好选择质量分数最大的组分，比如氧化物是空气时质量分数最大的组分为 N_2。

2. 层流有限速率模型的基础理论

层流有限速率模型使用 Arrhenius 公式计算化学源项，忽略湍流脉动的影响。这一模型对于层流火焰是准确的。在湍流火焰中，由于 Arrhenius 化学动力学具有高度非线性，因此这一模型一般不精确。对于化学反应相对缓慢、湍流脉动较小的燃烧（如超音速火焰），该模型也可应用。

化学组分 i 的化学反应净源项通过有其参加的 N_R 个化学反应的 Arrhenius 反应源之和计算得到。

$$R_i=M_{w,i}\sum_{i=1}^{N_r}\hat{R}_{i,r}$$

其中 $M_{w,i}$ 是第 i 种组分的分子量，$\hat{R}_{i,r}$ 为第 i 种组分在第 r 个反应中的产生/分解速率。反应可能发生在连续相之间，或是在表面沉积的壁面处，或是发生在一种连续相物质的演化中。

考虑以如下形式写出的第 r 个反应。

$$\sum_{i=1}^{N}\nu'_{i,r}M_i \underset{k_{b,r}}{\longleftrightarrow} \sum_{i=1}^{N}\nu''_{i,r}M_i$$

其中，N ——系统中化学组分的数目。

$\nu'_{i,r}$ ——反应 r 中反应物 i 的化学计量系数。

$\nu''_{i,r}$ ——反应 r 中生成物 i 的化学计量系数。

M_i ——第 i 种组分的符号。

$k_{f,r}$ ——反应 r 的正向反应速率常数。

$k_{b,r}$ ——反应 r 的逆向反应速率常数。

第 r 个反应方程对于可逆和不可逆反应（FLUENT 中默认为不可逆）都适用。对于不可逆反应，逆向速率常数 $k_{b,r}$ 简单地被忽略。

第 r 个反应方程中的和是针对系统中的所有组分的，但只有作为反应物或生成物出现的物质才有非零的化学计量系数。因此，不涉及的组分将从方程中清除。

反应 r 中组分 i 的产生/分解摩尔速率以如下公式给出。

$$\hat{R}_{i,r}=\Gamma\left(\nu''_{i,r}-\nu'_{i,r}\right)\left(k_{f,r}\prod_{j=1}^{N_r}[C_{j,r}]^{\eta'_{j,r}}-k_{b,r}\prod_{j=1}^{N_r}[C_{j,r}]^{\eta''_{j,r}}\right)$$

其中，N_r ——反应 r 的化学组分数目。

$C_{j,r}$ ——反应 r 中每种反应物或生成物 j 的摩尔浓度。

$\eta'_{j,r}$ ——反应 r 中每种反应物或生成物 j 的正向反应速度指数。

$\eta''_{j,r}$ ——反应 r 中每种反应物或生成物 j 的逆向反应速度指数。

Γ 表示第三体对反应速率的净影响，这一项由下式给出。

$$\Gamma=\sum_{j}^{N_r}\gamma_{j,r}C_j$$

其中，$\gamma_{j,r}$ 为第 r 个反应中第 j 种组分的第三体影响。在默认状态下，FLUENT 在反应速率计算中不包括第三体影响。但是当用户有它们的数据时，可以选择包括第三体影响。

反应 r 的前向速率常数 $k_{f,r}$ 通过 Arrhenius 公式计算。

$$k_{f,r} = A_r T^{\beta_r} \mathrm{e}^{-E_r/RT}$$

其中，A_r ——指数前因子（恒定单位）。

β_r ——温度指数（无量纲）。

E_r ——反应活化能（J/kmol）。

R ——气体常数（J/kmol·K）。

FLUENT 的参数数据库内有 $v'_{i,r}$、$v''_{i,r}$、$\eta'_{j,r}$、$\eta''_{j,r}$、β_r、A_r、E_r 和 $\gamma_{j,r}$ 的数据，用户也可以手动输入这些参数。

如果反应是可逆的，逆向反应常数 $k_{b,r}$ 可以根据以下关系从正向反应常数中计算得出。

$$k_{b,r} = \frac{k_{f,r}}{K_r}$$

其中，K_r 为平衡常数，由下式计算得出。

$$K_r = \exp\left(\frac{\Delta S_r^0}{R} - \frac{\Delta H_r^0}{RT}\right)\left(\frac{p_{\text{atm}}}{RT}\right)^{\sum_{r=1}^{NR}(v''_{j,r} - v'_{j,r})}$$

其中，p_{atm} 表示大气压力（101 325Pa）。指数函数中的项表示 Gibbs 自由能的变化，其各部分按下式计算。

$$\frac{\Delta S_r^0}{R} = \sum_{i=1}^{N}(v''_{i,r} - v'_{i,r})\frac{S_i^0}{R}$$

$$\frac{\Delta H_r^0}{RT} = \sum_{i=1}^{N}(v''_{i,r} - v'_{i,r})\frac{h_i^0}{RT}$$

其中，S_i^0 和 h_i^0 是标准状态的熵和标准状态的焓（生成热）。这些值在 FLUENT 中作为混合物材料的属性指定。

3. 涡耗散模型（EDM）和有限速率/涡耗散（EDM/FR）模型

整体反应速率由湍流混合速率控制。在非预混火焰中，湍流缓慢地通过对流/混合燃料和氧化剂进入反应区，在反应区中快速地燃烧。在预混火焰中，湍流对流/混合冷的反应物和热的生成物进入反应区，在反应区迅速地发生反应。在这些情况下，燃烧整体反应速率也由湍流混合速率控制，未知的化学反应动力学速率根据此假设忽略。FLUENT 提供了湍流—化学反应相互作用模型，基于 Magnussen 和 Hjertager 的工作，称为涡耗散模型（EDM）。

反应 r 中物质 i 的产生速率 $R_{i,r}$ 由下面两个表达式中较小的一个给出。

$$R_{i,r} = v'_{i,r} M_{w,i} \mathrm{A} \rho \frac{\varepsilon}{k} \min_R \left(\frac{Y_R}{v'_{R,r} M_{w,R}}\right)$$

$$R_{i,r} = v'_{i,r} M_{w,i} \mathrm{AB} \rho \frac{\varepsilon}{k} \frac{\sum_P Y_P}{\sum_j^N v''_{j,r} M_{w,j}}$$

其中，Y_P 为生成物组分的质量分数。

Y_R为反应物组分的质量分数。

A 为经验常数，约等于 4.0。

B 为经验常数，约等于 0.5。

上述两个方程中，化学反应速率由大涡混合时间尺度k/ε控制，如同 Splading 的涡破碎模型一样。只要湍流出现（$k/\varepsilon>0$），燃烧即可进行，不需要点火源来启动燃烧。这通常对于非预混火焰是可接受的，但在预混火焰中，反应物一进入计算区域（火焰稳定器上游）就开始燃烧。为了修正这一点，FLUENT 提供了有限速率/涡耗散模型，其中 Arrhenius 和涡耗散反应速率都进行计算。净反应速率取两个速率中较小的。实际上，Arrhenius 反应速率作为一种动力学开关，阻止反应在反应物进入火焰稳定器之前发生。一旦火焰被点燃，涡耗散速率通常会小于 Arrhenius 反应速率，并且反应是混合限制的。

尽管 FLUENT 允许采用涡耗散模型和有限速率/涡耗散模型的多步反应机理（反应数>2），但可能会产生不正确的结果。原因是多步反应机理基于 Arrhenius 速率，每个反应的反应速率都不一样。在涡耗散模型中，每个反应都有同样的湍流速率，因而模型只能用于单步（反应物—产物）或是双步（反应物—中间产物，中间产物—产物）整体反应。模型不能预测化学动力学控制的组分，如活性自由基和化学反应的中间组分（如 OH 自由基等）。为考虑湍流流动中的多步化学动力学机理，需使用 EDC 模型或 PDF 输运模型（下面将介绍）。

涡耗散/有限速率模型需要产物来启动反应。当用户初始化求解的时候，FLUENT 设置产物的质量分数为 0.01，通常足够启动反应。但是，如果用户首先求解一个冷态混合过程的解，那么其中所有的产物质量分数都为 0，用户可能必须在反应区域中补入产物以启动反应。

当使用 LES 湍流模型时，需使用 LES 模型的参数代替 RANS 模型的参数描述涡耗散模型，这时湍流混合速率被亚网格混合速率替代，计算公式如下。

$$\tau_{\text{sgs}}^{-1}=\sqrt{2S_{ij}S_{ij}}$$

式中τ_{sgs}^{-1}为亚格子混合速率（s^{-1}）

$$S_{ij}=\frac{1}{2}\left(\frac{\partial u_i}{\partial x_j}+\frac{\partial u_j}{\partial x_i}\right)=\text{strain rate tensor (s}^{-1}\text{)}$$

4. 涡耗散概念（EDC）模型

涡耗散概念（EDC）模型是涡耗散模型的扩展，在湍流反应流模拟中可包含详细化学反应机理。它假定反应发生在小的湍流结构中，称为良好尺度。良好尺度的容积比率按下式模拟。

$$\varepsilon^*=C_\xi\left(\frac{\nu\varepsilon}{k^2}\right)^{1/4}$$

其中*表示良好尺度数量，

C_ξ——容积比率常数，为 2.1377。

ν——运动粘度。

该模型认为组分在良好尺度的结构中，经过一个时间尺度τ后开始反应。

$$\tau^*=C_\tau\left(\frac{\nu}{\varepsilon}\right)^{1/2}$$

其中C_τ为时间尺度常数，等于 0.4082。

在 FLUENT 中，良好尺度中的燃烧视为发生在定压反应器中，初始条件取单元中当前的组分和温度。反应经过时间尺度τ^*后开始进行，由 Arrhenius 速率控制，并且用常微分方程求解器 CVODE 进行

数值积分。经过一个 τ^* 时间的反应后，物质状态记为 Y_i^*

组分 i 的源项计算公式如下。

$$R_i = \frac{\rho(\varepsilon^*)^2}{\tau^*[1-(\varepsilon^*)^3]}(Y_i^* - Y_i)$$

EDC 模型能在湍流反应流动中考虑详细的化学反应机理。但是，典型的机理具有不同的刚性，它们的数值积分计算量非常大。因而，只有在快速化学反应假定无效的情况下才能使用这一模型，例如，快速熄灭火焰中缓慢的 CO 燃烧、选择性非催化还原中的 NO 转化。

推荐使用双精度求解器以避免刚性机理中固有的大指数因子和活化能产生的舍入误差。

5. 在 FLUENT 中设置通用有限速率模型

（1）设定模型对话框。

通过 Define/Model/Species 命令可以弹出 Species Model 对话框，如图 3-31 所示。在 Reactions 下，勾选 Volumetric 复选框以激活体积反应。在 Mixture Properties 下的 Mixture Material 下拉列表中选择希望使用的混合物材料。Mixture Material 下拉列表中包括所有在当前数据库中定义的混合物。为检查某一种混合物材料的属性，则选择该混合物，然后单击 Edit 按钮。如果用户希望使用的混合物不在列表中，则选择混合物模板（mixture-template）材料，并手动设置用户所需混合物属性的详细内容。如果有一种混合物材料和用户希望使用的混合物相似，可以选择这一材料，然后修改已存在材料的性质的详细信息。

（2）选择湍流—化学反应相互作用模型。

用户可以使用以下 4 种模型。

- 层流有限速率：只计算 Arrhenius 速率，并忽略湍流—化学反应相互作用。
- 涡耗散模型（针对湍流流动）：只计算混合速率。
- 有限速率/涡耗散模型（针对湍流流动）：计算 Arrhenius 速率和混合速率，并使用其中较小的一个。
- EDC 模型（针对湍流流动）：使用详细的化学反应机理模拟湍流—化学反应相互作用。

如果用户选择 EDC 模型，则可以选择修改容积比率常数和时间尺度常数，尽管通常推荐使用默认值。此外，为减少化学反应计算的开销，用户可以增加每次化学反应更新的流动迭代（Flow Iteration Per Chemistry Update）次数。FLUENT 默认每 10 次流动迭代更新化学反应一次。

如果用户希望模拟完整的多组分扩散或热扩散，则勾选 Full Multicomponent Diffusion （完整多组分扩散）或 Thermal Diffusion（热扩散）复选框。

一般而言，无需对 ANSYS FLUENT 提供的物性进行进一步修改。另外，对求解化学反应流而言，计算域内温度的变化很大，不同温度下，流体的比热差别很大，因此，若将流体的比热设为常数，化学反应流的温度计算误差将会很大。ANSYS FLUENT V12 以上版本默认将比热设定为温度的函数（分段线性函数）。值得注意的是，如果使用的是较早版本的 FLUENT，如 FLUENT v6.3，则物性中比热默认为常数。如果计算过程涉及的温差变化较大，应将比热调整为温度的函数，以减小误差。

对于 Laminar Finite-Rate（层流有限速率模型）（见图 3-32），需在对话框右侧的 Options（选项）下设定 Flow Iterations per Chemistry Update（化学反应更新一次流场迭代步数）与 Aggressiveness Factor（加速因子）。Flow Iterations per Chemistry Update（化学反应更新一次流场迭代步数）表示经过多少步流场的迭代进行一次化学反应方程组的迭代，ANSYS FLUENT 默认经过 10 次流场迭代更新化学场一次。Aggressiveness Factor（加速因子）为控制迭代稳健性与收敛性的指标，其值在 0 到 1 之间，默认值为 0，这时求解最为稳健，相比而言更容易获得收敛解，但收敛过程最慢。

对于 Finite-Rate/Eddy-Dissipation（有限速率/涡耗散模型），其基于阿列尼乌斯反应率与混合速率，使用两者较小的值。

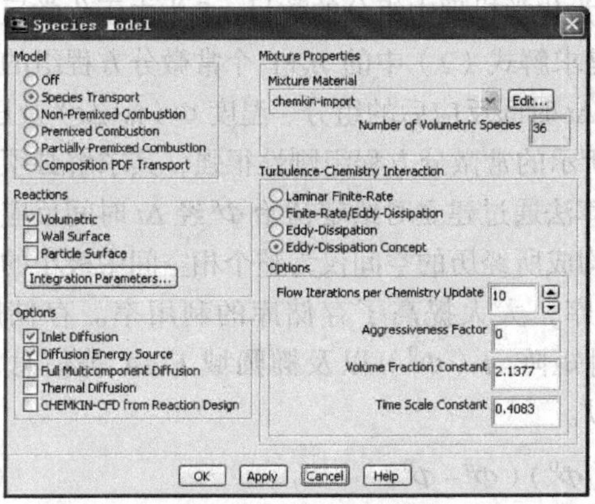

图 3-31 在 Species 模型对话框中选择 Species Transport

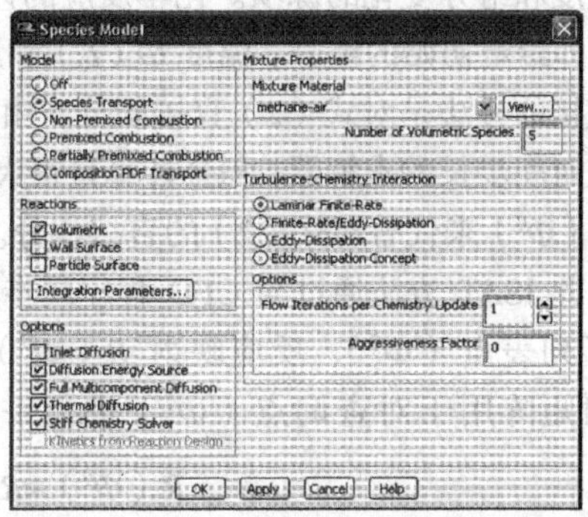

图 3-32 选择层流有限速率模型

对于 Eddy-Dissipation（涡耗散模型），其只计算混合速率。

对于 Eddy-Dissipation Concept（涡耗散概念模型），其能模拟化学反应的详细机理。其参数 Flow Iterations per Chemistry Update 表示经过多少步流场的迭代进行一次化学反应方程组的迭代。Aggressiveness Factor 为控制迭代稳健性与收敛性的指标，其值在 0 到 1 之间，默认值为 0，这时求解最为稳健，相比而言更容易获得收敛解，但收敛过程最慢。Volume Fraction Constant（体积分数常数）和 Time Scale Constant（时间尺度常数）为两个常数，对于绝大多数的计算，保持默认值即可。

对于层流反应计算，勾选 KINetics from Reaction Design（化学反应动力学求解器）复选框将允许用户使用基于 CHEMKIN 的合适的反应速率与求解算法来进行计算。而对于涡耗散概念模型和 PDF 组分输运模型而言，勾选 KINetics from Reaction Design 复选框将使用 Reaction Design 公司的 KINetics 模块来取代 ANSYS FLUENT 的反应速率模块进行计算。

3.10.4 ISAT 算法

1. ISAT 算法的理论

对于详细化学反应机理的计算，由于描述组分浓度和温度变化的方程组是一组非线性的刚性方程组，对其直接进行数值积分将耗费大量的 CPU 时间。为了提高详细化学反应机理计算的效率，降低计算耗时，康奈尔大学的 Pope 提出了当地自适应查表法（In Situ Adaptive Tabulation，ISAT）。使用 ISAT 算法相比直接积分，一般情况下能提高 100 倍的计算速度。这是非常有益的。例如，直接积分需要 3 个月计算时间的工况，通过使用 ISAT 算法后，只需一天就可以计算完成。

ISAT 的具体算法如下。

化学反应动力学计算需要求解受化学反应影响的能量方程和组分方程。

$$\begin{cases} \dfrac{\mathrm{d}T}{\mathrm{d}t} = S_T(T,p,Y) \\ \dfrac{\mathrm{d}Y_k}{\mathrm{d}t} = S_{Y_k}(T,p,Y) \end{cases} \qquad (1)$$

定义 $\Phi = (\Phi_1, \Phi_2 \ldots \Phi_{n_s+1}) = (Y_1, Y_2, \ldots Y_{n_s}, T)$，上述方程可以改写为：

$$\frac{\mathrm{d}\Phi}{\mathrm{d}t} = S(\Phi, p) \qquad (2)$$

式中，T 为温度，Y_k 为第 k 种组分，p 为压力，n_s 为化学机理中组分的数目，S 为由于化学反应所引起温度和组分变化的源项。化学反应的计算任务就是求解式（2）中的 n_s+1 个常微分方程组的初值问题，即给定初始的组分、温度 $\Phi(t_0)$ 和压力，求解 Δt 时间反应后的组分、温度 $\Phi(t_0+\Delta t)$ 及压力。最为直接的方法是对式（2）直接积分，由于式（2）所示的常微分方程组刚性很强，其求解必须采用隐式变时间步长的求解器，积分计算量很大。而 ISAT 算法通过建立对给定初始 Φ^q 经 Δt 时间反应后的映射 $R(\Phi^q)$ 来代替对式（2）的直接积分。由于反应构成所经历的空间仅为整个相空间中极小的一部分，因此 ISAT 方法通过与 CFD 程序同步的构造存储库，大大提高了存储库的利用率。存储库中保存了列表点（Φ^q）、反应映射 $R(\Phi^0)$、梯度映射矩阵 $A(\Phi^0)$ 以及椭圆域 EOA 等信息。梯度映射矩阵用于对查询点（Φ^q）进行一阶线性近似。

$$R(\Phi^q) \approx R(\Phi^0) + A(\Phi^0)(\Phi^q - \Phi^0) \tag{3}$$

EOA 是以（Φ^0）为中心的椭圆区域，在此区域内线性近似是准确的。EOA 被初始化和增长以确保式（3）计算所得的误差小于用户指定的容差 ε_{tol}。存储库中的记录点通过二叉树存储，对于给定差存点 Φ^q，通过搜索二叉树以找到离 Φ^q 最近的记录点 Φ^0（大部分情况如此）。ISAT 的主要步骤如下。

（1）输入一查询点 Φ^q，从根节点搜索二叉树，直到找到相应的记录点 Φ^0。

（2）计算 Φ^q 是否在 Φ^0 的 EOA 内。

（3）如果在 EOA 内，则直接采用式（3）线性近似返回 $R(\Phi^q)$ 的近似积分值，该操作称为提取。

（4）如果不在 EOA 内，则直接对 Φ^q 积分，计算 $R(\Phi^q)$，并计算式（3）的提取误差 ε。

（5）如果误差 ε 小于指定的容差 ε_{tol}，则增长 EOA，同时返回 $R(\Phi^q)$，该操作称为增长。

（6）如果误差 ε 大于指定的容差 ε_{tol}，基于查询点 Φ^q 生成一个新的记录点，该操作称为添加。

2. 在 FLUENT 中使用 ISAT 算法

对于使用了详细化学反应机理的计算，如应用层流有限速率模型、涡耗散概念模型或 PDF 组分输运模型，在使用多步详细化学反应机理求解时，可以通过 Integration Parameters（积分参数）对话框（见图 3-33）设置积分参数（通过 Define/Model/Species/Integration Parameters 命令调出该对话框，仅在使用了详细化学反应机理的模型时才会出现 Integration Parameters 命令，如涡耗散概念模型）。Integration Method（积分方式）表示积分方式，有 ISAT（当地自适应查表）法和直接积分法供选择。在 ODE Parameters 选项组中设定积分的绝对误差与相对误差数量级。若选择 ISAT 算法，则还需在 ISAT Parameters 选项组中设定相关参数。对于考虑多步化学机理的化学反应过程的计算，可使用 ISAT 算法减小计算量。如果详细化学反应机理考虑的基元反应很多，计算域也较大，应增大 ISAT 的存储容量，即修改 Max. Storage (mb)（最大内存）的值。使用 ISAT 法获得初步的收敛解后，应该减小 ISAT 的误差阈值（ISAT Error Tolerance），该值默认为 0.001，应该减小到 0.0001 以下。

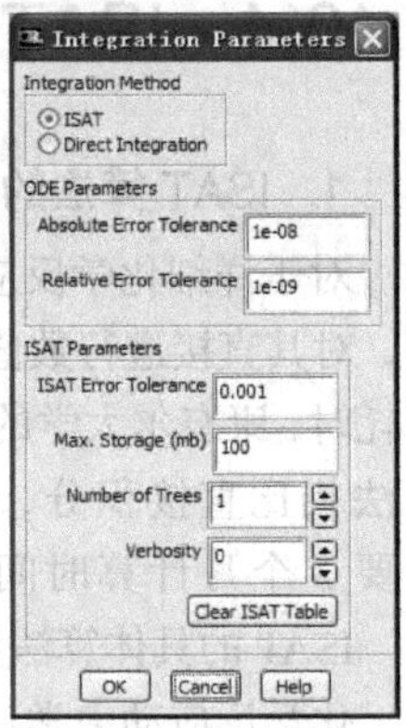

图 3-33　设置积分参数

3.10.5　导入 CHEMKIN 格式的化学反应机理

可以将 CHEMKIN 格式的化学反应机理文件导入 FLUENT 中。FLUENT 将自动进行 CHEMKIN 与 FLUENT 的单位转换，并自动将导入的机理设定为混合物的反应机理。导入 CHEMKIN 格式化学反应机理的对话框如图 3-34 所示。

使用 File/Import/CHEMKIN mechanism 命令可以弹出此对话框。

在 CHEMKIN 机理导入对话框内，在 Material Name（材料名称）文本框中输入化学机理的名称，在 Gas-Phase CHEMKIN Mechanism File（气相 CHEMKIN 机理文件）组合框中输入 CHEMKIN 格式文件的路径。如果默认的热力学数据文件不包含气相组分的动力学参数，可以导入 CHEMKIN 格式的热力学参数，在 Gas-Phase Thermodynamic Database File（气相 CHEMKIN 机理文件）组合框中输入路径和文件名即可，热力学文件的格式与 CHEMKIN 软件的要求一致。

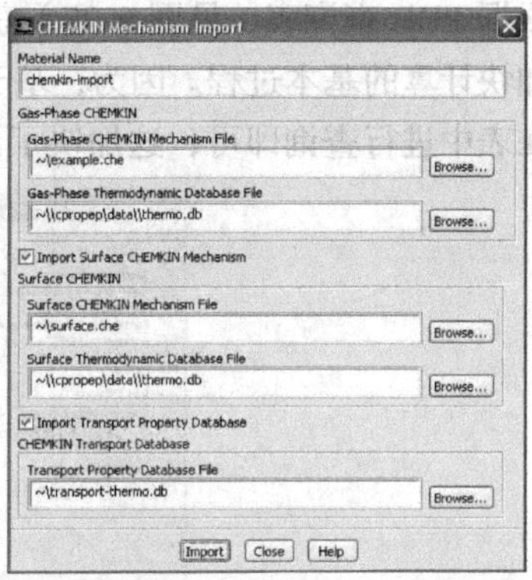

图 3-34　通过 CHEMKIN Mechanism Import 对话框导入 CHEMKIN 格式的化学反应机理

如果在 Species 模型对话框勾选了 Full Multicomponent Diffusion（多组分扩散）复选框，则可以 CHEMKIN 机理导入对话框中勾选 Import Transport Property Database（导入输运参数）复选框，并设置输运数据文件的路径和名称。

3.10.6　非预混燃烧模型之混合分数/PDF 模型

在非预混燃烧中，燃料和氧化剂以非预混形式进入反应区。这与预混燃烧系统截然不同，在预混燃烧系统中，反应物在燃烧以前以分子水平混合。非预混燃烧的例子包括甲烷燃烧、粉煤炉和内部燃烧柴油（压缩）发动机。图 3-35 所示为选择非预混燃烧模型。

在一定假设条件下，热化学可被简化成一个单一的参数，即混合分数。混合分数用 f 表示，来自燃料流的质量分数。换句话说，混合分数是在所有组分（CO_2、H_2O 和 O_2 等）里，燃烧和未燃烧燃料流元素（C 和 H 等）的局部质量分数。因为化学反应中元素是守恒的，所以这种方法极好。反过来，质量分数是一个守恒的数量，因此其控制输运方程不含源项。燃烧被简化为一个混合问题，并且与近非线性平均反应率相关的问题可以避免。一经混合，即可用层流小火焰（Laminar Flamelet）模型将化学反应模拟成化学平衡或近化学平衡。

平衡混合分数 / PDF 模型的非预混模拟方法包括解一个或两个守恒量（混合分数）的输运方程。不解单个组分方程。取而代之的是每个组分的浓度通过混合分数场得到。热化学计算在 PrePDF 中进行，并列成表以便于在 FLUENT 中查询。湍流和化学的相互作用以假定分布的概率密度函数（PDF）法考虑。非预混模型的边界参数设置如图 3-36 所示。

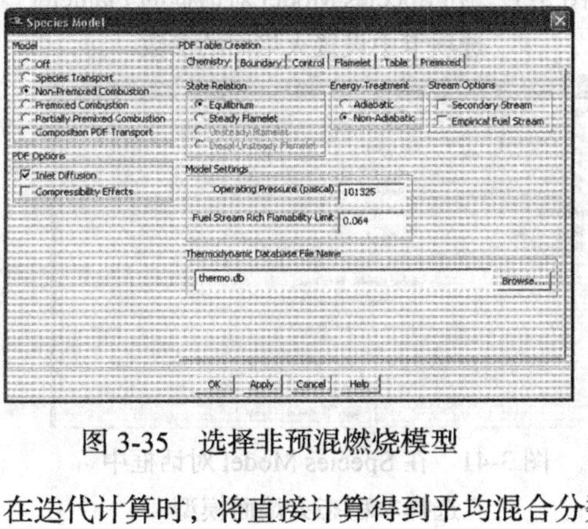

图 3-35　选择非预混燃烧模型

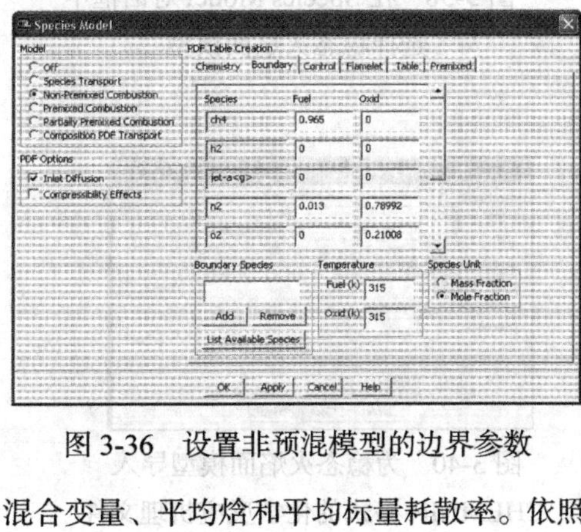

图 3-36　设置非预混模型的边界参数

在迭代计算时，将直接计算得到平均混合分数、混合变量、平均焓和平均标量耗散率。依照这些值，根据 PDF 查询表（见图 3-37）获得组分的平均质量分数、密度和温度。这个过程使用 PDF 查询表来加快计算的基本过程。因为，基于平衡化学反应的 PDF 查询表在计算前已经获得，计算过程中只需要在表中进行查询即可，这加快了计算速度。

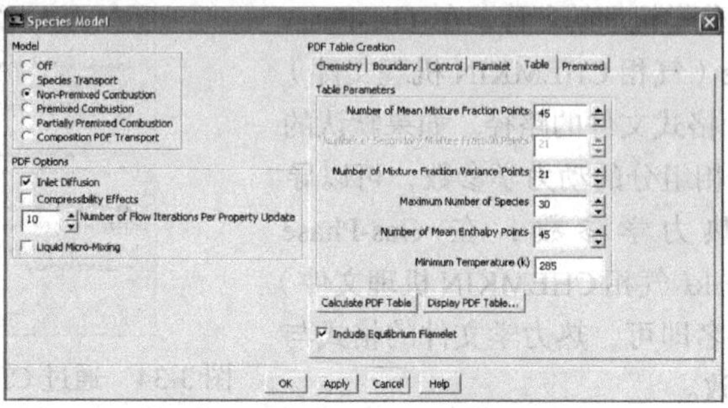

图 3-37　设置 PDF 查询表参数

3.10.7　非预混燃烧模型之层流火焰面模型

层流小火焰模型适合预测中等强度非平衡化学反应的湍流火焰，而不平衡性是由于湍流所产生的空气动力学应变引起的。当化学反应时间和流体运输时间相当时，反应中心被认为达到全局化学不平衡，这些反应包括 NO_x 的形成和低温 CO 的氧化。层流小火焰模型不适合反应速度缓慢的燃烧火焰。反应速率较慢的燃烧模拟应当使用考虑详细化学反应机理的模型，如 EDC 或组分输运 PDF 模型。

图 3-38 所示为在 Species Model 对话框中选择稳态火焰面模型。图 3-39 所示为设置火焰面参数的 Species Model 对话框的 Flamelet 选项卡。图 3-40 所示为稳态火焰面模型导入 CHEMKIN 格式的化学反应机理文件。图 3-41 所示为在 Species Model 对话框中选择非稳态火焰面模型。

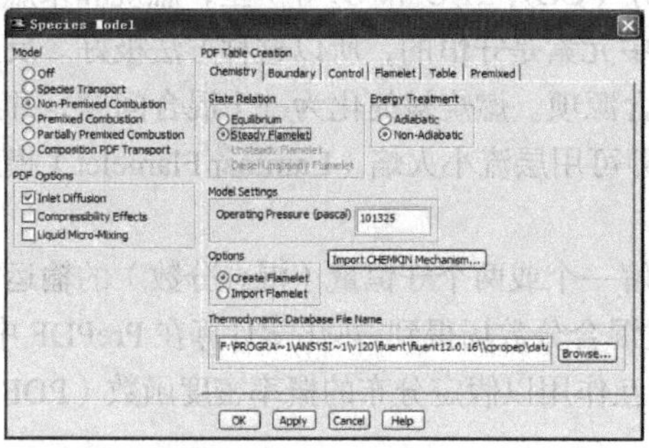

图 3-38　在 Species Model 对话框中选择稳态火焰面模型

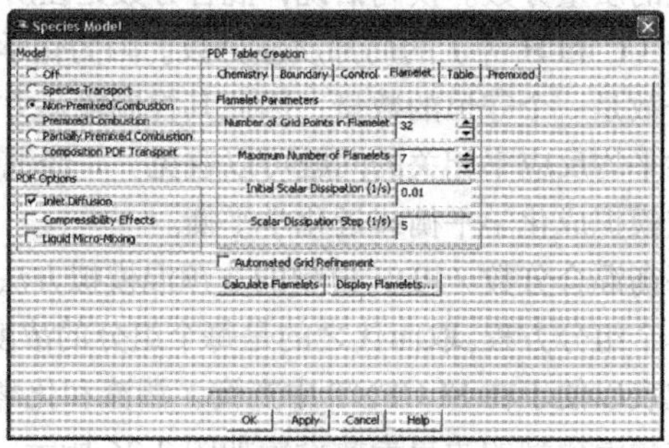

图 3-39　在 Species Model 对话框的 Flamelet 选项卡中设置火焰面的参数

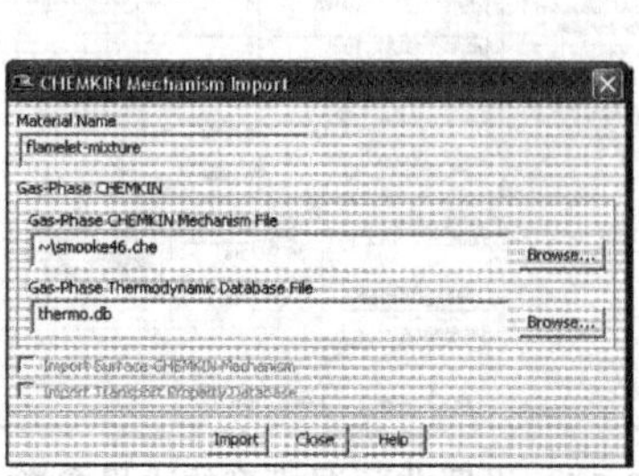

图 3-40　为稳态火焰面模型导入 CHEMKIN 格式的化学反应机理文件

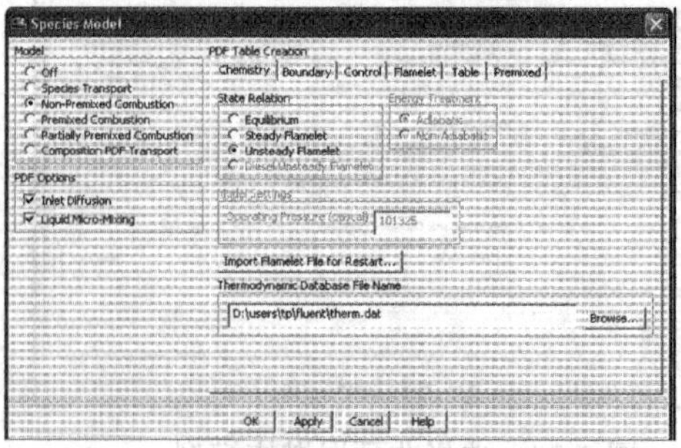

图 3-41　在 Species Model 对话框中选择非稳态火焰面模型

3.10.8 FLUENT 中的煤燃烧模拟计算器的设置与使用

如图 3-42 所示的 Coal Calculator（煤粉计算）对话框使煤粉燃烧的计算自动化，输入有关煤粉燃烧模拟的相关参数（组分、离散相和污染物模型）即可。选择涡耗散模型和有限速率/涡耗散模型时，可在煤粉计算对话框内进行设置。

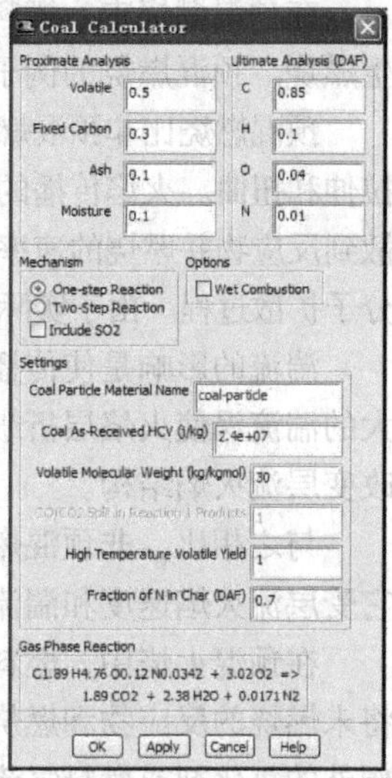

图 3-42 Coal Calculator（煤粉计算）对话框

在 Proximate Analysis 选项组中设置煤粉的工业分析，如挥发份 Volatile、固定碳 Fixed Carbon、灰分 Ash 和水分 Moisture。FLUENT 将进行归一化，使这 4 个参数的和为 1。

在 Ultimate Anaysis（DAF）选项组中设置基于干燥无灰基的元素分析，即 C、H、O、N 等元素的质量分数。ANSYS FLUENT 将进行归一化，使这 4 个参数的和为 1。勾选 Include SO_2 复选框后，组分 S 也会出现在元素分析选项组中。

在 Mechanism 选项组中若选择一步反应（One-step Reaction），则 ANSYS FLUENT 将使用 $vol+\nu_{O_2}O_2 \rightarrow \nu_{CO_2}CO_2+V_{H_2O}H_2O+V_{SO_2}SO_2+V_{N_2}N_2$ 的一步反应机理。若选择两步反应（Two-Step Reaction），ANSYS FLUENT 将使用 $CO+0.5O_2 \rightarrow CO_2$ 和 $vol+\nu_{O_2}O_2 \rightarrow \nu_{CO}CO+\nu_{CO_2}CO_2+V_{H_2O}H_2O+V_{SO_2}SO_2+V_{N_2}N_2$ 的两步反应机理。这些化学反应机理的当量比参数由输入的工业分析与元素分析获得。

若在 Options 选项组中勾选 Wet Combustion 复选框，将在模拟中考虑煤粉中含有的水分。

Settings 选项组中的 Coal Particle Material Name 为煤粉颗粒的名称，默认的名称为 coal-particle（煤粉颗粒）；Coal As-Received HCV（j/kg）为煤粉的收到高热值，HCV 代表 Higher Calorific Value（高热值）的缩写。Volatile Molecular Weight（kg/kgmol）为纯挥发分的分子量。CO/CO_2 Split in Reaction 1 Products 为第一步反应中 CO 的分子分数，而不是 CO_2 的分子分数，默认值为 1，代表所有的碳都反应生成 CO，没有 CO_2 的生成。在很高的温度下，被增强的挥发过程可能使模拟的挥发分超过实际挥发分的分数，为避免此问题，实际的挥发分将使用在 Proximate Analysis 中设定的值乘以 High Temperature Volatile Yield 文本框中的值。实际固定碳分数将由 1 减去实际挥发分、灰分和水分获得。Fraction of N in Char (DAF)为焦炭中 N 的质量分数，将在燃料型 NO_x 模型中被使用。

以上设置完成后，单击 OK 按钮，FLUENT 将做以下改变。

（1）创建名称为 coal-volatiles-air 的混合物，其一步或两步机理在 Mechanism 选项组中被确定。如果流体组分（如 O_2、CO 和 CO_2 等）不存在，它们将被创建。名称为 coal-volatiles 的流体组分被创建后，其标准状态焓（Standard State Enthalpy）将由工业分析、元素分析、收到基高热值和挥发分分子量获得。

（2）将创建一种燃烧颗粒，其挥发分分数和可燃物分数将由工业分析和元素分析获得。离散相模型（Discrete Phase Model，DPM）将被激活。

（3）对于燃料型 NO_x 模型，默认的燃料组分将设为挥发分，焦炭中的 N 将转换为 NO。燃料型 NO_x 中的挥发份和焦炭的质量分数将由工业分析和元素分析获得。需注意的是，虽然燃料型 NO_x 模型的相关参数被改变了，但燃料型 NO_x 模型本身并没有被激活。

（4）如果勾选了 Wet Combustion 复选框，后续的入射将包含湿空气燃烧过程。蒸发物质将被设定为水蒸气和液态水，水的体积分数将由设置的水分质量分数和煤干燥密度获得。Create/Edit Materials 对话框中燃烧颗粒的密度（Density）将被设为煤的干燥密度（Coal Dry Density）。

3.10.9 预混燃烧模型

1. 预混燃烧模型的基本理论

在预混燃烧中，燃料和氧化剂在点火之前进行分子级别的混合。火焰锋面传入未燃烧的反应物产生燃烧。预混燃烧的例子有吸气式内燃机、贫燃燃气轮机的燃烧器以及气体泄漏爆炸。

预混燃烧比非预混燃烧更难模拟。原因在于（亚音速）预混燃烧通常作为薄层火焰产生，并被湍流拉伸和扭曲。火焰传播的整体速率受层流火焰速度和湍流涡旋控制。层流火焰速度由物质和热量逆流扩散到反应物并燃烧的速率决定。为得到层流火焰速度，需要确定内部火焰结构以及详细的化学动力学和分子扩散过程。由于实际的层流火焰厚度只有微米量级或更小，求解所需要的计算量是不可承受的。

湍流的影响是使传播中的层流火焰层折皱、拉伸，增加了薄层的面积，并因此提高了火焰速度。大的湍流涡使火焰层折皱，而小的湍流涡，如果它们比层流火焰的厚度还小，那么将会穿过火焰层并改变层流火焰结构。

与之相比，非预混燃烧可以简化为一个混合问题。预混燃烧模拟的要点在于捕获湍流火焰速度，它受层流火焰速度和湍流的影响。

在预混火焰中，燃料和氧化剂在进入燃烧设备之前已经完全混合。反应在燃烧区发生，这一区域将未燃烧的反应物和燃烧产物隔开。部分预混火焰具有预混和扩散火焰两方面的性质。它们发生在有额外的氧化剂或燃料气流进入预混系统，或是当扩散火焰离开燃烧器以在燃烧前产生某些预混的情况。

2. 在 FLUENT 中设置预混燃烧模型

在 FLUENT 中设置预混模型主要需设定 3 处，即燃烧模型对话框、物性设定和边界条件。

通过 Define/Models/Species 命令弹出燃烧模型对话框，如图 3-43 所示，选择 Premixed Combustion（完全预混燃烧模型）。选择 Adiabatic（绝热）或 Non-Adiabatic（非绝热），该设置将只影响温度的计算方法。Zimont Model Constants 选项组中的 Turbulent Length Scale Constant（湍流长度常数）、Turbulent Flame Speed Constant（湍流火焰速度常数）、Stretch Factor Coefficient（拉伸因子系数）、Turbulent Schmidt Number（湍流施密特数）和 Wall Damping Coefficient 这些常数是绝大多数工况都适用的推荐值。对于非绝热预混燃烧模型，用户指定的湍流 Schmidt 数也将被作为能量的 Prandtl 数，因此能量 Prandtl 数将不会在非绝热预混燃烧模型的黏性模型面板中出现。这些参数控制进程参数和能量扩散的水平。

在 Materials 对话框（见图 3-44）中定义未燃混合物的物理属性。包括热扩散系数 α，定义为 $k/\rho c_p$，以及标准状态时的值，这些值可以在燃料燃烧手册中找到。

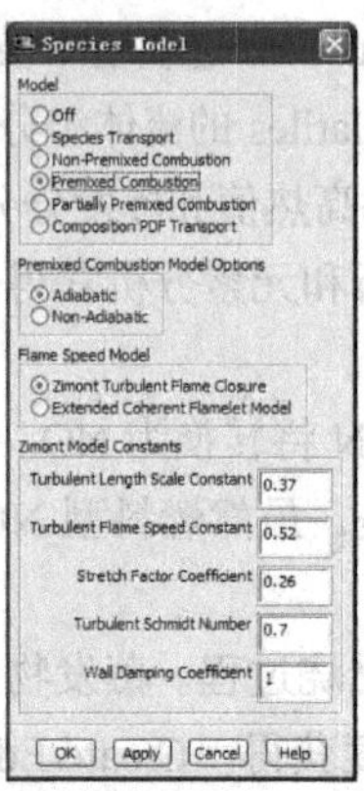

图 3-43 选择预混燃烧模型

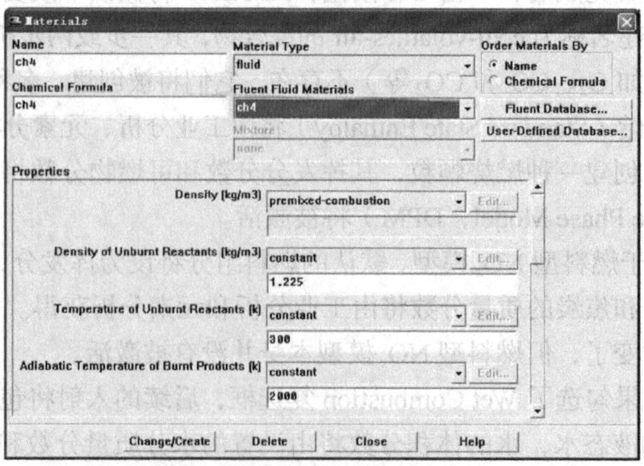

图 3-44 设置预混燃烧模型的混合物物性

对于绝热和非绝热模型，用户都需要指定层流火焰速度（Laminar Flame Speed）作为材料属性。层流火焰速度为预混燃烧模型需设置的关键参数，对于计算结果的精确性影响较大。

如果用户希望模型中包括火焰拉伸效应，还需要指定临界应变率（Critical Rate of Strain）。临界应变率默认设定为一个很大的值（1×10^{8}），因而没有火焰拉伸效应出现。为了包括火焰拉伸效应，用户需要根据燃烧器的实验数据调整临界应变率。由于火焰拉伸和火焰熄灭能影响湍流火焰速度，精确的预测需要一个临界应变率的理想值。对于甲烷贫燃预混燃烧，典型值的范围为 3 000 ~ 8 000 s^{-1}。

注　意：用户可以指定常数值或自定义函数来定义层流火焰速度和临界应变率。

对于绝热模型，用户还需要指定燃烧产物的绝热温度（Adiabatic Temperature of Burnt Products），即在绝热条件下燃烧产物的温度。这一温度将被用于在绝热预混燃烧计算中确定温度的先行变化。用户可以指定一个常数或是自定义函数。

对于非绝热模型，用户需要指定单位质量燃料的燃烧热（Heat of Combustion）和未燃燃料分数（Unburnt Fuel Mass Fraction）。FLUENT 将使用这些值计算热损失或燃烧产热，并将这些损失/获得包括在计算温度的能量方程中。燃烧热（Heat of Combustion）只能指定为常数，但未燃燃料分数（Unburnt Fuel Mass Fraction）可以指定为常数或函数。为指定预混燃烧模型中的密度，在密度（Density）下拉列表中选择预混燃烧，并设置未燃反应物的密度（Density of Unburnt Reactants）和未燃反应物的温度（Temperature of Unburnt Reactants）。

对于绝热预混模型，用户设置的未燃反应物的温度（Temperature of Unburnt Reaction）还将用于计算温度。

其他未燃混合物的指定属性有粘度、比热、热导率以及其他与预混燃烧模型联合使用的模型有关的参数。

对于预混燃烧模型，用户需要在流动入口和出口设置附加的边界条件，即进程变量 c，有效的进程变量输入为，$c=0$（未燃混合物）和 $c=1$（燃烧后的混合物）。

3.10.10　部分预混燃烧模型

部分预混燃烧系统是带有不均匀燃料（氧化剂的混合物）的预混燃烧火焰。这种部分预混火焰的情形如预混的混合物喷射到静止的大气中、带有扩散引导火焰或者冷却气喷嘴的贫油预混燃烧以及不完整混合进口的贫油预混燃烧室。

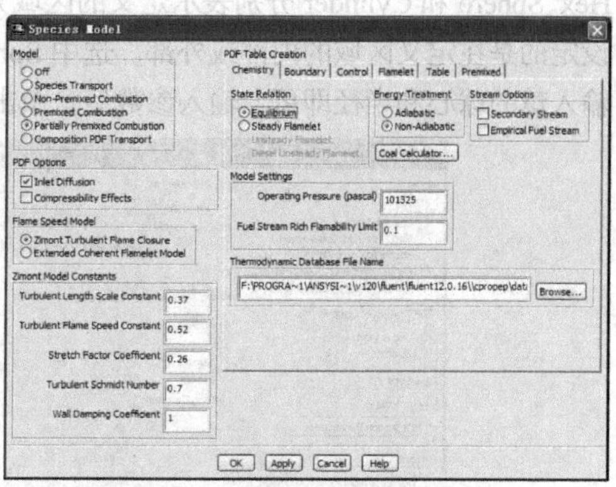

图 3-45　选择部分预混燃烧模型

FLUENT 提供的部分预混模型（见图 3-45）是非预混模型和预混模型的结合。预混反应进度变量 c 决定火焰锋面的位置。在火焰锋面后部（$c=1$），混合物是燃尽的，因此采用平衡的求解方案。在火焰锋面（$c=0$）前，组分质量分数、温度和密度通过未燃烧混合物计算。火焰内部（$0<c<1$），未燃物和已燃物采用线性处理。

非预混和预混模型的基本理论、假设以及各自的局限，也应用于部分预混模型。特别的是，Single-Mixture-Fraction 方法只适用于两个进口的情况，这两个进口可以是纯燃料、纯氧化剂或者燃料和氧化剂的混合物。在 Two-Mixture-Fraction 模型中，进口数目限制拓展到三个，但是将带来较大的计算量。

3.10.11 组分输运概率密度函数 PDF 燃烧模型

1. PDF 组分输运燃烧模型的基本理论

PDF 组分输运燃烧模型能考虑详细化学反应机理来模拟湍流燃烧过程。该模型能模拟任意步的化学反应机理，这个目标与涡耗散概念模型（EDC）一致，但 PDF 组分输运燃烧模型更严格地考虑了湍流与化学交互的过程，当然也需要更多的计算量。平均化学反应速率采用 PDF 公式 $\overline{\dot{w}_k} = \int_0^\infty\int_0^1\cdots\int_0^1 \dot{w}_k P\,\mathrm{d}Y_N\cdots\mathrm{d}Y_1\,\mathrm{d}T$ 计算。因此，当 PDF（概率密度分布）已知时，热化学过程是可解的。

因为要求解多种组分方程和能量方程，概率密度函数方程式是高度非线性的。需要采用蒙特卡罗方法（Monte Carlo Method）求解概率密度函数方程组。有 3 种混合模型可以采用，即 Modified Curl、IEM 和 EMST 模型。总的来说，采用 PDF 组分输运燃烧模型计算的精确度较高。

2. 在 FLUENT 中设置 PDF 组分输运燃烧模型

通过 Define/Model/Species/Transport & Reaction 命令弹出 Species Model 对话框，如图 3-46 所示。在 Species Model 对话框中选中 Composition PDF Transport 选项，即选择了 PDF 组分输运燃烧模型。

3.10.12 FLUENT 燃烧模拟可能遇到的点火问题

对于燃烧模拟的计算，虽然控制方程组中考虑了化学反应模型，但使用某些模型时（如通用有限速率模型和 PDF 组分输运模型），如果计算域温度不高（即没点火），那么反应并不会发生，计算得到的温度场没什么变化，求解的仅为冷态混合流场。下面具体介绍燃烧模拟点火的方法。

（1）通过 Solve/Initialization/Patch 操作进行局部修补。

Patch 与一般对全场进行初始化的操作不同，Patch 是对计算域中的某一个局部区域进行初始化操作。比如炉膛中全场的初始温度为 300 K，而点火枪位置处为 2 000 K 的高温，则可以先对计算域全场初始化 300 K，再利用 Patch 操作将点火枪位置的温度指定为 2 000 K。要进行 Patch 操作，需首先在计算域中指定一个局部区域，可以通过 Adapt/Region 操作定义一个局部区域，如图 3-47 所示。Shapes 选项组中的 Hex、Sphere 和 Cylinder 分别表示定义的区域为六面体、球和圆柱。而 Options 选项组中的 Inside 和 Outside 设定的是在定义区域的内部或外部。选中 Sphere 选项即指定的区域为球，在 Input Coordinates 选项组中输入球的球心和半径即可。输入参数后，单击 Mark 按钮即可标记出一个球形区域。

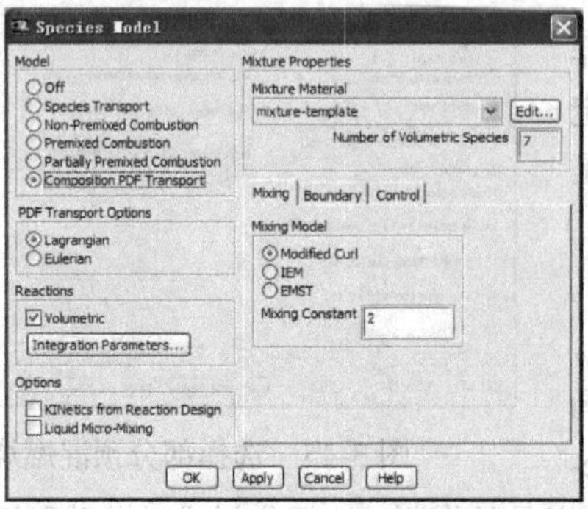

图 3-46　选择 PDF 组分输运燃烧模型

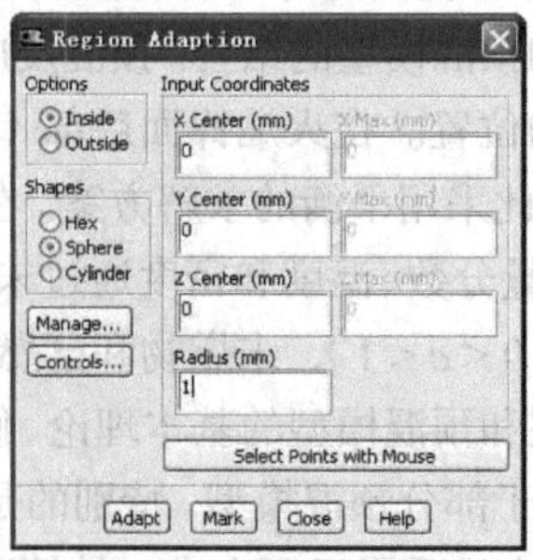

图 3-47　在 Region Adaption 对话框中定义区域

指定了局部区域后，可在 Patch 对话框中看到标记的局部区域，如图 3-48 所示的 sphere-r3。选择要修补的变量，如图 3-48 中选择的 Temperature（温度），设定 Value(k)的值为 2 000。即设定 sphere-r3 区域的温度为 2 000 K，单击 Patch 按钮即可进行局部修补操作。

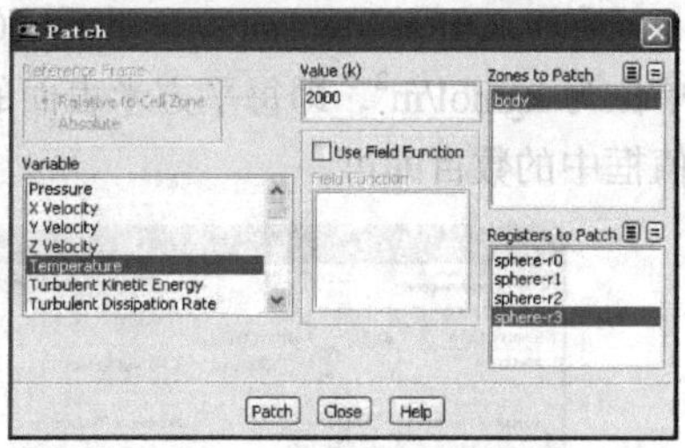

图 3-48　在 Patch 对话框中进行计算域局部修补

（2）通过设定燃烧炉壁面问题点火。

在初始计算时可以将壁面温度设定在着火点以上，如设置壁温为 1 500 K。经过初始计算，燃烧反应开始后，再将炉温设定为炉膛的实际壁温，然后进行点火后燃烧反应的计算，直至收敛。这样设置既实现了燃烧反应的点火过程，又采用了实际壁温作为边界条件。

（3）通过预热空气点火。

因绝大多数工业燃烧方式都为扩散燃烧，在初始计算时可以将空气温度设定在着火点以上，如设置空气温度为 1 500 K。经过初始计算，燃烧反应开始后，再将空气温度设定为实际过程中的空气温度，然后进行点火后燃烧反应的计算，直至收敛。这样设置，虽然在初始计算时空气质量流量低于实际空气质量流量（设定高的空气温度降低了空气密度），但最终工况的计算又将空气温度变为了实际温度，因此不影响最终收敛解的精度。

（4）通过使用无需点火的燃烧模型计算初步温度。

可以先使用涡耗散模型（EDM）和非预混燃烧模型之混合分数/PDF 模型进行初始计算，因为这两个模型无需点火过程的设置。采用这些模型进行初始计算可以得到炉内温度分布的初步结果，然后切换到其他希望采用的燃烧模型即可。

3.11　表面反应模拟

FLUENT 可以模拟表面的化学反应，并且表面化学反应和气相化学反应可以耦合求解。即表面反应的生成物可能是气相反应的反应物，而气相反应的生成物也可能是表面反应的反应物。

表面反应的化学反应机理也可以通过直接导入 CHEMKIN 格式的文件获得，如图 3-49 所示，选择 File/Import/CHEMKIN Mechanism 命令，弹出 CHEMKIN Mechanism Import 对话框，勾选 Import Surface CHEMKIN Mechanism 复选框在 Surface CHEMKIN Mechanism File 和 Surface Thermodynamic Database File 组合框中分别输入反应机理文件和热力学数据文件的路径，也可以通过 Browse... 按钮浏览文件夹以选择路径。

导入化学机理后，在 Species Model 对话框中可以观察已导入的表面反应组分，如图 3-50 所示。

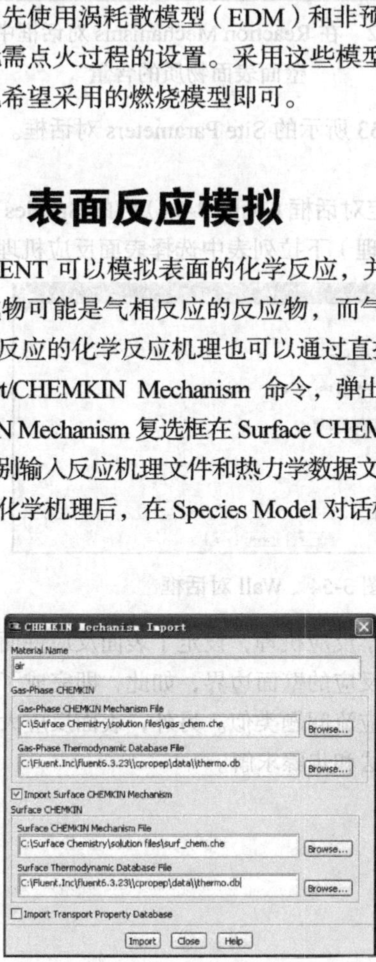

图 3-49　导入 CHEMKIN 格式的表面反应文件

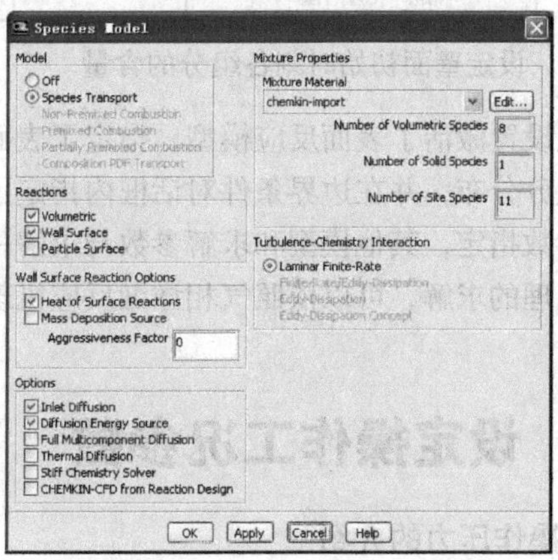

图 3-50　Species Model 对话框

如果手动输入表面反应机理，则在此对话框中首先勾选 Volumetric 复选框，再勾选 Wall Surface 复选框，即可激活表面反应模型。而后可以在 Reactions 对话框中手动输入表面反应机理参数，如图 3-51 所示。

在 Reaction Mechanisms 对话框（见图 3-52）中需要输入初始时刻某一标记壁面的表面组分摩尔量，单位为 kgmol/m^2，即每平方米表面的摩尔数。如果还需添加另一个标记壁面，调节 Number of Sites 数值框中的数目即可。

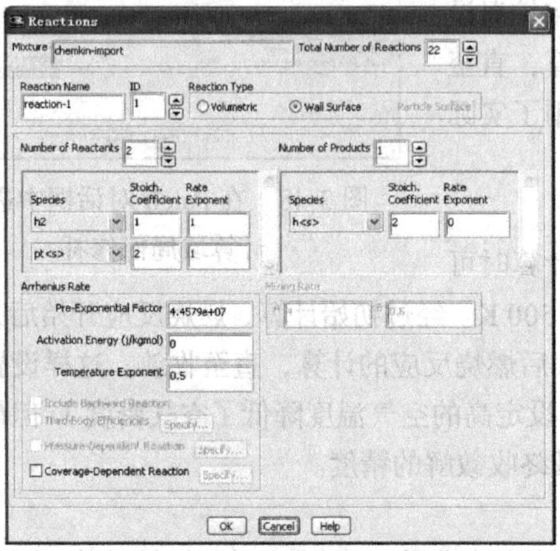

图 3-51　在 Reactions 对话框中设定表面反应机理参数

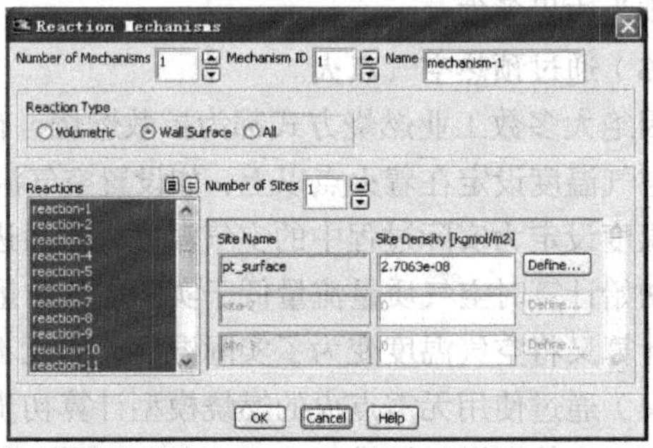

图 3-52　在 Reaction Mechanisms 对话框中设定壁面表面物质的含量

单击某一个 Site Name 后的 Define... 按钮，弹出如图 3-53 所示的 Site Parameters 对话框。通过该对话框即可设置壁面初始时刻各组分的含量。

对于发生表面反应的壁面，需在此壁面的边界条件设定对话框（见图 3-54）内的 Species 选项卡内勾选 Reaction 复选框，并在 Reaction Mechanisms（反应机理）下拉列表中选择表面反应机理。

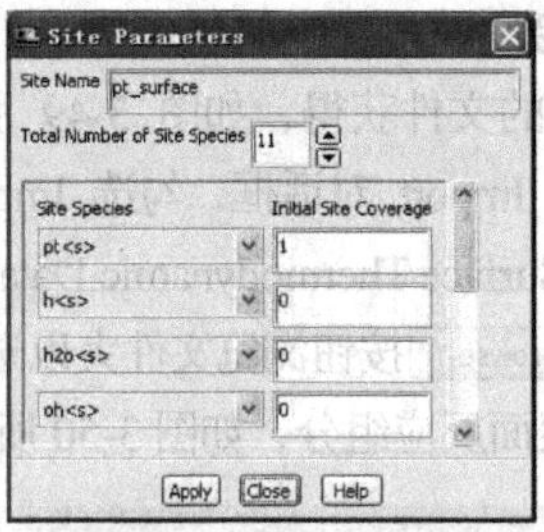

图 3-53　设定壁面初始时刻各组分的含量

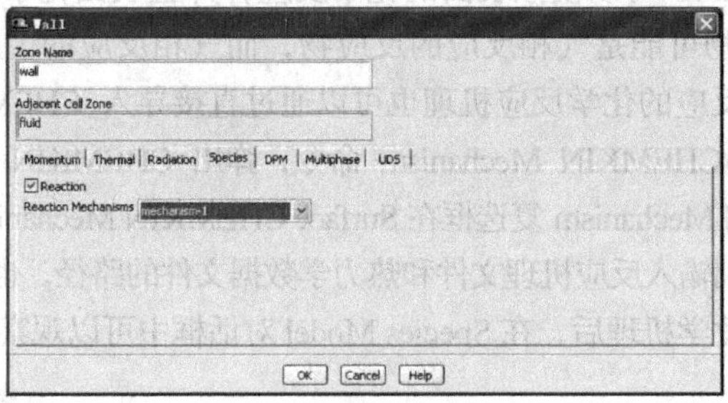

图 3-54　Wall 对话框

以上设置激活了表面反应模型，指定了表面反应的化学反应机理，设定了表面反应壁面处的组分含量和组分分布，并在边界条件对话框内指定了发生表面反应的壁面边界，如此，即完成了表面反应模型的参数指定，其他模型和求解参数与求解一般化学反应流问题类似。另外，表面反应大多涉及详细反应机理的求解，可以依照气相详细反应机理求解的方法和步骤求解。

3.12　设定操作工况参数

1. 操作压力的介绍

关于参考压力的设定，首先需了解有关压力的一些定义。FLUENT 中有以下几个压力，即 Static

Pressure（静压）、Dynamic pressure（动压）与 Total Pressure（总压）；Absolute Pressure（绝对压力）、Relative Pressure（参考压力）与 Operating Pressure（操作压力）。

这些压力间的关系为，Total Pressure（总压）= Static Pressure（静压）+ Dynamic Pressure（动压）；Absolute Pressure（绝对压力）= Operating Pressure（操作压力）+ Gauge Pressure（表压）。

其中，静压、动压和总压是流体力学中关于压力的概念。静压是测量到的压力，动压是有关速度动能的压力，是流动速度能量的体现。总压等于静压与动压之和。

而绝对压力、操作压力和表压是 FLUENT 引入的压力参考量，在 FLUENT 中，所有设定的压力都默认为表压。这是考虑到计算精度的问题。

对于低马赫数的可压缩流动而言，相比绝对静压，总压降是很小的，因此其计算精度很容易受到数值截断误差的影响。需要采取措施避免此误差的形成。FLUENT 通过采用表压（由绝对压力减去操作压力得来）的形式来避免截断误差的影响。操作压力一般等于流场中的平均总压。

2. 操作压力的设定

设定操作压力时需要注意的事项如下。

- 对于不可压缩理想气体的流动，操作压力的设定直接影响流体密度的计算，因为对于理想气体而言，流动的密度由理想气体方程获得，理想气体方程中的压力为操作压力。
- 操作压力的设定对低马赫数可压缩流动的求解很有意义，因为其能缓解数值求解引起的截断误差。操作压力的取值应该合理。对于非定常可压缩流动而言，操作压力可能并不是一个定值。
- 对于高马赫数可压缩流动的求解而言，因为此时的压力比低马赫数可压缩流动的大得多，所以求解过程中截断误差的影响不大，可以不设定表压。由于 FLUENT 中需输入的压力都默认为表压（除在 FLUENT 输入面板中特别注明的以外，其他压力的输入都默认为表压），因此，此时可以将操作压力设定为 0，使表压与绝对压力相等。
- 如果密度设定为常数或者其值由通过温度变化的函数获得，操作压力并没有在计算密度的过程中被使用。
- 默认的操作压力为 101 325 Pa。

3. 设定操作压力的方法

操作压力的设定主要基于两点考虑，一是流动马赫数的大小，二是密度计算方法。例如，在不可压缩流动计算中要使用理想气体定律，则应该设定一个合适的操作压力来代表流动的平均压力。表 3-5 所示为关于操作压力的推荐设置。

表 3-5　操作压力的推荐设置

密度关系式	马　赫　数	操 作 压 力
理想气体定律	大于 0.1	0 或约等于流场的平均压力
理想气体定律	小于 0.1	约等于流场的平均压力
关于温度的函数	不可压缩	不使用
常数	不可压缩	不使用
不可压缩理想气体	不可压缩	约等于流场的平均压力

4. 关于参考压力位置的设定

对于不涉及任何压力边界条件的不可压缩流动，FLUENT 在每次迭代后要调整表压值。这个过程通过使用参考压力位置处（或该位置附近）节点的压力完成。因此，参考压力位置处的表压应一直为 0。如果使用了压力边界条件，则不会使用到上述关系，因此参考压力位置不被使用。

参考压力位置默认为等于或接近（0，0，0）的节点中心位置。实际计算中可能需要设置参考压力位置到绝对静压已知的位置处。在 Operating Conditions 对话框（见图 3-55）中的 Reference Pressure Location 选项组中设置新的参考压力位置的 *x*、*y*、*z* 的坐标即可。

如果要考虑某一方向的加速度，如重力，可以勾选 Gravity 复选框，如图 3-56 所示。

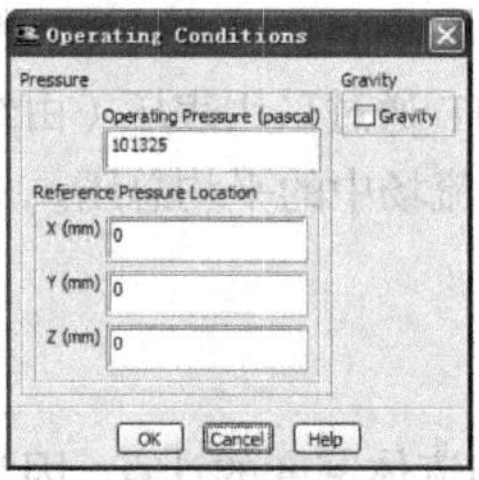

图 3-55　操作工况设定对话框

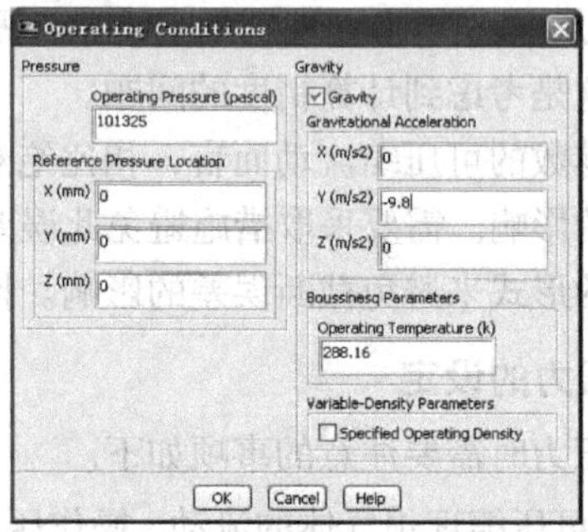

图 3-56　勾选 Gravity 复选框

3.13　设定单元区域条件

3.13.1　单元区域条件的类型

FLUENT 中单元区域条件包含流体域、固体域和多孔介质域，其中多孔介质域是流体域的一种。下面分别进行介绍。

1. 流体区域

流体区域是网格单元的集合，所有需要求解的方程都要在流体区域上被求解。流体区域上需要输入的唯一信息是流体的材料性质，即在计算之前必须指定流体区域中包含何种流体。

在计算组分输运或燃烧问题时不需要选择材料，因为在组分计算中，流体是由多种组分组成的，而组分的特性在 Species Model（组分模型）对话框中设置。同样在多相流计算中也不需要指定材料性质，流体的属性在指定相特征时被确定。

其他可以选择输入的参数包括源项、流体质量、动量、热或温度、湍流以及组分等流动变量，还可以定义流体区域的运动。如果流体区域附近存在旋转式周期性边界，则需要指定转动轴。如果计算中使用了湍流模型，可以将流体区域定义为层流区。如果计算中使用 DO 模型计算辐射，则可以确定流体是否参与辐射过程。

2. 固体区域

固体区域是这样一类网格的集合，在这个区域上只有热传导问题被求解，与流场相关的方程则无需在此求解。被设定为“固体”的区域实际上可能是流体，只是这个流体上被假定没有对流过程发生。在固体区域上需要输入的信息只有固体的材料性质。必须指明固体的材料性质，以便计算中可以使用正确的材料信息。用户可以在固体区域上设定热生成率或固定的温度值，也可以定义固体区域的运动。如果固体区域周围存在周期性边界，则需要指定转动轴。如果计算中使用 DO 模型计算辐射过程，则需要说明固体区域是否参与辐射过程。

3. 多孔介质区域

很多问题中包含多孔介质的计算，当流场中包括过滤纸、分流器、多孔板和管道阵列等边界时，可能需要使用多孔介质条件。在计算中可以定义某个区域或边界为多孔介质，并通过参数输入定义通过多孔介质后流体的压力降。在热平衡假设下，也可以确定多孔介质的热交换过程。

在薄的多孔介质面上可以用一维假设"多孔跳跃（Porous Jump）"定义速度和压力的降落特征。多孔跳跃模型用于面区域，而不是单元区域。在计算中应该尽量使用这个模型，因为这个模型可以增强计算的稳定性和收敛性。

多孔介质模型采用经验公式定义多孔介质上的流动阻力。从本质上说，多孔介质模型是在动量方程中增加了一个代表动量消耗的源项。因此，多孔介质模型需要满足下面的限制条件。

- 因为多孔介质的体积在模型中没有体现，在默认情况下，FLUENT 在多孔介质内部使用基于体积流量的名义速度来保证速度矢量在通过多孔介质时的连续性。如果希望更精确地进行计算，也可以让 FLUENT 在多孔介质内部使用真实速度。
- 多孔介质对湍流的影响仅是近似考虑的。
- 在移动坐标系中使用多孔介质的模型时，应该使用相对坐标系，而不是绝对坐标系，以保证获得正确的源项解。

3.13.2 单元区域条件设定

选择 Define/Cell Zone Conditions 命令，弹出单元区域对话框，如图 3-57 所示。在该对话框中可以设置区域的类型及相关参数。

1. 流体区域设定

在如图 3-57 所示的单元区域对话框中选择 Type 下拉列表中的 fluid 选项，然后单击 Edit 按钮，即可弹出 Fluid（流体）对话框，如图 3-58 所示，在该对话框中即可设置流体区域的相关参数。

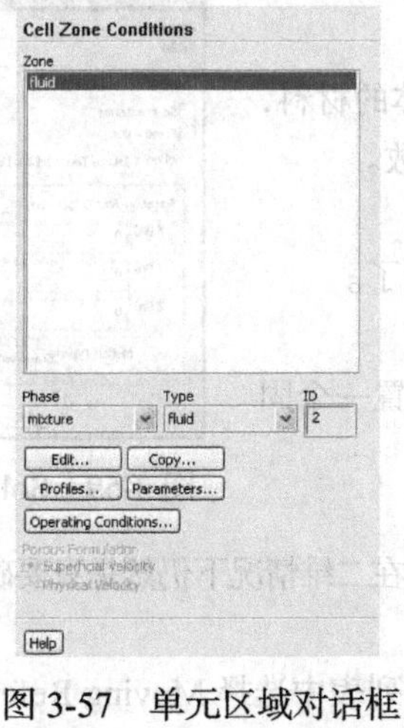

图 3-57　单元区域对话框

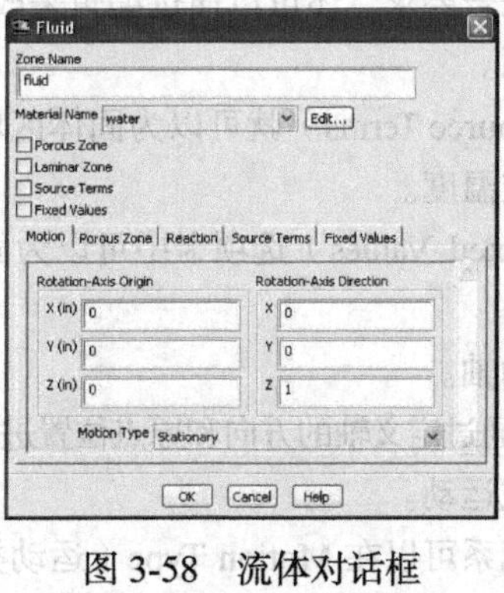

图 3-58　流体对话框

（1）定义流体属性。

可以从材料列表中选择材料，如果材料参数不符合要求，还可以编辑材料参数以便满足计算要求。

（2）定义源项。

在 Source Terms（源项）选项卡中可以定义热、质量、动量、湍流、组分和其他流动变量的源项。

（3）定义固定参数值。

勾选 Fixed Values（固定值）复选框可以为流体区域中的变量设置固定值。

（4）设定层流区。

当计算中使用了 k-ε 模型、k-ω 模型或 Spalart-Allmaras 模型时，可以在特定的区间上关闭湍流设置，从而设定一个层流区域。这个功能在已知转捩点位置或层流区和湍流区位置时是非常有用的。

（5）定义化学反应机理。

选择 Reaction（反应）选项卡后，可以在 Reaction Mechanisms（反应机理）列表中选择需要的化学反应机理，从而可以计算带化学反应的组分输运过程。

（6）定义旋转轴。

如果流体区域周围存在周期性边界或者流体区域是旋转的，则必须为计算指定转动轴。通过定义 Rotation-Axis Direction（旋转轴方向）和 Rotation-Axis Origin（转轴原点）即可定义三维问题中的转动轴。在二维问题中只需要指定转轴原点就可以确定转动轴了。

（7）定义区域的运动。

在 Motion Type（运动类型）下拉列表中选择 Moving Reference Frame（移动参考系），可以为运动的流体区域定义转动或平动的参考系。

如果想为滑移网格定义区域的运动，则可以在运动类型下拉列表中选择 Moving Mesh（移动网格），然后进行相关参数的设置。

对于平动运动而言，则只要在 Translational Velocity（平动速度）中设定速度在 x、y、z 方向上的分量即可。

（8）定义辐射参数。

如果计算中使用了 DO 辐射模型，可以确定流体区域是否参与辐射过程。

2. 固体区域设定

所有与固体区域相关的设置均在 Solid（固体）对话框（见图 3-59）中完成，这个对话框也是通过如图 3-57 所示的单元区域对话框弹出的。

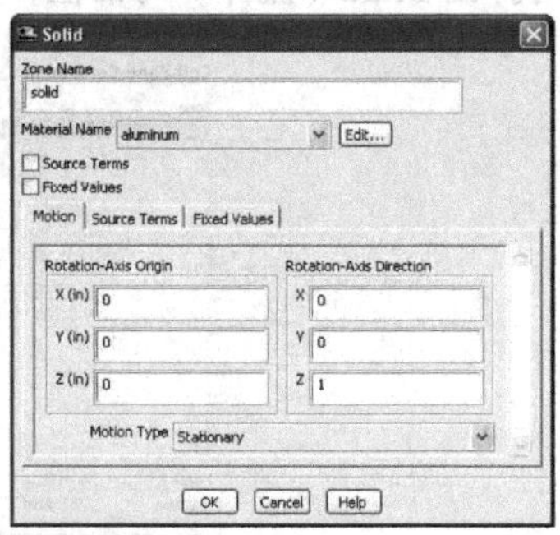

图 3-59 Solid（固体）对话框

（1）定义固体材料。

在材料名称（Material Name）下拉列表中可以选择固体的材料，如果材料参数不符合要求，还可以通过编辑来改变这些参数。

（2）定义热源。

选择源项（Source Terms）就可以为固体区域设置热源了。

（3）定义固定温度。

在固定值（Fixed Values）选项卡中可以为固体区域设置一个固定的温度值。

（4）定义转动轴。

转动轴仍然是通过定义轴的方向和原点位置进行定义的，在二维情况下仍然是只要确定转轴原点即可。

（5）定义区域运动。

定义参考坐标系可以在 Motion Type（运动类型）下拉列表中选择 Moving Reference Frame（运动参考系）选项完成定义。

对于带有直线运动的固体区域而言，则可以通过定义 Translational Velocity（平移速度）的三个分量来定义。

（6）定义辐射参数。

如果使用 DO 模型计算辐射过程，则可以在 Participates in Radiation（是否参与辐射）选项中确定固体区域是否参与辐射过程。

3.14　多孔介质计算域

多孔介质计算中的参数设置在流体（Fluid）对话框中完成，如图 3-60 所示。具体设置步骤如下。

（1）定义多孔介质区域。

勾选 Porous Zone（多孔介质区域）复选框就可以将流体区域设为多孔介质了。

（2）定义多孔介质速度公式。

Solver（求解器）面板中有一个 Porous Formulation（多孔公式）区，用以确定在多孔介质区域上使用名义速度或物理速度。默认设置为名义速度。

（3）定义流过多孔介质的流体。

在 Material Name（材料名称）下拉列表中选择所需的流体名称即可。可以用编辑功能改变流体的参数设置。组分计算或多相流计算中的流体不在这里定义，而是在 Species Model（组分模型）对话框中定义。

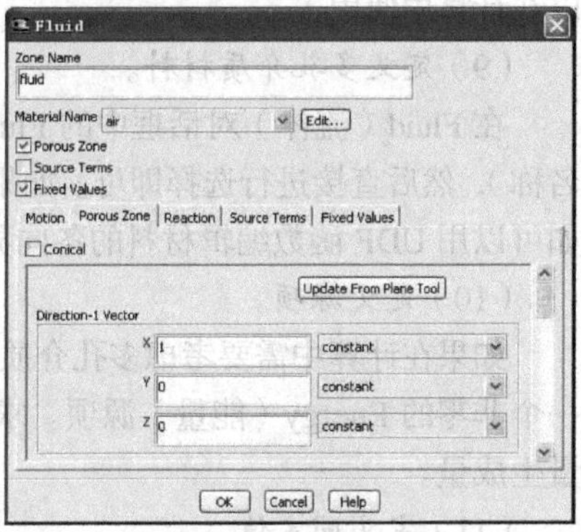

图 3-60　流体对话框

（4）在多孔区域上设置化学反应。

在 Fluid（流体）对话框上选择 Reaction（反应）选项卡，再从 Reaction Mechanism（反应机理）中选择合适的反应，这样可以在多孔介质区域计算中加入化学反应。如果化学反应中包括表面反应，则需要设定 Surface to Volume Ratio（面体比）。面体比是多孔介质单位体积上拥有的表面积，因此可以作为催化反应强度的量度。根据这个参数，FLUENT 可以计算出体单元上总的表面积。

（5）定义黏性和惯性阻力系数。

黏性和惯性阻力系数的定义方式是相同的。在直角坐标系中定义阻力系数的办法是，在二维问题中定义一个方向矢量或在三维问题中定义两个方向矢量，然后在每个方向上定义黏性和惯性阻力系数。二维计算中的第二个方向，即没有被显式定义的那个方向，是与被定义的方向矢量相垂直的方向。与此类似，三维问题中的第三个方向为垂直于前两个方向矢量构成的平面的方向。在三维问题中，被定义的两个方向矢量应该是相互垂直的，如果不垂直，那么 FLUENT 会将第二个方向矢量中与第一个方向矢量平行的分量删除，强制令二者保持垂直。因此第一个方向矢量必须准确定义。用 UDF 也可以定义黏性和惯性阻力系数。在 UDF 被创建并调入 FLUENT 后，相关的用户定义选项会出现在下拉列表中。需要注意的是，用 UDF 定义的系数必须使用 DEFINE_PROPERTY 宏。如果计算的问题是轴对称旋转流，可以为黏性和惯性阻力系数定义一个附加的方向分量。这个方向应该与其他两个方向矢量相垂直。在三维问题中，还允许使用圆锥（或圆柱）坐标系。需要提醒的是，多孔介质流中计算黏性或惯性阻力系数时采用的是名义速度。

（6）黏性和惯性阻力系数的推导。

推导黏性和惯性阻力系数的方法如下。

- 采用已知的压力损失，基于名义速度推导多孔介质参数。
- 用 Ergun 方程计算填充床的多孔介质参数。
- 用经验公式推导穿过多孔板的流动参数。
- 用表格数据计算流过纤维垫的多孔介质参数。
- 用压力和速度的试验数据计算多孔介质系数。

（7）采用指数律模型计算动量源项。

如果采用指数律模型计算多孔介质的动量源项，则需要输入的系数只有 C_0 和 C_1。在 Fluid（流体）对话框的 Power Law Modal（指数律模型）下输入 C_0 和 C_1。指数律可以与 Darcy 和惯性模型同时使用，C_0 必须使用国际单位制。

（8）定义多孔性。

在 Fluid（流体）对话框中的 Fluid Porosity（流体多孔率）下设置多孔率，即可定义计算中的多孔率参数。定义多孔率的另一个方法是使用 UDF 函数。在创建了相关函数并将其载入 FLUENT 后就可以在计算中使用了。

（9）定义多孔介质材料。

在 Fluid（流体）对话框中的 Fluid Porosity（流体多孔率）下选择 Solid Material Name（固体材料名称），然后直接进行选择即可。如果固体材料的属性参数不符合计算要求，则可以对其进行编辑，比如可以用 UDF 函数编辑材料的各向异性导热率。

（10）定义源项。

如果在计算中需要考虑多孔介质上的热量生成，则可以开启 Source Terms（源项）选项，并设置一个非零的 Energy（能量）源项。求解器将把用户输入的源项值与多孔介质的体积相乘以获得总的热量生成量。

（11）定义固定值。

如果有些变量的值不需要由计算得出，就可以选择 Fixed Values（固定值）选项卡，并设定这些参数。

（12）在多孔区域中取消湍流计算。

在 Fluid（流体）对话框中选择 Laminar Zone（层流区）选项，即可将湍流粘度设为零，从而使相关区域中的流动保持层流状态。

3.15 设定边界条件

边界条件与初始条件是控制方程有确定解的前提。边界条件是在求解区域的边界上所求解的变量或其导数随时间和地点变化的规律。CFD 计算的问题都需要设定边界条件。初始条件是用户所研究的对象在过程开始时刻各个求解变量的空间分布情况。对于瞬态问题，必须设定初始条件，对于稳态问题，初始条件影响收敛过程。对于边界条件与初始条件的处理，将直接影响计算过程。

在瞬态问题中设定初始条件时需注意的是，要针对所有计算变量，给定整个计算域内各单元的初始条件；初始条件一定是物理过程上合理的，要靠经验或实测结果获得这些参数。

3.15.1 边界条件类型

FLUENT 中有效的边界条件类型主要包括外部面边界条件和内部面边界条件。

1. 外部面边界条件

- 压力进口边界条件。
- 速度进口边界条件。
- 质量流量进口边界条件。
- 通风口进口边界条件。
- 进口风扇边界条件。

- 压力出口边界条件。
- 压力远场边界条件。
- 自由出流边界条件。
- 出口通风口边界条件。
- 出口风扇边界条件。
- 壁面边界条件。
- 对称性边界条件。
- 周期性边界条件。
- 轴对称边界条件。

2. 内部面边界条件。

- 风扇。
- 散热器。
- 多孔介质。
- 内部域。

3.15.2 边界条件设定

1. 压力进口边界条件

压力进口边界条件用于定义进口流体的压力（总压），可用于不可压缩和可压缩流动。当进口压力已知，而流动速度或流量未知时，可使用压力进口边界条件。压力进口边界条件也可用于定义外部或非受限流动的“自由边界”。

在使用压力进口边界条件时需要设置下列参数。

（1）总压。

（2）温度。

（3）流动方向。

（4）静压。

（5）用于湍流计算的湍流参数。

（6）用 P1 模型、DTRM、DO 模型和“S2S”模型进行计算的辐射参数。

（7）用于组分计算的化学组分质量分数。

（8）用于非预混或部分预混燃烧计算的混合分数。

（9）用于预混或部分预混燃烧计算的进程变量。

（10）用于离散相计算的离散相边界条件。

（11）多相流边界条件（用于普通多相流计算）。

上述变量均在 Pressure Inlet 对话框中输入。在 Boundary Conditions（边界条件）面板中选择压力进口边界，然后单击 Set（设置）按钮就可以进入压力进口条件的设置对话框了，如图 3-61 所示。

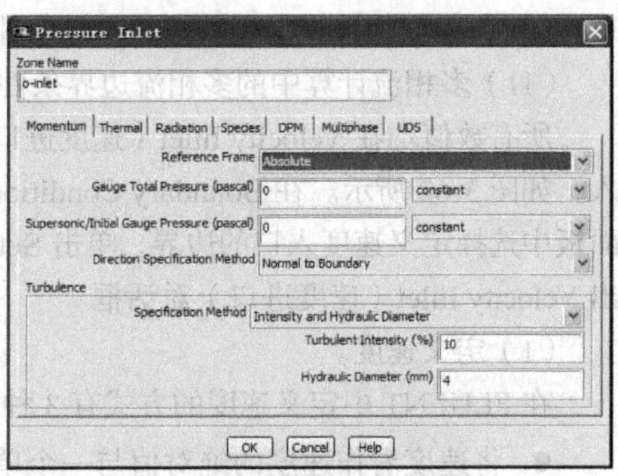

图 3-61 压力进口条件设置对话框

（1）定义总压和温度。

在 Momentum（动量）选项卡内，Reference Frame 为参考值，有绝对值（Absolute）与相对于临近区域值（Relative to Adjacent Zone）两个选项供选择。一般保持默认的绝对值（Absolute）即可。

Momentum（动量）选项卡内的 Gauge Total Pressure（总压的表压）文本框中输入总压的值，在 Temperature（温度）文本框中输入温度。这里总压输入仍然采用表压形式，即输入的总压值实际上是绝对总压与操作压力之差。

（2）定义流动方向。

在压力进口对话框中可以用分量定义方式定义流动方向。在进口速度垂直于边界面时，可以直接将流动方向定义为“垂直于边界”。具体设置过程中既可以用直角坐标形式定义 x、y、z 三个方向的速度分量，也可以用柱坐标形式定义径向、切向和轴向 3 个方向的速度分量。

（3）定义静压。

静压在 FLUENT 的压力进口面板中被称为 Supersonic/Initial Gauge Pressure（超音速/初始表压），如果进口流动是超音速的或者是准备用压力进口的边界条件进行计算的初始化工作，则必须定义静压。在流场为亚音速流场时，FLUENT 将忽略 Supersonic/Initial Gauge Pressure（超音速/初始表压）的输入数据，而用驻点参数求出静压。

如果在计算中使用了湍流模型、辐射模型和燃烧模型等物理模型，还需要定义与这些模型相关的参数。

2. 速度进口边界条件

速度进口边界条件用进口处流场速度及相关流动变量作为边界条件。在速度进口边界条件中，流场进口边界的驻点参数是不固定的。为了满足进口处的速度条件，驻点参数将在一定范围内波动。

需要注意的是，因为这种条件中允许驻点参数浮动，所以速度进口条件仅适用于不可压流，如果用于可压流，则可能导致出现非物理解。同时还需注意的是，不要让速度进口条件过于靠近进口内侧的固体障碍物，这样会使进口位置速度的不均匀程度大大增加。

在速度进口条件中需要设置下列参数。

（1）速度值及方向或速度分量。

（2）二维轴对称问题中的旋转速度。

（3）用于能量计算的温度值。

（4）使用耦合求解器时的出流表压。

（5）湍流计算中的湍流参数。

（6）采用 P1 模型、DTRM 或 DO 模型时的辐射参数。

（7）组分计算中的化学组分质量分数。

（8）非预混模型或部分预混模型燃烧计算中的混合分数。

（9）预混模型或部分预混模型燃烧计算中的进程变量。

（10）离散相计算中离散相的边界条件。

（11）多相流计算中的多相流边界条件。

所有数值均在 Velocity Inlet（速度进口）对话框中输入，如图 3-62 所示。在 Boundary Condition（边界条件）面板中选择定义速度入口的边界，单击 Set 按钮就可以弹出 Velocity Inlet（速度进口）对话框。

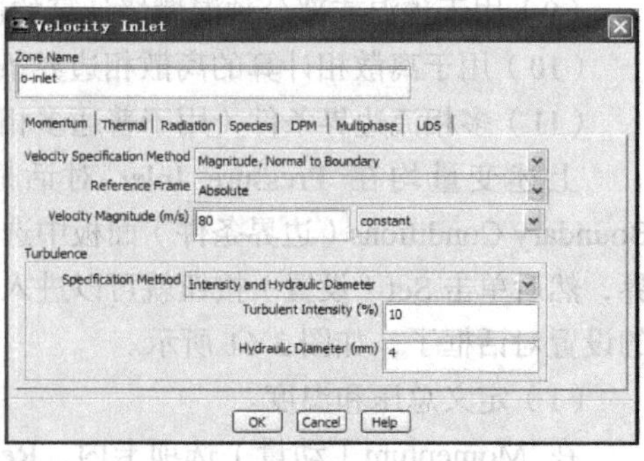

图 3-62　速度进口对话框

（1）定义速度。

在 FLUENT 中定义速度的方式有 3 种。

- 将速度看作速度的绝对值与一个单位方向矢量的乘积，然后通过定义速度的绝对值和方向矢量分量定义速度。

- 将速度看作 3 个坐标方向上的分量的矢量和，然后通过分别给定速度 3 个分量来定义速度。
- 假定速度是垂直于边界面的（因此方向已知），然后只要给定速度的绝对值就可以定义速度了。

在 FLUENT 中既可以使用相对速度，也可以使用绝对速度定义速度。在临近网格是静止网格时，这两种速度定义方式是完全等价的。如果靠近速度入口的单元区域是移动的，用户就可以根据需要从两种方式中选择一种。而在定义速度的过程中一定要注意用的是相对速度定义还是绝对速度定义。

与速度矢量定义的另一个相关因素是坐标系的形式，FLUENT 提供直角坐标系、柱坐标系和局部柱坐标系 3 种坐标系形式。在定义速度的过程中需要注意使用的是哪种坐标系，然后进行分量计算，最后得到速度的定义所需要的所有数据。在计算轴对称旋转流（Axisymmetric Swirl）问题时，要注意除了二维平面内的轴向速度和径向速度外，还有一个垂直于屏幕方向的切向旋转速度需要定义。

- 定义速度的方法在 Velocity Specification Method（速度定义方法）下拉列表中选择，选项包括 Magnitude and Direction（给定速度值与速度方向）、Components（给定速度分量）和 Magnitude,Normal to Boundary（给定速度值且假定速度垂直于边界）。
- 如果靠近速度入口边界的是移动网格，则在 Reference Frame（参考坐标系）下拉列表中选择 Relative to Adjacent Cell Zone（以相邻网格为参照的相对速度）选项或 Absolute（绝对速度）选项确定所定义的速度是相对速度还是绝对速度。
- 坐标系是在 Coordinate System（坐标系）下拉列表中，通过选择 Cartesian (X, Y, Z)（直角坐标系）、Cylindrical(Radial, Tangential, Axial)（柱坐标系）或 Local Cylindrical (Radial, Tangential, Axial)（局部柱坐标系）来确定的。
- 在确定了速度定义方法、是否使用相对速度、坐标系形式 3 项设置后，就可以输入相应的数据以完成速度的定义了。在计算模型是轴对称带旋转流动时，除了可以定义旋转速度外，还可以定义旋转角速度。如果选择了柱坐标系或局部柱坐标系，则除了可以定义切向速度外，还可以定义入口处的角速度。将角速度看作矢量，则其定义方法与速度矢量的定义方法是类似的。

（2）定义温度和出口表压。

如果计算中包含了能量方程，则需要在入口速度边界处设定温度。

除了上面的参数外，在速度进口边界条件中还可以定义湍流参数、组分质量分数、辐射参数、非预混燃烧参数、预混燃烧边界条件、离散相边界条件以及多相流边界条件等参数。

3. 质量流量进口边界条件

在已知流场进口处的流量时，可以通过定义质量流量或者质量通量分布的形式定义边界条件。这样定义的边界条件称为质量流量进口边界条件。在质量流量被设定的情况下，总压将随流场内部压力场的变化而变化。

如果流场在进口处的主要流动特征是质量流量保持不变，则适合采用质量流量进口条件。但是因为流场进口总压的变化将直接影响计算的稳定性，所以在计算中应该尽量避免在流场的次要进口位置使用质量流量条件。比如在带横向射流的管道计算中，管道进口处应该尽量避免使用质量流量条件，而在横向射流的进口处则可以使用质量流量条件。在不可压流计算中不需要使用质量流量进口条件，这是因为不可压流中的密度为常数，采用速度进口条件就可以确定质量流量，所以没有必要再使用质量流量进口条件。

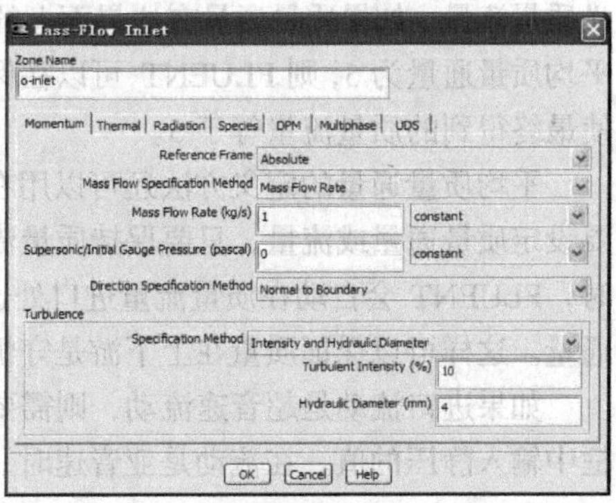

图 3-63 质量流量进口对话框

在采用质量流量进口条件时，需要在如图 3-63 所示的质量进口对话框中输入下列参数。

（1）质量流量、质量通量或混合面模型计算时的平均质量通量。

（2）温度。

（3）静压。

（4）流动方向。

（5）湍流计算中的湍流参数。

（6）在使用辐射模型时输入辐射参数。

（7）组分计算中的化学组分质量分数。

（8）非预混和部分预混燃烧计算中的混合分数。

（9）预混或部分预混燃烧计算中的进程变量。

（10）离散相模型计算中离散相的边界条件。

（11）多相流计算中的多相流边界条件。

用户可以在进口边界上定义质量流量，对于随时间变化的质量流量，则可以定义平均流量。如果在边界条件中定义的是质量流量，FLUENT 会自动将其转换为质量通量形式。当然也可以采用 profile 函数或用户自定义函数的形式直接定义质量通量。

质量流量或质量通量的输入方式如下。

质量流量的定义方法在质量流定义方法（Mass Flow Specification Method）下拉列表中进行选择，其中包括质量流量（Mass Flow Rate）、质量通量（Mass Flux）以及平均质量通量 3 个选项。

定义质量流量（Mass Flow Rate）为 FLUENT 中的默认设置。这种定义方法是通过给定质量流量来定义边界条件的。需要注意的是，在轴对称流场计算中，输入的流量应该是整个截面（角度范围为 2π）上的流量，而不是 1° 弧切片上的流量。

如果选择质量通量（Mass Flux）作为输入方法，则在质量通量文本框中输入质量通量数据。在轴对称条件下，质量通量是 1° 弧切片上的质量通量。在用质量通量设置边界条件时，允许使用 profile 函数文件定义通量分布，可以更准确地表示质量流在进口处的分布。

如果选择平均质量通量（Mass Flux with Average Mass Flux）作为输入方法，则要在质量通量和平均质量通量两个文本框中设定质量通量和平均质量通量的值。其中质量通量可以用常数形式定义，也可以用 profile 函数定义其在网格上的分布，而平均质量通量则是所有网格上质量通量的积分。在轴对称流场计算中，这个通量是指 1° 弧切片上的质量通量。如上文所述，平均质量通量与质量通量是同时设定的，这点在某些情况下是非常有用的，比如已知进口处的质量通量分布，同时还知道总的质量流量等于 5。此时可以通过调入 profile 函数文件定义质量通量在边界面上的分布，用平均质量通量定义质量流量。如果质量通量在边界面上的积分与已知的质量流量不相等，比如等于 4.7。此时如果设定平均质量通量为 5，则 FLUENT 可以在保持质量通量分布形态不变的情况下，通过调整质量通量的值，使最终得到的质量流量等于 5。

平均质量通量的定义方法还可以用在混合面模型中。如果质量流进口边界是一个混合面，则不需要设定质量通量或流量，只要保持质量流量的值为默认的 1 即可。在算例设置的过程中创建混合平面时，FLUENT 会自动在质量流量进口处选择平均质量通量法，并通过对上游流场的积分获得平均质量通量。这样可以保证质量在上下游是守恒的。

如果进口流动是超音速流动，则需要在 Supersonic/Initial Gauge Pressure（超音速/初始表压）文本框中输入静压的值。在流动是亚音速时，该文本框中的输入内容将被 FLUENT 忽略。

在 Direction Specification Method（方向定义方法）下拉列表中可以选择质量流量进口边界上流动方向的定义方式。在流动方向与边界面不垂直时可以选择 Diretion Vector（方向矢量）方式。在流动方向与边界垂直时，则可以直接定义为 Normal to Boundary（垂直于边界）。如果与进口相邻的网格单元是移动的，则可以在 Reference Frame（参考坐标系）下拉列表中通过选择 Absolute（绝对坐标系）或 Relative（相对坐标系）来指定定义方向矢量的坐标系形式。如果相邻网格单元不是移动的，则两种定义方式是等效的，因而无须进行选择。

与前面几种边界条件类似，在质量流进口条件中也可以定义湍流参数、辐射参数、组分质量分数、非预混燃烧模型参数、预混燃烧边界条件、离散相边界条件以及多相流边界条件等计算边界条件。

4. 通风口进口边界条件

通风口进口边界条件通过给定损失系数、流动方向、环境压力和温度定义流场进口处的边界条件。在通风口进口边界条件中需要输入的参数如下。

（1）总压。

（2）温度。

（3）流动方向。

（4）静压。

（5）湍流参数。

（6）辐射参数。

（7）化学组分浓度。

（8）混合物分数。

（9）预混或部分预混燃烧计算中的进程变量。

（10）离散相计算中的离散相边界条件。

（11）多相流计算中的多相流边界条件。

（12）损失系数。

所有参数均在 Inlet Vent（通风进口）对话框（见图 3-64）中设置，这个对话框也是通过 Boundary Conditions（边界条件）面板中启动的。

通风口进口边界平面上的压力降正比于流体的动压头与一个损失系数的乘积，即压力降为进口边界上法向速度的函数：$\Delta p = k_L \frac{1}{2}\rho v_n^2$，式中 k_L 为无量纲损失系数。在 Inlet Vent（通风进口）对话框中，损失系数的定义方式在 Loss Coefficient（损失系数）下拉列表中定义，其中包括 constant（常数）、polynomial（多项式拟合）、piecewise-linear（阶梯函数）或 piecewise-polynomial（分段多项式）4 种定义形式。

其他参数的设置方法与压力边界条件中的相同，这里不再重复介绍。

5. 进口风扇边界条件

在流场进口处为进口风扇时，可以用压力跃升、流动方向、环境压力和温度等参数的集合作为进口风扇的简化模型并作为进口边界条件。

进口风扇边界条件中需要输入如下参数。

（1）总压。

（2）温度。

（3）流动方向。

（4）静压。

（5）湍流计算中的湍流参数。

（6）辐射计算中的辐射参数。

（7）组分计算中的化学组分的质量分数。

（8）非预混或部分预混燃烧计算中的混合物分数。

（9）预混或部分预混燃烧计算中的进程变量。

（10）离散相计算中的离散相边界条件。

（11）多相流计算中的多相流边界条件。

（12）压力跳跃。

所有参数均在进口风扇（Intake Fan）对话框（见图 3-65）中输入，这个对话框也是通过 Boundary Conditions（边界条件）面板开启的。

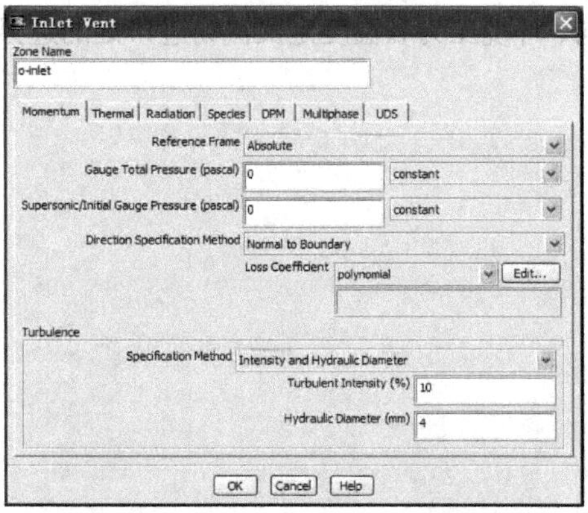

图 3-64　通风口进口边界条件对话框

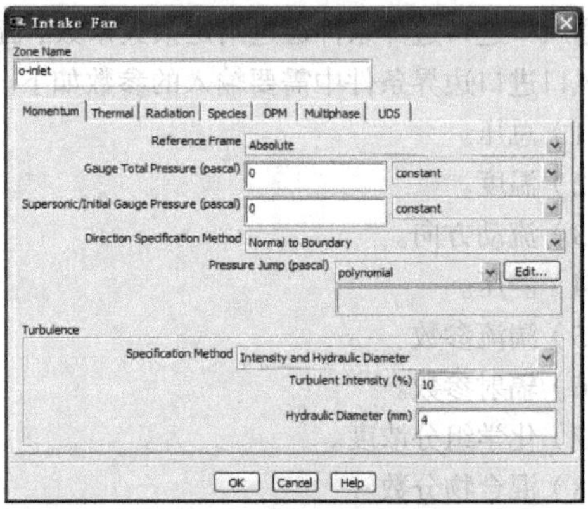

图 3-65　进口风扇边界条件对话框

在进口风扇边界条件中，风扇所在空间实际上被简化为一个无限薄平面。压力的跃升则被定义为通过风扇的流体速度的函数。在有回流时，风扇边界则被简化为损失系数等于 1 的出口风扇。

压力跃升的定义方法是在 Pressure Jump（压力跃升）下拉列表中进行选择的，其中可供选择的选项包括 constant（常数）、polynomial（多项式拟合）、piecewise linear（阶梯函数）或 piecewise-polynomial（分段多项式）4 种定义形式。

6. 压力出口边界条件

压力出口边界条件在流场出口边界上定义静压，而静压的值仅在流场为亚音速时使用。如果在出口边界上流场达到超音速，则边界上的压力将从流场内部通过插值得到。其他流场变量均从流场内部通过插值获得。

在压力出口边界上还需要定义“回流（Backflow）”条件。回流条件是在压力出口边界上出现回流时使用的边界条件。推荐使用真实流场中的数据作为回流条件，这样计算将更容易收敛。FLUENT 在压力出口边界条件上可以使用径向平衡条件，同时可以给定预期的流量。

压力出口边界条件需要设置的参数如下。

（1）静压。

（2）回流条件，其中包括的参数如下。

- 能量计算中的温度。
- 回流方向定义方法。
- 湍流计算中的湍流参数。
- 组分计算中的化学组分质量分数。
- 非预混或部分预混燃烧计算中的混合物分数。
- 预混或部分预混燃烧计算中的进程变量。
- 多相流计算中的多相流边界条件。

（3）辐射计算中的辐射参数。

（4）离散相计算中的离散相边界条件。

所有参数均在 Pressure Outlet（压力出口）对话框中（见图 3-66）输入。

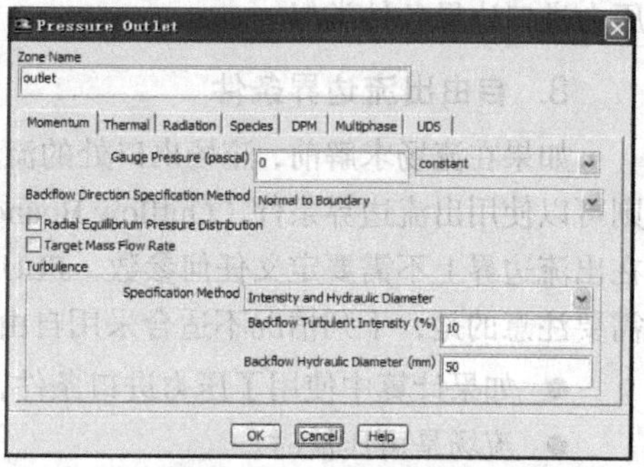

图 3-66　压力出口边界条件对话框

在压力出口对话框的 Gauge Pressure（表压）文本框中填入静压的值，在流动为亚音速时会用到这个值。如果在出口边界附近流动转变为了超音速，则压力的值是从上游流场中外插得到的。再次提醒注意的是，静压的值是以操作压力为参照的相对值。

回流条件也在压力出口条件中设定，但是仅在出口处发生回流现象时被使用。

- 对于包含能量计算的问题，需要设定回流温度（Backflow Total Temperature）。
- 在回流的流动方向已知，并且与流场解相关时，则可以在 Backflow Direction Specification Method（回流方向定义方法）下拉列表中选择一种方法来定义回流方向。系统默认设置是 Normal to Boundary（垂直于边界），即认为流动方向与边界平面垂直，这种情况下不需要输入其他参数。如果选择 Direction Vector（方向矢量）选项，则对话框中会出现定义回流方向矢量分量的文本栏。如果计算时使用的是三维求解器，则还会出现坐标系列表。如果选择 From Neighboring Cell（来自临近单元）选项，FLUENT 会使用紧邻压力出口的网格单元中的流动方向定义出口边界面上的流动方向。
- 如果出现回流，Gauge Pressure（表压）文本框中的压力值将被作为总压使用，同时回流方向被认为是垂直于边界的。

如果紧邻压力出口边界的网格是移动的，并且求解器为分离求解方法，则动压计算所采用的速度形式与 Solver（求解器）面板中选择的速度形式相同，即如果选择了绝对速度，动压就用绝对速度求出，如果选择的是相对速度，则动压用相对速度求出。对于耦合求解方法，速度总是采用绝对速度形式。

即使在计算结果中没有回流出现，也应该将出口条件用真实流场的值设定，这样可以在计算过程中出现回流时加速收敛。湍流参数、辐射参数的设置可以参考相关章节的内容，这里不再重复介绍。

7. 压力远场边界条件

压力远场条件用于设定无限远处的自由边界条件，主要设置项目为自由流马赫数和静压参数条件。压力远场边界条件也被称为特征边界条件，因为这种边界条件使用特征变量定义边界上的流动变量。

采用压力远场边界条件时，要求密度用理想气体假设进行计算，为了满足"无限远"要求，计算边界需要与物体相隔足够远的距离。比如在计算翼型绕流时，要求远场边界距离模型约 20 倍弦长。

在压力远场边界条件中需要设置下列参数。

（1）静压。

（2）马赫数。

（3）温度。

（4）流动方向。

（5）湍流计算中的湍流参数。

（6）辐射计算中的辐射参数。

（7）组分计算中的组分质量分数。

（8）离散相计算中的离散相边界条件。

所有值均在压力远场（Pressure Far-Field）对话框（见图 3-67）中输入，其中的各种参数的设置与压力进口边界条件类似。

8. 自由出流边界条件

如果在流场求解前，流场出口处的流动速度和压力是未知的，且流动已经达到湍流充分发展状态，则可以使用出流边界条件（Outflow Boundary Conditions）。除非计算中包含辐射换热和离散相等问题，在出流边界上不需要定义任何参数，FLUENT 会用流场内部变量通过插值得到出流边界上的变量值。需要注意的是，下列情况不适合采用自由出流边界条件。

- 如果计算中使用了压力进口条件，则应该同时使用压力出口条件。
- 流场是可压流时。
- 在非定常计算中，如果密度是变化的，则不适合使用出流边界条件。

FLUENT 在出流边界上使用的边界条件如下。

- 所有流动变量的扩散通量为零。
- 总体质量平衡修正。

出流边界上的零扩散通量条件是指出流边界面上的流动变量均由流场内部变量值外插得出，并且对内部流场没有影响。FLUENT 在假定出流为充分发展流动、同时出口边界的面积不变的前提下，用外插计算在每次迭代中更新边界上的速度和压力。充分发展的流动是指流场变量在流动方向上不再发生变化的流动。

自由出流边界条件服从充分发展湍流假设，即所有流动变量的扩散通量在出口边界的法向等于零。在实际的计算中虽然不必拘泥于充分发展流动假设，但是，只有在确信出口边界的流动与充分发展流动假设的偏差可以忽略不计时，才能使用出流边界条件。在出流边界存在很大的法向梯度或者出现回流时不应使用自由出流边界条件。比如在分离点前后，流场速度梯度变化很大，并有可能出现回流，此时就不应该使用自由出流边界条件。

在 FLUENT 中可以使用多个出流边界条件，并且可以定义每个边界上出流的比率。在 Outflow（出流）对话框中（见图 3-68），通过设置 Flow Rate Weighting（流量权重）就可以指定每个出流边界的流量比例。

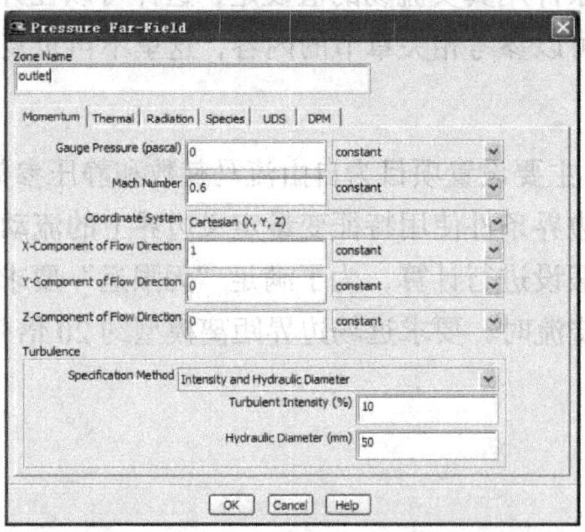

图 3-67　压力远场边界条件对话框

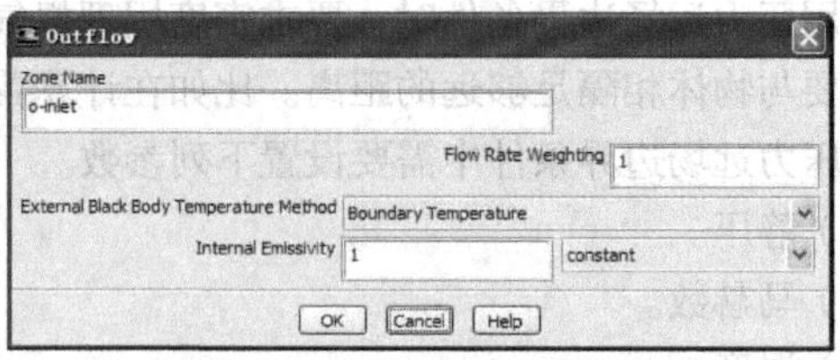

图 3-68　出流边界条件对话框

某个出流边界上流量百分比=设置在这个出流边界上的流量权重/所有出流边界流量权重之和。在默认设置中，所有出流边界的流量权重被设为 1。如果出流边界只有一个或者流量在所有边界上是均匀分配的，则不必修改这项设置，系统会自动将流量权重的值进行调整，以使得流量在各个出口上均匀分布。如果有两个出流边界，而每个边界上流出的流量是总流量的一半，则无须修改默认设置。但是如果有 75%的流量流出第一个边界，25%的流量流出第二个边界，则需要将第一个边界的流量权重设置为 0.75，第二个边界的流量权重设置为 0.25。

如果在计算中使用了辐射模型或离散相模型，则需要针对这两个模型进行参数设置。

9. 壁面边界条件

在黏性流计算中，FLUENT 使用无滑移条件作为默认设置。在壁面有平移或转动时，也可以定义一个切向速度分量作为边界条件，或者定义剪切应力作为边界条件。

在壁面边界条件中需要设置如下参数。

（1）热交换计算中的热力学边界条件。

（2）移动、转动壁面计算中的壁面运动条件。

（3）滑移壁面中的剪切力条件。

（4）湍流计算中的壁面粗糙度。

（5）组分计算中的组分边界条件。

（6）表面化学反应计算中的化学反应边界条件。

（7）辐射计算中的辐射边界条件。

（8）离散相计算中的离散相边界条件。

（9）VOF 计算中的多相流边界条件。

下面对这些参数逐一进行介绍。

（1）定义热力学边界条件。

在求解能量方程时，需要在壁面上定义热力学边界条件。可以定义的热力学条件有以下 5 种。

- 固定热热流。
- 固定温度。
- 对流热交换。
- 外部辐射热交换。
- 外部辐射与对流混合热交换。

如果壁面区域是所谓的双侧壁面，即壁面为两个流动区域的交界面，则只能选择上述条件中的几项作为边界条件，但是同时增加了确定正反两个侧面在计算中是否耦合这样的选项。如果壁面厚度不为 0，还应该设置用于计算薄壁热阻和壁面生成热的参数。

首先，在计算中可以对普通壁面和内部壁面（即双侧壁面）定义热传导模型。这类热传导模型称为薄壳传导（Shell Conduction），可以更方便地用于壁面厚度与流场几何尺度相比很小时热传导问题的计算，比如带换热片加热器周围的流场计算和汽车内部薄金属板表面的热传导计算等。如果在计算中将这类薄壁划分成固体区域网格，那么生成的网格必然有很大的长宽比，网格数量也将大大增加。

热力学条件在 Wall（壁面）对话框的 Thermal（热力学）选项卡中设置，如图 3-69 所示。下面逐项介绍相关参数的设置。

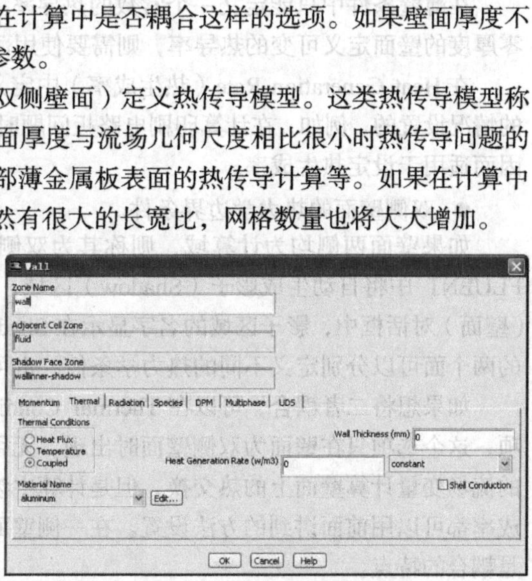

图 3-69　设置壁面热力学边界条件

- 热流通量边界条件。

在边界条件的热流通量是固定值时，可以选中 Heat Flux（热流通量）选项设置热流通量。系统的默认设置将热流通量设为 0，即假定壁面为绝热壁面。计算中可以根据实际情况设置热流通量数据。

- 温度边界条件。

如果边界上的温度是固定值，则可以选择设置温度边界条件。只要选中 Temperature（温度）选项，然后在相应位置输入壁面温度值就可以完成壁面温度边界条件的设置。

● 对流热交换边界条件。

选择 Convection（对流）选项，再设置 Heat Transfer Coefficient（热交换系数）和 Free Stream Temperature（自由流温度），FLUENT 就可以进行壁面上的热交换计算了。

● 外部辐射边界条件。

如果计算中需要考虑外界对流场的辐射，则应该设定 Radiation（辐射）条件，然后设定 External Emissivity（外部发射率）和 External Radiation Temperature（外部辐射温度）。

● 对流与外部辐射混合边界条件。

选择 Mixed（混合）选项，可以同时设定对流与外部辐射边界条件。在这种情况下，可以设置的参数包括 Heat Transfer Coeffient（热交换系数）、Free Stream Temperature（自由流温度）、External Emissivity（外部发射率）和 External Radiation Temperature（外部辐射温度）。

● 薄壁热阻参数。

在默认设置中，壁面厚度等于 0。但是在设定热力学条件的时候，可以在两个计算域之间定义一个带厚度的薄层。比如在计算插入流场中的一个薄金属板时，可以给薄板定义一个厚度用于热力学计算。在这种情况下，FLUENT 在壁面附近用一维流假设计算由壁面引起的热阻和壁面上热量的生成量。

为了将这些效应引入计算，需要定义薄板的材料类型、厚度和热生成率。材料类型在 Material Name（材料名称）下拉列表中选择，材料厚度在 Wall Thickness（壁面厚度）文本框中设置。材料的物理属性可以在 Material（材料）对话框中进行编辑。壁面热阻为 $\Delta x / k$，其中 k 为壁面材料的热导率，Δx 为壁面厚度。热力学边界条件应该在薄壁的外侧进行设置，如图 3-70 所示，图中的 T_b 是壁面上设置的固定温度。

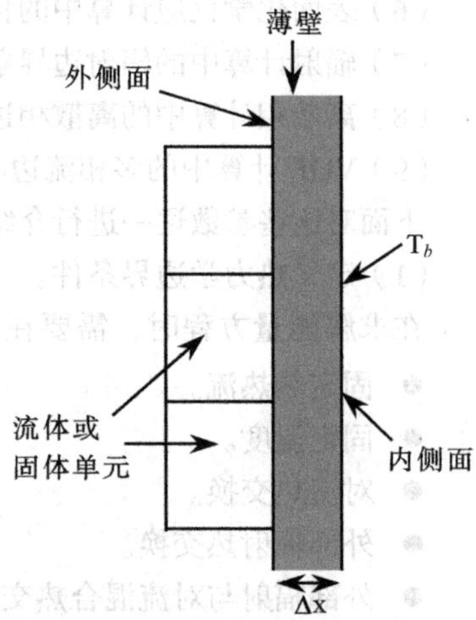

图 3-70 薄壁热力学边界

在薄壁条件中只能定义一个常数的热导率。如果要对一个非零厚度的壁面定义可变的热导率，则需要使用薄壳热导模型（Shell Conduction Model）。

在 Heat Generation Rate（热生成率）中定义壁面的热生成率。这个选项是针对已知壁面热生成率的情况设置的，例如，在计算印刷电路板问题时，电路板上的热生成率就可以从电功消耗中计算得出，因而适用于设定热生成率。

● 双侧壁面的热力学边界条件。

如果壁面两侧均为计算域，则称其为双侧壁面。这种类型的网格文件被读入 FLUENT 后，在 FLUENT 中将自动生成影子（Shadow）区域，即壁面的每个面都有一个计算区域与之对应。在 Wall（壁面）对话框中，影子区域的名字显示在 Shadow Face Zone（影子表面区域）文本框中。对互为影子的两个面可以分别定义不同的热力学条件，也可以将二者耦合起来进行定义。

如果想将二者耦合，可以在 Thermal Conditions（热力学条件）选项组中选中 Coupled（耦合）选项，这个选项只在壁面为双侧壁面时出现。无须设定其他的热力学参数，求解器可以直接用邻近网格的流场变量计算壁面上的热交换，但是计算中涉及的材料类型、壁面厚度和用于薄壁热阻计算的热生成率都可以用前面讲到的方法设置。在一侧壁面上设定的热阻参数将自动被用于它的影子壁面，这就是耦合的特点。

如果不想将薄壁的两个面耦合在一起进行计算，则可以通过选中 Thermal Conditions（热力学条件）选项组中的 Temperture（温度）选项或 Heat Flux（热流通量）选项，分别设定两个面的热力学条件。

需要注意的是，对于双侧壁面无法设置对流和辐射条件。壁面与它的影子之间的关系将被保存，因此在需要的时候还可以将边界条件重新设定为耦合关系。在双侧壁面被解耦之后，两个壁面可以有不同的壁面厚度，并且相互之间是绝热的。如果为解耦的壁面设定了非零厚度，那么热力学条件将被定义在壁面的外侧，如图 3-71 所示。

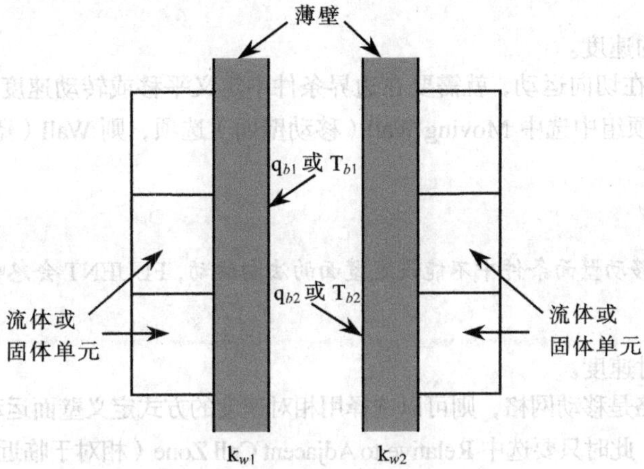

图 3-71 双侧壁面热力学边界条件

图 3-71 中 T_{b1} 和 q_{b1} 分别是设定在一个壁面上的温度和热流通量，T_{b2} 和 q_{b2} 则分别是另一个壁面上的温度和热流通量，k_{w1} 和 k_{w2} 是解耦后薄壁上的热导率。

注 意：图 3-71 中两个壁面之间的空隙并不是模型的一部分，图上这样画仅仅是为了说明热力学边界条件是定义在壁面的哪一侧的。

- 壁面上的薄壳热导率。

在壁面边界条件对话框中勾选薄壳热导率（Shell Conduction）复选框就可以用定义薄壳热导率的形式定义热力学边界条件。在使用这种方式定义热力学边界条件的时候，热力学条件的定义方法与前面的薄壁条件定义方法相同。

需要注意的是，必须定义一个非零壁面厚度，因为薄壳热导率计算需要一个非零厚度的值。另外，采用薄壳条件有下面几项限制。

- 薄壳热导率定义仅适用于三维计算。
- 仅在使用分离算法求解器时使用。
- 在使用非预混和部分预混燃烧模型时不能使用。
- 在使用多相流混合物模型、VOF 模型或欧拉（Eulerian）模型时不能使用。
- 在与 DO 辐射模型同时使用时，薄壳壁面不能被设为半透明（Semi-Transparent）壁面。
- 薄壳壁面不能被分割或合并。如果需要分割或合并一个薄壳壁面，首先需要取消薄壳壁面设置，然后进行分割或合并操作，再重新对新生成的壁面设定薄壳选项。
- 薄壳热导率模型不能用于进行过自适应调整的壁面区域。
- 薄壳壁面端部的热流通量不会在热平衡统计报告中出现。这些热流通量仅用于 FLUENT 的求解过程，并不出现在报告中。

（2）定义壁面运动条件。

壁面边界可以是静止的，也可以是运动的。移动壁面边界条件采用壁面的平移或转动的速度或速度分量值加以定义。壁面运动条件是在 Wall（壁面）对话框的 Momentum（动量）选项卡（见图 3-72）中进行定义的，单击 Momentum（动量）标签可以看到与壁面运动有关的所有定义形式。

- 定义静止壁面。

在 Wall Motion（壁面运动）选项组中选中 Stationary Wall（静止壁面）选项，即可将壁面设置为静止壁面。

- 定义运动壁面的速度。

如果计算中壁面存在切向运动，就需要在边界条件中定义平移或转动速度（或速度分量）。在 Wall Motion（壁面运动）选项组中选中 Moving Wall（移动壁面）选项，则 Wall（壁面）对话框随即展开如图 3-73 所示的选项。

注　意：*在移动壁面条件中不能设定壁面的法向运动，FLUENT 会忽略所有法向移动速度。*

- 定义相对或绝对速度。

如果壁面附近的网格是移动网格，则可以选择用相对速度的方式定义壁面运动，即取移动网格为参考系定义壁面的运动速度。此时只要选中 Relative to Adjacent Cell Zone（相对于临近网格）选项就可以了。

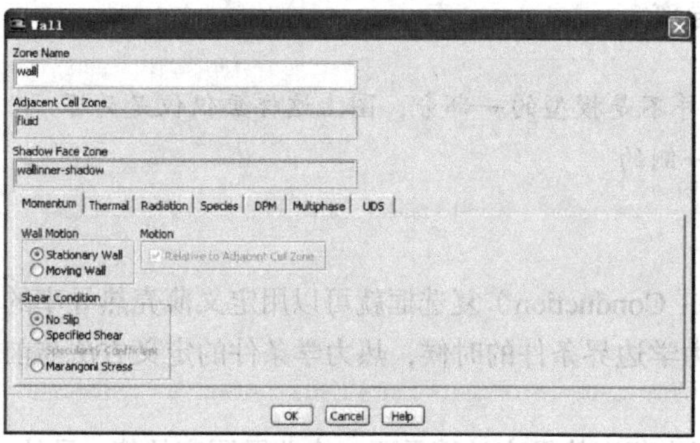

图 3-72　设置壁面动量边界条件

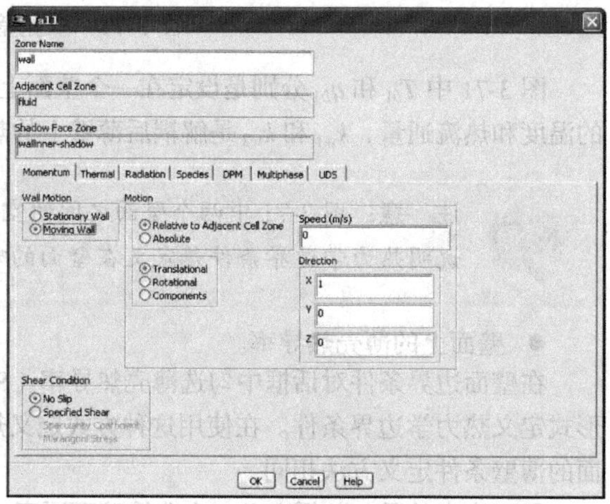

图 3-73　设置移动壁面

如果选中了 Absolute（绝对速度）选项，则可以通过定义壁面在绝对坐标系中的速度来定义壁面运动。如果临近的网格单元是静止的，则相对速度和绝对速度的定义是等效的。

- 壁面的平移运动。

在壁面存在直线平移运动时，可以选中 Translational（平移）选项，并在 Speed（速度）文本框和 Direction（方向）选项组中定义壁面运动速度矢量。默认情况下，系统认为壁面是静止的，因此速度值被设为 0。

- 壁面的旋转运动。

选中旋转（Rotational）选项并确定绕指定转动轴的旋转速度，就可以将壁面的旋转运动唯一确定下来。用 Rotation-Axis Direction（转动轴方向）和 Rotation-Axis Origin（转动轴原点）可以唯一确定转动轴。在三维计算中，转动轴是通过转动轴原点且平行于转动轴方向的直线。在二维计算中无需指定转动轴方向，只需指定转动轴原点，转动轴是通过原点并且与 z 方向平行的直线。在二维轴对称问题中，转动轴总是 x 轴。

● 用速度分量定义壁面运动。

选中 Components（速度分量）选项，就可以通过定义壁面运动的速度分量来定义壁面的平移运动。这里定义的平移运动可以是直线运动，也可以是非直线运动。其运动方式可以用速度分量函数或自定义函数的形式加以定义。

● 双侧壁面的运动。

对于双侧壁面，无论它们耦合与否，都可以对壁面及其影子区域定义不同的运动。如果与壁面相邻的区域是固体区域，则无法定义其运动。

（3）定义壁面上的剪切力条件。

可以定义 4 种类型的剪切力条件。

● 无滑移条件。

● 指定剪切力条件。

● 镜面反射系数条件。

● Marangoni 应力条件。

对于所有移动壁面而言，只能设定无滑移条件，其他类型的剪切力条件仅适用于静止壁面。无滑移条件是系统默认设置，其物理含义是紧邻壁面的流体将与壁面结合在一起，并以相同速度运动。

指定剪切力条件和 Marangoni 应力条件是在剪切力已知的时候使用的。指定剪切力的边界条件允许定义剪切力的 x、y、z 分量等于常数或用边界上的 profile 函数定义。

Specularity Coefficient（镜面反射系数）条件用于多相颗粒流动，该系数控制着横向动量传递量。

Marangoni 应力边界条件允许根据表面温度定义表面应力梯度。剪切应力是由温度在表面附近的梯度值和表面张力梯度计算得出的。Marangoni 应力只在求解过程包含能量方程的求解时能够使用。

剪切力条件在壁面（Wall）对话框中的动量（Momentum）选项卡中设置。

● 无滑移条件。

在 Shear Condition（剪切条件）选项组中选中 No Slip（无滑移）选项，即可在壁面上设定无滑移条件。无滑移条件是黏性流计算中所有壁面的默认设置。

● 指定剪切力条件

在剪切条件选项组中选中 Specified Shear（指定剪切力）选项即可为壁面设定剪切力的值，如图 3-74 所示。然后可以通过输入剪切力的 x、y、z 分量来定义剪切力的值。在剪切力给定后，湍流计算中的壁面函数条件就不再使用了。

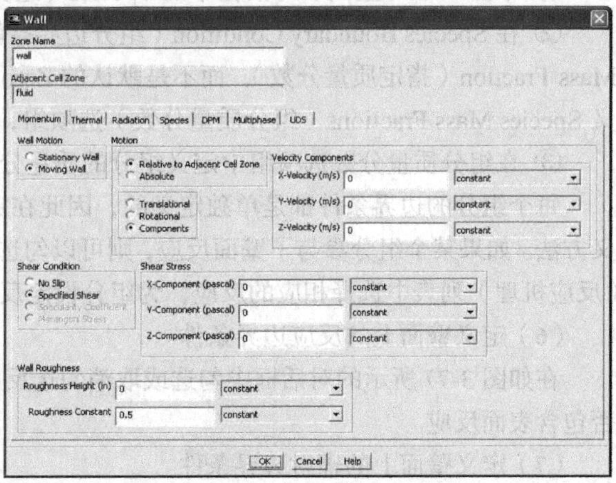

图 3-74　指定剪切力

● 镜面反射系数条件。

对于多相颗粒流动，可以在如图 3-75 所示的对话框中设置镜面反射系数。镜面反射系数的取值范围为 0~1。当设置镜面反射系数为 0 时，表示壁面无剪切力。当设置镜面反射系数为 1 时，表示壁面上有很强的横向动量传递。

● Marangoni 应力条件。

FLUENT 可以定义由温度引起的表面张力的变化。壁面上的剪切张力定义如下。

$$\tau = \frac{d\sigma}{dT}\nabla_s T$$

式中 $d\sigma/dT$ 是表面张力对温度的梯度，$\nabla_s T$ 是温度在表面上的梯度。上式定义的剪切力直接用于动量方程计算。在 Shear Condition（剪切力条件）选项组中选中 Marangoni Stress（Marangoni 应力）选项，即可在壁面上定义 Marangoni 应力条件，如图 3-76 所示。在表面张力梯度中可以输入表面张力梯度的值。

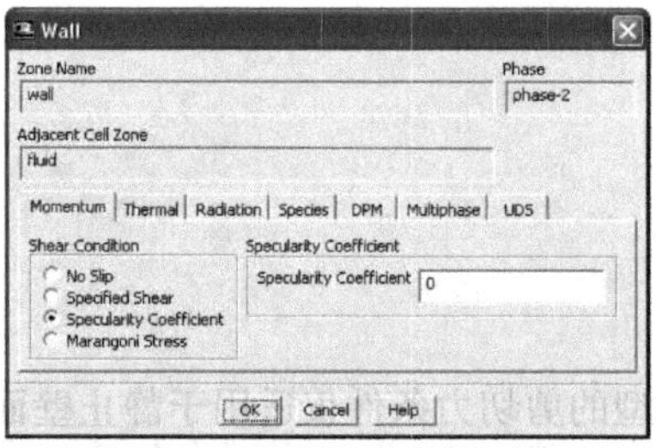

图 3-75　设置镜面反射系数

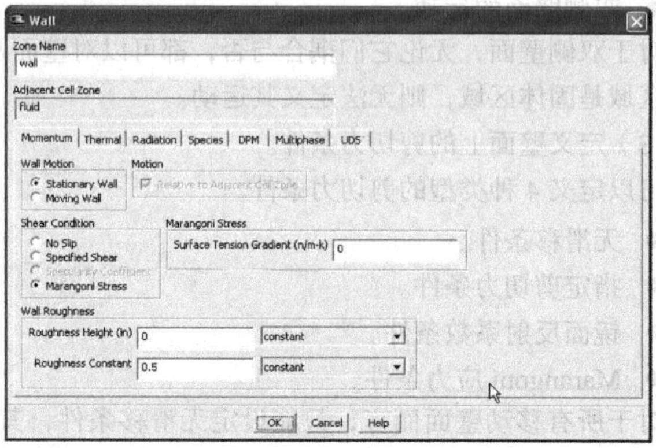

图 3-76　设置 Marangoni 应力

（4）壁面粗糙度对壁面限定湍流的影响。

壁面粗糙度对流动阻力和传热、传质都有影响，在湍流计算中可以通过加入粗糙度影响的方式对壁面律进行修正。

（5）定义组分边界条件。

在默认设置中，除了参与壁面反应的组分外，所有组分在壁面附近的梯度都为 0，但是同时也可以设定壁面上的质量分数。也就是说，在进口边界上采用的 Dirichlet 边界条件也可以用于壁面边界。

如果系统的默认设置不能满足要求，可以用下列步骤进行修改。

① 单击 Wall（壁面）对话框中的 Species（组分）标签，可以看到壁面上的组分边界条件。

② 在 Species Boundary Condition（组分边界条件）选项组中的组分名称下拉列表中选择 Specified Mass Fraction（指定质量分数），而不是默认的 Zero Diffusive Flux（零扩散通量），则对话框会展开定义 Species Mass Fractions（组分质量分数）选项组，如图 3-77 所示。

③ 在组分质量分数选项组中定义组分的质量分数。

每个组分的边界条件都是单独定义的，因此在定义组分边界条件时可以对不同组分采用不同的定义方法。如果某个组分参与了壁面反应，则可以勾选 Reaction（反应）复选框并从 Reaction Mechanisms（反应机理）列表中选择相应的反应，为组分设定反应。

（6）定义壁面上的反应边界条件。

在如图 3-77 所示的对话框中勾选或取消勾选反应（Reactions）复选框，就可以设定壁面条件中是否包含表面反应。

（7）定义壁面上的辐射边界条件。

如果计算中使用了 P1 模型、DTRM 模型、DO 模型或面到面模型，则需要在 Wall（壁面）对话框的 Radiation（辐射）选项卡中设定壁面辐射率，如图 3-78 所示。如果使用的是 Rosseland 模型，则无需设定任何参数，因为 FLUENT 已经将辐射率设定为 1。

（8）定义壁面上的离散相边界条件。

如果计算中使用了离散相模型，则需要在 Wall（壁面）对话框的 DPM 选项卡中设定粒子轨迹的限定条件。

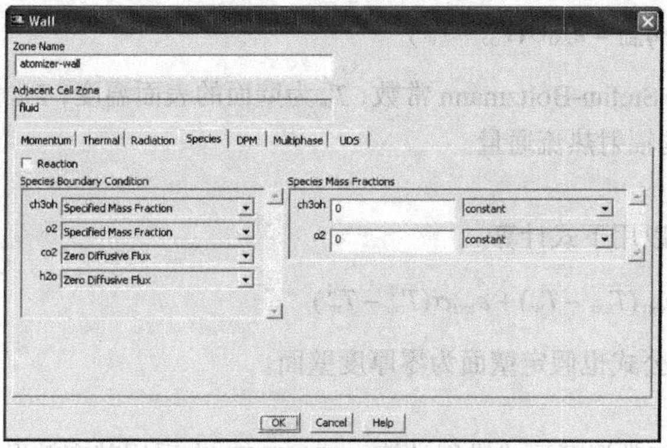

图 3-77 设置壁面组分边界条件

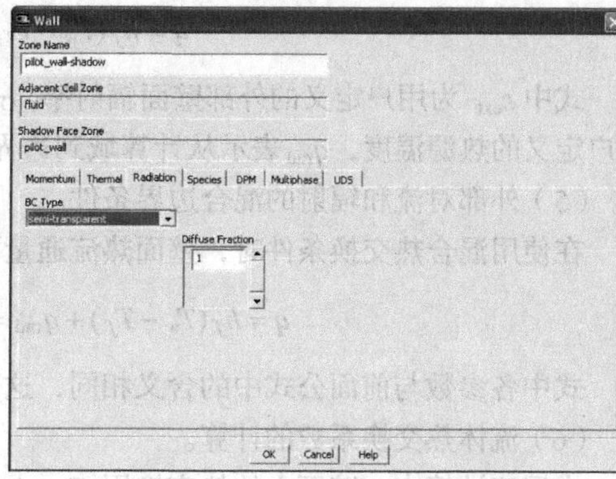

图 3-78 设置壁面辐射边界条件

（9）定义壁面上的多相流边界条件。

如果计算中使用了 VOF 模型，则可以在 Wall（壁面）对话框的 Momentum（动量）选项卡中定义两相之间的接触角。

如果计算中用到了用户自定义的参数，则可以在 Wall（壁面）对话框的 UDS 选项卡中设置其边界条件。

补充：壁面边界上的热传导计算

（1）温度边界条件。

如果在壁面上设定了固定温度作为边界条件，则壁面上的热通量计算公式为：

$$q = h_f(T_w - T_f) + q_{\text{rad}}$$

式中 h_f 为流体的热传导系数，T_w 为壁面温度，T_f 为当地流体温度，q_{rad} 为辐射热通量。流体的热传导系数 h_f 是用当地流场条件（湍流度、温度和速度 profile 函数）求出的。由固体壁面产生的热交换计算公式为：

$$q = \frac{k_s}{\Delta n}(T_w - T_s) + q_{\text{rad}}$$

式中 k_s 为固体的热导率，T_s 为固体温度，Δn 为壁面与固体单元几何中心的距离。

（2）热通量边界条件。

在定义壁面热流通量时，FLUENT 用下式计算壁面温度。

$$T_w = \frac{q - q_{\text{rad}}}{h_f} + T_f$$

如果壁面包围的是固体区域，则壁面温度用下式计算。

$$T_w = \frac{(q - q_{\text{rad}})\Delta n}{k_s} + T_s$$

（3）对流热交换边界条件。

在采用对流热交换边界条件时，FLUENT 用下面的公式计算壁面热流通量。

$$q = h_f(T_w - T_f) + q_{\text{rad}} = h_{\text{ext}}(T_{\text{ext}} - T_w)$$

式中 h_{ext} 为用户定义的外部热交换系数，T_{ext} 为用户定义的外部热源温度，q_{rad} 为辐射热通量。

（4）外部辐射边界条件。

在考虑外部辐射时，FLUENT 用下面的公式计算热流通量。

$$q = h_f(T_w - T_f) + q_{\text{rad}} = \varepsilon_{\text{ext}}\sigma(T_\infty^4 - T_w^4)$$

式中 ε_{ext} 为用户定义的外部壁面辐射率，σ为 Stefan-Boltzmann 常数，T_w 为壁面的表面温度，T_∞ 为用户定义的热源温度，q_{rad} 表示从计算域到边界的辐射热流通量。

（5）外部对流和辐射的混合边界条件。

在使用混合热交换条件时，壁面热流通量可以用下式计算。

$$q = h_f(T_w - T_f) + q_{\text{rad}} = h_{\text{ext}}(T_{\text{ext}} - T_w) + \varepsilon_{\text{ext}}\sigma(T_\infty^4 - T_w^4)$$

式中各参数与前面公式中的含义相同，这个公式也假定壁面为零厚度壁面。

（6）流体热交换系数的计算。

在层流计算中，壁面上的热交换用 Fourier 级数展开形式进行计算。FLUENT 中采用其离散形式进行计算，即：

$$q = k_f\left(\frac{\partial T}{\partial n}\right)$$

式中 n 为当地法向坐标。

在湍流计算中，FLUENT 利用热交换和动量交换的相似性得到温度的壁面函数形式。

10. 对称边界条件

在流场内的流动及边界形状具有镜像对称性时，可以在计算中设定使用对称边界条件。这种条件也可以用来定义黏性流动中的零剪切力滑移壁面。本部分内容将讲述在对称面上对流体的处理方式，并给出相关的实例。在对称边界上不需要设定边界条件参数，但是必须正确定义对称边界的位置。

需要注意的是，在 2D 轴对称流场的对称轴上应该使用轴（Axis）边界条件，而不是对称边界条件。

采用对称边界条件可以将计算域缩小，进而降低计算工作量，加快计算速度。图 3-79 所示为一个对称边界的实例。

图 3-80 所示为两个不适用对称边界条件的实例。虽然这两个例子中的边界是几何对称的，但是流场结构并不对称。在第一个例子中，由于浮力作用产生了非对称流动。在第二个例子中，由于流动带有旋转，因此使得整个流场结构不存在“镜像”对称条件，而适合采用后面提到的旋转周期边界。

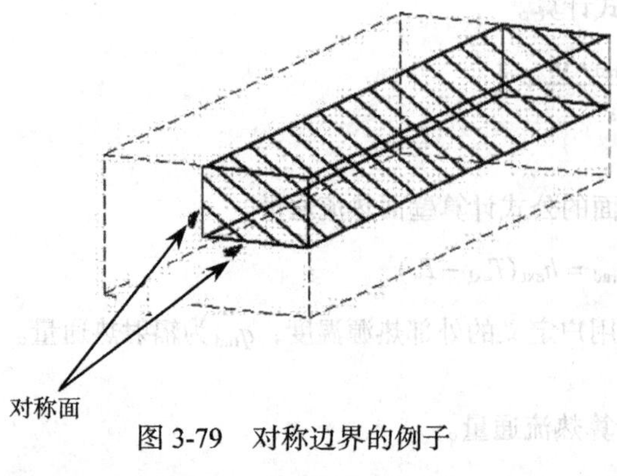

图 3-79　对称边界的例子

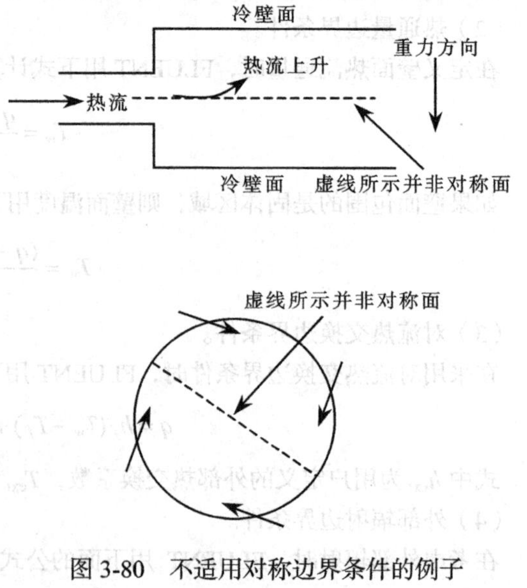

图 3-80　不适用对称边界条件的例子

对称面上的所有流动变量的通量为零。由于对称面上的法向速度为零，因此通过对称面的对流通量等于零。对称面上也不存在扩散通量，因此所有流动变量在对称面上的法向梯度也等于零。对称边界条件可以总结为。

（1）对称面上法向速度为零。

（2）对称面上所有变量的法向梯度为零。

综上所述，对称面的含义就是零通量。因为对称面上剪切应力等于零，在黏性计算中，对称面条件也可以被称为“滑移”壁面。

11. 周期性边界条件

在流场的边界形状和流场结构存在周期性变化特征时，可以采用周期性边界条件。在 FLUENT 中可以设置两种周期性边界条件。第一种类型的周期性边界条件不允许在周期平面上出现压力降。第二种周期性边界条件则允许在周期边界上出现压力降，从而可以计算“充分发展”的周期性流动。

（1）周期性边界条件的例子。

当流场中的两个相对平面上的流动完全相同时，可以采用周期性边界条件。图 3-81 所示为周期性边界条件的一个典型例子。在这个例子中，流入计算域平面和流出计算域平面上的流动是完全一样的。就如例子中表现的那样，周期性边界总是成对出现的。

（2）周期性边界条件的设置。

在不考虑压力降时，周期性边界中只需要设置一个参数，即定义几何边界是旋转周期性边界还是平移周期性边界的参数。旋转周期性边界是绕一个中心线转过一定的角度后出现的周期性边界，平移周期性边界则是平移过流场时出现的周期性边界。图 3-81 中的周期性边界是旋转式的，图 3-82 中的周期性边界则是平移式的。

在 Periodic（周期性边界）面板中设定边界是旋转式的还是平移式的。

如果计算域是旋转周期性边界，则在 Periodic Type（周期类型）中选择 Rotational（旋转）。如果是平移周期性边界，则选择 Translational（平移）。对于旋转周期域，求解器将自动计算周期边界的转角，转动轴为临近网格单元的转轴。

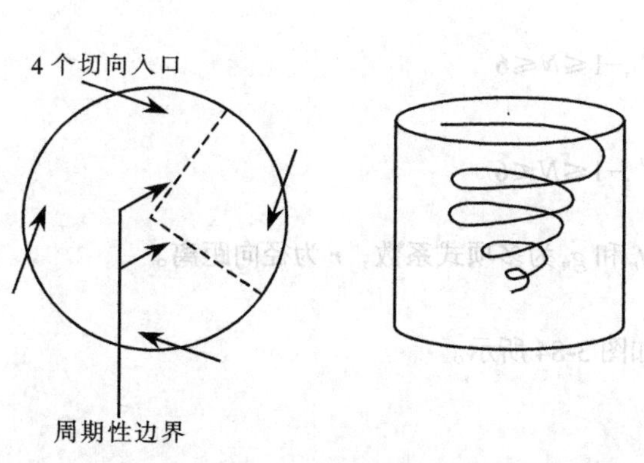

图 3-81　用周期性边界定义圆柱形容器中的旋转流动

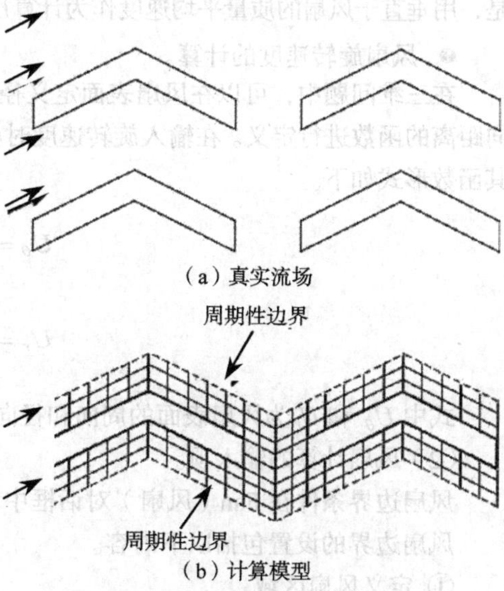

图 3-82　平移式周期性边界条件

旋转周期性边界的一个例子是三维管道流动。在计算三维管道流动时，可以不必计算整个管道的流动，而只要在管道截面上用半径切出一个角就可以了，这个角的两个边上可以设定周期性边界条件。

通过 Grid/Check 操作计算并显示周期性边界上的最小、最大和平均转动角度。如果这三者的差值很大，则说明网格划分有问题，即网格在几何模型上不具备周期性边界特征。在系统的默认设定中，周期性边界是平移式周期边界。

12. 轴边界条件

2D 轴边界类型必须是轴对称几何边界的中心线（见图 3-83）或者是 1/4 圆柱、1/8 圆柱区域的转动轴。在轴边界上不用定义边界条件。轴上的流动变量值由轴的临近单元中的流场变量值计算得出。

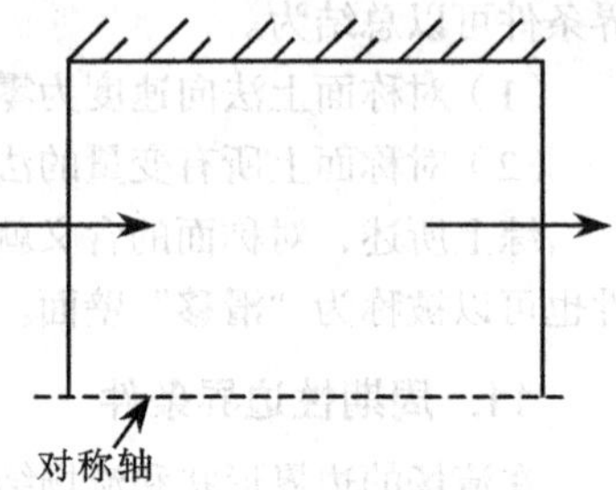

图 3-83　用轴对称几何的中心线作为轴边界

13. 风扇边界条件

在已知风扇几何特征和流动特征的条件下，风扇的这些特征可以被参数化以用于计算风扇对流场的影响。在风扇边界条件中可以设置一条确定风扇前后压头与速度关系的经验曲线，同时可以确定的量还包括风扇旋转速度的径向与周向速度分量。风扇模型不是绕风扇流动的精确模型，但是它可以计算流过风扇的流量。风扇可以与其他类型的源项共同使用，也可以作为唯一的源项使用。在作为唯一源项时，系统流量的计算是在考虑系统损失和风扇曲线的前提下完成的。

（1）风扇方程。

- 经过风扇的压力跃升模型。

风扇的物理模型是一个无限薄的面，压力在经过这个面时出现跃升，而跃升的值是速度的函数。在函数关系取为多项式的情况下，压力跃升函数的形式为：

$$\Delta p = \sum_{n=1}^{N} f_n v^{n-1}$$

式中 Δp 为压力跃升量，f_n 为多项式系数，v 为速度。需要注意的是，在这个关系式中，速度 v 的值应该为正值，因为这代表流体是向前流过风扇的，所以才会产生压力跃升。另一个确定压力跃升的方法是，用垂直于风扇的质量平均速度作为计算压力跃升的速度，算出风扇区域的压力跃升。

- 风扇旋转速度的计算。

在三维问题中，可以在风扇表面定义径向和周向对流速度以模拟旋转流动。速度分量可以作为径向距离的函数进行定义。在输入旋转速度时必须使用国际单位制。在用多项式定义径向和周向速度时，其函数形式如下。

$$U_\theta = \sum_{n=-1}^{N} f_n r^n, -1 \leqslant N \leqslant 6$$

$$U_r = \sum_{n=-1}^{N} g_n r^n, -1 \leqslant N \leqslant 6$$

式中 U_θ 和 U_r 为风扇表面的周向和径向速度，f_n 和 g_n 为多项式系数，r 为径向距离。

（2）风扇计算的输入项。

风扇边界条件在 Fan（风扇）对话框中设置，如图 3-84 所示。

风扇边界的设置包括以下内容。

① 定义风扇区域。

因为在计算中假定风扇为无限薄的一个面，所以风扇必须被定义为单元之间的一个面，而不是一个单元。在二维问题中，风扇边界应该是一条线；在三维问题中，风扇边界应该是一个三角或四边形单元。如果在读入网格的时候，风扇区域被定义为内部区域，则可以用 Boundary Conditions（边界条件）面板将其类型设置为 fan（风扇）区域类型。在将内部区域类型设置为风扇类型后，就可以在风扇对话框中定义压力跃升和旋转速度了。

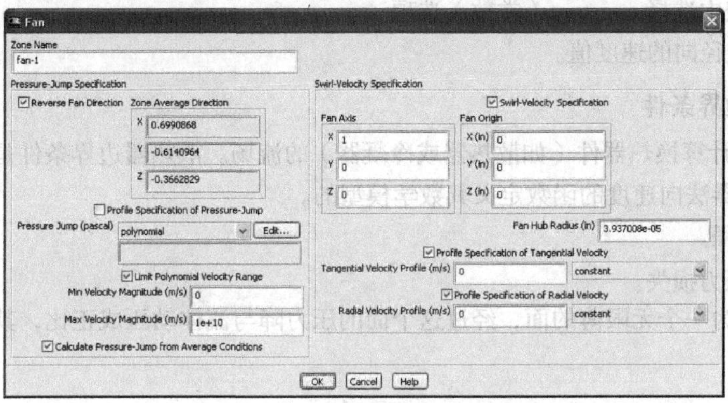

图 3-84　风扇边界条件对话框

② 定义压力跃升。

与其他变量的定义一样，压力跃升也可以采用常数、多项式、阶跃函数、分段多项式和用户自定义函数（UDF）来定义。在假设压力跃升为常数时，在 Fan（风扇）对话框中取消勾选 Profile Specification of Pressure-Jump（压力跃升的 profile 函数定义）复选框，然后在下面的文本框中填入压力跃升的值即可。在使用函数定义时，则勾选压力跃升的 profile 函数复选框，然后在 Pressure-Jump（压力跃升）下拉列表中选择函数类型，单击 Edit（编辑）按钮并编辑函数形式就可以了。在使用上述函数形式定义压力跃升时，可以定义速度的最大值和最小值。勾选 Limit Polynomial Velocity Range（多项式速度范围极限）复选框，可以在 Max Velocity Magnitude（最大速度值）和 Min Velocity Magnitude（最小速度值）文本框中输入速度的上下两个极限值。在计算过程中，如果速度超过了最大速度值，则被自动设定为最大速度值。同样，如果速度值小于最小速度值，则被自动设定为最小速度值。

③ 定义风扇的离散相边界条件。

离散相边界条件在离散相面板中输入。

④ 定义旋转速度。

应该按下列顺序为风扇设定径向和周向速度。

a. 勾选 Swirl-Velocity Specification（旋转速度指定）复选框。

b. 定义风扇的转轴和原点。

c. 设定 Fan Hub Radius（桨毂半径）。

d. 用常数、多项式函数或 UDF 函数设定径向与周向速度函数。

注　意：必须使用国际单位制定义所有旋转速度分量。

多项式形式速度函数的设定方法如下。

a. 勾选 Profile Specification of Tangential Velocity（周向速度分布函数定义）复选框或 Profile Specification of Radial Velocity（径向速度 profile 函数定义）复选框。

b. 在下面的多项式系数文本栏中，按由小到大的次序输入多项式系数 f_n 和 g_n。每个系数之间用空格隔开。

当速度值为常数时，速度的设定方法如下。

a. 勾选 Profile Specification of Tangential Velocity（周向速度分布函数定义）复选框或 Profile Specification of Radial Velocity（径向速度分布函数定义）复选框。

b. 在下拉列表中选择 constant（常数）选项。

c. 输入周向或径向的速度值。

14. 散热器边界条件

FLUENT 可以计算换热器件（如散热器或冷凝器）的流场。散热器边界条件是将压力降系数和热交换系数作为散热器法向速度的函数定义其数学模型的。

（1）散热器方程。

- 散热器的压力损失。

散热器被假定为一个无限薄的面，经过这个面的压力降与流体动压成正比，其比例系数为一个经验系数。

$$\Delta p = k_L \frac{1}{2}\rho v_n^2$$

式中 ρ 为流体密度，k_L 为无量纲损失系数。

- 通过散热器的热交换。

从散热器向周围流体传热的热流通量为：

$$q = h(T_{\text{air},d} - T_{\text{ext}})$$

式中 q 为热流通量，$T_{\text{air},d}$ 为散热器下游温度，T_{ext} 是流体的参考温度。对流热交换系数 h 可以用常数、多项式、阶跃函数和分段多项式来表示。对流热交换系数 h 可以用上下游温度和散热器面积计算得出。

（2）散热器参数定义是在 Radiator（散热器）对话框（见图 3-85）中完成的。

在散热器计算中需要设置的参数如下。

- 定义散热器区域。
- 定义压力损失系数。
- 定义热流通量、热交换系数和散热器温度。
- 如果计算中包含离散相问题，还需定义离散相边界。
- 定义散热器区域。

散热器区域为内部边界面。在 FLUENT 读入网格文件时，散热器区域被定义为 Interior（内部）区域。在读入网格文件后，需要在 Boundary Conditions（边界条件）面板中将它重新定义为 radiator（散热器）区域，然后在 Radiator（散热器）对话框中定义损失系数和热流通量信息。

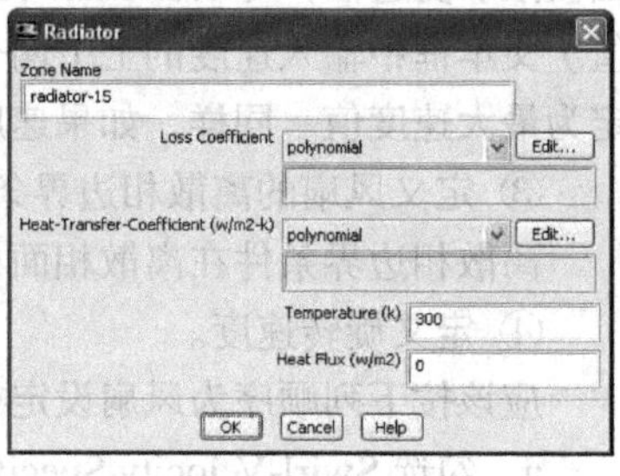

图 3-85　散热器对话框

- 定义压力损失系数函数。

压力损失系数 L_k 也可以用常数、多项式、阶跃函数、分段多项式 4 种形式进行定义。其定义方式与其他类似参数的定义方式类似，这里不再重复介绍。

- 定义热流通量参数。

定义热流通量参数时既可以定义真实的热流通量 q，也可以设置热交换系数或散热器温度。所有设置均在散热器对话框中完成。

如果定义真实的热流通量，则先将 Temperature（温度）设为 0，然后将 Heat Flux（热流通量）设置为一个常数。

如果选择定义散热器温度，则可以在 Temperature（温度）文本框中输入外界温度的值。如果要定义热交换系数，则可以在常数、多项式、阶跃函数和分段多项式等方式中选择一种进行设置。

15. 多孔跃升边界条件

在已知一个肋板前后的速度或压力的增量时，可以用多孔跃升边界对这个肋板进行定义。多孔跃升模型比多孔介质模型简单，采用这种模型时的计算过程将更稳健，收敛性更好，更不容易在扰动下发散，因此在计算过滤器、薄肋板等内部边界时应该尽量采用这种边界条件。

有限厚度的多孔介质的压力变化是用 Darcy 定律和一个附加的惯性损失项来定义的。

$$\Delta p = -\left(\frac{\mu}{\alpha}v + C_2\frac{1}{2}\rho v^2\right)\Delta m$$

式中 μ 是层流粘度，α 是渗透率，C_2 是压力跃升系数，v 是法向速度，Δm 是介质厚度。

多孔跃升模型的参数设置。

多孔跃升模型的相关参数在 Porous Jump（多孔跃升）对话框中设置，如图 3-86 所示。需要设置的参数如下。

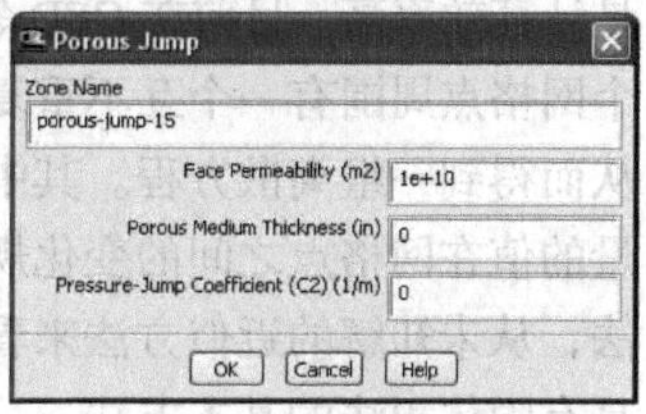

图 3-86　多孔跃升对话框

- 定义多孔跃升区域。
- 设定面的渗透率（Face Permeability），即设定 α 的值。
- 设定多孔介质的厚度 Δm。
- 设定压力跃升系数 C_2。
- 如果需要考虑离散相，则在多孔跃升区域中定义离散相边界条件。

多孔跃升模型是对多孔介质模型的一维简化，因此就像多孔介质模型一样，多孔跃升模型是应用在无厚度的内部面上的。

3.16　控制方程离散化

我们知道，描述流体流动及传热等物理问题的基本方程为偏微分方程，想要得到它们的解析解或者近似解析解，在绝大多数情况下都是非常困难的，甚至是不可能的。因此，离散化的目的简而言之是，将连续的偏微分方程组及其定解条件按照某种方法遵循特定的规则在计算区域的离散网格上转化为代数方程组，以得到连续系统的离散数值逼近解。

3.16.1　离散方法

按照应变量在计算网格节点之间的分布假设及推导离散方程的方法的不同，可以将控制方程的离散方法分为有限差分法、有限元法、有限体积法、边界元法和谱方法等。这里简要介绍常用的有限差分法、有限元法及有限体积法。

（1）有限差分法（Finite Difference Method，FDM）是数值方法中最经典的方法之一。它是将求解域划分为差分网格，用有限个网格节点代替连续的求解域，然后将偏微分方程（控制方程）的导数用差商代替，推导出含有离散点上有限个未知数的差分方程组。求差分方程组（代数方程组）的解，就是求微分方程定解问题的数值近似解，这是一种直接将微分问题变为代数问题的近似数值解法。这种方法发展较早，比较成熟，多用于求解双曲型和抛物型问题（发展型问题）。用它求解边界条件复杂，尤其是椭圆形问题时不如有限元法或有限体积法方便。

（2）有限元法（Finite Element Method，FEM）与有限差分法都是被广泛应用的流体力学数值计算方法。有限元法是将一个连续的求解域任意地分成适当形状的许多微小单元，并为各小单元构造插值函数，然后根据极值原理（变分或加权余量法）将问题的控制方程转化为所有单元上的有限元方程，并把总体的极值作为单元极值之和，即将局部单元总体合成，形成嵌入了指定边界条件的代数方程组，求解该方程组就得到各节点上待求的函数值。有限元法的基础是极值原理和划分插值，它吸收了有限差分法中离散处理的内核，又采用了变分计算中选择逼近函数并对区域积分的合理方法，是这两种方法相互结合、取长补短的结果。有限元法具有广泛的适应性，特别适用于几何及物理条件比较复杂的问题，而且便于程序的标准化。对椭圆形问题（平衡态问题）有更好的适应性。有限元法因求解速度较有限差分法和有限体积法慢，因此，在商用 CFD 软件中应用并不普遍，目前的商用 CFD 软件中，FIDAP 采用的是有限元法。而有限元法目前在固体力学分析中的应用比较普遍，几乎所有的固体力学分析软件都是采用有限元法。

（3）有限体积法（Finite Volume Method，FVM）是近年发展非常迅速的一种离散化方法，其特点是计算效率高。目前在 CFD 领域得到了广泛的应用。其基本思路是，将计算区域划分为网格，并使每个网格点周围有一个互不重复的控制体，将待解的微分方程（控制方程）对每一个控制体进行积分，从而得到一组离散方程。其中的未知数是网格点上的因变量，为了求出控制体的积分，必须假定因变量的值在网格点之间的变化规律。从积分区域的选取方法来看，有限体积法属于加权余量法中的子域法，从未知解的近似方法来看，有限体积法属于采用局部近似的离散方法。简言之，子域法加离散就是有限体积法的基本方法。

FLUENT 采用有限体积法将非线性偏微分方程转变为网格单元上的线性代数方程，然后通过求解线性方程组得出流场的解。从物理角度看，方程的守恒形式反映的是流场变量在网格单元上的守恒关系，即网格单元内某个流场变量的增量等于各边界面上变量的通量的总和。有限体积法的求解策略是用边界面或线上的通量计算出控制点上的变量。比如对于密度场的计算，网格单元的控制点上的密度值及其增量代表的是整个网格单元空间上密度的值和增量。从质量守恒的角度来看，流入网格的质量与流出网格的质量应该等于网格内流体质量的增量，因此从质量守恒关系（连续方程）可以得知密度的增量等于边界面或线上密度通量的积分。

3.16.2 离散格式

FLUENT 中用于计算通量的方法包括一阶迎风格式、指数律格式、二阶迎风格式、QUICK 格式和中心差分格式等，下面分别对其进行介绍。

1. 一阶迎风格式

“迎风”这个概念是相对于局部法向速度定义的。所谓的迎风格式是指用上游变量的值计算本地的变量值。在使用一阶迎风格式时，边界面上的变量值取上游单元控制点上的变量值。

2. 指数律格式

指数律格式认为流场变量在网格单元中呈指数规律分布，在一维问题中，这个指数规律如下式所示，这个公式由求解一维对流扩散方程得出。在对流作用起主导作用时，指数律格式等同于一阶迎风格式；在纯扩散问题中，对流速度接近于零，指数律格式等于线性插值，即网格内任意一点的值可以用网格边界上的值线性插值得到，而在对流和扩散作用相差无几时，需要由下式计算得出。

$$\frac{\phi(x)-\phi_0}{\phi_L-\phi_0}=\frac{\exp\left(Pe\dfrac{x}{L}\right)-1}{\exp(Pe)-1}$$

ϕ_0 表示一维网格起点处的变量值，ϕ_L 表示网格终点处的变量值，Pe 为表征对流作用与扩散作用之比的 Peclet 数。对流作用强时，*Pe* 增大；反之，则 *Pe* 减小。

3. 二阶迎风格式

一阶迎风格式和二阶迎风格式都可以看作是流场变量在上游网格单元控制点展开后的特例。一阶迎风格式仅保留 Taylor 级数的第一项，因此认为本地单元边界点的值等于上游网格单元控制点上的值，其格式精度为一阶精度。二阶迎风格式则保留了 Taylor 级数的第一项和第二项，因而认为本地边界点的值等于上游网格控制点的值与一个增量的和，其精度为二阶精度。

4. QUICK 格式

QUICK 格式用加权和插值的混合形式给出边界点上的值。QUICK 格式是针对结构网格，即二维问题中的四边形网格和三维问题中的六面体网格提出的，但是在 FLUENT 中，非结构网格计算也可以使用 QUICK 格式选项。在非结构网格计算中，如果选择 QUICK 格式，则非六面体（或四边形）边界点上的值是用二阶迎风格式计算的。在流动方向与网格划分方向一致时，QUICK 格式具有更高的精度。

5. 中心差分格式

在使用 LES 湍流模型时，可以用二阶精度的中心差分格式计算动量方程，并得到精度更高的结果。以本地网格单元的控制点为基点，对流场变量进行 Taylor 级数展开并保留前两项，也可以得出边界点上具有二阶精度的流场变量值。在一般情况下，这样求出的边界点变量值与二阶迎风差分得到的变量值不同，而二者的算术平均值是流场变量在边界点上用中心差分格式计算出的值。

表 3-6 所示为常见离散格式的性能对比。

表 3-6 常见离散格式的性能对比

离散格式	稳定性及稳定条件	精度与经济性
中心差分	条件稳定 Peclet 数小于等于 2	在不发生振荡的参数范围内可以获得较准确的结果
一阶迎风	绝对稳定	虽然可以获得物理上可接受的解，但当 Peclet 数较大时，假扩散较严重。为避免此问题，常需要加密计算网格
二阶迎风	绝对稳定	精度较一阶迎风格式高，但仍有假扩散问题
混合格式	绝对稳定	当 Peclet 数小于等于 2 时，性能与中心差分格式相同。当 Peclet 数大于 2 时，性能与一阶迎风格式相同
指数律格式、乘方格式	绝对稳定	主要适用于无源项的对流扩散问题，对于有非常数源项的场合而言，当 Peclet 数较高时有较大误差
QUICK 格式	条件稳定 Peclet 数小于等于 8/3	可以减小假扩散误差，精度较高，应用较广泛，但主要用于六面体和四边形网格
改进的 QUICK 格式	绝对稳定	性能与标准 QUICK 格式相同，只是不存在稳定性问题

3.16.3 离散格式的选择

1. 对流项格式的选择

在流动方向与网格方向基本一致时，可以选择一阶迎风格式。一阶迎风格式适用于结构网格，它具有稳定性高，计算速度快的优点，但是在网格方向与流动方向不一致时，产生的数值误差比较大。在非结构网格进行计算或流场比较复杂的情况下，很难保证流动方向与网格方向相一致，此时应该选用二阶格式。二阶格式的计算精度高于一阶格式，但是相对而言，其计算时间比较长，收敛性也相对较差，因此在实际计算中，进行格式选择时需要兼顾精度、收敛性和系统资源等方面的要求。比如可以在计算开始时先用一阶格式进行计算以获得一个精确度相对较低的解，在计算收敛后再用二阶格式完成计算以提高解的精度。这样既避免了二阶格式收敛性差、计算时间长的问题，又避免了一阶格式在复杂流场计算中数值误差大的问题。除此之外，在采用二阶格式无法收敛的情况下，也可以考虑改用一阶格式进行计算。

在用结构网格计算旋转流动问题时，QUICK 格式可以提供更高的计算精度，但是在其他情况下，QUICK 格式的精度与二阶格式相当，并没有很大的改进。计算中还可以选用指律格式，其精度与一阶格式基本相同。中心差分格式仅在使用LES湍流模型时可以使用，并且应该在网格足够密集、局部Peclet数小于 1 的情况下使用。

2. 压力插值格式的选择

在默认的情况下，FLUENT 使用动量方程系数来处理表面的压力插值。只要单元中心的压力变化比较平滑，这个程序就可以算得很好。当控制体之间的动量源项有跳跃或者有较大的梯度时，在单元表面处的压力轮廓会有较大的梯度，此时不可以用这种格式来插值。如果还是用这种格式，就会出现单元速度过大和过小的问题。

使用标准压力插值格式会出现问题的流动包括具有大体积力的流动，如强烈的旋流、高 Rayleigh 数自然对流等。在这种情况下，有必要在大梯度区域加密处理网格，从而能较好地分辨压力的变化。

FLUENT 的另一个误差源是假定壁面法向压力梯度为零。这种假定对于边界层是有效的，但是对于出现体积力或者曲率的情况就不合适了。此外，压力梯度计算较明显的错误是速度矢量指向或者指出壁面。

当标准压力插值格式不可用时，FLUENT 提供了以下几种可选的方法。

- 线性格式用相邻单元压力的平均值来计算表面压力。
- 二阶格式用二阶精度对流项中使用的方法来重建表面压力。这一格式可能会比标准和线性格式有所改善，但是如果将其用于初始计算和较差网格计算，就可能会出现一些问题。
- 体积力加权格式假定压力和体积力之间的差值梯度为常数来计算表面压力。如果动量方程中的体积力已知（如浮力和轴对称涡流的计算），那么这一格式会处理得很好。
- PRESTO!（PREssure STaggering Option）格式使用离散连续性平衡来计算交错压力的表面处的交错体积。这一格式和非结构网格中使用的交错网格格式相似。

> 注　意：PRESTO!格式只用于四边形或者六面体网格。

当使用分离求解器时，我们可以采用很多压力插值格式。对于大多数情况，标准格式已经足够了，但是对于特定的某些模型而言，使用其他格式可能会更好。

- 对于具有较大体积力的问题，推荐使用体积力加权格式。
- 对于具有高涡流数、高 Rayleigh 数自然对流，高速旋转流动，包含多孔介质的流动和高度扭曲区域的流动而言，应使用 PRESTO!格式。

3. 密度插值格式

在用分离算法计算单相可压流时，有 3 种密度插值格式可供选择，即一阶迎风格式、二阶格式和 QUICK 格式。一阶迎风格式具有良好的稳定性，但是在计算带激波的可压流时，会对激波解产生“抹平”作用，因此应该选用二阶格式或 QUICK 格式。在用四边形网格、六面体网格或混合网格计算带激波的流动时，最好使用 QUICK 格式计算所有变量。需要注意的是，在计算可压多相流时，只能用一阶迎风格式计算可压缩相的流动。

3.16.4 在 FLUENT 中设置离散格式

在 FLUENT 中选择计算格式是在 Solution Methods（求解方法控制）设置面板中完成的，如图 3-87 所示。进行 Solve/Methods 操作即可弹出该面板。

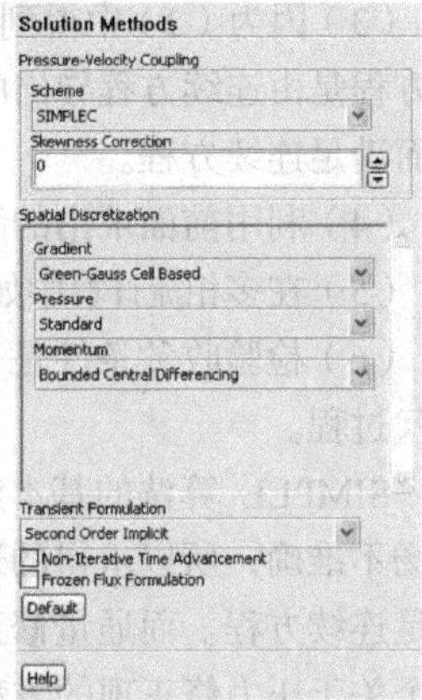

图 3-87 求解方法控制面板

在 Spatial Discretization（离散）选项组中，可以在使用分离求解器时定义动量、能量、湍流动能等项目，并为这些项目选择一阶迎风格式、二阶迎风格式、指数律格式、QUICK 格式和中心差分格式（在 LES 湍流模式计算中），也可以在使用耦合求解器时定义湍流动能、湍流耗散率等项目，并为这些项目选择一阶迎风格式、二阶迎风格式。需要注意的是，图 3-87 所示为选择分离算法时 Solution Controls（求解过程控制）面板的界面，采用耦合算法时这个面板的界面会有所不同。

在使用分离算法时，可以在 Pressure（压力）下拉列表中选择压力插值格式，其中包括标准格式、线性格式、二阶格式、彻体力加权格式和 PRESTO!格式。在计算可压流时，需要在 Density（密度）下拉列表中选择密度插值格式，包括一阶迎风、二阶迎风和 QUICK 格式。单击 Default 按钮可以将所有设置恢复为默认设置。

3.17 求解方法

FLUENT 中有两种求解器，即基于压力的求解器（Pressure-Based Solver）和基于密度的求解器（Density-Based Solver）。这两种求解器的求解对象是相同的，它们所求解的控制方程均为描述质量守恒、动量守恒和能量守恒的连续方程、动量方程和能量方程。在考虑湍流和化学反应时，还要加上湍流方程和化学组分方程。它们都用有限体积法作为对计算对象进行离散求解的基础方法。两种求解器对大多数流动求解都适用，但对于某些特定的流动情况，选择两种求解器中的一种可能使求解结果更为精确。

选择求解器时需要考虑以下因素。

- 求解器的模型适应性。
- 网格数与内存容量。特别是在基于密度的求解器中选择使用隐式格式，或在基于压力的求解器中使用耦合算法时，需考虑此方面。
- 某些模型只在基于压力的求解器中可供选择，而某些模型只在基于密度的求解器中可供选择。

基于压力的求解器适用于求解不可压缩和中等程度的可压缩流体的流动问题。而基于密度的求解器最初用于高速可压缩流动问题的求解。虽然目前两种求解器都适用于各类流动问题的求解（从不可压缩流动到高度可压缩流动），但对于高速可压缩流动而言，使用基于密度的求解器通常能获得比基于压力的求解器更为精确的结果（如求解激波）。

3.17.1 基于压力的求解器

基于压力的求解器把动量和压力（或压力修正）作为主要变量。FLUENT 中提供了 4 种压力—速度耦合算法，即 SIMPLE、SIMPLEC、PISO 以及 Coupled。在 FLEUNT 6.3 版本以前，这 4 种算法分为 2 类，即前 3 种称为分离求解方法，第 4 种称为耦合求解方法，下面进行简要介绍。

分离求解方法即分别求解各个控制方程的方法。由于控制方程是非线性的，因此求解必须经过多次迭代才能获得收敛解。图 3-88 所示为求解的流程，其过程可概述如下。

（1）流场变量更新。在第一次计算时，变量由初始化过程更新。在随后的计算中，每迭代一次即得到一个更新的解。

（2）用当前压力和质量通量的值求解动量方程，以得到新的速度场。

（3）因为（2）中得到的速度场数值解无法完全满足连续方程，所以再求解压力修正方程。压力修正方程是由连续方程导出的泊松型方程，求解这个方程可以得到对压力场、速度场和质量通量的修正，进而满足连续方程。

（4）利用前面求出的解，求解湍流方程、能量方程、组分方程和能量方程。

（5）在多相流计算中如果考虑相间作用，则需要通过求解离散相轨迹计算得到连续相方程中的源项解。

（6）检验收敛条件是否被满足。如果收敛条件被满足，则停止计算。如果计算没有收敛，则继续迭代过程。

SIMPLE 算法的基本策略是用假定的压力场求解动量方程以得到边界点上的通量。因为假定的压力场不准确，所以求得的通量必然不能满足连续方程，于是在通量上添加修正项，以使所得通量能够满足连续方程。而通量修正项是压力修正项的函数，因此将修正过的通量代入连续方程，就可以得到一个关于压力修正项的方程。用 AMG 多重网格法求解这个方程可以得到压力修正项的解。在压力修正项的前面乘以欠松弛因子，再与原压力相加就可得到一个新的压力场。以这个新的压力场为起点重复上述过程，就形成了交替求解压力场、速度场的迭代过程，直到最后得到收敛解，计算即结束。

SIMPLEC 算法与 SIMPLE 算法的基本思路一致，仅在通量修正方法上有所改进，因而加快了计算的收敛速度。SIMPLE 算法和 SIMPLEC 算法在每个迭代步中得到的压力场都不能完全满足动量方程，因此需要反复迭代，直到收敛。

PISO 算法针对 SIMPLE 算法中每个迭代步获得的压力场与动量方程偏离过大的问题，在每个迭代步中增加了动量修正和网格畸变修正过程，因此虽然 PISO 算法的每个迭代步中的计算量大于 SIMPLE 算法和 SIMPLEC 算法，但是由于每个迭代步中获得的压力场更准确，所以使得计算收敛得更快，也就是说获得收敛解需要的迭代步数大大减少了。

Coupled 算法同时求解连续方程、动量方程和能量方程。在上述流场控制方程被求解后，再求解湍流和辐射等方程。计算过程也需要经过迭代才能收敛得出最终的解。Coupled 算法的计算流程如图 3-89 所示，大致过程如下。

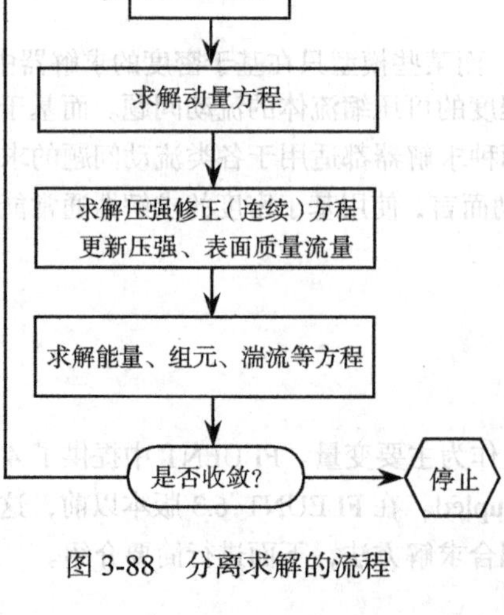

图 3-88　分离求解的流程

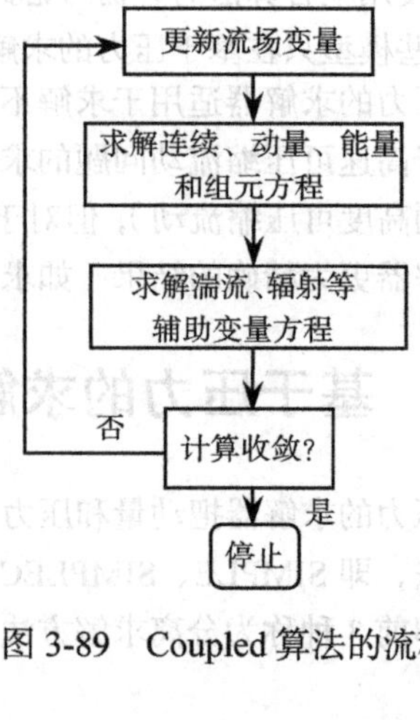

图 3-89　Coupled 算法的流程

（1）流场变量更新。如果是第一步迭代，则流场变量由初始化过程更新。如果不是第一步计算，则由求解过程得到更新的解。

（2）同时求解连续方程、动量方程、能量方程和组分方程。

（3）在考虑湍流和辐射等模型的时候，求解湍流和辐射方程。

（4）在多相流计算中，如果考虑相间作用，则通过离散相轨迹求解连续相方程中的源项。

（5）检验计算是否收敛。如果计算已经收敛，则停止计算，如果没有收敛，则开始新一步的计算。

3.17.2　基于密度的求解器

基于密度的耦合求解器以矢量形式同时求解连续性方程、动量方程和能量方程，如果需要，还可以求解组分方程。压力可以由状态方程得到，其他的标量方程用分离求解方法求解。该求解器一般适用于有强烈耦合以及密度、能量、动量或者组分之间关联性较强的情况。

与只有隐式格式的压力求解器不同的是，基于密度的求解器既可以用隐式求解，也可以用显式求解。隐式和显式的意义如下。

隐式：对于给定变量，单元内的未知值用邻近单元的已知和未知值计算得出。因此，每一个未知值会在不止一个方程中出现，这些方程必须同时求解，才能给出未知量的值。

显式：对于给定变量，每一个单元内的未知量用只包含已知量的关系式计算得到。因此未知量只在一个方程中出现，而且每一个单元内的未知量的方程只需解一次就可以给出未知量的值。

值得注意的是，显式在时间步长上有严格的限制，通常用在流动特征时间尺度与当地音速特征时间尺度处于相同量级的情况下（比如高马赫数冲击波传播）。

3.17.3　在 FLUENT 中设置求解器

首先，进行 Problem/General 操作，弹出如图 3-90 所示的任务页面。从图中可以看到，FLUENT 包含两种求解器，一种是 Pressure-Based 求解器，为 FLUENT 中默认的求解器，另一种是 Density-Based 求解器，下面分别对其进行介绍。

1. 设置基于压力的求解器

在如图 3-90 所示的任务页面中选择 Pressure-Based 求解器之后，进行 Solve/Methods 操作，弹出 Pressure-Based 求解器对应的 Solution Controls（求解过程控制）面板。针对不同的流动问题，可以在 Scheme（算法）下拉列表中选择不同的压力—速度耦合算法，包括 SIMPLE、SIMPLEC、PISO 或者 Coupled 算法。

如果选择 PISO 算法，则面板会自动展开 PISO 参数设置栏。在默认情况下，畸变修正（Skewness Correction）和邻近修正（Neighbor Correction）的值都是 1。如果仅使用畸变修正，则将邻近修正的值设为 0，反之，将畸变修正的值设为 0。在默认情况下，Skewness-Neighbor Coupling（畸变邻近关联）选项是被选中的，可以根据情况取消二者的关联关系。

2. 设置基于密度的求解器

对于高速可压缩流动而言，通常选择 Density-Based 求解器，对应的求解控制面板如图 3-91 所示。Formulation 下拉列表中包含两个选项，即显式和隐式。Flux Type 下拉列表中包含 Roe-FDS、AUSM 和 Low Diffusion Roe-FDS。

3. 求解器的其他选项设置

通过 General 任务页面，可以定义求解器的其他选项，如图 3-92 所示。在 Type（类型）下选择基于压力或基于密度的求解器。在 Velocity Formulation（速度算法）下选择基于 Absolute（绝对速度）还是 Relative（相对速度）来求解。在 Time（时间）下选择 Steady（稳态）计算或是选择 Transient（非稳态）计算，在 2D Space（二维空间）下选择 Planar（平面）、Axisymmetric（轴对称）和 Axisymmetric Swirl（轴对称旋转）计算。勾选 Gravity（重力）复选框可以设定加速度方向。

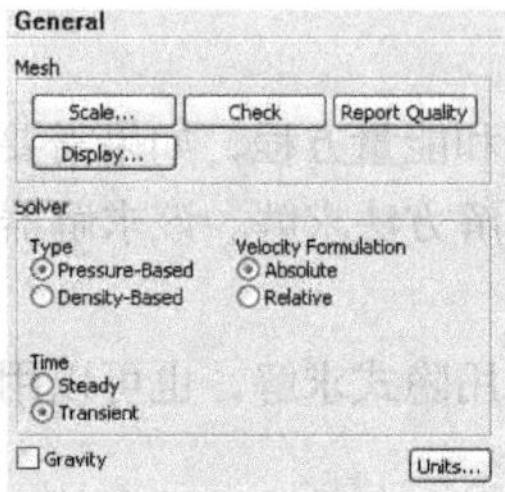

图 3-90　网格和求解器任务页面

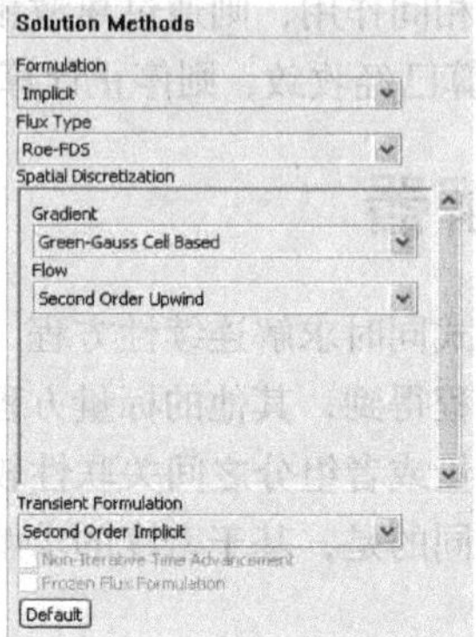

图 3-91　Density-Based 求解器对应的求解控制面板

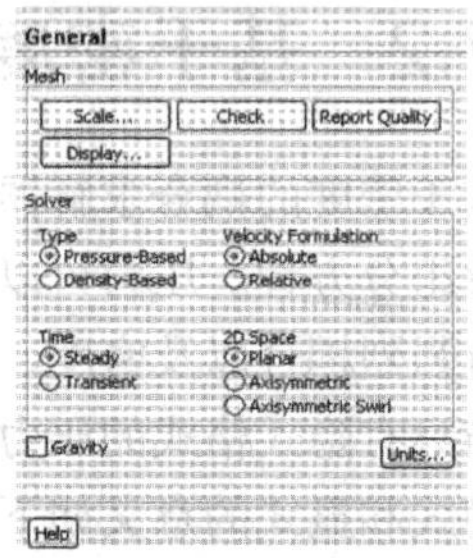

图 3-92　General 任务页面

在 2D Space（二维空间）选项组中，Planar（平面）针对一般的平面 2D 问题。如果 2D 计算域是轴对称的，应选中 Axisymmetric（轴对称）选项。

> 注　意：FLUENT 的 2D 轴对称问题要求计算域应以 x 轴为对称轴，并且 x 轴负方向不允许有节点，即所有的计算域都应布置在 x 轴正方向。而 Axisymmetric Swirl（轴对称旋转）选项适用于一个区域关于一条坐标轴回转所产生的区域，这将产生一个回转体，形成一个 3D 的计算域。在 FLUENT 中使用该选项可将一个 3D 问题简化为 2D 问题以减少计算量。需要注意的是，FLUENT 中的回转轴必须是 x 轴。

3.18　设置欠松弛因子

因为流场的控制方程是非线性的，所以 FLUENT 在分离求解方法中采用欠松弛法控制流场变量的增量，即令经过迭代得到的增量略小于实际计算值。

$$\phi = \phi_{\text{old}} + \alpha \Delta \phi$$

式中 ϕ 为实际计算结果，ϕ_{old} 为前一步的计算结果，α 为欠松弛因子，$\Delta\phi$ 为计算中得到的增量。

这就意味着，使用 Pressure-Based 求解器中的 SIMPLE、SIMPLEC 和 PISO 算法解方程时，包括耦合求解方法所解的非耦合方程（湍流和其他标量）都会有一个相关的欠松弛因子。

对于大多数流动而言，不需要修改默认的欠松弛因子。但是，如果出现不稳定或者发散问题，可能需要减小默认的欠松弛因子，其中压力、动量、k 和 ε 的欠松弛因子的默认值分别为 0.2、0.5、0.5 和 0.5。对于 SIMPLEC 格式而言，一般不需要减小压力的欠松弛因子。在密度和温度强烈耦合的问题中，如相当高的 Rayleigh 数的自然或混合对流流动，应该对温度和（或）密度（所用的欠松弛因子小于 1.0）进行欠松弛。相反，当温度和动量方程没有耦合或者耦合较弱时，流动密度是常数，温度的欠松弛因子可以设为 1.0。其他的标量方程，如旋涡、组分、PDF 变量，对于某些问题而言，默认的欠松弛可能过大，尤其是对于初始计算，这时可以将欠松弛因子设为 0.8 以使得收敛更容易。

用户可以选择 Solve/Controls 命令，在弹出的求解控制面板中（见图 3-93）修改亚松驰因子。单击 Default 按钮可以恢复默认设置。

值得注意的是，如果使用分离求解方法，那么所有的方程都有相关的欠松弛因子。如果使用耦合求解方法，则只有在非耦合方程中有欠松弛因子。

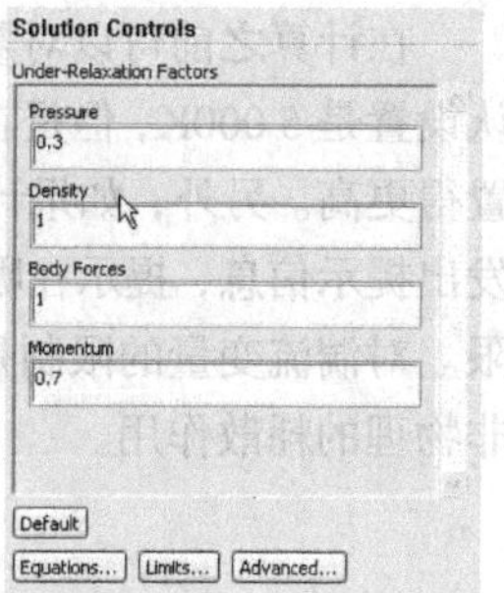

图 3-93　求解控制面板

3.19　设置库朗数

在 FLUENT 的耦合求解方法中，对时间步进格式起主要控制作用的是 Courant 数（CFL）。库朗数是由线性稳定性理论定义的一个范围，在这个范围内计算格式是稳定的。给定一个库朗数，就可以相应地得到一个时间步长。库朗数越大，时间步长越长，计算收敛速度越快，因此在计算中库朗数都在允许的范围内尽量取最大值。耦合隐式和显式求解器的稳定性极限是不同的。显式求解器有更大的限制范围，需要比隐式求解器更小的 Courant 数。

1. 耦合显式格式中的库朗数

在显式格式和隐式格式中，库朗数的取值范围差别很大，在显式格式中，库朗数的取值范围很小，在隐式格式中，范围则大很多。

在 FLUENT 使用的多步格式中，可以认为库朗数在小于 2.5 的范围内是稳定的。由于控制方程是非线性的，因此库朗数的取值一般达不到线性稳定性分析得到的极限值。在耦合算法的显式格式中，系统设定的默认值为 1.0，在某些二维问题中可以适当放大这个值，但是不要超过 2.0。

如果计算模型的设定是正确的，并且进行了初始化，但计算中发现残差快速上升的现象，通常说明库朗数的值可能需要降低。另外，在计算的开始阶段，因为初始流场相对粗糙，所以可以适当降低库朗数，比如降低到 0.5 ~ 1.0，然后在计算相对稳定后再适当调高库朗数。

2. 耦合隐式格式中的库朗数

线性稳定性理论表明 FLUENT 中使用的 Gauss-Seidel 格式是无条件稳定的，但是由于控制方程非线性的影响，实际上库朗数在这种情况下也不可能取为无限大值。在隐式格式中，库朗数的默认值为 5.0，在很多情况下可以将默认值改为 10、20、100，甚至更高，具体数值主要取决于问题的复杂程度。与显式格式一样，在计算开始的时候可以把库朗数设得小一些，而在经过几个迭代步后可以将库朗数调高。

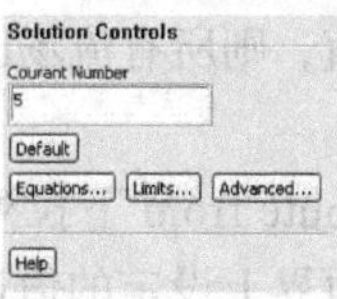

图 3-94　Density-Based 隐式求解器的求解控制面板

在选择了 Density-Based 隐式求解器时，选择 Solve/Controls 命令，弹出 Density-Based 隐式求解器的求解控制面板，如图 3-94 所示。

对于隐式格式，系统设定的库朗数为 5。如果选择的求解器是显式格式，则系统会自动将库朗数设为 1。

3.20　设置求解极限

流场变量在计算过程中的最大值和最小值可以在 Solution Limits（求解极限）对话框中（见图 3-95）设定。进行 Solve/Controls/Limits 操作，即可弹出该对话框。

设置解变量极限是为了避免在计算中出现非物理解，比如密度或温度变成负值或者解远远超过真实值。在 FLUENT 中可以同时对温度的变化率极限进行设置，这样可以避免因为温度变化过于剧烈而导致温度出现负值，温度变化率的默认设置是 0.2，即温度变化率不能超过 20%。

在计算之前可以对默认设定的解变量极限进行修改，比如温度的默认设置是 5 000K，但是在一些有关高温问题的计算中，可以将这个值设置得更高。另外，如果计算过程中解变量超过极限值，系统会在屏幕上发出提示信息，提示在哪个计算区域、有多少网格单元的解变量超过极限。对湍流变量的限制是为了防止湍流变量过大，对流场造成过大的、非物理的耗散作用。

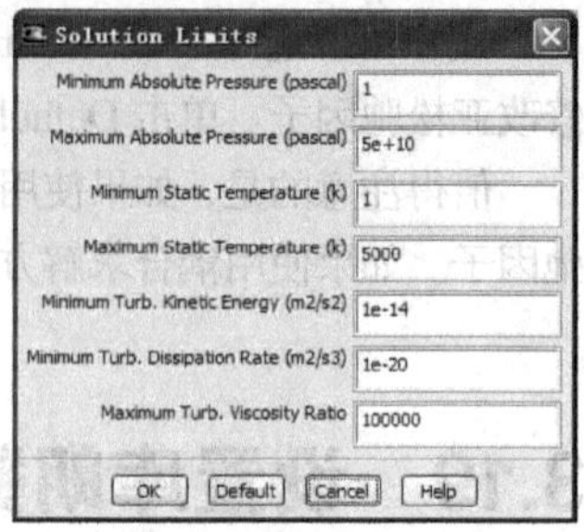

图 3-95　求解极限对话框

3.21　求解初始化

在开始进行计算之前，须为流场设定一个初始值。设定初始值的过程被称为“初始化”。如果把每步迭代得到的流场解按次序排列成一个数列，则初始值是这个数列中的第一个数，而达到收敛条件的解则是最后一个数。显然如果初始值比较接近最后的收敛解，则会加快计算速度，反之则会增加迭代步数，使计算过程加长。更严重的是，如果初始值设置得不当，那么有可能得不到收敛解。

在 FLUENT 中，初始化的方法有以下两种。

（1）全局初始化，即对全部网格单元上的流场变量进行初始值设置。

（2）对流场进行局部修补，即在局部网格上对流场变量进行修改。

在进行局部修补之前，应该先进行全局初始化。

3.21.1　全局初始化

计算前对流场进行的全局初始化是在 Solution Initialization（初始化）面板（见图 3-96）中设置的。进行 Solve/Initialization 操作即可弹出这个面板。初始化的步骤如下。

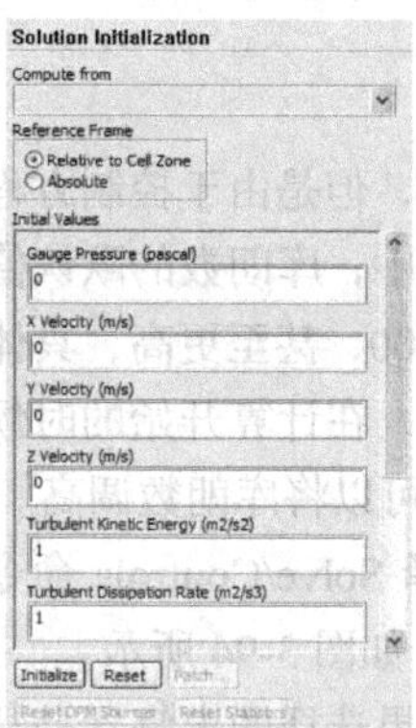

图 3-96　求解初始化面板

（1）设定初始值。

如果想用某个区域上设定的初始值进行全局初始化，应该先在 Compute from（计算起始位置）下拉列表中选择需要定义初始值的区域名。在 Initial Values（初始值）选项组中设置各变量的值，则所有流场区域的变量的值都会根据设置的初始值完成初始化过程。

如果用平均值对流场进行初始化，则在 Compute from 下拉列表中选择 all-zones（所有区域），则 FLUENT 将根据边界上设定的值计算出初始值以完成对流场的初始化。

如果希望对某个变量的值做出改变，那么可以直接在相应的文本框中输入新的变量值。

（2）如果计算中使用了动网格，则可以通过选中 Absolute（绝对速度）选项或 Relative to Cell Zone（相对于网格区域）选项来决定设定的初始值为绝对速度还是相对速度。默认设置为相对速度。

（3）在检查过所有初始值的设定后，可以单击 Initialization（初始化）按钮开始流场的初始化。如果初始化是在计算过程中重新开始的，则必须用 Initialize 确认用新的初始值覆盖计算值。

初始化面板中的部分按钮的含义如下。

- Initialize（初始化）按钮，保存初始值设置，并进行初始化计算。
- Reset（重置）按钮，如果初始化过程有错误，比如初始值有错误或者使用了错误的区域作为开始区域，则可以单击此按钮将初始值恢复为默认值。

3.21.2 对初始值进行局部修补

在完成全局初始化后，可能会需要对某些变量的值进行局部修补。局部修补在修补（Patch）对话框（见图 3-97）中进行设定。

因为局部修补不影响流场的其他变量，所以也可以在计算过程中用局部修补的方法改变某些变量的值，从而对计算过程进行人为干预。

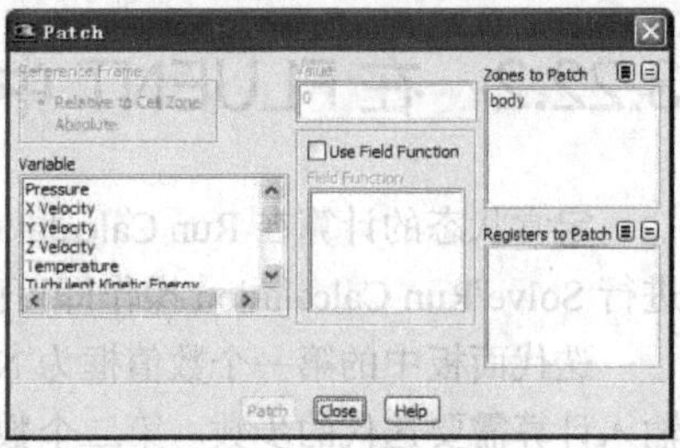

图 3-97　修补对话框

局部修补的步骤如下。

（1）在 Variable（变量）列表中选择需要修补的变量名。

（2）在 Zones to Patch（需要修补的区域）或 Registers to Patch（需要修补的标记区）中选择需要修补的变量所在的区域。

（3）如果需要将变量的值修补为常数，则直接在文本框中输入变量的值。如果需要用一个预先设定的函数定义变量，则可以勾选 Use Field Function（使用场变量函数）复选框，并在 Field Function（场函数）列表中选择合适的场函数。

（4）如果需要修补的变量为速度，则除了要定义速度的大小外，还要定义速度为绝对速度还是相对速度。

（5）单击 Patch（修补）按钮即可更新流场数据。

局部修补通常是针对某个流场区域进行的，而用标记区进行局部修补则可以对某个流场区域中一部分网格上的变量值进行修补。标记区可以用网格的物理坐标、网格的体积特征、变量的梯度或其他参数进行标记。在创建了标记区后，就可以对标记区上的初始值进行局部修补了。

3.22 求解器的使用方法

3.22.1 使用求解器的基本步骤

（1）导入网格，检查网格，确认无负体积（Mesh Check）。

（2）检查计算域的尺寸，考虑是否要对计算域进行缩放处理（Scale Mesh）。

（3）如果是非结构网格，则需进行网格光顺化（Smooth/Swap Mesh）。

（4）设定求解参数（Define/General）。

（5）设定湍流模型（Define/Models/Viscous）。

（6）如果需求解对流换热，则激活能量方程（Define/Models/Energy）。

（7）如果需计算多组分扩散过程，则激活多组分模型（Define/Models/Species）。

（8）如果需计算颗粒在连续介质中的运动过程，则激活离散相模型（Define/Models/Discrete Phase Model）。

（9）如果需计算辐射换热，则激活辐射换热模型（Define/Models/Radiation Model）。

（10）设定物性（Define/Materials）。

（11）设定边界条件（Define/Boundary Conditons）。

（12）设定操作条件（Define/Operationg Conditons）。

（13）设定压力—速度耦合方法和离散方法（Solve/Methods）。

（14）设定求解控制参数（Solve/Controls）。

（15）设定求解监视器（Solve/Monitors）。

（16）初始化计算域（Solve/Initialization）。

（17）开始求解（Solve/Run Calcalation）。

3.22.2 在 FLUENT 中设置定常状态的计算

定常状态的计算在 Run Calcalation（迭代）面板（见图 3-98）中设置，进行 Solve/Run Calcalation 操作即可弹出迭代面板。

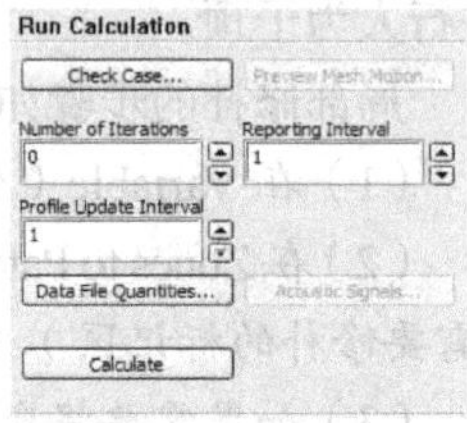

图 3-98 迭代面板

迭代面板中的第一个数值框为 Number of Iterations（迭代步数），在这里输入计算需要迭代的步数。第二个数值框为 Reporting Interval（报告间隔），用于设置每隔多少步显示一次求解信息，默认设置为 1。如果计算中使用了 UDF 函数，则可以用第三个数值框设定每隔多少步输出一次 UDF 函数的更新信息。设置完毕后，单击 Calculate（计算）按钮就可以开始计算了。在计算开始后，系统会以一个工作窗口提示迭代正在进行，如果想中断计算，可以单击窗口中的 Cancel（取消）按钮。如果想继续计算，则再次单击 Calculate 按钮。

3.23 确认收敛性

对于稳态计算，FLUENT 的收敛指标如下。

（1）残差满足要求，具体参数的收敛指标为，能量方程为 10^{-6}，NO_x 方程为 10^{-6}，辐射方程为 10^{-6}，组分方程为 10^{-5}，其他参数为 10^{-4}。

（2）计算域中敏感位置的物理量（如：速度、温度与压力等）随迭代进行不继续变化。

（3）出口处的物理量（如：速度、温度与压力等）随迭代进行不继续变化。

（4）计算结果的质量和能量守恒。

（5）计算结果对网格独立，即对使用某一网格数计算得到的结果，加密网格后再进行一次计算，结果不变。

（6）近壁区处理的独立性。壁面函数的使用可能在某些情况下得到不合理解，如绕流问题。此时应检查计算结果对壁面函数或近壁区处理方式的独立性。

（7）进口边界条件的独立性。例如，一般工业中的管流，流动在管内达到充分发展，速度剖面分布为帽子型。但 CFD 求解时一般将进口速度设为均匀分布，这可能会对计算结果产生影响。

对于绝大多数工程计算，满足前 5 条标准即可。但对于对计算精度要求较为严格的计算，这 7 条收敛性指标都需满足。

另外，需说明的是，对于一般问题的模拟，残差越小越好。但是残差曲线是全场求平均的结果，有时其大小并不能完全代表收敛性，有时即使残差并未下降到 10^{-3}，但计算也可能收敛。关键要看计算结果是否符合物理事实（即是否为物理解），即残差的大小与模拟对象的复杂性有关，与网格的质量和疏密程度也有关。必须从实际物理现象上考察计算结果。

3.24 网格自适应

对于大梯度区域，如自由剪切层和边界层，为了准确地预测流动，自适应网格是非常有用的。与结构网格和块结构网格相比，自适应网络很明显地减少了产生适合网格所需要的时间。对于给定精度，解自适应网格加密方法使网格细化方法变得很简单，并且减少了计算量。其原因在于网格细化仅限于那些需要更多网格的计算域。

网格自适应通常适用于三角形或四面体的非结构网格。

通过采用梯度自适应的方法提高网格质量。在如图 3-99 所示的 Gradient Adaption 对话框的 Options 选项组中勾选 Refine 复选框，即细化网格，在 Method 选项组中选中 Gradient 选项，即梯度自适应。在 Gradients of 下拉列表中选择 Velocity 和 Velocity Magnitude。单击 Compute 按钮，则 Min 文本框和 Max 文本框中会分别显示速度的最小值和最大值，图 3-99 中的 Min 和 Max 值分别为 0.000 239 749 7 和 17.169 13，则速度梯度的最小值和最大值分别为 0.000 239 749 7 和 17.169 13。网格的梯度自适应需要在速度变化较大的地方（即速度梯度较大处）加密网格，以更细致地描述和表现出速度的变化。知道了梯度最小值和最大值以后，在 Refine Threshold 文本框中输入数值，即梯度大于此值的区域会被加密。单击 Mark 按钮，FLUENT 控制台会报告有多少网格被标记。单击 Adapt 按钮，FLUENT 会将被标记的网格进行网格梯度自适应。

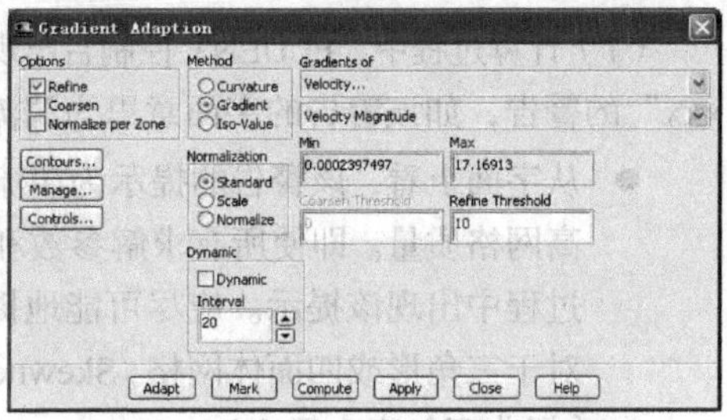

图 3-99　网格梯度自适应对话框

3.25　UDF 的基本理论与应用

3.25.1　UDF 的基本理论

用户自定义函数（User-Defined Function，UDF）是用户编写的程序，通过编译器编译后可以和 FLUENT 程序一起运行，以提高和增强 FLUENT 处理复杂模拟及应用的功能。用户自定义函数是使用 C 语言编写的。FLUENT 软件是已经被 ANSYS 封装好的软件包，用户一般只能通过 FLUENT 软件界面修改某些参数或选择模型。如果模拟的对象或应用场合较为特殊和复杂，FLUENT 软件的基本功能可能不能满足所有用户的模拟要求，因此 FLUENT 提供了一个程序接口，通过这个程序接口，即可实现用户自编程序和 FLUENT 程序的联合运行，以增强 FLUENT 的求解功能。而 FLUENT 提供的这个程序接口就是 UDF。通过 UDF，可以增强的功能有定义边界条件、定义材料物性、定义表面和体积反应速率、定义输运方程中的源项、用户自定义标量、求解初始化以及后处理功能改进等。

3.25.2　UDF 的应用

有两种将 UDF 导入 FLUENT 的方式，即编译 UDF（Compiling UDF）和解释 UDF（Interpreting UDF）。

编译 UDF 的执行速度较快，也没有源代码限制，可以使用所有的 C 语言功能，但是需要计算机安装 C 语言编辑器，一般在计算机中安装 Visual Studio C++开发软件并正确设置路径即可。编译 UDF 一般用于大型的、对计算速度要求较高的应用场合。

udf.h 文件包含了使用 C 语言定义宏的信息，在使用编译法运行 UDF 时，需要指定此文件。当编译 UDF 时，不需要将 udf.h 文件复制到工作目录中，FLUENT 求解器将从 Path\ANSYS Inc\x\fluent\x\src 文件夹（目录中的 *x* 代表版本号，path 代表安装路径，默认为 C:\Program Files）中自动读取 udf.h 文件。

解释 UDF 使用较为简单，不需要计算机中安装 C 语言编译器。但执行速度较慢，且只支持部分 C

语言功能（解释 UDF 不能使用 goto 语句、非 ANSI-C 语法、结构、联合、函数指针等功能），因此一般用于小型的、对执行速度要求不高的简单问题。

3.26 FLUENT 中常见警告的出现原因和解决方法

（1）计算过程中，FLUENT 控制台出现“Turbulent viscosity limited to viscosity ratio of 1,000000e+05 in xxx”的警告，如该警告的字面意思为湍流黏性超过了黏性比的限制值。解决方法如下。

- 从字面上看，该警告的提示为湍流黏性超过了黏性比的限制，主要的解决方法为改善网格，提高网格质量。即使所有求解参数和模型的设置都正确，如果网格质量不好，那么也可能在计算过程中出现该提示。应尽可能地提高网格质量，最好采用结构化六面体网格。网格质量方面，对于三角形或四面体网格，Skewness（扭曲率）应小于 0.9；对于四边形或六面体网格，Skewness（扭曲率）应大于 0.8。
- 检查边界条件，尤其是注意进口和出口处边界条件参数的设置。
- 对于某些问题，可以选择 Solve/Controls/Limits 命令，在弹出的 Solution Limits 对话框中增大 Viscosity Ratio 的限制。但对于绝大多数问题，将此值调大并不能从根本上解决该问题，而只是让 FLUENT 不再出现警告而已。

（2）计算过程中出现“reversed flow in ** faces on pressure-outlet-*”的警告。

该警告表示出口处出现了回流，即虽然这个边界设置的是出口，但计算过程中仍有流体通过此边界进入到了计算域中。出现回流的警告并不意味着计算一定出错，因为很多实际物理过程的确可能出现流体经部分出口区域回流进入计算域的现象。随着迭代的继续进行，回流可能会消失。如果继续计算时这个警告一直存在，可做以下处理。

- 扩充计算域，使出口计算域取得足够远，如图 3-100 所示，（a）中计算域的出口处有回流区，这会导致出口处产生回流。（b）中将计算域出口向下游移动，出口回流的情况改善了不少，但出口距离回流区仍然较近。（c）中将出口设置在远离回流区的下游区域，出口设置得最为合理。
- Outflow 出口边界条件只适合于处于湍流充分发展段的流动。通常情况下，如果出现回流的提示，那么将出口边界条件改成压力出口条件，可能会解决此问题。

（3）计算过程中，FLUENT 控制窗口出现“temperature limited to *** in *** cells on zone ** in domain **”的提示。

此提示显示温度超出了温度范围。设定温度的上下限是为了得到合理的物理解。选择 Solve/Controls/Limits 命令，弹出 Solution Limits 对话框，如图 3-101 所示。对于温度而言，FLUENT 默认设置最低温度为 1 K，最高温度为 5 000 K。当计算过程中的温度不在此范围内时，就超出了 FLUENT 对温度范围的限制，FLUENT 认为计算得到了不合理的非物理解，因此会在控制窗口中出现上述提示。如果计算预期的温度会超过 5 000K，那么可以将 Solution Limits 对话框中的最高温度调高。

对于压力、湍动能、湍流耗散率和湍流黏性比这些参数而言，FLUENT 也设置了限制值。设置这些限制的目的是保证在计算中，绝对压力和温度不是零、负值或过大，并保证湍流量不会过大。FLUENT 还对温度的减小速度进行了限制，以避免温度变为零或者为负值。

一般而言，用户不需要改变默认的解的限制。如果压力、温度或者湍流量被重复地重置到限制值，控制台窗口会出现适当的警告消息，此时用户需要检查尺寸、边界条件和属性以确保相关问题的设定是正确的，并找出出现变量为零等情况的原因。用户可以用标记功能来辨别哪个单元的值等于设定的限制。

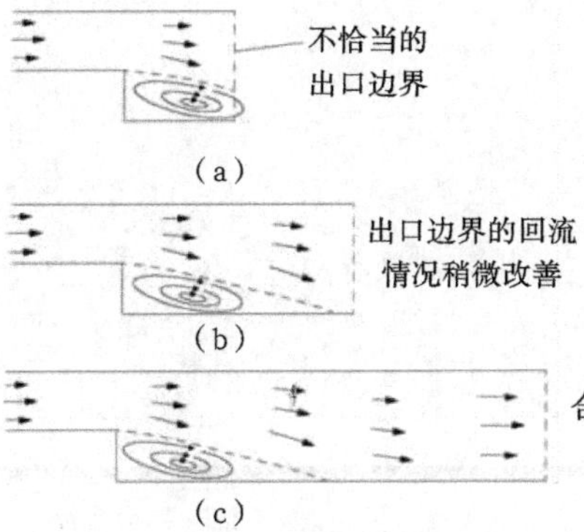

图 3-100　合理的出口边界

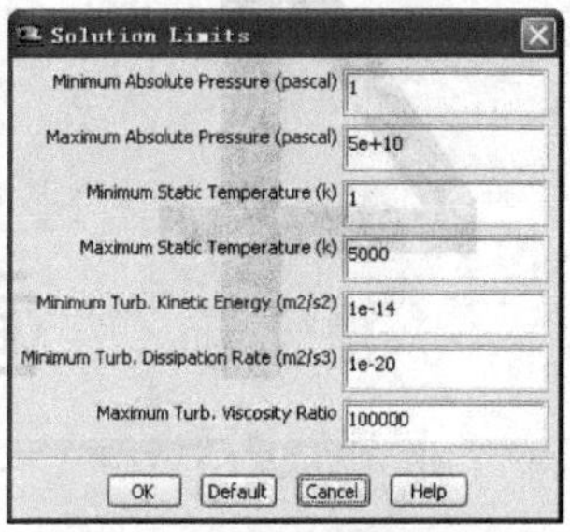

图 3-101　求解限制对话框

一般不需改变对解的限制，但是如果确要改变对解的限制，用户必须清楚求解器出现这种情况的原因。例如，用户可能知道流域内温度超过 5 000 K。如果用户要将温度的极限设置为超过 5 000 K，那么任何与温度相关的属性对于这么高的温度都需被适当地定义。

（4）计算过程中，FLUENT 控制台出现“Error: Floating point error: invalid number”的警告。

该警告出现的原因为数据矩阵求解出现问题，应检查参数设置，尤其注意实际物理过程和 CFD 简化过程有没有忽略某些重要过程，并通过提高网格质量和检查边界条件来避免此问题。

（5）进行鼠标操作时，FLUENT 控制台出现“Error:FLUENT received a fatal signal (SEGMENTATION VIOLATION)”的警告。

该提示出现的原因为进行了不合理的鼠标操作，对图形显示窗口进行了非法操作。出现此错误后，无法继续显示图片。保存计算工况，重新启动 FLUENT 即可解决此问题。

（6）读入网格时，出现“Error: File has wrong dimensions (2)”的警告。

该提示出现的原因为 2D 网格被读入了 3D FLUENT 求解器。使用 2D FLUENT 求解器打开 2D 网格即可。

（7）进行边界条件设置时，出现“Error:Warning: The use of axis boundary conditions is not appropriate for a 2D/3D flow problem. Please consider changing the zone type to symmetry or wall, or the problem to axisymmetric”的提示。

要进行 2D 轴对称模拟，需将求解器设为 Axisymmetric 或 Axisymmetric Swirl，并且 FLUENT 要求将模型的对称轴设为 x 轴，网格计算域应设置为 y 轴的正方向。这样设置才能将 2D 轴对称模拟的对称轴设为 Axis 边界，否则会出现上述提示。

（8）进行迭代求解时，FLUENT 控制台出现“Error: divergence detected in AMG solver”的提示。

该提示的字面意思为代数多重网格计算发散。要解决此问题，绝大多数情况要在网格上下功夫，需进一步提高网格质量，对网格进行加密，尽可能采用结构化四边形或六面体网格。网格质量高且网格疏密程度合适时，此提示不会出现。

第 4 章

后处理基础与操作

4.1 计算后处理：FLUENT 后处理

FLUENT 本身具有很强的后处理功能，可以方便地进行流场区域的显示，观察 CFD 求解的结果，用于定性或者定量地研究流场。本章将介绍如何使用这些功能。

（1）创建点、线和面。

在后处理过程中，通常需要显示流场的局部信息或者积分计算某个流场截面上的物理量，比如流量，因此必须创建点、线或者面来进行相关操作。

（2）流场显示。

FLUENT 中提供的图形工具，允许用户对 CFD 结果进行后处理，并方便地显示处理结果。具体内容如下。

- 基本图形生成。
- 调整图形显示方式。
- 控制鼠标功能。
- 改变观察方式。
- 生成一个场景。
- 动画图形。
- 生成视频。
- 历史曲线与 XY 插值曲线。

（3）计算报告。

在后处理过程中可以利用 FLUENT 提供的工具计算边界或内部面上各种变量的积分值，包括边界上的质量流量、热量流量、边界上的作用力和力矩、流场变量的平均值和质量平均值等。

4.1.1　创建点、线和面

FLUENT 中的 Surface（面）菜单如图 4-1 所示，包括创建、转换和管理点、线和面等操作。

1. Zone（区域表面）

如果要查看边界上的结果，那么可以创建这种区域表面。通常所有的边界都会自动生成区域表面。若需要重新创建，可选择 Surface/Zone 命令，弹出区域表面对话框，如图 4-2 所示，然后在 Zone（区域）列表中选择要创建表面的区域，选择输入 New Surface Name（新表面的名字）或者使用默认值，然后单击 Create（创建）按钮创建新的表面。

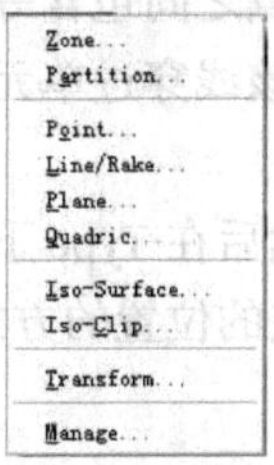

图 4-1　Surface（面）菜单

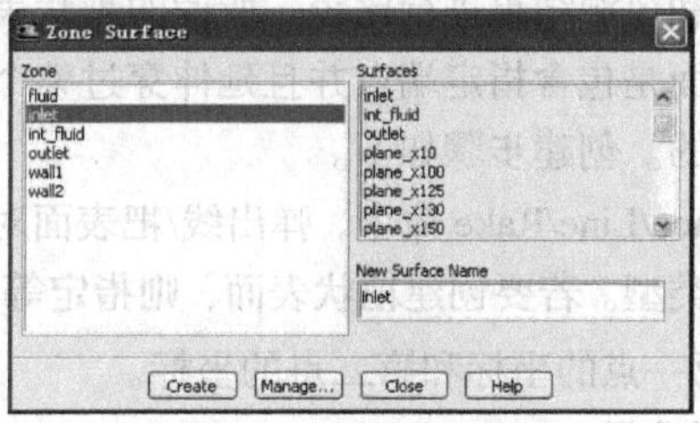

图 4-2　区域表面对话框

2. Partition（分割表面）

对于并行 FLUENT，需要将网格进行分割，创建分割表面的步骤如下。

选择 Surface/Partition 命令，弹出分割表面对话框，如图 4-3 所示。

在 Partitions 选项组中通过指定两个边界部分来确定分割边界。定义分割表面的边界为“内部”与“外部”的边界。选项组中的 Int Part 为内部的 ID，Ext Part 为外部的 ID，Min（最小）和最大（Max）为最小和最大的分区数目。如果超过两个部分，则每一个部分都会和几个外部部分共享边界。通过适当的设定 Int Part 和 Ext part 可以为任意的边界创建表面。

通过勾选和取消勾选 Options 选项组中的 Cells 和 Interior 复选框来决定分割表面的内部和外部的面与单元。如果要得到包含分割边界内部单元的表面，可以勾选 Cells 和 Interior 复选框。如果要创建包含外部单元的边界，则勾选 Cells，复选框并取消勾选 Interior 复选框。如果希望创建的表面包含边界上的面而不是单元，则应取消勾选 Cells 复选框。

用户可以在 New Surface Name（新表面名称）文本框中输入新的名字。单击创建按钮，新的表面名字会添加到 Surfaces 列表中。

3. Point（点表面）

可以通过创建仅包含一个点的表面，来监视流场区域中一个特定点变量或函数的变化。创建步骤如下。

选择 Surface/Point 命令，弹出点表面对话框，如图 4-4 所示。

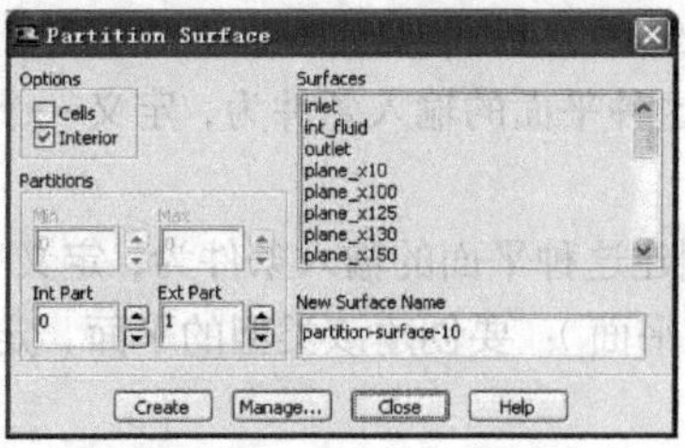

图 4-3　分割表面对话框

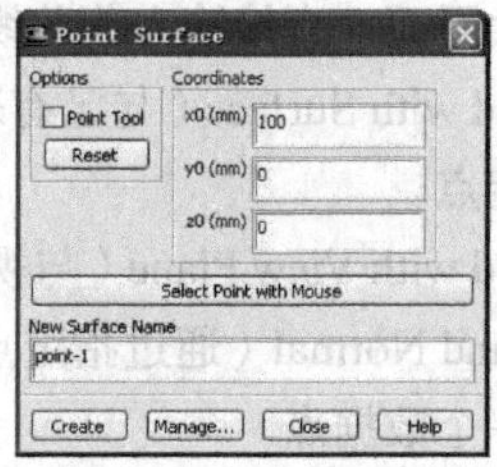

图 4-4　点表面对话框

指定点的位置有以下 3 种方式。

- Coordinates：输入点的坐标。
- Select Point with Mouse：通过鼠标选定点。
- Point Tool：用点工具选定点。应用点工具可以方便地在图形窗口中准确地创建点。从起始点出发，可以方便地移动该点到目的位置。比如，如果需要管道中央的数据点，可以首先在邻近区域中选择点，然后把该点移动到目的位置。

用户可以输入点表面的新名字，单击创建按钮，完成点表面创建过程。

4. Line/Rake（线表面和耙状表面）

要显示流动轨迹，必须指定颗粒的释放表面。线表面和耙状表面非常适合此操作，而且所得的结果可以方便地和风洞结果进行比较。所谓的耙状表面是指在指定的两个端点之间包含等间距的指定数目的点。线表面是包含指定端点并且延伸穿过整个区域的线，数据点位于该线穿过单元的中心，因此并不是等间距的。创建步骤如下。

选择 Surface/Line/Rake 命令，弹出线/耙表面对话框，如图 4-5 所示。然后在 Type 下拉列表中选择要创建的表面类型。若要创建耙状表面，则指定等间距分布的点数。指定点的位置的方式有以下 3 种。

- 输入第一点的坐标和第二点的坐标。
- 用鼠标选择。
- 用线工具互动地精确定位。

用户可以选择输入表面的新名字，单击 Create（创建）按钮即可，完成创建。

5. Plane（平面表面）

在 3D 问题中可以创建任意方向的流域平面以显示计算结果，创建步骤如下。

选择 Surface/Plane 命令，弹出平面表面对话框，如图 4-6 所示。通过该对话框可以创建 5 种类型的平面。

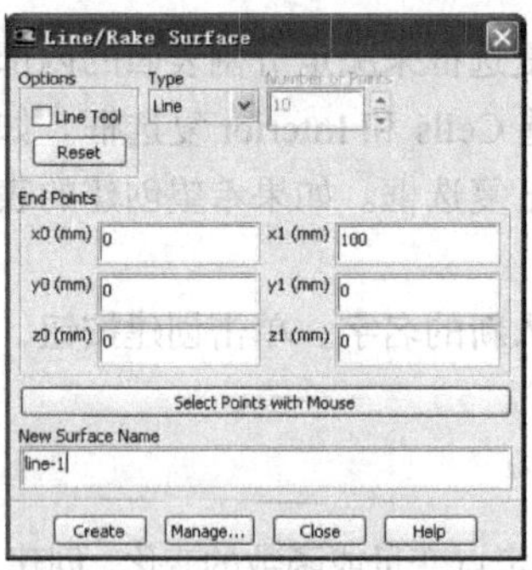

图 4-5　线/耙表面对话框

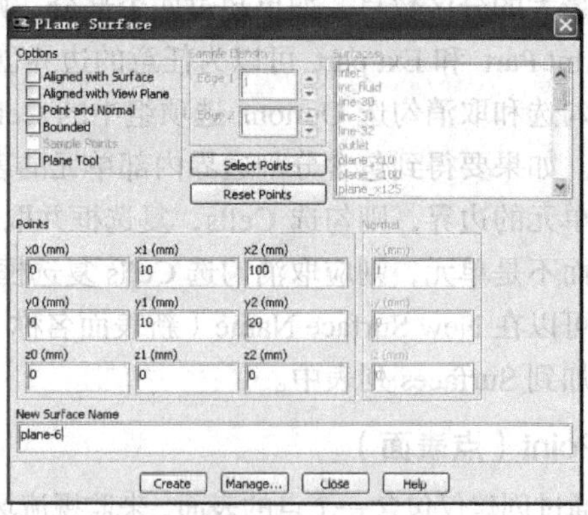

图 4-6　平面表面对话框

- 无限大平面：直接输入非共线的 3 个空间点的坐标。
- Aligned with Surface（与已有表面平行）：创建这种平面的输入条件为，定义一个平行平面和一个指定点。
- Aligned with View Plane（与视图平面平行）：创建这种平面的输入条件为，定义一个独立的点。
- Point and Normal（通过指定点和法线方向定义平面）：要创建该类型的平面，定义法线矢量方向和一个数据点。
- Bounded（有界平面）：用于创建平行六面体平面，数据点非均匀分布。如果与 Sample Points

（采样点）联用，则可创建数据点均匀分布的有界平面。

6. Quadric（二次曲面）

用户可以通过指定二次函数的系数来定义线（2D）、平面（3D）、圆（2D）、球（3D）或者二次曲面等。创建步骤如下。

选择 Surface/Quadric 命令，弹出二次曲面对话框，如图 4-7 所示。首先选择二次曲面的类型，FLUENT 提供的曲面类型包括以下 3 种。

- 平面：对应的方程为 $ax+by+cz=d$，因此需要输入系数 a、b、c 和 d 的值。
- 球形：对应的方程为 $(x-x_0)^2+(y-y_0)^2+(z-z_0)^2=r^2$，需要输入球形原点 x_0、y_0 和 z_0 以及半径 r。
- 一般二次曲面：对应的方程为 $a_1x^2+a_2y^2+a_3z^2+b_1xy+b_2yz+b_3zx+c_1x+c_2y+c_3z+d=0$，输入变量前面的系数即可。需要注意的是，方程中的系数采用国际长度单位，即 m（米）。然后输入变量名并单击创建按钮即可。

7. Iso-Surface（等值表面）

等值表面的功能是显示对于指定变量有相同大小的表面。创建步骤如下。

选择 Surface/Iso-Surface 命令，弹出等值面对话框，如图 4-8 所示。

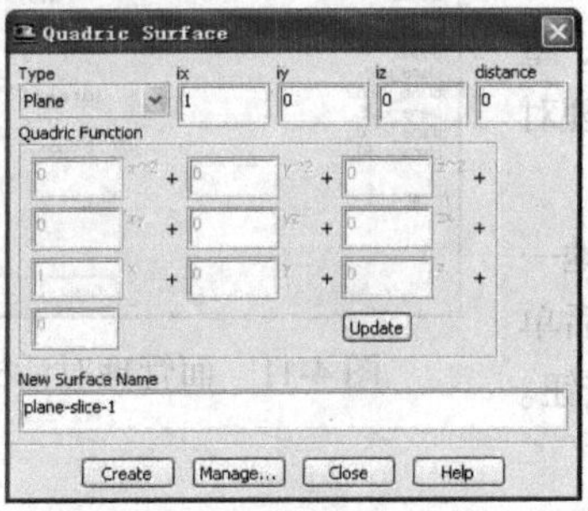

图 4-7　二次曲面对话框

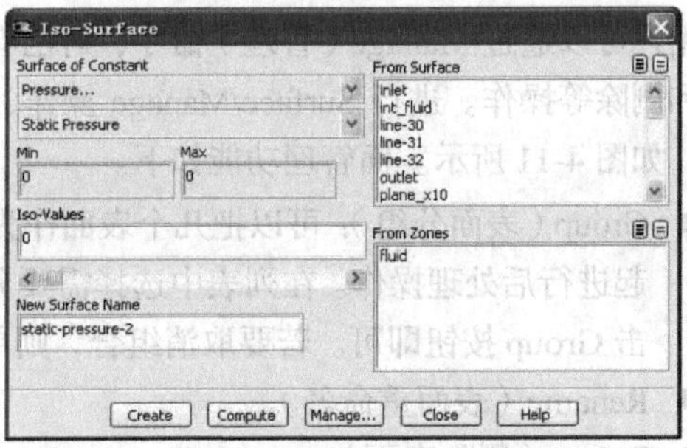

图 4-8　等值面对话框

首先选择需要观察的物理量，比如压力选项中的静压。其次选择曲面，默认曲面为整个流场区域。然后单击 Compute（计算）按钮获得最大值和最小值，并根据该范围设定 Iso-Values（等值量）。最后输入新表面的名称，单击 Create（创建）按钮即可创建一个等值面。

这里要注意的是，根据压力常数生成的常数表面也可以显示其他变量。

8. Iso-Clip（等值剪切）

如果已经创建了一个表面，但是不希望用整个表面显示数据，这时可以通过 Clip（剪切）来把面裁剪为两个值之间的剪切面。剪切面包含数值在两个标量范围之间的数据点。创建步骤如下。

选择 Surface/Iso-Clip 命令，弹出等值剪切对话框，如图 4-9 所示。等值剪切与创建等值面的过程非常类似。

首先选择物理量，比如网格选项中的 X-Coordinate。其次需要选择剪切的平面，单击 Compute（计算）按钮即可得到该曲线上物理量的范围。然后根据需要设定物理量剪切范围。最后输入新表面的名称，单击 Clip（剪切）按钮即可切掉 Min<*X*<Max 范围之外的部分。

9. Transform（表面变换）

可以通过对已有的表面进行旋转和移动等操作来生成新的表面，创建步骤如下。

选择 Surface/Transform 命令，弹出表面变换对话框，如图 4-10 所示。

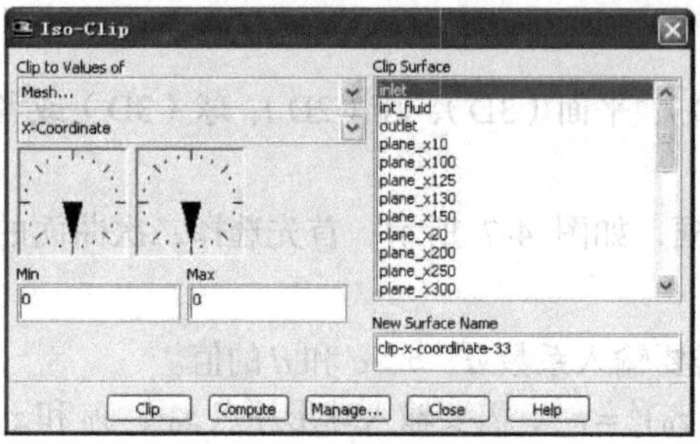

图 4-9　等值剪切对话框

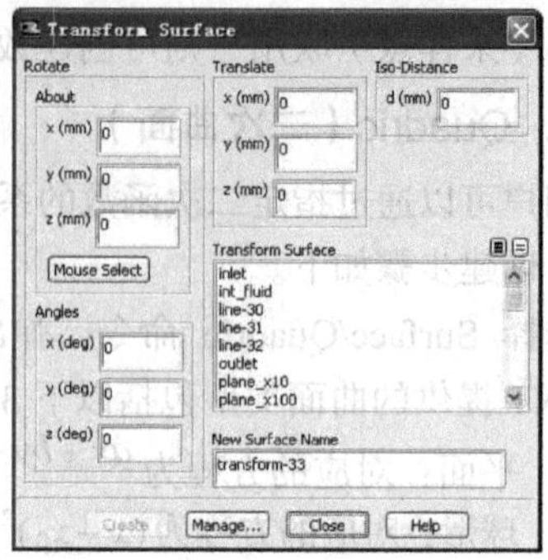

图 4-10　表面变换对话框

首先选择已有表面；其次根据需要选择变形操作，并且设置变形参数。变形操作包括以下 3 种。

- Rotate（旋转）：需要指定旋转方向、起始点和角度。
- Translate（移动）：需要确定距离和方向。
- Iso-Distance（等值化）：需要确定垂直距离和变形的表面。

最后可以输入新表面的名称，单击 Create（创建）按钮即可。

10. Manage（管理）

用户可以通过 Manage（管理）命令，对已有平面进行分组、重命名和删除等操作。进行 Surface/Manage 操作，即可获得面管理对话框，如图 4-11 所示。面管理功能如下。

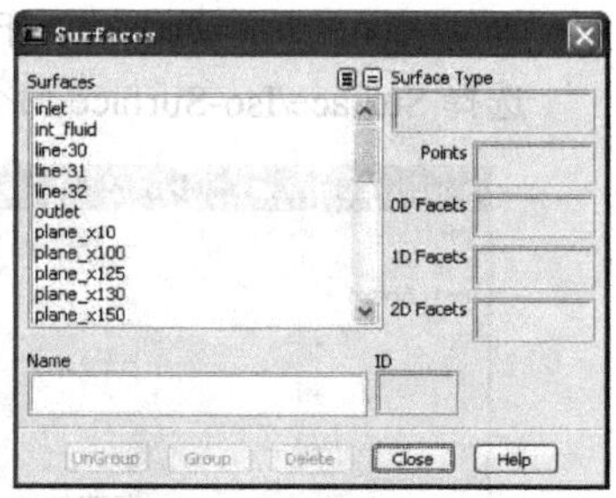

图 4-11　面管理对话框

- Group（表面分组）：可以把几个表面作为一个组来方便地一起进行后处理操作。在列表中选择需要分组的表面，然后单击 Group 按钮即可。若要取消组合，则单击 UnGroup 按钮。
- Rename（表面重命名）。
- Delete（删除表面）。
- 表面信息统计：该对话框的右侧反映了所选表面的基本特征信息。

4.1.2　流场显示

显示方式主要分为两部分。一是图形选项，二是动画选项，如图 4-12 所示。下面对其分别进行介绍。

图形选项包括：

- Mesh（网格）。
- Contours（等高线）。
- Vectors（向量）。
- Pathlines（迹线）。
- Particle Tracks（粒子追踪）。

动画选项包括：

- Sweep Surface（扫描曲面）。
- Scene Animation（场景动画）。
- Solution Animation Playback（动画回放）。

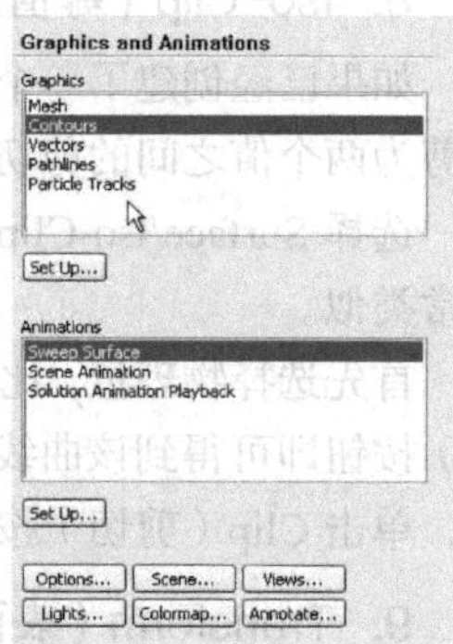

图 4-12　图形和动画选项

4.1.3 显示网格

在开始进行问题求解时或计算完成需要检查计算结果时，往往需要观察某些特定表面上的网格划分情况。显示网格的步骤如下。

（1）进行 Graphics and Animations/Mesh/Setup 操作，弹出网格显示对话框，如图 4-13 所示。

（2）在 Surfaces（表面）列表中选择需要显示的表面或者从 Surface Types（表面类型）列表中选择一类表面。每一种类型的表面对应了不同的颜色，用户可以单击 Colors 按钮，然后对颜色进行编辑。

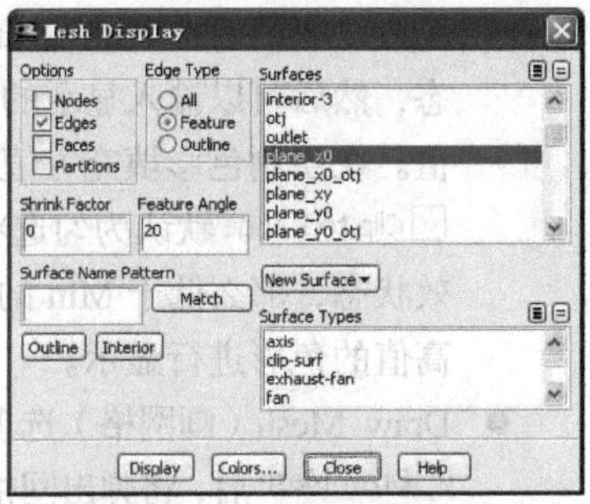

图 4-13　网格显示对话框

（3）通过选择 Options（选项）和 Edge Type（边类型）选项组中的不同选项，可以显示网格的不同特征。

- 显示所选面的轮廓线：在 Options 中勾选 Edges 复选框，在 Edge Type 中选中 Outline 选项。对于封闭的三维物体，标准的轮廓线往往不能显示物体的细节轮廓，这是因为只有几何体外侧的边才被显示。用户可以通过选中 Edge Type 选项组中的 Feature 选项，然后设置特征角度，来显示额外的轮廓线特征。减小特征角度可以显示更多的细节。在处理并行分割网格时，可以通过在网格显示对话框（见图 4-13）中勾选 Partitions 复选框，将分割的边界添加到网格显示中。
- 显示所选面的网格线：在 Options 选项组中勾选 Edges 复选框，在 Edge Type 选项组中选中 All 选项。
- 显示所选面的网格填充图形：在 Options 选项组中勾选 Faces 复选框。
- 显示所选面的网格节点：在 Options 选项组中勾选 Nodes 复选框。

（4）单击 Display（显示）按钮即可在激活的窗口中显示所选面的网格。

4.1.4 显示等值线云图

等值线云图是流场显示的一个重要方式。等值线是指选定变量为某一固定值时所对应的线，一系列这样的线就可以组合成等值线云图。生成等值线的步骤如下。

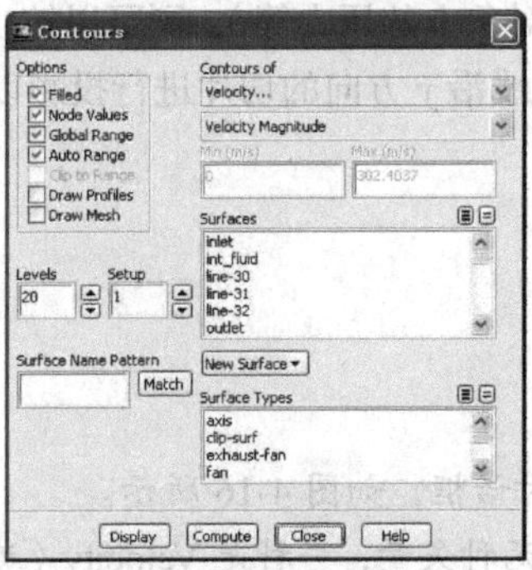

图 4-14　等值线对话框

（1）进行 Graphics and Animations/Contour/Setup 操作，弹出等值线对话框，如图 4-14 所示。

（2）在 Contours of 下拉列表中选择一个变量或函数进行绘制。首先在上面的下拉列表中选择变量分类，其次在下面的下拉列表中选择所选分类对应的相关变量。

（3）在 Surfaces（表面）列表中选择需要的平面。对于二维情况，如果没有选择任何表面，则会在整个求解对象上绘制等值线。对于三维情况，至少需要选择一个表面。

（4）在 Options（选项）选项组中设置等值线显示形式。

- 勾选 Filled（填充）复选框，表示用连续色彩显示等值线；反之，用线条来代表指定的值。
- 在 FLUENT 中可以选择显示计算得到的单元节点中心的值或者按照插值计算的节点的值。默认情况下，Node Values（节点值）复选框☑Node Values 被勾选，表示插值计算的节点值被显示。如果要显示色彩填充的等值线或轮廓，通常取消勾选 Node Values 复选框，表示采用单元节点中心值。采用节点值绘制色彩填充的等值线或轮廓时，将按颜色的层次进行光滑显示，而使用单元节点中心值绘制的色彩填充的等值线或轮廓时，则会显示一个单元到其邻接单元的颜色的显著变化。

- 设置等值线显示范围。当 Auto Range（自动范围）复选框处于勾选状态时，表示等值线的变化范围为整个求解区域该物理量的变化范围，这可以方便不同表面之间直接进行比较。如果只关心某一个表面上物理量的相对变化，可以取消勾选 Auto Range（自动范围）复选框，在 Min 文本框和 Max 文本框处输入合适的显示范围。同时，在绘制色彩填充等值线时，可以通过 Clipto Range 复选框来控制超过显示范围的值是否显示。
- 如果只关心某一个平面上的物理量，并且该物理量的变化范围明显小于整个流场的变化范围，则可以取消勾选 Auto Range 复选框☐Auto Range，Min 文本框和 Max 文本框则处于可编辑状态，然后可以输入显示的范围。在显示默认范围时，单击 Compute 按钮将更新 Min 和 Max 的值。在绘制色彩填充等值线时，可以控制超过显示范围的值是否显示。Clip to Range 复选框☑Clip to Range默认为勾选状态，这使得超出显示范围的值不被显示。但是如果用户使其处于实效状态，那么低于 Min 的值将会以代表最低值的色彩进行显示，而高于 Max 的值将以代表最高值的色彩进行显示。
- Draw Mesh（画网格）选项用于等值线的空间参考，即给出网格轮廓。勾选中 Draw Mesh 复选框☑Draw Mesh后，将弹出网格显示对话框，如图 4-13 所示。在这个对话框中即可设置网格显示参数。

（5）在 Levels（数目）数值框中设置等值线的数目。FLUENT 中允许设定的最大等值线数目为 100。

（6）单击 Display 按钮即可在激活的对话框中显示所选表面上的物理量等值线云图。

如果将等值线按照某一方向和比例投影到某个表面上，就得到了该变量在该表面上的轮廓线。要生成一个轮廓线，只需要在上述等值线制作步骤（4）中勾选 Draw Profiles（画轮廓线）复选框☑Draw Profiles，弹出轮廓选项对话框，如图 4-15 所示。

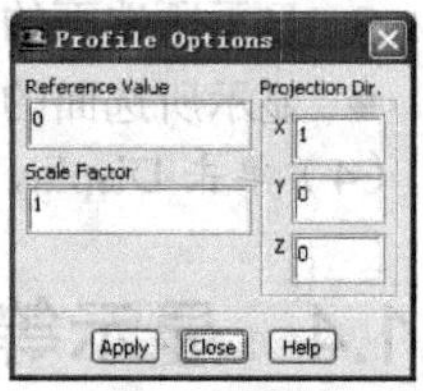

图 4-15　轮廓选项对话框

在 Reference Value（参考值）文本框中为轮廓设置 0 高度参考值，并在 Scale Factor（比例系数）文本框中设置投影的长度比例因子。在所选择的表面上，任何节点值等于参考值的点都将被绘制在轮廓上。大于参考值的点将被投影到定义面的前面。按照投影方向（Projection Dir）选项组中定义的方向并且根据比例系数中的值进行缩放。当需要显示一个变量的变化时，如果变化值和变量值相比较小，则采用比例系数来产生较全面的轮廓。

设置轮廓的投影方向（Projection Dir.）。如果是 2D 图形（如求解对象上的压力等），则可以按 z 方向进行投影来形成一个烟丝图（Carpet Plot），或者对 y 方向速度等值线沿 y 方向的切片进行投影以形成一系列的速度轮廓图。

4.1.5 显示矢量图

绘制速度矢量图的步骤如下。

（1）进行 Graphics and Animations/Vectors/Setup 操作，弹出矢量图对话框，如图 4-16 所示。

（2）在 Vectors of 下拉列表中选择矢量。默认的矢量下拉列表中只有两种矢量，一种是 Velocity（速度），另一种是 Relative of Velocity（相对速度）。当然也可以自定义矢量，比如涡向量。自定义的方法为，单击矢量对话框中的Custom Vectors...按钮，然后在弹出的对话框（见图 4-17）中的 X Component 下拉列表中选择 X-分量，在 Y Component 下拉列表中选择 Y-分量，以及 Z Component 下拉列表中选择 Z-分量。单击 Define（定义）按钮即可获得自定义的矢量。

（3）在 Surfaces（表面）列表中选择平面。如果不选择特定平面，则显示整个流场区域内的矢量场。

（4）设置矢量对话框中的其他选项，用于调整矢量显示形式。主要有以下调整内容。

- 矢量缩放。默认情况下，Auto Scale 复选框 ☑Auto Scale 处于勾选状态，表示矢量自动缩放，以便在没有任何矢量被忽略时，重叠的矢量箭头最少。如果取消勾选 Auto Scale 复选框 ☐Auto Scale，矢量将按照实际的尺寸和比例系数进行绘制（默认的比例系数为 1）。
- 忽略一些矢量的显示。如果箭头过多而导致矢量图显示混乱，那么可以通过设置矢量对话框中的 Skip 的值来减少箭头的显示数目。
- 显示固定长度或固定颜色的矢量。如果希望所有的矢量以相同的长度进行显示，则可以通过在矢量选项对话框中（见图 4-18）勾选固定长度（Fixed Length）复选框来实现。要修改矢量长度，可以在矢量对话框中调整比例系数的值。

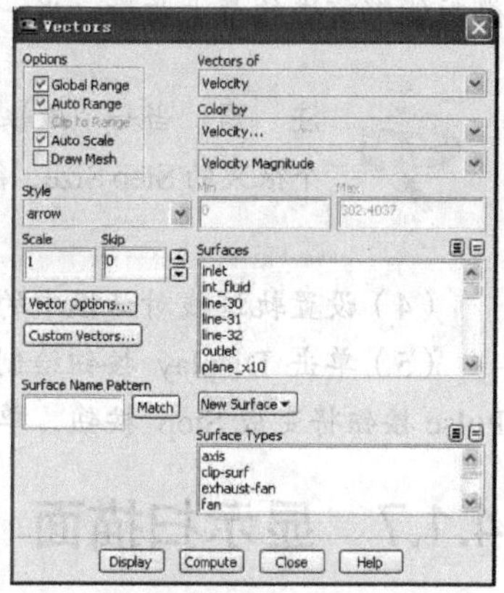

图 4-16　矢量对话框

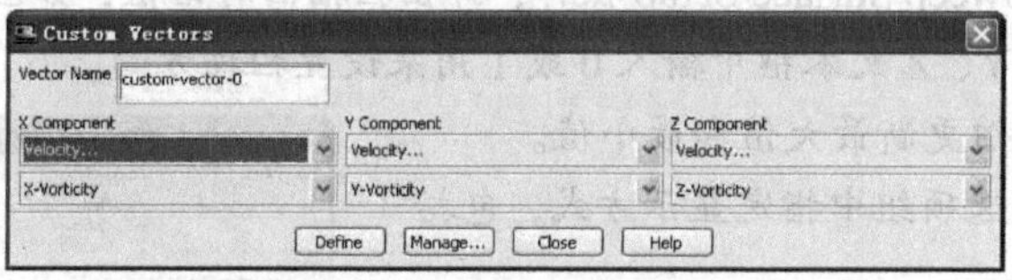

图 4-17　自定义矢量对话框

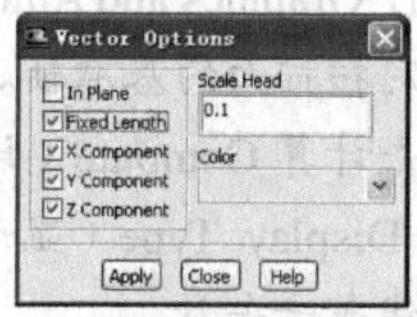

图 4-18　矢量选项对话框

- 显示速度矢量各方向的组成。默认情况下，将显示速度矢量的各个笛卡儿坐标的分量，因此箭头指向为沿着物理空间的矢量方向。
- 指定显示的变化范围。默认情况下，速度矢量显示中包含的速度变化范围通常是按照求解对象的速度梯度变化范围进行设定的。
- 对速度矢量进行色彩渲染。如果希望所有的矢量都以相同的颜色进行显示，则可在矢量选项对话框中的 Color 下拉列表中选择使用的颜色。如果没有选择任何颜色，矢量的颜色将由矢量对话框中的 Color by 选项决定。单色矢量显示通常在等值线和速度矢量叠加图中很有用。
- 显示部分网格的速度矢量。对于一些问题，尤其是复杂的 3D 几何体，用户很可能希望在矢量图中用部分网格作为空间参考点。
- 改变箭头的类型和比例等。FLUENT 总共有 5 种不同类型的箭头供使用。用户可在 Style 下拉列表中选择 cone、filled-arrow、arrow、harpoon 和 headless 类型。

（5）单击 Display 按钮，在激活的窗口中即可显示矢量图。

4.1.6　显示轨迹线

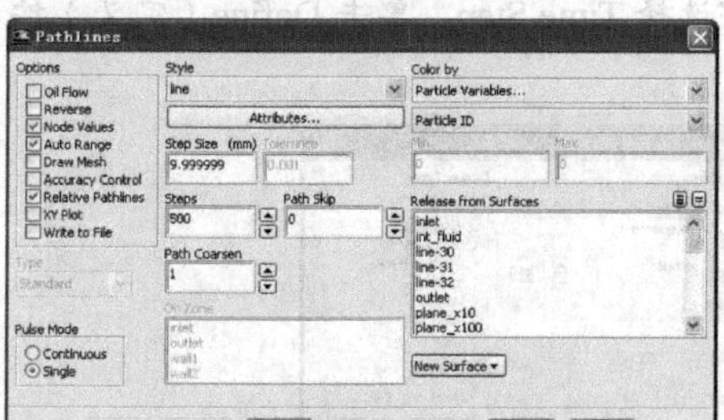

图 4-19　轨迹线对话框

轨迹被用来显示求解对象的质量微粒流。粒子是从 Surface 菜单中定义的一个或多个表面释放出来。绘制轨迹线的步骤如下。

（1）进行 Graphics and Animations/Pathlines/Setup 操作，弹出轨迹线对话框，如图 4-19 所示。

（2）在 Release from Surfaces 列表中选择相关平面。

（3）设置 Step Size（mm）和 Steps 的最大数目。Step Size 设置长度间隔用来计算下一个微粒的位置。Steps 设置一个微粒能够前进的最大步数。当一个微粒离开求解对象且飞行的步数超过该值时，飞行将停止。

> **注　意：** 当一个微粒进入（离开）一个表面时，其位置通常通过计算得到。即便指定了一个很大的 Step Size，微粒在每个单元入口（出口）的位置仍然被计算并被显示。

（4）设置轨迹线对话框中的其他选项。

（5）单击 Display 按钮绘制轨迹线或者单击 Pulse 按钮来动画显示微粒的位置。在动画显示中，Pulse 按钮将变成 Stop 按钮，单击该按钮即可停止动画的运行。

4.1.7　显示扫描面

扫描面用于检查计算域的网格、等值线和矢量，而无须创建相应的面。生成扫描面的步骤如下。

（1）进行 Graphics and Animations/Sweep Surface/Setup 操作，弹出扫描面对话框，如图 4-20 所示。

（2）确定扫描面的基准轴。在 X、Y、Z 文本框中输入 0 或 1 用来设置扫描方向。

（3）单击计算 Compute（计算）按钮更新最大值和最小值。

（4）在 Display Type（显示方式）选项组中指定显示方式，包括网格、等值线或者矢量。

（5）拖动滑动块来观察数据。

（6）如果希望保存现有面的数据，可以单击 Create（生成）按钮生成面。

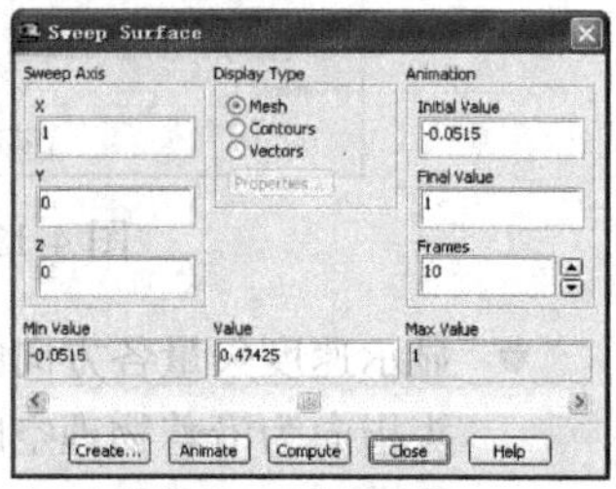

图 4-20　扫描面对话框

观察动态扫描面的具体步骤如下。

（1）在扫描面对话框中（见图 4-20）指定扫描轴。

（2）在动画（Animation）选项组中输入要动态显示的起始值（Initial Value）和结束值（Final Value）。

（3）指定动画帧数。

（4）单击动态（Animate）按钮。

4.1.8　创建动画

用户在 FLUENT 软件中可以制作动画，通过把静态的图像转化为动态的图像，可以大大加强结果的演示效果。具体创建步骤如下。

（1）激活动画序列对话框。进行 Solve/Calculation Activities/Solution Animation/Create/Edit 操作，弹出 Solution Animation 对话框，如图 4-21 所示。在 Animation Sequences（动画序列）数值框中输入数字 1，将激活一个动画序列。When 下拉列表中有两个选项，即 Iteration 和 Time Step，分别表示以迭代次数和时间步为间隔生成动画序列。对于非稳态流动，通常选择 Time Step。单击 Define（定义）按钮，将弹出动画序列对话框，如图 4-22 所示。

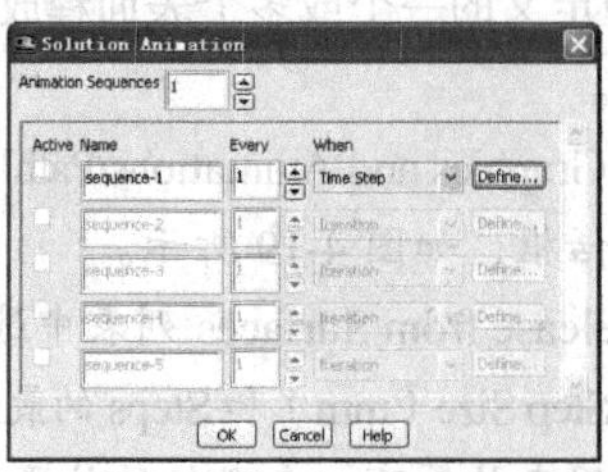

图 4-21　Solution Animation 对话框

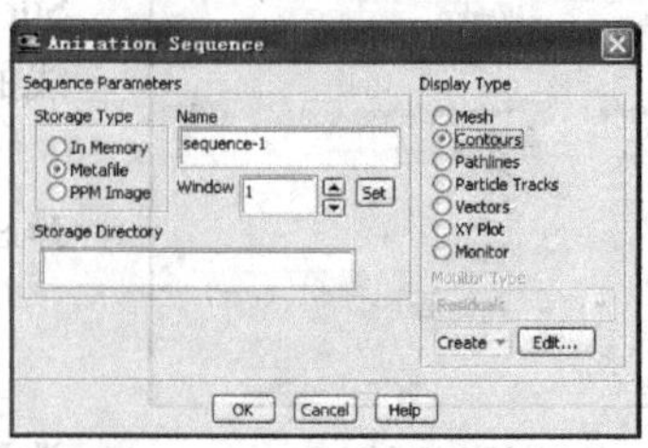

图 4-22　动画序列对话框

（2）创建动画序列。首先选择存储的类型，包括 In Memory、Metafile 和 PPM Image，第一种类型表示直接在内存中存储，后两种存储类型表示将动画序列保存在硬盘中，因此需要设置存储路径，通常选择 Metafile 或 PPM Image 存储类型。其次选择窗口 ID，单击 Set 按钮，定义一个新的显示窗口。然后选择显示的类型，包括 Mesh、Contours 和 Pathlines 等，操作步骤与之前所述相同。最后单击 OK 按钮，回到 Solution Animation 对话框，再次单击 OK 按钮即可。

（3）计算完毕之后，即可在指定的路径中生成一个动画序列。

（4）观看动画。进行 Solve/Graphics and Animations/Animations/Solution Animation Playback/ Set up 操作，弹出 Playback（动画回放）对话框，如图 4-23 所示。在该对话框中设置播放模式和播放速度等，然后单击▶按钮即可观看动画效果。

（5）动画的保存。在 Write/Record Format 下拉列表中选择动画保存格式，包括 Animation Frames（硬拷贝文件，保存动画的每一帧）、Picture files（图片格式）和 MPEG（视频格式）。然后单击 Write 按钮即可生成动画。

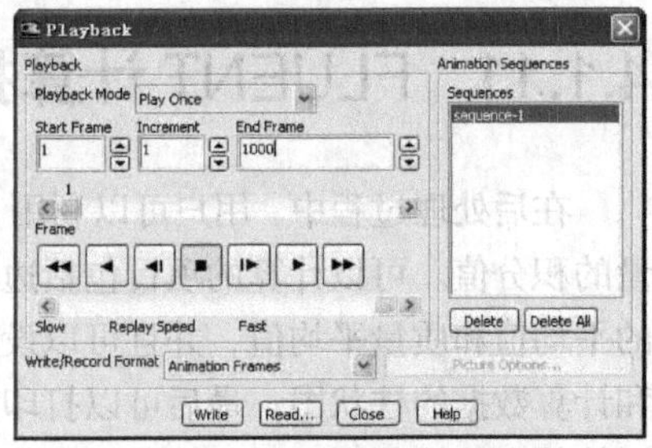

图 4-23　动画回放对话框

4.1.9　显示 XY 曲线

除了上面提到的图形工具外，FLUENT 还提供了 XY 曲线工具。XY 曲线是由线或者数据点构成的。生成 XY 曲线步骤如下。

（1）激活 XY 曲线对话框。进行 Display/Plots/XY Plot/Set Up 操作，弹出 XY 曲线对话框，如图 4-24 所示。

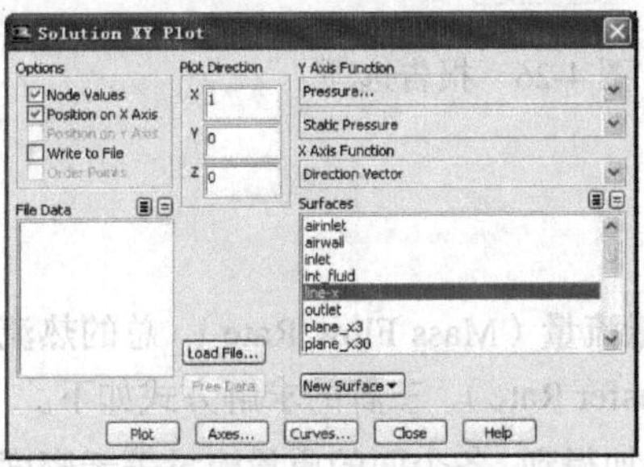

图 4-24　XY 曲线对话框

（2）选择绘图变量。如果以 y 轴为因变量，x 轴为位置变量，则激活 Position on X Axis 选项，在 Y Axis Function 下拉列表中选择绘图变量。如果以 x 轴为因变量，y 轴为位置变量，则激活 Position on Y Axis 选项，在 X Axis Function 下拉列表中选择绘图变量。

（3）选择绘图方向。方向的选择有两种方式：一种是指定方向矢量（Direction Vector），另一种是指定曲线长度（Curve Length）。如果选择方向矢量（Direction Vector）选项，则需要在画图方向（Plot Direction）选项组中的 X、Y、Z 文本框中输入 0 或 1，用来设置绘图方向，比如（1，0，0）表示沿着 x 方向进行绘图。如果选择曲线长度（Curve Length）选项，则要求曲线必须是分段线性的，并且不能包含一个以上的封闭曲线。

（4）选择绘制曲线的表面。在表面（Surfaces）列表中选择表面。

（5）单击 Plot 按钮，绘制曲线。

（6）保存 XY 曲线。激活 Write to File 选项，则 Plot 按钮将变成 Write 按钮，单击该按钮，则 XY 曲线将保存在指定目录中。由 FLUENT 软件生成的 XY 曲线文件包含的信息有，曲线名称、坐标系名称和曲线变量与成对数据点。

4.1.10　显示柱状图

在 FLUENT 中，还提供了柱状图（Histogram）的显示方式。柱状图（Histogram）的横坐标为变量的值，柱状图的高低代表数据的频率。生成柱状图的步骤如下。

（1）激活柱状图（Histogram）对话框。进行 Display/Plots/Histogram/Set Up，弹出柱状图（Histogram）对话框，如图 4-25 所示。

（2）选择变量。

（3）设定数据间隔点，默认情况下为 10 个间隔。

（4）设定曲线格式。

（5）单击 Plot 按钮，生成柱状图。

4.1.11 FLUENT 计算报告

在后处理过程中，用户可以利用 FLUENT 提供的工具（见图 4-26）计算边界上或内部面上各种变量的积分值。可以计算的项目包括边界上的质量流量和热量流量、边界上的作用力和力矩、流场变量的平均值和质量平均值，并且可以设置无量纲系数的参考量、计算几何体的投影面积、绘制几何数据和计算数据的柱状图，最后可以打印或者以文件形式保存一个包括模型参数、边界条件和求解参数设置等信息的简要报告。

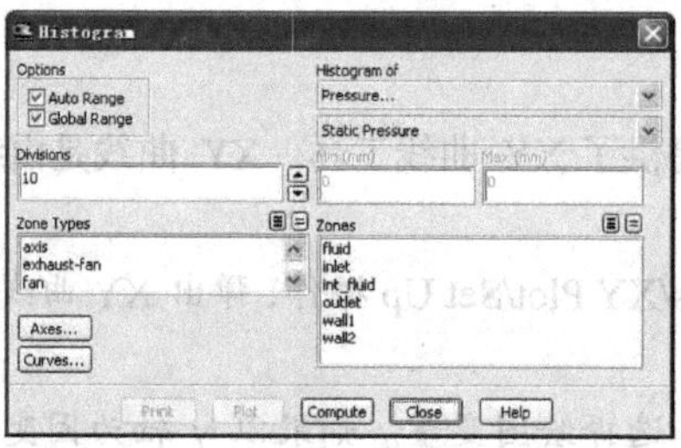

图 4-25 柱状图对话框

图 4-26 报告选项

4.1.12 边界通量报告

在所选择的边界区域上可以计算 3 种不同变量的流量，即质量流量（Mass Flow Rate）、总的热流量（Total Heat Tramsfer Rate）和辐射换热量（Radiation Heat Tramsfer Rate）。三者的求解方式如下。

- 边界上的质量流量由边界区域各个网格面上的质量流量相加得到。各个面的质量流量等于密度乘以法向速度再乘以所在平面的投影面积。
- 边界上总的热流量由各个面的热流量相加得到。各个面的热流量等于对流传热与辐射换热之和。热流量的计算与计算中设置的边界条件有关，例如，在一个温度不变的壁面上，热传导的热量等于热传导率乘以投影面积再乘以温度梯度。根据模型的不同，总的热流量可能包括对流换热、焓的对流通量和能量的扩散通量等。
- 边界上的辐射换热量等于每个面上的辐射换热量之和。辐射换热量的计算取决于计算中所使用的辐射模型。

生成边界通量报告的步骤非常简单，只需要使用 Flux Reports（通量报告）对话框便可以生成边界上的质量流量、总的热流量或者辐射换热量。进行 Report/fluxes 操作，弹出流量报告对话框，如图 4-27 所示。

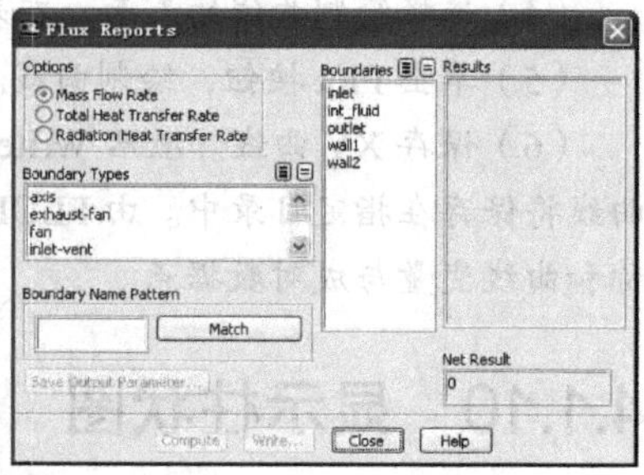

图 4-27 通量报告对话框

生成边界通量报告的步骤如下。

（1）从 Options（选项）中选择计算变量，包括 Mass Flow Rate（质量流量）、Total Heat Transfer Rate（总的热流量）和 Radiation Heat Transfer Rate（辐射换热量）。

（2）在 Boundaries（边界）列表中选择目标边界。如果想生成所有相同类型的边界区域的流量报告，可以在 Boundary Types（边界类型）列表中选择某个类型来集中选择某类型下的所有边界。这样，所有与选定的类型相同的边界区域都将在边界（Boundaries）列表中自动被选择。另外一个选择边界的快捷办法是，通过 Boundary Name Pattern（边界名称样式）完成选择。首先在该选项组中的文本栏中输入边界名称中的特征字符，然后单击 Match（匹配）按钮，这样便可以完成边界选择的操作。如果输入 wall*，则所有的名字的开始字符为 wall 的边界都将被自动选择，如 wall-1 和 wall-top 等。如果用户输入 wall?，则所有的名字中包含 wall 且 wall 后面只有一个字符的边界将被选择。如果这些边界已经被选择，则该操作将取消对这些边界的选择。

（3）单击 Compute（计算）按钮，Results（结果）列表框中将显示所选择的边界区域的流量计算结果，并且在 Results（结果）列表框下面的 Net Result 中显示参与计算的所有区域流量的和。

4.1.13　受力报告

在 FLUENT 中可以计算和报告指定方向上的作用力以及以指定点为参考点的力矩。该功能可以用来计算升力系数、阻力系数和力矩系数等空气动力学系数。

将每个边界网格面上的压力和粘性力与指定方向的方向矢量做点积，然后将所有边界网格上的点积求和，这样可以得到边界上的作用力。除了计算压力、粘性力和合力外，还可以利用 Reference Values（参考值）面板中的参考值计算作用力系数。作用力系数被定义为作用力与 $\frac{Pv^2A}{2}$ 的商，其中 ρ、v、A 是在 Reference Values（参考值）文本框中给定的密度、速度和面积值。

力矩是通过将每个网格面上的作用力绕力矩中心的力矩求矢量和得到的。除了压力、粘性力和力矩分量之外，还可以计算力矩系数。力矩系数被定义为力矩与参考动压、参考面积和参考长度的比值。

所有被选择的壁面区域上的压力、粘性力、合力和力矩都将以有量纲形式和无量纲系数形式显示在主窗口中。

进行 Reports/Forces 操作，弹出 ForceReports（作用力报告）对话框，可以计算出某个边界在指定方向上受到的作用力或绕指定点的力矩，如图 4-28 所示。进行 Report/Forces 操作即可弹出这个对话框。

生成受力报告的具体步骤如下。

（1）在 Options（选项）选项组中选择 Forces（作用力）或 Moments（力矩）来设定计算内容。

（2）若选择生成作用力报告，则需要在 Force Vector（作用力矢量）中指定作用力方向的 x、y 和 z 分量。若选择生成力矩报告，则需要在 Moment Center（力矩中心）中指定力矩中心的 x、y 和 z 坐标。

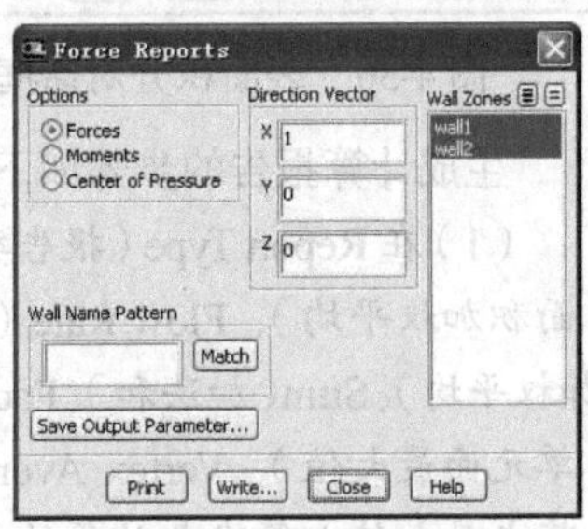

图 4-28　受力报告对话框

（3）在 Wall Zones（边界区域）列表中选择需要计算力和力矩的边界。类似于边界流量报告中的选择方法，如果需要选择多个边界区域，可以通过边界名称样式（Wall Name Pattern）选项组来选择，这里不再重复介绍。

（4）单击 Print（输出）按钮。操作台窗口（文本窗口）中将显示对于已选择的边界沿着指定方向的作用力矢量或绕指定力矩中心的压力、粘性力、合力或力矩，以及压力、粘性力、合力或力矩的系数。报告末尾是所有指定边界上的力和力矩及与它们相关的系数。

4.1.14 投影面积

用户可以通过 Projected Surface Areas（投影面积）对话框（见图 4-29）计算指定的面沿 x、y 或 z 轴方向（如在 *yz*、*xz* 或 *xy* 平面上）的投影面积。进行 Report/Projected areas 操作即可弹出该对话框。

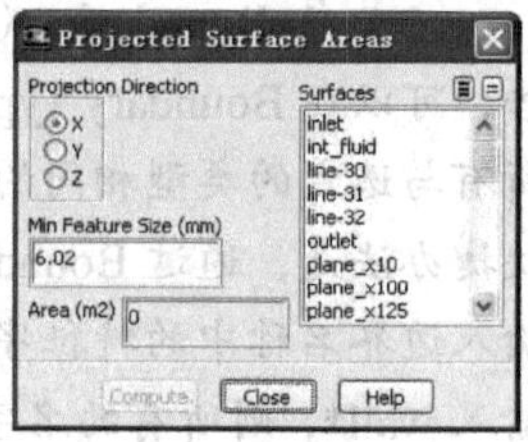

图 4-29 投影面积对话框

计算投影面积的操作步骤如下。

（1）选择投影方向（*x*、*y* 或 *z*）。

（2）在 Surfaces（表面）列表中选择准备计算其投影面积的面。

（3）设置 Min Feature Size（最小特征尺寸），用来指定面中最小的几何形的长度。如果用户不能确定最小的几何特征的尺寸，那么可以使用软件中设定的默认值。

（4）单击 Compute（计算）按钮，面积值将出现在 Area（面积）框和控制台窗口中。

（5）为了提高面积计算的精确度，用户可以设置 Min Feature Size 为原来值的一半后再计算。重复这个过程直到计算出的面积值不再改变。注意：不要调整得过小，因为那样会占用大量的内存。

4.1.15 表面积分

在计算域中特定的面上可以计算面积、质量流量和流场变量的积分、面积加权平均、质量加权平均、总和、单元面平均、单元面上的最大值和最小值、顶点平均、顶点最小值、顶点最大值等。由于面可以被任意地放置在流场中，因此每个数据点的变量值都是由网格节点上的值通过线性插值得到的。一些变量在网格节点上的值，可以由求解器直接计算得出，而另外一些变量在网格节点上的值，则是通过对网格中心处的值进行平均计算得到的。对网格节点上的值进行这样的处理，可能使最终出现在计算报告中的结果带有一些误差。

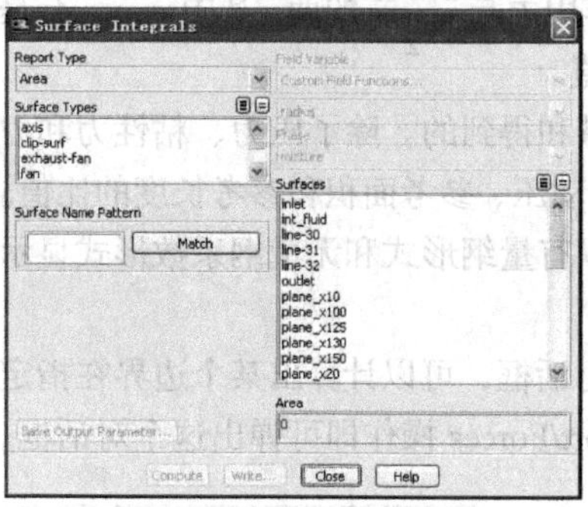

图 4-30 表面积分对话框

进行 Report/Surface Integrals 操作，弹出 Surface Integrals（面积分）对话框（见图 4-30），在该对话框中，可以获得一份含有表面面积、质量流量、变量积分、变量流量、加法和、面最大值、面最小值、节点最大值、节点最小值或质量加权平均、面积加权平均、单元面平均和顶点平均等变量的平均值等数据在内的计算报告。

生成计算报告的步骤如下。

（1）在 Report Type（报告类型）下拉列表中选择 Area（面积）、Integral（积分）、Area-Weighted Average（面积加权平均）、Flow Rate（变量流量）、Mass Flow Rate（质量流量）、Mass-WeightedAverage（质量加权平均）、Sum（加法和）、Facet Average（单元面平均）、Facet Minimum（单元面最小值）、Facet Maximum（单元面最大值）、Vertex Average（节点平均值）、Vertex Minimum（节点最小值）或 Vertex Maximum（节点最大值）等准备计算的参数。

（2）如果需要计算的是面积或质量流量报告，则忽略此步，直接进入下一步。否则在 Field Variable（流场变量）下拉列表中选择用户在表面积分中准备使用的场变量。首先在上面的下拉列表中选择变量的种类，然后在下面的下拉列表中确定最终计算的变量。

（3）在 Surfaces（面）列表中选择表面积分所使用的面。如果准备选择几个类型相同的面，那么可以通过在 Surface Types（面类型）列表中选择面类型来实现，所有属于被选定类型的面将被自动选择。如果某个面已经被选择，则该操作将取消对它的选择。

（4）单击 Compute（计算）按钮。根据用户选择的不同，结果显示栏上方的名称将显示为 Area（面积）、Integral（积分）、Area-Weighted Average（面积加权平均）、Flow Rate（变量流量）、Mass Flow Rate（质量流量）、Mass-Weighted Average（质量加权平均）、Sum（加法和）、Facet Average（单元面平均）、Facet Minimum（单元面最小值）、Facet Maximum（单元面最大值）、Vertex Average（节点平均值）、Vertex Minimum（节点最小值）或 Vertex Maximum（节点最大值）等。

下面是一些需要注意的地方。

- 质量加权平均值更接近于高速度区域的值，即有更多质量流过的面上的变量值。
- 使用 Surface Integrals（表面积分）对话框报告的流量，没有从 Flux Reports（通量）对话框中得到的结果准确。
- 单元面平均值和节点平均值最好用在面积为零的表面上。

面积分涉及的计算如下。

- 面积计算。将组成表面的每个单元面的面积相加，就得到了一个面的面积。单元面的形状是三角形或四边形。面积计算公式如下。

$$\int \mathrm{d}A = \sum |A_i|$$

- 积分。将每个单元面上的面积和变量的乘积进行求和，就可以得到该变量在一个表面上的积分。每个单元面都与计算域中的某个网格相关。如果单元面是网格与等值面相交产生的，那么变量在这个单元面上的值，就是变量在这个网格上的值。如果单元面在边界上，则用插值得到的结果进行面积分，而不是直接使用网格上的变量值。这样做既可以改善计算精度，又可以保证计算结果与边界条件相一致，并且与计算报告中边界上的通量相吻合。计算公式如下。

$$\int \phi \mathrm{d}A = \sum \phi_i |A_i|$$

- 面积分加权平均。变量的面积加权平均，等于将该变量与单元面面积的乘积求和后，在除以总面积得到的商。计算公式如下。

$$\frac{1}{A}\int \phi \mathrm{d}A = \frac{1}{A}\sum \phi_i |A_i|$$

- 流量。变量 ϕ 通过一个表面的流量，是由每个单元面的面积矢量与当地速度矢量的点乘，再乘以密度和变量 ϕ 的当地值，最后将每个单元面上的乘积相加得到的。

$$\int \phi \rho \vec{v} \cdot \mathrm{d}\vec{A} = \sum \phi_i \rho_i \vec{v}_i \cdot \vec{A}_i$$

- 质量流量。单位时间通过表面的质量。计算公式如下。

$$\int \rho \vec{v} \cdot \mathrm{d}\vec{A} = \sum \rho_i \vec{v}_i \cdot \vec{A}_i$$

- 质量加权平均。计算公式如下。

$$\frac{\int \phi \rho \vec{v} \cdot \mathrm{d}\vec{A}}{\int \rho \vec{v} \cdot \mathrm{d}\vec{A}} = \frac{\sum \phi_i \rho_i \vec{v}_i \cdot \vec{A}_i}{\sum \rho_i \vec{v}_i \cdot \vec{A}_i}$$

- 求和。变量在一个表面上的和等于该变量在各个单元面上数值的和。
- 单元面最小值。在一个表面上，变量的单元面最小值是指该变量在该表面所有单元面上的最小值。
- 单元面最大值。在一个表面上，变量的单元面最大值是指该变量在该表面所有单元面上的最大值。

- 节点平均值。变量的节点平均值等于所有节点上该变量值之和除以总的节点数 n，计算公式如下。

$$\frac{\sum \phi_i}{n}$$

- 节点最小值。某表面上变量的节点最小值即该变量在该表面所有节点上的最小值。
- 节点最大值。某表面上变量的节点最大值即该变量在该表面所有节点上的最大值。

4.1.16 体积分

用户可以计算某个区域的体积，并可以计算该区域上某个场变量的加法和、体积积分、体积加权平均、质量积分和质量加权积分等指标。

下面是使用不同类型的体积分报告的例子。

- 体积。可以计算一个流体区域的总体积。将组成某区域的所有网格的体积相加即可得到该区域的总体积，计算公式如下。

$$\int \mathrm{d}V = \sum |V_i|$$

- 加法和。可以对离散相的质量或者能量源项进行求和，以便判断离散相的质量或能量的净生成量，也可以计算自定义的质量或能量源项的净生成量。某个区域上指定场变量的和是通过将该区域中每一个网格上该变量的值相加得到的，计算公式如下。

$$\sum \phi_i$$

- 体积分。对于那些用单位体积计算的量，可以通过体积分得到它们的总量，比如通过对密度积分而得到质量。计算公式如下。

$$\int \phi \mathrm{d}V = \sum \phi_i |V_i|$$

- 体积加权平均。可以计算质量源项、能量源项或离散相的质量、能量交换的体积平均。计算公式如下。

$$\frac{1}{V}\int \phi \mathrm{d}V = \frac{1}{V}\sum \phi_i |V_i|$$

- 质量积分。可以通过积分某种化学组分的质量浓度得到该组分的总质量。质量加权积分是通过将密度、网格体积和场变量的乘积相加得到的。计算公式如下。

$$\int \phi \rho \mathrm{d}V = \sum \phi_i \rho_i V_i$$

- 质量加权平均。通过质量加权平均，可以得到一个流动区域内变量的平均值，如平均温度。计算公式如下。

$$\frac{\int \phi \rho \mathrm{d}V}{\int \rho \mathrm{d}V} = \frac{\sum \phi_i \rho_i V_i}{\sum \rho_i \rho_i V_i}$$

进行 Report/Volume Integrals 操作，弹出 Volume Integrals（体积分）对话框（见图 4-31），在该对话框中可以获得区域的体积或者指定变量的加法和、体积积分、体积加权平均、质量加权积分或质量加权平均。

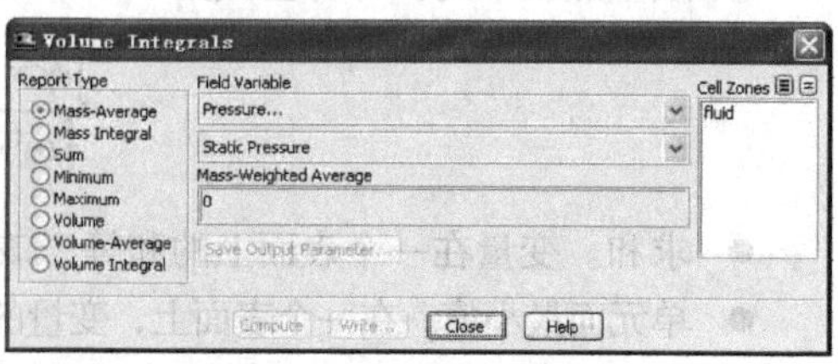

图 4-31 体积分对话框

生成体积分报告的步骤如下。

（1）在 Report Type 选项组中可以选择 Volume（体积）、Sum（加法和）、Volume Integral（体积分）、Volume-Average（体积平均）、Mass Integral（质量积分）或者 Mass-Average（质量平均）来指定准备计算的内容。

（2）如果只希望计算区域的体积，则忽略此步，直接进入下一步，否则在 Field Variable（场变量）下拉列表中选择参与计算的场变量。首先，在上面的下拉列表中选择场变量的种类，然后从下面的下拉列表中确定最后计算的变量。

（3）在 Cell Zones（网格区域）列表中选择将要进行计算的区域。

（4）单击 Compute（计算）按钮。根据用户选择的不同，结果显示栏上面的名称将自动调整为 Total Volume（总体积）、Sum（加法和）、Total Volume Integral（总体积积分）、Volume-Weighted Average（体积加权平均）、Total Mass-Weighted Integral（总质量加权平均）或 Mass-Weighted Average（质量加权平均）等。

4.1.17 参考值设定

用户可以控制参考值的设定，这些参考值用于导出物理量和无因次系数的计算，并且仅用于后处理过程。

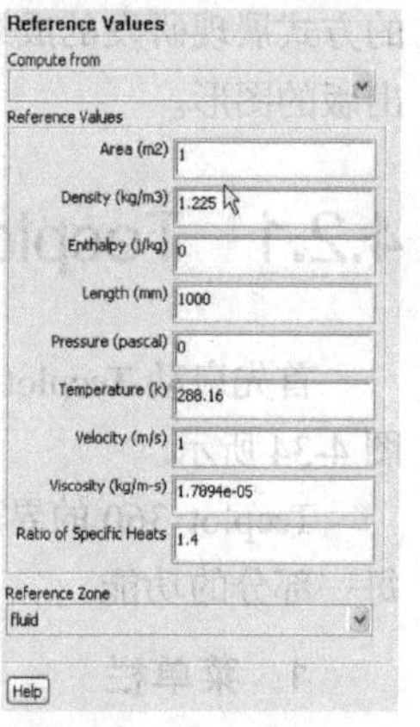

图 4-32 参考值面板

参考值的设定在 Reference Values（参考值）面板（见图 4-32）中进行，启动该面板的方法为进行 Report/reference values 操作。

（1）输入参考值或者以边界上的物理量为基准计算参考值。可以被设定的参考值有 Area（面积）、Density（密度）、Enthalpy（焓）、Length（长度）、Pressure（压强）、Temperature（温度）、Velocity（速度）和 Ratio of Specific Heats（比热比）等。对于二维问题，还可以定义 Depth（深度）。这个值用于计算通量和作用力，其单位是单独设定的，与 Set Units（单位设置）面板中设置的长度单位无关。如果用户想根据某个边界条件计算参考值，需要在 Compute from（从……计算）下拉列表中选择该边界区域的名称。需要注意的是，这种获得参考值的方法仅能用于部分参考值的设置。比如参考长度和面积就不能从边界条件中导出，用户仍然需要人工设定这些值。在使用人工方式设定参考值时，用户只要简单地在参考值（Reference Values）选项组中的文本栏中输入每个值即可。

（2）如果计算模型中使用了多个参考坐标系或者在计算中使用了滑移网格，则可以画出相对于指定参考区域的速度和其他相关量。在 Reference Zone（参考区域）下拉列表中选择期望的区域，改变参考区域可以使用户获得不同区域的速度值（还有总压和温度等）。

4.1.18 算例设置报告

在计算过程中有时需要查阅算例设置，包括物理模型、边界条件、材料属性和求解控制参数等。在 FLUENT 中，用户可以将所有这些设置放在一份报告中，这样就大大减少了在大量面板中逐个检查算例设置情况的麻烦。

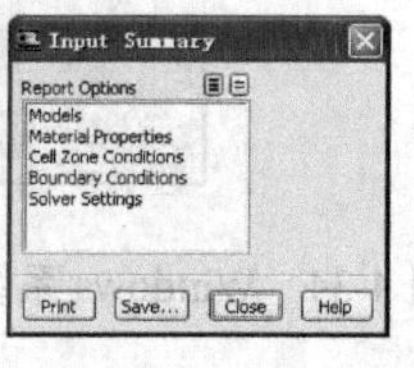

图 4-33 输入摘要对话框

通过 Input Summary（输入摘要）对话框（见图 4-33）可以得到一个关于算例设置的摘要报告。启动该对话框的方法为进行 Report/Input Summary 操作。

生成一个摘要报告的步骤如下。

（1）在 Report Options（报告选项）列表中选择用户想在报告中看到的信息。可供选择的项目包括 Models（模型）、Boundary Conditions（边界条件）、Solver Settings（求解器参数设置）和 Material Properties（材料性质）。

（2）如果单击 Print（文本输出）按钮，则信息在 FLUENT 的控制台窗口中输出。如果单击 Save（保存）按钮，并在 Select File（文件选择）窗口中输入文件名，则信息将被保存在一个文本文件中。

4.2 Tecplot 数据处理

Tecplot 是 Amtec 公司推出的一个功能强大的科学绘图软件。它提供了丰富的绘图格式，而且软件易学易用，界面友好。在工程和科学研究中，Tecplot 的应用日益广泛，应用范围包括航空航天、国防、汽车、石油等工业以及流体力学、传热学、地球科学等科研机构。Tecplot 针对于 FLUENT 软件有专门的数据接口，可以直接读入*.cas 和*.dat 文件，也可以在 FLUENT 软件中选择输出的面和变量，然后直接输出 Tecplot 格式文档。

目前，个人用户常用的版本是 Tecplot 360。它是一套 CFD 和数值模拟与视觉化的软件工具。Tecplot 360 把关键的工程绘图与先进的数据视觉化的功能完美地在一套工具内结合了起来。Tecplot 360 可以让用户分析并且探索复杂的数据集，编排多个 XY 图、2D 图和 3D 图，创建动画并用出色的且高品质的方式展现研发的成果，让用户能完全地掌控绘图的功能，从而得到任何一种想要用于简报、分析或出版的图形。

4.2.1 Tecplot 360 功能简介

首先启动 Tecplot 360 软件，选择开始/程序/TECPLOT 360/TECPLOT 360 命令，启动后的窗口如图 4-34 所示。

Tecplot 360 的界面可以分成 4 个部分，分别为菜单栏、工具栏、工作区和状态栏。下面具体介绍每一部分的功能。

1. 菜单栏

图 4-35 所示为 Tecplot 360 的菜单栏。从左至右，菜单栏中包含的内容依次为文件（File）、编辑（Edit）、视图（View）、画图（Plot）、插入（Insert）、动画（Animate）、数据（Data）、帧（Frame）、选项（Options）、脚本（Scripting）、工具（Tools）、分析（Analyze）和帮助（Help）。菜单栏包含了 Tecplot 360 的所有功能。在没有加载数据时，菜单栏中的子菜单不能完全显示。因此这里只重点介绍菜单栏中的一级菜单，而在本书的第 6 章会根据实际例子，介绍菜单栏中其他菜单命令的具体应用。

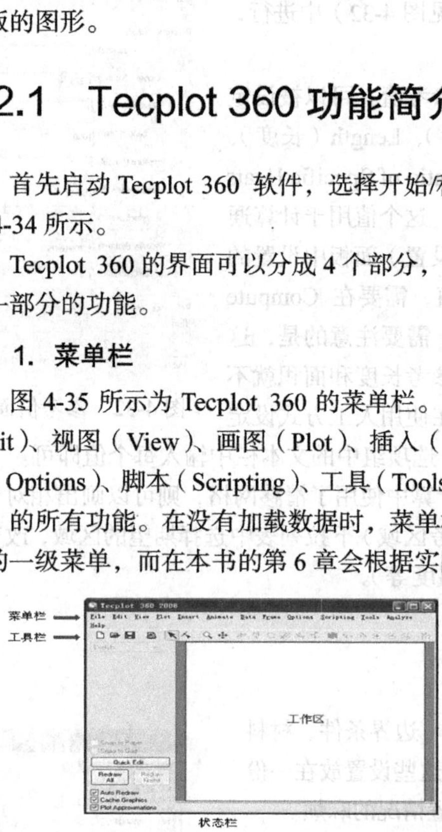

图 4-34 Windows 系统下的 Tecplot 360 操作界面

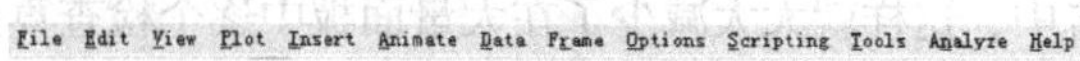

图 4-35 菜单栏

● 文件（File）菜单如图 4-36 所示。从上至下，文件菜单可以分成 7 个部分。第 1 部分的功能是创建、打开或保存 Tecplot 360 的图形文件；第 2 部分的功能是读取和输出数据文件，目前，Tecplot 360 支持读取 FLUENT、DEM 和 EnSight 等 26 种格式的文件；第 3 ~ 5 部分是图形的预览、打印、输出、颜色和尺寸的参考值；剩下两部分的功能是退出系统和操作历史。

- 编辑（Edit）菜单如图 4-37 所示。编辑菜单的主要功能是对图形对象进行剪切（Cut）、复制（Copy）、粘贴（Paste）、清除（Clear）、快速编辑（Quick Edit）、撤销（Undo）等。
- 视图（View）菜单如图 4-38 所示。视图菜单的主要功能是用来控制视图显示，包括比例缩放、数据范围和三维旋转等，还可以在帧之间进行图形的复制和粘贴操作。其中工作区（Workspace）命令用来控制工作区的大小。

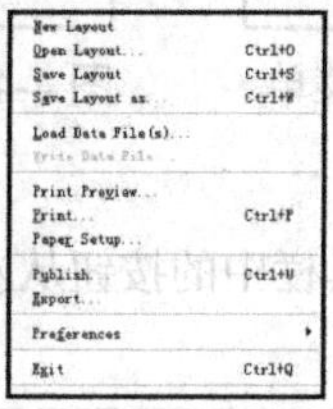

图 4-36　文件菜单

图 4-37　编辑菜单

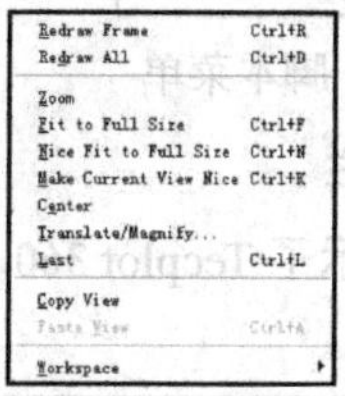

图 4-38　视图菜单

- 画图（Plot）菜单如图 4-39 所示。坐标轴（Axis）命令用于控制 XY、二维、三维等帧模式下的坐标轴显示形式，而格式链接（Style linking）命令方便用户进行坐标轴显示形式的批处理操作。
- 插入（Insert）菜单如图 4-40 所示。用于在图形中插入文本、多项式曲线、方形、矩形、圆形和椭圆形以及图片、截面和流线。
- 动画（Animate）菜单如图 4-41 所示。Tecplot 360 提供了利用多种参量制作动画的方法。这些参量包括 IJK 平面、等值面、切面、流线、时间和区域等。

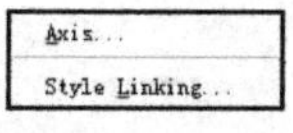

图 4-39　画图菜单

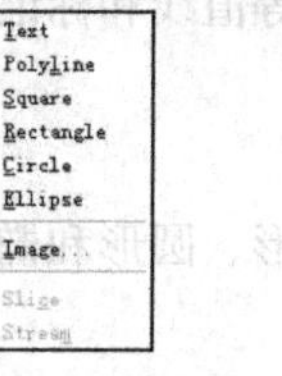

图 4-40　插入菜单

图 4-41　动画菜单

- 数据（Data）菜单如图 4-42 所示。主要功能包括更改（Alter）变量和坐标，创建区域（Create Zone），删除（Delete）和提取（Extract）数据，以及显示数据信息等。
- 帧（Frame）菜单如图 4-43 所示。用于创建、编辑和删除帧等。
- 选项（Options）菜单如图 4-44 所示。主要功能是控制 Tecplot 360 的界面布局、颜色和尺寸等。

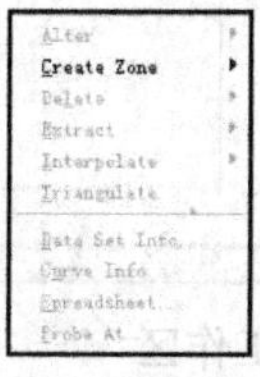

图 4-42　数据菜单

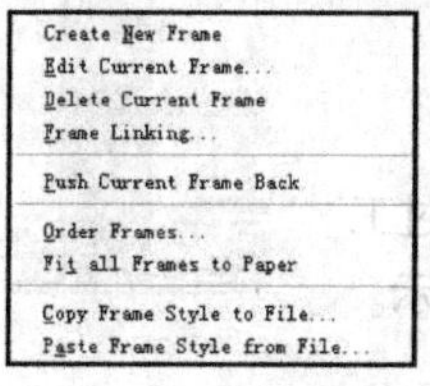

图 4-43　帧菜单

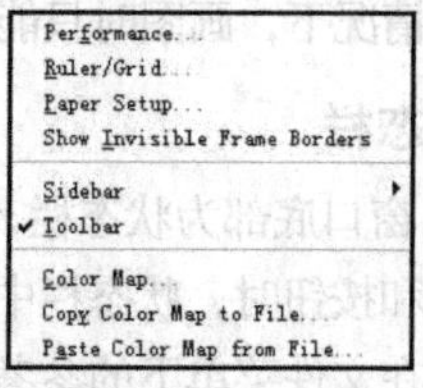

图 4-44　选项菜单

- 脚本（Scripting）菜单如图 4-45 所示。为了方便用户进行批量操作，Tecplot 360 提供了强大的宏和脚本功能。
- 工具（Tools）菜单如图 4-46 所示。主要功能包括有限元后处理和时间序列的采集。时间序列的采集主要用于非稳态流动。

- 分析（Analyze）菜单如图 4-47 所示。主要用于分析流场的性质，包括设置流体的物性，设置流场参考值和边界条件，计算湍流统计量，提取流动特征，以及获取轨迹线和脉线等。
- 帮助（Help）菜单如图 4-48 所示。

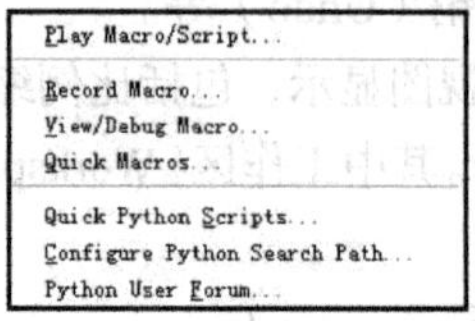

图 4-45　脚本菜单

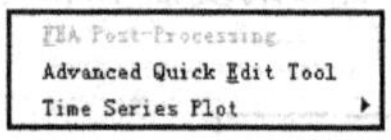

图 4-46　工具菜单

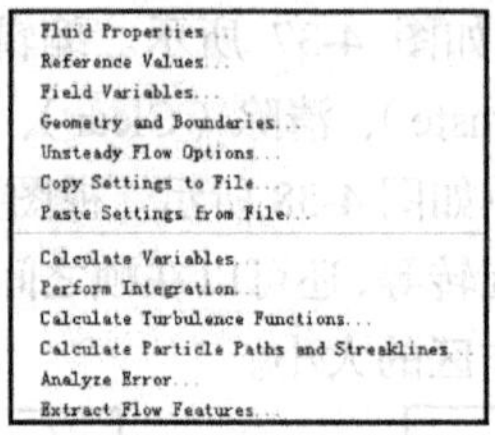

图 4-47　分析菜单

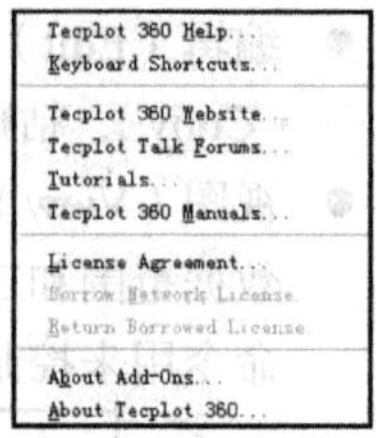

图 4-48　帮助菜单

2. 工具栏

工具栏显示了 Tecplot 360 中常用的画图按钮，如图 4-49 所示。工具栏中的按钮从左至右可以分为以下 12 大类。

图 4-49　工具栏

- 文件模式：新建、打开、保存和打印。
- 鼠标模式：选择、放大与调整。
- 三维旋转模式：球面旋转、滚球旋转、扭转、绕 x 轴旋转、绕 y 轴旋转和绕 z 轴旋转。
- 切片模式。
- 流线模式：添加流线，创建带有终端的等值线。
- 等值线模式：添加等值线、减少等值线和标记等值线。
- 探测模式。
- 文字模式。
- 几何形状模式：折线、方形、矩形、圆形和椭圆形。
- 帧模式：创建帧。
- 数据提取模式：提取散点，提取多项式曲线。
- 创建域模式：创建矩形域，创建圆形域。

3. 工作区

工作区是进行绘图工作的区域，绘图工作都是在帧中完成的，图 4-50 所示为工作区中创建的四个帧。在通常情况下，画图时只能用到一个帧。

4. 状态栏

Tecplot 窗口底部为状态栏，在鼠标指针移过工具栏、菜单和按钮时，状态栏中会给出帮助提示。状态栏可以在文件菜单下的参考子菜单中设定。

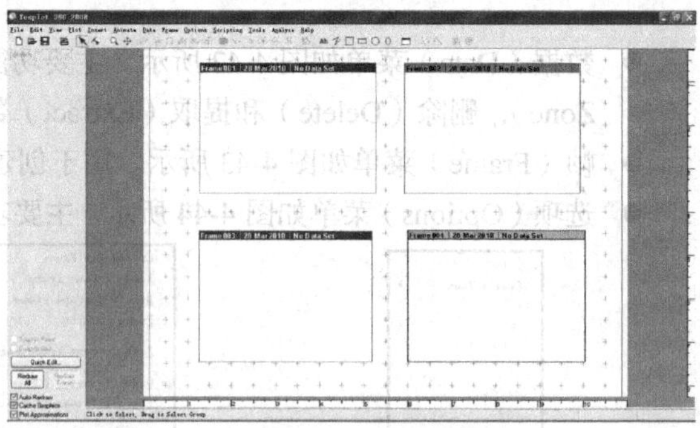

图 4-50　工作区

4.2.2 Tecplot 360 文件格式

Tecplot 数据文件包括 5 部分，即头信息、数据记录、文本内容、几何信息和标签，其中数据记录又可以采用有序数据或有限元数据，具体内容如下所示。

TECPLOT 数据文件内容

数据段	数据项目	说明
文件头	TITLE = "filetitle" VARIABLES = "vianame1" "vianame2" …	数据文件标题 变量名 1 变量,名 2 …
有序数据段	ZONE T = "zonetitle" I = Imax J = Jmax K = Kmax C = Color F = 有序数据格式 D = （duplist） DT = （datatypelist）	区域标题 I 方向最大点数 J 方向最大点数 K 方向最大点数 颜色设置 可设为 POINT（点）或 BLOCK（块） 与上一个区域中已经出现过的变量清单数据类型清单
有限元数据段	ZONE T = "zonetitle" N = numnodes E = numelements ET = elementtype C = color F = feformat D = （duplist） DT = （datatypelist）	区域标题 节点数 单元数 单元类型，可取值为 TRIANGLE （三角形）、QUADRILATERAL （ 四边形）、TETRAHEDRON（四面体）、BRICK（六面体）。 颜色设置 单元数据格式，可取值为 FEPOINT 或 FEBLOCK 与上一个区域中已经出现过的变量清单 数据类型清单
文本记录段	TEXT X=xorigin Y=yorigin F=font	对象的 X 原点坐标 对象的 Y 原点坐标 可用字体，包括 HELV、HELV-BOLD、TIMES、TIMES，-ITALIC 、TIMES-BOLD 、TIMES-ITALIC-BOLD

续表

数 据 段	数 据 项 目	说　明
	CS=coordinatesys HU=heightunits AN=textanchor	COURIER 、COURIER-BOLD、GREEK、MATH 和用户自定义字体 文本坐标系，可以是 FRAME（帧）或 GRID（网格） 高度单位。在 FRAME（ 帧 ） 坐标系中， 单位为 FRAME 或 POINT；在 GRID（网格）坐标系中，单位为 GRID 或 FRAME 文本定位点。可以选择 LEFT（左）、CENTER（中）、RIGHT（右）、MIDLEFT（中左）、MIDCENTER（中心）、MIDRIGHT（中右）、HEADLEFT（上左）、HEADCENTER（上中）、HEADRIGHT（上右）。 颜色设置 角度，单位为“度”，起始线为水平线，逆时针计算 以高度单位设置的文本高度 多行文本的行距 范围。取值为 LOCAL（局部）或 GLOBAL（全局） 文本内容 边框类型，包括 NOBOX（无边框）、HOLLOW（空心边框）或 FILLED（填充边框）
	C=color A=angle H=height LS=linespacing S=scope T="text" BX=boxtype BXM=boxmargin BXF=boxfillcolor BXO=boxcolor LT=boxlinethickness ZN=zone MFC="macrofunctioncommand"	用文本高度为基数，以百分比表示的文本周围的空白间距 边框填充颜色 边框颜色 边框线型宽度 区域编号 宏命令函数

续表

数 据 段	数 据 项 目	说 明
几何记录段	GEOMETRY	
	X=xorigin	对象在 X 方向的起始位置
	Y=yorigin	对象在 Y 方向的起始位置
	Z=zorigin	对象在 Z 方向的起始位置
	CS=coordinatesys	坐标系选择，可以取 FRAME（帧）或 GRID（网格）坐标
	C=color	颜色设置
	L=linetype	线型设置，可以取值为：SOLID（实线），DASHED（虚线），DASHDOT（点虚线），DOTTED（点划线），LONGDASH（长虚线），DASHDOTDOT（虚点线）
	PL=patternlength	指定线型的点、线长度
	LT=linethickness	几何轮廓线的线宽
	T=geomtype	几何形状，可以取值为：LINE（线），SQUARE（正方形），RECTANGLE（矩形），CIRCLE（圆），ELLIPSE（椭圆），LINE3D（三维线）
	EP=numellipsepts	用于逼近圆和椭圆的点数
	AST=arrowheadstyle	箭头形式，可以取值为：PLAIN（普通），HOLLOW（空心），FILLED（实心）
	AAT=arrowheadattach	箭头附带标志，可以取值为：NONE（无），BEGINNING（起始标志），END（结束标志），BOTH（二者都有）
	ASZ=arrowheadsize	箭头尺寸，使用帧单位
	AAN=arrowheadangle	箭头角度，单位为“度”
	DT=datatype	数据类型，可以取值为：SINGLE（单精度）或 DOUBLE（双精度），仅用于多线绘制
	S=scope	范围，可以取值为：LOCAL（局部）或 GLOBAL（全局）
	F=geomformat	几何格式，可以取值为：POINT（点）或 BLOCK（块）
	FC=geomfillcolor	几何填充色
	ZN=zone	几何对象在区域内的编号
	MFC="macrofunctioncommand"	宏命令

续表

数 据 段	数 据 项 目	说 明
定制标签记录段	CUSTOMLABELS "label1" "label2" ...	用户自定义标签字串 1 用户自定义标签字串 2 ……

下面是一个简单的数据文件。

```
Title= "sample finite-element data"
Variables= "x" , "y" , "a" , "b"
Zone n=5,e=4,f=fepoint,et=triangle
0.0 0.0 1.0 2.0
--1.0 --1.0 0.0 2.2
-1.0 1.0 0.0 3.0
1.0 1.0 0.0 3.4
1.0 --1.0 0.0 1.1
1 2 3
1 3 4
1 4 5
1 5 2
```

在这个例子中，有限元是三角形，当然也可以设置成其他的形状。“n=5,e=4”表示有 5 个点和 4 个三角形，每个点都有与之相关的 4 个数字。“f=fepoint”意味着数据文件中的点的排列如下。

```
x y a b
x y a b
x y a b
```

即表示用一行来描述一个点，且每行包含 4 个数值。如果用“f=feblock”来取代，那么 Tecplot 会先期望关于 x 的值，然后是 y 和 z 的，如下所示。

```
x x x x...x
y y y y...y
a a a a...a
b b b b...b
```

4.2.3 Tecplot 360 读入 FLUENT 文件

Tecplot 读取 FLUENT 计算结果的方式有两种，一种是直接读取*.cas 和*.dat 文件，另一种是读取 FLUENT 生成的 Tecplot 文件。

1. 直接读入*.cas 和*.dat 文件

启动数据加载对话框的方法为，选择 File/Import 命令。

数据加载对话框如图 4-51 所示，从图中可以看到，Tecplot 360 已经可以直接读取 26 种格式的文件，并且分为以下 16 类。

- CGNS 格式，即计算流体力学通用记号系统（Computational Fluid Dynamics General Notation System）。
- DEM 格式，即数字高度图格式（Digital Elevation Map）。
- DXF 格式，即数字交换格式（Digital Exchange Format）。

- EnSight Loader。
- Excel 格式（仅适用于 Windows 系统）。
- FEA 格式，即有限元格式。
- FLUENT 数据格式，包括算例文件和数据文件。
- FLOW-3D 格式。
- Gridgen 数据格式。
- HDF 格式，即层级数据格式（Hierarchical Data Format）。
- HDF 5 格式。
- Kiva 格式。
- PLOT 3D 数据格式。
- PLY 格式。
- Tecplot-Format 格式。
- Text Spreadsheet 格式，即文字表单格式。

本节只介绍 FLUENT 数据的加载。因为 FLUENT 采用有限体积法进行计算，所以流场内部的计算结果都设置在控制点上，即网格体的几何中心点上，而流场边界的数值则在网格边界面的中心点上。但是 Tecplot 要求所有的数据位于网格节点上，因此在加载数据时会采用算术平均将控制点数据换算成节点数据。

在如图 4-51 所示的对话框中选择 Fluent Data Loader 选项，然后单击 OK 按钮，即可开始 FLUENT 数据加载操作，如图 4-52 所示。

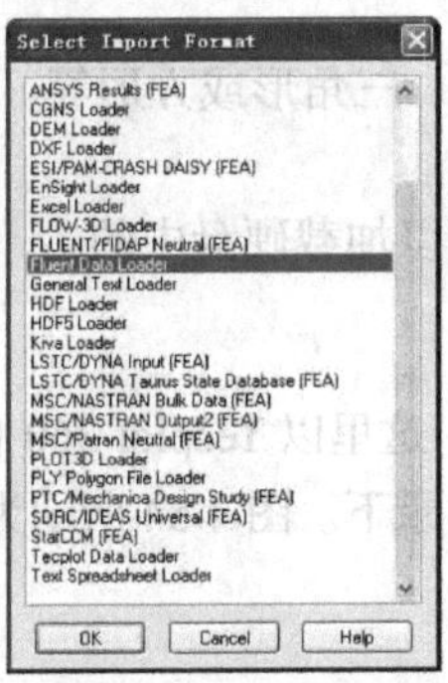

图 4-51　数据加载对话框

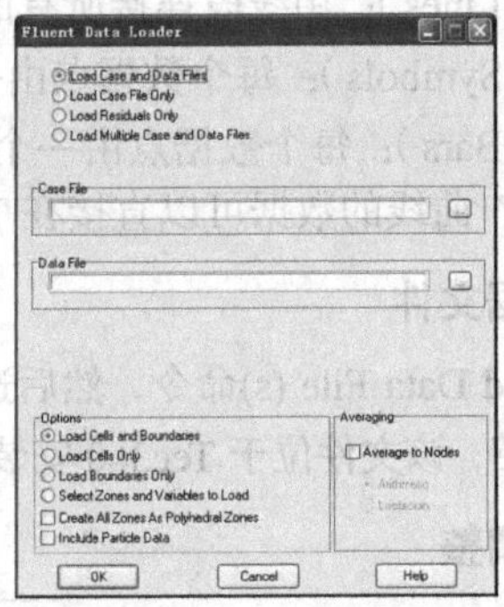

图 4-52　FLUENT 数据加载

图 4-52 中显示的 4 种加载方式如下。

- 加载算例文件和数据文件（Load Case and Data Files）。如前文所述，网格信息和设置信息存放在算例文件中，流场变量的计算结果保存在数据文件中。
- 只加载算例文件（Load Case File Only）。
- 只加载残差文件（Load Residuals Only）。
- 加载多个算例文件和数据文件（Load Multiple Case and Data Files）。这种加载方式主要用于处理非稳态的计算结果。非稳态的时间信息可以从计算结果中读取。同时，对于等时间间隔的非稳态计算，可以在 Tecplot 中直接设置时间间隔。

在选择了需要的加载方式之后，可以直接在组合框中输入需要加载的算例文件（Case File）数据文件（Data File）名，或者单击[...]按钮，直接从硬盘上选择数据文件。然后可以继续通过对话框左下方的选项设置加载的内容。各选项的功能如下。

- 同时加载单元和边界数据（Load Cells and Boundaries）。从算例文件中读取单元数据和边界区域。每个流体、固体或边界区域在 Tecplot 软件中将被显示为独立的区域。

- 只加载单元数据（Load Cells Only）。每个区域在 Tecplot 中都显示为独立的数据区域。
- 只加载边界数据（Load Boundaries Only）。每个区域在 Tecplot 中都显示为独立的数据区域。
- 有选择性地加载区域和变量（Select Zones and Variables to load）。对于复杂的计算工况，FLUENT 结算结果中包含了众多区域和变量，一次性完全将数据加载到 Tecplot 中，必然影响图形处理速度。因此可以通过该选项进行有选择性的加载。
- 将所有区域创建成多面体区域（Create All Zones As Polyhedral Zones）。该选项将 FLUENT 区域都转换成 Tecplot 360 多面体，这样可以降低等值面或者切面出现奇点的可能性。

2. 导入 FLUENT 生成的 Tecplot 文件

在 FLUENT 生成 Tecplot 文件之后，可以直接在加载对话框中选择 Tecplot-Format 格式进行加载，如图 4-53 所示。

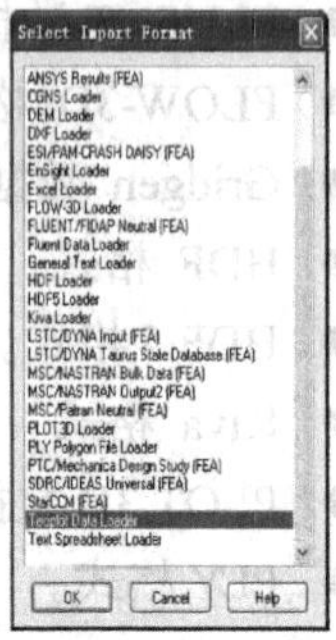

图 4-53　加载 Tecplot 文件

4.2.4　在 Tecplot 360 中绘制 XY 曲线

Tecplot 360 中的所有 XY 曲线都是由一个或者多个 XY 数据对构成的。XY 数据对及它们之间的函数关系，在 Tecplot 360 中被称为 XY 图形。XY 图形有 3 种形式。

- 折线图（Lines）：用线段连接所有的数据点。
- 符号图（Symbols）：每个数据点由一个符号代表，如圆、三角形或方形等。
- 柱状图（Bars）：每个数据点由一个水平或垂直柱代表。

用于绘制 XY 曲线的数据可以直接在 Tecplot 中输入，也可以加载硬盘中的。

1. 加载数据文件

选择 File/Load Data File (s)命令，然后选择需要加载的文件。这里以 Tecplot 360 自带的 monthlabels 文件为例进行介绍，该文件位于 Tec360 安装目录\examples\XY 目录下。图 4-54 所示为对应的 XY 曲线。

2. 曲线的调整

（1）在如图 4-54 所示的窗口中单击 Mapping Style... （定义图形）按钮。在按住 Ctrl 键的同时选中 Map Num（图形编号）下面的 2 和 5，然后单击 Map Show（图形显示）按钮，弹出一个选择对话框（见图 4-55），选择 Activate（激活），则将同时显示编号为 1、2 和 3 的 3 条曲线。

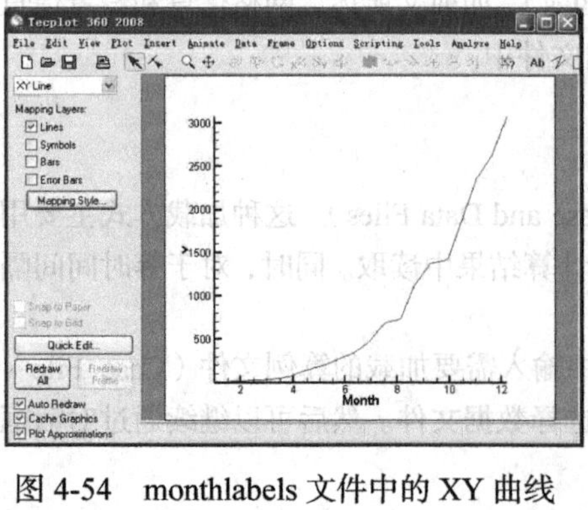
图 4-54　monthlabels 文件中的 XY 曲线

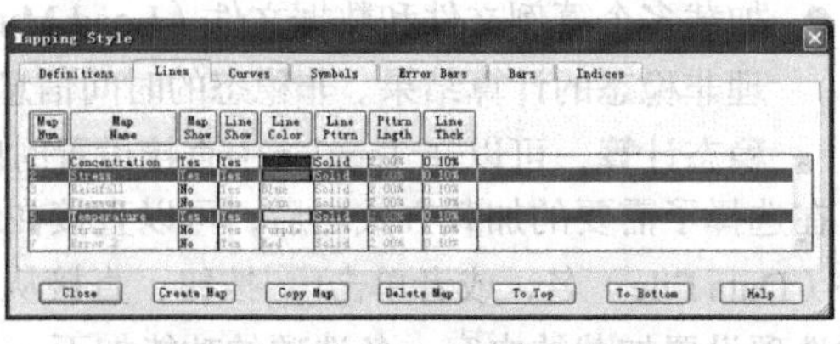
图 4-55　显示多条 XY 曲线

（2）Mapping Style（定义图形）对话框中还有几个标签，可以分别用来改变曲线形式，改变柱状图形式等。为了清楚地区别和显示不同的 XY 曲线，可以通过勾选 Symbols 复选框☑Symbols，用不同的标记标识曲线以及给曲线添加图例（Plot/Line legend）。图 4-56 所示为改变设置后的一个示例。

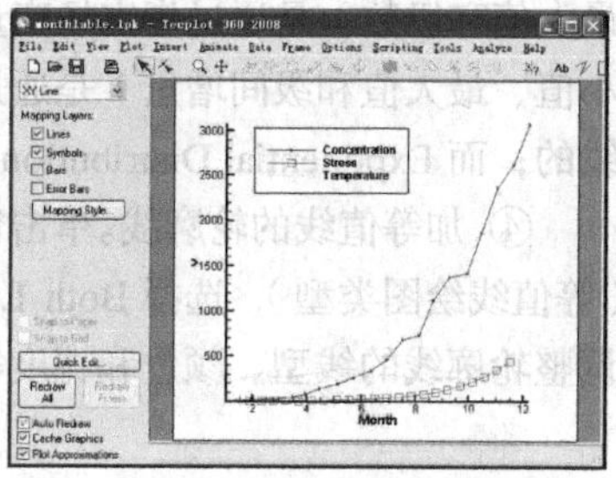

图 4-56　XY 曲线绘制示例

4.2.5　在 Tecplot 360 中显示等值线云图

等值线是观察流场变量变化的常用工具。绘制等值线一般包括 5 个步骤。

（1）加载数据文件。

（2）勾选窗口左侧的 Contour（等值线）复选框，激活等值线图层。

（3）选择目标变量，绘制等值线。

（4）调整绘图参数，最终得到理想的等值线图。

（5）保存图形文件。

在上述 5 个步骤中，第（4）步比较复杂，这里使用文件 ctream.plt 讲解等值线参数的调整。

（1）加载 ctream.plt 数据文件。

（2）在窗口左侧取消勾选☐Mesh 复选框，并勾选 Contour（等值线）☑Contour 复选框，单击 Contour 右侧的▭按钮，弹出的 Contour & Multi-Coloring Details（等值线详情）对话框（见图 4-57），在下拉列表中选择变量 V，然后单击 Close 按钮。这样即可得到如图 4-58 所示的变量 V 的等值线图。

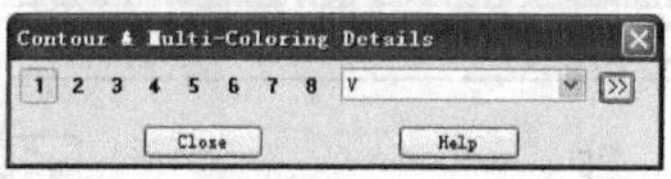

图 4-57　等值线变量选择

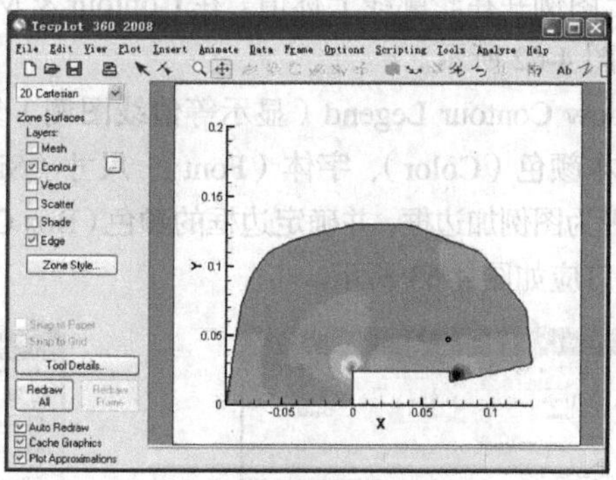

图 4-58　等值线图

（3）调整等值线的密度和数值。

① 单击»按钮，展开 Contour & Multi-Coloring Details 对话框，并且选择 Levels（层级）选项卡，如图 4-59 所示。

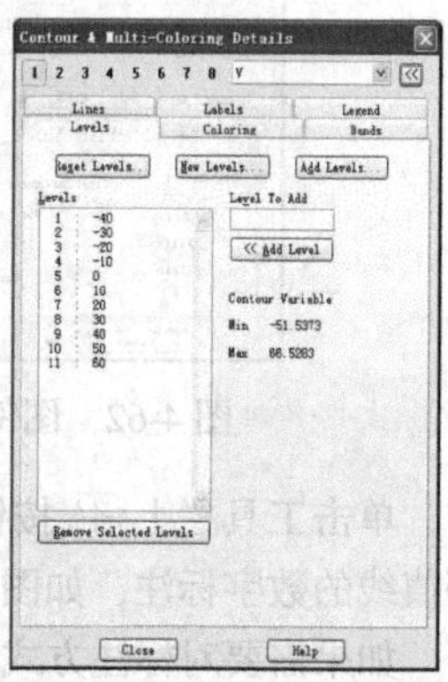

图 4-59　等值线层级选项卡

② 重新设定总的级数，单击 Reset Levels（重置层级）按钮，并在弹出的文本栏中输入 20。

③ 调整等级密度，单击 New Levels（新层级）按钮，在弹出的对话框中保持 Min,Max,and Number of Levels（最小值、最大值和级数）选项被选中，然后在 Minimum Level（最小层级）文本框中输入-50，在 Maximum Level（最大层级）文本框中输入 65，如图 4-60 所示。在这里也可以在 Number of Levels（级数）文本框中直接输入级数，进行等值线级数的调整。除了选中 Min,Max,and Number of Levels（最小值、最大值和级数）选项外，还可以选中 Min,Max,and Delta（最小值、最大值和级间增量）选项和 Exponential Distribution（指数分布）选项。从三者的名称中即可看出：Min,Max,and Number of Levels（最小值、

最大值和级数）是通过指定场变量的最小值、最大值和级数来定义等值线的；Min,Max,and Delta（最小值、最大值和级间增量）是通过指定场变量的最小值、最大值和级与级之间的数值增量来定义等值线的；而 Exponential Distribution（指数分布）则用指数分布形式绘制等值线。

④ 加等值线的轮廓线。单击窗口左侧的 Zone Style... 按钮，在弹出的对话框中单击 Contour Plot Type（等值线绘图类型），选择 Both Lines & Flood（画线并填充），等值线图形中便有了轮廓线。用户可以调整轮廓线的线型、颜色和宽度等参数，以达到最佳的显示效果。生成的图形应如图 4-61 所示。

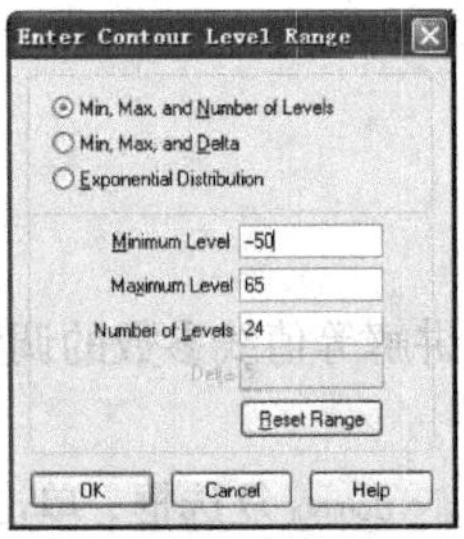

图 4-60 调整等值线密度

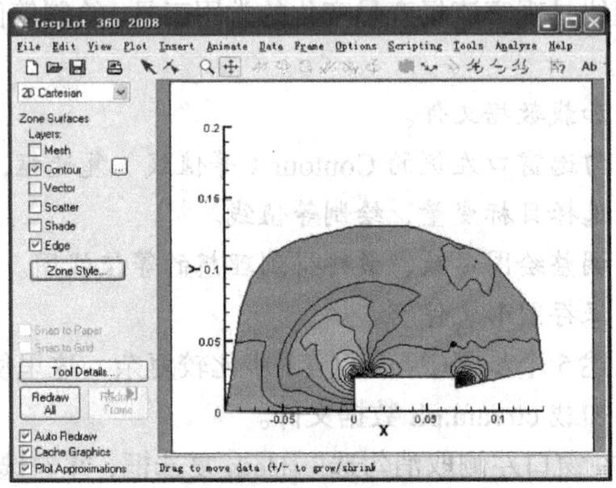

图 4-61 调整后的等值线及其轮廓线

⑤ 加上图例并在轮廓线上标值。在 Contour & Multi-Coloring Details 对话框中选择 Legend（图例）选项卡，如图 4-62 所示。

勾选 Show Contour Legend（显示等值线图例）复选框；设置 Alignment 为 Vertical（垂直对齐）；并且设置文本颜色（Color）、字体（Font）、尺寸（Size）和格式（Format）。通过 Legend Box（边框设置）决定是否为图例加边框，并确定边框的颜色（Box Color）、线型宽度（LineThickness）和间距（Margin）。调整后的窗口应如图 4-63 所示。

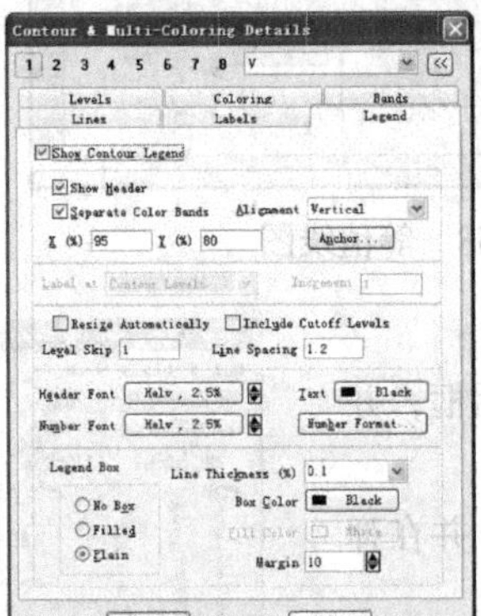

图 4-62 图例选项卡

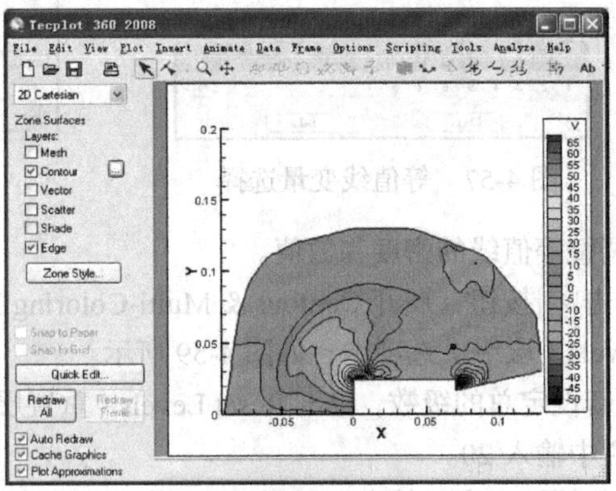

图 4-63 等值线及其图例

单击工具栏上按钮，然后在希望标注的地方单击即可得到当地流场变量的数值，从而完成对等值线的数字标注，如图 4-64 所示。

如果需要对标注方式进行修改，则在 Contour & Multi-Coloring Details 对话框中，选择 Labels（标注）选项卡，如图 4-65 所示。这个选项卡中除了有设置标注字体、格式、颜色的选项外，还有两个常用选项。一个是 Generate Automatic Labels（自动创建标注），勾选这个复选框，则等值线上将自动出现数值标注。另一个是 Align Next User-Positioned（与下一个用户位置对齐），勾选这个复选框，则等值线的标注将全部与等值线方向保持一致。如果取消勾选这个复选框，则数值标注将保持水平。最后一个要介绍的是 Clear All Contour Labels（清除所有等值线标注）按钮，单击这个按钮，并在弹出的消息框中单击 OK 按钮，则所有标注将被清除。

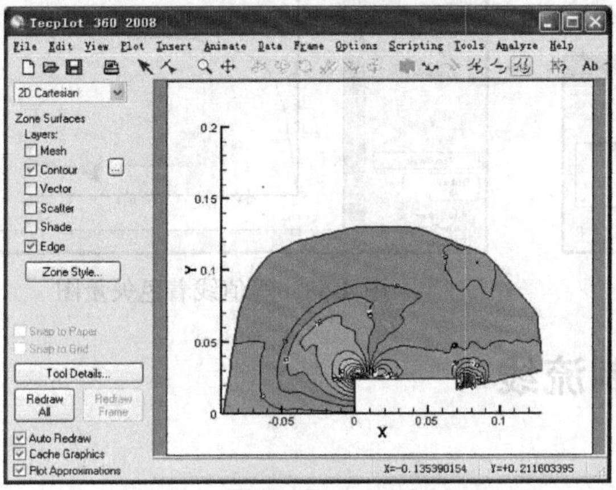

图 4-64　等值线及其数值标注

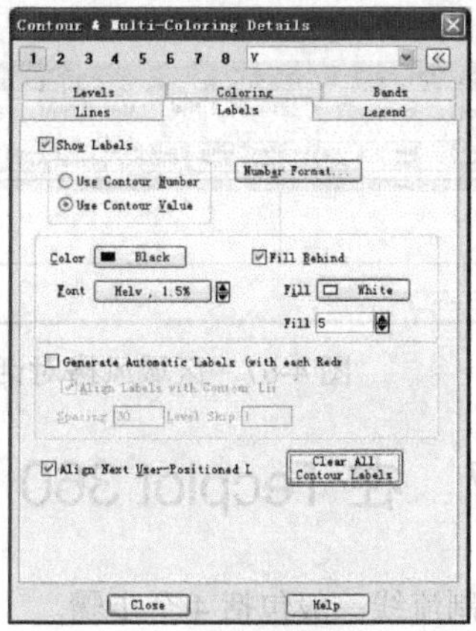

图 4-65　等值线标注选项卡

4.2.6　在 Tecplot 360 中绘制矢量图

矢量图用于表现速度和作用力等矢量的大小和方向。矢量图分为二维矢量和三维矢量，分别对应二维流场计算和三维流场计算。在读入数据文件后，单击界面中的 2D 或 3D 按钮，在按钮下方就可以发现 Vector（矢量）选项。选择 Vector（矢量）选项，则可以弹出 Select Variables（选择变量）对话框，如图 4-66 所示。图 4-66 为二维矢量情况下的对话框，在三维情况下则有 U、V、W 三个分量。在这个对话框中设定矢量分量所对应的数据。设置完毕后，单击 OK 按钮，则帧中将自动显示在默认设置下的矢量图。

需要注意的是，在选定矢量变量后，还可以修改矢量变量，方法为进行 Plot/Vector/Variables 操作。

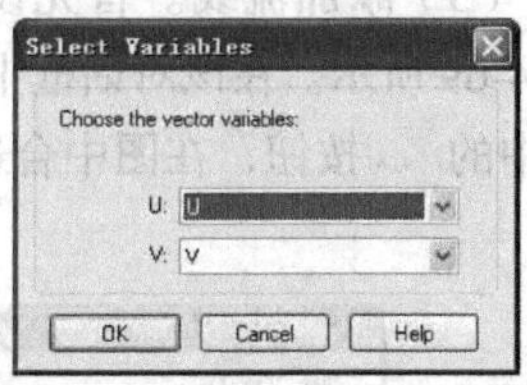

图 4-66　确定矢量分量对话框

矢量图的显示方式也是可以进行调整的。这里依然使用 Tecplot 360 自带的示例文件 cstream.plt 对调整方法进行说明。cstream.plt 文件位于 Tecplot 360 安装目录\examples\2D 目录下。使用 cstream.plt 文件完成载入过程。

下面对矢量图的属性设定进行介绍。

（1）在窗口取消勾选 Mesh（网格）复选框，并选择 Vector（矢量）选项，则原来绘图区中的网格消失，并弹出 Select Variables（选择变量）对话框。在 U 下拉列表中选择 U，V 下拉列表中选择 V，然后单击 OK 按钮完成分量设置。

（2）由于默认的矢量箭头颜色为红色，不能直观反映出速度的大小，因此下面设置新的矢量着色。单击 Mapping Style... 按钮，弹出 Zone Style（区域风格）对话框，如图 4-67 所示。在 Vector（矢量）选项卡中单击 Line Color（线颜色），在随即弹出的颜色选择窗口中选择 Multi Color（多色）或其他单色，并确定颜色将随哪个变量的值发生变化。最后设置矢量宽度为 0.3%，所得图形如图 4-68 所示。

（3）其他可以设置的参数包括矢量箭头的起点位置、长度、线型，箭头的形式（空心、实心或普通），是否激活矢量区，编辑矢量区的名称等。

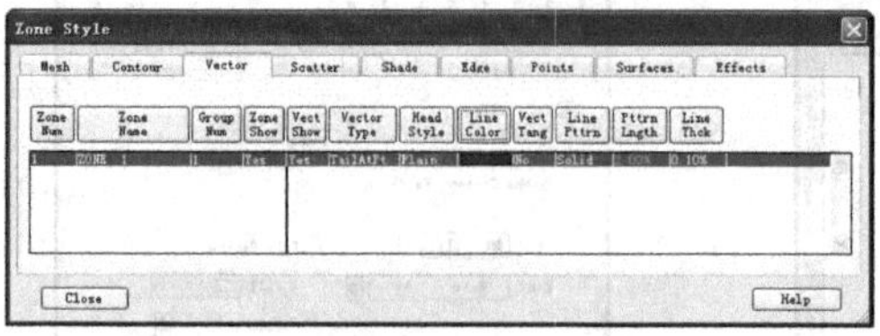

图 4-67　区域风格对话框

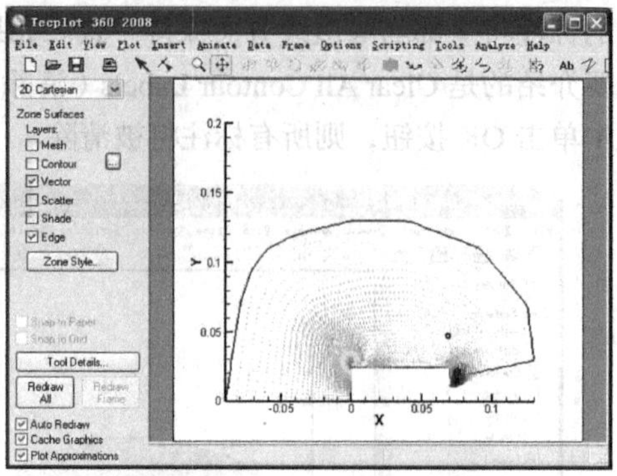

图 4-68　等值线着色矢量图

4.2.7　在 Tecplot 360 中绘制流线

绘制流线一般包括 4 个步骤。

（1）加载数据文件。

（2）选择 Streamtraces 选项，选择速度变量，激活流线图层。

（3）调整绘图参数，最终得到理想的流线图。

（4）保存图形文件。

这里仍然利用 Tecplot 自带文件 cstream.plt 进行详细的讲解。

（1）首先打开 ctream.plt 文件。

（2）取消勾选 Mesh 复选框☐Mesh，并勾选☑Streamtraces复选框，会弹出矢量变量对话框。在这个对话框中设定矢量分量所对应的数据。在 U 下拉列表中选择 U，V 下拉列表中选择 V，单击 OK 按钮完成分量设置。如果之前已经设置了 Vector（矢量）分量，则根据该矢量计算流线。

（3）添加流线。首先设定流线属性。单击☑Streamtraces后面的☐按钮，弹出流线细节设置对话框，如图 4-69 所示。在该对话框中可以设置空间点或者线，用于生成单根流线或者一组流线。然后单击工具栏中的按钮，在图中合适位置添加流线，如图 4-70 所示。

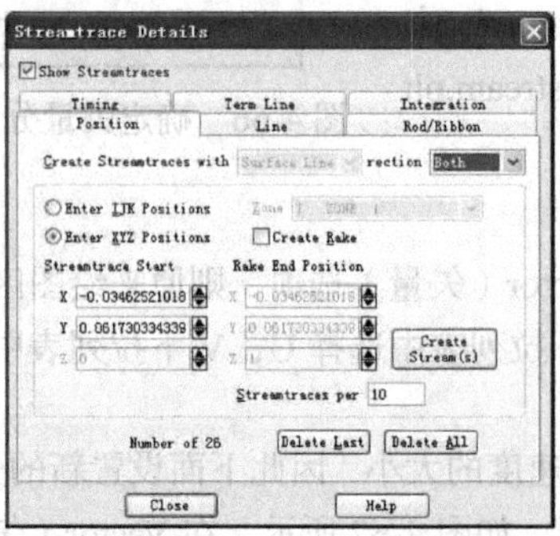

图 4-69　流线细节设置对话框

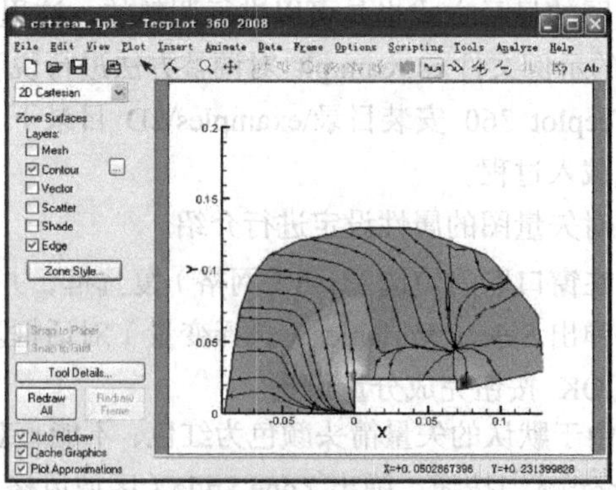

图 4-70　流线图

由于流线默认的箭头和线宽太小，因此要作进一步调整。单击☑Streamtraces后面的☐按钮，弹出流线细节设置对话框，选择 Line（线条）选项卡。设置 Line Thickness（线条宽度）为 0.2，Arrowhead Size（箭头大小）为 3%，Arrowhead Spacing（箭头间距）为 20%，如图 4-71 所示。这样调整后的流线如图 4-72 所示。

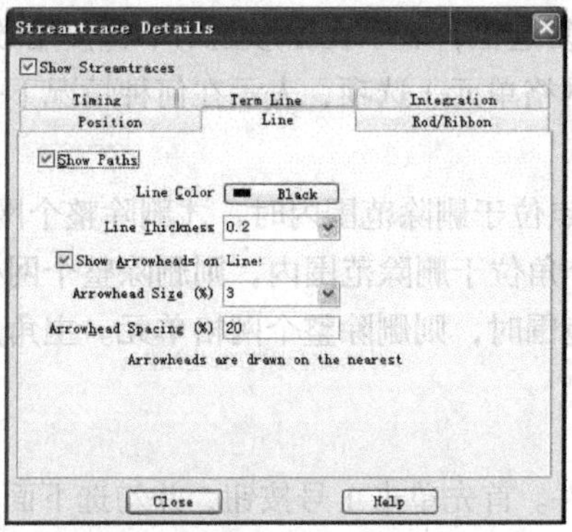

图 4-71　流线设置对话框

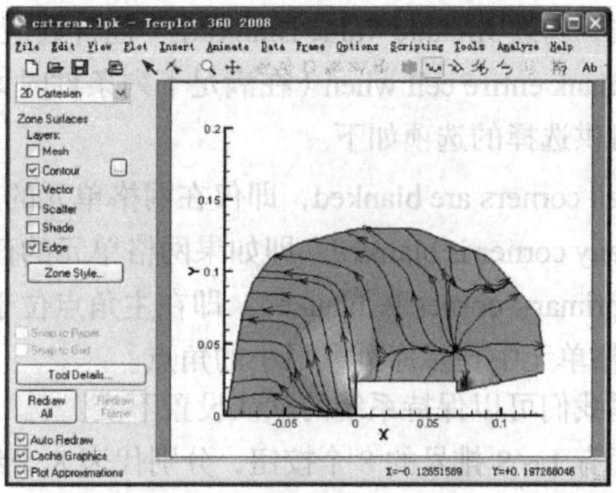

图 4-72　调整后的流线图

4.2.8　在 Tecplot 360 中绘制三维流场剖面图

三维流场图（矢量图、散点图和流线图等）的处理方法和二维数据的处理方法基本相同。Tecplot 360 中还有针对三维数据的特殊绘图格式，即剖面图。剖面图可以用来观察流场内部数据的变化，因此也是经常使用的后处理工具。剖面图分 3 种类型。

- 根据数值大小进行的剖切，称为数值剖切（Value-Blanking）。
- 根据有序数据在 *x*、*y*、*z* 方向上的序列号 IJK 的取值范围进行的剖切，称为 IJK 剖切（IJK-Blanking）。
- 根据图形到屏幕之间的距离进行的剖切，称为深度剖切（Depth-Blanking）。

这里以 Tecplot 360 提供的示例文件 fluid.plt 为例逐个进行讲解。示例文件 fluid.plt 位于 Tecplot 360 的安装目录\ examples\3D_Volume 目录中。

首先加载 fluid.plt 文件，然后取消勾选 Mesh（网格）复选框，并勾选 Contour（等值线）复选框，然后将 RHO-V 设为显示变量，结果如图 4-73 所示。

fluid.plt 文件加载完成之后，分别用数值、IJK 和深度剖切方法绘制流场截面。

1. 数值剖切（Value-Blanking）

数值剖切将剖切范围与某个变量相联系，根据变量的变化范围确定剖切区域。数值剖切的设置是在 Value-Blanking（数值剖切）对话框中进行的。进行 Plot/Blanking/Value Blanking 操作即可弹出这个对话框，如图 4-74 所示。

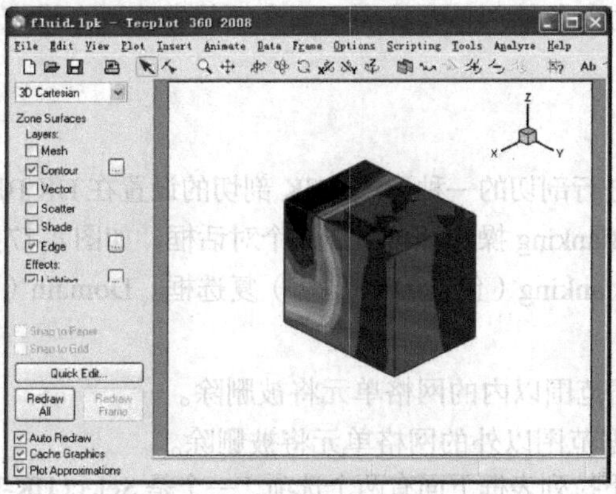

图 4-73　fluid.plt 文件的剖面图

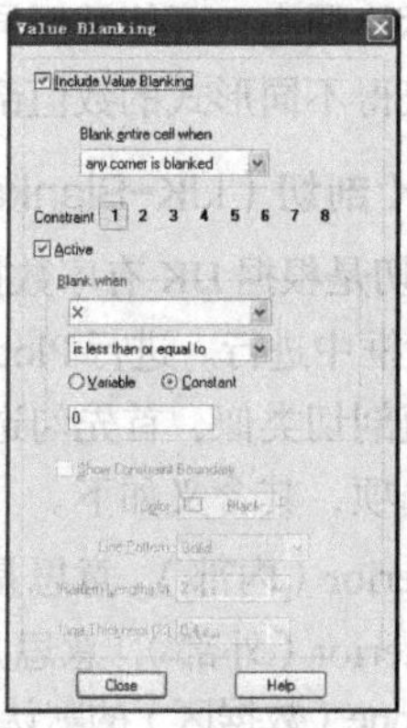

图 4-74　Value Blanking（数值剖切）对话框

首先，勾选 Include Value Blanking（包含数值剖切）复选框，表示在图形显示中将使用数值剖切。下面的 Blank entire cell when（在满足下列条件时即去除网格单元）选项，表示在何种情况下去除整个单元。可供选择的选项如下。

- all corners are blanked，即仅在网格单元的所有角点位于删除范围内时，才删除整个网格单元。
- any corner is blanked，即如果网格单元的任意一个角位于删除范围内，则删除整个网格单元。
- primary corner is blanked，即在主角点位于删除范围时，则删除整个网格单元。主角点是指网格单元中指标序列号最小的角点。

这里我们可以保持系统的默认设置不变。

下面有 1～8 排号的 8 个按钮，分别代表 8 个约束条件。首先单击 1 号按钮，并勾选下面的 Active（激活）复选框。然后在 Blank when（删除条件）下拉列表框中设置删除条件。

删除条件的第一个下拉列表框用于设置变量，其中列出了所有可供选择的变量名。这里保持系统的默认设置，以 X 为控制变量。

第二个下拉列表框用于设置条件列表，其中包括 is less than or equal to（小于等于）和 is greater than or equal to（大于等于）。这里选择 is greater than or equal to（大于等于）。

删除条件下拉列表框下面有两个选项，一个是 Variable（变量），另一个是 Constant （常数）。如果选择 Variable（变量），则下面的文本框变为变量列表。这里选择 Y，则整个删除条件的含义为，当 X≤Y 时，删除整个网格单元。结果如图 4-75 所示。

如果选择 Constant（常数），则在下面的文本框中输入一个常数，比如 5，则整个删除条件的含义为，当 X≤5 时，删除整个网格单元，如图 4-76 所示。

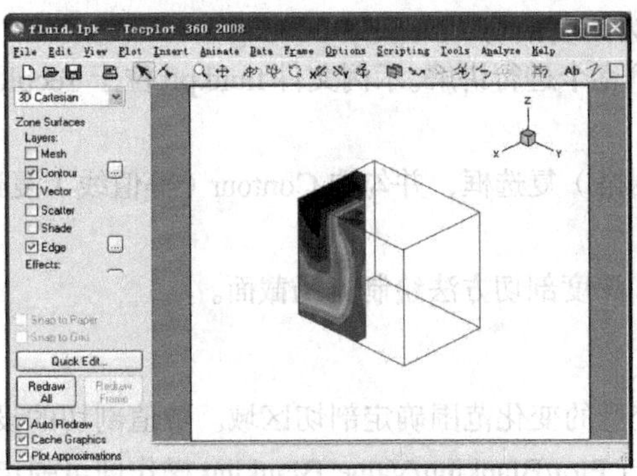

图 4-75　X>Y 时的效果

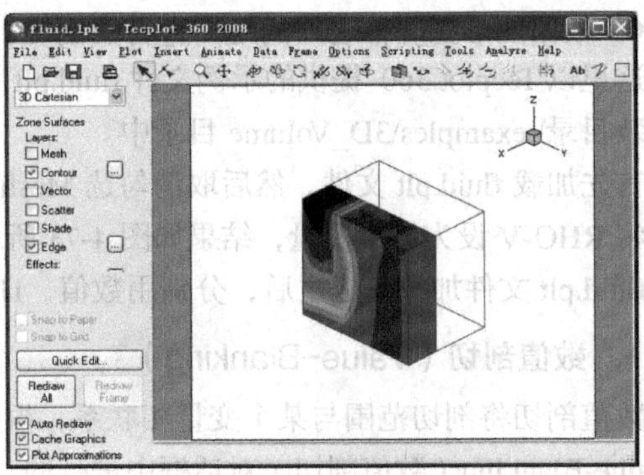

图 4-76　X>5 时的效果

在实际绘图中，可能需要同时采用多个约束条件。只要按照上面介绍的方法逐个设定这些约束条件，即可获得不同形式的数值剖切剖面图。

2. IJK 剖切（IJK-Blanking）

IJK 剖切是根据 IJK 有序数据的序号范围进行剖切的一种形式。IJK 剖切的设置在 IJK Blanking（IJK 剖切）对话框中进行。进行 Plot/Blanking/IJK Blanking 操作即可弹出这个对话框，如图 4-77 所示。

与数值剖切类似，首先勾选 Include IJK Blanking（包含 IJK 剖切）复选框。Domain（域）选项组中有两个选项，其含义如下。

- Interior（内部），意思是在下面的数据范围以内的网格单元将被删除。
- Exterior（外部），意思是在下面的数据范围以外的网格单元将被删除。

保持 Zone（数据区）的默认设置不变。该下拉列表框下面有两个选项，一个是 Select IJK-Ranges using Index Value，即根据有序数据的序号范围执行删除操作；另一个是 Select IJK-Ranges using % of Max，即根据数据最大值的百分比范围执行删除操作。这里选择第一项，即根据数据的序号范围执行删除操作。

在最下面的数据范围文本框中有 3 行数据，分别对应于 I、J 和 K 三个方向的序号范围。这里设置 I 为 20%～100%，J 为 20%～100%，K 为 20%～100%，结果显示如图 4-78 所示。

3. 深度剖切（Depth-Blanking）

深度剖切是以屏幕所在平面为基准，以图形距离屏幕的距离为控制参数进行的剖切。深度剖切在 Depth Blanking（深度剖切）对话框中进行设置。进行 Plot/Blanking/Depth Blanking 操作即可弹出这个对话框，如图 4-79 所示。

这个对话框中有两个数值框。

- 第一个为 Blank from Front（从前面剖切）。
- 第二个为 Blank from Back（从后面剖切）。

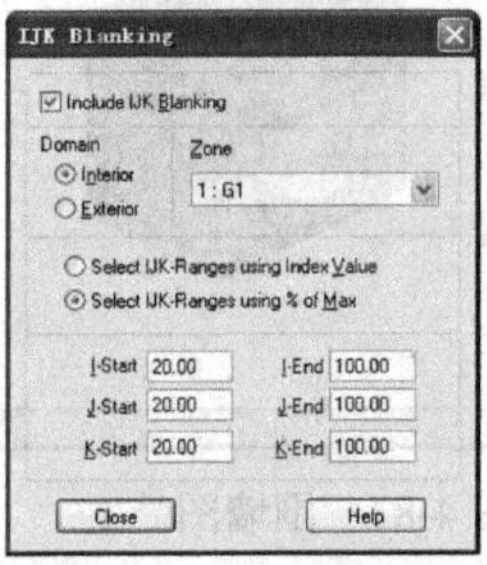

图 4-77　IJK 剖切对话框

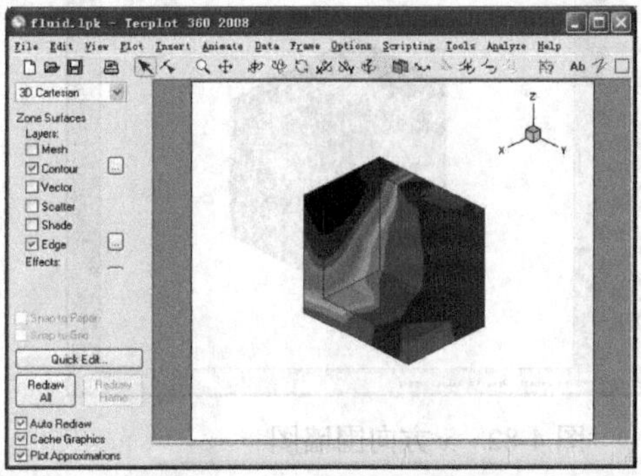

图 4-78　IJK 剖切的效果

在第一个数值框中输入距离 50，则显示结果如图 4-80 所示。

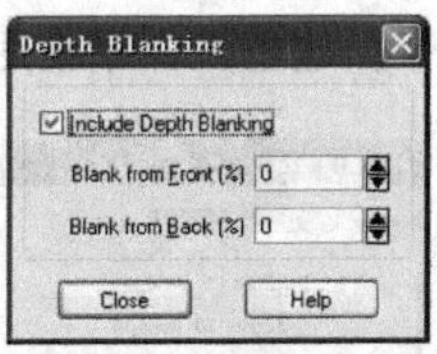

图 4-79　深度剖切对话框

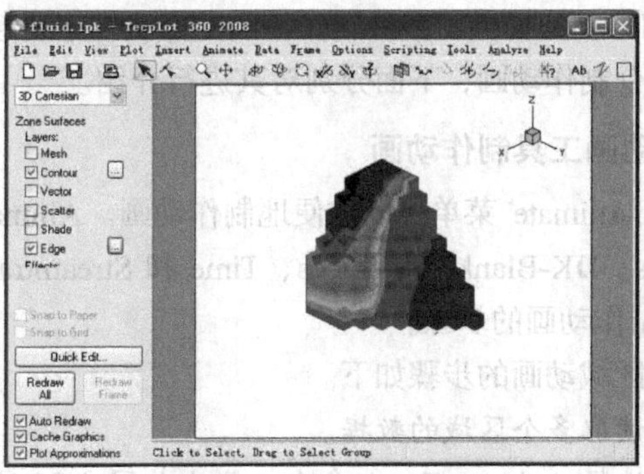

图 4-80　深度剖切的结果

4. 围墙图

最后介绍的这种绘图方式，通常被称为围墙图。之所以称其为围墙图，是因为它的形状类似于用围墙把平面分割成的许多小格子。围墙图的特别之处在于首先要绘出底面数据，然后绘出垂直于底面的数据作为围墙。使用这种处理方式可以通过切片方式观察流场内变量的变化。其绘制方法如下。

（1）单击窗口中的 Zone Style... （区域风格）按钮。

（2）在弹出的对话框中单击 Surfaces（表面）标签，如图 4-81 所示。

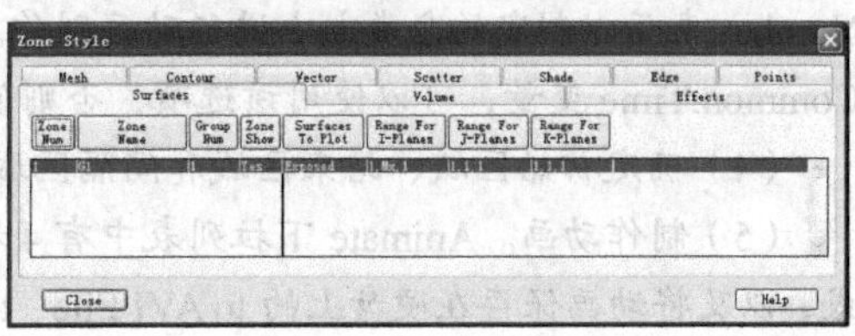

图 4-81　Surfaces 选项卡

（3）在 Surfaces To Plot（绘制表面）下选择 I- & J-

& K-planes（I、J、K 平面），效果如图 4-82 所示。

可以看到只有沿 x 方向有了围墙。为了在 y 和 z 方向也产生围墙，需要设置其范围为最大。在 Range For I-Planes（I 平面范围），Range For J-Planes（J 平面范围）和 Range For k-Planes（K 平面范围）中分别设置如下数值。

I：Begin（起始）：1；End（终止）：mx；Skip（跳过）：mx。

J：Begin（起始）：1；End（终止）：mx；Skip（跳过）：5。

K：Begin（起始）：1；End（终止）：mx；Skip（跳过）：6。

生成的图形如图 4-83 所示。

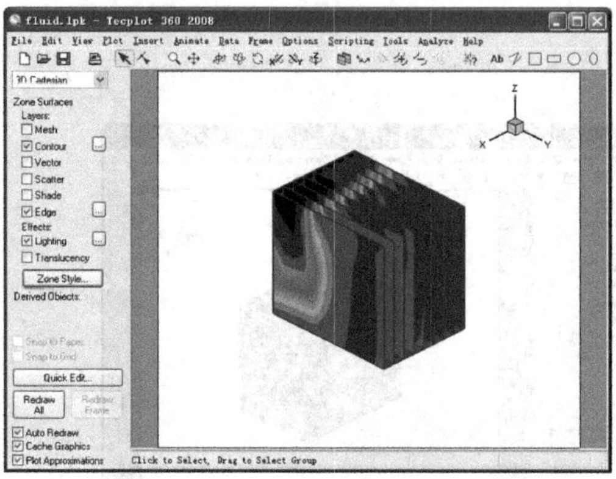

图 4-82　x 方向围墙图

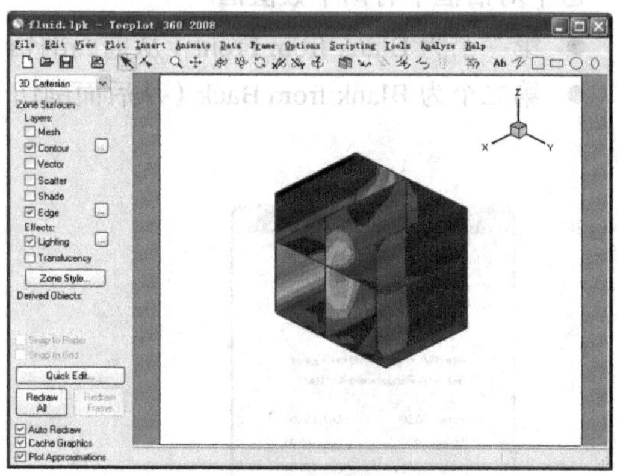

图 4-83　围墙图

4.2.9　在 Tecplot 360 中制作动画

Tecplot 360 提供了多种制作动画的方法。主要包括 3 种方法，即动画工具制作动画、手动制作动画和宏命令制作动画，下面分别对其进行介绍。

1. 动画工具制作动画

利用 Animate 菜单可以方便地制作动画。Animate 菜单包含了 Zones、Mappings、Iso-Surfaces、IJK-Planes、IJK-Blanking、Slices、Time 和 Streamtraces 8 个动画制作命令，这里只介绍常用的 Zones 和 Time 制作动画的步骤。

制作区域动画的步骤如下。

（1）读取多个区域的数据。

（2）选择 Animate/Zones 命令，弹出如图 4-84 所示的区域动画对话框。

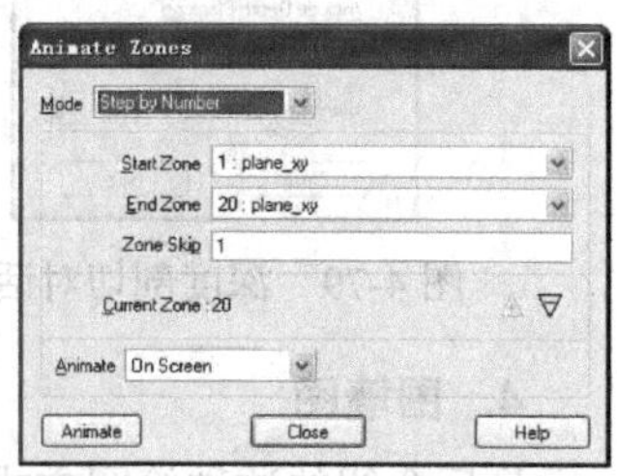

图 4-84　区域动画对话框

（3）选择动画制作模式。Mode 下拉列表中包含 Step by Number、Group by Number 和 Step by Time 三种模式。Step by Number 是默认模式，表示制作动画从第一个区域开始，到最后一个区域结束。Group by Number 表示以制定的分类大小进行动画制作。Step by Time 是 Legacy Option，如果辅助数据中包含 Common.Time 变量，可以使用该选项，否则使用 Time Animation。

（4）确定初始区域、结束区域和间隔区域数目。

（5）制作动画。Animate 下拉列表中有 4 种动画形式，包括直接在屏幕上显示动画的 On Screen 形式，以及将动画保存在硬盘上的 to AVI File、to RM File 和 to Flash File 形式。设置完成后单击 Animate 按钮即可。

以 Tecplot 360 提供的示例文件 VortexShedding.lpk 为例讲解时间动画的制作方法。具体步骤如下。

（1）加载 VortexShedding.lpk 文件。示例文件 VortexShedding.lpk 位于 Tecplot 360 的安装目录\examples\2D 目录中，加载该文件后的结果如图 4-85 所示。

（2）单击窗口左侧的▶按钮即可获得动画。

另一种制作动画的方法是，选择 Animate 菜单中的 Time 命令，弹出如图 4-86 所示的对话框。设定初始时间、结束时间和时间步，然后单击▶按钮即可显示动画。

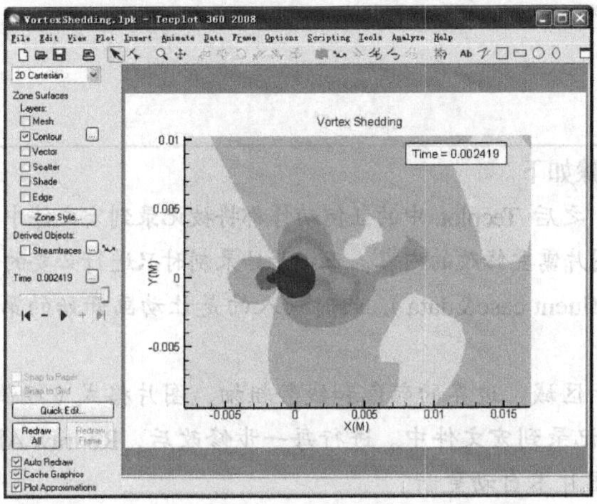

图 4-85　VortexShedding.lpk 文件等高线图

图 4-86　时间信息对话框

2. 手动制作动画

手动制作动画的步骤如下。

（1）将首张图片以影片格式输出，比如 AVI、Flash 或者 Raster Metafile。选择 File/Export 命令，弹出输出文件对话框，如图 4-87 所示。这里选择 AVI 格式。单击 OK 按钮，弹出记录动画文件对话框，如图 4-88 所示。

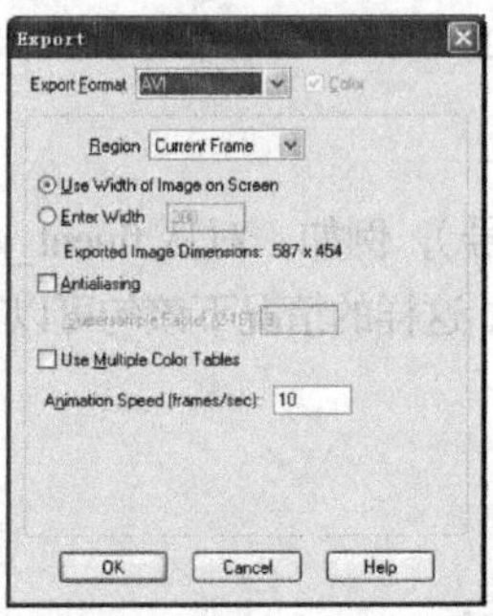

图 4-87　输出文件对话框

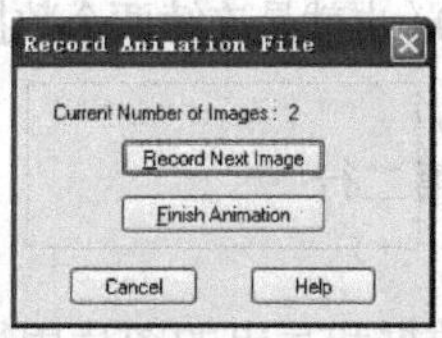

图 4-88　记录动画文件对话框

（2）重复画图完成之后，单击 Record Next Image 按钮，将新的图片附加到相同的动画文件中。

（3）在输出最后一张图片后，单击 Finish Animation 按钮即可完成动画制作。

3. 宏命令制作动画

Tecplot 360 的宏命令增强了动画制作的能力，允许用户进行几乎任何操作，比如用户可以利用循环命令重复旋转 3D 对象或者循环激活画图区域等。

一种典型的制作动画的宏命令文件如下。

```
#!MC 1100
... optional commands to set up the first image
$!EXPORTSETUP EXPORTFORMAT = AVI
$!EXPORTSETUP EXPORTFNAME = "mymovie.avi"
$!EXPORTSTART
EXPORTREGION = CURRENTFRAME
$!LOOP 50
... commands to set up next image
$!REDRAWALL
$!EXPORTNEXTFRAME
$!ENDLOOP $!EXPORTFINIS
```

将 FLUENT 数据制作成动画的具体步骤如下。

（1）创建宏，这样宏就开始录制过程了。之后 Tecplot 中的任何动作都将被记录到宏文件中。为了节约正式动画制作的时间，最好事先摸索好初始图片需要修改的内容，正式开始录制时只进行必要的修改动作。

（2）读入一个 case&data 数据（import/fluent case&data），此时读入的是让动画开始的第一个文件，也是动画的第一帧。

（3）对图片进行修改，包括坐标、显示区域、边界的颜色和线条粗细、图片格式（经试验 bmp 格式质量最高，图片也最大），这些修改将都记录到宏文件中。进行每一步修改后，Redraw All 才能显示图片变化，这可能是由于宏在进行记录，图片不自动更新。

（4）输出图片（Export/bmp），修改图片的宽度（Enter Width:3 000），图片宽度越大，图片的像素越高，制作出来的图片也越大。

（5）至此，宏文件制作完毕。这样的宏文件的功能是制作一张自己需要的图片。

（6）为了让 Tecplot 能够批量处理 FLUENT 数据，需要对宏文件进行修改，加入循环语句。（对比制作好的宏和 fluent_jet.mcr 宏进行修改。）

增加语句如下。

- $!VarSet |NumLoop| = 100。

##（插入到第三句的位置）：此句中的 100 为制作该动画所需的图片的个数。

```
$!Loop |NumLoop|
$!Varset |num| = ( |Loop| * 10+1)
```

##标准格式为（|Loop| *文件存储步长+开始时刻文件标号），例如，对从 fluent_jet-1.dat 开始的数据做动画，存储步长为 10（也就是连续两个数据的时间间隔为 10），这样的情况下该句可以写为（|Loop| * 10 +1）。

- $!EndLoop。

##插入到倒数第二行

修改语句如下。

将读取的 dat 数据和写出的图片用循环标号|num|来表示。

- D:\ fluent\fluent_jet-|num|.dat。
- D:\ fluent\fluent_jet-|num|.bmp。

（7）采用宏文件进行图片的制作，然后用软件 GIF Movie Gear 将一系列图片制作成动画。

附 fluent_jet.mcr 文件

```
#!MC 1120
$!VarSet |MFBD| = 'D:\fluent'
$!VarSet |NumLoop| = 100                ##循环次数为100
$!Loop |NumLoop|                        ##循环命令
$!Varset |num| = ( |Loop| * 10+1)       ##定义|num|变量
```

```
$!READDATASET '"STANDARDSYNTAX" "1.0" "LoadOption" "CaseAndData" "FILENAME_CaseFile" "D:\fluent\fluent_jet-1.cas" "FILENAME_DataFile" "D:\ fluent\fluent_jet-|num|.dat" "GridZones" "CellsAndBoundaries" "IncludeParticleData" "No" "AllPolyZones" "No" "Average ToNodes" "No"'
  ##修改读入数据文件名 D:\ fluent\fluent_jet-|num|.dat
  DATASETREADER = 'Fluent Data Loader'
  $!FIELDLAYERS SHOWMESH = NO
  $!GLOBALCONTOUR 1  VAR = 4
  $!CONTOURLEVELS RESETTONICE
    CONTOURGROUP = 1
    APPROXNUMVALUES = 15
  $!FIELDLAYERS SHOWCONTOUR = YES
  $!FIELDLAYERS SHOWEDGE = NO
  $!REDRAWALL
  $!EXPORTSETUP EXPORTFORMAT = BMP
  $!EXPORTSETUP IMAGEWIDTH = 3000
  $!EXPORTSETUP EXPORTFNAME = ' fluent_jet-|num|.bmp'
  ##修改输出图片名称
  $!EXPORT
    EXPORTREGION = CURRENTFRAME
  $!EndLoop          ##循环结束
  $!RemoveVar |MFBD|
```

4.2.10 在 Tecplot 360 中分析 CFD 数据

Tecplot 360 集成了 CFD Analyser 功能。该功能可以方便地处理 CFD 数据，主要计算内容如下。

- 函数计算。包括网格质量函数（如偏斜因子）和流动变量函数（如涡量）。
- 积分运算。不管是直接输入的数据还是计算获得的数据，都可以进行积分运算。
- 湍流变量计算。
- 颗粒路径和脉线计算。
- Richardson 外推法计算误差。
- 流动特征提取，包括涡核、分离和再附着线以及激波表面。

1. 定义流体特性

流动的性质（如粘性）可以在 Fluid Properties（流体性质）对话框（见图 4-89）中进行设置。选择 Analyze/Fluid Properties 命令即可弹出该对话框。在该对话框中输入的数值必须是无量纲数，并且要与已有的数据吻合。

某些流动参数的计算往往需要参考值，比如在计算压力系数的过程中需要自由来流的宏观平均速度。这些参考值需要在如图 4-90 所示的参考值对话框中设置。

- 来流速度设置。参考值对话框左边的两个下拉列表框用于设置来流速度。
- 压力/密度设置。第三个下拉列表框中既可以设置压力，又可以设置密度。对于不可压缩流动而言，必须设置压力，因为密度已经在流体性质对话框中设置了。
- 温度/声速设置。最后一个下拉列表框中用于设置温度和声速。对于不可压缩流动而言，必须设置温度。

2. 场变量

如果要计算压力，则必须定义其他两个热力学变量，即温度和体现。场变量在如图 4-91 所示的场变量对话框中进行设置。在对话框的顶部设置对流变量，其既可以是速度，也可以是动量。对话框的下部包含两个下拉列表框，用于设置热力学变量。

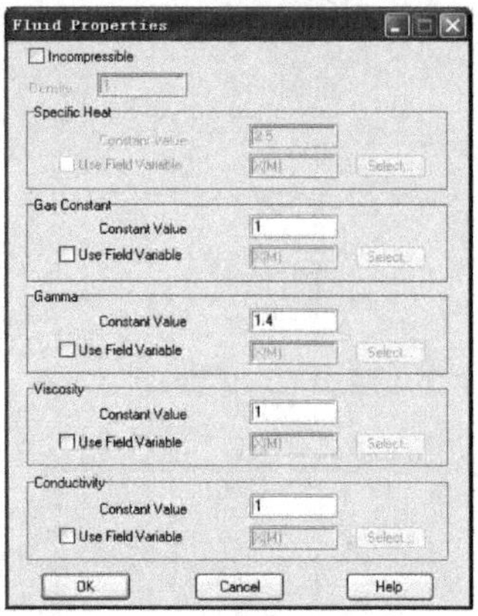

图 4-89　流体性质对话框

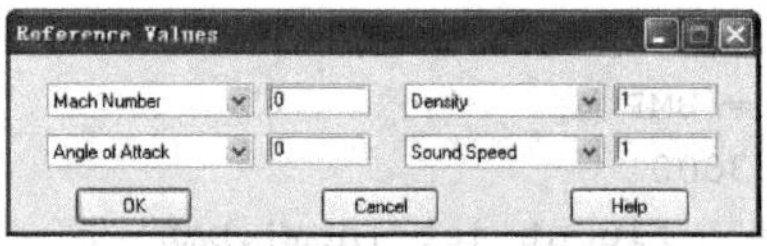

图 4-90　参考值对话框

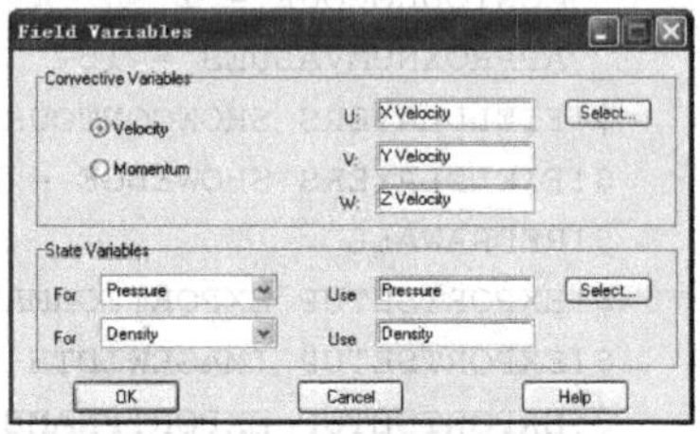

图 4-91　场变量对话框

3. 非稳态流动设置

Tecplot 360 能够执行粒子路径和脉线计算。要启用此功能，必须知道每个区域对应的时间信息。这个时间信息可以在非稳态流动选项对话框中设置，如图 4-92 所示。具体步骤如下。

（1）选择 Analyze/Unsteady Flow Options 命令，弹出非稳态流动选项对话框。该对话框允许用户定义指定流动是稳态的、显示非稳态流动时间序列以及输入新的时刻点。

（2）为了更快捷地输入时间序列，可以单击图 4-92 中的 Group Zones by Time Step 按钮，在弹出的对话框中，设置起始区域、结束区域、起始时间和时间步长等，如图 4-93 所示。

4. 流动特征提取

Tecplot 360 能够显示三维流动过程中重要的特征，以使得分析流动数据更加容易。对于跨音速流动，可以显示激波面。对于所有的流动，包括不可压缩流动，可以显示涡核以及分离和再附着线。具体操作步骤如下。

（1）选择 Analyze/Extract Flow Features 命令，弹出流动特性提取对话框，如图 4-94 所示。

（2）在特征下拉列表中选择需要的特征量，然后单击 Extract 按钮，即可提取流动特征。

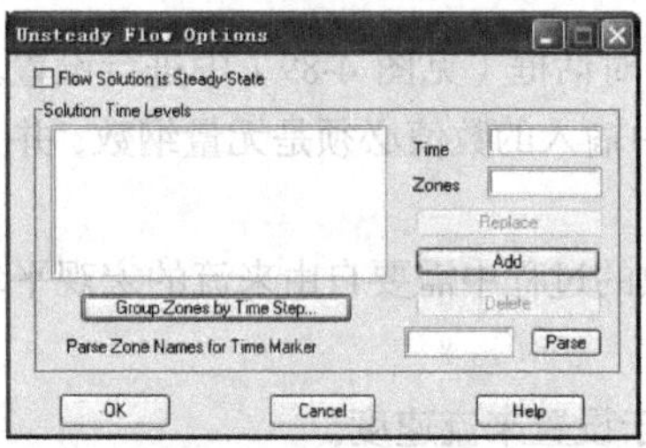

图 4-92　非稳态流动选项对话框

图 4-93　时间步长对话框

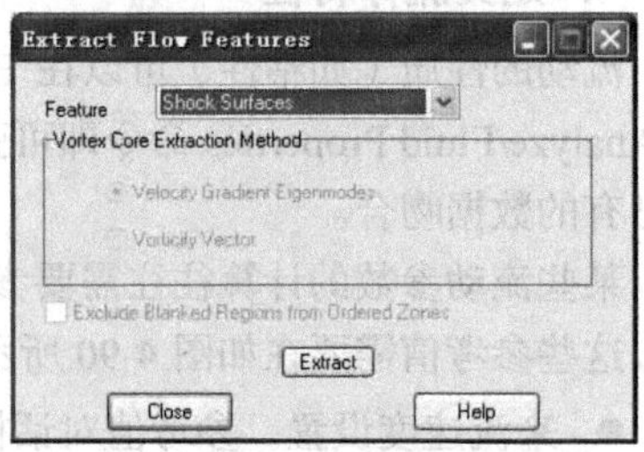

图 4-94　流动特性提取对话框

第5章

网格划分案例

本书在第2章详细地介绍了CFD前处理器（网格划分）的两大软件（GAMBIT和ICEM CFD 12.1）的功能和基本用法。本章将结合具体的实例，对实体模型进行网格划分，演示利用这两款软件实现对实体几何进行建模以及划分网格的过程。通过本章的学习，用户将学会利用GAMBIT和ICEM CFD两大软件对具体的几何模型进行实体建模，并划分出适合CFD处理器的网格。本章内容分为两个部分，第一部分是利用GAMBIT划分网格的实例介绍，第二部分是利用ICEM CFD划分网格的实例介绍。

第一部分：利用GAMBIT划分网格

本节的主要目的是学习利用GAMBIT软件进行实体建模及网格划分，并为后续的CFD求解提供可靠的网格文件。通过本节的学习，用户将能达到如下学习目标。

- 打开GAMBIT软件。
- 利用GAMBIT软件依次创建点、线、面和体。
- 利用已存在的几何实体（如点等），通过复制和移动等操作，创建相应的几何实体。
- 对建立好的实体进行网格划分。
- 创建实体几何边界条件。
- 对实体几何划分好的网格进行质量检查。
- 输出适合FLUENT求解器的网格文件。

5.1 网格实例一：二维圆筒燃烧器网格划分

本例将对一个圆筒燃烧器进行实体几何建模，并划分网格。由于圆筒的轴对称性，可将圆筒简化为一个二维面。通过本节的学习，用户将能达到如下学习目标。

- 利用 GAMBIT 软件依次创建点、线和面。
- 对建立好的实体进行网格划分。
- 创建实体几何边界条件。
- 输出适合 FLUENT 求解器的二维网格文件。

5.1.1 创建几何实体

选择 Solver/Fluent 5/6 命令，设置 GAMBIT 输出网格求解器为 FLUENT，以下是本例实体几何和网格的具体创建过程。

1. 创建点

在主控界面右半部分的操作工具面板中，单击 → → ，得到如图 5-1 所示的创建点的设置面板。

（1）保持默认设置不变，直接单击 Apply 按钮，即可在左边视图窗中创建坐标点 A（0，0，0）。

（2）在 Global 下面对应的 x 文本框中输入 1500，保持其他设置不变，直接单击 Apply 按钮，即可在左边视图窗中创建坐标点 B（1500，0，0）。

（3）重复操作步骤（2），依次创建 C（10，0，0），D（10，6，0），E（0，6，0），F（0，225，0）和 G（1500，225，0）5 个点，如图 5-2 所示。

（4）单击 Close 按钮，关闭对话框。

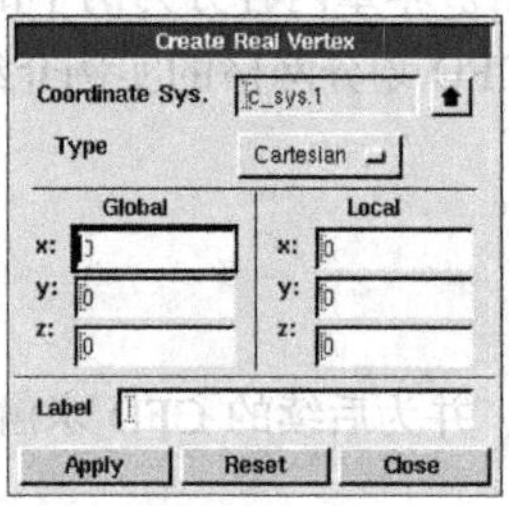

图 5-1　创建点设置面板

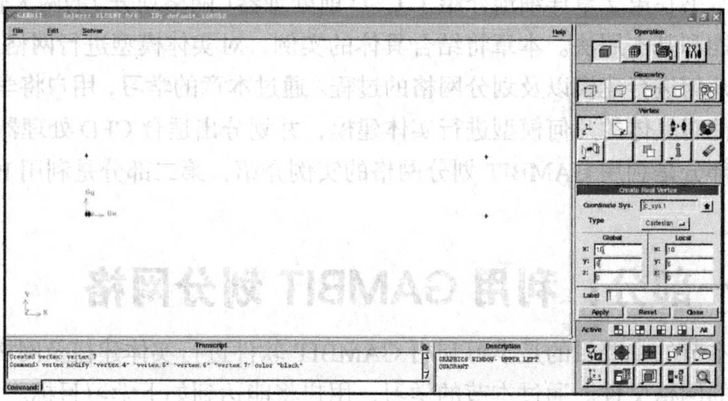

图 5-2　创建实点

2. 创建线

在主控界面右半部分的操作工具面板中单击 → → ，得到如图 5-3 所示的由点创建直线的创建线（Create Straight Edge）的设置面板

（1）激活 Vertices 右边的文本框。

（2）按住 Shift 键的同时单击 A、E、F、G 和 B 五个点，单击 Apply 按钮完成创建直线的操作。

（3）按住 Shift 键的同时单击 C、D 和 E 三个点，单击 Apply 按钮完成创建直线的操作。

（4）单击 Close 按钮完成操作，创建的直线如图 5-4 所示。

3. 创建面

在主控界面右半部分的操作工具面板中单击 → → ，得到如图 5-5 所示的由组成边线创建面（Create Faces from Wireframe）的设置面板。

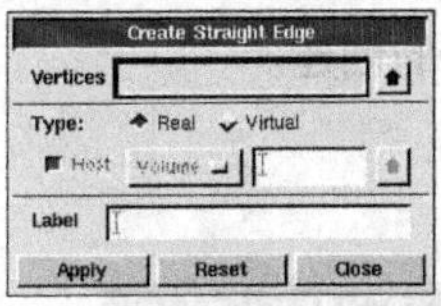

图 5-3　由点创建直线设置面板

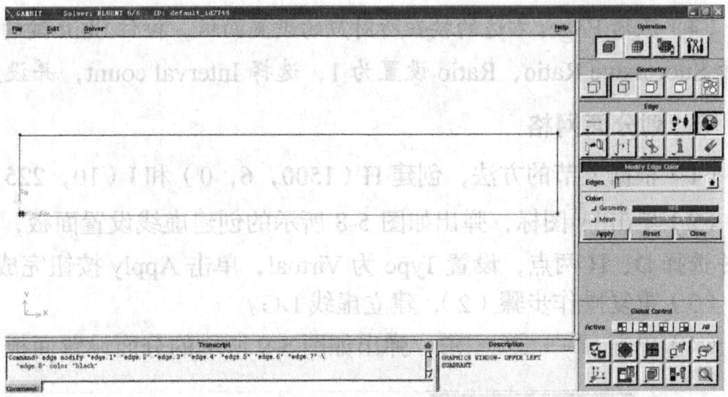

图 5-4　由点创建直线

（1）激活 Edges 右边的文本框。

（2）保持其他默认设置不变。

（3）按住 Shift 键的同时单击 CB、BG、GF、FE、ED 和 DC 六条直线，单击 Apply 按钮完成创建第一个面的操作。

（4）按住 Shift 键的同时单击 AC、CD、DE 和 EA 四条直线，单击 Apply 按钮完成创建第 2 个面的操作。

（5）单击 Close 按钮完成操作，如图 5-6 所示，即可看见所有的线条变成浅蓝色。

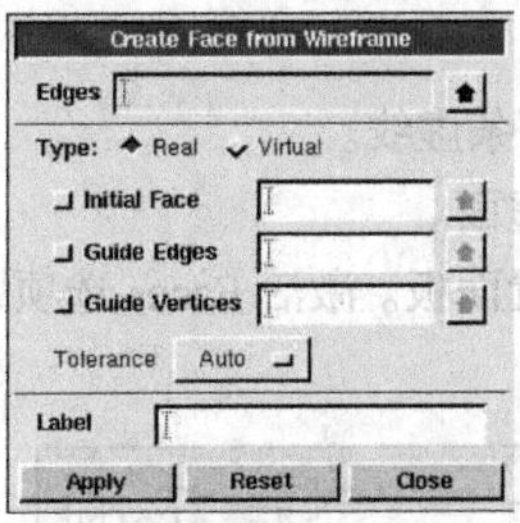

图 5-5　创建面设置面板

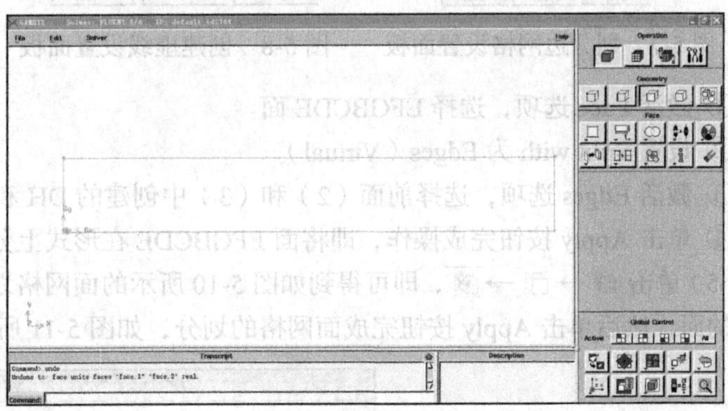

图 5-6　创建的面元

5.1.2　对实体进行网格划分

1. 划分边网格

单击  →  → ，即可得到如图 5-7 所示的 Mesh Edges 设置面板。在面板进行如下操作。

（1）激活 Edges 右边的按钮所对应的设置面板，按住 Shift 键的同时选择 AE 直线。网格类型（Type）选择 Successive Ratio，Ratio 设置为 1，选择 Interval size，并设置 Spacing 为 0.005。

（2）激活 Edges 右边的按钮所对应的设置面板，按住 Shift 键的同时选择 CB 直线。网格类型（Type）选择 Exppnent，Ratio 设置为 0.38，单击 Interval size 在弹出菜单中选择 interval count 选择 Interval count，并设置 Spacing 为 5。

（3）激活 Edges 右边的按钮所对应的设置面板，按住 Shift 键的同时选择 AC 直线。网格类型（Type）选择 Successive Ratio，Ratio 设置为 1，选择 Interval count，并设置 Spacing 为 4（喷嘴壁面设置边为 3 个网格）。

（4）激活 Edges 右边的按钮所对应的设置面板，按住 Shift 键的同时选择 BG 直线。网格类型（Type）选择 Successive Ratio，Ratio 设置为 1，选择 Interval count，并设置 Spacing 为 35。

2. 划分面网格

（1）根据上节的方法，创建 H（1500，6，0）和 I（10，225，0）两点。

（2）单击图标，弹出如图 5-8 所示的创建虚线设置面板，激活 Vertices 的按钮所对应的设置面板并选择 D、H 两点，设置 Type 为 Virtual，单击 Apply 按钮完成虚线 DH 的创建。

（3）重复操作步骤（2），建立虚线 DG。

（4）单击→→，弹出如图 5-9 所示的分面设置面板。

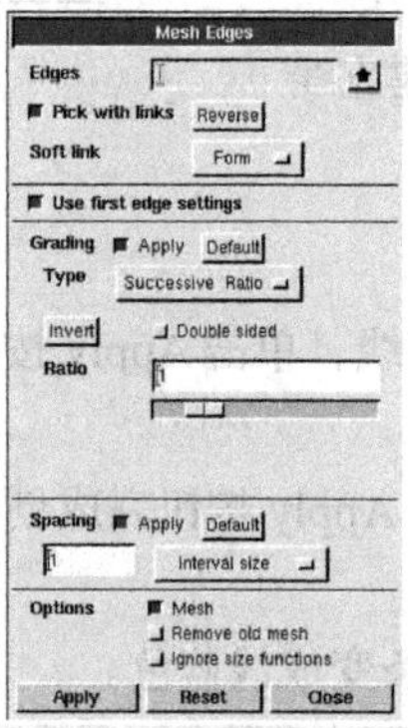

图 5-7　划分边网格设置面板

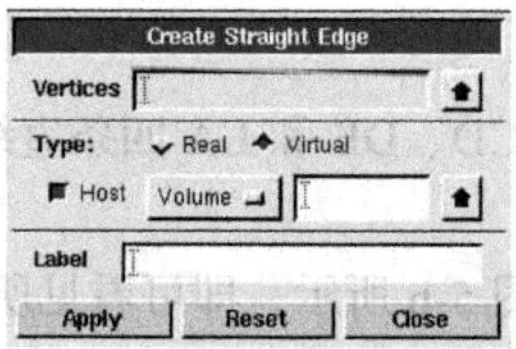

图 5-8　创建虚线设置面板

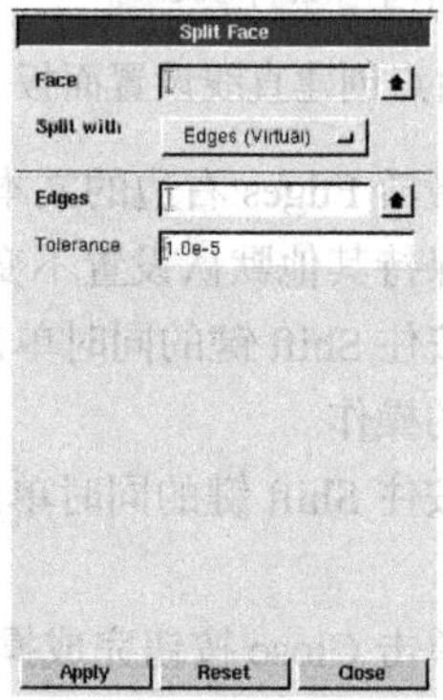

图 5-9　分面设置面板

① 激活 Face 选项，选择 EFGBCDE 面。

② 设置 Split with 为 Edges（Virtual）。

③ 激活 Edges 选项，选择前面（2）和（3）中创建的 DH 和 DG 两条虚线。

④ 单击 Apply 按钮完成操作，即将面 EFGBCDE 在形式上分开为虚面。

（5）单击→→，即可得到如图 5-10 所示的面网格划分设置面板。激活 Faces 选项，选择所有的面，然后单击 Apply 按钮完成面网格的划分，如图 5-11 所示。

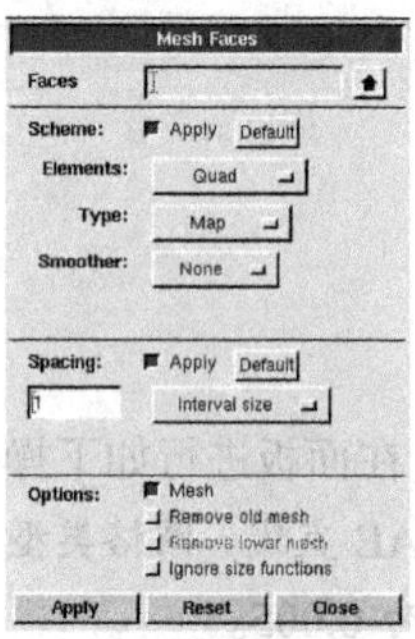

图 5-10　面网格划分设置面板

图 5-11　划分好的网格

5.1.3　创建边界条件并输出网格

1. 创建边界条件

输出网格文件之前，应先设置几何实体的边界条件，单击→，弹出如图 5-12 所示的创建边界条件设置面板。

① 在 Action 选项组中选择 Add 选项，表示添加边界（用户可参见第 2 章关于边界的具体用法）。

② 激活 Name 选项，输入 fuelinlet。

③ 设置 Type 为 Velocity-inlet。

④ 激活 Edges 选项，选择 AE 边。

⑤ 单击 Apply 按钮完成燃料进口边界条件的设置。

⑥ 同理，完成其他边界的设置，对称轴 AC 和 CB（Axis），空气进口 EF（Velocity-inlet），燃烧器出口（Pressure-out），其他（WALL）。

2. 输出网格

（1）进行 File/Save 操作，输入文件名 gascombust，单击 Accept 按钮保存文件。

（2）进行 File/export/mesh 操作，弹出如图 5-13 所示的输出网格对话框，在输入网格的名字（gascombust.msh）之后，单击 Apply 按钮，即可完成对网格的输出。这里值得注意的是，应选择 Export 2-D (X-Y)mesh，以保证 GAMBIT 输出 *xy* 平面上的二维网格。

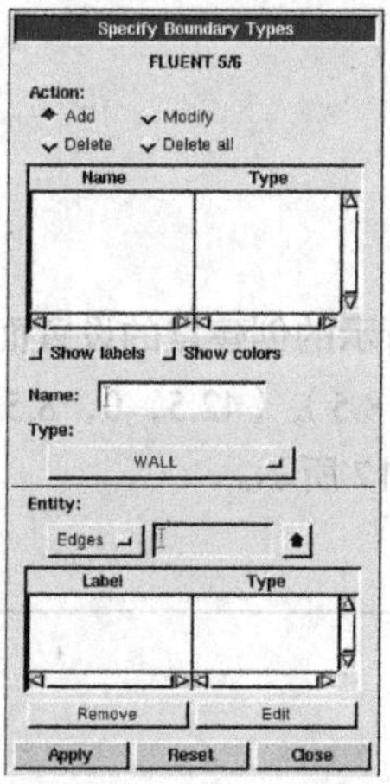

图 5-12　创建边界设置面板

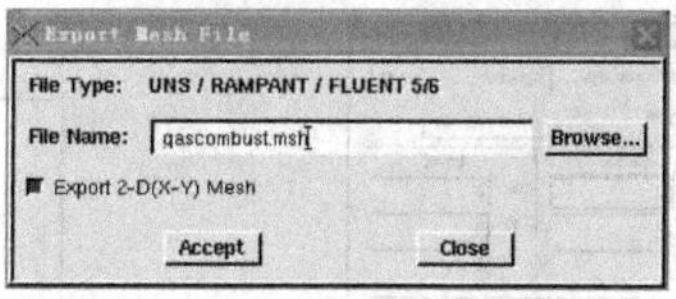

图 5-13　输出网格对话框

5.2　网格实例二：燃气灶网格划分

双击桌面上图标，启动 GAMBIT，弹出 GAMBIT 主控制界面，如图 5-14 所示。

图中右边上半部分是建模工具区域，下面的界面是屏幕显示工具区，其功能和使用方法将在之后的建模过程中逐个进行介绍。当鼠标指针指向工具栏中的图标时，图标说明区中将会显示该图标的作用和简单介绍。这个功能非常实用，当执行了某项操作之后，其命令和命令执行结果以及相关提示信息将在命令反馈区中显示，当内容较多时，还可以单击其右侧上方的箭头，将命令反馈区展开。

一般来说，首先应该创建一个用于存放文件的文件夹。比如，在 F 盘上创建一个名为 example 的文件夹，在 example 文件夹下创建名为 exam1 的文件夹，则此文件夹下创建一个新文件的过程如下。

进行 File\New 操作，弹出如图 5-15 所示的对话框，在 ID 文本框中输入 F:\example\exam1\ ranqizao，单击 Accept 按钮后，即可在相应的文件夹下创建一个新文件。

如果用户在 GAMBIT 建模图中希望创建一个新文件，则可采用相同的方法，若选择图 5-15 中所示的 Save current session 选项，那么 GAMBIT 软件会选择在创建新文件的同时保存并退出当前文件；若不选择 Save current session 选项，则 GAMBIT 会放弃当前操作而创建新文件。选择适用于 CFD 计算的求解器，在菜单栏选择 Solver 下拉菜单下的 FLUENT5/6 命令。

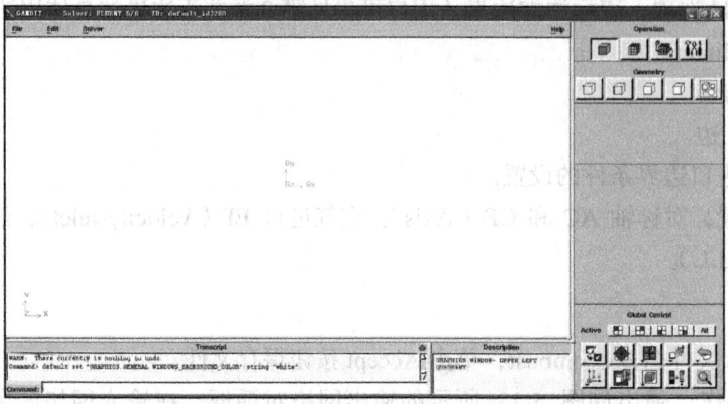

图 5-14　GAMBIT 的操作界面

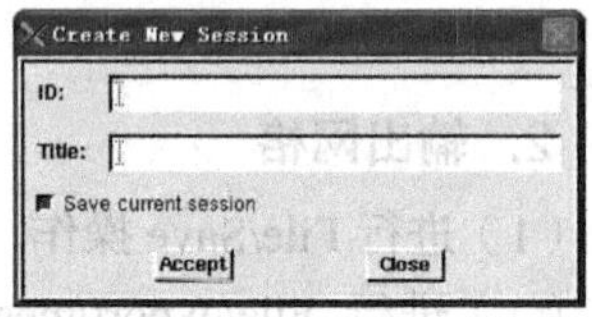

图 5-15　创建新几何文件

下面我们针对前面所描述的问题，利用 GAMBIT 进行建模并输出网格。

5.2.1　创建燃气灶实体模型

1. 直接创建点

在主控界面的右半部分中单击 → → ，得到如图 5-16 所示的创建点的设置面板。在如图 5-16 所示的设置面板中分别输入（30，0，0），（34，0，0），（38.5，0，8.5），（42.5，0，8.5）几点对应的坐标，单击 Apply 按钮，即可在左边窗口中看到所创建的点，如图 5-17 所示。

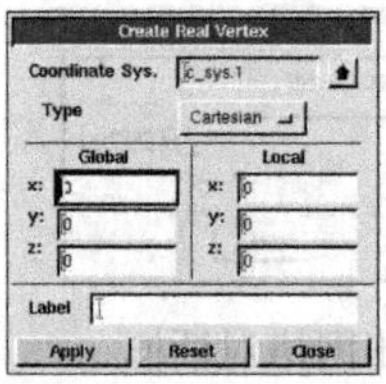

图 5-16　创建点设置面板

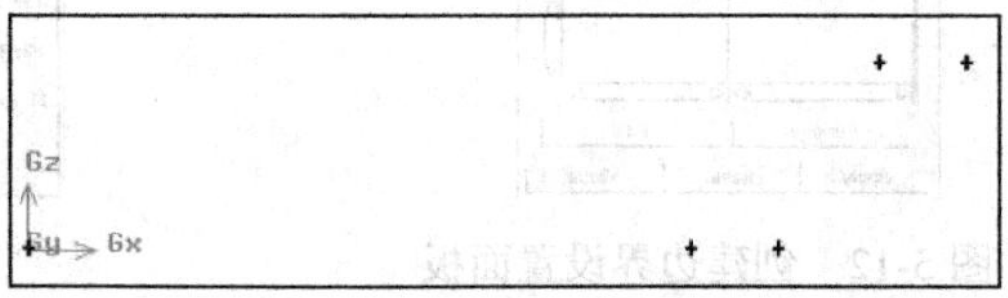

图 5-17　Vertices 创建的点

2. 由点创建线

单击 → → ，得到如图 5-18 所示的创建线（Create Straight Edge）的设置面板，单击 Vertices 右侧的箭头按钮，弹出 Vertex List（Multiple）设置面板，如图 5-19 所示。

Vertices 下方是 Type 选项，可选择直线的类型，线有实体和虚体两种选择，如果选择虚体，那么创建的为虚体线，通常可以在划分网格时起到辅助线的作用。但一般默认的是实体。

> **注　意**：GAMBIT 中的实体与虚体的区别在于实体可以进行布尔运算，而虚体不能进行布尔运算。除此以外，实体和虚体没有任何区别，利用虚体创建的几何模型和导出的网格文件也可以给 FLUENT 使用。虚体主要用于处理曲线和曲面问题中。

在图 5-18 中进行如下操作。

（1）单击 Vertices 右侧的黄色区域。

（2）按住 Shift 键的同时单击（30，0，0）、（34，0，0）、（38.5，0，8.5）和（42.5，0，8.5）4 个点，则这几个点将依次出现在如图 5-19 所示的 Picked 列表框中。

（3）单击 Apply 按钮，则得到如图 5-20 所示的图形。

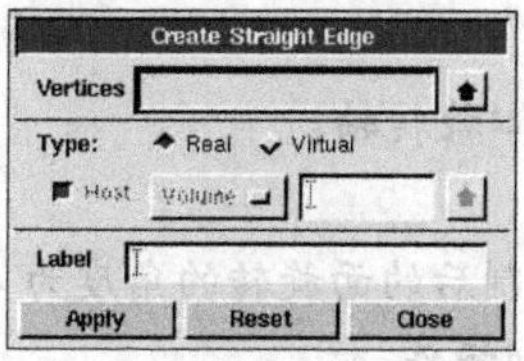

图 5-18 创建边设置面板

图 5-19 选择点设置面板

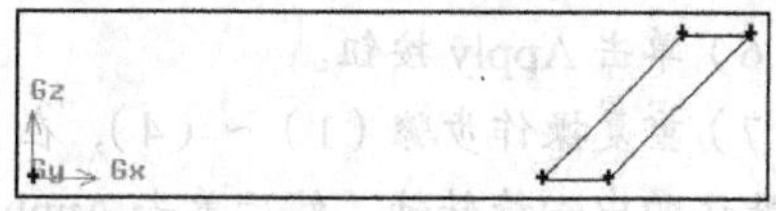

图 5-20 通过点相连创建直线

3. 由线创建面

在主控界面中单击 → → ，得到如图 5-21 所示的由组成边线创建面（Create Face from Wireframe）的设置面板，单击 Edges 右侧的箭头按钮，可打开如图 5-22 所示的 Edge List (Multiple)设置面板。

（1）单击 Create Face from Wireframe 设置面板中的 Edges 选项右侧的黄色区域。

（2）按住 Shift 键的同时单击图 5-22 中的 4 条线，则它们的标识将出现在 Edge List (Multiple)设置面板中的 Picked 列表框中。

（3）单击 Apply 按钮，则出现所创建的面，如图 5-23 所示。

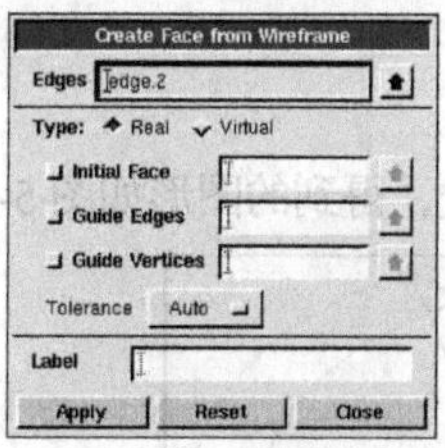

图 5-21 通过自由边创建面的设置面板

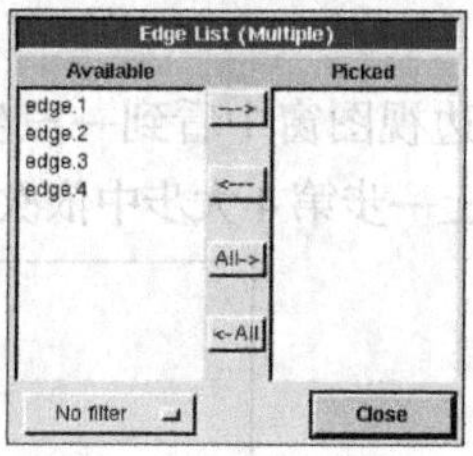

图 5-22 选择直线

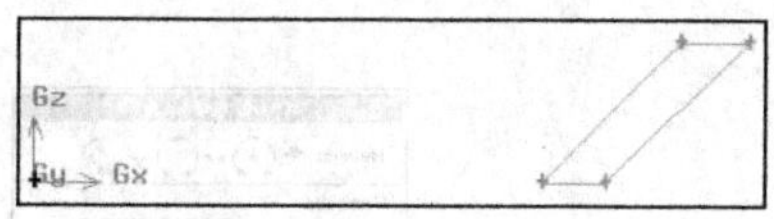

图 5-23 创建一个面

4. 由面创建面（组成火孔的面）

单击 → → ，得到如图 5-24 所示的移动或复制面（Move/Copy Faces）设置面板，单击 Faces 右侧的箭头按钮，可打开图 5-25 所示的 Face List (Multiple)设置面板。

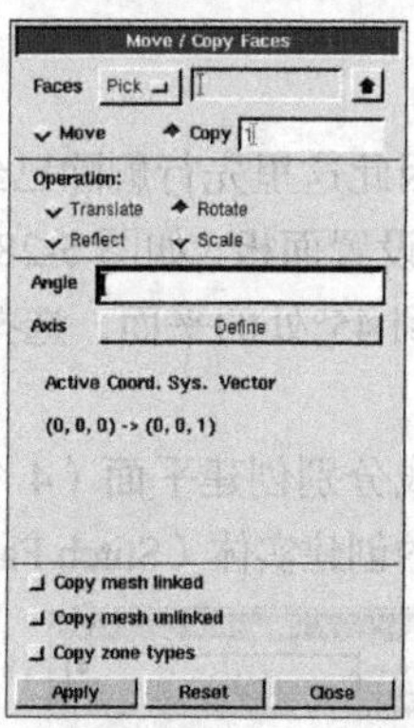

图 5-24 移动或复制面设置面板

图 5-25 选择面设置面板

在其中进行如下操作。

（1）单击 Faces 右侧的黄色（软件真实环境有黄色显示）部分，使其加亮。

（2）在左边视图窗中按住 Shift 键的同时单击上节中创建的面，该面被选中之后在左边视图窗中呈红色。

（3）选择 Copy 选项，并在其文本框中输入 1。

（4）在 Operation 选项组中选择 Rotate 选项。

（5）在 Angle 文本框中输入 2（表示旋转角度为 2°），保持默认的中心旋转轴。

（6）单击 Apply 按钮。

（7）重复操作步骤（1）~（4），在 Angle 文本框中输入 45（表示复制后的面旋转的角度为 45°），保持默认的中心旋转轴，然后单击 Apply 按钮，即可完成另一个面的复制操作。

5. 创建火孔与火盖上的圆弧边

在主控界面中单击 → ，右键单击 图标，在弹出的快捷菜单中选择 ，得到如图 5-26 所示的创建线（Create Circular Arc）的设置面板。

（1）创建中心轴线上的两点，分别为（0，0，0）和（0，0，8.5）。

（2）保持默认的设置，即选择圆心和圆弧的两个端点，单击 Center 右侧的黄色区域，将其激活。

（3）按住 Shift 键的同时单击鼠标左键（0，0，0），将其作为圆弧的圆心，当选中该点之后，这个点会变成红色。

（4）单击 End-points 右侧的区域，此时区域变成黄色，表示该区域被激活了。

（5）按住 Shift 键的同时单击希望创建圆弧的两个端点，此时视图窗中的两个节点变成红色，表示被选中了。

（6）单击 Apply 按钮，则可以在左边视图窗中看到一段生成的圆弧。

（7）重复操作步骤（1）~（6），在上一步第 4 大步中依次创建圆弧线，得到的图形如图 5-27 所示。

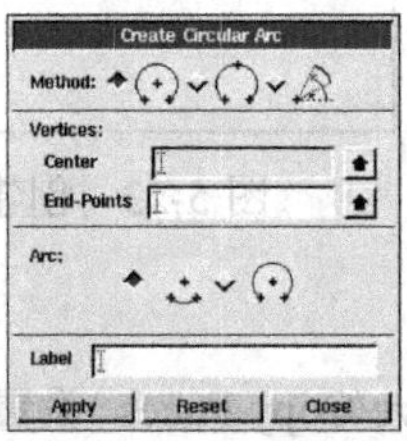

图 5-26　创建圆弧线的设置面板

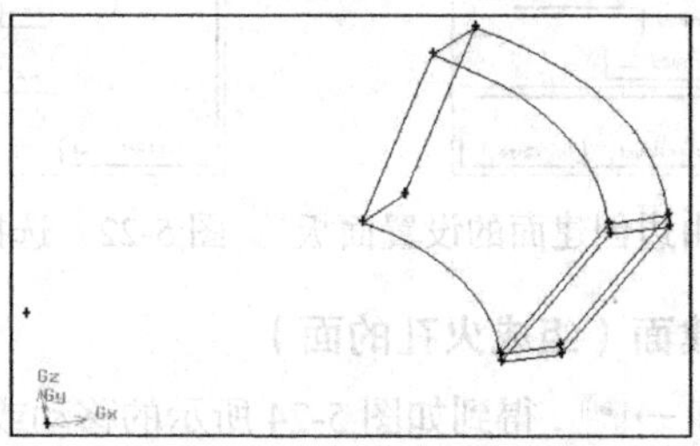

图 5-27　创建圆弧线

6. 创建火孔及火盖的实体

（1）由于在之后的工作中会重复将火孔的面复制到 45°处，因此这里先行删除已经复制的平面，以免产生重面。单击 → → ，得到删除面（Delete Faces）的设置面板，如图 5-28 所示。激活 Faces 右边的黄色区域，按住 Shift 键的同时在视图窗中选择已经复制到 45°处的平面，选择 Lower Geometry 选项（即同时删除组成该面的线）。

（2）采用上几节中的方法，将处于 0°和 2°两个平面之间的线分别创建平面（4 个）。

（3）在主控界面中单击 → → ，得到如图 5-29 所示的创建实体（Stitch Faces）的设置面板。

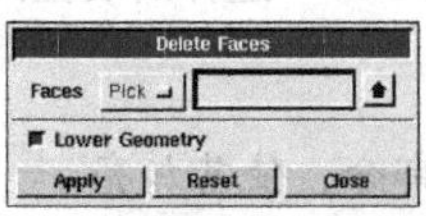

图 5-28　删除面的设置面板

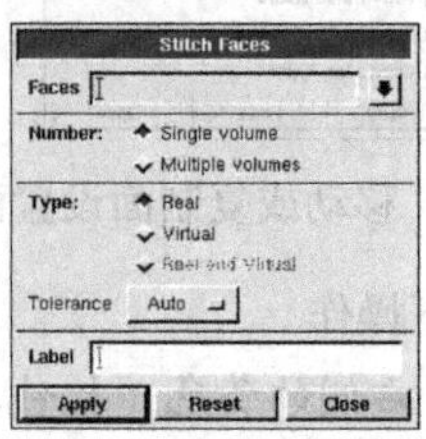

图 5-29　创建实体的设置面板

（4）激活 Faces 右边的黄色部分，单击按钮，弹出如图 5-30 所示的设置面板，选择 0°和 2°两个平面之间（包括其自身）的 6 个平面，保持其他的默认设置不变。然后单击 Apply 按钮，即可看见左边视图窗中形成了一个绿色的六面体，表明本节燃气灶火孔的实体模型已经生成。

（5）单击图标，即可出现移动/复制实体设置面板，如图 5-31 所示。

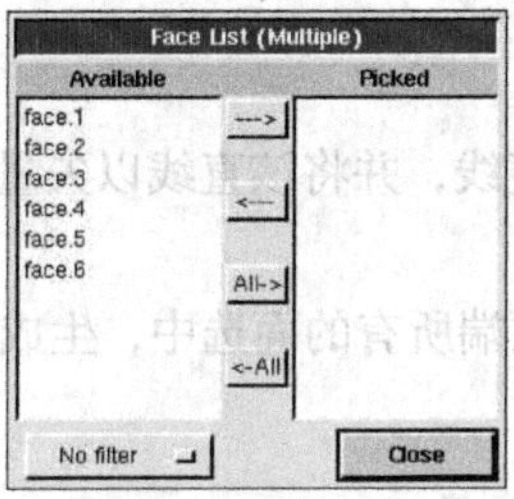

图 5-30　自由面元选择的设置面板

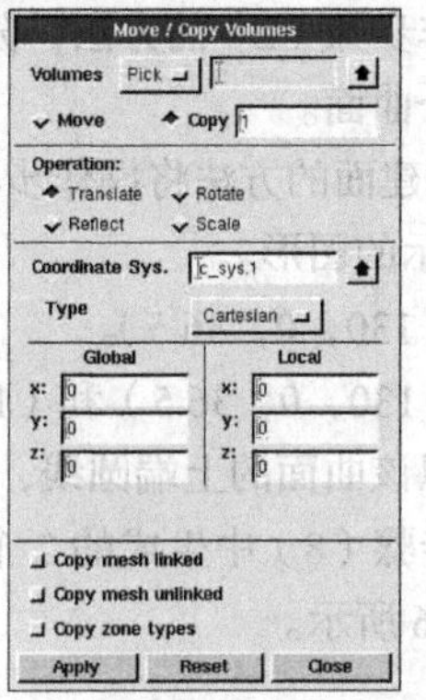

图 5-31　移动/复制实体设置面板

（6）激活图 5-31 中 Volumes 右边的黄色区域，单击上一步生成的火孔实体，使其加亮，选择 Copy 选项，并在其文本框中输入 7（表示依次复制为 7 个实体），选择 Operation 选项组中的 Rotate 选项，并将 Angle 值设为 45，其他保持默认值不变。单击 Apply 按钮，即可在左边视图窗中看到以矢量（0，0，1）为中心轴的 8 个火孔，分别记为实体 Volume. 1 ~ Volume.8，如图 5-32 所示。

（7）单击 → → ，即可出现移动/复制对话框，采用类似操作步骤（6）的方法，旋转复制图 5-27 中实体之间的 3 条线。

（8）将操作步骤（7）得到的线和操作步骤（6）得到的实体，依次采用创建面的方法组成斜面火盖内部的斜面，以及火盖内部区域的上/下底圆面。

（9）将操作步骤（8）得到的图形与存在的实体（Volume. 1 ~ Volume.8）靠近中心轴的面选中，创建火盖内部的实体 Volume.9，则在左边视图窗中得到如图 5-33 所示的图形。

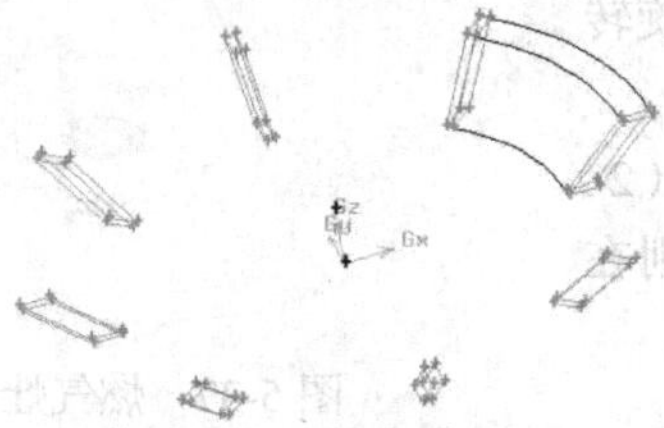

图 5-32　阵列火孔

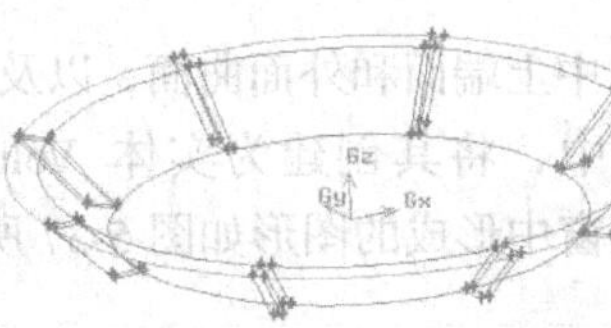

图 5-33　火盖部分

自此，我们已经利用 GAMBIT 建立了燃气灶的火盖实体模型，紧接着建立模拟燃气灶所需的其他计算域。

7. 创建火盖与锅底之间的空间计算域实体

（1）创建（36，0，0）和（44.5，0，8.5）两点，并将这两点连接为直线。

（2）在主控界面中单击 → ，右键单击图标，在弹出的快捷菜单中选择，可得到旋转曲线创建面（Revolve Edges）的设置面板，如图 5-34 所示。激活 Edges 右边的黄色区域，按住 Shift 键的同时选择上

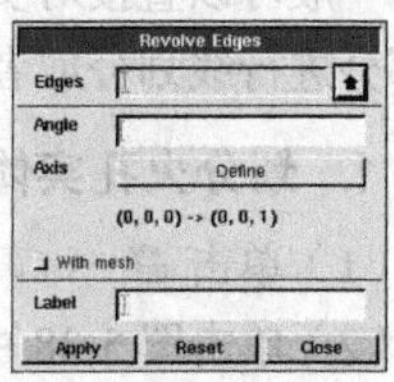

图 5-34　选择边生成曲面的设置面板

一步中生成的直线。在 Angle 对应的文本框中输入 360，保持 Axis 设置不变（旋转轴为默认值，即矢量（0，0，1）），单击 Apply 按钮，即可形成火盖外壁曲面。

（3）创建点（130，0，0）和（130，0，8.5）。

（4）依次将点（36，0，0）、（130，0，0）、（130，0，8.5）和（44.5，0，8.5）连接为 3 条直线。

（5）采用操作步骤（2）的方法，分别将操作步骤（4）中生成的 3 条直线以矢量（0，0，1）为转轴，旋转生成 3 个曲面。

（6）按照面创建面的方法将操作步骤（2）和操作步骤（5）中生成的 4 个曲面生成实体 Volume.10，得到如图 5-35 所示的图形。

（7）创建点（130，0，36.5）。

（8）连接点（130，0，36.5）和（130，0，8.5）生成直线，并将该直线以矢量（0，0，1）为转轴旋转生成曲面。以该曲面的上端圆线，为边创建面。

（9）将操作步骤（8）中生成的 2 个曲面和图 5-35 中顶端所有的面选中，生成实体 Volume.11，得到的图形如图 5-36 所示。

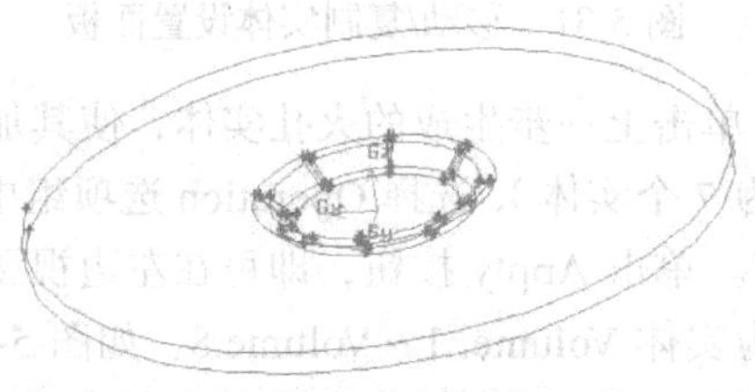

图 5-35　生成火盖上方计算域（1）

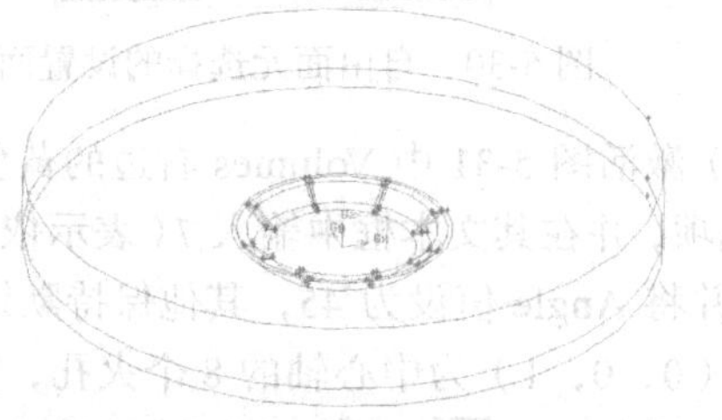

图 5-36　生成火盖上方计算域（2）

8. 创建外围空间计算域实体

（1）创建点（130，0，136.5）、（400，0，0）、（400，0，36.5）和（400，0，136.5）。

（2）依次将点（130，0，36.5）、（130，0，136.5）、（400，0，136.5）、（400，0，36.5）、（400，0，0）和（130，0，0）连接成直线（5 条），并以矢量（0，0，1）为中心转轴旋转成 5 个曲面。

（3）将图 5-36 中上端面和外面曲面，以及操作步骤（2）创建的 5 个面选中，将其创建为实体 Volume.12，则在 GAMBIT 左边视图窗中形成的图形如图 5-37 所示。

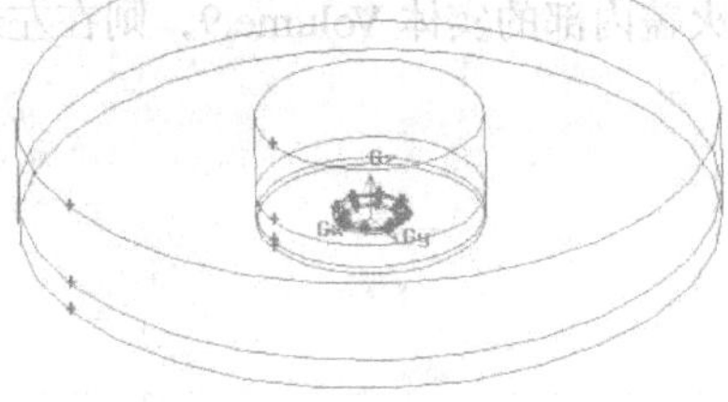

图 5-37　燃气灶计算域

5.2.2　对实体进行网格划分

一般可以直接对实体进行网格划分，但是为了控制网格的疏密，通常可以先对需要特殊处理的实体部分进行线划分或者面的网格划分。

1. 划分火孔实体部分网格

（1）单击 → → ，即可得到如图 5-38 所示的 Mesh Edges 设置面板。

（2）单击图 5-38 中 Edges 右端的箭头按钮，使其激活。按住 Shift 键的同时选择火孔（即 Volume.1 ~ Volume.8）的所有的最短边。然后右键单击 Interval size，选择 Interval count，并在左边的文本框中输入 2（表示将所有短边划分为 2 段），则可在所有的短边中插入一个节点，共 2 个。

（3）单击 → → ，可得到如图 5-39 所示的 Mesh Volumes 设置面板。

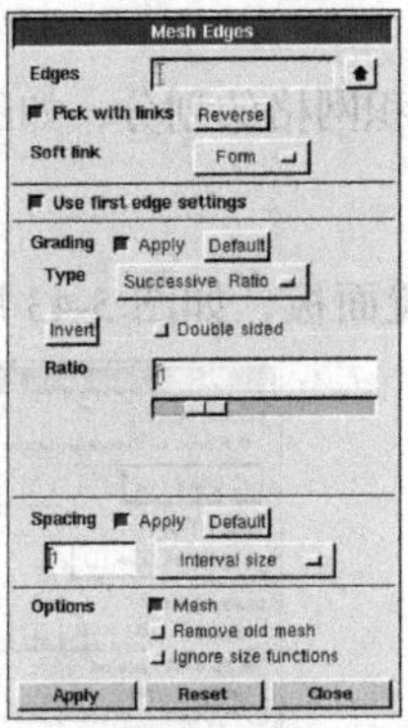

图 5-38　划分边网格的设置面板

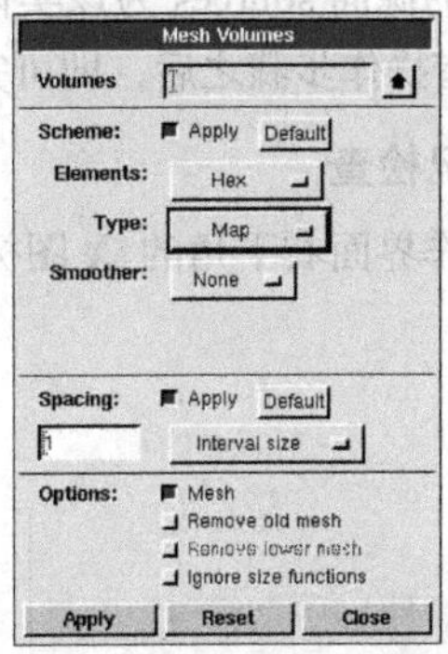

图 5-39　Mesh Volumes 设置面板

（4）激活图 5-39 中的 Volumes 选项，按住 Shift 键的同时选中 Volumes. 1 ~ Volumes.8。保持其他设置不变，即可将选中的火孔实体划分为六面体结构化网格，如图 5-40 所示。

2. 划分火盖实体及其周围部分实体网格

（1）重复上面的操作，将实体 Volume.9 下端圆边线上的各长边划分为 14 个节点。

（2）单击 → → ，即可得到如图 5-41 所示的面网格划分设置面板。

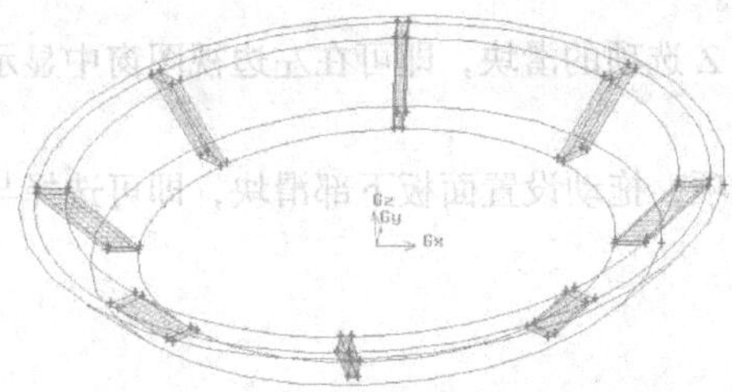

图 5-40　划分好的火孔实体网格

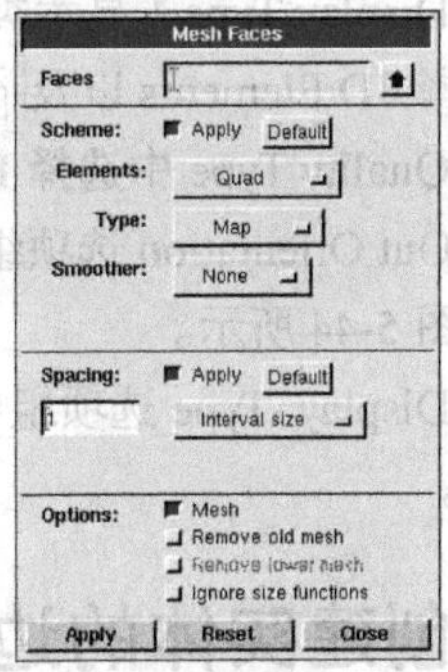

图 5-41　划分面网格的设置面板

（3）激活 Faces 选项，选中实体 Volume.9 的下端圆面，将面网格类型 Type 设置为 Pave，其他设置保持不变，然后单击 Apply 按钮，即可完成对该面的面网格划分。

（4）单击 → → ，得到如图 5-39 所示的体网格划分设置面板。选中实体 Volume.9，网格类型设置为 Hex（六面体），划分方式设置为 Cooper。检查 sources 源面是否为 Volume.9 的上、下端面。完成上述操作后，单击 Apply 按钮，即可完成对 Volume.9 的体网格划分。

（5）重复操作步骤（1），将 Volume.10 的下端面两个边线的网格数划分为 128，将 Volume.12 的下端面外圆线的网格数划分为 50。

（6）重复操作步骤（3），对 Volume.10 和 Volume.12 的下端圆面进行面网格划分，它们都采用 Pave 方法划分。

（7）重复操作步骤（4），完成对 Volume.10 的体网格划分。其采用 Cooper 方法划分六面体 Hex 结构化网格，划分网格时的源面 sources 为该实体上、下端面上所有的面。

（8）重复操作（3），对 Volume.11 上、下端面上没有完成面网格划分的面进行面网格划分。

（9）重复操作（4），对 Volume.11 进行体网格划分。其采用 Cooper 方法划分六面体 Hex 结构化网格，划分网格时的源面 sources 为该实体上、下端面上所有的面。

（10）重复操作（4），对 Volume.12 进行体网格划分，采用 Cooper 方法划分六面体 Hex 结构化网格，划分网格时的源面 sources 为该实体的上、下端面。

完成上述所有操作步骤之后，即可完成对燃气灶计算区域的体积网格的划分，如图 5-42 所示。

3. 网格情况检查

（1）单击操作界面右下角的图标，弹出 Examine Mesh 设置面板，如图 5-43 所示。

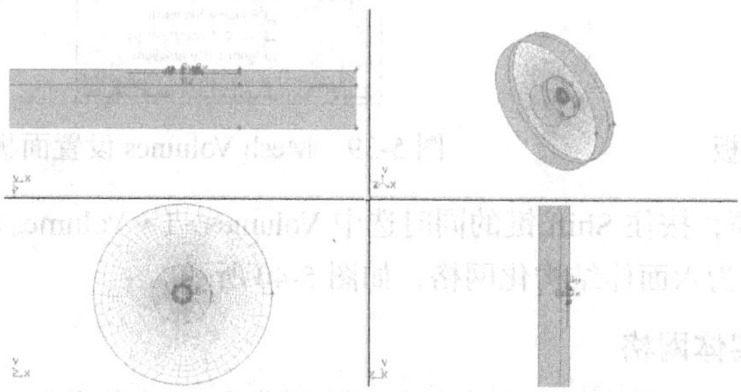

图 5-42　完成网格划分

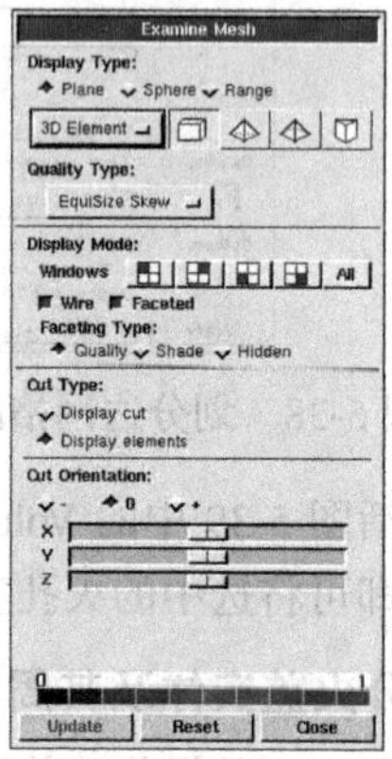

图 5-43　网格质量检查的设置面板

（2）在 Display Type（显示类型）选项组中选择 Plane（平面）选项。

（3）选择 3D Elements 以及。

（4）在 Quality Type 中选择 EquilAngle Skew。

（5）在 Out Orientation 选项组中拖动 X、Y、Z 选项的滑块，即可在左边视图窗中显示对应平面上的网格，如图 5-44 所示。

（6）在 Display Type 选项组中选择 Range 选项，拖动设置面板下部滑块，即可选择与实际模型的比例和大小。

5.2.3　创建实体的边界条件

利用 GAMBIT 输出 FLUENT 网格之前，我们还应该对其进行边界条件的划分，否则，所有没有设定边界条件的外表面都会连一起，在输出网格时，将会被 GAMBIT 默认为 Wall 条件。

（1）单击→，弹出如图 5-45 所示的设置面板。

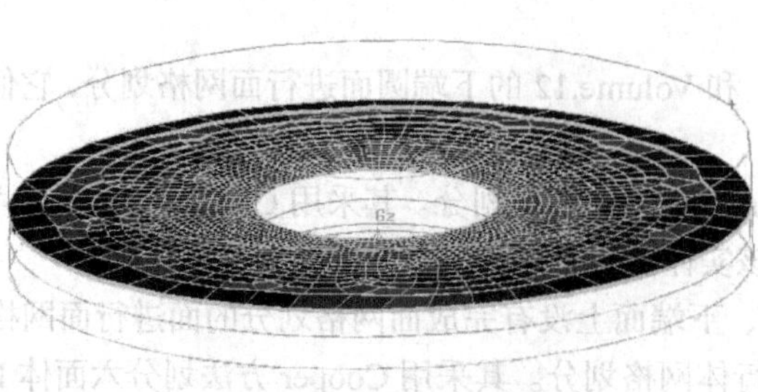

图 5-44　网格切面检查

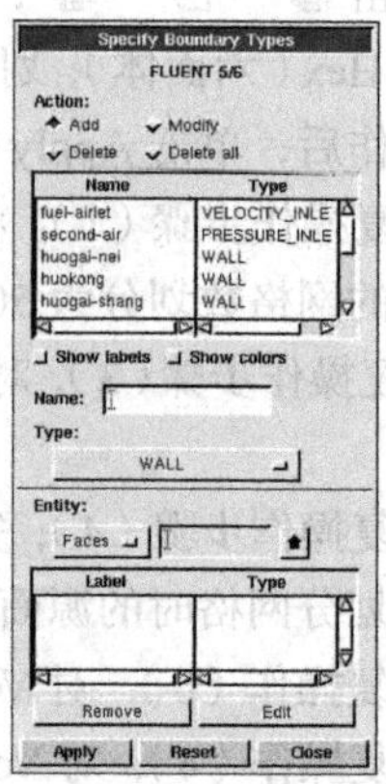

图 5-45　Specify Boundary Types 设置面板

（2）在 Name 文本框中输入燃气灶火孔进口名字 fuel-air inlet，边界条件类型设置为 velocity/ inlet，选择所有的燃气进口面，单击 Apply 按钮。

（3）重复上面的操作步骤，将燃气灶模型的所有边界及其类型选中。

5.2.4 输出网格

进行 File/export/mesh 操作，弹出如图 5-46 所示的对话框，在输入网格的名称之后，单击 Apply 按钮，即可完成对网格的输出。这里值得注意的是，若选择 Export 2-D (X-Y)选项，则 GAMBIT 将只会输出 *xy* 平面上的二维网格。

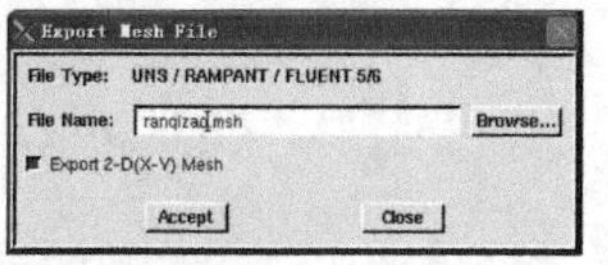

图 5-46 网格输出对话框

第二部分：利用 ICEM CFD 划分网格

本节的主要目的是介绍 ICEM CFD 软件对实体几何进行网格划分的步骤，并为后续的 CFD 求解提供可靠的网格文件。本节的主要内容如下。

- 对几何实体进行四面体网格划分。
- 对已存在的网格进行棱柱层网格划分。
- 对二维几何模型进行四面体结构化网格划分。
- 对三维几何模型进行六面体结构化网格划分。

5.3 网格实例三：引擎模型四面体划分

本例的目的为展示三维引擎的四面体网格划分步骤。通过本例的学习，用户将学习到如下的方法和操作技巧。

- 打开工程。
- 修正几何实体。
- 设置全局网格尺寸。
- 计算并查看初始网格。
- 对初始网格进行光顺。
- 重新计算网格。
- 对网格进行切面显示。

5.3.1 打开工程

（1）双击桌面快捷方式或者通过开始菜单程序启动 ICEM CFD，打开 ICEM CFD 控制窗口，如图 5-47 所示。

（2）进行 File/Change Working Dir 操作，得到如图 5-48 所示的对话框，通过单击对话框中对应的文件夹位置，用户可首先通过这种方法将 ICEM CFD 的工作目录设定为自己常用的目录，如图 5-48 所示，单击“确定”按钮之后，ICEM CFD 的工作目录将被设置在 D 盘下的 ICEMCFD- work-dir 文件夹下。

（3）进行 File/Open object 操作，弹出如图 5-49 所示的对话框，选择需要打开的工程 engine_block，然后单击“打开”按钮，即可打开该工程。单击图标，即可得到如图 5-50 所示的实体模型。

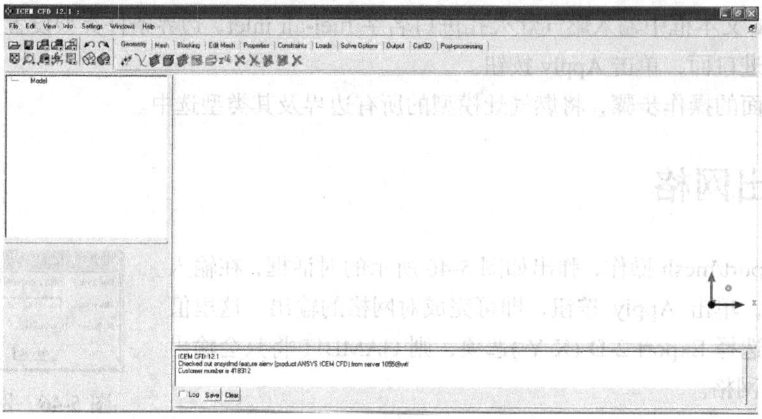

图 5-47　ICEM CFD 窗口

图 5-48　设置工作目录

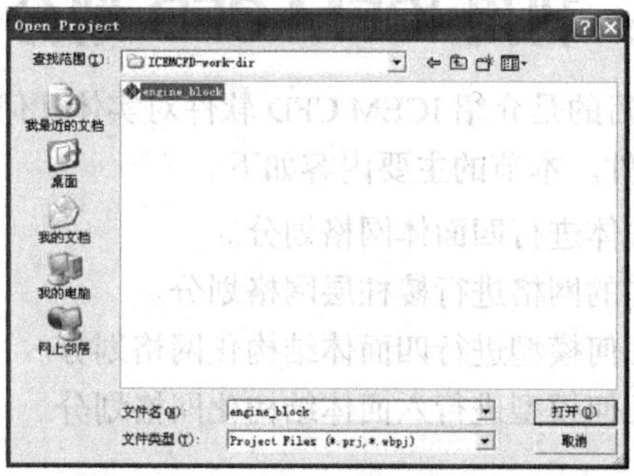

图 5-49　打开引擎工程

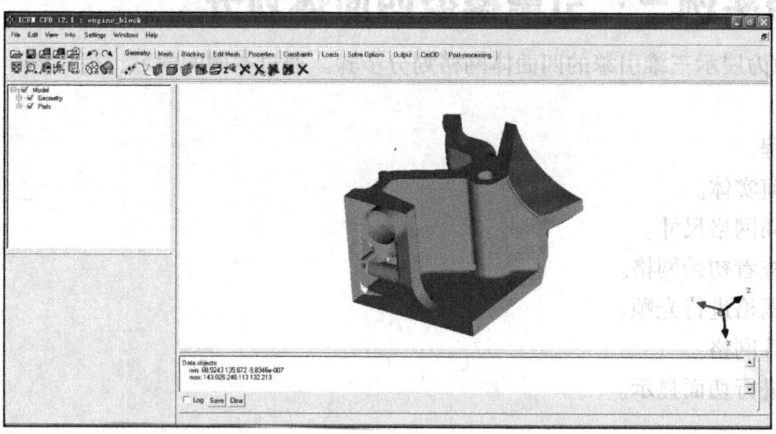

图 5-50　视图窗中显示的引擎实体

5.3.2　Repair 几何实体

进行 Geometry/Repair Geometry /Build Diagnostic Topology 操作，得到如图 5-51 所示的修正几何实体的设置面板。

① 设置容差 Tolerance = 0.05。

② 选中 Filter points 和 Filter curves 选项，删除多余点或者线元素，以实现面元素光滑过渡。

③ 选择所有其他默认项。

④ 单击 Apply 按钮，即可完成对模型容差的修补，修正后的几何实体如图 5-52 所示。

5.3.3　设置网格尺寸

（1）进行 Mesh/Global Mesh Setup /Global Mesh Size 操作，得到如图 5-53 所示的设置全局网格参数的设置面板。

① 设置 Max element 为 64，并保持其他设置不变。

② 单击 Apply 按钮，完成操作。

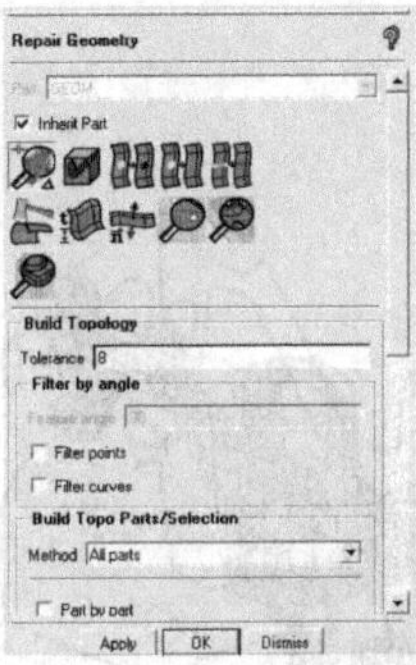

图 5-51　修正几何实体的设置面板

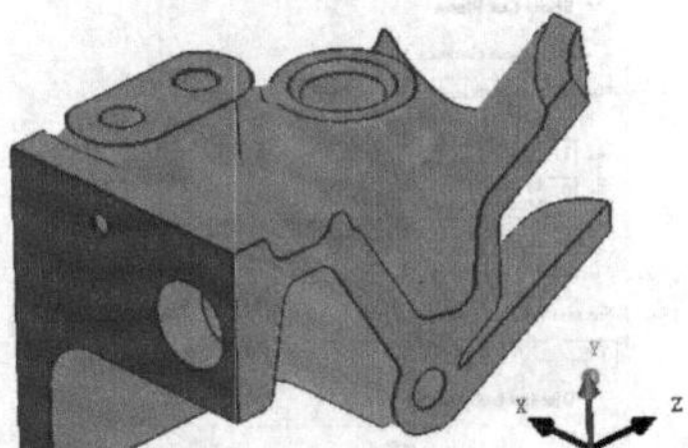

图 5-52　修正后的几何实体

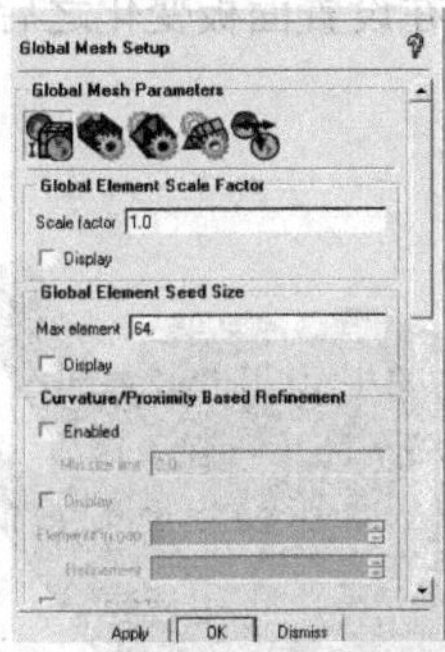

图 5-53　设置全局网格参数的设置面板

（2）进行 Mesh/Part Mesh Setup 操作，打开如图 5-54 所示的设置部分网格参数的窗口，设置 GEOM 网格尺寸为 4，单击 Apply 按钮，关闭对话框即可。

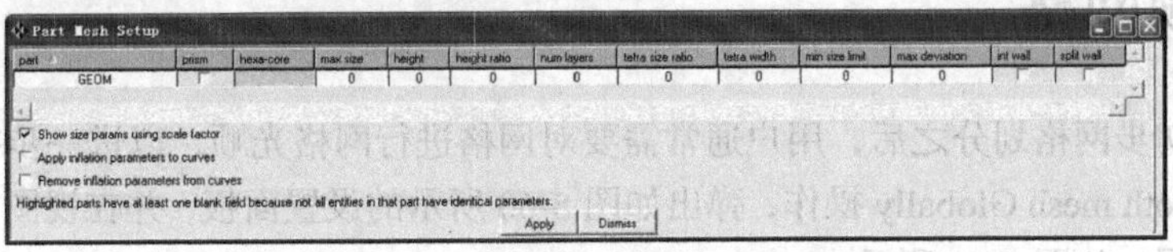

图 5-54　设置部分网格参数的窗口

（3）展开模型树上的 Geometry 根目录，并右键单击 Surfaces 选项，在弹出的快捷菜单中选择 Show Tetra Sizes 命令，则在右边视图窗中显示几何实体上的部分网格尺寸，如图 5-55 所示。

5.3.4　初步计算并查看网格

（1）进行 Mesh/Compute Mesh /Volume Mesh 操作，弹出如图 5-56 所示的设置面板。

图 5-55　部分网格尺寸

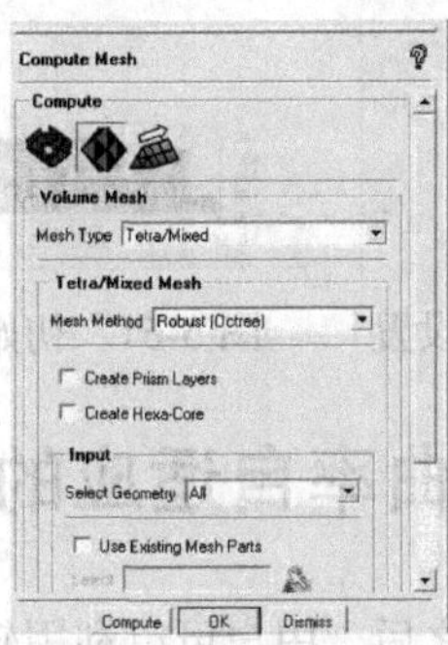

图 5-56　计算网格的设置面板

① 选择 Tetra/Mixed 作为网格类型。

② 设置网格划分方法为八叉树算法（Robust (Octree)）。

③ 保持其他设置为默认设置。

④ 单击 Compute 按钮，开始计算。在网格计算完成之后，视图窗中的视图如图 5-57 所示。

（2）右键单击模型树上的 Mesh 选项，在弹出的快捷菜单中选择 Cut Plane/Manage Cut Plane 命令，对存在的网格进行切面显示。

① 激活 Show Cut Plane 选项。

② 在 Method 下拉列表中选择 Middle X Plane 选项，如图 5-58 所示。

③ 在设置面板变化之后，激活 Volume，效果如图 5-59 所示。

图 5-57　划分好的网格

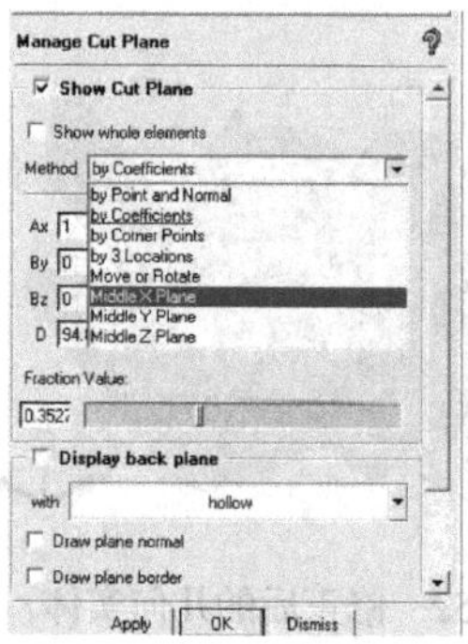

图 5-58　切面选择的设置面板

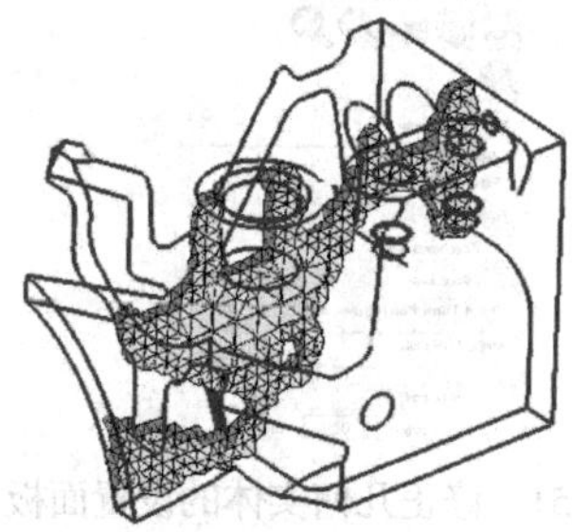

图 5-59　网格切面显示

5.3.5　光顺网格

（1）在进行初步网格划分之后，用户通常需要对网格进行网格光顺，以进一步提高网格质量，进行 Edit Mesh/Smooth mesh Globally 操作，弹出如图 5-60 所示的设置面板，并在视图窗的右下角显示初始网格质量柱状图，如图 5-61 所示。

（2）在设置面板中保持默认设置不变，单击 Apply 按钮，即可对现存的网格进行光顺迭代，以尝试将网格质量提高到 0.2，操作完成之后的网格质量柱状图如图 5-62 所示。

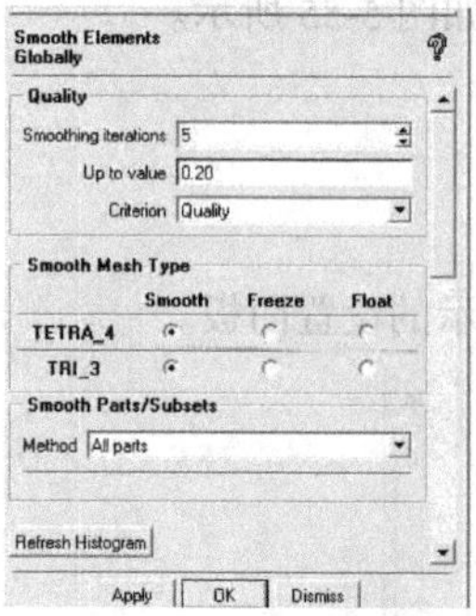

图 5-60　网格光顺设置

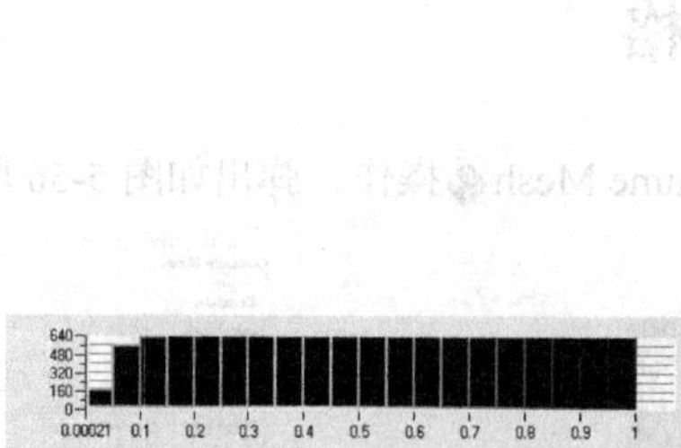

图 5-61　初始网格质量柱状图

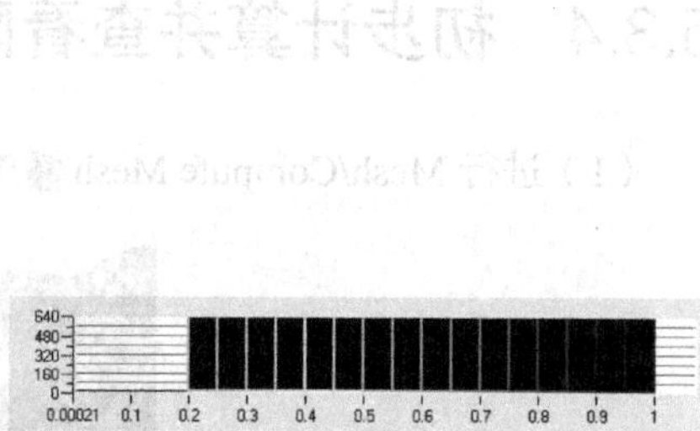

图 5-62　光顺后网格质量柱状图

5.3.6　基于曲率自适应的网格加密

初步光顺网格之后，用户可以利用软件对模型网格曲率自适应加密，为了避免给每个部件定义网格尺寸，则应对每个部件定义最大网格尺寸。

（1）进行 Mesh/Global Mesh Setup /Global Mesh Size 操作。

① 设置最大网格尺寸 Max element 为 64。

② 激活曲率自适应设置，并设置最小网格尺寸为 2。

③ 保持其他设置不变，单击 Apply 按钮。

（2）进行 Mesh/Part Mesh Setup 操作，设置 GEOM 网格尺寸为 8，单击 Apply 按钮，关闭对话框即可。

5.3.7　再次创建网格

进行 Mesh/Compute Mesh /Volume Mesh 操作，设置面板中的默认设置不变，单击 Compute 按钮，开始计算网格，进而实现在几何实体的窄缝小半径处加密网格，如图 5-63 所示。

5.3.8　切面显示

右键单击模型树上的 Mesh 选项，在弹出的快捷菜单中选择 Cut Plane/Manage Cut Plane 命令，对存在的网格进行切面显示。

① 激活 Show Cut Plane 选项。

② 在 Method 下拉列表中选择 Middle X Plane 选项。

③ 在设置面板变化之后，选择激活模型树上 Mesh 根目录下的 Volume。

④ 滑动鼠标中键以查看网格，效果如图 5-64 所示。

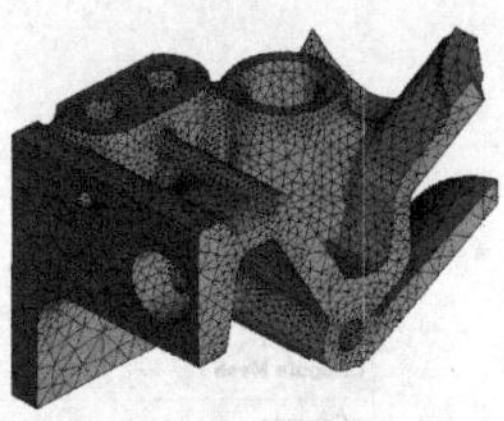

图 5-63　光顺后计算的网格

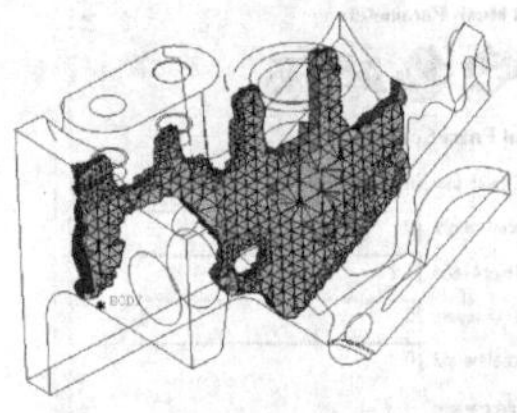

图 5-64　光顺后切面显示的网格

5.4　网格实例四：机翼翼身组合体棱柱形网格划分

本例的目的是展示为已存在的三维机翼四面体网格进行棱柱层网格划分步骤。通过本例的学习，用户将学习到如下的方法和操作技巧。

- 打开工程，读入存在的几何和网格 mesh 文件。
- 设置棱柱层网格参数并计算。
- 查看划分的棱柱层网格。
- 利用密度盒方法对部分几何区域进行网格加密。
- 对加密区域进行网格显示。
- 光顺已生成的网格。

5.4.1　打开项目

（1）执行 File/Geometry/Open Geometry 操作，浏览进入工作目录（Wingbody），打开 Wingbody.tin

文件，选择 open，系统会提示用户是否生成新的工程，在弹出的对话框中单击 Yes，建立新工程，这时将会生成新的.prj 文件。

（2）进行 File/Mesh/Open mesh 操作，选择打开原先有的网格文件 f6_surf.uns。

（3）展开模型树，关闭 Parts 目录下的 FARFIELD，右边视图中将显示如图 5-65 所示的网格。

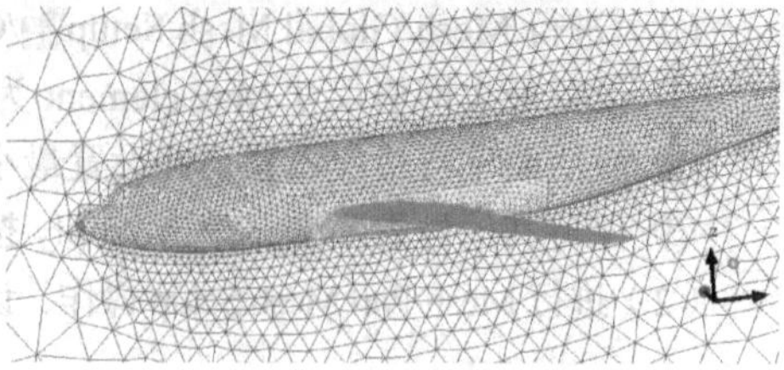

图 5-65　现有的网格显示

5.4.2　划分棱柱层网格

（1）进行 Mesh/Global Parameters/Prism操作，弹出如图 5-66 所示的设置面板，按照如下步骤设置全局棱柱层参数。

① 设置幂指数增长率（默认）。

② 设置 Initial height 为 0，则 ICEM CFD 将会自动选择初始层高度，并与三角形的尺寸成比例。

③ 设置棱柱的高度增长比例 Height ratio 为 1.2。

④ 设置将要生成的层数 Number of layers 为 5 层。

⑤ 在 New volume part 文本框中输入 LIVE 作为新 part。

（2）进行 Mesh/Compute Mesh/Prism mesh操作，弹出如图 5-67 所示的设置面板。

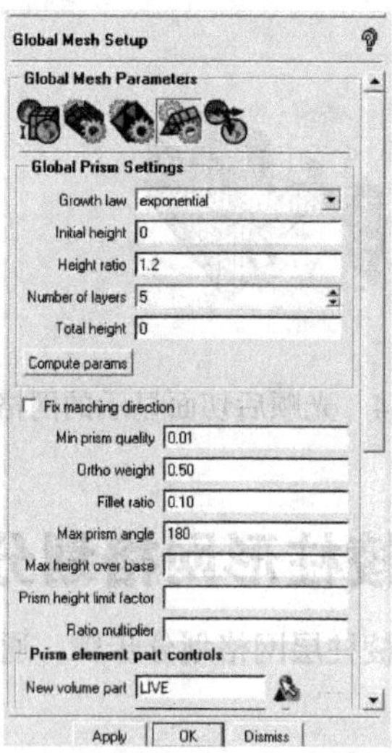

图 5-66　设置棱柱层网格参数的设置面板

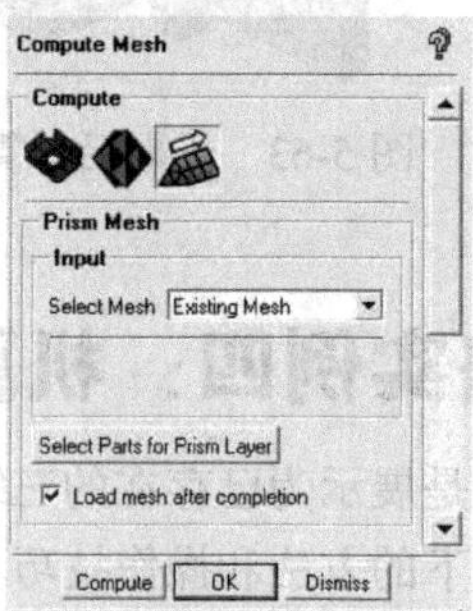

图 5-67　计算棱柱层网格的设置面板

① 单击 Select Parts for Prism Layer 按钮，弹出如图 5-68 所示的对话框。

② 勾选 FUSELAGE、FAIRING 和 WING 三个 part 对应的 Prism 栏中的复选框。

③ 单击 Dismiss 按钮，关闭 prism parts Data 窗口。

④ 单击 Compute 按钮，开始计算。

（3）在模型树上打开 Mesh 根目录，关闭 Parts 目录下的 FARFIELD，以显示棱柱层网格，并在对称面上进行放大显示，如图 5-69 所示。

（4）单击 Save 按钮，保存棱柱层网格操作。

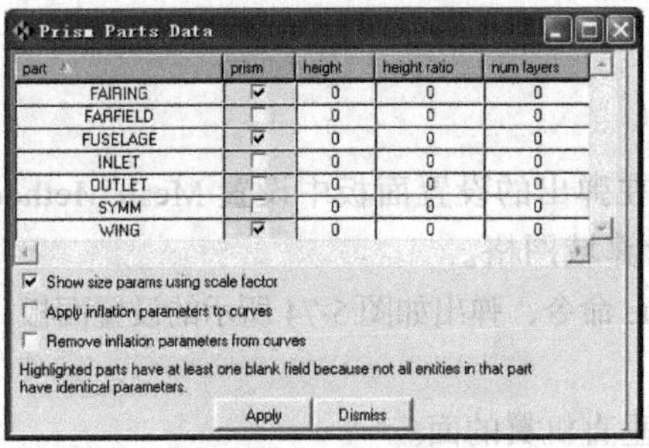

图 5-68　选择需要设置棱柱层的 part

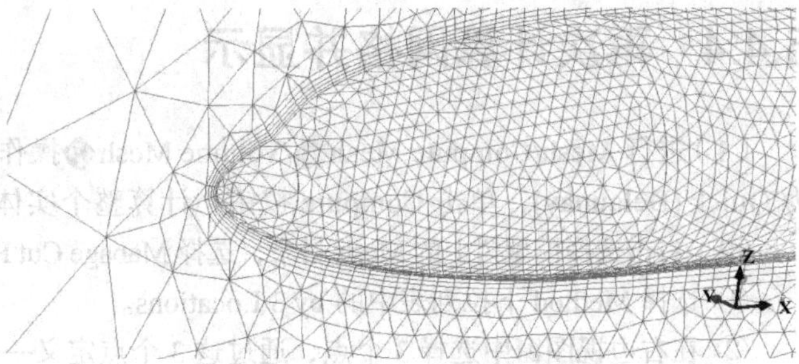

图 5-69　划分了棱柱层的网格

5.4.3　创建机翼尾部密度区

（1）在机翼后方创建点。进行 Select Geometry/Create Point /Base Point and Delta 操作，弹出如图 5-70 所示的设置面板。

① 设置 DX 值为 200 并选择如图 5-71 所示的第一个已知点 A，然后单击 Apply 按钮。

② 设置 DX 值为 150 并选择如图 5-71 所示的第一个已知点 B，然后单击 Apply 按钮。

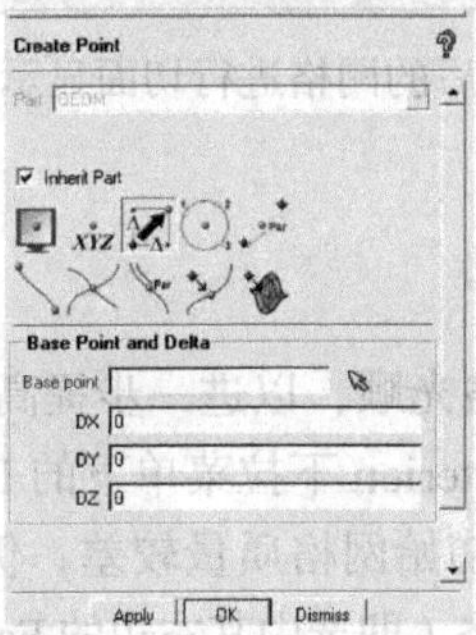

图 5-70　通过已存在的点创建点的设置面板

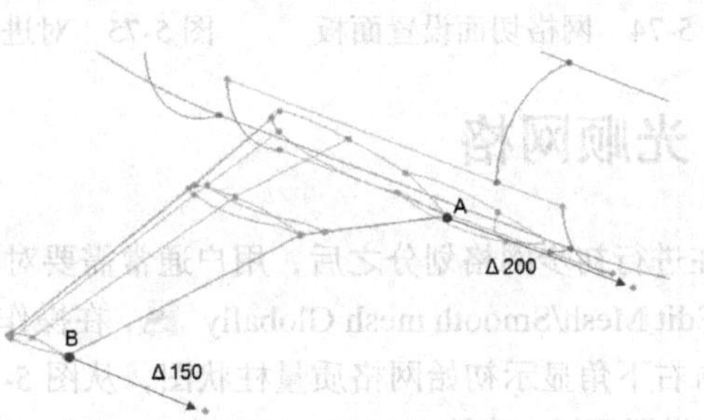

图 5-71　创建新的两点

（2）进行 Mesh/Create Mesh Density 操作，弹出如图 5-72 所示的设置面板。

① 分别设置 Size = 5、Ratio = 1.2、Width = 5，表示在定义的多面体里单元尺寸为 5，密度区域外为 5 层宽，5 层外的增长率为 1.2。由于本例中密度区域为一个面，因此区域大小由长宽确定。

② 保持其他默认设置不变。

③ 激活 Points 选项，选择前面用的 A、B、C、D 四个点和机身上另一点（即为 pr1 ~ pr5 五个点），如图 5-73 所示。

④ 单击 Apply 按钮，完成操作。

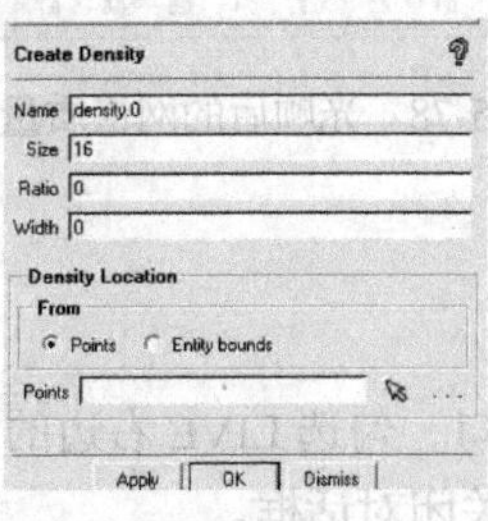

图 5-72　创建密度盒网格的设置面板

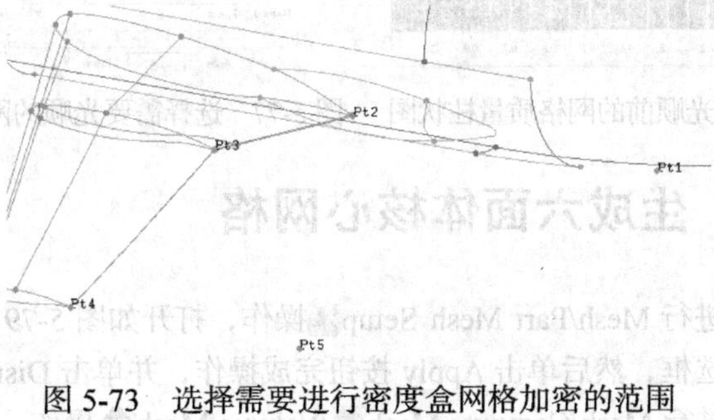

图 5-73　选择需要进行密度盒网格加密的范围

5.4.4 再次计算网格并显示

（1）进行 Mesh/Compute Mesh /Volume Mesh 操作，在弹出的设置面板中设置 Mesh Method 为 Quick (Delaunay)，单击 Compute 按钮，计算整个实体计算域网格。

（2）右击选择模型树上的 Mesh 目录，选择 Manage Cut Plane 命令，弹出如图 5-74 所示的设置面板。

① 选择 Method 下拉列表中的 by 3 Locations。

② 在右边视图窗中选择 3 个点，通过这 3 个点定义一个垂直机翼的面。

③ 在模型树中打开 Mesh 根目录下的 Volumes。

④ 通过旋转显示机翼后方网格加密和机翼周围的棱柱层，如图 5-75 所示。

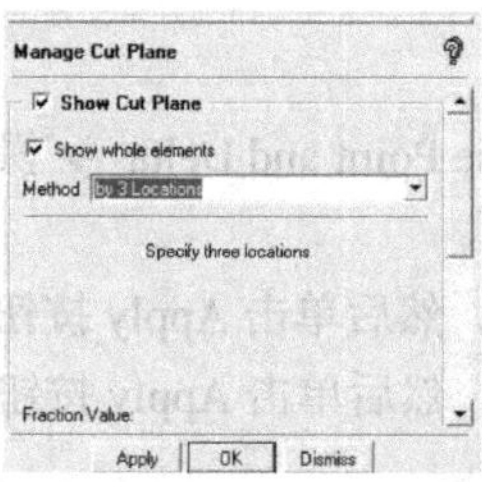

图 5-74　网格切面设置面板

图 5-75　对进行密度盒加密后的网格进行切面显示

5.4.5 光顺网格

（1）在进行初步网格划分之后，用户通常需要对网格进行网格光顺，以进一步提高网格质量，选择命令 Edit Mesh/Smooth mesh Globally ，在操作栏中选择 Criterion 下拉菜单下的 Determinant，并在视图窗右下角显示初始网格质量柱状图，从图 5-76 可知，其初始网格质量较差，仍需改正。

（2）在设置面板中冻结 TRI_3、PENTA_6、QUAD_4 类型的网格（即选中其右边的 Freeze 选项），如图 5-77 所示，单击 Apply 按钮，即可对现存的网格进行光顺迭代，以尝试将网格质量提高到 0.5，操作完成之后的网格质量柱状图如图 5-78 所示。

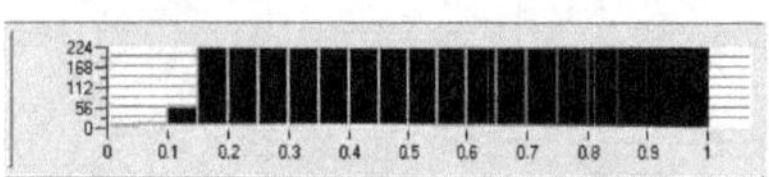

图 5-76　光顺前的网格质量柱状图

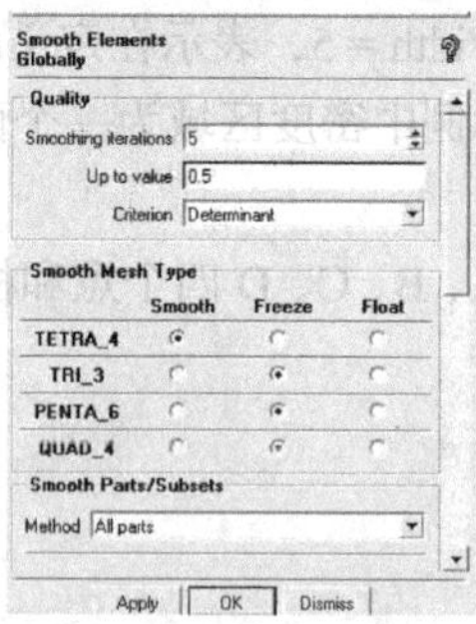

图 5-77　选择需要光顺的网格

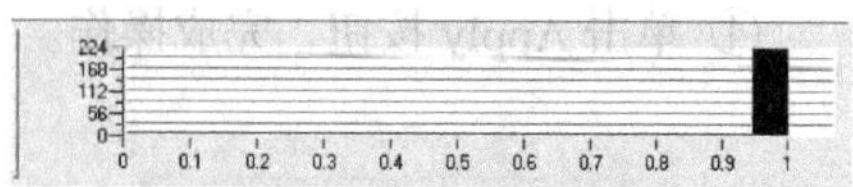

图 5-78　光顺后的网格质量柱状图

5.4.6 生成六面体核心网格

（1）进行 Mesh/Part Mesh Setup 操作，打开如图 5-79 所示的窗口，勾选 LIVE 右边的 hexa-core 栏中的复选框，然后单击 Apply 按钮完成操作，并单击 Dismiss 按钮关闭对话框。

（2）进行 Mesh/Compute Mesh /Volume Mesh 操作，弹出如图 5-80 所示的设置面板，勾选设置

面板中的 Create Hexa-Core，单击 Compute 按钮，计算整个实体计算域网格，并在指定的体生成六面体核心网格。

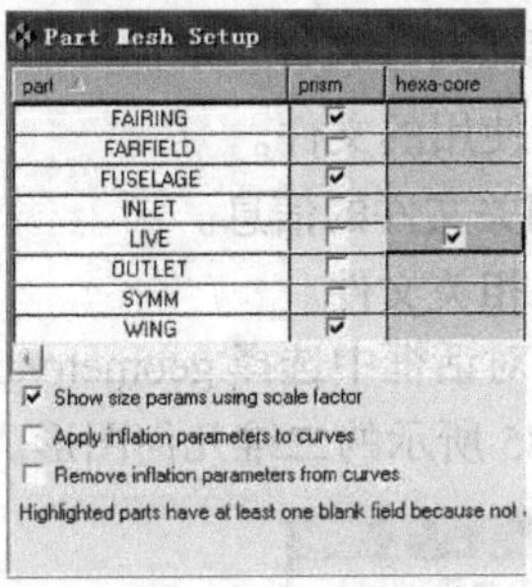

图 5-79　选择需要生成六面核心体网格的部件

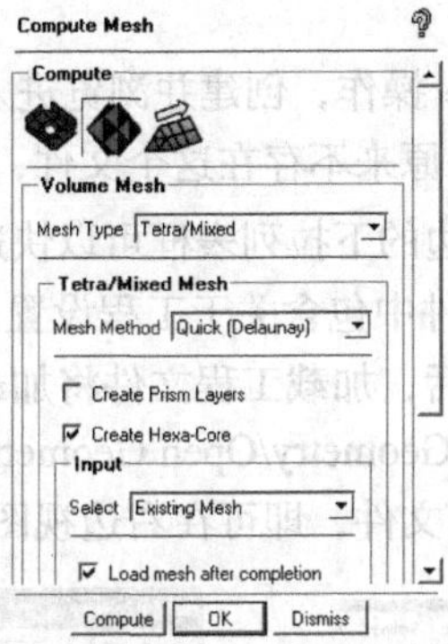

图 5-80　计算网格的设置面板

（3）右击模型树上的 Mesh，选择 Manage Cut Plane，选择 Method 下拉列表中的 By Coefficient 选项，并将 Ax 右边的数字设置为 1，表示取 x 方向切面，Bz 改为 0，单击 Apply 按钮。

（4）勾选 Mesh 根目录下 Volume 以及菜单栏中的勾选 Mesh 根目录下 Volume，在菜单栏中选择，之后滑动鼠标中键即可实现切面的移动，滑动鼠标即可来回移动切面，如图 5-81 所示。图 5-82 所示为机翼部分放大的网格。

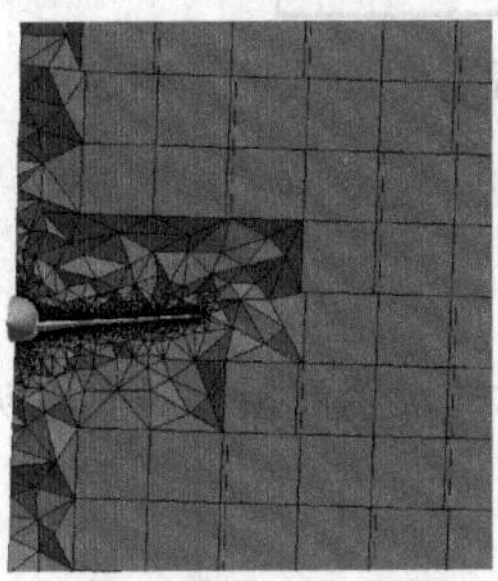

图 5-81　网格正面切面显示

图 5-82　网格切面的部分放大显示

5.5　网格实例五：二维管道四边形网格划分

本例的目的是展示为二维管道进行结构化网格划分步骤。通过本例的学习，用户将学习到如下的方法和操作技巧。

- 打开工程，读入存在的几何文件。
- 初始化块。
- 分割块。
- 关联块顶点到几何点。
- 组合几何实体曲线。
- 设置网格尺寸。
- 计算并显示网格。
- 检查网格质量。
- 转化为非结构化网格。

5.5.1 新建工程

（1）进行 File 操作，创建并浏览进入工作目录（2DpipeJunct），输入工程名（2Dpipeproject），单击保存按钮，如果原来不存在这个文件，则此时将会生成新的.prj 文件，如图 5-83 和图 5-84 所示。

- 文件名旁边的下拉列表框可以快速地定位用户最近使用的文件。
- Project 文件中包含关于工程设置，工作文件夹及相关文件的信息。
- 保存工程后，加载工程文件将加载文件夹下所有的相关文件。

（2）进行 File/Geometry/Open Geometry 操作，在弹出的对话框中选择 geometry.tin 文件，单击 Open 按钮，打开该几何文件，即可在右边视图窗中显示如图 5-85 所示的二维几何图形。

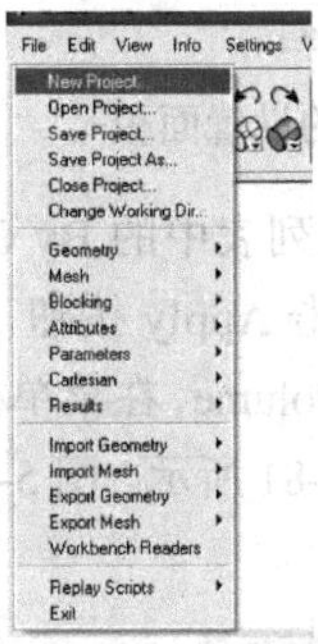

图 5-83 新建工程

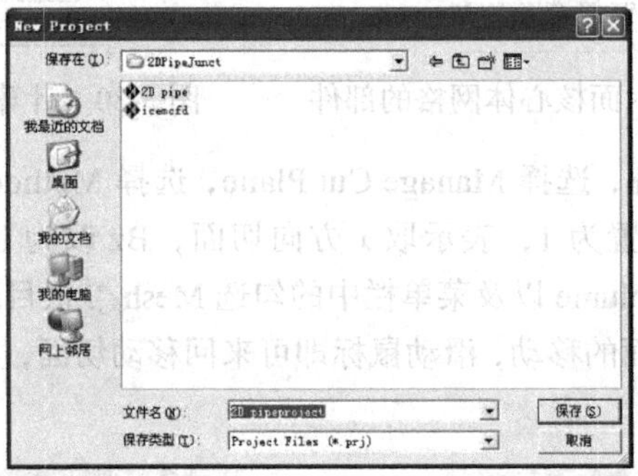

图 5-84 设置新的工程名

图 5-85 读入几何文件

5.5.2 初始化块

进行 Blocking/Create Block 操作，弹出如图 5-86 所示的设置面板，对实体初始化块的具体操作如下。

（1）选择初始化块 Initialize Blocks。

（2）设置 Type 为 2D Planar，其他选项保持默认值不变。

（3）单击 Apply 按钮，初始化几何实体块，如图 5-87 所示。

- 创建一个环绕所有几何体的块。
- 曲线自动改变颜色（颜色互相独立而不是按 part 分色），这样比较容易区分每条曲线的端点。

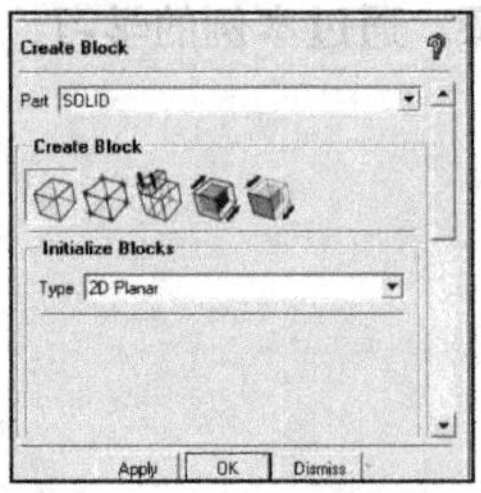

图 5-86 初始化块的设置面板

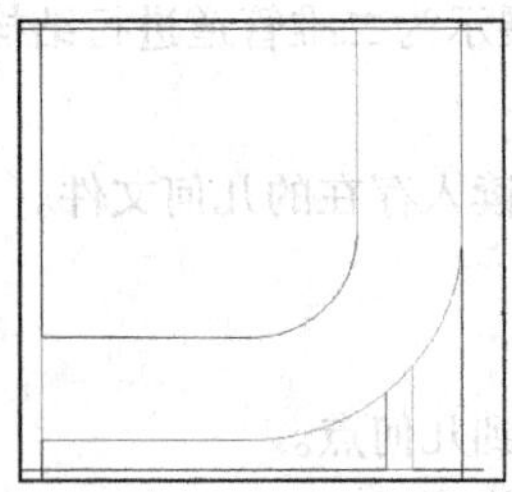

图 5-87 对管道初始化块

5.5.3 分割块

本例中几何实体所存在的潜在拓扑结构为 T 形状，但对许多新用户来说，要在一开始就形成这种概念是比较困难的，用户应经常在练习的时候思考“应该怎样构架块，使网格线符合几何实体所需的形状”，当然这需要用户在实际操作中逐步获得经验，并加以掌握。以下是本例划分拓扑建立网格的具体步骤。

（1）进行 Geometry/Split Block/Split Block 操作，弹出如图 5-88 所示的设置面板。

（2）单击块几何上要分割的边。

（3）新形成的边将会垂直于选择的边，如图 5-89 所示。

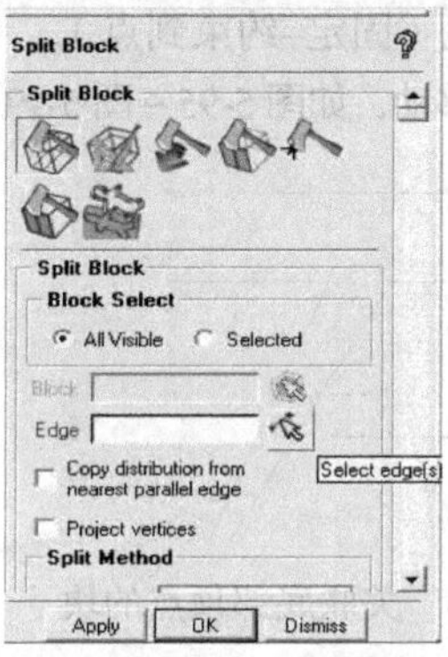

图 5-88 块分割的设置面板

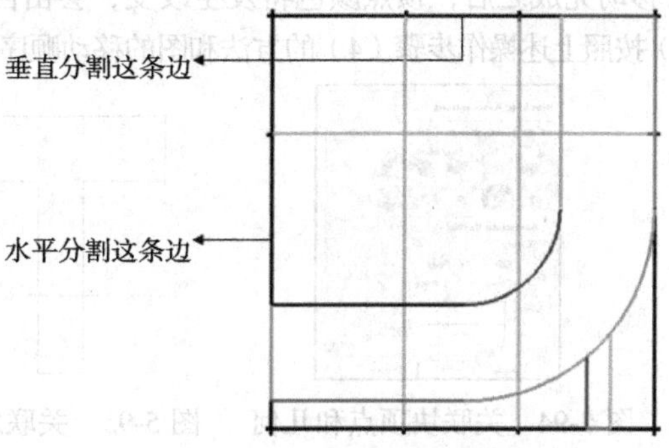

图 5-89 对块进行切割

（4）拖动分割到合适的位置。

（5）单击 Apply 按钮，完成操作。

（6）重复操作步骤（2）~（5）完成对几何实体的块结构的划分，如图 5-90 所示。

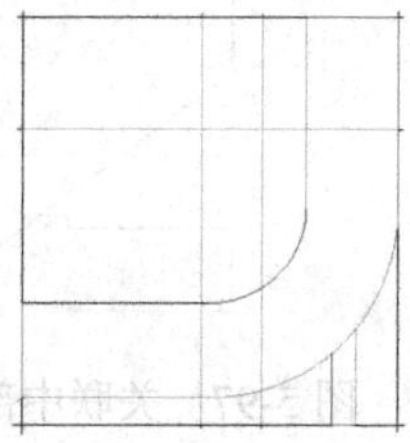

图 5-90 切割完成后的块显示

5.5.4 删除 Blocks

进行 Geometry/Delete Block 操作，弹出如图 5-91 所示的设置面板。

（1）激活 Blocks 选项，选择如图 5-92 所示的下面两角的块（4 和 16）。

（2）勾选 Delete permanently 复选框，可彻底删除选中的块。如用户需要重新使用这些即将被删除的块，则不应勾选该复选框，此时被选中的块仅被移到 part 目录下的 VORFN 中。

（3）单击 Apply 按钮确认操作，效果如图 5-93 所示。

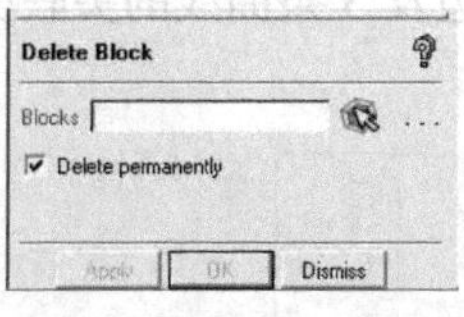

图 5-91 删除块的设置面板

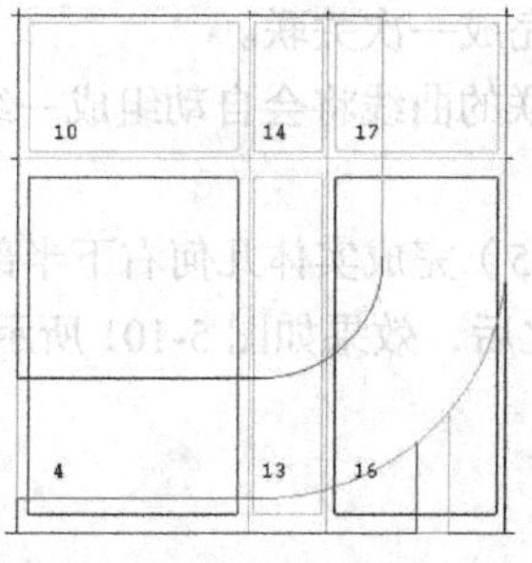

图 5-92 选择需要删除的块

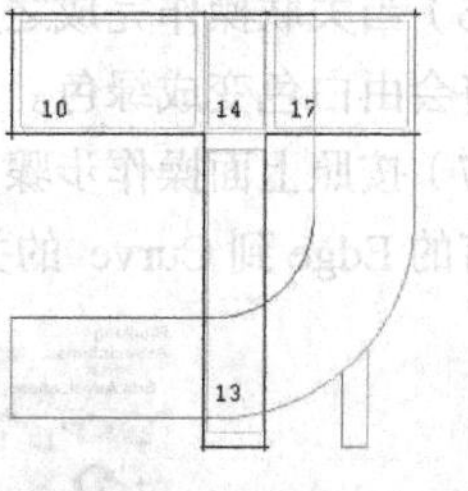

图 5-93 删除块之后的结构显示效果

5.5.5 关联块顶点到几何点

（1）展开左上角模型树中的 Geometry，勾选 Points 前面的复选框，则在右边视图窗中实体几何边的顶点将会被显示出来。

（2）进行 Geometry/Associate 操作，弹出 Blocking Associations，如图 5-94 所示。

（3）在弹出的设置面板中选择 Associate Vertex。

（4）在 Entity 选项组中选中 Point 选项，在这种方式下，用户即可以在屏幕上直接选取。

① 激活 Vertex 选项，在视图窗中选择一个块顶点，单击鼠标中键确认，然后选择几何点，顶点会自动移到相应的位置。

② 移动完成之后，顶点颜色将发生改变，会由白色（边界）到红色（固定-约束到点）。

（5）按照上述操作步骤（4）的方法和图的移动顺序完成实体块的顶点移动，如图 5-95 ~ 图 5-99 所示。

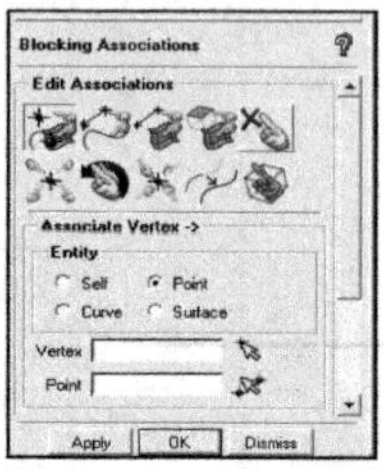

图 5-94　关联块顶点和几何实体顶点的设置面板

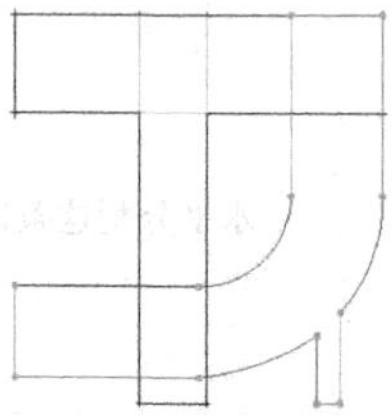

图 5-95　关联之前的块

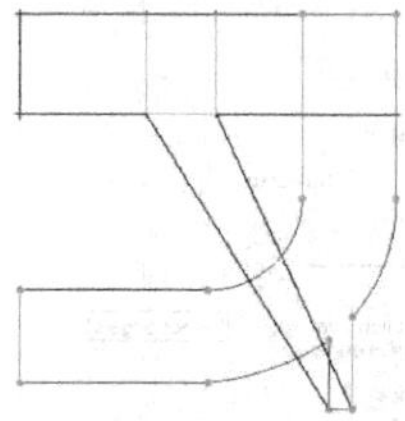

图 5-96　关联底部顶点的块

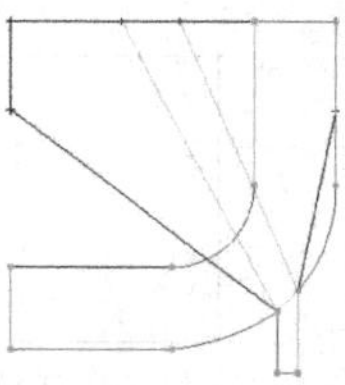

图 5-97　关联中部顶点的块

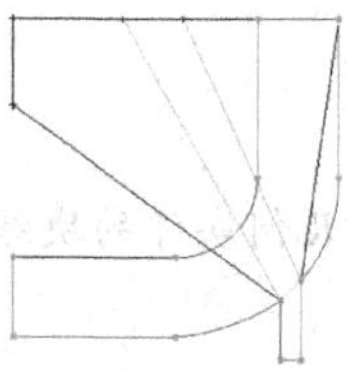

图 5-98　关联上部顶点的块

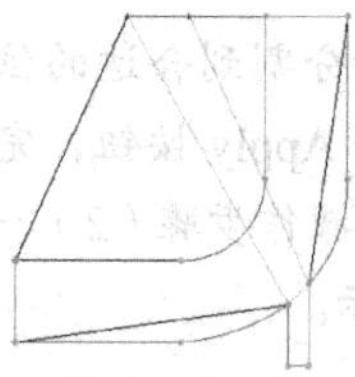

图 5-99　关联左边顶点的块

5.5.6　关联 Edge 到 Curve

（1）选择 Blocking Associations 设置面板中的 Associate Edge to Curve，如图 5-100 所示。

（2）激活 Edge（s）选项，在右边视图窗中选择左上角的 3 条边。

（3）激活 Curve（s）选项，在右边视图窗中选择实体几何左上角的 3 条曲线。

（4）其他设置保持默认设置。

（5）单击鼠标中键或 Apply 按钮完成一次关联。

（6）当关联操作完成之后，被关联的曲线将会自动组成一组，且同组曲线颜色相同，其边界线的颜色将会由白色变成绿色。

（7）按照上面操作步骤（2）~（5）完成实体几何右下半部分 3 条边及 3 条曲线的关联操作，完成所有的 Edge 到 Curve 的关联操作之后，效果如图 5-101 所示。

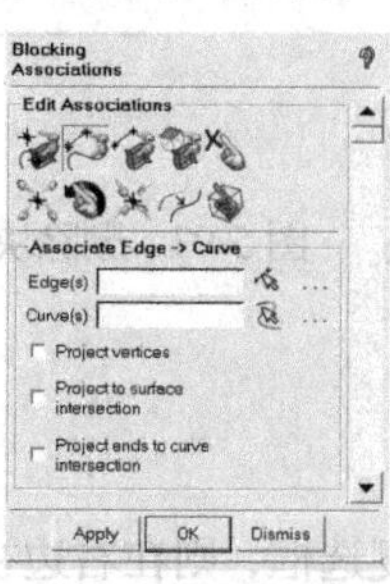

图 5-100　关联块的边和曲线的设置面板

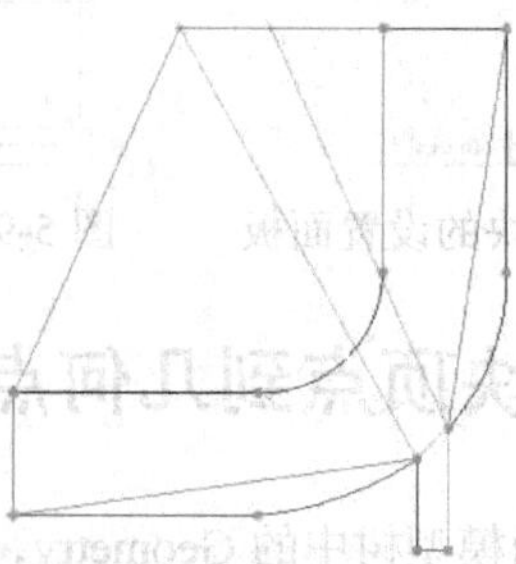

图 5-101　曲线和边关联之后的显示效果

5.5.7 显示关联

在完成边线的操作之后，利用可视化验证关联是否合适是诊断网格投影问题的第一步，在左上角的模型树中右键单击 Edges 选项，在弹出的快捷菜单中选择 Show association 命令，如图 5-102 所示。

- 从每个非蓝色边的中心引出一个箭头，垂直于关联实体指向最近的一点。
- 当边或顶点位于关联的几何实体之上时，这些边或顶点的关联箭头将不显示（长度为零）。
- 当用户发现边或者顶点投影错误时，只需选择正确的边和曲线重新执行边到曲线关联操作。

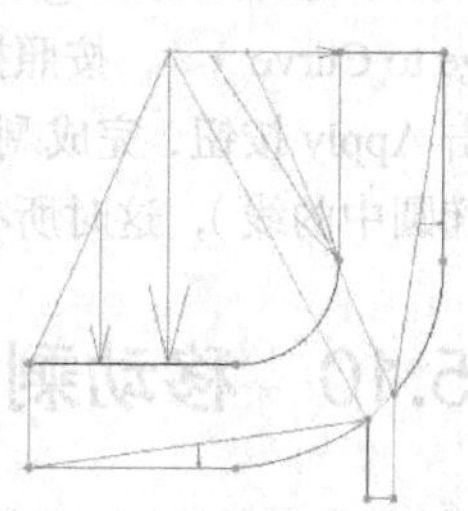

图 5-102 关联显示效果

5.5.8 组合 Curves

（1）选择 Blocking Associations 设置面板中的 Group Curves ，如图 5-103 所示。

（2） 选中 Action 选项组中的 Group Curves 选项，在 Group 选项组中选中 Selected 选项。

（3）在视图窗中选择实体几何左上角的 3 条曲线。

（4）单击鼠标中键或 Apply 按钮完成操作，效果如图 5-104 所示。

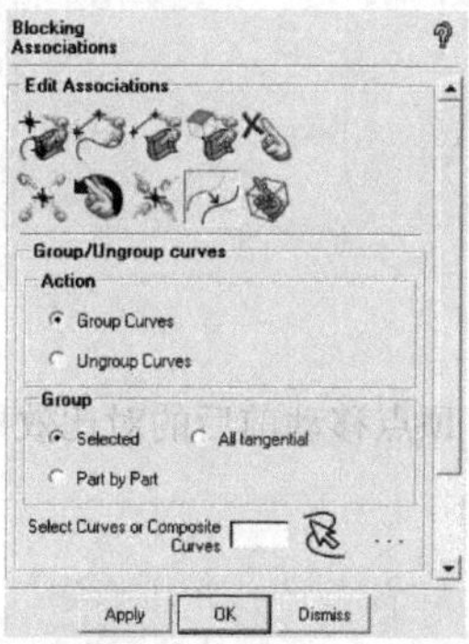

图 5-103 曲线合并的设置面板

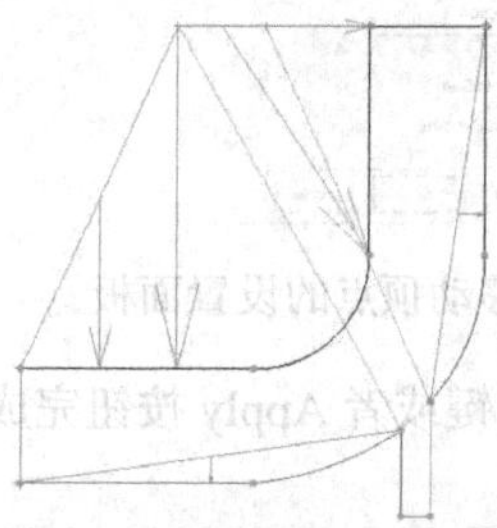

图 5-104 合并内部的 3 段曲线

注 意：首先选择曲线的颜色将被用作组成 Group Curves 的颜色。组合的曲线并没有连接曲线，而只是在保存的 block 文件中分组，一旦 block 文件关闭，分组也就无效了。此外，用户还可尝试用 group all tangent 来自动分组模型中的所有曲线。

5.5.9 完成边和线的关联

在完成关键位置的边和线的关联之后，用户需要继续操作，关联剩下的边和线。

（1）展开模型树，关闭 Geometry 根目录下的 Curves，这时用户可在视图窗中只观察 Edges。

（2）在如图 5-105 所示直线上的边不需要再进行关联（顶点和曲线点已关联），完全可以实现网格投影。然而，边界单元只能创建于与曲线相关联的边上，用户需要关联这些边，以便创建单元设置边界条件。

（3）对于位于曲线上的边，由于曲线和边重合无法辨别，因此只要记住第一次只选择边，然后单击鼠标右键，第二次选择曲线，这样就可以在同一位置单击两次选择不同的对象。

（4）选择 Blocking Associations 设置面板中的 Associate Edge to Curve ，按照操作步骤（3）的介绍选择线与边，单击 Apply 按钮，完成剩下线与边的关联（如图 5-105 所示的椭圆中的线），这时所有的边线将由灰色变成绿色。

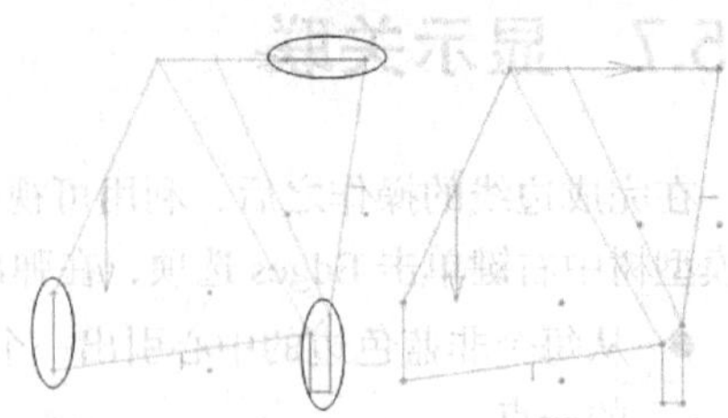

图 5-105　关联余下的所有的边和曲线

5.5.10　移动剩余的顶点到几何上

进行 Move Vertex/Move Vertex操作，弹出如图 5-106 所示的设置面板

（1）保持设置面板中的所有默认设置不变，在右边视图窗中选择顶点并按住鼠标左键拖动顶点到理想的位置，使几何体内包含的两条边尽量垂直于几何体曲线。操作完成之后，效果如图 5-107 所示。

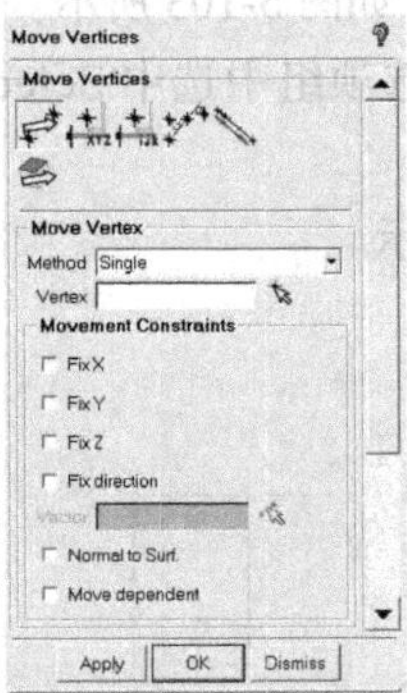

图 5-106　移动顶点的设置面板

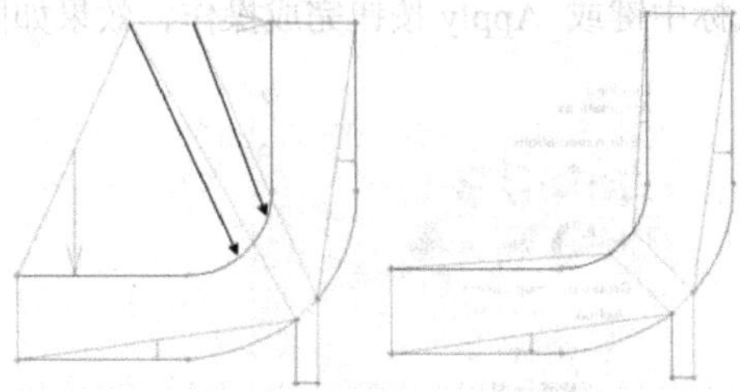

图 5-107　顶点移动前后的对比效果

（2）单击鼠标中键或者 Apply 按钮完成操作。

小提示：

- 单击鼠标右键会取消前面的移动，但不会退出操作。
- 移动顶点，使蓝色边尽可能地垂直于里面的曲线。

5.5.11　设置网格尺寸

进行 Mesh/Set Curve Mesh Size操作，弹出如图 5-108 所示的设置面板。

（1）保持 Method 默认值不变。

（2）激活 Select Curve（s）选项，在右边视图窗的下边命令栏中输入 a 选择所有曲线。

（3）设置任意网格单元边的最大尺寸 Maximum size 为 3。

（4）设置第一层的高度（垂直于边界）Height 为 1。

（5）设置层间的高度比率（垂直于边界）为 Height ratio = 1.5。

（6）单击 Apply 按钮。

（7）展开模型树 Geometry 根目录，在 Curves 选项上单击鼠标右键，在弹出的快捷菜单中选择 Curve

Hexa Sizes 命令，则在右边视图窗显示如图 5-109 所示的图形。

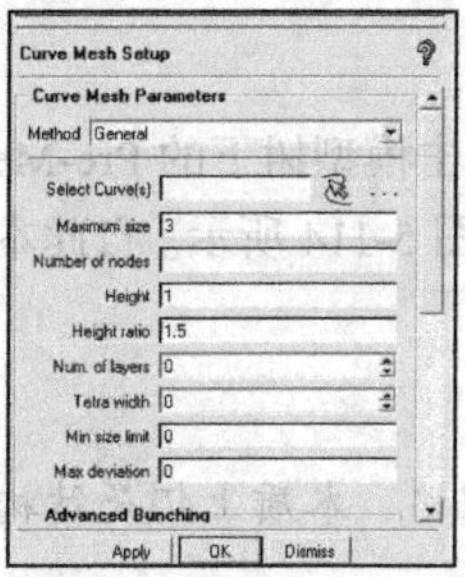

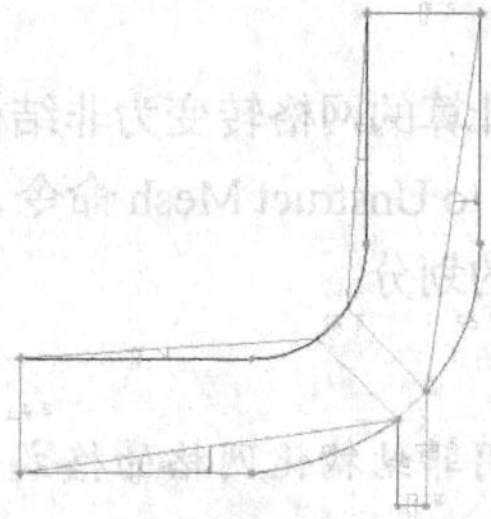

图 5-108　设置全局网格参数的设置面板　　图 5-109　网格参数尺寸显示效果

5.5.12　生成并显示网格

（1）展开左上角模型树中的 Blocking 根目录，选择 Pre-mesh 选项，弹出如图 5-110 所示的对话框。

（2）单击 Yes 按钮，开始计算几何实体的网格，则在右边视图窗中出现计算过的网格，如图 5-111 所示。

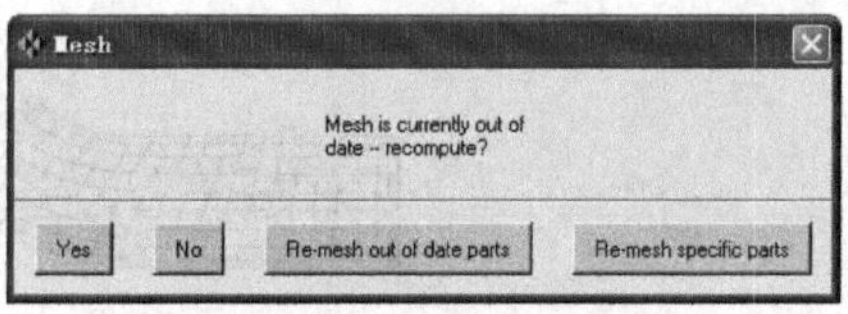

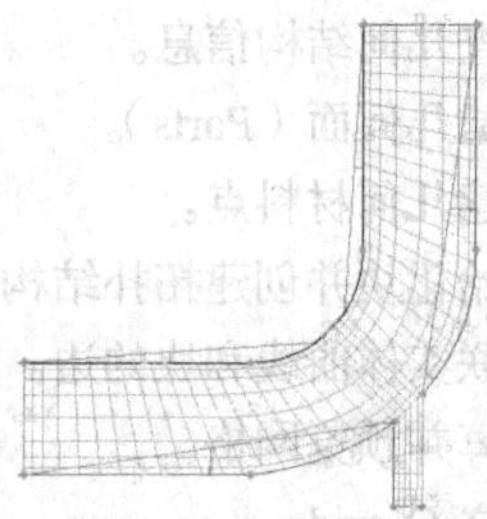

图 5-110　Mesh 对话框　　图 5-111　网格显示效果

5.5.13　网格质量检查

（1）选择 Geometry 目录下的 Pre-mesh Quality Histograms 选项，弹出如图 5-112 所示的设置面板。

（2）在 Criterion 下拉列表中选择 Determinant 3×3×3 选项。

（3）分别设置 Min-X value 和 Max-X value 为 0 和 1。

（4）设置 Max-Y height 为 20，表示某范围内的网格最大数量。

（5）设置 Num. of bars 为 20，表示前面设置的 0 ~ 1 会被分成 20 等份。

（6）保持其他默认值不变，单击 Apply 按钮，则可在右下角看见如图 5-113 所示的网格质量直方图。根据网格质量分布可见初始网格的 Determinant 有小于 0.1 的，表示初始网格质量并不高，需要进一步加以改进。由显示的直方图可知，本例所生成的网格质量已经相当高，无须改进。

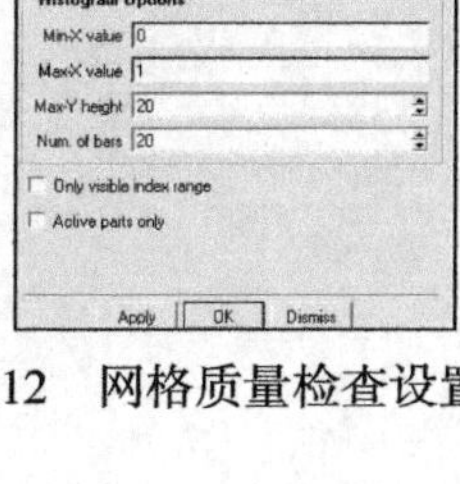

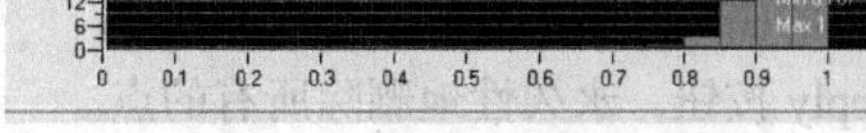

图 5-112　网格质量检查设置面板　　图 5-113　网格质量直方图

5.5.14　转化成非结构化网格

将上面已经经过计算的网格转变为非结构网格，右键单击模型树下的 Pre-Mesh 选项，在弹出的快捷菜单中选择 Convert to Unstruct Mesh 命令，实现转变，如图 5-114 所示。自此本例已完成对二维 Pipe 的四边形结构化网格的划分。

注：只是用非结构化网格的格式来存储结构化网格，本质上仍是结构化网格。

5.6　网格实例六：三维管道六面体结构化网格

本例的目的是展示为三维管道进行六面体结构化网格划分的步骤。通过本例的学习，用户将学习到如下的方法和操作技巧。

- 打开工程，读入存在的几何文件（.x_t 类型）。
- 检查几何结构信息。
- 创建几何面（Parts）。
- 创建几何材料点。
- 初始化块并创建拓扑结构。
- 关联实体曲线和块的边。
- 计算并预览网格。
- 建立 O-grid。
- 网格质量评估。
- 输出网格文件。

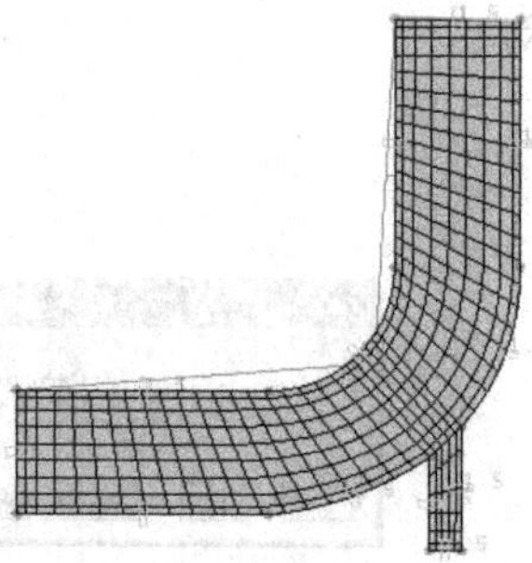

图 5-114　转变为非结构化的网格

5.6.1　新建工程

（1）进行 File/New Project 操作，创建新文件夹，名称为 Pipes，将文件重命名为 Pipe（也可以是其他名称），然后选择 Save。

（2）进行 File/Import Geometry/ParaSolid 操作，浏览进入工作文件夹。选择 pipes.x_t 并且选择 Open。

（3）选择 Inch 选项并且单击 Apply 按钮。

（4）使用鼠标在屏幕上移动几何（默认情况下视图窗中只会显示曲线）。

- 按住鼠标左键不放并左右移动可以旋转三维几何。
- 按住鼠标中键不放可以实现视图窗中几何体的平移。
- 按住鼠标右键不放并左右移动可以实现二维几何图形的旋转。按住该键不放并上下移动可以实现几何图形的放大或缩小。

（5）进行 Geometry/Delete Curve 操作。

① 激活 Delete permanently 选项。

② 选择所有的曲线。

③ 单击 Apply 按钮，永久性地删除所有的点。

5.6.2　检查几何拓扑

进行 Geometry/Repair Geometry/Build Diagnostic Topology操作，此时弹出 Repair Geometry 设置面板，如图 5-115 所示。

（1）保持 Build Diagnostic Topology 选项不变，表示软件从曲面数据中（或是导入的实体中）自动提取 曲线/点信息。

（2）使用默认值容差 Tolerance (0.1)，那么 IECM CFD 在提取信息时，将会根据几何中的最小边尺寸自动计算，并进行必要的调整，从而得到所需的结果。如果结果不理想，就需要用户重新加载 tin (geometry)文件。

（3）选中 Filter points 和 Filter curves 复选框，以删除几何体中不必要的曲线/点，包括小于设定的特征角度（基于捕捉几何的主要形状特征）和在设置容差范围内重复的曲线/点。

（4）单击 Apply 按钮，完成几何实体信息的操作，单击 Dismiss 按钮，退出该对话框。

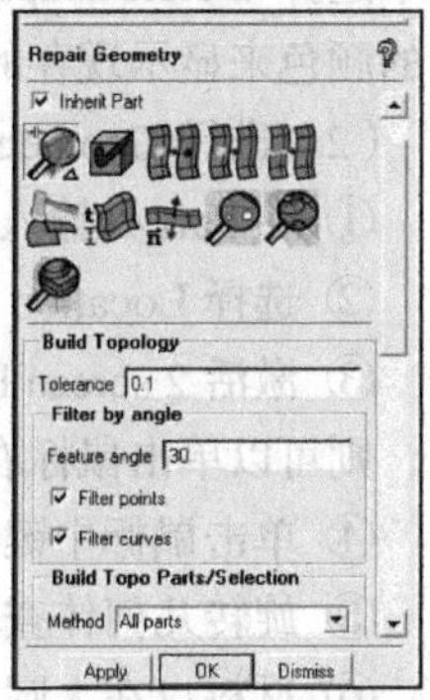

图 5-115　修补几何实体

（5）在模型树 Geometry/Curves 上单击鼠标右键，在弹出的快捷菜单中选择 Color by Count 命令，此时右边视图窗中的几何实体曲线将会显示不同的颜色，这非常有助于我们发现潜在的问题。

- 红色的曲线表示双边，该边连接两个面。
- 黄色的曲线表示几何实体上单面的某一单条边，这种情况通常表明在几何体中存在缝隙或洞。用户遇到这种情况时，应检查导入的几何实体，并满足容差在设置的范围以内。
- 蓝色的曲线表示曲线由 3 个或是更多的面相连的多条边，这种情况通常表明存在 T 形接口或是长条形面（这些面在容差的范围之内）。
- 绿色的曲线表示几何体中存在着独立的线，并无任何几何面支撑。

（6）检查完实体的曲线信息之后，关闭 Color by Count。

（7）在左上角的模型树中展开 Parts 分枝，此时用户应注意视图窗中的曲线是根据 CURVES 所在的 PART 来显示颜色的。

5.6.3　创建 Part

（1）在左上角模型树中选择 Geometry/Surfaces 选项（即在 Surfaces 选项前面的方框中打勾），使得右边视图窗中的几何实体显示表面。

（2）在模型树中的 Parts 处单击鼠标右键，在弹出的快捷菜单中选择 Create Part 命令，弹出如图 5-116 所示的设置面板，具体创建 Part 的操作如下。

① 在 Create Part 设置面板中输入 INLET，将其作为新建的 Part 名。

② Part 创建方式选择默认的 Create Part by Selection。

③ 激活 Entities 选项，选择右边视图窗中大圆柱的自由端曲面并单击鼠标中键或者 Apply 按钮确认操作，如果用户选错了曲面，则可单击鼠标右键取消上一次的选择。

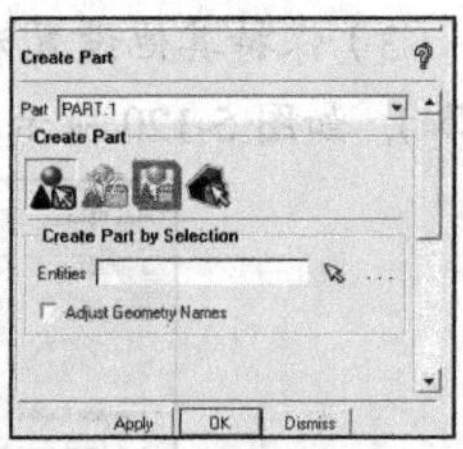

图 5-116　创建新 Part 的设置面板

（3）以同样的方法创建其他 Parts。

（4）单击 Dismiss 按钮，关闭 Create Part 设置面板。

5.6.4 创建材料点并保存工程

（1）在将所有的几何实体 Part 划分完成之后，在模型树中 Parts 处单击鼠标右键，在弹出的快捷菜单中选择 Delete Empty Parts 和 Reassign Colors/“Good” Colors 命令，删除几何体中的空 part 并用不同的颜色来显示现存的实体 Part。

（2）进行 Geometry/Create Body 操作，弹出 Create Body 设置面板，如图 5-117 所示。

① 在 Part 处输入 FLUID_MATL 作为 Body 名，用户也可保持默认值不变。

② 选择 Location 选项组中的 Centroid of 2 points（默认值）。

③ 激活 2 screen locations 选项，在右边视图窗中选择实体的两个边缘位置上的点（如果用户选错点，则可以单击鼠标右键取消上一步操作）。

④ 单击鼠标中键，确认操作。

⑤ 旋转几何体查看确认材料点位于要划分网格的区域。

⑥ 材料点在大圆柱中小圆管外，如图 5-118 所示。

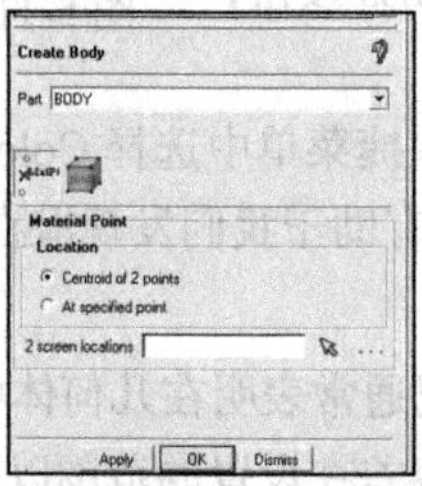

图 5-117 创建新材料点的设置面板

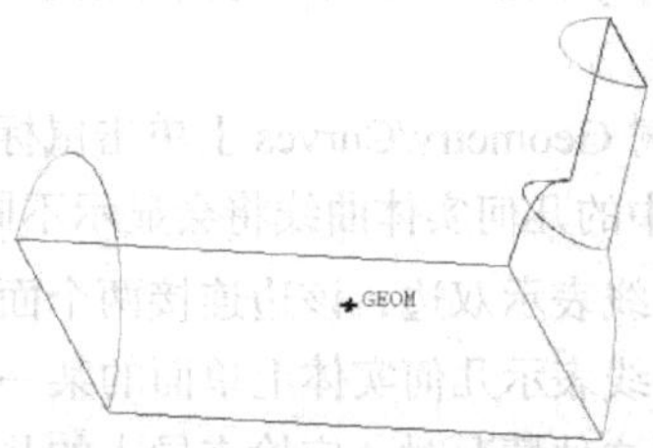

图 5-118 在几何实体中创建材料点

⑦ 在左上角的模型树中打开 Geometry/Bodies。

⑧ 在模型树中右键单击 Parts，在弹出的快捷菜单中选择 Reassign Colors/“Good” Colors 命令，则在右边的视图窗中的实体几何的线条颜色将会被重新分配。

（3）进行 File/Save Project 操作，将已完成的操作保存。

5.6.5 初始化块

进行 Blocking/Create Block 操作，弹出如图 5-119 所示的设置面板，对实体初始化块的具体操作如下。

（1）将 Part 设为 FLUID_MATL，并选择模式。

（2）选择 3D Bounding Box 作为初始块的模式。

（3）保持其他设置为默认值不变，如果没有特定的选择，初始化的块将包围所有的实体（整个几何体），如图 5-120 所示。

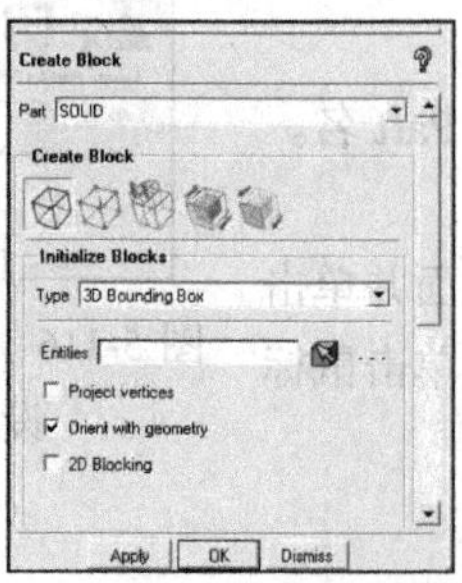

图 5-119 初始化块的设置面板

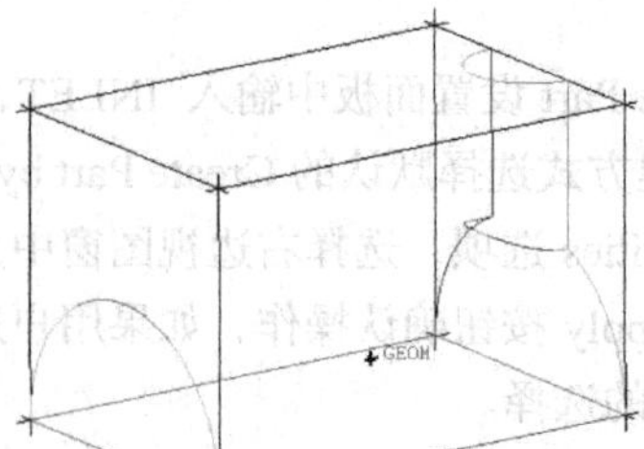

图 5-120 对几何实体进行块初始化

5.6.6　分割块并建立拓扑结构

进行 Blocking/Split Block 操作，弹出如图 5-121 所示的设置面板，对实体初始化块的具体操作如下。

（1）选择要分割的边，用户则能看见新生成的边垂直于选择的边，如图 5-122 所示。

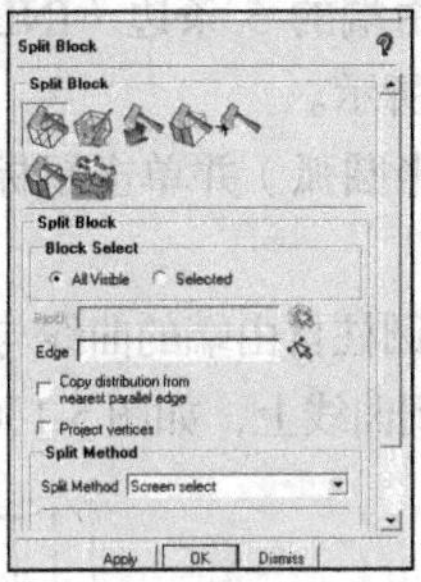

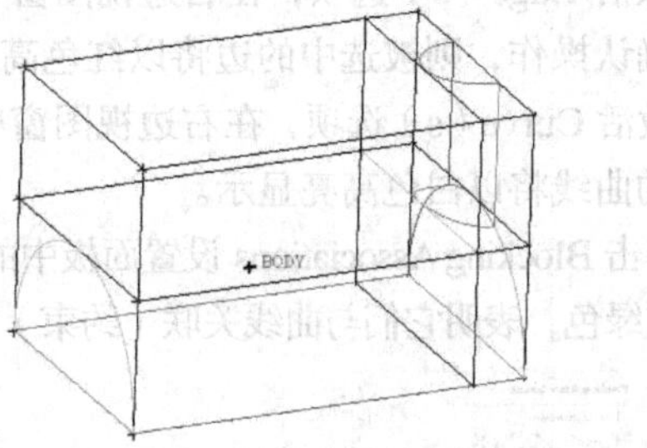

图 5-121　块切割的设置面板　　图 5-122　对初始化的块进行切割后显示效果

（2）按住鼠标左键将其拖动到合适的位置。

（3）单击鼠标中键或 Apply 按钮完成操作，并继续按照上面的操作步骤完成实体几何水平和竖直方向的块划分，如图 5-123 所示。

（4）在左上角模型树上右键单击 Blocking 选项，在弹出的快捷菜单中选择 Index Control 命令，出现如图 5-123 所示的块控制面板，单击 Select corners 按钮，在右边视图窗中选择需要显示的块的两个对角点，此时仅显示了实体上半部分的块，如图 5-124 所示。

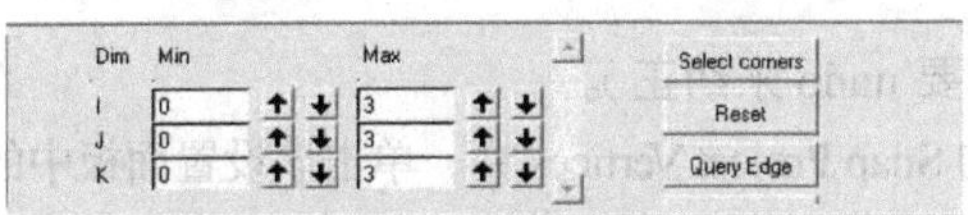

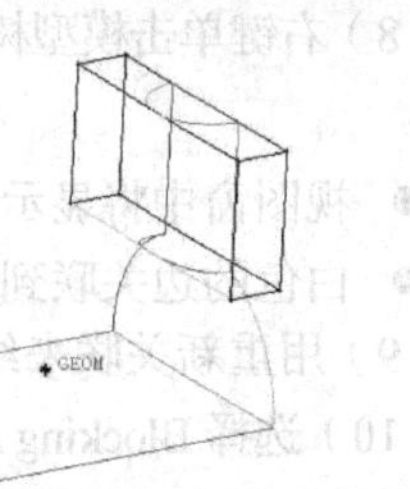

图 5-123　块显示控制　　图 5-124　只显示几何实体上半部分块

（5）按照操作步骤（1）~（3）完成几何周围边块的划分。

（6）单击 Reset 按钮，在视图窗中显示的实体如图 5-125 所示。

（7）单击 Delete Block，弹出如图 5-126 所示的设置面板。

（8）单击图标，选择顶角的块和圆筒上半部分的块。

（9）单击 Apply 按钮或鼠标中键删除选中的块。至此，实体几何的结构已完全雕刻成型，如图 5-127 所示。

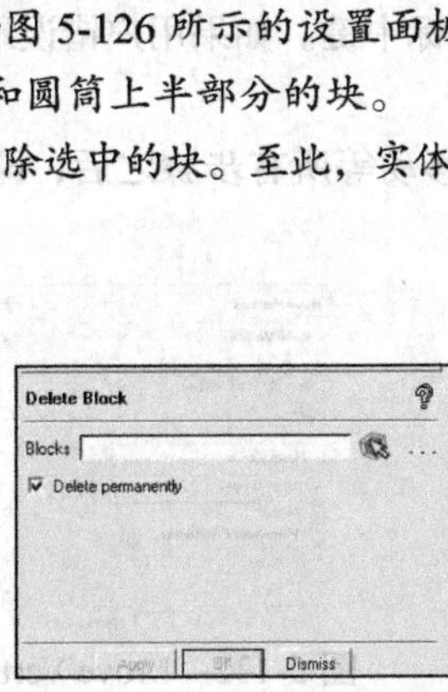

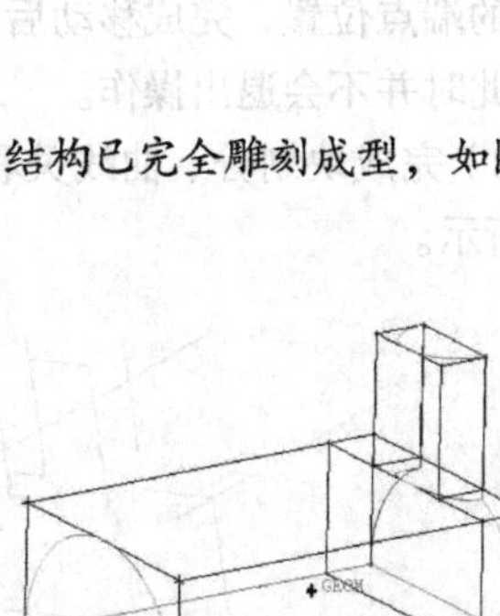

图 5-125　第二次切割后的块显示效果　图 5-126　块删除设置面板　图 5-127　删除部分块后的显示效果

5.6.7 关联曲线

（1）在模型树中，关闭 Geometry 根目录下的 Surface 选项，并复选 Curves。

（2）进行 Associate /Associate Edge to Curve 操作，弹出如图 5-128 所示的设置面板。

（3）勾选 Project vertices 和 Project to surface intersection 复选框。

（4）激活 Edge（s）选项，在右边视图窗中选择环绕大圆柱自由端的 5 条边（INLET 侧）并单击鼠标中键确认操作，则被选中的边将以红色高亮显示，如图 5-129 所示。

（5）激活 Curve（s）选项，在右边视图窗中选择下面的曲线（半圆弧）并单击鼠标中键确认操作，则被选中的曲线将以白色高亮显示。

（6）单击 Blocking Associations 设置面板中的 Apply 按钮，完成大圆柱自由端的曲线与块边的关联。选择的边变成绿色，表明它们与曲线关联（约束）并且块的顶点将会移到曲线上，如图 5-130 所示。

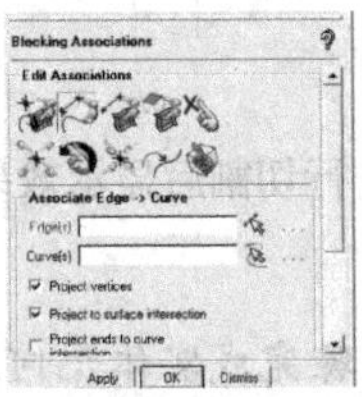

图 5-128 关联曲线和边的设置面板

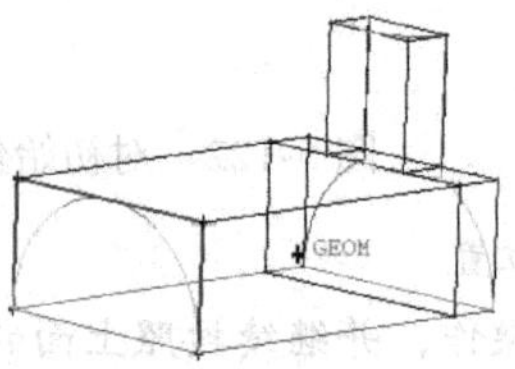

图 5-129 选择块的边（呈红色）

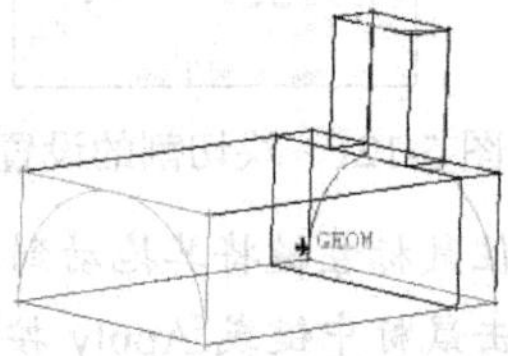

图 5-130 关联前端的曲线和边（都呈绿色）

（7）重复操作步骤（4）~（6），继续关联块的 边到几何曲线，如图 5-131 所示。

（8）右键单击模型树 Blocking 根目录下的 Edges 选项，在弹出的快捷菜单中选择 Show association 命令。

- 视图窗中将显示从块的角（顶点）及边到相关联几何的箭头。
- 白色的边关联到最近的曲面（默认）。

（9）用重新关联来纠正有错误的关联（不需要 undo 来纠正）。

（10）选择 Blocking Associations 设置面板中的 Snap Project Vertices ，单击该设置面板中的 Apply 按钮，则系统将自动捕捉顶点到最近的几何位置，其中绿色顶点捕捉到相关联的曲线，使关联完的顶点位于理想的位置。

（11）选择 Move Vertex ，右下角的 Move Vertices 设置面板如图 5-132 所示。

（12）在右边视图窗中按住鼠标左键并拖动实体几何中的点到理想的位置，并确认顶角的顶点移动到曲线的端点位置，完成移动后单击鼠标中键。如果用户错误地移动了点，则可右键单击取消前面的移动，此时并不会退出操作。

（13）完成块划分、曲线关联和点移动等所有步骤之后，即可完成实体的拓扑结构的创建，如图 5-133 所示。

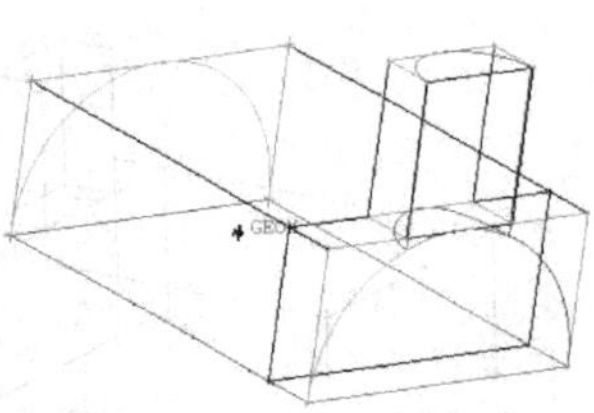

图 5-131 关联几何所有外边缘的边和曲线

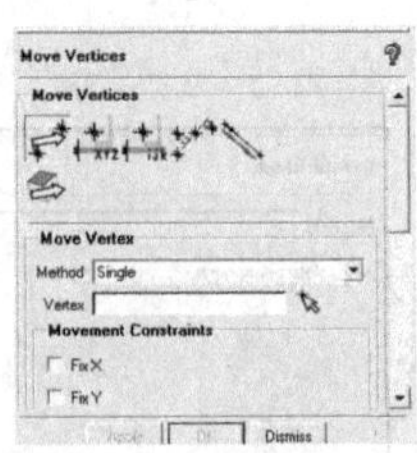

图 5-132 Move Vertices 设置面板

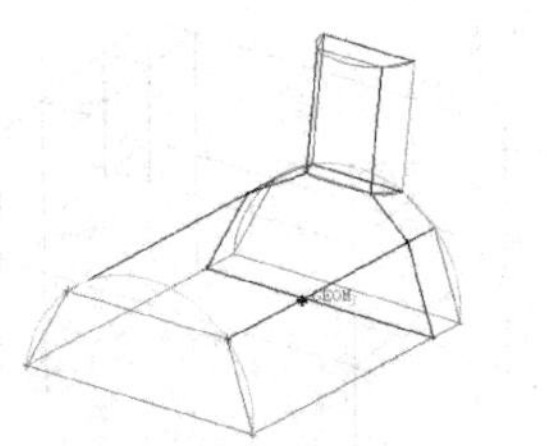

图 5-133 移动顶点后的块显示效果

5.6.8　初步生成网格

（1）展开左上角模型树中的 Blocking 根目录，选择 Pre-mesh 选项，弹出如图 5-134 所示的对话框。

（2）单击 Yes 按钮，开始计算几何实体的网格，则在右边视图窗中出现计算过的网格如图 5-135 所示。

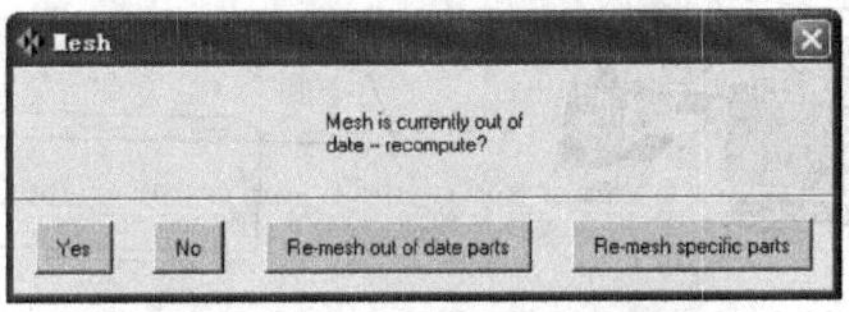

图 5-134　计算网格的对话框

图 5-135　初步计算后的网格显示效果

5.6.9　初步网格质量评估

（1）选择 Geometry 目录下的 Pre-mesh Quality Histograms 选项，弹出如图 5-136 所示的设置面板。

（2）在 Criterion 下拉列表中选择 Determinant 3×3×3 选项。

（3）分别设置 Min-X value 和 Max-X value 为 0 和 1。

（4）设置 Max-Y height 为 20，表示某范围内的网格最大数量。

（5）设置 Num. of bars 为 20，表示前面设置的 0 ~ 1 会被分成 20 等份。

（6）保持其他默认值不变，单击 Apply 按钮，则在右下角可以看见如图 5-137 所示的网格质量直方图，根据图中的网格质量分布可知，初始网格的 Determinant 指标有小于 0.1 的，表示初始网格质量并不高，需要进一步加以改进。

（7）单击图中小于 0.4 的直方图（则其颜色将由绿色变成粉红色），右键单击这些直方图，在弹出的快捷菜单中选择 Show 命令，即可在视图窗中看见对应质量的网格，如图 5-138 所示。从图中可以看到，网格质量不高的网格主要出现在大圆柱和小圆柱周围，因此需要对这部分几何拓扑加以改进，这时就需要用到 O-grid 结构。

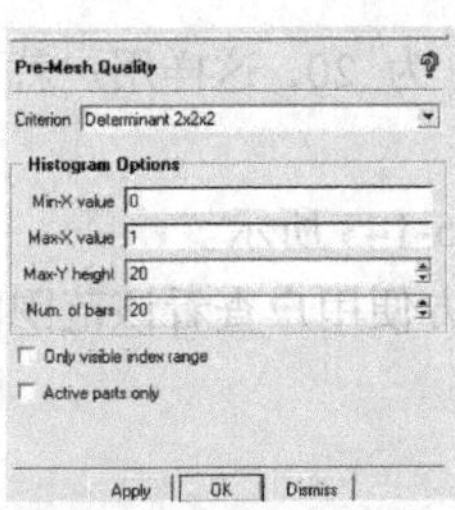

图 5-136　网格质量检查的设置面板

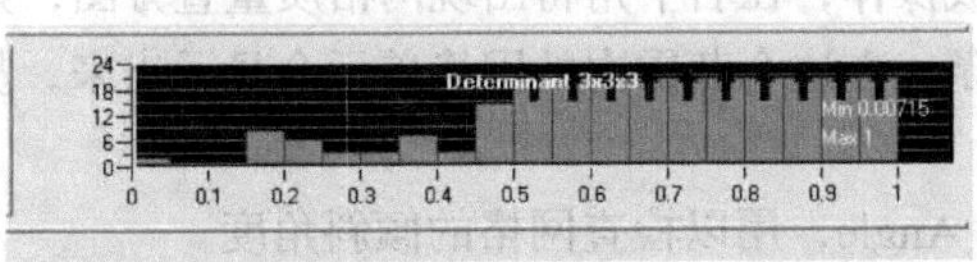

图 5-137　初步网格划分网格质量（Determinant）直方图

图 5-138　网格质量小于 0.4 部分的网格分布

5.6.10　建立 O-grid

（1）选择 Geometry 目录下的 Split Block，弹出如图 5-139 所示的设置面板，单击设置面板中的图标。

（2）单击 Select Block (s)右边的图标，在右边的视图窗中选择所有的块。

（3）单击 Select Face (s)右边的图标，在右边的视图窗中选择拓扑结构上所有的面，如图 5-140 所示。

（4）单击 Apply 按钮，完成操作。至此，即可在几何实体中创建了 O-grid，如图 5-141 所示。

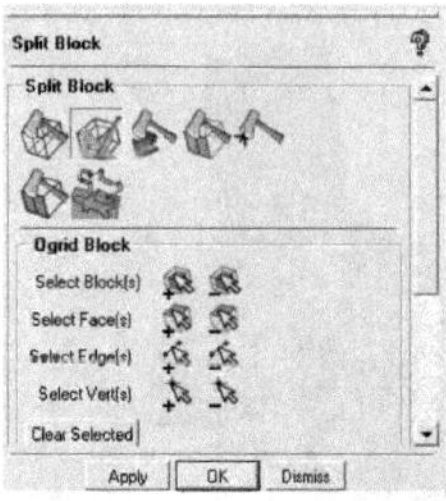

图 5-139　建立 O-grid 网格对话框

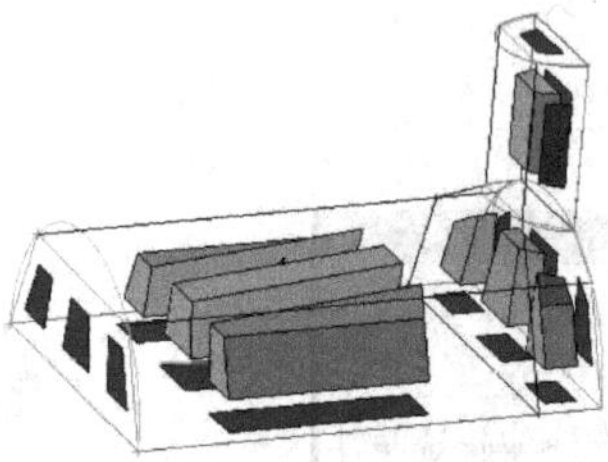

图 5-140　选择所有的块和面

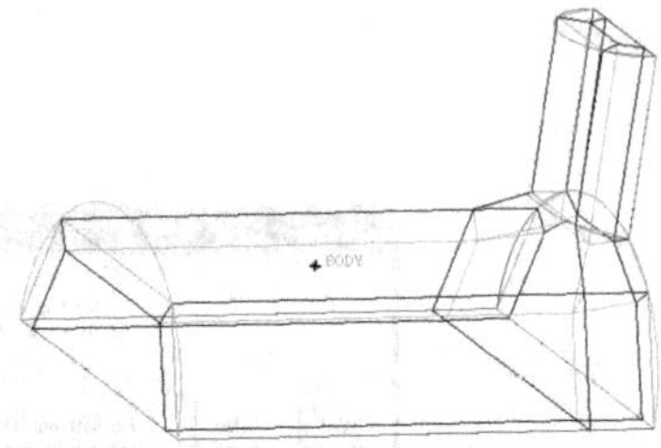

图 5-141　创建 O-gird 的块显示效果

5.6.11　第二次生成网格

（1）在 Pre-Mesh 处单击鼠标右键，在弹出的快捷菜单中选择 Project faces 命令。

（2）在模型树中选择 Blocking/Pre-Mesh 选项，当提示重新计算网格时选择 Yes ，效果如图 5-142 所示。

- 关闭 Geometry 和 Blocking/Edges，这样可以直观察面网格。
- 激活/关闭特定的部分，例如，关闭 PIPES 察看 ROD/SYMM 上的网格。
- 也可勾选 Solid & Wire（在 Pre-Mesh 处单击鼠标右键）选项，查看网格。

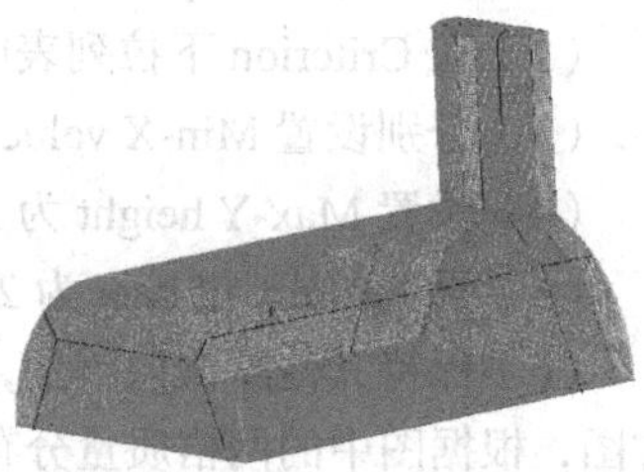

图 5-142　创建 O-grid 后计算的网格

5.6.12　第二次网格质量评估

（1）单击 Geometry 目录下的 Pre-mesh Quality Histo- grams。

（2）将 Criterion 设置为 Determinant 2×2×2。

（3）设置 Min-X value 为 0, Max-X value 为 1，并且设置 Max-Y height 为 20，这样用户就可以在左边看到最小的长度条。

（4）单击 Apply 按钮完成操作，在右下角将出现网格质量直方图，如图 5-143 所示。

（5）单击最靠左的长度条，在这个范围内的网格单元会显示出来，从而方便用户查看该范围内的网格。

（6）将 Criterion 设置为 Angle，用以检查网格的倾斜角度。

（7）将设置 Min-X value 为 0, Max-X value 为 90，其他选项保持不变。

（8）单击 Apply 按钮完成操作，在右下角将出现网格质量直方图（角度），如图 5-144 所示。

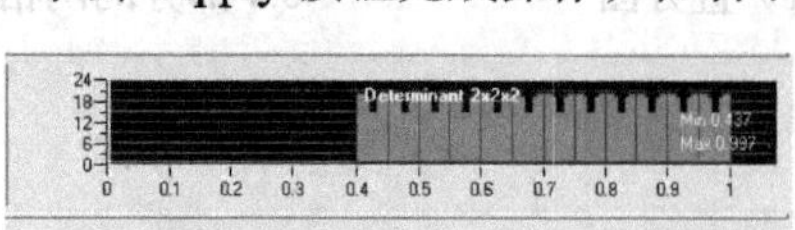

图 5-143　网格划分网格质量（Determinant）直方图

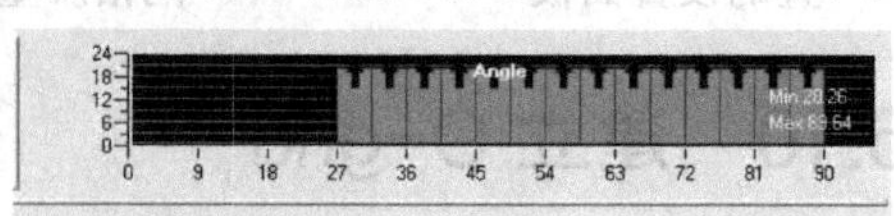

图 5-144　网格划分网格质量（Angle）直方图

（9）对比第一次没有划分 O-grid 的拓扑结构所生成的网格，用户可以看到几何实体的网格有了很明显的改变，其 Determinant 全部大于 0.4 且 Angle 大于 27°，这表明此时的网格已有较高的质量。

5.6.13 网格输出

（1）将上面已经经过计算的网格转变为非结构网格，右键单击模型树下的 Pre-Mesh 选项，在弹出的快捷菜单中选择 Convert to Unstruct Mesh 命令，实现转变。

（2）设置网格所对应的求解器，进行 Output/Select Solver 操作，弹出如图 5-145 所示的设置面板。

（3）在 Output Solver 下拉列表中选择求解器（例如，FLUENT 或 ANSYS CFX）。

（4）选择 Write input，当提示保存时选择 Yes，设置输出文件名称或使用默认的名称，弹出如图 5-146 所示的对话框。

（5）单击对话框中的 Done 按钮（接受默认设置），完成网格的输出。自此，用户即已完成 3D Pipe 六面体结构化网格的划分。

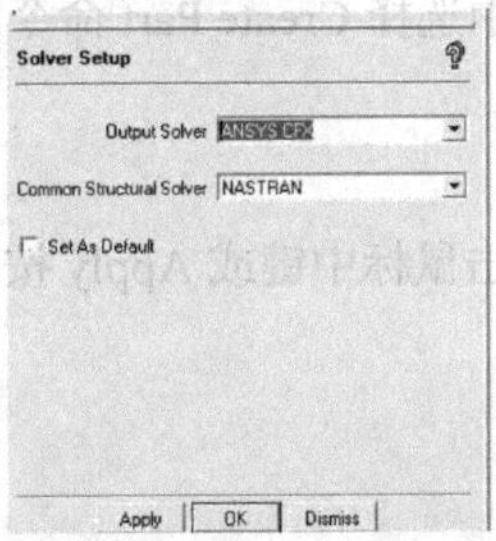

图 5-145 选择网格输出求解器的设置面板

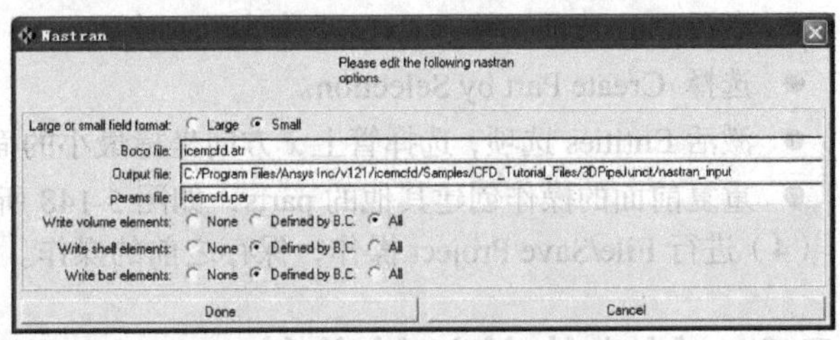

图 5-146 输出网格的对话框

5.7 网格实例七：三维弯管六面体结构化网格

本例的目的是展示为三维弯管进行六面体结构化网格划分的步骤。通过本例的学习，用户将学习到如下的方法和操作技巧。

- 打开工程并创建 Parts。
- 创建几何实体的块拓扑结构。
- 移动块顶点。
- 创建 O-grid。
- 修饰块。
- 设置几何实体的网格尺寸。
- 计算并预览网格。
- 检查网格质量。

5.7.1 打开项目并创建 Parts

（1）进行 File 操作，浏览进入工作目录，选择几何文件，导入对应的几何文件，如图 5-147 所示，用户可利用鼠标光标在屏幕上移动几何体。

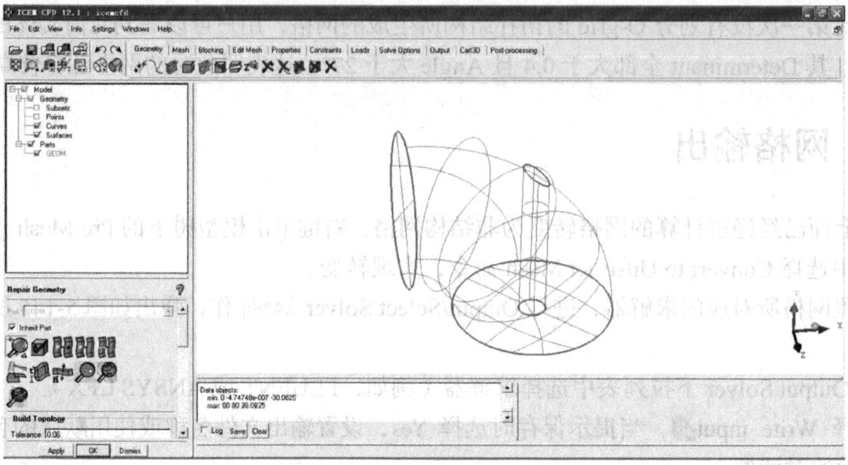

图 5-147　在视图窗中显示弯管

（2）在模型树中展开 Geometry，并勾选 Surfaces 前面的方框。

（3）在模型树中的 Parts 处单击鼠标右键，在弹出的快捷菜单中选择 Create Part 命令。

- 激活 Part 选项，输入 INLET 作为 Part 名。
- 选择 Create Part by Selection。
- 激活 Entities 选项，选择管上 x 方向坐标最小的面，然后单击鼠标中键或 Apply 按钮确认操作。
- 重复前面的操作创建其他的 parts，如图 5-148 所示。

（4）进行 File/Save Project 操作，保存之前的操作。

5.7.2　创建体并初始化块

（1）进行 Geometry/Create Body 操作，弹出 Create Body 设置面板，如图 5-149 所示。

① 在 Part 处输入 FLUID_MATL。

② 单击 MatPt 图标并且在 Location 选项组中选中 Centroid of 2 points 选项。

③ 激活 2 screen locations 选项，从视图窗中选择 2 点。

④ 单击鼠标中键确认操作。

⑤ 在模型树中展开 Geometry/Bodies。

⑥ 旋转几何体，确认物质点在弯管内部并且在圆柱外部。

⑦ 在圆柱内部创建另外的一个物质点 DEAD part，如图 5-150 所示。

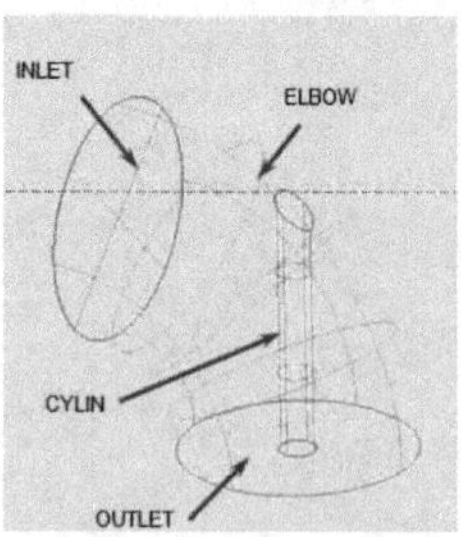

图 5-148　创建的弯管 Part

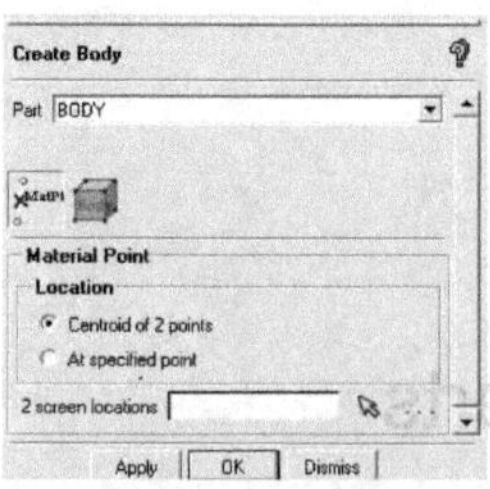

图 5-149　Create Body 设置面板

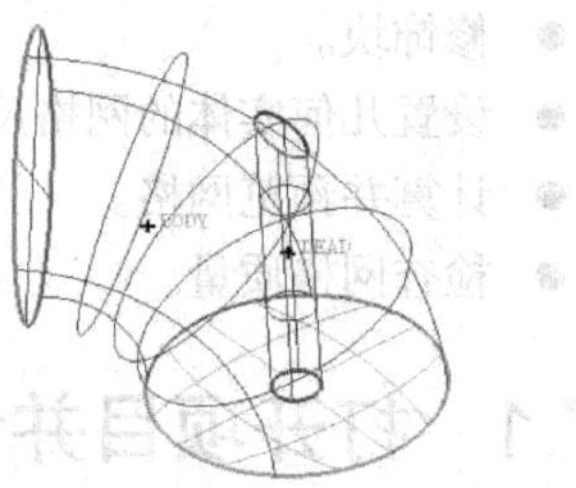

图 5-150　物质点 DEAD Part

⑧ 在模型树中的 Parts 处单击鼠标右键，在弹出的快捷菜单中选择 Good Colors 命令。

⑨ 进行 File/Save Project 操作。

（2）进行 Blocking/Create Block 操作，对实体初始化块的具体操作如下。

① 将 Part 设置为 FLUID，并选择模式。

② 选择 3D Bounding Box 作为初始块的模式。

③ 在命令栏中输入 a 选择全部物体或是在 Select geometry 栏中单击 all entities。

④ 保持其他设置为默认值不变，如果没有特定的选择，则初始化的块将包围所有的实体（整个几何体），如图 5-151 所示。

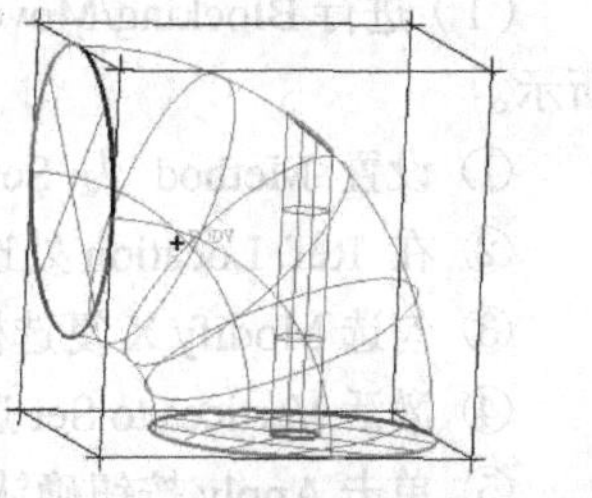

图 5-151　对几何实体初始化块

5.7.3　切块和删除部分块

（1）进行 Blocking/Split Block操作，选择 Split Method 目录下的 Screen Select 选项。

① 在弯管两端的曲线上且接近切线点的位置单击，然后按住鼠标左键并将其拖曳到曲线切线附近的位置，释放鼠标，单击鼠标中键确认操作。

② 重复刚才的操作，在弯管的另一端也分块，完成之后，效果如图 5-152 所示。

（2）进行 Blocking/Delete Block操作，在弹出的设置面板中激活 Blocks 选项，并在右边视图窗中选择弯管以下的块，然后单击 Apply 按钮或鼠标中键确认删除选中的块，如图 5-153 所示。

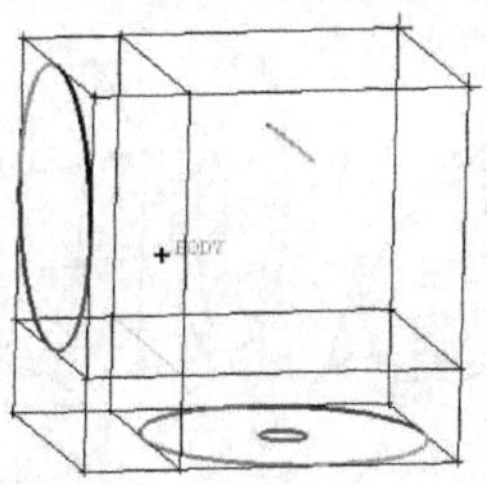

图 5-152　切割初始化的块

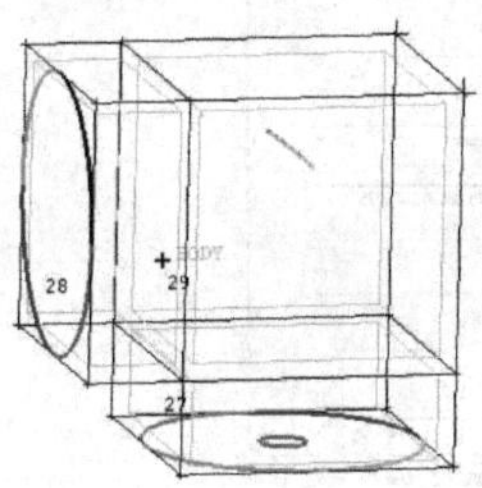

图 5-153　删除左下角的块

5.7.4　关联

（1）在模型树中展开 Geometry 并且复选 Curues 前面的方框。

（2）进行 Associate/Associate Edge to Curve操作，弹出如图 5-154 所示的设置面板。

（3）勾选 Project vertices 复选框。

（4）激活 Edge（s）和 Curve（s）选项，选择弯管一侧的边，然后选择在同一侧的 4 条曲线。

（5）单击鼠标中键或 Apply 按钮完成操作，则顶点会附着在和相关联曲线最近的点上。

（6）对弯管的另一端进行相同的操作。

（7）单击 Snap Project Vertices并且保持默认设置不变，然后单击 Apply 按钮，如图 5-155 所示。

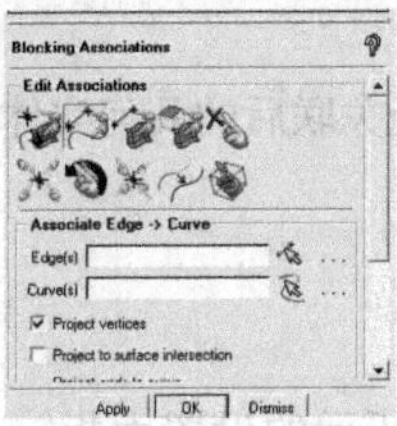

图 5-154　关联块的边和曲线的设置面板

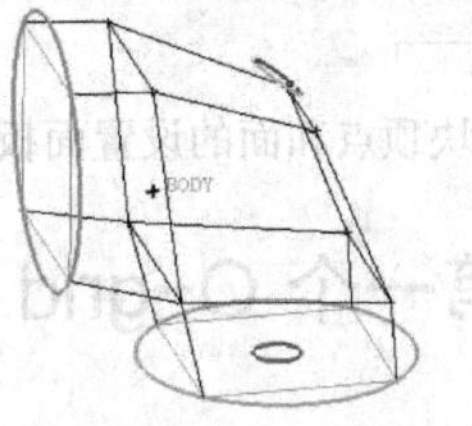

图 5-155　完成关联后的块

5.7.5　移动顶点（1）

（1）进行 Blocking/Move Vertex 操作，并在弹出的设置面板上选择 Set Location，如图 5-156 所示。

① 设置 Method 为 Set Position，然后在 Reference From 选项组中选中 Screen 选项。

② 在 Ref. Location 处选择 OUTLET 的弯曲部内部的一个顶点。

③ 勾选 Modify X 复选框。

④ 激活 Vertices to Set 选项，并选择在 ELBOW 顶部的两个顶点（见图 5-157）。

⑤ 单击 Apply 按钮确认操作。

⑥ 在 Ref. Location 处选择 OUTLET 的顶点和外部的一个顶点。

⑦ 激活 Vertices to Set 选项，并选择在 ELBOW 顶部的另外两个顶点。

⑧ 单击 Apply 按钮确认操作，顶点移动之后的效果如图 5-157 所示。

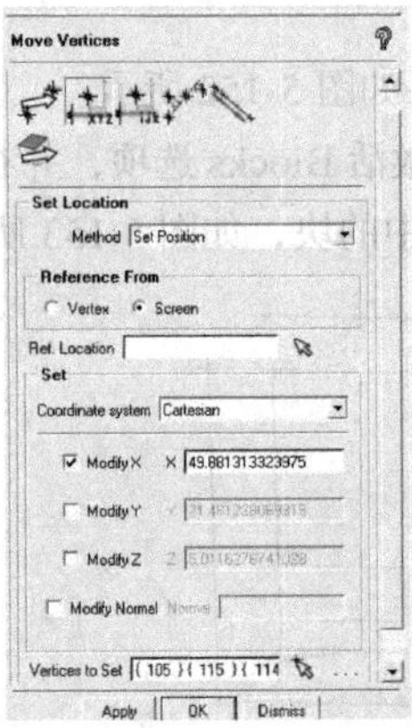

图 5-156　Move Vertices 设置面板

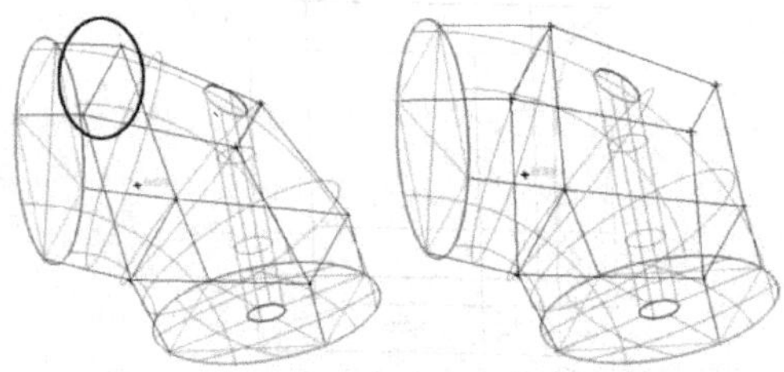

图 5-157　移动上部块顶点

（2）进行 Blocking/Associate /Snap Project Vertices 操作，弹出如图 5-158 所示的设置面板然后保持默认设置不变，直接单击 Apply 按钮。此时，块的顶点将重新移动到了几何体上沿法线上最近的距离移动，如图 5-159 所示。

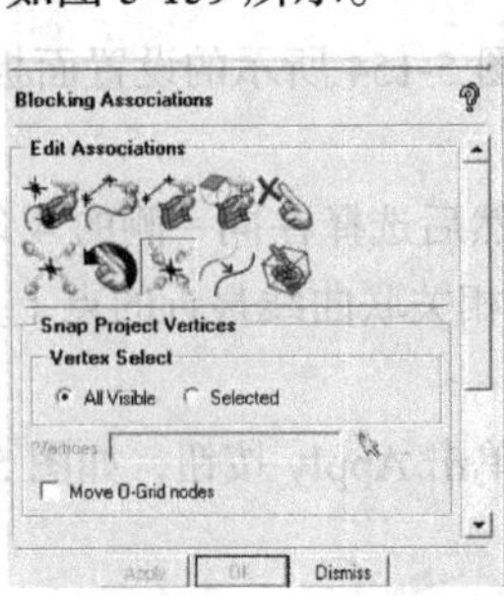

图 5-158　关联所有块顶点和面的设置面板

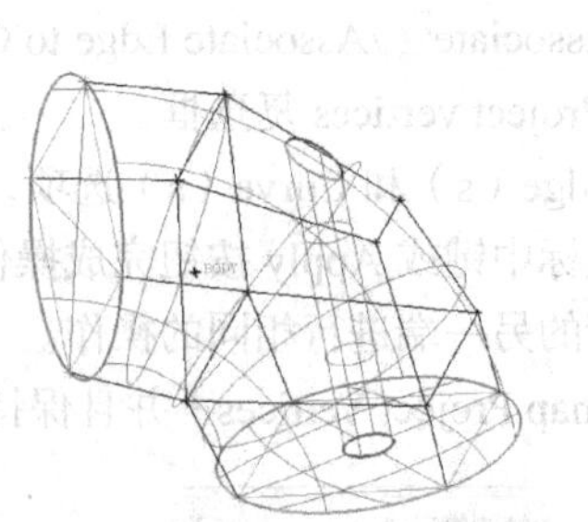

图 5-159　经关联后的几何实体和块

5.7.6　创建第一个 O-grid

（1）单击 Geometry 目录下的 Split Block，弹出如图 5-160 所示的设置面板，单击该设置面板中的图标。

（2）单击 Select Block (s)右边的图标，在右边视图窗中选择部件圆管里的块。

（3）单击 Select Face(s)右边的图标，在右边视图窗中选择部件圆管的块对应的两个端面，如图 5-161 所示。

（4）单击 Apply 按钮完成操作，即可在几何实体中创建第一个 O-grid，如图 5-162 所示。

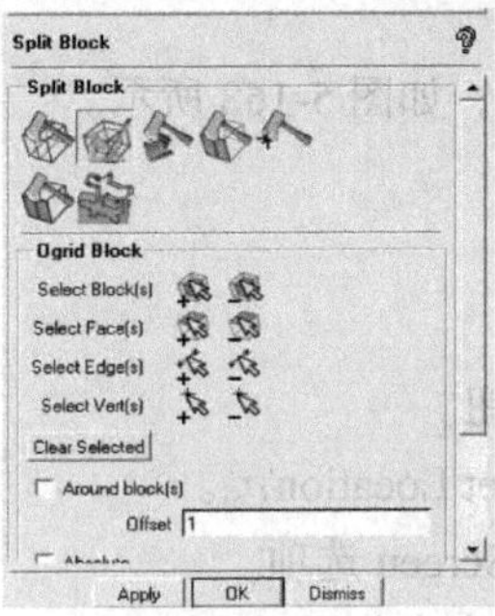

图 5-160　创建 O-grid 的设置面板

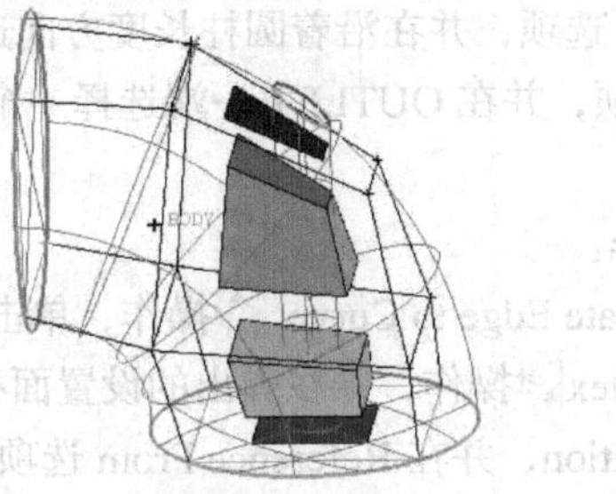

图 5-161　选择需要创建 O-grid 的块和面

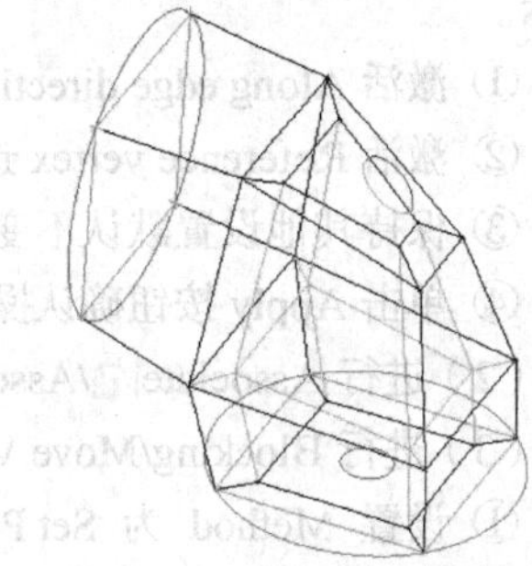

图 5-162　在内部圆管处创建 O-grid

5.7.7　修饰块

（1）在模型树上关闭 Parts 根目录下的部分 part，即取消 ELBOW、INLET 和 OUTLET 前面方框里的勾。

（2）在模型树中的 Blocking 处单击鼠标右键，在弹出的快捷菜单中选择 Index Control 命令，弹出如图 5-163 所示的对话框。设置 O3 index (O-grid 的方向)从 1 到 1，仅显示管内的块，如图 5-164 所示。

（3）在模型树中的 DEAD 处单击鼠标右键，在弹出的快捷菜单中选择 Add to Part 命令，弹出如图 5-165 所示的设置面板。

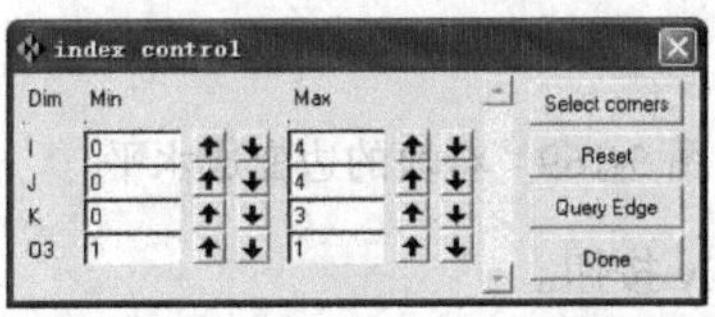

图 5-163　块控制显示对话框

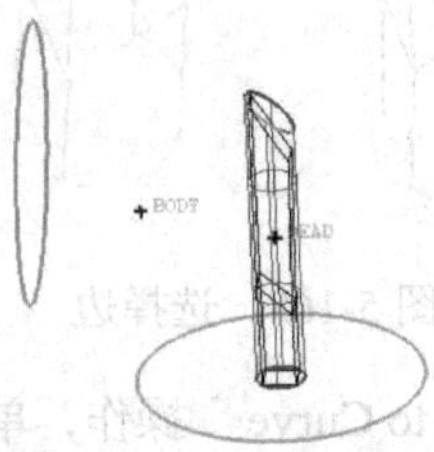

图 5-164　仅显示圆管内部的块

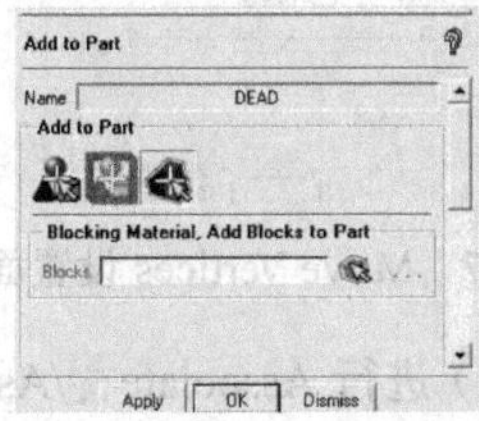

图 5-165　创建新的 Part 的设置面板

① 选择 Blocking Material/Add Blocks to Part。

② 从键盘上输入 v 即可选择全部可见的部分。

③ 此时，边的颜色从青蓝色变成白色。

④ 选择 Blocking/Associate /Snap Project Vertices并且保持默认设置不变，单击 Apply 按钮，如图 5-166 所示。

（4）进行 Associate /Associate Edge to Curve 操作。

① 勾选 Project vertices 复选框。

② 激活 Edge（s）选项，选择在圆柱体的一端的 4 条边。

③ 激活 Curve（s）选项，选择在圆柱体同一侧的 4 条曲线。

④ 单击鼠标中键或 Apply 按钮完成操作。

⑤ 对弯管的另一端进行相同的操作。

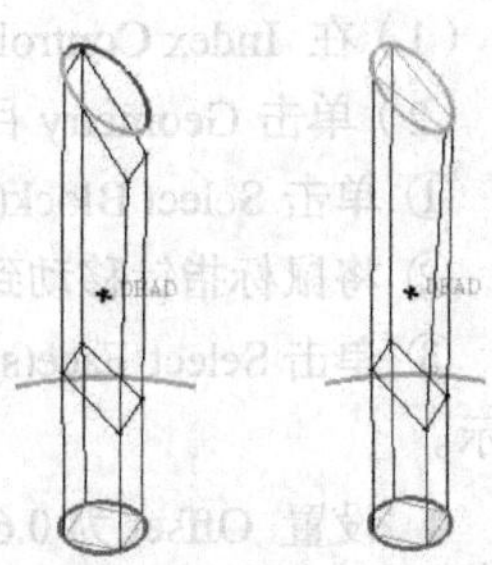

图 5-166　关联圆管内部块的线和曲线

5.7.8 移动顶点（2）

（1）选择 Blocking/Move Vertex，并在弹出的设置面板中选择 Align Vertices，如图 5-167 所示。

① 激活 Along edge direction 选项，并在沿着圆柱长度方向选择一条边，如图 5-168 所示。

② 激活 Reference vertex 选项，并在 OUTLET 一端选择一个顶点。

③ 保持其他设置默认不变。

④ 单击 Apply 按钮确认操作。

（2）进行 Associate/Associate Edge to Curve 操作，单击 Apply 按钮。

（3）进行 Blocking/Move Vertex 操作，并在弹出的设置面板中选择 Set Location。

① 设置 Method 为 Set Position，并在 Reference From 选项组中选中 Screen 选项。

② 激活 Ref. Location 选项，在视图窗中选择处于圆柱中间的一条边的中点位置。

③ 勾选 Modify Y 复选框。

④ 激活 Vertices to Set 选项，并选择 OUTLET 上方的 4 个顶点。

⑤ 单击 Apply 按钮确认，完成操作之后，效果如图 5-169 所示。

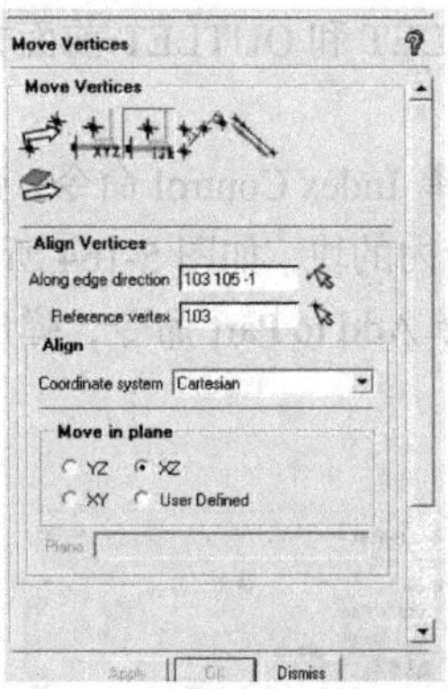

图 5-167 Move Vertices 设置面板

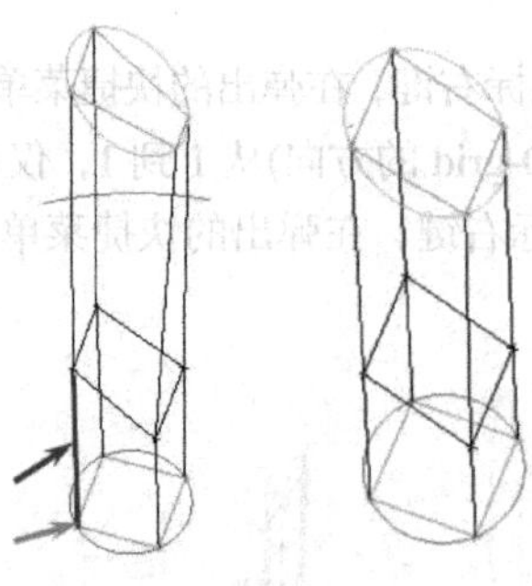

图 5-168 选择边

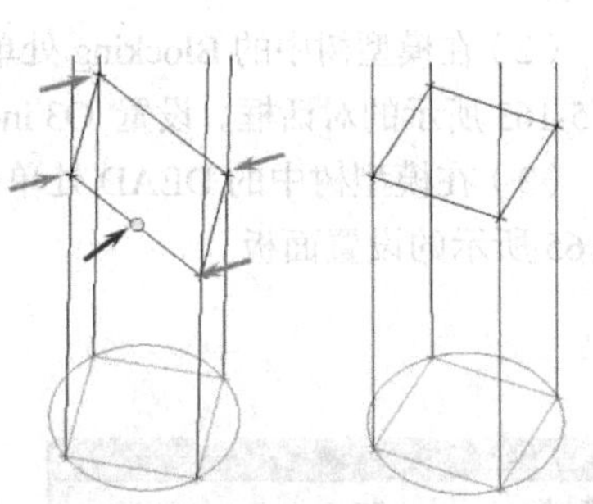

图 5-169 将块的边变成水平

（4）进行 Associate/Associate Edge to Curve 操作，单击 Apply 按钮。

5.7.9 创建第二个 O-grid

（1）在 Index Control panel 上选择 Reset 和 Done，全部显示几何实体周围的块。

（2）单击 Geometry 目录下的 Split Block，并保持 Ogrid Block 不变。

① 单击 Select Block(s)右边的图标，在键盘上输入 v，即可添加所有的块。

② 将鼠标指针移动到三维坐标上，直到-Z 出现，然后单击鼠标左键确认。

③ 单击 Select Face(s)右边的图标，使用圈选添加 INLET 和 OUTLET 上的所有的面，如图 5-170 所示。

- 设置 Offset 为 0.6。
- 单击 Apply 按钮完成操作，即可在几何实体中创建第二个 O-grid，如图 5-171 所示。

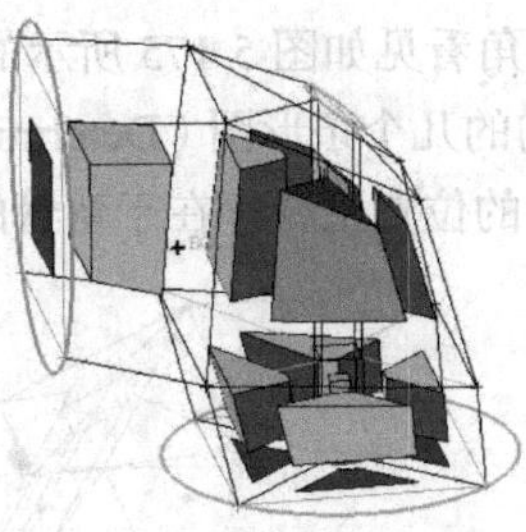

图 5-170　选择需要创建 O-grid 的块和面

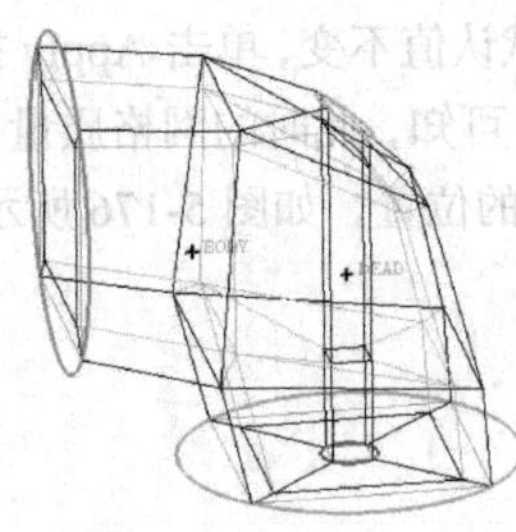

图 5-171　创建的第二个 O-grid

5.7.10　设置网格尺寸并预览网格

（1）进行 Mesh/Set Meshing Params by Parts 操作，弹出如图 5-172 所示的窗口。

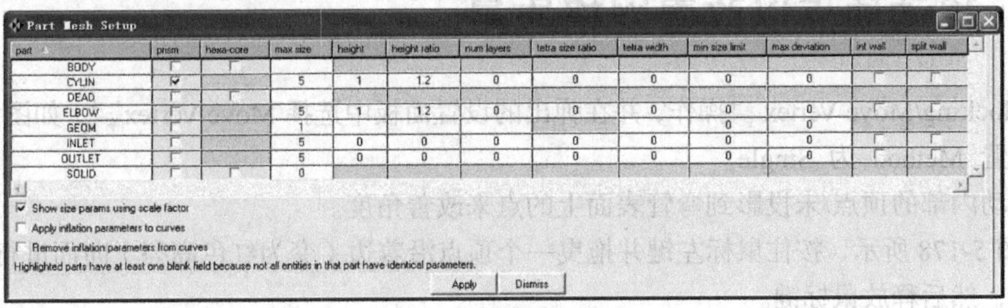

图 5-172　设置网格尺寸的窗口

① 按照图中提示给出的参数对各个 Part 进行网格尺寸设置。

② 单击 Apply 按钮确认操作。

（2）进行 Blocking /Pre-Mesh Params 操作，弹出如图 5-173 所示的设置面板，保持默认设置不变，单击 Apply 更新上一步设置。

（3）在模型树中展开 Blocking/Pre-Mesh，当提示重新计算时选择 Yes，效果如图 5-174 所示。

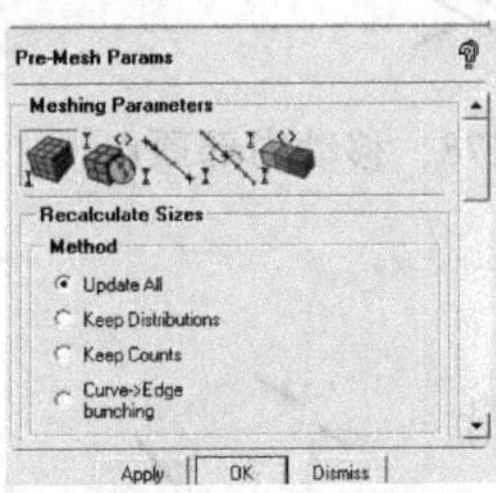

图 5-173　更新网格尺寸参数设置的面板

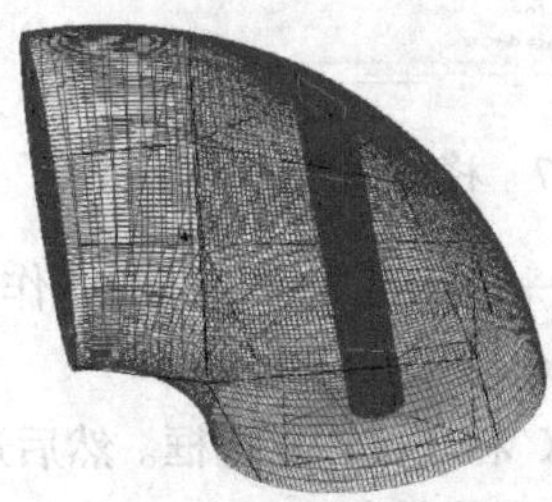

图 5-174　第二次网格计算显示的效果

（4）关闭目录树下的 Geometry 和 Blocking 根目录下的 Edges，以显示生成的曲面网格。

（5）在 Pre-Mesh 处单击鼠标右键，在弹出的快捷菜单中选择 Solid 命令，关闭显示 DEAD。

（6）关闭或激活面（part）的部分，进一步查看网格。

（7）单击 Geometry 目录下的 Pre-mesh Quality Histograms 。

① 在 Criterion 下拉列表中选择 Determinant 2×2×2 选项。

② 分别设置 Min-X value 和 Max-X value 为 0 和 1。

③ 设置 Max-Y height 为 20。

④ 设置 Num. of bars 为 20。

⑤ 保持其他默认值不变，单击 Apply 按钮，则可在右下角看见如图 5-175 所示的网格质量直方图。

⑥ 由图 5-175 可知，此时的网格质量并不高，单击最初的几个条形图（Determinant < 0.3）来显示部分已观察的网格的位置，如图 5-176 所示，网格质量不高的位置主要存在于弯管的顶部。

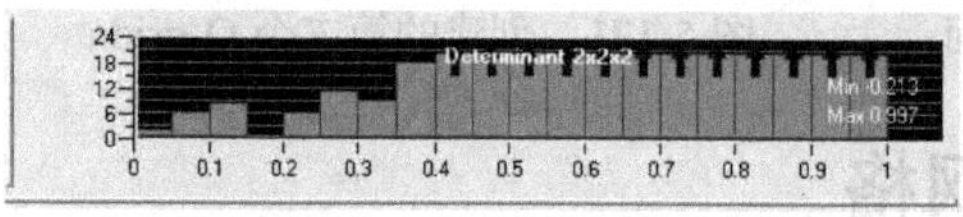

图 5-175 网格质量初步检查的直方图

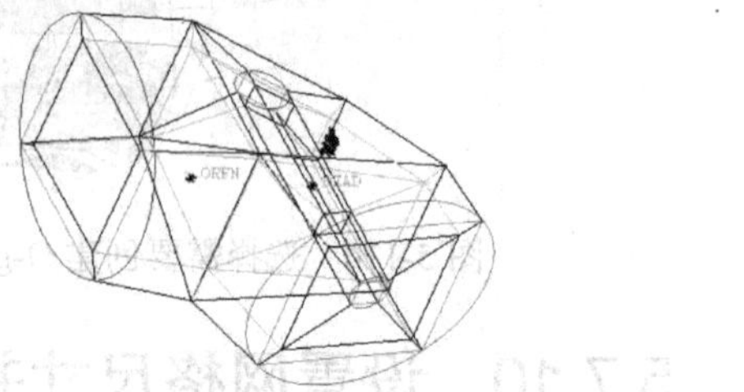

图 5-176 显示部分网格质量较低的网格位置

5.7.11 移动顶点以改善网格质量

进行 Blocking/Move Vertex 操作，并在弹出的设置面板中选择 Move Vertex，如图 5-177 所示。

（1）设置 Method 为 Single。

通过移动内部的顶点/未投影到弯管表面上的点来改善角度。

① 如图 5-178 所示，按住鼠标左键并拖曳一个顶点沿着边（变为红色高亮）向面进行延伸，向外轻轻地移动，然后释放鼠标键。

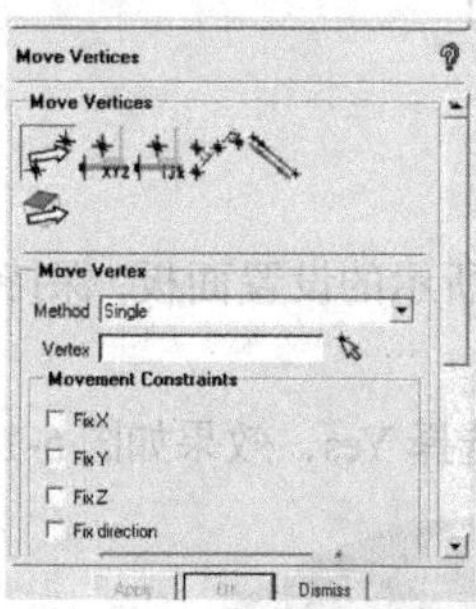

图 5-177 移动顶点的设置面板

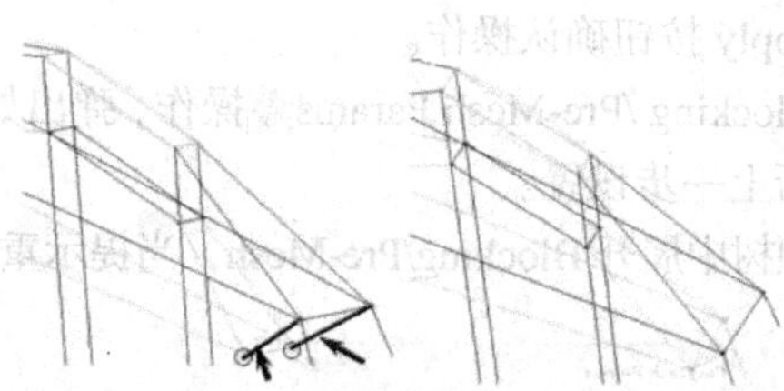

图 5-178 移动内部顶点

② 对另外的一个顶点进行相同的操作。

（2）设置 Method 为 Multiple。

① 勾选 Fix X 和 Fix Z 复选框。然后通过将内部的顶点沿着圆柱体向下移动来改善角度。

② 选择如图 5-179 所示的 4 个顶点。

③ 单击鼠标中键确认，然后拖曳最后一个选择的顶点拖动整个平面向下略微移动，操作完成之后，效果如图 5-179 所示。

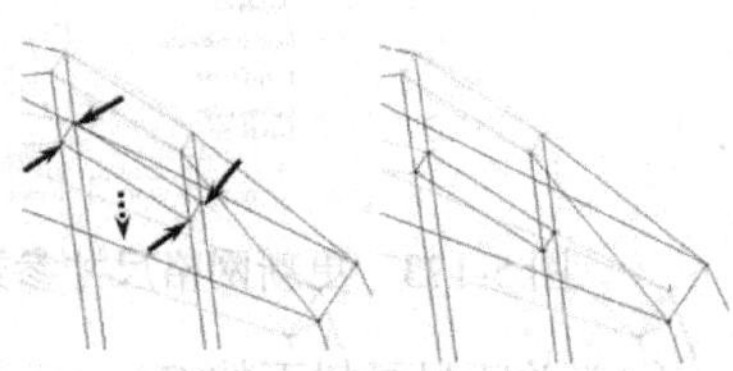

图 5-179 移动内部顶点

5.7.12 重新查看网格

（1）进行 Blocking /Pre-Mesh Params 操作，保持默认设置不变，单击 Apply 更新上一步设置。

（2）在模型树中展开 Blocking/Pre-Mesh 选项，当提示重新计算时选择 Yes，效果如图 5-180 所示。

（3）在 Pre-Mesh 处单击鼠标右键，在弹出的快捷菜单中选择 Solid 命令。

（4）单击 Geometry 目录下的 Pre-mesh Quality Histograms，按照前面检查网格所设置的参数，保持不变重新检查网格的 Determinant 2×2×2，如图 5-181 所示，直方图表示此时所划分参数的网格质量非常高（Determinant 2×2×2>0.55）。

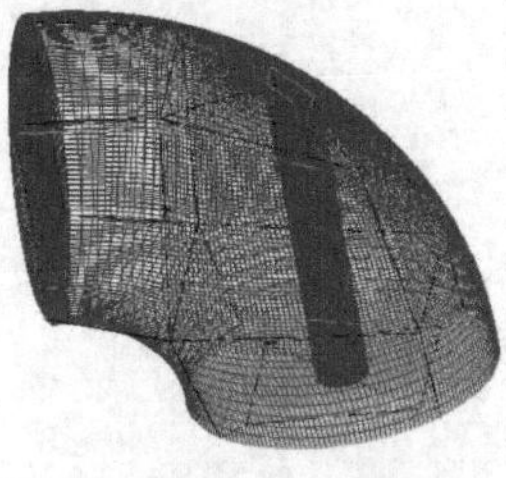

图 5-180　移动顶点后的网格显示效果

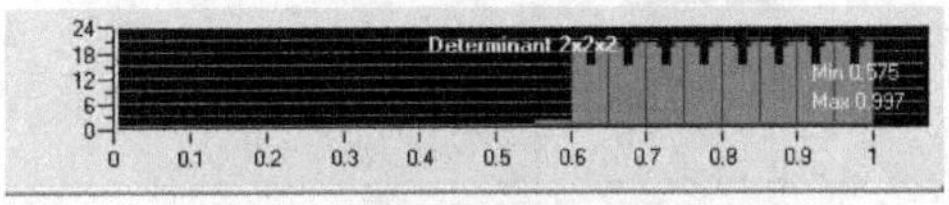

图 5-181　第二次网格质量的直方图

小提示：除了使用上述移动部分内部点的方法改进网格质量以外，用户还可以通过移动顶点，分割边，调整边上的基点分布等来进一步改进网格质量。这些方法已经详细介绍了，此处不再赘述。

5.8　网格实例八：管内叶片三维六面体结构化网格

本例的目的是展示为管内含有叶片的圆管进行六面体结构化网格划分的步骤。通过本例的学习，用户将学习到如下的方法和操作技巧。

- 打开工程并创建 Parts。
- 创建材料点并创建块。
- 关联几何实体边和块结构边。
- 块分割。
- 塌陷（合并）中间块。
- 设置几何实体网格参数。
- 创建 O-grid 结构。
- 计算并预览网格。
- 检查网格质量。

5.8.1　打开工程并创建 Parts

（1）进行 File 选择，进入工作目录浏览，导入文件，用户可利用鼠标光标在屏幕上移动几何体。

- 单击鼠标左键实现几何体的三维旋转。
- 按住鼠标中键可实现几何体的移动。
- 单击鼠标右键，左/右移动可实现几何体的二位旋转，上/下移动可实现几何实体的放大或缩小。

（2）在模型树中展开 Geometry，并勾选 Surfaces 复选框。

（3）在模型树中的 Parts 处单击鼠标右键，在弹出的快捷菜单中选择 Create Part 命令，弹出如图 5-182 所示的设置面板。

① 激活 Part 选项，在其中输入 INLET 作为 Part 的名称。

② 选择 Create Part by Selection。

③ 激活 Entities 选项，选择管上 y 方向坐标最小的面，然后单击 Apply 按钮确认操作。

（4）重复操作步骤（3），创建其他的 Parts，最终结果如图 5-183 所示。

（5）进行 File/Save Project 操作，保存之前的操作。

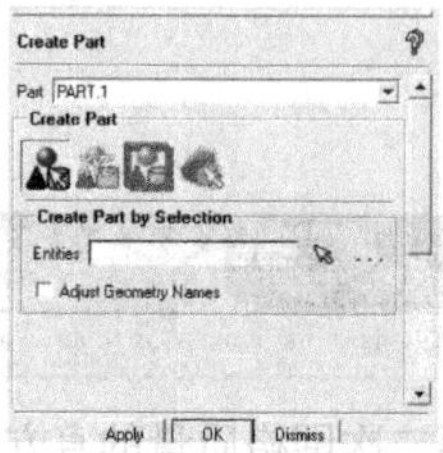

图 5-182　创建新 Part 的设置面板

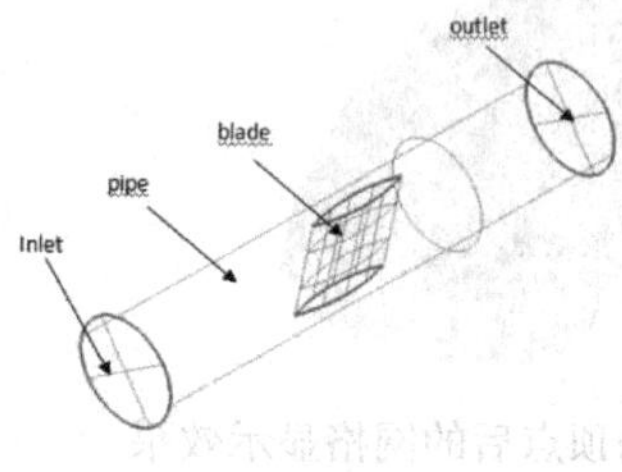

图 5-183　为几何实体创建 Part

5.8.2　创建体

进行 Geometry/Create Body 操作，弹出 Create Body 设置面板如图 5-184 所示。

① 输入 Fluid 作为 Body 名。

② 单击 Material Point 按钮，选中 Location 选项组中的 Centroid of 2 points（默认值）。

③ 激活 2 screen locations 选项，在右边视图窗中选择实体的两个边缘位置上的点（如果用户选错点，则可以单击鼠标右键取消上一步操作）。

④ 单击鼠标中键，确认并退出操作。

⑤ 在模型树上展开 Geometry/Bodies 选项。

⑥ 旋转几何体，确认物质点在管的内部，同时在叶片的外部。

⑦ 重复上面的操作，创建另一个物质点，并使此物质点在叶片的内部，如图 5-185 所示。

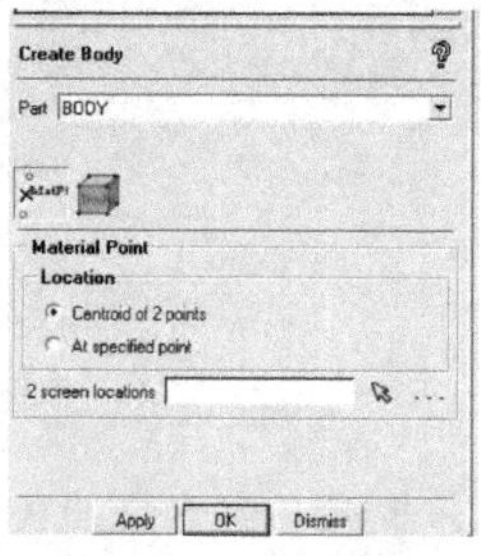

图 5-184　创建 Body 的设置面板

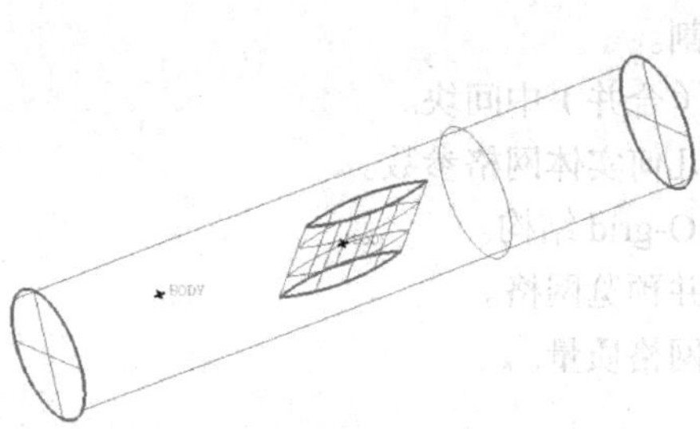

图 5-185　在管内和叶片内创建物质点

⑧ 在模型树的 Parts 处单击鼠标右键，在弹出的快捷菜单中选择 Good Colors 命令，改变实体曲线的颜色。

⑨ 进行 File/Save Project 操作，保存工程。

5.8.3　初始化块

进行 Blocking/Create Block 操作，弹出相应的设置面板，对实体初始化块的具体操作如下。

（1）将 Part 设置为 FLUID，并选择 模式。

（2）选择 3D Bounding Box 作为初始块的模式。

（3）在命令栏中输入 a 选择全部物体或在 Select geometry 栏中单击 all entities。

（4）保持其他设置为默认值不变，如果没有特定的选择，则初始化的块将包围所有的实体（整个几何体），如图 5-186 所示。

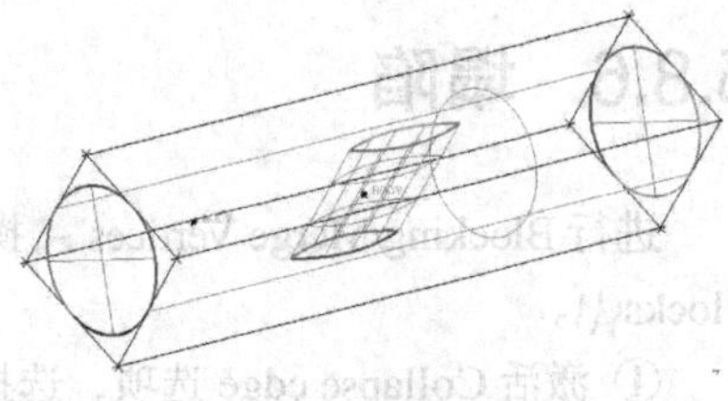

图 5-186　初始化块

5.8.4　创建关联

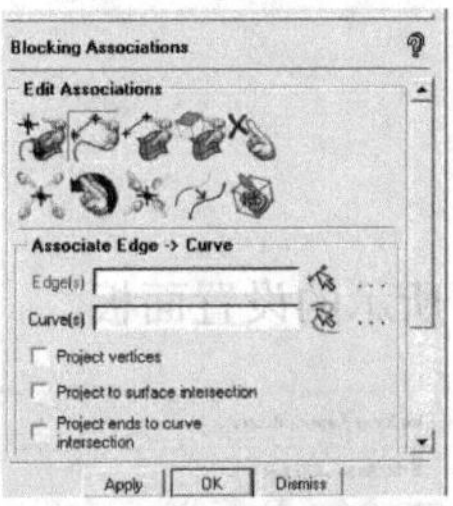

图 5-187　关联曲线和块的设置面板

（1）进行 Associate/Associate Edge to Curve 操作，弹出如图 5-187 所示的设置面板。

① 激活 Edge(s)选项，在右边视图窗中选择在管一侧的 4 条边。

② 激活 Curve(s)选项，在右边视图窗中选择在同一侧的 4 条曲线。

③ 单击 Apply 按钮，完成关联操作。

（2）在实体几何的另一边采用相同的操作，如果块的边的颜色变为绿色，则说明已经建立了关联连接。

5.8.5　块分割

（1）将鼠标指针移动到三维坐标的上面，并将鼠标指针靠近 Y-axis，直到+Y 方向出现高亮后，单击鼠标左键，则用户可以看见几何体呈竖直方向放置。

（2）进行 Blocking/Split Block 操作。

① 按住鼠标左键并拖曳其中的一条边，如图 5-188 所示，它将变成红色的高亮线。

② 移动鼠标指针直到新的分割线的位置，大体上在叶片的一端时释放鼠标。

③ 单击鼠标中键确认分割位置。

④ 重复上述操作，在中心和另一端进行分割。

（3）将鼠标指针移动到三维坐标处，并且靠近圆球直到出现 ISO 高亮并且单击鼠标左键。

① 将 Split Block 对话框中的 Split Method 设置为 Prescribed point。

② 选择第（2）步分割后的一条边和叶片侧边的一个点。

③ 对叶片的另一边进行前面第（2）步中后两步操作，如图 5-189 所示。

④ 旋转模型从不同的角度观察。

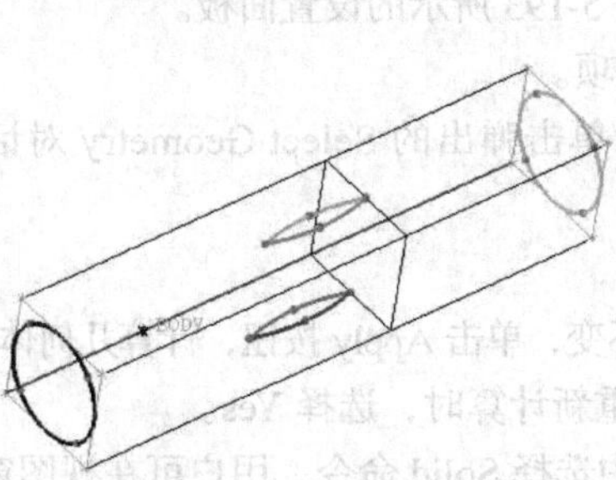

图 5-188　切割块

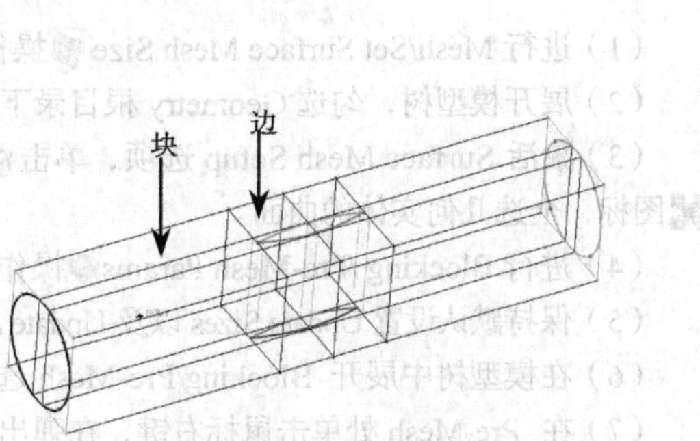

图 5-189　切割完成后的块

5.8.6 塌陷

进行 Blocking/Merge Vertices 操作，在如图 5-190 所示的 Merge Vertices 设置面板中选择 Collapse Blocks。

① 激活 Collapse edge 选项，选择需要塌陷的边（对应图 5-189 中箭头指示的一边）。

② 激活 Blocks 选项，选择需要塌陷的边的对应的块（图 5-189 中含有箭头指示的边的中间块）。

③ 单击鼠标中键确认塌陷操作。

④ 对 Pipe 的另一边也进行相同的操作，完成操作之后，效果如图 5-191 所示。

5.8.7 边关联

（1）在模型树中展开 Geometry 并且复选 Curves 前面的方框。

（2）进行 Associate/Associate Edge to Curve 操作，弹出如图 5-192 所示的设置面板。

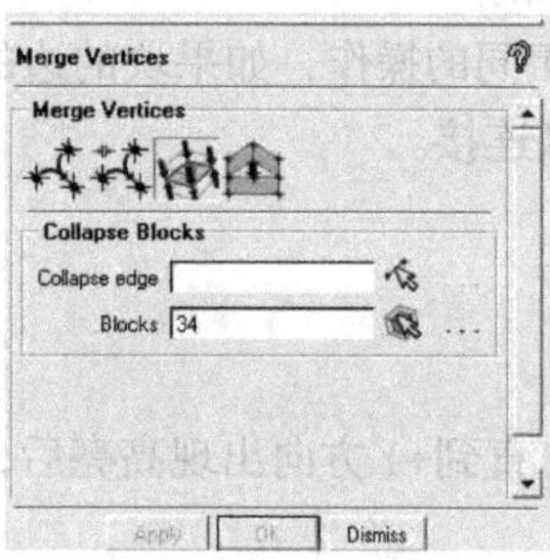

图 5-190　Merge Vertices 设置面板

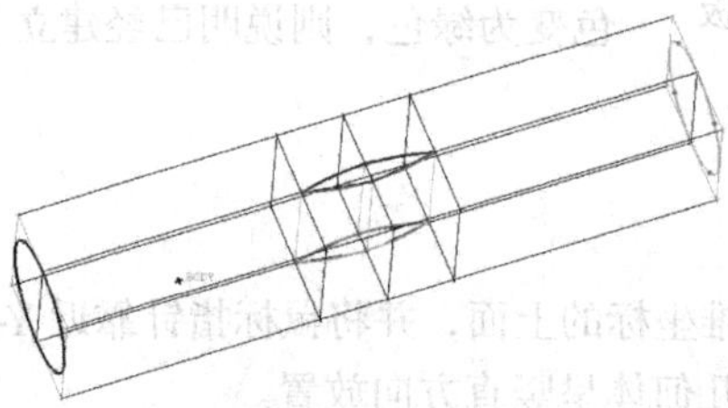

图 5-191　最终效果

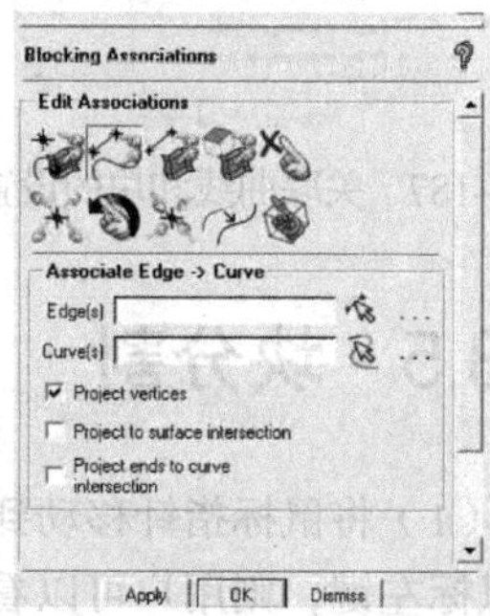

图 5-192　关联曲线和边的设置面板

（3）勾选 Project vertices 复选框。

（4）分别激活 Edge(s)和 Curve(s)选项，并在右边视图窗中分别选择绑定叶片的两条边以及最近的曲线。

（5）单击 Apply 按钮完成一次关联操作，块的顶点将会放到和所结合的曲线距离最近的点。

（6）对叶片其他的部分进行相同的操作，完成叶片的曲线边的关联。

5.8.8 设置面网格参数

（1）进行 Mesh/Set Surface Mesh Size 操作，弹出如图 5-193 所示的设置面板。

（2）展开模型树，勾选 Geometry 根目录下的 Surface 选项。

（3）激活 Surface Mesh Setup 选项，单击图标，然后单击弹出的 Select Geometry 对话框中的图标，全选几何实体的曲面。

（4）进行 Blocking /Pre-Mesh Params 操作。

（5）保持默认设置 Update Sizes 以及 Update All（默认）不变，单击 Apply 按钮，计算几何体网格。

（6）在模型树中展开 Blocking/Pre-Mesh 选项，当提示重新计算时，选择 Yes。

（7）在 Pre-Mesh 处单击鼠标右键，在弹出的快捷菜单中选择 Solid 命令，用户可在视图窗中看见如图 5-194 所示的网格。

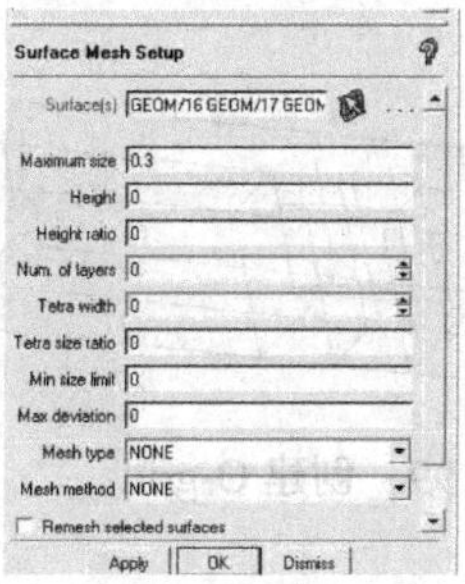

图 5-193 设置全局网格参数的设置面板

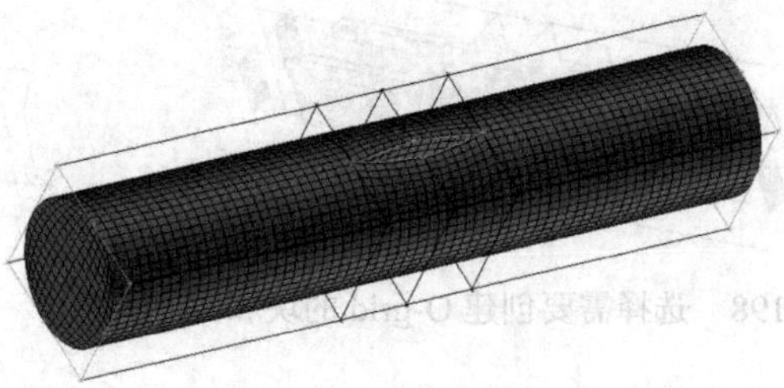

图 5-194 初始网格

5.8.9 网格质量检查

单击 Geometry 目录下的 Pre-mesh Quality Histograms，弹出如图 5-195 所示的设置面板。

① 在 Criterion 下拉列表中选择 Determinant 2×2×2 选项。

② 分别设置 Min-X value 和 Max-X value 为 0 和 1。

③ 设置 Max-Y height 为 20。

④ 设置 Num. of bars 为 20。

⑤ 保持其他默认值不变，单击 Apply 按钮，则在右下角可以看见如图 5-196 所示的网格质量直方图，由直方图分析可知，采用如前面所述的网格划分及拓扑结构建立所生成的网格质量并不高（存在大量 Determinant < 0.3 的网格），因此需要加以改进。

⑥ 右键单击直方图，在弹出的快捷菜单中选择 show 命令，然后选择小于 0.3 的区域，即可在视图窗中显示 Determinant < 0.3 的网格所在的位置，如图 5-197 所示。

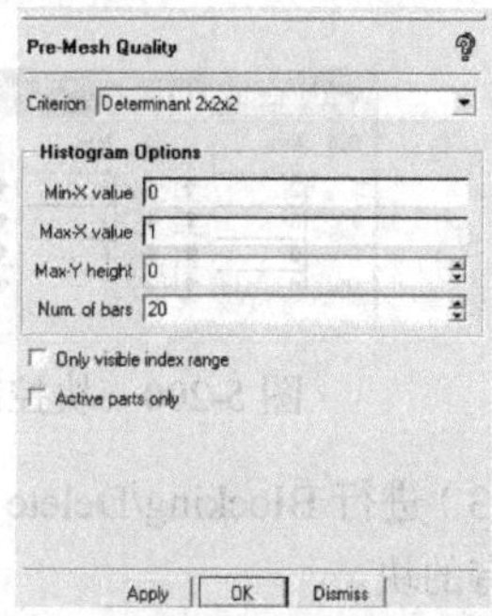

图 5-195 网格质量检查设置面板

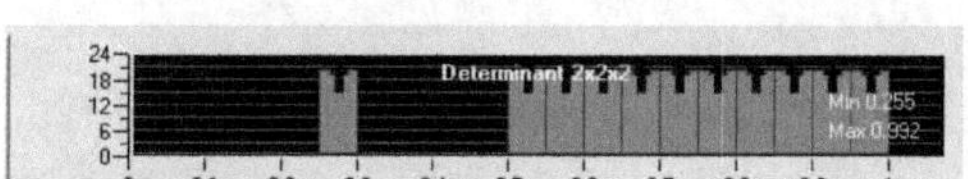

图 5-196 网格质量检查质量的直方图

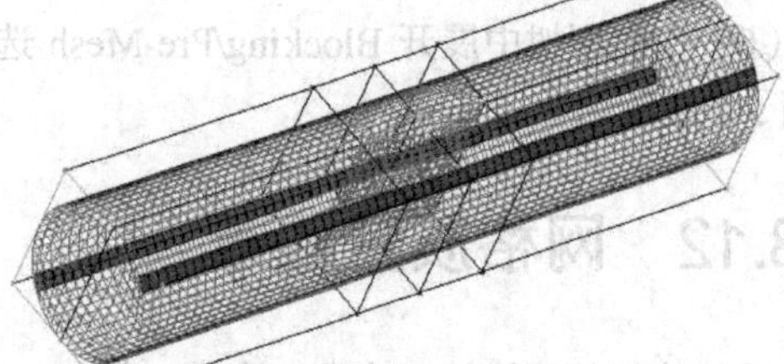

图 5-197 网格质量较差的位置

5.8.10 创建 O-grid

（1）在模型树中关闭 Block 下对应的 Pre-Mesh。

（2）单击 Geometry 目录下的 Split Block，在弹出的图中单击图标。

（3）单击 Select Block(s)右边的图标，在右边视图窗中选择所有的块。

（4）单击 Select Face(s)右边的图标，在 pipe 几何体两个端面上的面，如图 5-198 所示。

（5）设置 Offset 为 0.6。

（6）单击 Apply 按钮完成操作。至此，即可在几何实体中创建 O-grid，如图 5-199 所示。

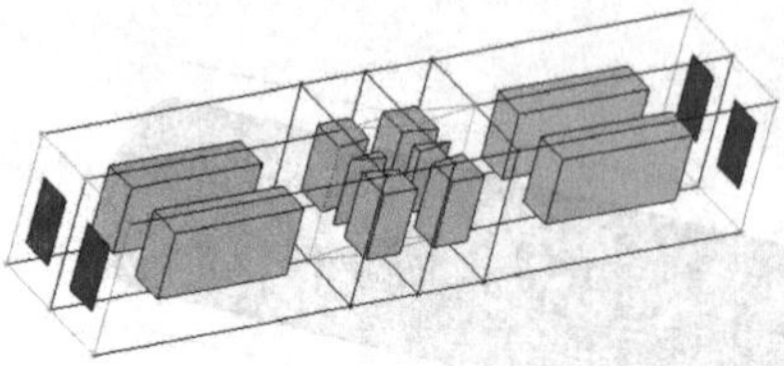

图 5-198　选择需要创建 O-grid 的块和面

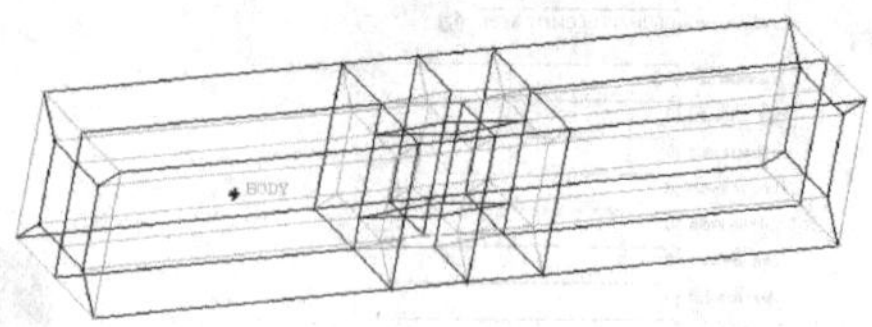

图 5-199　创建 O-grid

5.8.11　中间块删除并计算网格

（1）在模型树上右键单击 Block，在弹出的快捷菜单中选择 Index control 命令，弹出如图 5-200 所示的对话框。

（2）在 Index control 对话框中单击 I 对应的 min 值，将其增至 2，则视图窗中的块如图 5-201 所示。

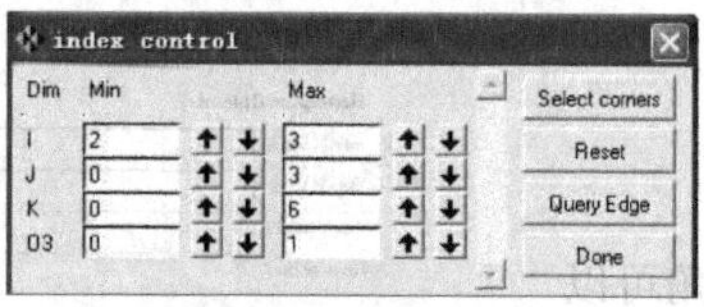

图 5-200　块控制对话框

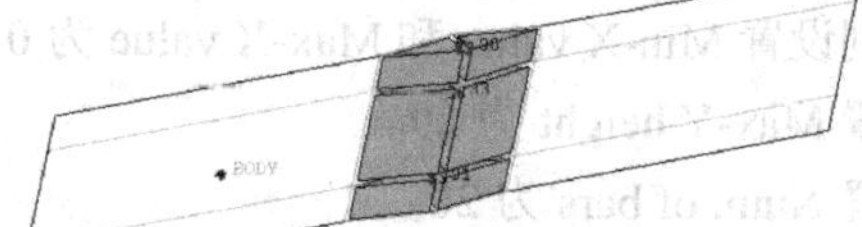

图 5-201　只显示叶片的块

（3）进行 Blocking/Delete Block 操作，在弹出的对话框中激活 Block 选项，并在右边视图窗中选择所有的块。

（4）单击 Apply 按钮或鼠标中键确认删除选中的块。

（5）单击 Index control 对话框中的 Reset 按钮，即可在视图窗中全部显示块。

（6）进行 Blocking /Pre-Mesh Params 操作。

（7）保持默认设置 Update Sizes 以及 Update All（默认）不变，单击 Apply 按钮，计算几何体网格。

（8）在模型树中展开 Blocking/Pre-Mesh 选项，可提示重新计算时，选择 Yes，则在视图窗的网格如图 5-202 所示。

5.8.12　网格质量检查

重复前面的网格检查步骤，单击 Geometry 目录下的 Pre-mesh Quality Histograms，保持其他默认值不变，单击 Apply 按钮，则在右下角可以看见如图 5-203 所示的网格质量直方图。由直方图分析可知，此时所使用的拓扑结构能生成的网格质量较高，所有网格的 Determinant 大于 0.55。对比之前所得到的网格，其质量得到了较大提高。

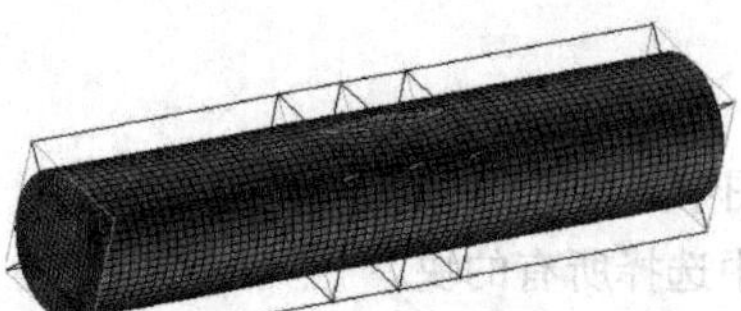

图 5-202　第二次网格的显示效果

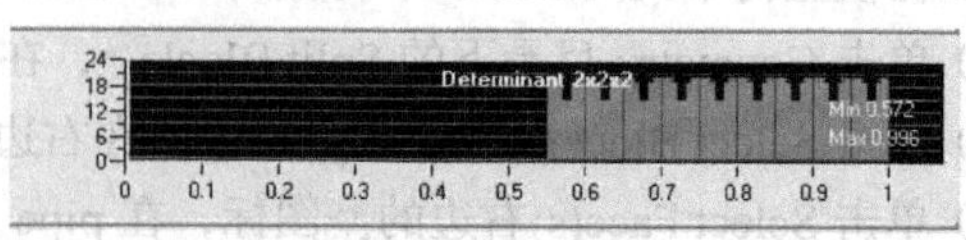

图 5-203　第二次网格质量的直方图

5.9 网格实例九：半球方体三维六面体结构化网格

本例的目的是展示为半球方体进行六面体结构化网格划分的步骤。通过本例的学习，用户将学习到如下的方法和操作技巧。

- 打开工程并修正几何实体。
- 根据几何结构分析所需的块拓扑。
- 创建两种不同的块拓扑结构（根据几何结构划分和沿流线方向划分）。
- 设置实体几何网格参数。
- 根据网格质量对两种类型的网格进行对比。
- 设置局部网格尺寸，对网格进行加密。

5.9.1 读入工程

（1）进行 File 操作，浏览进入工作目录，导入几何文件。此时，系统将会根据已存在的工程自动加载几何文件。

（2）单击 fit window ，则用户可在视图窗中看见几何实体充满整个平面，如图 5-204 所示。

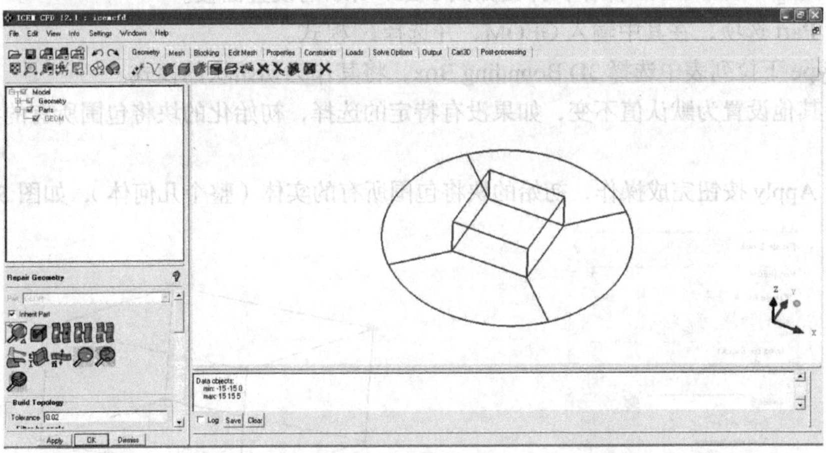

图 5-204 半球几何实体

（3）进行 Geometry/Repair Geometry/Build Diagnostic Topology 操作，此时弹出 Repair Geometry 设置面板，如图 5-205 所示。

① 保持 Build Diagnostic Topology 按钮、容差等默认值不变。

② 勾选 Filter points 和 Filter curves 复选框。

③ 单击 Apply 按钮完成操作。

（4）右键单击模型树上的 Parts，在弹出的快捷菜单中选择 Create Part 命令，弹出如图 5-206 所示的设置面板。

① 在 Part 处输入 symm 作为新建的 Part 名。

② 激活 Entites 选项，在右边的视图窗中选择几何实体最下面的平面。

③ 单击 Apply 按钮确认新 Part 的创建。

④ 按照上述方法将几何实体的半球平面设置为单独 Part，并将其命名为 Sphere。

⑤ 关闭 Symm 和 Sphere 两个 Part，将其余的曲面归到新 Part（CUBE）中。

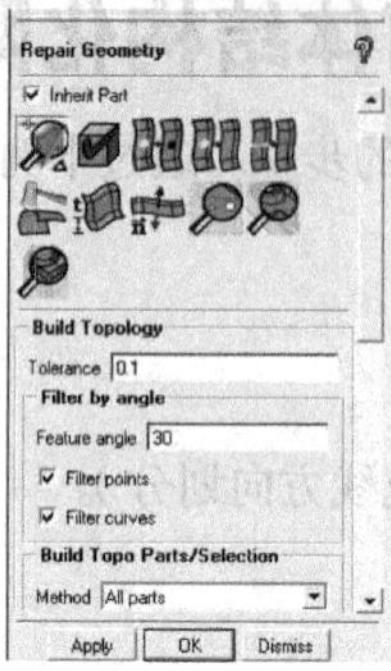

图 5-205 修补几何实体对话框

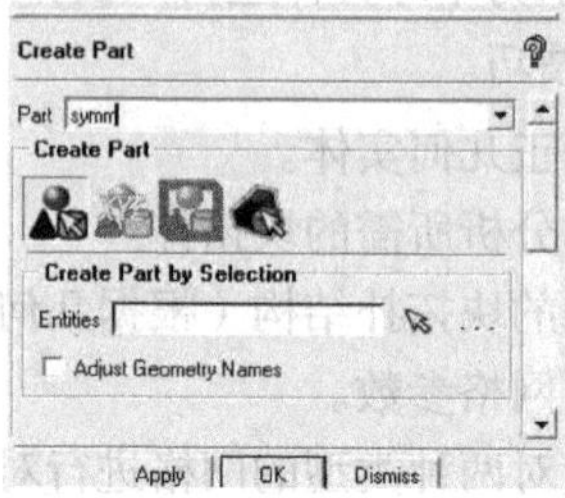

图 5-206 创建新的 Part 的设置面板

（5）右键单击 Parts，在弹出的快捷菜单中选择 Delete Empty Parts 命令，删除空 Part（不包含任何曲面）并选择 Good Colors，让系统为几何体分配更直观的颜色。

5.9.2 初始化块

进行 Blocking/Create Block 操作，弹出如图 5-207 所示的设置面板。

（1）激活 Part 选项，在其中输入 GEOM，并选择模式。

（2）在 Type 下拉列表中选择 3D Bounding Box，将其作为初始块的模式。

（3）保持其他设置为默认值不变，如果没有特定的选择，初始化的块将包围所有的实体（整个几何体）。

（4）单击 Apply 按钮完成操作，初始的块将包围所有的实体（整个几何体），如图 5-208 所示。

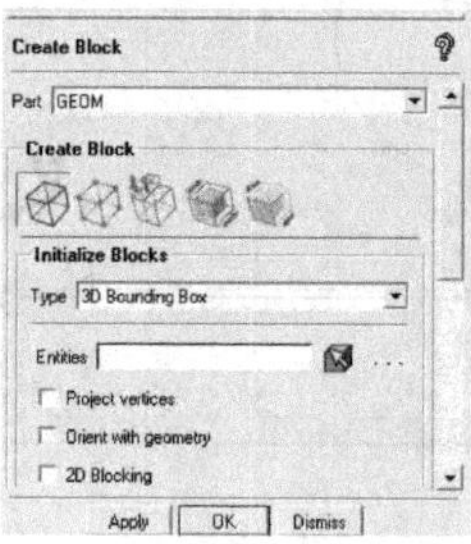

图 5-207 初始化块的设置面板

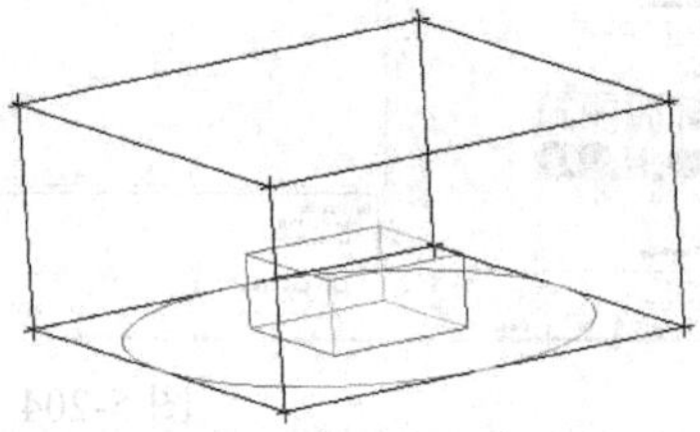

图 5-208 对几何实体初始化块

在对几何实体进行块划分之前，用户通常应该考虑如何设计实体的拓扑结构，如本例选用不同的网格拓扑结构，则在完成网格划分之后，将产生不同类型的网格，如图 5-209 和图 5-210 所示，从而决定了生成网格的质量。用户在使用 ICEM CFD 划分网格时应首先注意这一点。

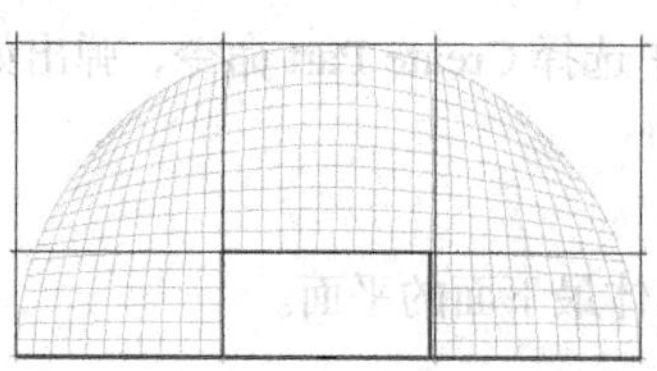

图 5-209 根据几何结构划分网格

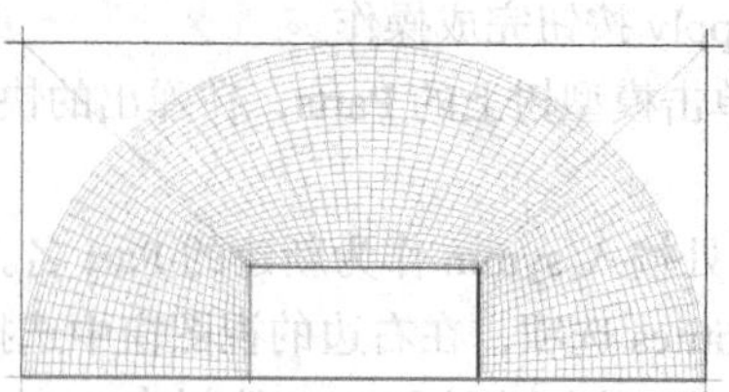

图 5-210 沿着流向划分的网格

5.9.3　建立拓扑（1）

进行 Geometry/Split Block 操作，弹出如图 5-211 所示的设置面板，对实体初始化块的具体操作如下。

（1）激活 Edge 选项，在右边视图窗中选择要分割的边，用户则能看见新生成的边垂直于选择的边，然后按住鼠标左键并将其拖动到合适的位置，单击鼠标中键确认操作，用户在切割块的边时，应注意将分割的边拖至 CUBE 的曲线附近，以方便后面的关联操作。

（2）完成块的分割，如图 5-212 所示。

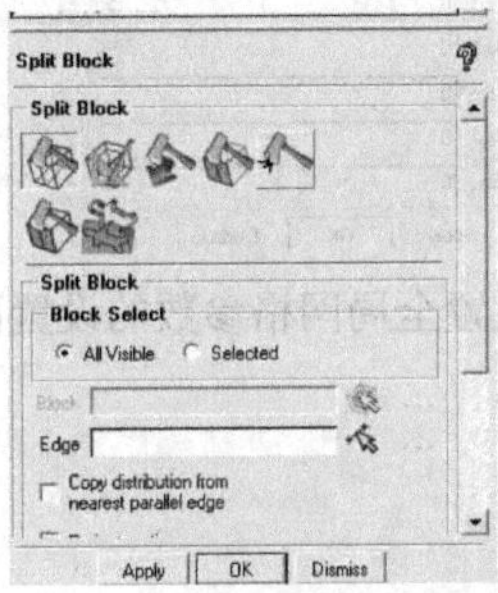

图 5-211　切割块的设置面板

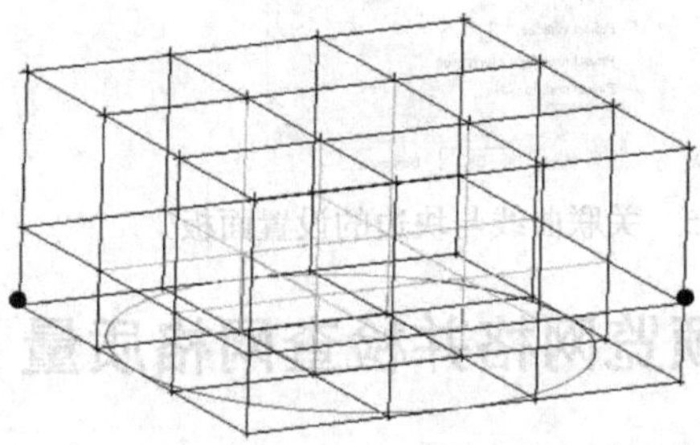

图 5-212　块切割后网格

（3）右键单击模型树上的 Blocking，在弹出的快捷菜单中选择 Index Control 命令，然后在弹出的对话框中选择 Select Centers，并选择如图 5-212 所示的两点（黑点），仅仅显示部分视图窗中的块，如图 5-213 所示。

（4）进行 Blocking/Delete Block 操作，弹出如图 5-214 所示的设置面板。

① 单击 图标，选择 CUBE 包围的块。

② 单击 Apply 按钮或鼠标中键删除选中的块。

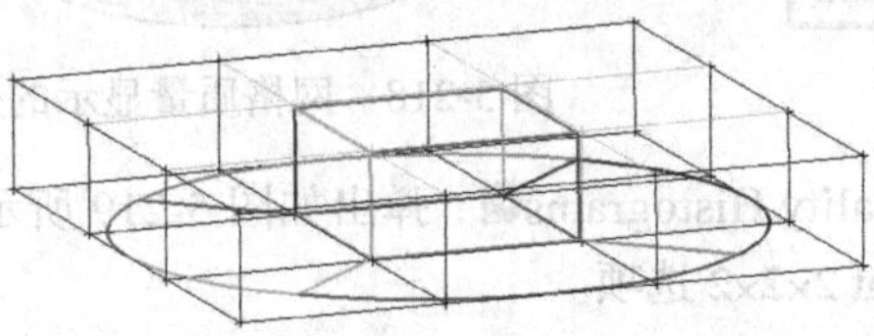

图 5-213　仅显示下半部分块

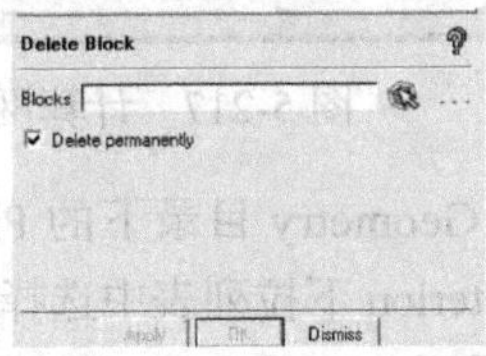

图 5-214　删除块的设置面板

5.9.4　关联（1）

（1）复选 Surface 前面的方框，并选中 Curves 前面的方框，打开 Curves。

（2）进行 Associate /Associate Edge to Curve 操作，弹出如图 5-215 所示的设置面板。

（3）激活 Edge(s)选项，在右边视图窗中选择图中底部块平面的所有边。

（4）激活 Curve(s)选项，在右边视图窗中选择 Symm 的所有边。

（5）单击鼠标中键确认，发现被关联的边的颜色由白色变成绿色。

（6）重复操作步骤（3）~（5），继续完成 CUBE 的边和附近对应块的线的关联。

5.9.5　设置网格参数（1）

（1）进行 Mesh/Set Surface Mesh Size 操作，弹出如图 5-216 所示的设置面板。

（2）展开模型树，勾选 Geometry 根目录下的 Surface 选项。

（3）激活 Surface Mesh Setup 选项，单击图标，并在其中选择图标，表示全选几何实体的所有面。

（4）设置 Maximum size 为 3，单击 Apply 按钮，初步计算网格。

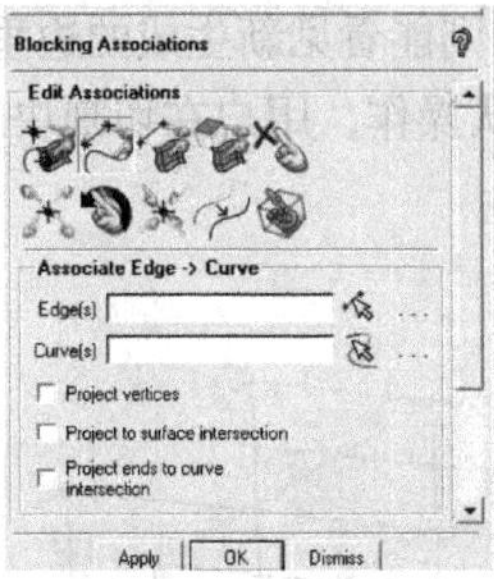

图 5-215　关联曲线与块边的设置面板

图 5-216　设置全局网格参数的设置面板

5.9.6　预览网格并检查网格质量

（1）展开左上角模型树中的 Blocking 根目录，勾选 Pre-mesh 选面，弹出如图 5-217 所示的对话框。

（2）单击 Yes 按钮，开始计算几何实体的网格，则在右边视图窗中出现计算过的网格，如图 5-218 所示。

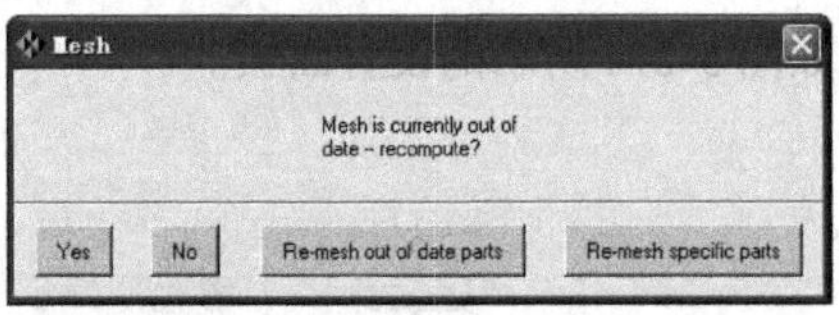

图 5-217　计算网格对话框

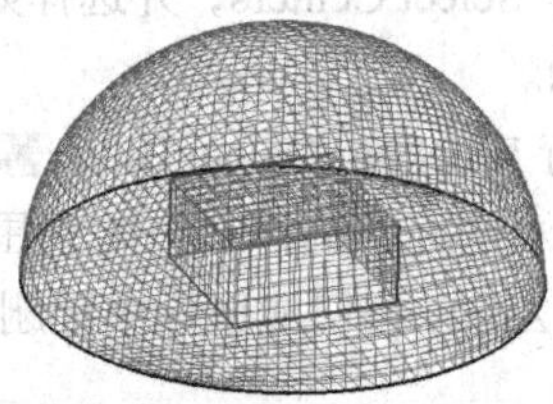

图 5-218　网格质量显示的效果

（3）单击 Geometry 目录下的 Pre-mesh Quality Histograms，弹出如图 5-219 所示的设置面板。

① 在 Criterion 下拉列表中选择 Determinant 2×2×2 选项。

② 分别设置 Min-X value 和 Max-X value 为 0 和 1。

③ 设置 Max-Y height 为 20。

④ 设置 Num. of bars 为 20。

⑤ 保持其他默认值不变，单击 Apply 按钮，则在右下角可看见如图 5-220 所示的网格质量直方图。由直方图分析可知，采用前面所述的网格划分及拓扑结构创建所生成的网格质量并不高（存在大量 Determinant < 0.3 的网格），因此需要加以改进。

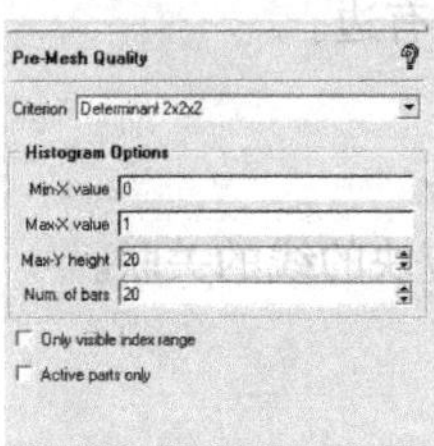

图 5-219　网格质量检查的设置面板

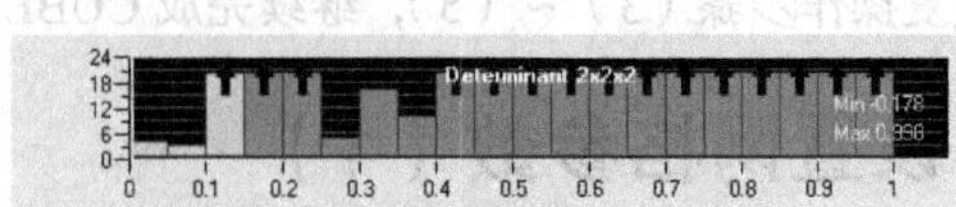

图 5-220　网格质量直方图

5.9.7　建立拓扑（2）

（1）进行 Geometry/Split Block 操作，并在弹出的设置面板中选择 ，如图 5-221 所示。

（2）单击 Select Block (s)右边的 图标，在右边视图窗中选择块。

（3）单击 Select Face(s)右边的 图标，在右边视图窗中选择拓扑结构的底面（symm 附近），如图 5-222 所示。

（4）保持 Offset 为默认值不变。

（5）单击 Apply 按钮完成操作。至此，即可在几何实体中创建 O-grid，如图 5-223 所示。

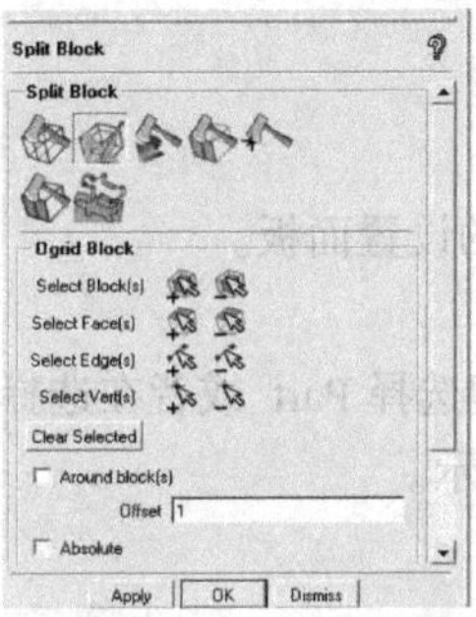

图 5-221　创建 O-grid 网格的设置面板

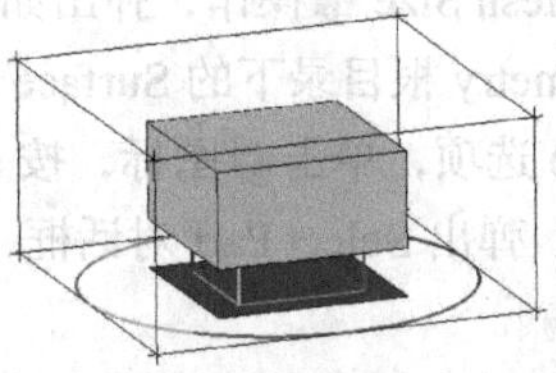

图 5-222　选择需要创建 O-grid 的块和面

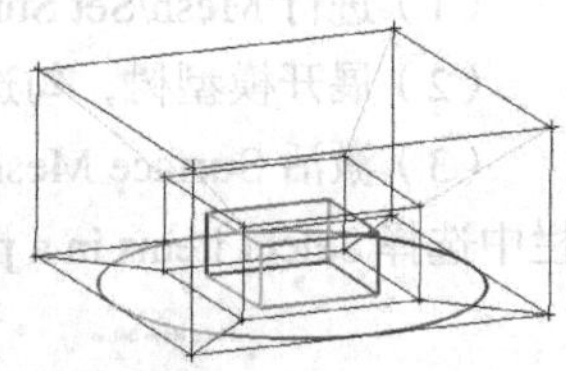

图 5-223　创建 O-grid

（6）进行 Blocking/Delete Block 操作，激活 Blocks 选项，选择底部中间的块，然后单击 Apply 按钮完成该块的删除。操作完成之后，用户可看见被删除块的周围块颜色由青绿色（内部）变成白色（边界）。

> 小提示：在选择需要删除的块时，除了直接选取外，当有很多显示块环绕在周围时，用户还可使用两角点方法选择块。从键盘中输入 d 或是在 Select blocks 工具栏中选择 Select two corner vertices ，然后选择如图 5-223 所示对角的两个顶点（任何一对对角点均可）。

5.9.8　关联（2）

（1）在模型树中的 Geometry 根目录下关闭 Surfaces 并且打开 Points。

（2）进行 Blocking/Association 操作，并保持默认的 Associate Vertex 不变，弹出如图 5-224 所示的设置面板。

① 在右边视图窗中先选择一个块的顶点，单击鼠标中键，然后选择要关联的几何点，单击 Apply 按钮完成顶点的关联。

② 按照上面的方法，对 CUBE 上的 8 个角点进行同样的操作，用户即可看见完成顶点角的边界线由白色变成红色。

（3）在模型树中的 Geometry 根目录下，打开 Curves。

（4）选择 图标，如图 5-225 所示。

（5）激活 Edge(s)选项，在右边视图窗中选择图中底部块平面的所有边。

（6）激活 Curve(s)选项，在右边视图窗中选择 Symm 的所有边。

（7）单击鼠标中键确认，可看见被关联的边的颜色由白色变成绿色。

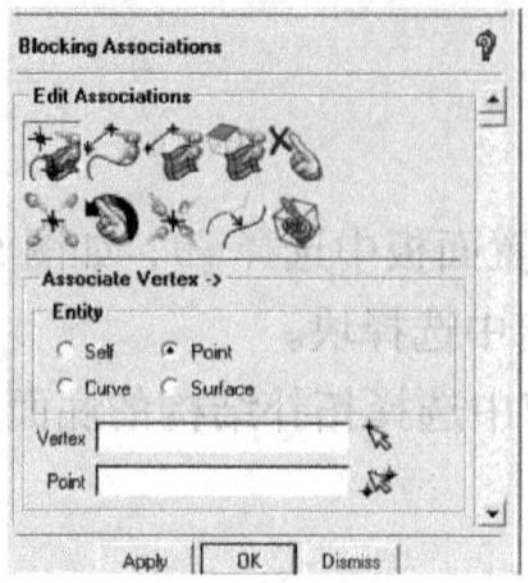

图 5-224　关联几何顶点和块顶点的对话框

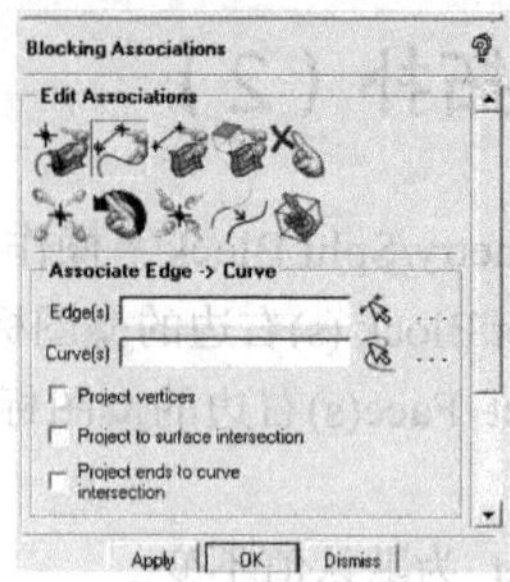

图 5-225　关联曲线和块边的关联

5.9.9　设置网格参数（2）

（1）进行 Mesh/Set Surface Mesh Size 操作，弹出如图 5-226 所示的设置面板。

（2）展开模型树，勾选 Geometry 根目录下的 Surface 选项。

（3）激活 Surface Mesh Setup 选项，单击图标，按 shift + P 组合键选择 Part 或者在选择器工具栏中选择 Select items in a part，弹出 Select Part 对话框，如图 5-227 所示。

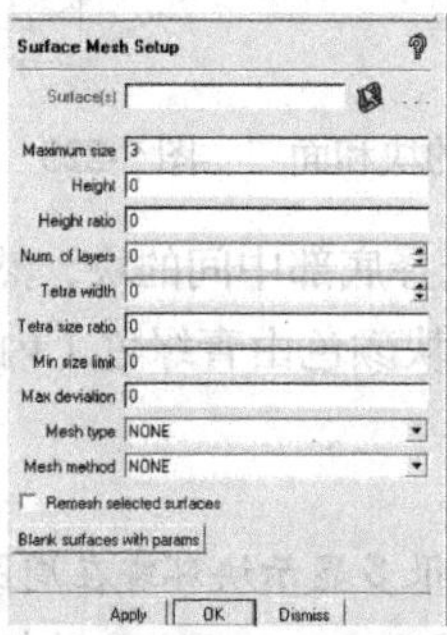

图 5-226　设置网格参数的设置面板

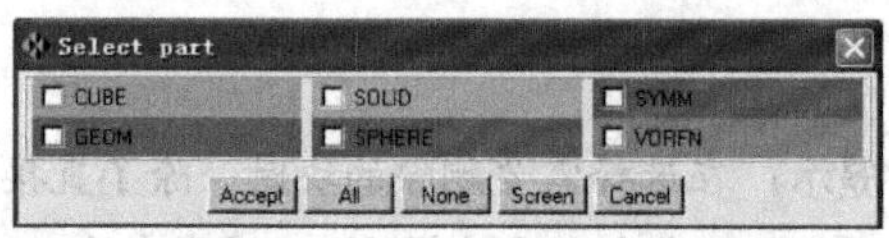

图 5-227　选择需要设置参数的 Part

（4）在弹出的对话框中勾选 CUBE 和 SPHERE 复选框，单击 Accept 按钮。

（5）设置 Maximum size 为 3，单击 Apply 按钮，初步计算网格。

（6）设置 Maximum size 为 1、Height 为 0.1、Height ratio 为 1.2。

（7）单击 Apply 按钮，再次计算。

（8）重复上述操作步骤（3）~（7），对 SYMM 进行参数设置，并设置 Maximum size 为 1、Height/Height ratio 为 0（或空白）。

5.9.10　计算网格

（1）进行 Blocking /Pre-Mesh Params 操作，弹出如图 5-228 所示的设置面板。

（2）保持默认设置 Update sizes 以及 Update All（默认）不变，单击 Apply 按钮，计算几何体网格。

（3）在模型树中展开 Blocking/Pre-Mesh 选项，当提示重新计算时，选择 Yes。

（4）关闭目录树下的 Geometry 和 Blocking 根目录下的 Edges，

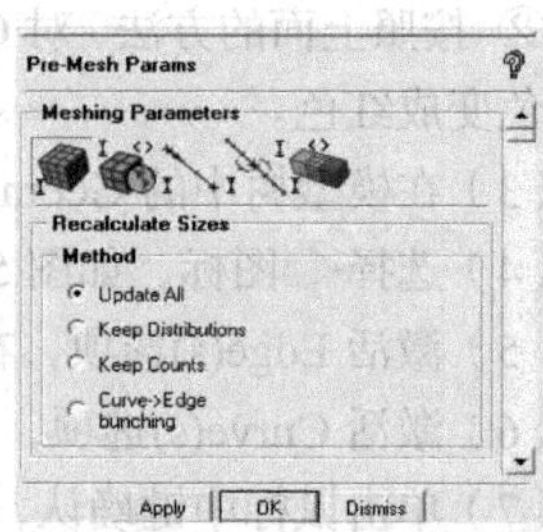

图 5-228　更新网格参数的设置面板

以显示生成的曲面网格。

（5）用户还可以在目录下关闭特定的 Parts 显示特定的网格，例如，关闭 SPHERE 观察 CUBE/SYMM 网格。

5.9.11　检查网格质量

（1）单击 Geometry 目录下的 Pre-mesh Quality Histograms，由于此前已经设置过网格质量检查的参数，此处采取默认值，直接单击 Apply 按钮，则可以在视图窗右下角看见如图 5-229 所示的直方图。从图中可以明显地看到，此次所划分的网格的 Determinant 全部大于 0.7，相比之前得到的网格，其质量明显高出了很多，这表明不同的拓扑结构对生成网格的质量有着决定性作用，因此用户在划分网格时应该充分考虑如何设计几何实体的拓扑结构。

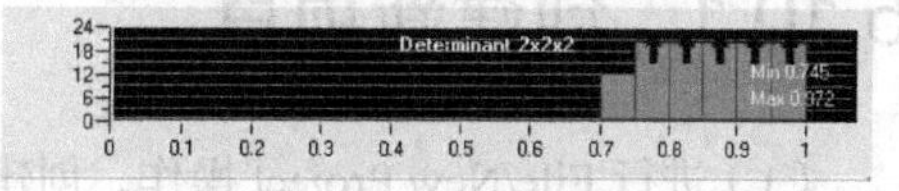

图 5-229　网格质量直方图

（2）观察网格剖面。

① 在 Pre-Mesh 处单击鼠标右键，在弹出的快捷菜单中选择 Scan Planes 命令，弹出如图 5-230 所示的对话框。

② 关闭 Pre-Mesh。

③ 勾选#0、#1、#2 选项中的一个或者几个，用户通过增大或减小 Block Index 和 Grid Index 对应的数值，即可实现其在 I、J、K 各个方向上分别网格扫描。

④ #3 代表的是 O-grid 索引，通过该选项，用户可在径向上扫描，效果如图 5-231 所示。

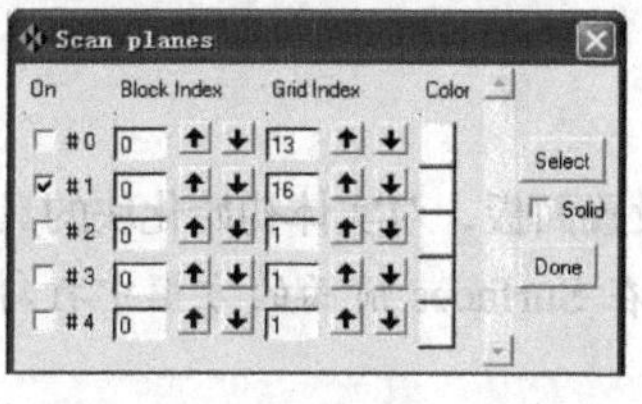

图 5-230　网格扫描对话框

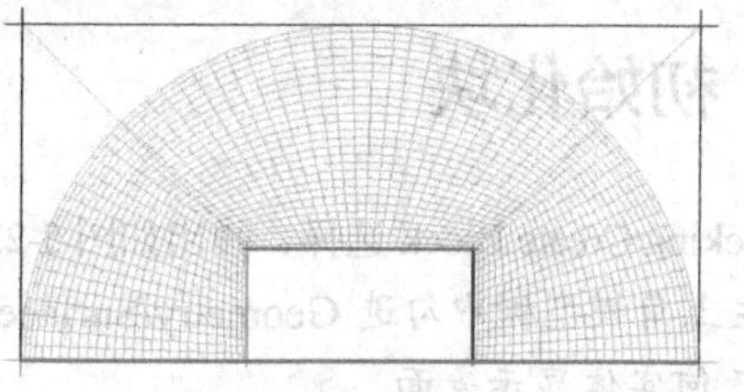
图 5-231　网格沿着径向扫面

5.9.12　局部网格参数设置

（1）进行 Blocking /Pre-Mesh Params操作，在弹出的设置面板中选择图标，如图 5-232 所示。

（2）激活 Edge 选项，在右边视图窗中选择一条径向的边。

（3）设置 Nodes 的值，增加该值表示加密网格，减少该值表示稀疏网格，单击目录树下的 Pre-mesh，重新计算网格。

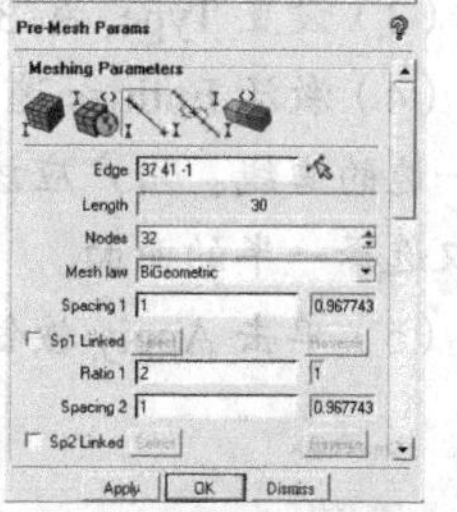

图 5-232　设置局部网格参数

5.10　网格实例十：托架三维六面体结构化网格

本例的目的是展示为托架进行六面体结构化网格划分的步骤。通过本例的学习，用户将学习到如下的方法和操作技巧。

- 打开工程并创建 Parts。

- 创建材料点和块拓扑结构。
- 创建边缘 O-grid。
- 取消对称面网格面映射。
- 设置网格参数并计算。
- 网格质量检查。
- 利用对称面进行网格镜像。

5.10.1 创建新项目

（1）进行 File/New Project 操作，创建新文件夹，其名称为“Mount”，将文件命名为 Pipe（也可以是其他名称），选择 Save。

（2）进行 File/Import Geometry/Acis 操作，浏览进入工作文件夹 Mount。选择 Mount.sat 文件并且将其打开（对于 Linux 版本的 ICEM CFD，可直接导入；对于 Windows 版本的新版 ICEM CFD，需要安装该附属模块）。

（3）单击打开按钮，完成几何实体的输入，然后在弹出的 Import families, sizes from existing tetin file 中选择 NO，则所有面放入 BODY_0 Part 中，用户可以通过重命名或改变得到需要的 Part。

（4）在坐标轴上选择 z 轴或者可以进行 View/Back 操作，将变回视角 z 轴指向屏幕。

（5）进行 Geometry/Repair Geometry/Build Diagnostic Topology 操作，此时打开 Repair Geometry 对话框，设置容差为 0.002，并激活 Filter points 和 Filter curves 选项，单击 Apply 按钮完成几何实体检查。

5.10.2 初始化块

进行 Blocking/Create Block 选择，弹出如图 5-233 所示的设置面板，对实体初始化块的具体操作如下。

（1）在左上角模型树中勾选 Geometry/Surfaces 选项（即在 Surfaces 前面的方框中打勾），使得右边视图窗中的几何实体显示表面。

（2）保持 Part 为 SOLID（默认）。

（3）设置 Type 为 3D Bounding Box。

（4）激活 Entities 选项，单击图标，在其中选择 Toggle Selection of Surfaces，选择实体所示的一边的曲线。用户应该注意的是，由于几何实体模型的对称性，可以做 block 的镜像对称，因此此处仅选择一半的曲面。

（5）单击 Apply 按钮初始化块，如图 5-234 所示。

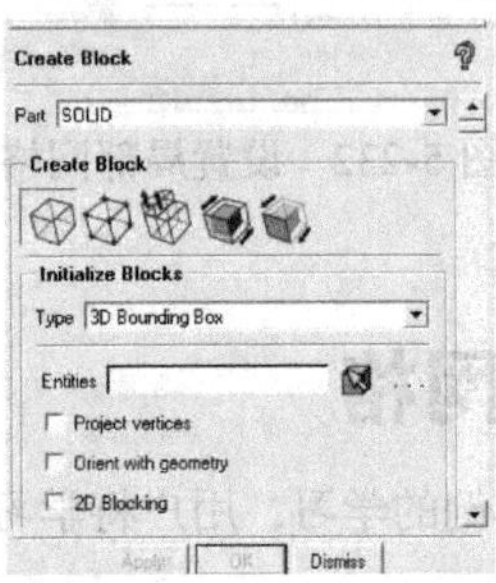

图 5-233 初始化块的设置面板

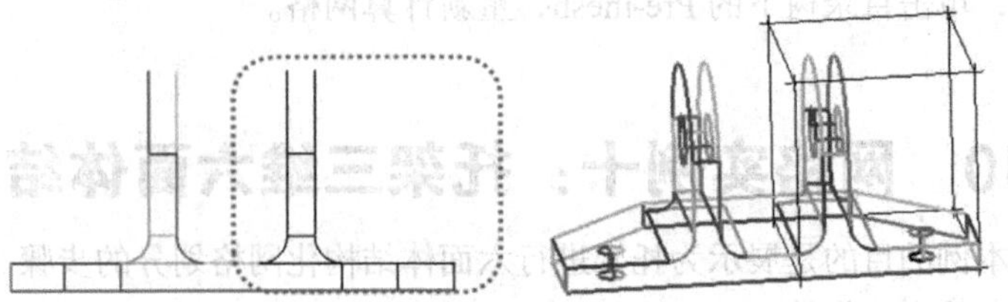

图 5-234 初始化一半几何实体的块

5.10.3 移动块顶点

（1）进行 Geometry/Create Point /Parameter along a Curve 操作，如图 5-235 所示。

① 选择几何实体最中间的一条曲线，设置 Curve parameter 为 0.5（默认）。

② 单击 Apply 按钮，完成点的创建。

③ 右键单击模型树上的 Point，在弹出的快捷菜单中选择 Show Point Info 命令，并选择新创建的点，单击鼠标中键确认操作，则在信息窗口中将出现点的信息（可知 X＝2）。

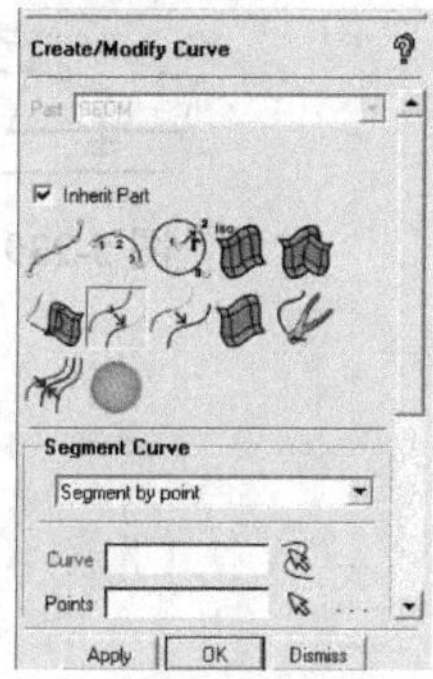

图 5-235 几何线上创建点的设置面板

（2）进行 Blocking/Move Vertex /Set Location 操作，如图 5-236 所示。

① 设置 Method 为 Set Position（默认）。

② 激活 Ref.Vertex 选项，并选择上.一步创建的点，勾选 Modify X 复选框，设置 X 为 2。

③ 激活 Vertices to Set 选项，选择如图 5-237 所示的 4 个顶点（0、1、2、3）。

④ 单击 Apply 按钮，完成块顶点的移动，如图 5-238 所示。

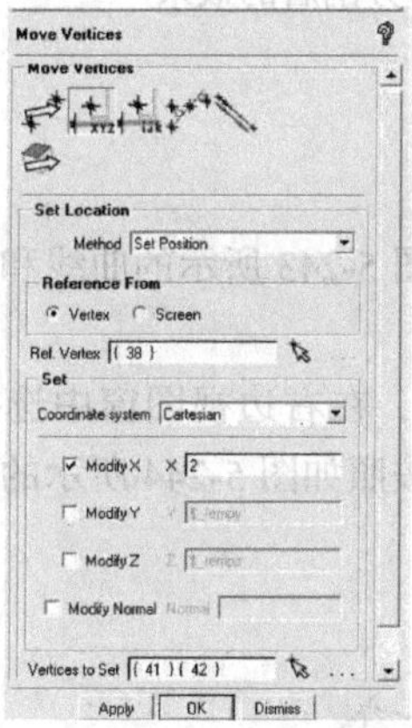

图 5-236 移动块顶点设置面板

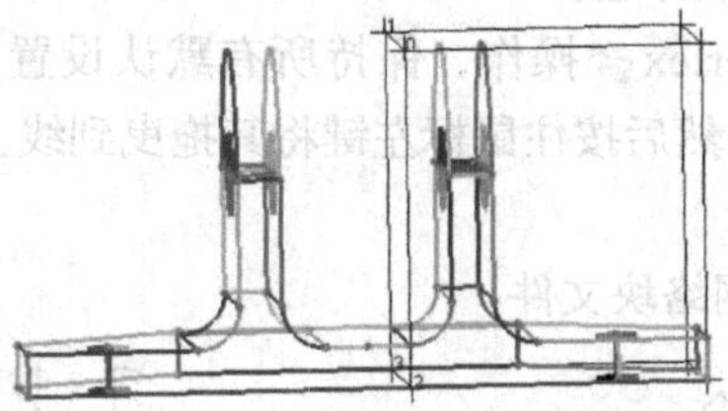

图 5-237 移动顶点前的网格

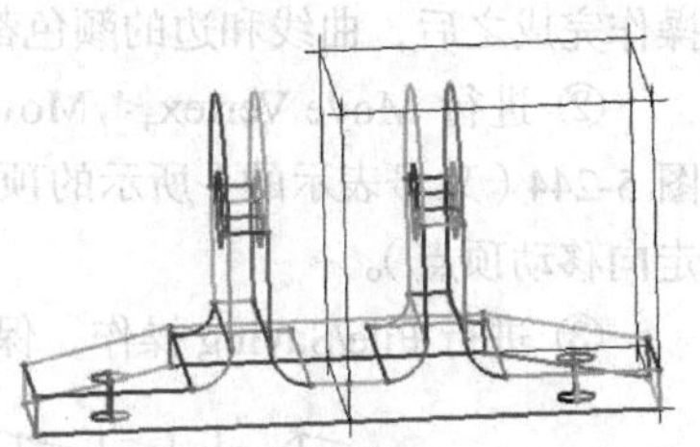

图 5-238 移动顶点后的网格

5.10.4 分块（1）

（1）进行 Blocking/Split Block 操作，保持其中的设置不变。然后按照前几节中介绍的分块方法分割块（两条竖直线和一条水平线），其中竖直分割线用来捕捉边缘外形，水平线用来捕捉基线边缘，如图 5-239 所示。

（2）单击 Delete Block ，在弹出的对话框中单击 图标，并选择分割之后不再包围实体几何的块，取消勾选 Delete Permanently 选项，即可将删除的块放入垃圾桶中，单击 Apply 按钮或鼠标中键完成删除，如图 5-240 所示。

（3）进行 Blocking/Split Block 操作，继续分割存在的块（3 条分割线），一条分割线用来捕捉基脚前端，另外两条分割线用来捕捉基脚，这样分割可以捕捉托架洞的一侧，如图 5-241 所示。

（4）单击 Delete Block ，在弹出的对话框中单击 图标，并选择图 5-242 中所指的两个块，然后单击 Apply 按钮完成分割，如图 5-242 所示。

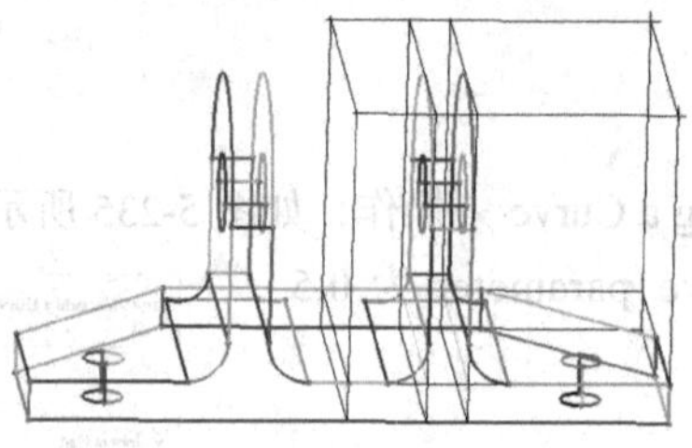
图 5-239　对块进行第一次切割

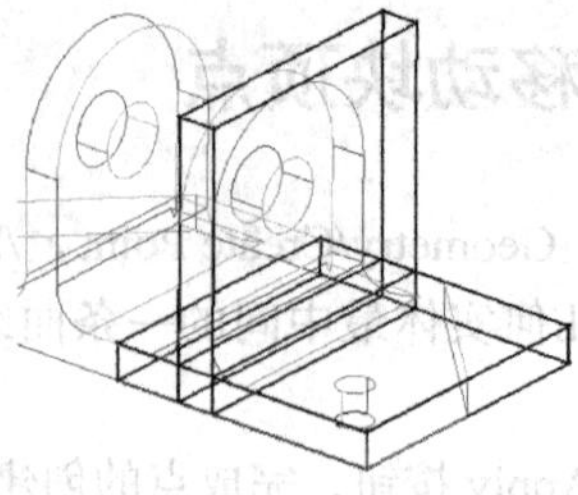
图 5-240　删除块

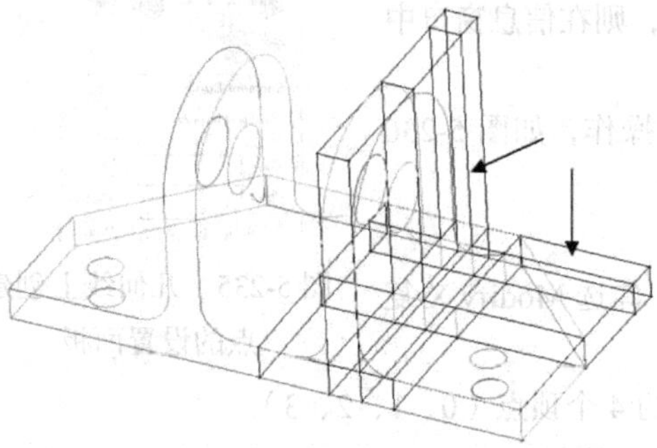
图 5-241　需要删除的块

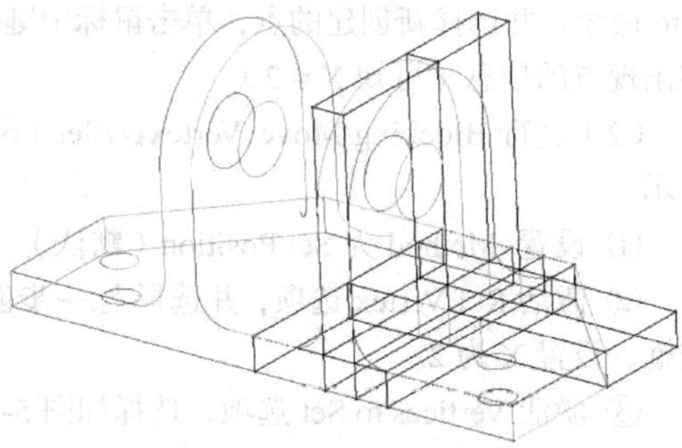
图 5-242　分割后的效果

5.10.5　关联并移动顶点

① 单击 Blocking Associations 中的 Associate Edge to Curve，关联如图 5-243 所示的曲线和边，操作完成之后，曲线和边的颜色都变成绿色。

② 进行 Move Vertex/Move Vertex 操作，保持所有默认设置不变，在右边视图窗中选择如图 5-244（叉号表示的）所示的顶点，然后按住鼠标左键将其拖曳到线上（按照如图 5-244 所示的箭头走向移动顶点）。

③ 进行 File/Saving 操作，保存网络块文件。

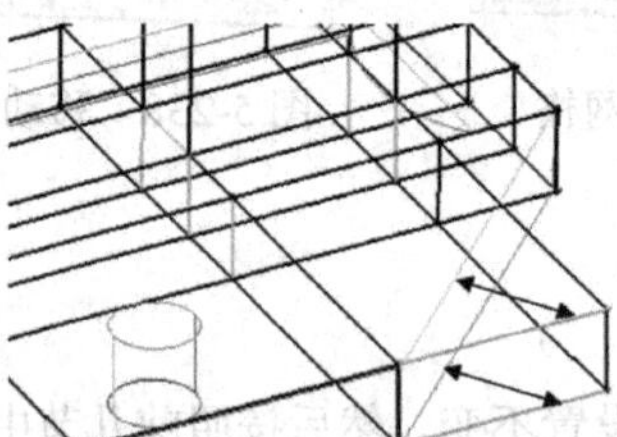
图 5-243　关联基脚的曲线和边

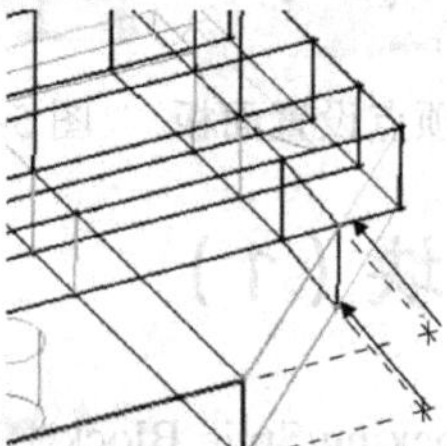
图 5-244　移动线关联之后的点

5.10.6　创建块

进行 Blocking/Create Block 操作，弹出如图 5-245 所示的设置面板，对实体初始化块的具体操作如下。

（1）选择作为创建新块的方法。

（2）在 Dimension 下拉列表中选择 3D 选项。

（3）在 Type 下拉列表中选择 Quarter-O-Grid 作为新块的建立类型。

（4）单击 6 Vertices 右边的图标，在右边视图窗中选择基座上如图 5-246 所示的 6 个点，注意此处选点的顺序很重要，如果点选错了，可能造成后面网格的划分错误。

（5）单击 Apply 按钮完成操作，新建块如图 5-247 所示。

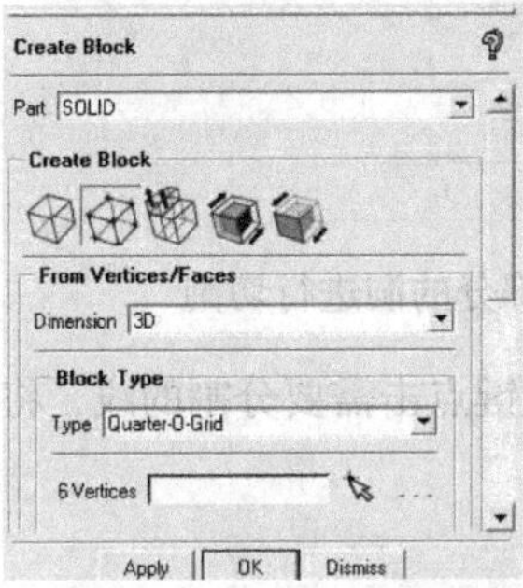

图 5-245　新建块的设置面板

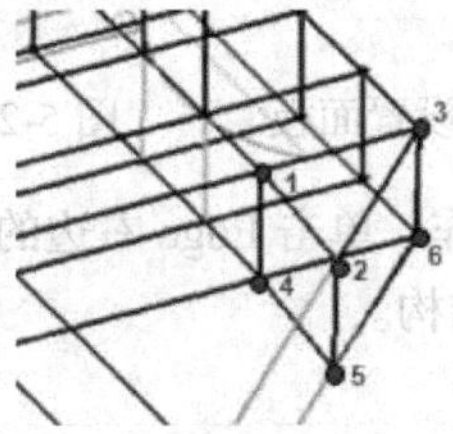

图 5-246　选择需新建 Y-Block 块的顶点

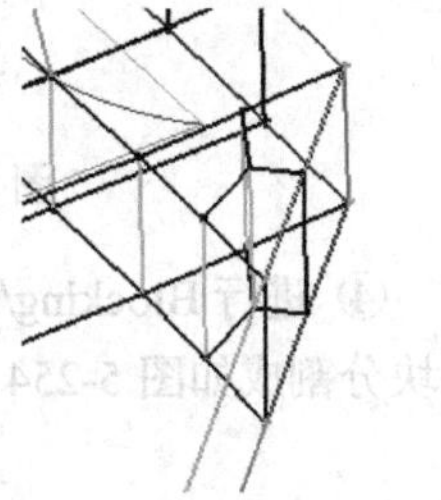

图 5-247　新建 Y-Block

5.10.7　关联

（1）单击 Blocking Associations 中的 Associate Edge to Curve，分别关联如图 5-248 所示的曲线及其对应的边（图中箭头所指的）。操作完成之后，曲线和边的颜色都将变成绿色。

（2）打开模型树上的 Geometry 目录树下的 Surface，选择 Blocking Associations 中的 Snap Project Vertices，保持默认设置不变，单击 Apply 按钮完成操作关联操作。

（3）进行 Blocking/Move Vertex操作，手动移动不在理想位置的顶点，确保块可以捕捉到边角，并使顶点位于圆弧中段，以保证生成较好的网格质量。

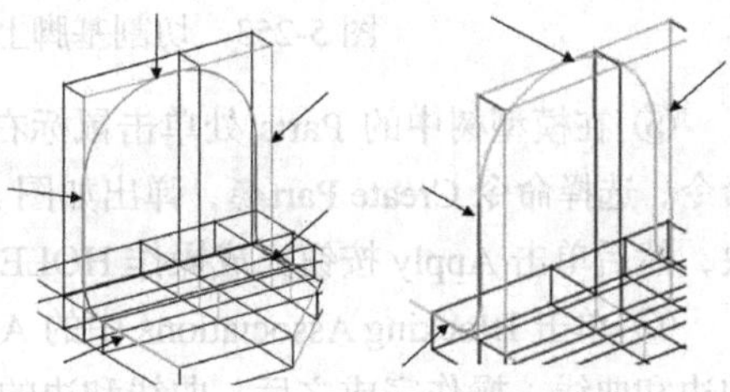

图 5-248　关联几何实体曲线和块的边

（4）进行 File/Blocking/Saving Blocking 操作，保存.blk 文件。

5.10.8　分块（2）

① 在模型树中的 Blocking 处单击鼠标右键，在弹出的快捷菜单中选择 Index Control 命令，弹出如图 5-249 所示的对话框，单击 Select corners 按钮，在几何实体块中选择如图 5-250 所示的两个对角顶点。

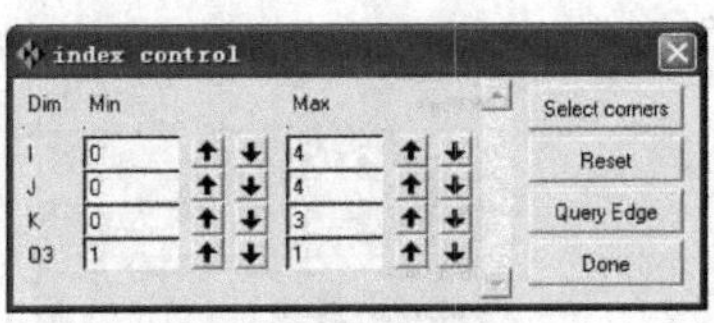

图 5-249　块显示控制对话框

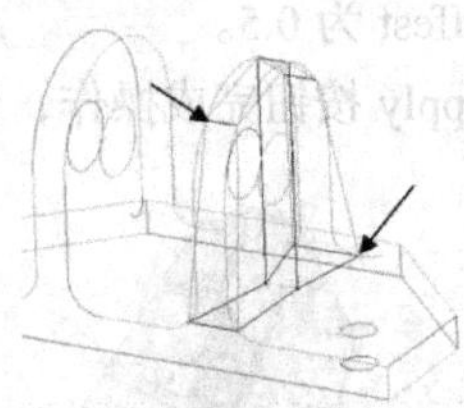

图 5-250　显示局部块

② 进行 Blocking/Split Block操作，单击 Edge 右边的图标（见图 5-251），左键单击需要分割的线，然后按住鼠标左键将其拖至适当的位置，将视图窗中的块分割成如图 5-253 所示的结构。

③ 单击 Index Control 上的 Select corners，在几何实体块中选择两个对角顶点，显示如图 5-254（a）所示。

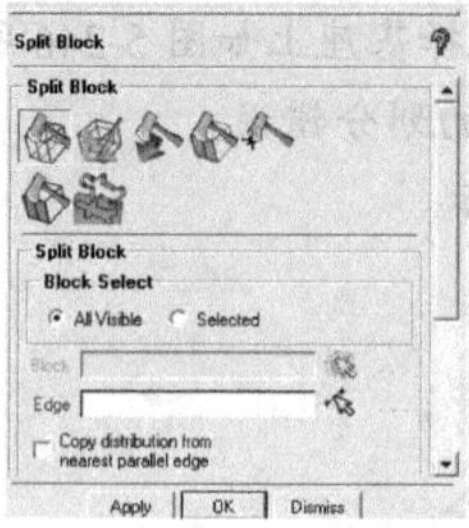

图 5-251　块切割设置面板

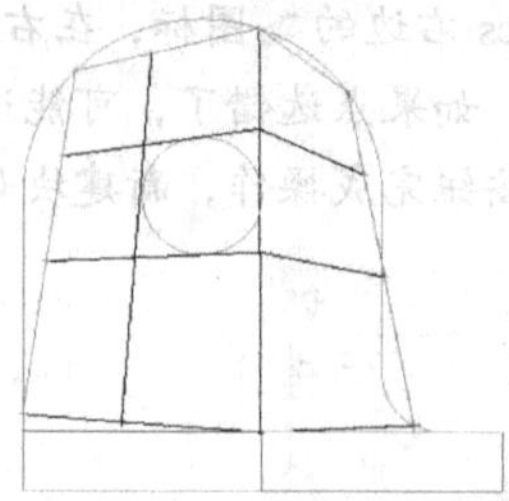

图 5-252　对上半部分的洞进行切割

④ 进行 Blocking/Split Block 操作，单击 Edge 右边的图标，左键点击需要分割的线，将视图窗的块分割成如图 5-254（b）所示的结构。

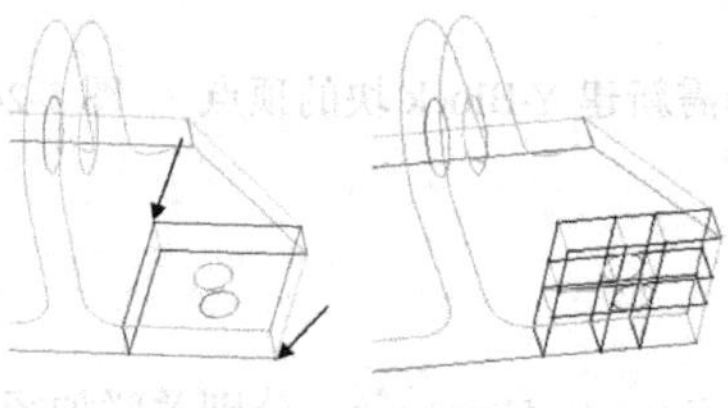

（a）　（b）

图 5-253　切割基脚上的洞

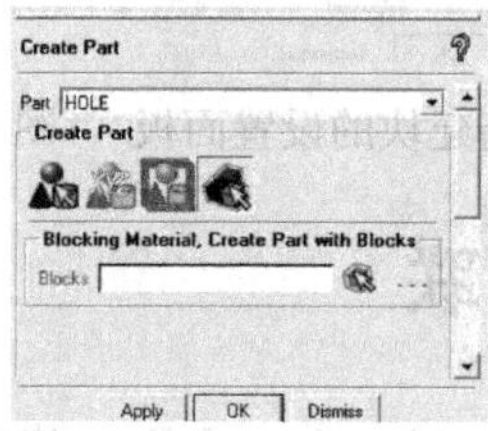

图 5-254　创建 Part 的设置面板

⑤ 在模型树中的 Parts 处单击鼠标右键，在弹出的快捷菜单中选择 Create Part/Blocking Material 命令，选择命令 Create Part，弹出如图 5-254 所示的设置面板，激活如图 5-255 所示的所有小孔中的块，然后单击 Apply 按钮完成操作 HOLE part 的创建。

⑥ 单击 Blocking Associations 中的 Associate Edge to Curve，分别关联上一步中创建的 Part 对应的边和曲线。操作完成之后，曲线和边的颜色都将变成绿色。

5.10.9　创建 O-grid

单击 Geometry 目录下的 Split Block，弹出如图 5-256 所示的设置面板，单击其中的图标。

（1）单击 Select Block(s)右边的图标，在弹出的工具栏中选择，并从工具栏中选择 HOLE 块，单击 Accept 按钮。

（2）勾选 Around blocks 选项，表示在 HOLE 的周围创建块。

（3）设置 Offest 为 0.5。

（4）单击 Apply 按钮完成操作，创建两个 O-grid。

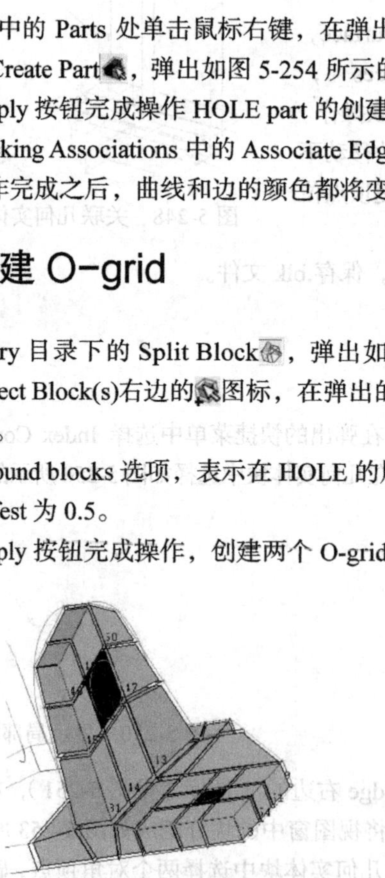

图 5-255　选择需要创建 HOLE 部件的块

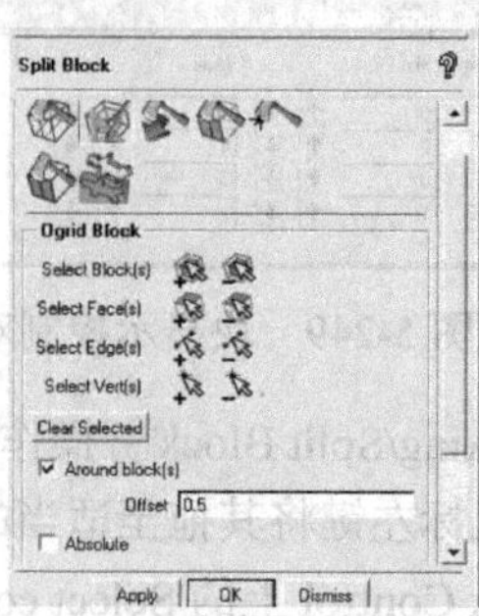

图 5-256　创建 O-grid 的设置面板

5.10.10　设置边缘 O-grid

（1）进行 Blocking/Delete Block 操作，在弹出的如图 5-257 所示的设置面板中勾选 Delete permanently 复选框，然后激活 Blocks 选项，选择如图 5-258 所示的两个块，单击 Apply 按钮确认操作。

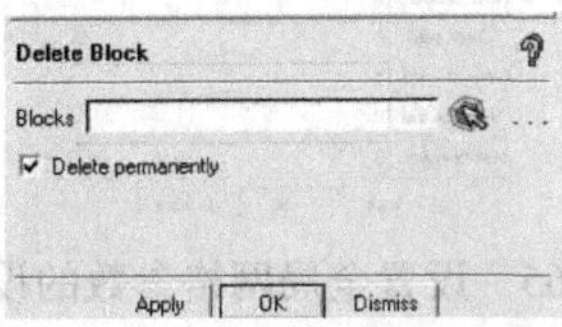

图 5-257　删除块的设置面板

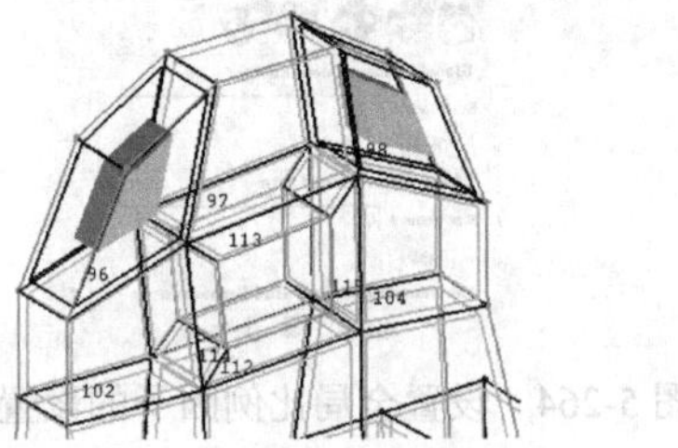

图 5-258　选择需要删除的块

（2）进行 Blocking/Merge Vertices 操作，弹出如图 5-259 所示的设置面板，勾选 Merge to average 和 Rebuild orphan 复选框，其他默认设置保持不变，激活 2 Vertices 选项，选择如图 5-260 所示的一个箭头两端的两点，单击 Apply 按钮完成点合并，重复进行操作，完成所有箭头所指的合并。完成操作后的效果如图 5-261 右图所示。

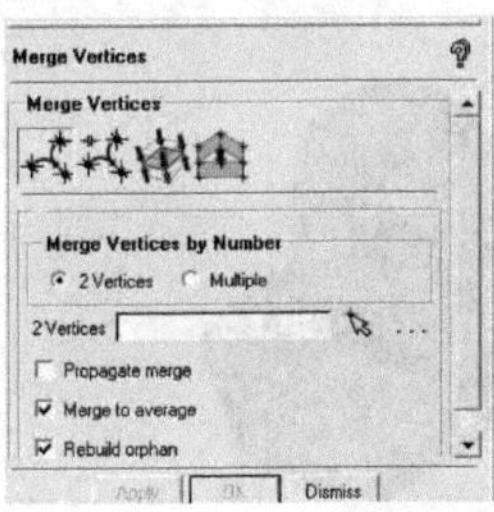

图 5-259　合并顶点的设置面板

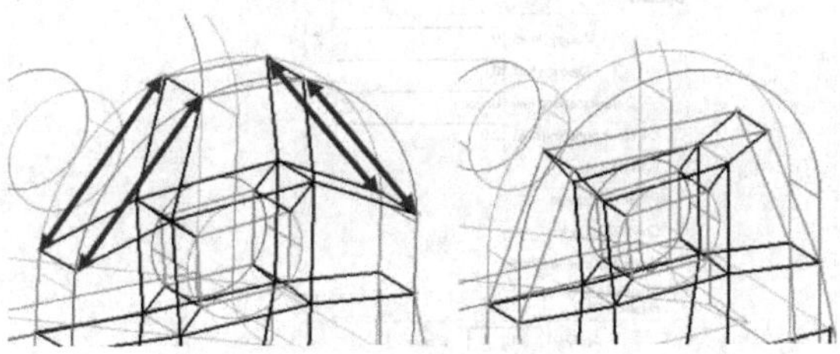

图 5-260　合并顶部顶点

（3）单击 Blocking Associations，在弹出的如图 5-261 所示的设置面板中选择 Disassociate from Geometry，激活 Faces 选项，单击图标，在视图窗中选择如图 5-262 所示的面（蓝色），然后单击 Apply 按钮，结果如图 5-263 所示，这一步操作使得对称面的映射被取消了。

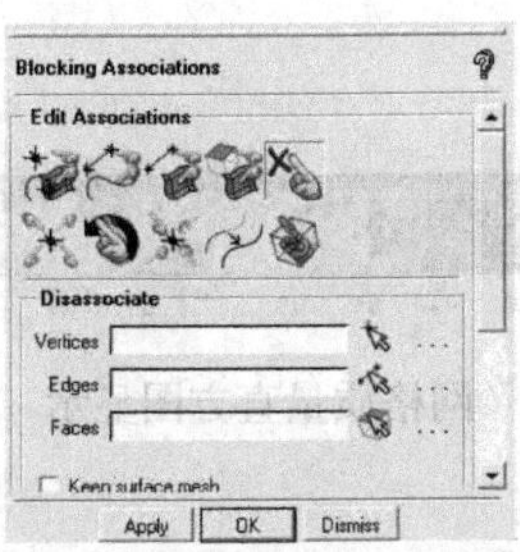

图 5-261　取消块映射的设置面板

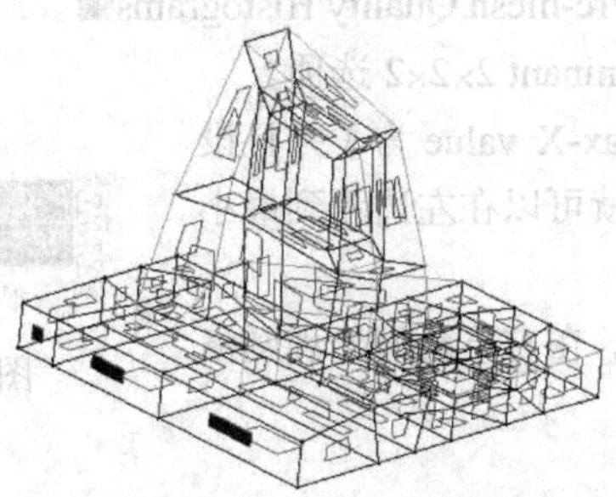

图 5-262　选择需要取消映射的面

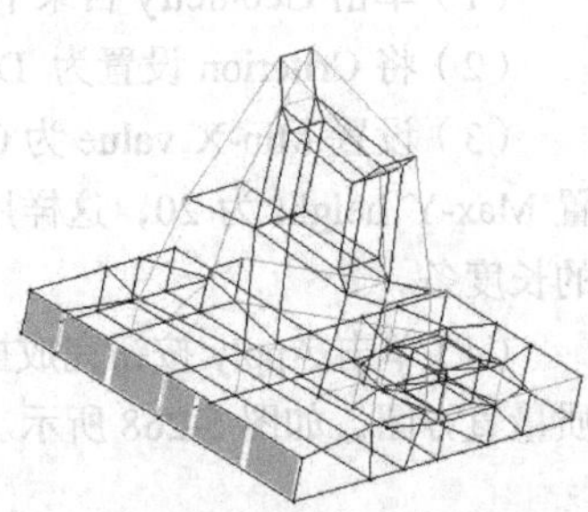

图 5-263　被取消映射的面

5.10.11　计算网格

（1）进行 Mesh/Global mesh Setup 操作，弹出如图 5-264 所示的设置面板，设置 Scale factor 为 0.2，其他选项保持默认设置，单击 Apply 按钮完成操作。

（2）进行 Mesh/Surface mesh Setup操作，弹出如图 5-265 所示的设置面板，激活 Surface(s)选项，单击图标，在其中选择，即可全选所有的块，设置最大网格尺寸 Maximum size 为 1，单击 Apply 按钮完成操作。

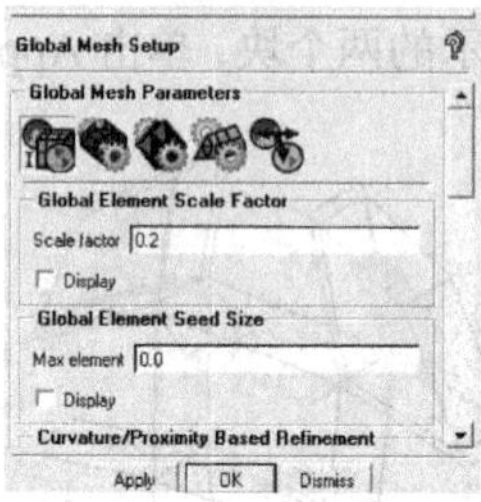

图 5-264　设置全局比例因子的设置面板

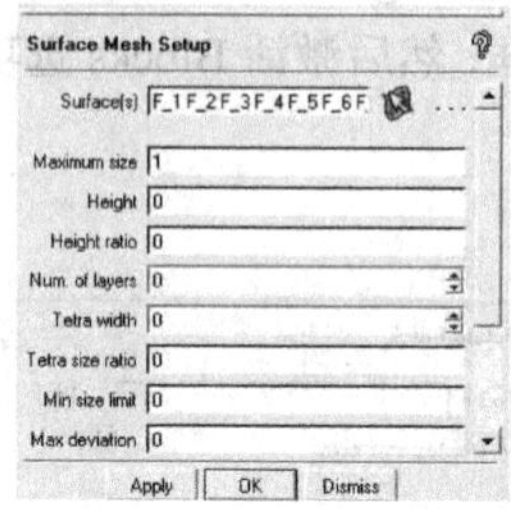

图 5-265　设置全局网格参数的设置面板

（3）进行 Settings/Meshing Options/Hexa/Mixe 操作，弹出如图 5-266 所示的设置面板，设置 Default meshing law 为 Uniform，单击 Apply 按钮确认操作。

（4）展开模型树，关闭 Parts 根目录下的 HOLE 部件。

（5）在模型树中打开 Blocking/Pre-Mesh，当提示重新计算网格时，选择 Yes，单击图标，并打开模型树中 Geometry 根目录下的 Surface，视图窗中的显示如图 5-267 所示。

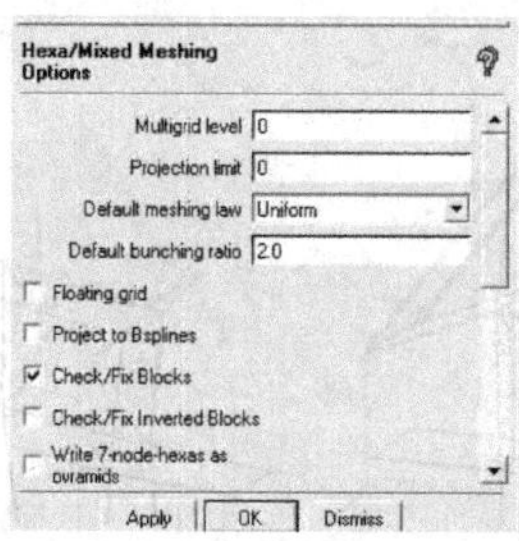

图 5-266　设置六面体网格划分规律

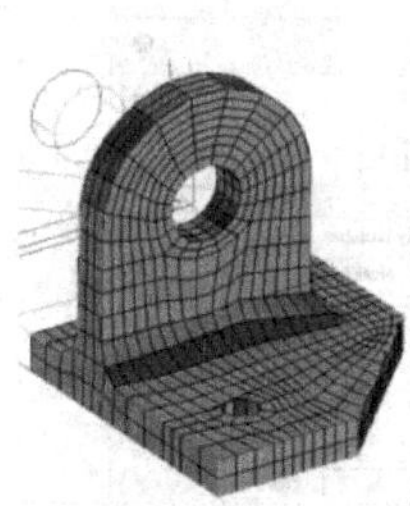

图 5-267　一半网格显示

5.10.12　网格质量评估

（1）单击 Geometry 目录下的 Pre-mesh Quality Histograms。

（2）将 Criterion 设置为 Determinant 2×2×2 选项。

（3）设置 Min-X value 为 0, Max-X value 为 1 并且设置 Max-Y height 为 20，这样用户就可以在左边看到最小的长度条。

（4）单击 Apply 按钮完成操作，在右下角将出现网格质量直方图，如图 5-268 所示。

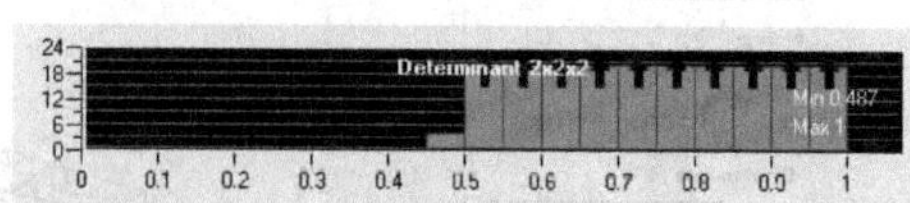

图 5-268　网格质量直方图显示

注　意： 如果所有的单元质量都不高，那么可能是块反向了。单击 Blocking/Block Checks，在弹出的对话框中将 Method 设置为 Fix Inverted Blocks，单击 Apply 按钮。并重复显示如图 5-270 所示的网格质量直方图。此外，顶点位置不好也可能导致网格质量差，需要将其移动到对应的位置上。

（5）如果网格质量达到用户需要的质量，则进行 File/Blocking/ Saving Blocking 操作，保存.blk 文件。

5.10.13　网格镜像

（1）右键单击模型树 Blocking 根目录下的 Pre-Mesh，在弹出的快捷菜单中选择 Convert to Unstruct Mesh 命令，将已划分的网格转变为非结构化网格，并在模型树上关闭 Blocking。

（2）进行 Edit mesh/Transform Mesh操作，在弹出的设置面板中选择 Mirror Mesh，如图 5-269 所示，其具体操作如下。

① 激活 Select 选项，在右边视图窗中选择所有的网格单元。

② 勾选 Copy 复选框。

③ 复选 Merge nodes 复选框。

④ 选中 Tolerance Method 选项组中的 Automatic 选项，则系统默认将在最小网格单元的 1/10 容差内合并网格单元节点。

⑤ 选中 Plane Axis (Normal)选项组中的 X 选项。

⑥ 设置 About Point 为 Selected，并选择最开始创建的堆成点。

⑦ 单击 Apply 按钮对称网格，结果如图 5-270 所示。

（3）进行 File/Mesh/Save Mesh As 操作，保存网格。

（4）将生成的网格以非结构网格的格式保存，并导出相应的网格以供后续 CFD 求解器，如 FLUENT 使用。

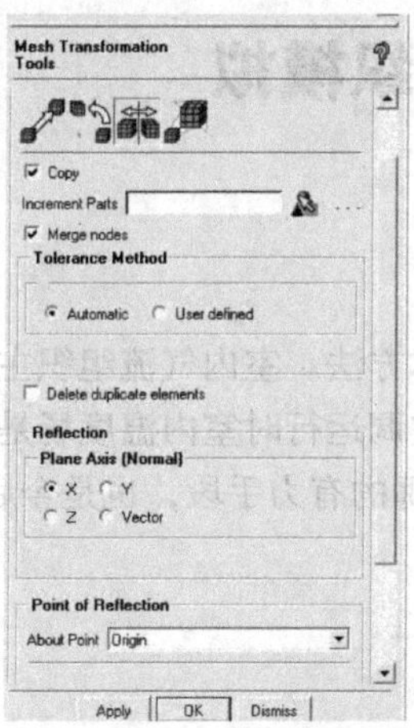

图 5-269　对称网格

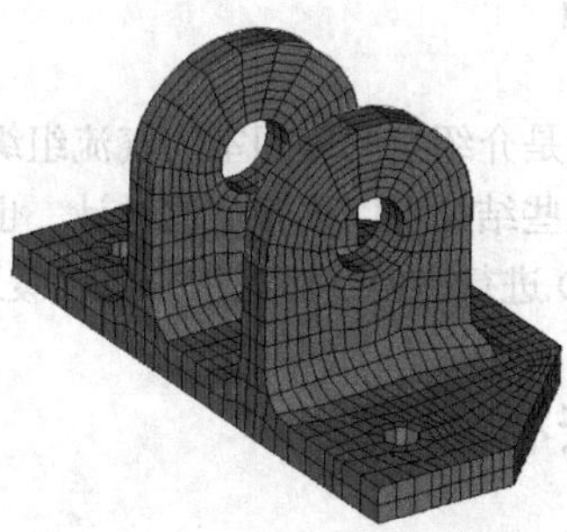

图 5-270　对称后的网格

第 6 章

综合实战案例一

6.1 算例一：空调房间室内气流组织模拟

6.1.1 介绍

本算例的目的是介绍空调房间室内气流组织模拟的基本方法。室内气流组织主要分析室内的速度场和温度场。由这些结果可以改善空调设计，也可以判断空调运行时室内温度场是否符合人体舒适度的要求。利用 CFD 进行室内气流组织分析是暖通工程设计师的有力手段，也是今后的发展方向。

6.1.2 方法和设置

- 确认网格的尺寸和质量。
- 定义求解设置。
- 定义室内气流组织模拟的湍流模型。
- 观察室内气流组织的模拟结果。
- 分析速度场和温度场。

6.1.3 前期要求

本算例假定用户对 FLUENT 使用较有经验，并对 FLUENT 界面较为熟悉。

6.1.4 问题描述

图 6-1 所示为计算域室内的示意图，房间左下角有一个空调，送风和回风方向如图 6-1 所示。送风速度为 1 m/s，送风温度为 25° C，壁面温度为 30° C。

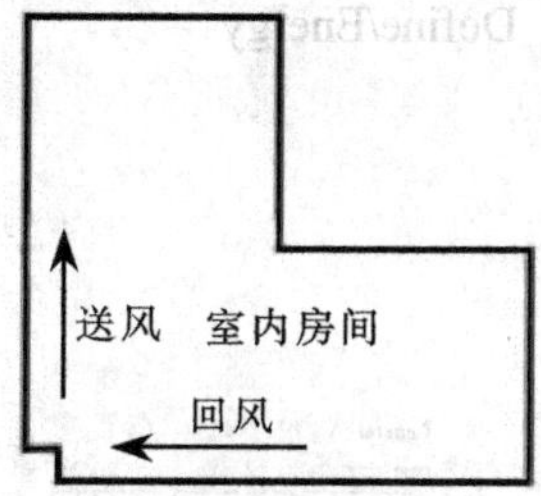

图 6-1 空调房间计算域示意图

6.1.5 准备

- 复制 hvac-room.msh 网格文件到工作文件夹中。
- 开启 FLUENT 2D 求解器。

6.1.6 设置和求解

步骤一：网格

（1）读入网格文件 hvac-room.msh。

File/Read/Mesh

（2）检查网格。

Mesh/Check

在这个过程中，FLUENT 将对网格进行检查，以确保网格的最小体积为正值。

（3）检查网格的尺寸。

Mesh/Scale

在如图 6-2 所示的对话框中检查计算域的尺寸，其应与房间的实际尺寸相符。

（4）显示网格，如图 6-3 所示。

Display/Mesh

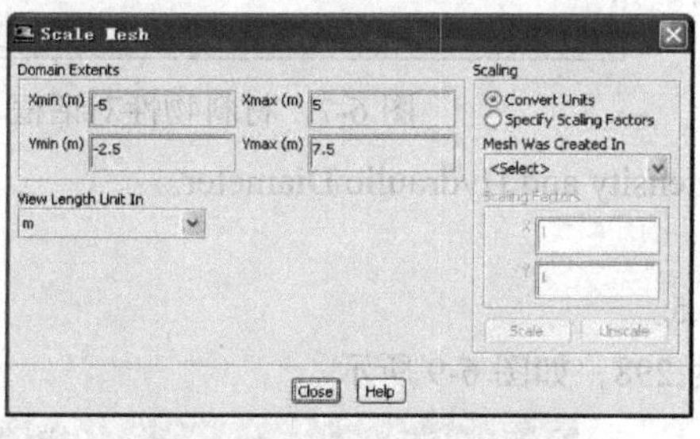

图 6-2 Scale Mesh 对话框

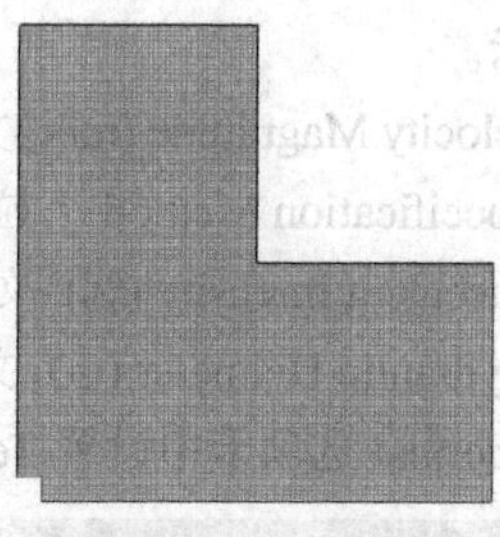

图 6-3 计算域网格

步骤二：模型

（1）保持求解设置的默认参数。

Define/General

该计算将以基于压力的求解器定常求解，如图 6-4 所示。

（2）激活标准 k-ε 湍流模型。

Define/Models/Viscous

① 在 Model 选项组中选中 k-epsilon (2 eqn)选项，如图 6-5 所示。

② 选择标准壁面函数。

③ 单击 OK 按钮，关闭 Viscous Model 对话框。

（3）激活能量方程，如图 6-6 所示。

Define/Energy

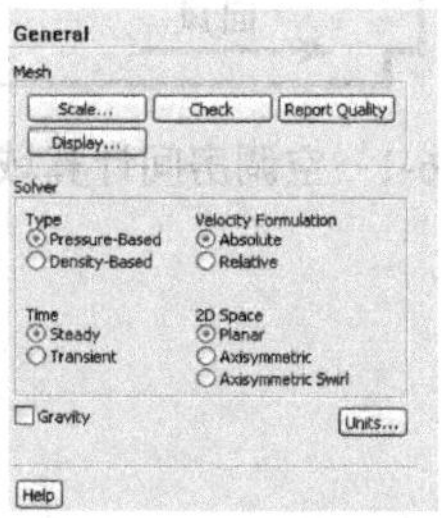

图 6-4　General 任务页

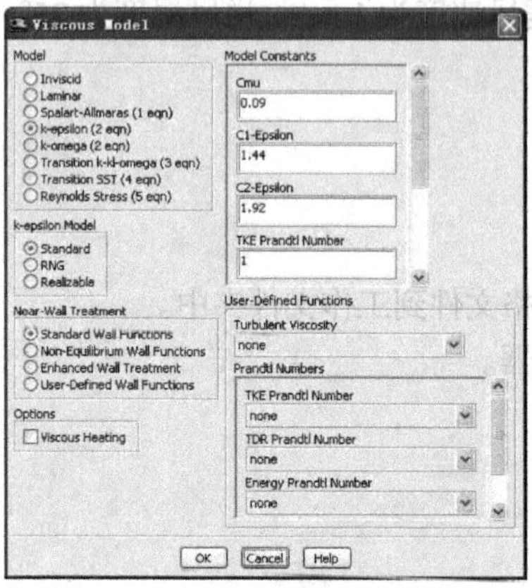

图 6-5　Viscous Model 对话框

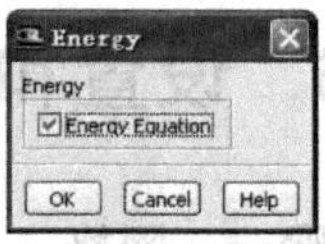

图 6-6　能量方程对话框

步骤三：材料物性

保持默认的 air 物性，如图 6-7 所示。

Define/Materials

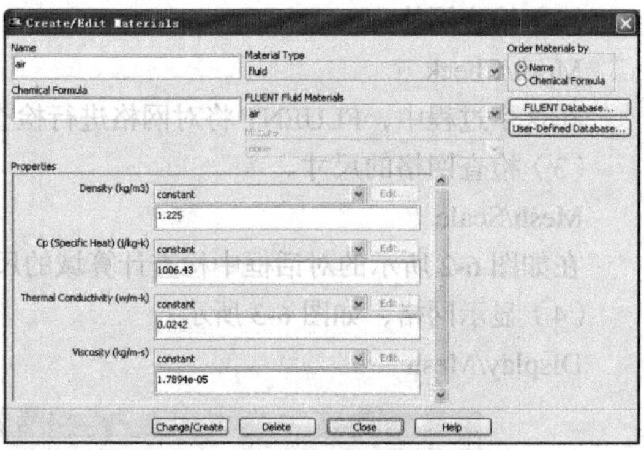

图 6-7　材料物性对话框

步骤四：计算域和边界条件

（1）设置进口的边界条件。

Define/Boundary Conditons

① 从 Zone 列表中选择 inlet，并设置 Type 为 velocity-inlet。

② 单击 Edit 按钮，弹出 Velocity Inlet 对话框，如图 6-8 所示。

a. 在 Velocity Magnitude (m/s)文本框中输入 1。

b. 从 Specification Method 下拉列表中选择 Intensity and Hydraulic Diameter。

c. 在 Turbulent Intensity (%) 文本框中输入 5。

d. 在 Hydraulic Diameter (m) 文本框中输入 0.5。

c. 在 Thermal 选项卡中设置 Temperature (k)为 298，如图 6-9 所示。

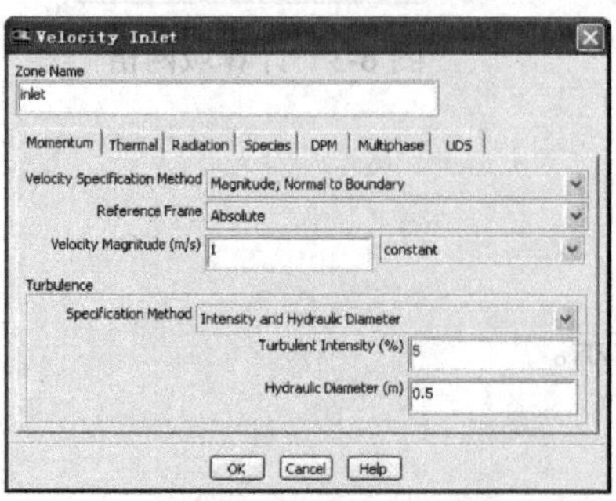

图 6-8　Velocity Inlet 对话框

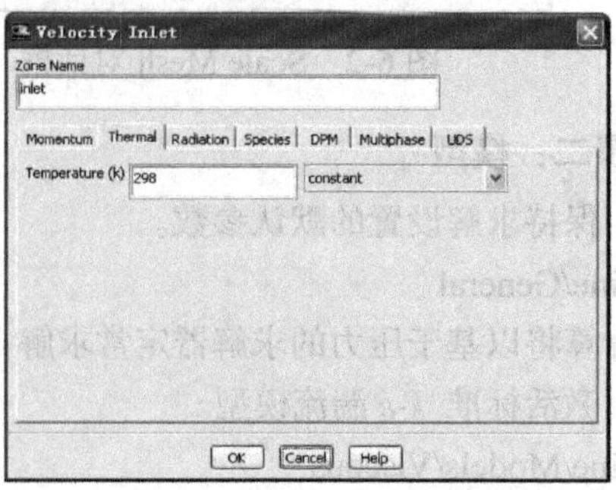

图 6-9　进口边界条件对话框

f. 单击 OK 按钮，关闭 Velocity Inlet 对话框。

（2）设置出口的边界条件。

① 从 Zone 列表中选择 outlet，并设置 Type 为 pressure-outlet。

② 单击 Edit 按钮，弹出 Pressure Outlet 对话框，如图 6-10 所示。

使用默认的表压参数值，因为出口为大气压。

a. 从 Specification Method 下拉列表中选择 Intensity and Hydraulic Diameter。

b. 在 Backflow Turbulent Intensity (%)文本框中输入 5。

c. 在 Backflow Hydraulic Diameter (m) 文本框中输入 0.5。

这些湍流参数的值只有在回流发生时才被使用。

d. 单击 OK 按钮，关闭 Pressure Outlet 对话框。

（3）设置壁面的边界条件。

① 从 Zone 列表中选择 wall 并设置 Type 为 wall。

② 单击 Edit 按钮，弹出 Wall 对话框，如图 6-11 所示。

a. 在 Thermal 选项卡中设置 Thermal Conditions 为 Temperature，并在 Temperature (k)文本框中输入 303。

b. 单击 OK 按钮，关闭 Wall 对话框。

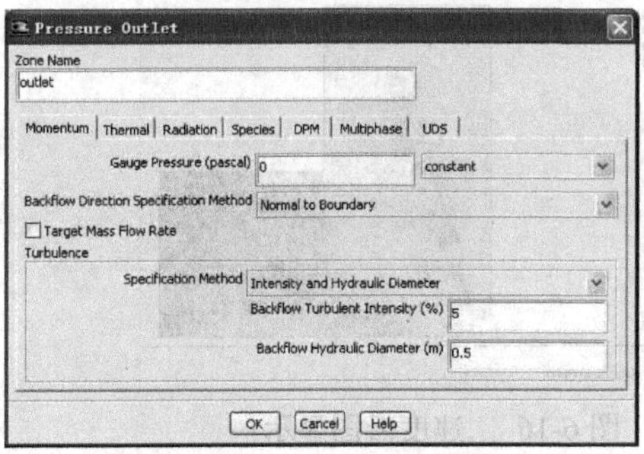

图 6-10　Pressure Outlet 对话框

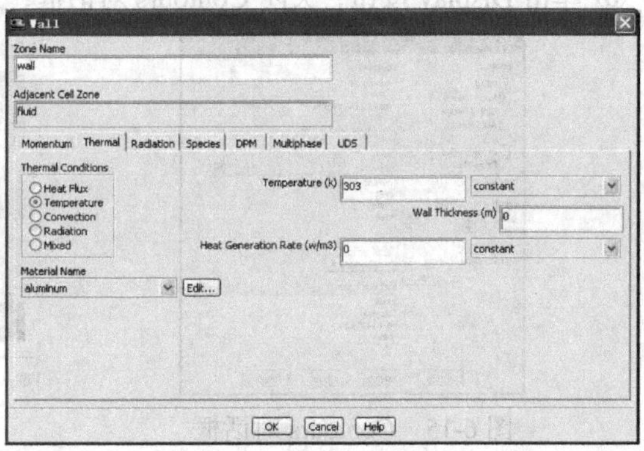

图 6-11　Wall 对话框

步骤五：求解

（1）保持默认的求解参数，如图 6-12 所示。

Solve/Methods

（2）初始化流场。

Solve/Initialization

① 从 Compute from 下拉列表中选择 inlet。

② 单击 Initialize 按钮，如图 6-13 所示。

（3）保存工况文件。

File/Write/Case

保持默认的 Write Binary Files 选项被选中。

（4）进行迭代求解。

Solve/Run Calculation/Calculate

① 设置 Number of Iterations 为 1 000，如图 6-14 所示。

② 单击 Calculate 按钮开始求解。

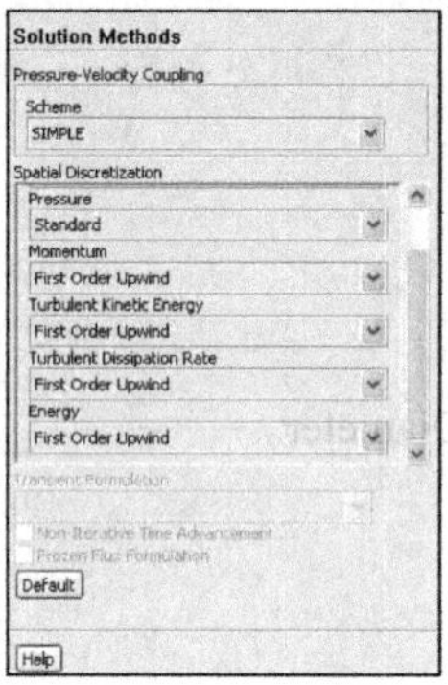

图 6-12　求解方法设置面板

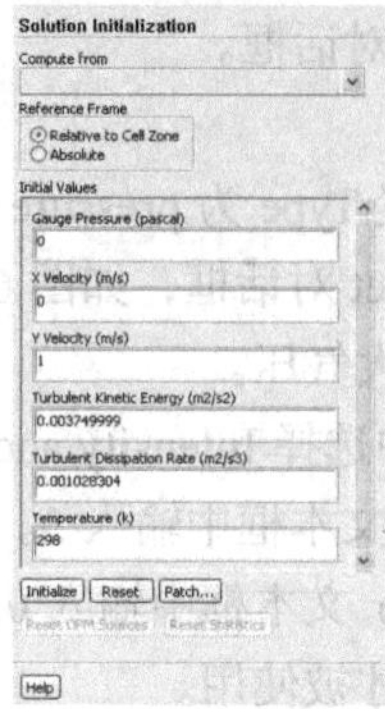

图 6-13　求解初始化面板

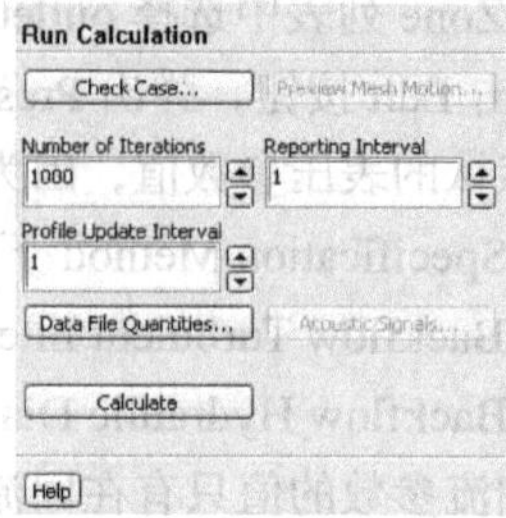

图 6-14　求解运行设置面板

步骤六：后处理

（1）显示速度云图。

Display/Graphics and Animations/Contours

① 从 Contours of 下拉列表中选择 Velocity 和 Velocity Magnitude，如图 6-15 所示。

② 勾选 Filled 复选框。

③ 单击 Display 按钮，关闭 Contours 对话框；速度云图显示效果如图 6-16 所示。

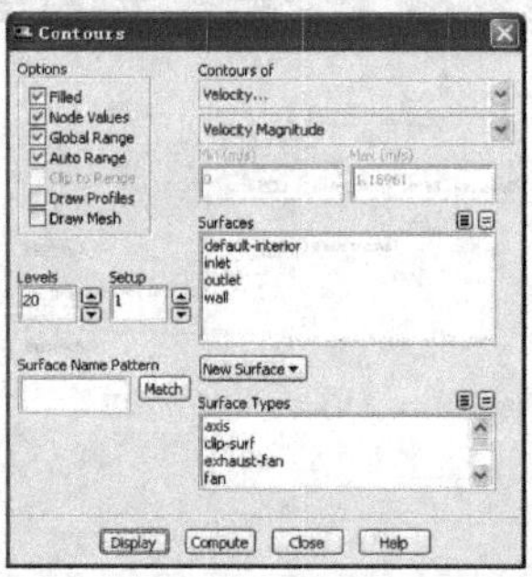

图 6-15　Contours 对话框

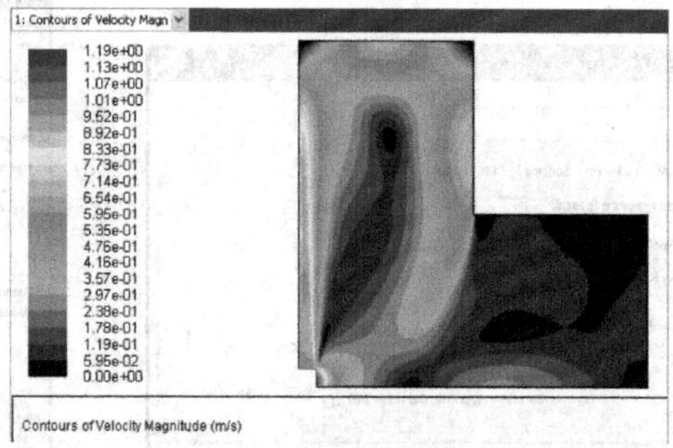

图 6-16　速度云图显示

分析该速度云图可以发现，房间中正对着出风方向的地方，空气流速较大，而房间的另一部分，风速较小。

（2）显示温度云图。

Display/Graphics and Animations/Contours

① 从 Contours of 下拉列表中选择 Temperature 和 Static Temperature，如图 6-17 所示。

② 勾选 Filled 复选框。

③ 单击 Display 按钮，关闭 Contours 对话框。温度云图显示效果如图 6-18 所示。

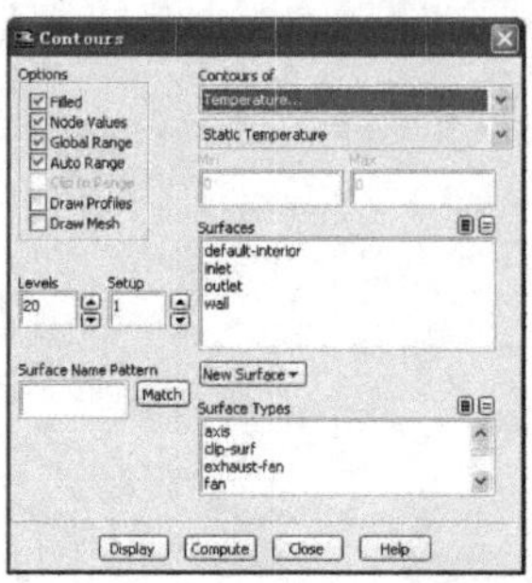

图 6-17　Contours 对话框

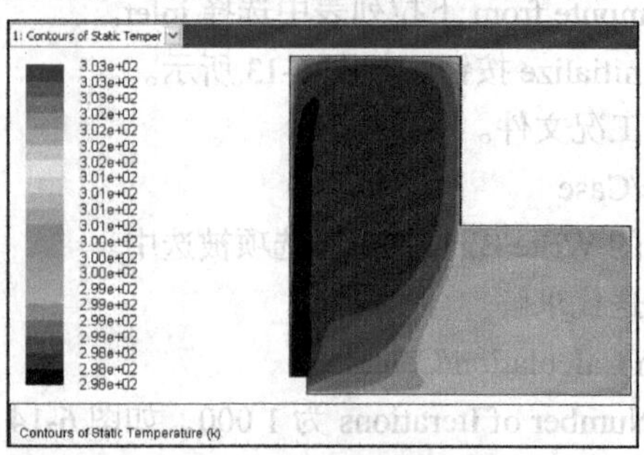

图 6-18　温度云图显示

由该温度云图可以发现，房间中，正对出风方向的地方温度较低。

6.1.7　总结

本算例使用标准 k-ε 湍流模型和一阶离散格式进行了室内气流组织的模拟，并且获得了初步模拟结果。如果要获得更为精确的结果，则需采用 RNG k-ε 湍流模型，并采用高阶离散格式继续求解直至收敛。更合适的湍流模型和高阶离散格式都能提高求解精度。

6.2　算例二：管内流动的模拟

6.2.1　介绍

本算例的目的为展示 3D 管内湍流流动模拟的设置和求解步骤。管道是工程领域中较为常见的设备。对于管内流动而言，管内速度和压降的信息对于工程设计非常重要。管内流动也是流体力学的研究热点。

6.2.2　方法和设置

- 读入 FLUENT 的网格文件。
- 确认网格的尺寸和质量。
- 在材料数据库中添加新材料。
- 定义求解设置，并进行设置。
- 检查模拟结果，将其与实验数据进行比较。
- 使用动画工具进行流场显示。
- 通过读入 view 文件来控制显示图。

6.2.3　前期要求

本算例假定用户对 FLUENT 较为熟悉，并对 FLUENT 界面比较熟悉。

6.2.4　问题描述

模型管的直径为 1 m，长度 20 m，如图 6-19 所示。几何模型是对称的，因此只对管道的一半进行模拟。水以 0.015 m/s 的速度从进口边界进入。流动雷诺数为 15 000。

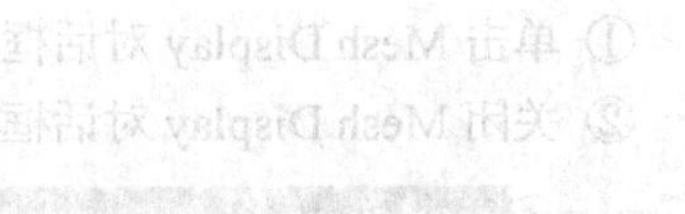

图 6-19　计算域示意图

6.2.5　准备

- 复制 pipe.msh 到工作文件夹中。
- 开启 FLUENT 3D 双精度求解器（Double Precision）。

6.2.6 设置和求解

步骤一：网格

（1）读入网格文件 pipe.msh

File/Read/Mesh。

FLUENT 将读入网格文件，并在控制台中报告进程。

（2）检查网格。

Mesh/Check

这个过程将对网格进行检查。用户应确保最小体积为正值。

（3）检查网格的尺寸。

Mesh/Scale

检查计算域的尺寸，确保其与实际物理尺寸相符。否则，应对网格以合适的单位进行放大或缩小处理，如图 6-20 所示。

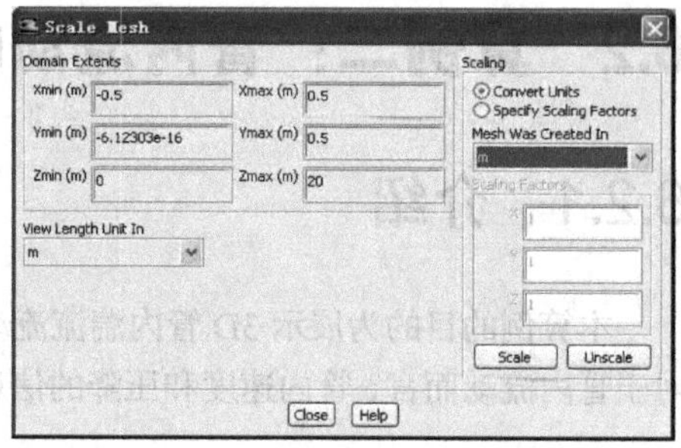

图 6-20　Scale Mesh 对话框

（4）显示网格。

Display/Mesh

① 单击 Mesh Display 对话框内的 Display 按钮，网格显示如图 6-21 和图 6-22 所示。

② 关闭 Mesh Display 对话框。

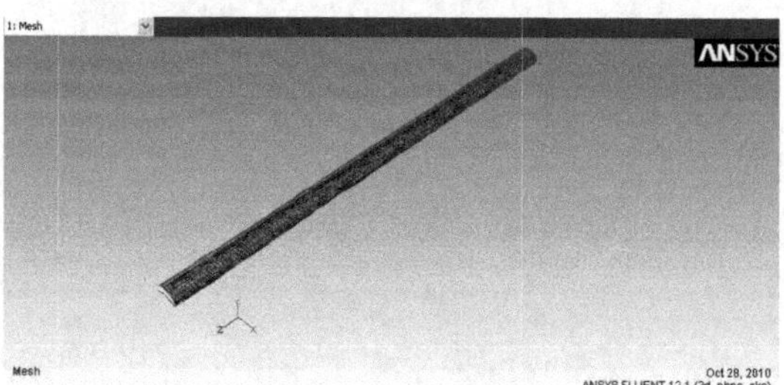

图 6-21　网格显示

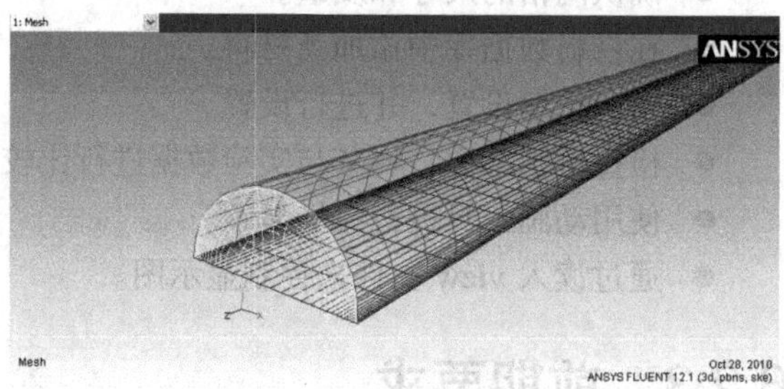

图 6-22　底部网格显示

步骤二：模型

（1）保持求解设置的默认参数。

Define/General

该问题将使用基于压力的求解器，以稳态法求解。因此，保持求解设置的默认参数，如图 6-23 所示。

（2）激活标准 k-ε 湍流模型。

Define/Models/Viscous

① 在 Model 选项组中选中 k-epsilon (2 eqn)选项，如图 6-24 所示。

② 在 Near-Wall Treatment 选项组中选中 Enhanced Wall Treatment 选项。

③ 单击 OK 按钮，关闭 Viscous Model 对话框。

步骤三：材料

从 FLUENT 数据库中复制 water-liquid (h2o<l>)。

Define/Materials

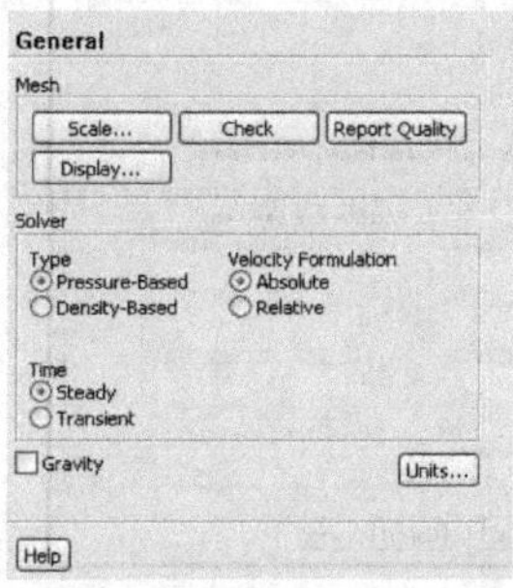

图 6-23 General 任务页面

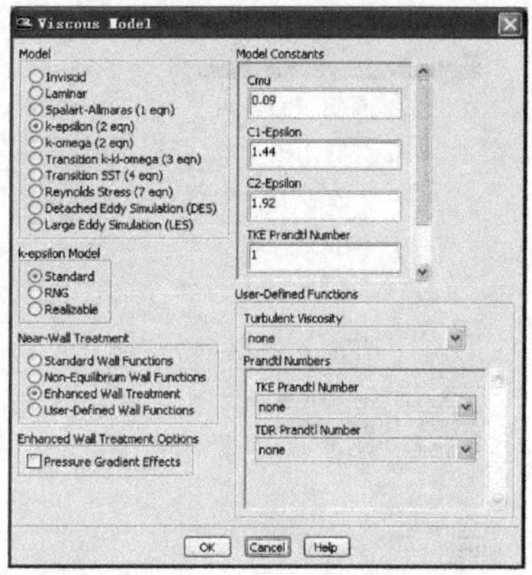

图 6-24 Viscous Model 对话框

（1）在如图 6-25 所示的对话框中单击 FLUENT Database 按钮，弹出 FLUENT Database Materials 对话框，如图 6-26 所示。

① 在 FLUENT Fluid Materials 列表中选择 water-liquid (h2o<l>)。

这时会显示液态水的默认设置。

② 单击 Copy 按钮，关闭 FLUENT Database Materials 对话框。

材料设置对话框中将显示复制的水的信息。

（2）单击 Change/Create 按钮，关闭材料设置对话框。

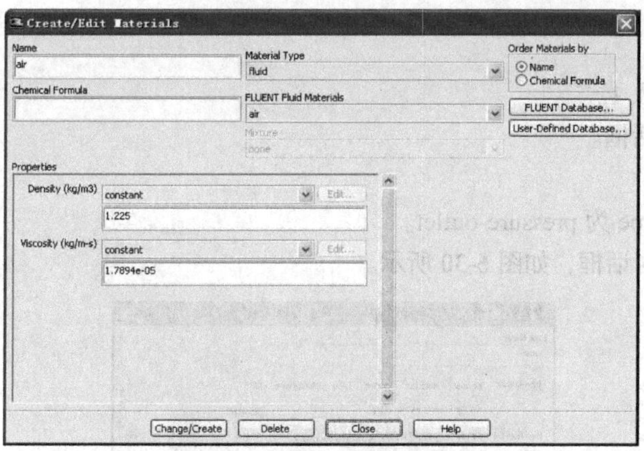

图 6-25 材料设置对话框

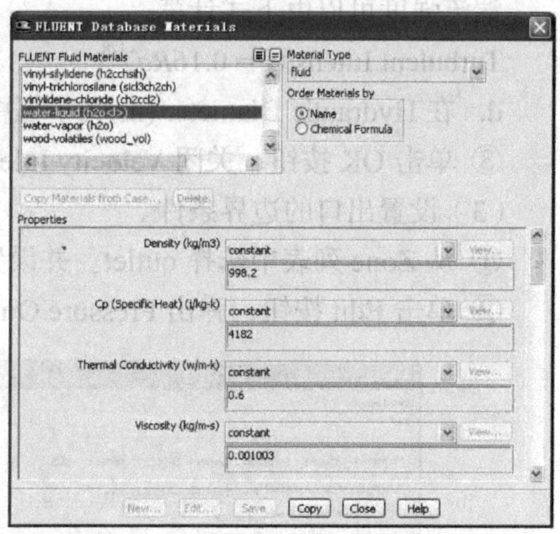

图 6-26 FLUENT 材料数据库

步骤四：计算域和边界条件

（1）设置计算域条件。

Define/Cell Zone Conditions

① 从 Zone 列表中选择 fluid（见图 6-27），并设置 Type 为 fluid。

② 单击 Edit 按钮，弹出 Fluid 对话框（见图 6-28）。

从 Material Name 下拉列表中选择 water-liquid。

③ 单击 OK 按钮，关闭 Fluid 对话框。

（2）设置进口的边界条件。

Define/Boundary Conditions

① 从 Zone 列表中选择 inlet，并设置 Type 为 velocity-inlet。

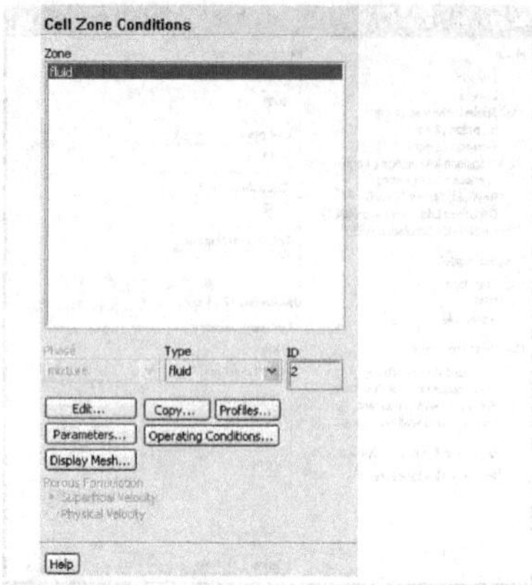

图 6-27　Cell Zone Conditions 设置面板

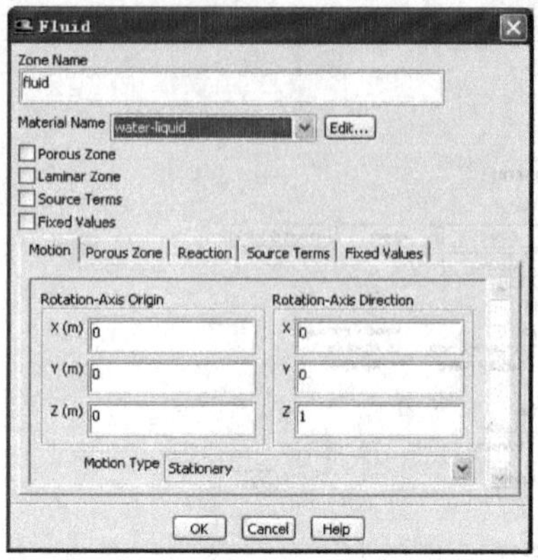

图 6-28　Fluid 对话框

② 单击 Edit 按钮，弹出 Velocity Inlet 对话框，如图 6-29 所示。

a. 在 Velocity Magnitude (m/s) 文本框中输入 0.015。

雷诺数定义为 $Re=\dfrac{UD\rho}{\mu}$。

对于液态水的物性，可以求得 Re 为 15 000，速度应为 0.015 m/s。

b. 从 Turbulence 选项组中的 Specification Method 下拉列表中选择 Intensity and Hydraulic Diameter。

c. 在 Turbulent Intensity(%) 文本框中输入 4.8。

湍流强度可以由下式计算。

Turbulent Intensity $= 0.16Re^{-1/8}$

d. 在 Hydraulic Diameter (m)文本框中输入 1。

③ 单击 OK 按钮，关闭 Velocity Inlet 对话框。

（3）设置出口的边界条件。

① 从 Zone 列表中选择 outlet。并设置 Type 为 pressure-outlet。

② 单击 Edit 按钮，弹出 Pressure Outlet 对话框，如图 6-30 所示。

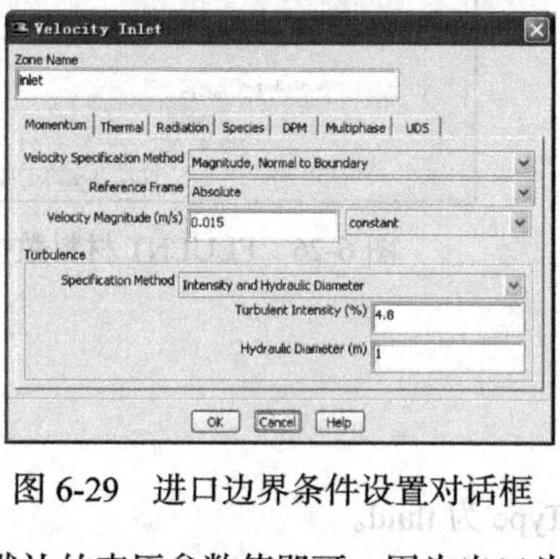

图 6-29　进口边界条件设置对话框

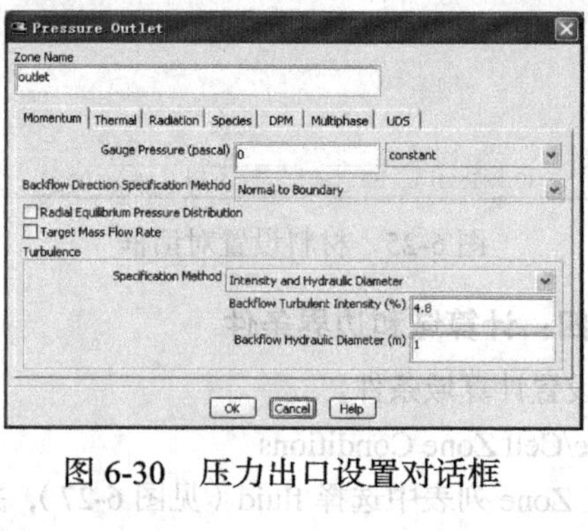

图 6-30　压力出口设置对话框

使用默认的表压参数值即可，因为出口为大气压。

a. 在 Specification Method 下拉列表中选择 Intensity and Hydraulic Diameter。

b. 在 Backflow Turbulent Intensity(%) 文本框中输入 4.8。

c. 在 Backflow Hydraulic Diameter(m)文本框中输入 1。

这些湍流参数的值只有在回流发生时才被使用。

③ 单击 OK 按钮，关闭 Pressure Outlet 对话框。

步骤五：求解

（1）设置求解参数。

Solve/Methods

在 Momentum、Turbulent Kinetic Energy 和 Turbulent Dissipation Rate 下拉列表中均选择 Second Order Upwind，如图 6-31 所示。

因为流场并不复杂，所以用户可以直接使用高阶格式。如果是复杂流动，则推荐使用一阶格式获得收敛解后，再设置离散格式为高阶格式。

（2）初始化流场。

Solve/Initialization

① 从 Compute from 下拉列表中选择 inlet。

② 单击 Initialize 按钮，如图 6-32 所示。

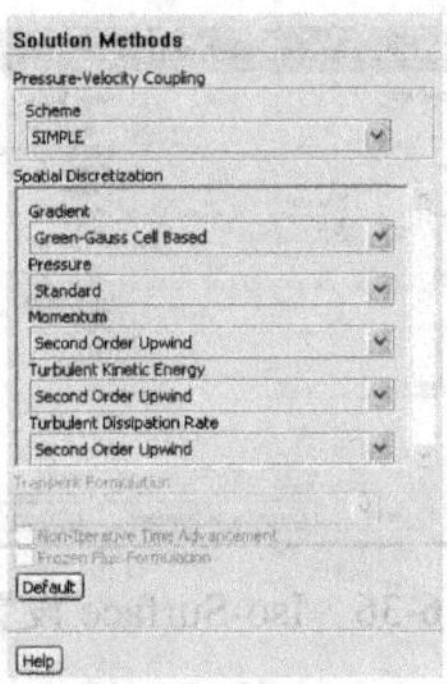

图 6-31　Solution Methods 设置面板

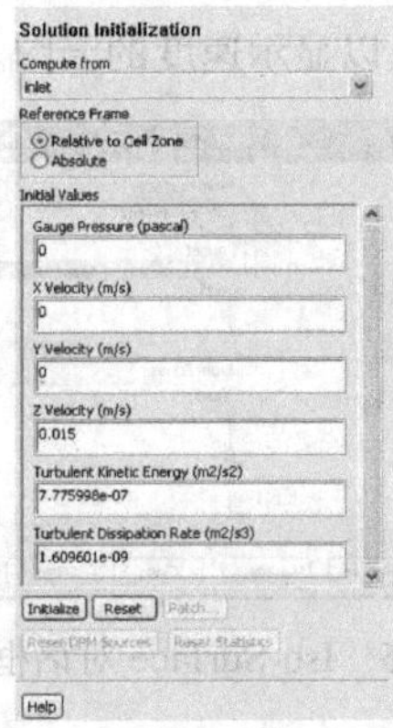

图 6-32　求解初始化面板

（3）激活残差图，并设置收敛标准。

Solve/Monitors/Residuals

① 在所有方程式的 Absolute Criteria 文本框中输入 1e–06，如图 6-33 所示。

② 单击 OK 按钮，关闭 Residual Monitors 对话框。

（4）保存工况文件。

File/Write/Case

保持默认的 Write Binary Files 选项被选中。

（5）进行迭代求解。

Solve/Run Calculation/Calculate

① 设置 Number of Iterations 为 400，如图 6-34 所示。

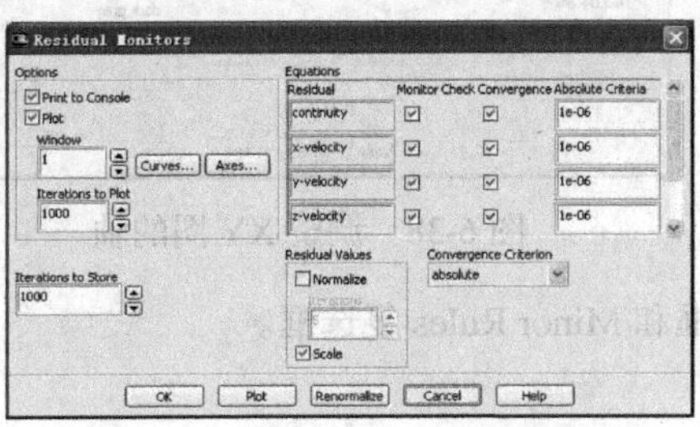

图 6-33　残差监视器设置对话框

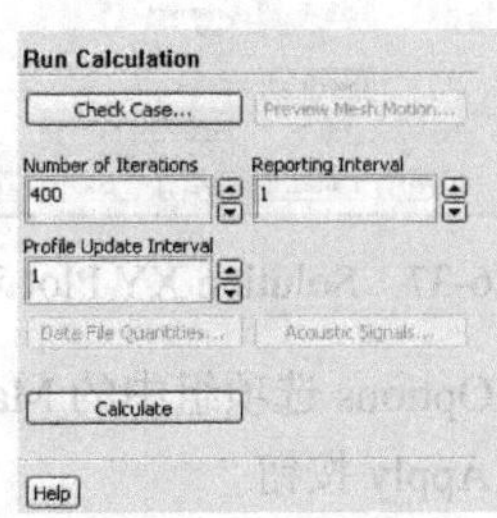

图 6-34　运行计算面板

② 单击 Calculate 按钮开始求解，求解将在大约 215 步后收敛。

（6）创建等值面图，显示沿管道轴线的速度变化。

Surface/Iso-Surface

① 从 From Surface 列表中选择 symmetry，如图 6-35 所示。

② 从 Surface of Constant 下拉列表中选择 Mesh 和 X-Coordinate。

③ 在 Iso-Values 文本框中输入 0。

④ 在 New Surface Name 文本框中输入 centre-line。

⑤ 单击 Create 按钮。

⑥ 创建另一个平面 x-0。

a. 不选择 From Surface 列表中的 symmetry，如图 6-36 所示。

b. 在 New Surface Name 文本框中输入 x-0。

c. 单击 Create 按钮。关闭 Iso-Surface 对话框。

这个面将被使用，以显示速度的云图。

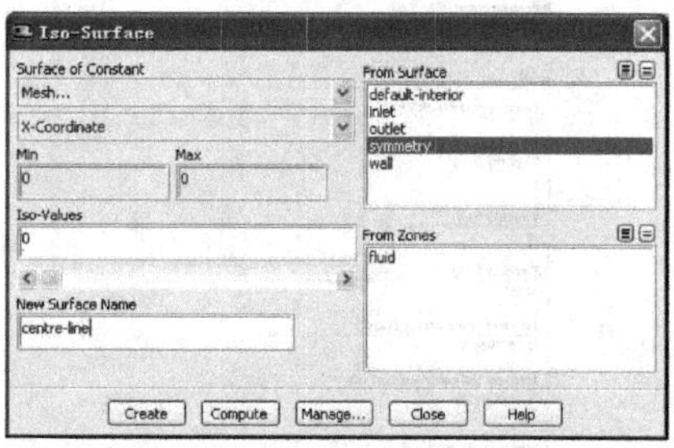

图 6-35　Iso-Surface 对话框

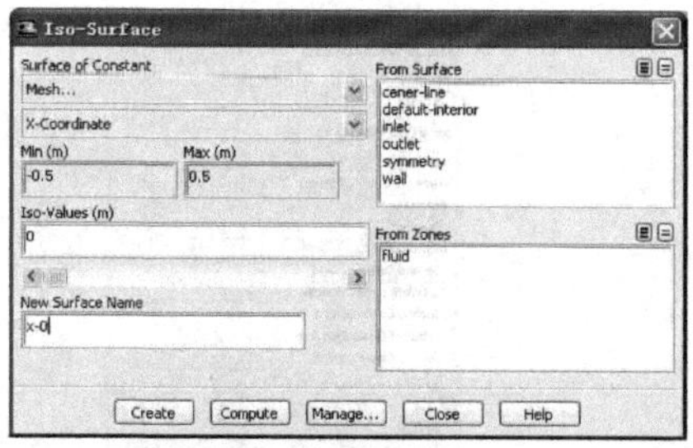

图 6-36　Iso-Surface 设置对话框

（7）创建 XY 图。

Display/Plot/XY Plot

① 单击 Set Up 按钮，弹出 Solution XY Plot 对话框，如图 6-37 所示。

② 从 Surfaces 列表中选择 centre-line。

③ 设置 Plot Direction 为 X = 0、Y = 0 和 Z = 1。

④ 从 Y Axis Function 下拉列表中选择 Velocity 和 Z Velocity。

⑤ 单击 Axes 按钮，弹出 Axes-Solution XY Plot 对话框，如图 6-38 所示。

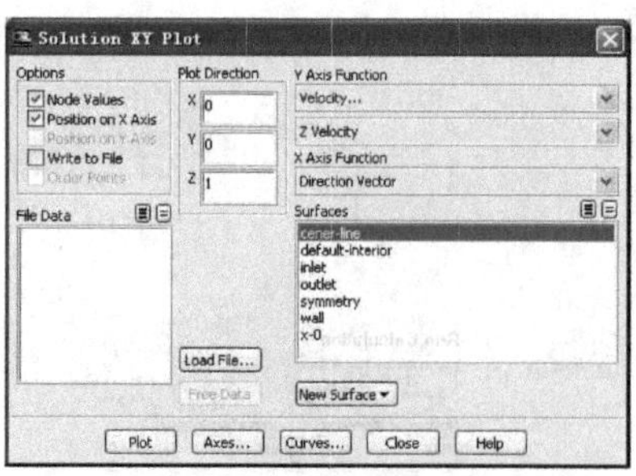

图 6-37　Solution XY Plot 对话框

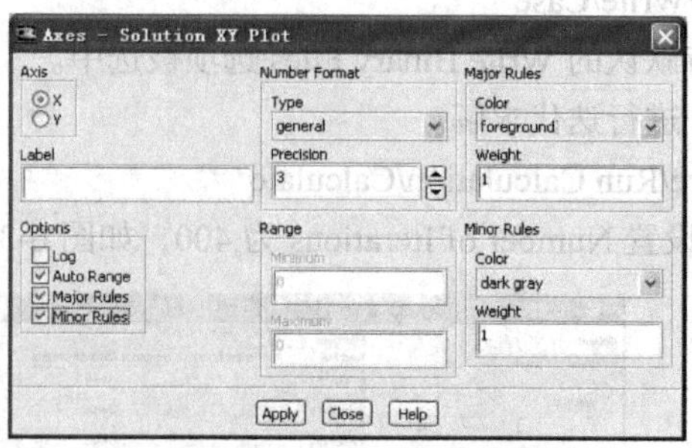

图 6-38　调整 XY 图的轴

a. 勾选 Options 选项组中的 Major Rules 复选框和 Minor Rules 复选框。

b. 单击 Apply 按钮。

c. 在 Axes-Solution XY Plot 对话框的 Axis 选项组中选中 Y 选项。

d. 勾选 Options 选项组里的 Major Rules 和 Minor Rules 复选框。

e. 单击 Apply 按钮，关闭 Axes-Solution XY Plot 对话框。

⑥ 单击 Plot 按钮，并单击 Close 按钮关闭 Solution XY Plot 对话框。

如图 6-39 所示的速度图可以用来计算管道入口段的长度。速度达到其最终值 99.9 %时的距离即为入口段长度。由以上计算得到的图，入口段长度为 15.19 m，这与本节参考文献的报告值相符。

（8）计算出口的摩擦系数。

摩擦系数被用以表示管道的压降，其定义为：

$$f=\frac{2\Delta PD}{L\rho v^2}$$

- ΔP 为沿管道长度的压降。
- D 为管道直径。
- v 为管道横截面的平均速度。
- ρ 为流体密度。

压力平衡后，剪切力使该式的形式变为：

$$f=\frac{8\tau}{\rho v^2}$$

式中，τ 为壁面的剪切应力。

（9）创建壁面和出口交界面的线。

Surface/Iso-Surface

① 从 From Surface 列表中选择 wall，如图 6-40 所示。

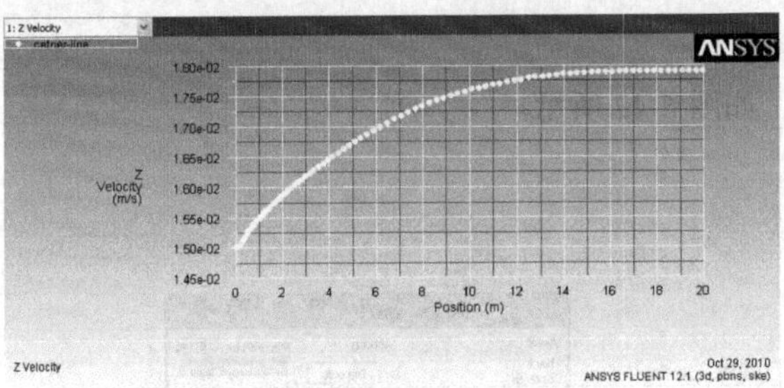

图 6-39　Centreline 的 z 方向速度图

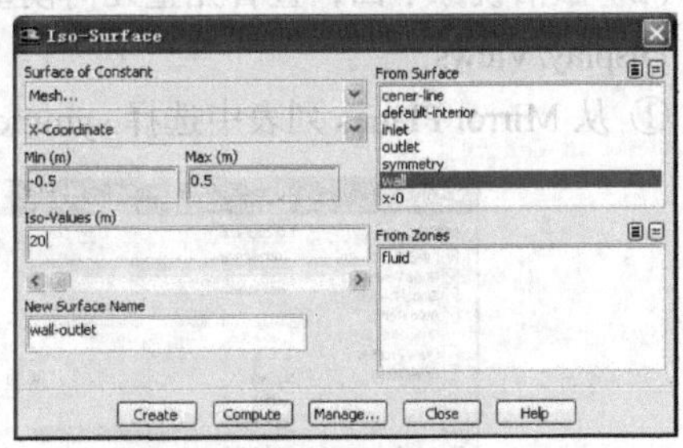

图 6-40　Iso-Surface 对话框

② 从 Surface of Constant 下拉列表中选择 Mesh 和 X-Coordinate。

③ 在 Iso-Valuesm 文本框中输入 20。

④ 在 New Surface Name 文本框中输入 wall-outlet。

⑤ 单击 Create 按钮，并单击 Close 按钮关闭 Iso-Surface 对话框。

（10）报告面积分。

Report/Result Reports/Surface Integrals

① 计算出口的平均剪切应力。

a. 从 Report Type 下拉列表中选择 Area-Weighted Average。

b. 从 Field Variable 下拉列表中选择 Wall Fluxes 和 Wall Shear Stress。

c. 从 Surfaces 列表中选择 wall-outlet。

d. 单击 Compute 按钮。

Area Weighted Average (pascal)中显示的剪切应力值为 0.000 849 180 6。

② 计算出口的平均速度。

a. 从 Report Type 下拉列表中选择 Mass-Weighted Average。

b. 从 Field Variable 下拉列表中选择 Velocity 和 Z Velocity。

c. 从 Surfaces 列表中 outlet。

d. 单击 Compute 按钮。

Mass-Weighted Average (m/s)中显示的平均速度值为 0.015 598 19。

e. 单击 Close 按钮关闭 Surface Integrals 对话框。

摩擦应力以下式计算。

$$f=\frac{8\tau}{\rho v^2}=\frac{8\times 0.000\,849}{998.2\times(0.015\,599)^2}=0.027\,96$$

步骤六：后处理

（1）显示壁面 Y^+的值。

Display/Graphics and Animations/Contours

① 从 Contours of 下拉列表中选择 Turbulence 和 Wall Yplus，如图 6-41 所示。

② 从 Surfaces 列表中选择 wall。

③ 勾选 Options 选项组中的 Filled 复选框，取消勾选 Global Range 复选框。

④ 单击 Display 按钮，关闭 Contours 对话框。

大多数计算域的 y^+值大于 5，除了进口附近的节点以外。这表明增强型的壁面处理方式作为壁面函数是可以接受的。

（2）激活镜像平面，查看完整几何模型。

Display/Views

① 从 Mirror Planes 列表中选择 symmetry，如图 6-42 所示。

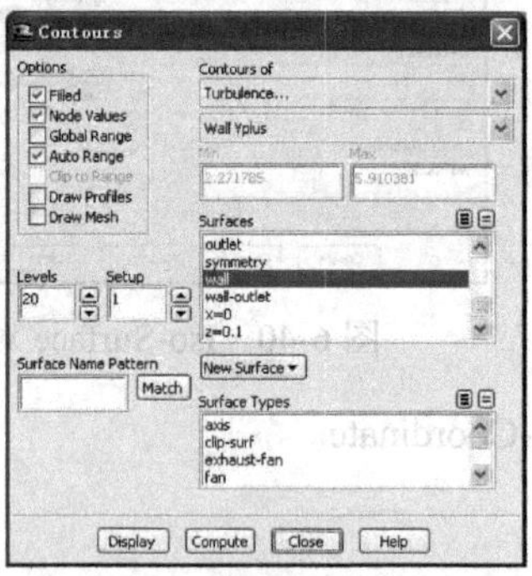

图 6-41　Contours 对话框

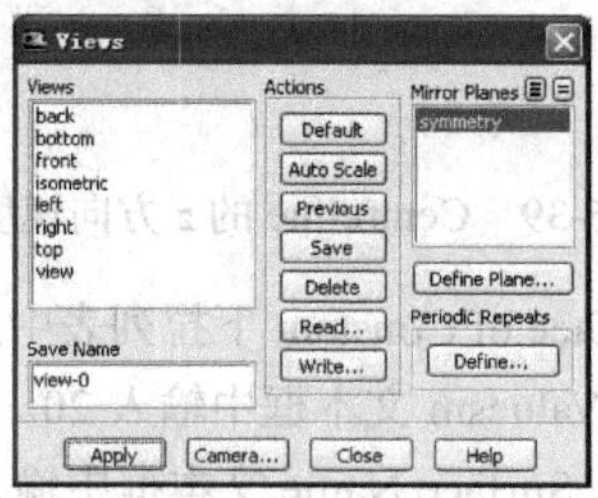

图 6-42　Views 对话框

② 单击 Apply 按钮，关闭 Views 对话框，效果如图 6-43 所示。

（3）显示 $x = 0$ 平面的速度云图。

Display/Graphics and Animations/Contours

① 从 Contours of 下拉列表中选择 Velocity 和 Velocity Magnitude，如图 6-44 所示。

② 从 Surfaces 列表中选择 $x = 0$。

③ 单击 Compute 按钮。

④ 取消勾选 Options 中的 Auto Range。

⑤ 在 Min 文本框中输入 0.0145，并保持 Max 的默认参数。

⑥ 单击 Display 按钮，关闭 Contours 对话框。

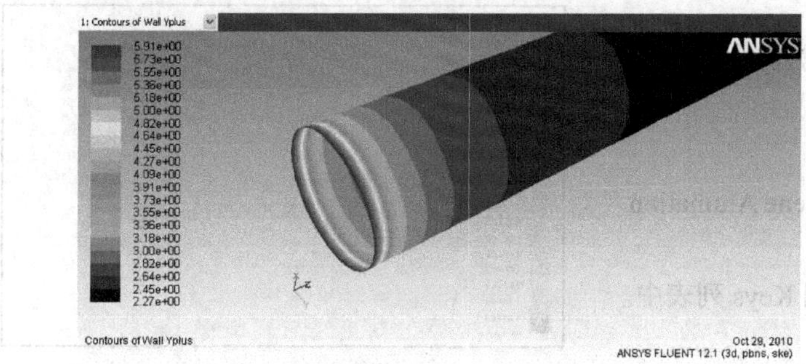

图 6-43　Wall 上的 Wall Yplus 云图

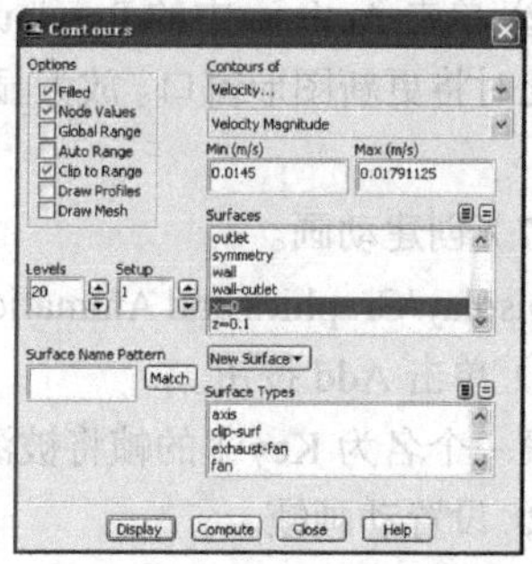

图 6-44　Contours 对话框

图 6-45 所示为管道速度发展的情况。

（4）创建另一个等值面。

Surface/Iso-Surface

① 从 Surface of Constant 下拉列表中选择 Mesh 和 Z-Coordinate。

> **注　意：** 确保没有面在 Surfaces 列表中被选中。

② 在 Iso-Values 文本框中输入 0.1。

③ 在 New Surface Name 文本框中输入 z =0.1。

④ 单击 Create 按钮，单击 Close 按钮关闭 Iso-Surface 对话框。

（5）显示 z =0.1 面的速度云图。

Display/Graphics and Animations/Contours

① 从 Contours of 下拉列表中选择 Velocity 和 Velocity Magnitude。

② 从 Surfaces 列表中只选择 z =0.1。

③ 勾选 Options 中的 Global Range 复选框和 Auto Range 复选框。

④ 勾选 Draw Mesh 复选框，弹出 Mesh Display 对话框。

图 6-45　x = 0 处的速度值云图

a. 只选择 Surfaces 列表中的 center-line。

b. 单击 Display 按钮，并单击 Close 按钮关闭 Mesh Display 对话框。

⑤ 勾选 Options 中的 Draw Profiles 复选框，打开 Profile Options 对话框。

a. 设置 Projection Dir.中的 X、Y 和 Z 分别为 0、0 和 1。

b. 设置 Scale Factor 为 25。

c. 单击 Apply 按钮，单击 Close 按钮关闭 Profile Options 对话框。

⑥ 单击 Display 按钮，并单击 Close 按钮关闭 Contours 对话框。

（6）设置显示。

Display/Views

① 从 Views 列表中选择 lift。

② 单击 Actions 中的 Previous。

此时将更新图形窗口。放大显示的效果，如图 6-46 所示。

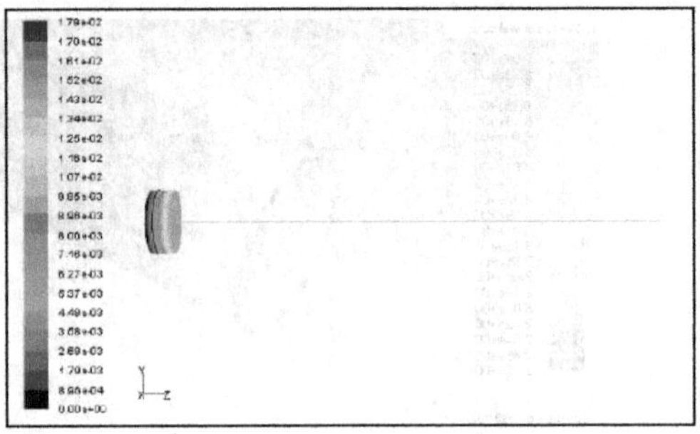

图 6-46　$z = 0.1$ 处的速度值

（7）创建动画。

Display/Graphics and Animations/Scene Animation

① 单击 Add 按钮。

第一个名为 Key-1 的帧将被添加到 Keys 列表中。

② 设置动画帧。

Display/Scene

a. 从 Names 列表中选择 profile-8-velocity-magnitude。

b. 单击 Iso-Value 按钮，弹出 Iso-Value 对话框。在 Value 中输入 10，单击 Apply 按钮，关闭 Iso-Value 对话框。

c. 关闭 Scene Description 对话框。

③ 在 Animate 面板中的 Frame 中输入 150，单击 Add 按钮。

最后一个帧的名为 Key-150，将其加到 Keys 列表中。

④ 单击 ▶ 按钮，图形窗口里将显示变化过程。

从 Write/Record Format 下拉列表中选择 MPEG，单击 Write 按钮创建动画的视频文件。

⑤ 单击 Close 按钮，关闭 Animate 面板。

（8）创建不同轴线位置处的速度矢量。

Surface/Line/Rake

① 在 x0、y0 和 z0 中都输入 0。

② 在 x1、y1 和 z1 中分别输入 0、0.5 和 0。

③ 在 New Surface Name 文本框中输入 line=0。

④ 单击 Create 按钮。

⑤ 类似的，使用 z0 和 z1 的值创建 6 个或更多的面，并且分别设为 0.5、1、1.5、2、2.5 和 3 等，如 line=0.5、line=1 等。

⑥ 关闭 Line/Rake Surface 对话框。

（9）显示速度矢量。

Display/Graphics and Animations/Vectors

① 从 Vectors of 下拉列表中选择 Velocity。

② 从 Color by 下拉列表中选择 Velocity 和 Velocity Magnitude。

③ 从 Surfaces 列表中选择之前创建的所有的线。

④ 勾选 Options 中的 Draw Mesh 复选框，弹出 Mesh Display 对话框。

a. 从 Surfaces 列表中选择所有的线和 z =0 的面。

b. 选择 Edge Type 中的 Outline 选项。

c. 单击 Display 按钮，关闭 Mesh Display 对话框。

⑤ 单击 Display 按钮，关闭 Vectors 对话框。

（10）保存工况和数据文件。

File/Write/Case & Data

6.2.7 总结

本算例使用了对称边界条件，缩短了计算时间。由 FLUENT 获得的入口段长度和摩擦系数与实验值一致。用户也学习了使用动画来展示计算域内流动发展的方法。

6.2.8 参考文献

- White Frank M., Viscous Fluid Flow, International Edition, McGraw-Hill，1991: 423.
- Schlichting H., Boundary-Layer Theory, 7th Edition, McGraw-Hill，1979.
- John M. Cimbala and Yunus A. Cengel, Fluid Mechanics Fundamentals and Applications,1st Edition, McGraw-Hill，2005.

6.2.9 练习与讨论

- 如果管道长度能使流动在出口处达到充分发展，则满足此条件的最大雷诺数是多少？
- 比较使用不同壁面函数的结果。
- 研究粗糙度对摩擦系数的影响。
- 改变速度，对层流流动进行模拟。
- 比较采用压力出口和自由出流两种条件模拟的结果的不同，思考为什么会产生此不同。
- 改变出口的静压，进行多次模拟，研究这样的改变如何影响流动。
- 使用进口和出口边界创建周期性区域，使用相同的网格进行周期性流动模拟。
- 使用 profile 文件或用户自定义函数采用湍流充分发展段的速度分布进行进口速度模拟。

6.3 算例三：外掠平板的流场与换热

6.3.1 介绍

本算例的目的是掌握外掠平板二维层流流场的设置和求解。这类流动关注的焦点在于对流换热和热边界层的发展。此类换热与雷诺数的关系很大。本算例也会研究努谢尔数（*Nu*）与雷诺数（*Re*）的变化关系。

6.3.2 方法和设置

- 读入 FLUENT 的网格文件。
- 检查网格的尺寸和质量。
- 研究对流传热。
- 指定求解设置，进行迭代。
- 创建等值面和点。

- 进行后处理。
- 将模拟结果的努谢尔数（*Nu*）与文献中的值进行比较。

6.3.3 前期要求

本算例要求用户对 FLUENT 比较了解，并对 FLUENT 界面较为熟悉。

6.3.4 问题描述

本算例中，平板的长度 $L = 1$ m，如图 6-47 所示。空气的流速为 1.4607 m/s，基于板长求得的雷诺数为 10^5。平板的温度为 400 K。

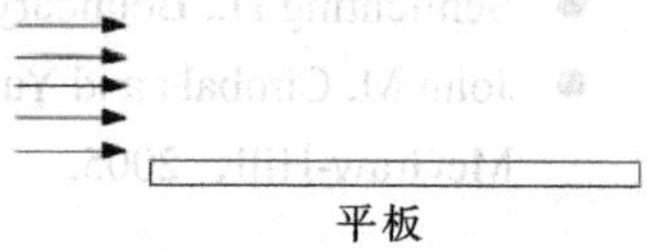

图 6-47 计算域示意图

6.3.5 准备

- 复制以下文件到用户工作文件夹中。

plate.msh

point-x.jou

iso-x.jou

- 开启 FLUENT 二维双精度求解器（Double Precision）。

6.3.6 设置与求解

步骤一：网格

（1）读入网格文件 plate.msh。

File/Read/Mesh

FLUENT 将读入网格文件，并在控制台中报告进程。

（2）检查网格。

Mesh/Check

该过程将会对网格进行检查，应确保最小体积为正值。

（3）检查网格的尺寸，如图 6-48 所示。

Mesh/Scale

检查计算域，确认其与实际物理尺寸相符。否则，应对网格以合适的单位进行缩放。

（4）显示网格。

Display/Mesh

① 单击 Colors 按钮，弹出 Mesh Colors 对话框，如图 6-49 所示。

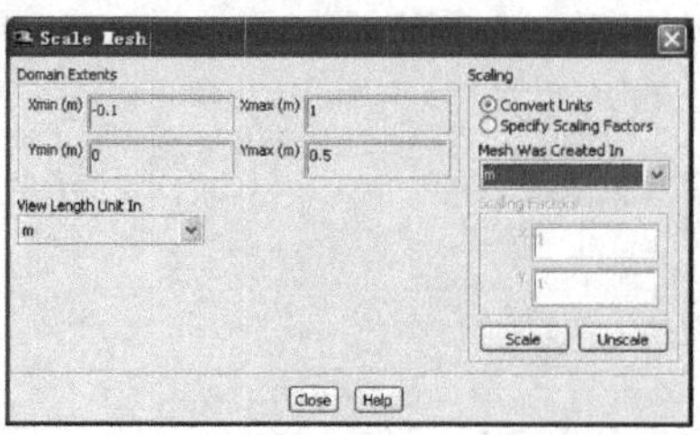

图 6-48 Scale Mesh 对话框

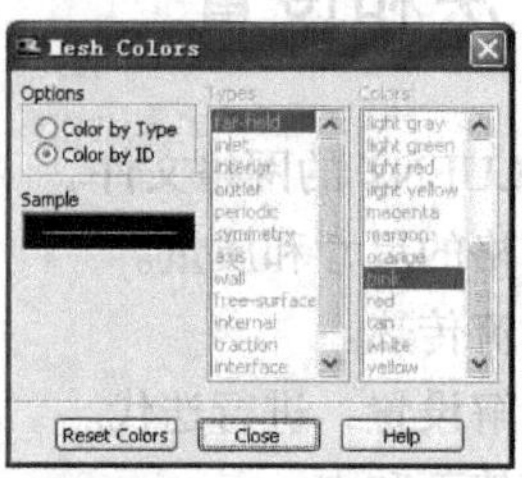

图 6-49 Mesh Colors 对话框

a. 在 Options 选项组中选中 Color by ID 选项。

b. 关闭 Mesh Colors 对话框。

② 单击 Display 按钮，关闭 Mesh Display 对话框，网格显示如图 6-50 所示。

近壁区网格相比于中心区域的网格较细。设置较细网格的目的为正确捕捉近壁区的变量梯度（如速度梯度）。

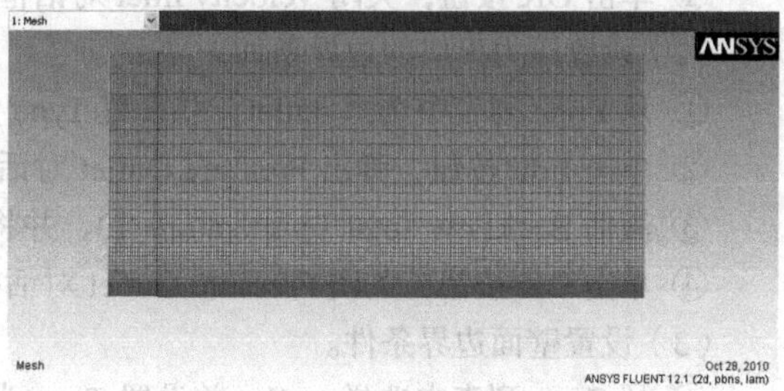

图 6-50　计算域网格

步骤二：模型

（1）保持求解设置的默认参数。

Define/General

该问题将以稳态二维层流情况求解，如图 6-51 所示。

（2）激活能量方程（Energy Equation），如图 6-52 所示。

Define/Models/Energy

步骤三：材料

Define/Materials

保持空气物性的默认参数，如图 6-53 所示。

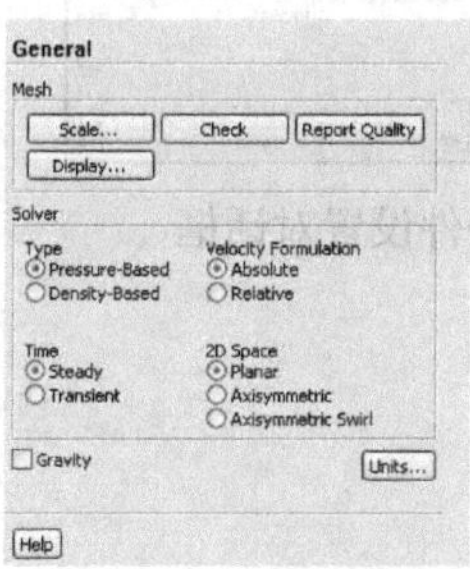

图 6-51　General 任务页面

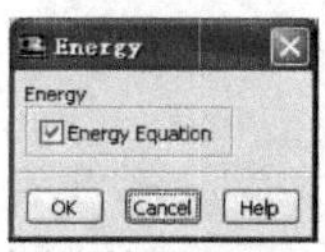

图 6-52　激活 Energy 方程

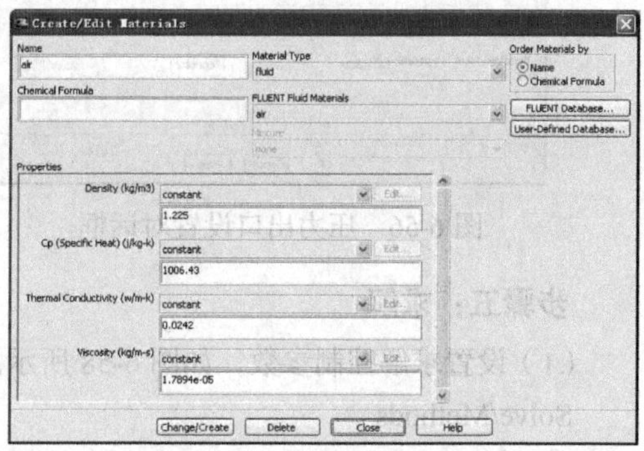

图 6-53　材料物性设置对话框

步骤四：边界条件

Define/Boundary Conditions

（1）设置进口的边界条件。

① 从 Zone 列表中选择 inlet，并设置 Type 为 velocity-inlet，如图 6-54 所示。

② 单击 Edit 按钮，弹出 Velocity Inlet 对话框，如图 6-55 所示。

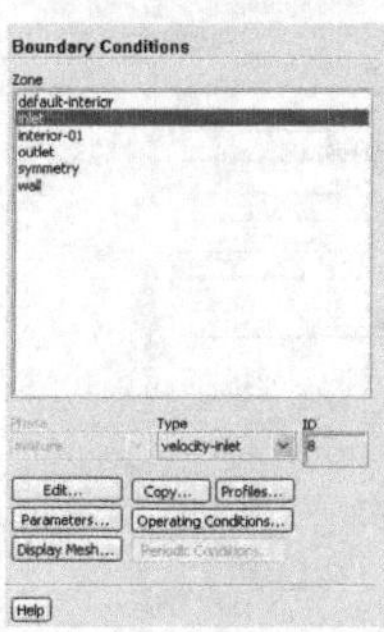

图 6-54　边界条件设置面板

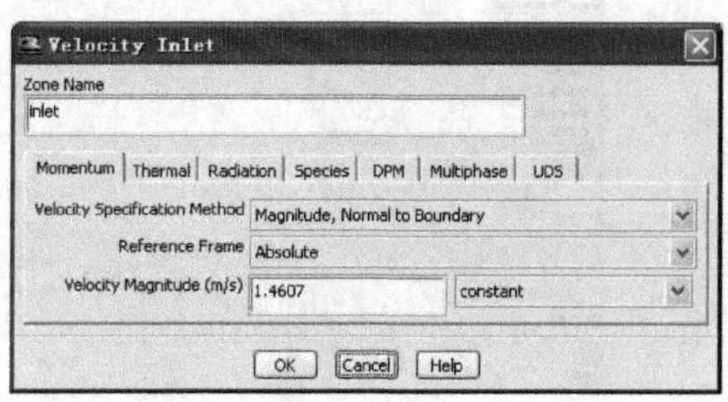

图 6-55　Velocity Inlet 对话框

③ 在 Velocity Magnitude (m/s) 文本框输入 1.4607，流动雷诺数为 10^5，可以以此计算速度。

④ 单击 OK 按钮，关闭 Velocity Inlet 对话框。

（2）设置压力出口的边界条件。

① 从 Zone 列表中选择 outlet，并设置 Type 为 pressure-outlet。

② 单击 Edit 按钮，弹出 Pressure Outlet 对话框，如图 6-56 所示。

③ 激活 Backflow Total Temperature (k)，并将其设为 300。

④ 单击 OK 按钮，关闭 Pressure Outlet 对话框。

（3）设置壁面边界条件。

① 从 Zone 列表中选择 wall，并设置 Type 为 wall。

② 单击 Edit 按钮，弹出 Wall 对话框，如图 6-57 所示。

a. 选择 Thermal 选项卡，在 Thermal Conditions 选项组中选中 Temperature 选项。

b. 在 Temperature (k) 文本框中输入 400。

c. 单击 OK 按钮，关闭 Wall 对话框。

（4）关闭 Boundary Conditions 面板。

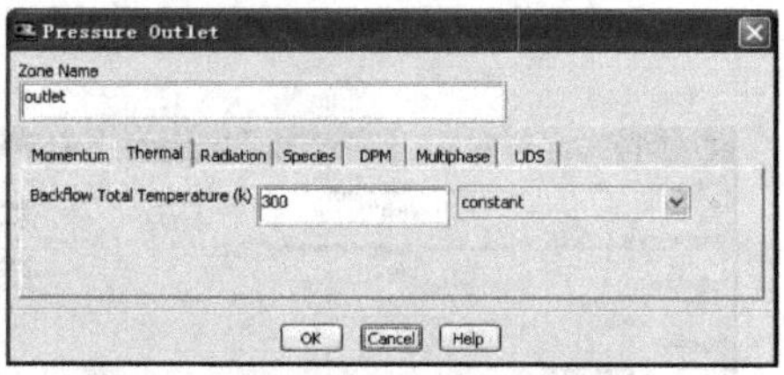

图 6-56　压力出口设置对话框

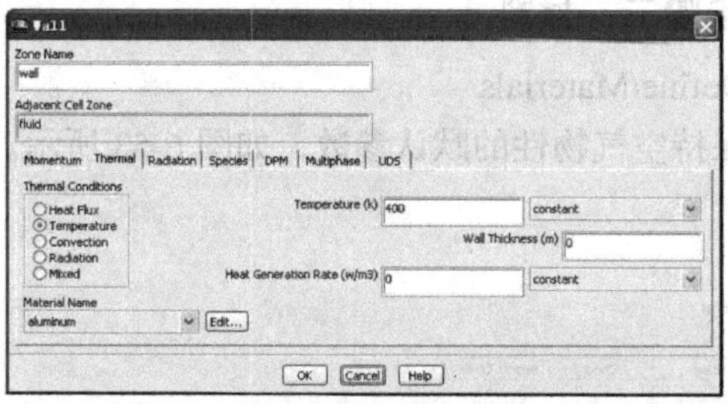

图 6-57　壁面边界条件设置对话框

步骤五：求解

（1）设置求解控制参数，如图 6-58 所示。

Solve/Methods

① 从 Pressure-Velocity Coupling 选项组中的 Scheme 下拉列表中选择 SIMPLEC。

SIMPLEC 为求解非复杂问题时比较好的选择。使用 SIMPLEC 算法时，压力耦合算法的欠松弛因子一般应设为 1.0，这样能加快收敛。高阶格式能提高求解精度。

② 从 Momentum 和 Energy 下拉列表中选择 QUICK。

（2）初始化流场，如图 6-59 所示。

Solve/Initialization/Initialize

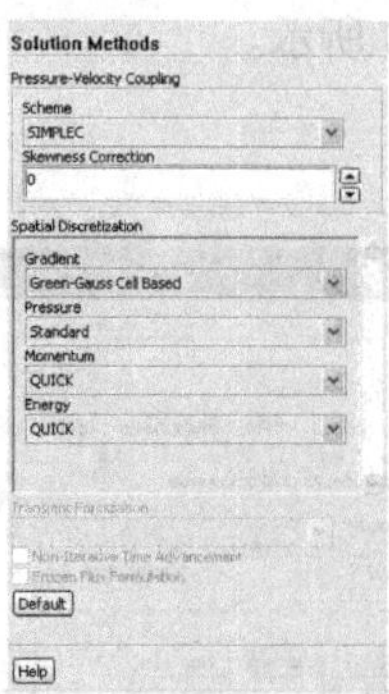

图 6-58　Solution Methods 设置面板

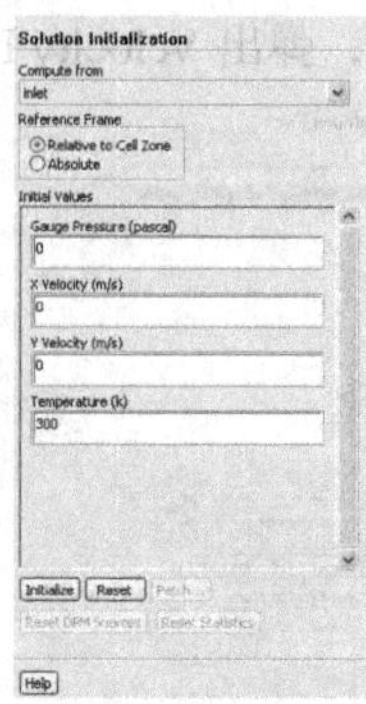

图 6-59　求解初始化面板

① 从 Compute from 下拉列表中选择 inlet。

这样将使用进口的值对全场进行初始化。

② 在 X Velocity 文本框中输入 0。

③ 单击 Initialize 按钮。

为了加快收敛，将所有的速度都设为 0。

（3）激活残差图。

Solve/Monitors/Residuals

① 勾选 Options 中的 Plot 复选框，如图 6-60 所示。

② 将所有方程式的 Absolute Criteria 设为 1e-06。

高阶格式和严格的收敛标准对于热边界层的精确求解有利。

（4）保存工况文件。

File/Write/Case

保持默认选中 Write Binary Files 选项。

（5）进行 1 000 步迭代计算，如图 6-61 所示。

Solve/Run Calculation

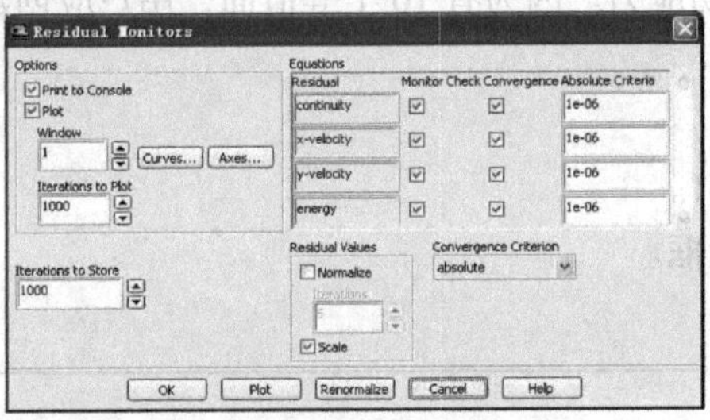

图 6-60　残差监视器对话框

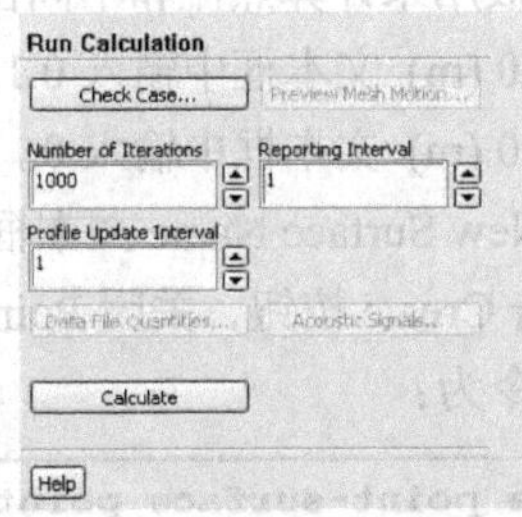

图 6-61　求解运算设置面板

① 将 Number of Iterations 设为 1 000。

② 单击 Calculate 按钮。

求解将在约 380 步迭代后满足设定的收敛标准而收敛。

（6）创建等值面。

为了创建努谢尔数和沿平板长度方向上的壁面摩擦系数的图，用户应创建沿平板长度方向上的等值面。以 0.1m 为间隔，创建 10 条等距离的线。

① 使用 Iso-Surface 对话框创建等值面，如图 6-62 所示。

Surface/Iso-Surface

a. 从 Surface of Constant 下拉列表中选择 Mesh 和 X-Coordinate。

b. 在 Iso-Values 文本框中输入 0.1。

c. 在 New Surface Name 文本框中输入 x=0.1。

d. 单击 Create 按钮，关闭 Iso-Surface 对话框。

② 使用 TUI 命令创建等值面。

使用 TUI 命令创建其余的等值面。绝大多数的图形命令都有相应的 FLUENT 控制台 TUI 命令。TUI 命令为：

```
Surface iso-surface x-coordinate x=0.2 , , 0.2
```

创建 x=0.2 的等值面。

文件 iso-x.jou 包含创建不同 x 值的 9 个等值面。

a. 读入 iso-x.jou 文件，如图 6-63 所示。

File/Read/Journal

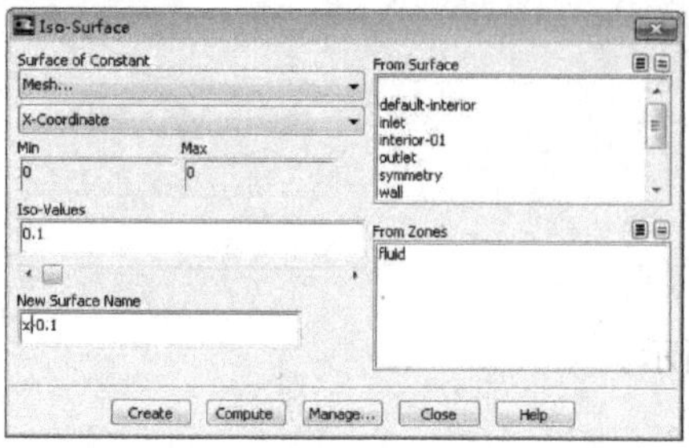

图 6-62　Iso-Surface 对话框

图 6-63　文件选择对话框

b. 选择 iso-x.jou 文件，单击 OK 按钮。

所有的命令将在控制台显示，等值面将被创建。

（7）创建等值面位置处平面的点，如图 6-64 所示。

Surface/Point

点将会被用来计算热流和不同位置的壁面剪切应力。因为有 10 个等值面，用户应创建 10 个点。

① 在 x0 (m) 文本框中输入 0.1。

② 在 y0 (m) 文本框中输入 0。

③ 在 New Surface Name 文本框中输入 point-1。

④ 单击 Create 按钮，关闭 Point Surface 对话框。

TUI 命令为：

```
Surface point-surface point-2 0.2 0
```

创建 x=0.2 和 y=0 平面处的点。

读入 point-x.jou 文件，其包含创建 9 个点的命令。

进行 File/Read/Journal 操作，选择 point-x.jou 文件，单击 OK 按钮。所有的命令将在控制台显示，点将被创建。

（8）保存工况和数据文件。

File/Write/Case & Data

步骤六：后处理

（1）显示速度矢量。

Display/Graphics and Animations/Vectors

① 从 Vectors of 下拉列表中选择 Velocity，如图 6-65 所示。

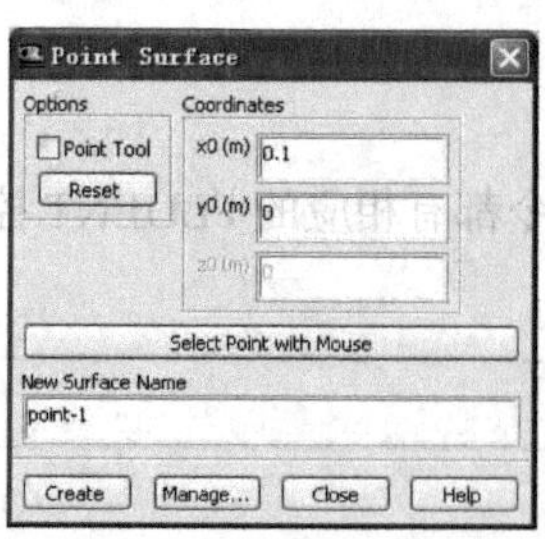

图 6-64　Point Surface 对话框

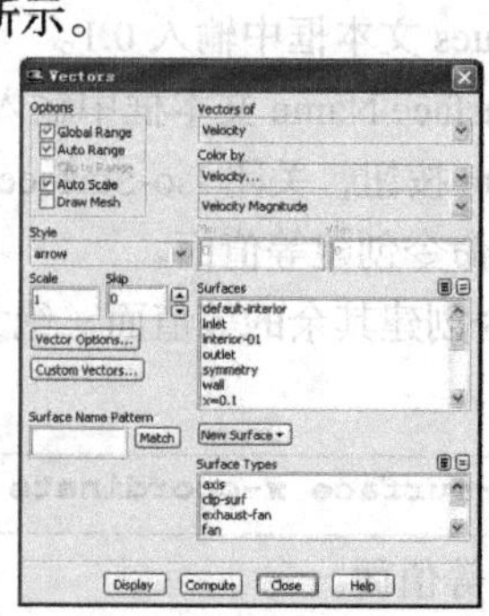

图 6-65　Vectors 对话框

② 从 Color by 下拉列表中选择 Velocity 和 Velocity Magnitude，单击 Display 按钮，显示效果如图 6-66 所示的效果。

③ 关闭 Vectors 对话框。

（2）不显示图形的标题。

Display/Options

① 取消勾选 Layout 里的 Titles 复选框和 Colormap 复选框，如图 6-67 所示。

② 单击 Apply 按钮，关闭 Display Options 对话框。

这时图形窗口的字幕不再显示。

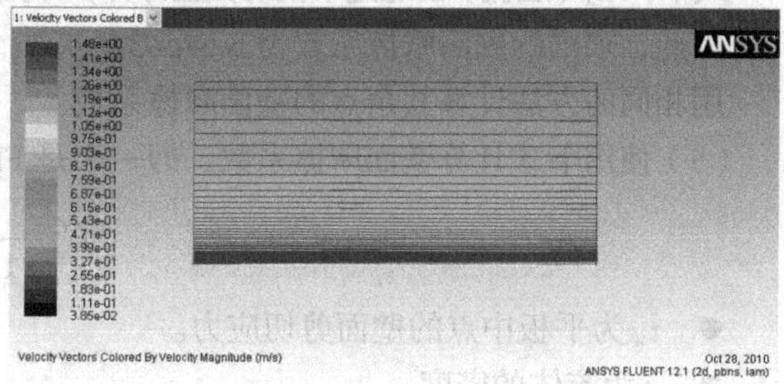

图 6-66 速度显示效果

③ 放大平面附近的图形，查看速度图，如图 6-68 所示。

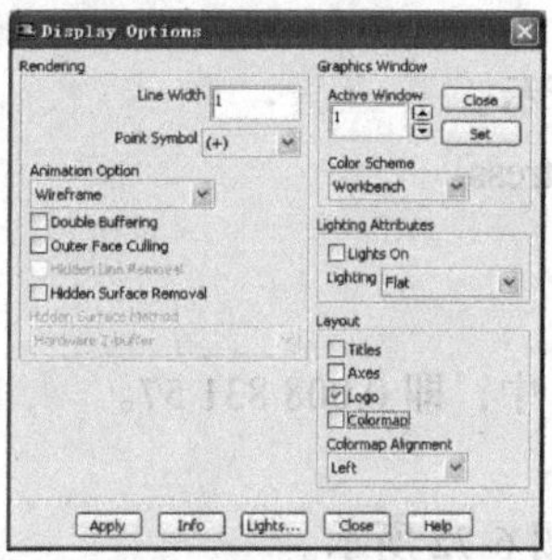

图 6-67 Display Options 对话框

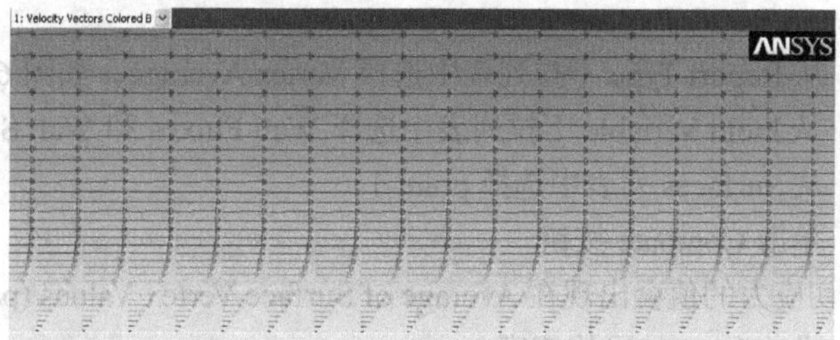

图 6-68 速度矢量放大显示

（3）显示温度云图。

Display/Graphics and Animations/Contours

① 从 Contours of 下拉列表中选择 Temperature 和 Static Temperature，如图 6-69 所示。

② 勾选 Options 中的 Filled 复选框。

③ 单击 Display 按钮。

调整图形，查看平板完整的温度分布，如图 6-70 所示。

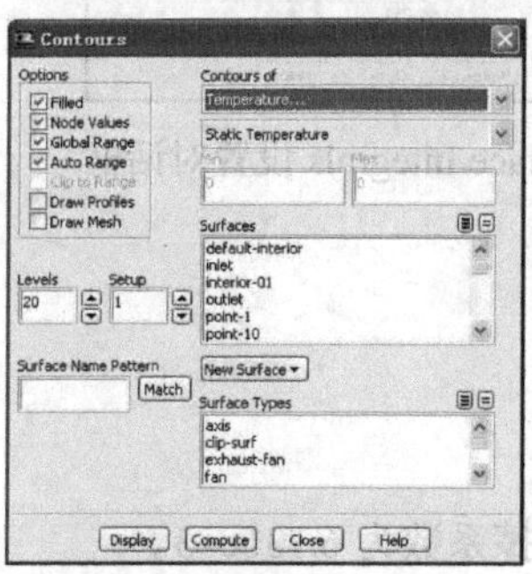

图 6-69 Contours 对话框

图 6-70 整个计算域的温度分布

④ 关闭 Contours 对话框。

（4）使用下式计算壁面摩擦系数。

$$C_{f,x}=\frac{0.664}{\sqrt{Re_x}}$$

式中，Re_x（层流）由通过平板的位置计算，即流体从平板开始湍流到的距离。Point-1 的位置为 0.1 m。因此，求出的壁面摩擦系数为 6.64e–3。

用相同的方法计算其余点的壁面摩擦系数。

（5）使用下式计算壁面摩擦系数，即一个是 Fluent 得出，一个是经验公式计算。

$$C_f = \frac{\tau_w}{1/2\rho v_b^2}$$

- τ_w 为平板中点的壁面剪切应力。
- ρ 为流体的密度。
- v_b 为平板的平均速度。
- ρ 和 v_b 的值为常数，由用户设置。

（6）获得壁面剪切应力（τ_w）和平均速度（v_b）的值，计算点 point-1 的壁面摩擦系数。

① 获得 point-1 的剪切应力值。

Report/Result Reports/Surface Integrals

a. 从 Report Type 下拉列表中选择 Vertex Average，如图 6-71 所示。

b. 从 Field Variable 下拉列表中选择 Wall Fluxes 和 Wall Shear Stress。

c. 从 Surfaces 列表中选择 point-1。

d. 单击 Compute 按钮。

剪切应力的值会出现在 Average of Surface Vertex Values (pascal) 中，即 0.008 831 57。

② 求 point-1 的平均速度。

a. 从 Report Type 下拉列表中选择 Mass-Weighted Average，如图 6-72 所示。

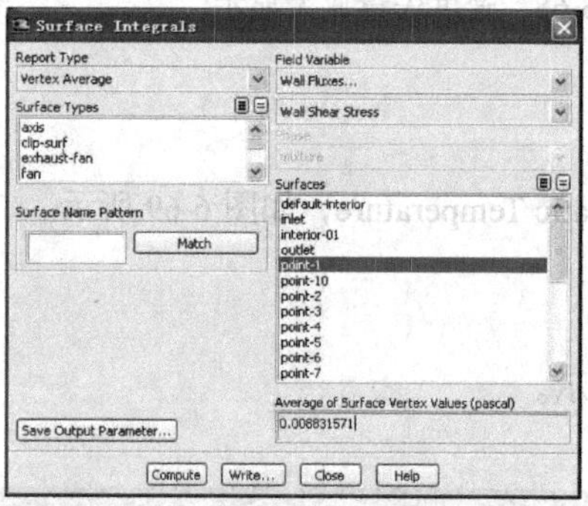

图 6-71 Surface Integrals 对话框

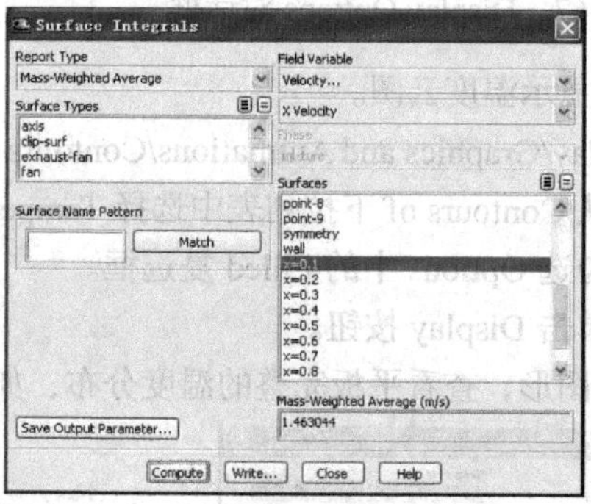

图 6-72 Surface Integrals 设置对话框

b. 从 Field Variable 下拉列表中选择 Velocity 和 X Velocity。

c. 从 Surfaces 列表中选择 x=0.1。

d. 单击 Compute 按钮，关闭 Surface Integrals 对话框。

求得平均速度为 1.463 044 m/s。

③ 使用剪切应力、平均速度和空气密度等计算 point-1 的壁面摩擦系数为 6.736e–3。

④ 用相同的方法计算其余位置的壁面摩擦系数，如表 6-1 所示。

表 6-1 计算值对比

Location of point (m)	Skin friction (FLUENT)	Skin friction (correlation)
0.1	6.736e–3	6.640e–3
0.2	4.774e–3	4.695e–3

续表

Location of point (m)	Skin friction (FLUENT)	Skin friction (correlation)
0.3	3.899e–3	3.830e–3
0.4	3.375e–3	3.320e–3
0.5	3.016e–3	2.969e–3
0.6	2.750e–3	2.710e–3
0.7	2.540e–3	2.510e–3
0.8	2.372e–3	2.347e–3
0.9	2.228e–3	2.213e–3
1	2.106e–3	2.099e–3

由 FLUENT 计算的值与拟合的数值相近，由这些数据可以做出比较图。

（7）使用下式计算努谢尔（Nu）数。

$$Nu=0.332\sqrt{Re}(Pr)^3$$

式中，Re 数以平板点的位置计算。空气的 Pr 为 0.744 176。point-1 的位置为 0.1 m。基于拟合式的 Nu 数为 30.08。

用相同的方法依靠拟合式计算其他点的壁面摩擦系数。

（8）使用下式由 FLUENT 的参数计算 Nu 数。

$$Nu=\frac{q_p X_p}{(T-T_b)K}$$

- q_p 为 p 点处的热流。
- X_p 为平面 p 点处的位置。
- T 为平面的温度（本算例为 400K）。
- T_b 为 p 点的平均速度。
- K 为流体的导热系数。

平均速度的值为常数，由用户设置。Nu 数并没有考虑每个位置点平均速度的影响。但在很多文献中，Nu 数的计算在每个位置点都考虑了热流和平均速度。因此，下一步用户将计算每个位置点的 T_b。

（9）求解 q_p 和 T_b，来计算 point-1 的努谢尔数。

① 求解 point-1 的热流值。

Report/Result Reports/Surface Integrals

a. 从 Report Type 下拉列表中选择 Vertex Average，如图 6-73 所示。

b. 从 Field Variables 下拉菜单中选择 Wall Fluxes 和 Total Surfae Heat Flux。

c. 从 Surfaces 列表中选择 point-1。

d. 单击 Compute 按钮。

热流的值将出现在 Average of Surface Vertex Values(w/m2)中，即 723.0905。

② 求解 point-1 的平均温度。

a. 从 Report Type 下拉列表中选择 Mass-Weighted Average，如图 6-74 所示。

b. 从 Field Variable 下拉列表中选择 Temperature 和 Static Temperature。

c. 从 Surfaces 列表中选择 x=0.1。

d. 单击 Compute 按钮，关闭 Surface Integrals 对话框。

③ 平均温度将利用 Mass-Weighted Average 法更新为 300.162K。流体的导热系数为 0.0242 w/m-k。

使用所有这些参数和等式计算努谢尔数（$Nu = 29.928$）。

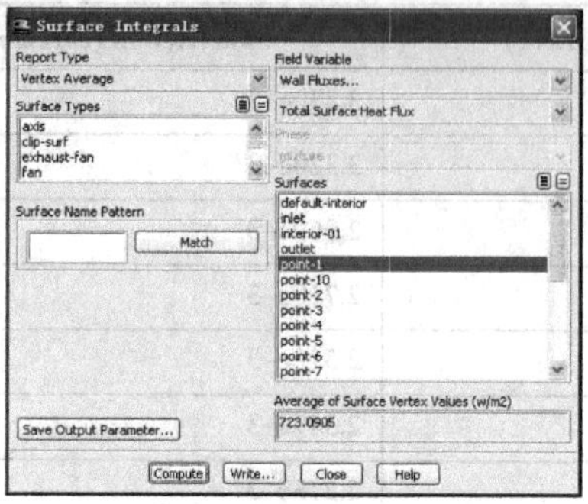

图 6-73　Surface Integrals 对话框

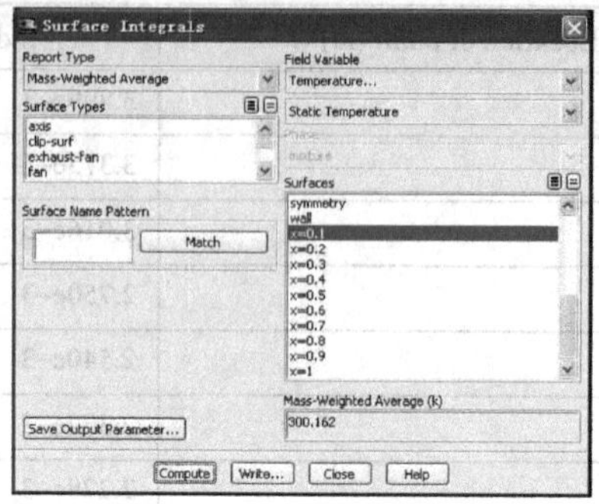

图 6-74　Surface Integrals 设置对话框

④ 用相同的方法计算其他位置的 Nu 数，如表 6-2 所示。

表 6-2　　Nu 数计算值对比

Location of point (m)	Nusselt number (FLUENT)	Nusselt number (correlation)
0.1	29.928	30.086
0.2	42.505	42.548
0.3	52.149	52.110
0.4	60.268	60.172
0.5	67.407	67.274
0.6	73.847	73.695
0.7	79.748	79.600
0.8	85.206	85.096
0.9	90.271	90.258
1	94.974	95.140

由 FLUENT 计算的结果与通过拟合式求得的值很相近。可以使用表 6-2 中的数据比较模拟和实验结果。

6.3.7　总结

将利用 FLUENT 求得的 Nu 数和壁面摩擦系数的值与使用拟合式求得的值进行比较和分析，是处理模拟结果很关键的手段。本算例的计算过程表明使用高阶格式和更严格的收敛标准能提高求解精度。壁面摩擦系数的比较表明粘性子层被正确模拟。Nu 数的比较表明热边界层也被正确预测。

6.3.8　参考文献

- Incropera, F.P., and DeWitt, D.P.,《Fundamentals of Heat and Mass Transfer》, 4th Ed., Ch. 7.
- Schlichting H., Boundary-Layer Theory, 7th Edition, McGraw-Hill, 1979.

6.3.9　练习与讨论

- 运行低 Re 数下的工况，将其与理论结果进行比较。

● 对于湍流而言，如何将模拟结果与理论值进行比较？

下列拟合式用于对湍流中值的估算。

$$C_{f,x}=\frac{0.445}{\mathrm{Ln}^2(0.06Re_x)}$$

$$Nu=0.0296Re^{4/5}(Pr)^{1/3}$$

● 对于雷诺数不同的流动而言，网格数都可以取得一样吗？
● 观察 *Nu* 数和壁面摩擦系数随 *Re* 数变化的情况。
● 设置水的物性，比较层流与湍流情况下模拟结果的不同。
● 考虑流动中的重力（设置密度为 Boussinesq 模型），模拟一个自然对流问题。同时也将进口条件的速度进口设为压力进口模拟。

6.4 算例四：进气歧管的流动模拟

6.4.1 介绍

本算例的目的为模拟进气歧管几何的湍流流动。进气歧管为从汽化器输送燃料混合物到内燃机入口阀的通道，它将燃料分配到圆柱口。本算例模拟了这类进气歧管的流动分布。

6.4.2 方法和设置

● 设置湍流模型。
● 设置进口和出口的湍流边界条件。
● 监视点，监视收敛性。
● 喷入惰性粒子到计算域中。
● 对流动变量进行后处理，追踪粒子并显示。

6.4.3 前期要求

本算例假定用户对 FLUENT 比较有经验，而且对 FLUENT 界面较为熟悉。

6.4.4 问题描述

图 6-75 所示为本算例的几何示意图。空气的流速为 15m/s，进口和出口边界的尺寸如表 6-3 所示。

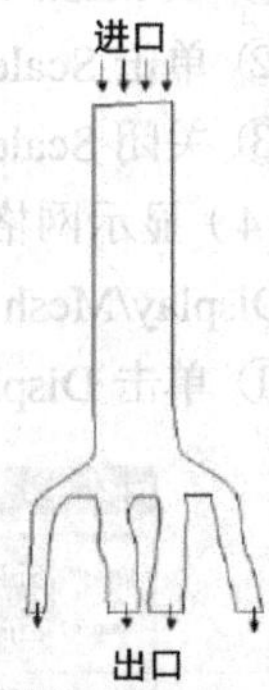

图 6-75　计算域示意图

表 6-3　各边界直径

边　界	直径（m）
Inlet	0.078 41
Outlet 1	0.018 26
Outlet 2	0.030 08

续表

边　界	直径（m）
Outlet 3	0.034 15
Outlet 4	0.026 57

6.4.5　准备

- 复制网格文件到工作文件夹中。
- 开启 FLUENT 二维求解器。

6.4.6　设置和求解

步骤一：网格

（1）读入网格文件 intake.msh。

File/Read/Mesh

FLUENT 将读入网格文件，控制台窗口中会报告进程。

（2）检查网格。

Mesh/Check

这个过程将对网格进行检查，用户需确保最小体积为正值。

（3）对网格进行缩放。

Mesh/Scale

检查计算域的尺寸，确保其与实际物理尺寸相符。如果计算域和实际物理尺寸不相符，那么需要将网格以合适的单位进行缩放处理。本算例中的几何模型是以 mm 为单位创建的，因此需要进行如下缩放操作。

① 从 Mesh Was Created In 下拉列表中选择 mm，如图 6-76 所示。

② 单击 Scale 按钮，检查计算域的尺寸是否被修改。

③ 关闭 Scale Mesh 对话框。

（4）显示网格。

Display/Mesh

① 单击 Display 按钮显示网格，Mesh Display 对话框，如图 6-77 所示。

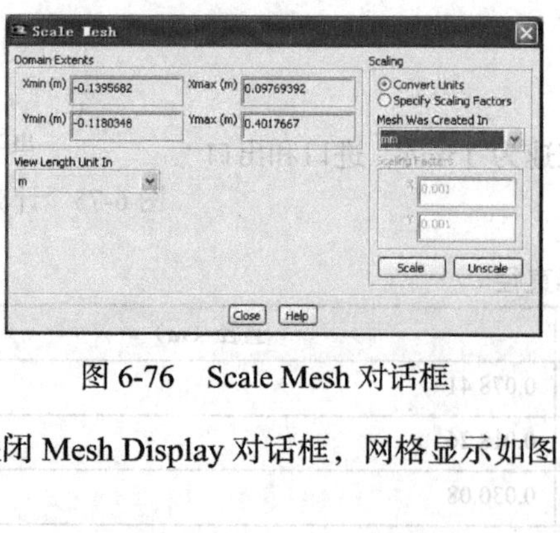

图 6-76　Scale Mesh 对话框

图 6-77　Mesh Display 对话框

② 关闭 Mesh Display 对话框，网格显示如图 6-78 所示。

步骤二：模型

（1）保持求解器的默认设置。

Define/General

该问题将以稳态二维湍流模型求解。

（2）激活标准 k-ε 湍流模型。

Define/Models/Viscous

① 在 Model 中选中 k-epsilon (2 eqn)选项，如图 6-79 所示。

② 单击 OK 按钮，关闭 Viscous Model 对话框。

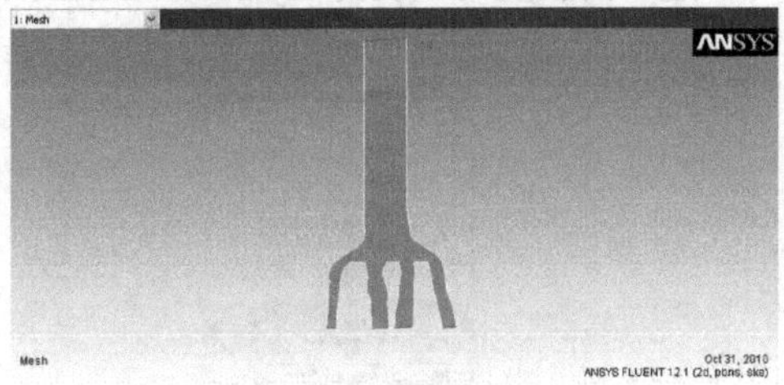

图 6-78　计算域整体网格显示

雷诺数将基于进口数据，以公式 $Re=\dfrac{UD_i\rho}{\mu}$ 计算。

- D_i 为进口直径（0.078 14 m）。
- U 为进口速度（15 m/s）。

这个式子可以通过 FLUENT 控制台计算：

(/ (* 15 0.07814 1.225) 1.7894e–5)

按 Enter 键即可得到 Re 数的值，即 80 240.444，表明流动为湍流。

步骤三：材料

（1）保持默认材料设置。

Define/Materials

（2）单击 Change/Create 按钮，再单击 Close 按钮关闭 Change/Edit Materials 对话框，该对话框如图 6-80 所示。

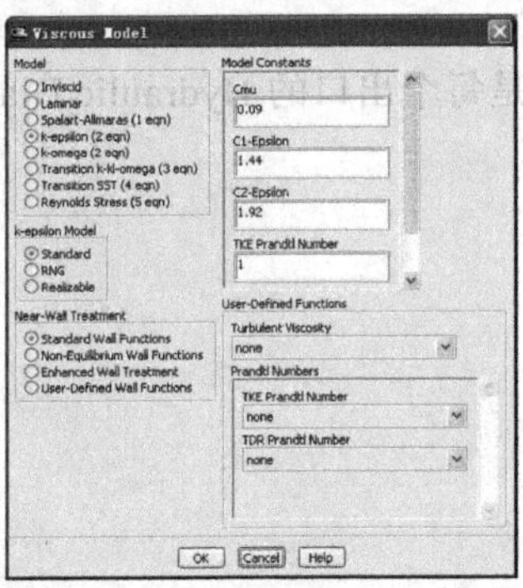

图 6-79　Viscous Model 对话框

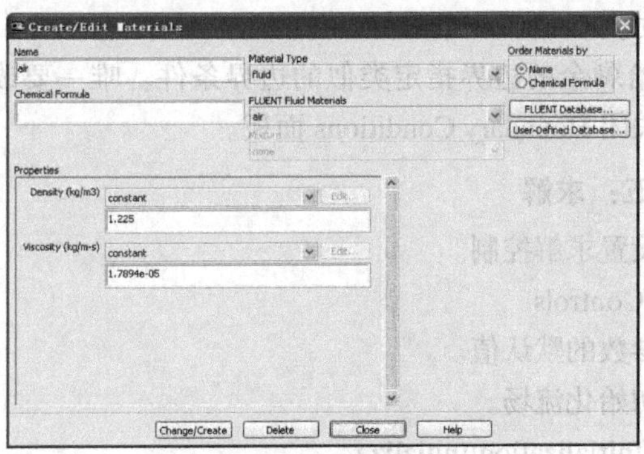

图 6-80　材料物性设置对话框

步骤四：边界条件

Define/Boundary Conditions

（1）设置速度进口的边界条件。

① 从 Zone 列表中选择 inlet，如图 6-81 所示。Type 将被报告为 velocity-inlet。

② 单击 Edit 按钮，弹出 Velocity Inlet 对话框，如图 6-82 所示。

a. 在 Velocity Magnitude (m/s) 文本框中输入 15。

b. 从 Turbulence 选项组中的 Specification Method 下拉列表中选择 Intensity and Hydraulic Diameter。

c. 在 Turbulent Intensity (%) 文本框中输入 4，在 Hydraulic Diameter 文本框中输入 0.078 14。

Turbulent Intensity 将使用下面的关系式计算。

Turbulent Intensity = 0.16 $Re^{-1/8}$

进口的长度可以设为 Hydraulic Diameter。

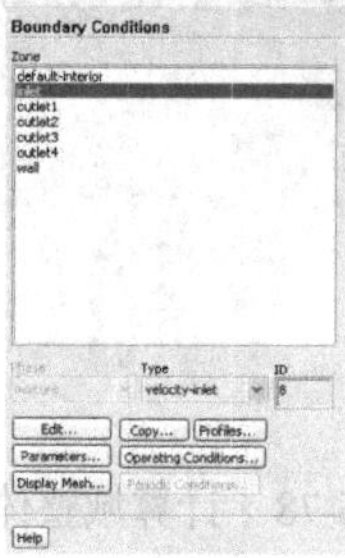

图 6-81　边界条件设置面板

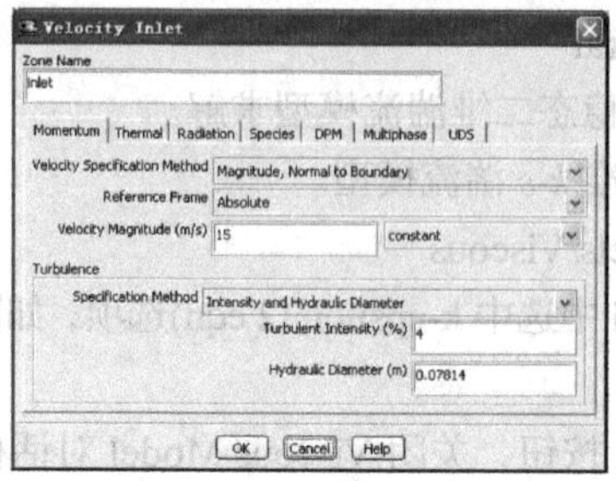

图 6-82　进口边界条件设置

d. 单击 OK 按钮，关闭 Velocity Inlet 对话框。

（2）设置出口的边界条件。

① 从 Zone 列表中选择 outlet1。

Type 将被报告为 pressure-outlet。

② 单击 Edit 按钮，弹出 Pressure Outlet 对话框，如图 6-83 所示。

a. 保持 Gauge Pressure 中的默认设置。

b. 从 Turbulence 选项组中的 Specification Method 下拉列表中选择 Intensity and Hydraulic Diameter。

c. 在 Backflow Turbulent Intensity (%) 文本框中输入 5。

该值只会在有回流通过边界时才会被使用。

d. 在 Backflow Hydraulic Diameter (m)文本框中输入 0.01826。

e. 单击 OK 按钮，关闭 Pressure Outlet 对话框。

该值对应于 outlet1 的边界。

（3）给剩余的边界指定类似的边界条件。唯一要改变的是每个出口的 Hydraulic Diameter 值。

（4）关闭 Boundary Conditions 面板。

步骤五：求解

（1）设置求解控制。

Solve/Controls

保持参数的默认值。

（2）初始化流场。

Solve/Initialization/Initialize

① 从 Compute from 下拉列表中选择 inlet，如图 6-84 所示。

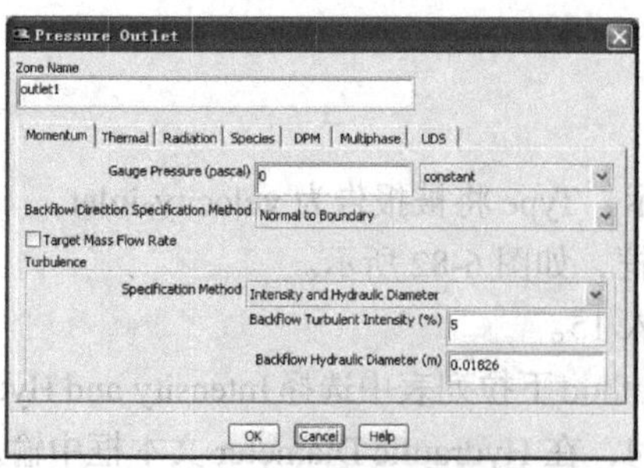

图 6-83　压力出口设置对话框

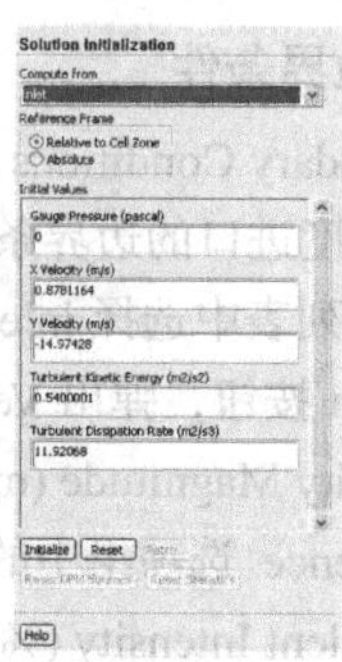

图 6-84　计算域初始化设置面板

系统将以 inlet 的值对流场进行初始化。

② 单击 Initialize 按钮进行初始化。

流场将以设定值初始化。

（3）激活残差图。

Solve/Monitors/Residuals

① 勾选 Options 中的 Plot 复选框，如图 6-85 所示。

② 单击 OK 按钮，关闭 Residual Monitors 对话框。

（4）保存工况文件。

File/Write/Case

保持默认的 Write Binary Files 选项被选中。

（5）开始 200 步求解。

Solve/Run Calculation/Calculate

① 设置 Number of Iterations 为 200，如图 6-86 所示。

② 单击 Calculate 按钮。

运用默认的收敛标准，求解将在约 82 步迭代后收敛。

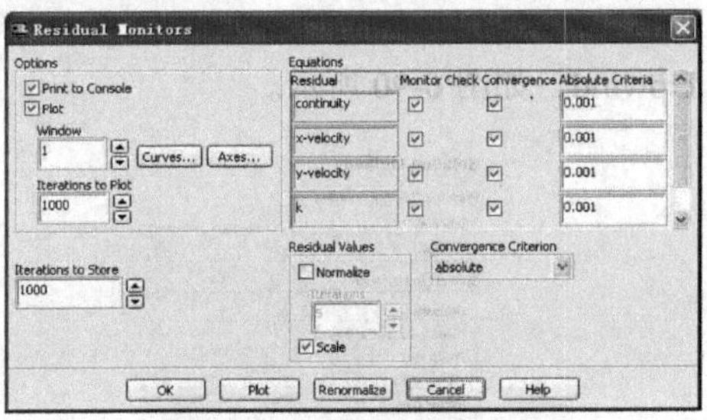

图 6-85　残差设置对话框

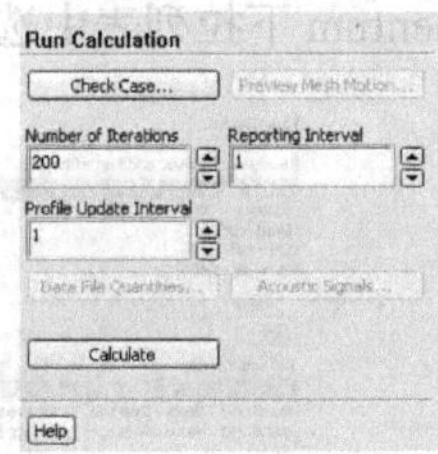

图 6-86　求解运行面板

（6）创建点。

为了确保流场的确收敛了，需保证流场变量值达到了稳定。本算例将监视 3 个点的速度、压力和湍动能。

Surface/Point

① 在 x0 文本框中输入–0.059 547 6，在 y0 文本框中输入 0.021 648 32，如图 6-87 所示。

② 在 New Surface Name 文本框中输入 point-1。

③ 单击 Create 按钮。

④ 使用如表 6-4 所示的参数创建另外两个监视点。

表 6-4　**监视点参数设置**

Point	x0	y0
Point-2	0.001 064 202	0.020 151 89
Point-3	0.038 391 6	0.014 782 93

⑤ 关闭 Point Surface 对话框。

（7）监视第一个点的平均速度。

Solve/Monitors

① 在 Surface Monitor 对话框中进行相关设置，如图 6-88 所示。

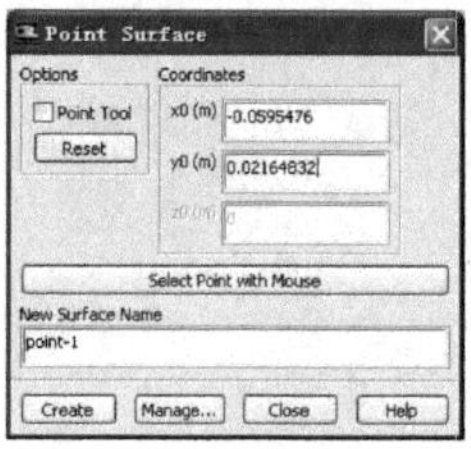

图 6-87　Point Surface 对话框

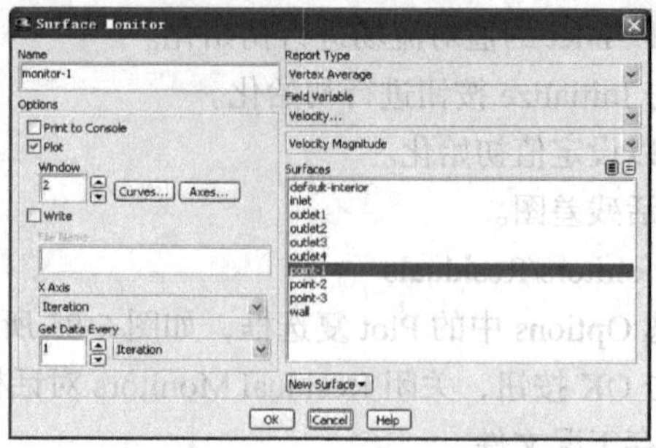

图 6-88　Surface Monitor 对话框

a. 从 Field Variable 下拉列表中选择 Velocity 和 Velocity Magnitude。

b. 从 Surfaces 列表中选择 point-1。

c. 从 Report Type 下拉列表中选择 Vertex Average。

d. 单击 OK 按钮，关闭 Surface Monitor 对话框。

② 用相同的方法分别设置 point-2 和 point-3 显示的静压和湍动能，如图 6-89 所示。

（8）对动量方程设置二阶迎风格式。

Solve/Methods

在 Momentum 下拉列表中选择 Second Order Upwind，如图 6-90 所示。

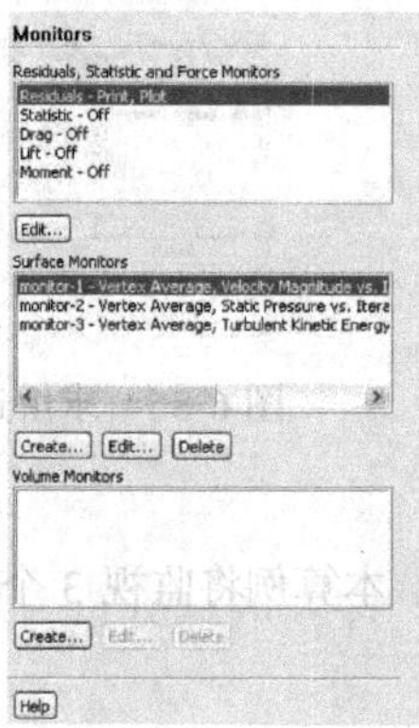

图 6-89　Monitors 设置面板

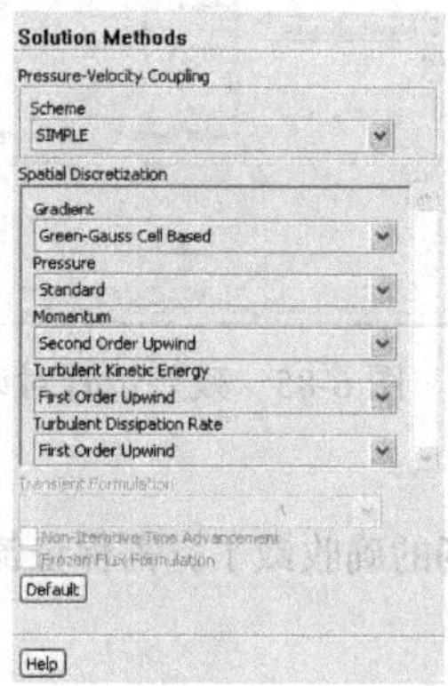

图 6-90　Solution Methods 设置面板

（9）不激活所有方程式的收敛标准。

为了获得更好的收敛性，迭代过程中将利用监视器监视收敛性。因此，不激活收敛标准。

Solve/Monitors/Residuals

① 不激活所有等式的 Check Convergence。

② 单击 OK 按钮，关闭 Residual Monitors 对话框。

（10）进行迭代求解，直到所有监视器中的残差值成为常数。

步骤六：后处理

（1）显示速度矢量。

Display/Graphics and AnimationsVectors

① 从 Vectors of 下拉列表中选择 Velocity，如图 6-91 所示。

② 从 Color by 下拉列表中选择 Velocity 和 Velocity Magnitude。

③ 单击 Display 按钮，关闭 Vectors 对话框，速度显示如图 6-92 所示。

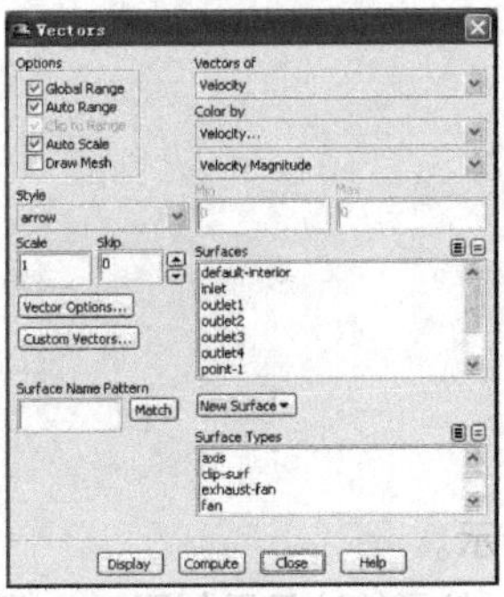

图 6-91　Vectors 对话框

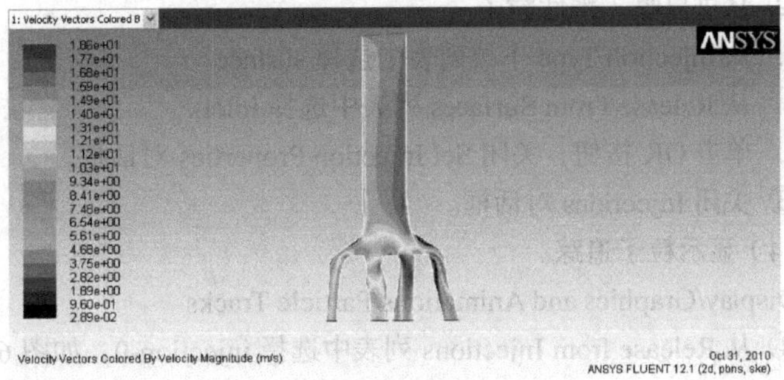

图 6-92　速度显示效果

（2）显示压力云图。

Display/Graphics and Animations/Contours

① 保持 Contours of 下拉列表中默认选择的 Pressure 和 Static Pressure，如图 6-93 所示。

② 勾选 Options 中的 Filled 复选框。

③ 单击 Display 按钮，关闭 Contours 对话框，压力显示如图 6-94 所示。

右键单击计算域内的点，控制台中将显示对应的值。

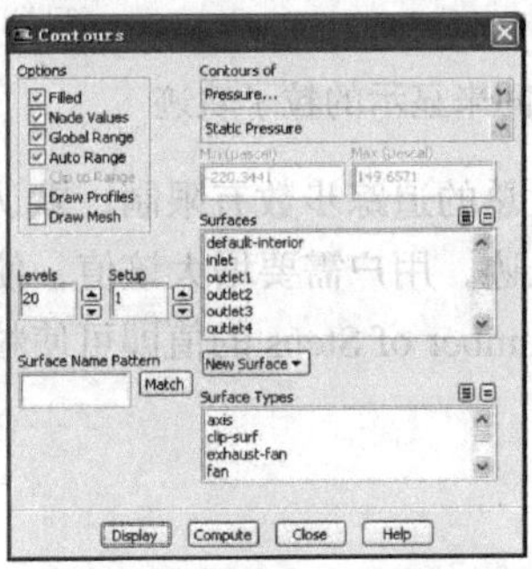

图 6-93　Contours 对话框

图 6-94　压力显示效果

（3）定义入射流。

Define/Injections

① 在如图 6-95 所示的对话框中单击 Create 按钮，弹出 Set Injection Properties 对话框，如图 6-96 所示。

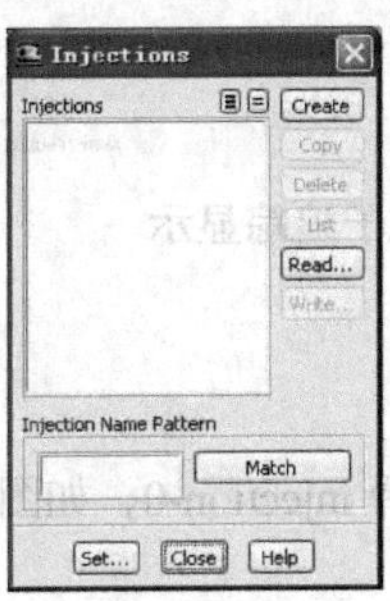

图 6-95　Injections 对话框

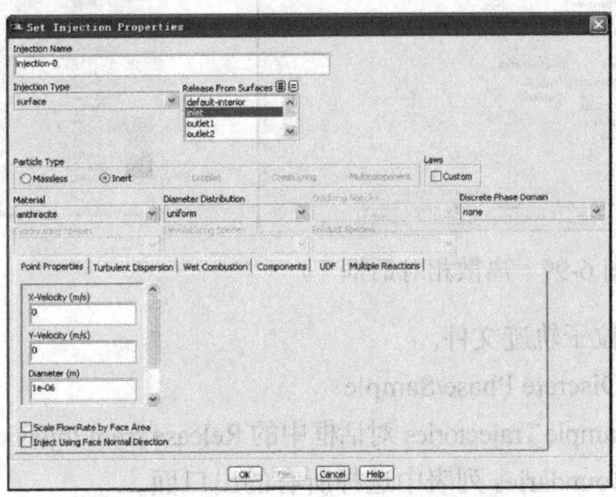

图 6-96　Set Injection Properties 对话框

② 从进口喷入惰性粒子。

a. 从 Injection Type 下拉列表中选择 surface。

b. 从 Release From Surfaces 列表中选择 inlet。

c. 单击 OK 按钮，关闭 Set Injection Properties 对话框。

③ 关闭 Injections 对话框。

（4）显示粒子追踪。

Display/Graphics and Animations/Particle Tracks

① 从 Release from Injections 列表中选择 injection-0，如图 6-97 所示。

② 单击 Display 按钮，再单击 Close 按钮关闭 Particle Tracks 对话框。粒子轨迹显示如图 6-98 所示。

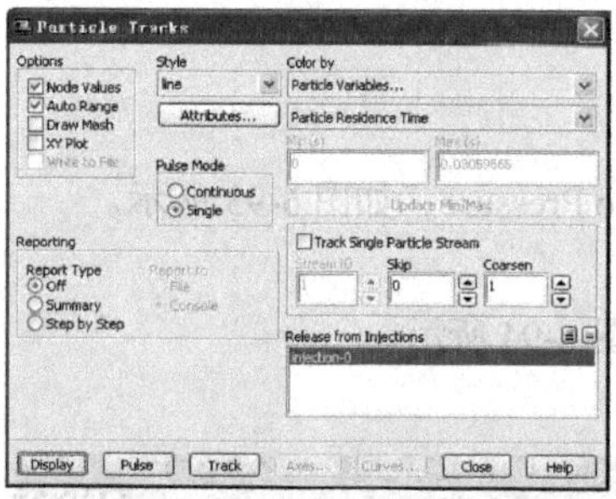

图 6-97　Particle Tracks 对话框

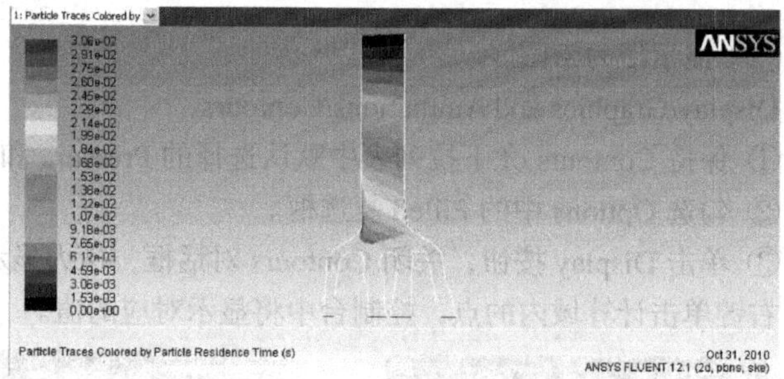

图 6-98　以停留时间来显示的粒子轨迹

观察发现在出口以前粒子就没有了。粒子追踪有其空间步长，且总的追踪步数有限制，默认的总追踪步数为 500。这个值可能不能保证追踪粒子在计算域内的完整轨迹，用户需要增大该值，使粒子顺利从出口流出。通过改变 Discrete Phase Model 对话框内的 Max. Number of Steps 的值即可使粒子从出口流出。

（5）改变最大步长。

Define/Models/Discrete Phase

① 设置 Max. Number of Steps 为 2 000，如图 6-99 所示。

② 单击 OK 按钮，关闭 Discrete Phase Model 对话框。

（6）再次显示粒子追踪，如图 6-100 所示，这次粒子能顺利通过出口了。

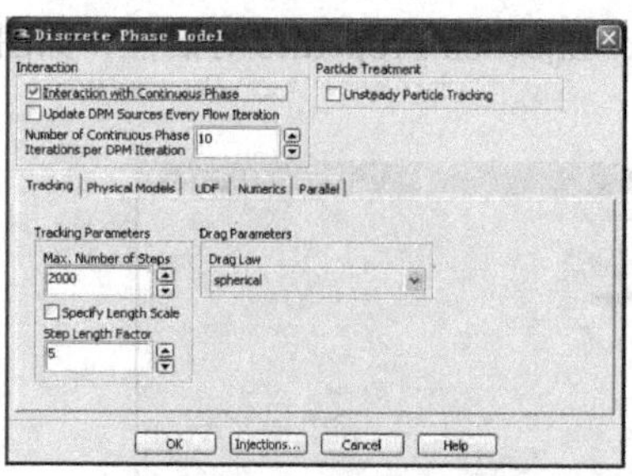

图 6-99　离散相对话框

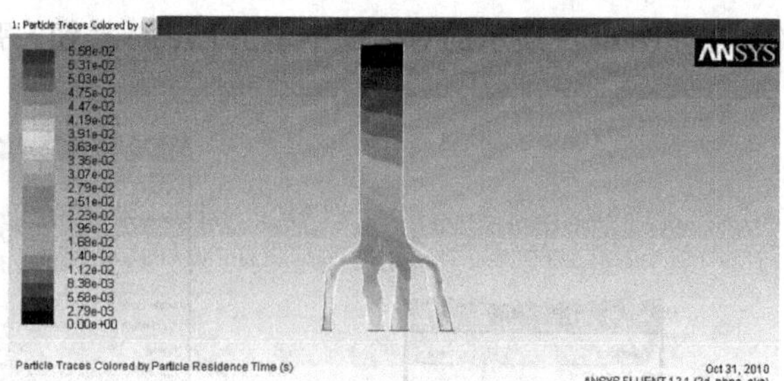

图 6-100　粒子追踪显示

（7）写粒子轨迹文件。

Report/Discrete Phase/Sample

① 在 Sample Trajectories 对话框中的 Release from Injections 列表中选择 injection-0，如图 6-101 所示。

② 从 Boundaries 列表中选择所有的出口面。

③ 单击 Compute 按钮。

这样将写 4 个.dpm 文件，其包含粒子通过相应出口的信息。该信息可以用于检查粒子通过出口的流量。

④ 关闭 Sample Trajectories 对话框。

（8）保存工况和数据文件。

File/Write/Case & Data

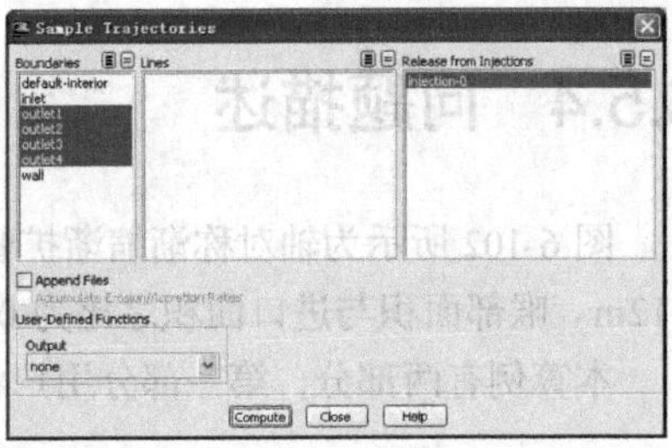

图 6-101 Sample Trajectories 对话框

6.4.7 总结

通过对本算例的学习，用户掌握了通过设置敏感位置的标量监视器来判断收敛的方法，也学习到残差降低到一定的收敛标准后，迭代才可能收敛。通过调整最大追踪步数，可以完整地追踪粒子轨迹。

6.4.8 参考文献

J.B. Hywood, Internal Combustion Engine Fundamentals, McGraw Hill Int. Ed.,Ch. 9: pp. 309.

6.4.9 练习与讨论

- 如果将出口改为进口，那么应如何设置？
- 湍流模型对流动有何影响？
- 如果增大粒子的直径，那么它们的轨迹不变吗？它们会对连续相的主流特征产生影响吗？

6.5 算例五：渐缩渐扩管的无粘与可压缩流动模拟

6.5.1 介绍

本算例的目的是展示轴对称喷嘴管流动模拟的设置和求解过程。

渐缩渐扩管的流动是计算流体力学模拟中的经典问题之一。在这类流动中，激波的出现是流动中可压缩效应的体现。精确的激波模拟是 CFD 研究的热点之一。为了更好地捕捉压力梯度，需要采用较细的网格并结合合适的数值模型和格式。很多实际模拟中，局部网格的自适应会很有帮助。

6.5.2 方法和设置

- 读入 FLUENT 格式的网格文件。
- 检查网格的尺寸和质量。
- 改变材料的物性。
- 进行无粘流动的计算。
- 比较不同模型的计算结果。

6.5.3 前期准备

本算例假定用户对 FLUENT 基础理论较为熟悉，而且对 FLUENT 界面较为熟悉。

6.5.4 问题描述

图 6-102 所示为轴对称渐缩渐扩管的纵切面。喷嘴的长度为 0.6 m。进口半径为 0.1m，出口半径为 0.12m。喉部面积与进口面积之比为 0.562 5。通过喷嘴的压差为 0.12 MPa。

本算例有两部分，第一部分用户将使用湍流模型求解，第二部分用户将使用无粘模型。

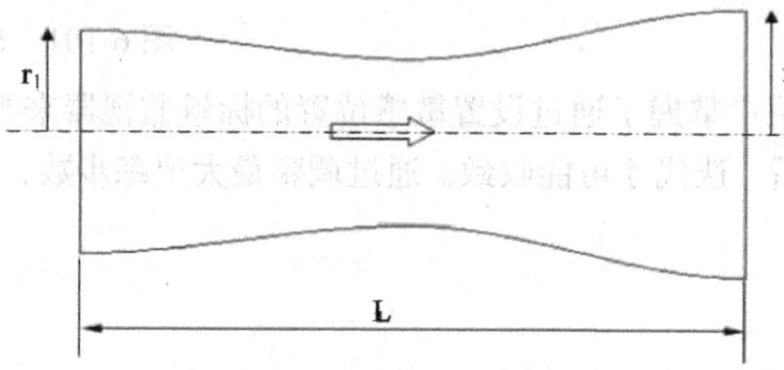

图 6-102 计算域示意图

6.5.5 准备

- 复制网格文件 nozzle.msh 到用户工作文件夹中。
- 开启 FLUENT 二维双精度求解器（Double Precision）。

6.5.6 设置和求解

步骤一：网格

（1）读入网格文件 nozzle.msh。

File/Read/Mesh

FLUENT 将读入网格文件，并在控制台中显示读入进程。

（2）检查网格。

Mesh/Check

这个过程将对网格进行检查，此时应确保最小体积为正值。

（3）检查网格的尺寸，如图 6-103 所示。

Mesh/Scale

检查网格计算域，确保其与实际物理尺寸相符，否则需要对网格以合适的单位进行缩放。

（4）显示网格。

Display/Mesh

① 在如图 6-104 所示的对话框中单击 Colors 按钮，弹出 Mesh Colors 对话框，如图 6-105 所示。

a. 在 Options 中选中 Color by ID 选项。

b. 关闭 Mesh Colors 对话框。

② 单击 Mesh Display 对话框中的 Display 按钮。

从显示结果中可以发现，近壁区的网格比中心区域的细，如图 6-106 所示。设置这样细的网格是为了捕捉近壁区的压力梯度。

③ 关闭 Mesh Display 对话框。

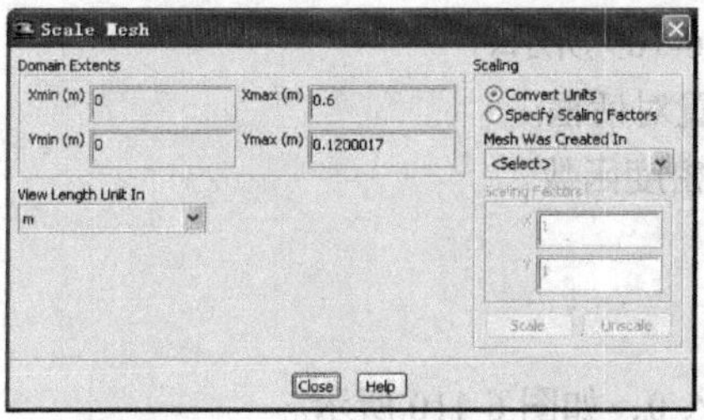

图 6-103　Scale Mesh 对话框

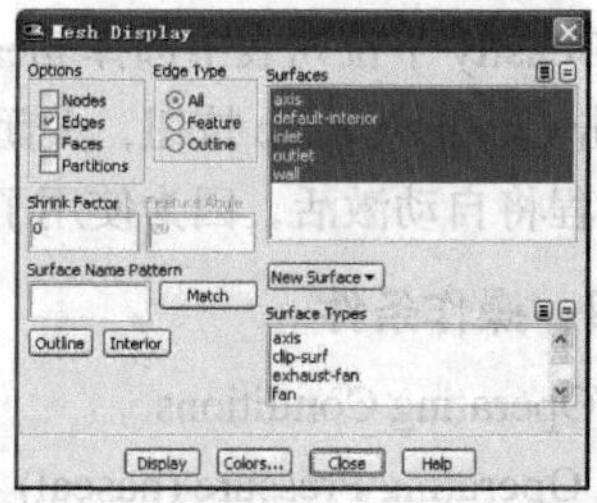

图 6-104　Mesh Display 对话框

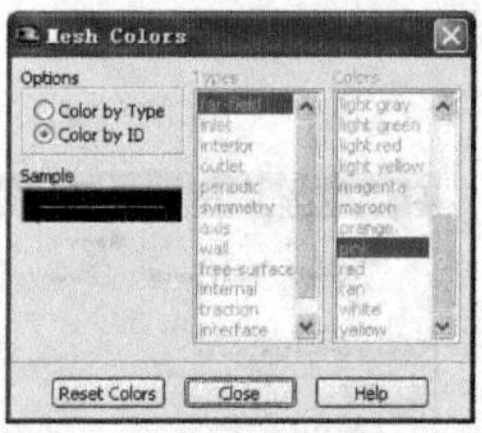

图 6-105　Mesh Colors 对话框

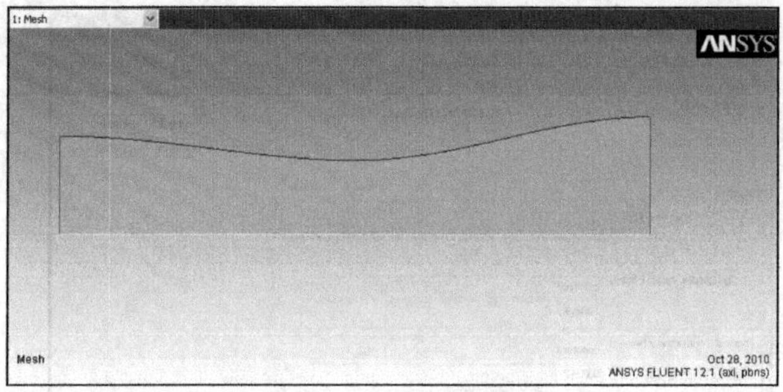

图 6-106　计算域网格

步骤二：模型

（1）激活轴对称求解器。

Define/General

在 2D Space 下选中 Axisymmetric 选项，如图 6-107 所示。

（2）激活标准 k-epsilon 模型。

Define/Models/Viscous

① 在 Model 中选中 k-epsilon (2 eqn)选项，如图 6-108 所示。

② 单击 OK 按钮，关闭 Viscous Model 对话框。

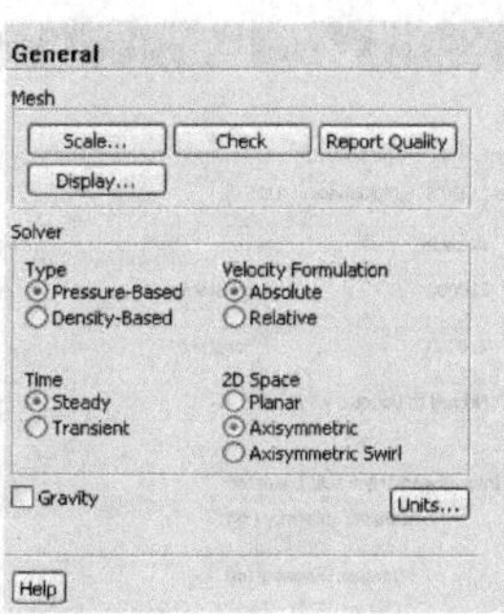

图 6-107　General 任务页

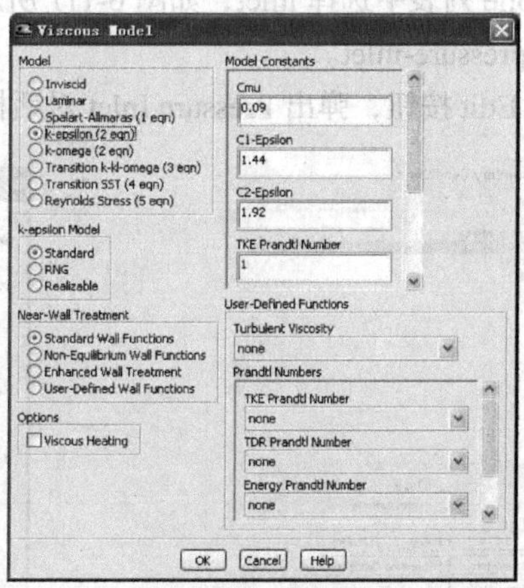

图 6-108　Viscous Model 对话框

步骤三：材料

改变空气的物性。

Define/Materials

① 从 Density 下拉列表中选择 ideal-gas，如图 6-109 所示。

② 单击 Change/Create 按钮，关闭材料特性设置对话框。

能量方程将自动激活，因为使用了 ideal-gas 的密度函数。

步骤四：操作条件

Define/Operating Conditions

（1）在 Operating Pressure (pascal) 文本框中输入 0，如图 6-110 所示。

对于可压缩流动的计算，推荐将工作压力设为 0，从而减小由压力脉动而引起的误差。

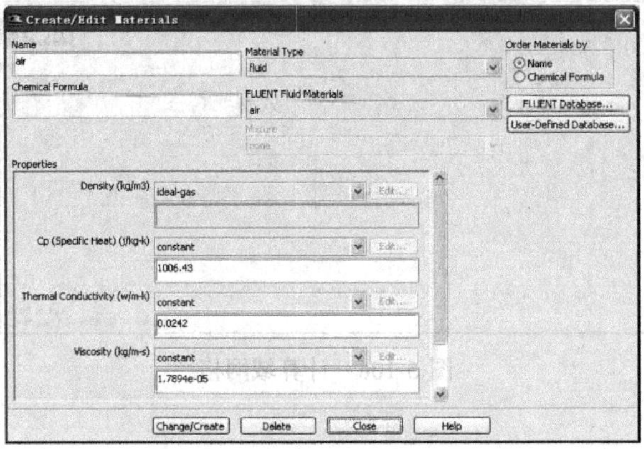

图 6-109　材料物性设置对话框

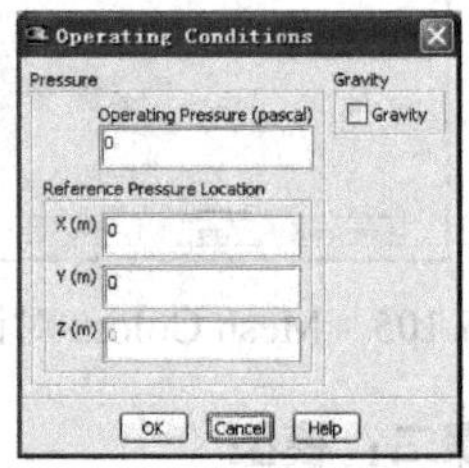

图 6-110　操作条件对话框

（2）单击 OK 按钮，关闭 Operating Conditions 对话框。

步骤五：边界条件

设置进口和出口的边界条件。

Define/Boundary Conditons

① 设置进口的边界条件。

a. 从 Zone 列表中选择 inlet，如图 6-111 所示。

Type 为 pressure-inlet。

b. 单击 Edit 按钮，弹出 Pressure Inlet 对话框，如图 6-112 所示。

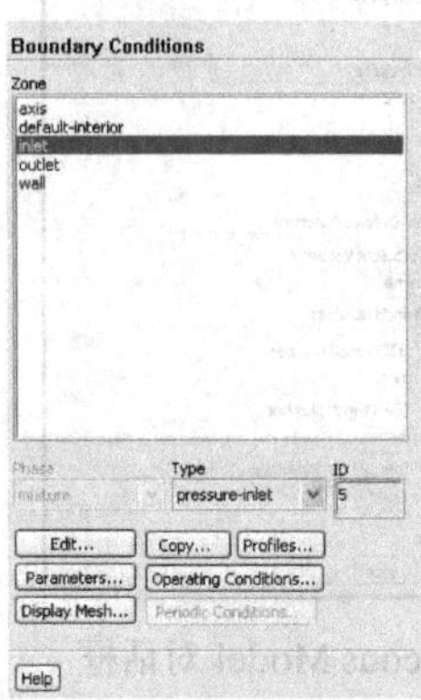

图 6-111　边界条件设置面板

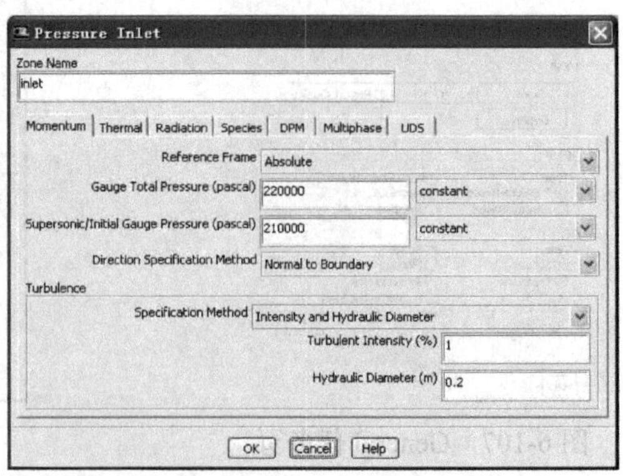

图 6-112　压力进口设置对话框

c. 在 Gauge Total Pressure (pascal) 文本框中输入 220 000，在 Supersonic/Initial Gauge Pressure (pascal) 文本框中输入 210 000。

d. 在 Turbulence 选项组中的 Specification Method 下拉列表中选择 Intensity and Hydraulic Diameter。

e. 在 Turbulent Intensity (%) 文本框中输入 1，在 Hydraulic Diameter (m) 文本框中输入 0.2。

对于高雷诺数的计算，湍流强度在 1% ~ 5%的范围内。在本算例中，当进口直径为 0.2 m 时，将其设为 1%，设置水力直径为 0.2 m。

f. 单击 OK 按钮，关闭 Pressure Inlet 对话框。

② 设置出口的边界条件。

a. 从 Zone 列表中选择 outlet。

Type 为 pressure-outlet。

b. 单击 Edit 按钮，弹出 Pressure Outlet 对话框，如图 6-113 所示。

c. 在 Gauge Pressure (pascal)文本框中输入 10 000。

出口假定与大气相连，因此设置的出口压力大约等于大气压。

d. 从 Specification Method 下拉列表中选择 Intensity and Hydraulic Diameter。

e. 在 Backflow Turbulent Intensity (%)文本框中输入 1，在 Backflow Hydraulic Diameter (m) 文本框中输入 0.24。

出口的湍流参数只在有回流时才会被使用。将出口的湍流强度设为和进口的一样，水力直径取出口直径。

f. 选择 Thermal 选项卡，在 Backflow Total Temperature (k) 文本框中输入 300。

g. 单击 OK 按钮，关闭 Pressure Outlet 对话框。

步骤六：求解

（1）保持求解控制的默认参数。

（2）初始化流场。

Solve/Initialization/Initialize

① 从 Compute from 下拉列表中选择 inlet，如图 6-114 所示。

这将使用 inlet 的参数进行初始化。

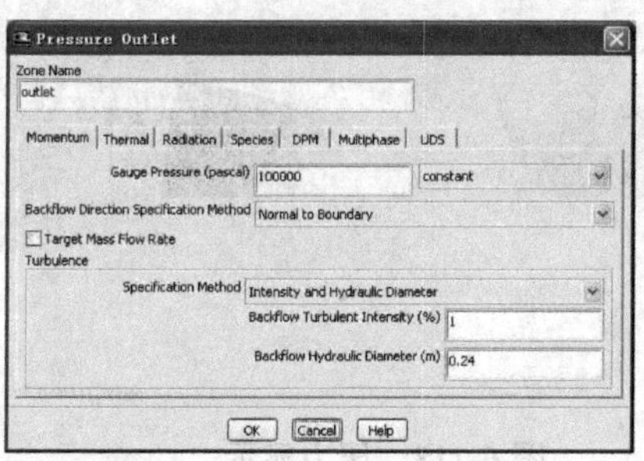

图 6-113　压力出口设置对话框

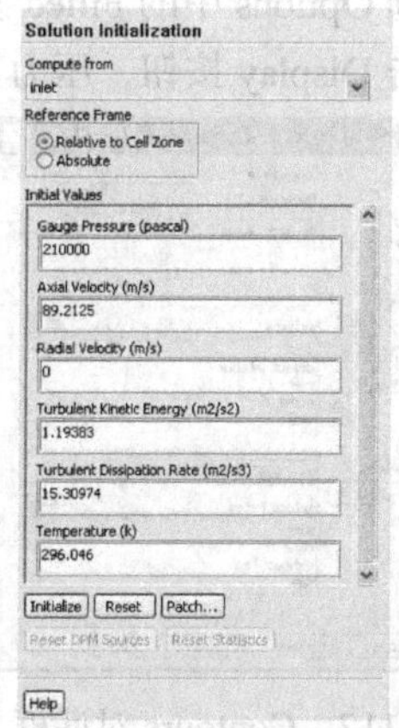

图 6-114　求解初始化面板

② 单击 Initialize 按钮。

（3）激活残差图。

Solve/Monitors/Residuals

① 勾选 Options 中的 Plot 复选框，如图 6-115 所示。

② 单击 OK 按钮，关闭 Residual Monitors 对话框。

（4）保存工况文件。

File/Write/Case

保持默认选中 Write Binary Files 选项。

（5）开始 2 000 步迭代。

Solve/Run Calculation/Calculate

① 将 Number of Iterations 设为 2 000，如图 6-116 所示。

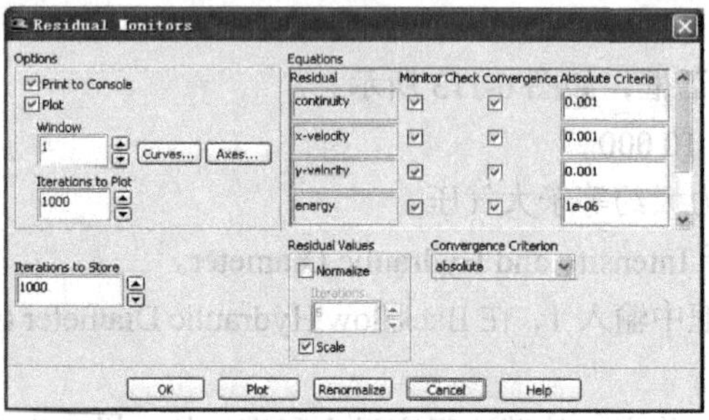

图 6-115　残差设置对话框

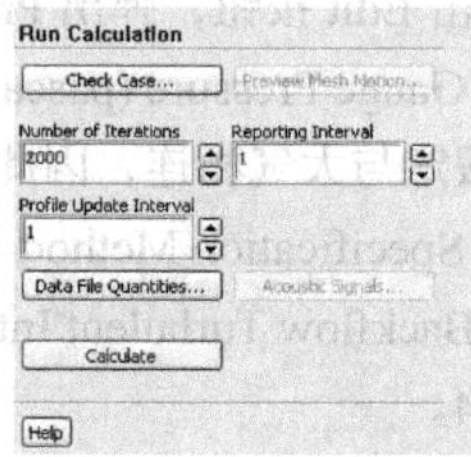

图 6-116　计算运行面板

② 单击 Calculate 按钮。

求解将在迭代 1 166 步后满足设定的收敛标准。

（6）保存数据文件。

File/Write/Data

步骤七：后处理

（1）显示静压的云图。

Display/Graphics and Animations/Contours

① 从 Contours of 下拉列表中选择 Pressure 和 Static Pressure，如图 6-117 所示。

② 勾选 Options 中的 Filled 复选框。

③ 单击 Display 按钮，压力显示效果如图 6-118 所示。

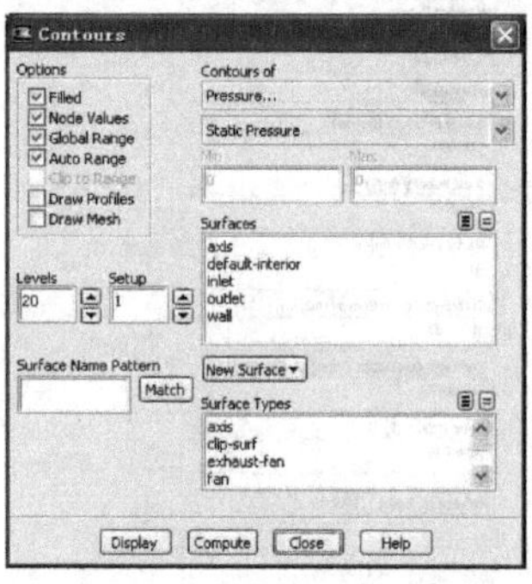

图 6-117　Contours 对话框

图 6-118　压力显示

④ 关闭 Contours 对话框。

（2）显示速度矢量。

Display/Graphics and Animations/Vectors

① 从 Vectors of 下拉列表中选择 Velocity，如图 6-119 所示。

② 从 Color by 下拉列表中选择 Velocity 和 Velocity Magnitude。

③ 在 Scale 和 Skip 里输入 5 和 0。

④ 单击 Display 按钮。

这样在激波处即可看到速度的突降，如图 6-120 所示。

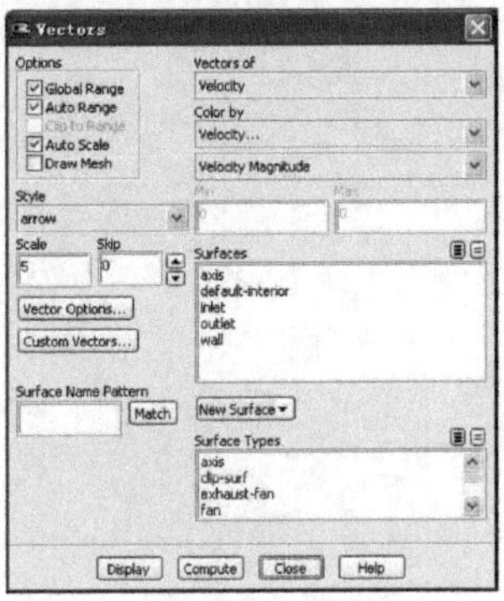

图 6-119 Vectors 对话框

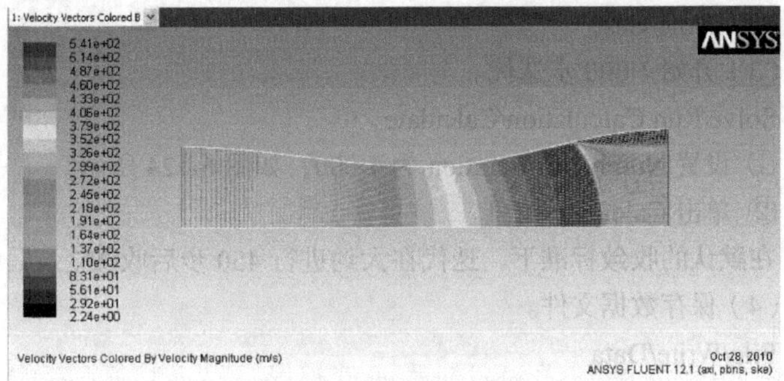

图 6-120 速度显示效果

⑤ 关闭 Vectors 对话框。

（3）放大视图，效果如图 6-121 所示。

FLUENT 将在控制台中报告回流的信息，用户可观察回流的信息。回流产生的原因为激波后压力梯度的反向。会形成流动分离，并形成涡。压力出口与涡相交，结果产生了回流。用户可以通过延长计算域的方法来避免回流。

在求解无粘流动的设置方面，无粘流动忽略了粘性对流动的影响，这对高雷诺数的流动是合适的，因为高雷诺数流动惯性力的作用远大于粘性力的作用，粘性力可以忽略，所以可以将其考虑成无粘流动。本模拟的速度非常大，的确为高雷诺数流动，因此可以认为流动是无粘的。用户可以依靠此假设进行一次快速模拟，观察模拟结果并与实验值进行比较。这个模拟将使用相同的工况文件，只需要设置粘性模型为 Inviscid 即可。

步骤八：模型

激活无粘模型。

Define/Models/Viscous

（1）从 Model 中选中 Inviscid 选项，如图 6-122 所示。

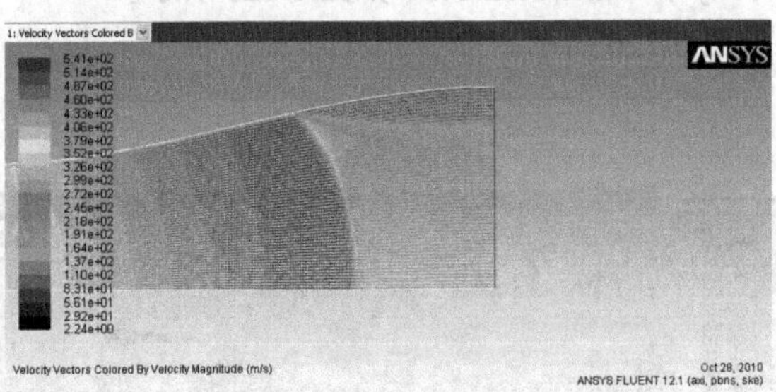

图 6-121 放大效果

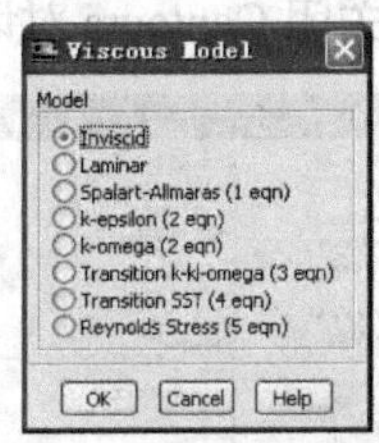

图 6-122 Viscous Model 对话框

（2）单击 OK 按钮，关闭 Viscous Model 对话框。

步骤九：求解

（1）初始化流动。

Solve/Initialization/Initialize

① 从 Compute from 下拉列表中选择 inlet，如图 6-123 所示。这将使用 inlet 的值进行全场的初始化。

② 单击 Initialize 按钮。

（2）保存工况文件。

File/Write/Case

（3）开始 1 000 步迭代。

Solve/Run Calculation/Calculate

① 设置 Number of Iteration 为 1 000，如图 6-124 所示。

② 单击 Calculate 按钮。

在默认的收敛标准下，迭代在大约进行 450 步后收敛。

（4）保存数据文件。

File/Write/Data

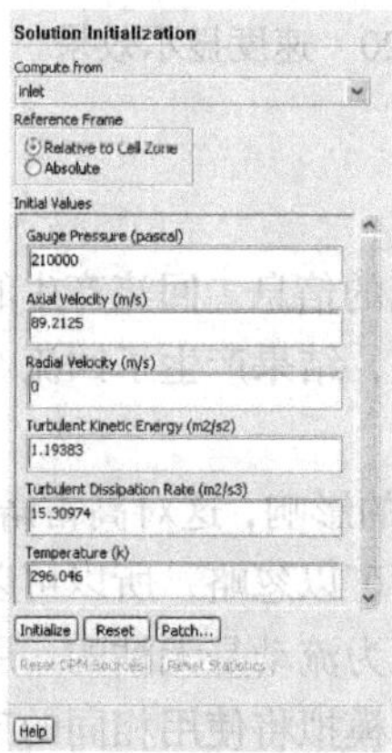

图 6-123　求解初始化面板

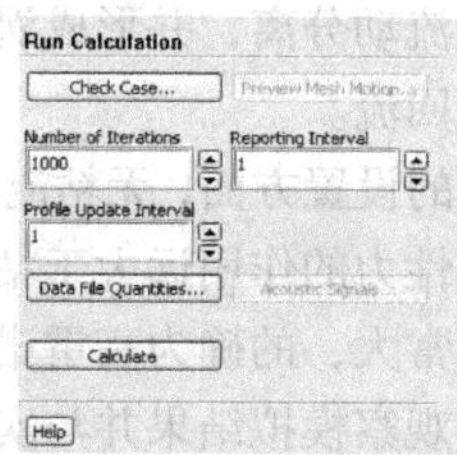

图 6-124　计算运行设置面板

步骤十：后处理

显示马赫数的云图。

Display/Graphics and Animations/Contours

（1）从 Contours of 下拉列表中选择 Velocity 和 Mach Number，如图 6-125 所示。

（2）单击 Display 按钮，云图显示效果如图 6-126 所示。

（3）关闭 Contours 对话框。

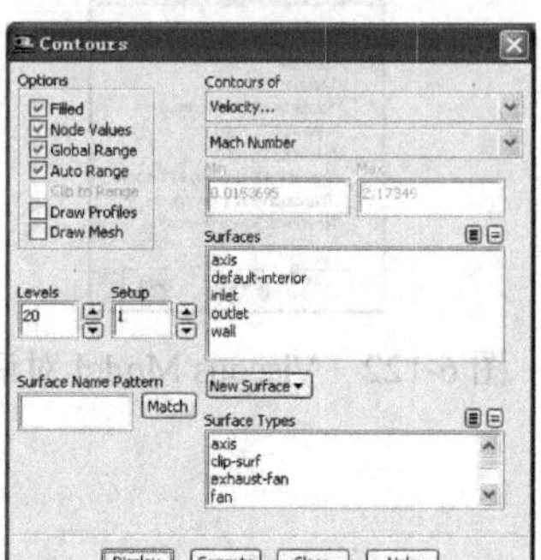

图 6-125　Contours 对话框

图 6-126　马赫数云图

6.5.7　总结

无粘流动的求解得到了一个直激波，而不是弯曲的激波。流动有粘性时，近壁区的速度较小（如边界层内）。因此激波在壁面提前发生，近壁区的激波相对于轴线处更靠上游，这样就产生了弯曲的激波。

无粘流动没有发生流动分离，FLUENT 控制台也没有报告回流的信息，因此，出口附近没有涡形成。

粘性造成了动量损失。这个损失在无粘流动中并不会考虑，因此，此时的马赫数更高。

无粘流动的求解更快，其激波在某些值上预测得偏高。无粘流动能对流动状态和激波位置进行快速预测。

6.5.8　参考文献

- J.D. Anderson, Modern Compressible Flow, McGraw Hill Inc., New York, 1984.

6.5.9　练习与讨论

- 改变进口或出口的压力值，激波位置会如何变化?
- 检查近壁区的网格是否满足近壁区网格的要求。
- 激波的形状取决于压力比。运行不同的压力比，检查不同激波的形状。

6.6　算例六：模拟水箱的水波运动

6.6.1　介绍

本算例的目的是展示包含一个振荡壁面水箱的二维层流流动。

水箱包含部分液体，向大气开放，壁面的振荡运动可以生成水波。设置合适的频率和振幅后，可以生成平滑的水波。水箱的一个壁面进行往复正弦运动。

6.6.2　方法和设置

- 读入 FLUENT 格式的网格文件，检查网格的单位和质量。
- 在材料列表中增加新的流体。
- 设置多相流问题。
- 使用动网格模型。
- 使用执行命令对话框设置动画。

6.6.3　前期要求

本算例假定用户对 FLUENT 基本理论有初步认识，对 FLUENT 的界面也有初步了解。

6.6.4 问题描述

本算例中的矩形水箱的长为 15 m，宽为 0.8 m，如图 6-127 所示。左边壁面进行随时间变化的正弦运动。顶部壁面打开直接与大气接触，因此保持为大气压。假定流动为层流。

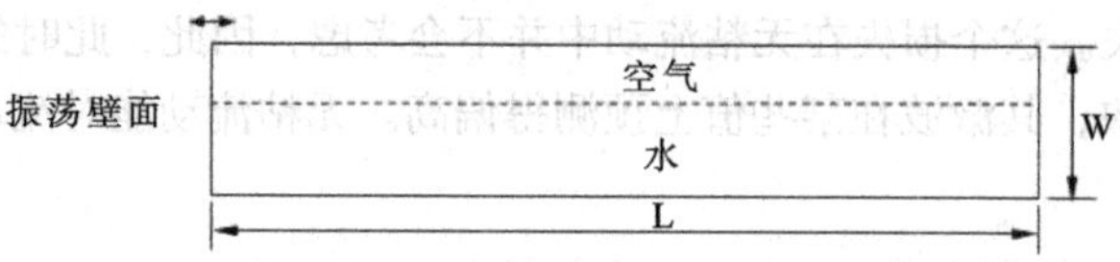

图 6-127　计算域示意图

6.6.5 准备

- 复制网格文件和 libudf 文件夹到工作文件夹中。
- 开启 FLUENT 双精度求解器（Double Precision）。

6.6.6 设置和求解

步骤一：网格

（1）读入名为 wave.msh 的网格文件。

File/Read/Mesh

FLUENT 将读入网格文件，并在控制台中报告进程信息。

（2）检查网格。

Mesh/Check

这个过程将对网格进行检查，用户应确保最小体积为正值。

（3）检查网格尺寸和单位。

① 保持默认设置，如图 6-128 所示。

② 关闭 Scale Mesh 对话框。

检查计算域的跨度，确认其确实为实际物理过程的尺度和物理范围。如果不是，则需要对网格以合适的单位进行放大或缩小操作。

（4）显示网格，如图 6-129 所示。

Display/Mesh

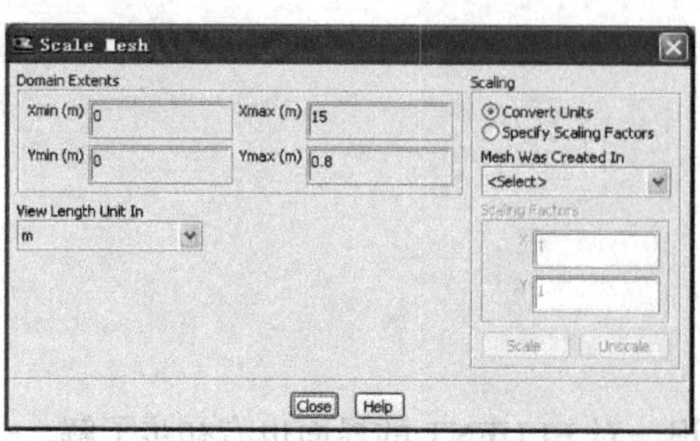

图 6-128　Scale Mesh 对话框

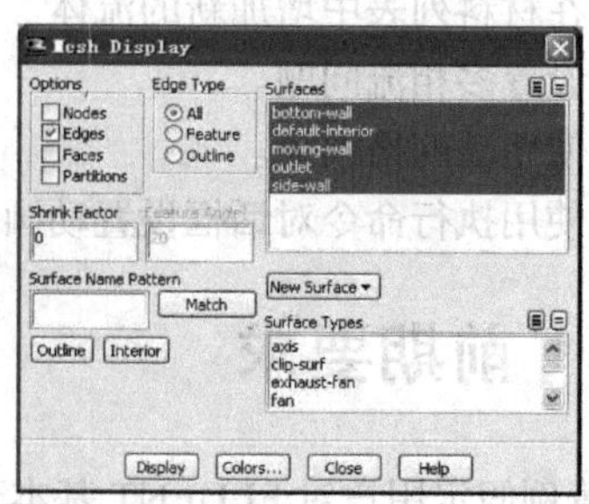

图 6-129　Mesh Display 对话框

① 单击 Colors 按钮。

a. 在 Options 中激活 Color by ID。

b. 关闭 Mesh Colors 对话框。

② 单击 Display 按钮，关闭 Mesh Display 对话框，网格显示效果如图 6-130 所示。

步骤二：模型

（1）指定求解器设置。

Define/General

① 在 Time 中激活 Transient。

② 在 Solution Methods 设置面板中勾选 Non-Iterative Time Advancement（Solve/Methods）。

（2）激活 VOF 多相流模型。

Define/Models/Multiphase

① 在 Model 中选中 Volume of Fluid 选项，如图 6-131 所示。

图 6-130 计算域网格

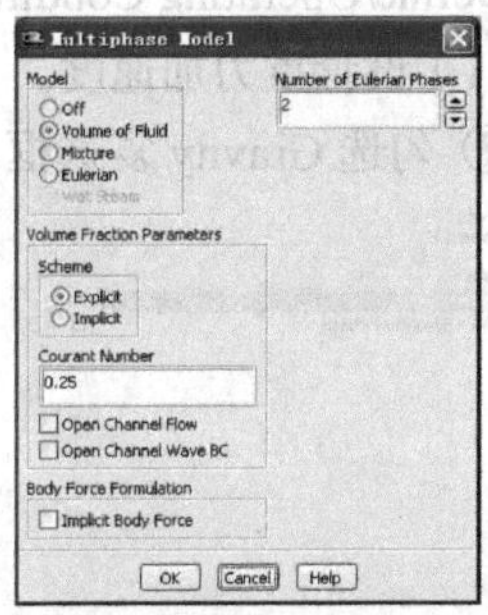

图 6-131 多相流设置对话框

对话框将扩展，显示其他有关 VOF 模型的设置。保持其他设置为默认参数即可。

② 单击 OK 按钮，关闭 Multiphase Model 对话框。

步骤三：材料

Define/Materials

从材料数据库中复制一个新的液体水的流体，如图 6-132 所示。

（1）单击 FLUENT Database 按钮。

① 从 FLUENT Fluid Materials 列表中选择 water-liquid(h2o<l>)，如图 6-133 所示。

② 单击 Copy 按钮，关闭 FLUENT Database Materials 对话框。

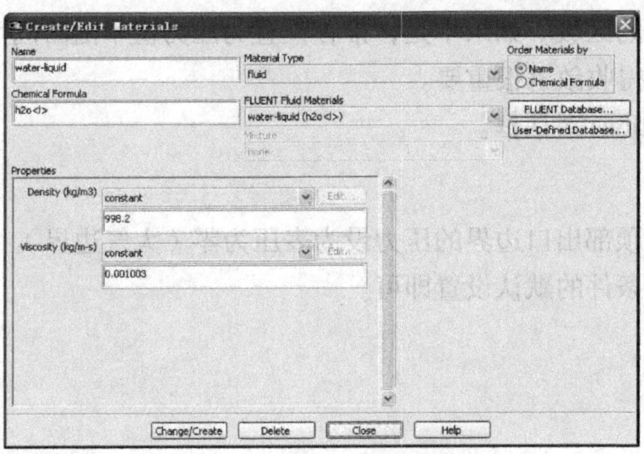

图 6-132 材料物性设置对话框

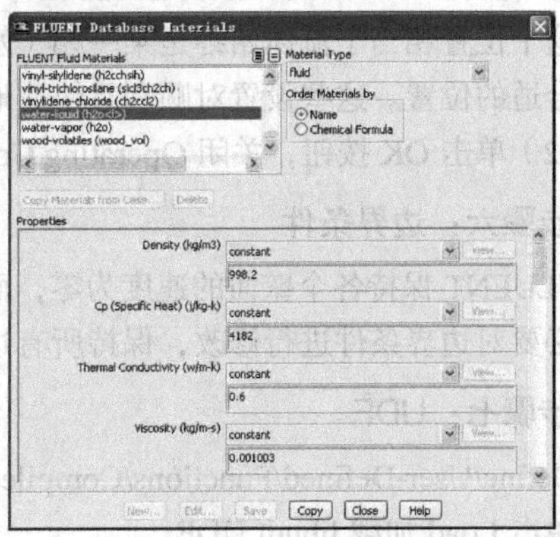

图 6-133 从 FLUENT 物性数据库中导出数据

（2）单击 Change/Create 按钮，关闭 FLUENT Database Materials 对话框。

步骤四：相

Define/Phases

设置空气为主相，水位第二相。

（1）从 Phases 列表中选择 Primary-Phase，单击 Edit 按钮，如图 6-134 所示。

① 在 Name 文本框中输入 air，如图 6-135 所示。

② 从 Phase Material 下拉列表中选择 air。

③ 单击 OK 按钮，关闭 Primary Phase 对话框。

（2）用相同的方法将 phase-2 的 Name 设置为 water，设置 Type 为 water-liquid。

（3）关闭 Phases 面板。

步骤五：工作条件

Define/Operating Conditions

（1）设置重力加速度。

① 勾选 Gravity 复选框，如图 6-136 所示。

图 6-134　Phases 设置面板

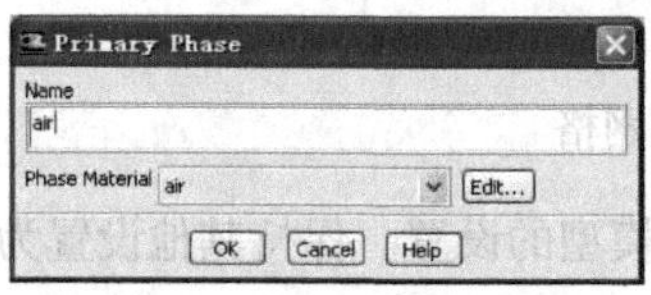

图 6-135　Primary Phase 对话框

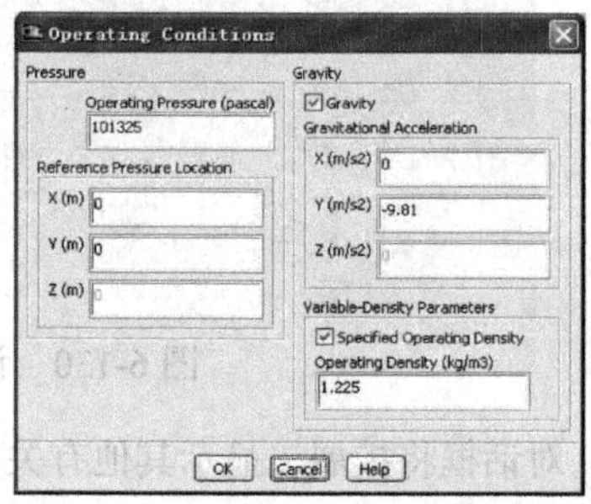

图 6-136　操作条件对话框

② 在 Gravitational Acceleration 下的 Y(m/s^2)文本框中输入−9.81。

因为水箱底部与 y 轴垂直，重力指向 y 轴负方向。

③ 在 Variable-Density Parameters 中勾选 Specified Operating Density 复选框。

④ 保持 Operating Density (kg/m^3) 为默认密度值 1.225。

将操作密度设为较轻相的密度。这样能排除较轻相里的静力学压力，能提高动量平衡的精确性。

⑤ 保持 Reference Pressure Location 中的 X 和 Y 文本框中的默认值。

这个位置相当于流体始终是某一相（水）的区域。如果不是，推荐设置为压力值不随时间而改变的更合适的位置。这些设置对顺利且快速地获得收敛解很重要。

（2）单击 OK 按钮，关闭 Operating Conditions 对话框。

步骤六：边界条件

FLUENT 保持各个壁面的速度为零，而且顶部出口边界的压力设为表压为零（大气边界）。因此，没有必要对边界条件进行修改，保持所有边界条件的默认设置即可。

步骤七：UDF

Define/User-Defined/Functions/Compiled

单击 Load 加载 libudf UDF。

壁面的正弦运动将通过用户自定义函数 UDF 设定。

步骤八：动网格模型

（1）设置动网格参数。

Define/Dynamic Mesh

① 在 Dynamic Mesh 面板中勾选 Dynamic Mesh 复选框，如图 6-137 所示。

② 在 Mesh Methods 中取消勾选 Smoothing 复选框，勾选 Layering 复选框。

③ 单击 Settings 按钮，在 Layering 选项卡中的 Collapse Factor 文本框中输入 0.4，如图 6-138 所示。

④ 单击 OK 按钮，关闭 Mesh Method Settings 对话框。

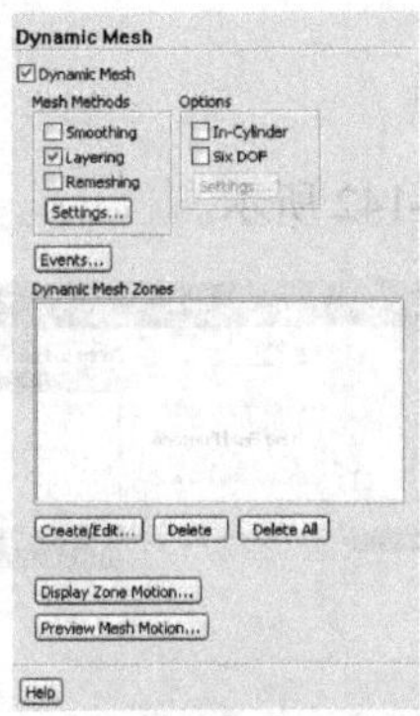

图 6-137　Dynamic Mesh 设置面板

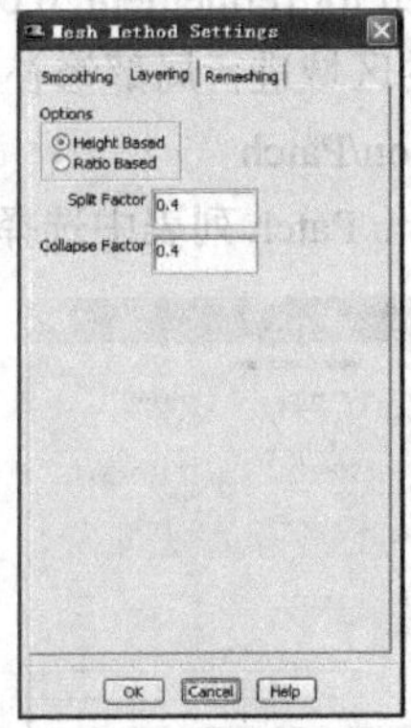

图 6-138　Mesh Method Settings 对话框

（2）设定动网格区域。

Define/Dynamic Mesh

① 单击 Dynamic Mesh Zones 中的 Create/Edit 按钮，在 Dynamic Mesh Zones 对话框中的 Zone Names 下拉列表中选择 moving-wall，如图 6-139 所示。

② 保持 Type 中 Rigid Body 的默认状态。

③ 选择 Meshing Options 选项卡，在 Cell Height (m) 文本框中输入 0.008。这是垂直于运动壁面网格的平均尺寸。

④ 单击 Create 按钮，关闭 Dynamic Mesh Zones 对话框。

步骤九：求解

（1）保持默认的求解控制参数。

（2）初始化流场，如图 6-140 所示。

Solve/Initialization

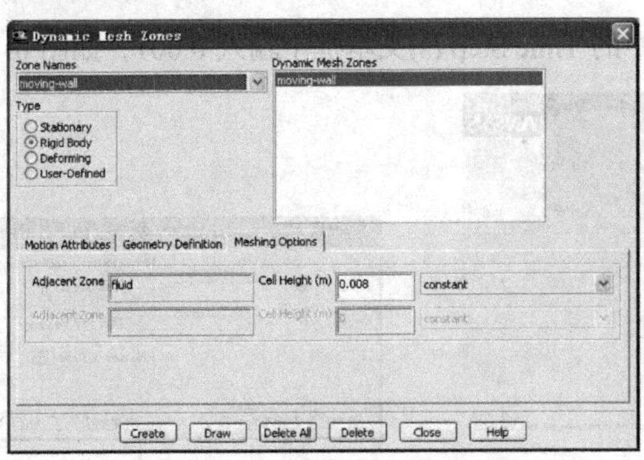

图 6-139　Dynamic Mesh Zones 对话框

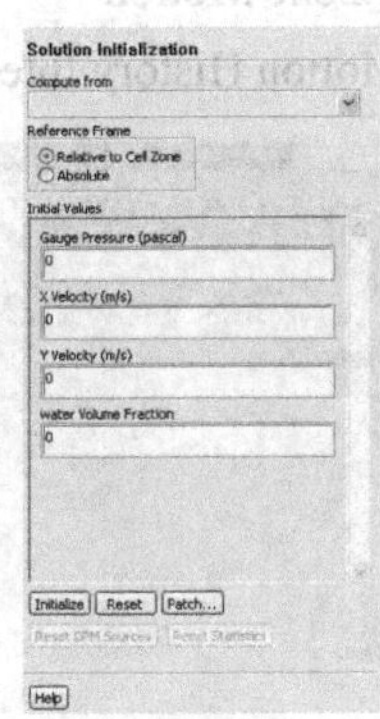

图 6-140　求解初始化设置面板

单击 Initialize 按钮，所有区域都初始化设定了空气项。t=0 时刻的水所在的区域需要进行局部修补。

（3）创建并标记初始水所在的区域。

Adapt/Region

① 在 Input Coordinates 中的 X Max (m) 文本框中输入 15，在 Y Max (m) 文本框中输入 0.5，如图 6-141 所示。

② 单击 Mark 按钮，关闭 Region Adaption 对话框。

FLUENT 的控制台中显示了以下信息。

8513 cells marked for refinement, 0 cells marked for coarsening.

（4）对初始水的区域进行局部修补。

Solve/Initialization/Patch

① 在 Registers to Patch 列表中选择 hexahedron-r0，如图 6-142 所示。

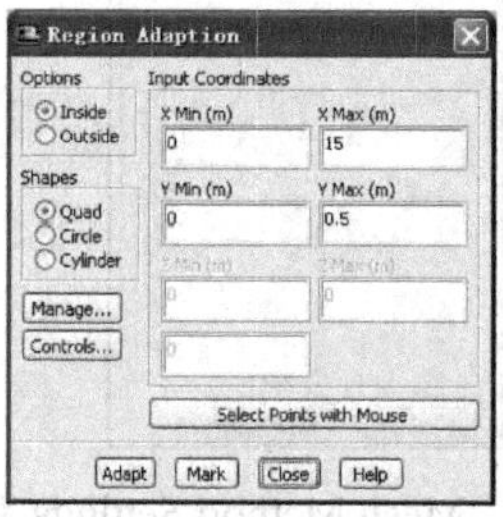

图 6-141 Region Adaption 对话框

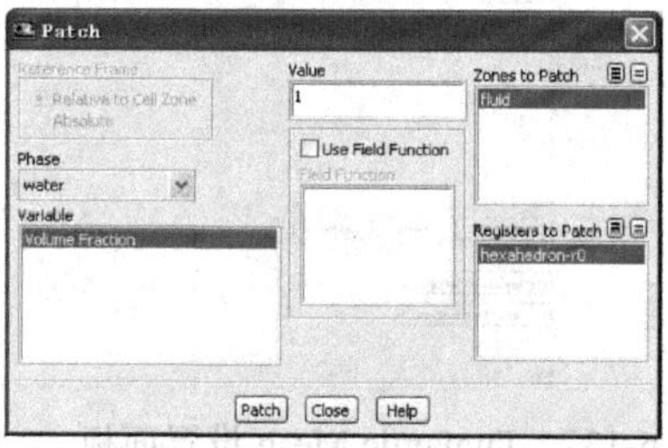

图 6-142 Patch 对话框

② 在 Phase 下拉列表中选择 water。

③ 在 Variable 列表中选择 Volume Fraction。

④ 在 Value 文本框中输入 1。

⑤ 单击 Patch 按钮，关闭 Patch 对话框。

（5）显示区域的运动，确认 moving-wall 的运动过程。

① 显示网格。

Display/Mesh

a. 在 Surfaces 列表中取消选择 default-interior。

放大显示窗口，效果如图 6-143 所示。

b. 单击 Display 按钮，单击 Close 按钮关闭 Mesh Display 对话框。

② 显示区域运动。

Display/Zone Motion

a. 在 Motion History Integration 选项组中的 Timc Step (s)文本框中输入 0.001，如图 6-144 所示。

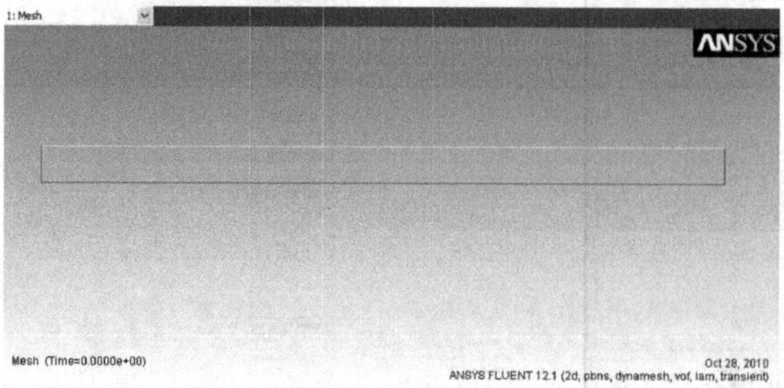

图 6-143 确认运动过程

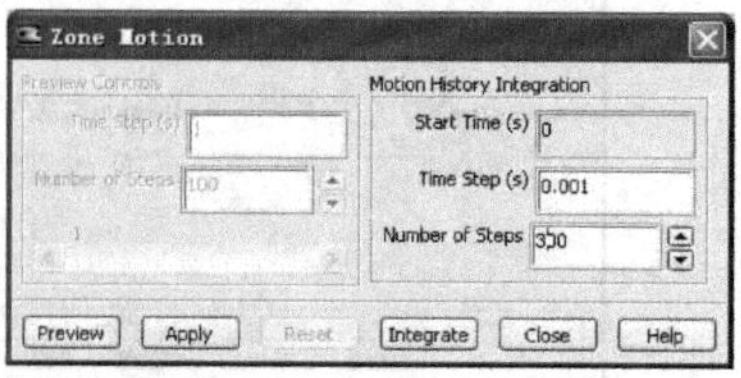

图 6-144 Zone Motion 对话框

b. 在 Number of Steps 数值框中输入 300。
c. 单击 Integrate 按钮。
d. 在 Preview Controls 选项组中的 Time Step (s)文本框中输入 0.001，如图 6-145 所示。
e. 在 Preview Controls 选项组中的 Number of Steps 数值框中输入 300。
f. 单击 Preview 按钮，关闭 Zone Motion 对话框。

（6）显示水的体积分数的云图。

Display/Graphics and Animations/Contours

① 在 Contours of 下拉列表中选择 Phases 和 Volume Fraction。
② 从 Phase 下拉列表中选择 water。
③ 在 Options 中勾选 Filled 复选框。
④ 单击 Display 按钮，单击 Close 按钮关闭 Contours 对话框，显示效果如图 6-146 所示。

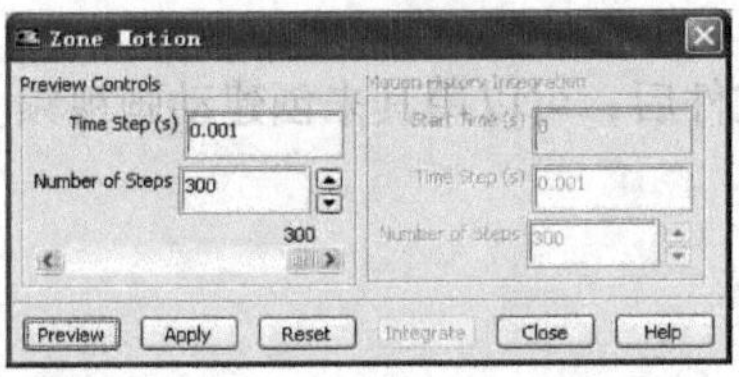

图 6-145　设置 Preview Controls

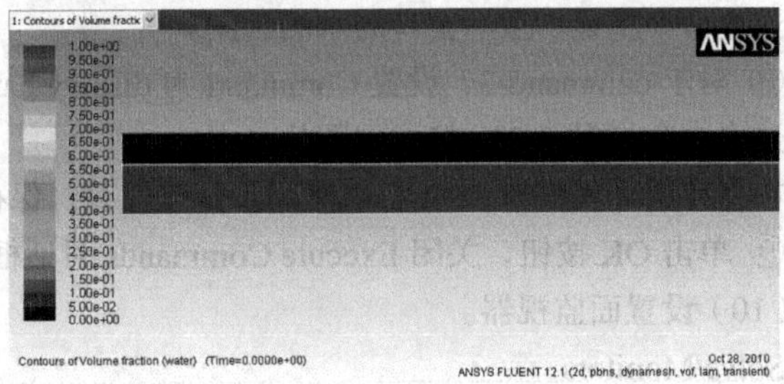

图 6-146　显示效果

（7）激活迭代过程，显示残差图。

Solve/Monitors/Residuals

① 在 Options 选项组中勾选 Plot 复选框，如图 6-147 所示。
② 在 Iterations to Plot 数值框中输入 10。

这样只会显示最新的 10 步迭代的残差。

③ 单击 OK 按钮，关闭 Residual Monitors 对话框。

（8）进行硬拷贝的设置。

File/Save Picture

① 在 Format 选项组中选中 TIFF 选项，如图 6-148 所示。

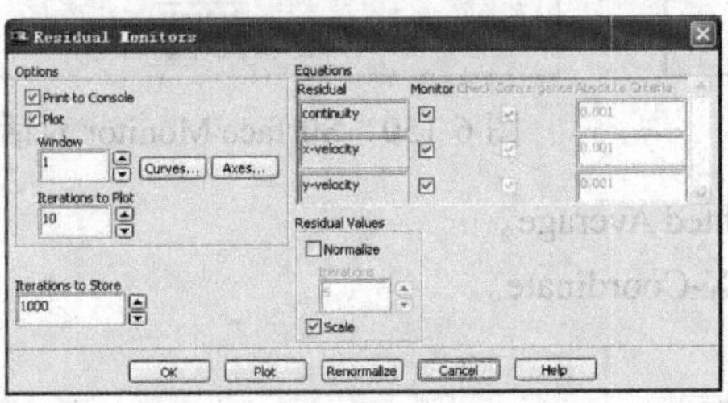

图 6-147　残差监视器对话框

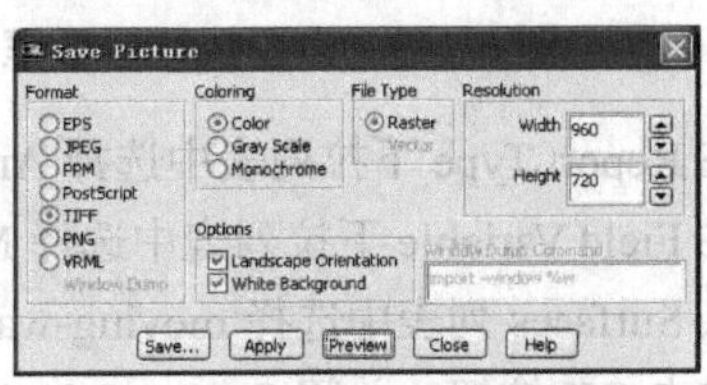

图 6-148　保存图像对话框

② 在 Coloring 选项组中选中 Color 选项。
③ 单击 Apply 按钮。
④ 单击 Preview 按钮。

显示窗口的背景颜色将变为白色。

⑤ 关闭 Save Picture 对话框。

（9）设置命令来捕捉云图图片。

用户将通过文本用户界面（TUI）来实现这个目的。绝大多数的图片处理命令都可以通过 TUI 实现。

Solve/Calculation Activities

① 在 Execute Commands 中单击 Create/Edit 按钮。

② 在 Defined Commands 数值框中输入 3，如图 6-149 所示。

③ 勾选所有命令的 Active Name 复选框。

④ 将所有命令的 Every 都设为 7。

⑤ 在 When 下拉列表选择 Time Step。

⑥ 对于 command-1，设置 Command 为 display set-window 1。

这个命令将激活窗口 1。

⑦ 对于 command-2，设置 Command 为 display contour water vof 0 1。

这个命令将显示激活窗口的水的云图。

⑧ 对于 command-3，设置 Command 为 display hard-copy "vof-%t.tif"。

这个命令将保存 TIF 格式的图片。

在保存图片文件时，%t 将以时间步数来代替。保存 TIF 文件后，可以用其来创建动画视频。

⑨ 单击 OK 按钮，关闭 Execute Commands 对话框。

（10）设置面监视器。

Solve/Monitors

① 单击 Surface Monitors 中的 Create 按钮。

② 在 Window 数值框中输入 1，如图 6-150 所示。

③ 勾选 Plot 复选框。

④ 在 Get Data Every 下拉列表中选择 Time Step，并在数值框中输入 1。

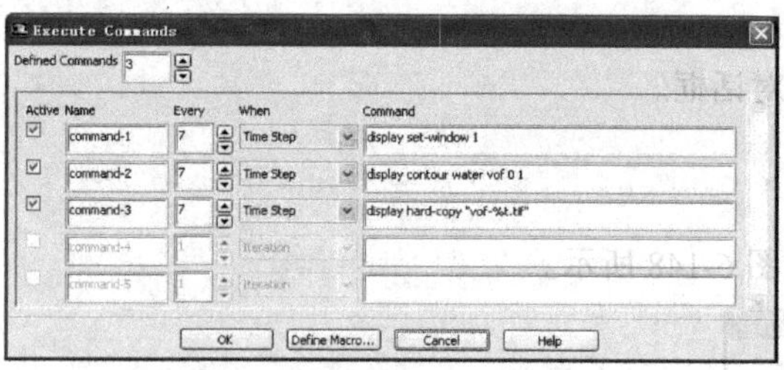

图 6-149　命令执行对话框

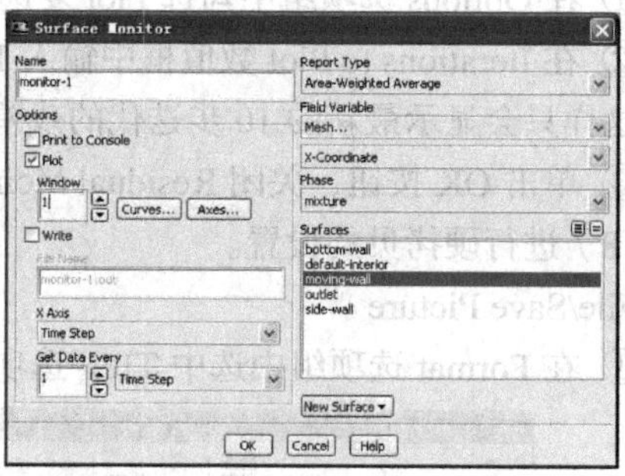

图 6-150　Surface Monitor 对话框

⑤ 在 Report Type 下拉列表中选择 Area-Weighted Average。

⑥ 在 Field Variable 下拉列表中选择 Mesh 和 X-Coordinate。

⑦ 从 Surfaces 列表中选择 moving-wall。

⑧ 单击 OK 按钮，关闭 Surface Monitor 对话框。

（11）保存工况和数据文件。

File/Write/Case & Data

保持默认的选择 Write BinaryFiles 选项。

（12）开始求解。

Solve/Run Calculation/Calculate

① Time Step Size (s) 文本框中输入 0.001，如图 6-151 所示。

② 在 Number of Time Steps 文本框中输入 4 000。

③ 单击 Calculate 按钮。

④ 在完成 4000 个时间步后停止计算。

（13）保存数据和工况文件。

File/Write/Case & Data

步骤十：后处理

显示静压的云图。

Display/Graphics and Animations/Contours

（1）从 Contours of 下拉列表中选择 Pressure 和 Static Pressure，如图 6-152 所示。

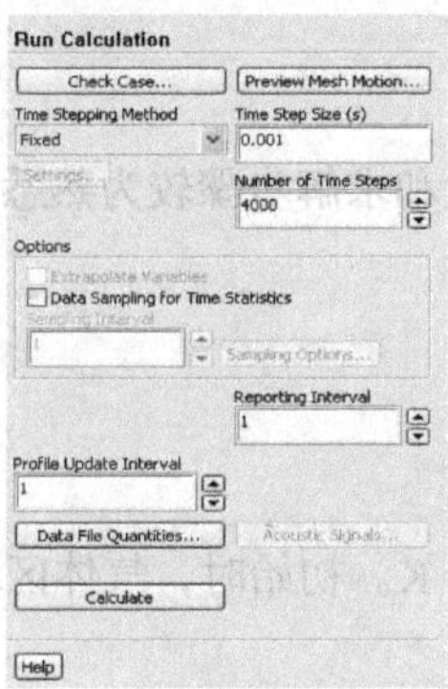

图 6-151　求解运行设置面板

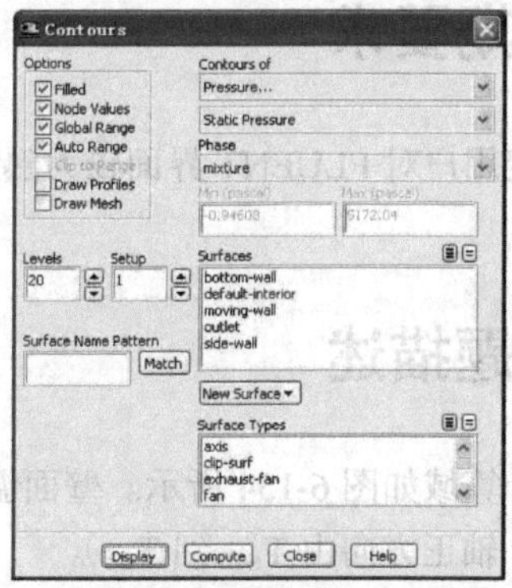

图 6-152　Contours 对话框

（2）单击 Display 按钮，单击 Close 按钮关闭 Contours 对话框。

水箱底部的压力最大，从底部到顶部压力逐渐降低。图 6-153 所示为由于高度变化而引起的压力变化。

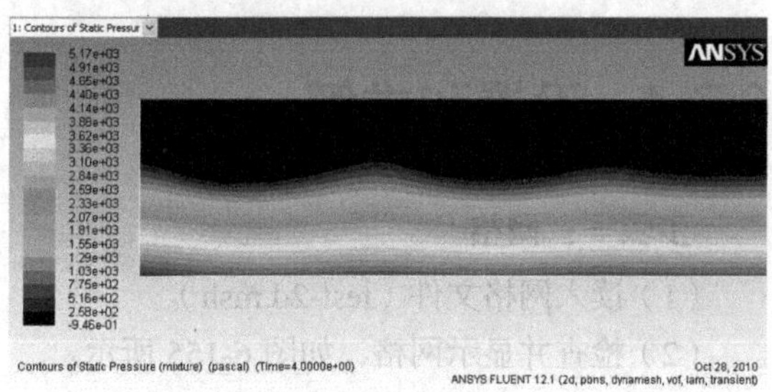

图 6-153　压力云图

6.6.7　总结

本算例使用动网格模型来描述壁面的周期正弦运动，这会产生流体的界面波动。VOF 模型用于追踪空气和水的界面及相应的水波运动。NITA 算法能降低瞬态计算的运行时间。

6.6.8　练习与讨论

- 继续进行运动更长时间的模拟，检查水波的运动模式。
- 尝试不使用 NITA 算法进行模拟，流动状态会不一样吗？并且比较两种算法的计算时间。
- 使用变化时间步的方法进行模拟。
- 尝试壁面的不同运动方式，观察水波运动的不同，这会涉及修改 UDF。
- 使用这个网格文件还可以进行哪类模拟？

6.7 算例七：水平膜状沸腾

6.7.1 介绍

当壁面温度高于液体的饱和温度时，整个壁面会沉浸在蒸汽中。在沸腾过程中，蒸汽和液体表面发生质量交换，周期性地产生气泡并上升，此时该区域称为膜状沸腾区域。本算例的目的是提供膜状沸腾的设置和求解步骤。

6.7.2 前期要求

本算例假定用户对 FLUENT 界面较为熟悉，并且对基本设置和求解步骤较为熟悉。本算例更关注模型的应用。

6.7.3 问题描述

本算例的计算域如图 6-154 所示。壁面温度比饱和温度高 10 K。初始时，气体区域被修补为线性温度分布（在 y 轴正方向由 T_{wall} 到 T_{sat}）。

> 注　意：本算例使用了 FLUENT 双精度求解器。

6.7.4 设置和求解

步骤一：网格

（1）读入网格文件（test-2d.msh）。

（2）检查并显示网格，如图 6-155 所示。

（3）对网格进行放大或缩小的设置。

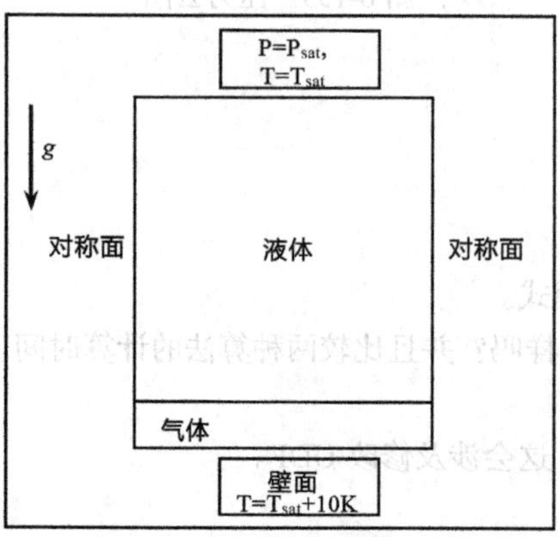

图 6-154　计算域示意图

图 6-155　计算域网格显示

步骤二：模型

进行求解设置。

① 激活 Volume of Fluid 多相流模型，并保持默认设置，如图 6-156 所示。

② 激活能量方程，如图 6-157 所示。

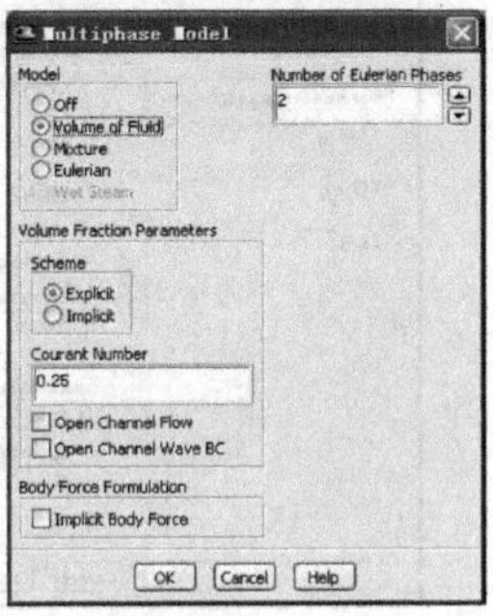

图 6-156　多相流设置对话框

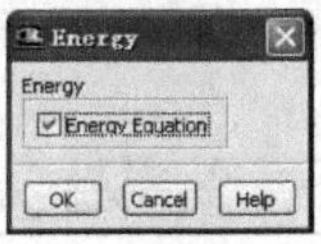

图 6-157　能量方程对话框

步骤三：材料

（1）创建两个新材料（即 vapor 和 liquid），其物性如表 6-5 所示。

表 6-5　　材料物性

Parameters	liquid	vapor
Density (kg/m^3)	200	5
Specific heat (j/kg-k)	400	200
Conductivity (w/m-k)	40	1
Viscosity (kg/m-s)	0.1	0.005

（2）定义主要相（蒸汽）和第二相（液相）。

① 指定 vapor 为主要相，在其 Name 文本框中输入 gas，如图 6-158 所示。

② 指定 liquid 为第二相，在其 Name 文本框中输入 fluid，如图 6-159 所示。

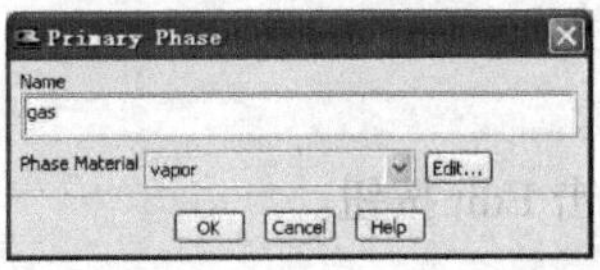

图 6-158　Primary Phase 对话框

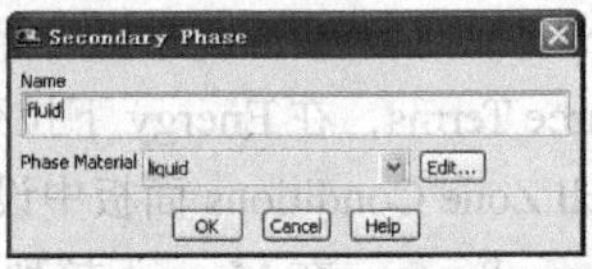

图 6-159　Secondary Phase 对话框

③ 指定相间交互。

在 Phase Interaction 对话框中选择 Surface Tension 选项卡，在 Surface Tension Coefficients (n/m) 选项组中的文本框中输入 0.1，如图 6-160 所示。

步骤四：操作条件

（1）在如图 6-161 所示的对话框中勾选 Gravity 复选框，如图 6-161 所示。

（2）设置 Gravitational Acceleration 中的 Y (m/s^2)为−9.81。

（3）勾选 Specified Operating Density 复选框，设置 Operating Density (kg/m^3) 为 5。

步骤五：编译用户自定义函数

本问题中，用户自定义函数被用来指定相间的质量交换。如果用户想使用 FLUENT 未包含的传质模型，则可以通过 UDF 来定义。每个相（蒸汽 vapor 和液体 liquid）的传质相是相同的，并且符号也相同。它们都在体积分数方程中以源项的形式被指定，单位为 kg/m³/s。另外，为了考虑吸收和释放的潜热影响，有一个能源源项的温度单位为 W/m³，并且通过混合物能量方程指定。

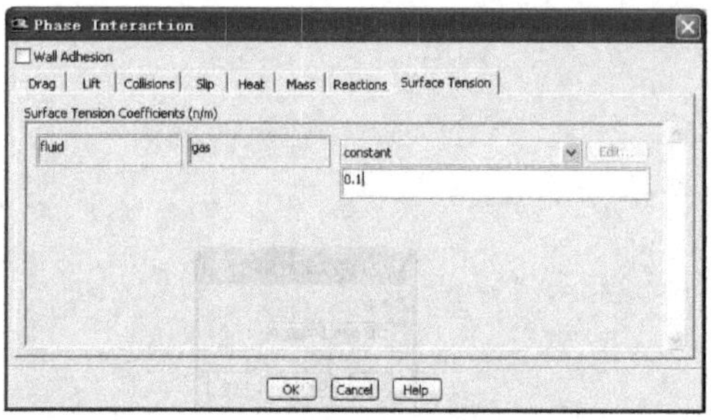

图 6-160　相间交互设置对话框

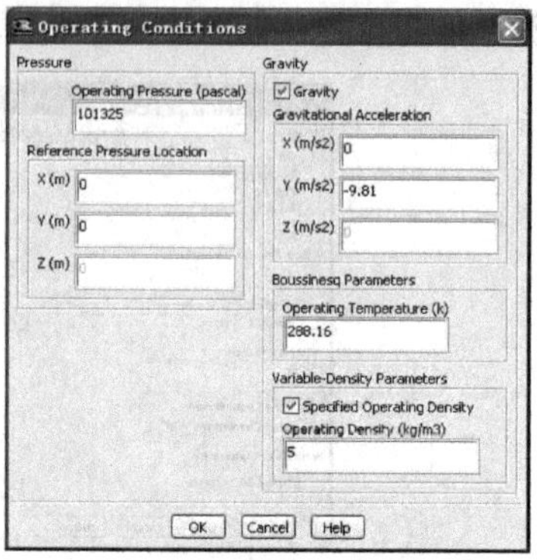

图 6-161　操作条件对话框

（1）使用 Compiled UDFs 面板编译 UDF（boiling.c）。

（2）如果 C 语言程序在用户的工作目录中，则直接输入根目录。如果不在工作目录中，则需输入完整的路径（如 ~ myhome/myfiles/libudf）。

（3）设置 Number of User-Defined Memory Locations 为 3，如图 6-162 所示。

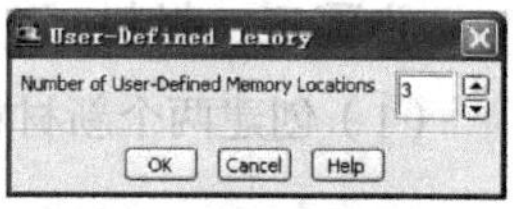

图 6-162　User-Defined Memory 对话框

> **注　意：** 因为 UDF 使用了 3 个 UDML，所以这一步是必须的。

（4）在 User-Defined Functions Hooks 对话框内的 Adjust Function 中选择 area_density。

步骤六：区域条件和边界条件

（1）设置 fluid 的区域条件。

① 在 Cell Zone Conditions 面板内保持 Phase 为 mixture，单击 Edit 按钮。

激活 Source Terms，在 Energy 下拉列表中选择 udf energy。

② 在 Cell Zone Conditions 面板中设置 Phase 为 fluid，单击 Edit 按钮。

激活 Source Terms，在 Mass 下拉列表中选择 udf liquid。

③ 在 Cell Zone Conditions 面板中设置 Phase 为 gas，单击 Edit 按钮。

激活 Source Terms，从 Mass 下拉列表中选择 udf gas。

（2）设置 heat 的壁面边界条件。

① 在 Boundary Conditions 面板中设置 Phase 为 mixture，单击 Edit 按钮。

② 在弹出的对话框的 Thermal 选项卡中选中 Temperature 选项，在 Temperature (k) 中输入 510，如图 6-163 所示。

这代表相比 500 K 的饱和温度有 10 K 的过热。

（3）设置 outlet 压力出口的边界条件。

① 在 Backflow Total Temperature (k)文本框中输入 500，如图 6-164 所示。

这将防止气体通过出口的回流进入计算域。如果有回流产生，也要设置饱和温度。

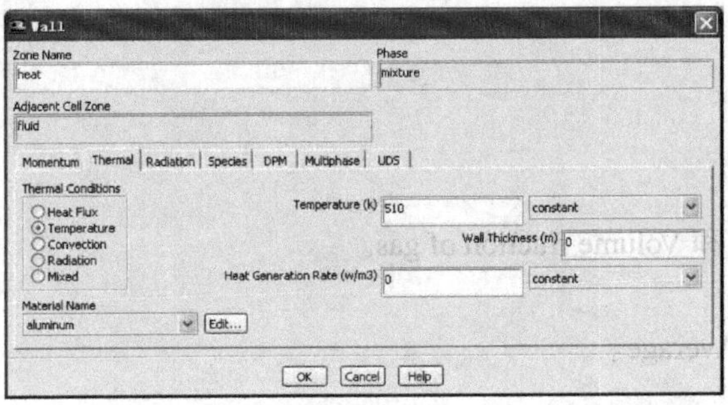

图 6-163　壁面边界条件对话框

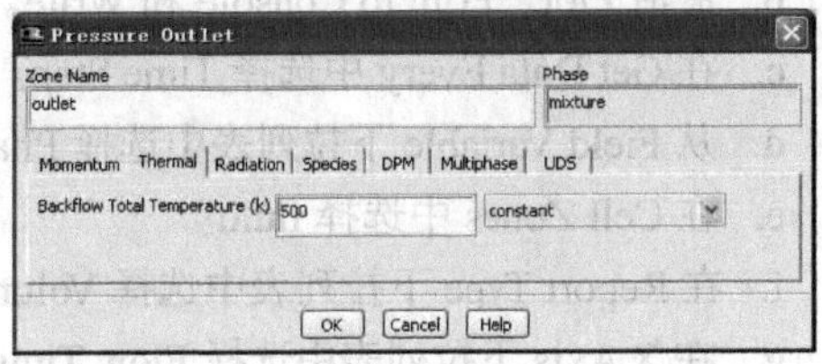

图 6-164　Pressure Outlet 对话框

② 在 Boundary Conditins 面板中设置 Phase 为 fluid，单击 Edit 按钮。

③ 在 Backflow Volume Fraction 文本框中输入 1，如图 6-165 所示。

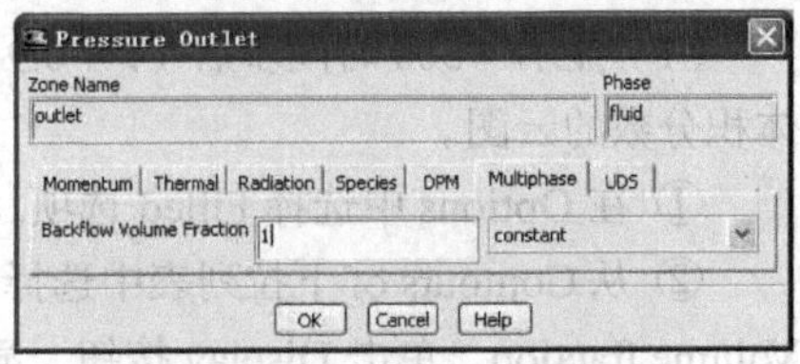

图 6-165　压力出口对话框

步骤七：求解

（1）设置求解参数。

① 在 Under-Relaxation Factors 中设置 Pressure 和 Momentum 为 0.7，其余的为 1。

② 在 Spatial Discretization 内，从 Pressure 中选择 PRESTO!，从 Pressure-Velocity Coulping 中选择 PISO，设置 Momentum 和 Energy 为 Second Order。

③ 选择 Skewness Correction 选项。

（2）初始化求解。

① 将压力和分速度都设为 0 以进行初始化。

② 设置 Fluid Volume Fraction 为 1。

③ 初始化流场的 Temperature 为 500 K。

（3）定义一个用户场函数来初始化温度分布。

创建用户场函数，510−y*10/0.1168。

该函数被用于初始化温度分布，在 $y = 0$（热壁面）时，温度为 510 K，在 $y = 0.116\ 8$ m（出口）时，温度为 500 K。

> 提　示：y 在 Mesh 下拉列表里选择，Y-Coordinate 在 Field Functions 下拉列表里选择。

（4）使用 custom-function-0 初始化流体区域的温度。

（5）设置迭代过程的监视器。

① 激活残差图。

② 定义面监视器。

a. 创建一个 Surface Monitor。

b. 激活 Plot、Print to Console 和 Write。

c. 在 Get Data Every 中选择 Time Step。

d. 选择 Field Variable 下拉列表中选择 Wall Fluxes 和 Surface Nusselt Number。

e. 在 Surfaces 中选择 heat。

f. 在 Report Type 下拉列表中选择 Area-Weighted Average。

g. 在 X Axis 下拉列表中选择 Flow Time。

h. 在 File Name 中输入 nusselt-1.out。

③ 定义体监视器。

a. 创建一个 Volume Monitors。

b. 激活 Plot、Print to Console 和 Write。

c. 在 Get Data Every 中选择 Time Step。

d. 从 Field Variable 下拉列表中选择 Phases 和 Volume fraction of gas。

e. 在 Cell Zones 中选择 fluid。

f. 在 Report Type 下拉列表中选择 Volume-Average。

g. 在 X Axis 下拉列表中选择 Flow Time。

h. 在 File Name 中输入 vol-mon-1.out。

（6）设置 Length 的 Reference Values 为 0.077 8，Temperature 为 500 K。

（7）开始计算。

① 设置 Time Step Size(s)为 2e−4。

② 设置 Number of Time Steps 为 20 000。

③ 单击 Calculate 按钮，计算监视器的显示效果如图 6-166 所示。

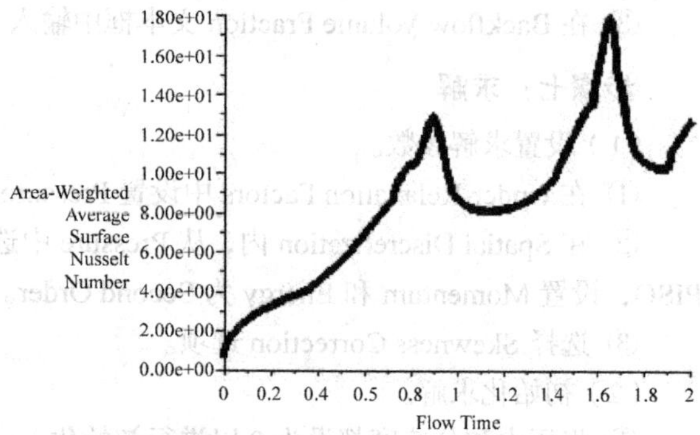

图 6-166 计算监视器

步骤八：后处理

（1）显示 4 500 时间步后（$t = 0.9$ s），气体体积分数的云图。

① 在 Options 中选择 Filled 选项。

② 从 Contours of 下拉列表中选择 Phases 和 Volume fraction，单击 Display 按钮，显示效果如图 6-167 所示。

（2）显示 5 500 时间步后（$t = 1.1$ s），气体体积分数的云图，如图 6-168 所示。

（3）显示 10 000 时间步后（$t = 2.0$ s），用户自定义内存的云图。

从 Contours of 下拉列表中选择 User Defined Memory 和 udm-1，单击 Display 按钮，显示效果如图 6-169 所示。

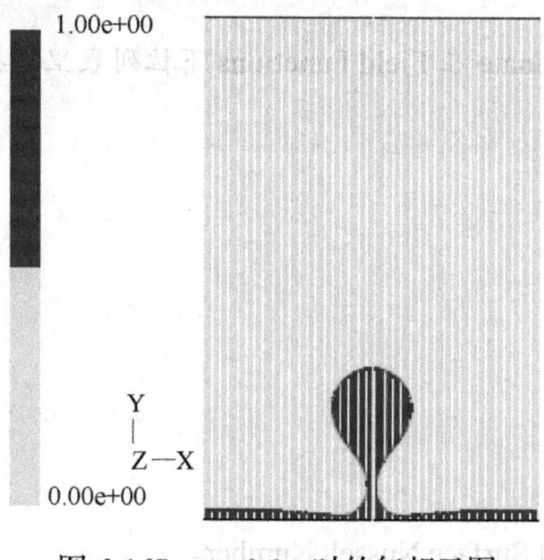

图 6-167 $t = 0.9$ s 时的气相云图

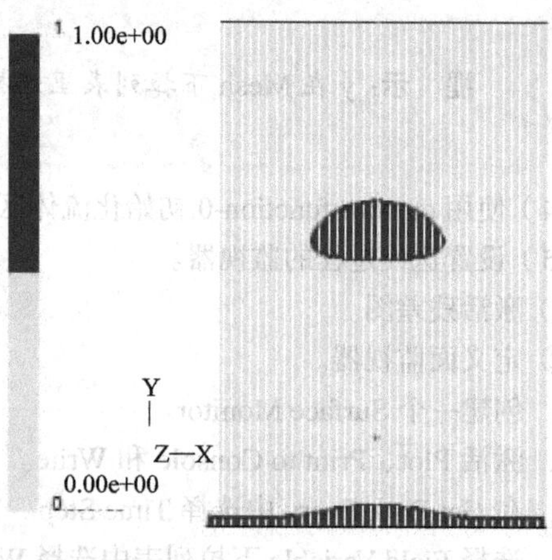

图 6-168 $t = 1.1$ s 时的气相云图

（4）显示 10 000 时间步后（$t = 2.0$ s），温度的云图。

从 Contours of 下拉列表中选择 Temperature 和 Static Temperature，单击 Display 按钮，显示效果如图 6-170 所示。

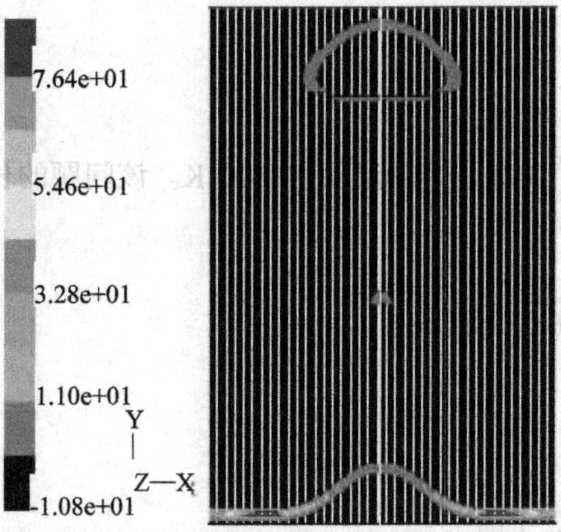

图 6-169　$t = 2.0$ s 时的 User Defined Memory 云图

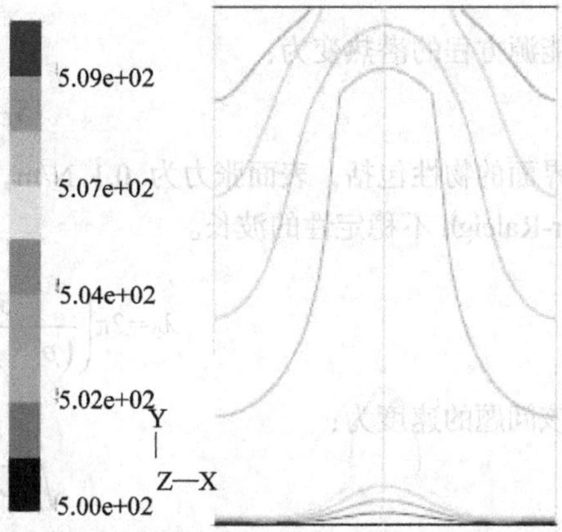

图 6-170　$t = 2.0$ s 时的温度云图

（5）显示 10 000 时间步后（$t = 2.0$ s），液体体积分数的云图，如图 6-171 所示。

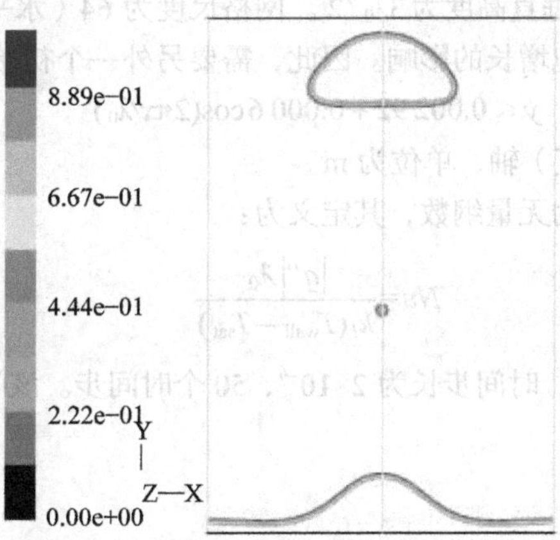

图 6-171　$t = 2.0$ s 时的液体体积分数云图

6.7.5　分析

该问题需要考虑每个相（液体和蒸汽）的质量方程中质量交换源项的 UDF，能源方程中的源项也考虑了潜热交换。

蒸汽相中质量源项的一般形式为：

$$S_{\alpha_s} = -\frac{(q_g'' - q_l'')\nabla\alpha_l}{L} \tag{1}$$

式中，q'' 为单位界面上通过界面的热流，下标 l 和 g 分别代表液体和蒸汽，L 为潜热。

通过一阶近似，热流之差可表达为：

$$\left(q_g'' - q_l''\right) \approx -\left(\alpha_l k_l + \alpha_g k_g\right)\nabla T \tag{2}$$

通过此近似，式（1）变为：

$$S_{\alpha_s} = \frac{\left(\alpha_l k_l + \alpha_g k_g\right)\left(\nabla T \cdot \nabla\alpha_l\right)}{L} \tag{3}$$

因为没有内部质量源项，所以液相的质量源项变为：

$$S_{\alpha_l} = S_{\alpha_g} \tag{4}$$

能源方程的潜热变为：

$$S_E = -S_{\alpha_g} \cdot L \tag{5}$$

界面的物性包括，表面张力为 0.1 N/m，潜热为 10^5 J/kg，饱和温度为 500 K。该问题的长度是 Taylor-Raleigh 不稳定性的波长。

$$\lambda_0 = 2\pi\left(\frac{3\sigma}{(\rho_l - p_g)g_y}\right)^{1/2} = 0.0778\text{m} \tag{6}$$

该问题的速度为：

$$\sqrt{g_y \lambda_0} = 0.87\text{m/s} \tag{7}$$

因此时间尺度为：

$$\sqrt{\lambda_0 / g_y} = 0.09\text{m/s} \tag{8}$$

计算域水平宽度为 $\lambda_0/2$，垂直高度为 $3\lambda_0/2$。网格尺度为 64（水平方向）$\times$192（垂直方向）。蒸汽液体界面的初始形状受到气泡增长的影响。因此，需要另外一个初始 UDF。

$$y \leqslant 0.002\,92 + 0.000\,6\cos(2\pi x/\lambda_0) \tag{9}$$

式中，x（y）为水平（垂直）轴，单位为 m。

努谢尔数为表征沸腾换热的无量纲数，其定义为：

$$Nu = \frac{|q''|\lambda_0}{k_l(T_{\text{wall}} - T_{\text{sat}})} \tag{10}$$

因为该问题的时间为 0.01s，时间步长为 2×10^{-4}，50 个时间步。该问题需要进行 6 000 步时间步迭代来捕捉气泡释放过程。

6.7.6 总结

- 本算例应用 VOF 模型模拟了膜状沸腾，并且，通过 UDF 增强了 FLUENT 的标准功能。
- DEFINE_ADJUST (area_density) 为通用目的的宏，用于调整和修改 FLUENT 变量。在本算例中，其用于计算点积，并将点积存于式（3）中。
- DEFINE SOURCE (gas)使用了 UDMI(0)，使用了 L 来计算式（3）中气相的质量源项，并将其存于 UDMI(1)中。该宏也用于计算式（5）的能源源项，并将其存于 UDMI(2)中。
- DEFINE SOURCE (liquid)依照式（4）定义了负的液相质量源项在 UDMI(1)中。
- DEFINE SOURCE (energy)定义了潜热源项在 UDMI(2)中。
- DEFINE INIT (my init function)依照式（7）初始化了气相分数。

6.8 算例八：机翼绕流可压缩流动的模拟

6.8.1 介绍

本算例将展示机翼绕流可压缩流动的设置和求解方法。

6.8.2 方法和设置

- 模拟可压缩流动。
- 设置外流的边界条件。
- 使用力监视器来判断收敛性。
- 通过显示 Y^+的分布来检查网格。
- 自适应网格来满足 Y^+的要求。

机翼绕流的研究对飞机设计非常关键。合适的机翼形状对飞机性能有关键影响。机翼绕流与一般的自由流动不同。翼型研究最重要的参数是翼型的升力和阻力。翼型只有在指定的工作范围内才能发挥最佳性能，其选择取决于实际工作条件。

6.8.3 前期要求

本算例假定用户对 FLUENT 较有经验，并对 FLUENT 界面比较了解。

6.8.4 问题描述

在本算例中，我们考虑 NACA-2415 的攻角为 10°，马赫数为 0.406 6 和 0.8 时的绕流问题。机翼弦长 1 m，如图 6-172 所示。

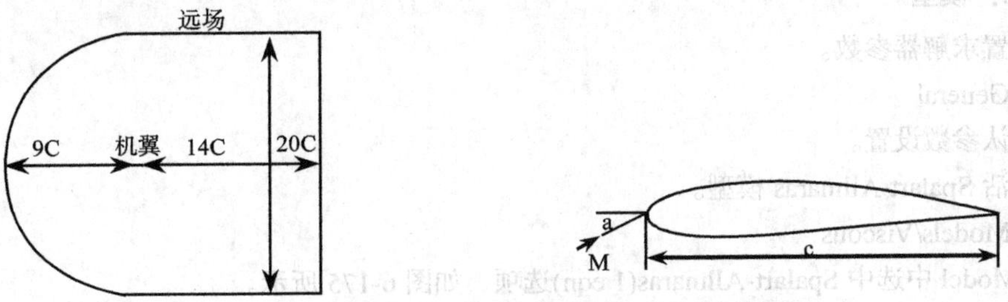

图 6-172 计算域示意图

6.8.5 准备

- 复制网格文件 airfoil.msh 到工作文件夹中。
- 开启 FLUENT 双精度求解器（Double Precision）。

6.8.6 设置和求解

步骤一：网格

（1）读入网格文件。

File/Read/Mesh

FLUENT 将读入网格文件，并在控制台中报告进程，网格显示效果如图 6-173 所示。

（2）检查网格。

Mesh/Check

这个过程将对网格进行检查，用户需确认最小体积是正值。

（3）对网格进行缩放，如图 6-174 所示。

Mesh/Scale

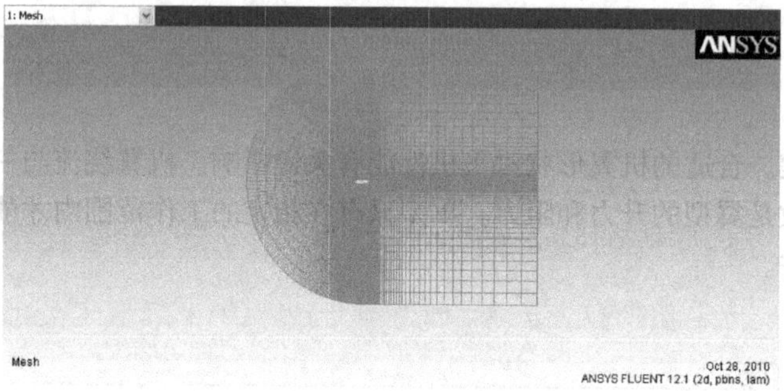

图 6-173　计算域网格显示

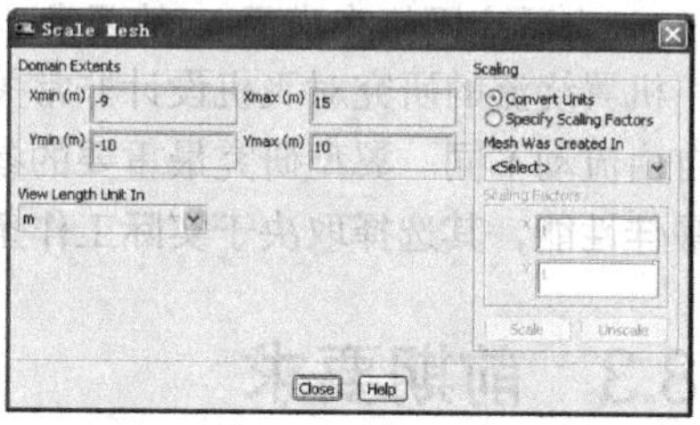

图 6-174　Scale Mesh 对话框

检查计算域范围，确认其与实际物理尺度一致，否则要对网格进行单位转换和缩放处理。

（4）显示网格。

Display/Mesh

单击 Display 按钮，关闭 Mesh Display 对话框。

用户可以使用鼠标中键对图像进行缩放，这样可以观察到机翼附近的网格。

步骤二：模型

（1）设置求解器参数。

Define/General

保持默认参数设置。

（2）激活 Spalart-Allmaras 模型。

Define/Models/Viscous

① 在 Model 中选中 Spalart-Allmaras(1 eqn)选项，如图 6-175 所示。

② 单击 OK 按钮，关闭 Viscous Model 对话框。

Spalart-Allmaras 模型是求解涡粘性单方程的一个方程模型。Spalart-Allmaras 模型是为模拟空气动力学问题而设计的，其在逆压梯度下的边界层流动中表现出了很好的模拟精度。

步骤三：材料

本算例默认的流体为空气。这个默认的设置需要修改，以考虑可压缩效应和温度变化引起的热力学物性的改变。

Define/Materials

（1）从 Density 下拉列表中选择 ideal-gas，如图 6-176 所示。

（2）从 Viscosity 下拉列表中选择 sutherland。

单击 OK 按钮，并保持默认的参数设置，如图 6-177 所示。

（3）单击 Change/Create 按钮，关闭创建材料对话框。

Density 和 Viscosity 可以设为随温度而变化。对于高速可压缩流动而言，推荐将物性设为随温度而变化。对于本算例而言，为了简化模拟，假设 Thermal Conductivity 和 c_p 为常数。

步骤四：操作条件

Define/Operating Conditions

设置 Operating Pressure (pascal)为 0，如图 6-178 所示。

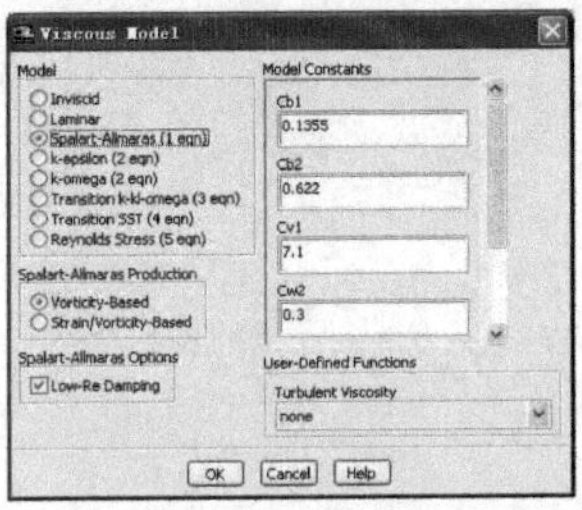

图 6-175　Viscous Model 对话框

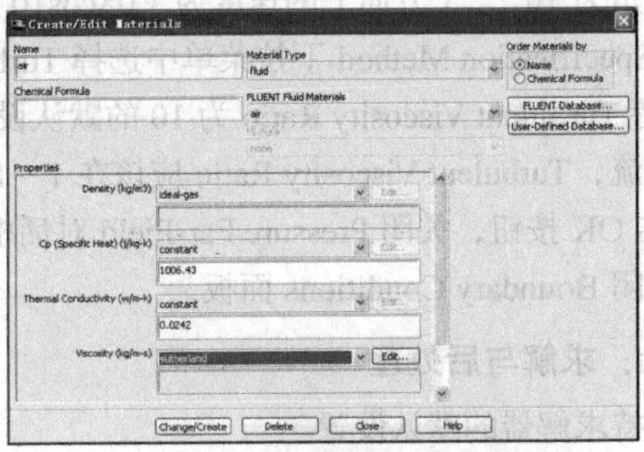

图 6-176　创建材料对话框

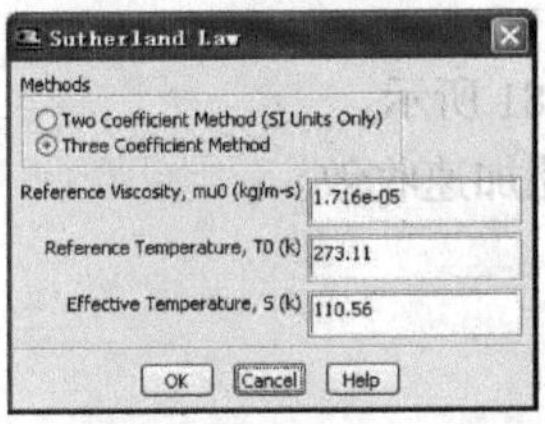

图 6-177　Suther land Law 对话框

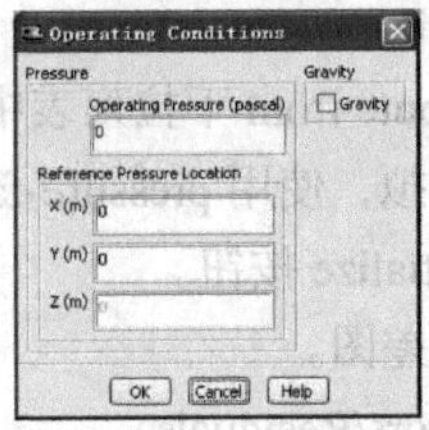

图 6-178　操作条件对话框

注　意： 对于可压缩流动而言，推荐将工作压力设为零，这样可以将压力脉动引起的误差最小化。

步骤五：边界条件

Define/Boundary Conditions

（1）设置压力远场边界条件。

① 从 Zone 列表中选择 far-field，如图 6-179 所示。

这个 Type 将被报告为 pressure-far-field。

② 单击 Edit 按钮。

流动的雷诺数为 10^5，速度可以依靠 $Re=\dfrac{\rho UH}{\mu}$ 计算得到。

a. 在 Gauge Pressure (pascal)文本框中输入 101 325，如图 6-180 所示。

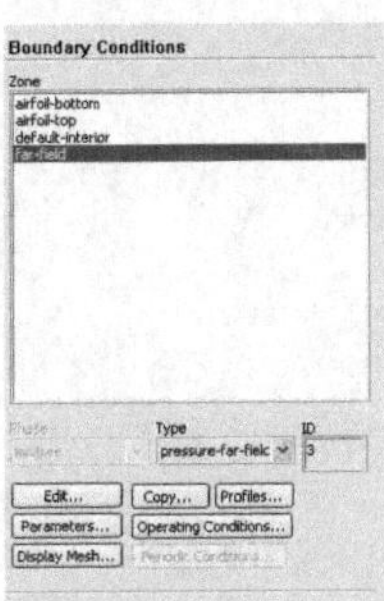

图 6-179　边界条件设置面板

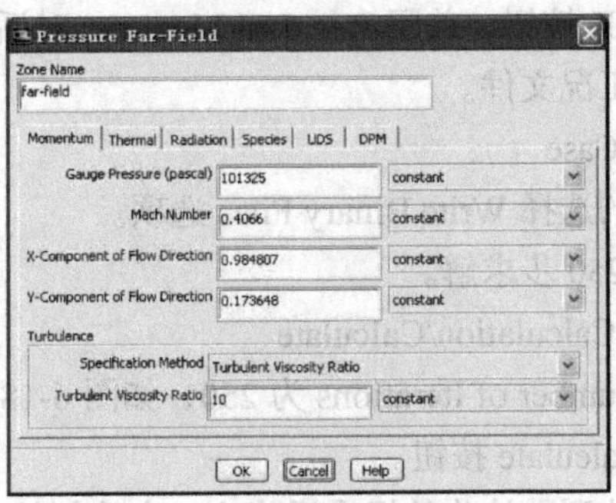

图 6-180　压力远场对话框

b. 在 Mach Number 文本框中输入 0.406 6。

c. 在 X-Component of Flow Direction 文本框中输入 0.984 807，在 Y-Component of Flow Direction 文本框中输入 0.173 648。

因为攻角为 10°，x 方向上的速度为 1.0×cos10°，y 方向上的速度为 1.0×sin10°。

d. 从 Specification Method 下拉菜单中选择 Turbulent Viscosity Ratio。

e. 保持 Turbulent Viscosity Ratio 为 10 的默认设置。

对于外流，Turbulent Viscosity Ratio 应该在 1 ~ 10 之间。

f. 单击 OK 按钮，关闭 Pressure Far-Field 对话框。

（2）关闭 Boundary Conditions 面板。

步骤六：求解与后处理

（1）保持求解器的默认设置。

（2）流动初始化。

Solve/Initialization/Initialize

① 从 Compute from 下拉列表中选择 far-field，如图 6-181 所示。

对于翼型模拟，使用 pressure-far-field 进行流场初始化能加速收敛。

② 单击 Initialize 按钮。

（3）激活残差图。

Solve/Monitors/Residuals

① 在 Options 选项组中勾选 Plot 复选框，如图 6-182 所示。

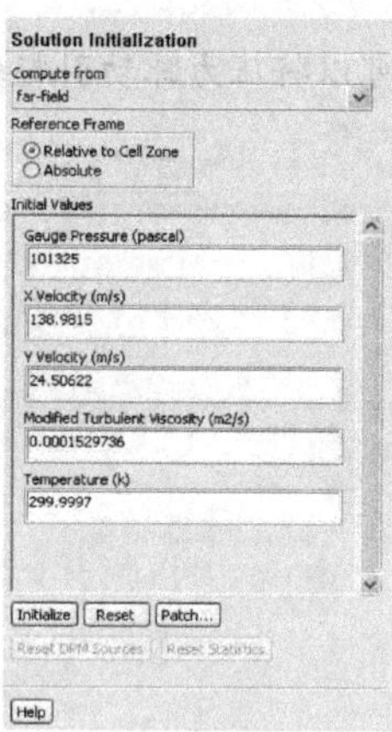

图 6-181 求解初始化设置面板

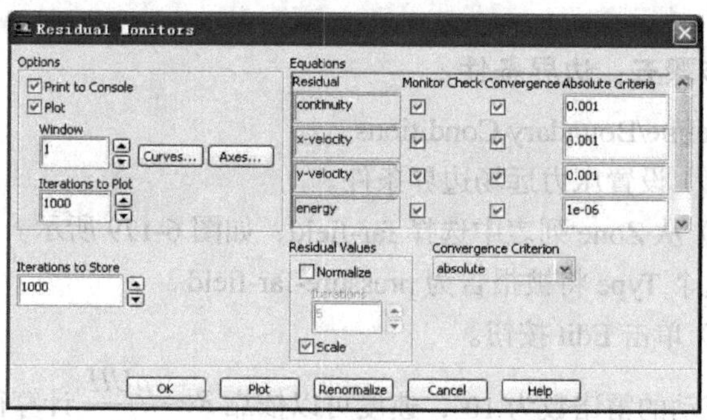

图 6-182 残差设置对话框

② 单击 OK 按钮，关闭 Residual Monitors 对话框。

（4）保存工况文件。

File/Write/Case

保持默认的选择 Write Binary Files 选项。

（5）开始 250 步求解。

Solve/Run Calculation/Calculate

① 设置 Number of Iterations 为 250，如图 6-183 所示。

② 单击 Calculate 按钮。

迭代将在达到默认收敛标准后停止。本算例的收敛大约需要 176 步。

（6）设置求解升力、阻力和力矩的参考值。

参考值将用于使力和力矩无量纲化。

Report/Reference Values

从 Compute from 下拉列表中选择 far-field，如图 6-184 所示。

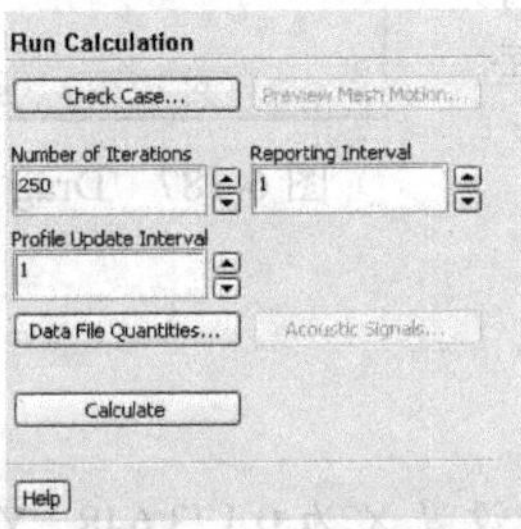

图 6-183　求解运行设置面板

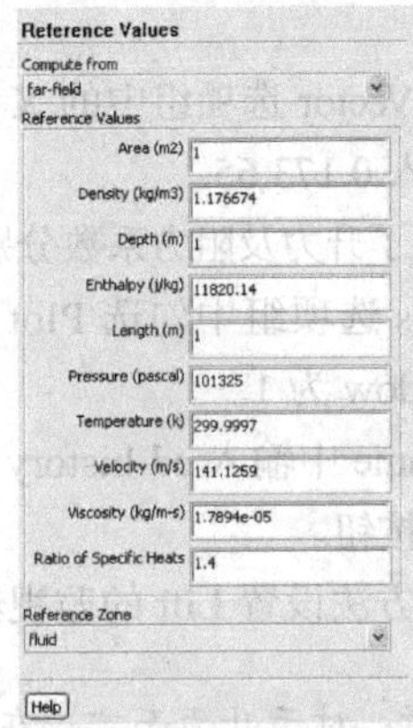

图 6-184　参考值设置面板

FLUENT 将基于 far-field 边界更新 Reference Values。

（7）检查升力系数。

Report/Result Reports/Forces

① 单击 Set Up，弹出 Force Reports 对话框，如图 6-185 所示。

② 从 Wall Zones 列表中选择 airfoil-bottom 和 airfoil-top。

③ 在 Direction Vector 中的 X 文本框中输入 0.173 648，在 Y 文本框中输入 0.984 807。

这是因为升力垂直与流向。对于攻角为 10° 的流动，垂直力的分量为，X=1.0×sin10°，Y=1.0×cos10°。

④ 单击 Print 按钮。

FLUENT 将在控制台中显示力分量和系数分量，并在最后端显示总的参数。报告的值为 0.972 6。本流动条件下，NACA-2415 期望的升力系数大约为 1.25。

（8）设置求解控制参数。

Solve/Methods

从 Density、Momentum、Modified Turbulent Viscosity 和 Energy 下拉列表中选择 Second Order Upwind。

为了精确地模拟阻力和升力系数，需要使用高阶格式对关键参数进行求解。

（9）指定各等式的收敛标准。

Solve/Monitors/Residuals

① 对所有等式都不要激活 Check Convergence，如图 6-186 所示。

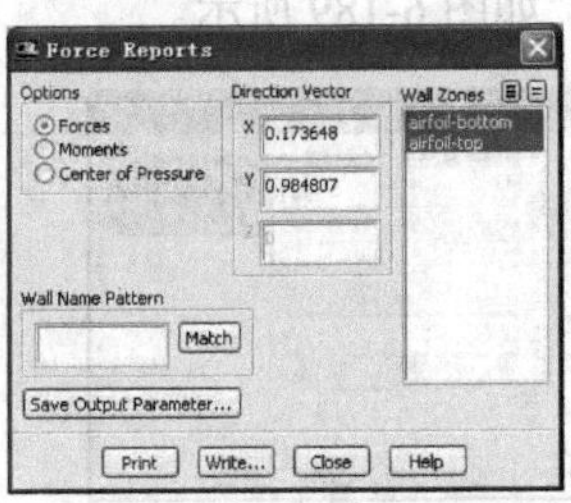

图 6-185　Force Reports 对话框

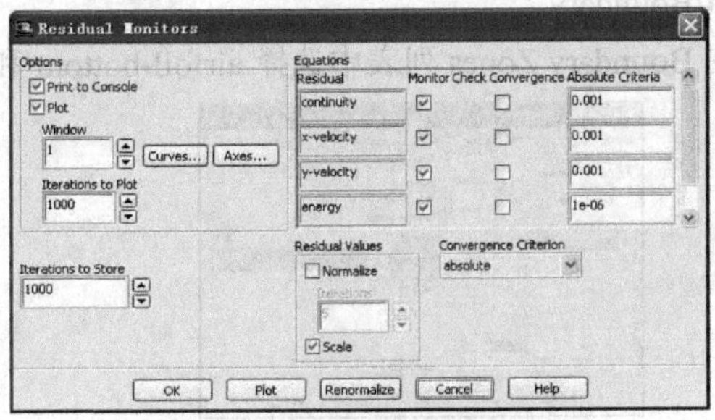

图 6-186　残差监视器对话框

② 单击 OK 按钮，关闭 Residual Monitors 对话框。

（10）设置升力系数和阻力系数的监视器。

Solve/Monitors/Drag

① 从 Wall Zones 列表中选择 airfoil-bottom 和 airfoil-top，如图 6-187 所示。

② 在 Force Vector 选项组中的 X 文本框中输入 0.984 81，在 Y 文本框中输入 0.173 65。

这些参数确保了升力及阻力系数分别垂直和平行于流场方向。

③ 在 Options 选项组中勾选 Plot 复选框和 Write 复选框。

④ 设置 Window 为 1。

⑤ 在 File Name 中输入 cd-history。

⑥ 单击 OK 按钮。

⑦ 用相同的方法设置 Lift 的监视器。

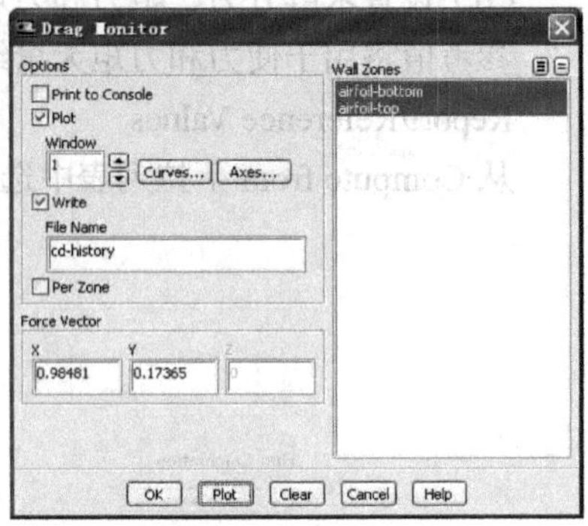

图 6-187　Drag Monitor 对话框

注　意：对于升力而言，在 Force Vector 选项组中设置 X 为 0.173 648，Y 为 0.984 807，设置 Window 为 2，文件名为 cl-history。

（11）开始迭代求解，直到升力和阻力系数达到一个常数。

这将经历约 1 400 步迭代。

（12）检查翼型附近 Y^+的值。

Display/Plot/XY Plot

① 从 Y Axis Function 下拉列表中选择 Turbulence 和 Wall Yplus，如图 6-188 所示。

② 从 Surfaces 列表中选择 airfoil-bottom 和 airfoil-top。

③ 取消勾选 Node Values 复选框。

Wall Yplus 只对 cell 有效。

④ 单击 Plot 按钮。

Y^+的值取决于雷诺数和网格，其对边界计算很有意义。壁面附近 Y^+的值透露了壁面剪切应力的计算方法。对于 Spalart-Allmaras 模型，Y^+的值应该非常小（与 1 在一个数量级），而且应大于 30。

本算例中，Y^+的值稍稍有些高，最大约为 250。如果 Y^+的值在 30 ~ 150 的范围内，则升力系数将被预测得更好。为了满足这个要求，可以使用 Adapt 命令细化壁面附近的网格。

（13）保存工况和数据文件。

File/Write/Case & Data

（14）自适应壁面附近的单层网格。

Adapt/Boundary

① 在 Boundary Zones 列表中选择 airfoil-bottom 和 airfoil-top，如图 6-189 所示。

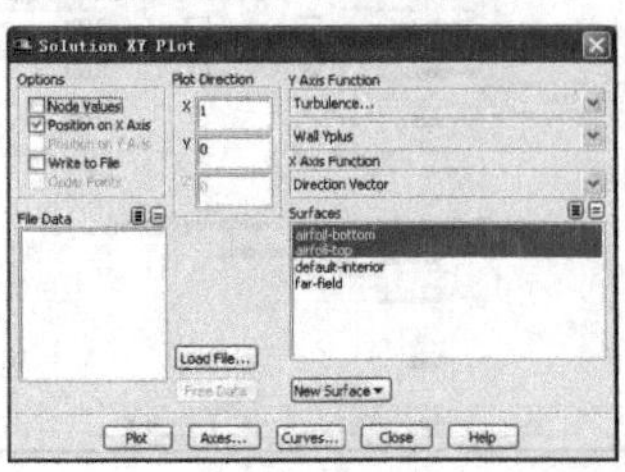

图 6-188　Solution XY Plot 对话框

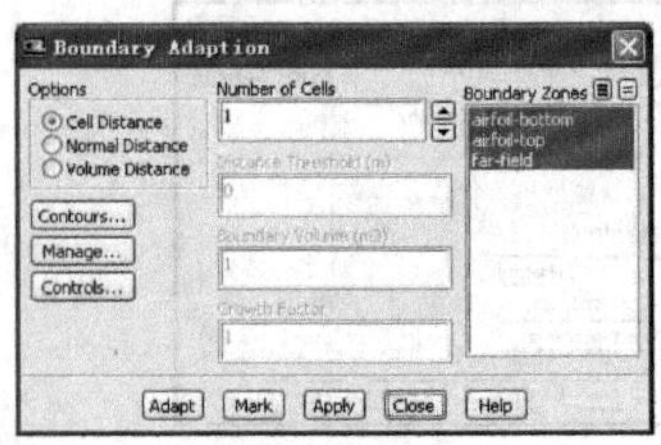

图 6-189　Boundary Adaption 对话框

② 单击 Mark 按钮。

③ 单击 Adapt 按钮。

④ 在 Queation 对话框中单击 Yes 按钮。

⑤ 关闭 Boundary Adaption 对话框。

FLUENT 将把每个网格细化，第一层网格的高度是原来的一半，如图 6-190 所示。从图中可以看到自适应后存在非均匀网格。

（15）进行迭代求解，直到升力和阻力系数达到一个稳定的常数。

经过约 3 000 步迭代后，这些系数达到稳定值。最后的升力系数大约为 1.146。

（16）保存工况和数据文件。

File/Write/Case & Data

步骤七：后处理

（1）检查 Y^+的值。

Display/Plot/XY Plot

① 从 Y Axis Function 下拉列表中选择 Turbulence 和 Wall Yplus，如图 6-191 所示。

图 6-190　局部网格显示

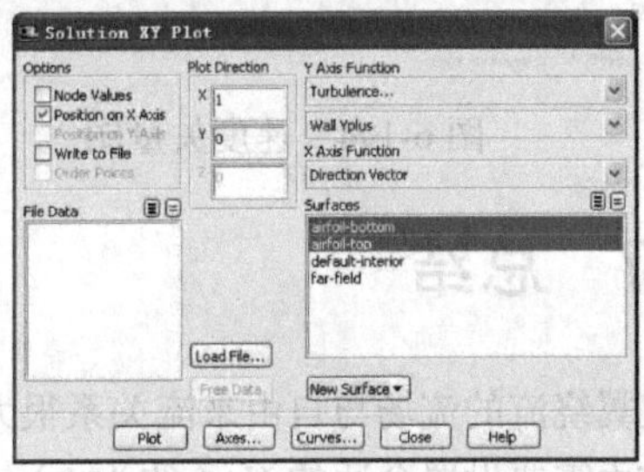

图 6-191　Solution XY Plot 对话框

② 从 Surfaces 列表中选择 airfoil-bottom 和 airfoil-top。

③ 取消勾选 Node Values 复选框。

④ 单击 Plot 按钮，关闭 Solution XY Plot 对话框。

在自适应网格后，Y^+的值应该被降低，一般低于 130。这表明网格分辨率在推荐范围内。

（2）显示速度矢量，如图 6-192 所示。

Display/Graphics and Animations/Vectors

① 单击 Vector Options 按钮。

a. 勾选 Fixed Length 复选框，如图 6-193 所示。

设置 Fixed Length 选项以使所有矢量都以相同的长度显示。

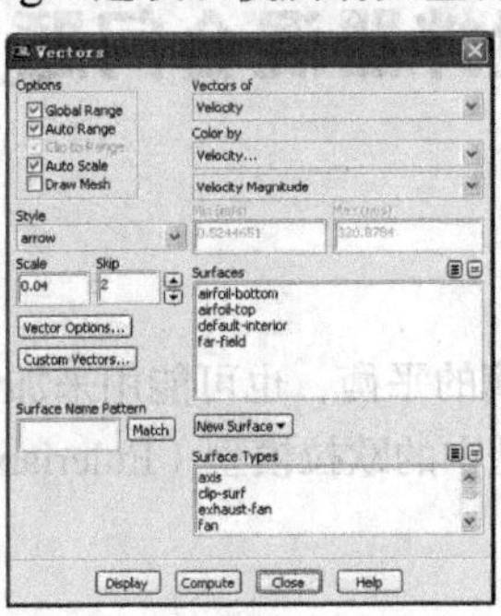

图 6-192　Vectors 对话框

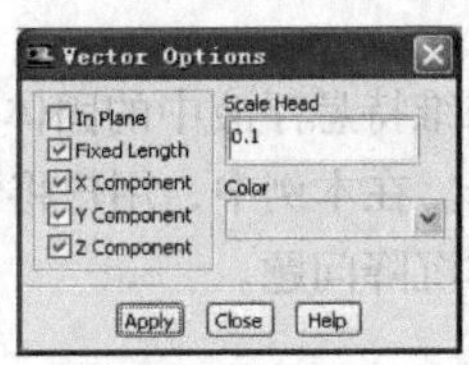

图 6-193　Vector Options 对话框

b. 单击 Apply 按钮，关闭 Vector Options 对话框。

② 在 Scale 数值框中输入 0.04，在 Skip 数值框中输入 2。

增加 Skip 可以降低矢量数，这样显示的矢量数会比较少。

③ 单击 Display 按钮，关闭 Vectors 对话框，速度矢量图显示效果如图 6-194 所示。

（3）显示压力分布。

Display/Graphics and Animations/Contours

① 从 Contours of 下拉列表中选择 Pressure 和 Static Pressure。

② 在 Options 中勾选 Filled 复选框。

③ 单击 Display 按钮，压力云图显示效果如图 6-195 所示。

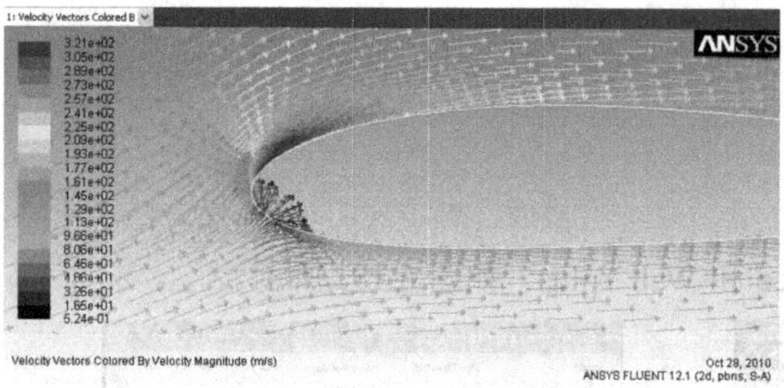

图 6-194 速度矢量图

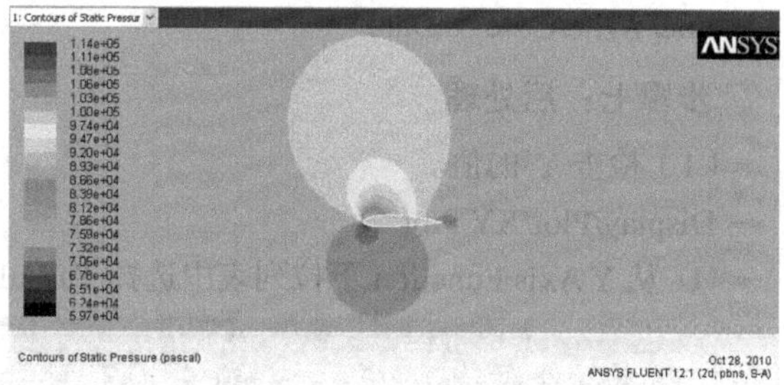

图 6-195 压力云图

6.8.7 总结

机翼绕流的流场与自由来流关系很大。为了正确且精确地预测升力和阻力系数，需采用高阶格式。网格方面需要设置合适的 Y+（约为 1）。采用本例的网格，精度在 8%以内，流动状态也能正确地捕捉。

6.8.8 练习与讨论

- 不同攻角下的升力和阻力系数会如何变化？运行一系列模拟，研究不同攻角下，NACA-2415 翼型升力和阻力系数的变化，并对比模拟值与文献值。
- 利用不同的湍流模型进行模拟，比较各种模型预测升力和阻力系数的不同。
- 计算不同马赫数来流下的模拟。
- 耦合式求解器能在更高马赫数流动下使用。比较使用分离式求解器和使用耦合式求解器的结果。

6.9 算例九：利用欧拉模型解决搅拌器混合问题

6.9.1 介绍

搅拌通常用来维持悬浮液中的固体颗粒或者重密度液滴的平衡，也可能用来加快化学反应或者防止溶液中固体沉降。在本例中，用户将学习利用多相流模型中的欧拉模型（Eulerian Model）来解决实际悬浮液中的固体沉降问题。

6.9.2 方法和设置

- 使用多相流欧拉模型。
- 利用 UDF 设定模拟叶轮的速度。
- 设定边界条件。
- 在压力求解器下进行求解。
- 得到时间平均问题的解。

6.9.3 问题描述

本算例是在一个由叶轮提供搅拌动力的搅拌器中进行的。溶液是水，水中含有粒径为 111 微米的固体沙粒。沙粒最开始是在搅拌器的底盘上。图 6-196 所示为这个问题的简图，由于其对称性，本例只做了二维模型模拟。为避免直接对叶轮进行模拟，本算例将利用实验数据编写 UDF 来代替叶轮。

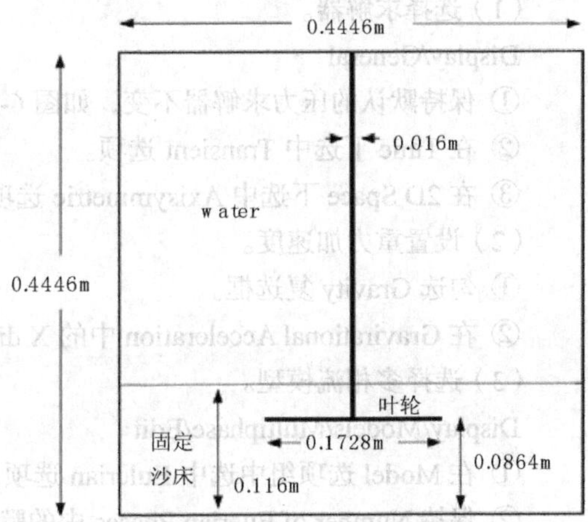

图 6-196 计算域示意图

6.9.4 设置和求解

步骤一：模型设置

打开 2D 版的 FLUENT。

步骤二：网格

（1）网格读取。

File/Read/Mesh

在读取网格时，FLUENT 会报出一个警告信息，但是不用对它进行额外处理，因为在接下来的步骤中，我们会对这一点进行修正。

（2）网格检查。

Mesh/Check，FLUENT 会显示所读网格的相关信息。

（3）显示网格。

Display/Mesh，单击 Display 按钮，即可看到本例使用的网格，如图 6-197 所示。

（4）显示全部网格。

Display/Graphics and Animations/View

① 选择 Mirror Planes 列表中的 axis，如图 6-198 所示。

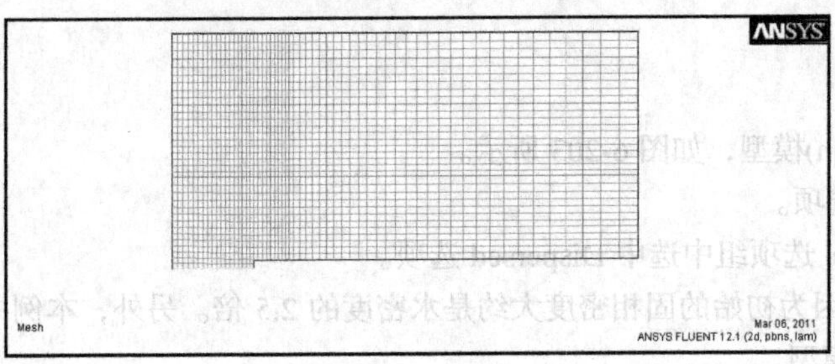

图 6-197 显示网格

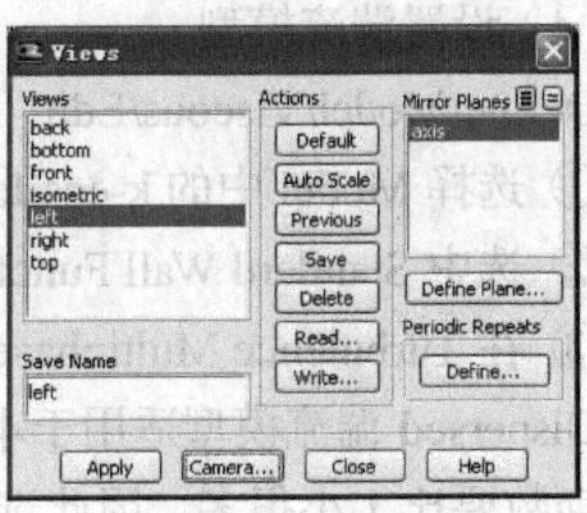

图 6-198 视图显示

② 单击 Auto Scale 按钮，视图窗中的网格将居中显示为原来网格的两倍。

③ 单击 Camera 按钮，弹出 Camera Parameters 对话框，如图 6-199 所示。

逆时针拖动箭头，直到视图窗中的网格显示为如图 6-200 所示的形式，这样方便以后查看。

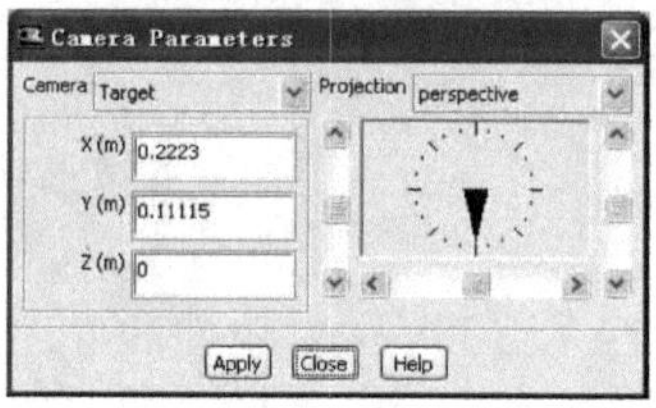

图 6-199　视图方向参数设置

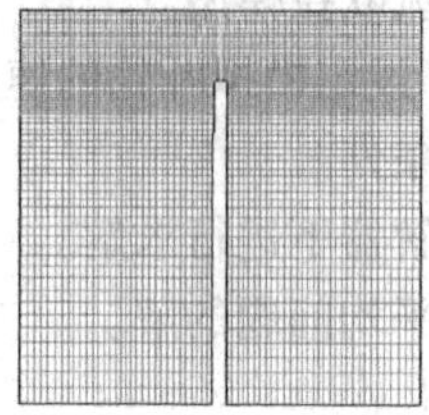

图 6-200　网格显示

步骤三：求解器设置

（1）选择求解器。

Display/General

① 保持默认的压力求解器不变，如图 6-201 所示。

② 在 Time 下选中 Transient 选项。

③ 在 2D Space 下选中 Axisymmetric 选项。

（2）设置重力加速度。

① 勾选 Gravity 复选框。

② 在 Graviratational Acceleration 中的 X direction (m/s^2)文本框中输入−9.81。

（3）选择多相流模型。

Display/Models/Multiphase/Edit

① 在 Model 选项组中选中 Eulerian 选项。

② 保持 Number of Euerian Phases 中的默认值不变，如图 6-202 所示。

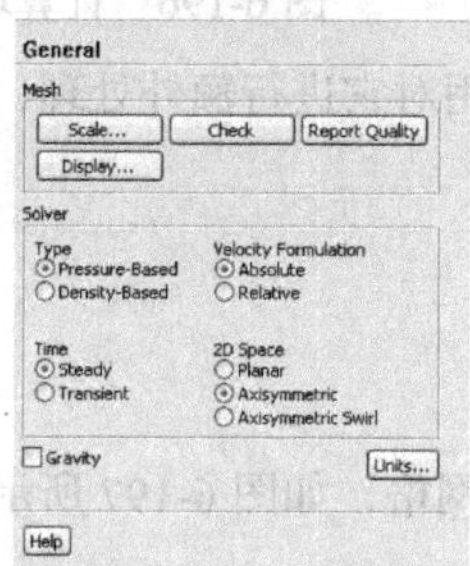

图 6-201　选择求解器

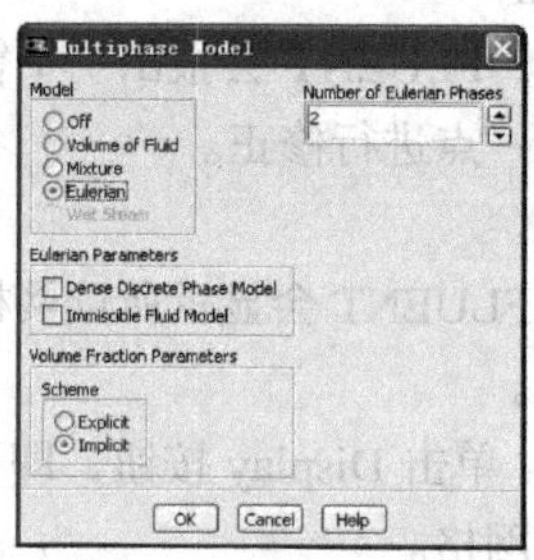

图 6-202　选择多相流模型

③ 单击 OK 按钮，关闭对话框。

（4）设置湍流模型。

Define/Model/Viscous/Edit

① 选择 Model 中的 k-epsilon(2 eqn)模型，如图 6-203 所示。

② 选中 Standard Wall Functions 选项。

③ 在 Turbulence Multiphase Model 选项组中选中 Dispersed 选项。

Dispersed 湍流模型适用于本例是因为初始的固相密度大约是水密度的 2.5 倍。另外，本例中的斯托克斯数要比 1 小很多，因此选用该模型。

步骤四：材料物性设置

（1）复制 FLUENT 数据库中的流体。

Define/Materials

① 单击 FLUENT Database 按钮，打开 FLUENT 默认的数据库，如图 6-204 所示。

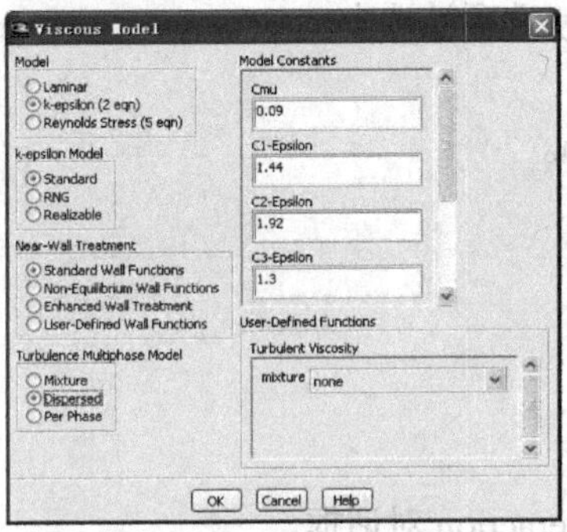

图 6-203　选择湍流模型

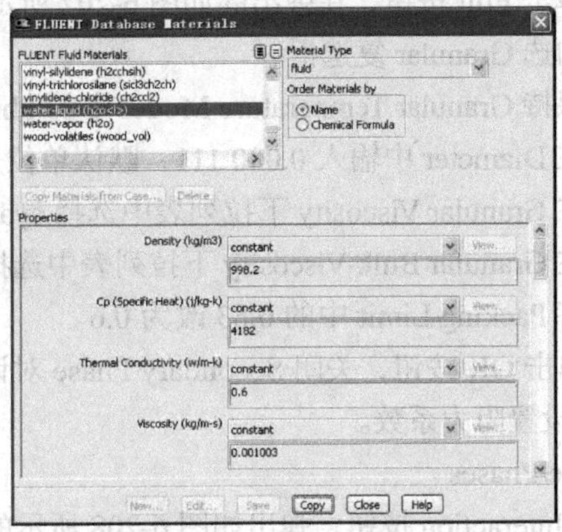

图 6-204　FLUENT 数据库

② 从数据库中选择 water-liquid(h2o<l>)。

③ 单击 Copy 按钮，将液态水复制到求解模型中。

④ 单击 Close 按钮关闭数据库和材料物物性对话框。

（2）设置新材料。

① 在如图 6-205 所示的对话框中的 Name 中输入 sand。

② 删除 Chemical Formula 中的 h2o。

③ 在 Properties 中的 Density (kg/m^3)文本框中输入 2 500。

④ 单击 Change/Create 按钮。

这时将弹出对话框，询问用户是否覆盖原有的材料，选择 NO，并关闭该对话框。

⑤ 关闭 Create/Edit Materials 对话框。

步骤五：相设置

（1）设置初始相液态水。

Define/Phases

① 单击 Edit 按钮，弹出如图 6-206 所示的对话框，在 Name 中输入 water，作为液相名字。

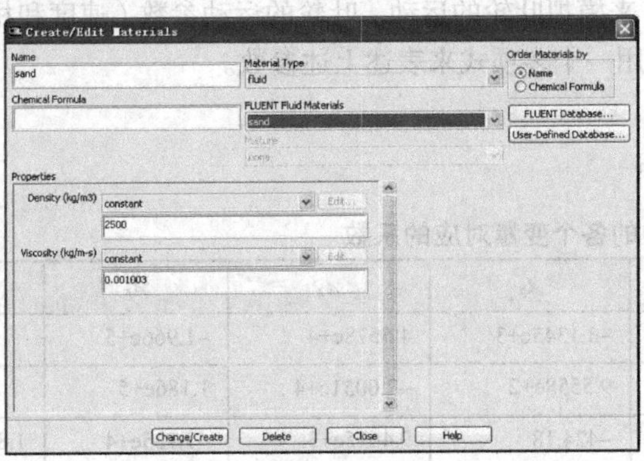

图 6-205　设置新物质 sand

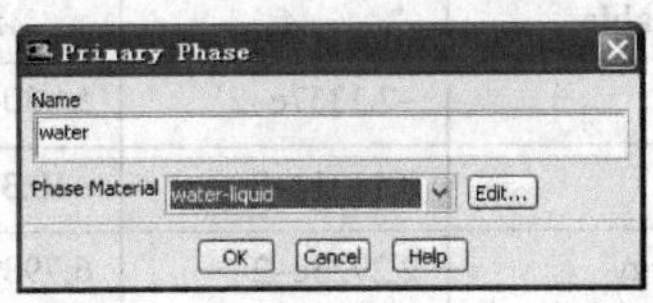

图 6-206　Primary Phase 对话框

② 选择 Phase Material 下拉列表中的 water-liquid。

③ 单击 OK 按钮，关闭 Primary Phase 对话框。

（2）设置固相沙粒。

Define/Phases

① 单击 Edit 按钮，在弹出的如图 6-207 所示的对话框中的 Name 中输入 phase-2。

② 勾选 Granular 复选框。

③ 保持 Granular Temperature Model 中的 Phase Property 选项被选中。

④ 在 Diameter 中输入 0.000 111，默认单位是 m。

⑤ 在 Granular Viscosity 下拉列表中选择 syamlal-obrien。

⑥ 在 Granular Bulk Viscosity 下拉列表中选择 lun-et-al。

⑦ 将 Packing Limit 中的 0.63 改为 0.6。

⑧ 单击 OK 按钮，关闭 Secondary Phase 对话框。

（3）设置阻力系数。

Define/Phases

单击 Interaction 按钮，弹出如图 6-208 所示的 Phase Interaction 对话框。

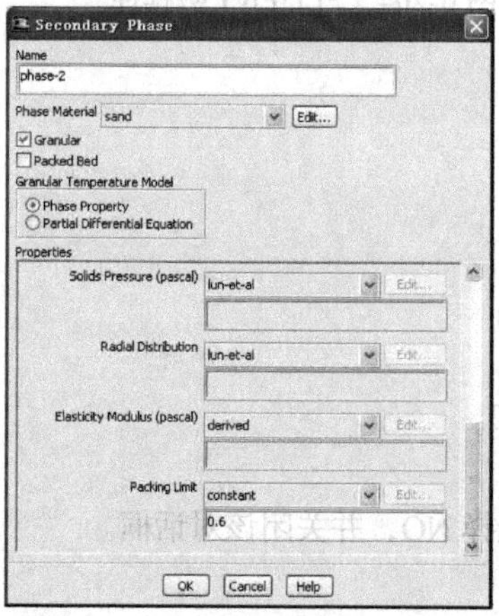

图 6-207 Secondary Phase 对话框

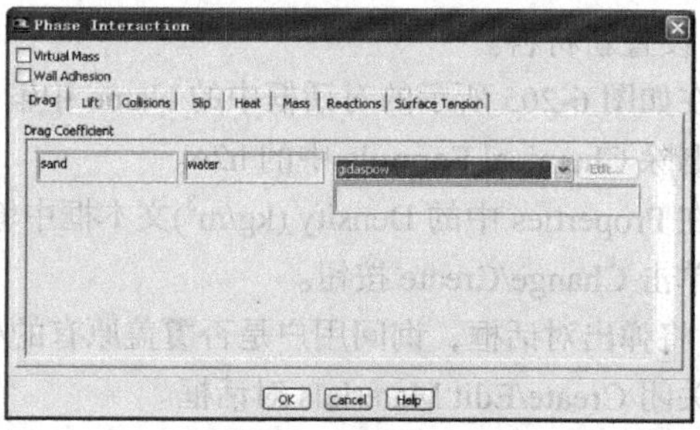

图 6-208 阻力系数对话框

选择默认的设置不变，然后关闭对话框。

步骤六：UDF 设置

本例设置 UDF（User Defined Function）来模拟叶轮的运动。叶轮的运动参数（速度和相关湍流性质）都是基于实验值得到的，因此，本例采用一个多项式来表述上述参数。

变量 $=A_1+A_2r+A_3r^2+A_4r^3+\ldots$

在本例中，上式中的系数如表 6-6 所示。

表 6-6 多项式中的各个变量对应的系数

Variable	A_1	A_2	A_3	A_4	A_5	A_6
u velocity	−7.1357e−2	54.304	−3.1345e+3	4.5578e+4	−1.966e+5	
v velocity	3.1131e−2	−10.313	9.5558e+2	−2.0051e+4	1.186e+5	
kinetic energy	2.2723e−2	6.7989	−424.18	9.4615e+3	−7.725e+4	1.8410e+5
dissipation	−6.5819e−2	88.845	−5.3731e+3	1.1643e+5	−9.120e+5	1.9567e+6

关于 UDF 的用法，参考相应的章节。本例编写好的 UDF 记录于 fix.c 中，以下是本例中使用 UDF 的相关步骤。

导入 UDF 文件。

Define/User-Defined/Functions/Interpreted

① 在 Source File Name 中输入 fix.c，如图 6-209 所示。

如果 UDF 源文件不在用户的工作文件夹中，则用户在输入源文件时，必须指定源文件完整的路径。

② 勾选 Display Assembly Listing 复选框。

Display Assembly Listing 将使用户在 FLUENT 控制台中看见相应的汇编语言。

③ 单击 Interpret 按钮载入 UDF。

④ 关闭 Interpreted UDFs 对话框。

步骤七：边界条件设置

（1）设置流体区域中代表叶轮流体的第一种相的参数。

Define/Cell Zone Conditions/fix-zone

在这一步中，用户将使用 UDF 分别为水和沙粒区域划定边界条件。

① 从 Phase 下拉列表中选择 water。

② 单击 Edit 按钮，弹出 Fluid 对话框，如图 6-210 所示。

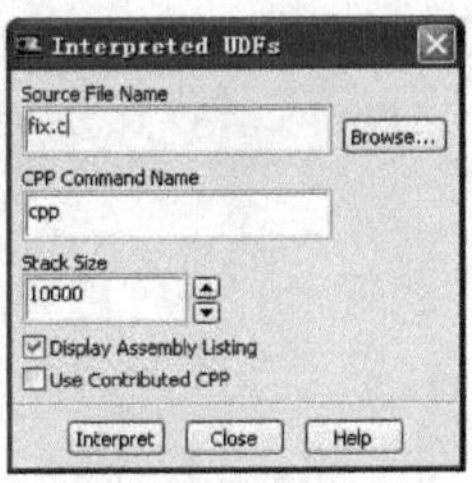

图 6-209　导入 UDF

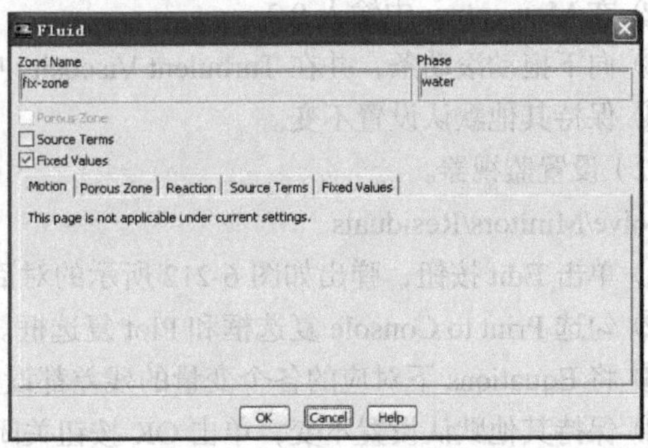

图 6-210　流体边界设置

③ 勾选 Fixed Values 复选框，对话框将展开。

④ 选择 Fixed Values 选项卡，并按照如表 6-7 所示的值设置各个变量。

表 6-7　流体区域中的水的变量值

Parameter	Value
Axial Velocity	udf fixed_v
Radial Velocity	udf fixed_u
Turbulence Kinetic Energy	udf fixed_ke
Turbulence Dissipation Rate	udf fixed_diss

（2）设置流体区域中代表叶轮流体的第二种相的参数。

Define/Cell Zone Conditions/fix-zone

① 从 Phase 下拉列表中选择 sand。

② 单击 Edit 按钮，弹出 Fluid 对话框，如图 6-211 所示。

③ 勾选 Fixed Value 复选框，对话框将展开。

④ 选择 Fixed Value 选项卡，并按照如表 6-8 所示的值设置各个变量。

⑤ 操作完成之后，单击 OK 按钮关闭对话框。

步骤八：求解

（1）设置松弛因子。

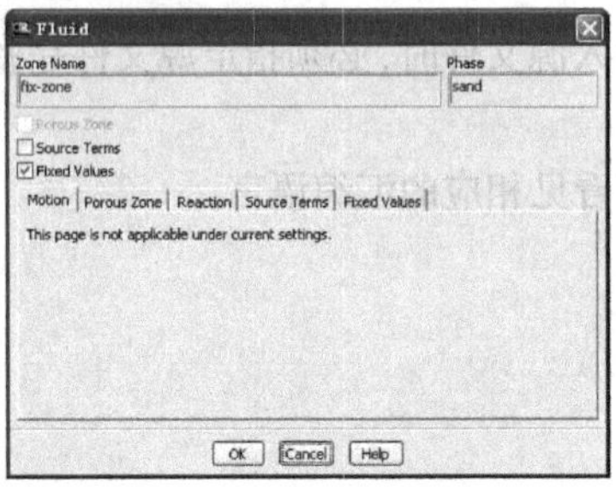

图 6-211　流体边界条件设置

表 6-8　流体区域中的沙粒的变量值

Parameter	Value
Axial Velocity	udf fixed_v
Radial Velocity	udf fixed_u

Solve/Controls

为了获得较好的收敛解，本例将适当减小求解方程的松弛因子。

① 在 Pressure 中输入 0.5。

② 在 Momentum 中输入 0.2。

③ 向下拖动滚动条，并在 Turbulent Viscosity 中输入 0.8。

④ 保持其他默认设置不变。

（2）设置监视器。

Solve/Minitors/Residuals

① 单击 Edit 按钮，弹出如图 6-212 所示的对话框。

② 勾选 Print to Console 复选框和 Plot 复选框。

③ 将 Equations 下对应的各个变量的残差都设置为 1e-5。

④ 保持其他默认设置不变，单击 OK 按钮关闭对话框。

（3）初始化边界条件。

Solve/Initialization

保持默认设置，单击 Initialize 按钮进行初始化。

（4）初始化沙床结构条件。

Solution/Initialization/Patch

① 在 Phase 下拉列表中选择 sand，如图 6-213 所示。

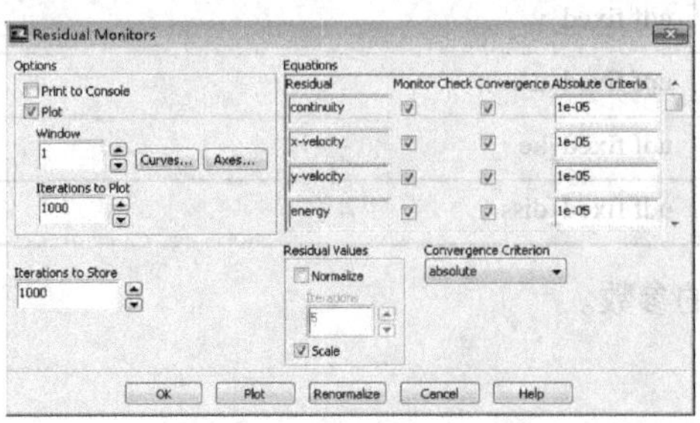

图 6-212　残差设置

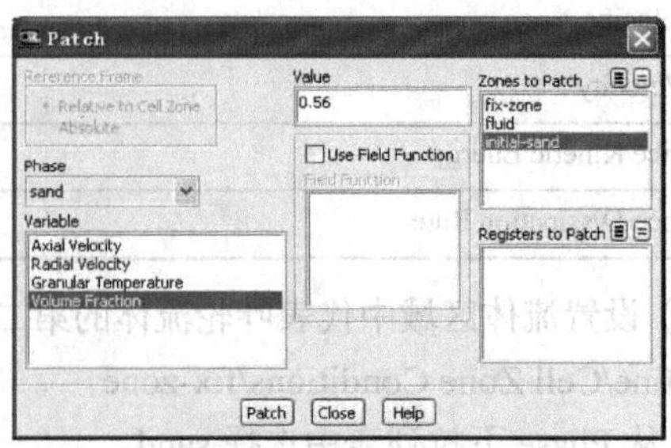

图 6-213　初始化修正

② 在 Variable 列表中选择 Volume Fraction。

③ 在 Value 文本框中输入 0.56。

④ 在 Zones to Patch 列表中选择 initial-sand。

⑤ 单击 Patch 按钮，并单击 Close 按钮关闭 Patch 对话框。

（5）保存文件。

File/Write/Case

（6）迭代计算。

Solve/Run Calculation

① 在 Time Step Size (s)中输入 0.005，如图 6-214 所示。

② 在 Number of Time Steps 中输入 1。

③ 在 Max Iterations/Time Step 数值框中输入 40。

④ 单击 Calculate 按钮计算，当所有变量的残差都降到设定值以下时，系统停止计算。

（7）查看初始速度和沙粒体积分数。

为了实现上述目的，用户首先应该创建一个新的平面。

① 创建新平面。

Surface/Zone

- 在 Zone 列表中选择 fix-zone，如图 6-215 所示。
- 单击 Create 按钮，创建好的新平面将出现在 Surfaces 列表中。
- 单击 Close 按钮关闭对话框。

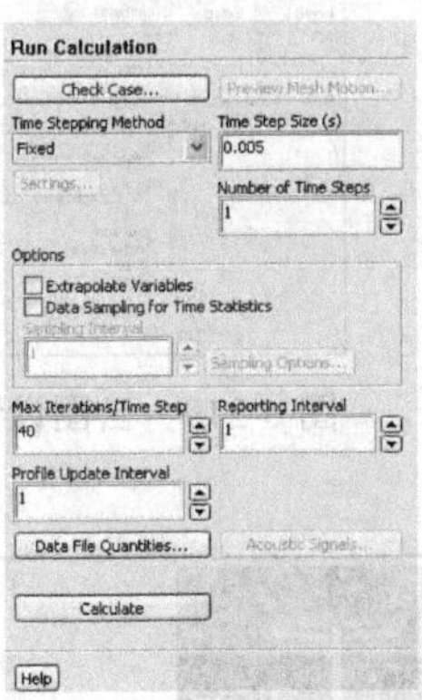

图 6-214 计算参数设置

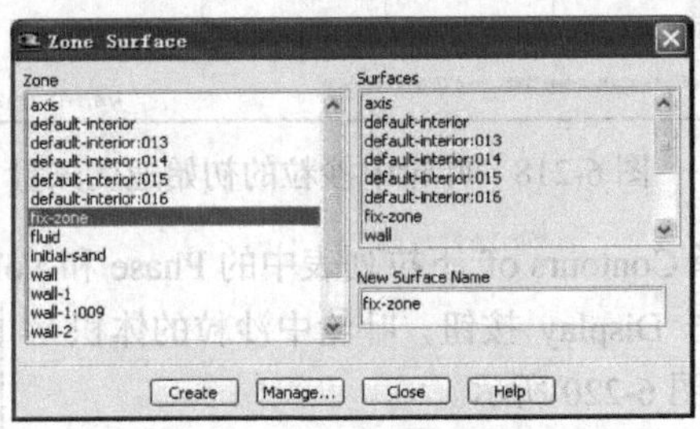

图 6-215 创建新平面

② 显示叶轮中水的初始速度矢量。

Dsiplay/Graphics and Animations/Vectors/Setup

a. 在 Vectors of 下拉列表中选择 Velocity。

b. 保持 Vectors of 下方的 Phase 下拉列表中的 water 不变，如图 6-216 所示。

c. 保持 Color by 下拉列表中的 Velocity 和 Velocity Magnitude 不变。

d. 保持 Color by 下方的 Phase 下拉列表中的 water 不变。

e. 在 Surfaces 列表中选择 fix-zone，并单击 Display 按钮，叶轮中水的初始矢量图如图 6-217 所示。

③ 显示叶轮中沙子的初始速度矢量。

Dsiplay/Graphics and Animations/Vector/Setup

a. 在 Vectors of 和 Color by 下方的 Phase 下拉列表中选择 sand。

b. 单击 Display 按钮，叶轮中沙粒的初始矢量图如图 6-218 所示。

④ 显示沙粒的体积分数云图。

Dsiplay/Graphics and Animations/Contours/Setup

a. 勾选 Options 中的 Filled 复选框。

b. 选择 Phase 下拉列表中的 sand，如图 6-219 所示。

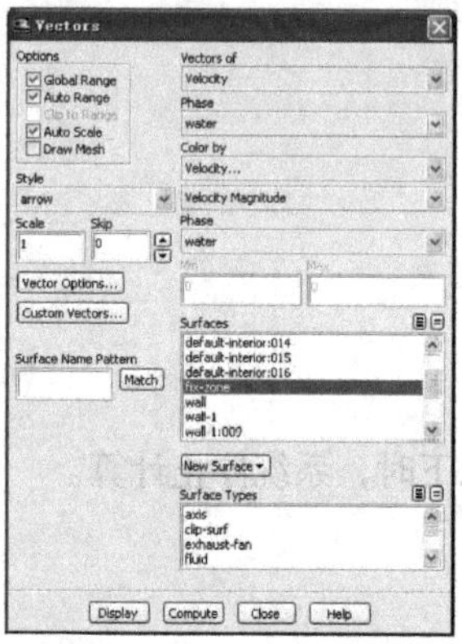

图 6-216　Vectors 对话框

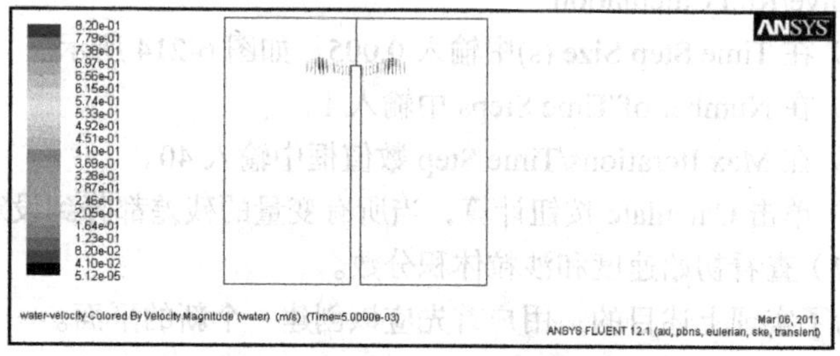

图 6-217　叶轮中水的初始速度矢量

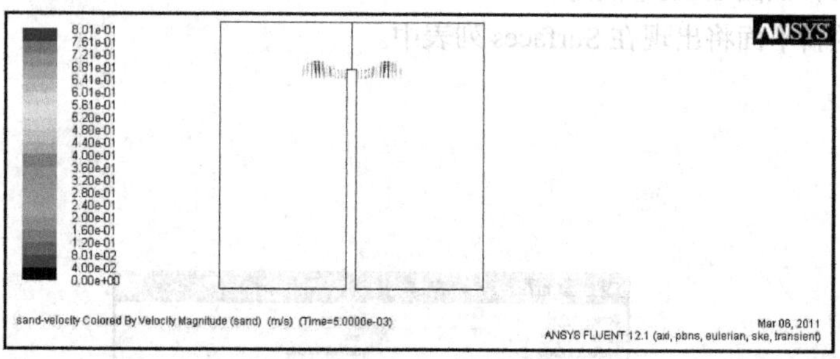

图 6-218　叶轮中沙粒的初始速度矢量

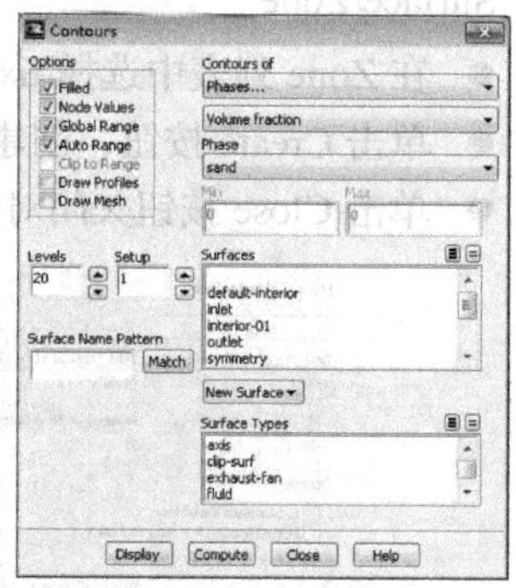

图 6-219　云图设置对话框

c. 选择 Contours of 下拉列表中的 Phase 和 Volume fraction。

d. 单击 Display 按钮，叶轮中沙粒的体积分数云图如图 6-220 所示。

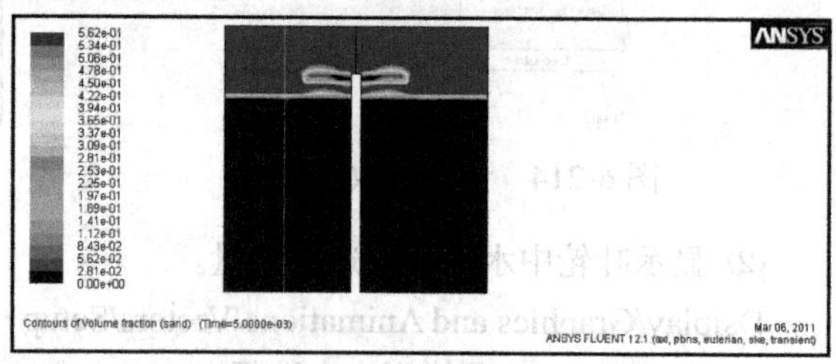

图 6-220　沙粒的初始体积分数云图

（8）进行 1s 的计算。

Solve/ Run Calculation

① 在 Number of Time Steps 中输入 199。

② 单击 Calculate 按钮即可计算。

（9）保存文件。

计算完成之后，单击命令 File/Write/Case&Data。

步骤九：后处理

在进行 1s 计算之后，用户可以对相关结果进行查看。

（1）显示 1s 时的整个搅拌器中的水的速度矢量。

Display/Graphics and Animations/Vectors/Setup

① 在 Vectors of 和 Color by 下方的 Phase 下拉列表中选择 water。

② 不选择 Surfaces 列表中的 fix-zone。

③ 单击 Display 按钮，整个搅拌器中的水的速度矢量图如图 6-221 所示。

（2）显示 1s 时容器中的沙粒的初始速度矢量。

Display/Graphics and Animations/Vectors/Setup

① 在 Vectors of 和 Color by 下方的 Phase 下拉列表中选择 sand。

② 单击 Display 按钮，整个搅拌器中的沙粒的速度矢量图如图 6-222 所示。

③ 单击 Close 按钮关闭速度矢量显示对话框。

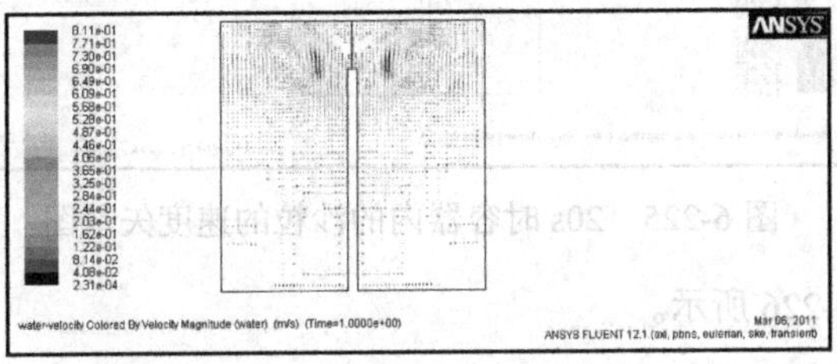

图 6-221　1s 时容器内水的速度矢量图

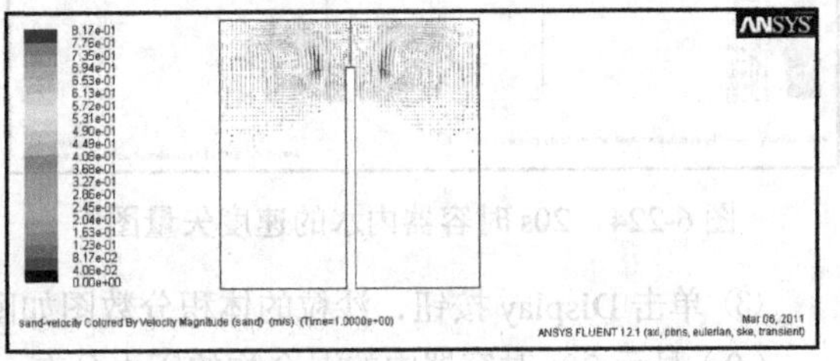

图 6-222　1s 时容器内沙粒的速度矢量图

（3）显示沙粒的体积分数云图。

Display/Graphics and Animations/Contours/Setup

① 选择 Phase 下拉列表中的 sand。

② 选择 Contours of 下拉列表中的 Phase 和 Volume。

③ 单击 Display 按钮，沙粒的体积分数云图如图 6-223 所示。

（4）继续计算 19s。

Solve/Run Calculation

① 将 Time Step Size 设定为 0.01，最初这个值设定得很小是为了获得一个较好的稳定解。在经过初步计算之后，可以适当增大该值，以加快之后的计算速度。

② 在 Number of Time Steps 中输入 1 900。

③ 单击 Calculate 按钮开始计算。

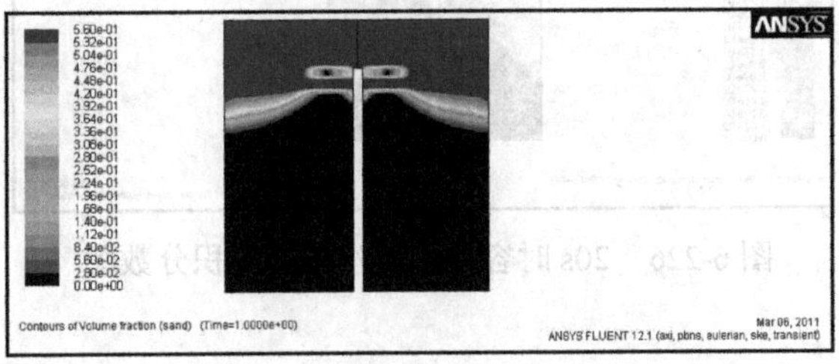

图 6-223　1s 时容器内沙粒的体积分数图

（5）保存文件。

File/Write/Case&Data

在进行 20s 的计算之后，用户可以继续查看相关的结果，并与上面的部分结果进行比较。

（6）显示 20s 时的整个搅拌器中的水的速度矢量图。

Display/Graphics and Animations/Vectors/Setup

① 在 Vectors of 和 Color by 下方的 Phase 下拉列表中选择 water。

② 不选择 Surfaces 列表中的 fix-zone。

③ 单击 Display 按钮，得到整个搅拌器中水的速度矢量图，如图 6-224 所示。

（7）显示 20s 时的容器中的沙粒的速度矢量图。

Display/Graphics and Animations/Vectors/Setup

① 在 Vectors of 和 Color by 下方的 Phase 下拉列表中选择 sand。

② 单击 Display 按钮，即可显示整个搅拌器中的沙粒的速度矢量图，如图 6-225 所示，然后关闭速度矢量显示对话框。

（8）显示 20s 时的沙粒的体积分数云图。

Display/Graphics and Animations/Contours/Setup

① 选择 Phase 下拉列表中的 sand。

② 选择 Contours of 下拉列表中的 Phase 和 Volume。

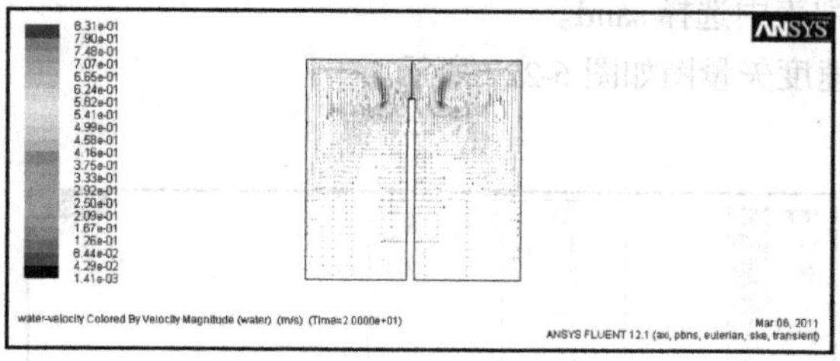

图 6-224　20s 时容器内水的速度矢量图

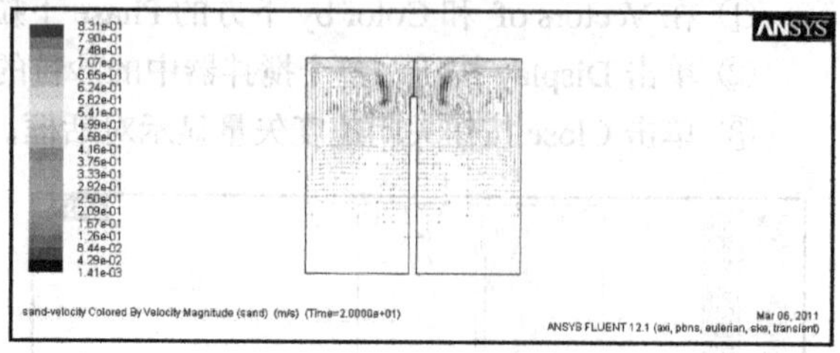

图 6-225　20s 时容器内的沙粒的速度矢量图

③ 单击 Display 按钮，沙粒的体积分数图如图 6-226 所示。

（9）显示 20s 时容器中的混合物的压力分布。

Display/Graphics and Animations/Contours/Setup

① 选择 Phase 下拉列表中的 Mixture。

② 选择 Contours of 下拉列表中的 Pressure 和 Static Pressure。

③ 单击 Display 按钮，20s 时的容器内的混合物的压力云图如图 6-227 所示。

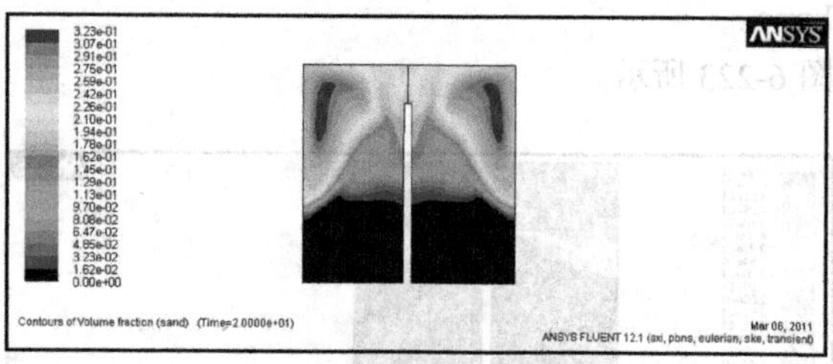

图 6-226　20s 时容器内的沙粒的体积分数图

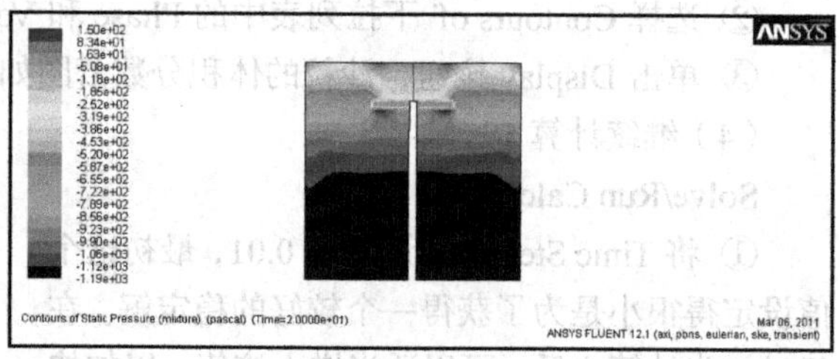

图 6-227　20s 时容器内的混合物的压力云图

6.10　算例十：利用多相流混合模型和欧拉模型求解 T 形管流动

6.10.1　介绍

- 本算例的目的是模拟水和空气在 T 形管里的混合流动问题。首先用户使用计算成本较低的混合模型（Mixture Model）进行模拟，然后改用更加精准的欧拉模型（Eulerian Model）计算，并对这两种模型模拟所得到的结果进行比较。

6.10.2　方法和设置

- 使用混合模型。
- 设定内部流动边界条件。
- 采用 pressure-based 求解器进行计算。
- 选用欧拉模型进行计算。
- 比较两种模型计算（混合模型和欧拉模型）得到的结果。

6.10.3　问题描述

本算例是对管中的空气—水流混合物流动进行模拟。混合物首先经下方进口进入 T 形管中并向上流动，之后分开由两个出口流出，如图 6-228 所示。T 形管宽度是 25 mm，入口部分长度为 125 mm，上面和旁边两段管的长度都是 250 mm。

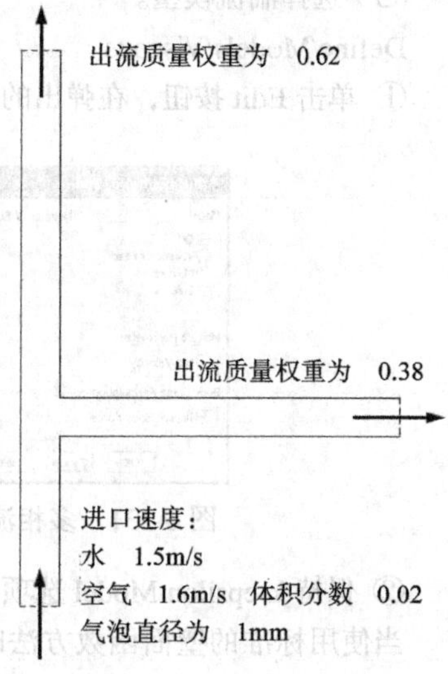

图 6-228　T 形管示意图

6.10.4　设置和求解

步骤一：网格部分

（1）网格读取。

File/Read/Mesh

（2）网格检查。

Mesh/Check

这里 FLUENT 会显示所读网格的相关信息。

（3）显示网格。

Display/Mesh

① 在 Edge Type 中取消选中 Feature 选项，如图 6-229 所示。

② 选择 Surfaces 中的所有的面。

③ 单击 Display 按钮，并关闭 Mesh Display 对话框，显示效果如图 6-230 所示。

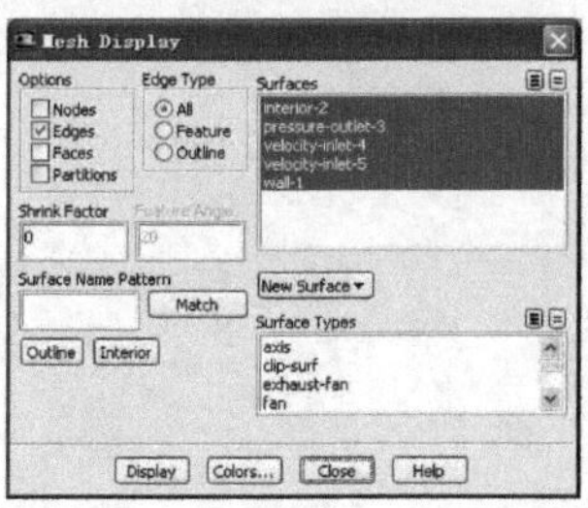

图 6-229　Mesh Display 对话框

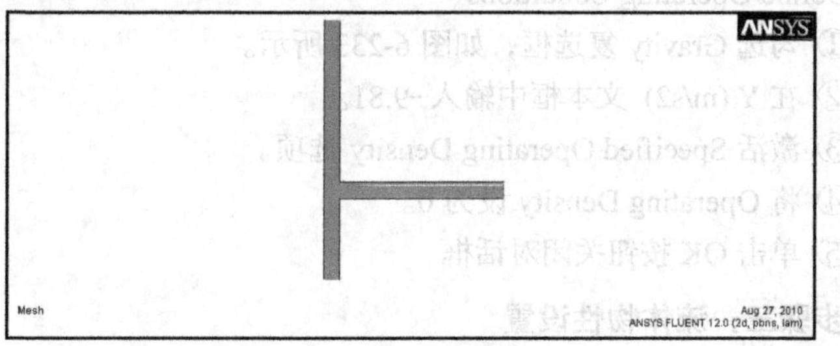

图 6-230　T 形管网格

注　意：用户可以在视图窗中右键单击网格模型来检查网格节点，相关信息（如网格区域的名字等）会在 FLUENT 中显示出来。当用户想要快速区分网格中具有相同类型的区域时，这个小技巧比较实用。

步骤二：求解模型设置

（1）选择求解器。

Define/General

选择压力求解器，其适用于多相流计算过程。

（2）选择多相流模型。

Define/Model/Muiltiphase

① 单击 Edit 按钮，在弹出的对话框中选择 Mixture 模型，则对话框将展开，如图 6-231 所示。

② 勾选 Mixture Parameters 中的 Slip Velocity 复选框，以此来求解滑移速度模型，因为在多相流中各种组分的速度有很大不同。

③ 激活 Body Force Formulation 中的 Implicit Body Force 选项。

④ 单击 OK 按钮关闭 Multiphase Model 对话框。

（3）选择湍流模型。

Define/Models/Viscous

① 单击 Edit 按钮，在弹出的对话框中选择 k-epsilon 模型，如图 6-232 所示。

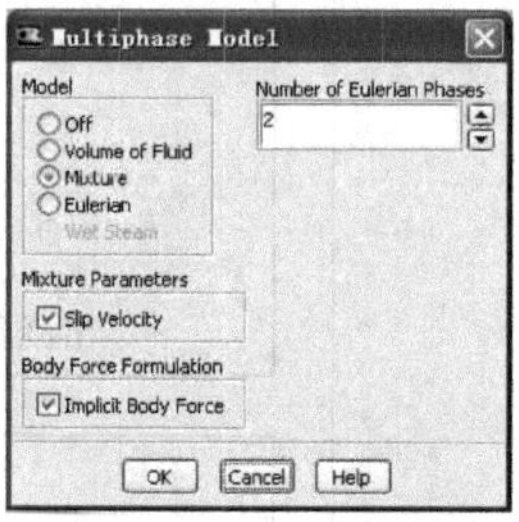

图 6-231 多相流模型

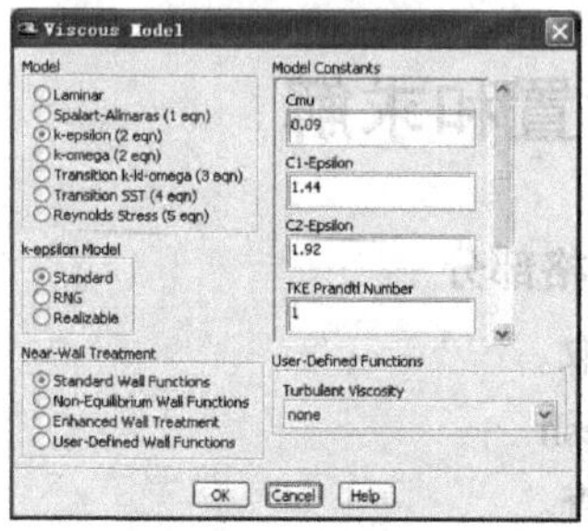

图 6-232 湍流模型对话框

② 保持 k-epsilon Model 选项组中的默认设置。

当使用标准的壁面函数方法时，k-epsilon 模型在解决混合物流动问题时显得非常有效和准确。

③ 在 Near-Wall Treatment 中选择标准壁面函数方法 Standard Wall Functions。

④ 保持其他默认设置不变，单击 OK 按钮关闭对话框。

（4）设置求解操作环境的重力。

Define/Operating Conditions

① 勾选 Gravity 复选框，如图 6-233 所示。

② 在 Y (m/s2) 文本框中输入−9.81。

③ 激活 Specified Operating Density 选项。

④ 将 Operating Density 设为 0。

⑤ 单击 OK 按钮关闭对话框。

步骤三：流体物性设置

复制 FLUENT 数据库中的流体。

Define/Materials

（1）单击 Create/Edit 按钮，弹出如图 6-234 所示的对话框。

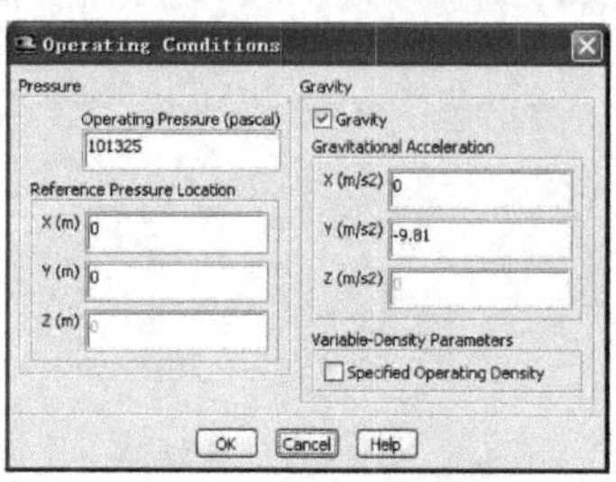

图 6-233 激活 Gravity 选项

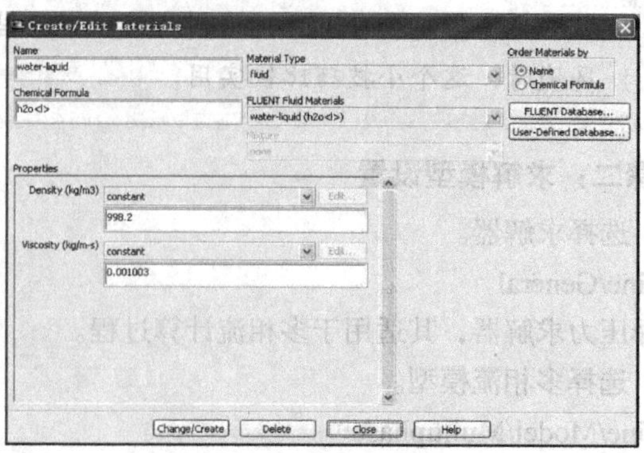

图 6-234 物性设置对话框

（2）单击 FLUENT Database 按钮，弹出 FLUENT 默认的数据库。

（3）从数据库中选择 water-liquid(h_2o<l>)。

（4）单击 Copy 按钮，将液态水复制到求解模型中。

（5）单击 Close 按钮关闭数据库和材料物性对话框。

步骤四：相设置

（1）设置液态水。

Define/Phase

① 选择 Phases 下的 water-Primary Phase，并单击 Edit 按钮。

② 在对话框中的 Name 文本框中输入 water，作为液相名字。

③ 选择 Phase Material 下拉列表中的 water-liquid，如图 6-235 所示。

④ 单击 OK 按钮关闭对话框。

（2）设置气相。

Define/Phase

① 选择 Phases 下的 air-secondary phase，并单击 Edit 按钮。

② 在对话框中的 Name 文本框中输入 air，作为气相名字，如图 6-236 所示。

③ 选择 Phase Material 下拉列表中的 air。

④ 在 Diameter (m)文本框中输入 0.001。

⑤ 单击 OK 按钮关闭对话框。

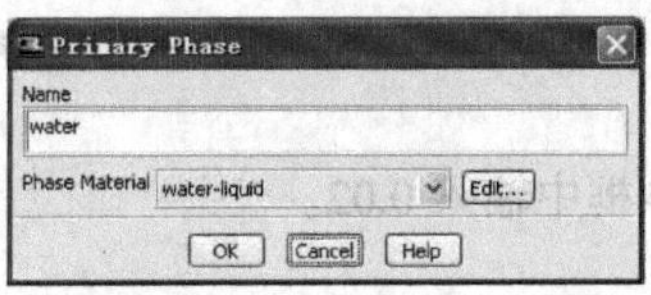

图 6-235　Primary Phase 对话框

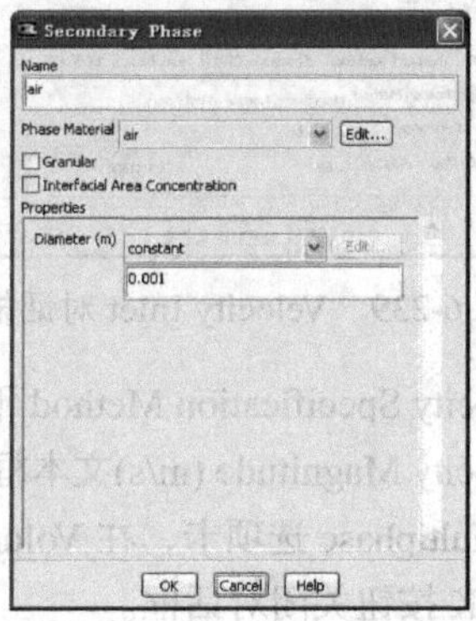

图 6-236　Secondary Phase 对话框

（3）设置阻力系数。

Define/Phase

① 单击 Interaction 按钮，弹出如图 6-237 所示的 Phase Interaction 对话框。

② 保持默认的 schiller-naumann 设置不变，然后关闭对话框。

步骤五：边界条件设置

在本例中，用户将用到速度进口和 outflow 出流两类边界条件。对于多相流进口，可以为各个组分分别设定相应的速度。

（1）设定混合物进口边界条件。

Define/Boundary Conditions

① 在 Zone 列表内选择 velocity-inlet-4，在 Phase 下选择 Mixture 选项。

② 单击 Edit 按钮，弹出如图 6-238 所示的对话框。

③ 保持 Intensity and Length Scale 设置不变。

④ 单击 OK 按钮关闭对话框。

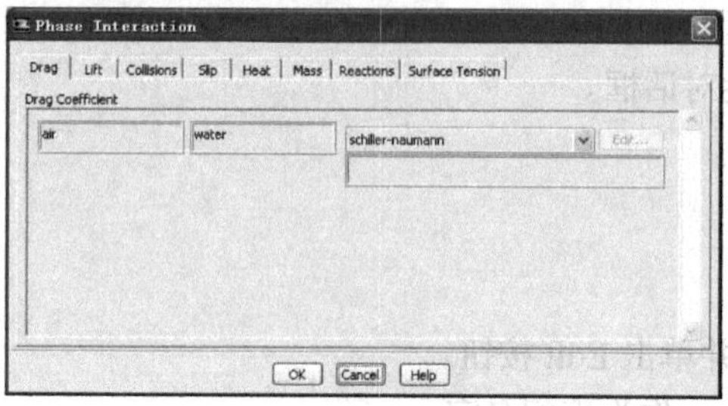

图 6-237　阻力系数设置对话框

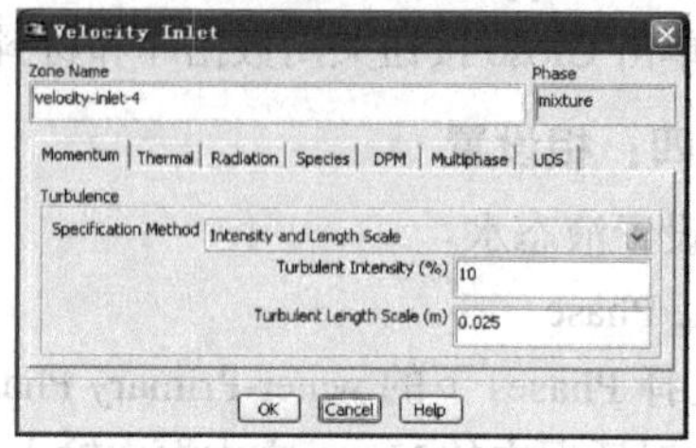

图 6-238　速度进口边界设置

⑤ 在 Zone 内选择 velocity-inlet-4，在 Phase 下选择 water。

⑥ 单击 Edit 按钮，弹出如图 6-239 所示的对话框。

⑦ 在 Velocity Specification Method 下拉列表中选择 Magnitude，Normal to Boundary。

⑧ 在 Velocity Magnitude (m/s)文本框中输入 1.53。

⑨ 单击 OK 按钮关闭对话框。

⑩ 在 Zone 内选择 velocity-inlet-4，在 Phase 下选择 air。

⑪ 单击 Edit 按钮，弹出如图 6-240 所示的对话框。

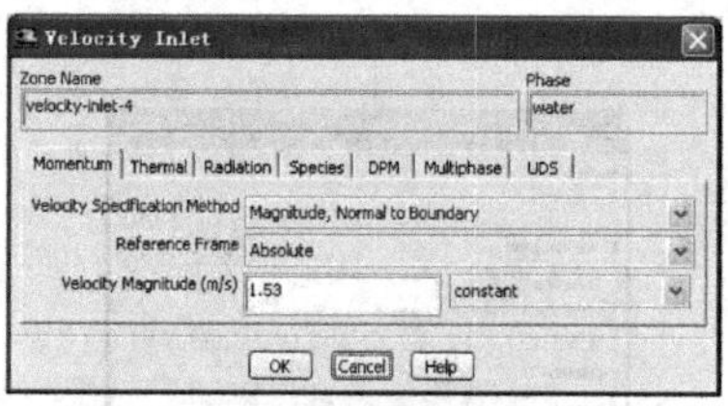

图 6-239　Velocity Inlet 对话框

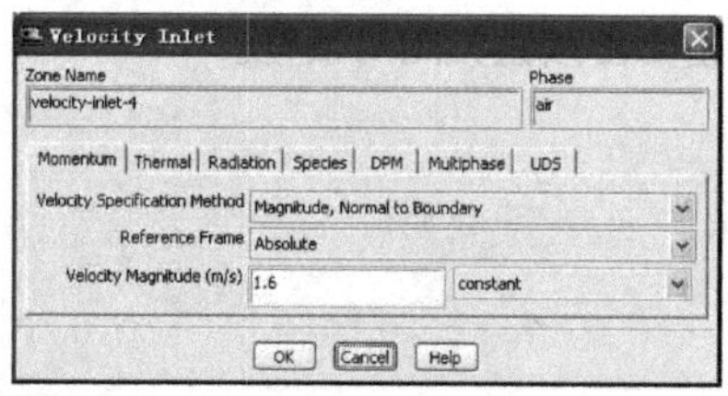

图 6-240　速度进口边界设置

⑫ 在 Velocity Specification Method 下拉列表中选择 Magnitude，Normal to Boundary。

⑬ 在 Velocity Magnitude (m/s)文本框中输入 1.6。

⑭ 选择 Multiphase 选项卡，在 Volume Fraction 文本框中输入 0.02。

⑮ 单击 OK 按钮关闭对话框。

（2）设置出流条件。

Define/Boundary Conditions

① 在 Zone 中选择 outflow 3，在 Type 下拉列表内选择 Outflow，在 Phase 下选择 Mixture。

② 单击 Edit 按钮，弹出如图 6-241 所示的对话框。

③ 在 Flow Rate Weighting 文本框中输入 0.38。

④ 单击 OK 按钮关闭对话框。

⑤ 在 Zone 中选择 outflow 3，在 Type 下拉列表内选择 Outflow，在 Phase 下选择 Mixture。

⑥ 单击 Edit 按钮，弹出如图 6-242 所示的对话框。

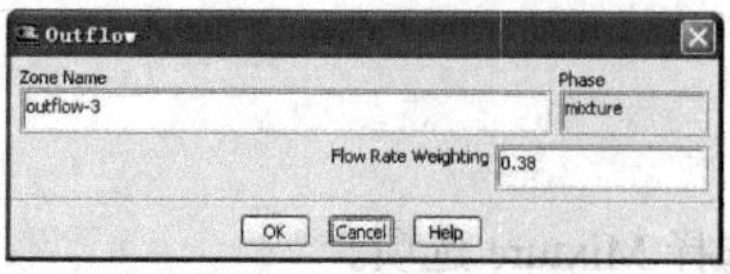

图 6-241　出流边界设置

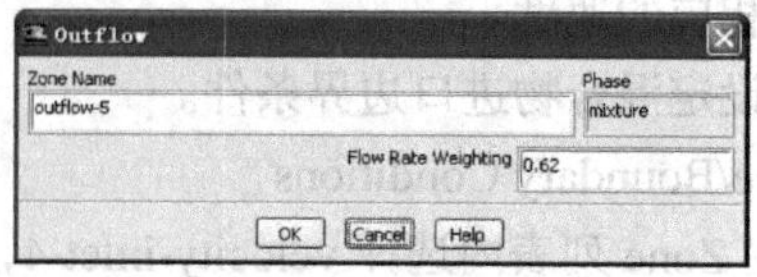

图 6-242　Outflow 对话框

⑦ 在 Flow Rate Weighting 文本框中输入 0.62。

⑧ 单击 OK 按钮关闭对话框。

步骤六：求解

（1）设置离散格式。

Solve/Methods

选择 Pressure 下的 PISO，并保持其他设置不变。

（2）设置残差监视器。

Solve/Monitors

① 选择 Residuals 选项，然后单击 Edit 按钮。

② 在弹出的对话框中选择 Print 和 Plot。

③ 将 Continuity 的 Absolute Criteria 设置为 1e–5，其他设置不变。

④ 单击 OK 按钮关闭对话框。

（3）模型求解。

① 初始化边界条件。

Solve/Initialization

保持默认设置，单击 Initialize 按钮进行初始化。

② 保存文件。

File/Write/Case

③ 迭代计算。

Solve/Run Calculation

在 Number of Iteration 中输入 2 000，单击 Calculate 按钮计算。当所有变量的残差降到设定值以下时，系统停止计算。

（4）保存文件。

File/Write/Case&Data…

（5）检查进出口质量是否守恒。

Result/Result Reports

① 选择 Fluxes，单击 Set Up 按钮，弹出如图 6-243 所示的对话框。

② 在 Options 中选中 Mass Flow Rate 选项，在 Boundaries 列表中选择 outflow-3、outflow-5 和 velocity-inlet-4。

③ 单击 Compute 按钮即可在 FLUENT 中看到结果。

④ 单击 Close 按钮关闭对话框。

步骤七：后处理

在接下来的步骤中，用户可利用 FLUENT 的后处理功能查看 T 形管中的压力、速度以及相应的组分分布。

Display/Graphics and Animations

（1）双击 Contours，弹出如图 6-244 所示的对话框。

（2）勾选 Options 中的 Filled 复选框。

（3）在 Contours of 下拉列表中选择 Pressure 和 Static Pressure。

（4）单击 Display 按钮，显示的效果如图 6-245 所示。

（5）在 Contours of 下拉列表中选择 Velocity 和 Velocity Magnitude。

（6）单击 Display 按钮，显示的效果如图 6-246 所示。

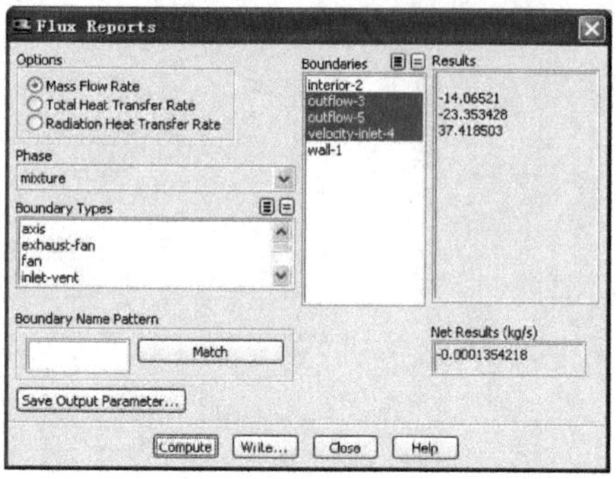

图 6-243　流量报告对话框

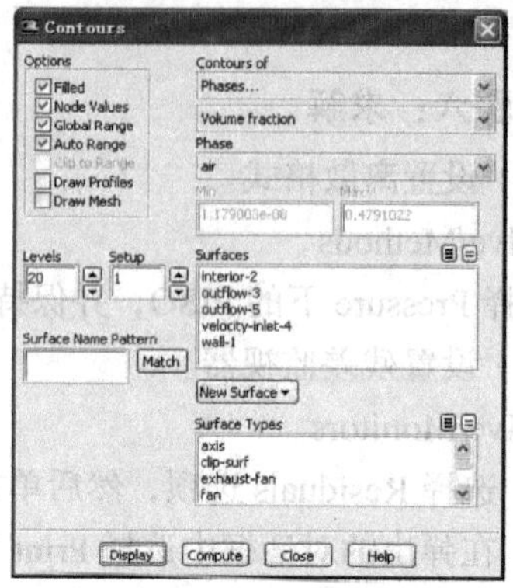

图 6-244　云图显示对话框

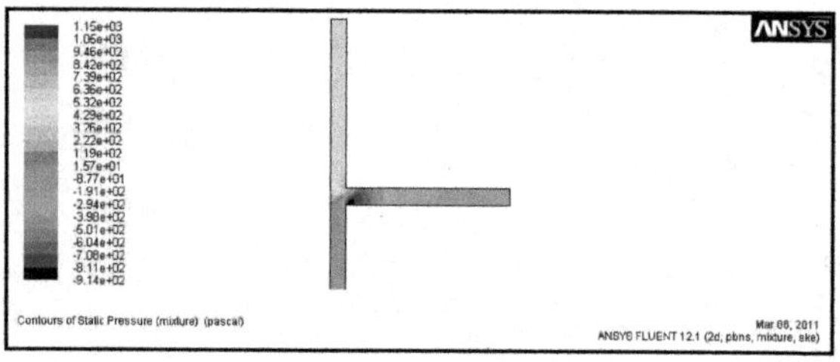

图 6-245　压力云图

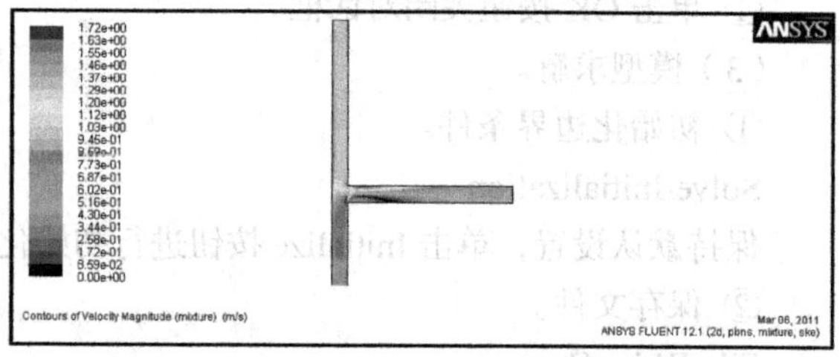

图 6-246　混合物速度云图

（7）在 Contours of 下拉列表中选择 Phases 和 Volume fraction。

（8）从 Phase 下拉列表中选择 air。

（9）单击 Display 按钮，T 形管中的 air 组分分布如图 6-247 所示。

接下来使用 Eulerian 模型进行模拟计算。

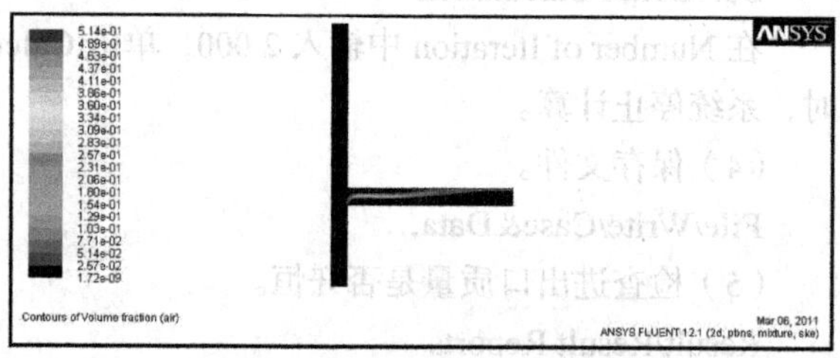

图 6-247　air 组分分布

步骤八：求解器模型设置

（1）选择多相流模型。

Define/Models

① 选择 Multiple 选项，单击 Edit 按钮，弹出如图 6-248 所示的对话框。

② 在 Model 选项组中选中 Eulerian 选项，然后单击 OK 按钮关闭对话框。

（2）设置相参数。

Define/Phases

① 单击 Interaction 按钮，弹出如图 6-249 所示的对话框。

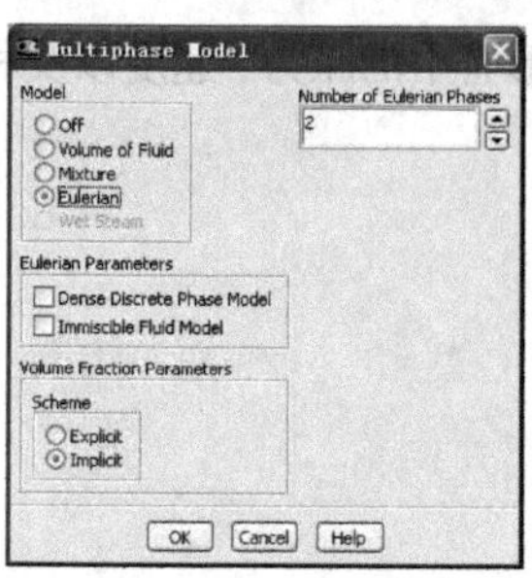

图 6-248　多相流模型选择

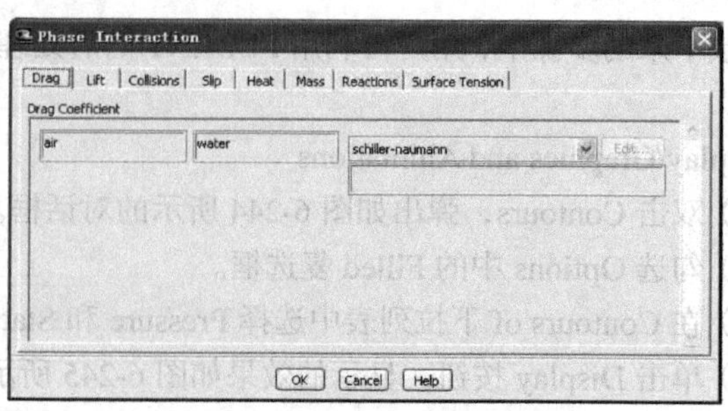

图 6-249　Phase Interaction 对话框

② 保持图中的默认设置，单击 OK 按钮关闭对话框。

（3）设置湍流模型。

Define/Models

① 选择 Models 下的 Viscous 选项，单击 Edit 按钮。

② 保持和使用 Mixture 模型时一样的设置，单击 OK 按钮关闭对话框。

（4）保存文件。

File/Write/Case&Data

步骤九：模型求解

（1）初始化边界条件。

Solve/Initialization

保持默认设置，单击 Initialize 按钮进行初始化。

（2）迭代计算。

Solve/Run Calculation

在 Number of Iteration 中输入 2 000，单击 Calculate 按钮计算。当所有变量的残差降到设定值以下时，系统停止计算。

（3）保存文件。

File/Write/Case&Data...

步骤十：结果后处理

Dispaly/Graphics and Animations.

（1）双击 Contours，弹出如图 6-244 所示的对话框。

（2）勾选 Options 中的 Filled 复选框。

（3）在 Contours of 下拉列表中选择 Pressure 和 Static Pressure。

（4）单击 Display 按钮，显示的效果如图 6-250 所示。

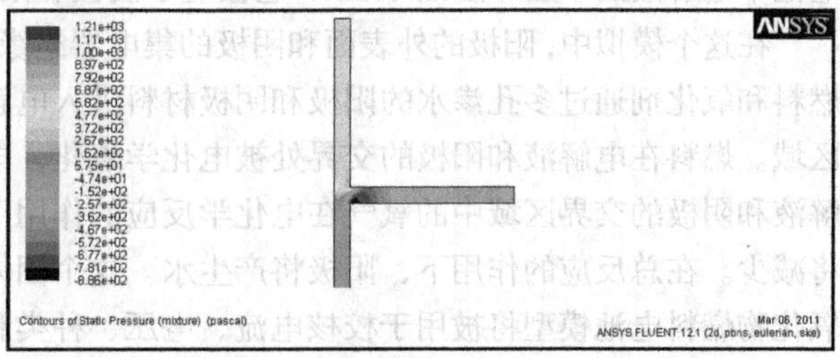

图 6-250 混合物压力云图

（5）在 Contours of 下拉列表中选择 Velocity 和 Velocity Magnitude。

（6）单击 Display 按钮，显示的效果如图 6-251 所示。

（7）在 Contours of 下拉列表中选择 Phase 和 Volume fraction。从 Phase 下拉列表中选择 air。

（8）单击 Display 按钮，T 形管中的 air 组分分布如图 6-252 所示。

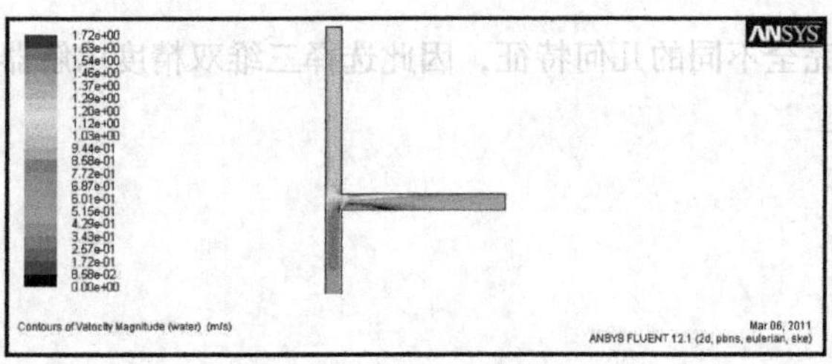

图 6-251 水的速度云图

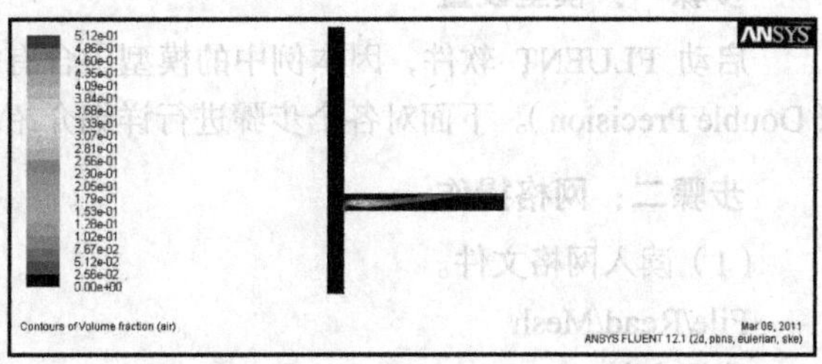

图 6-252 air 组分分布

6.11 算例十一：对固体燃料电池进行流体动力学模拟

6.11.1 介绍

本算例的目的是对固体燃料电池（Solid Oxide Fuel Cell）进行流体动力学数值模拟。

6.11.2 方法和设置

- 将 SOFC 模型导入 FLUENT 中。
- 设置 SOFC 模型的参数。
- 定义阴极、阳极和电解质的材料属性。
- 设置合适的边界条件和控制参数。
- 通过后处理显示电池的电流、电压、温度和种类的分布。

6.11.3 问题描述

固体氧化物燃料电池的模型如图 6-253 所示，阳极内部充满着密度为 2.48949e^{-7} kg/s 的潮湿的氢气，阴极里充满着密度为 1.37 kg/s 的空气，空气和氢气的温度均为 974 K。阴极和阳极均为同中心且长度为 130 mm 的空心圆柱。阴极的内外半径分别是 4 mm 和 6 mm，阳极的内外半径分别是 6mm 和 7mm。电池中电解液的单层厚度是 40um，它被置于阴极和阳极之间。

在这个模拟中，阳极的外表面和阴极的集电器绝缘，燃料和氧化剂通过多孔渗水的阳极和阴极材料进入电解区域。燃料在电解液和阳极的交界处被电化学氧化，电解液和阴极的交界区域中的氧气在电化学反应的作用下将减少。在总反应的作用下，阳极将产生水。这个固体氧化物燃料电池模型将被用于校核电流、电压、种类和沿着电池轴线的温度分布等。

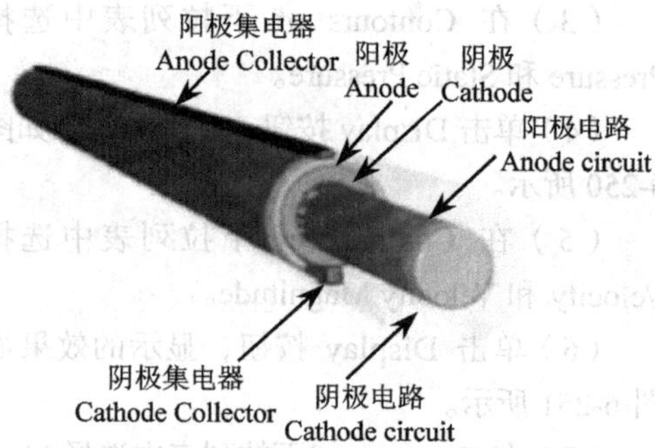

图 6-253 固体燃料电池计算域示意图

6.11.4 设置与求解

步骤一：模型设置

启动 FLUENT 软件，因本例中的模型中含有完全不同的几何特征，因此选择三维双精度求解器（Double Precision）。下面对各个步骤进行详细介绍。

步骤二：网格操作

（1）读入网格文件。

File/Read/Mesh

选择文件 tubular_sample.msh。

（2）检查网格。

Mesh/Check

在这一步中，FLUENT 界面中将会列出 x、y 的最小值和最大值，网格检查还将报告网格的其他特性，如面积和体积等。这时 FLUENT 界面中将出现检查网格的过程。如果检查出负体积，系统将会报错。这时用户应该对所用的网格进行处理，否则在后面的计算过程中必然会出现错误。

（3）设置计算区域网格计算域。

Mesh/Scale

在 Convert Units 中的 Mesh Was Created In 下拉列表中选择 mm，如图 6-254 所示。然后单击 Scale 按钮，完成后单击 Close 按钮。

（4）合并网格区域。

Mesh/Merge

弹出对话框如图 6-255 所示，在 Multiple Types 列表中选择 fluid，在 Zones of Type 列表中选择 flow-channel1-an，单击 Merge 按钮即可完成流体计算域的合并。使用同样的方法合并 Mass-flow-inlet 下面的 inlet-an 和 inlet-an:33 区域。

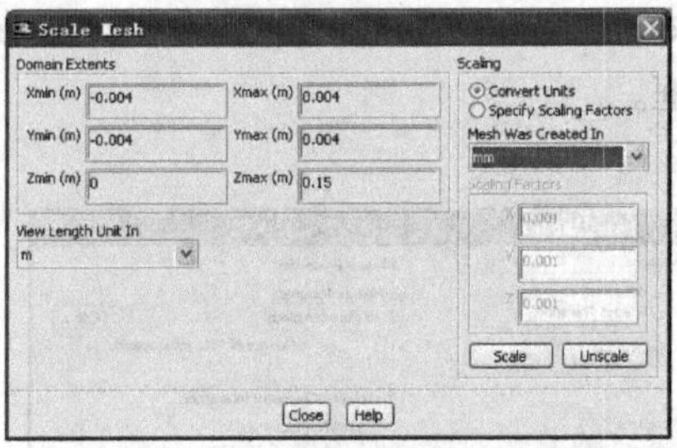

图 6-254　网格尺寸设定对话框

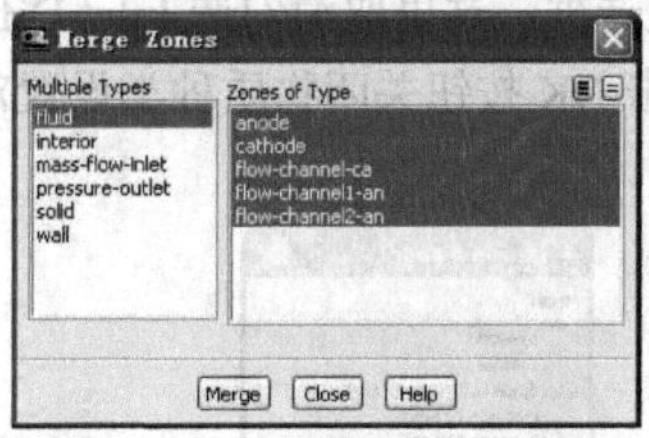

图 6-255　合并区域对话框

（5）显示网格。

Display/Mesh

在 Surfaces 中选中所有的面，单击 Display 按钮，效果如图 6-256 所示。用户还可以通过选择 Surfaces 中的某些面，然后单击 Display 按钮，自行观察网格中所对应的面和区域。

步骤三：设置求解模型

（1）选择求解器。

Define/General

保持求解器的默认设置，如图 6-257 所示。

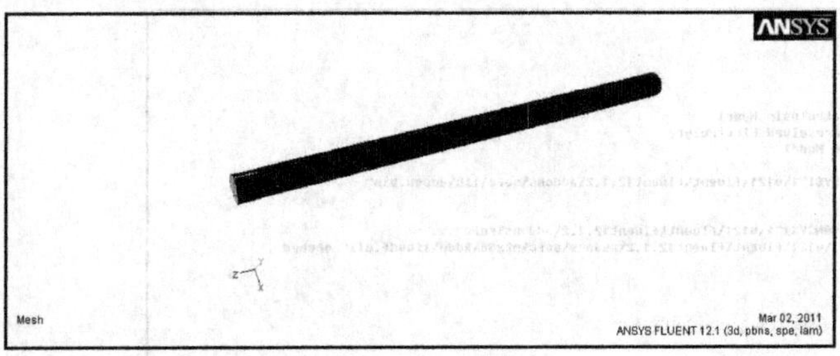

图 6-256　网格显示

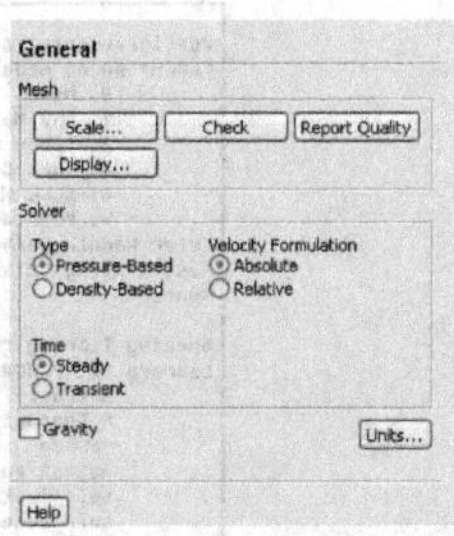

图 6-257　求解器设置面板

（2）激活能量方程。

Define/Models

① 在 Models 列表中选择 Energy。

② 单击 Edit 按钮。

③ 在弹出的对话框中选择能量方程，然后单击 OK 按钮关闭对话框。

（3）设置流动模型。

Define/Models

① 在 Models 列表中选择 Viscous。

② 选择 Laminar（层流）模型，并取消勾选 Viscous Heating 复选框，如图 6-258 所示。

③ 单击 OK 按钮关闭对话框。

（4）设置物质种类模型。

Define/Models

① 在 Models 列表中选择 Species。

② 弹出如图 6-259 所示的对话框。

③ 在 Model 中选中 Species Transport 选项。

④ 在 Reactions 选项组中勾选 Volumetric 复选框。

⑤ 在 Options 选项组中勾选 Diffusion Energy Source、Full Multicomponent Diffusion 和 Thermal Diffusion 复选框，这里取消勾选 Inlet Diffusion 复选框。

⑥ 单击 OK 按钮关闭物质种类设置对话框。

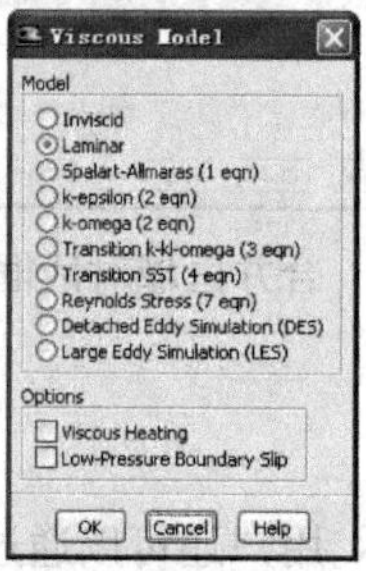

图 6-258　湍流模型选择对话框

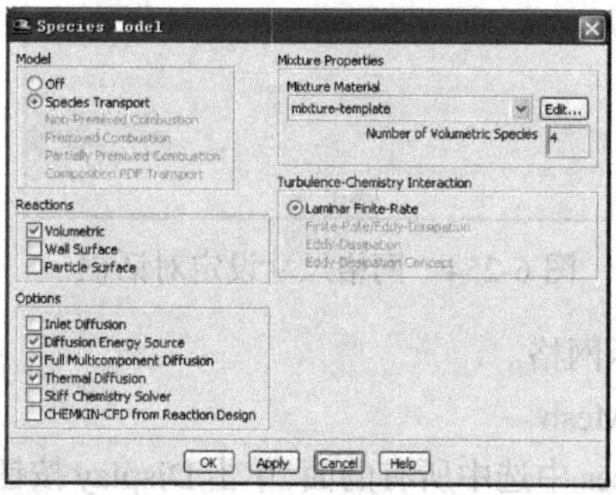

图 6-259　物质类型对话框

（5）载入 SOFC 模型。

在 FLUENT 中依次输入命令 define/models>addon-module，然后按 Enter 键。在界面中输入 4，选择 SOFC Fuel Cell Model 并按 Enter 键即可载入 SOFC 模型。

当 FLUENT 控制台中出现如图 6-260 所示的信息时，则表明 FLUENT 中已载入 SOFC 模型。

```
/define/models> addon-module
FLUENT Addon Modules:
        0. None
        1. MHD Model
        2. Fiber Model
        3. Fuel Cell and Electrolysis Model
        4. SOFC Model with Unresolved Electrolyte
        5. Population Balance Model
Enter Module Number: [0] 4
Fast-loading "C:\PROGRA~1\ANSYSI~1\v121\fluent\fluent12.1.2\addons\sofc\lib\addon.bin"
Done.

Opening library "C:\PROGRA~1\ANSYSI~1\v121\fluent\fluent12.1.2\addons\sofc"...
Library "C:\PROGRA~1\ANSYSI~1\v121\fluent\fluent12.1.2\addons\sofc\ntx86\3ddp\libudf.dll" opened
        diffusivity
        E_Conductivity
        source
        adjust_function
        sofc_init
        sofc_autorun
        UDFUtilityFunctions:
          fl_uds_contact_resistance
          fl_uds_contact_jump
          fl_uds_post_solve_update

UDF Autorun:
sofc_autorun

Done.

Addon Module: sofc...loaded!

/define/models>
```

图 6-260　导入 SOFC 模型

步骤四：设置 SOFC 参数

在用户将 SOFC 模型导入 FLUENT 后，应该对 SOFC 模型的各种参数进行设置，才可进一步完成对模型的选择。

（1）设置 SOFC 模型参数。

Define/Models

选择 SOFC，单击 Edit 按钮，弹出如图 6-261 所示的对话框，并在对话框中进行如下操作。

① 激活 SOFC 模型及其他模型。

② 在 Current Underrelaxation Factor 中输入 0.3。

③ 将 Electrical and Electrolyte Parameters 选项组中的 Total System Current (Amp)、Electrolyte Thickness (m) 和 Electrolyte Resistivity 分别设置为 8、4e−05 和 0.1。

④ 单击 OK 按钮关闭 SOFC 模型参数设置对话框。

（2）设置 SOFC 模型活化参数。

选择如图 6-261 所示的对话框中的 Electrochemistry 选项卡，如图 6-262 所示，然后设置以下参数。

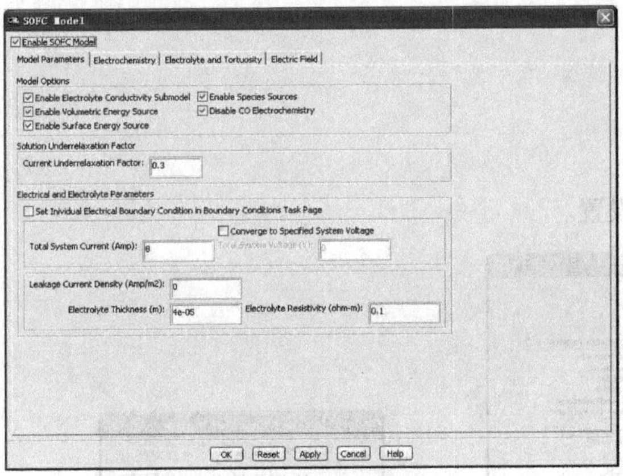

图 6-261　SOFC 模型对话框

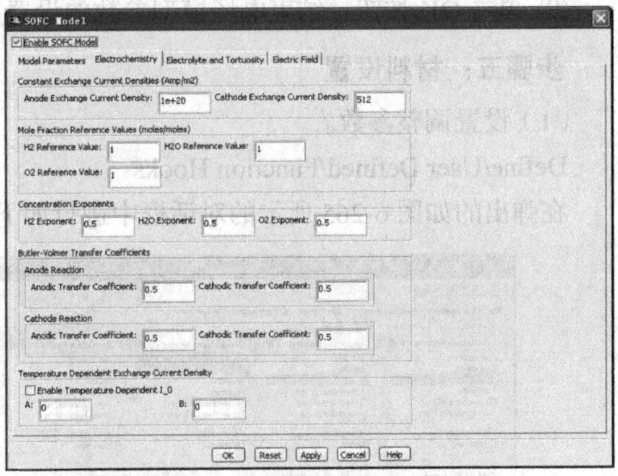

图 6-262　设置 SOFC 模型活化参数

① 设置 Anode Exchange Current Density 为 1e+20。

② 设置 Cathode Exchange Current Density 为 512。

③ 设置 H2 Reference Value 为 1。

④ 设置 H2O Reference Value 为 1。

⑤ 设置 O2 Reference Value 为 1。

⑥ 设置其他对应参数。

⑦ 设置完成后单击 OK 按钮。

（3）设置阴阳极界面成分以及 SOFC 模型的扭转系数。

选择如图 6-261 所示的对话框中的 Electrolyte and Tortuosity 选项卡，如图 6-263 所示，然后设置相关参数。

① 在 Anode Electrolyte 选项组中的 Zone(s)中选中 wall-electrolyte-anode-shadow。

② 激活右边的 Anode Interface 选项。

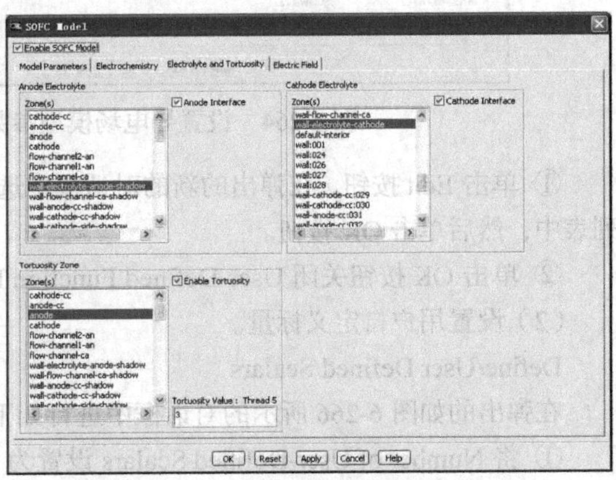

图 6-263　设置 SOFC 模型的扭转系数

③ 在 Cathode Electrolyte 选项组中的 Zone(s)中选中 wall-electrolyte-cathode。

④ 激活右边的 Cathode Interface 选项。

⑤ 在 Tortuosity Zone 选项组中的 Zone(s)中选中 anode。

⑥ 激活右边的 Enable Tortuosity 选项。

⑦ 单击 OK 按钮并关闭对话框。

（4）设置导电场模型参数。

选择如图 6-261 所示的对话框中的 Electric Field 选项卡，如图 6-264 所示，然后设置相关参数。

① 在 Conductive Regions-1 中选择 anode，并在 Conductivity 中输入 333 330。

② 在 Conductive Regions-2 中选择 cathode，并在 Conductivity 中输入 7937。

③ 在 Conductive Regions-3 中选择 cathode-cc 和 anode-cc，并在 Conductivity 中输入 1.5e+07。

④ 在 Contact Surfaces-1 中选择 wall-cathode-cc，并在 Contact Resistance 中输入 1e–08。

⑤ 在 Voltage Tap Surface 中选择 wall-voltage-tap。

⑥ 在 Current Tap Surface 中选择 wall-current-tap。

⑦ 其他参数保留默认设置。

⑧ 单击 OK 按钮，结束电场模型参数的设置。

步骤五：材料设置

（1）设置调整参数。

Define/User Defined/Function Hooks

在弹出的如图 6-265 所示的对话框中进行如下设置。

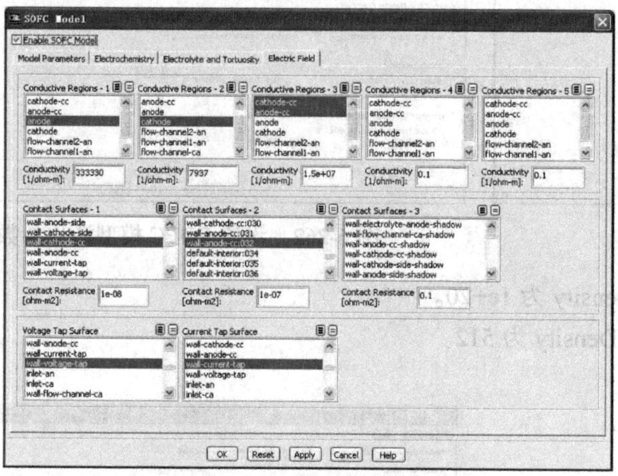

图 6-264　设置导电场模型参数

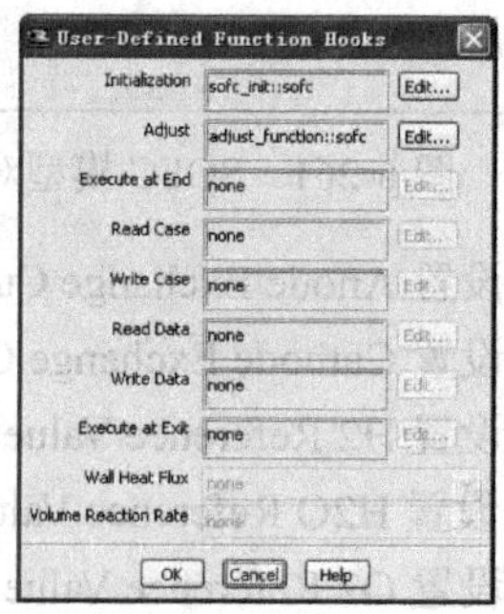

图 6-265　调整参数设置对话框

① 单击 Edit 按钮，在弹出的新的对话框中选择 adjust_function，单击 Add 按钮将其添加到右边的列表中，然后单击 OK 按钮。

② 单击 OK 按钮关闭 User-Defined Function Hooks 对话框。

（2）设置用户自定义标量。

Define/User Defined/Scalars

在弹出的如图 6-266 所示的对话框中进行如下设置。

① 将 Number of User-Defined Scalars 设置为 1。

② 将 Flux Function 设置为 None。

③ 单击 OK 按钮，结束对自定义标量的设置。

（3）设置存储单元数目。

Define/User Defined/Memory

在出现的如图 6-267 所示的面板中，将 Number of User-Defined Memory Location 设置为 13，单击 OK 关闭该对话框。

（4）定义新的实体材料。

Define/Materials

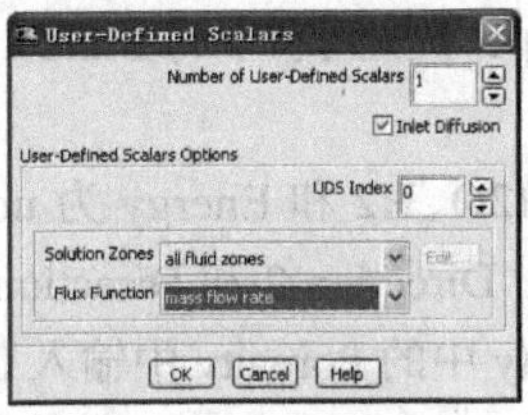

图 6-266　自定义变量对话框

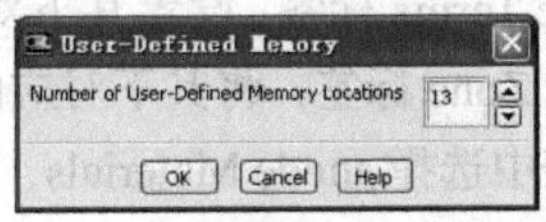

图 6-267　存储单元数目设置面板

- 定义阳极材料。

i. 从 Material Type 下拉菜单中选择 Solid 选项。

ii. 将 name 设定为 anode-material，并删除 Chemical Formula 对话框中的公式。

iii. 分别在 Density、Cp 和 Thermal Conductive 中输入 3030、595.1、6.23。

iv. 单击 Change/Create 按钮。

- 定义阴极材料。

i. 将 name 设定为 cathode-material，并删除 Chemical Formula 对话框中的公式。

ii. 分别在 Density 和 Thermal Conductive 中输入 4375、1.15。

iii. 在 Cp 的下拉列表中选择 piecewise-linear 项，打开 Piecewise-Linear Profile 对话框，将 Points 设置为 2，对于 Point 1，分别设置 Temperature 和 Value Respectively 中为 1073.15 和 570；对于 Point 2，分别设置 Temperature 和 Value Respectively 中为 1273.15 和 565。

iv. 单击 OK 关闭 Piecewise-Linear Profile 对话框。

v. 单击 Change/Create 按钮。

- 定义集电器材料。

i. 将 name 设定为 Current-collector-material，并删除 Chemical Formula 对话框中的公式。

ii. 分别在 Density、Cp 和 Thermal Conductive 中输入 8900、446、72。

iii. 单击 Change/Create 按钮。

- 定义电解液材料。

i. 将 name 设定为 Electrolyte-material，并删除 Chemical Formula 对话框中的公式。

ii. 分别在 Density、Cp 和 Thermal Conductive 中输入 5371、585.2、2.2。

iii. 单击 Change/Create 按钮。

（5）定义混合材料。

i. 复制 FLUENT material database 中的 Hydrogen。

ii. 单击 FLUENT Database Materials 打开 FLUENT material database 对话框。

iii. 从 Material Type 下拉菜单中选择 Fluid 选项。

iv. 从 FLUENT Fluid Materials 的下拉菜单中选择 Hydrogen 项。

v. 单击 OK 按钮，关闭 FLUENT material database 对话框。

vi. 单击 Edit 按钮，在 Mixture Species 下拉列表中添加：H2O、O2、H2、N2。

vii. 在 Thermal Conductivity 和 User-Defined Function 的下拉列表中选择 user-Defined 和 diffusivity::sofc 1.2 项。

viii. 保留其他设置不变。

步骤六：边界条件

（1）设置阳极边界条件。

Define/Cell Zone Conditions

① 在弹出的面板中的 Zone 中选择 anode，并选择 Type 下拉列表中的 Fluid，单击 Edit 按钮，弹出如图 6-268 所示的对话框。

② 单击 Source Terms 标签，设置其下对应的 mass、H2O、H2 和 Energy 为 udf Source:: sofc 1.2。

③ 单击 Porous Zone 标签，将其下对应的 Direction-1、Direction-2 和 Direction-3 均设置为 1e+13，并从 Solid 下拉列表中选择 anode Materials，在 fluid porosity 中的 Porosity 中输入 0.3。

④ 保持其他默认设置不变。

⑤ 单击 OK 按钮关闭 Fluid 对话框。

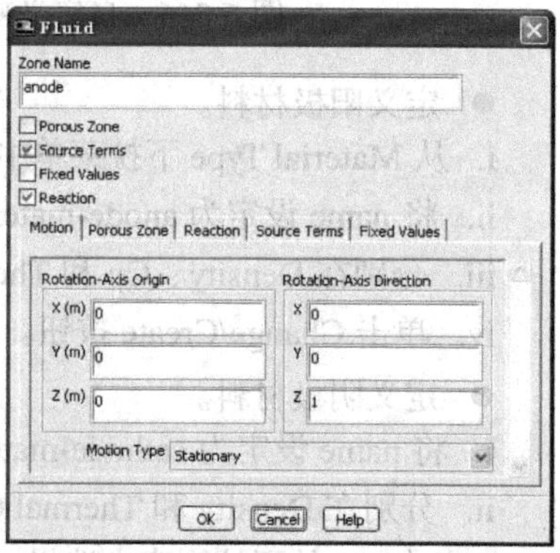

图 6-268　阳极边界条件设置对话框

（2）设置阴极边界条件。

Define/Cell Zone Conditions

按照设置阳极边界条件的方法设置阴极边界条件。

① 单击 Source Terms 标签，设置对应的 mass、O2 和 Energy 为 udf Source:: sofc 1.2。

② 单击 Porous Zone 标签，将对应的 Direction-1、Direction-2 和 Direction-3 均设置为 1e+13，并从 Solid 下拉列表中选择 cathode Materials，在 fluid porosity 中的 Porosity 中输入 0.3。

③ 保持其他默认设置不变。

④ 单击 OK 按钮关闭 Fluid 对话框。

（3）设置 anode-cc 区域边界条件。

Define/Cell Zone Conditions

按照设置阳极边界条件的方法设置 anode-cc 区域边界条件。

① 在 Material Name 下拉列表中选择 Current-collector-Material。

② 单击 Source Terms 标签，设置 Energy 为 udf Source:: sofc 1.2。

③ 保持其他默认设置不变。

④ 单击 OK 按钮关闭 Fluid 对话框。

（4）设置 cathode-cc 区域边界条件。

Define/Cell Zone Conditions

按照设置阳极边界条件的方法设置 cathode-cc 区域边界条件。

① 在 Material Name 下拉列表中选择 Current-collector-Material。

② 单击 Source Terms 标签，设置 Energy 与 udf Source:: sofc 1.2。

③ 保持其他默认设置不变。

④ 单击 OK 按钮关闭 Solid 对话框。

（5）设置 inlet-an 区域边界条件。

Define/Boundary Conditions

按照设置阳极边界条件的方法设置 inlet-an 区域边界条件。

① 在 Zone 中选择 inlet-an，单击 Edit 按钮。

② 在 Mass Flow-Rate 中输入 2.48949e–7。

③ 从 Direction Specifications Method 下拉列表中选择 Normal to Boundary。

④ 单击 Thermal 标签，并在 Total Temperature 中输入 973K。

⑤ 单击 Species 标签，将 Species Mass Fraction 中的 H2O、H2 分别设置为 0.524 8 和 0.475 2。

⑥ 保持其他默认设置不变。

⑦ 单击 OK 按钮关闭 Mass Flow-Rate 对话框。

（6）设置 inlet-ca zone 的边界条件。

Define/Boundary Conditions

按照设置阳极边界条件的方法设置 inlet- ca 区域边界条件。

① 在 Zone 中选择 inlet-ca，单击 Edit 按钮。

② 在 Mass Flow-Rate 中输入 1.3705e–5。

③ 从 Direction Specifications Method 下拉列表中选择 Normal to Boundary。

④ 单击 Thermal 标签，并在 Total Temperature 中输入 973K。

⑤ 单击 Species 标签，将 Species Mass Fraction 中的 O2 设置为 0.233。

⑥ 保持其他默认设置不变。

⑦ 单击 OK 按钮关闭 Mass Flow-Rate 对话框。

步骤七：模型求解

（1）设置残差监视器。

Solve/Monitors

① 在弹出的面板中选择 Residuals，单击 Edit 按钮。

② 在弹出的对话框中选择 Options 中的 Plot 选项。

③ 设置所有参数残差的收敛标准为 1e–7。

④ 单击 OK 按钮，关闭残差监视器对话框。

（2）初始化流场。

Solve/Initialization

保持默认设置，单击 Initialize 按钮进行初始化。

（3）重新设置 SOFC 模型参数。

Define/Models

① 双击 SOFC（Unresolved Electrolyte），在弹出的对话框中，取消勾选 Enable Volumetric Energy Source 复选框。

② 单击 OK 按钮，关闭对话框。

（4）初始求解。

Solve/Run Calcution

① 设置较大的迭代次数。

② 单击 Calcution 开始计算，FLUENT 运行至所有残差下降至预定值后自动停止计算。

（5）激活体积能量项（Volumetric Energy Source）。

Define/Models/SOFC/SOFC Model Control Panel

① 激活 Enable Volumetric Energy Source 选项，这样可以使模型计算域中的所有电导区域的电阻被加热。

② 单击 OK 按钮，关闭对话框。

（6）最终求解结果。

Solve/Run Calcution

① 单击 Calcution 按钮开始计算，FLUENT 在所有残差下降至预定值后自动停止计算。

② 进行 File/Write/Case&Data 操作，设置相应的文件保存路径及文件名后保存 cas 和 dat 文件。

步骤八：自定义函数

Define/Custom Field Function

在弹出的如图 6-269 所示的对话框中设置以下参数。

① 从 Field Functions 下拉列表中分别选择 User Defines Scalars 和 User Scalar 0。

② 在 New Function Name 中输入 voltage-volts，单击 Define 按钮。

③ 定义电流密度为 Current Density amp/m2、电压为 nernst voltage volts、活化电势为 activation overpotential volts。

④ 单击 Close 按钮关闭 Custom Field Function Calculator 对话框。

步骤九：显示相关等值线

（1）电流密度 Current Density amp/m^2。

Display/Graphics and Animations

① 双击 Contours，弹出如图 6-244 所示的对话框。

② 在 Options 中取消勾选 Auto Range 和 Clip to Range 两个复选框。

③ 在 Contours of 下拉列表中分别选择 Custom Field Functions 和 current-density-amp/m2。

④ 分别在 Min 和 Max 数值框中输入 1 500 和 10 200。

⑤ 在 Surfaces 列表中选择 wall-electrolyte-cathode，并单击 Display 按钮，显示的电流密度云图如图 6-270 所示。

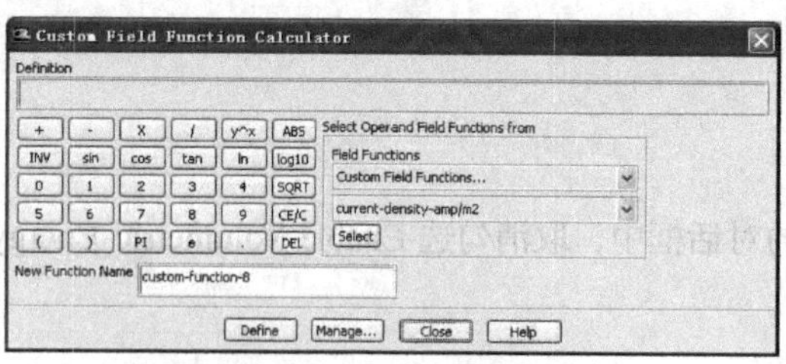

图 6-269　定义场函数对话框

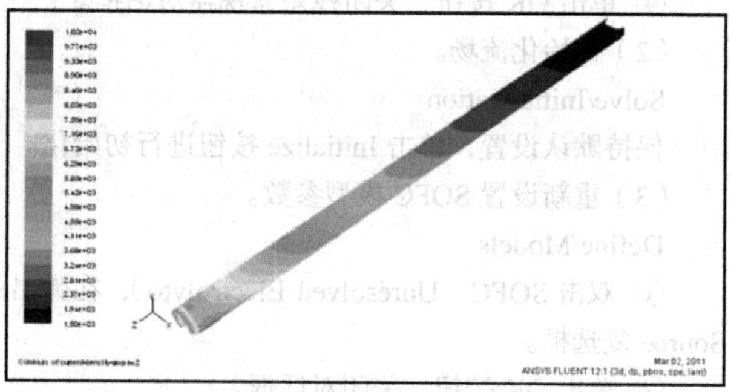

图 6-270　电流密度云图

（2）电压 nernst voltage volts。

Display/Graphics and Animations

① 双击 Contours，然后在弹出的如图 6-244 所示的对话框中进行相关操作。

② 在 Contours of 下拉列表中分别选择 Custom Field Functions 和 nernst voltage volts。

③ 单击 Compute 按钮。

④ 在 Surfaces 列表中选择 wall electrolyte cathode 并单击 Display 按钮，显示的电压云图如图 6-271 所示。

⑤ 关闭对话框。

（3）电势 activation overpotential volts。

Display/Graphcis and Animations

① 双击 Contours，然后在弹出的如图 6-244 所示的对话框中进行操作。

② 在 Contours of 下拉列表中分别选择 Custom Field Functions 和 activation-overpotential- volts。

③ 单击 Compute 按钮。

④ 在 Surfaces 列表中选择 wall-electrolyte-cathode 并单击 Display 按钮，显示的活化电势云图如图 6-272 所示。

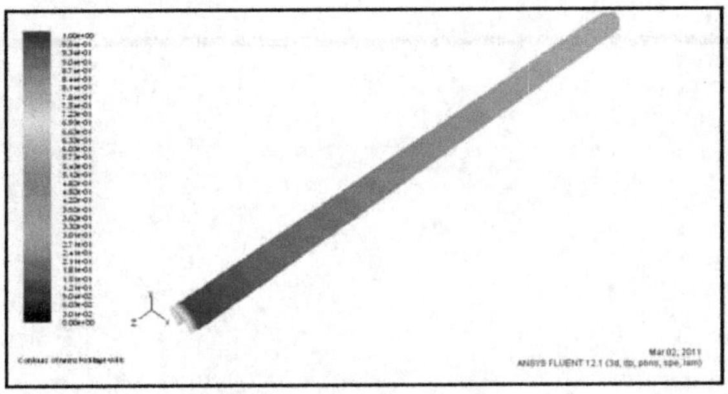

图 6-271　电压云图

图 6-272　活化电势云图

⑤ 关闭对话框。

（4）显示静态温度（Static Temperature）。

Display/Graphcis and Animations

① 双击 Contours，然后在弹出的如图 6-244 所示的对话框中进行以下操作。

② 在 Contours of 下拉列表中分别选择 Temperature 和 Static Temperature。

③ 单击 Compute 按钮。

在 Surfaces 列表中选择 wall-electrolyte-cathode 并单击 Display 按钮，显示的静态温度云图如图 6-273 所示。

（5）显示氢气质量分数云图。

Display/Graphcis and Animations/Contours

在弹出的对话框中进行如下操作。

① 在 Contours of 下拉列表中分别选择 Species 和 mass fraction of h2。

② 单击 Compute 按钮。

③ 在 Surfaces 列表中选择 wall-electrolyte-cathode 并单击 Display 按钮，显示的氢气的质量分数云图如图 6-274 所示。

④ 在 Contours of 中选择其他选项，即可分别显示参与反应的其他组分的质量分数和体积分数。

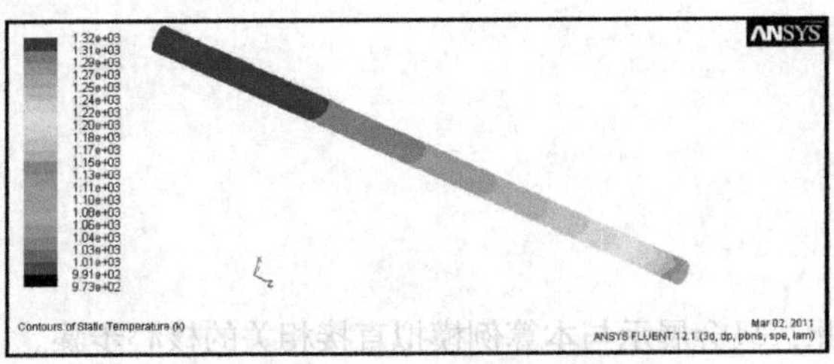

图 6-273　静态温度云图

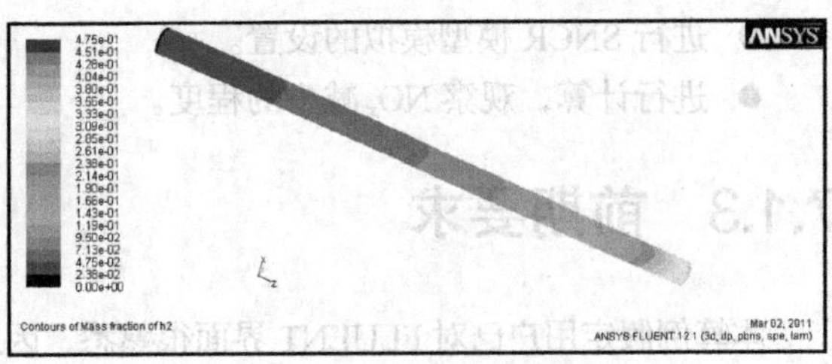

图 6-274　氢气的质量分数分布云图

第 7 章

综合实战案例二

7.1 算例十二：使用喷尿素法并利用选择性非催化还原法（SNCR）进行 NO_x 模拟

7.1.1 介绍

本算例的目的是展示使用 SNCR（选择性非催化还原）模型进行 NO_x 模拟的方法。SNCR 模型即利用喷入选择性还原剂（如氨水或尿素）降低 NO_x 排放，选择性还原剂可以与 NO 反应生成 N_2。

7.1.2 方法和设置

- 使用 NO_x 模型设置工况。
- 为 NO_x 模拟设置计算参数。
- 进行 SNCR 模型模拟的设置。
- 进行计算，观察 NO_x 减少的程度。

7.1.3 前期要求

本算例假定用户已对 FLUENT 界面很熟悉，因此，只会展示与本算例模拟直接相关的核心步骤。

7.1.4 问题描述

本算例中，用户将从一个收敛的燃烧工况和数据文件开始计算，该算例的计算域示意图如图 7-1 所示。

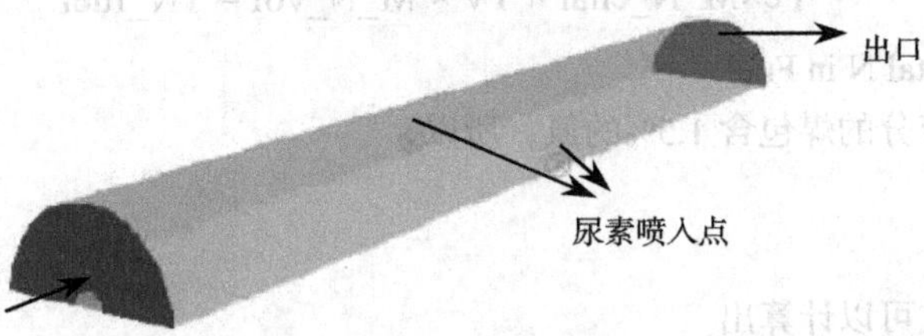

图 7-1 计算域示意图

用户首先进行没有尿素喷入情况下的 NO_x 分析。然后通过设置 SNCR 模型考虑尿素的喷入，并通过运行计算来观察 NO_x 的减少程度。对于 SNCR 模型，获得 DPM 的收敛解对确定尿素挥发过程是十分重要。

> 注 意：为了使用 SNCR 模型，用户将首先考虑氨水或尿素的喷入，这取决于之前的燃烧过程中使用什么反应物。对于 SNCR 模型的计算，在计算 NO_x 之前，应该为流动和尿素气流喷入过程求得收敛解。

7.1.5 准备

- 复制已经计算收敛的燃烧场工况和数据文件到工作文件夹中。
- 开启 FLUENT 的 3D 双精度求解器（Double Precision）。

7.1.6 设置和求解

步骤一：网格

（1）读入燃烧已经收敛的工况和数据文件。

File/Read/Case

> 注 意：尿素已经加入到混合物中，其将在尿素入射流设置过程中被使用。

（2）显示网格。

Display/Mesh

步骤二：计算挥发 N 和焦炭 N 的质量分数

干燥无灰分的煤粉颗粒包含 60%焦炭和 40%挥发分。这种煤含有 1.5%的氮。我们假定总氮的 30%为焦炭。

（1）干燥无灰分的煤粉粒子组分为，Fc = 60%和 Fv = 40%。

（2）用 M_N_vol 和 M_N_char 分别表示挥发分和焦炭中氮的质量分数。

（3）由于总氮的 30%为焦炭，因此计算氮的式子如下。

$$\frac{M\_N\_vol}{M\_N\_char}=\frac{0.7}{0.3}$$

$$Fc\times M\_N\_char + Fv \times M\_N\_vol = TN\_fuel$$

此处 TN_fuel = Total N in Fuel

（4）因为干燥无灰分的煤包含 1.5%的氮，所以，

Fc = 0.6　Fv = 0.4

TN_fuel = 0.015

（5）使用上述等式可以计算出

M_N_vol = 0.022 8

M_N_char = 0.009 78

步骤三：设置 NO_x 模型

Define/Models/Species/NO_x

（1）在 Pathways 中激活 Thermal NO 和 Fuel NO 选项。

（2）在 Thermal 选项卡中的[O] Model 和[OH] Model 下拉列表选择 partial-equilibrium。

（3）选择 Fuel 选项，在 Fuel Type 中选择 Solid。

（4）在 Volatile N Mass Fraction 中输入 0.022 8。

这个值在步骤二中计算获得。

（5）在 Partition Fraction 中的 hcn 中输入 0.9，在 nh3 中输入 0.1。

这里 HCN 和 NH3 的分数是针对煤粉的，通常设置煤粉模拟中的 HCN 为 90%，NH3 为 10%。

（6）从 Char N Conversion 下拉列表中选择 no。

一般而言，Char_N 直接转换为 NO。然而，也有设置将 Char_N 转换为 HCN/NH3/NO 的选项。

（7）在 Char N Mass Fraction 中输入 0.009 78。

该值由步骤二计算得出。

（8）选择 Turbulence Interaction 选项卡，在 PDF Mode 下拉列表中选择 temperature，设置 Beta Points 为 25。

（9）单击 Apply 按钮，关闭 NO_x Model 对话框。

步骤四：NO_x 模型的求解

（1）设置 Number of Continuous Phase Iterations per DPM Iteration 为 0。

NO_x 通过后处理求解，在求解 NO_x 时没有必要追踪粒子。

Define/Models/Discrete Phase

（2）设置污染物求解式的求解参数。

Solve/Controls

① 单击 Equations 按钮，除污染物的方程式外，Equations 列表中其他的方程式都不选取。

注　意：有两套组分被求解。一是燃烧模型求解流场和能量反应的组分，二是污染物组分。

② 将所有污染物的 Under-Relaxation Factors 设置为 1。

为加快收敛，设置欠松弛因子为 1。这些等式的默认收敛标准不足以满足 NO_x 计算的收敛程度。一般而言，用户要将收敛标准设置为 1e–6 ~ 1e–8。在本算例中，用户应将收敛标准设置为 1e–8。

（3）设置收敛标准。

Solve/Monitors/Residuals

① 将所有污染物等式的收敛标准设为 1e–8。

② 单击 OK 按钮关闭 Residual Monitors 对话框。

（4）运行 200 迭代。

Solve/Initialization/Initialize

求解将在约 50 步迭代后收敛。

（5）保存工况和数据文件。

File/Write/Case & Data

步骤五：NO_x 后处理（不考虑尿素的喷射）

（1）为以基于干空气的 ppm 值报告 NO_x 浓度，定义场函数。

ppmvd = molef – pollut – pollutant – 0 * 1000000 / (1 – molef – h2o)

Define/Custom Field Functions

① 在 Custom Field Function Calculator 对话框内输入定义，如图 7-2 所示。

在 Field Functions 下拉列表内选择 NO_x 和 Mole fraction of Pollutant，单击 Select 按钮添加 molef-pollut-pollutant-0 到 Definition 中。

从 Field Functions 下拉列表选择 Species 和 Mole fraction of h2o，单击 Select 按钮添加 molef-h2o 到 Definition。

② 在 New Function Name 中输入 ppmvd。

③ 单击 Define 按钮，关闭 Custom Field Function Calculator 对话框。

（2）显示自定义场函数的云图。

Display/Graphics and Animations/Graphics/Contours

① 从 Contours of 下拉列表中选择 Custom Field Function 和 ppmvd。

② 从 Surfaces 列表中选择 x=0。

③ 单击 Display 按钮关闭 Contours 对话框。

报告的 NO_x 最大值约为 977 ppmvd，如图 7-3 所示。

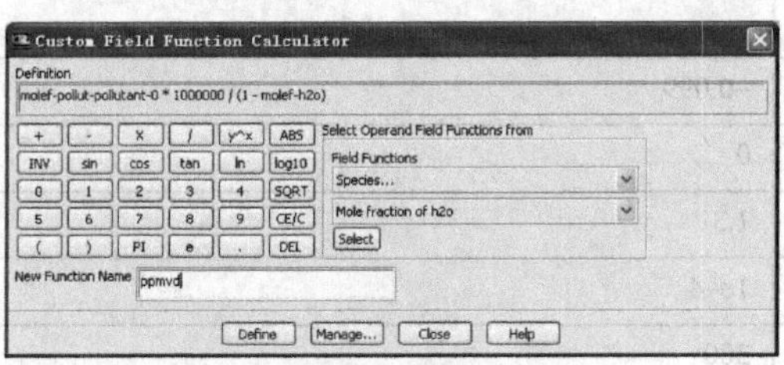

图 7-2　场函数设置对话框

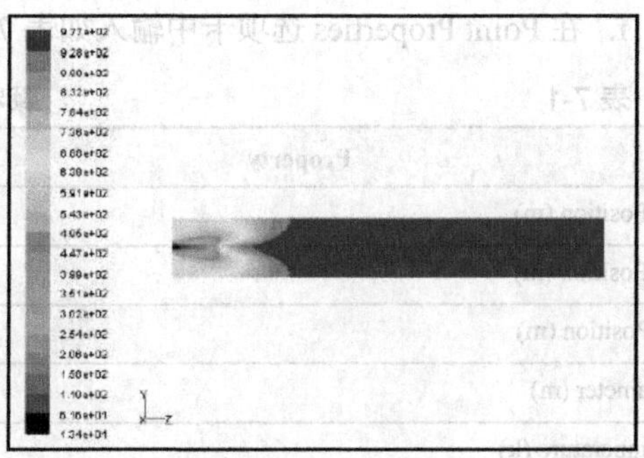

图 7-3　云图显示

（3）估算出口边界处的质量平均 NO_x。

Report/Result Reports/Surface Integrals

① 从 Report Type 下拉列表中选择 Mass-Weighted Average。

② 从 Field Variables 下拉列表中选择 Custom Field Functions 和 ppmvd。

③ 从 Surface 列表中选择 outflow，单击 Compute 按钮。

④ 关闭 Surface Integrals 对话框。

Mass-Weighted Average 的值为 936。

步骤六：考虑尿素入射时 SNCR 模型的设置

（1）考虑 combusting-particle 包含 urea-solid。

Define/Materials

（2）单击 FLUENT Database 按钮，弹出 FLUENT Database Materials 对话框。

① 从 Material Type 下拉列表中选择 combusting-particle。

② 从 FLUENT Combusting Particle Materials 列表中选择 urea-solid(CO<NH2>2<S>)。

③ 单击 Copy 按钮关闭 FLUENT Database Materials 对话框。

（3）单击 Change/Create 按钮，关闭 Materials 创建对话框。

（4）定义 SCNR 模型。

Define/Models/Species/NO_x

① 选择 Reduction 选项卡，激活 Method 中的 SCNR。

② 对于 Reduction Method Parameters，选择 SCNR 选项。

③ 从 Injection Method 和 Reagent Species 下拉列表中分别选择 liquid 和 CO<NH2>2。

④ 单击 Apply 按钮，关闭 NO_x Model 对话框。

⑤ 出现改变物性的信息提示，单击 Information 对话框中的 OK 按钮即可。

（5）设置尿素喷入流。

尿素喷入时一般与水混合。本算例中，我们假定有 55%的水。这里采用 Wet Combustion 模型。

Define/Injections

① 单击 Create 按钮，弹出 Set Injection Properties 对话框。

a. 从 Injection Type 下拉列表中选择 solid-cone。

b. 设置 Number of Particle Streams 为 20。

c. 在 Particle Type 中选择 Combusting。

d. 在 Material 下拉列表中选择 urea-solid。

e. 在 Devolatizing Species 下拉列表中选择 CO<NH2>2。

f. 在 Point Properties 选项卡中输入如表 7-1 所示的参数。

表 7-1　　颗粒相入流参数

Property	Value
X-Position (m)	–0.099
Y-Position (m)	0
Z-Position (m)	1.3
Diameter (m)	1e–4
Temperature (k)	300
X-Axis	1
Y-Axis	0
Z-Axis	0
Velocity Magnitude (m/s)	15

续表

Property	Value
Cone Angle (deg)	30
Radius (m)	0
Total Flow Rate (kg/s)	1e–6

g. 选择 Turbulent Dispersion 选项卡，激活 Discrete Random Walk Model 选项。

h. 设置 Number of Tries 为 10。

i. 选择 Wet combustion 选项卡，激活 Wet Combustion Model 选项。

j. 从 Liquid Material 下拉列表中选择 water-liquid，在 Liquid Fraction 中输入 0.55。

k. 在 Evaporating Species 下拉列表中选择 h2o。

l. 单击 OK 按钮关闭 Set Injection Properties 对话框。

② 在 Injection 列表中选择 injection-1，单击 Copy 按钮，弹出 Set Injection Properties 对话框。

a. 在 Point Properties 选项卡中的 X-Position 中输入 0.099。

b. 保持其他参数的默认设置。

c. 单击 OK 按钮关闭 Set Injection Properties 对话框。

步骤七：使用 SNCR 模型求解

（1）设置求解控制参数。

当求解燃烧模型的收敛解时，无需同时求解污染物方程。因此，这时用户可以不激活所有的污染物组分方程。

Solve/Controls

① 从 Equation 中选择除了污染物以外的所有方程式。

② 单击 OK 按钮关闭 Solution Controls 面板。

（2）设置 Number of Continuous Phase Iterations Per DPM Iteration 为 30。

Define/Discrete Phase

（3）将 Continuity 的 Absolute Criteria 设置 1e–5。

Solve/Monitors/Residuals

（4）要求进行 500 步迭代。

Solve/Run Calculation/Calculate

也可以直接读入工况和数据文件。

（5）求解包含 SNCR 的 NO_x 模型。

Solve/Controls

① 在 Equations 中只选择污染物方程式。

② 设置污染物的 Under-Relaxation Factor 为 1。

（6）设置 Number of Continuous Phase Iterations per DPM Iteration 为 0。

Define/Models/Discrete Phase

（7）将污染物等式的 Absolute Crteria 设为 1e–8。

Solve/Monitors/Residuals

（8）运行 50 步迭代。

Solve/Initialization/Initialize

求解将在大约 25 步迭代后收敛。

（9）保存工况和数据文件。

File/Write/Case & Data

步骤八：NO_x后处理（考虑尿素喷入）

（1）显示 x=0 平面的 Noxppm 值。

Display/Graphics and Animations/Contours

① 从 Contours of 下拉列表中选择 Custom Field Functions 和 ppmvd。

② 从 Surfaces 列表中选择 x=0。

③ 单击 Display 按钮，关闭 Contours 对话框，显示效果如图 7-4 所示。

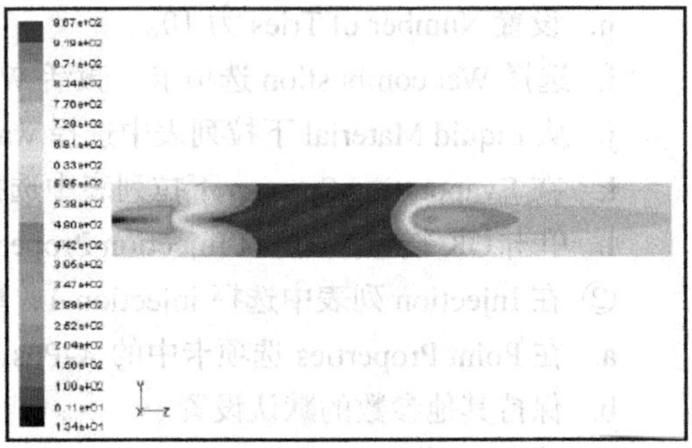

图 7-4　云图显示

（2）评估出口处的质量加权平均 ppmvd 值。

Report/Result Reports/Surface Integrals

① 在 Report Type 下拉列表中选择 Mass-Weighted Average。

② 从 Field Variable 下拉列表中选择 Custom Field Functions。

③ 从 Surfaces 列表中选择 outflow。

④ 单击 Compute 按钮关闭 Surface Integrals 对话框。

Mass-Weighted Average 的值 548。

7.2　总结

通过使用 SNCR 模型考虑尿素喷入，出口处的 NO_x 值因为 SNCR 反应降低了 41%。使用 SNCR 模型降低 NO_x 的过程可以通过喷入尿素或氨水实现。喷入氨水的模拟也可以使用和本算例类似的方法进行设置。

7.3　算例十三：使用混合物模型模拟质量和热量交换

7.3.1　介绍

本算例的目的是展示使用 FLUENT 混合物模型模拟质量和能源传递的多相流过程。

7.3.2　前期要求

本算例假定用户熟悉 FLUENT 界面，对基本设置和求解步骤有所了解。本算例不会涉及模型的机理，而更关注模型的应用。

7.3.3　问题描述

初始时，储罐中含有温度在沸点（372 K）附近的水（主相），如图 7-5 所示。储罐底部中心部分的温度略高于沸腾温度（573 K）。由于导热影响，壁面附近流体的温度将超过饱和温度（373 K）。气泡将形成并上升，由顶部溢出，水在储罐内循环。

默认的混合物模型不包含相间的质量交换。因此，设置用户自定义函数（UDF）对于模拟液相到蒸汽相间的质量传递过程很重要。这可以通过定义气体连续性方程的质量源项和液相连续性方程绝对值相等（符号不一样）的质量源项来实现。

7.3.4 设置和求解

步骤一：网格

（1）读入网格文件 boil.msh。

（2）检查并显示网格，如图 7-6 所示。

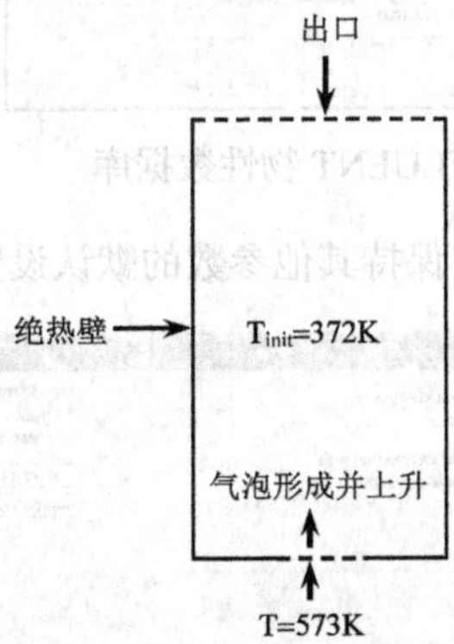

图 7-5　计算域示意图

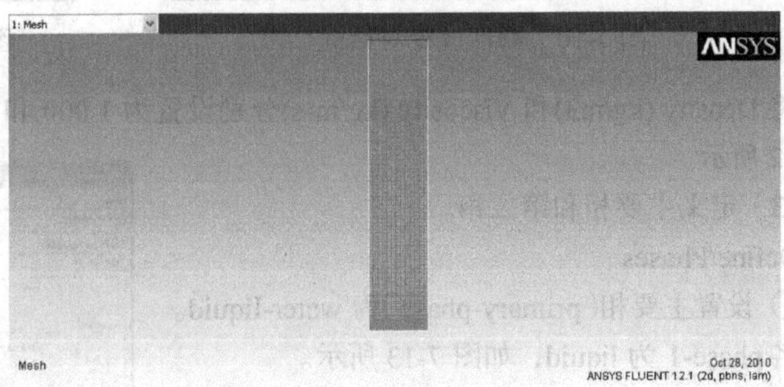

图 7-6　网格显示

步骤二：模型

（1）选择 Transient 求解器，如图 7-7 所示。

（2）选择 Mixture 多相流模型，激活 Implicit Body Force 选项，如图 7-8 所示。

（3）激活 Energy Equation，如图 7-9 所示。

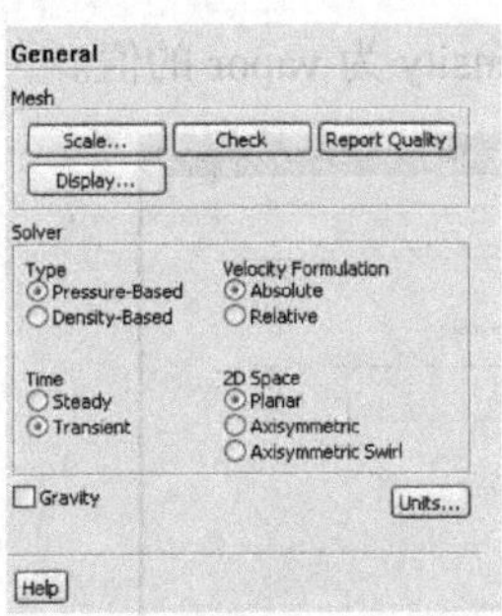

图 7-7　选择求解器

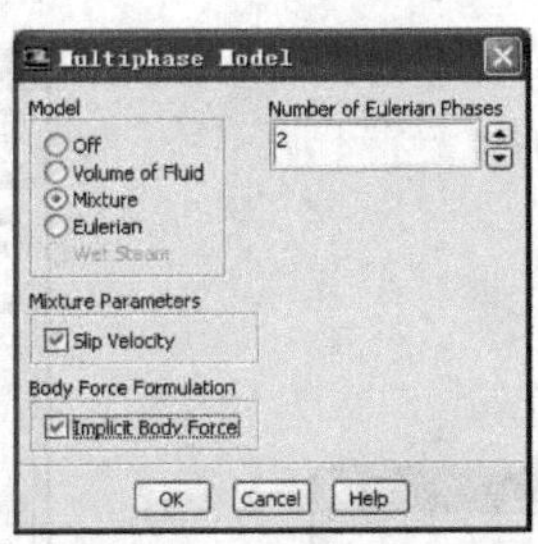

图 7-8　多相流设置对话框

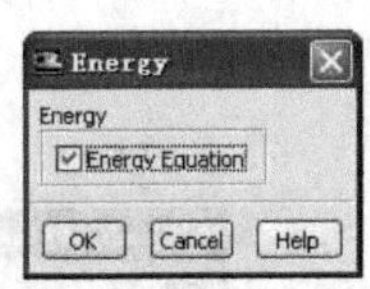

图 7-9　能量方程对话框

步骤三：材料

（1）修改 air 的物性。

① 设置 Density (kg/m^3)为 0.554 2，如图 7-10 所示。

② 设置 Cp (Specific Heat)(j/kg-k)为 2 014。

③ 设置 Thermal Conductivity (w/m-k)为 0.026 1。

④ 设置 Viscosity (kg/m-s)为 1.34e–05。

（2）从数据库中复制 water-liquid，如图 7-11 所示。

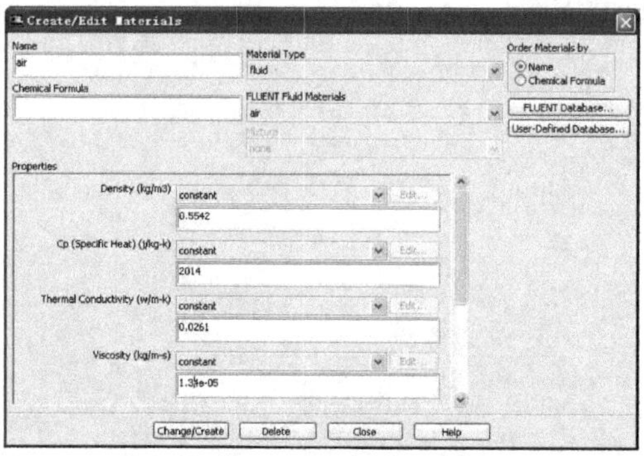

图 7-10　物性设置对话框

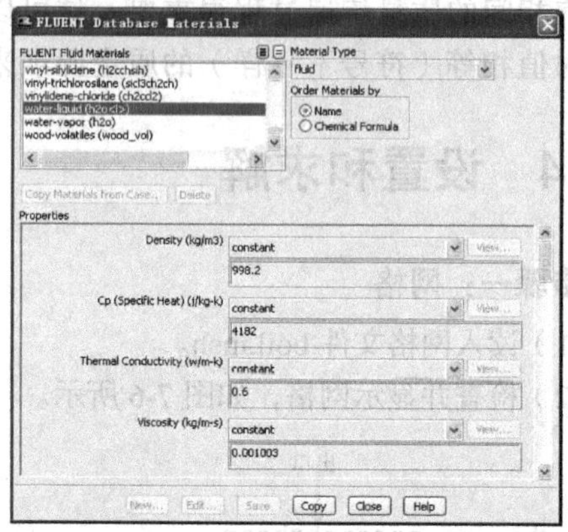

图 7-11　FLUENT 物性数据库

将 Density (kg/m3)和 Viscosity (kg/m-s)分别设置为 1 000 和 0.000 9。保持其他参数的默认设置，如图 7-12 所示。

（3）定义主要相和第二相。

Define/Phases

① 设置主要相(primary-phase)为 water-liquid。重命名 phase-1 为 liquid，如图 7-13 所示。

② 设置第二相（secondary-phase）为 air，设置其名称为 vapor。设置其直径（m）为 0.000 2，如图 7-14 所示。

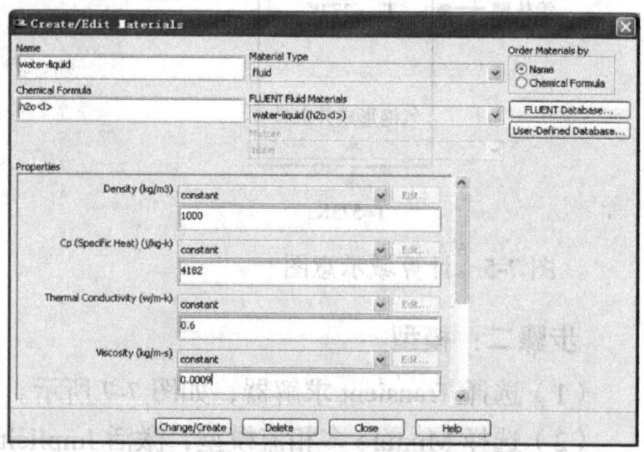

图 7-12　物性设置对话框

步骤四：操作条件

（1）勾选 Gravity 复选框，在 Gravitational Acceleration 下的 Y 中输入–9.81，如图 7-15 所示。

（2）勾选 Specified Operating Density 复选框，设置 Operating Density 为 vapor 的值。

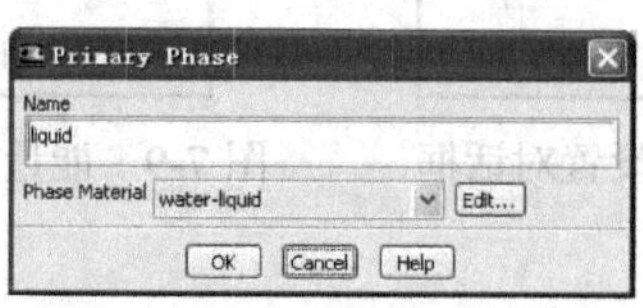

图 7-13　Primary Phase 对话框

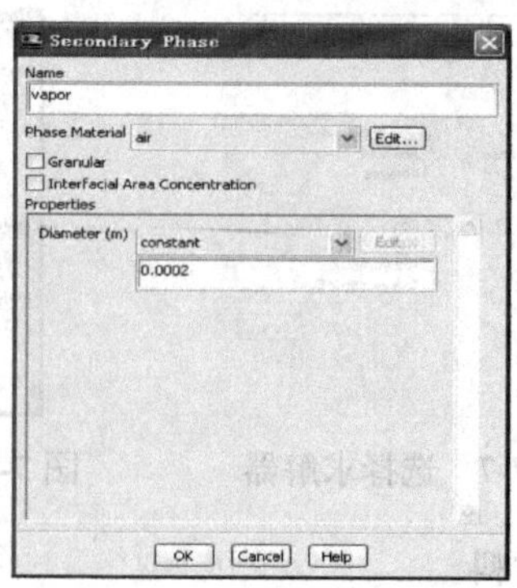

图 7-14　Secondary Phase 对话框

步骤五：边界条件

设置出口边界条件。

（1）在边界条件面板中的 Phase 中选择 mixture，弹出 Pressure Outlet 对话框。

（2）分别设置 Gauge Pressure 和 Backflow Total Temperature 为 0 和 372，如图 7-16 和图 7-17 所示。

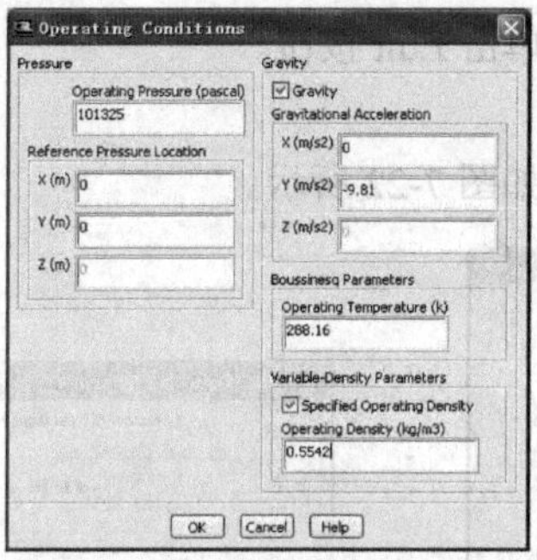

图 7-15　操作条件对话框

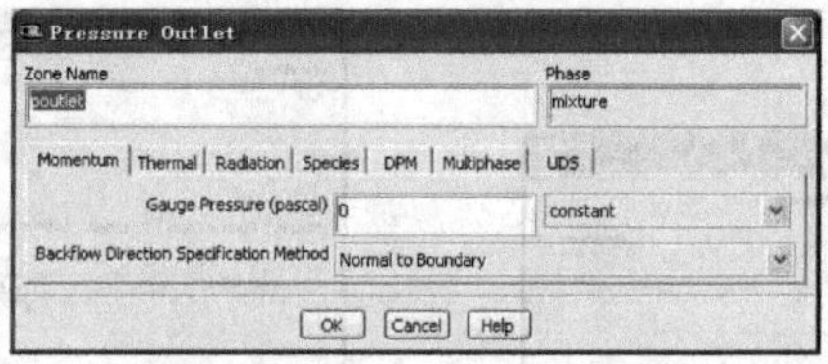

图 7-16　压力出口对话框

（3）对于 vapor 相，设置 Backflow Volume Fraction 为 0，如图 7-18 所示。

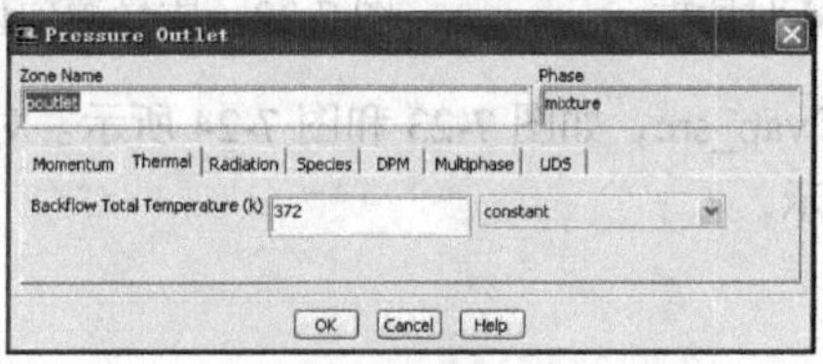

图 7-17　Pressure Outlet 对话框

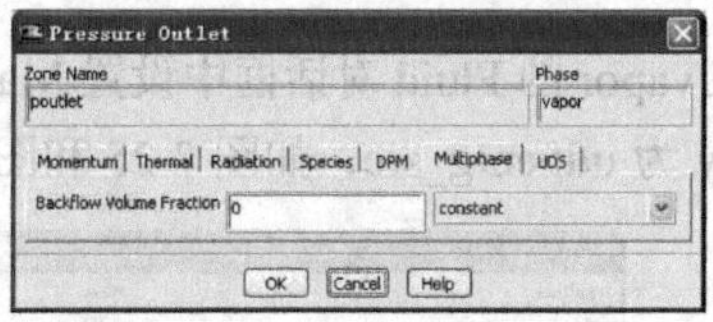

图 7-18　压力出口对话框

（4）设置 wall-hot 的 Temperature 为 573 K，如图 7-19 所示。

（5）设置其他壁面的 Heat Flux 为 0。

（6）保存工况和数据文件。

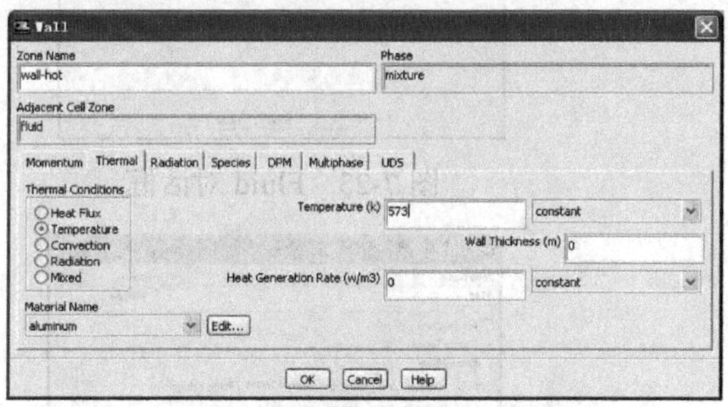

图 7-19　壁面边界条件对话框

步骤六：编译 UDF

UDF 被用于指定相间的质量交换。如果用户想使用 FLUENT 未集成的传质模型，可以通过用户自定义函数来实现。

质量交换源项是相等的，并通过体积分数方程指定。另外，需要考虑潜热的能量源项。

（1）创建工作目录。保存 C 语言函数到工作目录中。

（2）开启 FLUENT 求解器。

（3）读入工况文件。

（4）使用导入 UDF 对话框编译 UDF。

① 在 Source File Name 内输入 C 函数的名字（source.c），如图 7-20 所示。

② 选定 CPP Command Name 的 C 预处理器。

③ 保持 Stack Size 的默认值 10 000，除非函数中局部变量的数据大于 Stack 导致溢出。本算例中，设置的 Stack Size 值大于局部变量。

④ 如果想使用 FLUENT 自带的 C 语言预处理器，则选择 Use Contributed CPP 选项。

⑤ 单击 Interpret 按钮。

⑥ 当编译结束后，单击 Close 按钮关闭对话框。

步骤七：指定 UDF

定义液相、蒸汽和混合物的宏。

（1）在 Zone 中选择 fluid，在 Phase 中选择 liquid，然后单击 Edit 按钮。

弹出 Fluid 对话框，如图 7-21 所示。

（2）激活 Source Terms 选项，设置 Mass 为 udf liq_src，如图 7-22 所示。

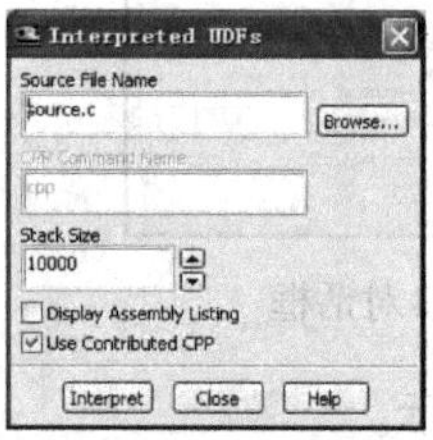

图 7-20　Interpreted UDFs 对话框

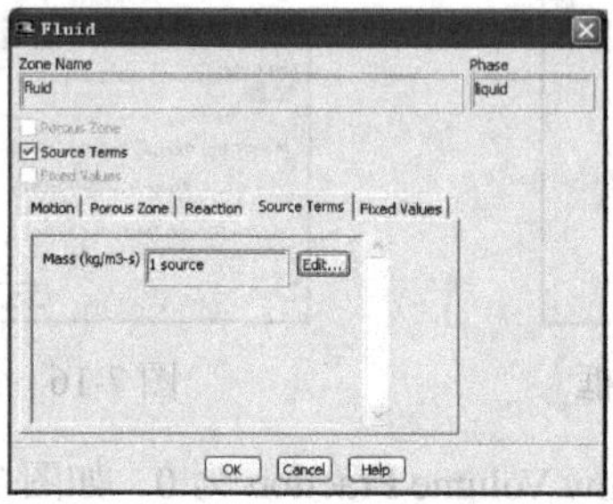

图 7-21　Fluid 对话框

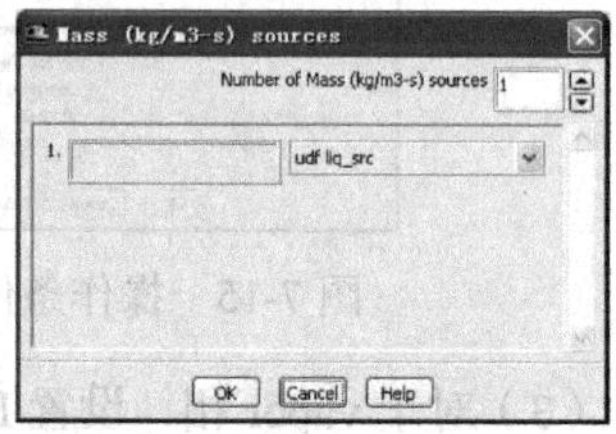

图 7-22　质量源项设置对话框

（3）在 vapor 的 Fluid 对话框中设置 Mass 为 udf vap_src，如图 7-23 和图 7-24 所示。对于 mixture，设置 Energy 为 udf enrg_src，如图 7-25 和图 7-26 所示。

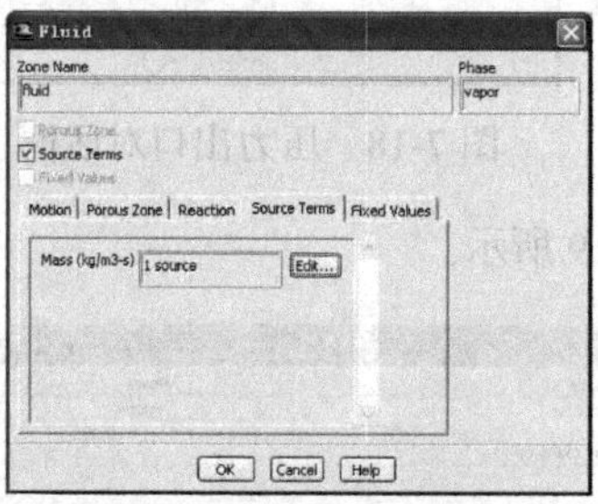

图 7-23　Fluid 对话框

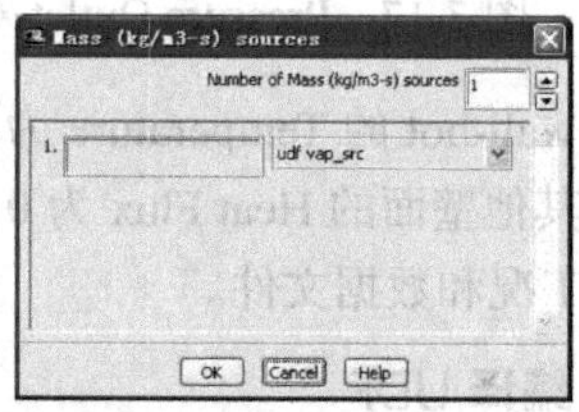

图 7-24　质量源项设置

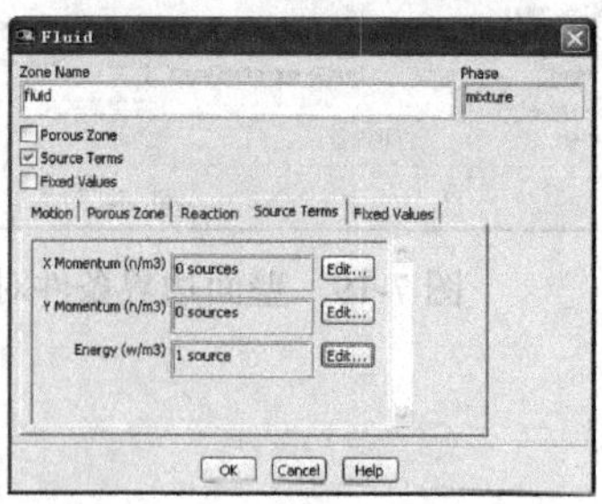

图 7-25　Fluid 对话框

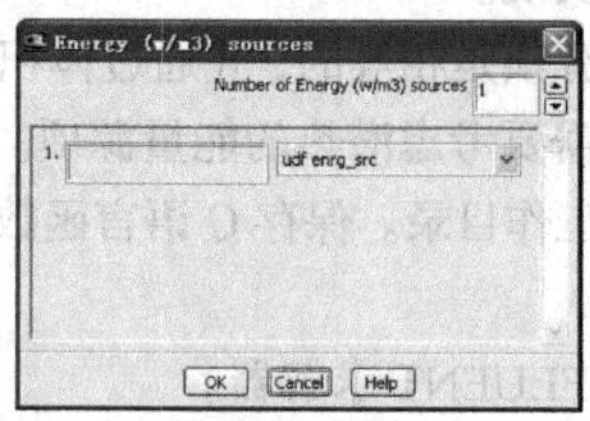

图 7-26　能源源项设置

步骤八：求解

（1）设置求解参数。

① 保持默认选择的方程式。

② 在 Under-Relazation Factors 下设置 Pressure 为 0.5，Momentum 为 0.2，Volume Fraction 为 0.4。

③ 在 Spatial Discretization 下设置 Pressure 为 Body Force Weighted，设置 Momentum 和 Volume Fraction 为 QUICK。

④ 保持其他参数的默认设置。

（2）初始化流场温度为 372 K，如图 7-27 所示。

（3）自适应 wall-hot 旁的边界区域。

① 在 Boundary Zones 列表中只选择 wall-hot，如图 7-28 所示。

② 设置 Number of Cells 为 1，单击 Mark 按钮标记所有细化区域的网格。

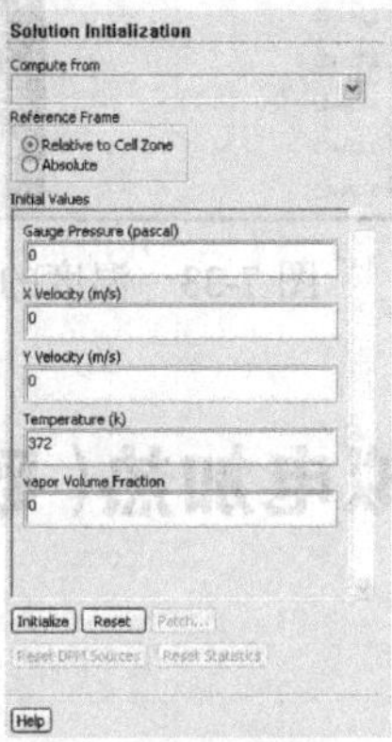

图 7-27　求解初始化面板

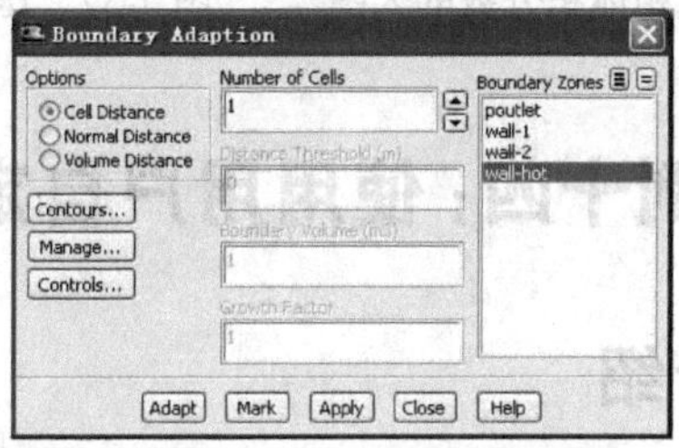

图 7-28　边界自适应对话框

（4）将温度修补为略高于 UDF 定义的饱和温度 373 K。

① 在 Variable 中选择 Temperature，在 Registers to Patch 中选择 boundary-r0，如图 7-29 所示。

② 设置 Value 为 373，单击 Patch 按钮。

（5）设置 Time Step Size 为 0.01，Number of Time Step 为 1 000，单击 Calculate 按钮。

步骤九：后处理

（1）显示液相速度值；

从 Contours of 下拉列表中选择 Velocity 和 liquid Velocity Magnitude，单击 Display 按钮，显示的效果如图 7-30 所示。

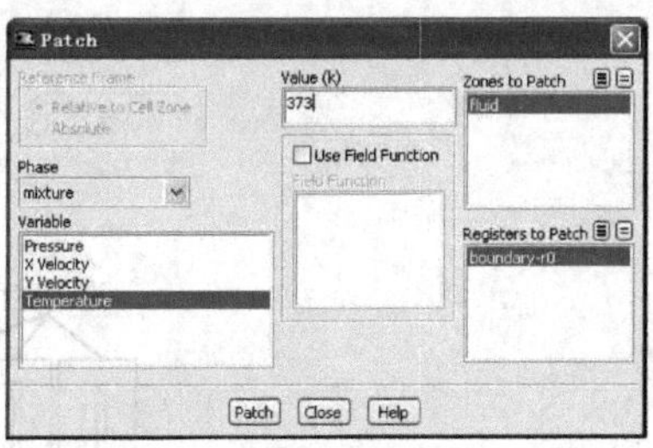

图 7-29　局部初始化对话框

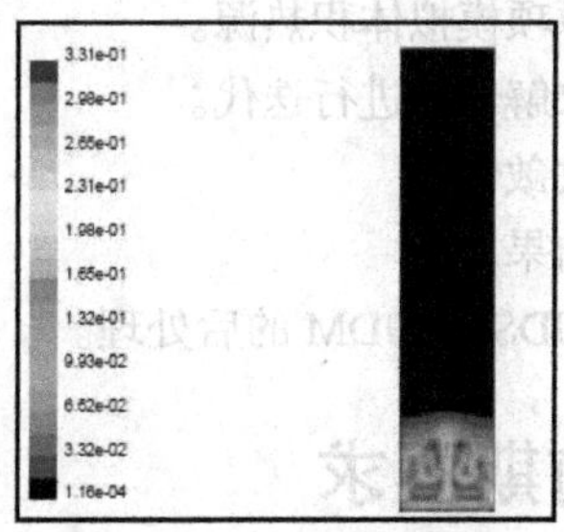

图 7-30　液相速度的云图

（2）显示蒸汽相的体积分数。

从 Contours of 下拉列表中选择 Phases 和 Volume fraction of vapor，单击 Display 按钮，显示的效果如图 7-31 所示。

（3）显示静压云图。

从 Contours of 下拉列表中选择 Pressure 和 Static Pressure，单击 Display 按钮，显示的效果如图 7-32 所示。

（4）显示温度的云图。

从 Contours of 下拉列表中选择 Temperature 和 Static Temperature，单击 Display 按钮，显示如图 7-33 所示。

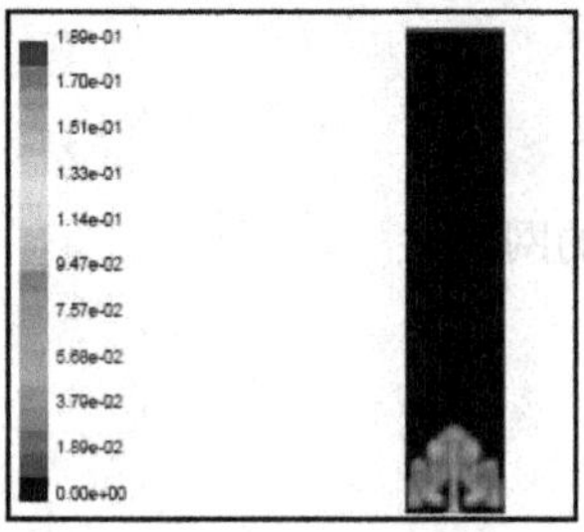

图 7-31　气相体积分数的云图

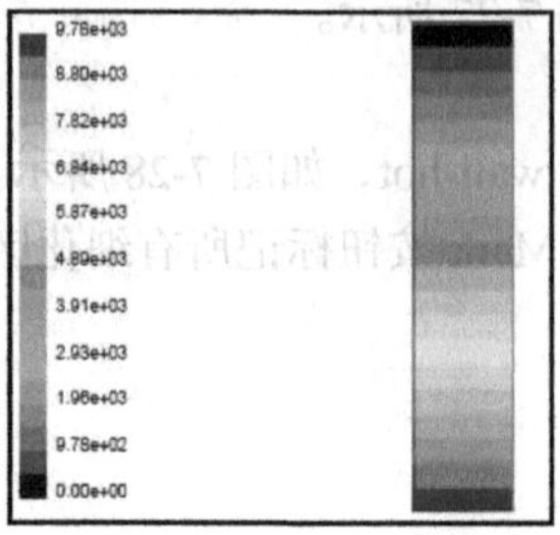

图 7-32　压力的云图

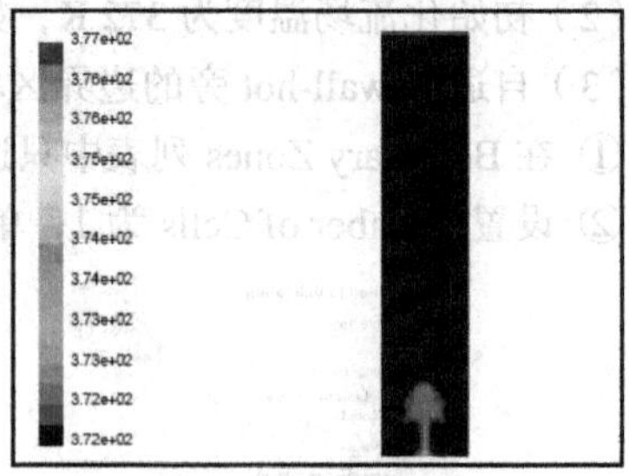

图 7-33　温度的云图

7.4　算例十四：使用用户自定义标量模拟电加热（欧姆加热）

7.4.1　介绍

本算例展示了使用用户自定义标量模拟流体的电阻加热的方法。电阻加热（欧姆加热）是一种处理液态食物的高级流程，该过程涉及电通过液态食物本身。通过该过程，电能转换为热能。传统的食物加热过程可能会导致食物质量因相对较低的能源转换速率和较大的温度梯度而受损。比较而言，电加热能均匀地对食物整体加热，能保证更好的食物质量。

7.4.2　方法和设置

- 使用 UDS（用户自定义标量）模拟电流连续性方程。
- 使用 UDM（用户自定义内存）存储每个节点的数据。
- 使用源项模拟体积热源。
- 设置求解器并进行迭代。
- 检查收敛性。
- 查看结果。
- 进行 UDS 和 UDM 的后处理。

7.4.3　前期要求

本算例假定用户对 FLUENT 较为熟悉，对 FLUENT 界面也比较熟悉。

7.4.4　问题描述

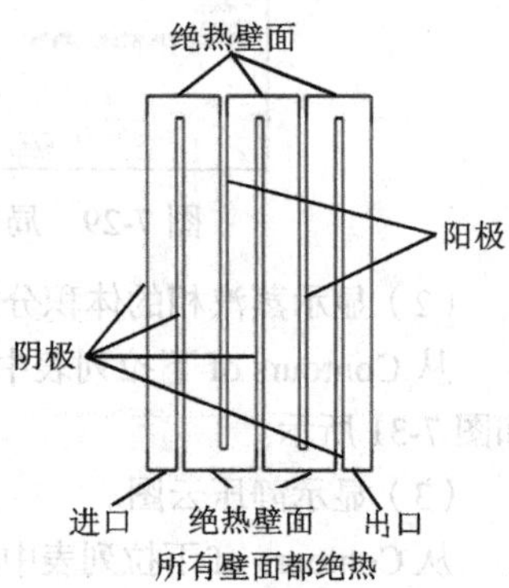

图 7-34　计算域示意图

考虑二维的欧姆加热模拟，将水处理为工作流体，流体通过如图 7-34 所示的盘管。电流连续性方程（使用 UDS 求解）的电势（Φ）以下式表示。

$$\nabla \cdot (\sigma \nabla \phi) = 0$$

式中 σ 为电导率。

电流密度矢量与电势分布有关，以下式表示。

$$J = -\sigma\nabla\phi$$

电能耗散的生成热以欧姆定律计算，并存储在 User Memory 0 中。热生成的体积速率（q）由下式计算。

$$q = \frac{J \cdot J}{\sigma}$$

7.4.5　准备

- 复制文件 ohmic_heater.msh 和 libudf 文件夹到工作文件夹中。
- 开启 FLUENT 二维双精度求解器中。

7.4.6　设置和求解

步骤一：网格

（1）读入网格文件 ohmic_heater.msh。

File/Read/Mesh

FLUENT 将读入网格文件，并在控制台中报告进程。

（2）检查网格。

Mesh/Check

这个过程将对网格进行检查，用户应确保网格的最小体积为正数。

（3）检查网格尺寸，如图 7-35 所示。

Mesh/Scale

检查计算域的尺寸，确保其与实际物理模型尺寸相符。否则应将网格以合适的单位进行放大或缩小处理。本算例没有必要对网格进行放大或缩小处理。

（4）显示网格。

Display/Mesh

① 在如图 7-36 所示的对话框中单击 Colors 按钮。

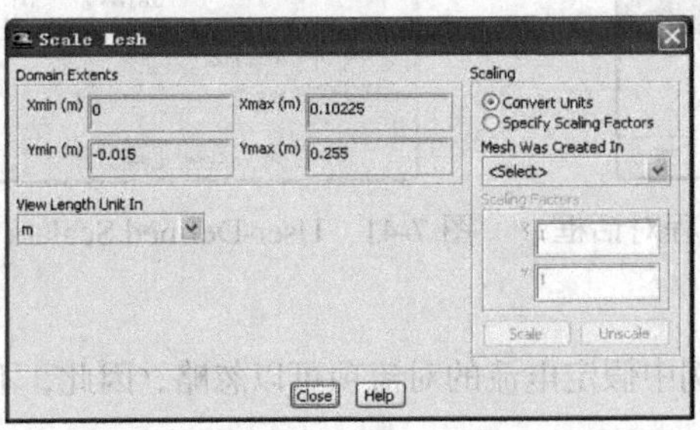

图 7-35　Scale Mesh 对话框

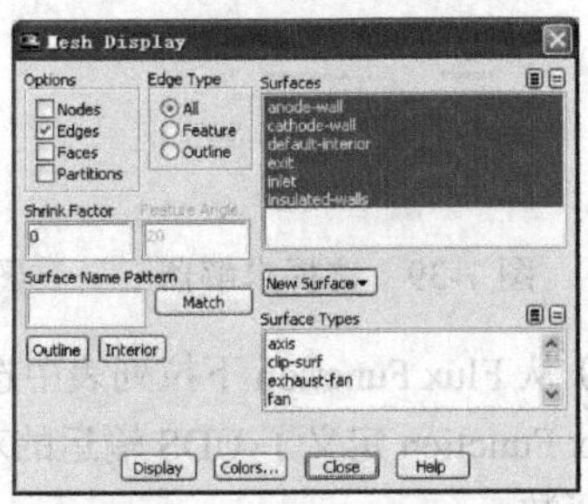

图 7-36　网格显示对话框

a. 选中 Options 里的 Color by ID 选项，如图 7-37 所示。

b. 关闭 Mesh Colors 对话框。

② 单击 Display 按钮。

③ 关闭 Mesh Display 对话框，网格显示效果如图 7-38 所示。

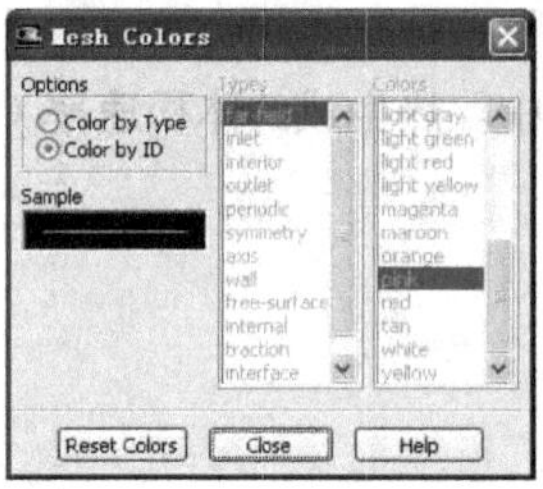

图 7-37　Mesh Colors 对话框

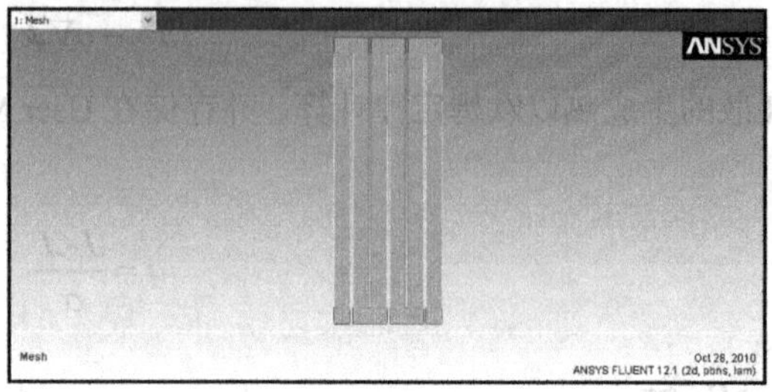

图 7-38　网格显示效果

步骤二：模型

（1）保持求解器的默认参数。

Define/General

本算例将使用二维稳态求解器进行求解，如图 7-39 所示。

（2）激活能量方程，如图 7-40 所示。

Define/Models/Energy

步骤三：UDF

加载 UDF。

Define/User-Defined/Functions/Compiled

单击 Load 加载 UDF。

欧姆加热所导致的热量增加将使用这个 UDF 计算。

步骤四：定义 UDS

在工况中考虑 UDS。

Define/User-Defined/Scalars

（1）设置 Number of User-Defined Scalars 为 1，如图 7-41 所示。

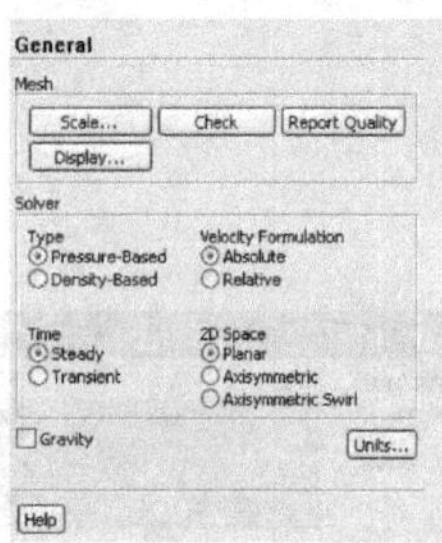

图 7-39　选择求解器

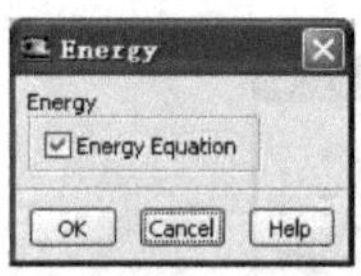

图 7-40　能量方程对话框

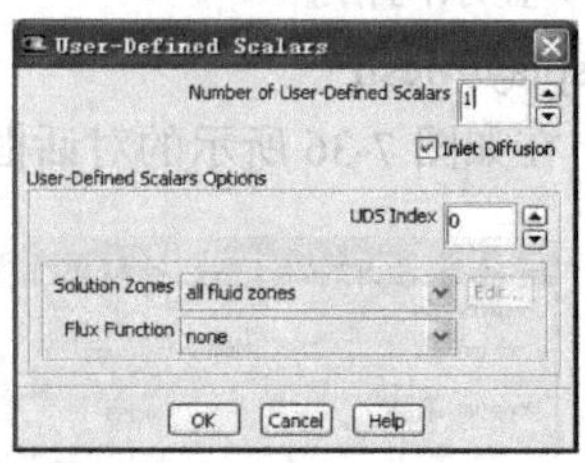

图 7-41　User-Defined Scalars 对话框

（2）从 Flux Function 下拉列表中选择 none。

Flux Function 定义了 UDS 输运的对流项。本算例中假定电流的对流项可以忽略，因此，不需要定义任何函数。

（3）单击 OK 按钮，关闭 User-Defined Scalars 对话框。

步骤五：定义 UDM

定义合适的 UDM。

Define/User-Defined/Memory

（1）设置 Number of User-Defined Memory Locations 为 1，如图 7-42 所示。

UDMs 将变量存储到每个节点和面的中心。这些被存储的变量将在后处理或其他 UDFs 中被使用。本算例中，电能的耗散被存储在 UDM 中。这个 UDM 被用于进行体积热源的后处理，也用于定义能量方程的源项。

（2）单击 OK 按钮，关闭 User-Defined Memory 对话框。

步骤六：材料

将水复制到材料数据库中，以此添加水的物性。

Define/Materials

（1）在如图 7-43 所示的对话框中单击 FLUENT Database 按钮。

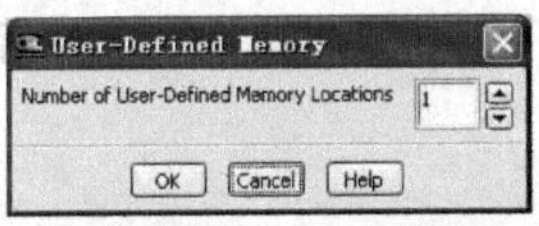

图 7-42　User-Defined Memory 对话框

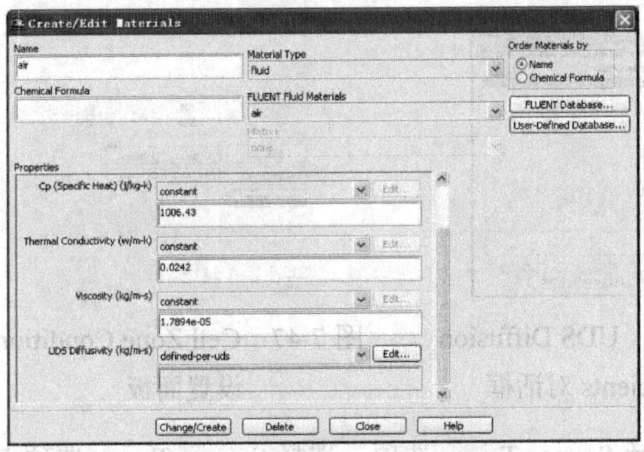

图 7-43　物性创建对话框

① 从 FLUENT Fluid Materials 列表中选择 water-liquid (h2o<l>)，如图 7-44 所示。

② 单击 Copy 按钮。关闭 FLUENT Database Materials 对话框。

（2）定义电流方程式的扩散系数，如 UDS-0。

① 从 Materials 面板中的 FLUENT Fluid Materials 下拉列表中选择 water-liquid (h2o<l>)。

② 单击 Properties 选项组中的 UDS Diffusivity 右侧的 Edit 按钮，如图 7-45 所示。

弹出 UDS Diffusion Coefficients 对话框，从 User-Defined Scalar Diffusion 列表中选择 uds-0。在 Coefficient 中输入 0.001 237，如图 7-46 所示。然后单击 OK 按钮，关闭 UDS Diffusion Coefficients 对话框。

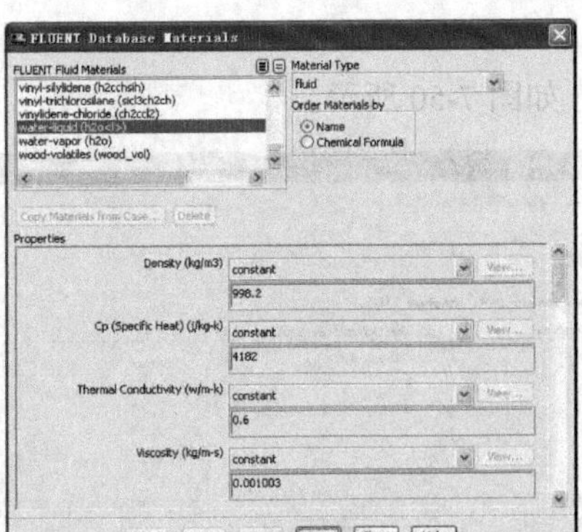

图 7-44　FLUENT 物性数据库导入对话框

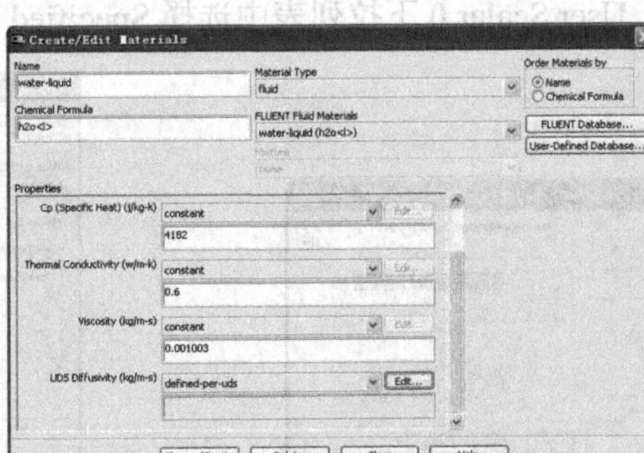

图 7-45　材料物性修改对话框

（3）单击 Change/Create 按钮，关闭 Create/Edit Materials 对话框。

步骤七：区域条件和边界条件

（1）设置 ohm-heater 的计算域条件。

Define/Cell Zone Condtions

① 从 Zone 列表中选择 ohm-heater，如图 7-47 所示。并设置 Type 为 fluid。

② 单击 Edit 按钮。

③ 从 Material Name 下拉列表中选择 water-liquid，如图 7-48 所示。

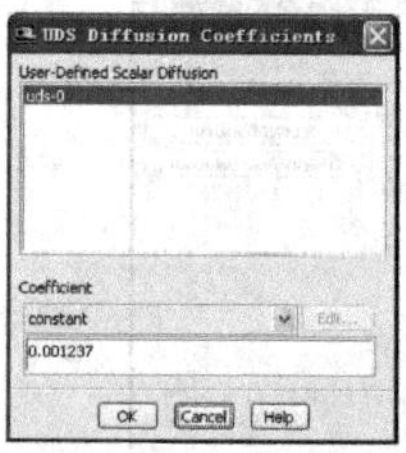

图 7-46　UDS Diffusion Coefficients 对话框

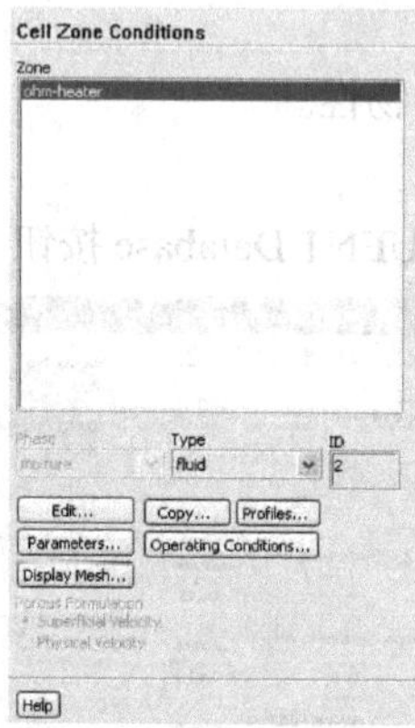

图 7-47　Cell Zone Conditions 设置面板

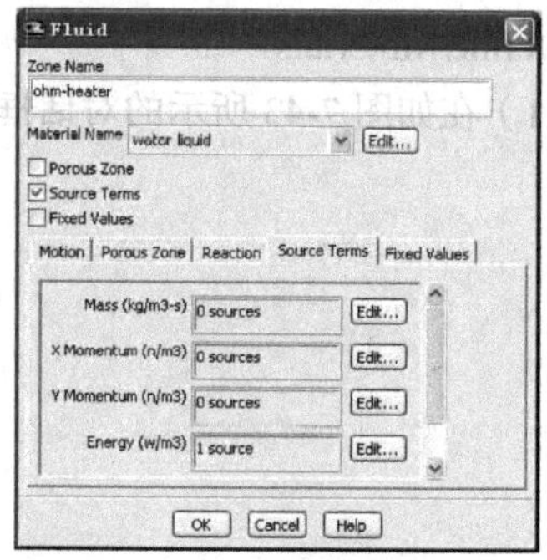

图 7-48　Fluid 对话框

④ 激活 Source Terms 选项，选择 Source Terms 选项卡。

⑤ 单击 Energy 文本框右侧的 Edit 按钮，弹出 Energy（w/m3）sources 对话框，如图 7-49 所示。

a. 设置 Number of Energy（w/m3）sources 为 1。

b. 从下拉列表中选择 udf Energy_Source。

c. 单击 OK 按钮，关闭 Energy（w/m3） sources 对话框。

⑥ 单击 OK 按钮，关闭 Fluid 对话框。

（2）设置 anode-wall 的边界条件。

① 从 Zone 列表中选择 anode-wall，设置 Type 为 wall。

② 单击 Edit 按钮。

a. 保持 Thermal 和 Momentum 选项卡中的默认参数。

b. 选择 UDS 选项卡。

c. 从 User Scalar 0 下拉列表中选择 Specified Value，如图 7-50 所示。

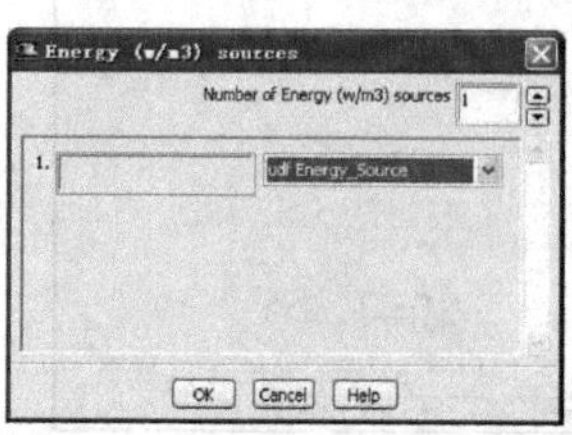

图 7-49　能量源项对话框

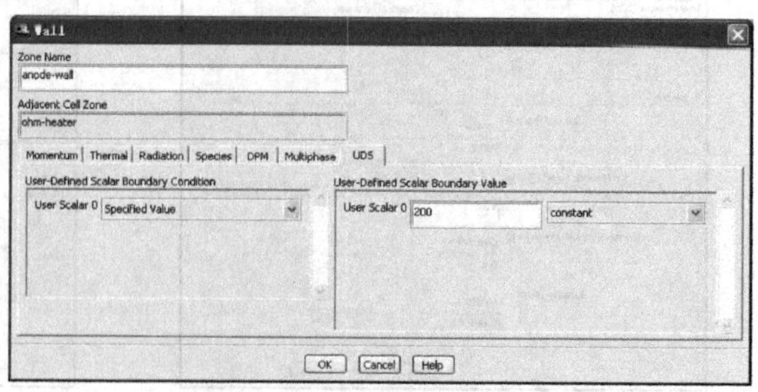

图 7-50　Wall 对话框

d. 从 User-Defined Scalar Boundary Value 选项组中的 User Scalar 0 文本框中输入 200。

e. 单击 OK 按钮，关闭 Wall 对话框。

（3）设置 cathode-wall 的边界条件。

① 从 Zone 列表中选择 cathoda-wall，并设置 Type 为 Wall。

② 单击 Edit 按钮

a. 保持 Thermal 和 Momentum 选项卡中的默认参数。

b. 选择 UDS 选项卡。

c. 从 User Scalar 0 下拉列表中选择 Specified Value，如图 7-51 所示。

d. 在 User-Defined Scalar Boundary Value 选项组中的 User Scarlar 0 文本框中输入 0。

e. 单击 OK 按钮，关闭 Wall 对话框。

（4）设置进口的边界条件。

① 从 Zone 列表中选择 inelt，并设置 Type 为 velocity-inlet。

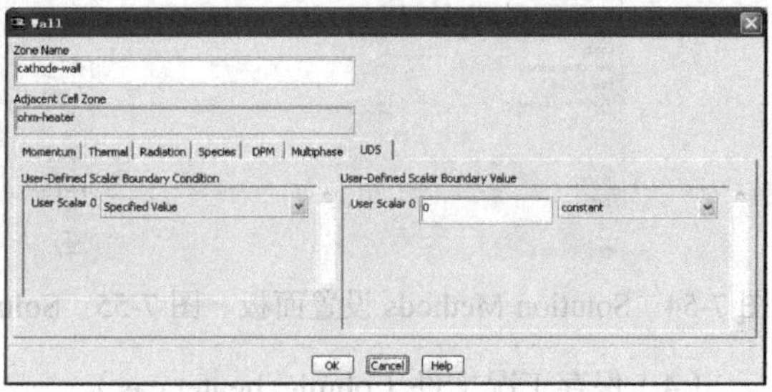

图 7-51 壁面边界对话框

② 单击 Edit 按钮。

a. 在 Velocity Magnitude (m/s) 文本框中输入 0.001，如图 7-52 所示。

b. 选择 Thermal 选项卡，在 Temperature (k)文本框中输入 300。

c. 保持 UDS 的默认边界参数。

d. 单击 OK 按钮，关闭 Velocity Inlet 对话框。

（5）保持出口的默认边界条件，如图 7-53 所示。

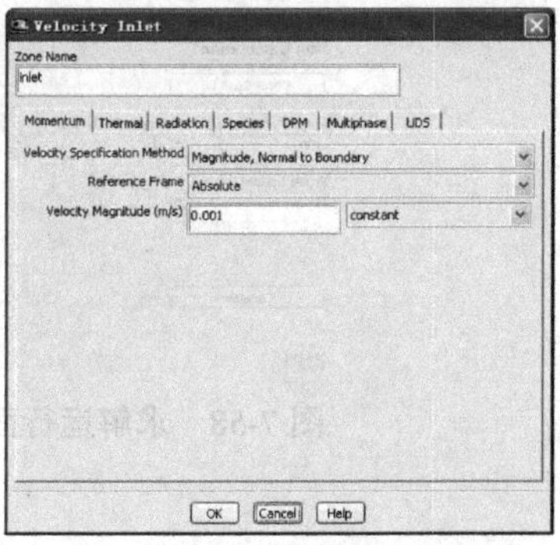

图 7-52 速度进口边界设置对话框

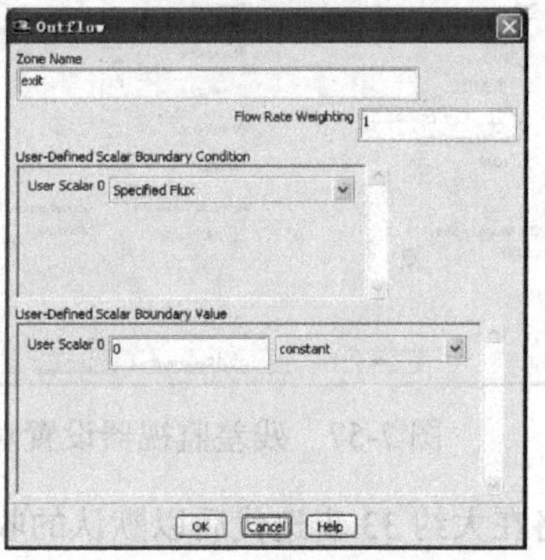

图 7-53 自由出流边界设置对话框

步骤八：求解

（1）保持默认的求解参数，如图 7-54 和图 7-55 所示。

（2）流场初始化。

Solve/Initialization/Initialize

在如图 7-56 所示的面板中单击 Initialize 按钮。

（3）激活残差图。

Solve/Monitors/Residuals

① 勾选 Options 选项组中的 Plot 复选框，如图 7-57 所示。

② 单击 OK 按钮，关闭 Residual Monitors 对话框。

默认设置中，所有的变量都会被监视，以此决定是否收敛。

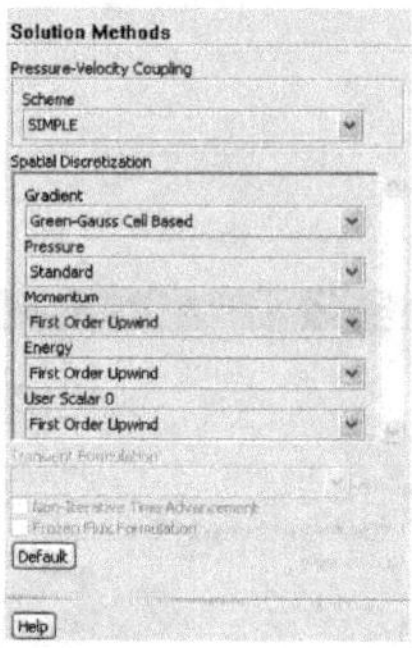

图 7-54 Solution Methods 设置面板

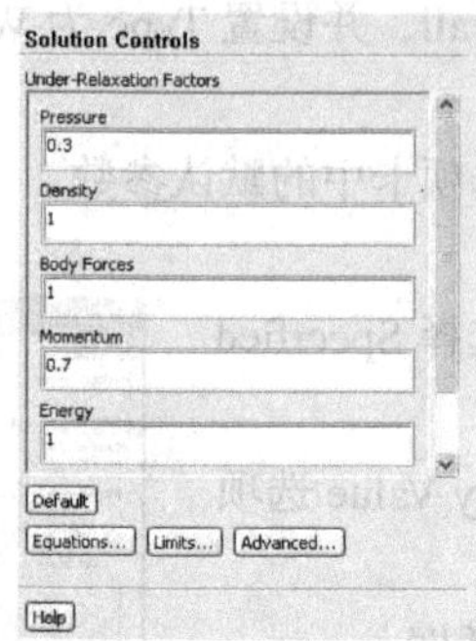

图 7-55 Solution Controls 设置面板

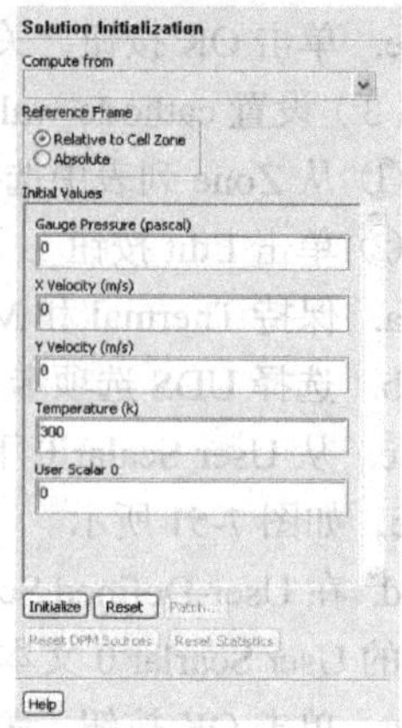

图 7-56 求解初始化设置面板

（4）保存工况文件（ohmic_heater.cas）。

File/Wrtie/Case

保持默认选中 Write Binary Files 选项。

（5）开始 100 步迭代。

Solve/Run Calculation/Calculate

① 设置 Number of Iterations 为 100。

② 单击 Calculate 按钮，如图 7-58 所示。

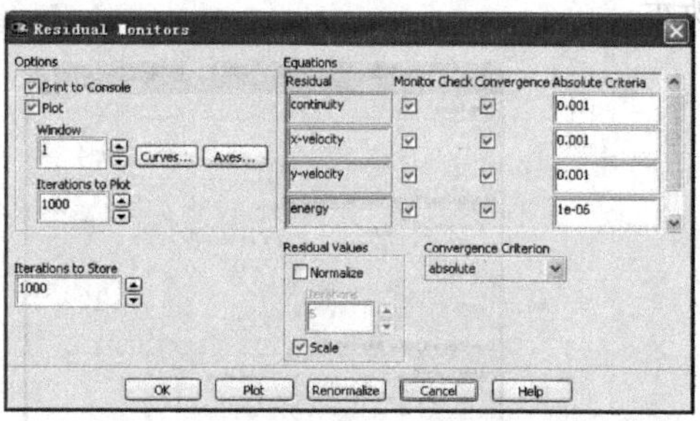

图 7-57 残差监视器设置对话框

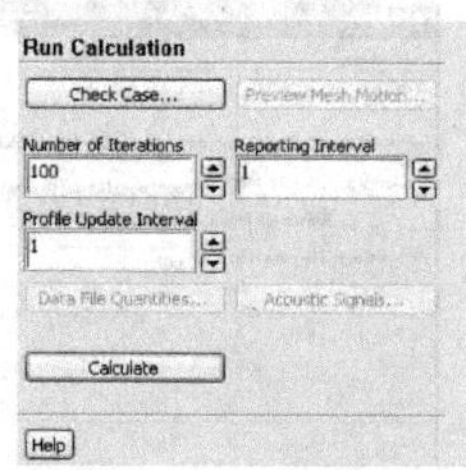

图 7-58 求解运行面板

求解将在大约 33 步迭代后以默认的收敛标准收敛。

步骤九：检查收敛性

并没有判断收敛性的通用指标，一般而言，未收敛的结果大都是非物理解，具有误导性。依靠残差来判断收敛性对于某些问题是适用的，但对于某些问题而言，这并不是收敛的全部指标。因此，不仅需要检查残差降低的程度，还需要监视敏感位置的变量，并检查质量和能量的平衡。

有 3 种确认收敛性的方法。

- 监视残差。一般而言，获得收敛解时，残差都会降低到比较低的程度。能量残差的默认收敛标准为 1e–6，其他残差的默认收敛标准为 1e–3。这个收敛标准对于大多数问题是合适的，但有时可能需要进一步降低残差的收敛标准，比如燃烧时使用 EDC 模型的计算。
- 检查质量、动量、能量和标量的平衡。
- 在 Flux Reports 对话框中检查质量、动量、能量和标量的平衡。净不平衡量应在通过计算域的净流量的 0.2%之内。

有时，随着迭代的进行，残差并未降低到收敛标准以下，但此时监视器监控的流动变量并不随着迭代的继续进行而改变，即该变量达到了稳定。这时如果的确为物理解，则也可能达到了收敛状态。

（1）检查质量平衡。

Report/Result Report/Fluxes

① 在 Options 中选中 Mass Flow Rate 选项。

② 从 Boundaries 列表中选择 exit 和 inlet。

③ 单击 Compute 按钮，关闭 Flux Reports 对话框。

对于给定的收敛标准，净不平衡率为 0 kg/s。

（2）检查能量平衡。

① 在 Options 中选中 Total Heat Transfer Rate 选项。

② 从 Boundaries 列表中选择 exit 和 inlet。

③ 单击 Compute 按钮，关闭 Flux Reports 对话框。

能量不平衡为–3254.327 W。这个不平衡是由于流体的体积加热而产生的。要想使能量守恒，这个值应等于能源项。

（3）检查体积积分。

Report/Result Report/Volume Integrals

① 激活 Report Type 中的 Volume Integral 选项。

② 从 Field Variable 下拉列表中选择 User Defined Memory 和 User Memory 0。

电能耗散生成的热量将使用欧姆定律计算，并被存储到 User Memory 0 中。

③ 从 Cell Zones 列表中选择 ohm-heater。

④ 单击 Compute 按钮，关闭 Volume Integrals 对话框。

欧姆加热而产生的总热量与流体通过加热器的焓变很接近。净不平衡率为 9.52e–4%，可认为达到了平衡。在某些情况下，一阶格式和默认的收敛标准可能不能保证质量、动量、能量和标量的平衡。这时，可以选择使用高阶离散格式来获得更好的收敛性。

（4）选择高阶格式。

Sove/Method

从 Spatial Discretization 选项组中的 Momentum、Energy 和 User Scalar 0 的下拉列表中选择 QUICK。

QUICK 格式应用于六面体和四边形网格（不对三角形网格使用）。这个格式对于旋转或旋流的模拟很适用，当使用均匀网格时，其在对流项上是三阶精度。一般而言，二阶迎风格式也可以满足要求，QUICK 格式并不会大幅提高精度。

（5）保存工况文件。

File/Write/Case

（6）进行 100 步迭代。

Solve/Run Calculation

求解将在约 57 步迭代后收敛。

（7）再次检查能量平衡。

Report/Result Reports/Fluxes

① 激活 Options 中的 Total Heat Transfer Rate 选项。

② 从 Boundaries 列表中选择 exit 和 inlet，如图 7-59 所示。

③ 单击 Compute 按钮，关闭 Flux Reports 对话框。

现在，对整个计算域进行能量源项的积分。

（8）再次检查体积积分。

Report/Result Reports/Volume Integrals

① 激活 Report Type 中的 Volume Integral 选项，如图 7-60 所示。

② 从 Field Variable 下拉列表中选择 User Defined Memory 和 User Memory 0。

③ 从 Cell Zones 列表中选择 ohm-heater。

④ 单击 Compute 按钮，关闭 Volume Integrals 对话框。

净不平衡率由 9.52e−4%降低到 2.45e−4%。

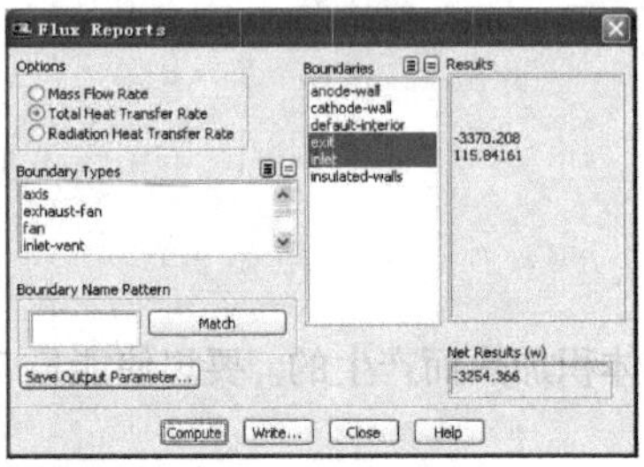

图 7-59　Flux Reports 对话框

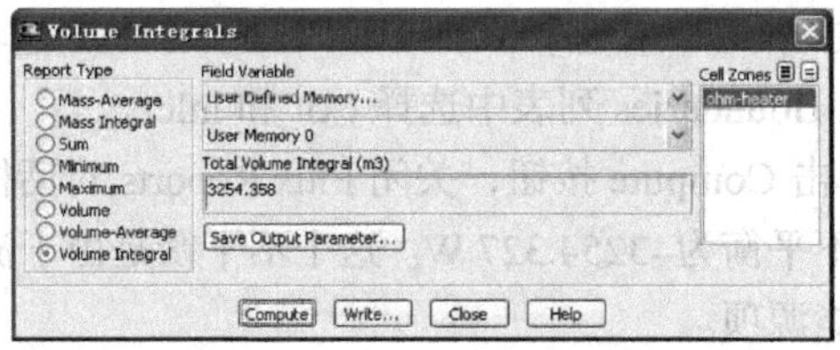

图 7-60　体积分设置对话框

步骤十：后处理

（1）显示速度的云图。

Display/Graphics and Animations/Contours

① 从 Contours of 下拉列表中选择 Velocity 和 Velocity Magnitude，如图 7-61 所示。

② 激活 Options 中的 Filled 选项。

③ 单击 Display 按钮，速度云图的显示效果如图 7-62 所示。

右键单击计算域内的点，控制台中将显示相应的值。

（2）显示温度的云图。

Display/Graphics and Animations/Contours

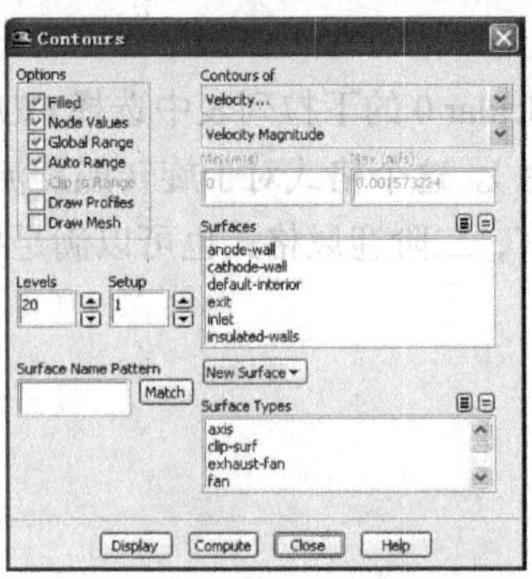

图 7-61　云图设置对话框

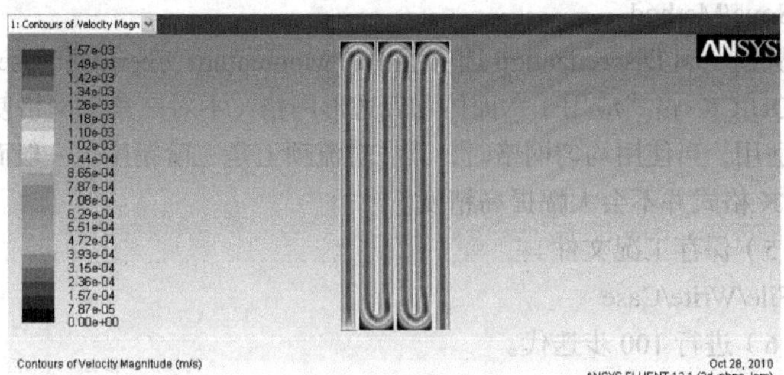

图 7-62　速度云图

① 从 Contours of 下拉列表中选择 Temperature 和 Static Temperature，如图 7-63 所示。

② 单击 Display 按钮，温度云图如图 7-64 所示。

（3）显示电势的云图。

① 从 Contours of 下拉列表中选择 User Defined Scalars 和 Scalar 0，如图 7-65 所示。

② 单击 Display 按钮，电势云图如图 7-66 所示。

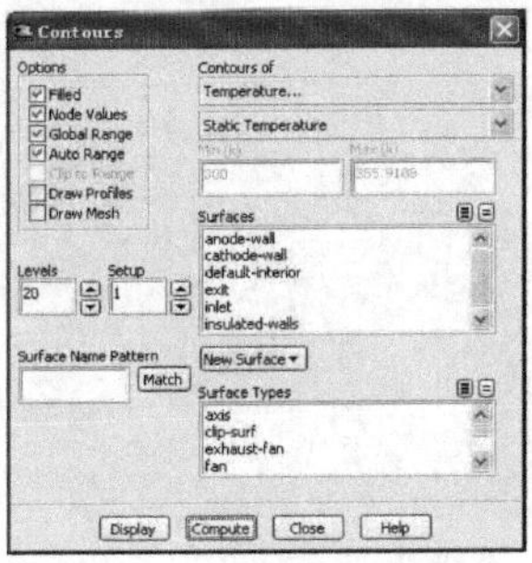

图 7-63　云图设置对话框

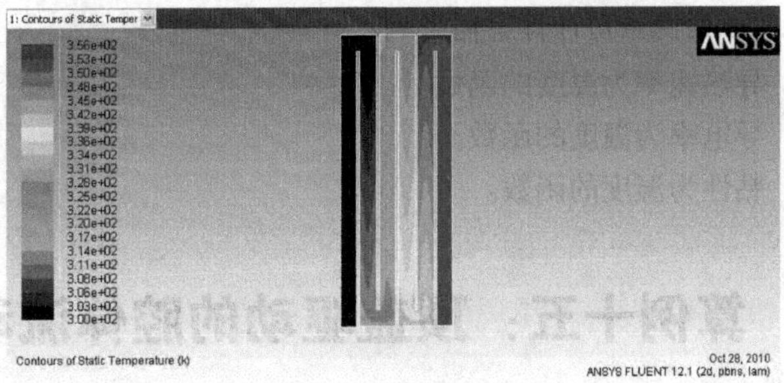

图 7-64　温度云图

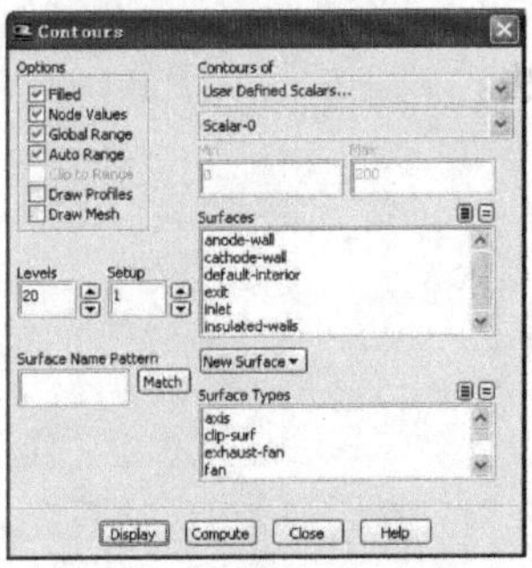

图 7-65　云图设置对话框

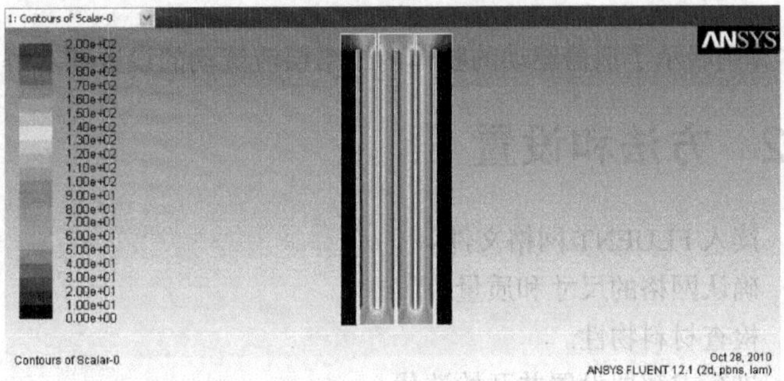

图 7-66　电势云图

（4）显示能量源项的云图。

① 从 Contours of 下拉列表中选择 User Defined Memory 和 User Memory 0，如图 7-67 所示。

② 单击 Display 按钮，显示的云图如图 7-68 所示。

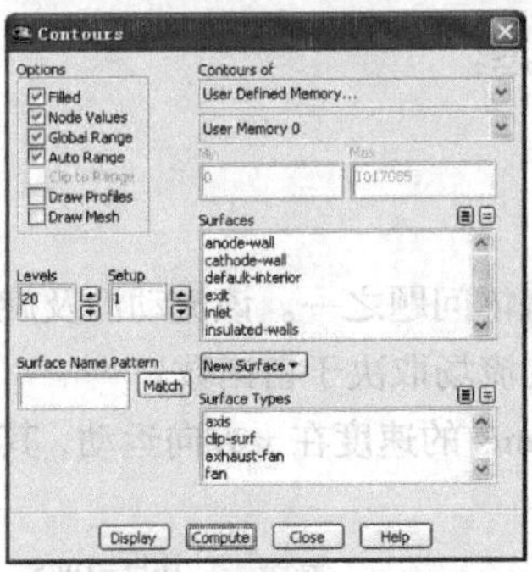

图 7-67　云图设置对话框

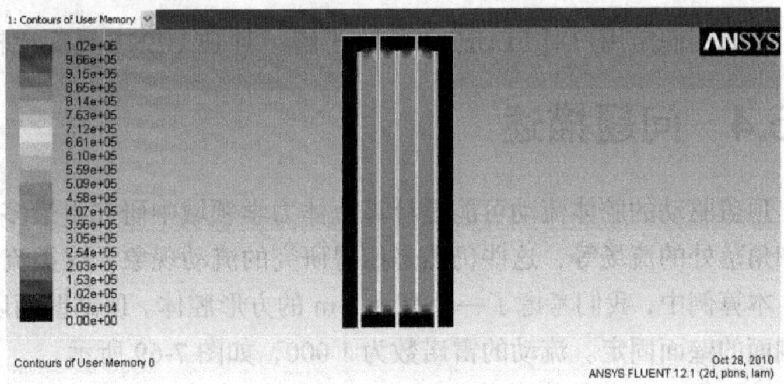

图 7-68　云图显示效果

7.4.7　总结

本算例展示了 FLUENT UDS 和 UDM 的应用。UDF 也被用于计算电能转换为热能的耗散。

7.4.8　练习与讨论

（1）下列情景对出口温度和最大温度有何影响？

- 导电率为温度的函数。
- 导热速率为温度的函数。

（2）下列情景对计算有何影响?

- 导热速率为温度的函数。
- 导电率为温度的函数。
- 粘性为温度的函数。

7.5 算例十五：顶盖驱动的腔体流动

7.5.1 介绍

本算例展示了顶盖驱动的腔体内二维层流流动的设置和求解方法。

7.5.2 方法和设置

- 读入 FLUENT 网格文件。
- 确认网格的尺寸和质量。
- 检查材料物性。
- 进行求解器设置并开始迭代。
- 检查结果并与实验数据进行比较。
- 显示迹线并创建迹线的动画。

7.5.3 前期要求

本算例假定用户对 FLUENT 较为了解，对 FLUENT 界面比较熟悉。

7.5.4 问题描述

顶盖驱动的腔体流动可能是计算流体力学领域中研究得最多的流体问题之一。该流动涉及旋转回流和角落处的流场等，这些仍然是值得研究的流动现象，这类流动的流场取决于雷诺数。

本算例中，我们考虑了一个高为 1 m 的方形腔体。顶部壁面以 1 m/s 的速度在 x 方向运动，其底部和侧面的壁面固定。流动的雷诺数为 1 000，如图 7-69 所示。

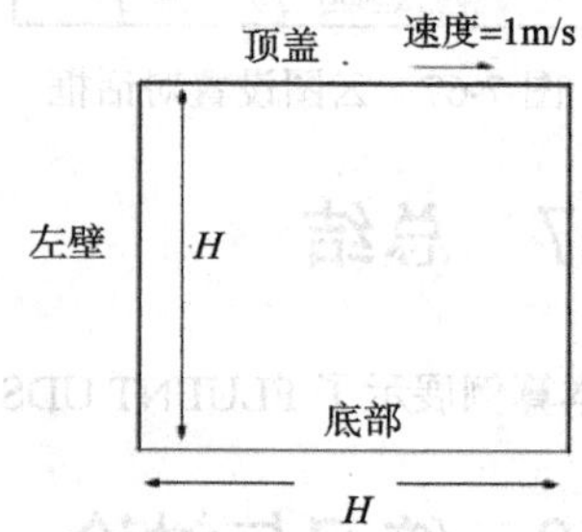

图 7-69　计算域示意图

7.5.5 准备

- 复制以下文件到用户的工作文件夹 cavity.msh, data-uvel.xy 和 data-vvel.xy。
- 开启 FLUENT 的二维双精度求解器。

7.5.6 设置和求解

步骤一：网格

（1）读入网格文件。

File/Read/Mesh

FLUENT 将读入网格文件，并在控制台中报告进程信息。

（2）检查网格。

Mesh/Check

这个过程将对网格进行检查，用户应确保最小体积为正值。

（3）对网格进行缩放处理，如图 7-70 所示。

Mesh/Scale

检查网格，并确认其与实际物理模型的尺寸相符，否则应对网格以适当的单位进行缩放。

（4）显示网格。

Display/Mesh

① 单击 Mesh Display 对话框中的 Colors 按钮，如图 7-71 所示。

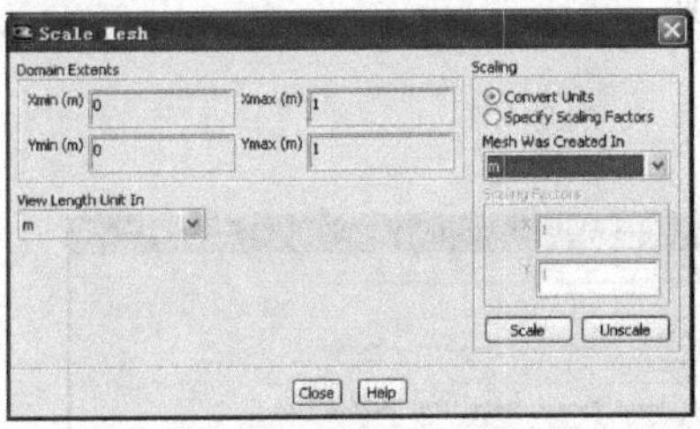

图 7-70 Scale Mesh 对话框

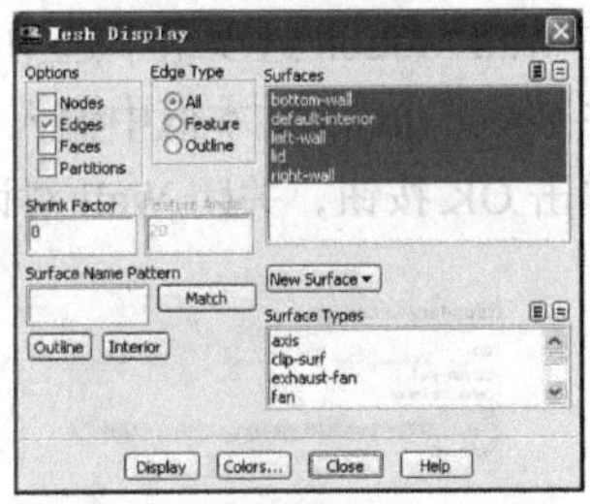

图 7-71 网格显示对话框

a. 选中 Options 中的 Color by ID 选项，如图 7-72 所示。

b. 关闭 Mesh Colors 对话框。

② 单击 Display 按钮，关闭 Mesh Display 对话框。

近壁区附近的网格比中心区域的网格要细，如图 7-73 所示。设置如此细网格的目的是为了捕获近壁区附近的速度梯度。

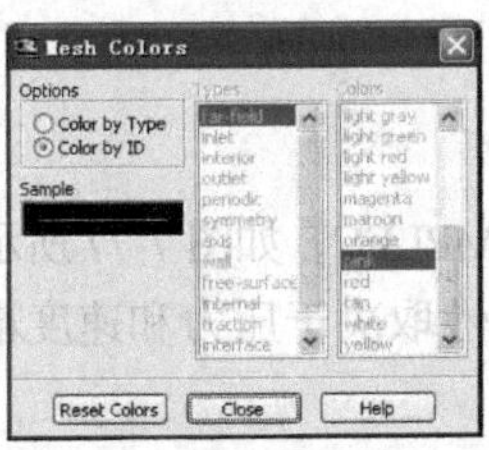

图 7-72 网格颜色对话框

图 7-73 网格显示

步骤二：模型

保持默认设置，因为本算例为二维稳态层流运动。

步骤三：材料

Define/Materials

（1）在 Density (kg/m3)文本框中输入 1，如图 7-74 所示。

（2）在 Viscosity (kg/m-s)文本框中输入 0.001。

（3）单击 Change/Create 按钮，关闭材料物性对话框。

因为雷诺数的定义为 $Re=\dfrac{\rho UH}{\mu}$，所以速度为 1 m/s 时，$Re = 1\ 000$。

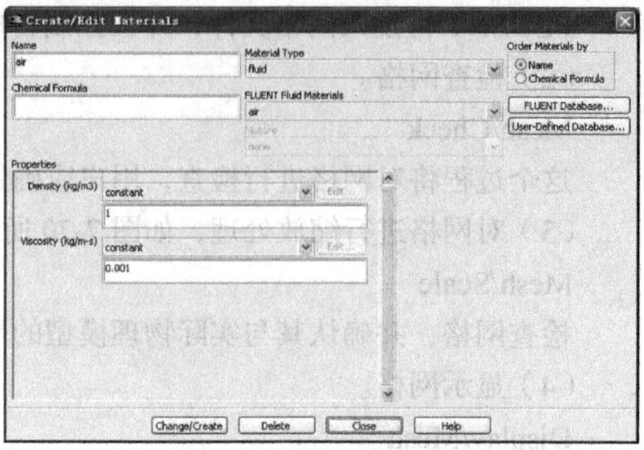

图 7-74　材料物性对话框

步骤四：边界条件

设置顶盖的边界条件。

Define/Boundary Conditions

（1）从 Zone 列表中选择 lid，如图 7-75 所示。

（2）单击 Edit 按钮，弹出 Wall 对话框，如图 7-76 所示。

（3）选择 Momentum 选项卡。

（4）在 Wall Motion 选项组中选中 Moving Wall 选项。

（5）在 Speed (m/s) 文本框中输入 1。

（6）单击 OK 按钮，关闭 Wall 对话框。

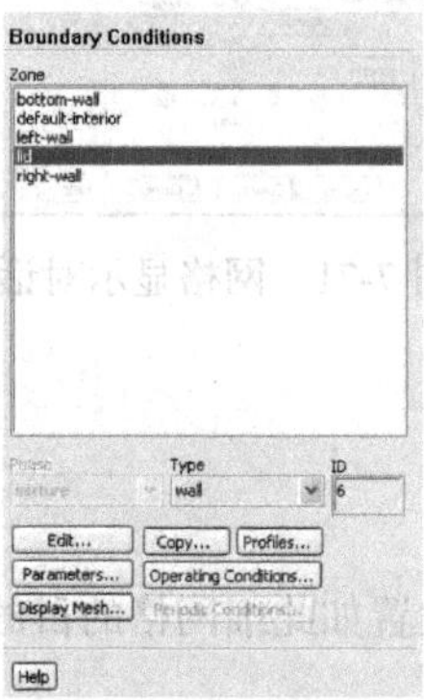

图 7-75　边界条件设置面板

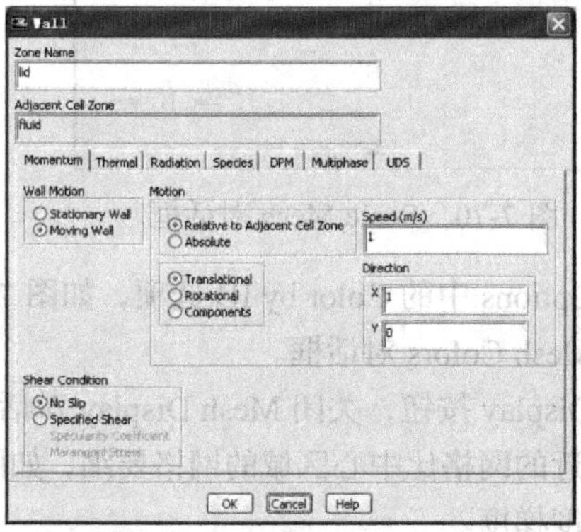

图 7-76　壁面边界条件设置对话框

步骤五：求解

（1）设置求解参数。

Solve/Methods

从 Pressure-Velocity Coupling 选项组中的 Scheme 下拉列表中选择 SIMPLEC，如图 7-77 所示。

SIMPLEC 是模拟非复杂流体时比较好的选择，这类流动的收敛性取决于压力和速度耦合算法。SIMPLEC 算法中，压力矫正的欠松弛因子为 1.0，它能加速收敛。

（2）初始化流场。

Solve/Initialization/Initialize

① 在 X Velocity (m/s)文本框中输入 0.5，如图 7-78 所示。

② 在 Y Velocity (m/s)文本框中输入 0.02。

③ 单击 Initialize 按钮。

为了提高收敛性，用户应设置合适的速度初始解。因为壁面在 x 方向上以 1 m/s 的速度运动，因此 x 方向上的速度可以设为 0.5 m/s。y 方向上可以设较小的速度，如 0.02 m/s。

（3）激活残差图。

Solve/Monitors/Residuals

① 勾选 Options 选项组中的 Plot 复选框，如图 7-79 所示。

② 单击 OK 按钮，关闭 Residual Monitors 对话框。

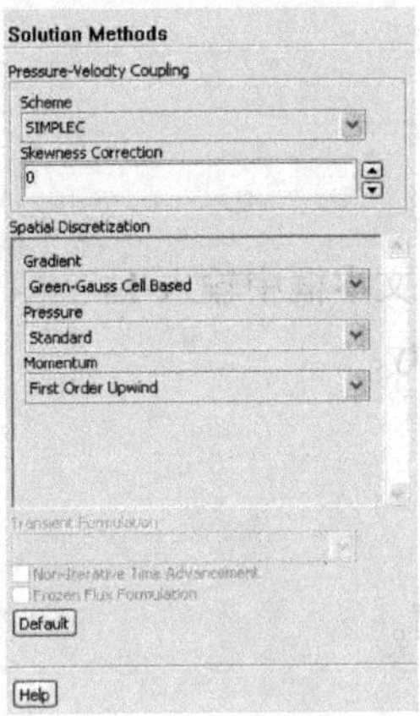

图 7-77　Solution Methods 设置面板

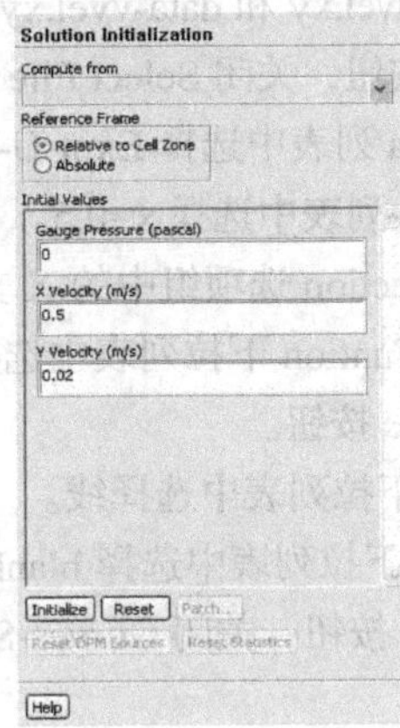

图 7-78　求解初始化面板

（4）保存工况文件。

File/Write/Case

保持默认选中 Write Binary Files 选项的设置。

（5）进行 400 步迭代。

Solve/Run Calculation

① 在 Number of Iterations 数值框中输入 400，如图 7-80 所示。

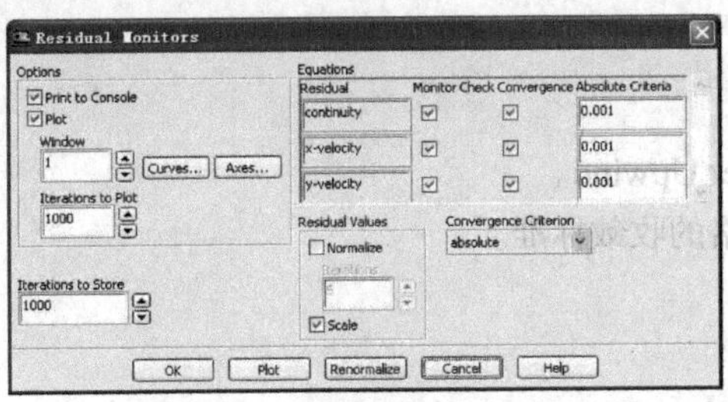

图 7-79　残差监视器对话框

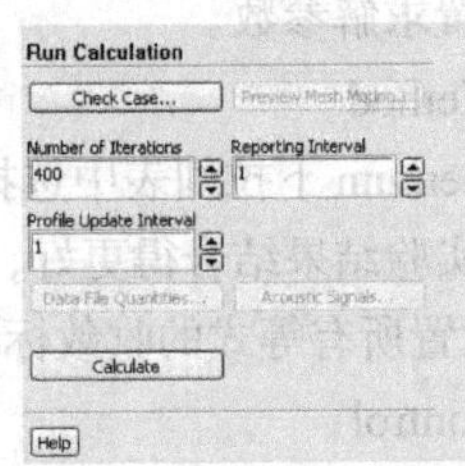

图 7-80　求解运行设置面板

② 单击 Calculation 按钮。

求解在约 320 步迭代后收敛，收敛标准为 FLUENT 的默认设置。

为了比较实验和模拟结果，需要创建 x =0.5 和 y =0.5 的等值面。

（6）创建等值面。

Surface/Iso-Surface

① 从 Surface of Constant 下拉列表中选择 Mesh 和 X-Coordinat。

② 在 Iso-Values 文本框中输入 0.5 m。

③ 在 New Surface Name 文本框中输入 x=0.5。

④ 单击 Create 按钮。

⑤ 创建 y 方向的等值面，新创建的面为 y=0.5。

⑥ 关闭 Iso Surface 对话框。

（7）创建 x 速度的云图。

Display/Plot/XY Plot

① 单击 Load File 按钮，弹出 Select File 对话框。

a. 选择 data-uvel.xy 和 data-vvel.xy。

b. 单击 OK 按钮，关闭 Select File 对话框。

② 从 File Data 列表中选择 Expt-U-vel。

③ 从 Surfaces 列表中选择 x=0.5。

④ 在 Plot Direction 选项组中的 X 文本框中输入 0，在 Y 文本框中输入 1。

⑤ 从 Y Axis Funtion 下拉列表中选择 Velocity 和 X Velocity。

⑥ 单击 Curves 按钮。

a. 从 Pattern 下拉列表中选择线。

b. 从 Symbol 下拉列表中选择 blank。

c. 单击 Apply 按钮，关闭 Curves-Solution XY Plot 对话框。

⑦ 单击 Plot。

（8）创建 y 速度的云图。

① 从 File Data 列表中选择 Expt-V-vel。

② 从 Surfaces 列表中选择 y=0.5。

③ 在 Plot Direction 选项组中的 X 文本框中输入 1，在 Y 文本框中输入 0。

④ 从 Y Axis Function 下拉列表中选择 Velocity 和 Y Velocity。

⑤ 单击 Plot 对话框，关闭 Solution XY Plot 对话框。

FLUENT 求得的结果与实验值差别很大。FLUENT 求解的结果可以通过使用高阶离散格式改进，这对提高精度有益。

（9）设置求解参数。

Solve/Method

从 Momentum 下拉列表中选择 Second Order Upwind。

为了与实验结果结合得更好，需设置更严格的收敛标准。

（10）设置所有等式的收敛标准。

Solve/Control

设置 continuty、x-velocity 和 y-velocity 的 Absolute Criteria 为 1e–5。

（11）进行迭代，直到满足收敛标准。

（12）保存工况和数据文件。

File/Write/Case & Data

（13）重复步骤（7）和（8），再次比较实验结果。

注　意： 因为实验数据已经读入，所以可以被使用。

步骤六：后处理

（1）显示速度矢量图。

Display/Grapgics and Animations/Vectors

① 单击 Vector Options。

② 激活 Fixed Length 选项。

③ 单击 Apply 按钮，关闭 Velocity Vectors 对话框。

④ 在 Scale 中输入 0.04，在 Skip 中输入 3。

⑤ 单击 Display 按钮，关闭 Vectors 对话框。

速度矢量图如图 7-81 所示。激活 Fixed Length 选项后，可以将所有的矢量以相同的长度显示。增加 Skip 的值会减少显示的矢量的数目，这样便不会显示过多的矢量。

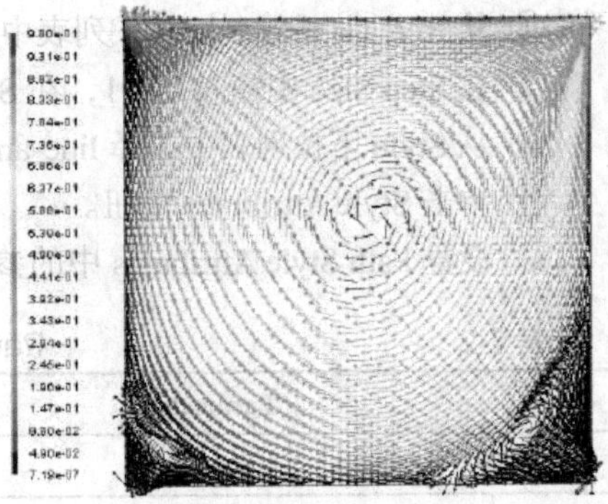

图 7-81　速度矢量图

（2）显示流函数云图。

Display/Grapgics and Animations/Contours

① 从 Contours of 下拉列表中选择 Velocity 和 Stream Function。

② 单击 Display 按钮，流函数显示效果如图 7-82 所示。

> **注　意：** 右键单击区域上的点，控制台将显示对应的值。

（3）设置范围以查看角落的涡。

① 取消勾选 Options 中的 Auto Range 复选框。

② 在 Min 中输入 0.111。

③ 单击 Display 按钮，显示的效果如图 7-83 所示。

用户可以通过创建点来显示腔体里的回流并显示迹线。

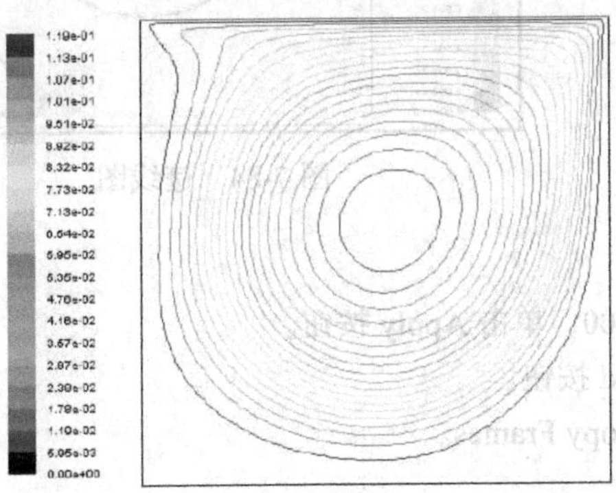

图 7-82　流函数云图

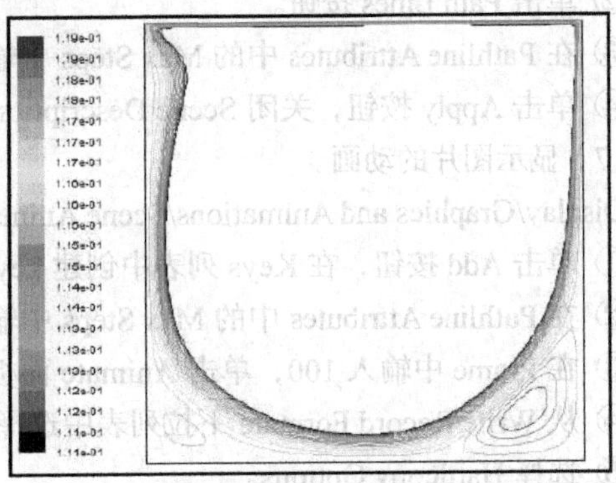

图 7-83　有涡的流函数等值线图

（4）创建点。

Surface/Point

① 在 x0 中输入 0.326 727 5，在 y0 中输入 0.792 252。

② 在 New Surface Name 文本框中输入 point-0。

③ 单击 Create 按钮。

④ 用相同的方法创建更多点，坐标分别为（0.072 2，0.174 02）、（0.038 89，0.064 26）和（0.935 54，0.055 343）。

取消选择 Mesh Display 对话框中的 Surfaces 列表中的 default-interior，然后通过选择所有的点来显示这 4 个点。

（5）显示迹线。

Display/Grapgics and Animations/Pathlines

① 从 Release from Surfaces 列表中选择 point-0、point-1 和 point-3。

② 在 Step Size 中输入 0.001，在 Steps 中输入 4 000。

③ 从 Style 下拉列表中选择 line-arrow。

④ 单击 Style Attributes 按钮。

a. 设置 Path Style Attributes 中的参数，如表 7-2 所示。

表 7-2　Path Style Attributes 中的参数

Parameter	Value
Line Width	0.5
Spacing Factor	4
Sacle	0.15

b. 单击 OK 按钮，关闭对话框。

⑤ 单击 Display 按钮，迹线显示效果如图 7-84 所示。

（6）创建迹线的动画。

在显示迹线以后再创建迹线的动画，这样可以直接清楚地显示迹线。

改变显示的设置，使迹线变小。

Display/Scene

① 从 Names 列表中选择 path-7-particle-id。

② 单击 Path Lines 按钮。

③ 在 Pathline Attributes 中的 Max Steps 中输入 2。

④ 单击 Apply 按钮，关闭 Scene Description 面板。

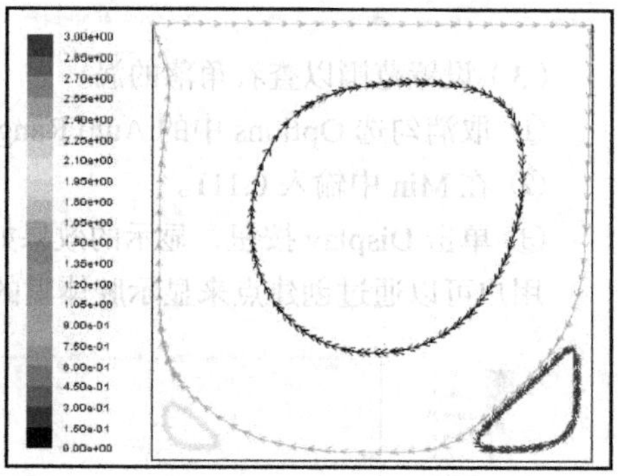

图 7-84　迹线图

（7）显示图片的动画。

Display/Graphics and Animations/Scene Animation

① 单击 Add 按钮，在 Keys 列表中创建 key-1。

② 在 Pathline Attributes 中的 Max Steps 中输入 4 000，单击 Apply 按钮。

③ 在 Frame 中输入 100，单击 Animate 面板的 Add 按钮。

④ 从 Write/Record Formate 下拉列表中选择 Hardcopy Frames。

⑤ 选择 Hardcopy Options。

a. 从 Format 列表中选择 TIFF。

b. 从 Coloring 列表中选择 Color。

c. 单击 Apply 按钮，关闭 Graphics Hardcopy 对话框。

⑥ 单击 Aniamte 面板中的 Write 按钮。

⑦ 输入文件名 pic.tif，单击 OK 按钮，关闭 Select File 面板。

将会创建文件 pic0001.tif、pic0002.tif…pic0100.tif。使用.tif 文件利用第三方动画工具创建.gif 格式的动画。

7.5.7 总结

比较一阶和二阶离散格式的解，很明显地发现二阶格式的解与实验值更接近。通常使用一阶格式来获得初步收敛解，然后使用高阶格式用以保证精度。

7.5.8 参考文献

- E. Erturk, T.C. Corke and C. Gokcol, Numerical Solutions of 2D Steady. Incompressible Driven Cavity Flow at High Reynolds Numbers, International Journal for Numerical Methods in Fluids, 2005.

7.5.9 练习与讨论

在以下情况下，流动将会呈现为何种模式。

- 顶盖的方向相反。
- 底部壁面以相同的方向和速度与顶盖一起运动。
- 底部壁面以相同的速度，不同的方向，相对于顶盖运动。
- 增加计算域的高度。
- 如果提高顶盖的速度，涡的大小会如何变化？为什么？
- 如果顶盖做垂直运动，如何模拟？这时可以认为流动仍然是不可压缩的吗？
- 使用相同的网格还可以进行什么模拟？

7.6 算例十六：引擎流场模拟

7.6.1 介绍

本算例的目的是展示二维四冲程气道喷射引擎内流场模拟的设置和求解方法。

SI 引擎对于汽车工业很重要。SI 引擎的高效运行与很多复杂过程（包括入射、混合、燃烧与排气）都有关。CFD 模拟可为分析这些过程提供参考。本算例模拟了进气、压缩、膨胀和排气的过程（并未考虑燃料燃烧）。考虑了气道喷射和燃料液滴的蒸发过程。其中液滴与进气阀相互作用的过程使用 FLUENT 的 wall film 法来模拟。

7.6.2 方法和设置

- 使用 In-Cylinder 模型模拟往复式发动机。
- 模拟阀门开启和闭合的一般策略及方法。
- 使用离散相模型模拟气道喷射过程。
- 进行求解器设置并开始迭代。
- 检查模拟结果。
- 显示并创建液滴喷射模拟动画。

7.6.3 前期要求

本算例假定用户对 FLUENT 较为了解，并对 FLUENT 界面较为熟悉。

7.6.4 问题描述

内燃机引擎是计算流体力学领域中最受关注的工程问题之一。气道喷射是为了更好地混合燃料与空气，更好地使燃料分布于引擎中。

本算例中，我们将考虑一个有进出阀的二维引擎，如图 7-85 所示。引擎运行在 2 000 rpm。入射、压缩、膨胀和排气过程的模拟未考虑燃料燃烧。本算例考虑了气道喷射和燃料液滴的蒸发过程。其中，液滴与进气阀相互作用的过程使用 FLUENT 的 wall film 法（离散相边界条件的一种）来模拟。

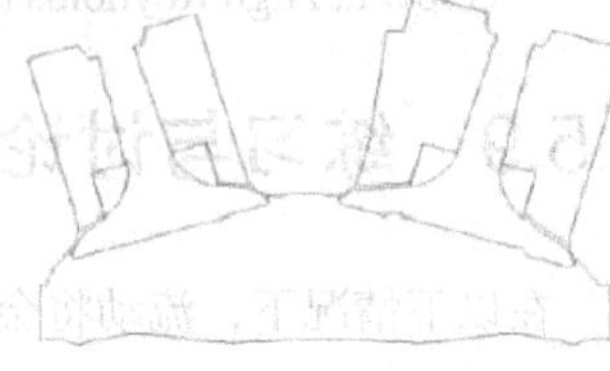

图 7-85　计算域示意图

7.6.5 准备

- 复制网格文件 In-Cylinder.msh、profile 和 value.prof 到工作文件夹中。
- 开启 FLUENT 二维双精度求解器。

7.6.6 设置和求解

步骤一：网格

（1）读入网格文件 In-Cylinder.msh，网格显示效果如图 7-86 所示。

File/Read/Case

（2）检查网格。

Mesh/Check

（3）检查网格和计算域尺寸，如图 7-87 所示。

Mesh/Scale

图 7-86　网格显示

步骤二：模型

本算例将以非稳态求解器模拟，并考虑湍流的影响。

（1）激活非稳态时间格式。

Define/General

从 Time 中选中 Transient 选项，如图 7-88 所示。

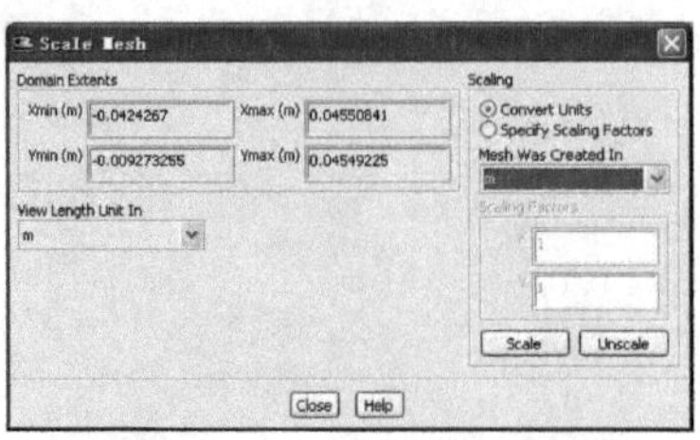

图 7-87　Scale Mesh 对话框

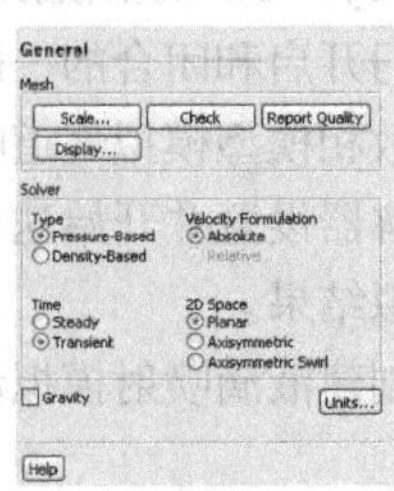

图 7-88　选择非稳态时间格式

（2）激活 k-ε 湍流模型。

Define/Models/Viscous

① 从 Model 中选择 k-epsilon (2 eqn)模型，如图 7-89 所示。

② 保持其他参数的默认设置。

③ 单击 OK 按钮，关闭 Viscous Model 对话框。

（3）激活 Energy Equation。

Define/Models/Energy

① 在 Energy 中勾选 Energy Equation 复选框，如图 7-90 所示。

② 单击 OK 按钮，关闭 Energy 对话框。

（4）激活化学组分输运模型。

Define/Models/Species

① 在 Model 中选中 Species Transport 选项，如图 7-91 所示。

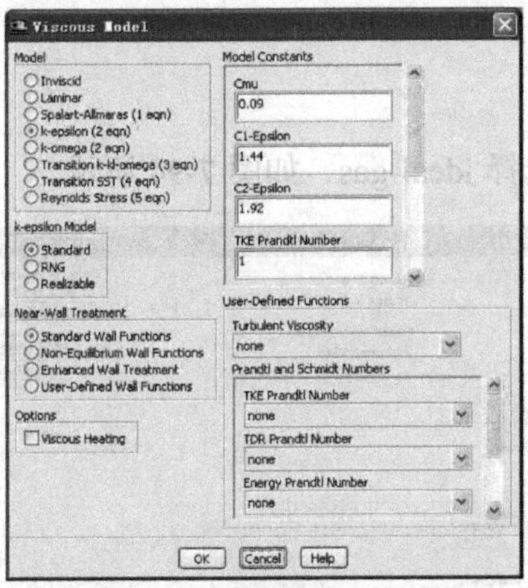

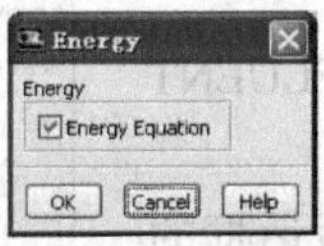

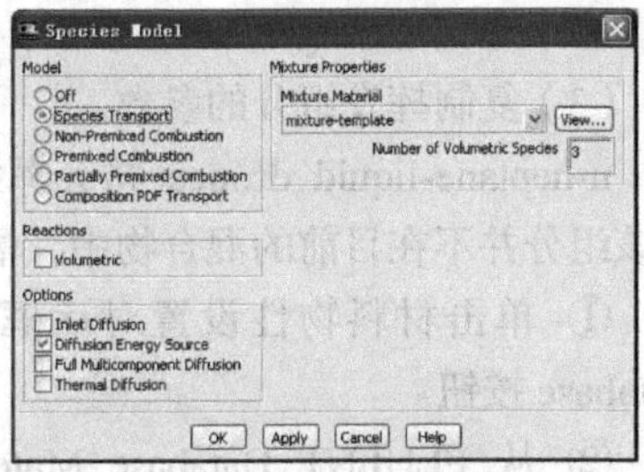

图 7-89　Viscous Model 对话框　　图 7-90　能源方程对话框　　图 7-91　组分输运模型对话框

② 保持其他参数的默认设置。

③ 单击 OK 按钮，关闭 Species Model 对话框。

这时将弹出 Information 对话框，提示 Available material properties or methods have changed. Please confirm the property values before continuing。组分输运模型被激活后，需要设置混合物组分，这会在步骤三中设置。

④ 单击 OK 按钮，关闭 Information 对话框。

（5）定义离散相模拟的参数。

Define/Models/Discrete Phase

① 定义相间的交互。

a. 在 Interaction 选项组中勾选 Interaction with Continuous Phase 复选框，如图 7-92 所示。

这将考虑离散相对连续相的影响。

b. 在 Interaction 选项组中勾选 Update DPM Sources Every Flow Iteration 复选框。

c. 设置 Number of Continuous Phase Iterations per DPM Iteration 为 5。

② 选择 Physical Models 选项卡。

a. 在 Spray Model 选项组中勾选 Droplet Collision 复选框和 Droplet Breakup 复选框，如图 7-93 所示。

b. 在 Breakup Model 选项组中选中 TAB 选项。

c. 保持 Breakup Constants 选项组中 y0 文本框中的默认参数。

这个参数表征 t=0 时刻液滴的无量纲变形。

③ 单击 OK 按钮，关闭 Discrete Phase Model 对话框。

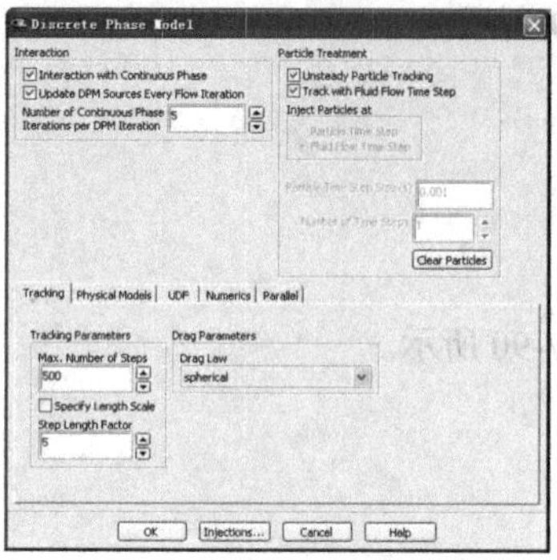

图 7-92　离散相模型对话框

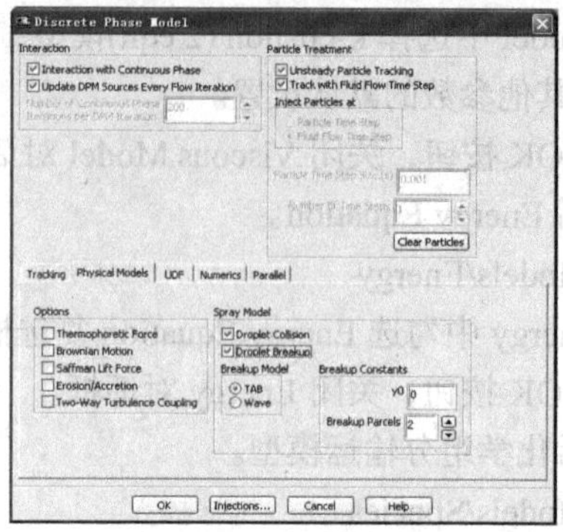

图 7-93　离散相物理模型对话框

步骤三：材料

Define/Materials

（1）在 Properties 选项组中的 Density（kg/m^3）下拉列表中选择 ideal-gas，如图 7-94 所示。

（2）单击 Change/Create 按钮。

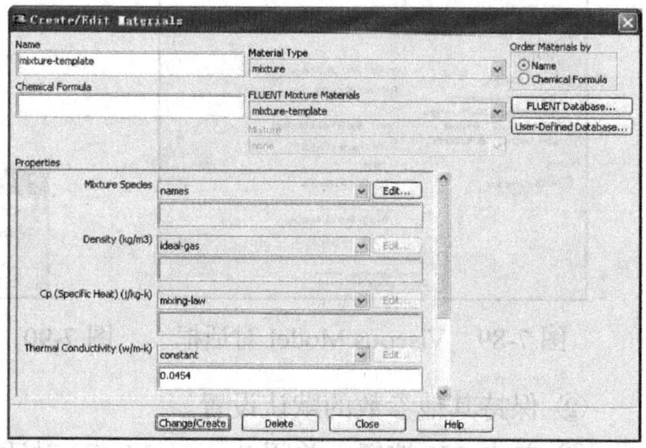

图 7-94　材料物性设置

（3）复制挥发组分的参数。

n-heptane-liquid dropets 将会挥发气相 c7h16。但该组分并不在目前的混合物中，需选出。

① 单击材料物性设置对话框中的 FLUENT Database 按钮。

② 从 FLUENT Database Materials 对话框的 Material Type 下拉列表中选择 fluid，如图 7-95 所示。

③ 从 FLUENT Fluid Materials 列表中选择 n-heptane-vapor (c7h16)。

④ 单击 Copy 按钮，关闭 FLUENT Database Materials 对话框。

（4）设置混合物组分。

① 从 Material Type 下拉列表中选择 mixture。

② 单击 Properties 选项组中的 Mixture Species 右侧的 Edit 按钮。

a. 从 Available Materials 列表中选择 c7h16，单击 Selected Species 列表框下方的 Add 按钮，如图 7-96 所示。

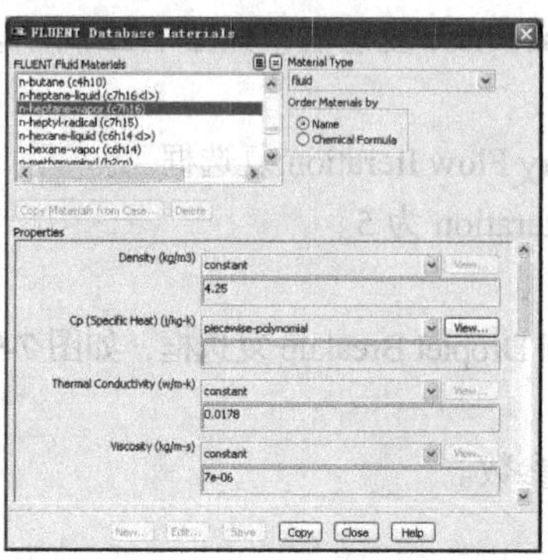

图 7-95　FLUENT 材料数据库

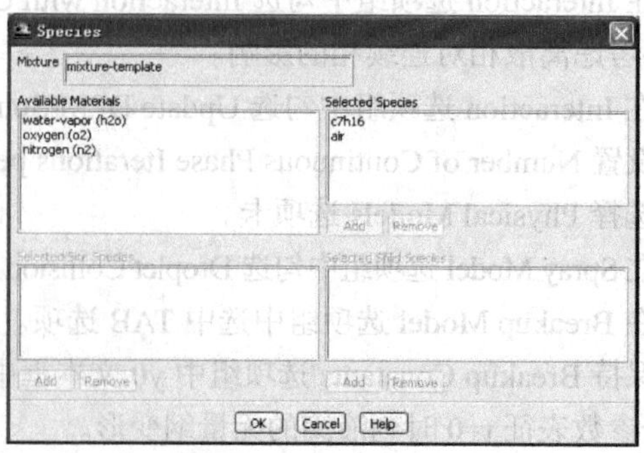

图 7-96　组分选择对话框

b. 将 Selected Species 列表中的选项一个一个地加入组分，而 c7h16 组分不添加，然后单击 Remove 按钮。

c. 在 Available Materials 列表中选择 air，单击 Add 按钮。

d. 单击 OK 按钮，关闭 Species 对话框。

③ 单击 Change/Create 按钮，关闭材料物性设置对话框。

对于冷态流场模拟，燃料喷入空气中然后蒸发。这并未改变构成空气的组分（比如 O_2）的浓度，因此没有必要模拟构成空气的组分。然而，如果用户对模拟燃料燃烧感兴趣，则需要考虑构成空气的组分。

注　意：这些组分出现的顺序与 Species 对话框中的一致。

步骤四：入射

此步骤将定义燃料入射流的特征。

Define/Injections

（1）单击 Create 按钮，弹出 Set Injection Properties 对话框，如图 7-97 所示。

① 在 Injection Type 下拉列表中选择 group。

② 设置 Number of Particle Streams 为 4。

这个选项控制了每个时间步中有多少液滴的包被喷入。

③ 激活 Particle Type 中的 Droplet。

④ 从 Material 下拉列表中选择 n-heptane-liquid。

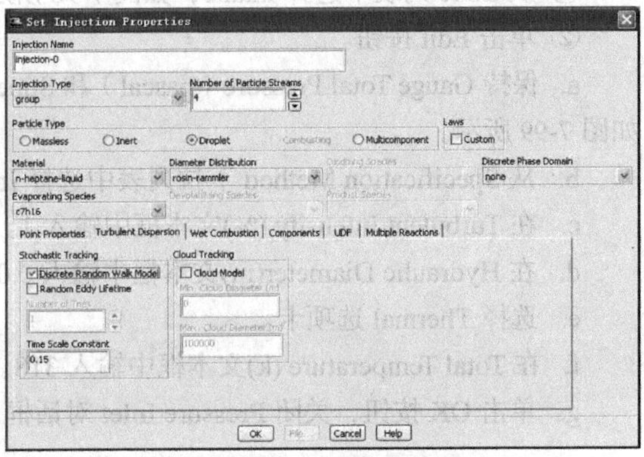

图 7-97　颗粒入射物性设置对话框

⑤ 从 Diameter Distribution 下拉列表中选择 rosin-rammler。

⑥ 选择 Point Properties 选项卡，并参照如表 7-3 所示的参数进行设置。

表 7-3　　颗粒相参数

Parameter	Value of First Point	Value of Last Point
X-Position (m)	0.011 2	0.011 3
Y-Position (m)	0.039 4	0.039 4
X-Velocity (m/s)	0.5	2
Y-Velocity (m/s)	–20	–20
Temperature (k)	310	310
Start Time (s)	0.005	—
Stop Time (s)	0.011 1	—
Total Flow Rate (kg/s)	0.001 958	—
Min. Diameter (m)	2e–5	—
Max. Diameter (m)	5e–5	—
Mean Diameter (m)	4e-5	—
Spread Parameter	4.5	—

在该问题中，入射开始于 0.005 s，结束于 0.011 1s。当其他的过程（如活塞运动、阀门开启和关闭）被定义后，FLUENT 将以 720°（曲柄周期）重复这些运动。然而，入射运动不能以曲柄周期定义，因此，不会周期性重复。

⑦ 选择 Turbulent Dispersion 选项卡。

a. 激活 Discrete Random Walk Model。

b. 保持 Time Scale Constant 文本框中的默认参数。

⑧ 单击 OK 按钮，关闭 Set Injection Properties 对话框。

（2）关闭 Injections 面板。

步骤五：边界条件

Define/Boundary Conditions

（1）设置压力进口的边界条件（intake）。

① 从 Zone 列表中选择 intake，如图 7-98 所示。

② 单击 Edit 按钮。

a. 保持 Gauge Total Pressure（pascal）和 Supersonic/Initial Gauge Pressure（pascal）中的默认参数，如图 7-99 所示。

b. 从 Specification Method 下拉列表中选择 Intensity and Hydraulic Diameter。

c. 在 Turbulent Intensity (%)文本框中输入 1。

d. 在 Hydraulic Diameter(m)文本框中输入 0.06。

e. 选择 Thermal 选项卡。

f. 在 Total Temperature (k)文本框中输入 318。

g. 单击 OK 按钮，关闭 Pressure Inlet 对话框。

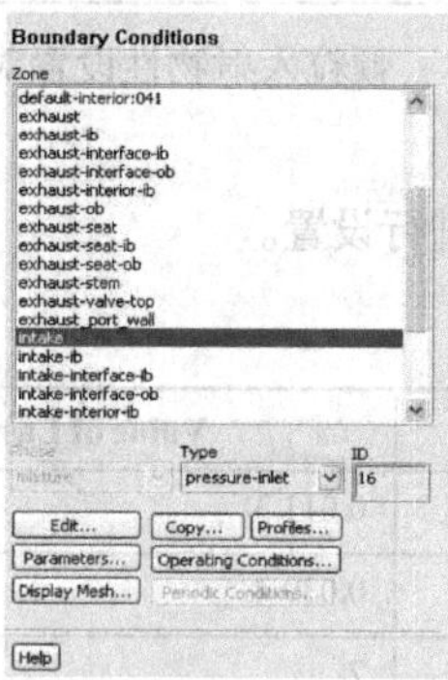

图 7-98　边界条件选择面板

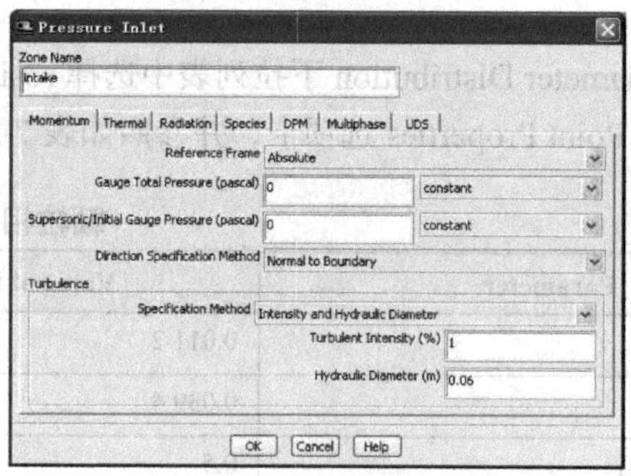

图 7-99　压力进口对话框

（2）设置压力出口的边界条件（exhaust）。

① 从 Specification Method 下拉列表中选择 Intensity and Hydraulic Diameter，如图 7-100 所示。

② 在 Backflow Turbulent Intensity (%)文本框中输入 1。

③ 在 Backflow Hydraulic Diameter(m)文本框中输入 0.072。

④ 选择 Thermal 选项卡。

⑤ 在 Backflow Total Temperature 文本框中输入 318。

⑥ 单击 OK 按钮，关闭 Pressure Outlet 对话框。

（3）设置壁面的边界条件（wall）。

① 选择 Thermal 选项卡，如图 7-101 所示。

② 在 Thermal Conditions 选项组中选择 Temperature 选项。

③ 在 Temperature (k)文本框中输入 360。

④ 单击 OK 按钮，关闭 Wall 对话框。

（4）复制 exhaust-ib 边界条件到所有壁面。

① 单击 Copy Conditions 面板内的 Copy 按钮。

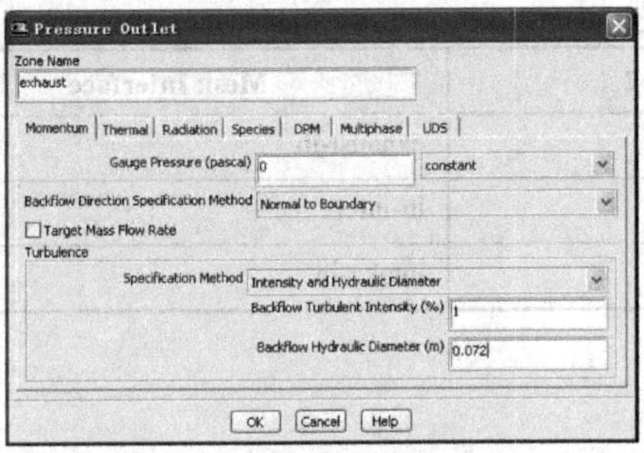

图 7-100 压力出口对话框

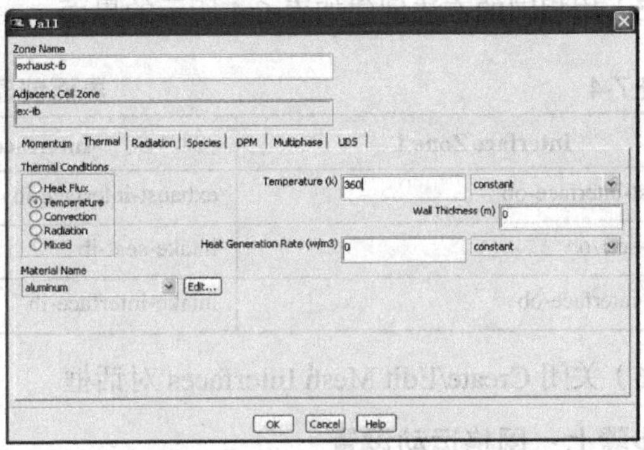

图 7-101 壁面边界条件对话框

② 从 From Boundary Zone 列表中选择 exhaust-ib。

③ 从 To Boundary Zones 列表中选择所有的区域，如图 7-102 所示。

④ 单击 Copy 按钮。

这时会出现一个警告消息，单击 OK 按钮确认即可。

⑤ 关闭 Copy BCs 面板。

（5）设置 intake-ib 壁面的边界条件。

① 选择 DPM 选项卡。

② 从 Boundary Cond. Type 下拉列表中选择 wall-film，如图 7-103 所示。

③ 保持 Film Model Parameters 选项组中的 Number Of Splashed Drops 的默认值（4）。

④ 单击 OK 按钮，关闭 Wall 对话框。

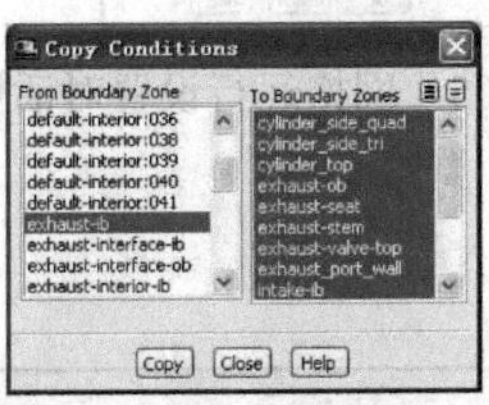

图 7-102 边界条件复制对话框

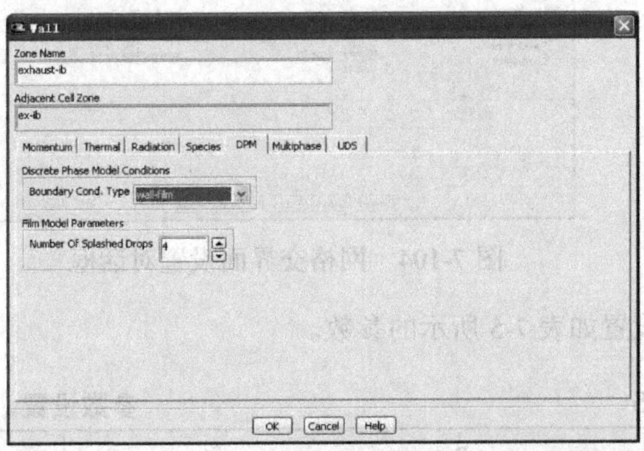

图 7-103 壁面离散相条件设置对话框

（6）用相同的方法，定义 intake-ob 壁面的边界条件。

（7）关闭 Boundary Conditions 面板。

步骤六：网格交界面

本步骤将设置区域间的网格交界面。

Define/Interfaces

（1）从 Interface Zone 1 列表中选择 exhaust-seat-ob，如图 7-104 所示。

（2）从 Interface Zone 2 列表中选择 exhaust-seat-ib。

（3）在 Mesh Interface 文本框中输入 ex-inter。

（4）单击 Create 按钮。

（5）用相同的方法创建如表 6-4 所示的界面。

表 7-4　　　　界面创建设置

Interface Zone 1	Interface Zone 2	Mesh Interface
exhaust-interface-ob	exhaust-interface-ib	exhaust-ib
intake-seat-ob	intake-seat-ib	in-inter
intake-interface-ob	intake-interface-ib	intake-ib

（6）关闭 Create/Edit Mesh Interfaces 对话框。

步骤七：网格运动设置

（1）激活动网格模型，并设置相关参数。

Define/Dynamic Mesh

① 在 Models 中激活 Dynamic Mesh 选项。

② 在 Models 中激活 In-Cylinder 选项。

③ 激活 Mesh Method 中的 Smoothing、Layering 和 Remeshing 选项，然后单击 Settings 按钮。

④ 选择 Smoothing 选项卡，如图 7-105 所示。

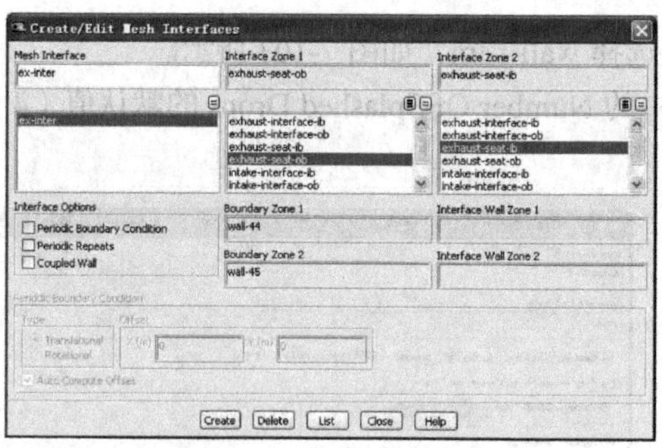

图 7-104　网格交界面设置对话框

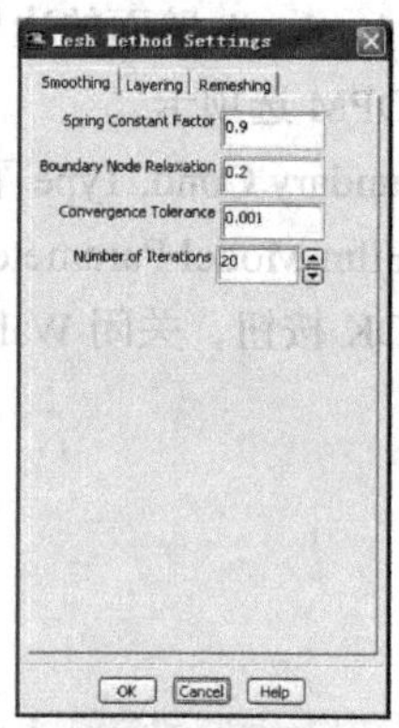

图 7-105　网格运行设置对话框

⑤ 设置如表 7-5 所示的参数。

表 7-5　　　　参数设置

Parameter	Value
Spring Constant Factor	0.9
Boundary Node Relaxation	0.2

设置 Convergence Tolerance 和 Number of Iterations 分别为 0.001 和 20。

⑥ 选择 Layering 选项卡，如图 7-106 所示。

a. 在 Options 中选中 Height Based。

b. 设置如表 7-6 所示的参数。

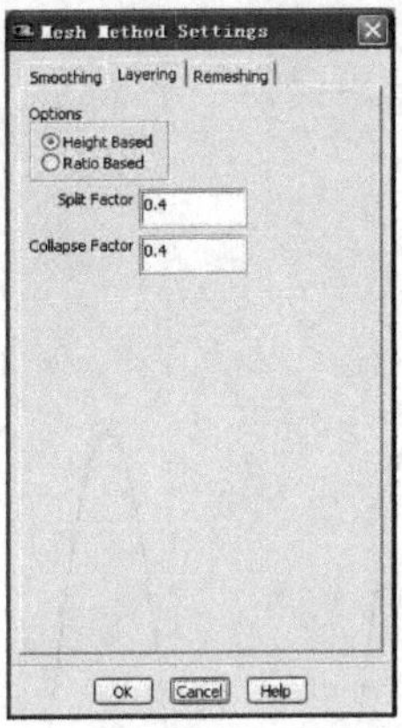

图 7-106　Mesh Method Settings 对话框

表 7-6　Layering 选项卡中的参数设置

Parameter	Value
Split Factor	0.4
Collapse Factor	0.4

⑦ 选择 Remeshing 选项卡。

a. 保持 Must Improve Skewness 中的默认参数。

默认设置中，Size Function 选项并未被激活，而 Must Improve Skewness 选项是被激活的。

b. 设置如表 7-7 所示的参数。

表 7-7　Remeshing 选项卡中的参数设置

Parameter	Value
Minimum Length Scale (m)	0.000 8
Maximum Length Scale (m)	0.001 2
Maximum Cell Skewness	0.7
Size Remesh Interval	1

当单元超过 Minimum Length Scale 和 Maximum Length Scale 极限时，单元将被标记为重新划分。因此，用户需要指定该问题相应的网格重新划分的值。

Mesh Scale Info 面板显示了由初始网格获得的最小长度、最大长度和最大网格扭曲率的值。

对于 2D 问题，推荐将 Maximum Cell Skewness 的值设置为 0.6 或 0.7。最大扭曲率较小时能提高网格质量。

⑧ 选择 In-Cylinder 选项卡，设置如表 7-8 所示的参数。

表 7-8　In-Cylinder 选项卡中的参数设置

Parameter	Value
Crank Shaft Speed (rpm)	2 000
Starting Crank Angle (deg)	360
Crank Period (deg)	720
Crank Angle Step Size (deg)	0.5
Psiton Stroke (m)	0.09
Connecting Rod Length (m)	0.15
Piston Stroke Cutoff (m)	0
Minimum Value Lift (m)	0

⑨ 单击 OK 按钮，关闭 Dynamic Mesh parameters 面板。

（2）读入 profile 文件，描述和设置阀门的运动。

File/Read/Profile

① 选择 valva.prof，单击 OK 按钮。

② 使用 TUI 命令显示活塞的运动，如图 7-107 所示。

用户可能需要输入<Enter>回车键实现执行“>”命令。

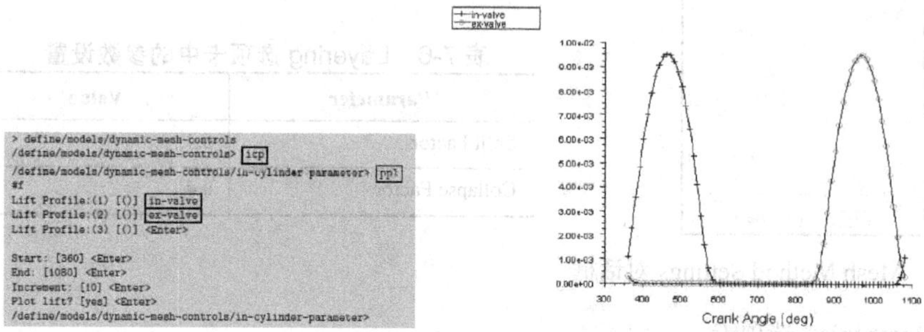

图 7-107　运动曲线

（3）指定活塞、阀门和其他移动区域的运动。

Define/Dynamic Mesh/Zone

① 指定 cylinder-tri 区域的运动和其他参数。

a. 从 Zone Names 下拉列表中选择 cylinder-tri。

b. 从 Type 中选择 Deforming。

c. 选择 Meshing Options 选项卡，在 Methods 中激活 Smoothing 和 Remeshing。在 Zone Parameters 中的 Minimum Length Scale 文本框中输入 0.000 9，在 Maximum Length Scale 文本框中输入 0.001 1，并在 Maximum Cell Skewness 输入 0.6。

d. 单击 Create 按钮。

② 指定 exhaust-seat-ib 区域的运动和其他参数。

a. 从 Zone Names 下拉列表中选择 exhaust-seat-ib。

b. 从 Type 中选择 Deforming。

c. 选择 Geometry Definition 选项卡，从 Definition 下拉列表中选择 cylinder。在 Cylinder Radius 文本框中输入 0.015，在 Cylinder Origin 中的 X 文本框中输入−0.021 542 53，Y 文本框中输入 0.009 024 297。在 Cylinder Axis 中的 X 文本框中输入−0.275 637 5，Y 文本框中输入 0.961 261 6。

d. 选择 Meshing Options 选项卡，在 Methods 中激活 Smoothing 和 Remeshing 选项，在 Smoothing Methods 中激活 Spring 选项，然后从 Remeshing Methods 中选择 Region。在 Zone Parameters 中的 Minimum Length Scale 文本框中输入 0.000 5，在 Maximum Length Scale 文本框中输入 0.000 9，在 Maximum Cell Skowness 文本框中输入 0.6。

e. 单击 Create 按钮。

③ 指定 intake-seat-ib 区域的运动和其他参数。

a. 从 Zone Names 下拉列表中选择 intake-seat-ib。

b. 从 Type 中选择 Deforming。

c. 选择 Geometry Definition 选项卡，然后从 Definition 下拉列表中选择 Cylinder。在 Cylinder Radius 文本框中输入 0.018；在 Cylinder Origin 中的 X 文本框中输入 0.020 653 43，在 Y 文本框中输入 0.008 345 345。在 Cylinder Axis 中的 X 文本框中输入 0.273 957，在 Y 文本框输入 0.961 714。

d. 选择 Meshing Options 选项卡，然后在 Methods 中激活 Smoothing 和 Remeshing，在 Smoothing Methods 中激活 Spring，在 Remeshing Methods 中激活 Region。并在 Zone Parameters 中的 Minimum Length Scale 文本框中输入 0.000 5，Maximum Length Scale 文本框中输入 0.000 9，Maximum Cell Skewness 文本框中输入 0.6。

e. 单击 Create 按钮。

（4）指定 Rigid Body 区域的运动。

① 指定活塞区域的运动。

a. 从 Zone Names 下拉列表中选择 pistion。

b. 从 Type 中选择 Rigid Body。

c. 选择 Motion Attributes 选项卡，然后从 Motion UDF/Profile 下拉列表中选择**piston-full**。在 Valve/Pistion Axis 中的 X 文本框中输入 0，Y 文本框中输入 1。

d. 选择 Meshing Options 选项卡，在 Cell Height 文本框中输入 0.001。

e. 单击 Create 按钮。

② 用相同的方法创建如表 7-9 所示的区域。

表 7-9　区域创建参数

Zone Names	Type	Motion Attributes			Meshing options (m)
		Motion UDF/Profile	Valve/Pistion Axis		
			X	Y	
ex-ib	Rigid Body	ex-valve	–0.275 637	0.961 261 6	—
exhaust-ob	Rigid Body	ex-valve	–0.275 637	0.961 261 6	0.000 5
exhaust-valve-top	Rigid Body	ex-valve	–0.275 637	0.961 261 6	0.001
in-ib	Rigid Body	in-valve	0.273 959	0.961 741	—
intake-ob	Rigid Body	in-valve	0.273 959	0.961 741	0.000 5
intake-valve-top	Rigid Body	in-valve	0.273 959	0.961 741	0.001

（5）指定固定区域的运动。

指定 exhaust-interior-ib 区域的运动。

① 从 Zone Names 下拉列表中选择 exhaust-interior-ib。

② 从 Type 中选择 Stationary。

③ 选择 Meshing Options 选项卡。

a. 在 ex-ib adjacent zone 中的 Cell Height 文本框中输入 0.001。

b. 单击 Create 按钮。

④ 用相同的方法创建如表 7-10 所示的固定区域。

表 7-10　固定区域创建设置

Zone Names	Type	Meshing Options	
		For in-port Zone Cell Height (m)	For in-ib Zone Cell Height (m)
intake-interior-ib	Stationary	0	0.001

（6）设置阀门开启和关闭等运动。

Define/Dynamic Mesh/Events

① 设置 Number of Events 为 8。

② 在 Name 中的第一个名字文本框内输入 ex-valve-open。

③ 激活 ex-valve-open 中的 On 选项。

④ 在 At Crank Angle 中的 ex-valve-open 文本框中输入 120deg。

⑤ 单击 Define 按钮，弹出 Define Event 对话框。

a. 从 Type 下拉列表中选择 Create Sliding Interface。

b. 在 Definition 中的 Interface Name 内输入 ex-inter。

c. 在 Interface Zone 1 中选择 exhaust-seat-ob。

d. 保持 Wall 1 Motion 和 Wall 2 Motion 下拉列表中的默认设置。

e. 单击 OK 按钮，关闭 Define Event 对话框。

⑥ 参照如表 7-11 所示的方法进行其他一些设置。

表 7-11　　设置方法

Name	Crank Angle	Setup description
in-valve-open	340 deg	① 从 Type 下拉列表中选择 Create Sliding Interface ② 在 Definition 中的 Interface Name 中输入 in-inter ③ 在 Interface Zone 1 中选择 intake-seat-ob ④ 在 Interface Zone 2 中选择 intake-seat-ib ⑤ 单击 OK 按钮
ex-valve-close	380 deg	① 从 Tyep 下拉列表中选择 Delete Sliding Interface ② 在 Definition 中的 Interface Name 内输入 ex-inter ③ 单击 OK 按钮
in-valve-close	600 deg	① 从 Type 下拉列表中选择 Delete Sliding Interface ② 在 Definition 中的 Interface Name 中输入 in-inter ③ 单击 OK 按钮
activate-exhaust-port	119 deg	① 在 Type 下拉列表中选择 Activate Cell Zone ② 在 Definition 中选择 ex-ib 和 ex-port ③ 单击 OK 按钮
deactivate-exhaust-port	381 deg	① 从 Type 下拉列表中选择 Activate Cell ② 在 Definition 中选择 ex-ib 和 ex-port ③ 单击 OK 按钮
activate-inlet-port	339 deg	① 从 Type 下拉列表中选择 Activate Cell Zone ② 从 Definition 中选择 in-ib 和 in-port ③ 单击 OK 按钮
deactivate-inlet-port	601 deg	① 从 Type 下拉列表中选择 Deactivate Cell Zone ② 从 Definition 列表中选择 in-ib 和 in-port ③ 单击 OK 按钮

⑦ 单击 Apply 按钮。

⑧ 关闭 Dynamic Mesh Events 面板。

步骤八：网格预览

（1）保存工况文件（In_Cylinder.cas.gz）。

File/Write/Case

因为预览网格时网格会变化，所以应在预览网格之前保存工况。

（2）显示网格。

Display/Mesh

① 从 Surfaces 列表中选择所有的面。

② 单击 Display 按钮

③ 关闭 Mesh Display 对话框。

（3）设置网格预览。

Solve/Mesh Motion

① 在 Numbr of Time Steps 中输入 1 440。

② 单击 Preview 按钮，预览网格运动。

当网格被 FLUENT 更新显示时，控制台中将出现更新进程的消息。

③ 关闭 Mesh Motion 面板。

步骤九：求解设置

（1）读入工况文件（In_Cylinder.cas.gz）。

File/Read/Case

此时将出现提示"Available material properties or methods have changed. Please confirm the property values before continuing"的 Information 对话框，单击 OK 按钮即可。

（2）保持默认求解控制参数。

Solve/Methods

（3）初始化流场。

Solve/Initialization/Initialize

① 在 Gauge Pressure（pascal）文本框中输入 0，如图 7-108 所示。

② 在 X Velocity（m/s）和 Y Velocity (m/s)文本框中都输入 0。

③ 在 Turbulent Kinetic Energy (m2/s2)文本框中输入 0.01。

④ 在 Turbulent Dissipation Rate (m2/s3)文本框中输入 0.01。

⑤ 在 c7h16 文本框中输入 0。

⑥ 在 Temperature (k)文本框中输入 318。

⑦ 单击 Initialize 按钮

（4）激活残差图。

Solve/Monitors/Residual

① 构造 Options 选项组中的 Plot 复选框。

② 在 Iterations to Plot 中输入 100，如图 7-109 所示。

为避免在非稳态计算中显示太多残差图，用户可以设置只显示最近几次迭代的残差。

③ 单击 OK 按钮，关闭 Residual Monitors 对话框。

（5）激活迭代过程中体监视器的平均压力和温度。

Solve/Monitors/Volume Monitors

① 单击 Create 按钮。

② 激活第一个监视器的 Write 选项，在 File Name 文本框中输入 pressure.out。

当 Write 选项被激活后，体模型平均的压力历史被写入文件中。如果用户不选择 Write 选项，那么当用户退出 FLUENT 后，历史信息不被保留。

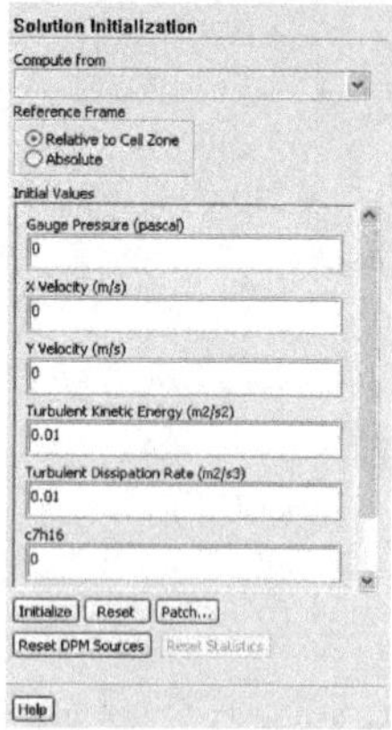

图 7-108　求解初始化设置面板

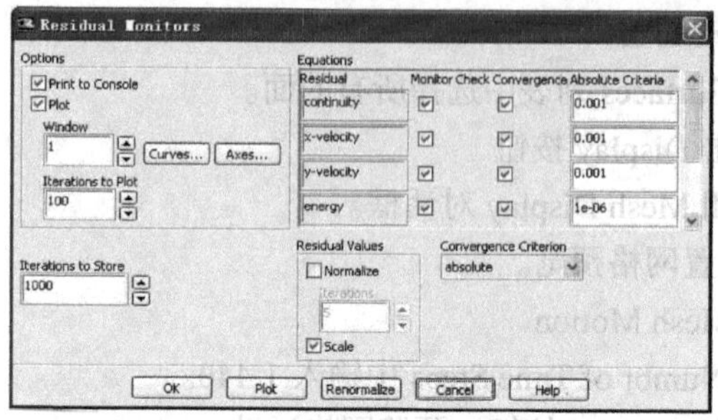

图 7-109　残差监视器对话框

③ 在 Get Data Every 数值框中输入 1，在其下拉列表中选择 Time Step。

④ 在 Name 内输入 pressure，如图 7-110 所示。

⑤ 在 Report Type 下拉列表中选择 Volumc-Average。

⑥ 在 X Axis 下拉列表中选择 Flow Time。

⑦ 在 Field Variable 下拉列表中选择 Pressure 和 Static Pressure。

⑧ 在 Cell Zones 列表中选择 cylinder-qurd 和 cylinder-tri。

⑨ 单击 OK 按钮，关闭 Volume Monitor 对话框。

⑩ 用类似的方法定义另一个质量平均压力监视器。

a. 在 Get Data Every 数值框中输入 1，并在其下拉列表中选择 Time Step。

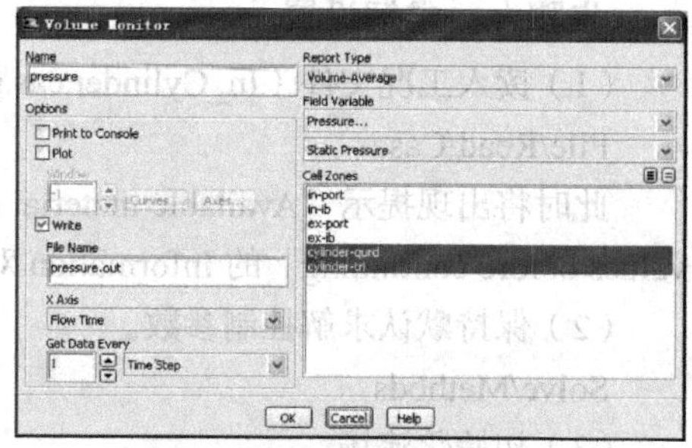

图 7-110　体监视器对话框

b. 在 Name 文本框内输入 temperature。

c. 在 Report Type 下拉列表内选择 Mass-Average。

d. 在 X Axis 下拉列表内选择 Flow Time。

e. 在 Field Variable 下拉列表内选择 Temperature 和 Static Temperature。

f. 在 Cell Zones 列表中选择 cylinder-qurd 和 cylinder-tri。

g. 在 File Name 内输入 temperature.out。

h. 单击 OK 按钮。

（6）设置速度、c7h16 摩尔分数和 DPM 入射的动画。

① 显示填充的速度值云图。

Display/Graphics and Animations/Contours

a. 从 Contours of 下拉列表中选择 Velocity 和 Velocity Magnitude。

b. 勾选 Options 中的 Filled 复选框。

c. 单击 Display 按钮。

d. 关闭 Contours 对话框，显示的速度云图如图 7-111 所示。

② 保存目前的视图。

Display/Views

a. 在 Save Name 文本框中输入 view-0，如图 7-112 所示。

b. 关闭 Views 对话框。

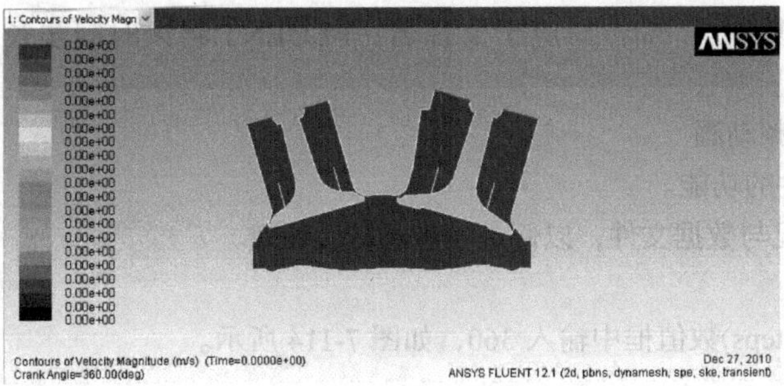

图 7-111　速度云图

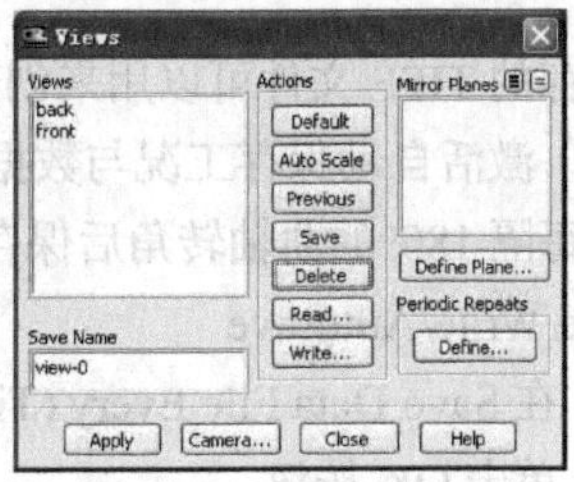

图 7-112　Views 对话框

③ 设置拷贝。

File/Save Picuture

a. 从 Format 中选择 TIFF。

b. 从 Coloring 中选择 Color。

c. 单击 Apply 按钮，关闭 Graphics Hardcopy 面板。

④ 指定动画命令。

Solve/Calculation Activities

a. 设置 Defined Command 为 12，如图 7-113 所示。

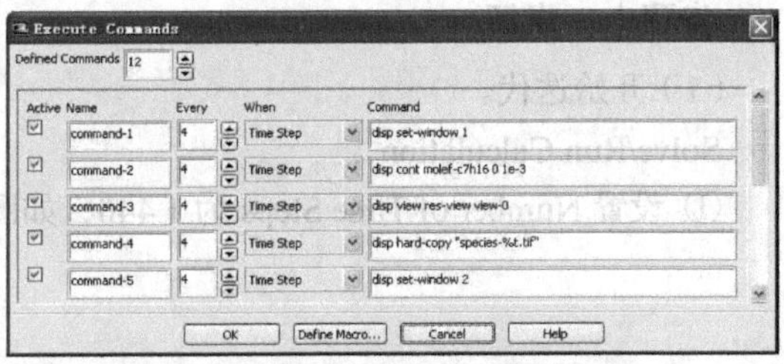

图 7-113　Execute Commands 对话框

b. 激活 command-1 的 Active。

c. 在 Every 中输入 4。

d. 从 When 下拉列表中选择 Time Step。

e. 在 Command 文本框中输入 disp set-window1。

f. 参数如表 7-12 所示的参数进行设置。

表 7-12　参数设置

Name	Command
command-2	disp cont molef-c7h16 0 1e–3
command-3	disp view res-view view-0
command-4	disp hard-copy “species-%t.tif”
command-5	disp set-window 2
command-6	disp cont velo-mag 0 100
command-7	disp view res-view view-0
command-8	disp hard-copy “velocity-%t.tif”
command-9	disp set-window 3
command-10	disp part-track part-track part-dia , 0.1e-6 50e–6
command-11	disp view res-view view-0
command-12	disp hard-copy “injection-%t.tif”

g. 单击 OK 按钮，关闭 Execute Commands 对话框。

以上命令将首先激活第 n 个窗口，恢复保存的窗口 view-0 显示速度值的云图、c7h16 摩尔分数、DPM 入射，并将结果图进行复制。“%t”对应于文件名，FLUENT 将以时间步长替换此文件名。

保存的 TIFF 文件可以用来创建视频动画

（7）激活自动保存工况与数据文件的功能。

在每隔 180°的曲轴转角后保存工况与数据文件，以便进一步进行后处理。

File/Write/Autosave

① 在 Save Data File Every (Time Steps)数值框中输入 360，如图 7-114 所示。

② 单击 OK 按钮。

当 FLUENT 保存文件时，将添加时间步长到文件名 In_Cylinder 字首。标准的扩展名（.cas 和.dat）也会被添加。

（8）保存工况和数据文件（In_Cylinder.cas.gz）。

File/Write/Case & Data

单击 OK 按钮，重写之前保存的工况文件。

步骤十：求解

（1）开始迭代。

Solve/Run Calculation

① 设置 Number of Time Steps 为 1 440，如图 7-115 所示。

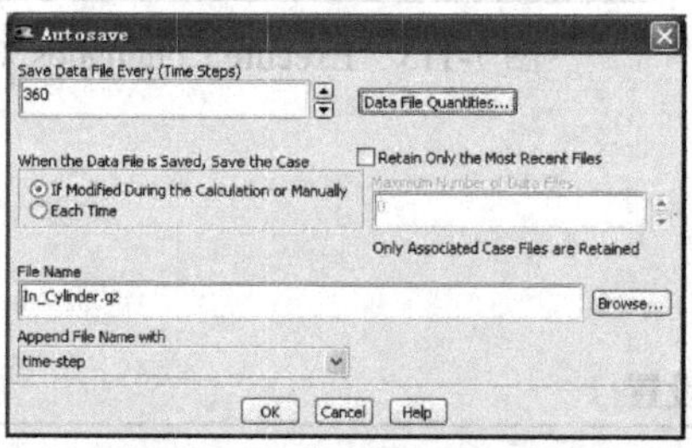

图 7-114　自动保存对话框

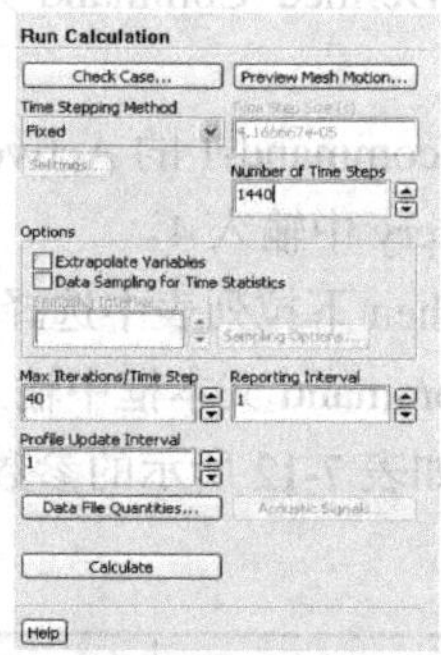

图 7-115　求解运行设置面板

② 设置 Max Iterations/Time Step 为 40。

③ 单击 Calculate 按钮。

在求解过程中，FLUENT 将平均压力和平均温度写入 pressure.out 和 temperature.out 文件中，这些文件将被读回 FLUENT 中。

（2）保存工况和数据文件。

File/Write/Case & Data

步骤十一：后处理

（1）显示静压和温度变化。

Display/Plot/File

① 单击 Set Up 按钮（见图 7-116），激活 File XY Plot 对话框。

② 在 File XY Plot 对话框内单击 Add 按钮添加文件。

③ 选择 pressure.out 文件，单击 OK 按钮。

④ 单击 Plot。

⑤ 单击 Delete 去除被添加的文件。

⑥ 用相同的方法显示文件 temperature.out 的图，如图 7-117 所示。

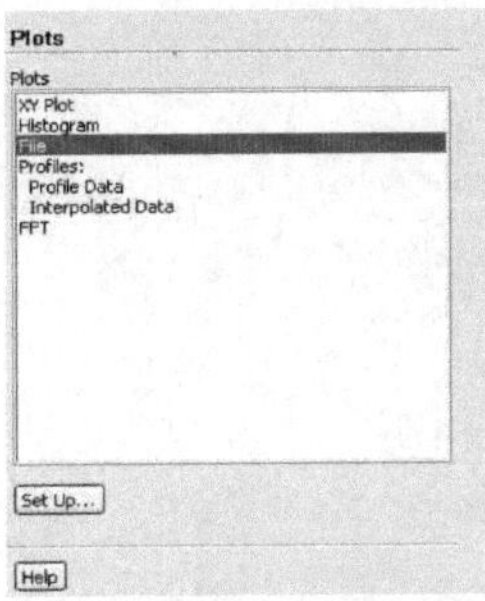

图 7-116　Plots 设置面板

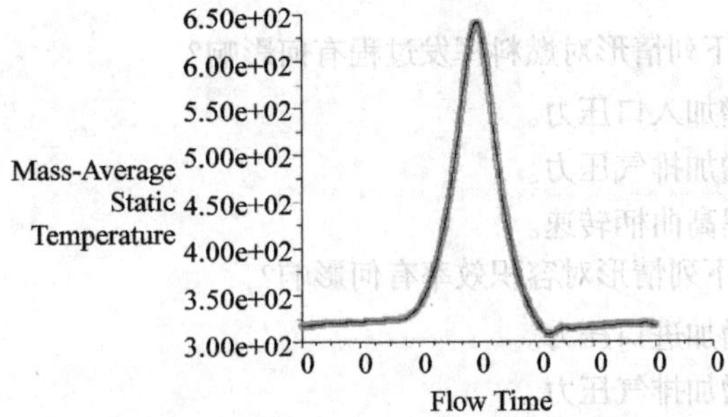

图 7-117　温度的收敛历史

（2）显示 540° 曲轴转角位置的 c7h16 的质量分数。

① 将 In_Cylinder0360.cas.gz 和 In_Cylinder0360.dat.gz 导入 FLUENT 中。

File/Read/Case & Data

② 显示 c7h16 的质量分数。

Display/Graphics and Animations/Graphics/Contours

a. 在 Contours of 下拉列表中选择 Species 和 Mass fraction of c7h16。

b. 单击 Display 按钮，显示的质量分数分布如图 7-118 所示。

（3）显示 720°曲轴转角位置的温度云图。

① 将 In_Cylinder0720.cas.gz 的工况和数据文件导入 FLUEN。

File/Read/Case & Data

② 显示温度云图。

Display/Graphics and Animations/Contours

a. 从 Contours of 下拉列表中选择 Temperature 和 Static Temperature。

b. 单击 Display 按钮，关闭 Contours 对话框，显示的温度云图如图 7-119 所示。

图 7-118　c7h16 的质量分数分布

图 7-119　温度分布

7.6.7　总结

本算例使用 In-Cylinder 模型模拟了 SI 内燃机冷态内流场。吸入、压缩、膨胀和排气过程都进行了模拟。离散相模型也被用来模拟燃料入射、挥发和液滴沸腾的过程。

7.6.8 练习和讨论

（1）下列情形对燃料挥发过程有何影响？

- 增加入口压力。
- 增加排气压力。
- 提高曲柄转速。

（2）下列情形对容积效率有何影响？

- 增加进口压力。
- 增加排气压力。
- 提高曲柄转速。

7.7 算例十七：使用 EBU（Eddy Break Up，涡破碎）模型模拟煤粉燃烧

7.7.1 介绍

本算例的目的是为使用涡破碎模型模拟煤粉燃烧提供指引和设置推荐。

7.7.2 技巧和设置

- 设置和求解煤粉燃烧算例。
- 使用 Eddy Break Up 模型。
- 使用合适的求解参数进行求解。

7.7.3 前期要求

用户应熟悉 FLUENT 界面，并对 FLUENT 基本设置和求解过程有所了解。在本算例中，用户将使用湍流和燃烧模型，所以用户应对湍流模拟和燃烧模拟有基本的了解。本算例不会涉及这些模型的基本理论讲解，本算例的重点将集中在这些模型在煤粉模拟的使用设置中。

7.7.4 问题描述

三维的炉膛结构如图 7-120 所示。从图中可以看到两个环形进口和一个圆形出口。由于模型的对称性，只需模拟几何模型的 1/4。内部环形进口的内半径和外半径分别为 0.055m 和 0.067m。外部环形进口的内半径和外半径分别为 0.07m 和 0.117m。出口的半径为 0.425m。

煤粉和输送煤粉的空气通过内部环形区域进入燃烧腔体。预热过的旋流二次空气经过外部环形区域进入燃烧室。燃烧在燃烧室内进行，燃烧产物经过压力出口排出。

7.7.5　准备

- 复制 coal-ebu.msh 文件和 coal-ebu.c 文件到工作文件夹。
- 开启 FLUENT 3D 求解器。

7.7.6　设置和求解

步骤一：网格

（1）读入网格文件（coal-ebu.msh）。

（2）检查网格。

Mesh/Check

（3）显示网格。

Display/Mesh

① 通过 Surfaces 列表选择所有的面。

② 单击 Display，关闭 Mesh Display 面板，网格显示如图 7-120 所示。

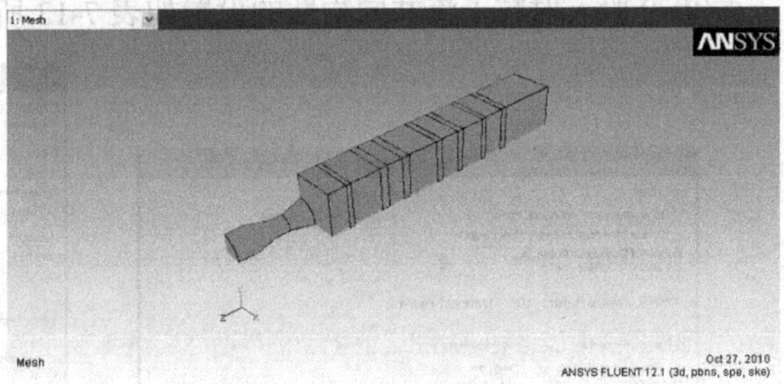

图 7-120　计算域网格显示

步骤二：模型

（1）选择标准 k-epsilon（2 eqn）湍流模型。

Define/Models/Viscous

（2）激活 Energy Equation（能量方程）。

Define/Models/Energy

（3）选择 Species Transport 模型。

Define/Models/Species

① 在 Model 选项组中选中 Species Transport 选项，如图 7-121 所示。

② 在 Reactions 选项组中勾选 Volumetric 复选框。

③ 在 Mixture Material 下拉列表中选择 coal-hv-volatiles-air 选项。

④ 在 Turbulence-Chemistry Interaction 选项组中选中 Eddy-Dissipation 选项。

⑤ 单击 OK 按钮，关闭 Species Model（组分模型）对话框。

（4）打开 P1 辐射模型的设置对话框，如图 7-122 所示。

Define/Models/Radiation

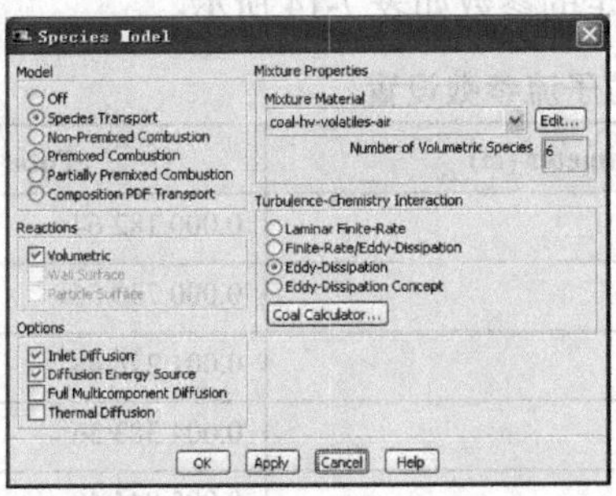

图 7-121　燃烧模型设置对话框

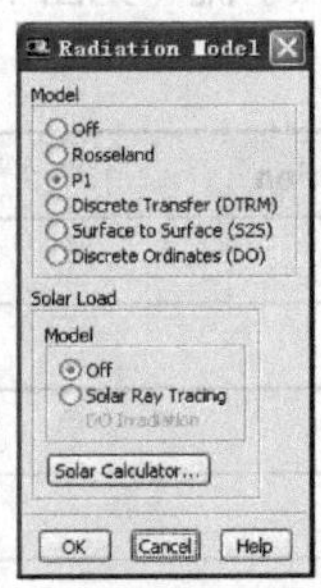

图 7-122　辐射模型设置对话框

（5）激活 Discrete Phase 模型。

Define/Models/Discrete Phase

① 在 Max. Number of Steps 数值框中输入 40 000。如图 7-123 所示。

② 勾选 Specify Length Scale 复选框，在 Length Scale 文本框中输入 0.002 5。

③ 单击 OK 按钮，关闭 Discrete Phase Model 对话框。

步骤三：入射粒子

从 Surface v-1 定义 9 股入射粒子流。

Define/Injections

① 单击 Create 按钮，打开 Set Injection Properties 对话框，如图 7-124 所示。

② 9 股入射粒子流共同物性的设置如表 7-13 所示。

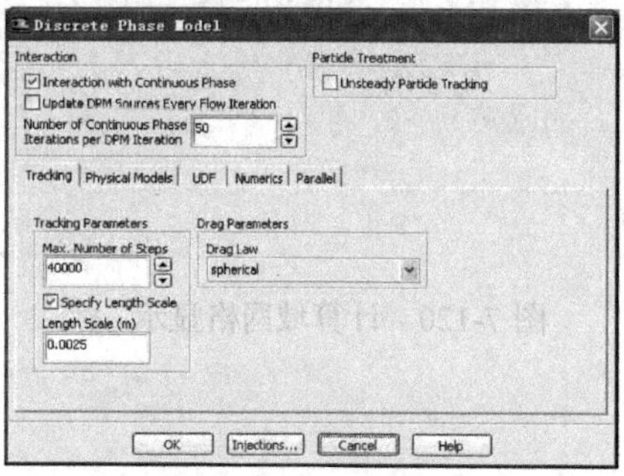

图 7-123　离散相设置对话框

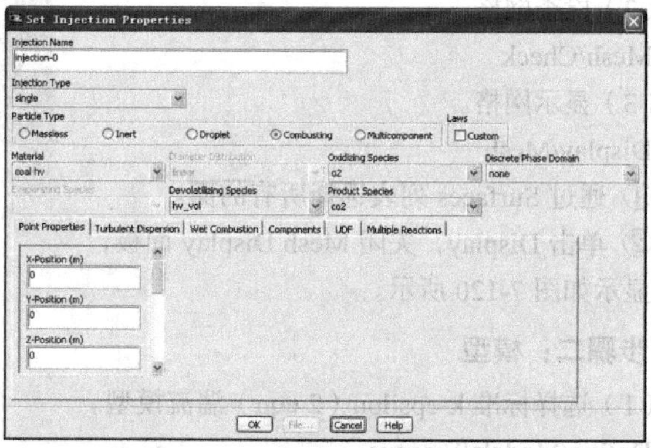

图 7-124　颗粒入射设置面板

表 7-13　入射粒子流物性设置

Parameter	Value
Particle Type	Combusting
Material	Coal-hv
Devolatilizing Species	hv-vol
Product Species	CO_2
Oxidizing Species	O_2
Point Properties	Temperature = 343, Z-Velocity = 23.11
Turbulent Dispersion	Stochastic Model with values for Number of Tries and Time Scale Constant as 10 and 0.15 respectively

③ 各股入射粒子流（见图 7-125）需特别指定的参数如表 7-14 所示。

表 7-14　各股入射粒子流参数设置

Injection	Diameter (m)	Total Flow Rate
Injection-0	1e–6	0.000 182 64
Injection-1	5e–6	0.000 730 56
Injection-2	1e–5	0.001 278 48
Injection-3	2.5e–5	0.004 383 36
Injection-4	5e–5	0.005 844 48
Injection-5	7.5e–5	0.003 470 16

续表

Injection	Diameter (m)	Total Flow Rate
Injection-6	0.000 1	0.001 461 12
Injection-7	0.000 2	0.000 730 56
Injection-8	0.000 3	0.000 182 64

④ 保持其他参数的默认值。

⑤ 关闭 Injections 对话框。

步骤四：材料

（1）修改 coal-hv-volatiles-air 混合物的物性。

Define/Materials

① 在 FLUENT 材料数据库中增加 Carbon-monoxide(co)。

a. 单击 Fluent Database 按钮，打开 Fluent Database Materials 面板。

b. 从 Material Type 下拉菜单中选择 fluid。

c. 在 Fluent Fluid Materials 面板中选择 carbon-monoxide(co)。

d. 单击 Copy，关闭 Fluent Database Materials 面板。

② 单击在 Mixture Species 下拉菜单旁的 Edit 按钮，打开 Species 面板。

a. 在 Mixture Species 列表中增加 carbon-monoxide(co)。

注　意：确认氮气是列表组分中的最后一个组分。如果不是，将氮气去除，再将其增加。

b. 单击 OK 按钮，关闭 Species 面板。

③ 单击 Reaction 下拉菜单旁的 Edit 按钮，打开 Reactions 对话框，如图 7-126 所示。

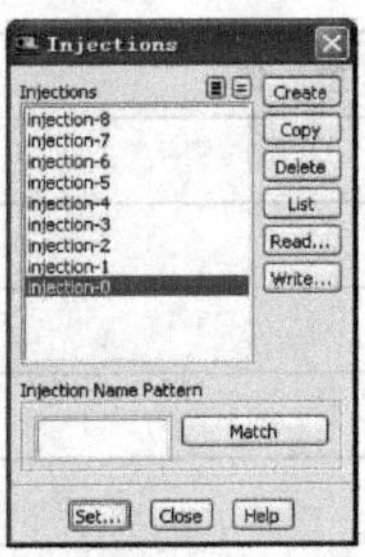

图 7-125　颗粒入射创建与编辑对话框

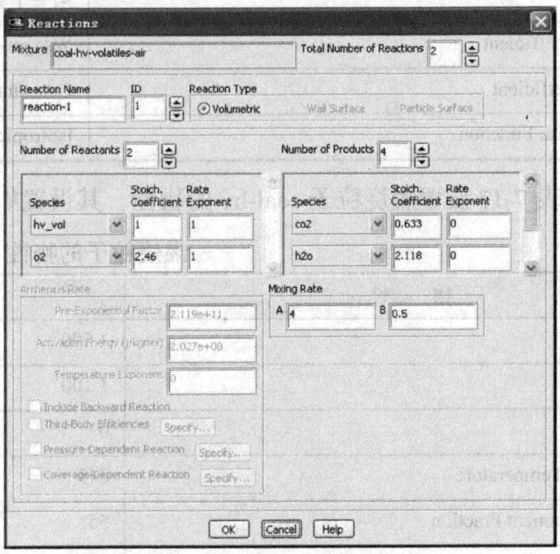

图 7-126　反应参数设置对话框

a. 以如表 7-15 所示的参数编辑 Eddy-Dissipation 反应模型。

表 7-15　　反应参数设置

Reactants	Products
Number of Reactants = 2	Number of Products = 4
Stoich. Coefficients hv_vol = 1 O_2 = 2.46	Stoich. Coefficients CO = 2.17 CO_2 =0.633 H_2O = 2.118 N_2 = 0.071
Number of Reactants = 2	Number of Products = 4
Stoich. Coefficients CO = 1 O_2 = 0.5	Stoich. Coefficients CO_2 = 1

b. 保持其他参数的默认设置。

c. 单击 OK 按钮，关闭 Reactions 对话框。

④ 表 7-16 所示为其他参数的物理模型和设置，其设置如图 7-127 所示。

表 7-16　　物性参数设置

Parameter	Value
Density	Imcompressible-ideal-gas
Cp	Mixing-law
Thermal Conductivity	Polynomial 第一个和第二个温度的系数分别为 0.010 06 和 5.413e–5
Viscosity	Polynomial 第一个和第二个温度的参数分别为 9.18e–6 和 3.161e–8
Absorption Coefficient	Wsggm-domain-based
Scattering Coefficient	Constant with a value of 0.5
Scattering Phase Function	Isotropic

（2）按表 7-17 设置燃烧粒子 coal-hv 的物性，其设置如图 7-128 所示。

表 7-17　　燃烧粒子的物性

物　性	设 置 值
Density	1 000
Cp	1 100
Latent Heat	0
Vaporization Temperature	343
Volatile Component Fraction	55
Binary Diffusivity	3e–5
Swelling Coefficient	2
Burnout Stoichiometric Ratio	2.67
Combustible Fraction	36.7

续表

物　性	设 置 值
Heat of Reaction for Burnout	3.29e7
React. Heat Fraction Absorbed by Solid	0
Combustion Model	Kinetics/diffusion-limited Mass Diffusion-Limited Rate Constant = 5e−12 Kinetics-Limited Rate Pre-Exponential Factor = 6.7 Kinetics-Limited Rate Activation Energy = 1.138e8

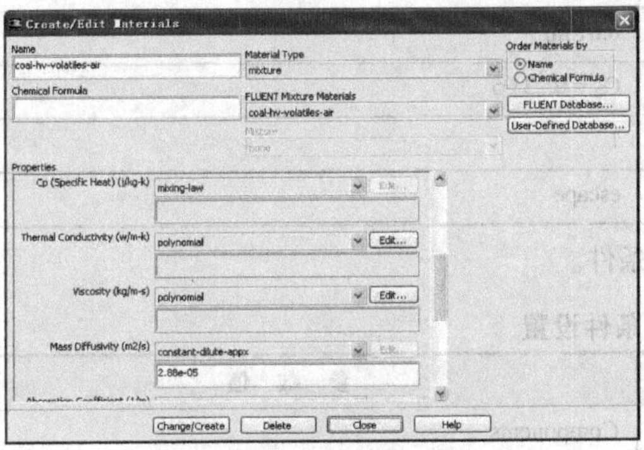

图 7-127　物性设置对话框

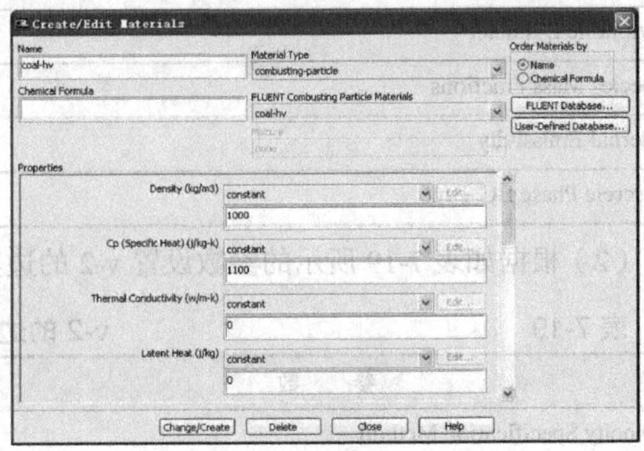

图 7-128　物性创建对话框

煤的汽化温度为 773 K。为了启动反应，我们先将其降低到 343 K，一旦反应开始进行，可以将其改变为原值。

（3）设置 O_2、CO_2、H_2O、CO 和 N_2 的物性。

分别在 O_2、CO_2、H_2O、CO 和 N_2 的 Cp 下拉列表中选择 piecewise-polynomial（分段线性），并接受默认值。

（4）设置煤挥发酚 coal_hv_volatiles 的物性。

在 Molecular Weight 处输入 50，在 Standard State Enthalpy 处输入−1.847 4e7。

（5）单击 Change/Create 按钮，再关闭该对话框。

步骤五：工作条件参数

保持工作条件的默认参数不变。

步骤六：编译和解释用户自定义函数（UDFs）

这些函数用来设置边界条件。关于解释 UDFs 的更多信息，可以参考 FLUENT 的 UDF 用户帮助文档。

Define/User-Defined/Functions/Interpreted

（1）在 Source File Name 处输入 C 语言函数（coal-ebu.c）的名字。

（2）在 CPP Command Name 处指定 C 语言的编译器。

将 Stack Size 的值保持为默认值 10 000，除非函数的局部变量会导致 stack 溢出。本工况中，将 Stack Size 的值设为大于局部变量的数目。

（3）如果用户想使用 Fluent 公司的编译器，而不是使用自己的，可以勾选 Use Contributed CPP 选项。

（4）单击 Interpret 并关闭 Interpreted UDFs 面板。

如果在解释语言时报告错误，用户可以在保持面板打开的情况下继续 debugging 并同时解释语言，直到没有继续报告错误为止。

步骤七：边界条件

Define/Boundary Conditions

（1）根据如表 7-18 所示的参数设置 v-1 的边界条件。

表 7-18　　v-1 的边界条件设置

参　数	参 数 值
Velocity Magnitude	23.11m/s
Temperature	343 K
Turbulence Intensity	10 %
Hydraulic Diameter	0.013m
Species Mass Fractions	O_2 = 0.231 5
Internal Emissivity	1
Discrete Phase BC Type	escape

（2）根据如表 7-19 所示的参数设置 v-2 的边界条件。

表 7-19　　v-2 的边界条件设置

参　数	参 数 值
Velocity Specification Method	Components
Coordinate System	Cylindrical (Radial, Tangential, Axial)
Radial-Velocity	0
Tangential-Velocity	udf vinlet2wvel
Axial-Velocity	udf vinlet2uvel
Temperature	573 K
Turbulence Intensity	12 %
Hydraulic Diameter	0.047 m
Speciess Mass Fractions	O_2 = 0.2315

（3）根据如表 7-20 所示的参数指定 p-1 的边界条件。

表 7-20　　p-1 的边界条件设置

参　数	参 数 值
Gauge Pressure	0
Backflow Total Temperature	1 000 K
Backflow Turbulence Intensity	10%
Backflow Hydraulic Diameter	1 m
Species Mass Fractions	O_2 = 0.2315

（4）设置所有壁面的边界条件。指定 Temperature 和 Internal Emissivity，如表 7-21 所示。

表 7-21　　壁面的边界设置

区　域	温　度	内部发射率
w-1	343	0.6
w-2	573	0.6

续表

区　域	温　度	内部发射率
w-3	873	0.6
w-4	1 273	0.5
w-5	udf wall5temp	0.5
w-6	udf wall6temp	0.5
w-7	udf wall7temp	0.5
w-8	1323	0.5
w-9	1073	0.5

（5）设置 periodic 的边界条件为 Rotational。

（6）关闭 Boundary Conditions 面板。

步骤八：非反应流（冷态）求解

（1）不激活 Volumetric 反应。

Define/Models/Species

（2）不勾选 P1 辐射模型。

Solve/Controls

在 Equations 中不勾选 P1 模型。

（3）不激活 Interaction with Continuous Phase。

Define/Models/Discrete Phase

（4）对所有区域的流动进行初始化。

Solve/Initialization/Initialize

（5）激活迭代中将显示的残差图。

SSolve/Monitors/Residuals

（6）开始要求 100 步迭代。

Solve/Initialization/Initialize

（7）改变求解控制参数。

① 在 Pressure 中选择 PRESTO!（Solve/Methods）。

② 将 Pressure、Momentum 和 Turbulence 的欠松弛因子分别设为 0.5、0.2 和 0.7。

（8）继续要求 100 步迭代。

步骤九：激活反应流的求解

（1）激活 Interaction with Continuous Phase，将 Number of Continuous Phase Iterations per DPM Iteration 设为 1。

（2）激活 Volumetric 反应。

（3）对反应区域中的温度和产物的组分质量分数进行布局修补。

Adapt/Region

① 在 Shapes 选项组中选中 Cylinder 选项，如图 7-129 所示。

② 在出现面板中的 Input Coordinates 选项组输入如图 7-129 所示参数。

③ 单击 Mark 按钮，并关闭 Region Adaption 对话框。

（4）对反应区域用以下值进行局部修补。

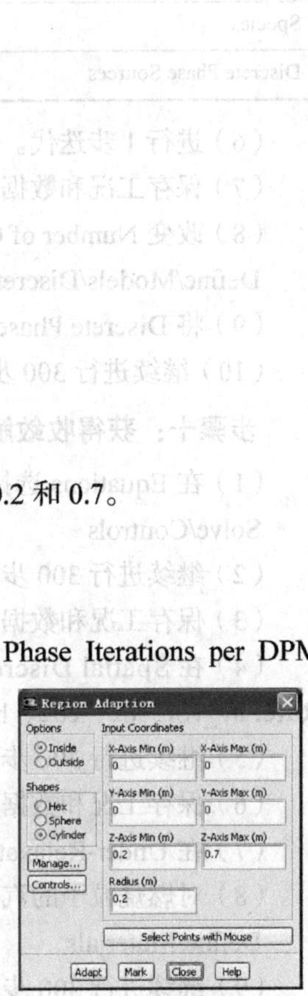

图 7-129　区域创建对话框

Solve/Initialization/Patch

① 在 Registers to Patch 列表框中选择 cylinder-r0 选面，如图 7-130 和图 7-131 所示，利用以下值进行局部修补。

Temperature = 2 000 K

H_2O mass fraction = 0.01

CO_2 mass fraction = 0.01

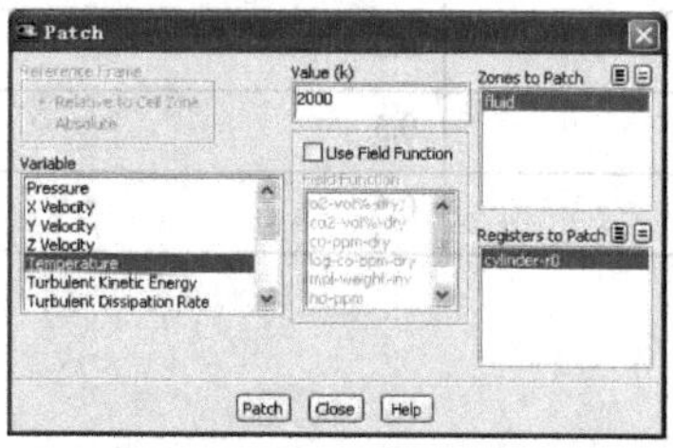

图 7-130　局部初始化设置对话框

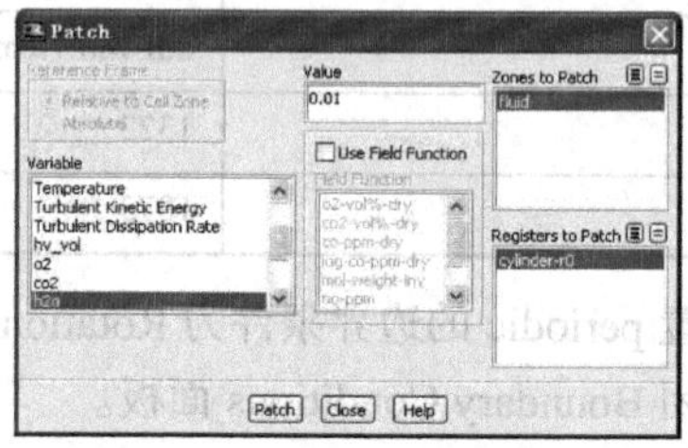

图 7-131　选择局部初始化的区域

② 关闭 Patch 面板。

（5）根据表 7-22 设置 Under-Relaxtion Factors 欠松弛因子。

表 7-22　　欠松弛因子设置

Energy	0.95
Species	0.95
Discrete Phase Sources	1

（6）进行 1 步迭代。

（7）保存工况和数据文件（coal-ebu-react-start.cas 和 coal-ebu-react-start.dat）。

（8）改变 Number of Continuous Phase Iterations per DPM Iteration 的值为 50。

Define/Models/Discrete Phase

（9）将 Discrete Phase Sources 的 Under-Relaxation Factor 设置为 0.1。

（10）继续进行 300 步迭代。

步骤十：获得收敛解

（1）在 Equations 选择列表中选择 P1，将 P1 的 Under-Relaxation Factor 设为 0.95。

Solve/Controls

（2）继续进行 300 步迭代。

（3）保存工况和数据文件（coal-ebu-1.cas 和 coal-ebu-1.dat）。

（4）在 Spatial Discretization 的 Momentum、Turbulent Kinetic Energy、Turbulent Dissipation Rate. hv_vol、o2、co2、h2o、co 和 Energy 调成 Second Order Upwind。

（5）继续进行 300 步迭代。

（6）保存工况和数据文件（coal-ebu-2.cas 和 coal-ebu-2.dat）。

（7）在 Under-Relaxation Factors 组里将所有组分和能量的值设为 1。

（8）对燃烧粒子的汽化温度设为 773 K。

Define/Materials

（9）继续进行 300 步迭代。

Solve/Initialization/Initialize

（10）保存工况和数据文件（coal-ebu-final.cas 和 coal-ebu-final.dat）。

步骤十一：后处理

（1）检查质量平衡的收敛性。

Report/Result Reports/Fluxes

① 在 Options 列表中选择 Mass Flow Rate，如图 7-132 所示。

② 在 Boundaries 选择列表中选择所有区域，单击 Compute 按钮。

这是净气相质量流，其中负数代表净气相质量流式离开计算域。

③ 关闭 Flux Reports 对话框。

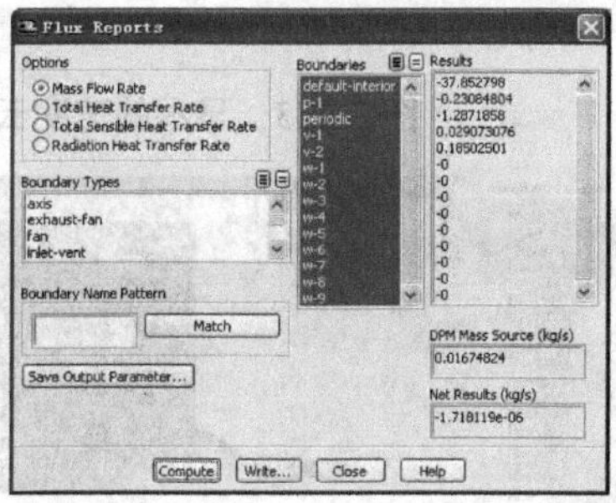

图 7-132　Flux Reports 设置对话框

Report/Result Reports/Volume Integrals

④ 在 Report Type 列表中选择 Sum。

⑤ 在 Field Variable 中选择 Discrete Phase Model 和 DPM Mass Source。

⑥ 在 Cell Zones 中选择 fluid，单击 Compute 按钮。

这是由离散气相煤粉颗粒传递为气体连续相的净质量传递值。

⑦ 关闭 Volume Integrals 面板。

注　意：这两个值加起来相比于从进口 v-1 和 v-2 的总质量流量应是很小的值。

（2）检查净传热量。

Report/Result Reports/Fluxes

① 在 Options 选项组中选中 Total Heat Transfer Rate 选项。

② 在 Boundaries 列表框中选择所有区域，单击 Compute 按钮。

这是气相净传热量。

③ 关闭 Flux Reports 对话框。

Report/Result Reports/Volume Integrals

④ 在 Report Type 列表中选择 Sum。

⑤ 在 Field Variable 中选择 Discrete Phase Model 和 DPM Enthalpy Source。

⑥ 在 Cell Zone 中选择 fluid，并单击 Compute 按钮。

这是净离散相传热。

⑦ 关闭 Volume Integrals 面板。

注　意：气体连续相和离散相的传热量应比宏观热流量小很多，比如，比通过出口边界 p-1 的热流量小很多。

（3）显示速度量云图，如图 7-133 所示。

（4）显示温度云图，如图 7-134 所示。

（5）显示 x=0m 位置平面处被填充的 hv_vol 质量分数、O_2 质量分数、CO_2 质量分数、CO 质量分数和 H_2O 质量分数云图，分别如图 7-135、图 7-136、图 7-137、图 7-138 和图 7-139 所示。

图 7-133　显示的速度云图

图 7-134　显示的温度云图

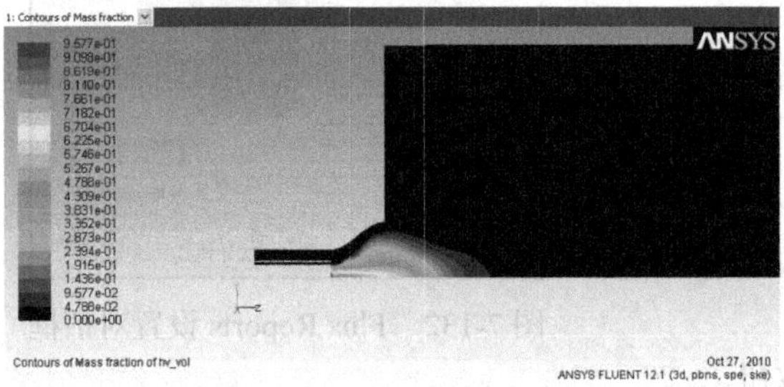

图 7-135　hv_vol 质量分数云图显示

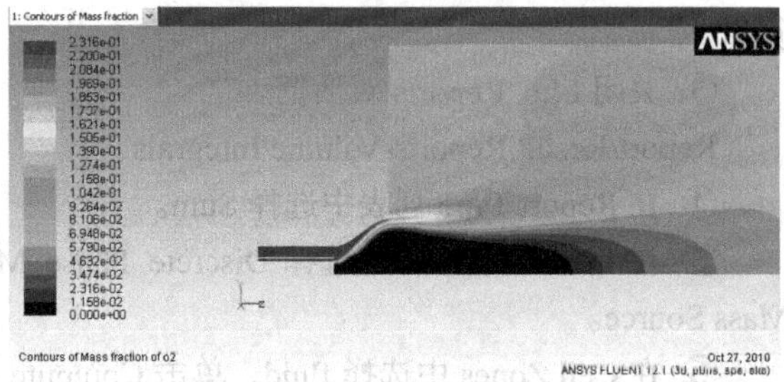

图 7-136　O_2 质量分数云图显示

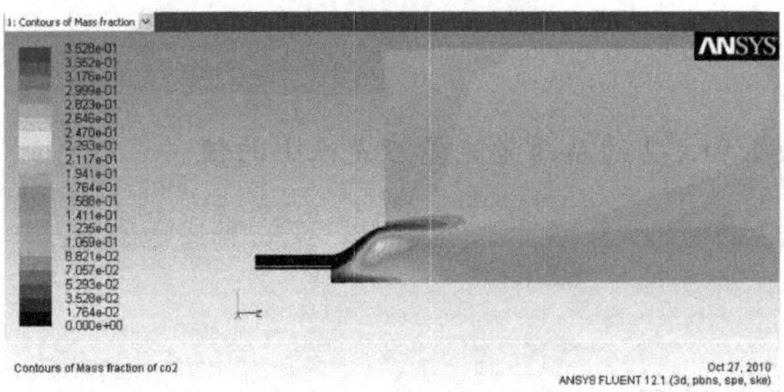

图 7-137　CO_2 质量分数云图显示

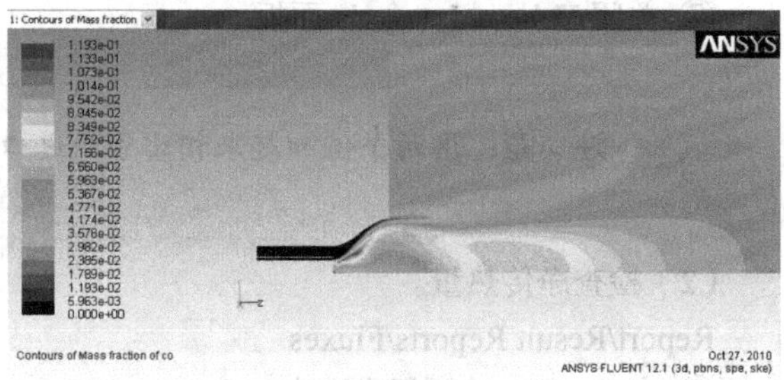

图 7-138　CO 质量分数云图显示

（6）显示 injection-5 的粒子轨迹，如图 7-140 所示。

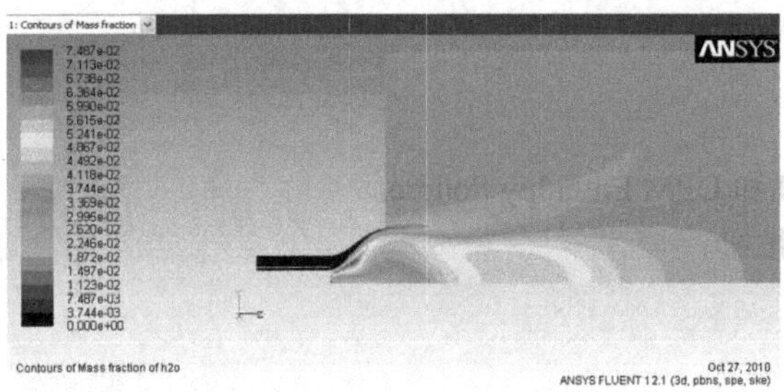

图 7-139　H_2O 质量分数云图显示

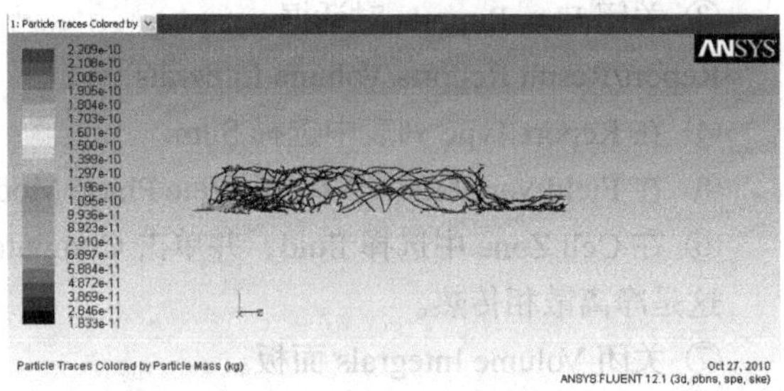

图 7-140　颗粒追踪显示

步骤十二：NO_x 模拟

（1）选择 NO_x 模型。

Define/Models/Species/NO_x

① 在 Pathways 选项组中勾选 Thermal NO_x、Prompt NO_x 和 Fuel NO_x，如图 7-141 所示。

② 在[O] Model 和[OH] Model 下拉列表中选择 partial-equilibrium。

③ 选择 Prompt 选项卡，在 Fuel Species 中选择 hv_vol。

④ 在 Fuel Canbon Number 和 Equivalence Ratio 中分别输入 2.8 和 0.685。

⑤ 选择 Fuel 选项卡，在 Fuel Type 中选择 Solid。

⑥ 设置如表 7-23 所示的参数。

表 7-23　　NO_x 模拟参数设置

Fuel Type	Solid
N Intermediate	hcn/nh3/no
Volatile N Mass Fraction	0.039 8
Char N Mass Fraction	0.059 6
Partition Fractions	
HCN	0.9
NH3	0.1
Char N Conversion	no

⑦ 选项 Turbulence Interaction Mode 选项卡，在 Turbulence Interaction Mode 的 PDF mode 中选择 temperature。

⑧ 在 Beta PDF Points 处输入 20。

⑨ 单击 Apply 按钮，关闭 NO_x Model 对话框。

（2）改变求解控制参数。

Solve/Controls

① 在 Equations 列表框中不选中所有的等式，而只选中 Pollutant no、Pollutant hcn 和 Pollutant nh3，如图 7-142 所示。

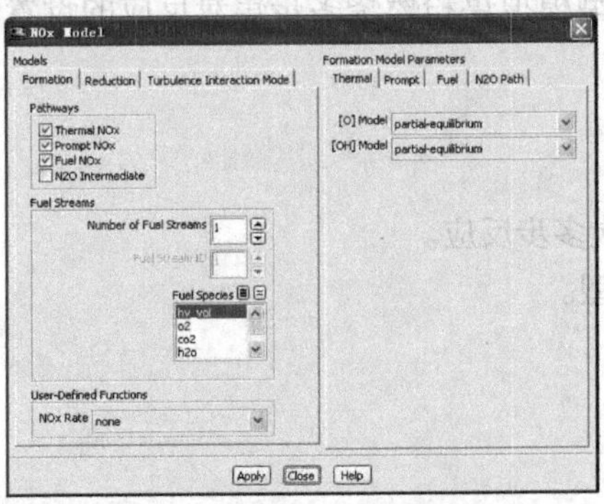

图 7-141　NO_x Model 设置对话框

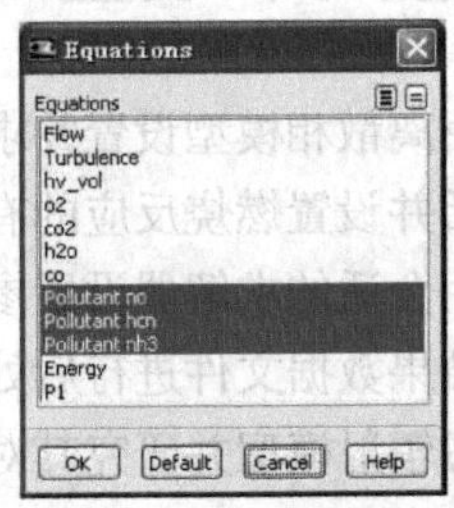

图 7-142　选择求解的方程组

② 将这些等式的欠松弛因子设置为 1。

（3）设置这 3 个等式的收敛标准为 1e-06。

Solve/Monitors/Residual

（4）继续进行 100 步迭代。

Solve/Run Calculation/Calculate

（5）在 Spatial Discretization 中将 Pollutant no, Pollutant hcn 和 Pollutant nh3 选项设为 Second Order Upwind。

（6）继续进行 100 步迭代。

Solve/Run Calculation/Calculate

（7）显示 x=0m 平面上 Pollutant no 的质量分数云图。

Display/Graphics and Animations/Contours

① 选择 NO_x，并在 Contours of 中 Mass Fraction of Pollutant no，

② 在 Surface 中选择 x=0m 平面。

③ 单击 Display 并关闭 Contours 面板，显示的质量分数图如图 7-143 所示。

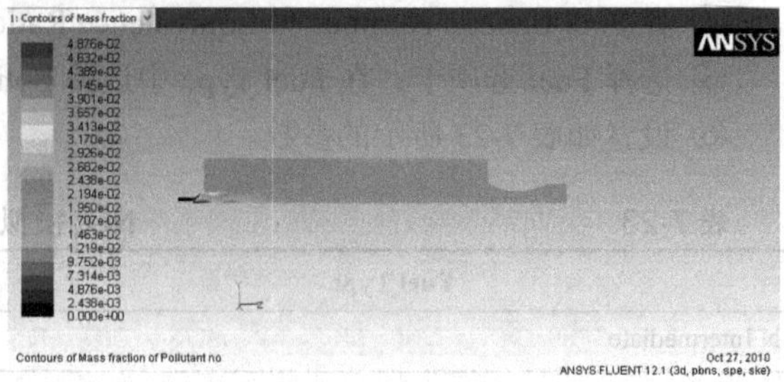

图 7-143 NO 质量分数显示

7.7.7 结果

本算例中，9 股入射粒子流经由进口喷出炉内。名为 coal-hv 的粒子在开始挥发前进行了一小段距离。之后，反应开始进行，温度升高。我们可以观察到高温区域在炉内靠近进口附近。利用涡破碎模型模拟煤粉燃烧过程中，煤粉颗粒释放挥发份，挥发份与氧气和燃烧产物发生反应。NO_x 模拟过程也有类似趋势。

7.8 算例十八：多步焦炭反应模拟

7.8.1 介绍

本算例的目的是，提供求解使用 FR/EDM 模型模拟煤粉燃烧多步焦炭反应的设置和步骤。

7.8.2 技巧和设置

- 使用离散相模型设置并求解煤粉燃烧的焦炭多步反应。
- 激活并设置燃烧反应的有限速率/涡耗散模型。
- 使用合适的求解器设置参数求解工况。
- 对结果数据文件进行后处理。
- 考虑辐射模型并研究其对反应温度的影响。

7.8.3 前期要求

本算例中，假设用户已经对 FLUENT 界面很熟悉，并且对 FLUENT 基本的设置和求解过程有较好的了解和掌握。

本算例中，用户将使用湍流和燃烧模型，因此用户应对其有必要的了解。本算例不会包含这些模型理论和机理的讲解，而会更注重这些模型在煤粉燃烧过程中的应用。

7.8.4 问题描述

煤粉燃烧系统在本算例中被简化为一个 10 m×1 m 的二维管道，如图 7-144 所示。由于模型的对称

性，只需模拟一般的计算域。2D 管道的进口被分成两股入射流。在管道中心附近的一股高速气流在 0.125 m 尺寸上以 50 m/s 的速度进入气体。另一股气流的入口宽度为 0.375 m，速度为 15 m/s。两股空气流的温度都为 1 500 K。煤粉颗粒通过高速气流以 0.1 kg/s 的质量流量经由中心附近喷入炉内（总的质量流量为 0.2 kg/s）。管道壁面的温度固定为 1 200 K。基于进口尺寸和平均流速得出的雷诺数大约为 100 000。因此，该流动为湍流。

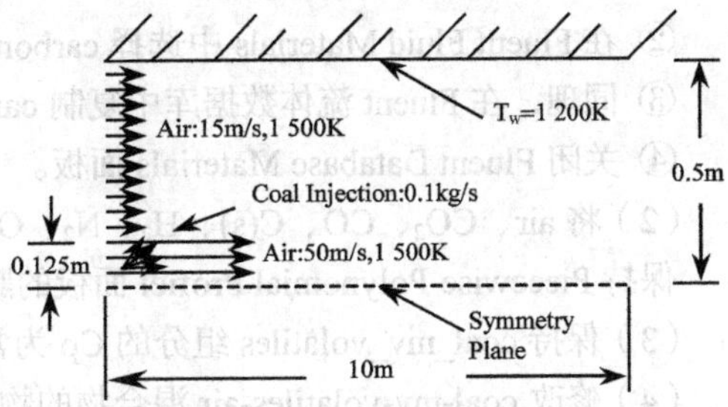

图 7-144　计算域显示的示意图

煤粉和携带空气通过内部环形区域进入燃烧腔体。热的旋流二次空气经由外部环形区域进入燃烧室。燃烧反应在炉内发生，产物经由压力出口排出。

7.8.5　准备

- 复制网格文件 mchar.msh 到用户的工作文件夹。
- 开启 FLUENT 2D 版本的求解器。

7.8.6　设置和求解

步骤一：网格

（1）读入网格文件 mchar.msh。

（2）检查和显示网格。

步骤二：模型

（1）保持其他求解设置的默认值。

Define/General

（2）激活能量方程。

Define/Models/Energy

（3）激活 Realizable k-epsilon（2 eqn）湍流模型。

Define/Models/Viscous

（4）定义粘性模型。

Define/Models/Species

① 打开 Species Transport 模型的设置对话框，如图 7-145 所示。

② 在 Reactions 选项组中勾选 Volumetric 和 Particle Surface 复选框。

③ 在 Mixture Material 下拉列表中选择 coal-mv- volatiles-air 混合物。

④ 在 Turbulence-Chemistry Interaction 选项组中选中 Finite -Rate/Eddy-Dissipation 选项，然后单击 OK 按钮。

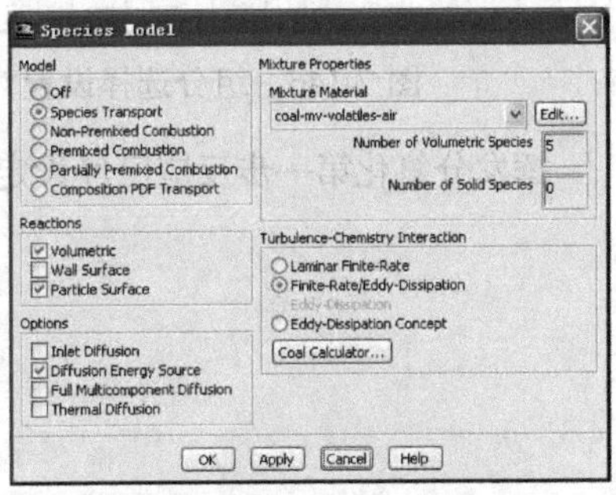

图 7-145　燃烧模型设置对话框

步骤三：材料

Define/Materials

（1）在 FLUENT 流体数据库中复制 CO、C 和 H_2。

① 单击 Fluent Database 按钮。

② 在 Fluent Fluid Materials 中选择 carbon-monoxide(co)，然后单击 Copy。

③ 同理，在 Fluent 流体数据库中复制 carbon-solid(c<s>)和 hydrogen (h2)。

④ 关闭 Fluent Database Materials 面板。

（2）将 air、CO_2、CO、C(s)、H_2、N_2、O_2 和 H_2O 组分的 Cp 选项设为 piecewise-polynomial。保持 Piecewise-Polynomial Profiel 面板的默认参数。

（3）保持 coal_mv_volatiles 组分的 Cp 为常数。

（4）修改 coal-mv-volatiles-air 混合物的物性。

① 单击 Mixture Species 选项旁的 Edit 按钮，打开 Species 对话框。

a. 将 H_2 和 CO 增加到 Selected Species 列表框中，如图 7-146 所示。

注　意：确认氮气是列表中的最后一种组分。如果不是，将其删除然后再添加。

b. 将 C(s)增加到 Selected Solid Species 列表框中。

c. 单击 OK 按钮关闭 Species 对话框。

② 单击 Reaction 选项旁的 Edit 按钮，打开 Reactinos 对话框，如图 7-147 所示。

a. 将 Total Number of Reactions 设为 6。

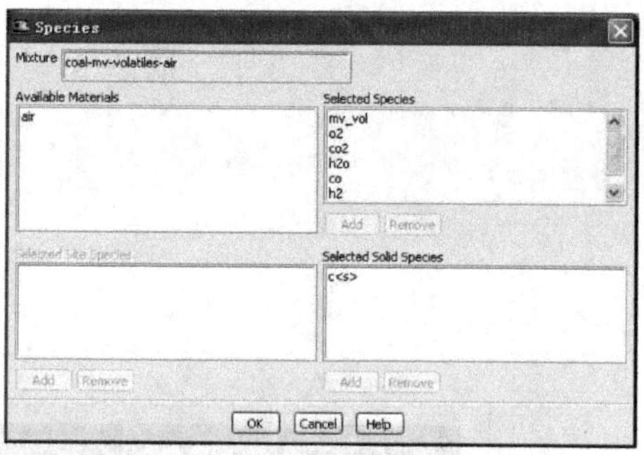

图 7-146　组分选择设置对话框

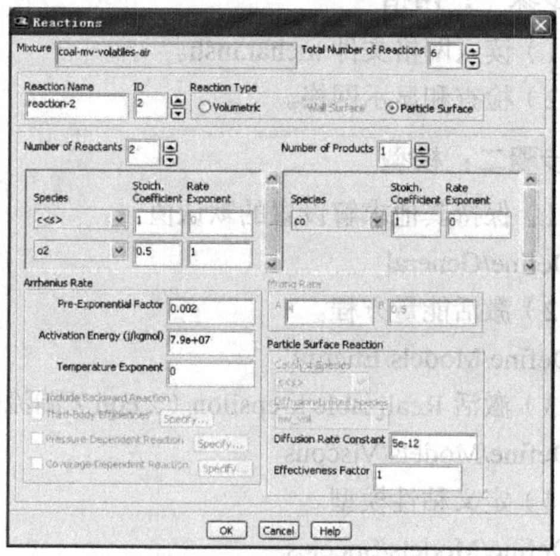

图 7-147　反应参数设置对话框

挥发分氧化第一步反应已经设定。剩余的 5 步反应如下设置。

$$C(s) + 0.5O_2 \rightarrow CO$$

$$C(s) + CO_2 \rightarrow 2CO$$

$$C(s) + H_2O \rightarrow H_2 + CO$$

$$H_2 + 0.5O_2 \rightarrow H_2O$$

$$CO + 0.5O_2 \rightarrow CO_2$$

b. 根据表 7-24 设置反应参数。

③ 单击 OK 按钮，关闭 Reactions 对话框。

表 7-24　反应参数设置

Reaction ID	2	3	4	5	6
Reaction Type	Particle Surface	Particle Surface	Particle Surface	Volumetric	Volumetric
Number of Reactants	2	2	2	2	2
Species	C(s), O_2	C(s), CO_2	C(s), H_2O	H_2, O_2	CO, O_2
Stoich. Coefficient	C(s)=1 O_2=0.5	C(s)=1 CO_2=1	C(s)=1 H_2O=1	H_2=1 O_2=0.5	CO=1 O_2=0.5
Rate Exponent	Default	Default	Default	Default	Default
Arrhenius Rate	Default	Default	Default	Default	Default
Number of Products	1	1	2	1	1
Species	CO	CO	H_2, Co	H_2O	CO_2
Stoich. Coefficient	CO=1	CO=2	H_2=1 CO=1	H_2O=1	CO_2=1
Rate Exponent	Default	Default	Default	Default	Default
Particle Surface Reaction / Mixing Rate	Default	Default	Default	Default	Default

④ 单击 Mechanism 选项右边的 Edit 按钮，打开 Reaction Mechanisms 面板。

a. 保持 Reactions 选择列表所有 6 个反应的默认选择。

b. 单击 OK 按钮，关闭 Reaction Mechanisms 面板。

⑤ 保留 Density 选项的 imcompressible-ideal-gas 选择。

⑥ 保持 Cp 选项的 mixing law 选择。

⑦ 单击 Change/Create 按钮，然后关闭 Materials 面板。

步骤四：离散相

（1）定义离散相模型。

Define/Model/Discrete Phase…

① 在 Interaction 选项组中勾选 Interaction with Continuous Phase 选项，如图 7-148 所示。

② 在 Number of Continuous Phase Iterations per DPM Iteration 数值框中输入 40。

③ 在 Tracking Parameters 的 Max. Number of Steps 数值框中输入 10 000。

④ 勾选 Specify Length Scale 复选框，保持 Length Scale 选项为 0.01m。

⑤ 单击 OK 按钮，关闭 Discrete Phase Model 对话框。

（2）创建离散相的入射流。

Define/Injections

① 单击 Create 按钮，打开 Set Injection Properties 对话框，如图 7-149 所示。

a. 在 Injection Type 下拉列表中选择 group 选项。

b. 在 Number of Particle Streams 数值框中输入 10。

c. 在 Particle Type 选项组中选中 Combusting 选项。

d. 在 Material 下拉列表中选择 coal-mv 选项。

e. 在 Diameter Distribution 下拉列表中选择 rosin-rammler 选项。

f. 保持 Oxidizing Species 下拉列表中 O_2 的其他选项。

g. 在 Point Properties 选项卡中指定初始条件的范围。

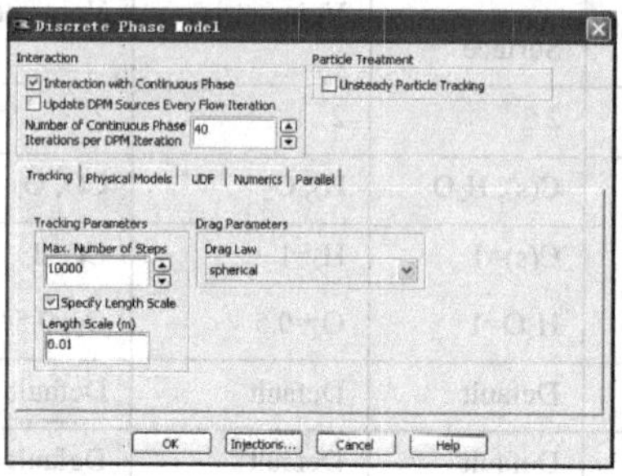

图 7-148　离散相设置对话框

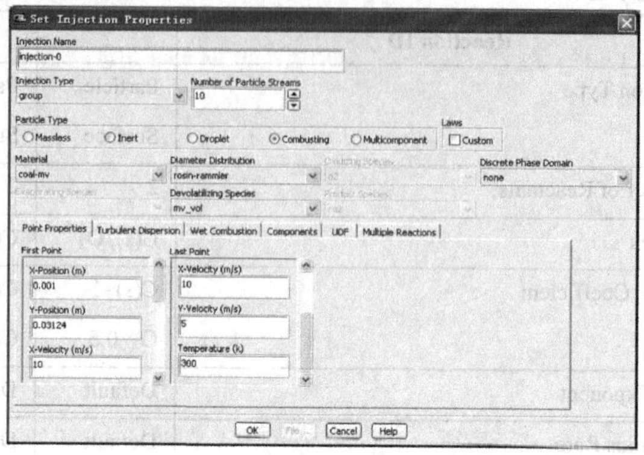

图 7-149　离散型边界设置对话框

- 指定 First Point 列表的参数

  X-Position: 0.001 m

  Y-Position: 0.031 24 m

  X-Velocity: 10 m/s

  Y-Velocity: 5 m/s

  Temperature: 300 K

  Total Flow Rate: 0.1 kg/s

  Min. Diameter: 70e–6 m

  Max. Diameter: 200e–6 m

  Mean Diameter: 134e–6 m

  Spread Parameter: 4.52

- 在 Last Point 列表中指定 Position、Velocity 和 Temperature 设置与 Frist Point 中的设置相同。

h. 选择 Turbulent Dispersion 选项卡。

- 在 Stochastic Tracking 组中激活 Riscrete Random Walk Model。
- 在 Number of Tries 一栏中输入 10。

② 设置燃烧颗粒的物性（见表 7-25），coal-mv 的设置如图 7-150 所示。

Define/Materials

表 7-25　　燃烧粒子物性设置

Parameter	Value
Density	1 300 kg/m^2
Cp	1 000 j/kg K
Vaporization Temperature	400 K
Volatile Component Fraction	28 %
Binary Diffusivity	5e–4 m2
Swelling Coefficient	2
Combustible Fraction	64 %
Combustion Model	Multiple-surface-reaction

i. 单击 Change/Create 按钮，关闭 Greate/Edit Materials 对话框。

在 Set Injection Properties 对话框中将出现新的名为 Multiple Reactions 选项卡。

③ 选择 Multiple Reactions 选项卡，保持 C(s)的 Species Mass Fractions 选项为默认值 1，如图 7-151 所示。

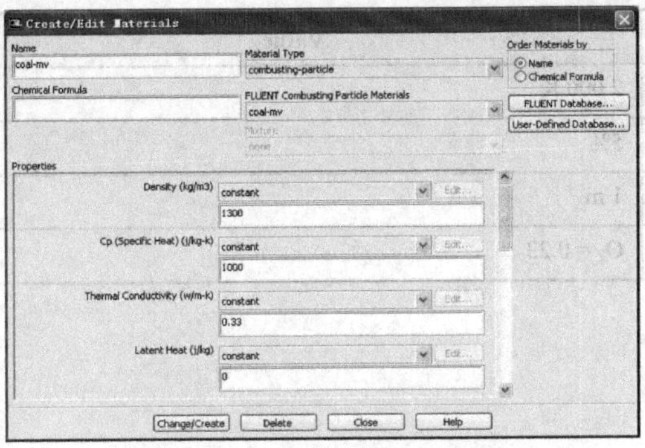

图 7-150　材料物性设置对话框

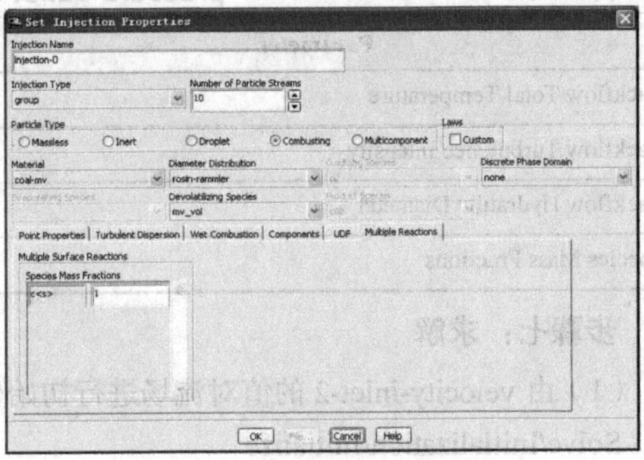

图 7-151　离散相设置对话框

④ 单击 OK 按钮，关闭 Set Injection Properties 对话框。

（3）关闭 Injections 面板。

步骤五：工作条件

Define/Operating Conditions

保持工作条件的默认参数。

步骤六：边界条件

Define/Boundary Conditions

（1）设置 velocity-inlet-2 区域的边界条件（见表 7-26）。

表 7-26　velocity-inlet-2 区域的边界条件设置

Parameter	Value
Velocity	15 m/s
Temperature	1 500 K
Turbulence Intensity	10%
Hydraulic Diameter	0.75 m
Species Mass Fractions	$O_2 = 0.23$

（2）设置 velocity-inlet-8 区域的边界条件（见表 7-27）。

表 7-27　velocity-inlet-8 区域的边界条件设置

Parameter	Value
Velocity	50 m/s
Temperature	1 500 K
Turbulence Intensity	5%
Hydraulic Diameter	0.25 m
Species Mass Fractions	$O_2 = 0.23$

（3）设置 wall-7 区域的边界条件。

在 Temperature 处输入 1 200 K。

（4）设置 pressure-outlet-6 区域的边界条件（见表 7-28）。

表 7-28　　pressure-outlet-6 区域的边界条件设置

Parameter	Value
Backflow Total Temperature	2 000 K
Backflow Turbulence Intensity	5%
Backflow Hydraulic Diameter	1 m
Species Mass Fractions	O_2 = 0.23

步骤七：求解

（1）由 velocity-inlet-2 的值对流场进行初始化。

Solve/Initialization/Initialize

（2）激活迭代过程中将出现的残差图。

Solve/Monitors/Residuals

（3）进行 500 步迭代计算，如图 7-152 所示。

Solve/Run Calculation/Calculate

求解将需要大约 240 步迭代收敛，如图 7-153 所示。

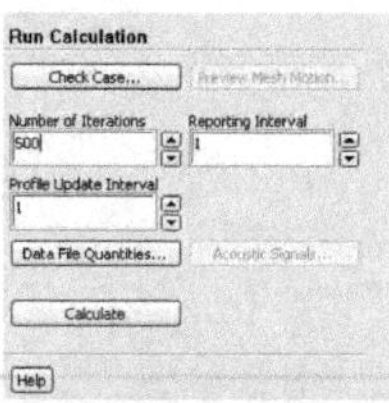

图 7-152　求解运行设置面板

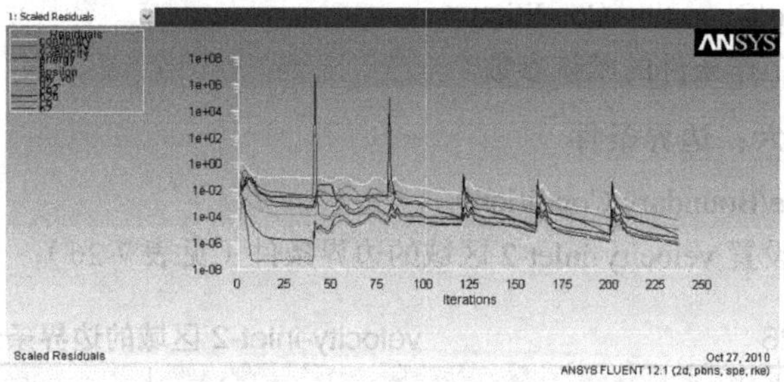

图 7-153　计算过程残差图

（4）保存工况和数据文件（mchar.cas 和 mchar.dat）。

步骤八：后处理

（1）改变视角，调节显示对称面镜像的区域。

Display/Views

① 在 Mirror Planes 列表框中选择 symmetry-5，单击 Apply 按钮，如图 7-154 所示。

② 关闭 Views 对话框。

（2）显示温度云图，如图 7-155 所示。

Display/Graphics and Animations/Contours

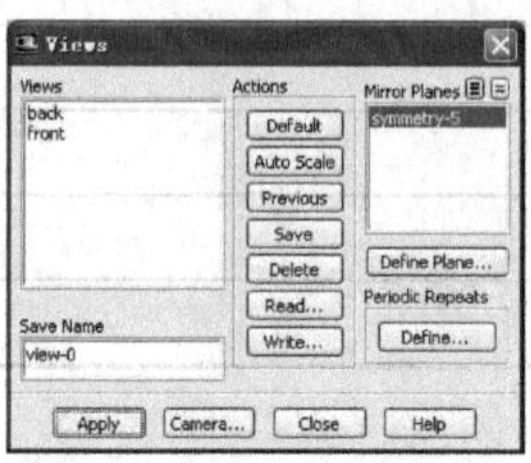

图 7-154　Views 对话框

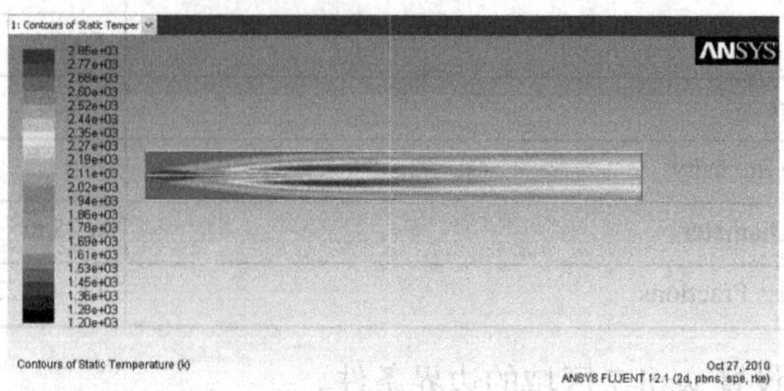

图 7-155　显示温度云图

（3）显示 H_2O 组分质量分数云图，如图 7-156 所示。

（4）显示 CO_2 组分质量分数云图，如图 7-157 所示。

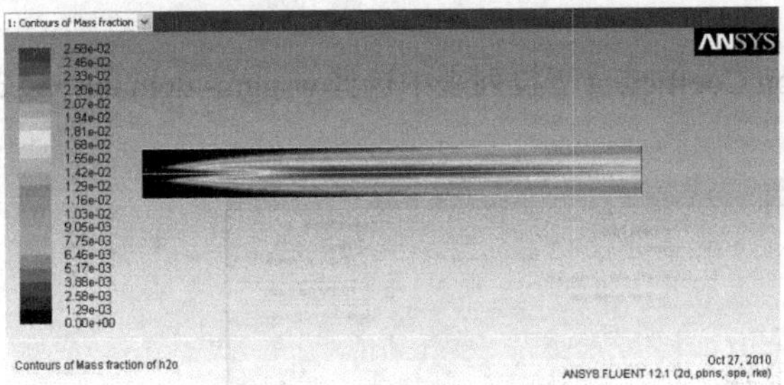

图 7-156　H_2O 质量分数云图

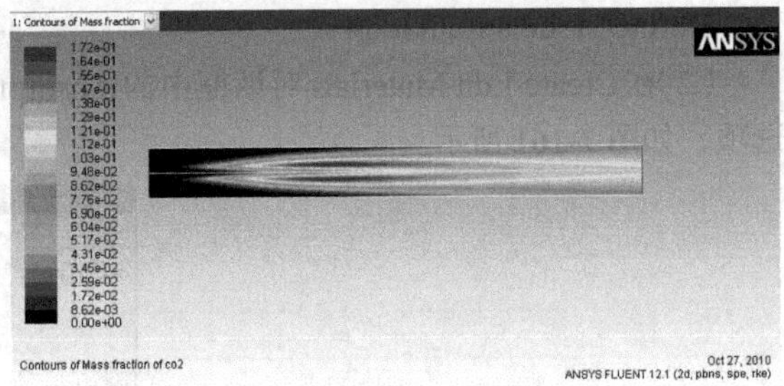

图 7-157　CO_2 质量分数云图

（5）为其中一股粒子流显示粒子轨迹。

Display/Graphics and Animations/Particle Tracks/Set up

① 在 Release from Injections 列表框选择 injection-0，如图 7-158 所示。

② 勾选 Track Single Particle Stream 复选框并将 Stream ID 设为 5。

③ 单击 Display 按钮，然后关闭 Paricle Tracks 对话框，粒子轨迹显示如图 7-159 所示。

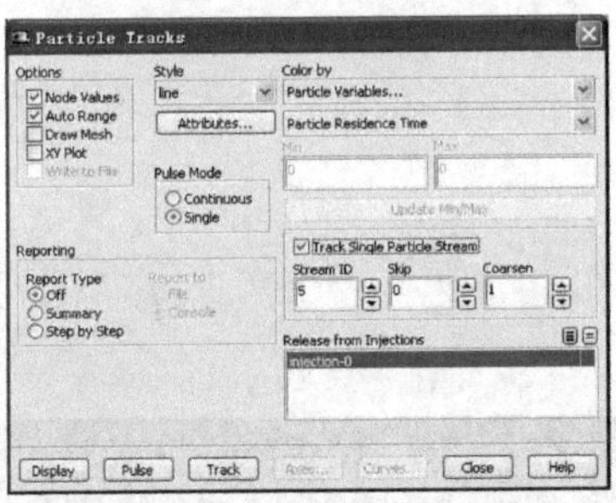

图 7-158　颗粒追踪设置对话框

图 7-159　颗粒追踪显示

（6）使用 TUI 命令生成入射粒子流的报告。

在 FLUENT 控制台按 Enter 键后输入以下命令。

```
> report

/report> dpm-summary

Fate                Number       Elapsed Time (s)                                Injection, Index
                               Min        Max        Avg       Std Dev              Min                  Max
----                ------ ---------- ---------- ---------- ---------- -------------------- --------------------
Escaped - Zone 6        10  2.438e-001 3.091e-001 2.672e-001 2.253e-002    injection-0  52    injection-0  53

                  (*)- Mass Transfer Summary -(*)

Fate                  Mass Flow (kg/s)
                   Initial     Final      Change
----               ---------- ---------- ----------
Escaped - Zone 6   1.665e-002 1.332e-003 -1.532e-002

                  (*)- Energy Transfer Summary -(*)

Fate                     Change of Heat (W)
                   Sensible     Latent    Reaction     Total
----               ---------- ---------- ---------- ----------
Escaped - Zone 6   2.599e+003 -4.311e+000 2.466e+004 2.725e+004

                  (*)- Combusting Particles -(*)

Fate                 Volatile Content (kg/s)        Char Content (kg/s)
                    Initial      Final   %Conv    Initial      Final    %Conv
----               ---------- ---------- ------ ---------- ---------- -------
Escaped - Zone 6   4.661e-003 0.000e+000 100.00 1.065e-002 0.000e+000 100.00

               (*) - Multiple Surface Reactions -(*)

Fate                 Species     Species Content (kg/s)
                      Names     Initial      Final    %Conv
----                 ------- ---------- ---------- -------
Escaped - Zone 6        c<s> 1.065e-002 1.065e-006   99.99
```

步骤九：包含辐射模型

（1）激活 P1 辐射模型，如图 7-160 所示。

Define/Models/Radiation

（2）在 Create/Edit Materials 对话框中的 Absorption Coefficient 下拉列表中选择 wsggm- domain-based 选项，如图 7-161 所示。

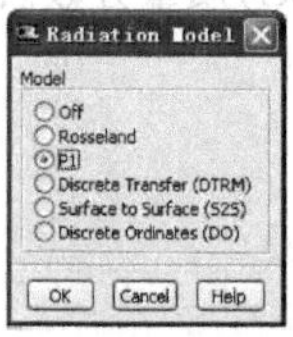

图 7-160　辐射模型设置对话框

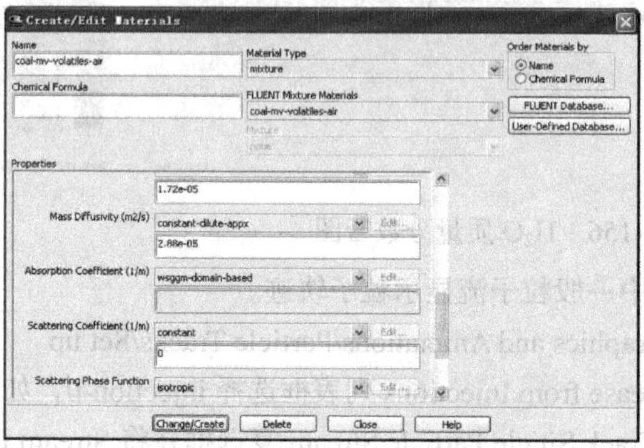

图 7-161　材料物性设置对话框

（3）将 P1 的欠松弛因子设置为 1。

Solve/Controls

（4）进行 100 步迭代。

求解将在大约 60 步迭代后收敛，如图 7-162 所示。

（5）保存工况和数据文件。

（6）显示温度的云图，如图 7-163 所示。

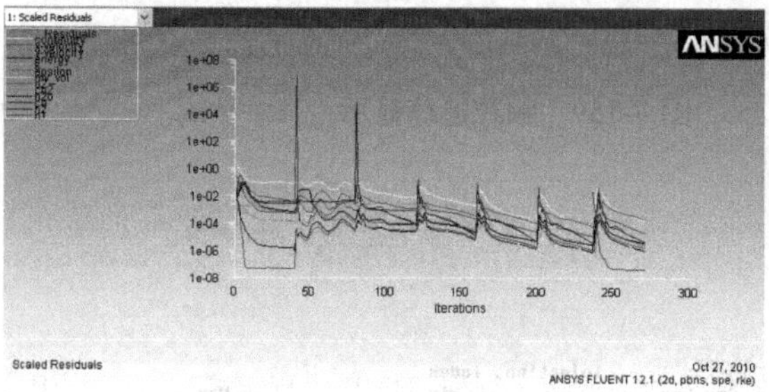

图 7-162　计算过程残差显示图

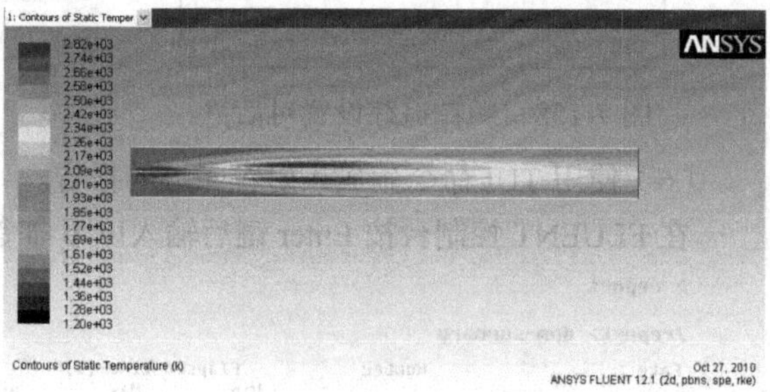

图 7-163　温度云图显示

7.8.7　结果

本算例中，进口处引入了一组入射粒子流。名称为 coal-mv 的粒子流在开始释放挥发份前在炉内进行了一段距离。反应在挥发份开始释放处开始，温度开始增加。高温区域在炉内并距离进口有一段距离。考虑辐射模型后，因能量从反应区域释放的途径增加，因而峰值温度下降。使用有限速率涡耗散煤粉燃烧模型时，煤粉颗粒释放挥发份后就与氧气和燃烧产物发生反应。

7.8.8　总结

本算例演示了使用有限速率涡耗散模型模拟煤粉燃烧多步焦炭反应的应用。

本算例指导用户获得了初始一阶离散格式的解。用户可以通过采用合适的高阶离散格式和优化网格获得更精确的收敛解。网格自适应也能使求解结果与网格无关，即获得网格独立解。

7.9 算例十九：利用 EDC 燃烧模型模拟扩散火焰

7.9.1 介绍

本算例的目的是，展示利用涡耗散概念模型（Eddy Dissipation Concept，EDC）对燃烧反应进行模拟的设置和求解过程。EDC 模型能考虑化学反应的详细化学反应机理，也能模拟出中间组分（如 CO 和 OH）的分布，并能模拟出火焰吹熄、污染物（如 NO_x）生成等现象。EDC 模型是当今燃烧学领域较为先进的燃烧模型，在气体燃烧领域中应用较广。

本算例展示了一个简单的 2D 轴对称结构的射流扩散火焰，此火焰详细精确的实验测量结果可用于进行 CFD 结果的对比。实验数据由美国 Sandia 国家实验室测得，包含了温度、N_2、O_2、CH_4、CO_2、H_2O、NO 和 CO 等变量分布的同时测量结果。实验中获得了从层流火焰（称为 Flame A）到即将被吹熄的湍流火焰（称为 Flame F）的实验数据，本算例选择其中一种湍流火焰（称为 Flame D）作为模拟对象。用户可以从 www.ca.sandia.gov/TNF/DataArch/FlameD.html 网站中获得有关此实验的更详细信息。

7.9.2 前期要求

本算例要求用户熟悉 FLUENT 界面，并了解 FLUENT 设置与求解的基本过程和步骤。一些细节操作用户已经熟悉，在此算例中并不会详细展示。在本算例中，用户将使用 EDC 模型。

7.9.3 问题描述

Flame D 为轴对称扩散射流火焰。燃烧器主射流的直径为 7.2 mm，这个主射流被外径为 18.2 mm 的环形管包围。环形管射流可以延缓火焰的吹熄。主射流包含 25%的 CH_4 和 75%的空气（体积分数），这样的配置可以最小化燃烧过程的炭黑（Soot）生成。混合分数的当量比为 0.351，火焰长度（定义为轴线处混合分数为化学当量比的点和射流起点的距离）约为 47 倍的射流喷嘴直径。

EDC 模拟的步骤主要分两步，首先依靠 FLUENT 的非预混模型获得化学平衡的初始解，而后再使用 EDC 模型得到最终解。这样处理的原因是详细化学反应机理的计算非常耗时并且不易收敛，通过提供一个好的初始场能加快 EDC 模型的收敛速度，有利于获得精确的收敛解。

7.9.4 准备

- 复制网格文件 flameD.msh、CH4-skel.che 和 therm.dat 文件到工作文件夹。
- 启动 FLUENT 2D 求解器。

7.9.5 设置和求解

步骤一：网格

（1）读入网格文件 flameD.msh。

（2）检查网格。

Mesh/Check

（3）显示网格，如图 7-164 所示。

Display/Mesh

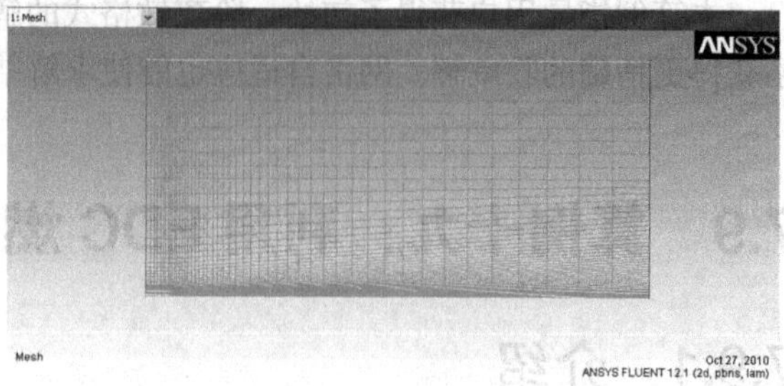

图 7-164　网格显示

步骤二：模型

（1）定义求解器设置。

Define/General

① 在 General 任务页中激活 Pressure Based 求解器，如图 7-165 所示。

② 在 2D Space（空间）中激活 Axisymmetric（轴对称），在 Time（时间）中激活 Steady（稳态）。

（2）激活 Realizable k-epsilon（2 eqn）湍流模型。

Define/Models/Viscous

① 在 k-epsilon Model 中选择 Realizable 子模型，如图 7-166 所示。Realizable k-epsilon 模型对模拟圆形射流的扩散和衰减有优势，本算例通过采用此模型获得合理的射流扩散和衰减值。

② 单击 OK 按钮，关闭 Viscous Model 对话框。

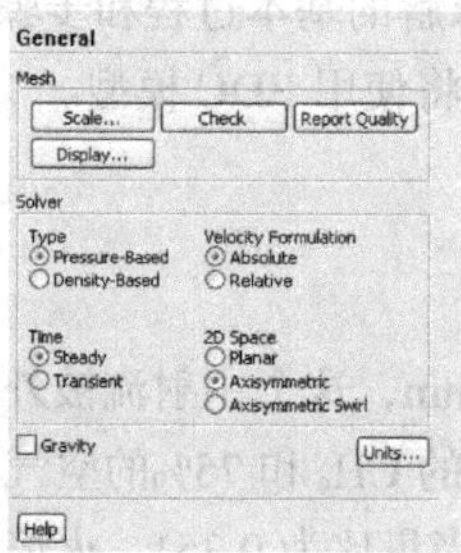

图 7-165　General 任务页显示

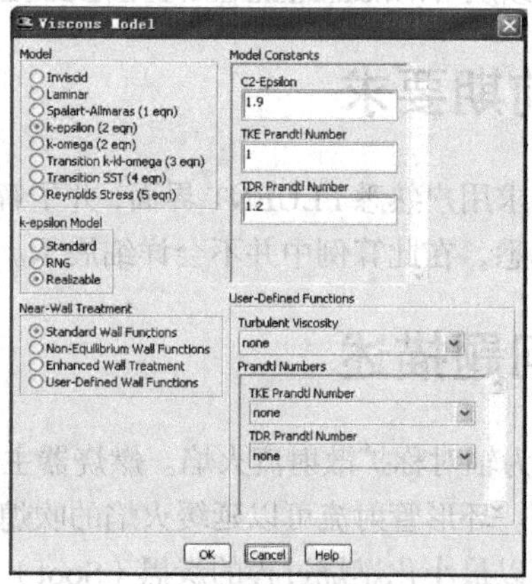

图 7-166　Viscous Model 设置对话框

（3）定义组分模型。

Define/Models/Species

① 在 Model 选项组中选中 Partially Premixed Combustion（部分预混燃烧模型），如图 7-167 所示。

② 选择 Chemistry （化学）选项卡。

③ 分别选中 Equilibrium（化学平衡）和 Adiabatic（绝热）选项。

④ 在 Fuel Stream Rich Flamability Limit 文本框中输入 0.7。

⑤ 选择 Boundary 选项卡，如图 7-168 所示。

a. 在 Fuel 的 CH_4 文本框中输入 0.25。

b. 在 Fuel 的 N_2 和 O_2 文本框中分别输入 0.592 5 和 0.157 5。

c. 在 Oxid 的 N_2 和 O_2 文本框中分别输入 0.79 和 0.21。

d. 选中 Specify Species in 选项组中的 Mass Fraction 选项。

e. 在 Temperature 的 Fuel (K)和 Oxid (K)文本框分别输入 294 和 291。

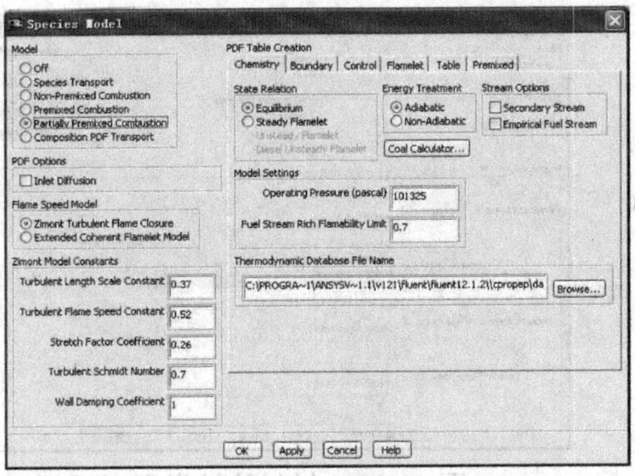

图 7-167 燃烧模型设置对话框

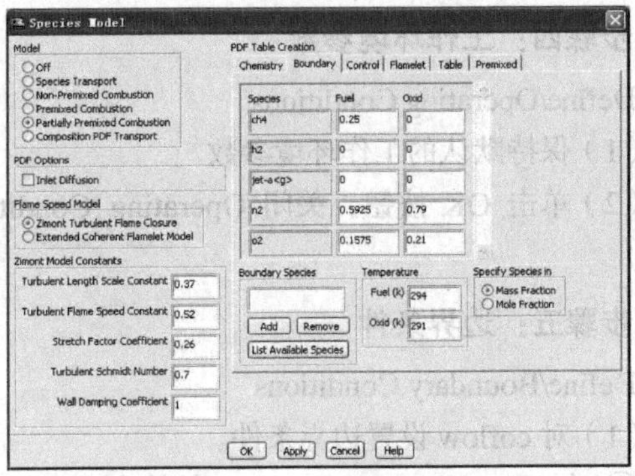

图 7-168 Boundary 选项卡

⑥ 选择 Table 选项卡，如图 7-169 所示。

a. 在 Number of Mean Mixture Fraction Points 数值框中输入 40。

b. 在 Number of Mixture Fraction Variance Points 数值框中输入 20。

c. 单击 Calculate PDF Table 按钮。

d. 保存 PDF 文件（flameD.pdf）。

File/Write/PDF

⑦ 选项 Premixed 选项卡，如图 7-170 所示。

a. 单击 Laminar Flame Speed（m/s）旁的 Edit 按钮，如图 7-171 所示。

b. 保持默认值，单击 OK 按钮，退出 Piecewise Linear。

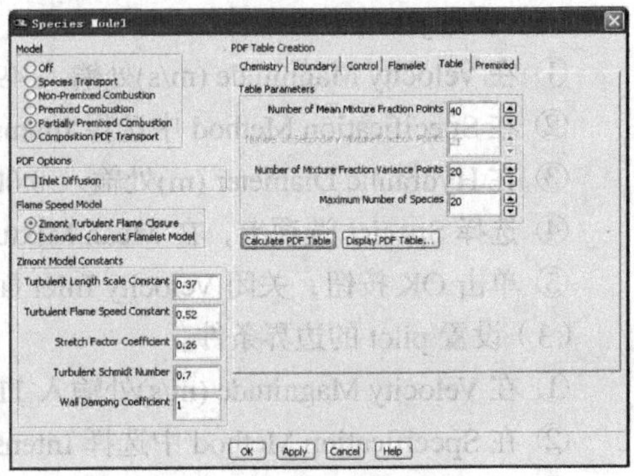

图 7-169 Table 选项卡

⑧ 单击 OK 按钮，关闭 Species Model 对话框。

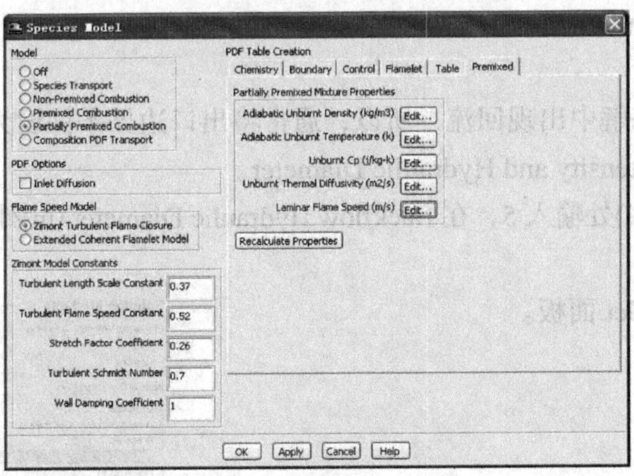

图 7-170 premixed 选项卡

图 7-171 piecewise Linear 对话框

步骤三：材料

Define/Materials

（1）在 Density 下拉菜单中选择 pdf。

（2）在 Laminar Flame Speed 下拉列表中选择 prepdf-polynomial，如图 7-172 所示。

（3）单击 Change/Create 按钮，关闭 Create/Edit Materials 对话框。

步骤四：工作环境参数

Define/Operating Conditions

（1）保持默认的工作环境参数。

（2）单击 OK 按钮，关闭 Operating Conditions 面板。

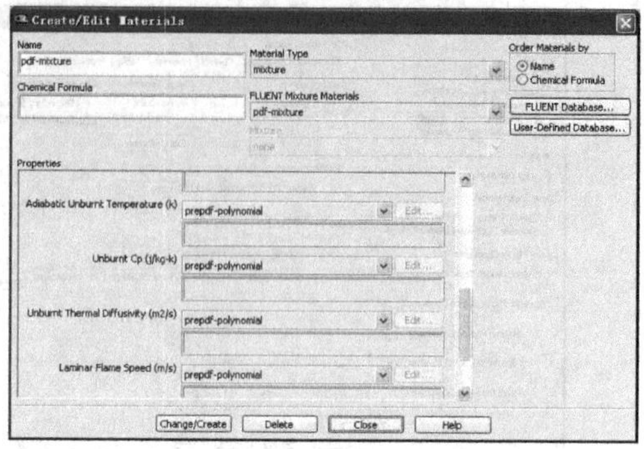

图 7-172　材料物性设置对话框

步骤五：边界条件

Define/Boundary Conditions

（1）对 coflow 设置边界条件。

① 在 Velocity Magnitude (m/s)处输入 0.9。

② 在 Specification Method 中选择 Intensity 和 Viscosity Ratio。

③ 保持其他的默认参数。

④ 单击 OK 按钮，关闭 Velocity Inlet 面板。

（2）设置 jet 的边界条件。

① 在 Velocity Magnitude (m/s)处输入 49.6。

② 在 Specification Method 中选择 Intensity and Hydraulic Diameter。

③ 在 Hydraulic Diameter (m)处输入 0.007 2，保留 Turbulent Intensity (%)的默认参数。

④ 选择 Species 选项卡，在 Mean Mixture Fraction 处输入 1。

⑤ 单击 OK 按钮，关闭 Velocity Inlet 面板。

（3）设置 pilot 的边界条件。

① 在 Velocity Magnitude (m/s)处输入 11.4。

② 在 Specification Method 中选择 Intensity 和 Hydraulic Diameter。

③ 在 Hydraulic Diameter (m)处输入 0.016 5。

④ 选择 Species 选项卡，在 Progress Variable 处输入 1，在 Mean Mixture Fraction 处输入 0.275 5。

⑤ 单击 OK 按钮，关闭 Velocity Inlet 面板。

（4）设置 outlet 的边界条件。

因为出口可能在迭代过程或最终稳态解中出现回流，所以，通常将出口边界条件设为压力出口。

① 在 Specification Method 中选择 Intensity and Hydraulic Diameter。

② 在 Backflow Turbulence Intensity (%)处输入 5，在 Backflow Hydraulic Diameter (m)处输入 0.36。

③ 保持其他参数的默认设置不变。

④ 单击 OK 按钮，关闭 Pressure Outlet 面板。

步骤六：部分预混燃烧模型的设置

（1）定义求解参数。

Solve/Methods

① 在 Spatial Discretization 选项组中的 Pressure 下拉列表中选择 PRESTO!，如图 7-173 所示。

② 保持其他参数的默认值不变。

（2）激活计算迭代过程的残差图。

Solve/Monitors/Residuals

（3）以 coflow 区域的值作为求解的初始化值。

Solve/Initialization/Initialize

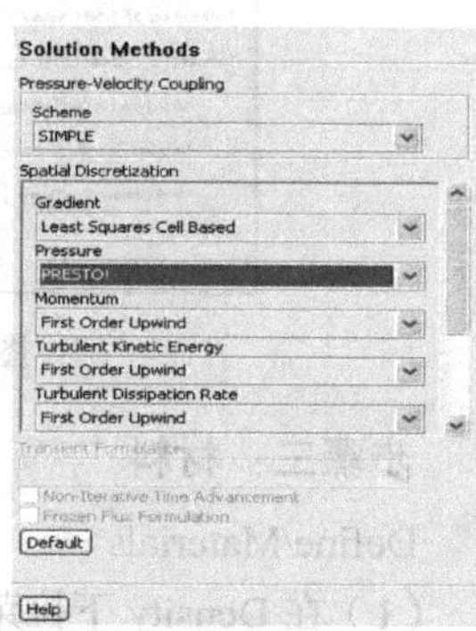

图 7-173　Solution Methods 设置面板

（4）设置 250 步迭代步数开始计算，如图 7-174 和图 7-175 所示。

Solve/Run Calculation/Calculate

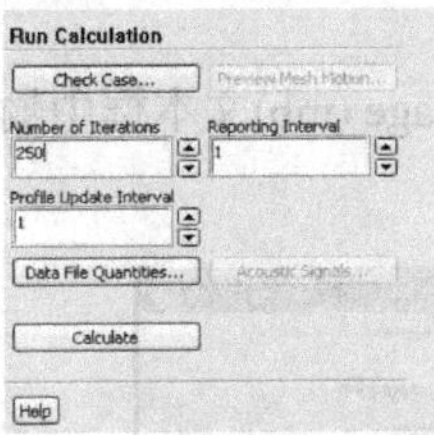

图 7-174　求解运行设置面板

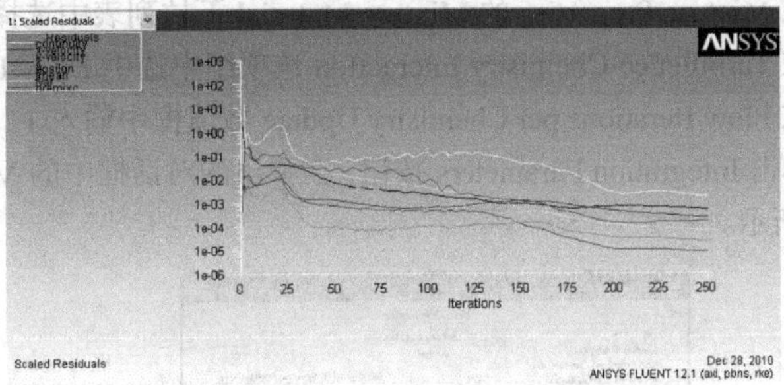

图 7-175　计算过程残差显示图

（5）保存工况和求解数据文件（flameD-1.case.gz 和 flameD-1.dat.gz）。

File/Write/Case&Data

（6）显示温度的云图，如图 7-176 所示。

Display/Graphics and Animations/Contours

注　意：平衡反应的部分预混解可以作为 EDC 模拟的初始解。

步骤七：激活 EDC 模型

（1）导入 CHEMKIN 格式的化学机理文件，如图 7-177 所示。

机理文件名叫 CH4-skel.che，其包含 16 种组分和 41 步反应。

File/Import/CHEMKIN Mechanism

图 7-176　温度的云图显示

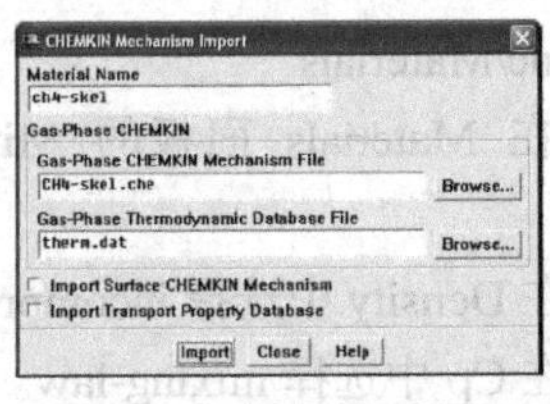

图 7-177　CHEMKIN 导入化学机理对话框

① 在 Material Name 文本框中输入 ch4-skel，在 Gas-Phase CHEMKIN Mechanism File 文本框中输入正确的 CH4-skel.che 机理的路径。

② 在 Gas-Phase Thermodynamic Database File 文本框中输入正确的 therm.dat 数据文件路径，然后单击 Import 按钮。

注　意：确保已输入正确的 CH4-skel.che 和 therm.dat 文件路径。

（2）激活 EDC 模型，其设置如图 7-178 所示。

Define/Models/Species

① 在 Model 选项组中选中 Species Transport 选项，在 Reactions 选项组中勾选 Volumetric 复选框。

② 在 Mixture Properties 的 Mixture Material 下拉列表中选择 ch4-skel 混合物。

③ 在 Turbulence-Chemistry Interaction 选项组中选中 Eddy-Dissipation Concept 选项。

④ 在 Flow Iterations per Chemistry Update 数值框中输入 1。

⑤ 单击 Integration Parameters 按钮，在弹出的对话框中的 Max. Storage (mb)文本框中输入 500，如图 7-179 所示。

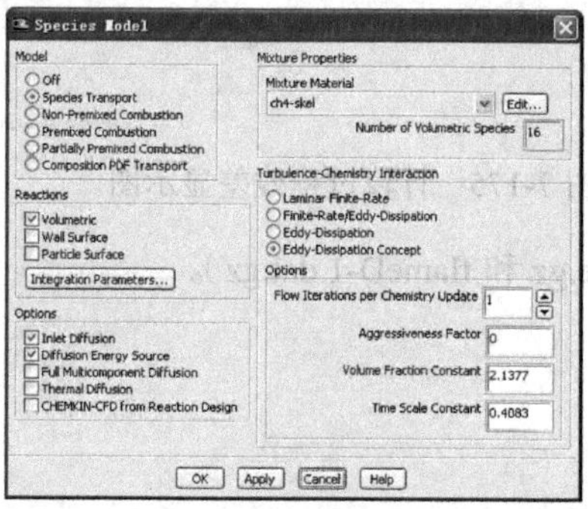

图 7-178　燃烧模型设置对话框

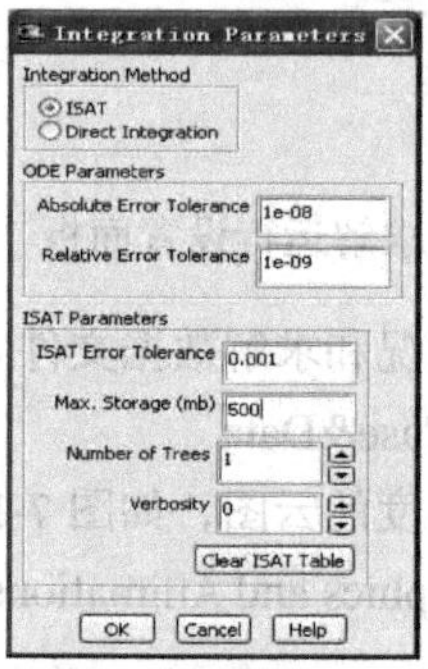

图 7-179　Integration Parameters 对话框

⑥ 单击 OK 按钮，关闭 Integration Parameters 对话框。

⑦ 保持 Species Model 对话框中其他参数的默认设置。

注　意：在 Integration Parameters 对话框中，默认的最大 ISAT 表内存（Max. Storage）为 100 MB。一般情况下，需增加此值来增加可用的内存量，从而优化计算求解过程。本工况将此值设为 500 MB。

⑧ 单击 OK 按钮，关闭 Species Model 对话框。

（3）定义材料。

Define/Materials

① 在 Materials 面板的 Mixture Materials 中选择 ch4-skel。

② 在 Density 中选择 incompressible-ideal-gas。

③ 在 Cp 中选择 mixing-law。

④ 单击 Reaction 选项旁的 Edit 按钮，确认 Total Number of Reactions 值为 41，如图 7-180 所示。

⑤ 单击 Change/Creat 按钮，关闭 Materials 对话框。

（4）设置 EDC 模型的边界条件参数。

Define/Boundary Conditions

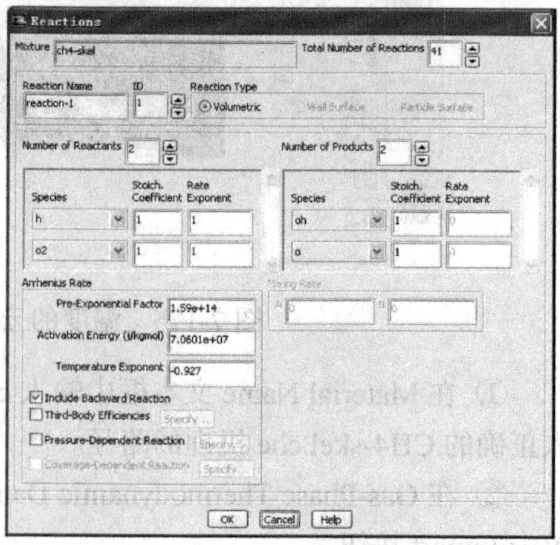

图 7-180　反应参数设置对话框

① 设置 coflow 的边界条件。

a. 选择 Thermal 选项卡，在 Temperature (K)处输入 291。

b. 选择 Sepcies 选项卡，在 Species Mass Fractions 中的 O_2 处输入 0.233。

c. 保留其他参数的默认设置。

d. 单击 OK 按钮，关闭 Velocity Inlet 面板。

② 设置 jet 的边界条件。

a. 选择 Thermal 选项卡，在 Temperature (K)中输入 294。

b. 选择 Species 选项卡，在 Species Mass Fractions 的 O_2 中输入 0.196 64，在 ch4 处输入 0.156 07。

c. 保留其他参数的默认设置。

d. 单击 OK 按钮，关闭 Velocity Inlet 面板。

③ 设置 pilot 的边界条件。

a. 选择 Thermal 选项卡，在 Temperature (K)中输入 1 908。

b. 选择 Species 选项卡，在 Species Mass Fraction 中的 H_2O 处输入 0.092，CO_2 中输入 0.11，O_2 中输入 0.056，CO 中输入 0.004。

c. 保留其他参数的默认值。

d. 单击 OK 按钮，关闭 Velocity Inlet 面板。

④ 设置 outlet 的边界条件。

a. 选择 Thermal 选项卡，在 Backflow Total Temperature (K)中输入 291。

b. 选择 Species 选项卡，在 Species Mass Fractions 中的 O_2 处输入 0.233。

c. 保留其他参数的默认设置。

d. 单击 OK 按钮，关闭 Pressure Outlet 面板。

⑤ 设置 jet_wall。

a. 选择 Thermal 选项卡，在 Thermal Conditions 中激活 Heat Flux。

b. 在 Heat Flux 处输入 0，单击 OK 按钮，关闭 Wall 面板。

⑥ 类似的，对 pilot_wall 设置边界条件。

本算例的网格已在上流射流和 pilot 区域被加密，通过这样的处理，能充分模拟出射流衰减和扩散的过程，收敛解与指定的进口边界条件不敏感。

步骤八：EDC 模型的求解

（1）设置解的参数。

Solve/Methods

① 在 Spatial Discretization 中，将除 Pressure 外的离散格式都设为 Second Order Upwind。

② 保留其他参数的默认设置。

（2）激活残差监视器。

Solve/Monitors/Residual

① 在 continuity 的 Absolute Criteria 中输入 1e–06，如图 7-181 所示。

② 保留其他默认参数。

③ 单击 OK 按钮，关闭 Residual Monitors 对话框。

使用 EDC 模拟时，残差可能显示收敛，但流场实际上并未收敛。因此，对于 EDC 模型的计算，建议降低残差收敛标准，并利用其他方法判断收敛。

（3）创建一个求解监视器来监视出口处的 CO 质量分数。

此监视器用来确认解的收敛性。迭代继续进行而此值不变化是流场收敛的一个必要条件。

创建一个用面来表示的点。

Surface/Point

① 在 Coordinates 的 x0 文本框中输入 0.7，在 y0 文本框中输入 0.01，如图 7-182 所示。

② 在 New Surface Name 文本框中输入 point-outlet 作为创建点的名字。

③ 单击 Create 按钮，然后关闭 Point Surface 对话框。

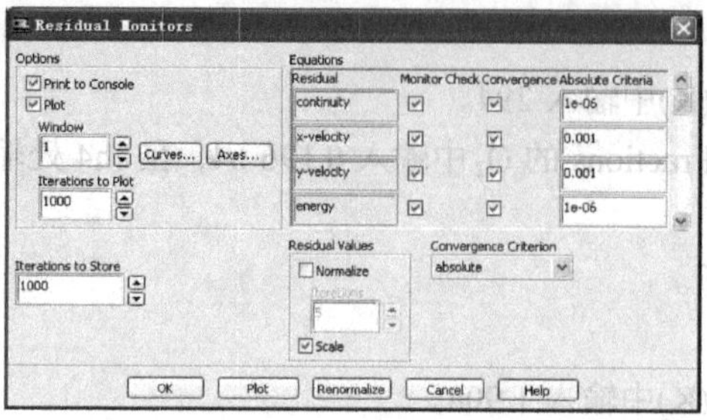

图 7-181 残差监视器设置对话框

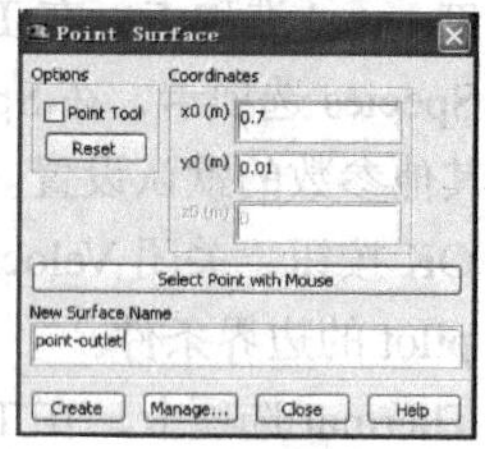

图 7-182 Point Surface 设置对话框

（4）设置 point-outlet 点处的 CO 质量分数监视器。

Solve/Monitors/Surface Monitors/Create

① 勾选 Plot、Print to Console 和 Write 复选框，如图 7-183 所示。

② 在 Surface Monitors 对话框中的 Window 数值框中输入 2。

③ 进行监视器参数的设置。

a. 在 Field Variable 下拉列表中选择 Species 和 Mass fraction of co 选项。

b. 在 Report Type 下拉列表中选择 Area-Weighted Average 选项，在 Surfaces 列表框中选择 point-outlet。

④ 单击 OK 按钮，关闭 Surface Monitor 对话框。

（5）进行 500 步迭代。

Solve/Run Calculation/Calculate

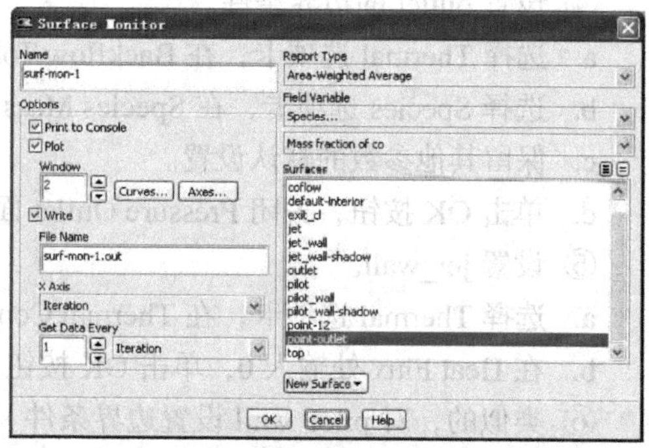

图 7-183 Surface Monitor 设置对话框

FLUENT 将使用 ISAT（当地自适应列表）来加速化学计算。因为化学机理的积分计算非常耗费 CPU 资源，ISAT 将创建化学列表。所以，第一步迭代将比较慢，而当列表被创建后，求解速度将加快。对 ISAT 更好地理解和使用可以提高 EDC 模型计算的效率。

注 意：详细化学计算将非常耗费计算资源，迭代将非常缓慢，需要更多计算资源才能完成。因此，建议用户开始计算若干步后检查一切设置，若都无问题，则保存工况和数据文件，继续计算。

（6）保存工况和数据文件（flameD-2.cas 和 flameD-2.dat）。

File/Write/Case & Data

（7）检查热流，确认能量平衡。

Report/Result Reports/Fluxes

这是确认 EDC 模型收敛非常好的习惯。净热流将是总热输入或输出的 1%数量级。

（8）改变 ISAT 的误差容差。

Define/Models/Species

① 在 Species Model 中单击 Reactions 的 Integration Parameters 按钮。

a. 在 Integration Parameters 的 ISAT Error Tolerance 文本框中输入 0.000 1，如图 7-184 所示。

b. 保持其他参数的默认设置。

c. 单击 OK 按钮，关闭 Integration Parameters 对话框。

此时会弹出一个 Warning（警告）窗口，单击 OK 按钮即可。

② 单击 OK 按钮，关闭 Species Model 面板。

（9）继续进行 250 步迭代。

Solve/Run Calculation/Calculate

（10）保存工况和数据文件（flameD-3.cas 和 flameD-3.dat）。

File/Write/Case&Data

（11）为加速 EDC 模型的收敛速度，用户可以改变 Aggressiveness Factor（加速因子），如图 7-185 所示。

当 Aggressiveness Factor 为 0 时，计算最为稳健，但收敛速度最慢。用户可以将 Aggressiveness Factor 的值设为 0.25，加快计算速度。

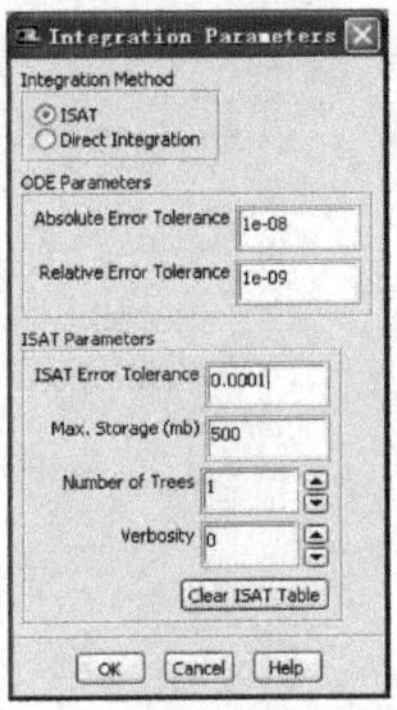

图 7-184　积分参数设置对话框

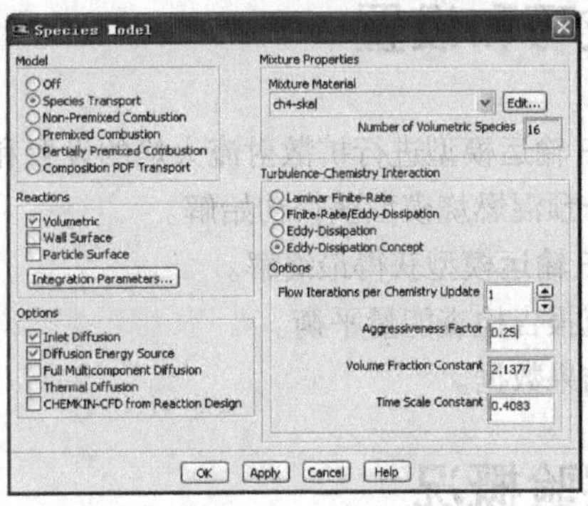

图 7-185　燃烧模型设置对话框

（12）继续进行 500 迭代。

Solve/Run Calculation/Calculate

（13）保存工况和数据文件（flameD-4.cas 和 FlameD-4.dat）。

File/Write/Case&Data

（14）检查热流平衡，确认能量守恒。

Report/Result Reports/Fluxes

这是检查 EDC 模型收敛性非常好的方法。总的净热流应是总进入计算域热量，或总流出计算域热量的 1%数量级。本工况能量平衡性较好，我们认为此工况已经收敛，不再继续进一步降低 ISAT 阈值了。

步骤九：后处理

显示温度云图，如图 7-186 所示。

Display/Graphics and Animations/Contours

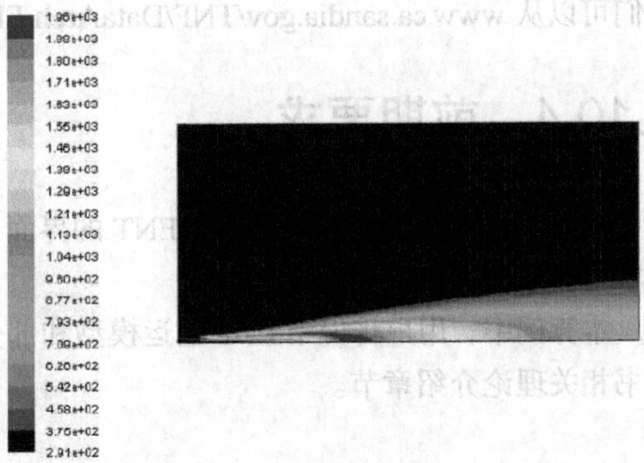

图 7-186　温度云图显示

7.9.6　总结

本算例使用 EDC 燃烧模型对有实验数据的湍流射流扩散火焰进行了模拟。有限化学速率影响的非平衡产物（如 OH 和 CO）被模拟出来。使用 EDC 燃烧模型模拟了考虑详细化学反应机理的燃烧过程。

7.10 算例二十：扩散射流火焰的 PDF 输运方程模型模拟

7.10.1 介绍

本算例的目的是，展示使用 PDF 输运模型设置和求解火焰的步骤。PDF 输运模型可以考虑有限化学反应速率的影响，能模拟出中间组分，如 CO 和 OH 的浓度，也可以模拟出局部火焰吹熄的现象。

7.10.2 技巧和设置

- 使用 PDF 输运模型进行扩散射流火焰的设置和求解。
- 使用部分预混燃烧模型获得初始解。
- 使用 PDF 输运模型获得最终解。
- 使用热流报告检查能量平衡。
- 后处理结果数据。

7.10.3 实验概况

本例展示了一个简单的、轴对称结构的射流扩散火焰，此火焰的详细和精确的实验测量结果可用于进行 CFD 结果的对比。实验数据由美国 Sandia 国家实验室测得，包含了温度、N_2、O_2、CH_4、CO_2、H_2O、NO 和 CO 等分布的同时测量结果。实验中获得了从层流火焰（称为 Flame A）到即将被吹熄的湍流火焰（称为 Flame F）的实验数据，本算例选择其中一种湍流火焰（称为 Flame D）作为模拟对象。我们可以从 www.ca.sandia.gov/TNF/DataArch/FlameD.html 网站中获得有关此实验的更详细信息。

7.10.4 前期要求

本算例假定用户已经熟悉 FLUENT 的界面，并对基本设置和求解过程有基本了解。有些步骤不会在本算例中显示出来。

本算例中，用户将使用 PDF 输运模型和部分预混燃烧模型。如果用户不熟悉这些模型，可以参考本书相关理论介绍章节。

7.10.5 问题描述

Flame D 为轴对称扩散射流火焰。燃烧器主射流的直径为 7.2mm，这个主射流被外径为 18.2mm 的环形管包围。环形管射流可以延缓火焰的吹熄。主射流包含 25%的 CH_4 和 75%的空气（体积分数），这样的配置可以最小化燃烧过程的炭黑（Soot）生成。混合分数的当量比为 0.351，火焰长度（定义为轴线处混合分数为化学当量比的点和射流起点的距离）约为 47 倍的射流喷嘴直径。

PDF 输运方程模拟的步骤主要分两步，首先依靠 FLUENT 的非预混模型获得化学平衡的初始解，然后使用 PDF 输运方程模型得到最终解。

> **注　意**：部分预混模拟并不是必须步骤，其只是 PDF 输运方程求解的初始场。PDF 输运模拟很费 CPU，因此，好的初始值将有利于减少求解时间，从而提高收敛速度。

7.10.6　准备

- 复制网格文件 flameD.msh 到工作文件夹。
- 复制 CHEMKIN 机理文件 CH4-skel.che 和热力学数据文件 therm.dat 到工作文件夹。
- 开启 FLUENT 2D 求解器。

7.10.7　设置和求解

步骤一：网格

（1）读入网格文件 flameD.msh。

（2）检查网格。

Mesh/Check

（3）显示网格。

Display/Mesh

步骤二：模型

（1）选择 Pressre-based 求解器、Axisymmetric 空间和 Steady 时间条件。

Define/General

（2）选择 Realizable k-epsilon (2 eqn)湍流模型。

Define/Models/Viscous

可实现 k-ε 湍流模型用于获得准确的圆形射流扩散和发展流动过程。

（3）在 Species Model 列表中选择 Partially Premixed Combustion 模型。

Define/Models/Species

燃料在初始时就与空气预混，因此不能使用平衡非预混模型。

激活 Create Table 选项。

步骤三：PDF 表

用户可以跳过操作步骤（1）~（6），而直接读入名为 flameD.pdf 的 pdf 文件。

（1）选择 Chemistry 选项卡。

① 确认 Equilibrium 和 Adiabatic 选项已经被选中，如图 7-187 所示。

② 在 Fuel Stream Rich Flamability Limit 文本框中输入 0.7。

（2）选择 Boundary 选项卡。

① 分别对 Fuel (K)设为 294 和 Oxid (K)设为 291，如图 7-188 所示。

② 在 Specify Species in 选项组中选中 Mass Fraction 选项。

③ 根据表 7-29 设置 Fuel 和 Oxid 组分。

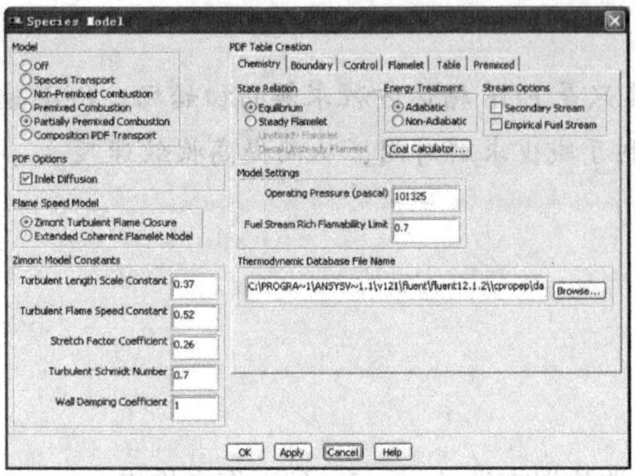

图 7-187　Chemistry 选项卡

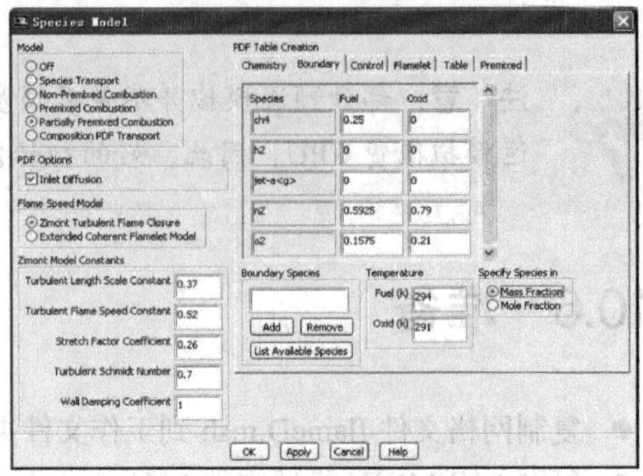

图 7-188　Boundary 选项卡

表 7-29　　边界组分参数设置

Species	Fuel	Oxid
CH_4	0.25	0
N_2	0.592 5	0.79
O_2	0.157 5	0.21

（3）选择 Table 选项卡。

① 在 Table 选项卡中将 Number of Mean Mixture Fraction Points 设为 40，将 Number of Mixture Fraction Variance Points 设为 20，如图 7-189 所示。

② 单击 Calculate PDF Table 按钮。

（4）选择 Premixed 选项卡。

检查 Premixed 选项卡中 Laminar Flame Speed 的设置，如图 7-190 所示。

对于未燃烧混合物的物性，将未燃混合物的密度、温度、比热和热扩散率参数都设为混合分数的多段函数。层流火焰速度也设为混合分数的多段线性函数。

（5）单击 OK 按钮，关闭 Species Model 对话框。

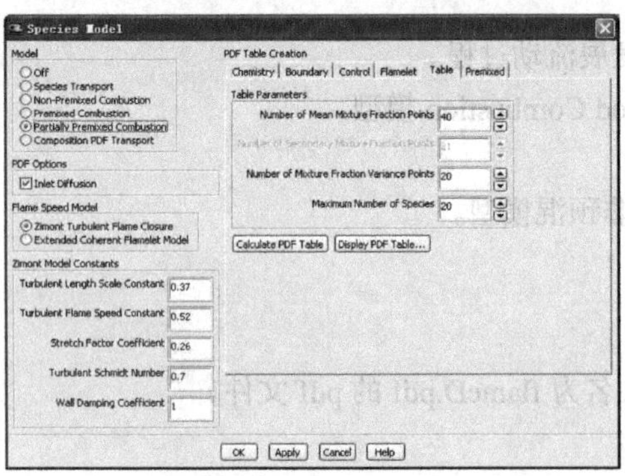

图 7-189　Table 选项卡

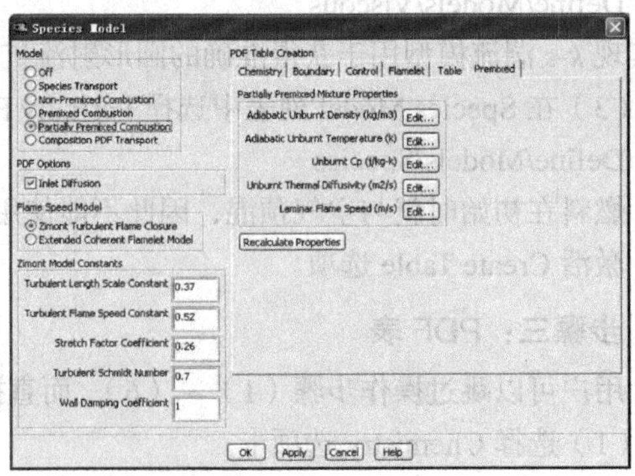

图 7-190　Premixed 选项卡

（6）检查 Mean Temperature 和 Mean Mixture Fraction 的关系。

Display/PDF Tables/Curves

（7）pdf 文件 flameD.pdf，即保有 PDF 文件。

File/Write/PDF

步骤四：材料

Define/Materials

混合物的材料将自动被设为 pdf-mixture。用户应确认 Density 中是 pdf，Laminar Flame Speed 中是 prepdf polynomial。

步骤五：工作参数

Define/Operation Conditions

保持工作参数的默认设置。

步骤六：边界条件

Define/Boundary Conditions

（1）设置 coflow 的边界条件。

① 在 Velocity Magnitude (m/s)中输入 0.9，在 Turbulence Specification Method 中选择 Intensity 和 Viscosity Ratio。

② 单击 OK 按钮，关闭 Velocity Inlet 面板。

（2）设置 jet 的边界条件。

① 在 Velocity magnitude (m/s)中输入 49.6，在 Turbulence Specification Method 中选择 Intensity and Hydraulic Diameter。

② 在 Hydraulic Diameter(m)中输入 0.007 2。

③ 在 Species 选项卡中的 Mean Mixture Fraction 中输入 1。

④ 单击 OK 按钮，关闭 Velocity Inlet 面板。

（3）设置 pilot 的边界条件。

① 在 Velocity Magnitude (m/s)中输入 11.4，在 Turbulence Specification Method 中选择 Intensity and Hydraulic Diameter。

② 在 Hydraulic Diameter (m)中输入 0.016 5。

③ 在 Species 选项卡的 Progress Variable 中输入 0.016 5，在 Mean Mixture Fraction 中输入 0.275 5。

④ 单击 OK 按钮，关闭 Velocity Inlet 面板。

（4）设置 outlet 的边界条件。

不管是计算迭代过程还是最后的稳态解，出口处都可能发生回流。因此，将出口处设为压力出口是较理想的处理方式。

① 在 Turbulence Specification Method 中选择 Intensity and Hydraulic Diameter。

② 将 Backflow Turbulence Intensity (%)和 Backflow Hydraulic Diameter (m)选项分别设为 5 和 0.36。

③ 单击 OK 按钮，关闭 Pressure Outlet 面板。

步骤七：部分预混燃烧模型的求解

（1）在 Spatial Discretization 的 Pressure 中选择 PRESTO!格式。

Solve/Methods

（2）激活计算过程中将出现的残差图。

Solve/Monitors/Residuals

（3）以 coflow 区域的值激活流场。

Solve/Initialization/Initialize

（4）进行 250 步开始迭代。

Solve/Run Calculation/Calculate

（5）保存工况和数据文件（flameD-1.cas 和 flameD-2.dat）。

（6）显示温度的云图。

Display/Graphics and Animations/Contours

注　意：平衡部分预混模型的解将作为 PDF 输运模拟的初始解。

步骤八：激活 PDF 输运模型

（1）导入 CHEMKIN 格式的化学反应机理，如图 7-191 所示。

机理文件 CH4-skel.che 有 16 种组分，41 步反应。

File/Import/CHEMKIN Mechanism

① 在 Material Name 文本框中输入 ch4-skel，在 Gas-Phase CHEMKIN Mechanism File 文本框中输入 CH4-skel.che。

② 在 Gas-Phase Thermodynamic Database File 中输入 therm.dat，然后单击 Import 按钮。

注　意：确认输入的关于 CH4-skel.che 和 therm.dat 文件的路径正确。

③ 关闭 CHEMKIN Mechanism Import 对话框。

（2）激活 Composition PDF Transport 面板。

Define/models/Species

① 在 Model 选项组中选中 Composition PDF Transport 选项，并勾选 Volumetric 复选框，如图 7-192 所示。

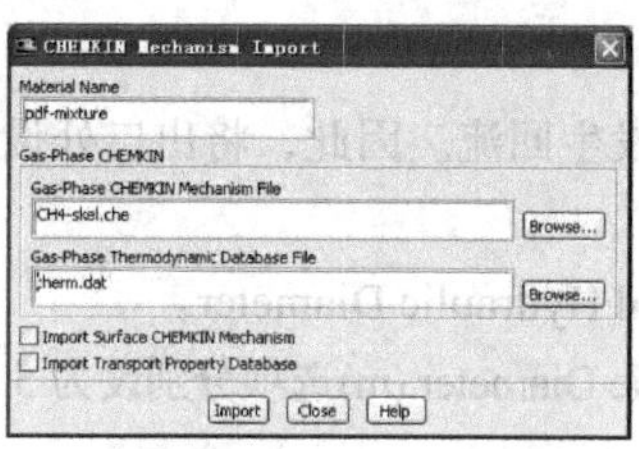

图 7-191　CHEMKIN 化学反应机理导入对话框

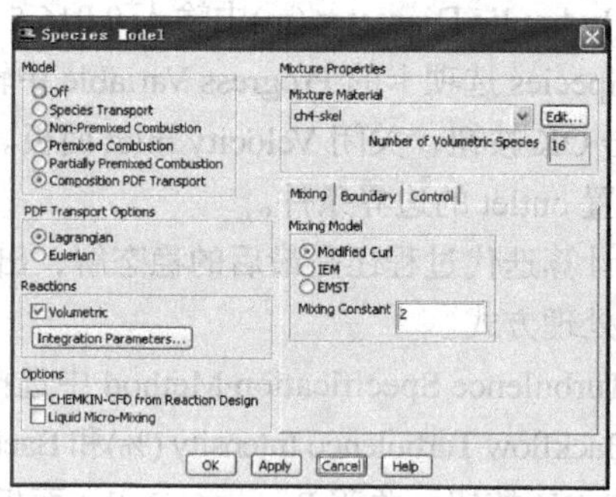

图 7-192　组分输运 PDF 模型设置对话框

② 在 Mixture Material 下拉列表中选择 ch4-skel。

③ 单击 Mixture Material 选项旁的 Edit 按钮。

a. 确认 Cp 中选择的是 mixing-law。

b. 单击 Reaction 旁的 Edit 按钮，确认 Total Number of Reactions 是 41。

c. 单击 OK 按钮，关闭 Reactions 面板。

d. 单击 Change 按钮，关闭 Material 面板。

④ 单击 OK 按钮，关闭 Species Model 对话框。

（3）为 PDF 输运模型改变边界条件。

Define/Boundary Conditions

① 设置 coflow 的边界条件。

a. 在 Thermal 选项卡的 Temperature (K)中输入 291。

b. 在 Species 选项卡的 O_2 中输入 0.233。

c. 单击 OK 按钮，关闭 Velocity Inlet 面板。

② 设置 jet 的边界条件。

a. 在 Thermal 选项卡的 Temperature (K)中输入 294。

b. 在 Species 选项卡的 O_2 和 CH_4 分别输入 0.196 64 和 0.156 07。

c. 单击 OK 按钮，关闭 Velocity Inlet 面板。

③ 设置 pilot 的边界条件。

a. 将 Thermal 选项卡中的 Temperature (K)设为 1 908。

b. 在 Species 选项卡中分别将 H_2O、CO_2、O_2、和 CO 设为 0.092、0.11、0.056 和 0.004。

c. 单击 OK 按钮，关闭 Velocity Inlet 面板。

④ 设置 outlet 的边界条件。

a. 在 Thermal 选项卡中将 Backflow Total Temperature (K)设为 291。

b. 在 Species 选项卡中将 O_2 设为 0.233。

c. 单击 OK 按钮，关闭 Pressure Outlet 面板。

⑤ 将 jet_wall 和 pilot_wall 设为绝热，即在 Thermal 选项卡中将其热流设为 0。保持其他参数为 0。

步骤九：组分 PDF 输运模型的求解

（1）设置求解参数。

Solve/Methods

① 在 Spatial Discretization 的 Momentum、Turbulence Kinetic Energy 和 Turbulence Dissipation Rate 中选择 Second Order Upwind。

② 单击 OK 按钮，关闭 Solution Controls 面板。

（2）创建一个监视窗口来追踪出口处的 CO 质量分数。

这个监视器将用来确认解的收敛性。当用户关注的值达到稳定状态后，流场可以认为已经收敛。

① 创建一个点。

Surface/Point

a. 在 x0 和 y0 文本框中分别输入 0.7 和 0.01，这个点靠近出口，如图 7-193 所示。

b. 在 New Surface Name 文本框中输入 point-outlet。

c. 单击 Create 按钮，关闭 Point Surface 对话框。

② 设置 point-outlet 处的 CO 质量分数监视窗口。

Solve/Monitors/Surface Monitors

a. 单击 Create，创建一个面监视器。

b. 勾选 Print to Condole，Plot 和 Write 复选框，如图 7-194 所示。在 Field Variable 下拉列表中选择 Species 和 Mean co Mass fraction。在 Report Type 下拉列表中选择 Area-Weight Average，在 Surface 列表中选择 point-outlet。

c. 单击 OK 按钮，关闭 Surface Monitor 对话框。

（3）进行 500 步迭代。

FLUENT 将使用 ISAT（当地自适应列表）来加速化学计算。因为刚性化学机理的计算很耗费计算资源，ISAT 将立即建立化学列表。所示，第一步迭代将较慢，但当列表被建立后求解速度会加快。对于 ISAT 理论的理解对更有效地使用 PDF 输运模型进行计算有益。

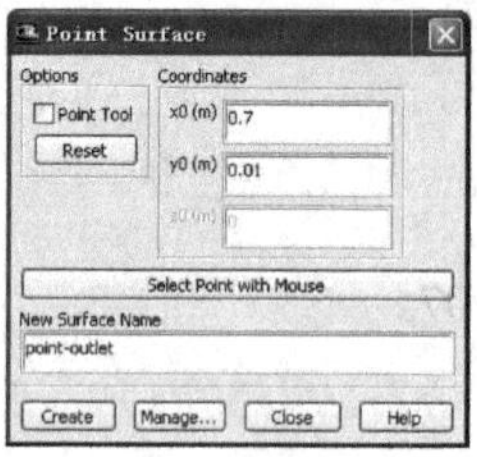

图 7-193　Point Surface 对话框

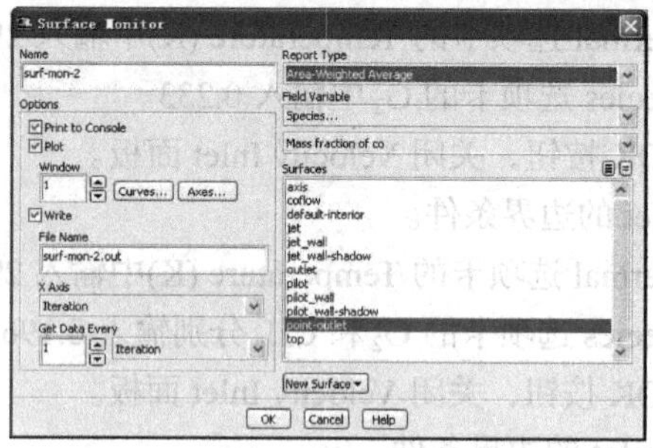

图 7-194　Surface Monitor 对话框

注　意：详细化学反应的计算非常耗费计算资源，迭代可能需要好几个小时才能完成。因此，建议用户进行迭代若干步后就检查工况，确认数据文件设置没有问题，然后保存文件，继续计算。

（4）保存工况和数据文件。

（5）改变 ISAT 阈值。

Define/Models/Species

单击 Integration Parameters 按钮，打开 Integration Parameters 对话框。

① 在 ISAT Error Tolerance 中输入 0.0001，如图 7-195 所示。

② 在 Max. Storage 中输入 500mb。

③ 单击 OK 按钮，关闭 Integration Parameters 对话框。

（6）再进行 500 步迭代。

为了获得精确解，随着每步需要的平均时间增加，工况可能需要更长时间才能收敛。

（7）检查热流报告，确认能量已经守恒。

Report/Result Reports/Fluxes

这是确认使用 PDF 输运模型求解结果已经收敛的好方法和习惯。净热流应是进入进口或流出出口热量的 1%数量级。

（8）保存工况和数据文件。

步骤十：后处理

（1）显示平均温度的云图，如图 7-196 所示。

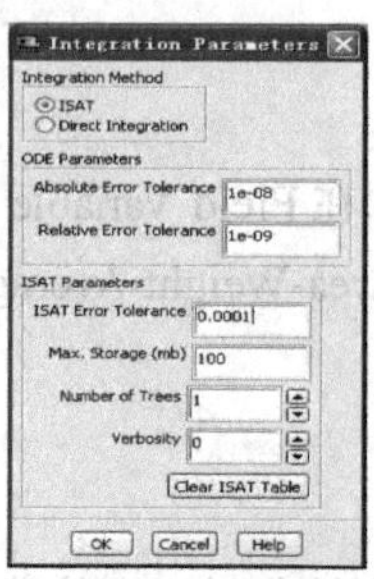

图 7-195　积分参数设置对话框

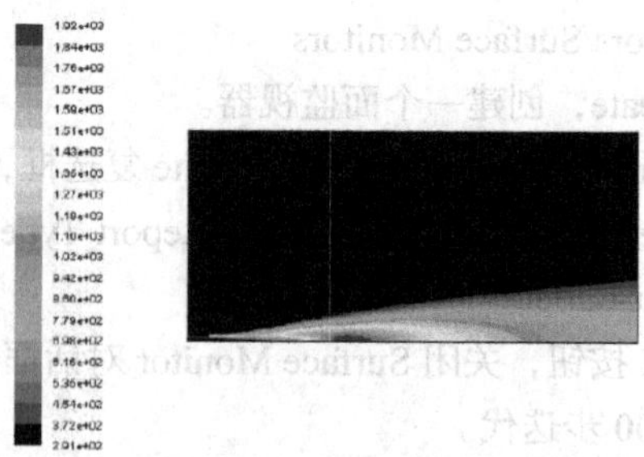

图 7-196　平均温度的云图

（2）显示脉动均方根值温度的云图，如图 7-197 所示。

（3）关闭 Contour 面板。

(4) 显示 CO 质量分数的粒子追踪。

① 在 Color By 中选择 Particle Variables 和 Particle Mass Freaction of co。

② 激活 Track PDF Transport Particles。

③ 单击 Display 按钮，关闭 Particle Tracks 面板，显示的粒子追踪如图 7-198 所示。

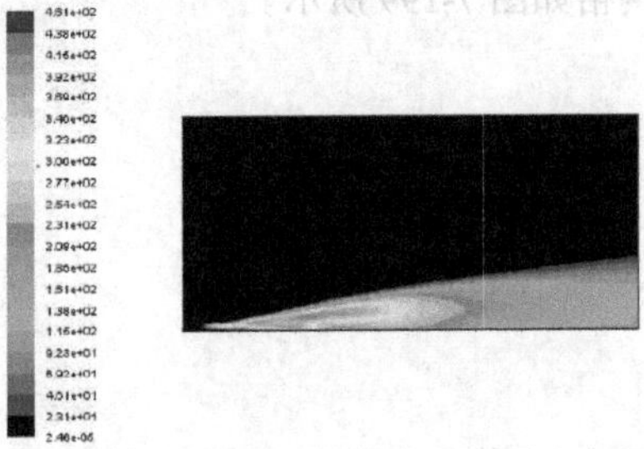

图 7-197　脉动均方根值温度的云图

图 7-198　CO 质量分数的粒子追踪

7.10.8　总结

本算例使用 PDF 输运模型对有实验数据的湍流扩散火焰进行了模拟，考虑了燃烧反应过程中的 OH 和 CO 等非平衡产物的有限化学反应速率的影响。PDF 输运模型也可以用于模拟考虑详细化学反应机理的燃烧过程，而且计算结果较为准确，但其计算量非常大。

7.11　算例二十一：模拟圆形通道的表面反应

7.11.1　介绍

本算例的目的是，使用 FLUENT 模拟铂作催化剂时 CH_4、H_2 和 air 混合物的表面反应。

本算例是二维轴对称工况，反应在被加热的壁面上发生。本算例将使用两个化学机理文件，第一个用于指定气相反应机理，第二个包含表面组分和表面反应。

7.11.2　准备

- 复制文件 surf-chem-2d.msh、gas-chem.che 和 surf_chem.che 到工作文件夹。
- 启动 FLUENT 双精度求解器。

7.11.3　设置和求解

步骤一：网格

(1) 读入网格文件 surf-chem-2d。

网格文件读入时，FLUENT 会在控制台中报告进程。

(2) 检查网格。

Mesh/Check

FLUENT 将进行网格的各项检查，并在控制台中报告进程。注意网格，最小体积，应确保这是一个正值。本工况不需要单位转换和计算域缩放。

（3）显示网格。

Display/Mesh

① 保持面板中的默认设置不变。

② 单击 Display 按钮，关闭 Mesh Display，显示的网格如图 7-199 所示。

步骤二：模型

（1）激活轴对称求解器。

Define/Genreal

① 在 Space 列表中选择 Axisymmetric。

② 单击 OK 按钮，关闭 Solver 面板。

（2）导入化学机理文件。

File/Import/CHEMKIN Mechanism

① 导入文件 gas_chem.che 和 surf_chem.che，如图 7-200 所示。

② 关闭 CHEMKIN Mechanism Import 对话框。

机理文件被读入后，控制台中将显示读入进程信息。

图 7-199 计算域网格显示

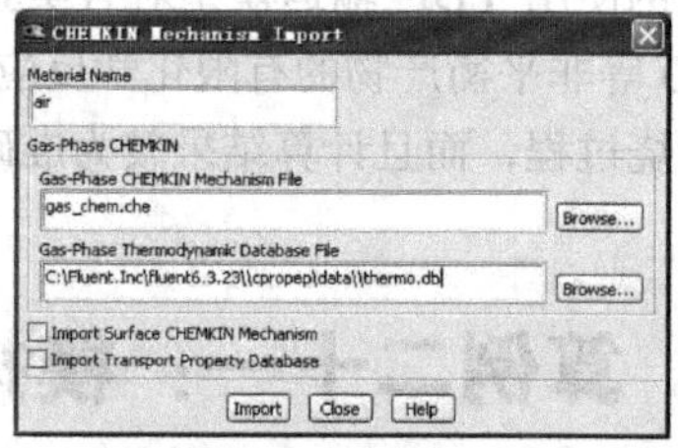

图 7-200 CHEMKIN 化学反应机理导入对话框

（3）选择组分传输和反应。

Define/Models/Species

① 激活 Volumetric 反应，如图 7-201 所示。

② 在 Reactions 选项组中勾选 Wall Surface 复选框。

③ 在 Wall Surface Reaction Options 选项组中勾选 Heat of Surface Reactions。

④ 在 Options 选项组中取消勾选 Inlet Diffusion。

⑤ 单击 OK 按钮，关闭 Species Model 对话框。

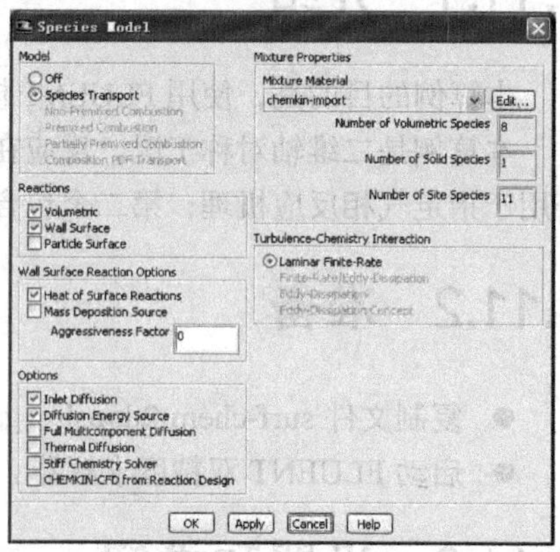

图 7-201 激活表面反应模型设置对话框

步骤三：材料

Define/Materials

本设置中，用户将设置铂的初始位置范围。

（1）确保 Fluent Mixture Materials 中的 chemkin-import 被选中。

（2）单击 Mechanisms 选项右边的 Edit 按钮，打开 Reaction Mechanisms 对话框，如图 7-202 所示。

① 确保 Reaction Type 选项组中的 Wall Surface 被选中。

② 单击 pt_surface 右侧的 Define 按钮。

a. 在 pt<s>的 Initial Site Coverage 中输入 1，将 Site Species 列表中的其他组分设为 0，如图 7-203 所示。

b. 单击 Apply 按钮，关闭 Reaction Mechasnims 对话框。

③ 单击 OK 按钮，关闭 Reaction Mechanisms 对话框。

（3）单击 Change/Creat 按钮，关闭 Materials 面板。

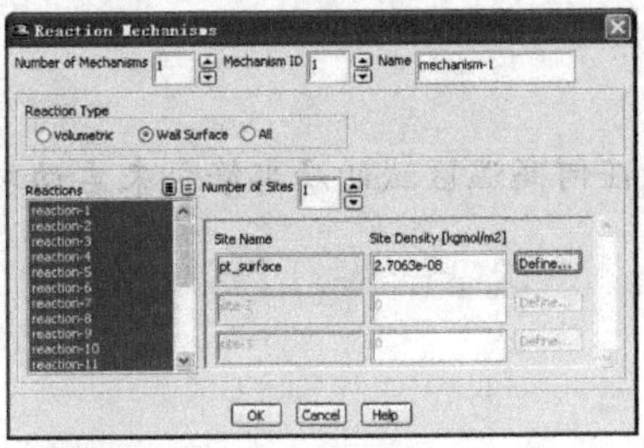

图 7-202　壁面化学反应机理设置对话框

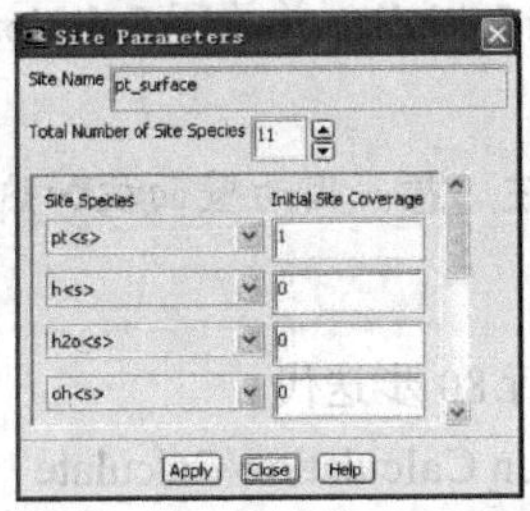

图 7-203　表面当地组分设置对话框

步骤四：边界条件

Define/Boundary Conditions

（1）定义进口边界条件。

① 在 Velocity Magnitude (m/s)处输入 0.8。

② 在 Velocity Specification Method 中选择 Magnitude 和 Normal to Boundary。

③ 选择 Species 选项卡，设置如表 7-30 所示的组分质量分数。

表 7-30　　　边界处组分质量分数设置

Species	Species Mass Fractions
CH_4	0.05
H_2	0.004 5
O_2	0.23

④ 选择 Thermal 选项卡，在 Temperature (K) 处输入 300。

⑤ 单击 OK 按钮，关闭 Velocity Inlet 面板。

（2）定义壁面的边界条件。

① 选择 Thermal 选项卡，在 Temperature (K) 处输入 1 290。

② 选择 Species 选项卡，勾选 Reaction 复选框，如图 7-204 所示。

③ 单击 OK 按钮，关闭 Wall 对话框。

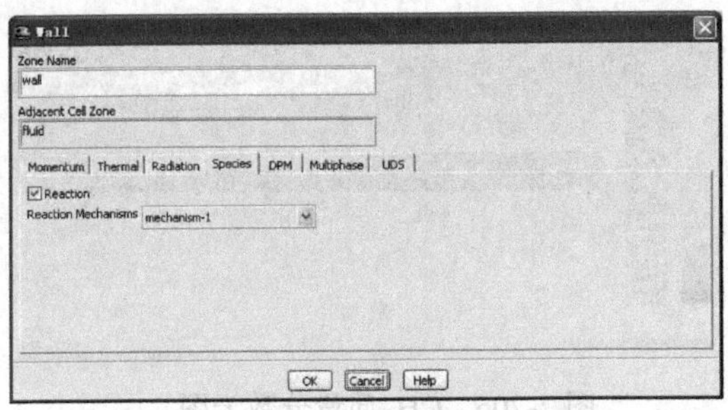

图 7-204　指定表面反应发生的壁面

注　意：反应只在外部壁面被加热的一端发生。

（3）保持所有其他边界的默认边界条件参数。

（4）关闭 Boundary Condition 面板。

步骤五：工作条件

保持工作条件的默认设置。

步骤六：求解

（1）初始化解。

Solve/Initialization/Initialize

① 在 Compute From 中选择 inlet。

② 单击 Initialize 并关闭 Solution Initialization 面板。

> **注　意：** 因为壁面被加热，我们不需要进行任何高温区域的局部修补来启动求解。

（2）进行 80 步迭代。

Solve/Run Calculation/Calculate

求解将在大约 70 步后收敛。

步骤七：后处理

Display/Graphics and Animations/Contours

（1）在 Contours of 中选择 Temperature 和 Static Temperature，然后单击 Display 按钮，温度云图显示如图 7-205 所示。

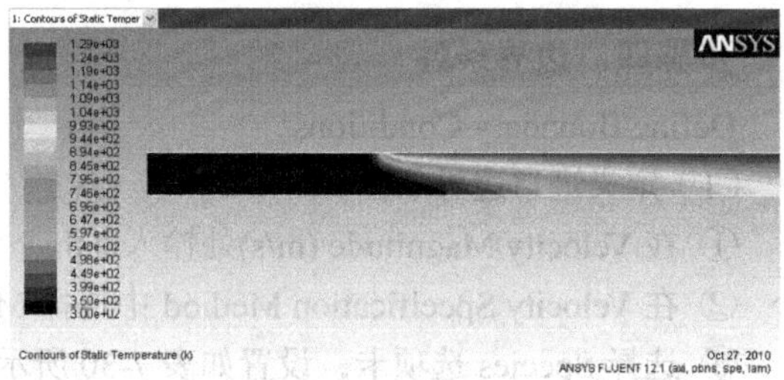

图 7-205　温度云图显示

（2）在 Contours of 中选择 Species 和 Mass fraction of ch4，然后单击 Display 按钮，CH_4 质量分数云图显示如图 7-206 所示。

（3）在 Contours of 中选择 Species 和 Mass fraction of h2，然后单击 Display 按钮，H_2 质量分数云图显示如图 7-207 所示。

（4）在 Contours of 中选择 Species 和 Mass fraction of o2，然后单击 Display 按钮，O_2 摩尔分数云图显示如图 7-208 所示。

图 7-206　CH_4 质量分数云图

图 7-207　H_2 质量分数云图显示

（5）在 Contours of 中选择 Species 和 Mass fraction of co，然后单击 Display 按钮，CO 质量分数云图显示如图 7-209 所示。

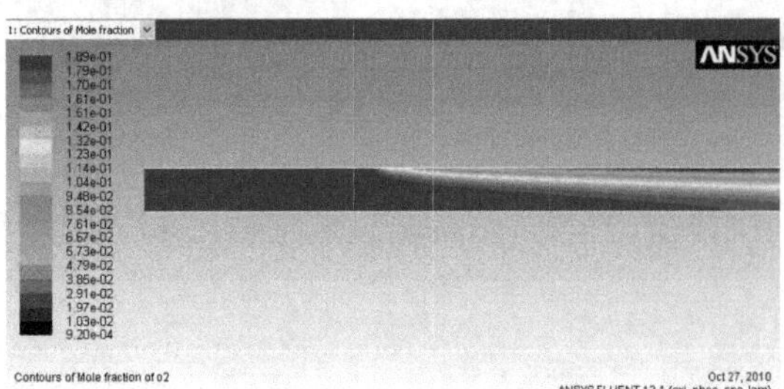

图 7-208　O_2 摩尔分数云图显示

图 7-209　CO 质量分数云图显示

（6）关闭 Contours 面板。

第 8 章

综合实战案例三

8.1 算例二十二：模拟二维流化床的均匀流化作用

8.1.1 介绍

本算例的目的是，研究流化的成因及床体长时间的动力学过程。该算例也展示了如何对颗粒气固流动设置曳力。FLUENT 默认的曳力定律为 Syamlal-O'Brien 曳力定律，该曳力定律在大多数情况下都成立，但精确预测流化状态还需调整。

8.1.2 前期要求

本算例假定用户对 FLUENT 界面比较熟悉，并对基本的求解和设置步骤有所了解。本算例并不会涉及讲解模型的机理，而主要偏重于模型的应用和设置。

8.1.3 问题描述

预测均匀流化床的压降是过程工业长期以来的热点问题。FLUENT 的欧拉模型提供了一种处理相间复杂动量交换运动的重要手段。

尽管相关物理过程已有严格的数学方法模拟，但曳力定律的模拟仍然是半经验的。因此，选择合适的曳力定律很关键。默认的 Syamlal-O'Brien 曳力定律如下。流固交换系数为：

$$K_{sl}=\frac{3\alpha_s\alpha_l\rho_l}{4v_{r,s}^2 d_s}C_D\left(\frac{Re_s}{v_{r,s}}\right)\left|\vec{v}_s-\vec{v}_l\right|$$

式中，$v_{r,s}^2$ 是固相的 terminal velocity coefficient（滞止速度系数）。

$$v_{r,s}=0.5\left(A-0.06Re_s+\sqrt{(0.06Re_s)^2+0.12Re_s(2B-A)+A^2}\right)$$

式中，$A=a_l^{4.14}$。当 $a_l\leqslant 0.85$ 时，$B=0.8a_l^{1.28}$；当 $a_l>0.85$ 时，$B=a_l^{2.65}$。

默认的常数 0.8 和 2.65 预测最低流化速度为 21 cm/s。实验观察的相应工况的最低流化速度为 8 cm/s。因此，需要调整以上系数，以正确模拟 8 cm/s 的最低流化过程。通过数学分析和处理，这些常数分别为 0.281 632 和 9.076 96。因此，这些调整过的参数将被用来预测正确的床体行为，这些参数将通过用户自定义函数（UDF）导入。

要模拟的问题如图 8-1 所示，其为 1 m×0.15 m 的流化床。进口空气速度为 0.25 m/s，顶部以压力出口来处理。床体固体颗粒的体积分数为 0.55。

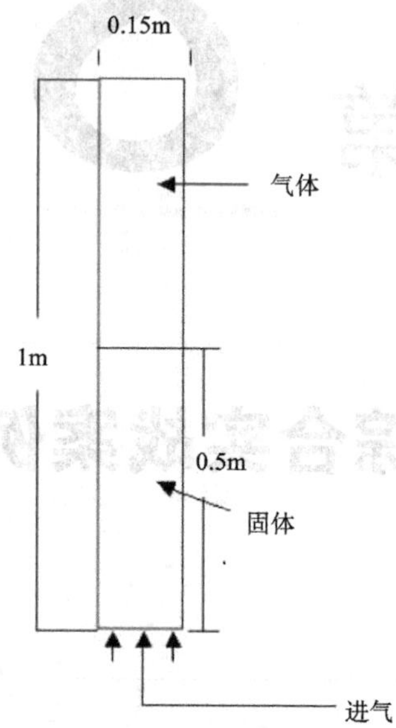

图 8-1　计算域示意图

8.1.4　设置和求解

步骤一：网格

（1）读入网格文件 bp.msh。

（2）检查并显示网格，如图 8-2 所示。

步骤二：模型

（1）定义 2D 求解器，Transient 瞬态，如图 8-3 所示。

（2）定义 Eulerian 多相流模型，如图 8-4 所示。

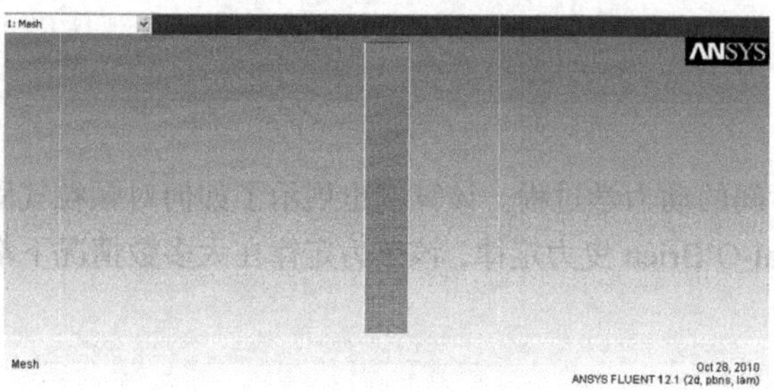

图 8-2　网格显示

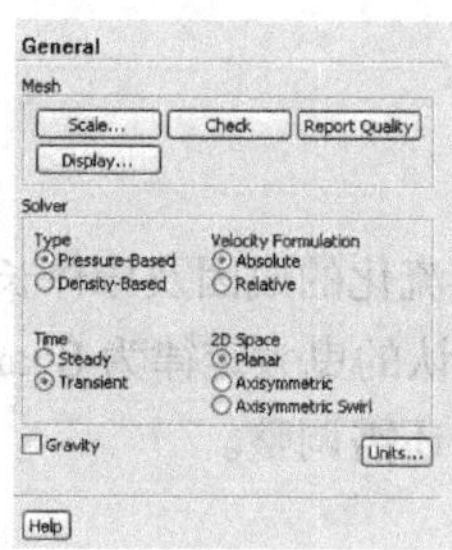

图 8-3　General 设置面板

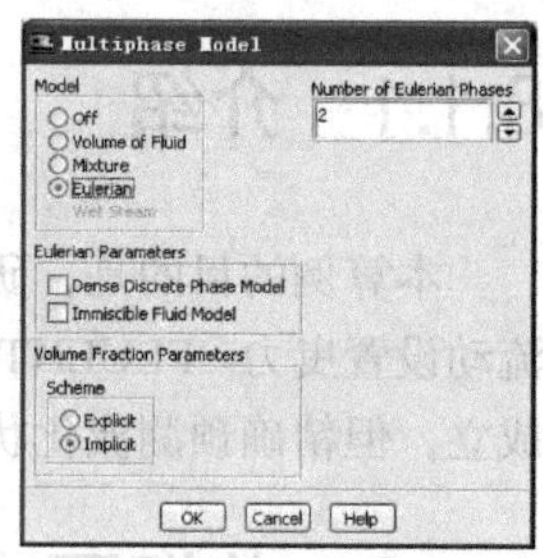

图 8-4　多相流模型设置对话框

步骤三：材料

（1）修改 air 空气的物性。设置 Density 和 Viscosity 的数值分别为 1.2 和 1.8e−05，如图 8-5 所示。

（2）定义一个名称为 solid 的材料。设置 Density 和 Viscosity 的数值分别为 2 600 和 1.7894e−05，如图 8-6 所示。弹出的对话框提示是否要替换原有 air 的物性，选择 No 即可。

（3）定义主相和第二相。

Define/Phases

① 设置 Primary Phase（Phase 1）相的材料为 air。将其重命名为 gas，如图 8-7 所示。

② 类似的，设置第二相为 Solid，并将其重命名为 solid。

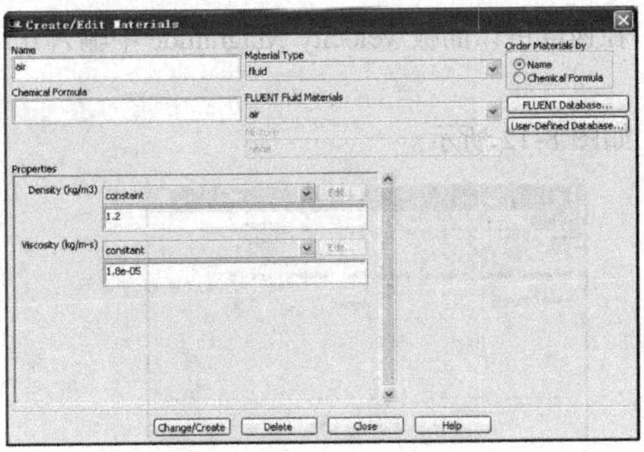

图 8-5　材料物性设置对话框 1

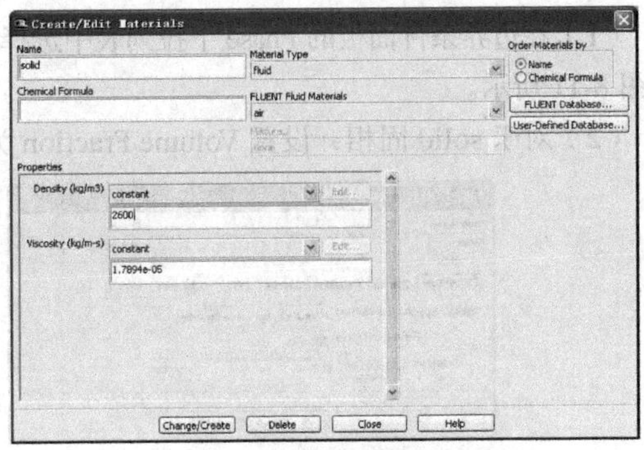

图 8-6　材料物性设置对话框 2

a. 勾选 Granular 复选框。

b. 设置 Diameter 的数值为 0.003，在 Granular Viscosity 下拉列表中选择 syamlal-obrien。

c. 保持其他参数的默认设置，如图 8-8 所示。

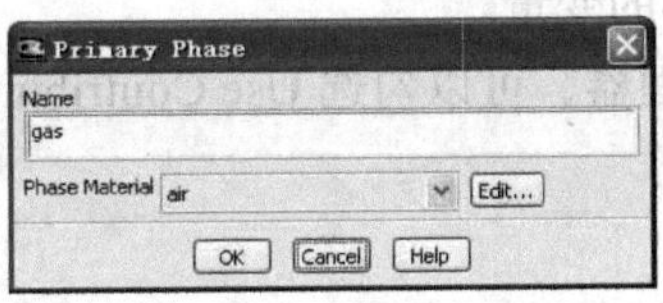

图 8-7　Primary Phase（主要相）设置对话框

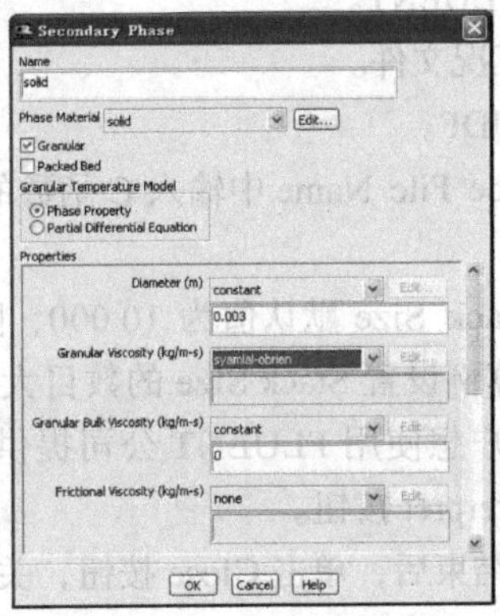

图 8-8　Secondary Phase 参数设置对话框

步骤四：操作条件

（1）勾选 Gravity 复选框，在 Gravitational Acceleration 选项组的 Y 文本框中输入−9.81，如图 8-9 所示。

（2）勾选 Specified Operating Density 复选框，设置 Operating Density 的数值为 1.2。

步骤五：边界条件

设置 vinlet 区域的边界条件，如图 8-10 所示。

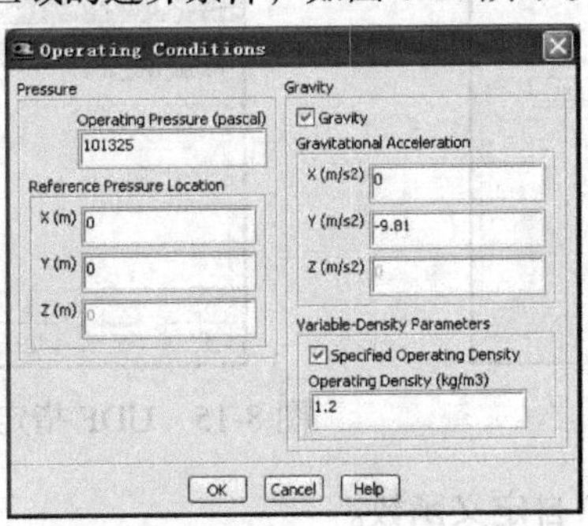

图 8-9　操作条件设置对话框

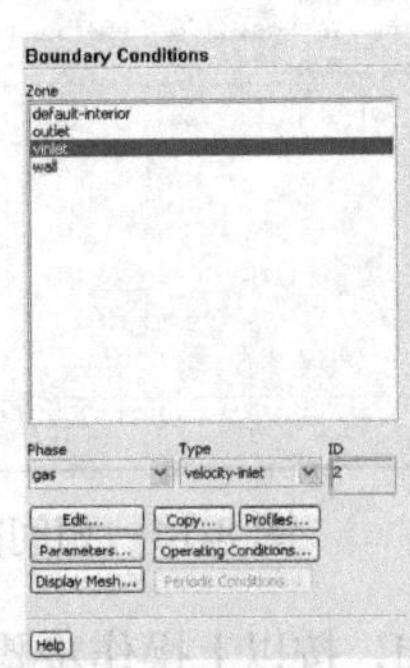

图 8-10　边界条件设置面板

（1）在边界条件面板的 Phase 下拉列表中选择 gas，在速度进口面板 Velocity Magnitude 中输入 0.25，如图 8-11 所示。

（2）对于 solid 固相，设置 Volume Fraction 为 0，如图 8-12 所示。

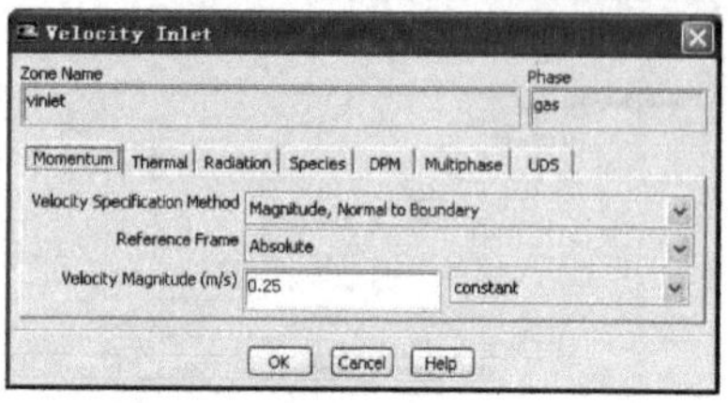

图 8-11　速度进口设置对话框

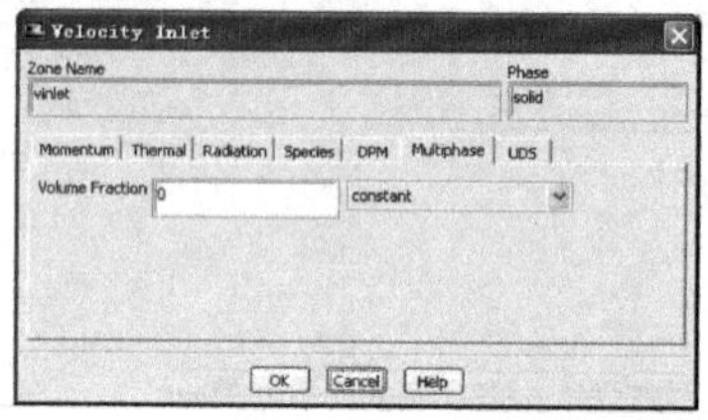

图 8-12　速度进口多相流设置对话框

步骤六：导入 UDF's

（1）创建工作目录，保存 C 函数到工作文件夹。

（2）开启 FLUENT。

（3）读入工况文件。

（4）导入 UDF。

① 在 Source File Name 中输入 C 函数的名称（bp_drag.c），如图 8-13 所示。

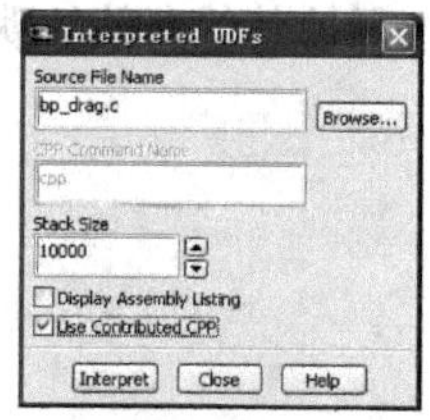

图 8-13　Interpreted UDF 对话框

② 保持 Stack Size 默认值为 10 000，除非函数的局部变量会导致溢出。本算例设置 Stack Size 的数目大于使用局部的变量。

③ 如果用户想使用 FLUENT 公司提供的 C 预处理器，可以勾选 Use Contributed CPP 复选框。

④ 单击 Interpret 按钮。

⑤ 当编译结束后，单击 Close 按钮，关闭 panel。

步骤七：求解

（1）设置 UDF。

① 选择 gas，单击 Interaction，弹出 Phase Interaction 对话框，如图 8-14 所示。

a. 在 Drag Coefficient 中选择 user-defined，单击 Edit 按钮。

这时 User-Defined Funactions 对话框将出现，如图 8-15 所示。

b. 选择 custom_drag_syam。

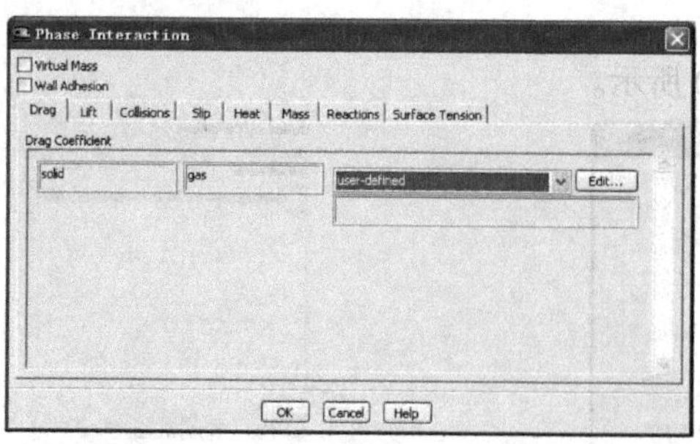

图 8-14　相间交互设置对话框

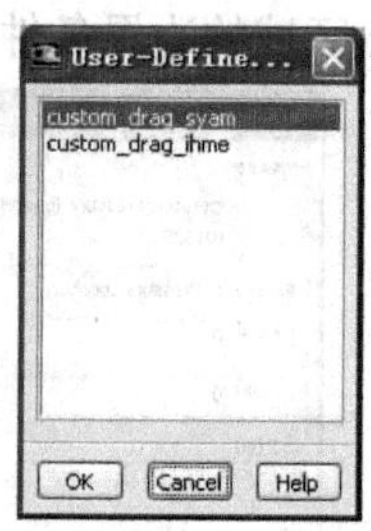

图 8-15　UDF 指定对话框

② 选择 solid，按以上操作步骤选择固体的用户自定义函数。

（2）标记一个自适应的区域。

① 在 XMin 和 YMin 文本框中输入最小值 0，如图 8-16 所示。

② 在 YMax 和 YMax 文本框中输入最大值 0.15。

③ 单击 Mark 按钮，标记区域。

（3）以默认参数初始化流场。

（4）对 hexahefron-r0 区域进行固体体积分数的局部修补。

① 在 Variable 列表框中选择 Volume Fraction，设置 Value 为 0.55，如图 8-17 所示。

图 8-16　区域指定设置话框

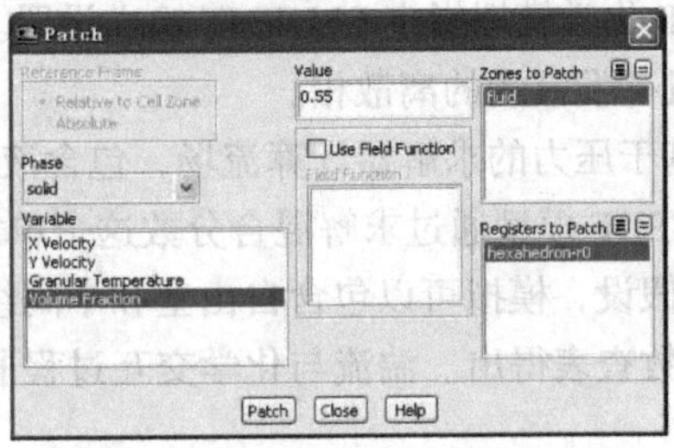

图 8-17　局部初始化设置对话框

如果用户需要修补成一个常数值，则在 Value 中输入该值。如果用户需要修补成之前定义的函数，则勾选 Use Field Function 复选框，在 Field Function 列表中选择合适的函数。

② 单击 Patch 按钮更新流场数据。

（5）设置控制求解的参数。

① 保持默认选中的方程式。

② 在 Under-Relaxation Factors 中设置 Pressure 为 0.5，Momentum 为 0.2，Volume Fraction 为 0.4，如图 8-18 所示。

③ 保持其他参数的默认设置。

（6）开始进行 1 400 步迭代，设置 Time Step Size 为 0.001 s。

步骤八：后处理

显示固体体积分数的云图（$t = 0.814$ s），如图 8-19 所示。

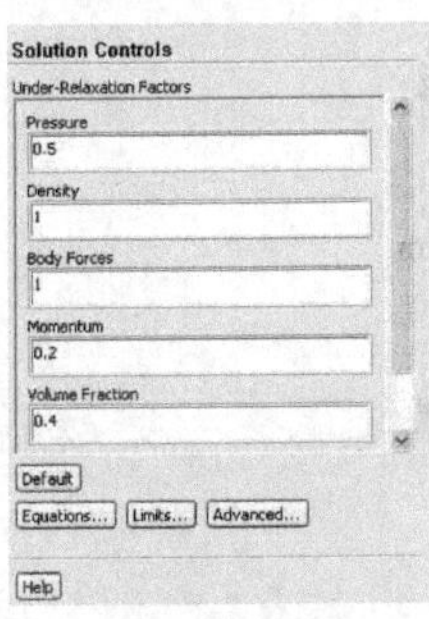

图 8-18　求解控制参数设置面板

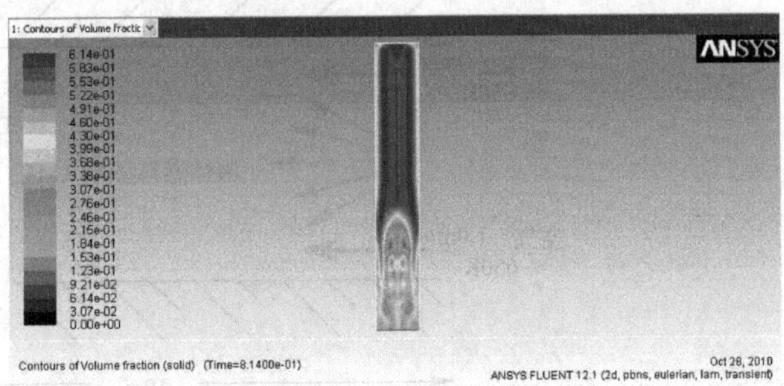

图 8-19　体积分数云图

8.2　算例二十三：液体燃料燃烧

8.2.1　介绍

本算例使用离散相模型来模拟液滴喷雾过程，并与连续相流场耦合模拟出了液滴燃料的挥发和燃烧过程。挥发份燃烧过程由混合分数/PDF 平衡化学反应模型模拟。

8.2.2 技巧和设置

- 针对液体燃料燃烧系统准备概率密度函数（PDF）文件。
- 为 PDF 化学模拟指定 FLUENT 输入设置。
- 指定可挥发液滴的离散相。
- 使用基于压力的求解器计算流场，包含液滴离散相和连续相的耦合。

混合分数/PDF 模型通过求解混合分数这个单守恒标量的输运方程来模拟非预混湍流燃烧过程。使用化学平衡的假设，模拟可以包含自由基和中间组分等多种化学组分，其浓度可以通过基于化学平衡假设的混合分数查表得出。湍流与化学交互过程通过 β-PDF 获得。

8.2.3 前期准备

本算例假定用户已经对 FLUENT 界面较为熟悉。

8.2.4 问题描述

液体燃料燃烧系统如图 8-20 所示。液体喷雾戊烷燃料经二维管道由空气输送，空气温度为 650 K，速度为 1 m/s。管道壁面温度固定为 1 200 K。模拟考虑的管道长度为 10 H，这里 H 为管道高度(1.0 m)。基于进口初始条件的雷诺数大约为 100 000，流场为湍流。戊烷挥发后会与气相发生反应。燃烧反应使用混合分数/PDF 法，并使用化学平衡假设模拟。喷雾的直径与温度假定由 100 微米直径 300 K 的包含在管道中心的一半扩散角为 30°的入射区域构成。液滴燃料的质量流量为 0.004 kg/s，相当于贫燃的化学反应流系统。

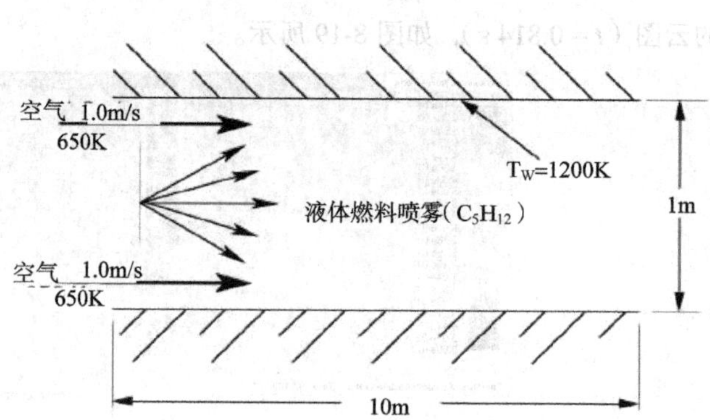

图 8-20　液体燃料燃烧系统

8.2.5 准备

- 复制文件到工作文件夹。
- 开启 FLUENT 2D 求解器。

网格由四边形网格构成。

8.2.6　设置和求解

步骤一：网格

（1）读入网格文件。

Fiel/Read/Mesh

随着 FLUENT 读入网格文件，控制台窗口中将报告进程和有关网格的信息。本工况网格包含 5 200 个四边形网格。

（2）检查网格。

Mesh/Check

（3）显示网格，如图 8-21 所示。

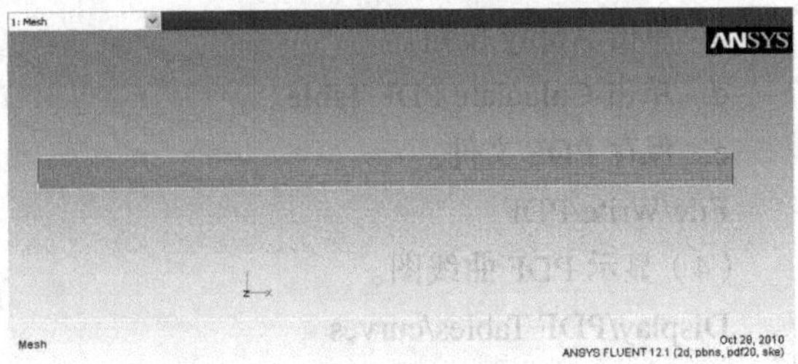

图 8-21　网格显示

步骤二：模型

（1）保持求解器设置的默认参数。

Define/General

（2）选择标准 *k-ε* 湍流模型。

Define/Models/Viscous

① 在 Model 列表中选择 k-e [2 eqn]。

② 在 Viscous Model 面板的 k-e Model 列表中选择 Standard。

③ 单击 OK 按钮，关闭 Viscous Model 面板。

（3）激活非预混燃烧模型。

Define/Models/Species

本算例模拟的液体燃料燃烧系统是非绝热系统，包含炉壁的传热和气液两相的传热。因此，创建 PDF 表时，用户应考虑本炉膛为非绝热系统。

① 在 Model 选项组中选中 Non-Premixed Combustion 选项，如图 8-22 所示。

② 在 Chemistry 选项卡中选中 Non-Adiabatic。

③ 在 Operating Pressure 中输入 101 000 Pa。

④ 在 Fuel Stream Rich Flamability Limit 中输入 0.1。

⑤ 在 Species Model 对话框中选择 Boundary 选项卡，如图 8-23 所示。

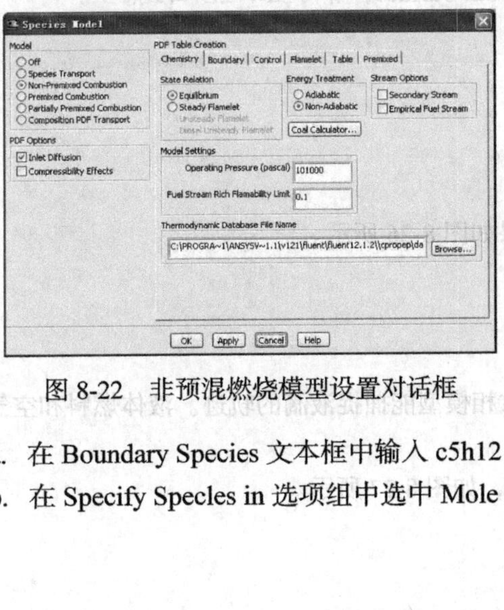

图 8-22　非预混燃烧模型设置对话框

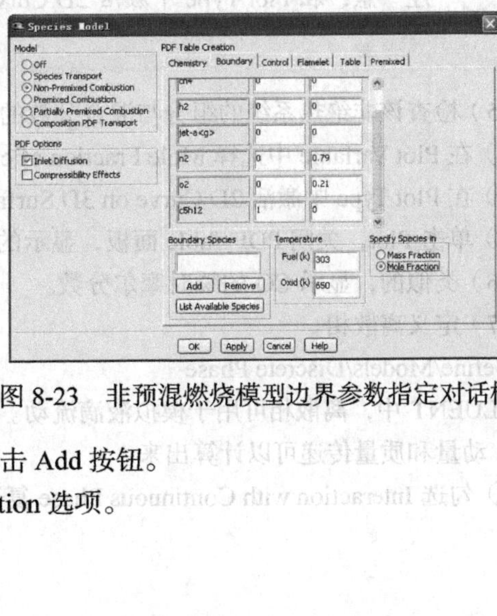

图 8-23　非预混燃烧模型边界参数指定对话框

a. 在 Boundary Species 文本框中输入 c5h12，单击 Add 按钮。

b. 在 Specify Specles in 选项组中选中 Mole Fraction 选项。

c. 在 Oxid 的 o2 中输入 0.21，在 n2 中输入 0.79。

d. 在 Fuel 的 c5h12 输入 1。

e. 在 Temperature 的 Fuel （K）中输入 303，在 Oxid （K）中输入 650。

对于平衡化学计算，系统压力和入流的温度的设置是必须条件。液体燃料的进口温度应为开始挥发的起点温度。氧化剂进口温度应等于空气进口温度。

⑥ 在 Species Model 对话框中选择 Table 选项卡，如图 8-24 所示。

a. 在 Table Parameters 选项组中的 Minimum Temperature （K）文本框中输入 280。

b. 保持其他参数的默认值。

c. 单击 Apply 按钮。

d. 单击 Calculate PDF Table。

e. 保存 PDF 文件。

File/Write/PDF

（4）显示 PDF 曲线图。

Display/PDF Tables/curves

① 在 Plot Variable 中选择 Mean Temperature （K）。

② 单击 Display 按钮并关闭 PDF Table 面板，显示的效果如图 8-25 所示。

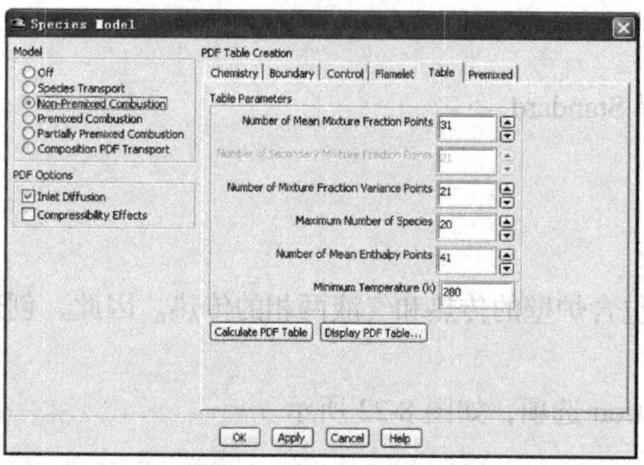

图 8-24 非预混燃烧模型 PDF 表参数设置对话框

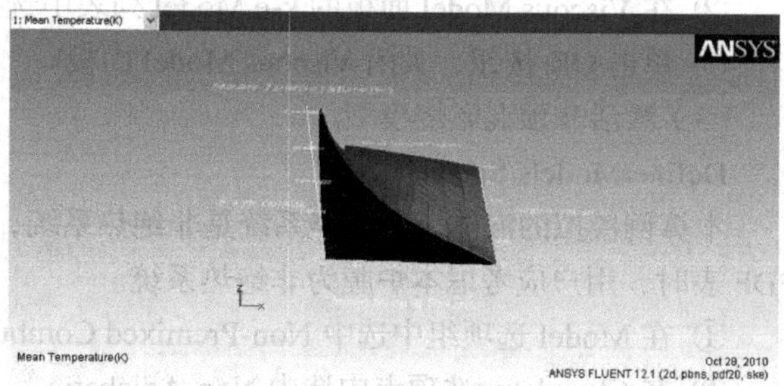

图 8-25 PDF 表显示

注 意：在 Plot Type 中激活 2D Curve on 3D Surface，即可显示 2D 曲线。

（5）检查该非绝热系统的组分与混合分数的关系。

① 在 Plot Variable 中选择 Mole Fraction of c5h12。

② 在 Plot Type 中激活 2D Curve on 3D Surface。

③ 单击 Plot，关闭 PDF Table 面板，显示的效果如图 8-26 所示。

（6）类似的，显示 CO 的瞬时摩尔分数。

（7）定义离散相。

Define/Models/Discrete Phase

FLUENT 中，离散相可用于模拟液滴流动。离散相模型能捕捉液滴的轨迹。液体燃料和空气流的热量、动量和质量传递可以计算出来。

① 勾选 Interaction with Continuous Phase 复选框，如图 8-27 所示。

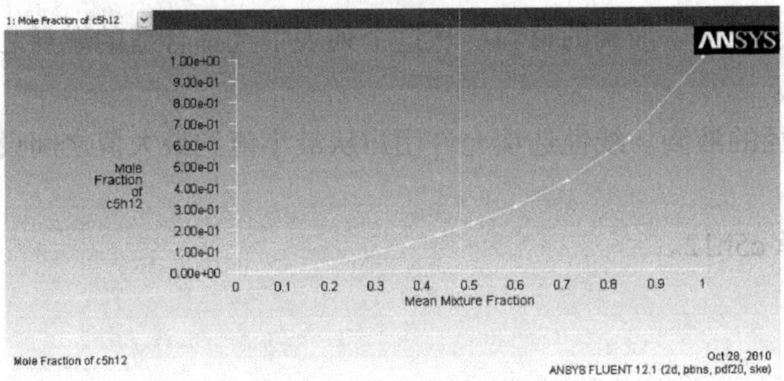

图 8-26　2D PDF 表显示

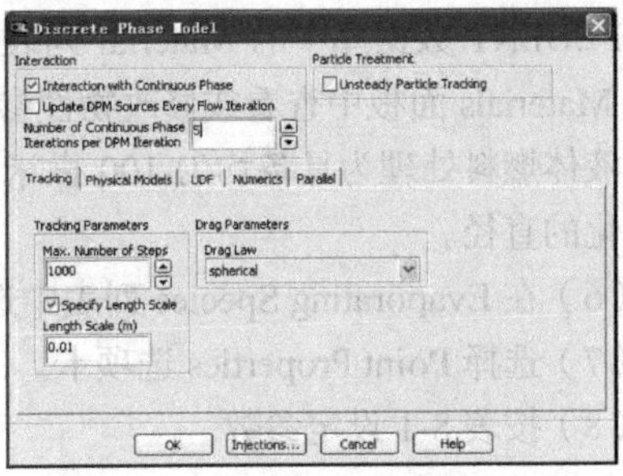

图 8-27　离散相追踪参数设置

这个复选框一旦被勾选，将允许离散相和连续相的耦合。这样模拟的离散相能考虑气相运动的影响，也会考虑两相的热量与质量传递。如果取消勾选此复选框，也能追踪粒子或液滴的轨迹，但其与连续相的运动没有相互影响。

② 将 Number of Continuous Phase Iterations per DPM Iteration 设为 5。

这个参数控制了计算多少步气相迭代才更新一次离散相轨迹的计算。如果网格数较多或离散相质量流量较大，用户可以增大此参数。因为对于此类离散相，计算低的轨迹更新频率对收敛更有帮助。

③ 在 Max. Number of Steps 数值框中输入 1 000。

这个参数是为了限制追踪轨迹的时间步，这样可以对计算域中某些粒子和液滴放弃追踪（如计算域中的回流）。

④ 勾选 Specify Length Scale 复选框，保持默认值不变。

Length Scale 控制了离散相轨迹积分计算的时间步。这里，其值 0.01 m 意味着大约 1 000 步时间步将被用来计算 10 m 计算域长度范围内的轨迹。

⑤ 单击 OK 按钮，关闭 Discrete Phase Model 对话框。

步骤三：入射流

建立离散相入射流。

液滴燃料的流动可用初始条件来定义，以描述将要随空气流进入计算域的液滴的情况。

FLUENT 将使用这些定义的初始条件开始离散相运动的迭代计算。

Define/Injections

（1）单击 Injection 面板中的 Create 按钮。弹出 Set Injection Properties 对话框，如图 8-28 所示。用户可以再次定义液体燃料液滴的初始条件。燃料流被定义为一组 10 股离散相流。这几股入射流除初始速度不同外，其他条件都相同，速度根据 30°半角内的不同而不同。

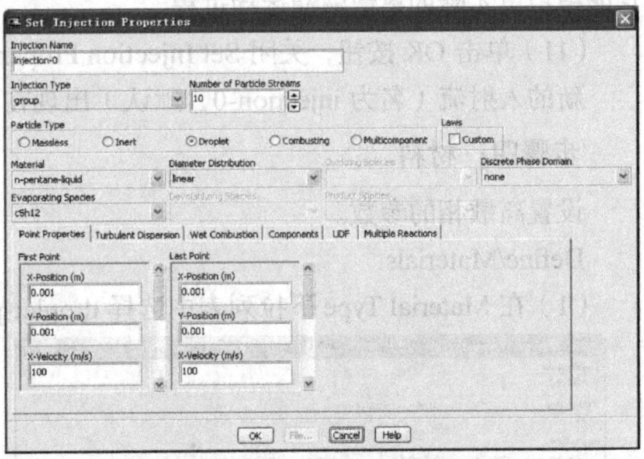

图 8-28　离散相参数设置面板

（2）在 Injection Type 下拉列表中选择 group 选项。

（3）将 Number of Particle Streams 设为 10。

这些设置说明了 FLUENT 利用 10 股液滴流来表达初始条件，每股离散初始流都可以单独设置，同时也可以指定每一股离散相流的速度。

（4）在 Particle Type 选项组中选中 Droplet 选项。

（5）在 Material 下拉列表中选择 n-pentane-liquid。

FLUENT 数据库中的 Material 列表中已包含了液滴的材料。从这个列表中选择合适的燃料之后，再在 Materials 面板中查看或修改物性参数。

液体燃料处理为具备均匀 100 微米直径的液滴。线性选项允许用户从最小值到最大值之间设置线性变化的直径。

（6）在 Evaporating Species 列表中选择 c5h12。

（7）选择 Point Properties 选项卡。

（8）按表 8-1 设定参数。

表 8-1　参数设置

Parameter	First Point	Last Point
X-Position (m)	0.001	0.001
Y-Position (m)	0.001	0.001
X-Velocity (m/s)	100	100
Y-Velocity (m/s)	0	57.7
Diameter (m)	1.0e-4	1.0e-4
Temperature (K)	303	303
Flow Rate (kg/s)	2.0e-4	2.0e-4

液体燃料液滴喷雾的直径为 100 微米，液滴 30°范围内的 Y-Velocity 从 0 ~ 57.7m/s。总质量流量为 10×2.0e−4 = 0.002 kg/s。这相当于对称管的质量流量。

（9）选择 Turbulent Dispersion 选项卡，如图 8-29 所示。

（10）在 Stochastic Tracking 选项组中勾选 Discrete Random Walk Model 复选框，设置 Number of Tries 为 10。

随机轨道模型考虑了气相湍流对液滴轨迹的影响。随机轨道追踪对液体燃料燃烧的模拟很重要，它能模拟出实际的离散液滴运动过程。

（11）单击 OK 按钮，关闭 Set Injection Properties 对话框。

新的入射流（名为 injection-0，默认）出现在 Injections 面板中。

步骤四：材料

设置离散相的参数。

Define/Materials

（1）在 Material Type 下拉列表中选择 droplet-particle 选项，如图 8-30 所示。

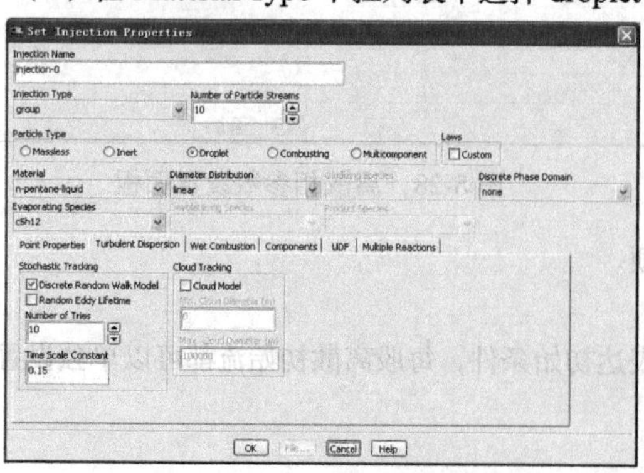

图 8-29　离散相湍流弥散模型设置

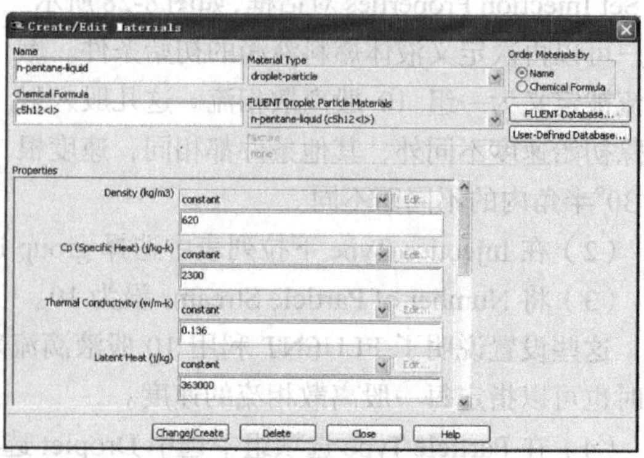

图 8-30　材料物性参数设置

droplet-particle 材料类型将出现，因为用户已经在 Set Injection Properties 对话框中激活了液滴模型。如果用户创建了其他离散相类型的入射流，这些离散相材料类型（如惰性或燃烧颗粒）将出现在此列表中。

（2）为 n-pzentane-liquid 设置如表 8-2 所示的参数。

表 8-2　离散相参数设置

Parameter	Value
Density	620
Cp	2 300
Thermal Conductivity	0.136
Latent Heat	3.63e–5
Vaporization Temperature	303
Boiling Point	306
Volatile Component Fractino （%）	100
Binary Diffusivity	6.1e–6
Saturation Vapor Pressure	8.2e4
Heat of Pyrolysis	0

FLUENT 数据库中 n-pentane-liquid 的物性设置与本工况的燃料类似。本例可以根据需要改变数据库物性。

（3）单击 Change/Create 按钮，关闭 Create/Edit Materials 对话框。

步骤五：边界条件

（1）设置边界条件。

Define/Boundary Conditions

（2）设置进口的边界条件（velocity-inlet-7）。

① 在 Velocity Specification Method 中选择 Magnitude and Direction。

② 在 Reference Frame 中选择 Absolute。

③ 在 Velocity Magnitude （m/s）处输入 1。

④ 在 X-Component of Flow Direction 处输入 1，在 Y-Component of Flow Direction 处输入 0。

⑤ 在 Specification Method 中选择 Intensity and Hydraulic Diameter。

⑥ 在 Turbulent Intensity （%）处输入 10，在 Hydraulic Diameter （m）处输入 2.0。

⑦ 选择 Thermal 选项卡，在 Temperature （K）处输入 650。

⑧ 单击 OK 按钮，关闭 Velocity Inlet 面板。

水力直径等于管道高度的两倍。其用于指定进口湍流长度。进口处的大尺度湍流强度可能与气相燃烧的典型值相等。对于 PDF 计算，用户需要指定进口的混合分数和其方差。这里，由于所有进入系统的燃料都是离散相的，因此气相进口的混合分数为 0。

（3）设置出口的边界条件（pressure-outlet-5）。

① 在 Gauge Pressure 处输入 0。

② 在 Specification Method 中选择 Intensity and Hydraulic Diameter。

③ 在 Backflow Turbulent intensity （%）处输入 10。

④ 在 Backflow Hydraulic Diameter （m）处输入 2。

⑤ 选择 Thermal 选项卡，在 Backflow Total Temperature （K）处输入 1 800。

⑥ 选择 Species 选项卡，在 Mean Mxiture Fraction 和 Mixture Fraction Variance 处分别输入 0。

⑦ 单击 OK 按钮，关闭 Pressure Outlet 面板。

出口表压为零，代表系统出口压力为工作压力。标量回流条件（温度、混合分数和湍流参数）将在流动通过出口进入计算域时才会使用。建议用户使用合适的回流值，这样可以避免回流在收敛解时出现。

（4）设置壁面的边界条件（wall-6），如图 8-31 所示。

① 选择 Thermal 选项卡。

② 在 Thermal Conditions 中激活 Temperature。

③ 在 Temperature （K）处输入 1 200。

④ 单击 OK 按钮，关闭 Wall 对话框。

液滴在壁面的默认边界条件是 reflect（反射），在 Discrete Phase Model Condtions 选项组中的 BC Type 列表中选择其他设置。这里在碰到壁面之前，液滴并不会运动很长距离。如果有这种现象，trap 条件（该条件中液滴的挥发份能快速挥发）可能是更好的选择。

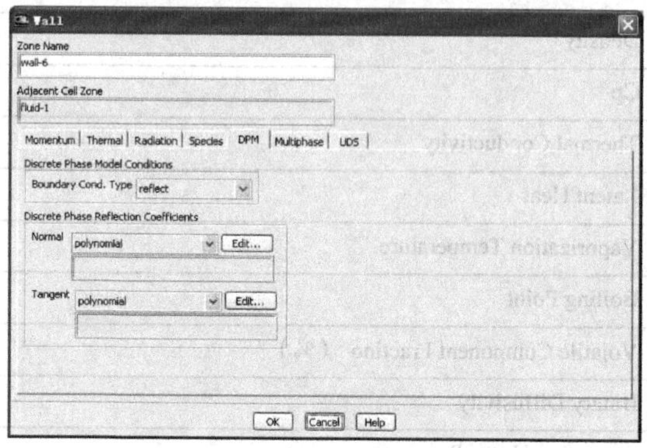

图 8-31 壁面离散相设置面板

（5）关闭 Boundary Conditions 面板。

步骤六：求解

（1）设置 DPM 参数。

Define/Models/Discrete Phase

用户将首先获得非反应流场，然后激活 DPM 模型的离散相追踪。

① 在 Number of Continous Phase Iterations per DPM Iteration 处输入 0。

② 单击 OK 按钮，关闭 Discrete Phase Model 面板。

（2）初始求解场。

Solve/Initialization

① 在 Compute From 中选择 velocity-inlet-7。

② 单击 Initialize。

这里，由于空气预热，用户在进口初始化以后就可以开始燃烧结算。在其他燃烧系统中，用户可能需要进行局部修补操作（Patch，即点火过程），然后才能开始离散相和连续相的耦合计算并开始追踪液滴轨迹。

（3）激活残差图。

Solve/Monitors/Residuals

① 在 Options 中激活 Plot。

② 单击 OK 按钮，关闭 Residual Monitors 面板。

（4）保存工况文件。

File/Write/Case

（5）继续 50 步迭代。

Solve/Run Calculation/Calculate

（6）保存数据文件。

File/Write/Data

（7）设置离散相模型参数来求解反应流。

Define/Models/Discrete Phase

① 在 Number of Continous Phase Iterations per DPM Iteration 处输入 5。

② 单击 OK 按钮，关闭 Discrete Phase Model 面板。

（8）保存工况文件。

File/Write/Case

（9）开始进行 300 步迭代。

Solve/Initialization/Initialize

FLUENT 将在迭代过程中报告粒子的状态（如逃逸、消失和挥发等）。迭代将在大约 120 步后收敛。

（10）保存工况文件。

File/Write/Data

步骤七：后处理

（1）显示温度云图。

Display/Graphics and Animations/Contours

① 在 Options 中激活 Filled。

② 在 Contours 中选择 Temperature 和 Static Temperature。

③ 单击 Display，温度云图显示如图 8-32 所示。

注　意：使用 Display 中的 Views 面板可以显示镜像平面。

（2）显示混合分数云图。

① 在 Contours 中选择 Pdf 和 Mean Mixture Fraction。

② 单击 Display，平均混合分数云图显示如图 8-33 所示。

燃料挥发的混合分数显示的区域为富燃区域，该位置的氧气不足以消耗所有燃料。

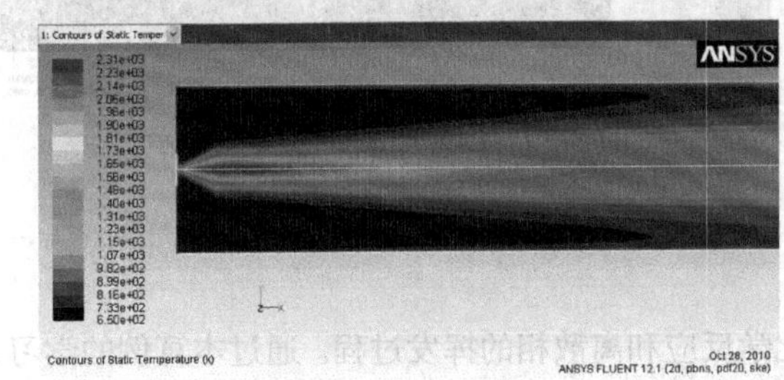

图 8-32　温度云图显示

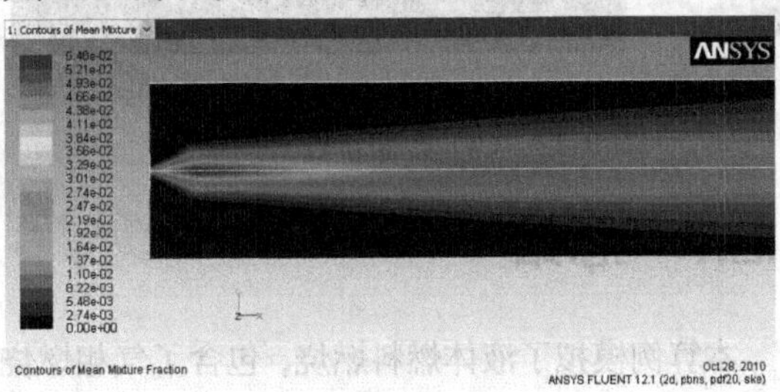

图 8-33　平均混合分数云图

（3）显示液体燃料轨迹。

Display/Graphics and Animations/Particle Tracks

① 在 Release From Injections 中选择 injection-0。

② 在 Color By 中选择 Prticle Variable 和 Particle Diameter。

③ 单击 Display，关闭 Particle Tracks 面板。粒子追踪显示如图 8-34 所示。

（4）显示挥发率的云图。

① 在 Contours 中选择 Discrete Phase Model 和 DPM Evaporation/Devolatilization。

② 单击 Display，离散相挥发组分显示如图 8-35 所示。

（5）显示 C_2H_{12} 组分的浓度云图。

① 在 Contours 中选择 Species 和 Mass fraction of c5h12。

② 单击 Display，关闭 Contours，显示如图 8-36 所示。

（6）类似的，显示 O_2、CO 和 CO_2 组分的浓度，如图 8-37、图 8-38 和图 8-39 所示。

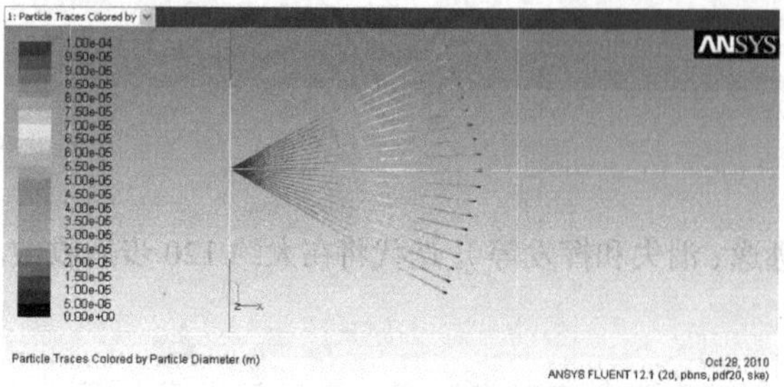

图 8-34　例子追踪显示

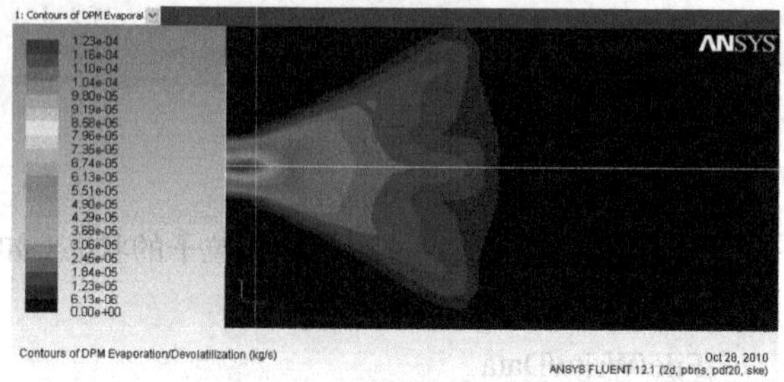

图 8-35　离散相挥发组分显示

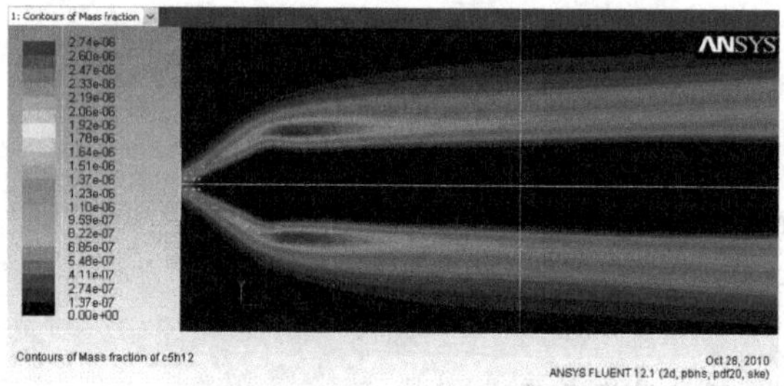

图 8-36　C_2H_{12} 质量分数云图显示

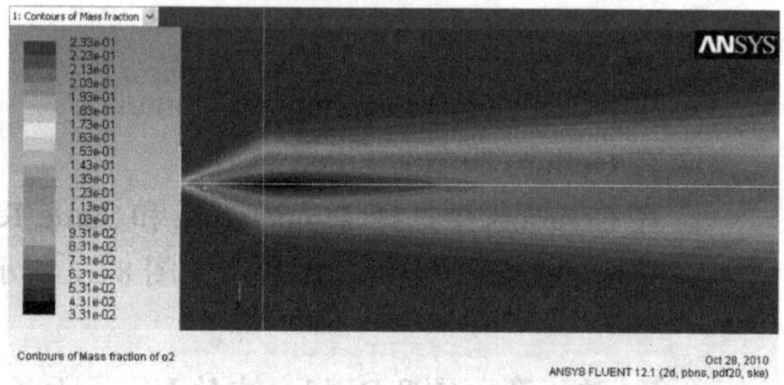

图 8-37　O_2 质量分数云图显示

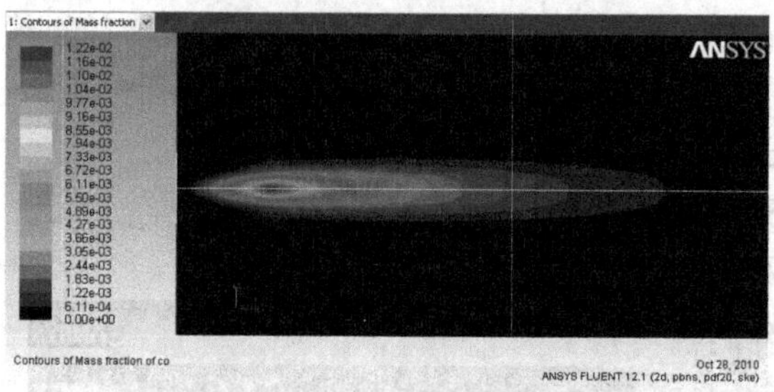

图 8-38　CO 质量分数云图显示

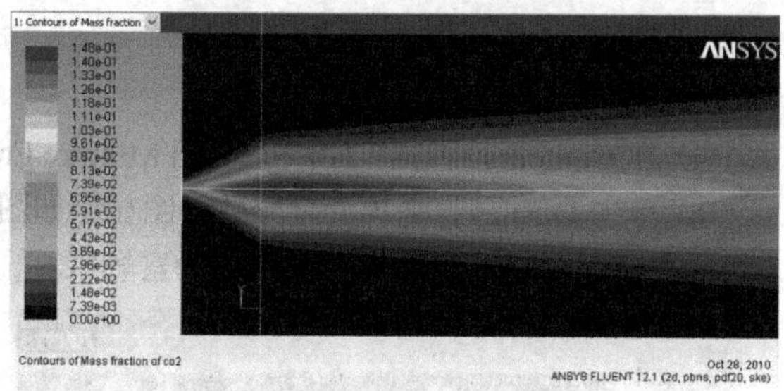

图 8-39　CO_2 质量分数云图显示

8.2.7　总结

本算例模拟了液体燃料燃烧，包含了气相燃烧化学反应和离散相的挥发过程。通过本算例的学习，用户学会了使用 PDF 混合分数化学平衡模型来模拟气相燃烧化学反应。平衡化学模型也可以应用于其他湍流扩散燃烧反应系统。

用户同时也学会了设置和求解包含挥发过程的液体喷雾离散相模拟。用户可以根据需要创建离散相，激活与连续气相耦合，并定义离散相的物性。

本算例的求解步骤和方法也可以用来模拟其他类似燃烧系统，如喷雾冷却、喷雾干燥和喷石灰等离散相过程模拟。

8.3　算例二十四：偏心环形管道的非牛顿流体流动模拟

8.3.1　介绍

本算例的目的是，展示三维非牛顿湍流流动模拟的设置和求解方法。

非牛顿流体的湍流流动在石油和燃气工业中经常遇见，这种流动在油井钻孔中被使用，用于在固定周期内保持固体的悬浮。钻井时，经常使用偏心环形管。

8.3.2　技巧和设置

- 读入网格文件到 FLUENT 中。
- 检查尺寸和网格质量。
- 设置材料的非牛顿粘度，利用 TUI 命令将湍流算法转换为非牛顿算法。
- 求解随时间变化的模拟。
- 设置 FLUENT 的周期性流动模型。
- 使用 *k-w* 湍流模型设置过渡区流动。
- 为后处理创建等值面，并对面进行修剪操作。
- 检查结果，将模拟结果与实验数据进行比较。

8.3.3　前期要求

本算例要求用户对 FLUENT 有所了解，并对 FLUENT 界面较为熟悉。

8.3.4　问题描述

周期性偏心环如图 8-40 所示。其内径和外径分别为 20 mm 和 40.3 mm。内圆柱以 300 rpm 的速度旋转，而外圆柱固定。粘性通过指数函数控制，其公式为：

$$\mu = K \times \gamma^{(n-1)}$$

式中，n 为指数系数，$n = 0.75$；$K = 0.044$；γ 为局部剪切率。

流动的雷诺数为 9 000，属于湍流转捩区。

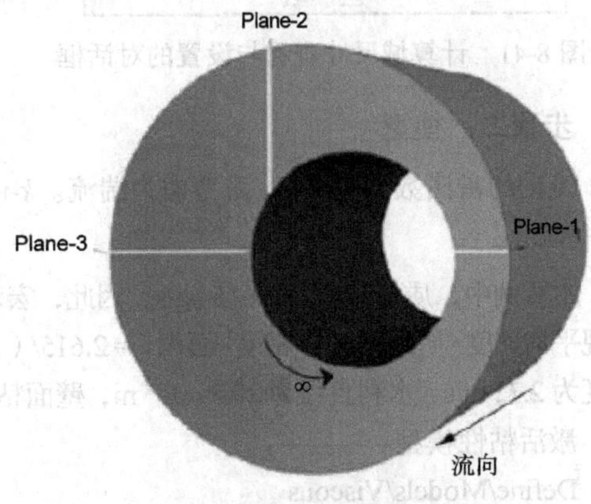

图 8-40　周期性偏心环

8.3.5　准备

- 复制以下文件到工作文件夹。

annulus.msh

non-dimensional.scm

axial-p1.xy

axial-p2.xy

axial-p3.xy

tangential-p1.xy

tangential-p2.xy

tangential-p3.xy

- 开启 FLUENT 的 3D 双精度求解器。

8.3.6　设置和求解

步骤一：网格

（1）读入网格文件。

File/Read/Mesh

FLUENT 将读入网格文件，并在控制窗口中报告进程。

（2）检查网格。

Mesh/Check

这个过程会对网格进行详细的检查，用户应确保报告的网格最小体积为正值。

（3）检查网格的尺寸，其对话框如图 8-41 所示。

Mesh/Scale

检查计算域，确保其与实际物理尺度一致。如果其与实际物理尺度不一致，就需要对网格进行单位转换并进行放大或缩小处理。在本算例中，外径应为 40.3 mm，网格的单位应是 mm。

① 在 Mesh Created In 下拉列表中选择 mm。

② 单击 Scale 按钮，关闭 Scale Mesh 对话框。

（4）显示网格。

Display/Mesh

① 保持默认设置不变，单击 Display。

② 关闭 Mesh Display 面板。

每个周期性边界的颜色为青绿色。FLUENT 将自动根据边界条件的类型指定其颜色。网格显示如图 8-42 所示。

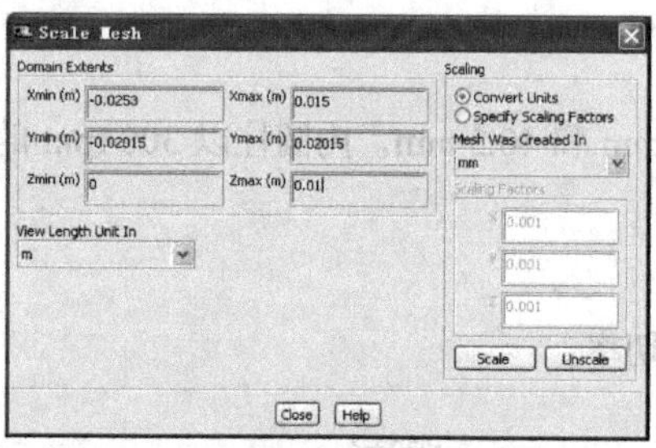

图 8-41　计算域尺寸查看与设置的对话框

图 8-42　计算域网格显示

步骤二：模型

流动的雷诺数为 9 000，需考虑为湍流。*k-w* 模型可以用作这类低雷诺数、湍流或转捩流动。

$$Re=\frac{\rho U_b d_h}{\mu}$$

本算例中，质量流量为 2.615 kg/s。因此，宏观平均速度可以根据质量流量、密度和面积的关系求得。宏观平均速度=质量流量/（密度×面积）= 2.615/（1 000 × 0.000 961）。流体的密度为 1 000 kg/m^3，宏观平均速度为 2.72 m/s，水利直径为 20.3×10^{-3} m，壁面粘度为 6 × 10^{-3} kg/m-s（这些结果由参考文献的实验测得）。

激活粘性模型。

Define/Models/Viscous

① 在 Model 选项组中选择 k-omega （2 eqn）模型，如图 8-43 所示。

② 在 k-omega 组中激活 Transitional Flows。

③ 单击 OK 按钮，关闭 Viscous Model 对话框。

步骤三：材料

改变材料的物性，其设置对话框如图 8-44 所示。

Define/Materials

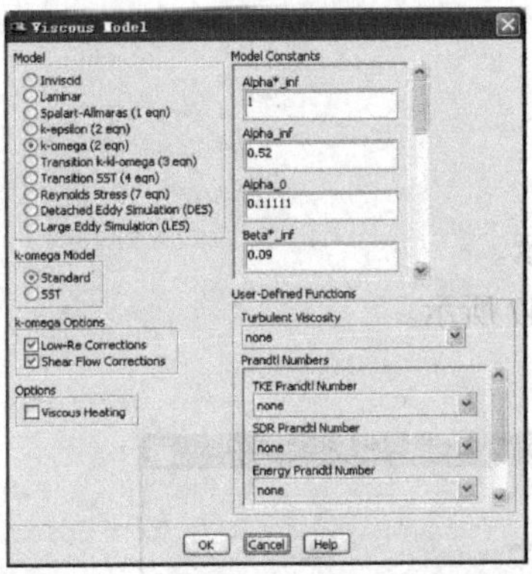

图 8-43　Viscous Model 对话框

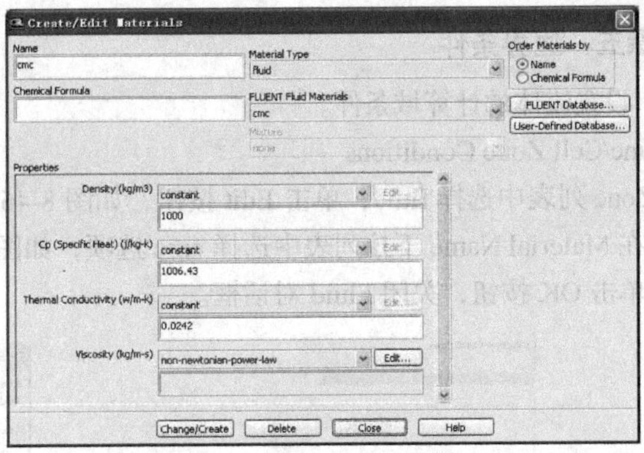

图 8-44　材料物性设置对话框

（1）使用 TUI 命令激活非牛顿粘性模型。

```
/define> models

/define/models> viscous

/define/models/viscous> turbulence-expert

/define/models/viscous/turbulence-expert> turb-non-newtonian
Enable turbulence for non-Newtonian fluids? [yes]

/define/models/viscous/turbulence-expert> y
invalid command [y]
```

（2）在 Materials 面板的 Viscosity 中选择 non-newtonian-power-law。

① 指定如表 8-3 所示的参数。

表 8-3　参数设置

Parameter	Value
Consistency Index	0.044
Power-Law Index	0.75
Reference Temperature	0
Minimum Viscosity Limit	0.000 1
Maximum Viscosity Limit	1000

② 单击 OK 按钮，关闭 Non-Newtonian Power Law 面板。

（3）在 Density 处输入 1 000。

（4）在 Name 处输入 cmc。

（5）单击 Change/Create 按钮。

（6）当被询问是否覆盖 air 的数据时，单击 No 按钮。

（7）关闭 Materials 面板。

因为考虑了非牛顿粘性算法，FLUENT 将自动激活能量方程。用户可以在后续求解过程中将其取消激活。

步骤四：单位

将角速度的单位设置为 rpm。

Define/Units

（1）在 Quantities 列表中选择 angular-velocity，如图 8-45 所示。

（2）在 Units 列表中选择 rpm，然后关闭 Set Units 对话框。

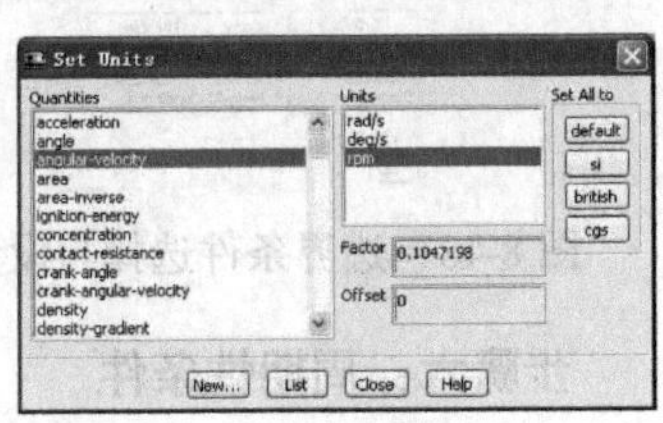

图 8-45　单位设置对话框

步骤五：边界条件

（1）设置流体的计算域条件。

Define/Cell Zone Conditions

在 Zone 列表中选择 fluid，单击 Edit 按钮，如图 8-46 所示。

① 在 Material Name 下拉列表中选择 cmc 选项，如图 8-47 所示。

② 单击 OK 按钮，关闭 Fluid 对话框。

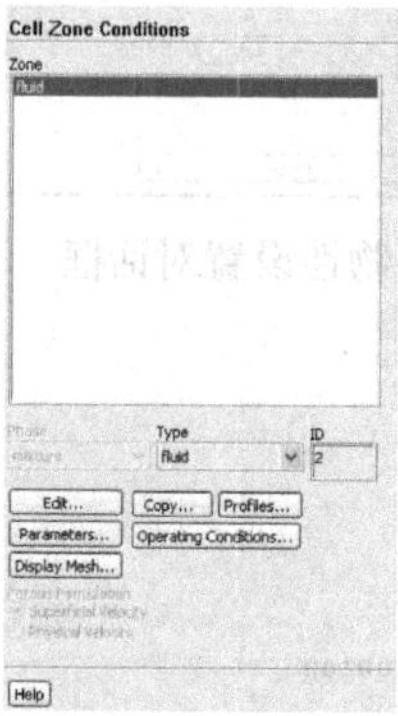

图 8-46　Cell Zone Conditions 设置面板

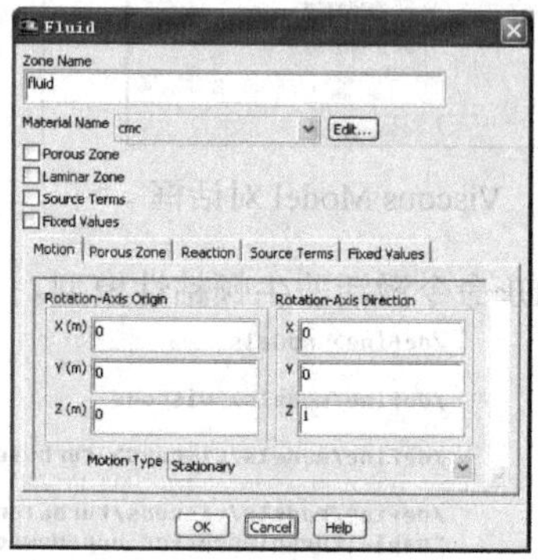

图 8-47　Fluid 对话框

（2）设置 inner 的边界条件。

Define/Boundary Conditions

在 Zone 列表中选择 inner，单击 Edit 按钮，如图 8-48 所示。

① 选择 Momentum 选项卡，如图 8-49 所示。

② 在 Wall Motion 选项组中选中 Moving Wall 选项。

③ 在 Motion 选项组中选中 Rotational 选项。

④ 在 Speed （rpm）文本框中输入 300。

⑤ 单击 OK 按钮，关闭 Wall 对话框。

（3）关闭 Boundary Condtions 面板。

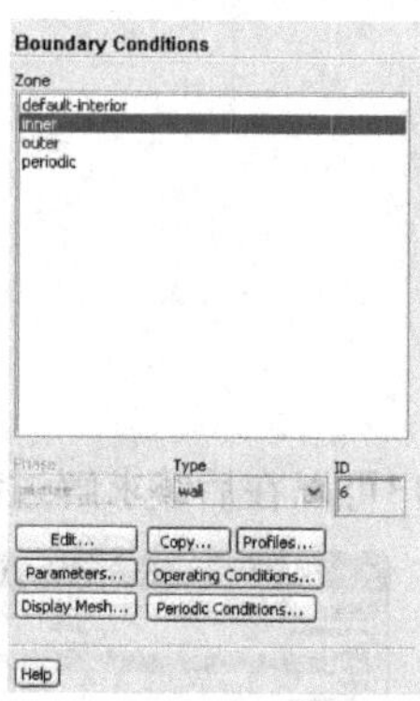

图 8-48　边界条件选择与设置面板

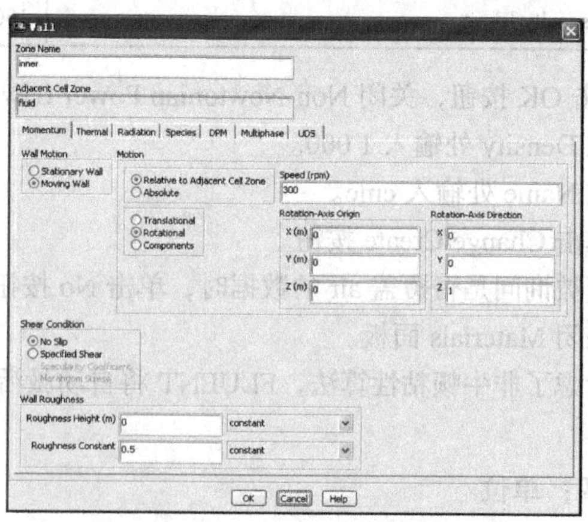

图 8-49　壁面边界条件设置面板

步骤六：周期性条件

指定周期边界的流速。

Define/Boundary Conditions/Periodic Conditions

（1）在 Type 选项组中选中 Specify Mass Flow 选项，如图 8-50 所示。

（2）在 Flow Direction 选项组中的 X 和 Y 文本框中输入 0，在 Z 文本框中输入 1。

（3）在 Mass Floe Rate （kg/s）文本框中输入 2.615。

（4）单击 OK 按钮，关闭 Periodic Conditions 对话框。

步骤七：求解

（1）设置求解参数。

Solve/Controls

① 单击 Equations 按钮，在 Equations 列表中不选中 Energy 选项，如图 8-51 所示。

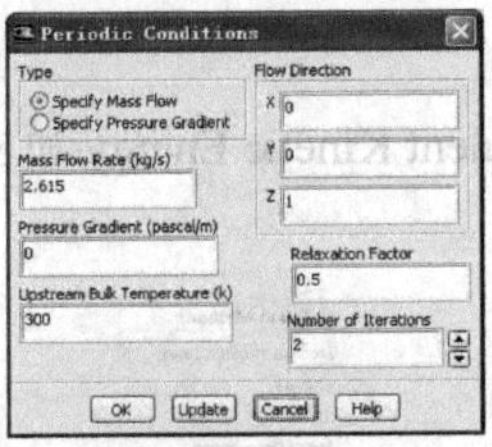

图 8-50　周期性条件参数设置对话框

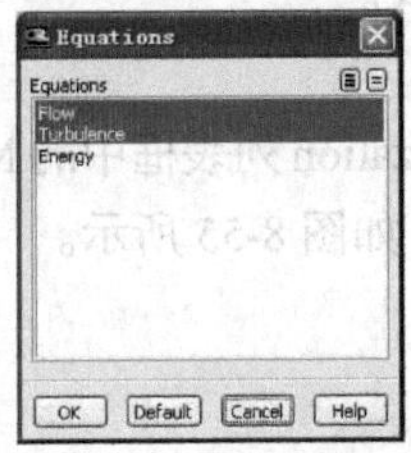

图 8-51　求解方程组选择的对话框

由于粘性是剪切应力的函数（与温度无关），因此不需要求解能量方程。

② 单击 OK 按钮，关闭 Solution Controls 面板。

（2）初始化流场。

Solve/Initialization

① 在 Initial Values 列表中的 Z Velocity （m/s）文本框中输入 2.72，如图 8-52 所示。

计算得到的宏观速度为 2.72。

② 在 Turbulent Kinetic Energy （m2/s2）文本框中输入 0.01。

③ 在 Specific Dissipation Rate （1/s）文本框中输入 0.01。

④ 单击 Initialize 按钮。

（3）激活残差图。

Solve/Monitors

① 在 Residuals，Statistic and Force Monitors 一栏中选中 Residuals，单击 Edit 按钮。

② 在 Options 选项组中勾选 Plot 复选框，如图 8-53 所示。

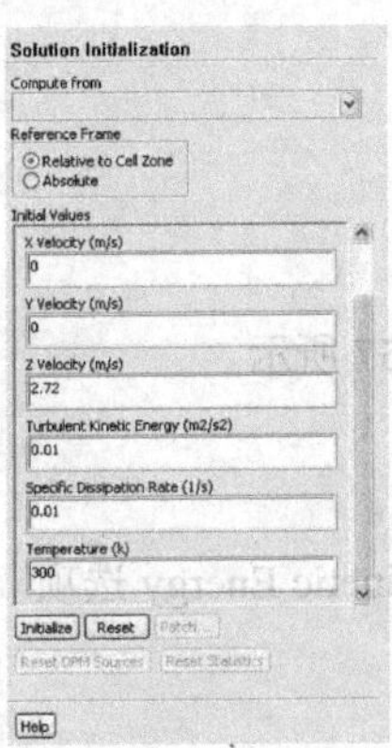

图 8-52　计算求解初始化面板

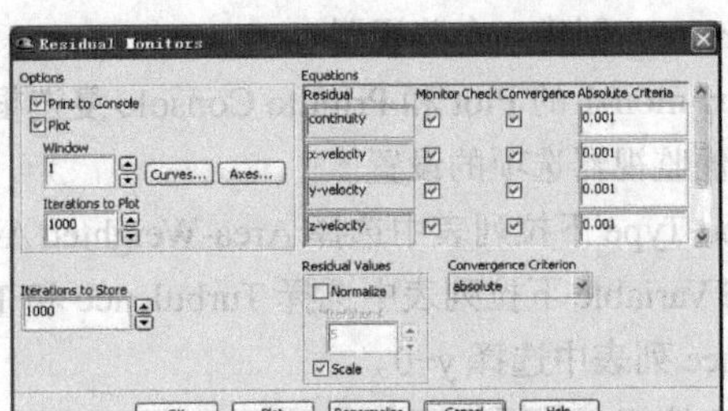

图 8-53　残差监视器设置对话框

③ 单击 OK 按钮，关闭 Residual Monitors 对话框。

（4）保存工况文件。

File/Write/Case

保持默认的 Write Binary Files 选项。

（5）开始进行迭代求解。

Solve/Run Calculation

① 设置 Number of Iterations 为 400。

② 单击 Calculate 按钮，如图 8-54 所示。

求解将在 283 步迭代后收敛。

（6）改为高阶格式。

Solve/Methods

在 Spatial Discretization 列表框中的 Momentum、Turbulent Kinetic Energy 和 Specific Dissipation Rate 中选择 QUICK 选项，如图 8-55 所示。

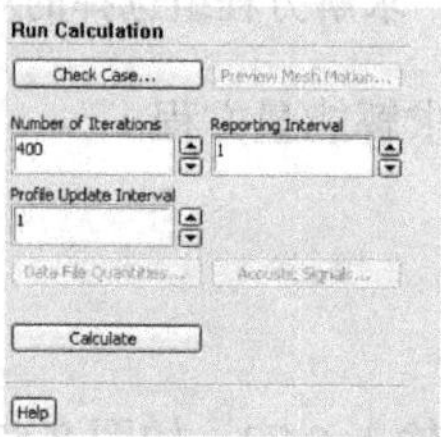

图 8-54 求解运行设置面板

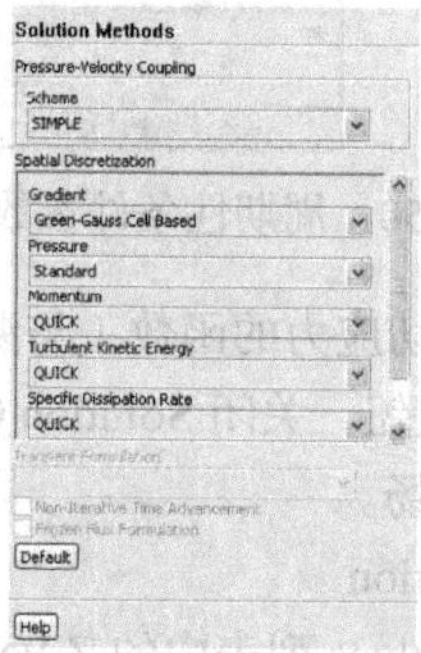

图 8-55 求解方法设置面板

在迭代过程中，监视器监视的关键参数可以判断收敛性。本算例用户将监视中心平面的湍动能。这样，我们需要创建一个相应位置的等值面。

（7）创建等值面。

Surface/Iso-Surface

① 在 Surface of Constant 下拉列表中选择 Mesh 和 Y-Coordinate 选项，如图 8-56 所示。

② 在 Iso-Values 文本框中输入 0。

③ 在 New Surface Name 文本框中输入 y-0。

④ 单击 Create 按钮，关闭 Iso-Surface 对话框。

（8）监视湍动能的等值面。

Solve/Monitors/Surface Monitors

① 单击 Create，创建一个监视器。

② 勾选 surf-mon-1 的 Plot 和 Print to Console 复选框，如图 8-57 所示。

③ 进行其他监视器选项的设置。

a. 在 Report Type 下拉列表中选择 Area-Weighted Average 选项。

b. 在 Field Variable 下拉列表中选择 Turbulence 和 Turbulent Kinetic Energy 选项。

c. 在 Surface 列表中选择 y-0。

d. 单击 OK 按钮，关闭 Define Surface Monitor 面板。

$y=0$ 平面的平均湍动能将在窗口中显示，且被打印到控制台。

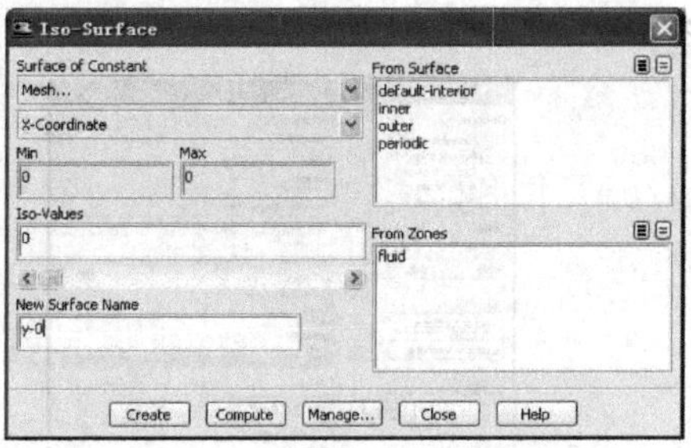

图 8-56　Iso-Surface 设置对话框

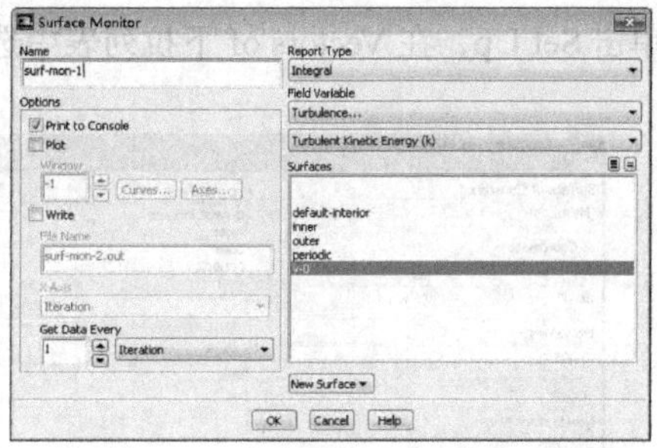

图 8-57　Surface Monitor 设置对话框

（9）不激活所有控制方程的收敛标准。

Solve/Monitors/Residual

① 不激活所有控制方程的 Check Convergence，如图 8-58 所示。

② 单击 OK 按钮，关闭 Residual Monitors 对话框。

（10）开始进行迭代，直到收敛。

Solve/Run Calculation

① 设置 Number of Iterations 的值为 5 000，如图 8-59 所示。

② 单击 Calculate 按钮，开启迭代。

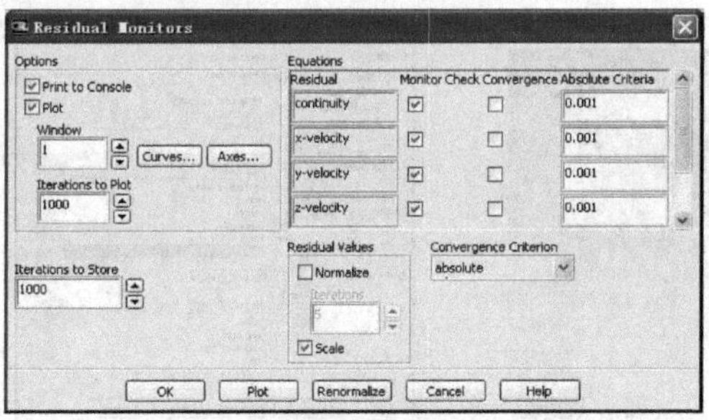

图 8-58　残差监视器设置对话框

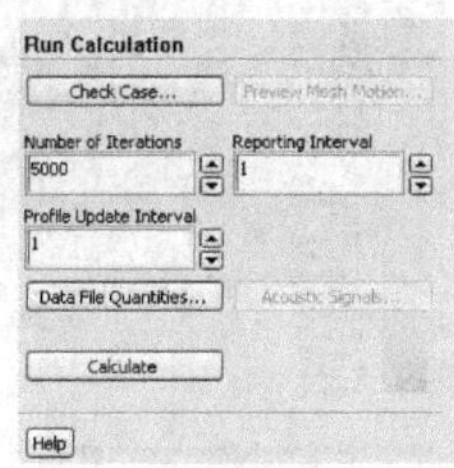

图 8-59　求解运行设置面板

求解将在大约 4 500 步迭代后收敛。我们可以观察到监视器内的残差曲线基本上是平的，因此可以停止计算。

（11）保存工况和数据文件。

File/Write/Case & Data

步骤八：后处理

（1）创建一个等值面。

流动在 z 方向为平移周期，创建沿 z 方向的等值面，然后查看结果。

Surface/Iso-Surface

① 在 Surface of Constant 下拉列表中选择 Mesh 和 Z-Coordinate，如图 8-60 所示。

② 单击 Compute 按钮，Min 和 Max 的值将在每个计算域范围内更新。

③ 在 Iso-Values 文本框中输入 0.005。

④ 在 New Surface Name 文本框中输入 z = 0.005。

⑤ 单击 Create 按钮，关闭 Iso-Surface 对话框。

（2）显示速度矢量图。

Display/Graphics and Animations/Vectors

① 单击 Set Up，在 Vectors of 下拉列表中选择 Velocity，如图 8-61 所示。

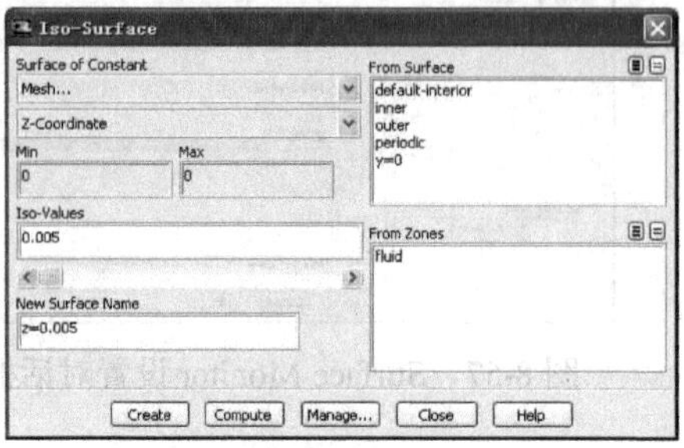

图 8-60　Iso-Surface 对话框

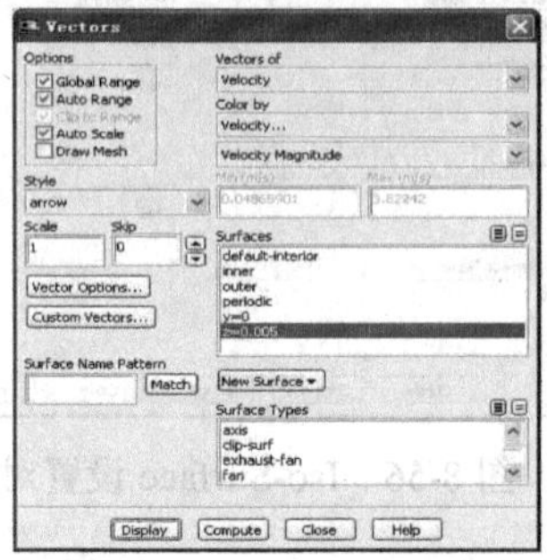

图 8-61　速度矢量图设置对话框

② 在 Color by 下拉列表中选择 Velocity 和 Velocity Magnitude。

③ 在 Surface 列表中选择 z = 0.005。

④ 单击 Display 按钮，关闭 Vectors 对话框，速度显示如图 8-62 所示。

（3）显示分子粘性的云图。

Display/Graphics and Animations/Contours

① 在 Contours of 下拉列表中选择 Properties 和 Molecular Viscosity，如图 8-63 所示。

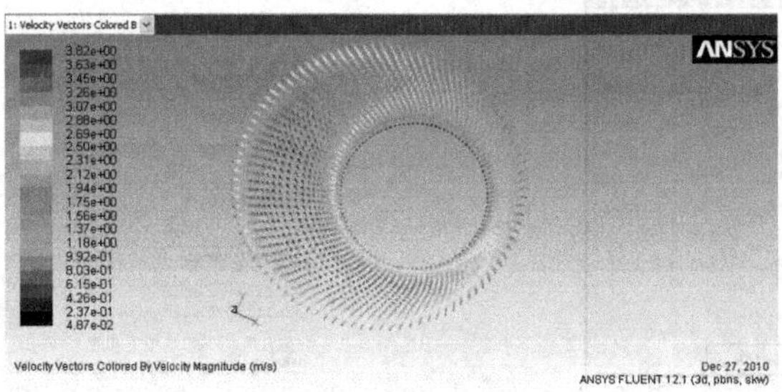

图 8-62　速度显示

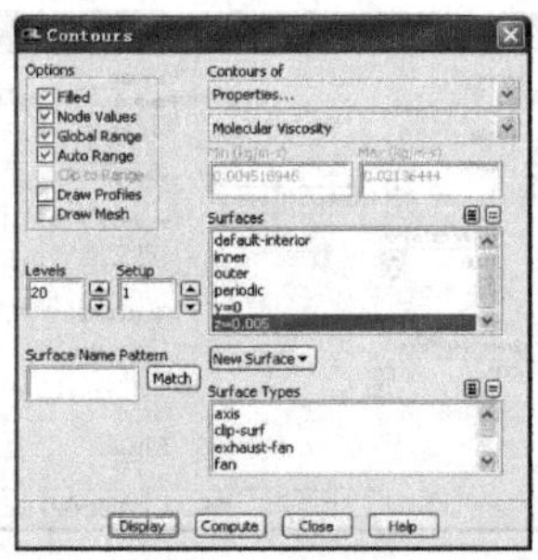

图 8-63　云图设置对话框

② 勾选 Options 选项组中的 Filled 复选框。

③ 在 Surfaces 列表框中选择 z = 0.005。

④ 单击 Display 按钮，关闭 Contours 对话框，显示的粘性云图如图 8-64 所示。

观察流体的剪切运动。粘性在壁面附近（高剪切区域）较小，而在中心部分（低剪切区域）较高。

（4）计算压力降。

Define/Boundary Conditions/Periodic Condtions

① 保持默认设置不变，如图 8-65 所示。

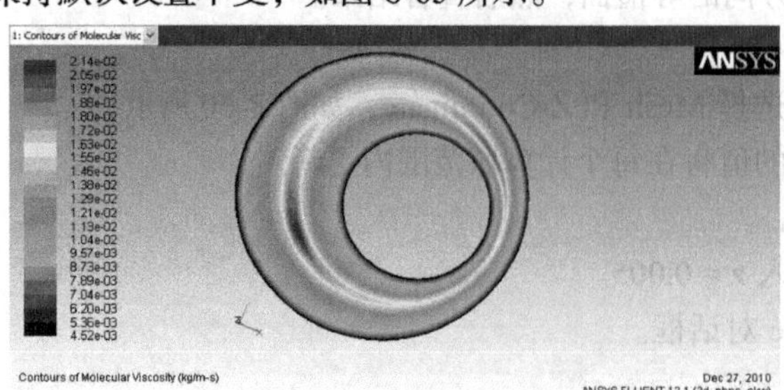

图 8-64　分子粘性云图

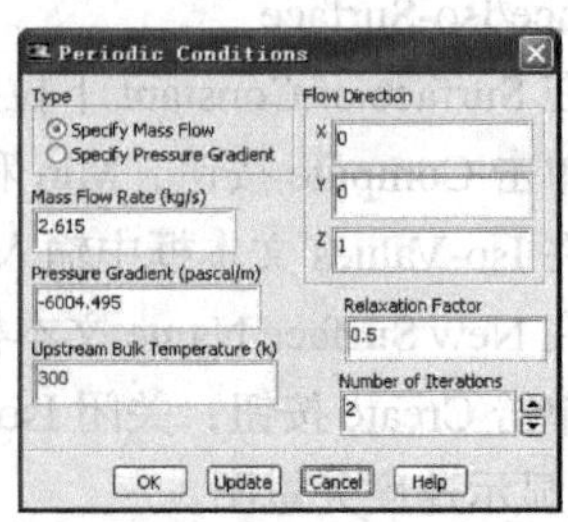

图 8-65　周期性条件参数设置对话框

② 单击 OK 按钮，关闭 Periodic Condtions 对话框。

对于任何流动而言，用户了解压降是很必要的。FLUENT 在 Periodic Conditions 对话框中，在每次迭代后更新压力梯度值。然后将压力梯度和周期段的长度相乘得到压力降的值。

（5）创建其他等值面，查看结果。

Surface/Iso-Surface

① 在 From Surface 列表框中选择 z = 0.005，如图 8-66 所示。

② 在 Surface of Constant 下拉列表中选择 Mesh 和 Y-Coordinate。

③ 在 Iso-Values 文本框中输入 0；

④ 在 New Surface Name 文本框中输入 plane。

⑤ 单击 Create 按钮，关闭 Iso-Surface 对话框。

（6）创建剪切面。

Surface/Iso-Clip

① 在 Clip Surface 列表中选择 plane，如图 8-67 所示。

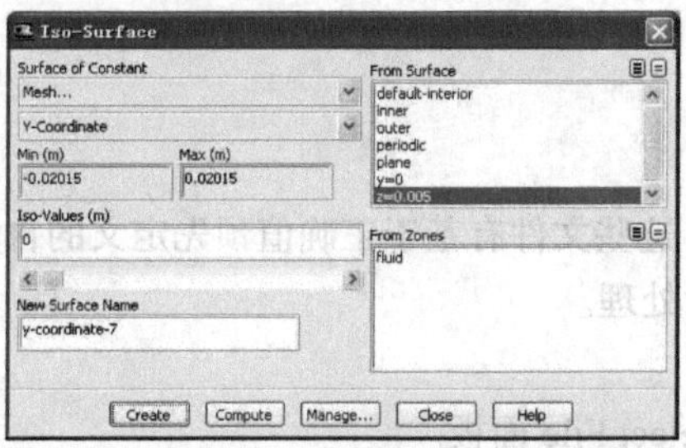

图 8-66　Iso-Surface 参数设置面板

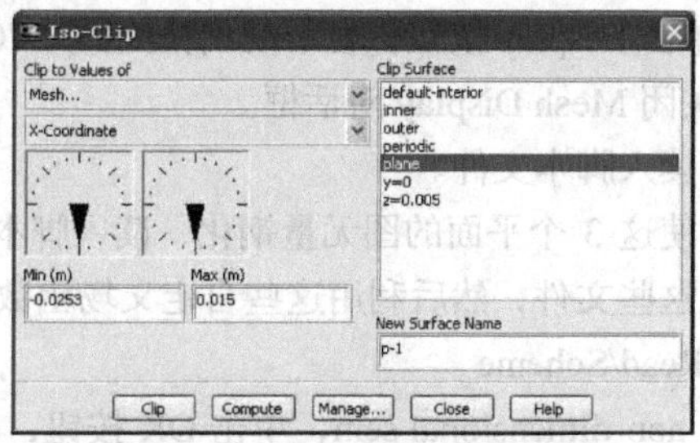

图 8-67　剪切面设置对话框

② 在 Clip to Values of 下拉列表中选择 Mesh 和 X-Coordinate。

③ 单击 Compute 按钮。

这将显示 plane 在 *x* 方向的 Min 和 Max，即 x 方向的最小和最大尺度。

④ 在 Min 文本框中输入 0。

⑤ 在 New Surface Name 文本框中输入 p-1，单击 Clip 按钮。

面的列表中将增加一个新的面（p-1）。

⑥ 单击 Compute 按钮。

⑦ 类似的，以 X-coordinate 的 Max 为 0 剪裁面，在 New Surface Name 文本框中输入 p-3。

⑧ 关闭 Iso-Clip 对话框。

（7）创建一条线。

Surface/Line/Rake

① 保持 x0 和 x1 的默认值，如图 8-68 所示。

x0 和 x1 的值对应于计算域 *x* 方向的中心。

② 在 y0 （m）文本框中输入 0，在 y1 （m）文本框中输入 0.1。

我们可以给 y1 指定任何大于 0.020 15 m 的数。

③ 在 End Points 选项组中的 z0 （m）和 z1 （m）文本框中输入 0.005。

这将使线置于中心平面。

④ 在 New Surface Name 文本框中输入 p-2。

⑤ 单击 Create 按钮，关闭 Line/Rake Surface 对话框。

（8）显示已经创建的所有 3 个面。

Display/Mesh

① 在 Surfaces 列表中选择 p-1、p-2、p-3 和 z=0.005，如图 8-69 所示。

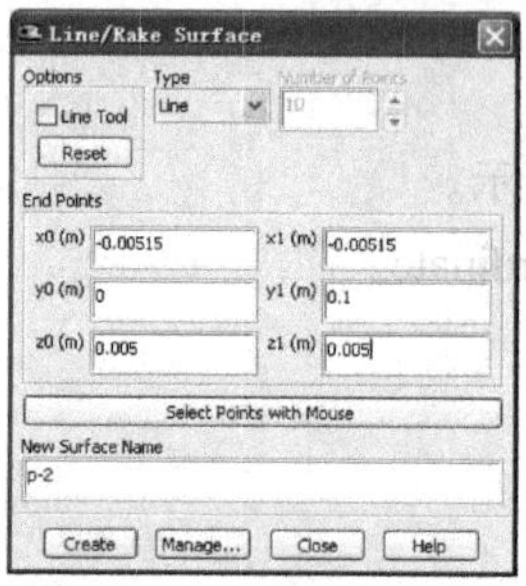

图 8-68　面创建对话框

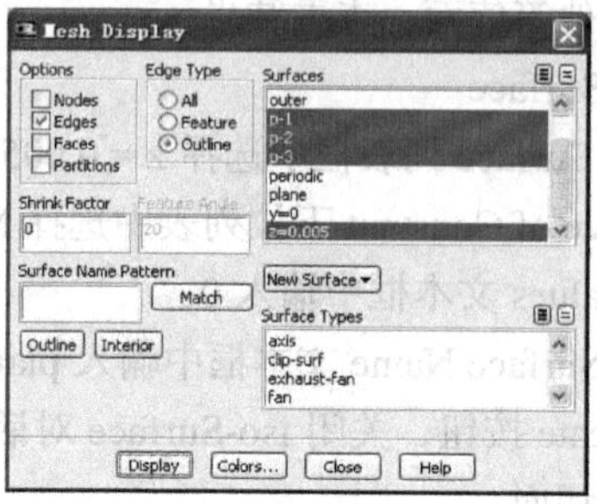

图 8-69　网格显示设置对话框

② 选中 Edge Type 选项组中的 Outline 选项。

③ 单击 Display 按钮，显示的网格如图 8-70 所示。

④ 关闭 Mesh Display 对话框。

（9）读入脚本文件。

为了使这 3 个平面的图无量钢化，读入脚本文件。这些文件有基于正确值预先定义的自定义场函数。读入这些文件，然后利用这些自定义场函数进行后处理。

File/Read/Scheme

选择 non-dimensional.scm，单击 OK 按钮，关闭 Select File 面板。

（10）查看自定义场函数的定义。

Define/Custom Field Functions

① 单击 Manage，查看各个自定义场函数的定义，如图 8-71 所示。

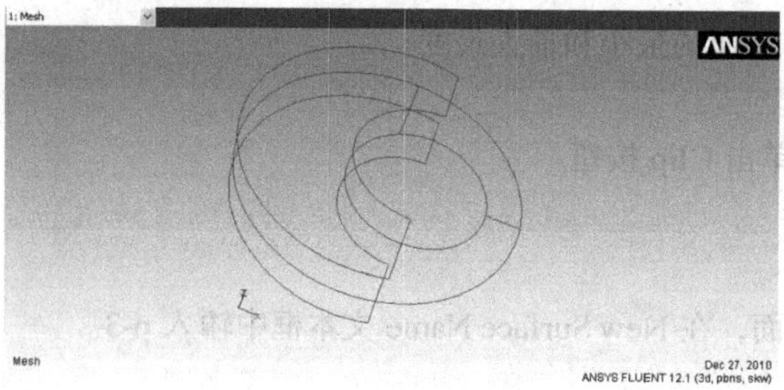

图 8-70　网格显示

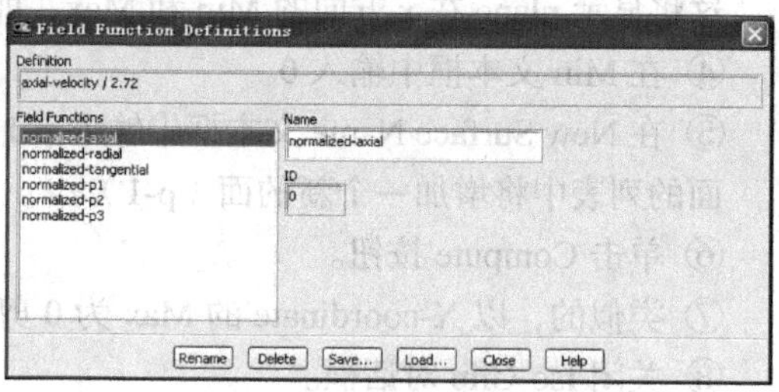

图 8-71　场函数定义

② 关闭 Field Function Definitions 对话框。

③ 关闭 Custom Field Function Calculator 面板。

（11）读入 xy 文件，其包含实验数据。

Display/Plot

① 在 Plots 中选中 XY Plot，单击 Set Up。

② 在 Solution XY Plot 对话框中单击 Load File。

选择 axial-p1.xy、axial-p2.xy、xial-p3.xy、tangential-p1.xy、tangential-p2.xy 和 tangential-p3.xy，单击 OK 按钮，关闭 Select File 面板。

这将使轴向和径向速度归一化，为比较方便后处理。

③ 比较归一化的 p1 的轴向速度。

a. 不激活 Otions 列表中 X axis 的 Node Values 和 Position。

b. 在 Y Axis Function 中选择 Custom Field Functions 和 normalized-axial。

c. 在 X Axis Function 中选择 Custom Field Functions 和 normalized-p1。

d. 在 Surfaces 列表中选择 p1。

e. 在 File Data 列表中选择 normalized-axial vs. normalized-p1。

f. 单击 Plot。

④ 比较 p3 的归一化的切向速度。

a. 不激活 Otions 列表中 X axis 的 Node Values 和 Position。

b. 在 Y Axis Function 中选择 Custom Field Functions 和 normalized-tangential。

c. 在 X Axis Function 中选择 Custom Field Functions 和 normalized-p3。

e. 在 Surfaces 列表中选择 p3。

f. 在 File Data 列表中选择 normalized-tangential vs. normalized-p3。

g. 单击 Plot。

⑤ 类似地比较其他结果。

⑥ 关闭 Solution XY Plot 面板。

8.3.7 总结

本算例展示了采用 FLUENT 模拟的轴向和切向速度与实验的对比，用户也学习了 *k-w* 模型在模拟非牛顿流体中的应用。本算例强调了使用监视器监视收敛的方法。

8.3.8 参考文献

J. M. Nouri and J. H. Whitelaw, Flow of Newtonian and non-Newtonian fluids in an eccentric annulus with rotation of the inner cylinder, International Journal of Heat and Fluid Flow,1997,18:236-246.

8.3.9 练习与讨论

1. 如果有下列变化，结果会如何变化？

（1）内部圆柱旋转的方向反向。

（2）内部圆柱以更快的角速度旋转。

（3）外部圆柱和内部圆柱以一样的角速度旋转。

（4）流体模拟为无粘的理想流体。

2. 如果通过周期边界的质量流量增加 10 倍，相同的网格还可以使用吗？工况将做哪些改变？

8.4 算例二十五：离心式鼓风机模拟

8.4.1 介绍

许多工程问题涉及流动区域的旋转，其中离心式鼓风机就是一个典型的例子。其运动部分（如叶片、轮毂和轴表面等）都以特定的角速度旋转，并且稳态壁面（保护罩、管道等）是关于旋转轴的回转面，这样整个计算区域可以被认为是单一旋转的参照系。但是，当每一个部分都围绕不同的轴旋转时，或者以不同的速度围绕同一个轴旋转，再或者稳态壁面不是回转面（如离心式鼓风机的蜗壳），单个旋转坐标系不足以固定计算区域，因而无法预测稳态流场。

在 FLUENT 中，用户可以使用多参考系（MRF）方法来分析多旋转机件的流动特征。这种模型优势在于更适合计算单个区域包含多个旋转参考系的情况。但是，在大多数情况下，我们可以选择流场独立于运动机件取向的位置，将其作为交界面。换言之，如果交界面与转角无关，那么模型就可以用来计算时间平均流场。所以，MRF 方法在模拟多个旋转机件时非常有效。

本算例以离心式鼓风机二维截面为例，描述了 MRF 方法的设置和求解过程。该算例只包含一个旋转参考系。

本算例将描述如下 FLUENT 使用特征。

- 确定不同流动区域对应的不同参考系。
- 设置壁面相对速度。
- 使用分离求解器进行计算。

8.4.2 问题描述

模拟对象为常规的离心式鼓风机（见图 8-72）。该鼓风机包含了 32 个叶片，每一个叶片的弦长为 13.5 mm，叶片前缘距离中心位置大约为 56.5 mm。外部壁面的半径从 80 mm 增加到 146.5 mm。进口处的总压设置为 200 Pa，然后从出口流入环境（静压为 0 Pa）。所有的叶片都以 261 rad/s 角速度旋转，流动为湍流。

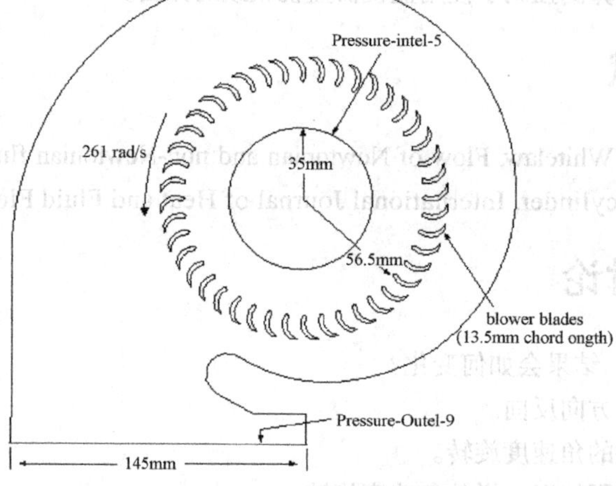

图 8-72　离心式鼓风机

8.4.3 准备

- 复制网格文件 blower.msh 到工作目录。
- 启动 2D 版本的 FLUENT 求解器（见图 8-73）。

8.4.4 设置和求解

步骤一：网格

（1）读取网格文件 blower.msh。

File/Read/Mesh

FLUENT 将读取网格文件，并显示读取过程。

（2）检查网格。

Mesh/Check

该过程检查网格的质量，其中最重要的指标是最小网格体积必须为正值。

（3）检查网格尺度（见图 8-74）。

Mesh/Scale

检查计算区域，看其是否与实际物理量纲相符。如果其与实际物理量不相符，网格必须用合适的单位进行尺度缩放，反之，网格不需要进行尺度缩放。

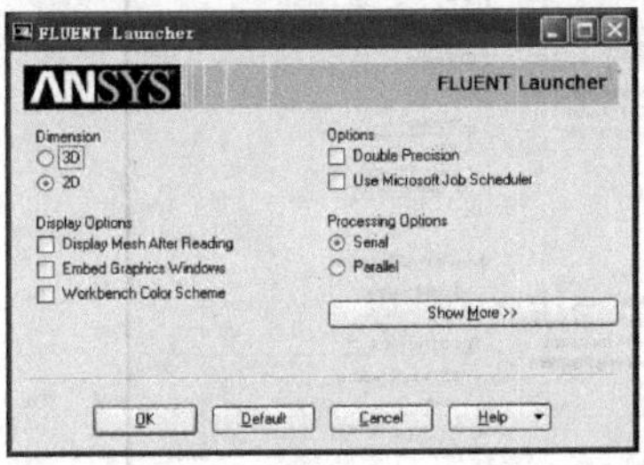

图 8-73　启动 2D 双精度 FLUENT 求解器的窗口

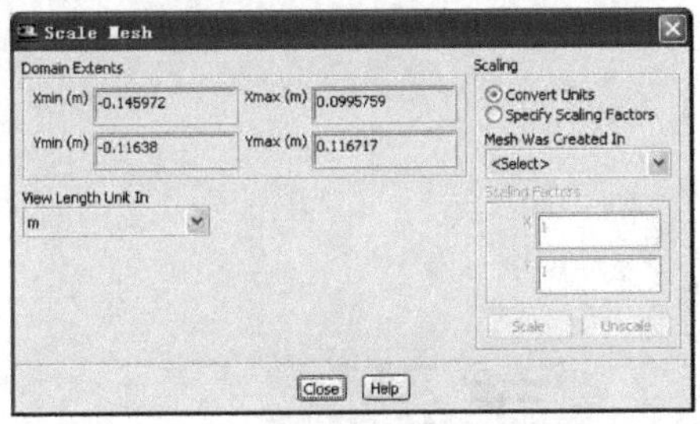

图 8-74　网格尺度缩放对话框

（4）网格光顺和转换。

① 进行 Mesh/Smooth/Swap 操作，弹出网格光顺和转换对话框，如图 8-75 所示。

② 节点光顺和面转换将改善网格的质量，建议该选项用于三角形和四面体网格。

③ 保持默认的光顺参数，单击 Smooth 按钮，对节点进行光顺。

④ 一直单击 Swap 按钮，直到 Number Swapped 的值变为 0。

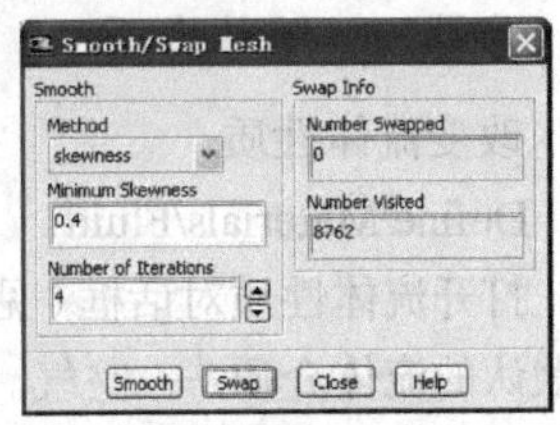

图 8-75　网格光顺和转化对话框

（5）显示网格。

① 进行 Display/Mesh 操作，弹出如图 8-76 所示的网格显示对话框。

② 选择所有计算表面，单击 Display 按钮，显示离心式鼓风机计算网格，如图 8-77 所示。

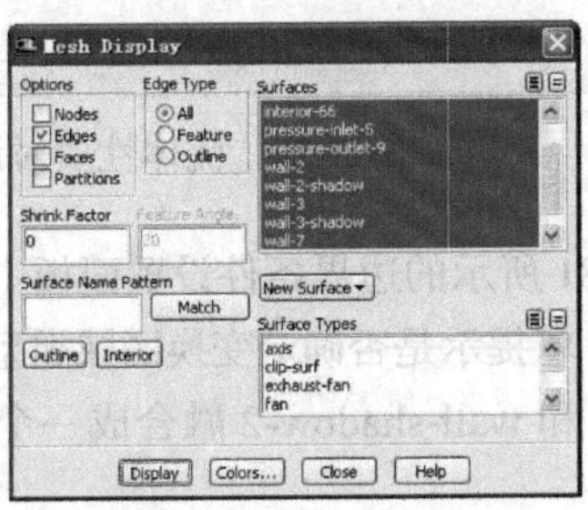

图 8-76　网格显示对话框

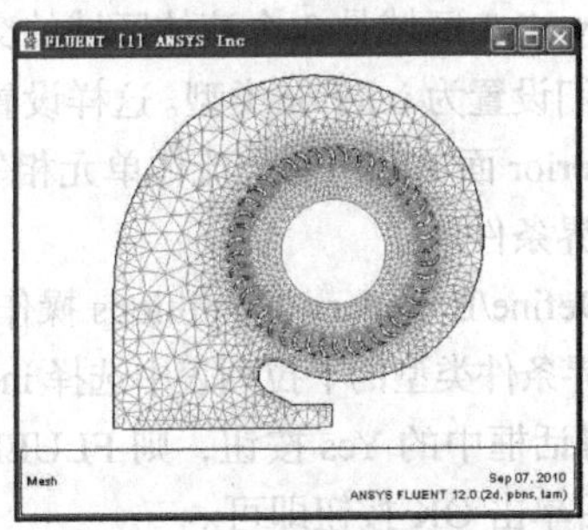

图 8-77　离心式鼓风机计算网格显示

③ 网格包含了 3 个流体区域，分别是 fluid-13、fluid-14 和 fluid-18。在读取网格过程中，控制窗口中将显示这些信息。在网格显示对话框中，这些流动区域分别对应 interior-61、interior-62 和 interior-66。在后面将介绍如何将流动区域与内部区域结合在一起，包含叶片的流动区域将在旋转参照系中进行求解。

④ 壁面边界条件将流动区域分开。在网格产生过程中，用于分离流动区域的这些边界条件将转换成内部区域。每一个壁面区域都对应一个“shadow wall”，表示壁面的两侧都存在流体。

步骤二：模型

（1）设置稳态求解器。

Define/General

在如图 8-78 所示的求解器面板中选中 Steady（时间相关）选项。

（2）设置粘性模型。

Define/Models

在粘性模型对话框（见图 8-79）中选择 k-epsilon 模型，然后单击 OK 按钮。

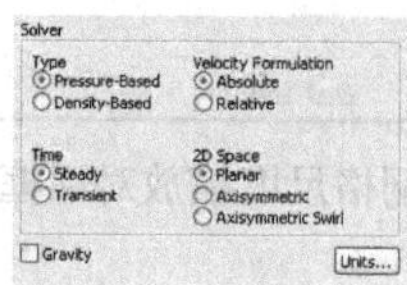

图 8-78　求解器设置面板

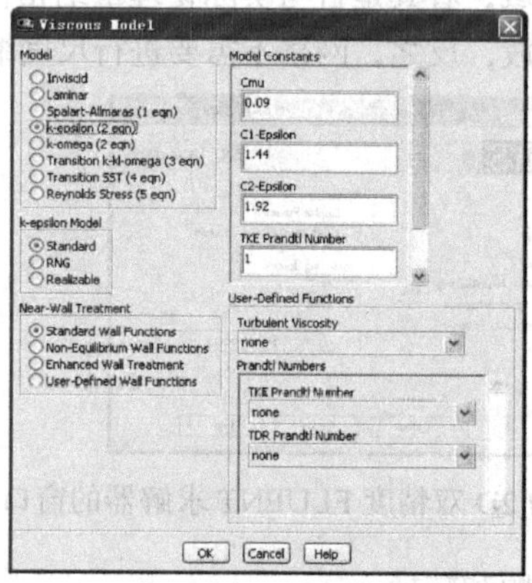

图 8-79　粘性模型对话框

步骤三：流体介质

改变流体性质。

Define/Materials/Fluid

打开流体性质对话框（见图 8-80），在本算例中选择默认的流体介质——空气。

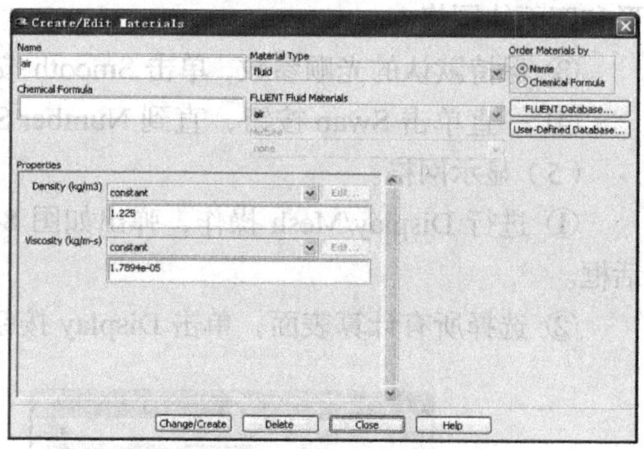

图 8-80　流体性质对话框

步骤四：边界条件

（1）改变 wall-2 和 wall-3 区域类型。

wall-2 和 wall-3 区域是 3 个流体区域的交接面，用户需要将它们设置为 interior 类型。这样设置完成之后，获得的 interior 面单元两侧与流体单元相邻，不需要设置任何边界条件。

① 进行 Define/Boundary Conditions 操作，在如图 8-81 所示的边界条件设置面板中选择 wall-2 区域，然后在边界条件类型的下拉列表中选择 interior，Fluent 将提示是否确定变换区域类型（见图 8-82）。

② 单击对话框中的 Yes 按钮，则 FLUENT 将 wall-2 和 wall-shadow-2 融合成一个 interior-2（见图 8-83），然后单击 OK 按钮即可。

③ 重复上述操作步骤，将 wall-3 区域也转换成 interior-3。

（2）确定旋转流动区域。

在读取网格的时候，不能够确定流体区域与内部区域的对应关系。虽然内部区域可以在网格显示对话框中分别选择，但是流体区域不能分别选择。然而，在窗口中使用文本命令，可以实现流体区域与内部区域的关联。

① 在网格显示对话框中单击⊟按钮，取消所有表面区域的选择。

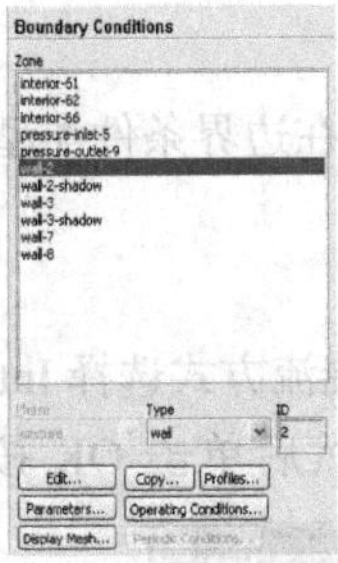

图 8-81　边界条件对话框

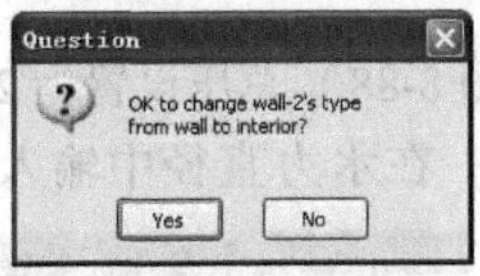

图 8-82　提示框

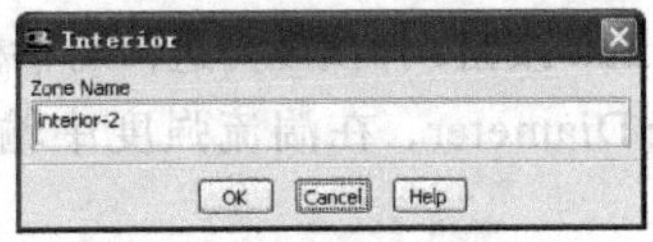

图 8-83　内部区域设置对话框

② 单击该对话框底部的 Outline 按钮，选择了轮廓表面。

③ 单击 Display 按钮，只显示计算边界和内部壁面，如图 8-84 所示。

④ 在控制窗口中输入如下命令。

提示：用户也许需要按 Enter 键来获得提示信息。

```
> display

/display> zonemesh

()
zone id/name(1) [()] 13
```

然后按 Enter 键，弹出 fluid-13 对应的网格，如图 8-85 所示。

（3）为 fluid-13 区域设置参考系。

① 进行 Define/Cell Zone Conditions 操作，在单元区域中选择 fluid-13 区域，设置其旋转轴原点为（0，0），即可选择区域圆形边界曲线的中心。

② 在 Motion Type 中选择 Moving Reference Frame。

提示：拖动滑动条，找到 Motion Type。

③ 继续向下拖动滑动条，在 Rotational Velocity 中输入 261 rad/s，如图 8-86 所示。

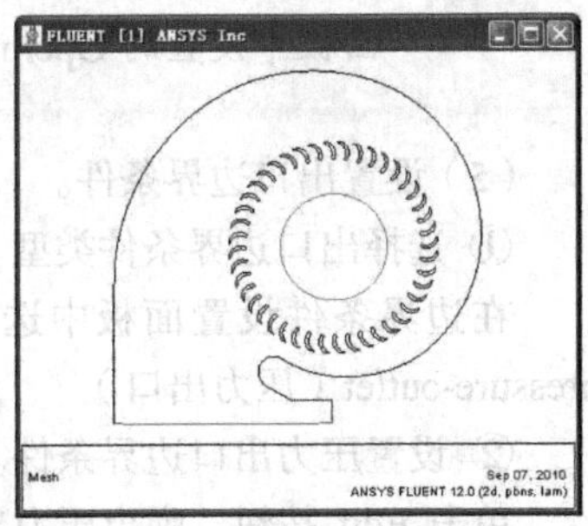

图 8-84　离心式鼓风机轮廓表面

注　意：由于其他流体区域都是稳态的，因此不需要为它们设置任何边界条件。如果剩下的流动区域中有一个也是旋转的，就需要为其设置合适的旋转速度。

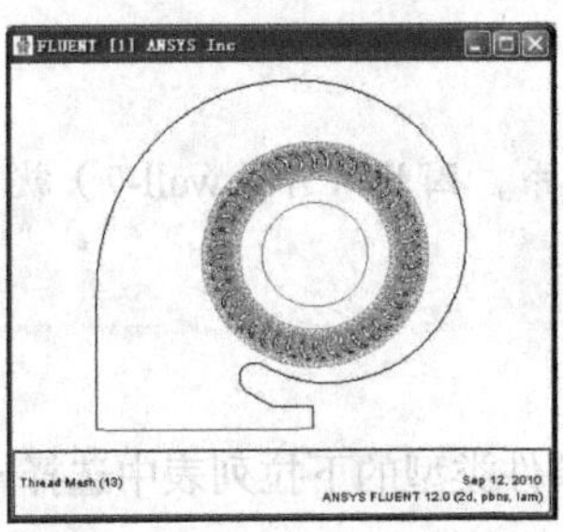

图 8-85　fluid-13 对应的网格

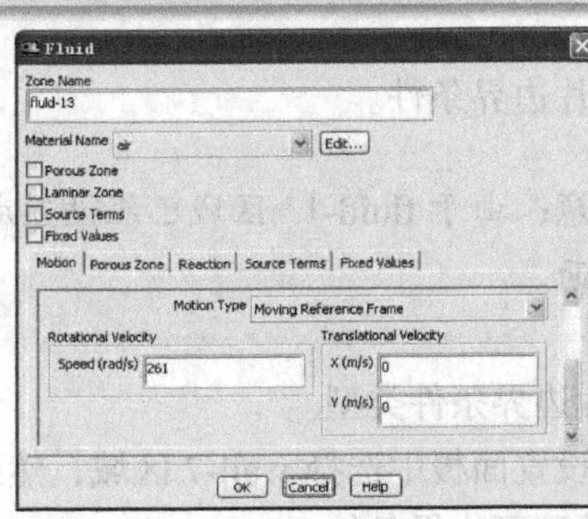

图 8-86　fluid-13 区域参考系设置

（4）设置进流边界条件。

① 选择进口边界条件类型。

Define/Boundary Conditions

在如图 8-87 所示的边界条件设置面板中选择 pressure-inlet-5 区域，然后在边界条件类型的下拉列表中选择 pressure-inlet（压力进口）。

② 设置压力进口边界条件。

单击 Edit 按钮，弹出压力进口对话框（见图 8-88）。总压设置为 200 Pa，湍流方式选择 Intensity and Hydraulic Diameter，在湍流强度中输入 5%，在水力直径中输入 0.05，然后单击 OK 按钮即可。

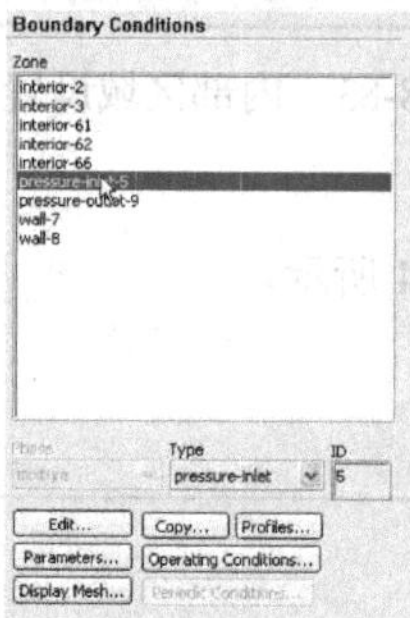

图 8-87　边界条件设置面板

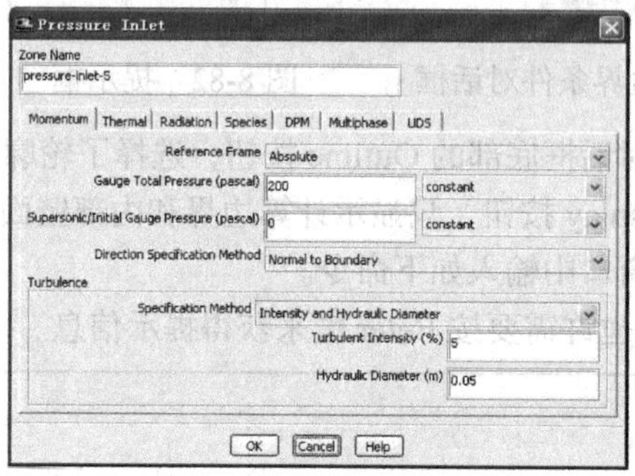

图 8-88　压力进口对话框

注　意：在 FLUENT 中默认设置的压力都是表压，表压是相对于 Operating Condition 面板中设置的 Operating Pressure。通常，Operating Pressure 是 101 325 Pa。

（5）设置出口边界条件。

① 选择出口边界条件类型。

在边界条件设置面板中选择 pressure-outlet-9 区域，然后在边界条件类型的下拉列表中选择 pressure-outlet（压力出口）。

② 设置压力出口边界条件。

单击 Edit 按钮，弹出压力出口对话框（见图 8-89）。在该对话框中设置总压为 0，回流湍流度为 5%，回流水力直径为 0.05m。

注　意：只有在出口处存在回流时，压力出口对话框中设置的湍流大小才被使用，但是即使不存在回流，设置合理的湍流量也是有必要的。

（6）设置叶片边界条件。

注　意：由于 fluid-13 区域已经设置成旋转参考系，因此叶片（wall-7）就变成一种运动壁面。

① 选择叶片边界条件类型。

在边界条件设置面板中选择 wall-7 区域，然后在边界条件类型的下拉列表中选择 wall。

② 设置运动壁面边界条件。

单击 Edit 按钮，弹出壁面边界条件对话框（见图 8-90）。在该对话框中选择动量部分，选中 Moving Wall 选项。

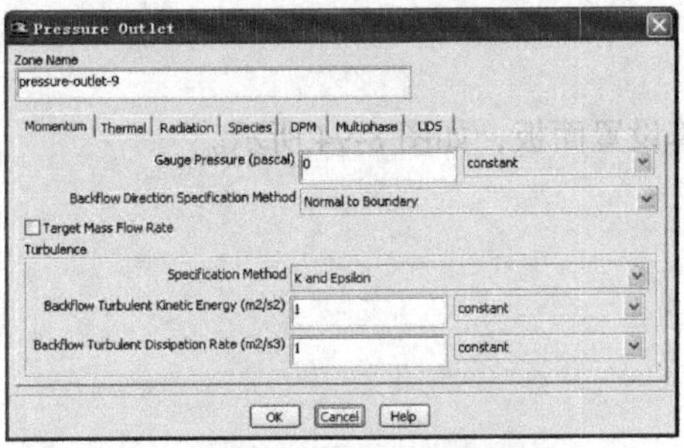

图 8-89　压力出口对话框

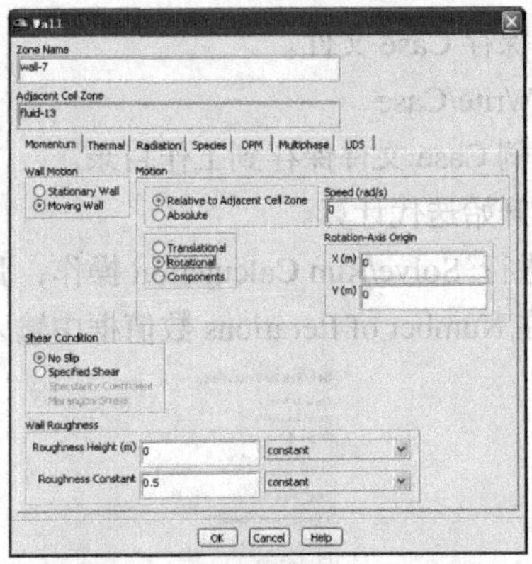

图 8-90　叶片边界条件对话框

③ 在运动部分，选中 Relative to Adjacent Cell Zone 和 Rotational 选项。设置相对速度为 0 rad/s，旋转轴原点位于（0，0）。这样设置之后，叶片就可以随着周围流体一起以相同的速度转动。

步骤五：求解

（1）设置求解方法。

① 进行 Solve/Methods 操作，弹出求解方法设置面板，如图 8-91 所示。

② 在压力—速度耦合求解下拉列表中选择 SIMPLE 算法。

③ 在动量、湍动能和湍流耗散率下拉列表中选择 Second Order Upwind。二阶算法能够提供更准确的结果，其他设置保持不变。

（2）残差设置。

① 进行 Solve/Monitors/Residuals 操作，弹出残差监测对话框，如图 8-92 所示。

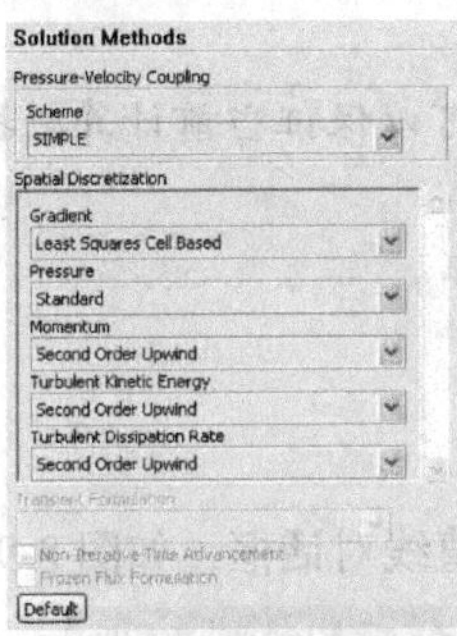

图 8-91　求解方法设置面板

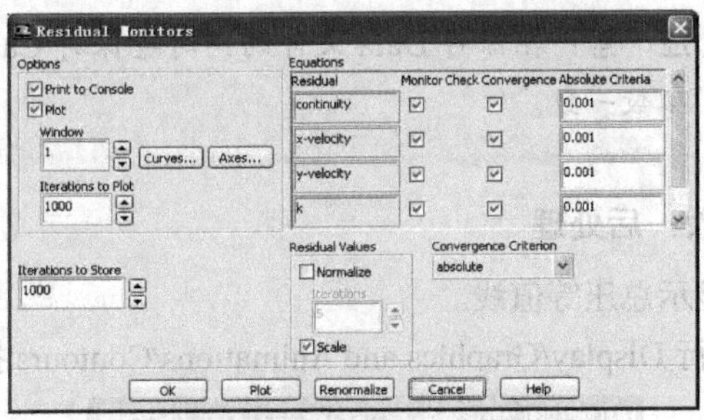

图 8-92　残差监测对话框

② 勾选 Print to Console 和 Plot 复选框，残差指标都设置为 0.001。

（3）初始化流场。

① 进行 Solve/Initialization 操作，弹出求解初始化设置面板，如图 8-93 所示。

② 在 Compute from 下拉列表中选择 pressure-inlet-5。

③ 在 Reference Frame 选项组中选中 Absolute 选项。

④ 单击 Initialize 按钮。

注　意： 在本算例中，用户可以选择绝对参考系用于初始化流场。在某些情况下，Relative to Cell Zone 选项有助于快速收敛。

（4）保存 Case 文件。

File/Write/Case

将算例 Case 文件保存到工作目录。

（5）开始迭代计算。

① 进行 Solve/Run Calculation 操作，弹出计算设置面板，如图 8-94 所示。

② 在 Number of Iterations 数值框中输入 400。

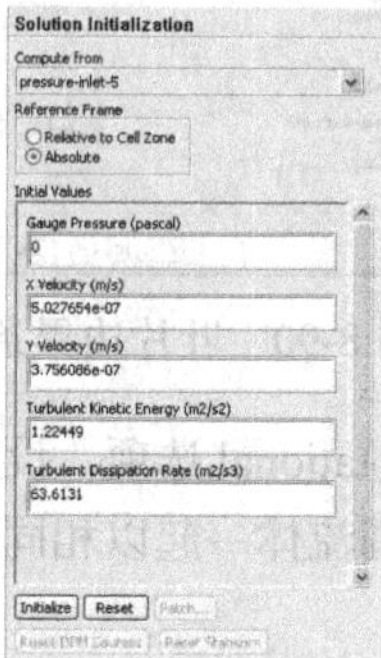

图 8-93　求解初始化对话框

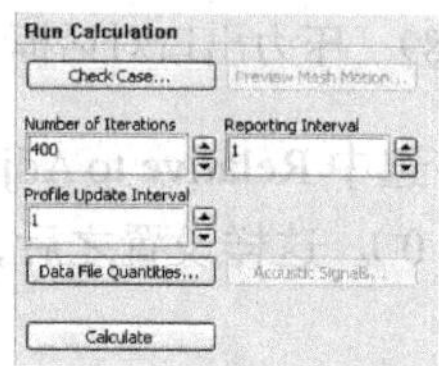

图 8-94　计算设置面板

③ 单击 Calculate 按钮，开始进行计算。在计算过程中，FLUENT 将汇报出口处存在回流。这是因为出口处突然扩张，产生回流现象。

④ 计算在 170 次之后达到收敛，残差曲线如图 8-95 所示。

（6）保存 Case 和 Data 文件。

File/Write/Case&Data

将计算收敛之后的 Case 和 Data 文件保存到工作目录。

注　意：在保存 Data 文件的同时也保存 Case 文件，这样可以保证当前计算数据和相关参数一致。

步骤六：后处理

（1）显示总压等值线。

① 进行 Display/Graphics and Animations/Contours 操作，弹出等值线对话框，如图 8-96 所示。

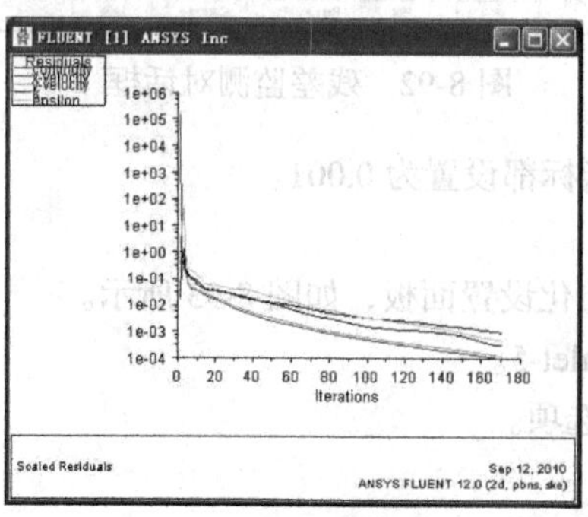

图 8-95　残差曲线

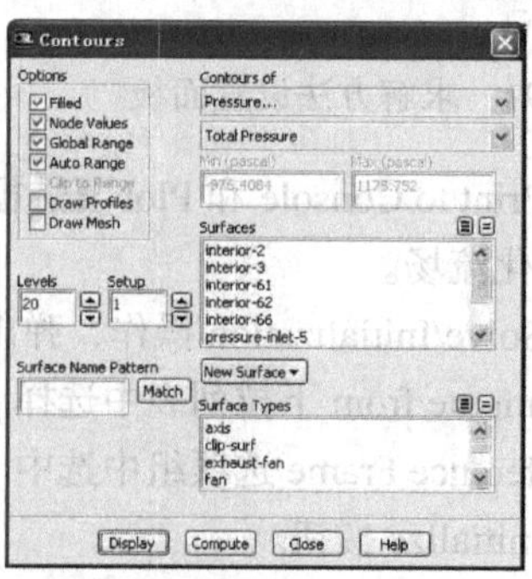

图 8-96　等值线对话框

② 在等值线下拉列表中选择 Pressure 和 Total Pressure。

③ 在 Levels 数值框中输入 20。

④ 单击 Display 按钮，打开静压等高线窗口，如图 8-97 所示。

（2）显示速度矢量。

① 进行 Display/Graphics and Animations/Vectors 操作，弹出矢量对话框，如图 8-98 所示。在矢量下拉列表中选择 Velocity 和 Vorticity Magnitude。

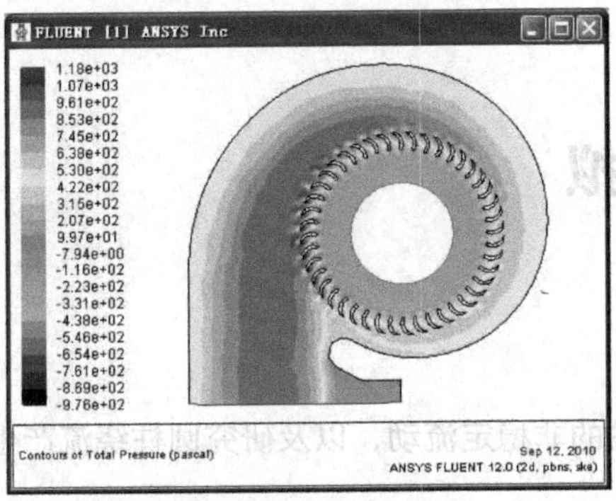

图 8-97 静压等值线窗口

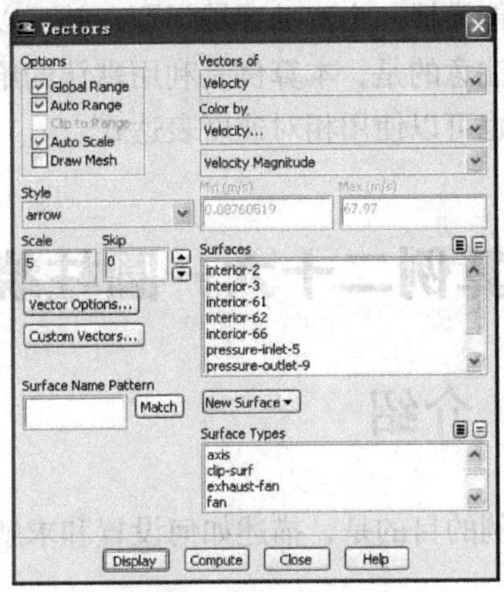

图 8-98 矢量对话框

② 在 Scale 数值框中输入 5。

③ 单击 Display 按钮，打开速度矢量图窗口，如图 8-99 所示。

> 注 意：在默认情况下，Auto Scale 复选框被勾选。这样速度矢量的长度就会自动地与网格中最小单元尺度进行尺度缩放。如果要增加尺度缩放后的矢量长度，就可通过修改 Scale factor 大于 1 来实现。

（3）汇报进/出口质量流量。

① 进行 Report/Result Reports/Fluxes 操作，弹出流量汇报对话框，如图 8-100 所示。

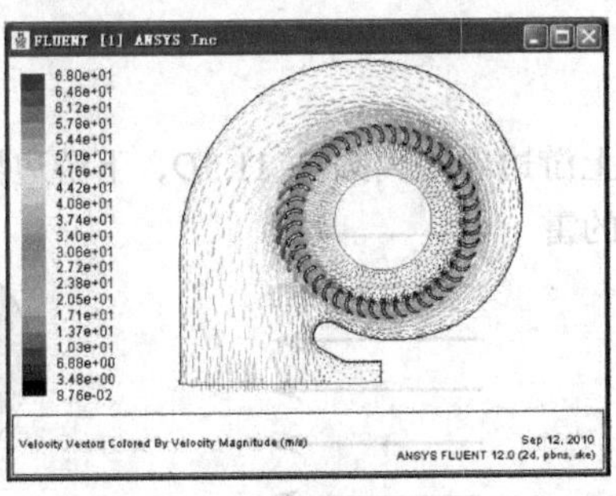

图 8-99 速度矢量图窗口

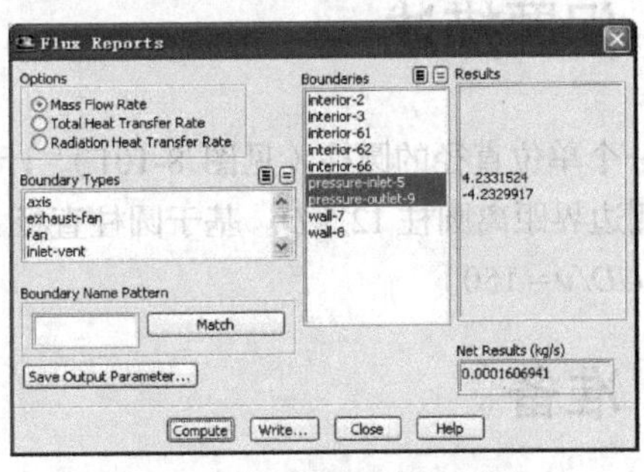

图 8-100 流量汇报对话框

② 在 Options 选项组中选中 Mass Flow Rate 选项。

③ 在边界条件中选择 pressure-inlet-5 和 pressure-outlet-9。

④ 单击 Compute 按钮。

> 注 意：对于一个流动系统，进/出口的质量差应该小于总流量的 0.5%。如果进/出口质量差别过大，可以通过降低残差 1～2 个量级来继续计算。

8.4.5 总结

本算例描述了如何利用多参考系进行设置和求解问题。虽然本算例只考虑了一个旋转流动区域，但是只要能模拟一个流动区域问题，就可以直接推广到多个旋转流动区域问题的模拟。

需要注意的是，本算例是利用默认的绝对速度关系式进行计算的，对于某些涉及旋转参考系的问题，用户也可以使用相对速度表达式。

8.5 算例二十六：圆柱绕流模拟

8.5.1 介绍

本算例的目的是，描述如何设置和求解绕过圆柱的非稳定流动，以及研究圆柱绕流产生的涡脱落过程。

圆柱绕流是流体力学中非常经典的问题之一。对于小雷诺数的情况，进口处的扰动很容易被粘性力抑制，因此流动是稳态、对称的。随着雷诺数的增加，上游的扰动不能够被抑制，从而导致圆柱下游产生了一个非常重要的周期性现象，通常被称为“涡脱落”。

本算例将描述如何执行以下操作。

- 读取已经提供的网格文件。
- 检查网格量纲和质量。
- 执行时间相关模拟。
- 设置升力系数监测对话框，并观察涡脱落现象。
- 设置动画，描述涡脱落现象。

8.5.2 问题描述

考虑一个单位直径的圆柱（见图 8-101）。计算区域上游边界距离圆柱 11.5*D*，下游边界距离圆柱 20 *D*，两侧边界距离圆柱 12.5 *D*。基于圆柱直径 *D* 定义的雷诺数 $Re = UD/\nu = 150$。

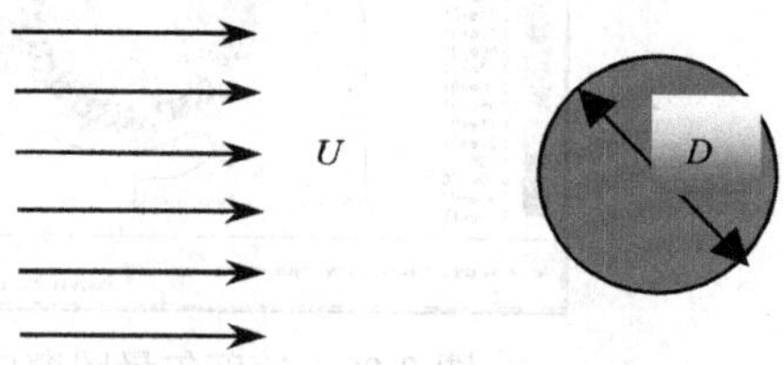

图 8-101　圆柱绕流示意图

8.5.3 准备

- 复制网格文件 cyl.msh 到工作目录中。
- 启动 2D 双精度 FLUENT 求解器（见图 8-102）。

8.5.4 设置和求解

步骤一：网格

（1）读取网格文件 cyl.msh。

File/Read/Mesh

FLUENT 将读取网格文件，并显示读取过程。

（2）检查网格。

Mesh/Check

该过程检查网格的质量，其中最重要的指标是最小网格体积必须为正值。

（3）检查网格尺度（见图 8-103）。

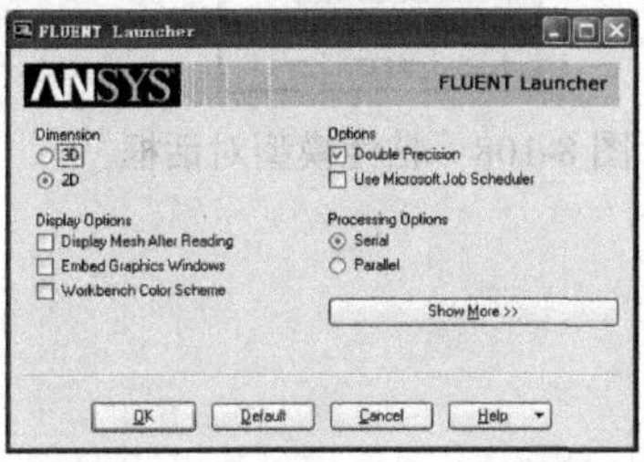

图 8-102　启动 2D 双精度 FLUENT 求解器对话框

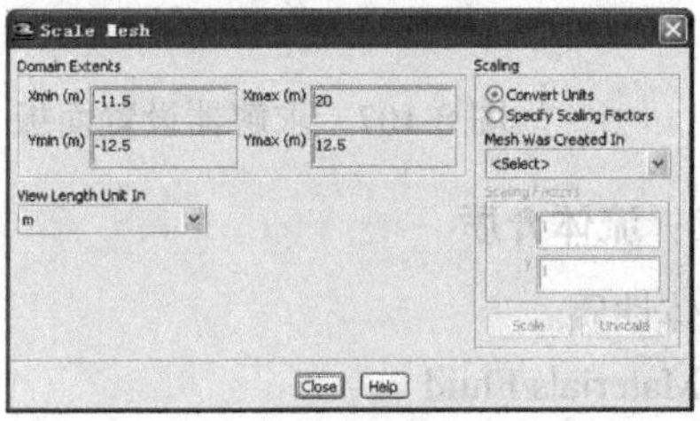

图 8-103　网格尺度缩放对话框

Mesh/Scale

检查计算区域，看其是否与实际物理量纲相符。如果其与实际物理量纲不相符，网格必须用合适的单位进行尺度缩放，反之，网格不需要进行尺度缩放。

（4）显示网格。

Display/Mesh

打开如图 8-104 所示的对话框。选择计算区域中的所有表面，单击 Display 按钮，即可得到圆柱绕流整体网格（见图 8-105），进一步利用鼠标中键对网格进行放大，我们可以看到圆柱表面的网格非常细密（见图 8-106）。

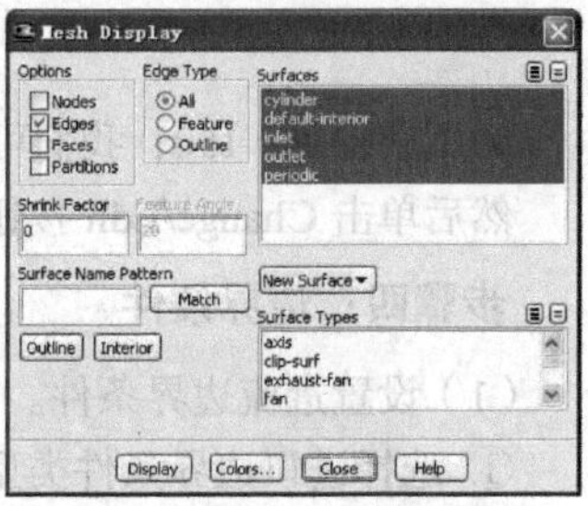

图 8-104　网格显示对话框

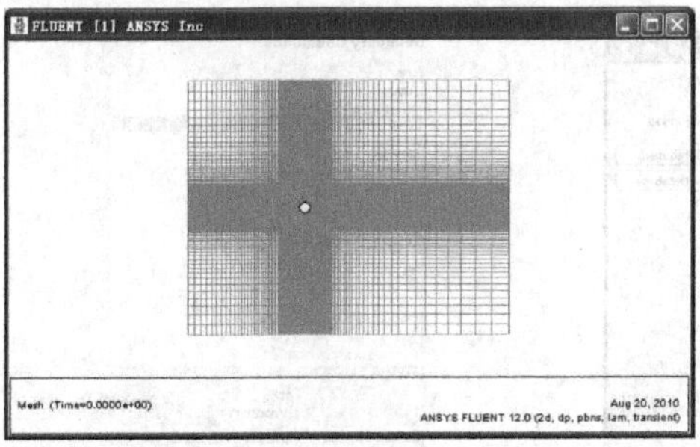

图 8-105　圆柱绕流整体网格

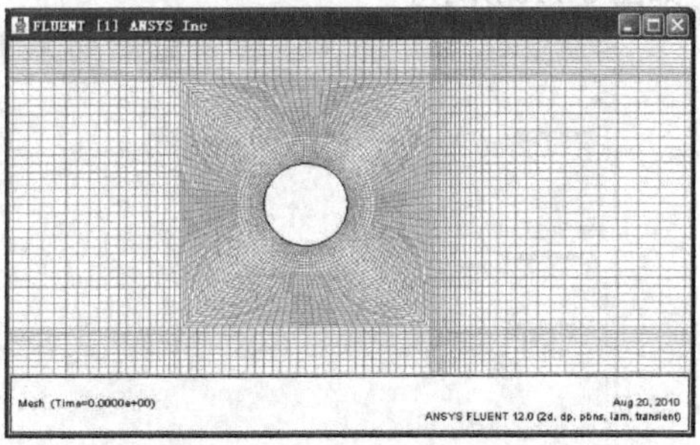

图 8-106　圆柱表面网格分布

步骤二：模型

这是一个几何对称的非稳态问题。在实验中，进流处无法控制的扰动引起涡脱落。类似地，在计算模型中，存在数值误差，也能引起涡脱落现象。

（1）设置非稳态求解器。

Define/General

在如图 8-107 所示的求解器面板中选中 Tansient（时间相关）选项。

（2）设置粘性模型。

Define/Models

由于本算例的雷诺数很小，因此在粘性模型对话框（见图 8-108）中选中 Laminar（层流）选项。然后单击 OK 按钮。

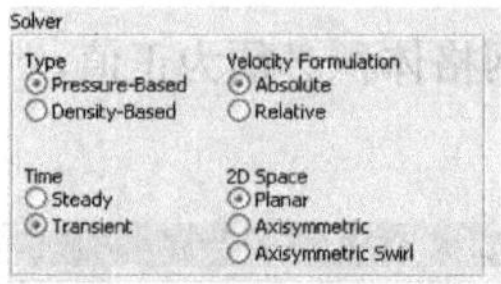

图 8-107　求解器设置面板

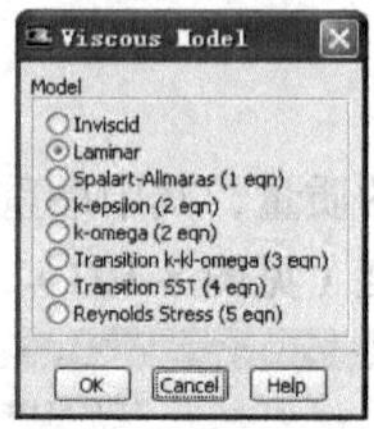

图 8-108　粘性模型对话框

步骤三：流体介质

改变流体性质。

Define/Materials/Fluid

打开流体性质对话框（见图 8-109），在该对话框中设置密度为 150，粘性为 1，这样根据雷诺数的定义，即：

$$Re = \frac{U \times D \times \rho}{\mu}$$

为了获得 Re=150，我们可以将来流速度 U 和直径 D 都设置为 1。

然后单击 Change/Edit 按钮即可。

步骤四：边界条件

（1）设置进流边界条件。

① 选择进口边界条件类型。

Define/Boundary Conditions

在边界条件设置面板中选择 Inlet 区域，然后边界条件类型的下拉列表中选择 velocity-inlet（速度进口）如图 8-110 所示。

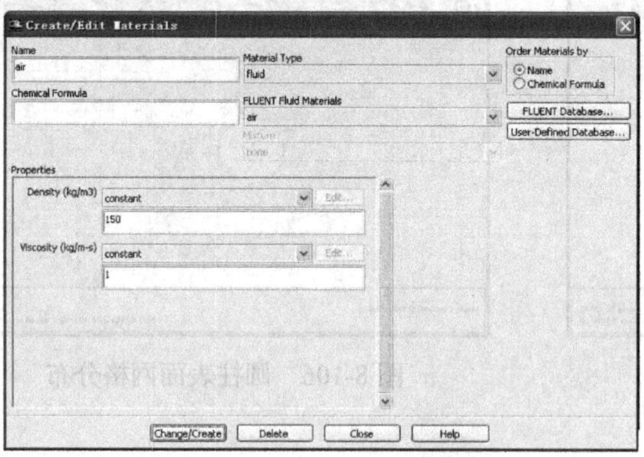

图 8-109　流体性质对话框

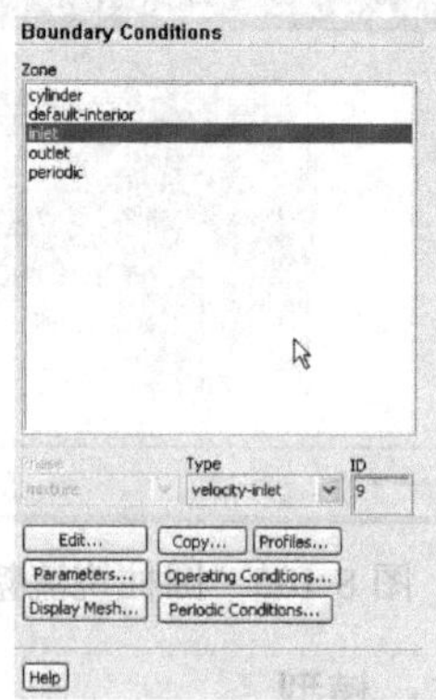

图 8-110　边界条件设置面板

② 设置速度进口边界条件。

单击 Edit 按钮，弹出速度进口对话框（见图 8-111）。为保证 Re=150，在该对话框中设置速度大小为 1m/s，其他设置不变，单击 OK 按钮即可。

（2）设置出口边界条件。

① 选择出口边界条件类型。

在如图 8-110 所示的边界条件设置面板中选择 Outlet 区域，然后在边界条件类型的下拉列表中选择 pressure-outlet（压力出口）。

② 设置压力出口边界条件。

单击 Edit 按钮，弹出压力出口对话框（见图 8-112）。在该对话框中设置总压为 0。

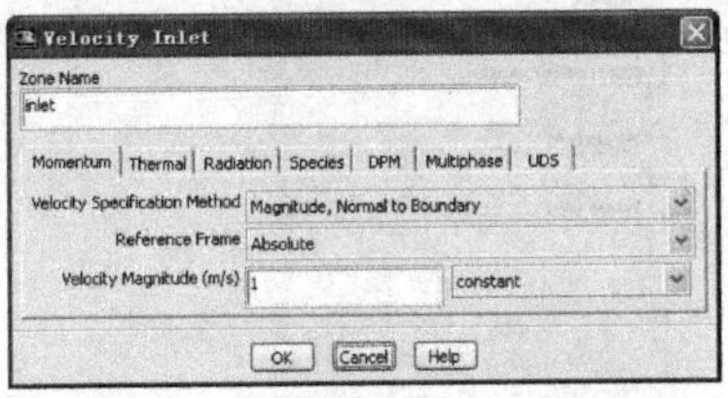

图 8-111 速度进口对话框

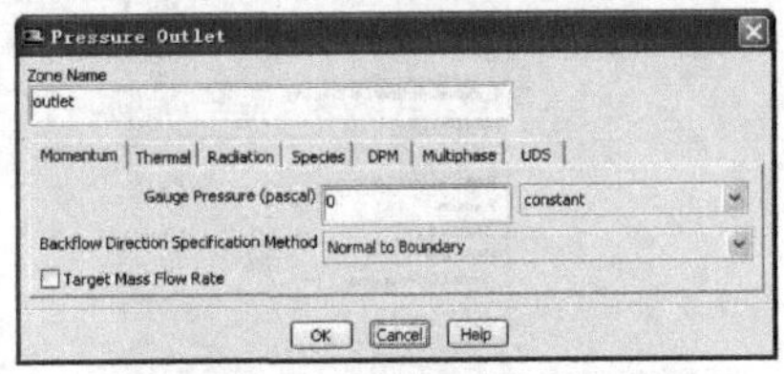

图 8-112 压力出口对话框

（3）设置侧面边界条件。

① 选择侧面边界条件类型。

在如图 8-110 所示的边界条件设置面板中选择 Periodic 区域，然后在边界条件类型的下拉列表中选择 Periodic（周期）。

② 设置周期边界条件。

单击 Edit 按钮，弹出周期边界条件对话框（见图 8-113）。在该对话框中选中 Translational 选项。

（4）设置圆柱表面边界条件。

① 选择侧面边界条件类型。

在如图 8-110 所示的边界条件设置面板中选择 cylinder 区域，然后在边界条件类型的下拉列表中选择 wall（壁面）。

② 设置壁面边界条件。

单击 Edit 按钮，弹出壁面边界条件对话框（见图 8-114）。在该对话框中设置壁面稳态、无剪切。

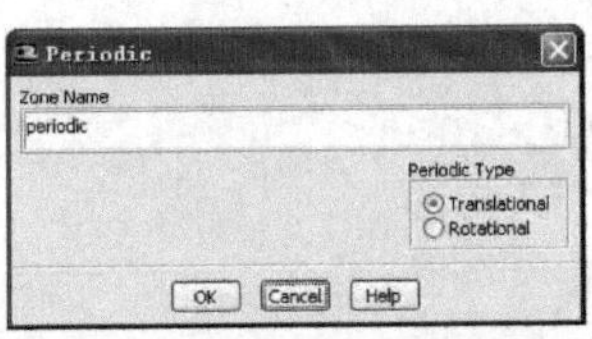

图 8-113 周期边界条件对话框

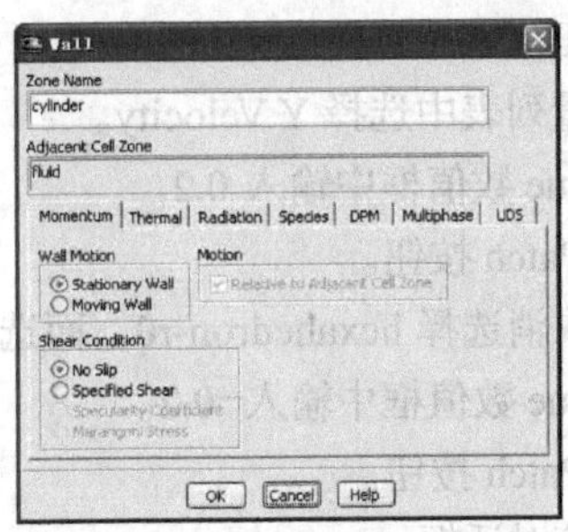

图 8-114 壁面边界条件对话框

步骤五：求解

（1）设置求解方法。

① 进行 Solve/Methods 操作，弹出求解方法设置面板，如图 8-115 所示。

② 在压力—速度耦合求解下拉列表中选择 PISO 算法，这是因为 PISO 算法允许更大的时间步长，而不影响求解的稳定性。

③ 取消勾选 Skewness-Neighbor Coupling 复选框。

④ 在动量下拉列表中选择 Second Order Upwind 选项。

（2）初始化流场。

① 进行 Solve/Initialization 操作，弹出求解初始化设置面板，如图 8-116 所示。

② 在 X Velocity 文本框中输入 1。

③ 单击 Initialize 按钮。

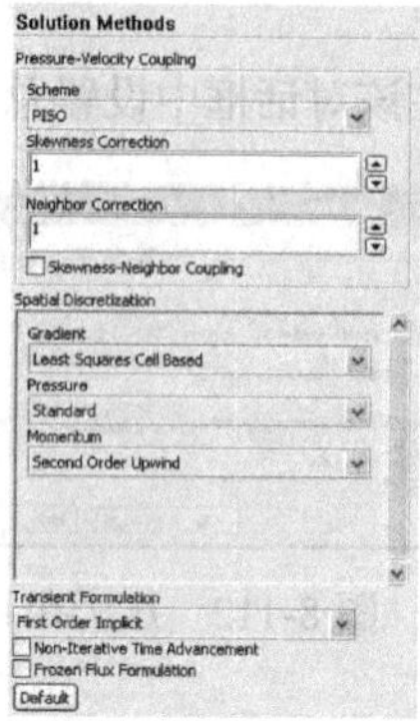

图 8-115　求解方法设置面板

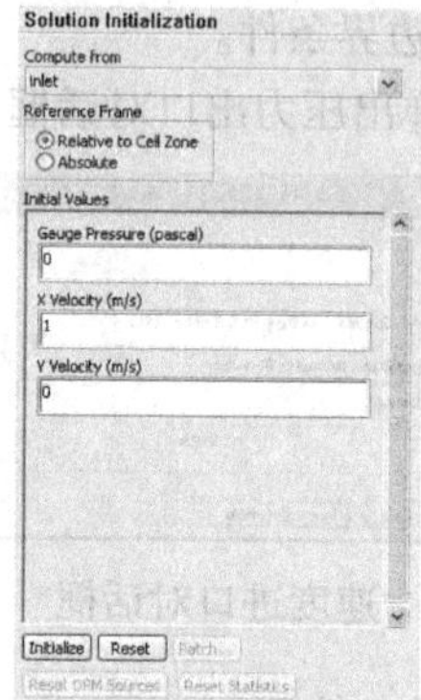

图 8-116　求解初始化设置面板

（3）创建区域，用于修正圆柱下游 y 方向速度。

① 进行 Adapt/Region 操作，弹出区域匹配对话框，如图 8-117 所示。

② 在 X Min 和 X Max 文本框中分别输入 1 和 20。

③ 在 Y Min 和 Y Max 文本框中分别输入 0 和 12.5。

④ 单击 Mark 按钮，在 FLUENT 窗口中会出现的信息是 2928 cells marked for refinement, 0 cells marked for coarsening。

⑤ 保持 X Min 和 X Max 文本框中的数值不变，在 Y Min 和 Y Max 文本框中输入-12.5 和 0。

⑥ 然后单击 Mark 按钮。

（4）修正 y 方向速度。

① 进行 Solve/Initialize/Patch 操作，弹出如图 8-118 所示的对话框。

② 在修正列表中选择 hexahedron-r0。

③ 在变量列表中选择 Y Velocity。

④ 在 Value 数值框中输入 0.2。

⑤ 单击 Patch 按钮。

⑥ 然后取消选择 hexahedron-r0，而选择 hexahedron-r1。

⑦ 在 Value 数值框中输入-0.2。

⑧ 单击 Patch 按钮。

⑨ 关闭该对话框。

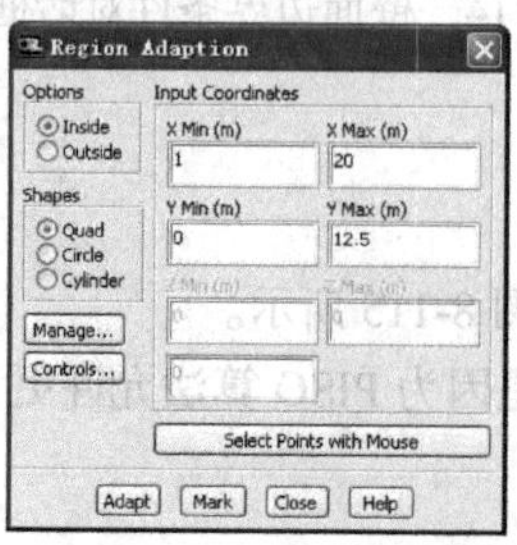

图 8-117　区域匹配对话框

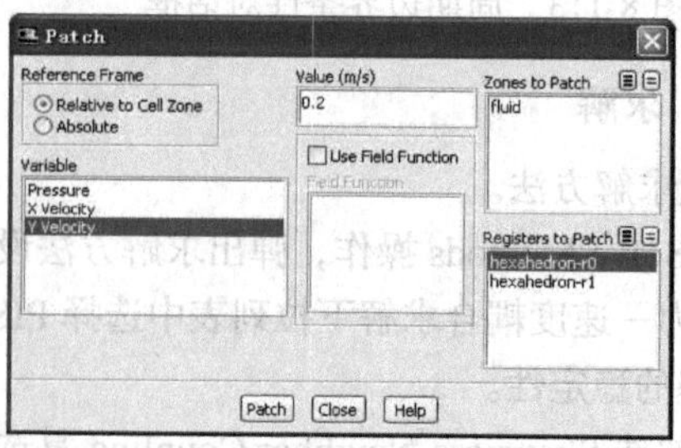

图 8-118　速度修正对话框

（5）设置参考值，用于计算升力、阻力和力矩系数。

① 进行 Report/Reference Values 操作，弹出参考值设置面板，如图 8-119 所示。

② 在 Compute from 下拉列表中选择 Inlet 选项，FLUENT 将基于进口条件更新参考值。

（6）升力系数监测。

① 进行 Solve/Monitors/Lift 操作，弹出升力系数监测对话框，如图 8-120 所示。

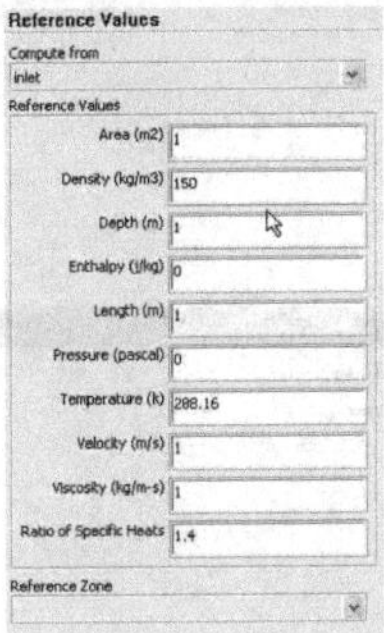

图 8-119　参考值设置面板

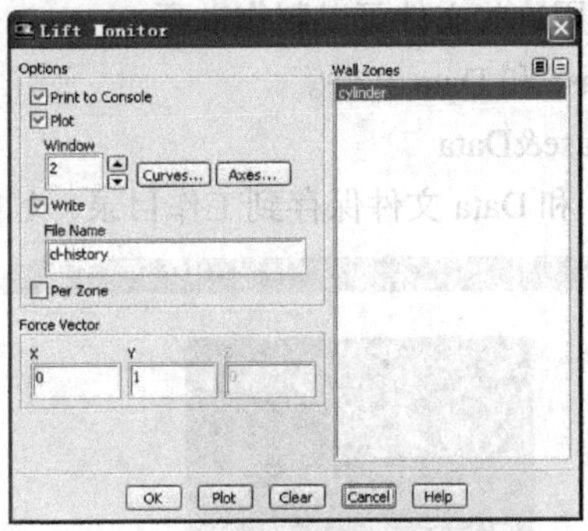

图 8-120　升力系数监测对话框

② 在 Wall Zones 中选择 cylinder。

③ 勾选 Print to Console、Plot 和 Write 复选框。

④ 单击 OK 按钮。

（7）在计算过程中监测残差。

① 进行 Solve/Monitors/Residuals 操作，弹出残差监测对话框，如图 8-121 所示。

② 勾选 Print to Console 和 Plot 复选框。

③ 单击 OK 按钮。

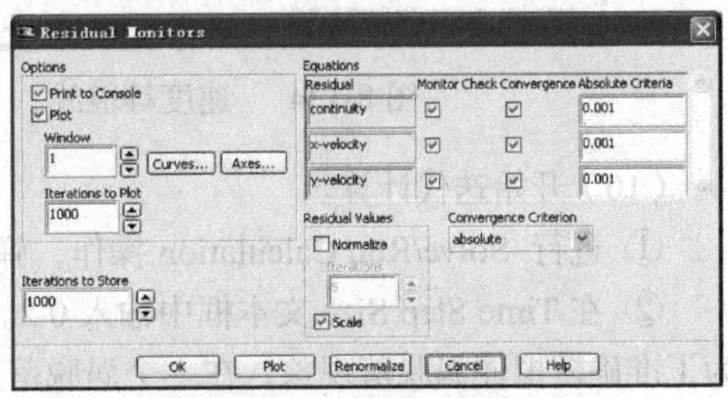

图 8-121　残差监测对话框

（8）设置动画，监测涡脱落现象

① 进行 Solve/Calculation Activities/Solution Animation/Create/Edit 操作，弹出动画设置对话框，如图 8-122 所示。

② 增加 1 个动画序列。

③ 在 Every 数值框中输入 10。

④ 在 When 下拉列表中选择 Time Step。

⑤ 单击 Define 按钮，弹出动画序列对话框，如图 8-123 所示。

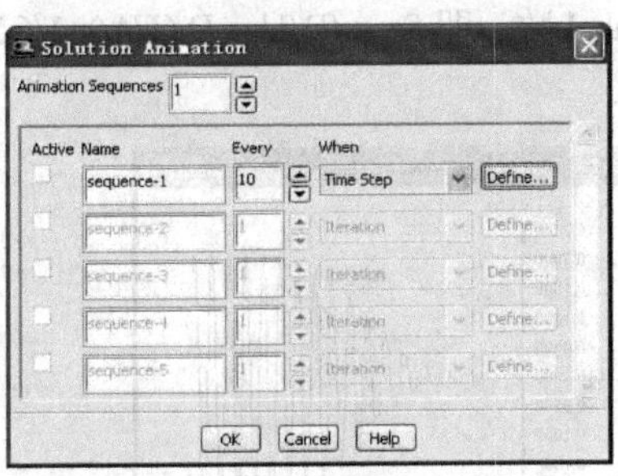

图 8-122　动画设置对话框

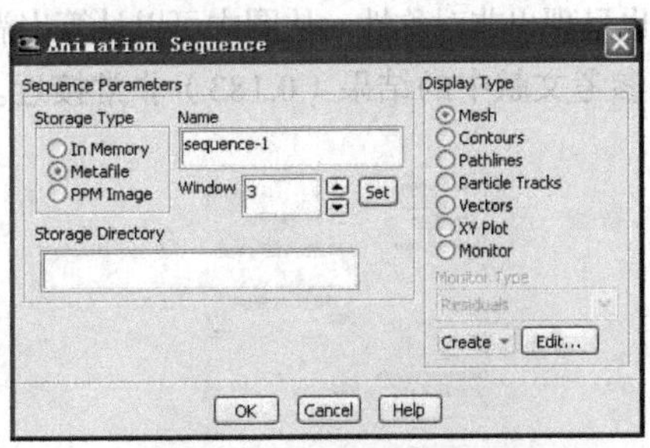

图 8-123　动画序列对话框

a. 增加窗口至 3，单击 Set 按钮，打开一个窗口。

b. 在显示类型中选择 Contours 选项，打开 Contours 控制面板。

c. 在 Contours of 中选择 Velocity 和 Velocity Magnitude。

d. 在 Level 中输入 50。

e. 单击 Display 按钮，获得速度等值线，如图 8-124 所示，然后关闭 Contours 对话框。

f. 单击 OK 按钮，关闭动画序列对话框。

⑥ 单击 OK 按钮，关闭动画设置对话框。通过这些设置，FLUENT 将每隔 10 个时间步长保存一个.hmf 文件，利用这些文件可以制作动画。

（9）保存 Case 和 Data 文件。

File/Write/Case&Data

将算例 Case 和 Data 文件保存到工作目录，如图 8-125 所示。

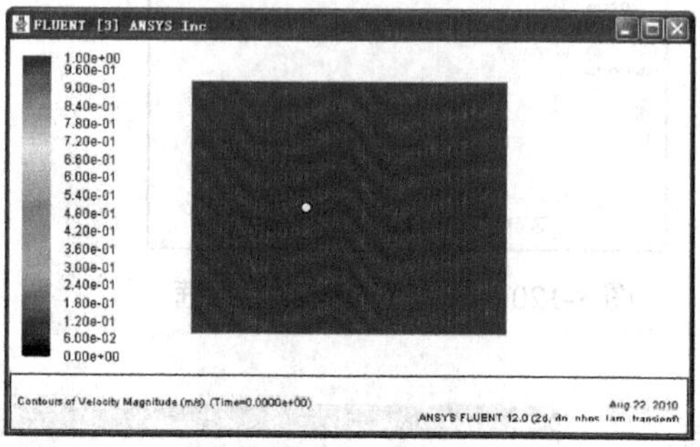

图 8-124　速度等值线

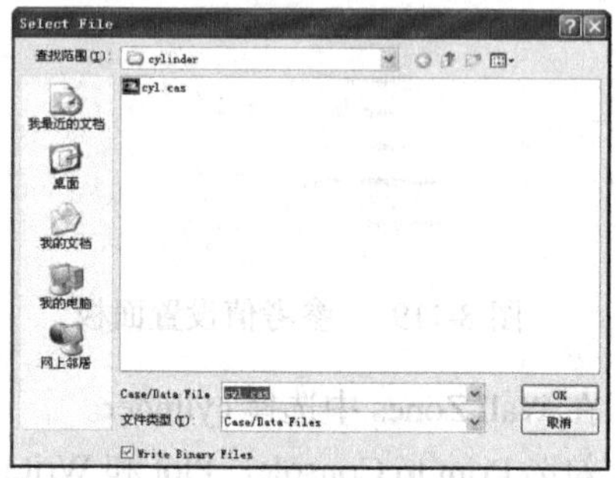

图 8-125　文件读/写对话框

（10）开始迭代计算。

① 进行 Solve/Run Calculation 操作，弹出计算设置面板，如图 8-126 所示。

② 在 Time Step Size 文本框中输入 0.2。已有的实验数据表明，圆柱绕流的无量纲频率约为 0.2，为了准确模拟住涡脱落现象，在一个涡脱落周期内至少需要 20 ~ 25 个时间步长。

$$Sr = 0.2 = \frac{f \times D}{U}$$

在本算例中，U=1，D = 1，所以 f = 0.2，进而一个脱落周期为 $t = 1/f = 5$s。

所以时间步长 $\Delta t = 5/25 = 0.2$s。

③ 在每隔时间步长内最大迭代次数中输入 30。

④ 总共时间步长个数中输入 600。

⑤ 单击 Calculate 按钮，开始进行计算。

图 8-127 所示为明显地升力系数曲线，呈现正弦模态，这正反应了持续的涡脱落过程。所有的其他流动变量也呈现出非对称性。从图中可以计算出涡脱落 Strouhal 数，即 $Sr = fD/U = D/(U\Delta t)$=1/6.32=0.158。这结果与参考文献中的结果（0.183）非常接近。

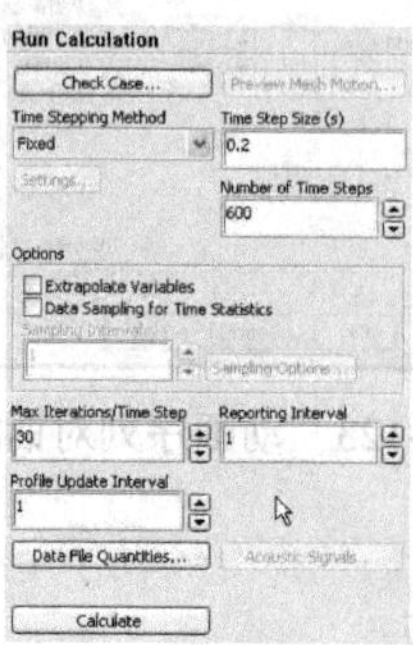

图 8-126　计算设置面板

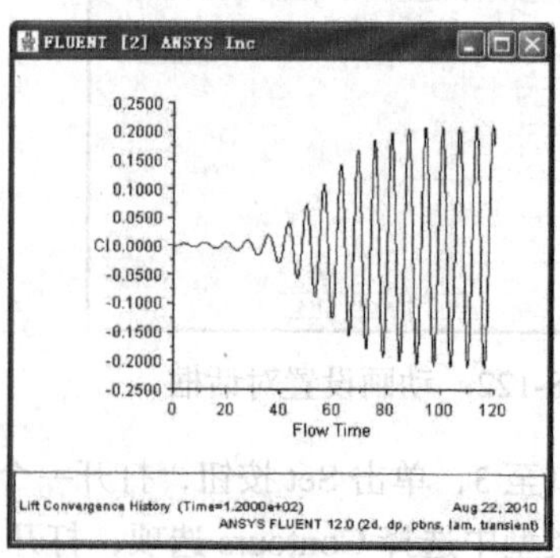

图 8-127　升力系数曲线

（11）创建动画。

① 进行 Solve/Graphics and Animations/Solution Animation Playback 操作，弹出动画回放对话框，如图 8-128 所示。

② 在 Write/Record 中选择 MPEG 格式。

③ 单击 Write 按钮，关闭动画回放对话框。

步骤六：后处理

（1）显示压力等值线。

① 进行 Display/Graphics and Animations/Contours 操作，弹出等高线对话框，如图 8-129 所示。

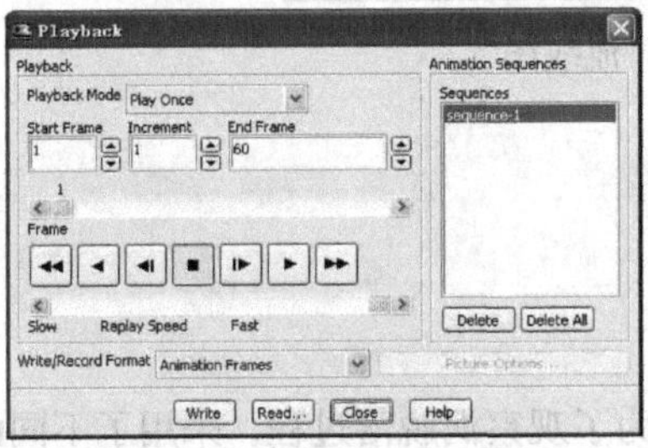

图 8-128　动画回放对话框

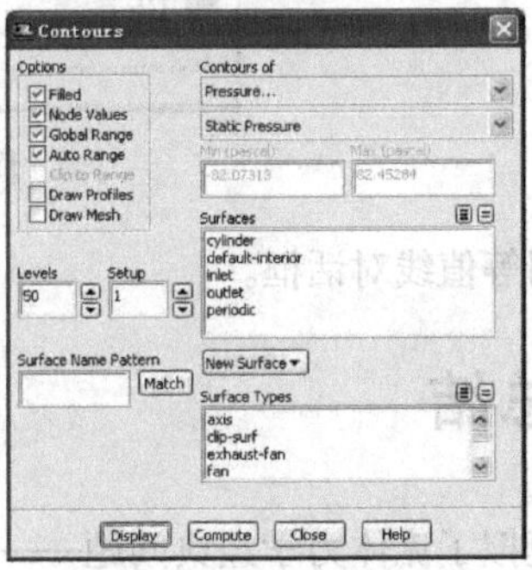

图 8-129　等值线对话框

② 在等高线下拉列表中选择 Pressure 和 Static Pressure。

③ 在 Levels 文本框中输入 50。

④ 单击 Display 按钮，打开静压等高线窗口，如图 8-130 所示。

（2）显示涡量大小等值线。

① 在等高线下拉列表中选择 Velocity 和 Vorticity Magnitude。

② 取消勾选 Auto Range 和 Clip to Range 选项。

③ 在 Min 和 Max 对话框分别填入 0.0001 和 2。

④ 在 Level 文本框中输入 50。

⑤ 单击 Display 按钮，打开涡量等高线窗口，如图 8-131 所示。

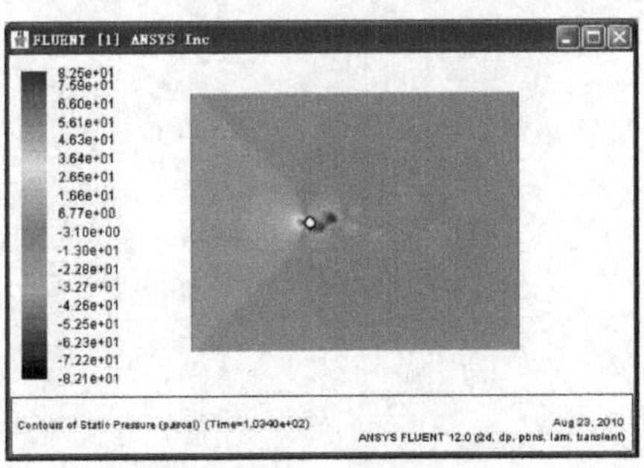

图 8-130　静压等值线窗口

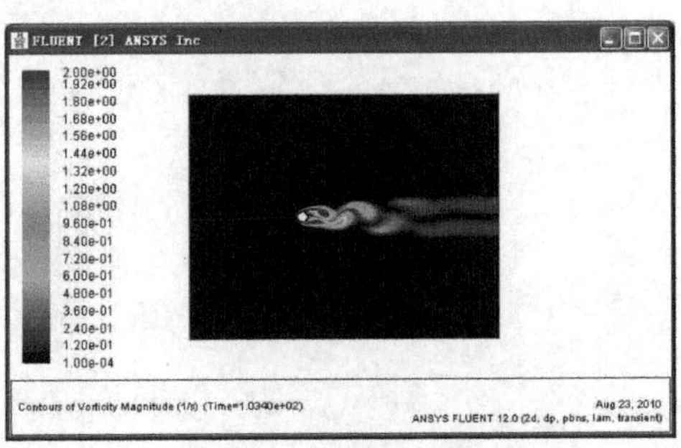

图 8-131　涡量等值线窗口

（3）显示瞬时流线，观察涡脱落过程。

① 在等高线下拉列表中选择 Velocity 和 Stream Function。

② 取消勾选 Filled、Auto Range 和 Clip to Range 选项。

③ 在 Min 和 Max 文本框分别输入 1 800 和 2 050。

④ 在 Level 文本框中输入 100。

⑤ 单击 Display 按钮，打开瞬时流线图窗口，如图 8-132 所示。

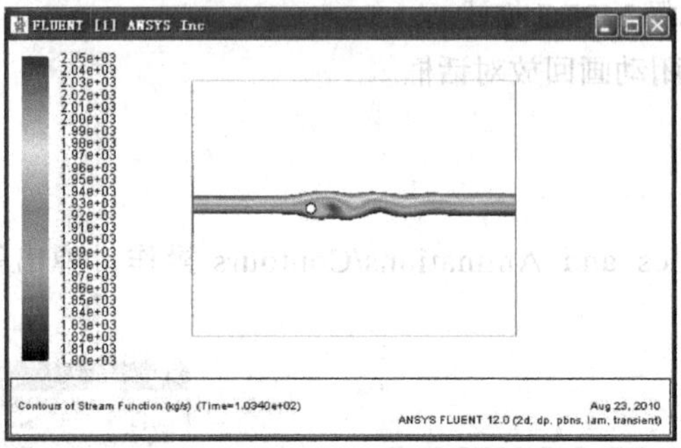

图 8-132　瞬时流线图

（4）关闭等值线对话框。

8.5.5　总结

本算例模拟了流体力学经典问题——圆柱绕流。为了观察涡脱落过程，采用了不同的方法，包括模拟过程监测和动画制作。本算例也包含了其他方面的内容，例如，选择时间步长、PISO 算法和计算 Strouhal 数。

8.5.6　参考文献

- C.H.K. Williamson and G.L. Brown, A Series in $1/\sqrt{Re}$ to represent the Strouhal- Reynolds number relationship of the cylinder wake, J. Fluids Struct. 12,1073 (1998).

第 9 章

综合实战案例四

9.1 算例二十七：求解流固耦合换热问题

9.1.1 介绍

耦合换热物理过程广泛存在于工程实际应用中，如换热器、暖通空调系统、电子元件设计等。本算例的目的是，提供使用 FLUENT 进行耦合换热计算的设置和步骤指导。本算例的几何和计算域包含电子换热元件。空气以层流状态流经电子元件，发生固体与流体的耦合换热过程。

本算例展示以下设置方法：

- 为 FLUENT 的耦合换热模拟设置合适的边界条件；
- 激活指定区域的源项；
- 使用不同的材料（包含固体和流体）进行流场和能源方程的计算；
- 利用网格自适应功能，进行网格处理操作；
- 进行网格自适应，对计算结果进行网格独立性分析，获得网格独立的计算结果。

9.1.2 问题描述

该模拟问题如图 9-1 所示。电子板和电子元件构成了发热元件。空气在电子板和上顶面之间流动，用于冷却电子板和发热元件。随着空气流经电子板和发热元件，尤其是流经发热元件以后，空气温度升高。考虑计算域的对称性，取计算域的一个中间对称计算域进行模拟，因而计算域两侧由对称面组成。

如图 9-1 所示，电子元件能产生热量，且导热系数为 1.0 W/m·K。电子板导热系数为 0.1 W/m·K。空气以 0.5 m/s 的速度、298 K 的温度进入计算域。根据进口特征长度，计算出进口位置的雷诺数约为

870，因此流动为层流。

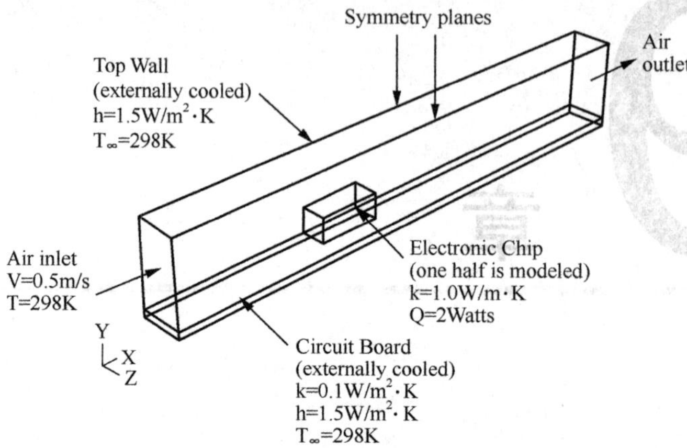

图 9-1　耦合换热模拟问题描述

9.1.3　准备工作

（1）将网格文件（chip3d.msh.gz）复制到工作文件夹。

（2）开启 FLUENT 3D 版本的求解器。

9.1.4　设置和求解

步骤一：网格

（1）读入网格文件（chip3d.msh.gz）。

（2）设置网格的单位。

Grid/Scale…

（a）在 Grid Was Created In 下拉菜单中选择 in。

（b）单击 Change Length Units。

（c）关闭 Scale 面板。

（3）检查网格。

Grid/Check

确保没有负体积。

（4）显示网格（见图 9-2）。

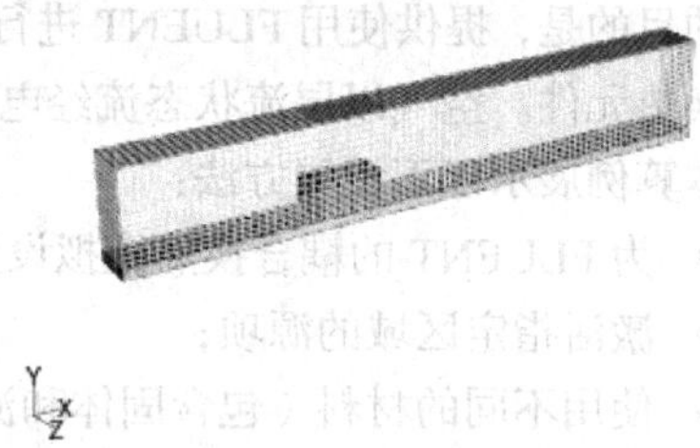

图 9-2　网格显示

步骤二：模型

Define/Models/Solver…

（1）进行求解器设置。

（a）在 Gradient Option 列表中选择 Green-Gauss Node Based。

（b）单击 OK，关闭 Solver 面板。

（2）激活能量方程 Energy Equation。

Define/Models/Energy…

（3）选择层流模型。

Define/Models/Viscous…

步骤三：材料

Define/Materials…

流体为空气。也需要指定电子板和电子元件的材料物性。本算例中，这些材料假定与铝含有相同的密度和比热，但具有不同的导热速率。

（1）设置空气 air 为不可压缩理想气体 incompressible ideal gas。

对于本模拟，空气温度的增加量约为 150 摄氏度，而压力的改变很小，因而将空气考虑为不可压缩气体（incompressible gas）。而不可压缩理想气体的设置，将流体密度仅考虑为温度的函数。

（a）在 Material Type 下拉菜单中选择流体 fluid。

（b）在 Density 下拉菜单中选择 incompressible-ideal-gas。

（c）单击 Change/Create。

（2）创建 chip 材料。

（a）在 Material Type 下拉菜单中选择 solid。

（b）在 Name 中输入 chip，删除 Chemical Formula 条目。

（c）在 Thermal Conductivity 中设为 1.0。

（d）单击 Change/Create。

FLUENT 将显示问题确认对话框，提示是否覆盖 aluminum，单击 No。

（3）创建 board 材料。

（a）在 Name 中输入 board，删除 Chemical Formula 条目。

（b）在 Thermal Conductivity 中输入 0.1。

（c）单击 Change/Create。

不要覆盖 aluminum。

（4）关闭 Materials 材料面板。

步骤四：操作条件

保持操作条件 Operating Conditions 的默认设置。

步骤五：计算域和边界条件

（1）指定计算域的计算条件。

（a）指定 cont-fluid-air 区域的条件。

i. 确保在 Type 下拉菜单中选择 fluid。

ii. 单击 Set…打开 Fluid 面板。

- 确保在 Material Name 下拉菜单中选择 air。
- 单击 OK 关闭 Fluid 面板。

（b）指定 cont-solid-board 区域的条件。

i. 确保 solid 在 Type 选项中被选中，单击 Set….打开 Solid 面板。

- 在 Material Name 下拉菜单中选择 board。
- 单击 OK 关闭 Solid 面板。

（2）指定 cont-solid-chip 区域的条件。

（a）确保 solid 在 Type 下拉菜单中被选中，单击 Set…打开 Solid 面板。

i. 在 Material Name 下拉菜单中选中 chip。

ii. 单击 OK 关闭 Solid 面板。

（3）指定 inflow 和 outflow 的边界条件。

（a）指定 inlet 的边界条件。

i. 设置 Velocity Magnitue 的速度值为 0.5 m/s。

ii. 单击 Thermal 选项卡，在 Temperature 中输入 298 K。

iii. 单击 OK，关闭 Velocity Inlet 面板。

（b）设置 outlet 区域的边界条件。

i. 在 Gauge Pressure 中设为 0。

ii. 单击 Thermal 选项卡，在 Backflow Total Temperature 中输入 298 K。

iii. 单击 OK，关闭 Pressure Outlet 面板。

（4）指定热边界条件。

（a）在下列壁面 walls 中应用 Coupled 热边界条件：

- wall-chip 和 wall-chip-shadow
- wall-chip-bottom 和 wall-chip-bottom-shadow
- wall-duct-bottom 和 wall-duct-bottom-shadow

（5）设置 wall-board-bottom 的边界条件。

（a）单击 Thermal 选项卡，在 Thermal Conditions 中选择 Convection。

（b）在 Heat Transfer Coefficient 中输入 1.5。

（c）在 Free Stream Temperature 中输入 298。

（d）单击 OK 关闭 Wall 面板。

（6）将 wall-board-bottom 的边界条件复制（Copy）给 wall-duct-top。

（7）单击 Copy…按钮打开 Copy BCs 面板。

（a）在 From Zone 中选择 wall-board-bottom。

（b）在 To Zones 中选择 wall-duct-top。

（c）单击 Copy。

此时会出现 Warning 警告窗口，提示是否将 wall-board-bottom 边界条件复制给 wall-duct-top，单击 OK。

（d）关闭 Copy BCs 面板。

确认边界条件被正确地复制了。

（8）设置 cont-solid-chip 的边界条件。

（a）激活 Source Terms。

（b）单击 Source Terms 选项卡，单击 Edit…按钮，打开 Energy(w/m3) sources 面板。

i. 在 Energy 下拉菜单中选择 constant，输入 904055。

ii. 单击 OK 关闭 Energy(w/m3) sources 面板。

如此将为电子元件设置产生热量。

（c）单击 OK，关闭 Solid 面板。

（9）关闭 Boundary Conditions 面板。

步骤六：求解

（1）定义求解控制参数。

Solve/Controls/Solution…

（a）保持 Under-Relaxation Factors 的默认设置。

（b）在 Momentum 和 Energy 中选择 Second Order Upwind。

（c）单击 OK，关闭 Solution Controls 面板。

（2）确认激活计算中的残差显示。

Solve/Monitors/Residual…

（a）激活 Plot。

（b）对于 continuity 的残差阈值，设置为 0.0001。

（c）单击 OK，关闭 Residual Monitors 面板。

（3）定义能量方程的监视点。

用户将在电子元件后部回流区定义一个监视点。该区域的求解对收敛性指标很关键。

Surface/Point…

（a）在 Coordinates x0、y0 和 z0 中分别输入 2.85、0.25 和 0.3。

（b）在 New Surface Name 中输入 point-monitor。

（c）单击 Create，关闭 Point Surface 面板。

（4）激活点的监视器显示。

Solver/Monitors/Surface….

（5）将 Surface Monitors 的数目设置为 1。

（6）激活 monitor-1 的 Plot 和 Print。

（7）在 When 下拉菜单中选择 Iteration。

（8）单击 Define…按钮，打开 Define Surface Monitor 面板。

（a）在 Report Type 下拉菜单中选择 Vertex Average。

（b）设置 Plot Window 为 1。

（c）在 Report 下拉菜单中设置 Temperature…和 Static Temperature。

（d）在 Surface 下拉菜单中选择 point-monitor。

（e）单击 OK，关闭 Define Surface Monitor 面板。

（9）单击 OK，关闭 Surface Monitors 面板。

（10）保存工况文件 chip3d.cas.gz。

（11）求解初始化。

Solve/Initialize/Initialize…

（a）在 Compute From 下拉菜单中选择 inlet。

（b）单击 Init，关闭 Solution Initialization 面板。

（12）进行 200 步迭代（见图 9-3 和图 9-4）。

Solve/Iterate…

求解将在大约 145 步迭代后收敛。

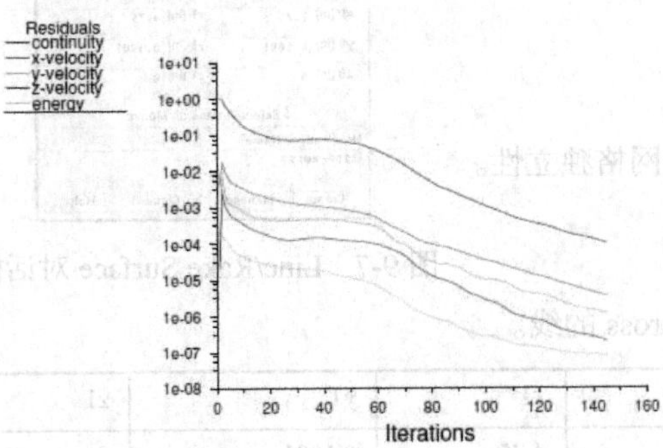

图 9-3　残差曲线

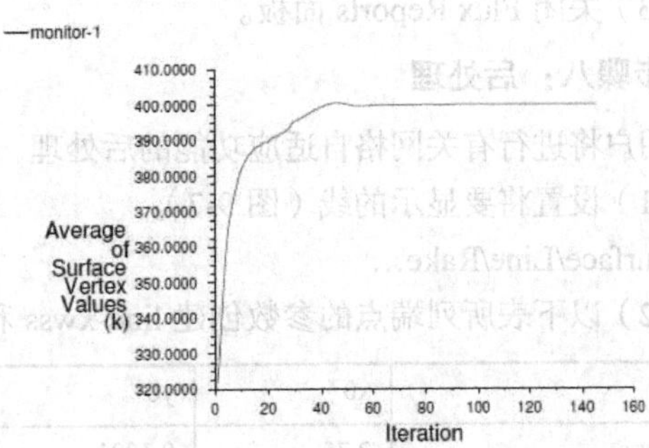

图 9-4　对点监视的温度收敛曲线

步骤七：数据分析

（1）确保质量守恒（见图 9-5）。

Report/Fluxes…

（a）在 Option 下拉菜单中选择 Mass Flow Rate。

（b）在 Boundaries 中选择 inlet 和 outlet。

（c）单击 Compute 按钮。

- FLUENT 将显示每个边界的质量流量。
- 进口 inlet 的质量流量为正值，正值意味着质量为进入计算域；而出口 outlet 的质量流量为负值，这意味着质量为流出计算域。
- 在 Flux Reports 面板的右下角将显示净质量流量。
- 净质量流量应该为零，这意味着质量守恒。

（2）确认能量守恒（图 9-6）。

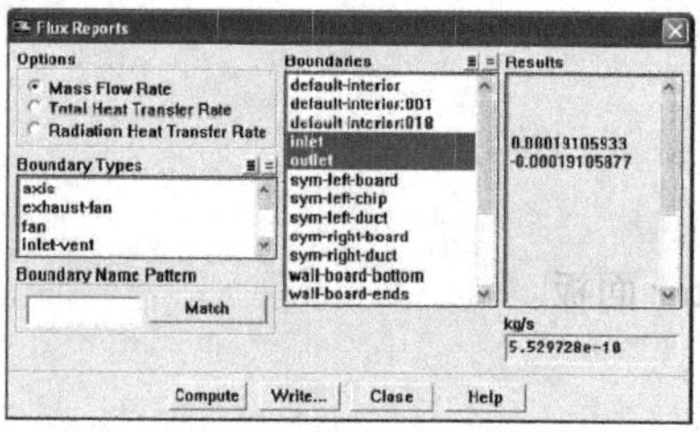

图 9-5　Flux Reports 对话框

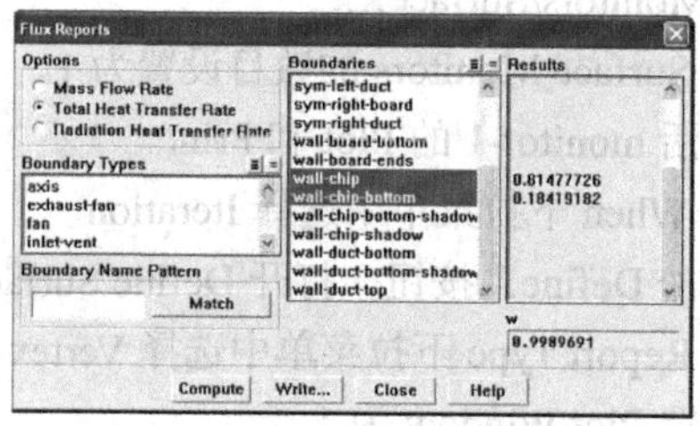

图 9-6　Flux Reports 对话框

（a）在 Options 选项中选择 Total Heat Transfer Rate。

（b）在边界 Boundaries 中不选择 inlet 和 outlet，而选择 wall-chip 和 wall-chip-bottom 边界。

（c）单击 Compute 按钮。

此时显示了电子元件的净传热量。

（d）选择流体流入及流出的边界面。

（e）在 Boundaries 中选择 wall-chip 和 wall-chip-bottom。

（f）选择对流边界，即 wall-duct-top、wall-board-bottom、inlet 和 outlet。

这里 inlet 和 outlet 面的选择是为了考虑空气进入和流出计算域带来和带走的热量。

（g）单击 Compute 按钮。

净传热量将非常小，说明达到了总体的热量守恒。净传热量将小于最小热量源的 1%。

（3）关闭 Flux Reports 面板。

步骤八：后处理

用户将进行有关网格自适应功能的后处理，并确保网格独立性。

（1）设置将要显示的线（图 9-7）。

Surface/Line/Rake…

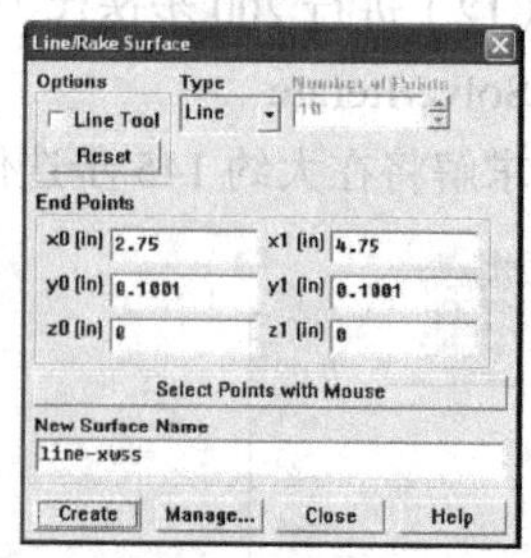

图 9-7　Line/Rake Surface 对话框

（2）以下表所列端点的参数创建 line-xwss 和 line-cross 的线。

Line	x0	y0	z0	x1	y1	z1
line-xwss	2.75	0.1001	0	4.75	0.1001	0
line-cross	3.5	0.25	0	3.5	0.25	0.5

（3）沿着线 line-cross 创建 XY 点图。

Plot/XY Plot…

（a）在 Options 中激活 Node Values 和 Position on X Axis。

（b）在 Plot Direction 中对于 X、Y 和 X 分别输入 0、0 和 1。

（c）在 Y Axis Function 下拉菜单中选择 Temperature…和 Static Temperature。

（d）在 Surfaces 下拉菜单中选择 line-cross。

（e）单击 Plot（图 9-8）。

图 9-8 显示了温度图。由于网格较为稀疏，传热效果并未精确显示。

（f）将数据写到输出文件 temp-0.xy 中。

（g）在 Options 选项中激活 Write to File，单击 Write 打开 Select File 面板。

（h）对于 XY File，输入 temp-0.xy，单击 OK。

（4）对 line-cross 显示 XY 点图。

（a）在 Options 中激活 Node Values 和 Position on X Axis。

（b）在 Plot Direction 的 X、Y 和 Z 中分别输入 0、0 和 1。

（c）在 Y Axis Function 下拉菜单中选择 Velocity…和 Velocity Magnitude。

（d）在 Surfaces 中选择 line-cross，单击 Plot。

图 9-9 显示了速度图，也由于网格较为稀疏，流动细节并未完全显示。

（e）将数据写到输出文件 velocity-0.xy 中。

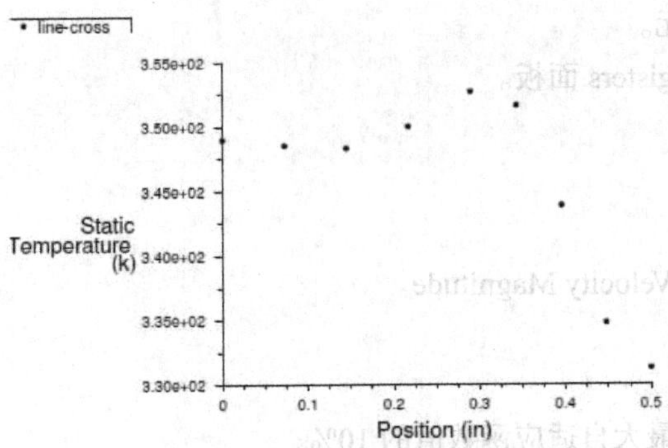

图 9-8 x = 3.5 in 及 y = 0.25 in 位置的温度显示 XY 点图

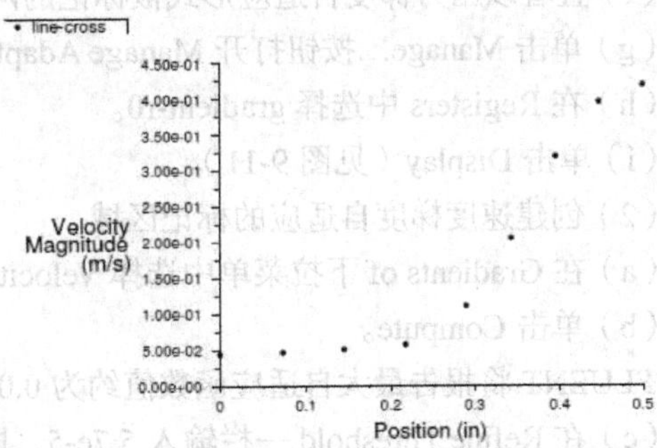

图 9-9 x = 3.5 in 和 y = 0.25 in 位置的速度 XY 点图显示

（5）创建另外的 XY 点图。

（a）在 Options 中不激活 Node Values，而勾选 Position on X Axis。

（b）在 Plot Direction 的 X、Y 和 Z 中输入 1、0 和 0。

（c）在 Y Axis Function 下拉菜单中选择 Wall Fluxes…和 X-Wall Shear Stress。

（d）在 Surfaces 中选择 line-xwss，单击 Plot（见图 9-10）。

（e）将数据以 xwss-0.xy 文件输出。

（6）保存工况和数据文件（chip3d.cas.gz 和 chip3d.dat.gz）。

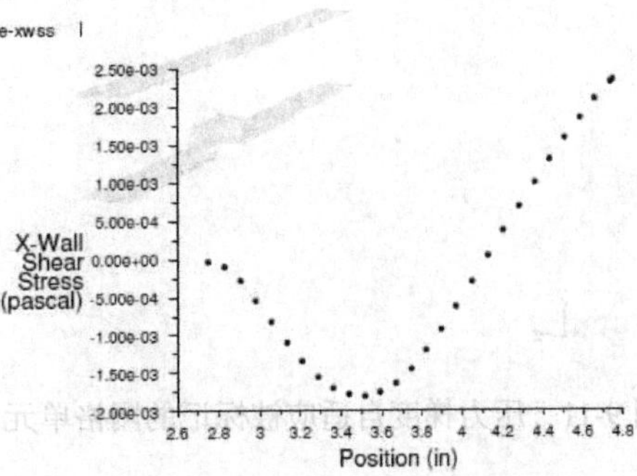

图 9-10 壁面剪切力的 XY 点图

步骤九：网格自适应

求解结果可通过网格自适应细化的方式加以改善。计算完毕后也需要确认求解结果与网格尺寸无关，即进行网格独立性分析。基于压力、速度和温度标记出一个网格区域，这个被标记的区域即是将要被加密的区域。运行网格自适应算法，加密网格。再次进行求解迭代，检查计算结果，确保计算结果不受到网格加密的影响。对于所有的计算，都应该进行网格独立性分析，以确保网格不会影响求解精度。

（1）标记出一个压力梯度的区域。

Adapt/Gradient

（a）在 Method 中保持 Curvature 被选中。

（b）在 Gradients 下拉菜单中选择 Pressure 和 Static Pressure。

（c）单击 Compute。

FLUENT 计算显示，最大函数值约为 0.000177。

（d）在 Refine Threshold 中输入 1.77e-5。

Coarsen Threshold 一栏指定的是粗化网格的阈值。自适应函数值低于 Coarsen Threshold 的网格单元将标记会粗化区域。Refine Threshold 指定的为加密的阈值。自适应函数值高于 Refine Threshold 的网格单元将标记为加密。

当指定 Refine Threshold 的值时，一个粗略的估算方式是，将该值指定为 Max 一栏中值的 10%。

（e）单击 Mark。

FLUENT 将报告，约 150 个网格单元被标记将加密，而没有网格单元被标记将被粗化。

（f）查看以压力梯度自适应形式被标记的网格单元。

（g）单击 Manage…按钮打开 Manage Adaption Registers 面板。

（h）在 Registers 中选择 gradient-r0。

（i）单击 Display（见图 9-11）。

（2）创建速度梯度自适应的标记区域。

（a）在 Gradients of 下拉菜单中选择 Velocity…和 Velocity Magnitude。

（b）单击 Compute。

FLUENT 将报告最大自适应函数值约为 0.00057。

（c）在 Refine Threshold 一栏输入 5.7e-5，即约为最大自适应函数值的 10%。

（d）单击 Mark。

FLUENT 将对速度梯度自适应区域进行标记。FLUENT 控制台报告约有 1550 个网格单元将被加密。

（e）查看这些被标记的网格单元（见图 9-12）。

图 9-11　压力梯度自适应被标记的网格单元

图 9-12　被速度梯度自适应标记的网格单元（约为 1550 个）

（3）创建温度梯度自适应区域。

（a）在 Gradients of 下拉菜单中选择 Temperature…和 Static Temperature。

（b）单击 Compute。

FLUENT 报告最大自适应函数值约为 0.0977。

（c）在 Refine Threshold 一栏输入 0.00977，即约为 10%的最大自适应函数值。

（d）单击 Mark。

FLUENT 控制台显示约有 380 个网格单元被标记加密。

（e）查看被温度梯度自适应标记的网格单元（见图 9-13）。

图 9-13　被温度梯度自适应标记的网格单元（约有 380 个）

（4）创建自适应标记区域。

Adapt/Region…

将显示 Region Adaption 面板。

（a）在 Input Coordinates 中输入以下数据用以自适应。

	Min (in)	Max (in)
X	2.75	5.0
Y	0.1	0.4
Z	0	0.5

（b）单击 Mark。

FLUENT 将在控制台显示约有 1450 个网格单元被标记加密。

（c）查看被标记的区域（见图 9-14）。

（5）对压力梯度、速度梯度、温度梯度和自适应标记区域进行操作。

（a）在 Manage Adaption Registers 面板的 Registers 选项中选择 gradient-r0、gradient-r1、gradient-r2 和 hexahedron-r3。

（b）单击 Combine 按钮。

（c）查看被标记的网格单元（见图 9-15）。

图 9-14　被自适应标记的区域（约有 1450 个网格单元）

图 9-15　查看被标记网格单元的集合（约有 3100 个网格单元）

（6）对被标记的网格单元 combination-r4 进行网格自适应。

（a）在 Manage Adaption Registers 面板中的 Registers 选项中选择 combination-r4。

（b）单击 Adapt。

将出现 Question 对话框，提示是否对 Hanging-node mode 进行确认，单击 Yes 对 Hanging-node mode 进行确认。

FLUENT 提示网格数因网格自适应而增加了约 39220 个。

步骤十：求解

（1）再进行 400 步迭代（见图 9-16 和图 9-17）。

求解将在继续进行约 330 步后收敛。

（2）保存工况和数据文件（chip3d-adapt1.cas.gz 和 chip3d-adapt1-dat-gz）。

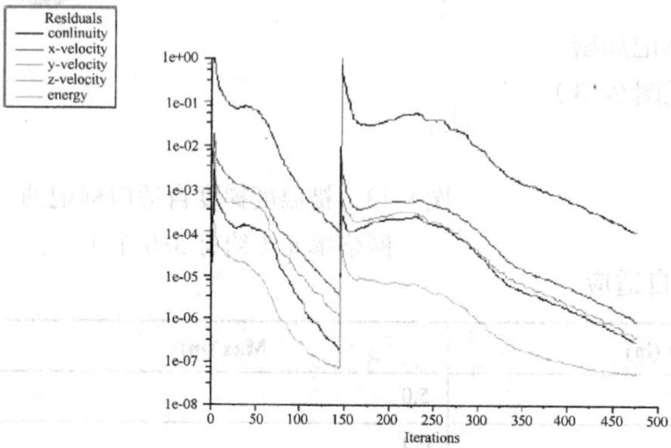

图 9-16　进行首次网格自适应以后的残差收敛曲线

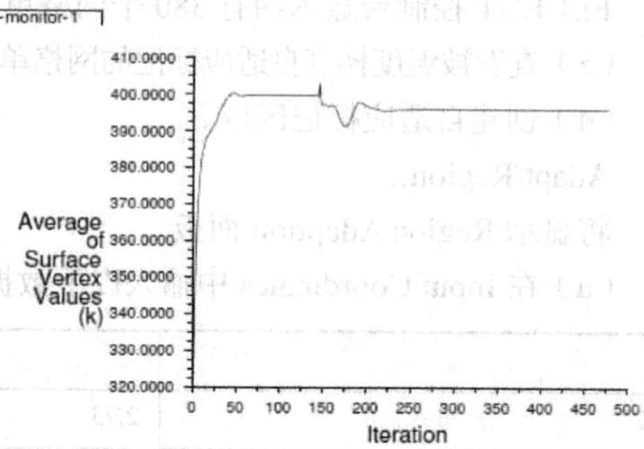

图 9-17　进行首次网格自适应以后，点监视器显示的温度收敛曲线

步骤十一：后处理

此步骤中，用户将确认求解结果是否是网格独立性解，即是否还需要进一步进行网格自适应。这需要将进行网格自适应后的求解结果与网格自适应之前的结果进行比较分析。因此，用户将评估求解结果的敏感性。

（1）比较原有网格和自适应以后的网格两结果的温度曲线。

Plot/XY Plot…

（a）在 Options 中选择 Node Values 和 Position on X Axis。

（b）在 Plot Direction 的 X、Y 和 Z 中输入 0、0 和 1。

（c）在 Y Axis Function 下拉菜单中选择 Temperature…和 Static Temperature。

（d）在 Surfaces 中选择 line-cross。

（e）导入 temp-0.xy 文件。

i. 单击 Load File…按钮打开 Select File 面板。

ii. 选择 temp-0.xy，单击 OK。

（f）在 File Data 中选择 Static Temperature。

（g）单击 Plot（见图 9-18）。

图 9-18 说明，经过网格自适应以后，温度的分布有了较大变化。这是因为之前的网格较为稀疏，不能捕捉温度梯度，因而对传热的预测也应该不理想。由此也可发现，计算结果对网格非常敏感，为确保求解结果的精确性，需进行网格独立性分析。由此发现，进行网格加密后，求解结果有了变化，因而需要进一步加密网格。

（2）比较原有网格和自适应加密以后的网格获得的速度结果。

（a）在 Options 中选择 Node Values 和 Position on X Axis。

（b）在 Plot Direction 的 X、Y 和 Z 中分别输入 0、0 和 1。

（c）在 Y Axis Function 下拉菜单中选择 Velocity…和 Velocity Magnitude。

（d）在 Surface 选项中选择 line-cross。

（e）导入 velocity-0.xy 文件。

（f）在 File Data 选项中选择 Velocity Magnitude。

不选择之前 File Data 操作中选择的选项。

（g）单击 Plot（见图 9-19）。

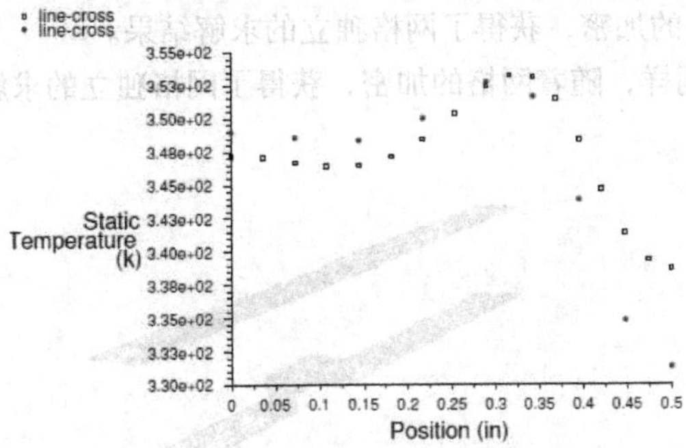

图 9-18　进行首次网格自适应以后，温度曲线的比较

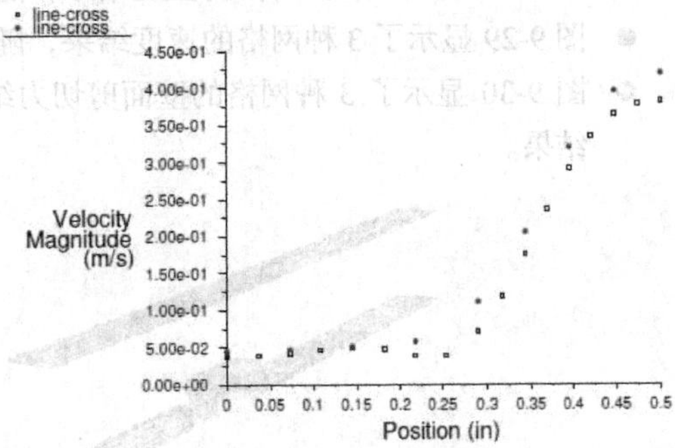

图 9-19　进行首次网格自适应以后，速度曲线的比较

图 9-19 显示速度的分布已经实现了网格独立性。然而，基于温度的比较分析，用户已经确定再次进行网格自适应加密。

（3）比较原有网格和自适应加密以后壁面剪切力的结果。

（a）不勾选 Options 中的 Node Values 选项。

（b）在 Plot Direction 中的 X、Y 和 Z 中分别输入 1、0 和 0。

（c）在 Y Axis Function 下拉菜单中选择 Wall Fluxes…和 X-Wall Shear Stress。

（d）在 Surfaces 中选择 line-xwss。

（e）导入 xwss-0.xy 文件。

（f）在 File Data 选项中选择 X-Wall Shear Stress。

记得取消勾选 File Data 中之前操作的选择。

（g）单击 Plot（见图 9-20）。

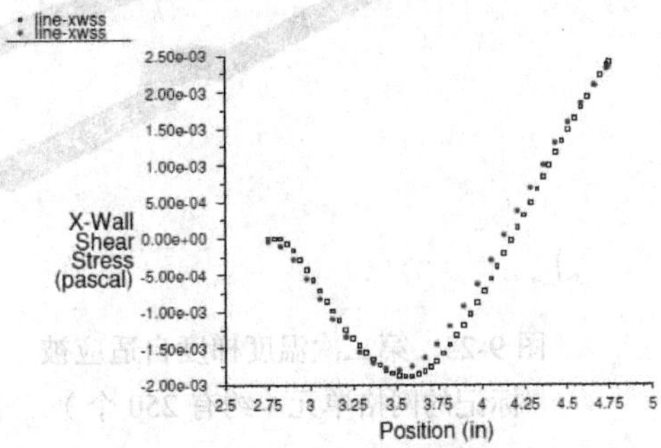

图 9-20　进行首次网格自适应以后，壁面剪切力曲线的比较

图 9-20 的结果显示，壁面剪切力已经实现了网格独立性。然而，之前基于温度曲线的对比已经决定再进行一次网格独立性分析。

步骤十二：继续进行网格自适应，再进行后处理

对于绝大多数情况，进行一次或两次网格自适应已经能获得网格独立的结果。到目前，用户已经进行了一次网格自适应。这里再次进行网格自适应。当再次进行网格自适应分析时，自适应的阈值不应该被改变。

按照之前介绍过的步骤继续进行网格自适应，相关结果简要介绍如下。

- 图 9-21 显示了第二次压力梯度自适应标记的网格单元。
- 图 9-22 显示了第二次速度梯度自适应标记的网格单元。
- 图 9-23 显示了第二次温度梯度自适应标记的网格单元。

- 图 9-24 显示了第二次区域自适应标记的网格单元。
- 图 9-25 显示了第二次网格自适应的集合标记区域（压力梯度、速度梯度、温度梯度和区域自适应的集合）。
- 图 9-26 和图 9-27 分别显示了点监视位置的残差和温度收敛曲线。
- 图 9-28 显示了 3 种网格的温度结果，随着网格的加密，逐渐获得了网格独立的求解结果。
- 图 9-29 显示了 3 种网格的速度结果，随着网格的加密，获得了网格独立的求解结果。
- 图 9-30 显示了 3 种网格的壁面剪切力结果，同样，随着网格的加密，获得了网格独立的求解结果。

图 9-21　第二次压力梯度自适应被标记的网格单元（约有 210 个）

图 9-22　第二次速度梯度自适应被标记的网格单元（约有 690 个）

图 9-23　第二次温度梯度自适应被标记的网格单元（约有 250 个）

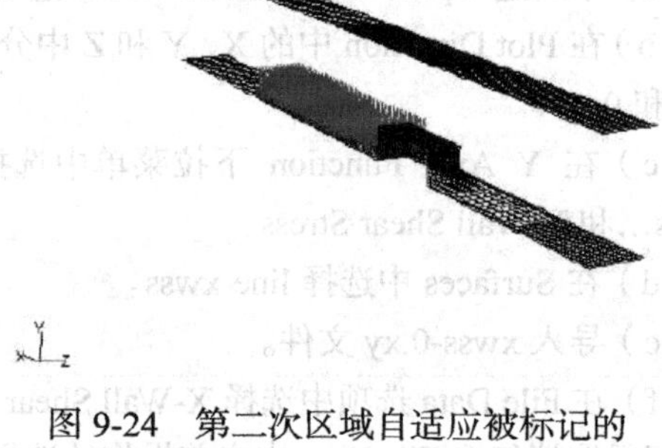

图 9-24　第二次区域自适应被标记的网格单元（约有 11300 个）

图 9-25　第二次网格自适应被标记的网格单元集合（约有 12220 个）

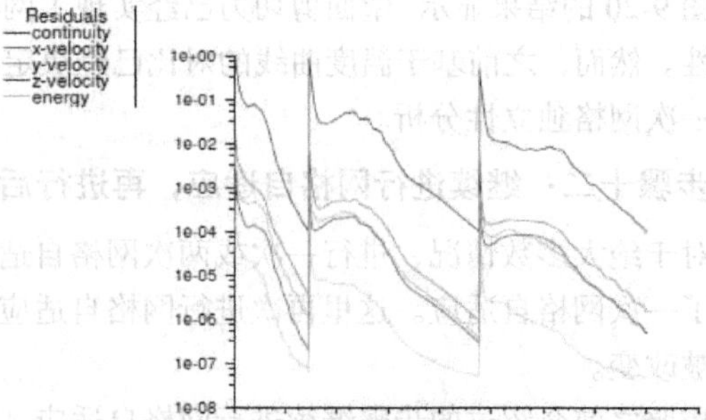

图 9-26　第二次网格自适应以后的残差收敛曲线

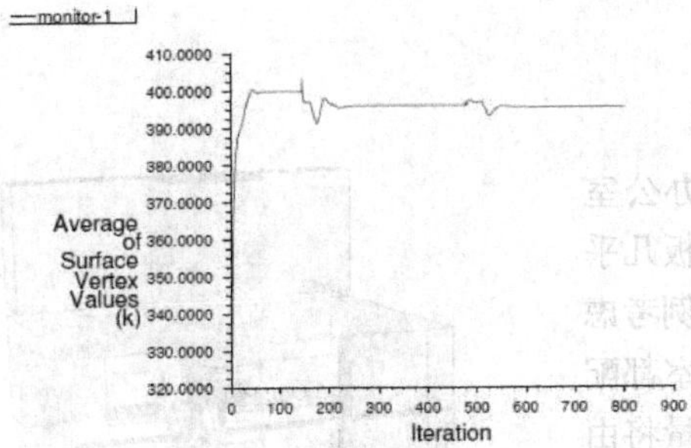

图 9-27　第二次网格自适应以后的温度监视收敛曲线

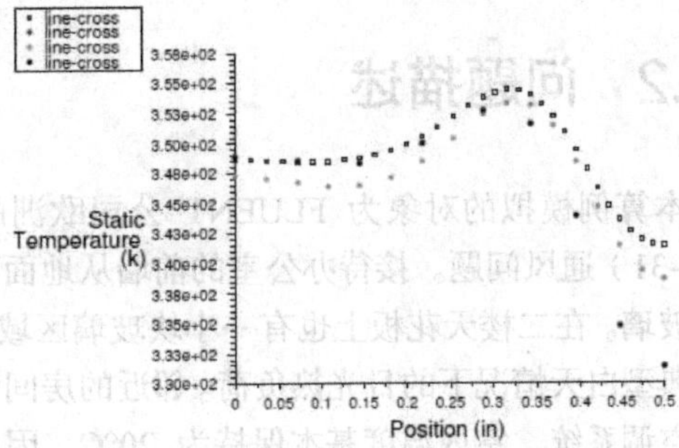

图 9-28　两次网格加密网格结果的温度结果比较

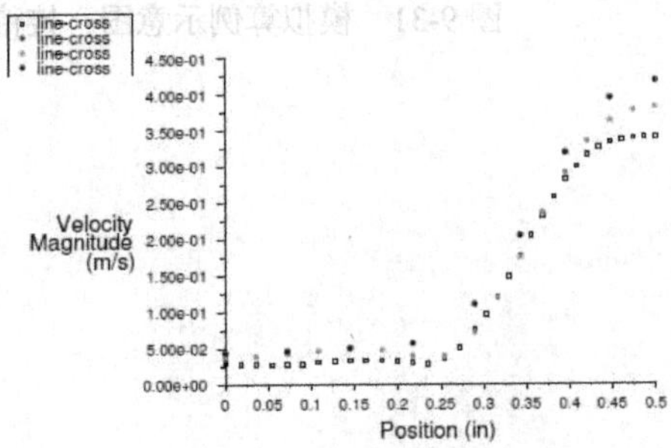

图 9-29　两次网格加密网格结果的速度结果比较

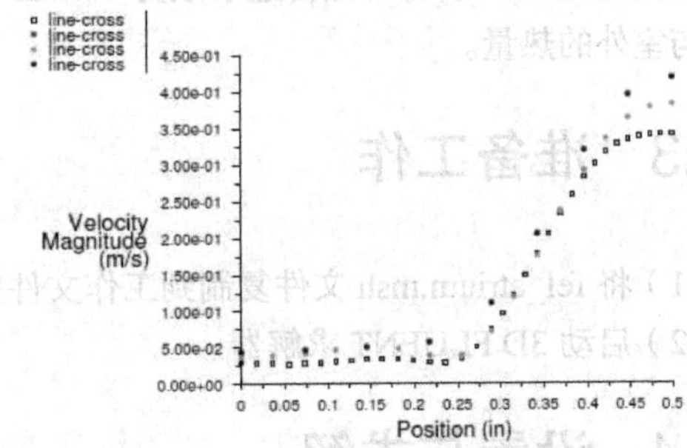

图 9-30　两次网格加密网格结果的壁面剪切力结果比较

步骤十三：进一步网格自适应和后处理

用户已经进行了两次网格独立性分析，已经获得了网格独立的求解结果。如果求解结果仍然受到网格尺寸影响，则还需继续进行网格自适应加密。

9.2　总结

本算例使用 FLUENT 进行了层流空气流经电子设备的流动与传热过程的应用。电子元件设置了源项，因而能考虑电子元件的产热量。本算例进行了流体与固体的耦合换热计算。本算例进行了两次网格自适应加密。基于压力、速度和温度梯度进行了两次网格自适应加密。在第二次网格自适应加密以后，获得了网格独立性的求解结果。

9.3　算例二十八：使用太阳光辐射加载模型模拟室内通风过程

9.3.1　介绍

本算例的目的是，提供使用太阳光加载模型进行室内通风过程计算的设置和推荐步骤应用。对于本算例，开始计算时不考虑辐射换热，之后考虑辐射换热，因而能比较，并研究辐射引起的换热效果影响。

9.3.2 问题描述

本算例模拟的对象为 FLUENT 公司欧洲的接待办公室（图 9-31）通风问题。接待办公室的前墙从地面到天花板几乎都是玻璃。在二楼天花板上也有一小块玻璃区域。本算例考虑夏季典型白天情况下的日光热负荷。邻近的房间和办公室都配置有空调系统，室内温度基本保持为 20°C。因此，热量将由内部壁面传递给这些房间。一部分热量也将传递给地面。因为地面是混凝土材质，假定地面的温度固定不变。室外环境考虑为温度固定为 25°C。外部热传递系数为 4 W/m^2·K，用于传递室内与室外的热量。

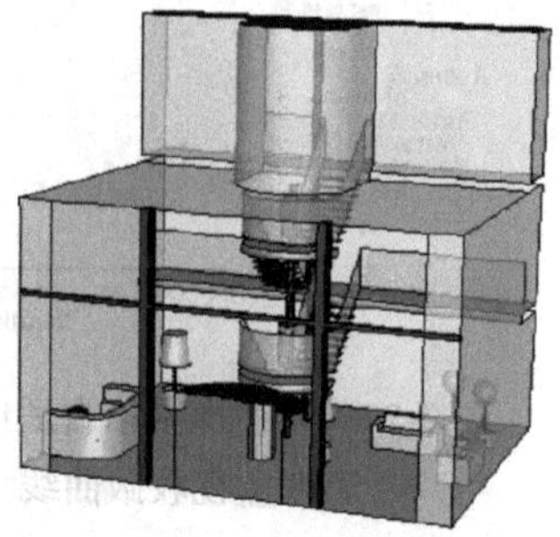

图 9-31　模拟算例示意图：接待室

9.3.3 准备工作

（1）将 fel_atrium.msh 文件复制到工作文件夹。

（2）启动 3D FLUENT 求解器。

9.3.4 设置与求解

步骤一：网格

（1）读入 fel_atrium.msh 网格文件。

File/Read/Case

（2）检查网格。

Grid/Check

（3）显示网格（见图 9-32）。

Display/Grid

（a）在 Edge Type 中选择 Feature。

（b）单击 Display，关闭 Grid Display 面板。

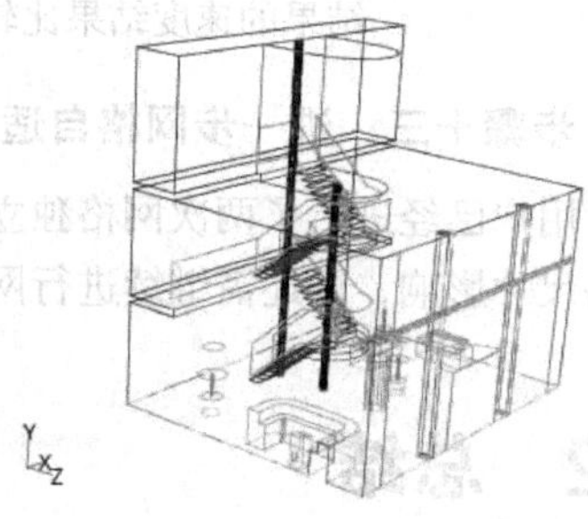

图 9-32　计算域主体特征显示

为了便于标记网格，进行了网格命名相关约定。所有的壁面都以“w”为前缀，所有的速度进口都以“v”为前缀。

步骤二：单位

将温度的默认单位设置为摄氏度。

Define/Units…

（a）在 Quantities 中选择 temperature。

（b）在 Units list 中选择 c，关闭 Set Units 面板。

步骤三：模型

（1）进行求解设置。

Define/Models/Solver…

（a）在 Solver 中选择 Pressure Based。

（b）在 Gradient Option 中选择 Green-Gauss Node Based。

这将改进对梯度的解析，特别是粗网格和网格质量不好的区域。

（c）单击 OK 关闭 Solver 面板。

（2）激活引力的影响。

考虑引力的影响后，能考虑自然对流的物理过程。

Define/Operating Condtions….

（a）激活 Gravity。

（b）在 Gravitational Acceleration 的 Y 一栏中输入-9.81。

（c）单击 OK 关闭 Operating Conditions 面板。

（3）激活 k-ε 湍流模型。

Define/Models/Viscous…

假定流动为湍流，因而需要设置合适的湍流模型。

（a）在 Model 中选择 k-epsilon (2 eqn)。

（b）在 k-epsilon Model 选项中激活 RNG。

（c）在 Options 中激活 Full Buoyancy Effects。

（d）单击 OK 关闭 Viscous Model 面板。

（4）激活太阳光热负荷模型（见图 9-33）。

Define/Models/Radiation…

（a）在 Solar Load 中激活 Solar Ray Tracing。

（b）在 Sun Direction Vector 一栏保持默认设置，勾选 Use Direction Computed from Solar Calculator。

（c）在 Direct Solar Irradiation 和 Diffuse Solar Irradiation 下拉菜单中都选择 solar-calculator。

（d）保持 Spectral Fraction [V/(V+IR)]一栏的默认值 0.5。

（e）在 Radiation Model 面板单击 Solar Calulator…（见图 9-34）。

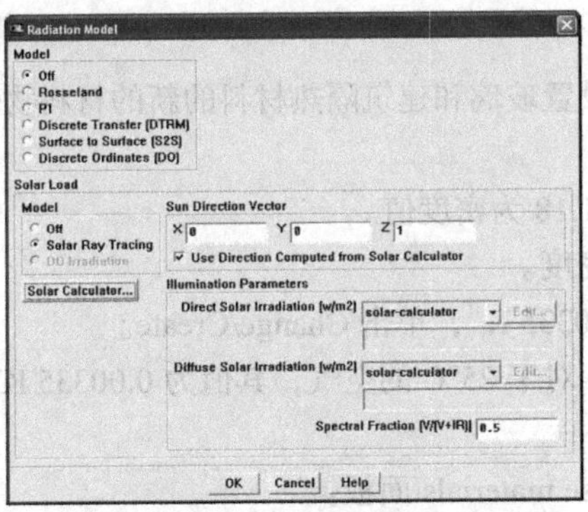

图 9-33　辐射模型设置对话框

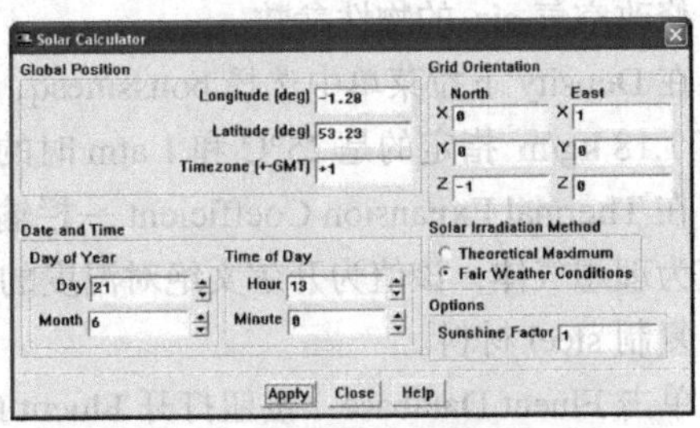

图 9-34　太阳光线计算器设置

i. 在 Global Position 的 Longitude 一栏输入−1.28，在 Latitude 一栏输入 53.23。

ii. 在 Global Position 的 Timezone 一栏输入+1。

数值 1 代表英国的夏季时间。

iii. 在 Grid Orientation 的 North 一栏输入 0、0 和−1，在 East 一栏输入 1、0、0。

iv. 保持 Date 和 Time 的默认设置。

默认设置为盛夏时的情况。

v. 保持 Solar Irradiation Method 中 Fair Weather Conditions 的默认设置。

这些设置代表没有云的大晴天。

vi. 保持 Sunshine Factor 默认数值 1 的设置。

假定没有额外的云遮挡。

vii. 单击 Apply 关闭 Solar Calculator 面板。

（f）通过 TUI 用户输入命令改变模型的其他参数。

i. 保持 ground-reflectivity 的默认设置。

```
/define/models/radiation/solar-parameters> ground-reflectivity
Ground Reflectivity [0.2]
```

当太阳光热负荷计算考虑散射辐射时，来自地面的辐射反射将在总体散射背景辐射计算中考虑。发射率的数值控制了来自地面反射辐射的量。默认值 0.2 是合理的。

ii. 将 scattering fraction 的值设置为 0.75。

```
/define/models/radiation/solar-parameters> scattering fraction
Scattering Fraction [1] 0.75
```

散射分数的默认值为 1。这意味着所有的反射辐射都分布在计算域内部。如果计算域含有较多玻璃区域，大部分反射辐射将经过玻璃传递到计算域外部。本文基于此原理降低了散射分数。

iii. 激活能量源项与邻近流体网格单元的设置。

```
/define/models/radiation/solar-parameters> sol-adjacent-fluidcells
sol-adjacent-fluidcells? [no] yes
```

步骤四：材料物性

Define/Materials…

此步将修改空气和固体钢材的物性。本步骤也将设置玻璃和建筑隔热材料的新的材料物性。

（1）修改空气 air 的物性参数。

（a）在 Density 下拉菜单中选择 boussinesq，输入 1.18 为密度值。

数值 1.18 kg/m^3 指定的是 25°C 和 1 atm 时的空气密度。

（b）在 Thermal Expansion Coefficient 一栏输入 0.00335 K^{-1}，单击 Change/Create。

假定为理想气体，该值为开尔文绝对温度的倒数。对于 25°C 的空气，其值为 0.00335 K^{-1}。

（2）复制 steel 材料。

（a）单击 Fluent Database…按钮打开 Fluent Database materials 面板。

（b）在 Material Type 下拉菜单中选择 solid，在 Fluent Solid Materials 下拉菜单中选择 steel。

确认所有其他的材料都未被选中。

（c）单击 Copy 关闭 Fluent Database materials 面板。

（3）创建名为 glass 的材料。

（a）在 Fluent Solid Materials 下拉菜单中选择 steel。

将其重命名为 glass。

（b）在 Materials 面板的 Name 中输入 glass。

（c）指定以下表所列的参数。

Parameter	Value
Density (kg/m3)	2220
Cp (j/kg·k)	830
Thermal Conductivity (w/m·k)	1.15

（d）单击 Change/Create，在接下来提示覆盖原有材料的提示框中选择 No。

（4）类似的，创建另外一个材料，名为 building-insulation，设置以下表所列的参数。

Parameter	Value
Density (kg/m3)	10
Cp (j/kg·k)	830
Thermal Conductivity (w/m·k)	0.1

步骤五：边界条件

Define/Boundary Conditions…

默认设置中，所有的内部和外部边界都参与太阳光线追踪，且边界为非透明介质。模拟中所有的壁面都参与太阳光线追踪。

（1）在边界中选择 solid-steel-frame。

（a）设置 Material Name 为 Steel。

实际钢材应该为中空结构。本算例中其被代表为固体材料，这是简化设置。

（b）单击 OK 关闭 Solid 面板。

（2）设置 w_floor 的边界条件。

（a）单击 Thermal 选项卡，在 Thermal Conditions 中选择 Temperature。

（b）单击 Radiation 选项卡，在 Direct Visible 中输入 0.81，在 Absorptivity 的 Direct IR 中输入 0.92。

（c）单击 OK 关闭 Wall 面板。

（3）设置外部玻璃面 w_south-glass 的边界条件。

（a）单击 Thermal 选项卡，在 Thermal Conditions 中选择 Mixed。

将热条件设置为 Mixed，可考虑玻璃材质引起的外部对流换热和外部辐射损失。

（b）指定以下表所列的参数。

Parameter	Value
Heat Transfer Coefficient (w/m2·k)	4
Free Stream Temperature (c)	22
External Emissivity	0.49
External Radiation Temperature (c)	-273

External Radiation Temperature 的值不设置为外部背景温度值，因为入射辐射已经在太阳光热负荷模型中考虑。

（c）在 Material Name 下拉菜单中选择 glass，在 Wall Thickness 一栏输入 0.01 m。

这是双层玻璃墙，应该设置考虑两层玻璃之间的气体间隔。

（d）单击 Radiation 选项卡，在 BC Type 下拉菜单中选择 semi-transparent。

i. 在 Absorptivity 的 Direct Visible, Direct IR 和 Diffuse Hemispherical 中输入 0.49。

ii. 在 Transmissivity 的 Direct Visible 和 Direct IR 中输入 0.3，在 Diffuse Hemispherical 中输入 0.32。

（e）单击 OK 关闭 Wall 面板。

（4）类似的，设置 w_doors-glass 和 w_roof-glass 的边界条件。

（5）设置 w_roof-solid 的边界条件。

屋顶为不透明外部面，其接受外部的太阳光热负荷。其绝缘性良好，我们可设置为绝热边界条件，即热流为零。

（a）保持 Thermal 选项的默认设置。

（b）单击 Radiation 选项，以附录的参数进行辐射设置。

i. 确保 BC Type 设置 opaque 和 Participates in Solar Ray Tracing 被勾选。

ii. 在 Absorptivity 的 Direct Visible 一栏输入 0.26，在 Direct IR 中输入 0.9。

（c）单击 OK，关闭 Wall 面板。

（6）设置 w_steel-frame-out 的边界条件。

（a）单击 Thermal 选项卡，在 Thermal Conditions 中勾选 Mixed。

i. 依靠下表所列参数进行设置。

Parameter	Value
Heat Transfer Coefficient (w/m2·k)	4
Free Stream Temperature (c)	25
External Emissivity	0.91
External Radiation Temperature (c)	53.5

（b）保持 Radiation 选项的默认参数。

（c）单击 OK 关闭 Wall 面板。

（7）设置 w_steel-frame-in 的边界条件。

（a）保持 Thermal 选项卡的默认设置。

（b）单击 Radiation 标签，以附录的参数进行辐射设置。

i. 确保 BC Type 设置为 opaque，确保 Participates in Solar Ray Tracing 被勾选。

ii. 在 Absorptivity 的 Direct Visible 一栏输入 0.78，在 Direct IR 中输入 0.91。

（c）单击 OK 关闭 Wall 面板。

（8）设置 w_north-wall 的边界条件。

（a）单击 Thermal 选项卡，在 Thermal Conditions 中勾选 Convection。

i. 依靠以下表所列的参数进行设定。

Parameter	Value
Heat Transfer Coefficient (w/m2·k)	4
Free Stream Temperature (c)	20
Material Name	building-insulation
Wall Thickness (m)	0.1

（b）单击 Radiation 选项。

i. 将 BC Type 设置为 opaque，确认 Participates in Solar Ray Tracing 被选中。

ii. 在 Absorptivity 的 Direct Visible 一栏输入 0.26，在 Direct IR 中输入 0.9。

（c）单击 OK 关闭 Wall 面板。

（9）类似的，设置其他内部面，及 w_east-wall、w_west-wall、w_room-walls 和 w_pillars 的边界条件。

（10）设置其他面的边界条件。

（a）保持其他壁面默认的传热条件。

（b）依靠附录的参数设置辐射条件。

（11）设置空调设备的边界条件。

（a）在 Velocity Specification Method 下拉菜单中选择 Magnitude and Direction。

（b）在 Velocity Magnitude 一栏输入 10 m/s。

（c）对 X-Component of Flow Direction、Y-Component of Flow Direction 和 Z-Component of Flow Dtrection 分别输入 0.1、1 和 0。

（d）在 Turbulence 的 Specification Method 下拉菜单中选择 Intensity and Length Scale。

（e）在 Turbulent Intensity 一栏设置 10%，在 Turbulent Length Scale 中输入 0.02 m。

（f）单击 Thermal 选项，在 Temperature（c）输入 15。

（g）单击 OK 关闭 Velocity Inlet 面板。

（12）关闭 Boundary Conditions 面板。

步骤六：求解

（1）进行求解控制参数设置。

Solve/Controls/Solution…

（a）在 Under-Relaxation Factors 的 Pressure 一栏输入 0.3、在 Momentum 一栏输入 0.2、在 Energy 一栏输入 0.9。

（b）将 Pressure 的离散格式设置为 Body Force Weighted，保持其他参数默认的 First Order Upwind。

（c）单击 OK 按钮关闭 Solution Controls 面板。

（2）设置面的监视器（见图 9-35）。

Solve/Monitors/Surface…

（a）在 Surface Monitors 一栏输入 1。

（b）对于 monitor-1 激活 Plot、Print 和 Write 选项。

（c）单击 Define…按钮打开 Define Surface Monitor 面板。

i. 在 Report 下拉菜单中选择 Wall Fluxes…和 Total Surface Heat Flux。

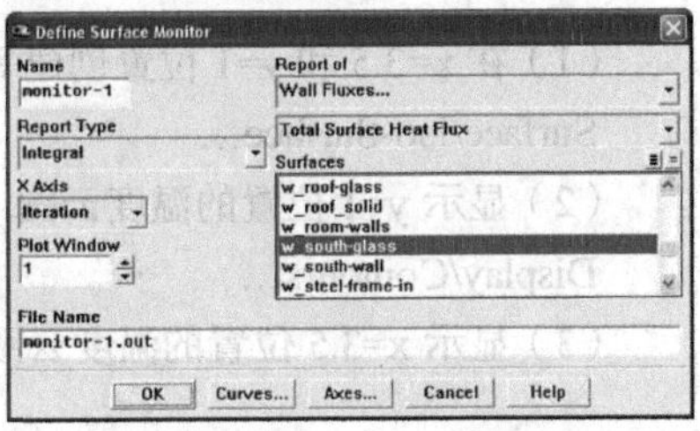

图 9-35　面监视器设置

ii. 在 Surfaces 中选择 w_southglass。

iii. 在 Plot Window 中设置 1。

iv. 单击 OK 按钮关闭 Define Surface Monitor 面板。

（d）单击 OK 按钮关闭 Surface Monitors 面板。

（3）求解初始化。

Solve/Initialie/Initialize…

（a）在 Compute From 下拉菜单中选择 all-zones。

（b）在 Initial Values 中，将 Temperature 一栏设置为 22，将其他默认参数都设置为 0。

（c）单击 Init 关闭 Solution Initialization 面板。

（4）保存工况和数据文件（fel_atrium.cas 和 fel_atrium.dat）。

File/Write/Case & Data…

（5）进行 1000 步迭代计算。

Solve/Ierate…

（6）保存工况和数据文件（fel_atrium-1.cas 和 fel_atrium-1.dat）。

File/Write/Case & Data…

步骤七：包含辐射模型

（1）激活 P1 或 S2S 辐射模型。

两个模型都需要一定的时间迭代计算，而 S2S 需要几个小时获得结果。S2S 的计算结果更为精确。

Define/Models/Radiation…

（2）在 Boundary Conditions 面板中，将所有 Wall 边界的 Internal Emissivity 设置为 Direct IR absorptivity （α_{IR}）。

Define/Boundary Conditions….

（3）如果使用了 S2S 模型，在 Radiation Model 面板中进行以下设置。

Define/Models/Radiaton…

（a）在 Iteration Parameters 中，将 Flow Iterations per Radiation Iteration 的值设置为 5。

（b）在 Parameters 中，单击 Set…

i. 将 Face per Surfaces Cluster for Flow Boundary Zones 的值设置为 10。

ii. 单击 Apply to All Walls 关闭面板。

（4）再进行 1000 步迭代求解。

Solve/Iterate…

（5）保持工况和数据文件（fel_atrium-p1.cas 和 fel_atrium-p1.dat）。

File/Write/Case & Data…

步骤八：后处理

（1）在 x=3.5 和 y=1 位置创建等值面。

Surface/Iso-Surface…

（2）显示 y=1 位置的温度云图（见图 9-36）。

Display/Contours…

（3）显示 x=3.5 位置的温度云图（见图 9-37）。

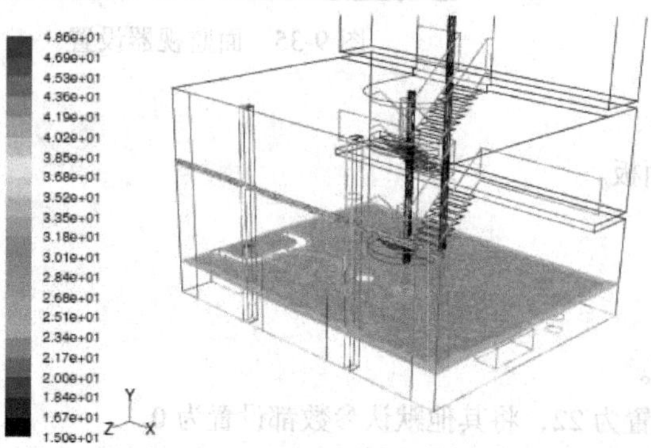

图 9-36　y=1 位置的温度云图

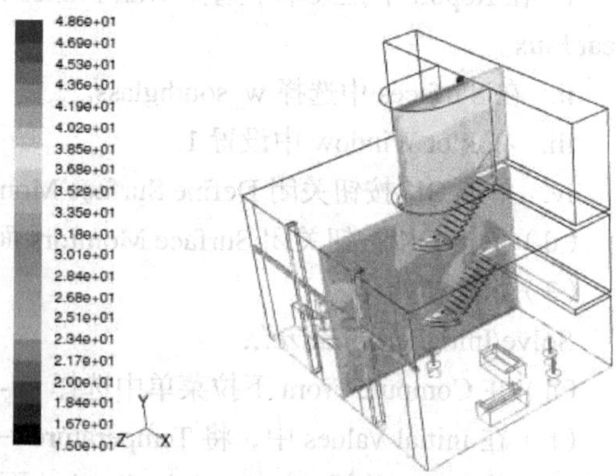

图 9-37　x=3.5 位置的温度云图

（4）显示 w_south-glass 位置的 Solar Heat Flux 太阳负荷热流云图（见图 9-38）。

（5）显示玻璃面的 Transmitted Visible Solar Flux 云图（见图 9-39）。

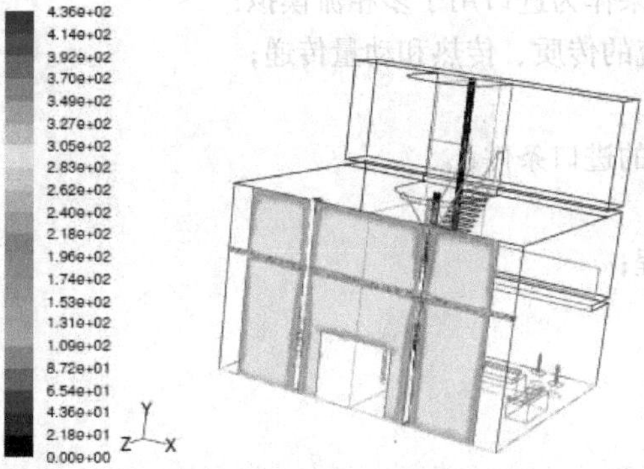

图 9-38　w_south-glass 位置的太阳负荷热流云图

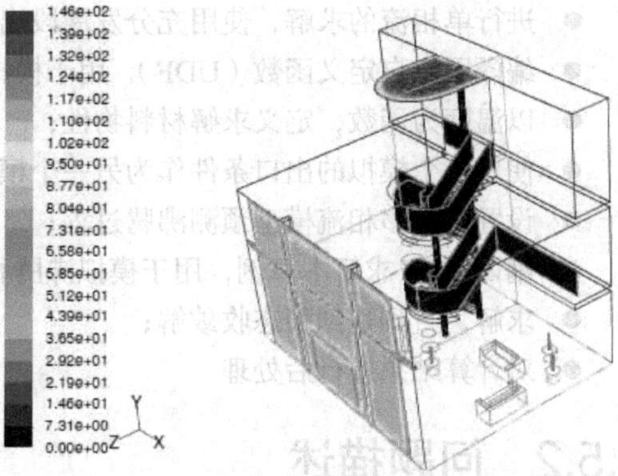

图 9-39　玻璃表面被传输的可见太阳负荷热流云图

9.4　附录

对于所有不透明材料，都需要知道红外（长波）和可见（短波）波段。通常情况下，红外波段的吸收系数较高。实际可能较难从厂商中获得这些数据的严谨值。因而，一般需要从传热学手册中获得这些数据的简化估算值。

对于透明表面，用户需要指定直射辐射的红外和可见部分的吸收率与发射率。这些值需要依靠入射辐射确定。FLUENT 将自动调整入射角度。对于散射辐射，用户需要指定总体的吸收率与发射率。这将是半球平均值。

如果用户较难获取玻璃的这些参数值，可参考表 9-1 所列的参数（数据来自 2001 ASHRAE fundamentals Handbook 第 30 章的表 13）。

表 9-1　参数值

Surface	Material	Radiant Properties
Walls	Matt White Paint	$\alpha_V = 0.26$, $\alpha_{IR} = 0.9$
Flooring	Dark Grey Carpet	$\alpha_V = 0.81$, $\alpha_{IR} = 0.92$
Furnishings	Various, generally mid coloured matt	$\alpha_V = 0.75$, $\alpha_{IR} = 0.90$
Steel Frame	Dark gray gloss	$\alpha_V = 0.78$, $\alpha_{IR} = 0.91$
External Glass	Double glazed coated glass	$\alpha_V = 0.49$, $\alpha_{IR} = 0.49$, $\alpha_D = 0.49$, $\tau_V = 0.3$, $\tau_{IR} = 0.3$, $\tau_D = 0.32$
Internal Glass	Single layer clear float glass	$\alpha_V = 0.09$, $\alpha_{IR} = 0.09$, $\alpha_D = 0.1$, $\tau_V = 0.83$, $\tau_{IR} = 0.83$, $\tau_D = 0.75$

9.5　算例二十九：利用 FLUENT 模拟核状沸腾换热过程

9.5.1　介绍

本算例的目的是，展示利用欧拉多相流模型进行强迫对流膜状沸腾过程的模拟。本算例需要使用用户自定义函数（UDF）。

本算例将展示以下应用：

- 进行单相流的求解，使用充分发展段出口的结果作为进口用于多相流模拟；
- 编译用户自定义函数（UDF），用于模拟沸腾流的传质、传热和动量传递；
- 以温度为函数，定义求解材料物性；
- 使用一个模拟的出口条件作为另一个模拟工况的进口条件；
- 设置欧拉多相流模型预测沸腾过程；
- 编译 UDF 求解本算例，用于模拟沸腾相变过程；
- 求解，直到达到稳态收敛解；
- 对计算结果进行后处理。

9.5.2 问题描述

本算例模拟垂直热管道流体向上流动的换热过程。计算域如图 9-40 所示。管道的直径为 15.4 mm，长度为 2 m。壁面传递给流体的热量密度为 345.6 kW/m^2。随着壁面温度高于流体饱和温度，会形成气泡，其会离开壁面。因为流体为过冷流体，因而气泡会在管道中部聚集。

本算例展示了使用 FLUENT 进行完整设置的流程。在未考虑沸腾情况下模拟的出口速度和湍流参数将用于考虑沸腾模拟工况的进口条件。这样处理是为了考虑进口处湍流充分发展段的流动结构。最后，沸腾工况的模拟结果将与实验数据进行比较。

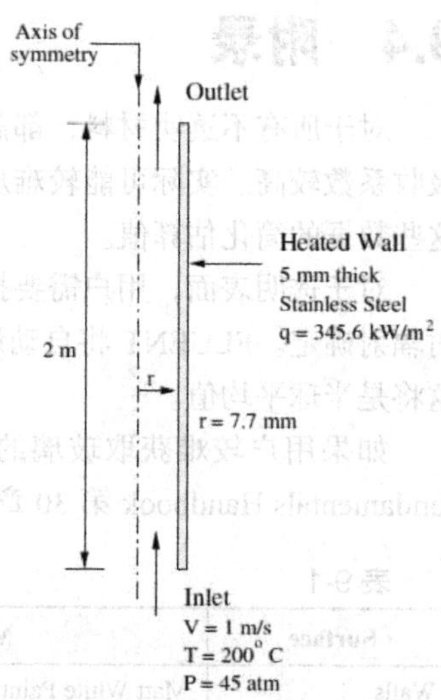

图 9-40 算例问题描述

9.5.3 准备工作

（1）复制 boiling-conjugate.msh 和 boiling-rpi-mode.c 文件到工作文件夹。

（2）启动 FLUENT 双精度 2D 求解器（2ddp）。

9.5.4 步骤和求解：单相流动

步骤一：网格和单位

（1）读入网格文件（boiling-conjugate.msh）。

File/Read/Case…

（2）检查网格。

Grid/Check

（3）显示网格。

Display/Grid…

（4）进行显示的个性化调整（见图 9-41）。

Display/Views….

（a）单击 Camera…按钮打开 Camera Parameters 面板。

（b）在 Camera 下拉菜单中选择 Up Vector。

（c）设置 X、Y 和 Z 分别为 1、0 和 0。

（d）单击 Apply，并关闭 Camera Parameters 面板。

显示窗口此时以垂直方式显示管道。本窗口只会调整网格或者计算域的显示方式，不会影响计算过程。本工况中，流动仍然以 x 方向进行。

（e）在 Mirror Planes 中选择 axis。

（f）单击 Apply。

（g）单击 Save 保存视图。

（h）关闭 Views 面板。

（i）缩小显示的区域，网格如图 9-42 所示。

（5）将压力的单位调整为大气压（见图 9-43）。

本工况的操作压力为 45 个大气压，为便于显示，将压力的单位调整为大气压。

Define/Units…

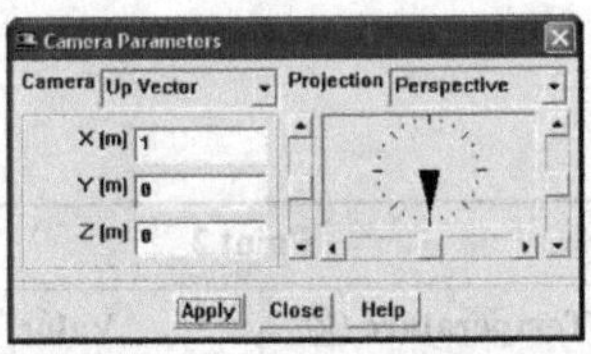

图 9-41　显示位置设置

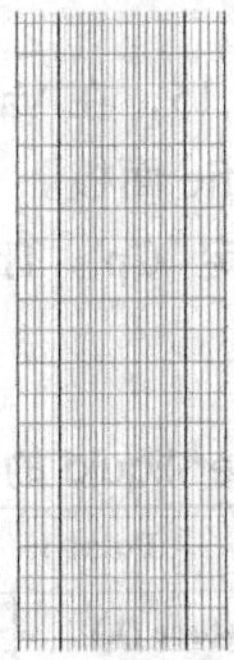

图 9-42　进口附近的网格显示

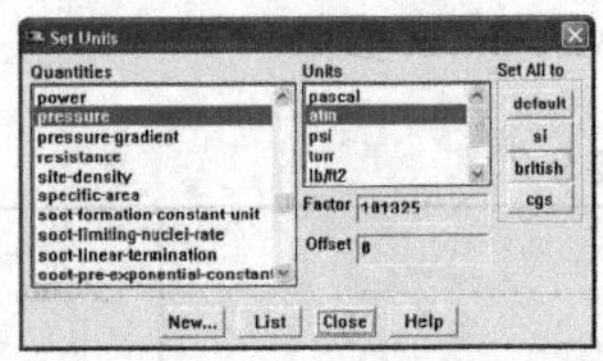

图 9-43　单位系统设置

（a）在 Quantities 中选择 pressure，在 Units 中选择 atm。此时压力单位将调整为大气压。

（b）关闭 Set Units 面板。

步骤二：模型

（1）选择 Pressure Based、Implicit、Axisymmetric、并选择 Steady 求解。

Define/Models/Solver…

（2）激活 Energy Equation。

Define/Models/Energy…

（3）设置重整化 RNG k-ε 湍流模型。

Define/Models/Viscous…

（a）在 Model 中选择 k-epsilon (2 eqn)。

（b）在 k-epsilon Model 中选择 RNG。

（c）单击 OK，关闭 Viscous Model 面板。

步骤三：材料物性

Define/Materials…

（1）从 FLUENT 材料数据库中复制出 water-liquid。

（2）单击 Fluent Database…按钮打开 Fluent Database Materials 面板。

（a）从 Fluent Fluid Materials 中选择 water-liquid (h2o<l>)。

（b）单击 Copy，将选出来的材料加入到工况中。

（c）关闭 Fluent Database Materials 面板。

（3）指定密度为温度的函数。

（a）在 Density 下拉菜单中选择 piecewise-linear，打开 Piecewise-Linear Profile 面板（见图 9-44）。

（b）设置 Points 为 2。

（c）在 Data Points 的 Point 中设置为 1。

（d）在 Temperature（K）一栏设置为 473.15 ，在 Value 一栏填写 864.7。

（e）在 Data Points 的 Point 中设置为 2，如图 9-45 所示。

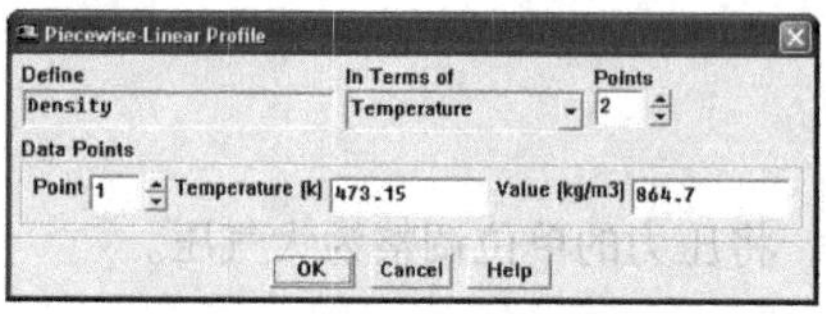

图 9-44　分段线性设置对话框

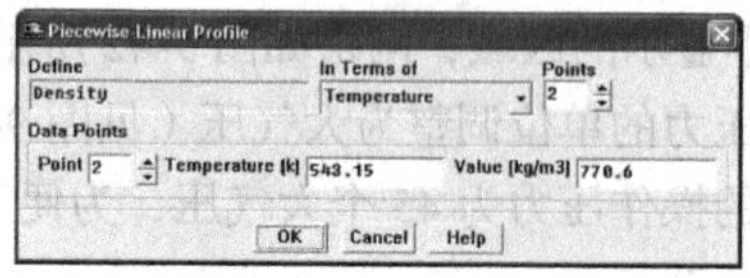

图 9-45　分段线性设置对话框

（f）在 Temperature（K）一栏设置为 543.15，在 Value 一栏填入 770.6。

（g）单击 OK，关闭 Piecewise-Linear Profie 面板。

（4）类似的，以表 9-2 所列的参数设定 Cp、Thermal Conductivity 和 Viscosity 的分段函数 piecewise-linear 参数。

表 9-2　　water-liquid 的物性

	Point	Point 1		Point 2	
		Temperature (k)	Value	Temperature (k)	Value
Cp (j/kg·k)	2	473.15	4494	543.15	5067
Thermal conductivity (w/m·k)	2	473.15	0.664	543.15	0.5928
Viscosity (kg/m·s)	2	473.15	1.339e-04	543.15	9.995e-05

（5）单击 Change/Create，并关闭 Materials 面板。

步骤四：操作条件

Define/Operating Conditions，如图 9-46 所示。

（1）在 Operating Pressure (atm)一栏输入 45。

（2）勾选 Gravity。

（a）在 Gravitational Acceleration 的 X 一栏输入-9.81。

（b）在 Operating Temperature 一栏输入 503.15。

（3）单击 OK，关闭 Operating Conditions 面板。

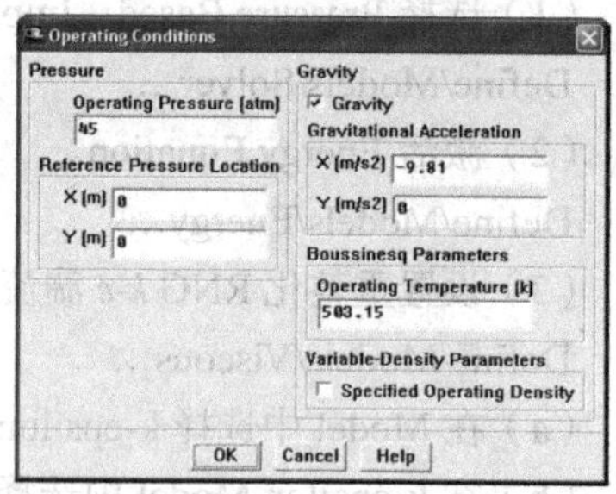

图 9-46　操作条件设置

步骤五：边界条件和区域条件

Define/Boundary Conditions…

（1）确认 axis 的边界条件为 axis。

（2）在 fluid 区域，在 Material Name 下拉菜单中选择 water-liquid。

（3）指定 inlet 的边界条件。

（a）保持 Magnitude, Normal to Boundary 作为 Velocity Specification Method。

（b）在 Velocity Magnitude（m/s）一栏输入 1。

（c）在 Turbulence Specification Method 下拉菜单中选择 Intensity and Hydraulic Diameter。

（d）在 Turbulence Intensity 一栏输入 4%，在 Hydraulic Diameter 一栏输入 0.0154 m。

（e）单击 Thermal 选项，在 Temperature 一栏设置为 473.15 K。

（f）单击 OK，关闭 Velocity Inlet 面板。

（4）定义 outlet 的边界条件。

（a）保持 Gauge Pressure 一栏中 0 atm 的默认设置。

（b）保持 Back Direction Specification Method 的默认设置。

（c）在 Turbulence Specification Method 下拉菜单中选择 Intensity and Hydraulic Diameter。

（d）在 Backflow Turbulence Intensity 一栏输入 4%，在 Backflow Hydraulic Diameter 一栏输入 0.0154。

（e）单击 OK，关闭 Pressure Outlet 面板。

（5）关闭 Boundary Conditions 面板。

步骤六：单相求解和出口数据

（1）设置求解控制参数。

Solve/Controls/Solution…

（a）保持默认设置。

（b）单击 OK，关闭 Solution Controls 面板。

（2）指定残差监视设置。

Solve/Monitors/Residual

（a）激活残差显示。

（b）将 continuity 的残差收敛标准设置为 1e-08。

（c）单击 OK，关闭 Residual Monitors 面板。

（3）以 inlet 的数据进行求解初始化。

Solve/Initialize/Initialize

（4）进行 500 步迭代。

Solve/Iterate…

求解将在约 320 步迭代后收敛，如图 9-47 所示。

（5）显示出口位置湍流充分发展段的结果数据（如图 9-48 所示）。

Plot/XY Plot…

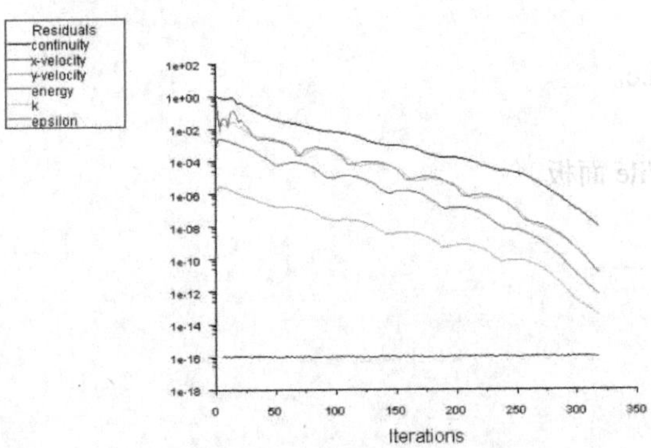

图 9-47 单相流动求解的残差收敛曲线

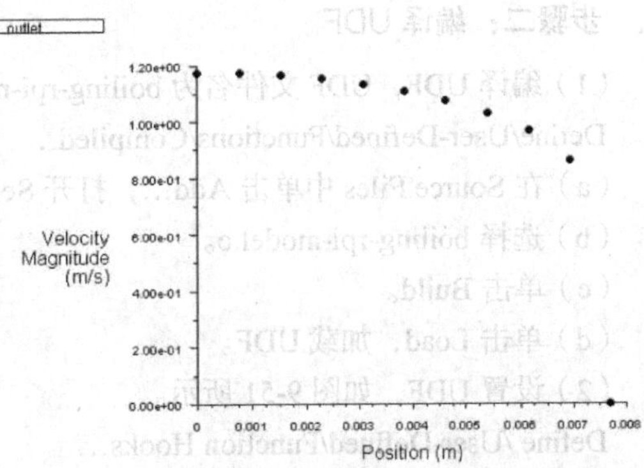

图 9-48 出口位置湍流充分发展段的速度数据

（a）设置点的方向 Plot Direction (X, Y)为（0,1）。

（b）在 Y Axis Function 下拉菜单中选择 Velocity…和 Velocity Magnitude。

（c）在 Surfaces 中选择 outlet。

（d）单击 Plot，关闭 Solution XY Plot 面板。

（6）导出出口位置的数据，如图 9-49 所示。

File/Write/Profile...

（a）在 Options 中 Define New Profile。

（b）在 Surfaces 中选择 outlet。

（c）在 Values 中选择 Velocity Magnitude、Turbulence Kinetic Energy (k) 和 Turbulent Dissipation Rate (Epsilon)。

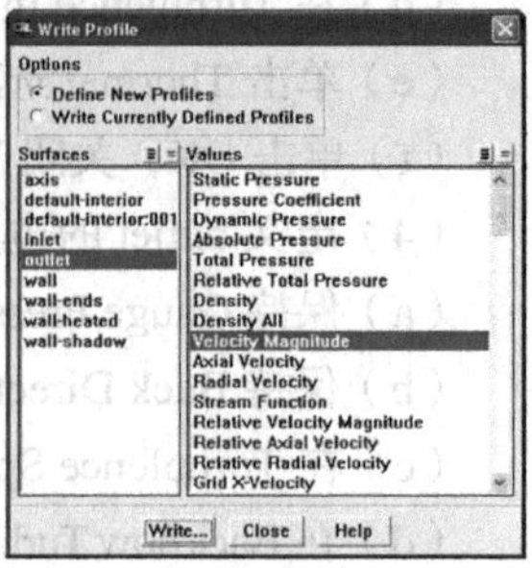

图 9-49　写 profile 文件

（d）单击 Write...打开 Select File 面板。

（e）在 File Name 一栏输入 liquid-outlet.prof，单击 OK。

（f）关闭 Write Profile 面板。

（7）读入 profile 文件。

File/Read/Profile...

（8）保存工况和数据文件（boiling-single-phase.cas.gz 和 boiling-single-phase.dat.gz）。

9.5.5　求解设置：沸腾流

步骤一：模型

（1）选择非定常求解器。

Define/Models/Solver

（2）勾选 Eulerian 多相流模型，如图 9-50 所示。

Define/Models/Multiphase...

（a）在 Model 中选择 Eulerian。

（b）将 Number of Phases 设置为 2。

（c）单击 OK，关闭 Multiphase Model 面板。

（3）确保 k-epsilon Multiphase Model 中选择 Mixture。

Define/Models/Viscous

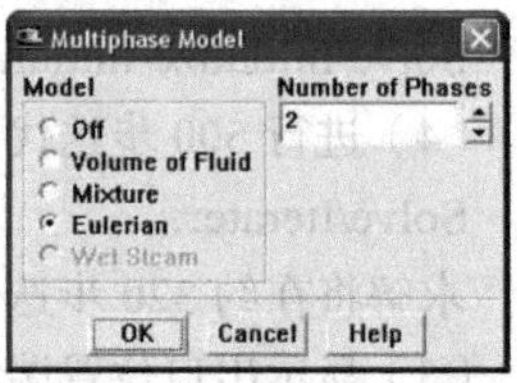

图 9-50　多相流设置面板

步骤二：编译 UDF

（1）编译 UDF，UDF 文件名为 boiling-rpi-model.c。

Define/User-Defined/Functions/Compiled...

（a）在 Source Files 中单击 Add...，打开 Select File 面板。

（b）选择 boiling-rpi-model.c。

（c）单击 Build。

（d）单击 Load，加载 UDF。

（2）设置 UDF，如图 9-51 所示。

Define /User-Defined/Function Hooks...

（a）在 Adjust 下拉菜单中选择 adjust_for_force。

（b）在 Wall Heat Flux 下拉菜单中选择 heat_flux。

（c）单击 OK，关闭 User-Defined Function Hooks 面板。

（3）将 Number of User-Defined Memory Locations 设置为 22，如图 9-52 所示。

Define/User-Defined/Memory…

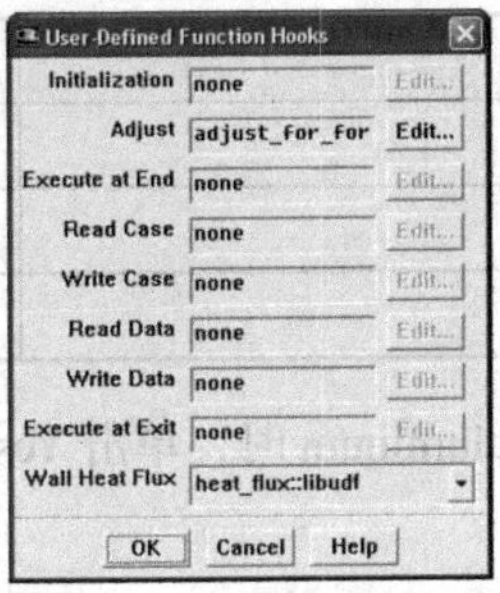

图 9-51　UDF 设置面板

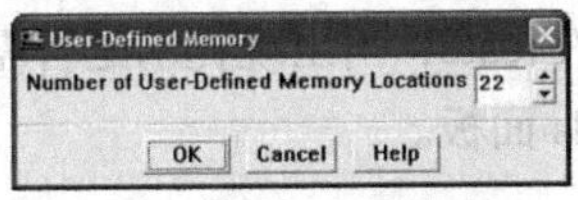

图 9-52　UDM 设置面板

步骤三：材料物性

Define/Materials…

（1）设置 water-liquid 的物性参数。

（a）对 Molecular Weight 输入 18.0152。

（b）对 Standard State Enthalpy 输入 0。

（c）对 Reference Temperature（K）一栏输入 533.15。

（d）单击 Change/Create。

（2）从 FLUENT 材料数据库中调出 water-vapor 流体材料。

（a）单击 Fluent Database…按钮，打开 Fluent Database Materials 面板。

（b）从 Material Type 下拉菜单中选择 fluid。

（c）在 Fluent Fluid Materials 中选择 water-vapor (h2o)。

（d）单击 Copy，添加选择的材料。

（e）关闭 Fluent Database Materials 面板。

（3）修改 water-vapor 的物性。

（a）如表 9-3 所示设置其物性。

表 9-3　　water-vapor 的物性

Property	Value
Density (kg/m3)	23.75
Cp (j/kg·k)	4221
Thermal Conductivity (w/m·k)	0.0528
Viscosity (kg/m·s)	1.79e-05
Molecular Weight	18.0152
Standard State Enthalpy	0
Reference Temperature	533.15

（b）单击 Change/Create。

（4）通过修改 aluminum 的物性创建壁面材料（stainless steel）。

（a）在 Material Name 下拉菜单中选择 solid。

（b）将 aluminum 重命名为 stainless-steel，删除 Chemical Formula 条目。

（c）依靠表 9-4 所列的参数设置 Stainless-steel 物性。

表 9-4　　stainless-steel 物性设置

Property	Value
Density (kg/m3)	8030
Cp (j/kg·k)	502.48
Thermal Conductivity (w/m·k)	16.27

（d）单击 Change/Create，当出现提示是否需要覆盖 aluminum 时，单击 Yes。

（5）关闭 Materials 面板。

步骤四：相间交互

Define/Phases…

（1）指定主相（liquid）。

（a）在 Phase 中选择 phase-1，单击 Set…按钮打开 Primary Phase 面板（见图 9-53）。

（b）对于 Name 输入 liquid。

（c）在 Phase Material 下拉菜单中选择 water-liquid。

（d）单击 OK，关闭 Primary Phase 面板。

（2）设定第二相（vapor），如图 9-54 所示。

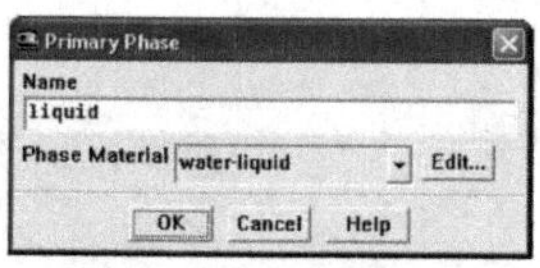

图 9-53　主相设置

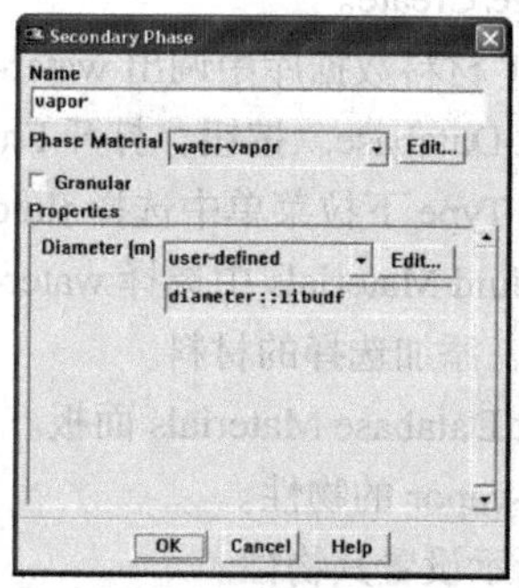

图 9-54　次相设置

（a）在 Name 一栏输入 vapor，在 Phase Material 下拉菜单中选择 water-vapor。

（b）在 Diameter 下拉菜单中选择 user-defined，打开 User-Defined Functions 面板。

（c）选择 diameter，单击 OK。

（d）单击 OK，关闭 Secondary Phase 面板。

（3）指定相间交互过程，如图 9-55 所示。

（a）单击 Interaction…按钮打开 Phase Interaction 面板。

（b）单击 Drag 选项。

i. 在 Drag coefficient 下拉菜单中选择 user-defined，打开 User-Defined Functions 面板。

ii. 选择 Drag，单击 OK。

（c）类似的，单击 Lift 选项，在 Lift Coefficient 下拉菜单中选择 lift。

（d）单击 Heat 选项，在 Heat Transfer Coefficient 下拉菜单中选择 ranz-marshall。

（e）单击 Mass 选项，将 Number of Mass Transfer Mechanisms 设置为 1，如图 9-56 所示。

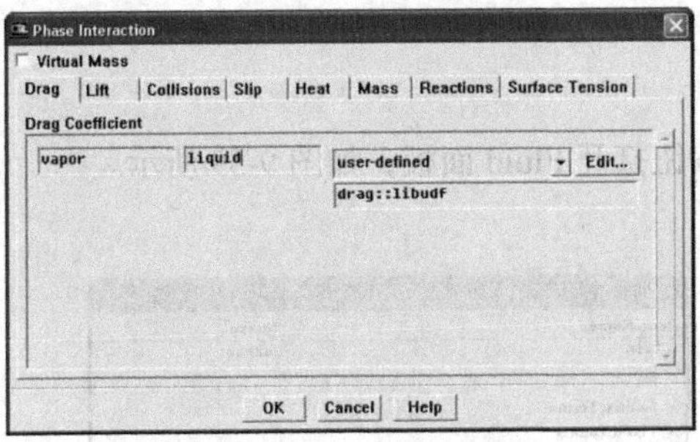

图 9-55　相间交互设置面板

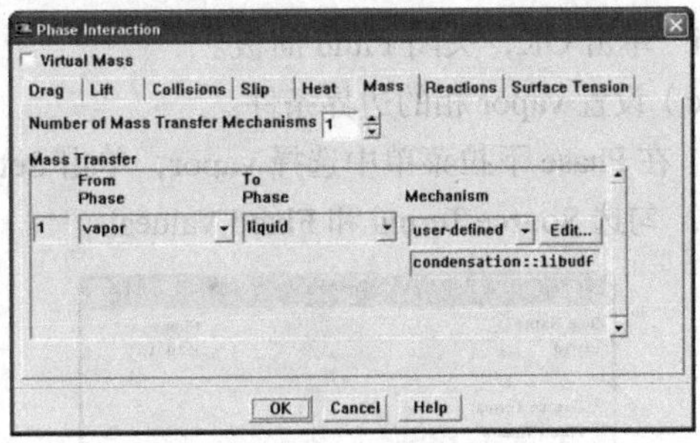

图 9-56　相间交互，质量传递设置

i. 在 From Phase 下拉菜单中选择 vapor，在 To Phase 下拉菜单中选择 liquid。

ii. 在 Mechanism 下拉菜单中选择 user-defined。

iii. 在 User-Defined Functions 面板中选择 vaporisation_condensation。

iv. 单击 OK，关闭 Phase Interaction 面板。

（4）关闭 Phases 面板

步骤五：操作条件

Define/Operating Conditions…

（1）在 Variable-Density Parameters 中勾选 Specified Operating Density。

（2）对于 Operating Density 中输入 23.75 kg/m3。

（3）单击 OK，关闭 Operating Conditions 面板。

步骤六：边界条件和区域条件设置

在设置边界条件和区域条件之前，需要对流场进行初始化。流场初始化的原因为，目前在内存中只有单相解，之后需要进行两相边界条件的设置。如果不进行初始化操作，之后可能出错。

Solve/Initialize/Initialize…

以 inlet 的数值对流场进行初始化。

Define/Boundary Conditions

（1）设置计算域（fluid）的边界条件。

（a）对 mixture 设置边界条件。

i. 在 Zone 中选择 fluid，在 Phase 下拉菜单中选择 mixture，单击 Set…按钮打开 Fluid 面板，如图 9-57 所示。

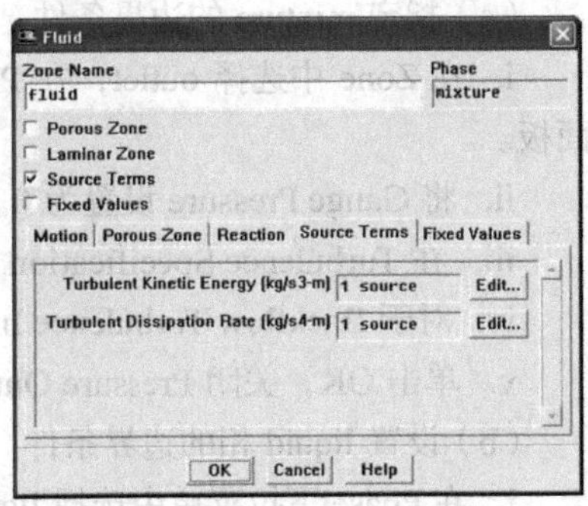

图 9-57　流动计算域设置

ii. 激活 Source Terms，单击 Source Terms 选项。

iii. 在 Turbulence Kinetic Energy 下拉菜单中选择 udf turb_energy。

iv. 在 Turbulence Dissipation Rate 下拉菜单中选择 udf turb_diss。

v. 单击 OK，关闭 Fluid 面板。

（b）设置 liquid 相的边界条件。

i. 在 Phase 下拉菜单中选择 liquid，单击 Set…按钮打开 Fluid 面板，如图 9-58 所示。

ii. 勾选 Source Terms，单击 Source Terms 选项。

iii. 在 Axial Momentum 下拉菜单中选择 udf x_turb_liq。

iv. 在 Radial Momentum 下拉菜单中选择 udf y_turb_liq。

v. 在 Energy 下拉菜单中选择 udf energy_liquid。

vi. 单击 OK，关闭 Fluid 面板。

（c）设置 vapor 相的边界条件。

i. 在 Phase 下拉菜单中选择 vapor，单击 Set…按钮打开 Fluid 面板，如图 9-59 所示。

ii. 勾选 Source Terms 和 Fixed Values。

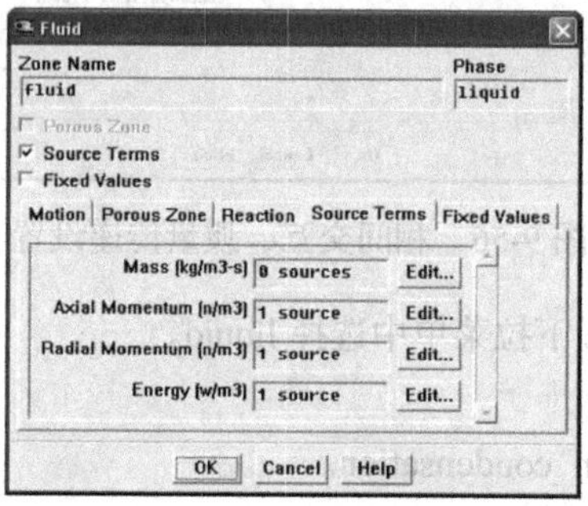

图 9-58　流体计算域源项设置

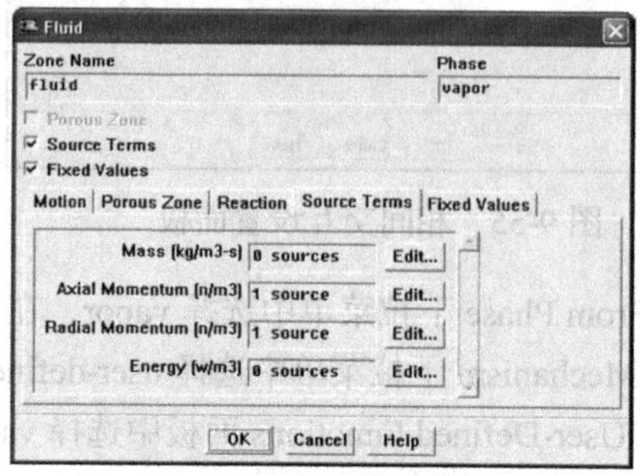

图 9-59　流体计算域源项设置

iii. 单击 Source Terms 选项。

iv. 在 Axial Momentum 下拉菜单中选择 udf x_turb_gas。

v. 在 Radial Momentum 下拉菜单中选择 udf y_turb_gas。

vi. 单击 Fixes Values 选项。

vii. 在 Temperature 下拉菜单中选择 constant，输入 533.15 K。

通过应用固定温度的气相设置，我们假定气相为饱和状态。饱和温度约为 533.15 K。

viii. 单击 OK，关闭 Fluid 面板。

（2）指定 outlet 的边界条件。

（a）指定 mixture 的边界条件。

i. 在 Zone 中选择 outlet，在 Phase 下拉菜单中选择 mixture，单击 Set…按钮打开 Pressure Outlet 面板。

ii. 将 Gauge Pressure 设置为 0。

iii. 在 Turbulence Specification Method 下拉菜单中选择 Intensity and Hydraulic Diameter。

iv. 对于 Backflow Turbulence Intensity 设置为 1%，对 Backflow Hydraulic Diameter 设置为 0.0154。

v. 单击 OK，关闭 Pressure Outlet 面板。

（b）设置 liquid 相的边界条件。

i. 在 Phase 下拉菜单中选择 liquid，单击 Set…按钮打开 Pressure Outlet 面板。

ii. 单击 Thermal 选项，在 Backflow Total Temperature 中输入 533.15 K。

iii. 单击 OK，关闭 Pressure Outlet 面板。

（c）设置 vapor 相的边界条件。

i. 在 Phase 下拉菜单中选择 vapor，单击 Set…按钮打开 Pressure Outlet 面板。

ii. 单击 Thermal 选项，在 Backflow Total Temperature 一栏输入 533.15 K。

iii. 单击 Multiphase 选项，在 Backflow Volume Fraction 一栏输入 0。

iv. 单击 OK，关闭 Pressure Outlet 面板。

（3）设置 solid 计算域的计算条件。

（a）在 Zone 中选择 solid，在 Phase 下拉菜单中选择 mixture，单击 Set…，打开 Solid 面板。

（b）在 Material Name 下拉菜单中选择 stainless-steel。

（c）单击 OK，关闭 Solid 面板。

（4）指定壁面的边界条件。

（a）在 Zone 中选择 wall，在 Phase 下拉菜单中选择 mixture，单击 Set…按钮，打开 Wall 面板。

i. 单击 Thermal 选项，在 Thermal Conditions 中选择 Heat Flux。

ii. 在 Heat Flux 下拉菜单中选择 udf heat_flux_solid。

iii. 单击 OK，关闭 Wall 面板。

（b）在 Zone 中选择 wall-shadow，在 Phase 下拉菜单中选择 mixture，单击 Set…按钮，打开 Wall 面板。

i. 在 Thermal Conditions 中选择 Heat Flux。

ii. 单击 Thermal 选项，在 Heat Flux 中选择 udf heat_flux_fluid。

iii. 单击 OK，关闭 Wall 面板。

（c）在 Zones 中选择 wall-heated，在 Phase 下拉菜单中选择 mixture，单击 Set…。

i. 单击 Thermal 选项，在 Material Name 下拉菜单中选择 stainless-steel。

ii. 在 Heat Flux 一栏输入 345600。

iii. 单击 OK，关闭 Wall 面板。

（5）指定 inlet 的边界条件。

（a）设置 mixture 的边界条件。

i. 在 Zone 中选择 inlet，在 Phase 下拉菜单中选择 mixture，单击 Set…按钮，打开 Velocity Inlet 面板。

ii. 在 Turbulence Specification Method 下拉菜单中选择 k and epsilon。

iii. 在 Turb. Kinetic Energy 下拉菜单中选择 outlet turb-kinetic-energy。

iv. 在 Turb. Dissipation Rate 下拉菜单中选择 outlet turb-diss-rate。

v. 单击 OK，关闭 Velocity Inlet 面板。

（b）设置 liquid 相的边界条件。

i. 在 Phase 下拉菜单中选择 liquid，单击 Set…按钮，打开 Velocity Inlet 面板。

ii. 在 Velocity Specification Method 下拉菜单中保持默认选择 Magnitude, Normal to Boundary。

iii. 在 Velocity Magnitude 下拉菜单中选择 velocity-magnitude。

iv. 单击 Thermal 选项，在 Temperature（K）一栏输入 473.15。进口温度（473.15 K）低于饱和温度（533.15 K），说明过冷液体流进了计算域。两值之差（$T\text{-}T_{sat}$）被定义为过冷度。本算例过冷度为 60 K。

v. 单击 OK，关闭 Velocity Inlet 面板。

（c）设置 vapor 相的边界条件。

i. 在 Phase 下拉菜单中选择 vapor，单击 Set…按钮打开 Velocity Inlet 面板。

ii. 保持 Turbulence Specification Method 下拉菜单中的 Magnitude, Normal to Boundary 默认设置。

iii. 在 Velocity Magnitude 一栏中输入 0。

iv. 单击 Thermal 选项卡，在 Temperature 中输入 533.15 K。

v. 单击 Multiphase 选项，在 Volume Fraction 中输入 0。这里，进口气相速度和体积分数为 0，因为没有气相介质进入计算域。本算例中，气相在壁面处形成。气相温度设为饱和温度（533.15 K），即认为本算例中气相在计算域中都是饱和状态。

vi. 单击 OK，关闭 Velocity Inlet 面板。

（6）关闭 Boundary Conditions 面板。

步骤七：求解控制

（1）指定求解控制参数。

如表 9-5 所示指定欠松弛因子 Under-Relaxation Factors。

表 9-5　　　　欠松弛因子

Flow Variable	Under-Relaxation Factor
Pressure	0.5
Density	1.0
Body Forces	1.0
Momentum	0.3
Volume Fraction	0.2
Turbulence Kinetic Energy	0.4
Turbulence Dissipation Rate	0.4
Turbulent Viscosity	1.0
Energy	1.0

（2）配置其他的求解控制监视器。尤其是对于非定常流动而言，默认只监视残差不能完全判断求解结果是否收敛。因此，需要额外的监视器来监视其他量，比如质量与能源守恒等。对于本模拟，是监视质量守恒和出口液相温度的监视器。

Solve/Monitors/Surface…

（a）将 Surface Monitors 增加设置为 2。

（b）对 monitor-1 和 monitor-2，勾选 Plot 和 Print。

（c）对 monitor-1 和 monitor-2，在 When 下拉菜单中选择 Time Step。

（d）设置总体质量守恒的监视器（monitor-1）。

i. 对 monitor-1，单击 Define 按钮，打开 Define Surface Monitor 面板。

ii. 在 Report Type 下拉菜单中选择 Mass Flow Rate。

iii. 在 X Axis 下拉菜单中选择 Flow Time。

iv. 设置 Plot Window 为 1。此时 FLUENT 会自动配置监视窗口。

v. 在 Surfaces 中选择 inlet 和 outlet。

vi. 单击 OK，关闭 Define Surface Monitor 面板。

（e）设置气相出口的监视器（monitor-2）。

i. 对 monitor-2，单击 Define，打开 Define Surface Monitor 面板。

ii. 在 Report Type 下拉菜单中选择 Area-Weighted Average。

iii. 在 X Axis 下拉菜单中选择 Flow Time。

iv. 设置 Plot Window 为 2。此时 FLUENT 会配置好显示窗口。

v. 在 Report 下拉菜单中选择 Phases 和 Volume fraction。

vi. 在 Phase 下拉菜单中选择 vapor。

vii. 在 Surfaces 中选择 outlet。

viii. 单击 OK，关闭 Define Surface Monitor 面板。

（f）单击 OK，关闭 Surface Monitors 面板。

步骤八：沸腾流的求解

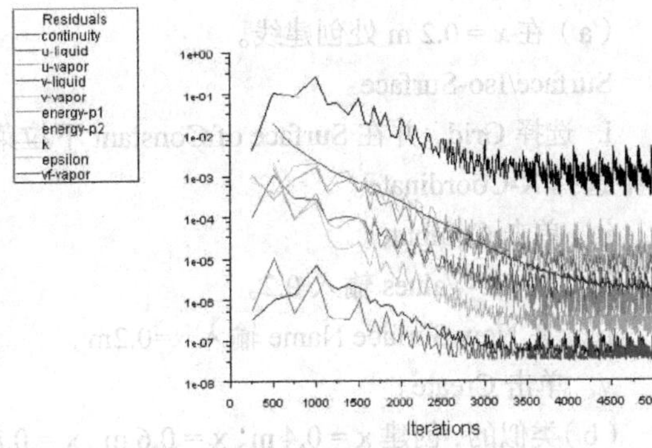

图 9-60　沸腾流模拟的残差曲线

（1）以 inlet 区域进行求解初始化。

Solve/Initialize/Initialize…

（2）保存工况和数据文件（boiling-inlet.cas.gz 和 goiling-init.dat.gz）。

（3）设置求解参数。

Solve/Iterate…

（a）设置 Time Step Size 为 0.1。

（b）设置 Number of Time Steps 为 500。

（c）设置 Max Iterations per Time Step 为 10。

（4）单击 Iterate，图 9-60 显示了沸腾流模拟的残差曲线。图 9-61 显示了质量守恒的监视曲线。图 9-62 显示了出口气相的监视结果。

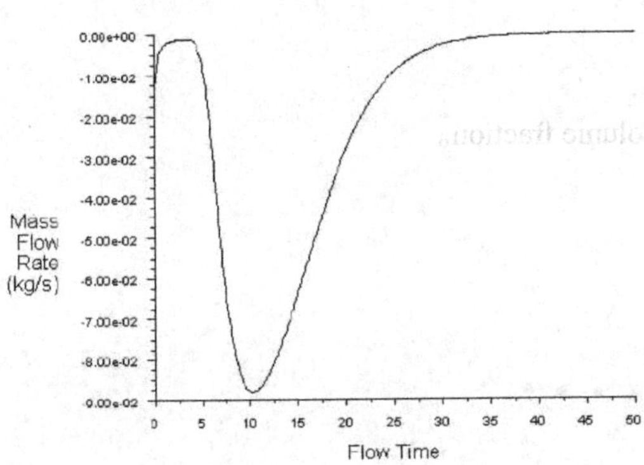

图 9-61　质量守恒的收敛监视曲线

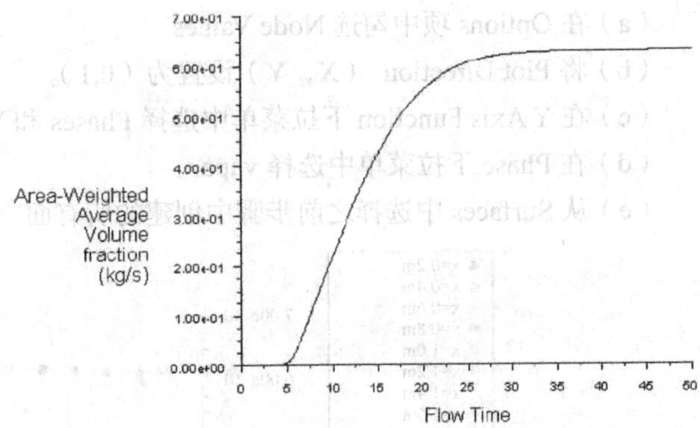

图 9-62　出口气相气体分数的监视曲线

步骤九：后处理

（1）创建 fluid 区域的区域面。

Surface/Zone…

（a）在 Zone 中选择 fluid。

（b）单击 Create，关闭 Zone Surface 面板。

（2）显示管道壁面方向气相的体积分数（如图 9-63 所示）。

Plot/XY Plot

（a）在 Options 项中勾选 Node Values。

（b）设置 Plot Direction （X, Y）为（1，0）。

（c）在 Y Axis Function 下拉菜单中选择 Phase…和 Volume fraction。

（d）在 Phase 下拉菜单中选择 vapor。

（e）在 Surfaces 中选择 wall-shadow。此处选中 wall-shadow，该位置与流体相邻，在该位置发生沸腾过程。

（f）单击 Plot，图 9-63 说明随着流体流经管道壁面，流体逐渐被加热，沸腾过程发生，气相逐渐增多。沸腾过程起始于约 x =0.5 m 位置处。

（g）关闭 Iso-Surface 面板。

（3）自定义表面。

（a）在 $x = 0.2$ m 处创建线。

Surface/Iso-Surface

i. 选择 Grid，并在 Surface of Constant 下拉菜单中选择 X-Coordinate。

ii. 单击 Compute。

iii. 在 Iso-Values 输入 0.2。

iv. 在 New Surface Name 输入 x=0.2m。

v. 单击 Create。

（b）类似的，创建 x = 0.4 m、x = 0.6 m、x = 0.8 m、x = 1.0 m、x = 1.2 m、x = 1.4 m、x = 1.6 m、x = 1.8 m 和 x = 2.0 m 位置的线。

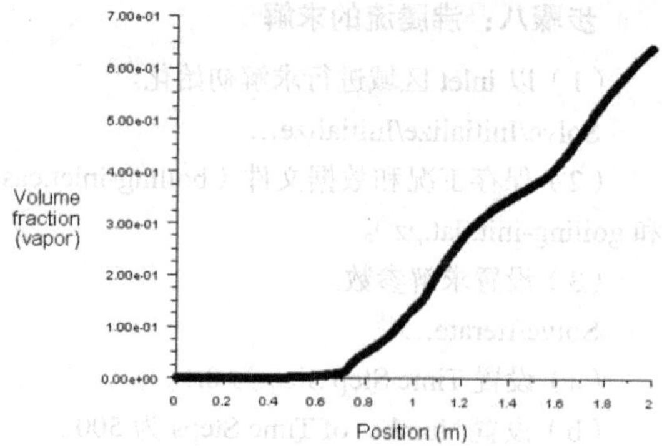

图 9-63　沿壁面方向的气相体积分数

（4）创建沿管道方向的气相体积分数（见图 9-64）。

Plot/XY Plot

（a）在 Options 项中勾选 Node Values。

（b）将 Plot Direction （X，Y）设置为（0,1）。

（c）在 Y Axis Function 下拉菜单中选择 Phases 和 Volume fraction。

（d）在 Phase 下拉菜单中选择 vapor。

（e）从 Surfaces 中选择之前步骤中创建的所有面。

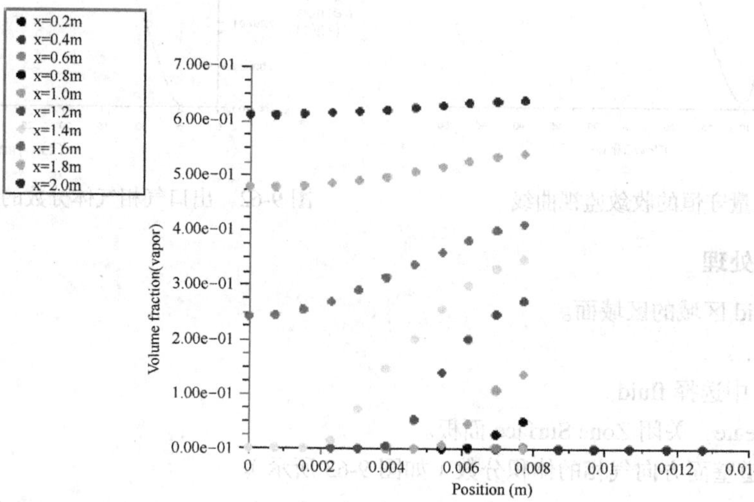

图 9-64　显示沿管道方向多条线的气相体积分数

（f）单击 Plot，显示如图 9-64 所示。

（5）将目前的模拟结果与实验数据相比较，实验数据保存在文件 boiling-exp.xy 中。

Plot/XY Plot

（a）在 Options 项中不勾选 Node Values。

（b）设置 Plot Direction（X,Y）为（1,0）。

（c）选择 User-Defined Memory，在 Y Axis Function 下拉菜单中选择 User Memory 10。

（d）在 Surface 中选择 wall-shadow。

（e）导入实验数据文件 boiling-exp.xy。

i. 单击 Load File 按钮，打开 Select File 面板。

ii. 在 File 中选择 boiling-exp.xy，单击 OK。

（f）改变显示的数据。

i. 单击 Axes 按钮，打开 Axes-Solution XY Plot 面板。

ii. 在 Axes 中选择 Y。

iii. 在 Label 中输入 Wall Superheat T-Tsat (K)。

iv. 在 Number Type 的 Type 下拉菜单中选择 float。

v. 设置 Precision 为 1。

vi. 单击 Apply，关闭 Axes-Solution XY Plot 面板。

（g）单击 Plot。

图 9-65 显示了沿壁面方向的过热度（T-T_{sat}）。壁面释放能量给流体而发生沸腾作用。如果没有相变发生，壁面温度将上升到非常高。沸腾过程对壁温升高有抑制作用。总体而言，预测结果精度可以接受。

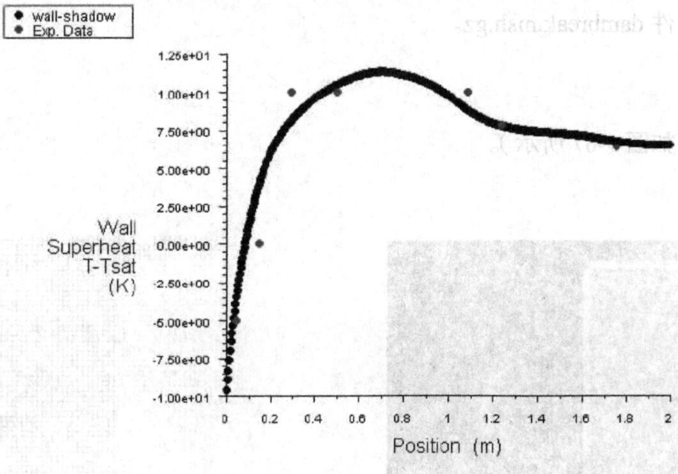

图 9-65　沿壁面的 T-T_{sat} 值

（6）保存工况和数据文件（boiling-final.cas.gz 和 boiling-final.dat.gz）。

9.6　算例三十：使用 FLUENT 的 VOF 多相流模型模拟大坝泄洪过程

本算例使用 VOF 多相流模型模拟大坝泄洪过程。

本算例展示以下操作：

- 设置大坝泄洪过程；
- 估算时间步长，设置时间步长；
- 使用 VOF 模型求解此问题；
- 多相流算例的结果后处理。

9.6.1　问题描述

图 9-66 显示了本算例大坝泄洪过程的初始时刻情况。

本算例中，方形形状的水被两块壁面限制。考虑垂直方向的重力作用，重力作用为−9.81 m/s^2。在计算开始时刻，右侧的壁面被移除，水经由这个垂直面流出。

9.6.2 准备工作

（1）复制网格文件 dambreak.msh.gz 到工作文件夹。

（2）启动 2D 的 FLUENT 求解器。

9.6.3 设置与求解

步骤一：网格

（1）读入网格文件 dambreak.msh.gz。

（2）检查网格。

Grid/Check

（3）显示网格（如图 9-67 所示）。

Display/Grid

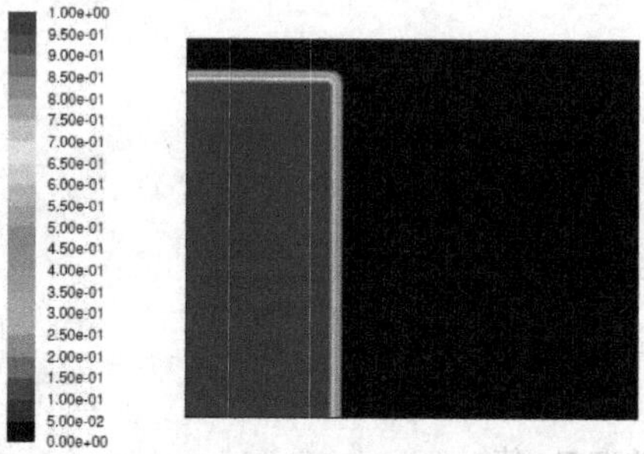

图 9-66　该算例的初始时刻情况

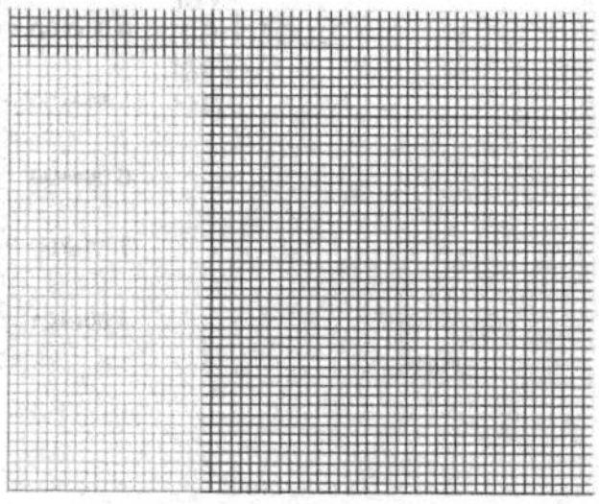

图 9-67　网格显示

（a）单击 Colors 按钮，打开 Grid Colors 面板。

i. 选择 Color By ID。

ii. 关闭 Grid Colors 面板。

（b）单击 Display。

（c）关闭 Grid Display 面板。

步骤二：模型

（1）求解器设置。

Define/Models/Solver

（a）在 Time 一栏设置 Unsteady。

（b）单击 OK，关闭 Solver 面板。

（2）设置多相流模型。

Define/Models/Multiphase

（a）选择 Volume of Fluid 多相流模型。

（b）勾选 Implicit Body Force Formulation。

（c）单击 OK，关闭 Multiphase Model 面板。

步骤三：材料物性

默认的液态水和空气物性对本模拟工况是合适的。用户可通过 Materials 面板确认此参数。

（1）定义材料物性。

Define/Materials…

（a）保持 air 的默认设置。

（b）将 Fluent Database 中找出 water-liquid (h2o<l>)，设定为新的材料。

（c）单击 Change/Create，关闭 Materials 面板。

（2）指定主相（空气）和第二相（液态水）。

Define/Phases

（a）指定 air 为主相。

（b）指定 water-liquid 为第二相。

（c）关闭 Phases 面板。

步骤四：操作条件

Define/Operating Conditions

（1）勾选 Gravity。

（2）在 Gravitational Acceleration 的 Y 中输入-9.81 m/s^2。

（3）勾选 Specified Operating Density，保持 Operating Density 的默认值。

（4）单击 OK，关闭 Operating Conditions 面板。

步骤五：计算域设置

Define/Boundary Conditions

设置 poutlet 的计算条件。

（a）在 Phase 的下拉菜单中，选择 water-liquid，单击 Set 按钮。

i. 保持 Backflow Volume Fraction 的默认值 0。

ii. 单击 OK，关闭 Pressure Outlet 面板。

（b）关闭 Boundary Conditions 面板。

步骤六：求解

（1）设置求解参数。

Solve/Controls/Solution

（a）将 Pressure 设置为 0.9、Momentum 为 0.7，保持其他参数的欠松弛因子 Under-Relaxation Factors 为 1。

（b）在 Pressure 下拉菜单中选择 PRESTO!，在 Discretization 的 Momentum 下拉菜单中选择 First Order Upwind。

（c）在 Pressure-Velocity Coupling 下拉菜单中选择 PISO。对于非定常计算，推荐采用 PISO 格式。

（d）单击 OK，关闭 Solution Controls 面板。

（2）设置 Pressure 的终止标准。

Solve/Controls/Multigrid…

（a）将 Pressure 的 Termination Value 设置为 0.001。

（b）单击 OK，关闭 Multigrid Controls 面板。

（3）求解初始化。

Solve/Initialize/Initialize

（a）保持默认参数，单击 Init 初始化。

（b）关闭 Solution Initialization 面板。

（4）对 water-liquid 区域进行局部初始化。

Solve/Initialize/Patch

（a）在 Phase 下拉菜单中，选择 water-liquid。

（b）在 Variable 中，选择 Volume Fraction。

（c）在 Zones To Patch 中选择 water。

（d）设置 Value 为 1。

（e）单击 Patch，关闭 Patch 面板。

（5）激活迭代中的残差显示。

Solve/Monitors/Residual

（a）勾选 Plot。

（b）单击 OK，关闭 Residual Monitors 面板。

（6）估算时间步长。

$$Courant = \Delta t \cdot v_{fluid} / \Delta x_{cell}$$
$$\rho gh = \rho v_{fluid}^2 / 2$$
$$v_{fluid} = \sqrt{2gh} \approx 10\ \text{m/s}$$
$$\Delta t = \Delta x_{cell} / v_{fluid} \approx 0.01\ \text{s}$$

（7）设置时间步长参数。

Solve/Iterate

（a）设置 Time Step Size 为 0.01 s。

（b）设置 Number of Time Steps 为 20。

（c）设置 Max. Iterations per Time Step 为 40。

（d）单击 Apply。

（8）保存工况和数据文件（dambreak.cas.gz 和 dambreak.dat.gz）。

（9）单击 Iterate，开始计算。

（10）当 FLUENT 完成指定的时间步计算后，继续进行 30、30 和 20 个时间步（Number of Time Steps）迭代，即后续又进行了 80 步时间步迭代。

（11）每一个时间步的工况和数据文件都保存文件，这将有助于查看 VOF 模拟的过程和结果。

步骤七：后处理

将显示 4 个时间步长时刻的 VOF 模型计算得到的速度矢量和速度云图。图 9-68 至图 9-75 显示了随着时间步增长，得到的演化过程。

（1）显示 20 个时间步后的速度矢量图（见图 9-68）。

（a）在 Vectors of 下拉菜单中选择 Velocity。

（b）在 Phase 下拉菜单中选择 mixture。

（c）在 Color By 下拉菜单中选择 Velocity 和 Velocity Magnitude，单击 Display。

（2）显示 20 个时间步的水的体积分数云图（见图 9-69）。

（a）在 Contours of 下拉菜单中选择 Phases 和 Volume Fraction。

（b）在 Phase 下拉菜单中选择 water-liquid，单击 Display。

（3）类似的，显示第 50、80 和 100 个时间步的体积分数和速度矢量图，如图 9-70 至图 9-75 所示。

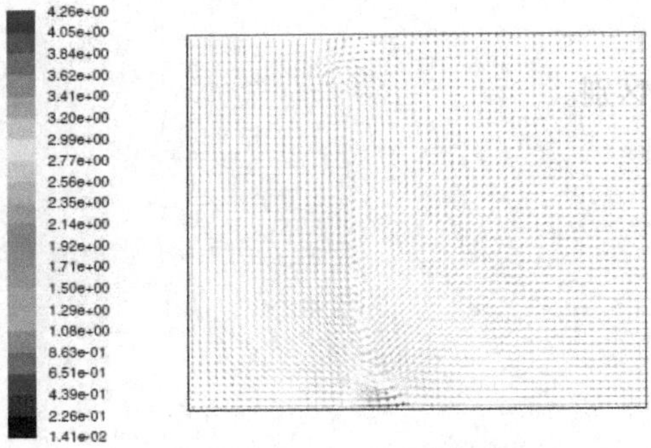

图 9-68　20 个时间步时的速度矢量图

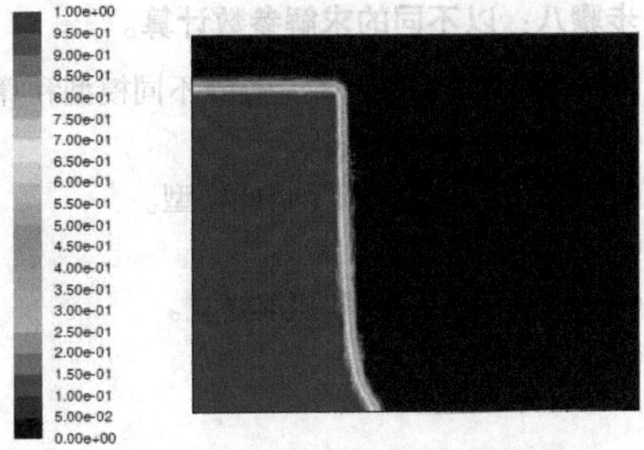

图 9-69　20 个时间步时水相的体积分数

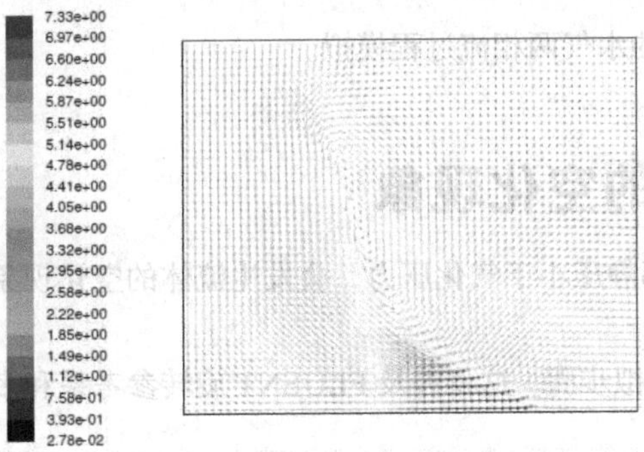

图 9-70　50 个时间步时的速度矢量图

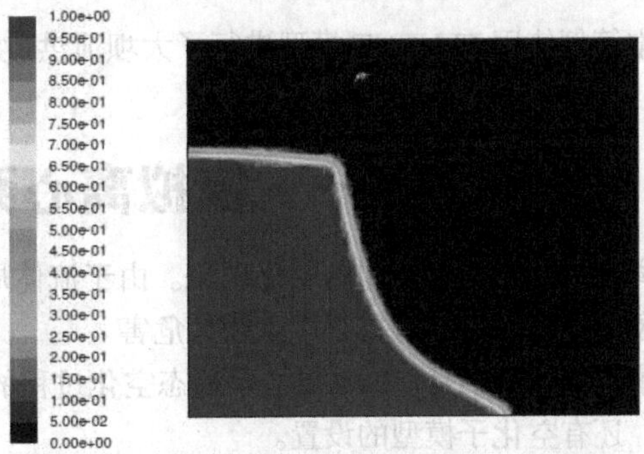

图 9-71　50 个时间步时水相的体积分数

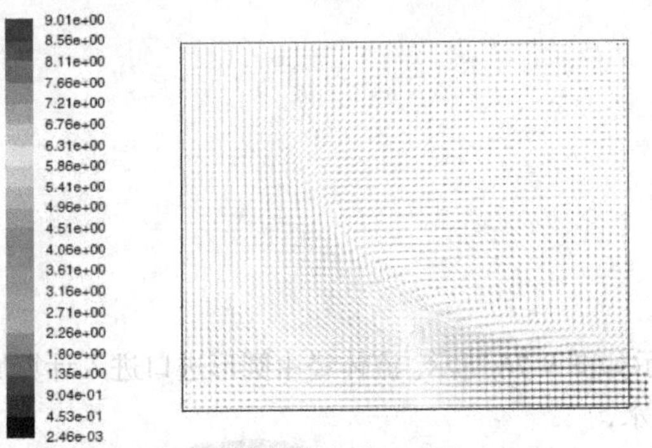

图 9-72　80 个时间步时的速度矢量图

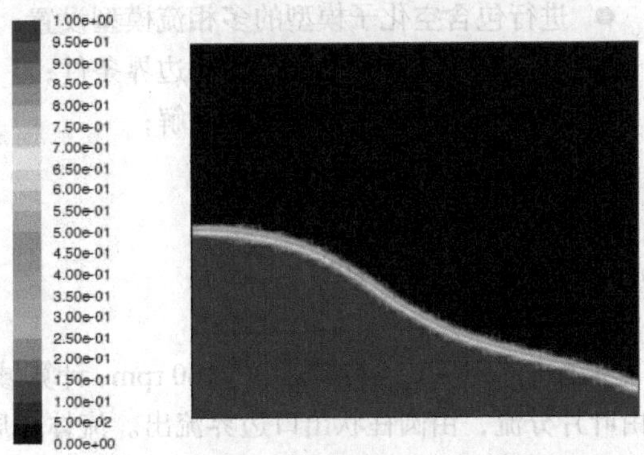

图 9-73　80 个时间步时水相的体积分数

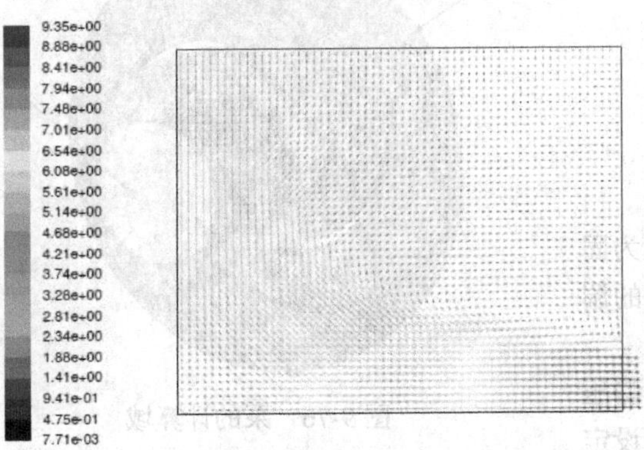

图 9-74　100 个时间步时的速度矢量图

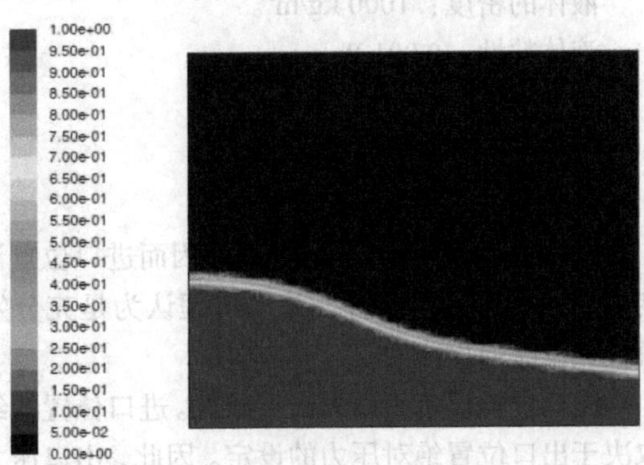

图 9-75　100 个时间步时水相的体积分数

步骤八：以不同的求解参数计算。

以不同的求解参数计算，查看不同模型和算法的区别。

- 改变 VOF 追踪格式。
- 选择 PISO 模型或不选此模型。
- 压力差值格式。
- 动量、体积分数和离散格式。
- 时间步长。

9.7 总结

本算例使用 FLUENT 模型进行了大坝泄洪过程的水气两相流过程模拟。

9.8 算例三十一：模拟离心泵的空化现象

离心泵研究关注其中的空化现象。由于流体局部静压小于气化压力，会发生流体的空化现象。空化现象的频繁发生会对材料产生较大危害。

本算例的目的是，展示离心泵稳态空化过程的模拟步骤。这将涉及 FLUENT 旋转参考系和多相流模型，还有空化子模型的设置。

本算例将涉及以下要点：

- 进行包含空化子模型的多相流模型设置；
- 对离心泵设置合适的区域和边界条件；
- 对稳态计算进行初始化与求解；
- 对空化现象的后处理。

9.8.1 问题描述

泵有 5 个叶片，运行转速为 2160 rpm，计算域显示如图 9-76 所示。流体经由圆形进口进入计算域，经由叶片分流，由圆柱状出口边界流出。流体介质为水，流动假定为稳态、不可压缩。流体物性如下。

液体的密度：1000 kg/m^3。

液体粘性：0.001 Pa·s。

气相密度：0.01927 kg/m^3。

气相粘性：8.8E-6 Pa·s。

液体的气化压力：3540 Pa。

进口位置处流量为 210 m^3/h，因而进口位置设定为固定进口速度的边界条件。流动过程认为是充分发展的湍流，其湍流强度为 5%。

出口位置设定为压力出口条件。进口位置的绝对静压取决于出口位置绝对压力的设定。因此，出口压力的设定影响了空化现象的发生。本算例，出口压力为 500 000 Pa。

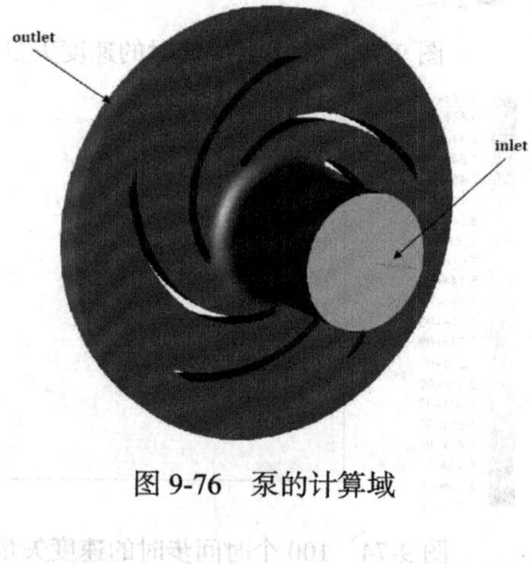

图 9-76 泵的计算域

9.8.2　准备工作

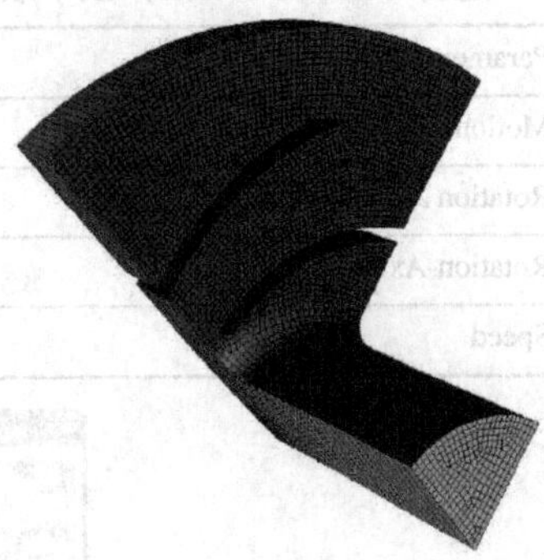

图 9-77　网格显示

（1）启动 3D FLUENT 求解器。

（2）读入网格文件 centrif-pump.msh。

（3）检查网格，显示网格。本算例不需要进行网格缩放。六面体网格总共有 44 028 个网格单元，代表了整体泵的五分之一计算域。因而本计算采用了周期性边界条件，如图 9-77 所示。

9.8.3　设置与求解

步骤一：模型设置

（1）保持求解器的默认设置参数（3D、基于压力的求解器）。

（2）选择 Realizable k-e model（可实现 k-ε 模型），并配合标准壁面函数。

（3）选择 mixture 多相流模型，取消激活 Slip Velocity 选项。对于本算例，不勾选 slip velocity 是合理的。对于第二相的密度远小于主相的情况，可进行此类设置。

步骤二：材料物性

（1）设置 water-liquid 物性，密度为 1000 kg/m^3，粘性为 0.001 kg/m·s。

（2）设置 water-vapor 物性，密度为 0.01927 kg/m^3，粘性为 8.8e-6 kg/m·s。空化气泡为水蒸气，为简化问题，使用固定不变的流体物性。

步骤三：操作条件

设置操作压力为 0 Pa。这样设置，可在模拟过程中直接使用绝对压力。

步骤四：空化模型设置

（1）设置相（Define/Phases）。

（a）设置 phase-1（主相）为 water-liquid。

（b）设置 phase-2（第二相）为 water-vapor。

（2）设置相间交互（如图 9-78 所示）。

（a）在 Phase Interaction 面板中单击 Interaction。

（b）在 Mass 选项中，激活 Cavitation。

（c）单击 Edit，打开 Cavitation Model 面板，如图 9-79 所示。

（d）设置 Vaporization Pressure 为 3540 Pa，保持其他参数为默认值。本计算将使用 Schnerr-Sauer 空化模型。用户可以尝试这两个空化模型，绝大多数情况下，会得到类似的计算结果。

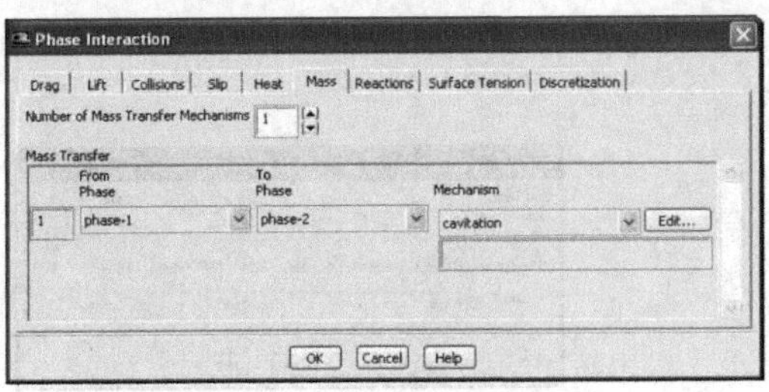

图 9-78　相间交互面板

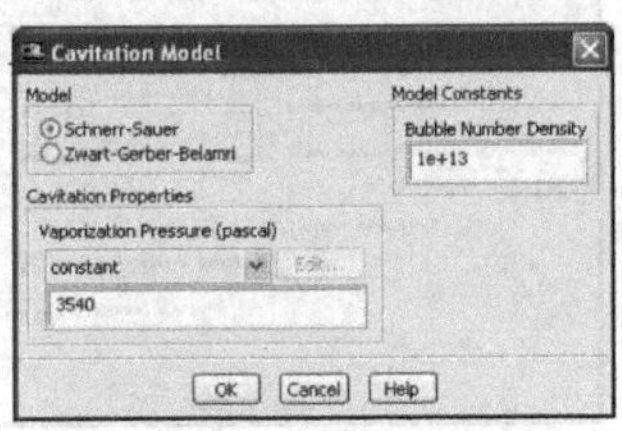

图 9-79　空化模型面板

步骤五：计算域设置

计算域的移动参考系设置如下。

选择 Frame Motion，以下表参数设置 fluid（见图 9-80）。

Parameter	Setting
Motion Type	Frame Motion
Rotation Axis Origin	(0,0,0)
Rotation-Axis Direction	X=0, Y=0, Z=1
Speed	2160 rpm

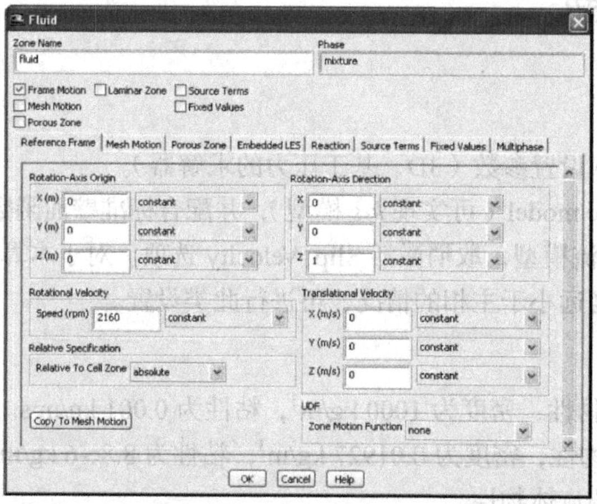

图 9-80　流体区域设置，展示了移动参考系的设置

步骤六：边界条件

（1）如图 9-81 和图 9-82 所示设置 inlet 进口参数。边界条件有 mixture 和各个相的设置，按如下参数设置。

Parameter	Setting
Velocity magnitude	7.0455 m/s
Velocity Specification method	Magnitude, Normal to Boundary
Turbulence Specification Method	Intensity and Hydraulic Diameter
Turbulence Intensity	5%
Hydraulic Diameter	103 mm
Phase-2 Volume Fraction	0

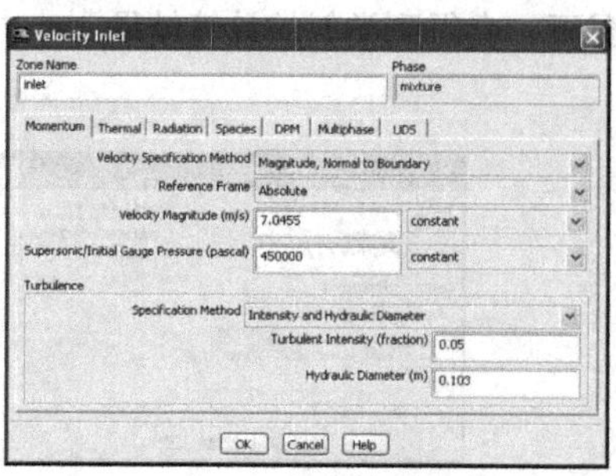

图 9-81　速度进口设置

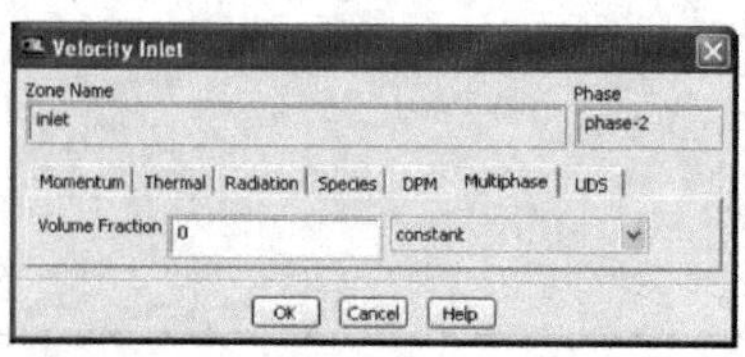

图 9-82　速度进口边界条件设置面板

（2）如图 9-83 和图 9-84 所示的面板，按下表设置出口位置参数。

Parameter	Setting
Gauge Pressure	450 000 Pa
Turbulence Specification Method	Intensity and Viscosity Ratio
Backflow Turbulence Intensity	5%
Backflow Phase-2 Volume Fraction	0

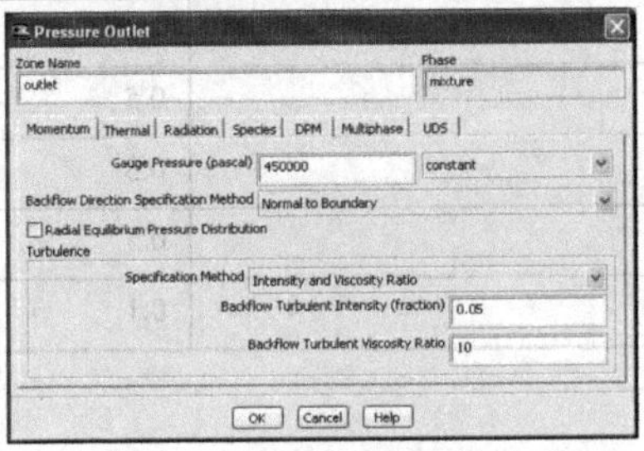

图 9-83　压力出口设置

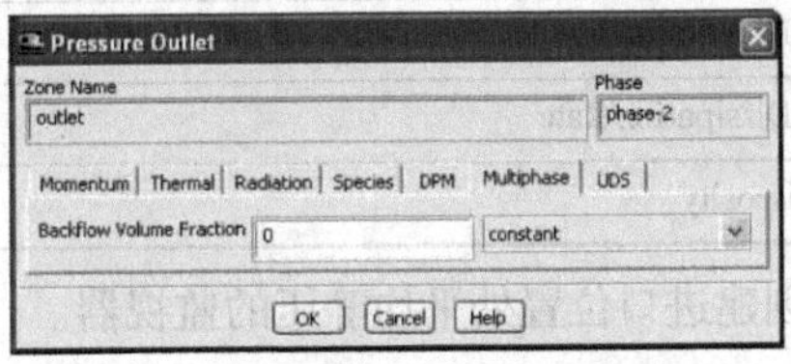

图 9-84　压力出口边界条件设置

（3）将 periodic.10 和 periodic.11 为旋转性周期条件（Rotational）。

（4）如图 9-85 所示设置旋转壁面的参数（blade、hub 和 shroud）。

（5）如图 9-86 所示设置非旋转壁面（blade、hub 和 shroud）的参数。

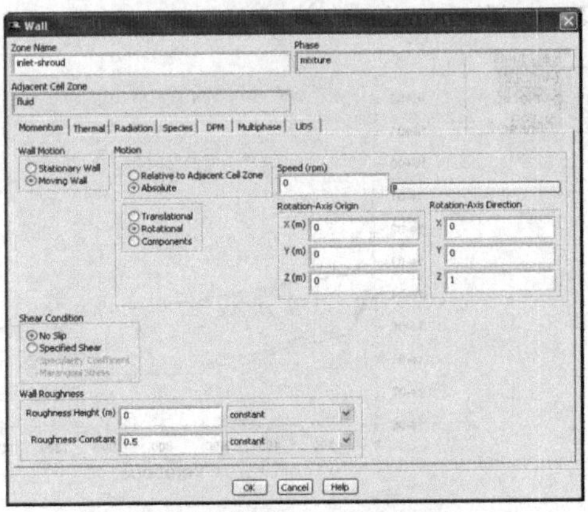

图 9-85　设置旋转性周期条件

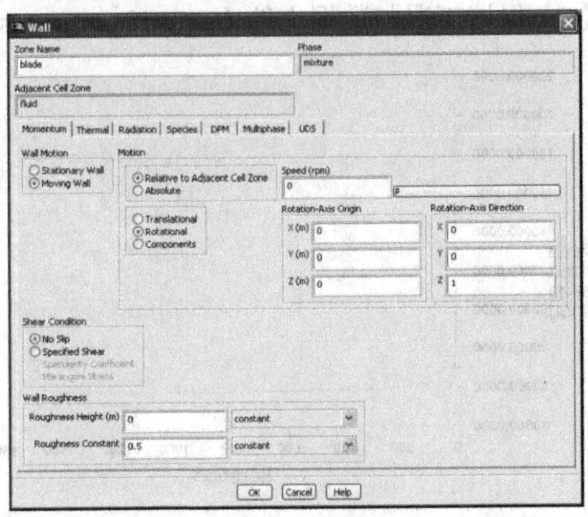

图 9-86　非旋转壁面边界的设置

步骤七：设置离散格式、求解控制

（1）以下表参数进行求解设置。

Solve/Method

Parameter	Setting
Scheme	Coupled
Gradient	Least Squares Cell Based
Pressure	PRESTO!
Momentum	Second Order Upwind
Volume Fraction	First Order Upwind
Turbulence Kinetic energy	First Order Upwind
Turbulence Dissipation Rate	First Order Upwind

（2）以下表所列参数进行求解控制参数设置。

Parameter	Value
Courant Number	200
Explicit Relaxation Factors (both values)	0.5
Density	1
Body Forces	1
Vaporization Mass	1
Volume Fraction	0.5
Turbulence Kinetic Energy	0.5
Turbulence Dissipation Rate	0.5
Turbulent viscosity	0.1

（3）创建进口位置处平均静压的监视器。

步骤八：求解

（1）求解初始化。

（2）进行 1500 步迭代。随迭代进行，监视器监视显示进口静压不随迭代进行而继续变化，如图 9-87 所示。再结合残差收敛曲线，如图 9-88 所示，综合判断计算已经收敛。

（3）保持工况与数据文件（centrif-pump.cas.gz 和 centrif-pump.dat.gz）。

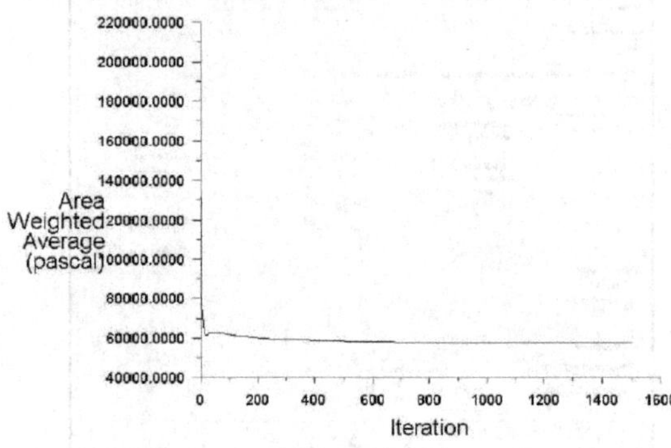

图 9-87　进口位置静压监视结果

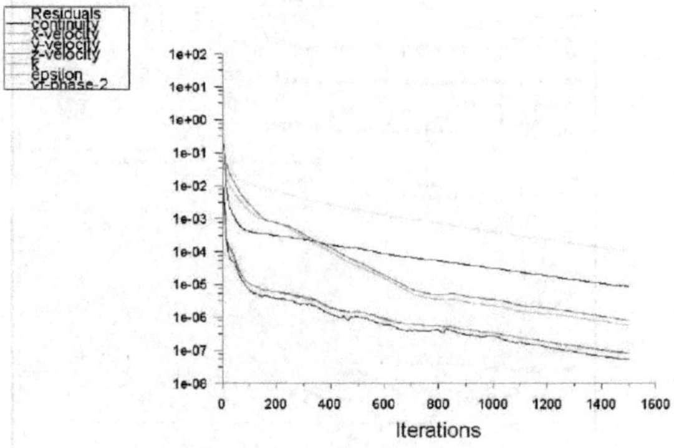

图 9-88　残差收敛曲线

步骤九：后处理

（1）设置显示 phase-2 体积分数的云图，显示 hub 和 blade 面的云图。显示如图 9-89 ~ 图 9-91 所示。

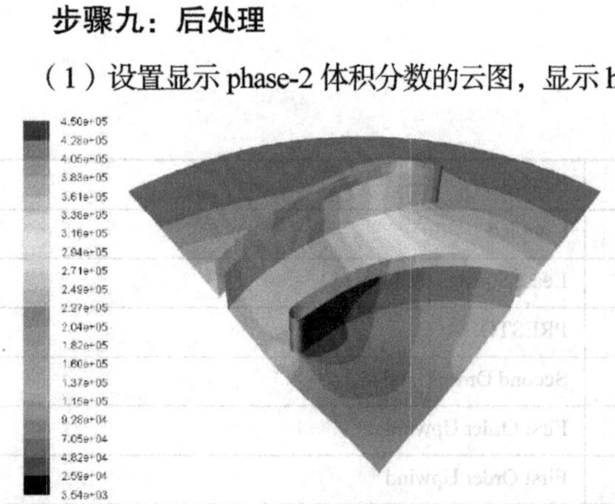

图 9-89　hub 和 blade 面位置静压的云图

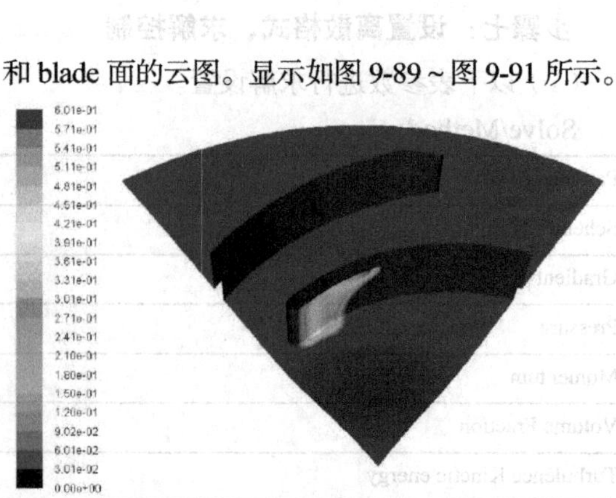

图 9-90　hub 和 blade 面 phase-2 (vapor)体积分数的云图

（2）计算进口和出口静压，计算压力的升高量。

Report/Surface

```
                               mixture
            Area-Weighted Average
                  Static Pressure            (pascal)
     ----------------------------  --------------------
                            inlet             57671.301
                           outlet                450000
                  ---------------  --------------------
                              Net             353433.88
```

（3）继续进行结果后处理，如图 9-92 所示。

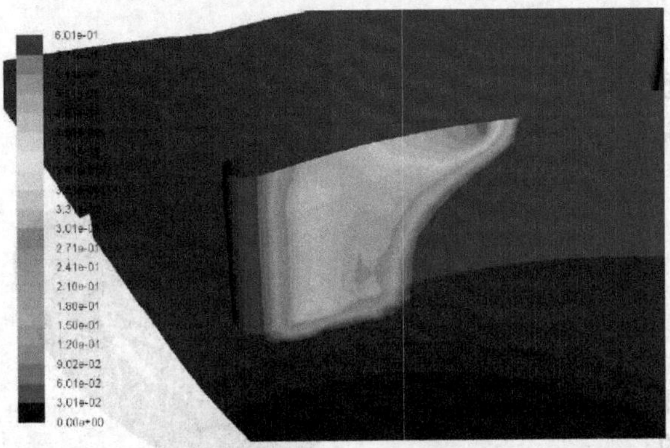

图 9-91　hub 和 blade 面 phase-2 (vapor)的体积分数云图显示

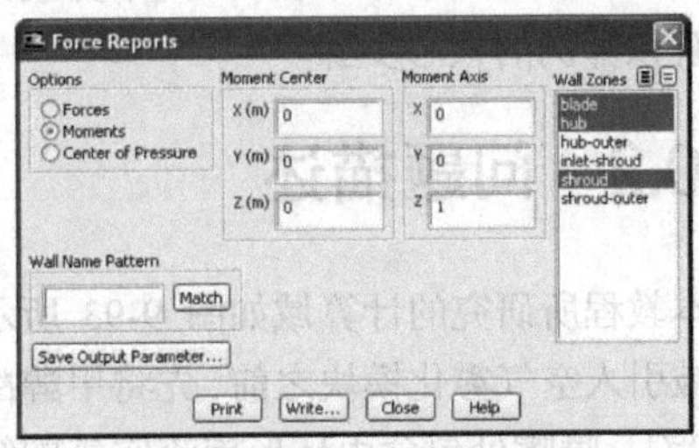

图 9-92　力报告的面板

```
Moments - Moment Center (0 0 0) Moment Axis (0 0 1)
                                Moments (n-m)
Zone                            Pressure          Viscous         Total
blade                           -23.507511        -0.38458239     -23.892094
hub                             6.5117936e-05     -0.37292661     -0.37286149
shroud                          -0.00090611719    -0.31401884     -0.31492496
------------------------        ---------------   ------------    -----------
Net                             -23.508352        -1.0715278       -24.57988
```

泵叶轮（5 个叶片）的总动力为（5 blades）(-24.58 N·m/blade)（226.195 rad/s）= -27.80 kW。此处为负值，说明力由泵传递给流体。如果为正值，则是力由流体传递给泵。

9.9　总结

本算例通过 FLUENT，采用 mixture 多相流模型、耦合空化子模型，模拟离心泵空化过程。流动为充分发展湍流、采用移动参考系来设置泵叶片的运动。对于本模拟，空化气泡会在叶片顶部形成。

对于本算例，也可考虑拓展的情况，例如，可通过降低出口压力（如降低为 450 000 Pa）来增加空化程度。随着压力的降低，流动中空化现象发生的区域将增加。这会降低总体压力的增加，从而增加了压力损失。相反，升高出口压力会减少空化现象发生的区域，并且当压力足够高时，空化现象不会发生。无空化现象的工况可作为有空化现象工况的参考工具。FLUENT 也可以考虑受温度影响的空化现象，比如气化压力随温度变化。这需要耦合能量方程，提供合适的物性参数和传热边界条件，用于求解流体温度。

9.10 算例三十二：模拟喷雾蒸发过程

在本教程中，应用 FLUENT 中的喷雾模型预测蒸发甲醇流体的喷雾特性。预测喷雾特性采用了离散相模型（包括碰撞和破碎模型）。

本教程展示以下应用：

- 定义空气雾化模块的喷雾入射模型；
- 使用 FLUENT 中的离散相模型进行计算求解。

9.10.1 准备工作

本教程在编写时，假定读者已经熟悉 FLUENT 导航界面和菜单栏，因而本算例只说明求解该算例的核心步骤。

9.10.2 问题描述

本教程所研究的计算域如图 9-93 所示。甲醇被引入空气雾化模块之前，先将甲醇冷却到−10℃。喷嘴处包含由环形旋流空气围绕的内部空气流。由于计算域具有周期性，仅选择扇形角度 30°的雾化模块进行建模分析。

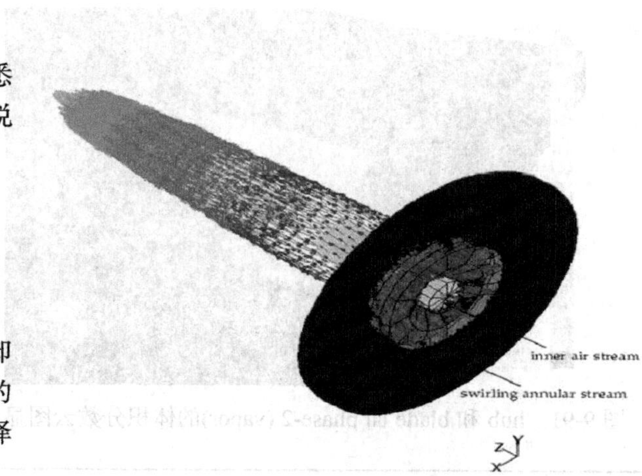

图 9-93 计算域

9.10.3 设置和求解

准备工作

（1）复制网格和求解文件到工作文件夹。
（2）找到网格文件。
（3）使用 FLUENT Launcher 启动 FLUENT 3D 版本求解器。

注：显示选项（Display Options）是默认选中的。因此，在用户读入网格之后，图形将会在界面嵌入窗口中显示。

步骤一：划分网格

（1）读入网格文件 sector. msh。

File→Read→Mesh...

（2）将边界 periodic-a 的周期性类型设置为旋转型周期，如图 9-94 所示。

Boundary Conditions → periodic-a →Edit...

a. 在周期类型（Periodic Type）中选择旋转类型（Rotational）。

b. 单击 OK 按钮，关闭周期（Periodic）对话框。

（3）以相似的方法，将 periodic-b 的周期类型也设置为旋转类型（rotational）。

步骤二：基本设置

常规步骤（General）

（1）检查网格。

General →Check

FLUENT 会对网格进行网格检查，并且会在控制台报告检查结果。用户需保证报告的网格最小体积为正数。

（2）显示网格，如图 9-95 所示。

General → Display...

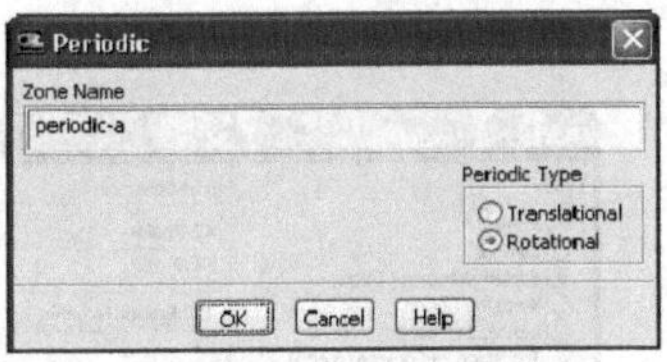

图 9-94　周期性条件类型设置

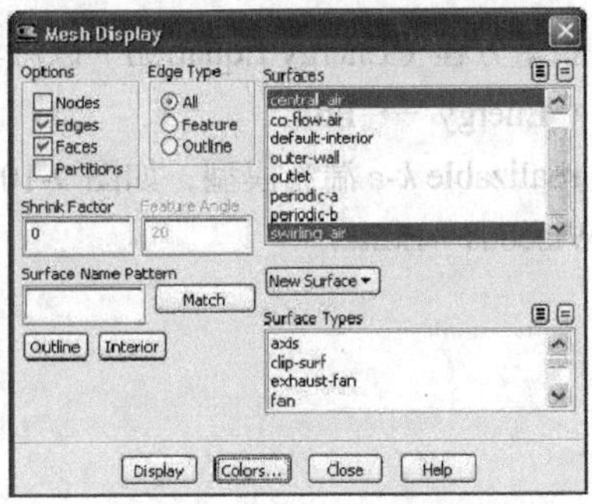

图 9-95　网格显示面板

a. 在选项（Options）中选择面（Faces）。

b. 从面（Surfaces）选择列表中选择 atomizer-wall、central_air 及 swirling_air 选项。

c. 单击颜色（Colors...）按钮，打开网格颜色（Mesh Colors）对话框，如图 9-96 所示。

i. 从类型（Types）选择列表中选择壁面（Wall）。

ii. 从颜色（Colors）选择列表中选择粉红（Pink）。

iii. 关闭网格颜色（Mesh Colors）对话框。

d. 单击显示（Display）按钮，关闭网格显示（Mesh Display）对话框。

图形显示将会更新以显示网格。使用鼠标缩放图形可获得图 9-97 显示的图像。

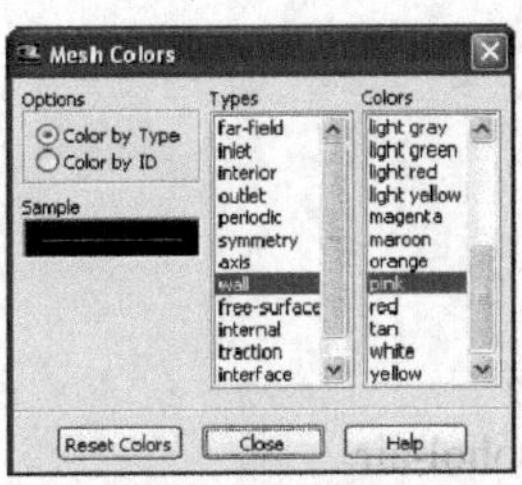

图 9-96　网格颜色设置面板

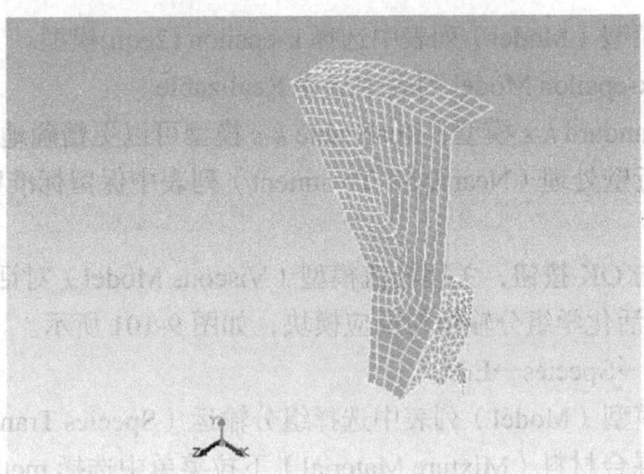

图 9-97　空气雾化模块网格划分显示

（3）提高网格访问效率。

Mesh→Reorder→Domain

FLUENT 将在控制台报告进程：

```
Reordering domain using Reverse Cuthill-McKee method:
  zones, cells, faces, done.
Bandwidth reduction = 30882/741 = 41.68  Done.
Reordering domain using Reverse Cuthill-McKee method:
  zones, cells, faces, done.
Bandwidth reduction =741/741 = 1.00
Done.
```

（4）保留求解器默认设置（General），如图 9-98 所示。

步骤三：模型

（1）勾选能量方程（Energy Equation）以激活对流换热，如图 9-99 所示。

Models → Energy → Edit...

（2）激活 realizable *k-ε* 湍流模型，如图 9-100 所示。

Models→Viscous→Edit...

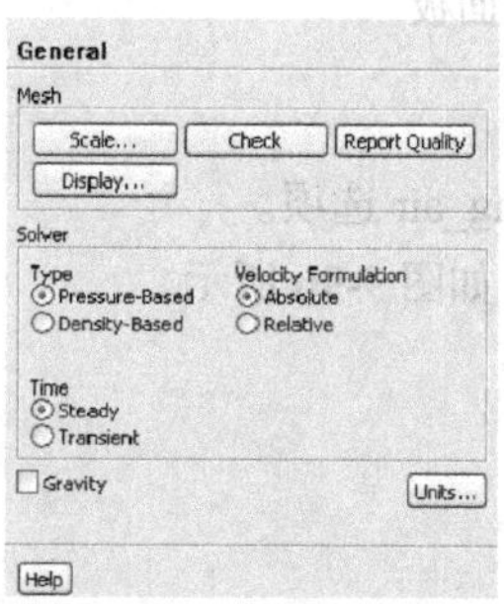

图 9-98　通用设置面板

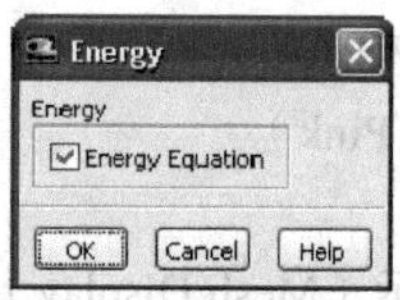

图 9-99　能量方程设置面板

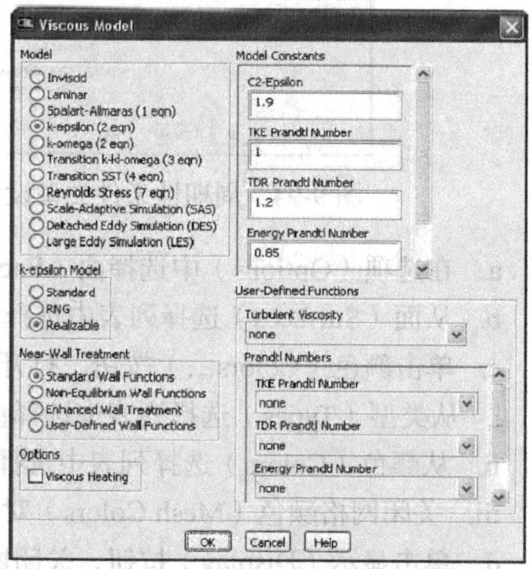

图 9-100　湍流模型设置面板

a. 在模型（Model）列表中选择 k-epsilon (2eqn)模型。

b. 在 k-epsilon Model 列表中选择 Realizable。

相比 standard *k-ε* 模型，Realizable *k-ε* 模型可以更精确地预测平面射流和圆形射流的扩散率。

c. 在近壁处理（Near-Wall Treatment）列表中保留标准壁面函数（Standard Wall Functions）的默认选择。

d. 单击 OK 按钮，关闭湍流模型（Viscous Model）对话框。

（3）激活化学组分输运与反应模块，如图 9-101 所示。

Models→Species→Edit...

a. 在模型（Model）列表中选择组分输运（Species Transport）。

b. 从混合材料（Mixture Material）下拉菜单中选择 methyl-alcohol-air。

c. 单击 OK 按钮，关闭组分输运模型（Species Model）对话框。

当读者单击 OK 按钮时，FLENT 将提示读者激活模型所需物性参数，会弹出一个信息（Information）对话框，如图 9-102 所示，提醒读者确认物性的数据参数。

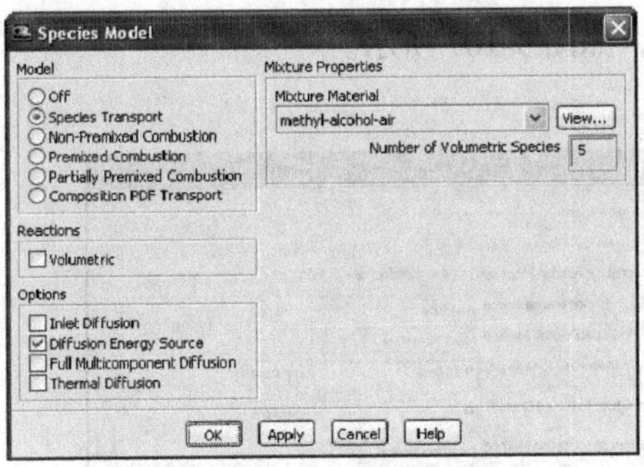

图 9-101　组分输运模型面板

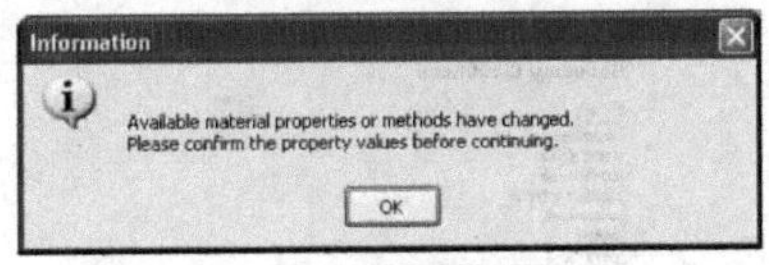

图 9-102　信息提示对话框

d. 单击信息（Information）对话框中 OK 按钮，继续操作。

步骤四：材料

材料，如图 9-103 所示。

从混合组分（Mixture Species）列表中移除水蒸气（water vapor）和二氧化碳组分（carbon dioxide）。

Materials → Mixture→ Create/Edit...，如图 9-104 所示。

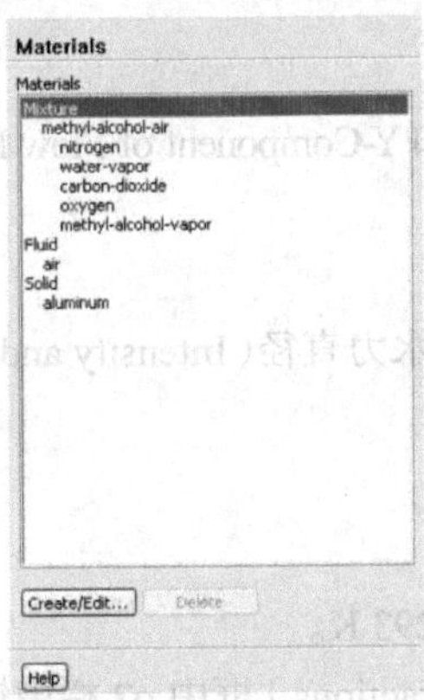

图 9-103　材料物性设置

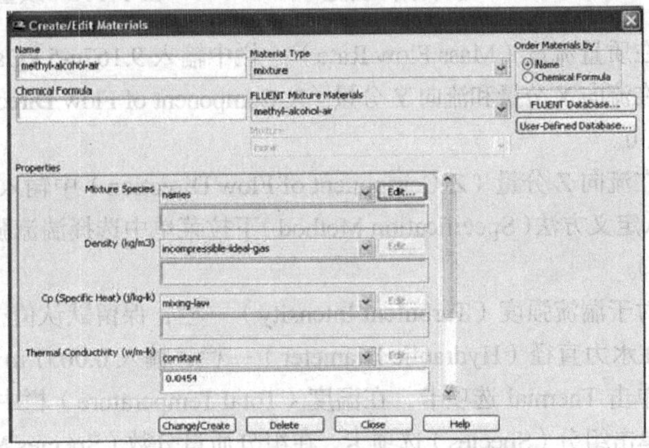

图 9-104　创建材料

a. 单击混合物组分（Mixture Species）下拉列表旁边的编辑（Edit）按钮，打开组分（Species）对话框，如图 9-105 所示。

i. 从已选组分（Selected Species）选择列表中选择 co2。

ii. 单击移除（Remove）用以从已选组分（Selected Species）列表中移除二氧化碳（carbon dioxide）。

iii. 以相似的方式从已选组分列表（Selected Species）中移除水汽（h2o）。

iv. 单击 OK 按钮，关闭组分（Species）对话框。

b. 关闭创建/编辑材料（Create/Edit Materials）对话框。

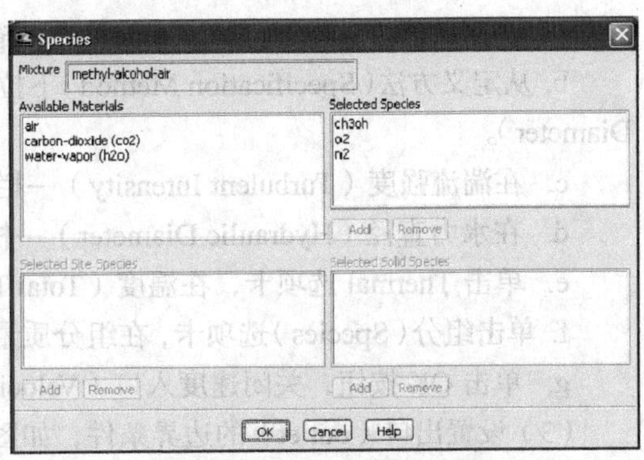

图 9-105　组分设置面板

步骤五：边界条件

边界条件（Boundary Conditions），如图 9-106 所示。

（1）为内部空气流（central_air）设置边界条件，如图 9-107 所示。

Boundary Conditions → central_air → Edit...

图 9-106　边界条件设置

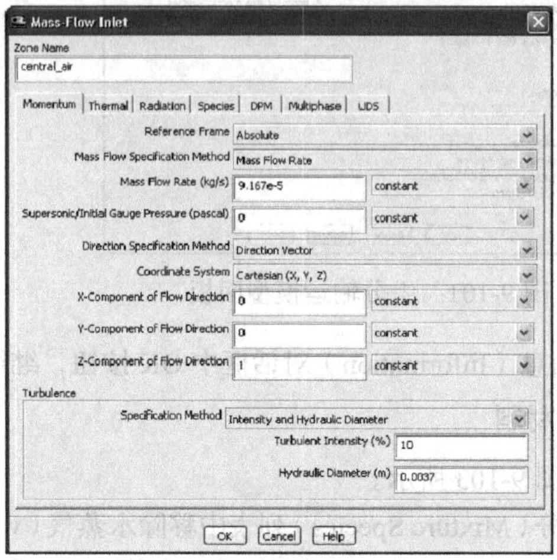

图 9-107　质量流量入口设置面板

a. 在质量流量（Mass Flow Rate）一栏中输入 9.167e-5 kg/s。

b. 在流向 X 分量和流向 Y 分量（X-Component of Flow Direction 和 Y-Component of Flow Direction）栏中输入 0。

c. 在流向 Z 分量（Z-Component of Flow Direction）中输入 1。

d. 从定义方法（Specification Method）下拉菜单中选择湍流强度与水力直径（Intensity and Hydraulic Diameter）。

e. 对于湍流强度（Turbulent Intensity）一栏，保留默认值 10。

f. 在水力直径（Hydraulic Diameter）一栏，输入 0.0037 m。

g. 单击 Thermal 选项卡，在温度（Total Temperature）栏中输入 293 K。

h. 单击组分（Species）选项卡，在组分质量分数（Species Mass Fractions）框中 o2 栏中输入 0.23。

i. 单击 OK 按钮，关闭质量流量入口边界条件（Mass-Flow Inlet）对话框。

（2）为 co-flow-air 设置边界条件，如图 9-108 所示。

Boundary Conditions → co-flow-air → Edit...

a. 在速度值（Velocity Magnitude）一栏输入 1 m/s。

b. 从定义方法（Specification Method）下拉菜单中选择湍流强度与水力直径（Intensity and Hydraulic Diameter）。

c. 在湍流强度（Turbulent Intensity）一栏，输入 5。

d. 在水力直径（Hydraulic Diameter）一栏中输入 0.0726。

e. 单击 Thermal 选项卡，在温度（Total Temperature）栏中输入 293 K。

f. 单击组分（Species）选项卡，在组分质量分数（Species Mass Fractions）组框中 o2 栏中输入 0.23。

g. 单击 OK 按钮，关闭速度入口（Velocity Inlet）对话框。

（3）设置出口（outlet）的边界条件，如图 9-109 所示。

Boundary Conditions → outlet → Edit...

a. 从回流方向指定方法（Backflow Direction Specification Method）下拉菜单中选择 From Neighboring Cell。

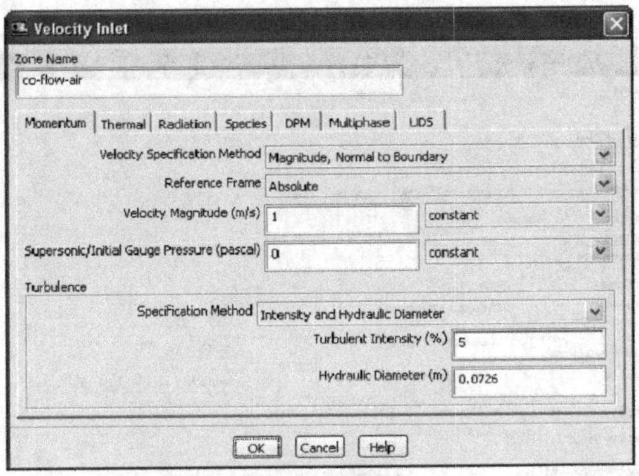

图 9-108 速度进口设置

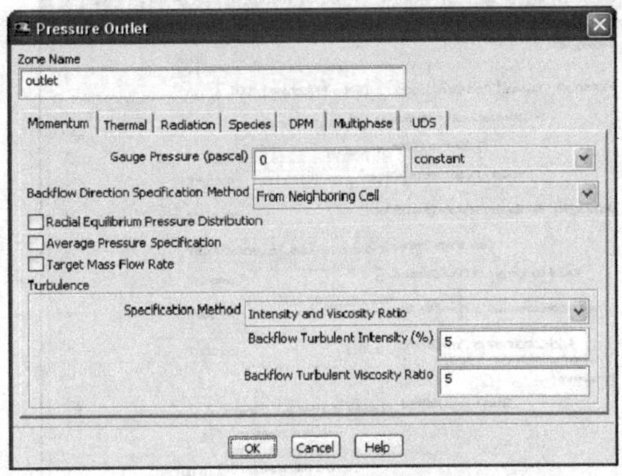

图 9-109 压力出口设置面板

b. 从定义方法（Specification Method）下拉菜单中选择湍流强度和粘度比（Intensity and Viscosity Ratio）。

c. 在回流湍流强度和回流湍流粘度比（Backflow Turbulent Intensity 和 Backflow Turbulent Viscosity Ratio）栏中都输入 5。

d. 单击 Thermal 选项卡，在温度（Backflow Total Temperature）栏中输入 293 K。

e. 单击组分（Species）选项卡，在组分质量分数（Species Mass Fractions）组框中 o2 栏中输入 0.23。

f. 单击 OK 按钮，关闭压力出口（Pressure Outlet）对话框。

（4）设置 swirling_air 边界条件，如图 9-110 所示。

Boundary Conditions → swirling_air → Edit...

a. 从速度定义方法（Velocity Specification Method）下拉菜单中选择大小和方向（Magnitude and Direction）。

b. 在速度大小（Velocity Magnitude）栏中输入 19 m/s。

c. 从坐标系（Coordinate System）下拉菜单中选择柱坐标系（径向、切向、轴向）Cylindrical（Radial, Tangential, Axial）。

d. 在流向径向分量（Radial-Component of Flow Direction）栏中输入 0。

e. 在流向切向分量（Tangential-Component of Flow Direction）和轴向分量（Axial-Component of Flow Direction）栏中都输入 0.7071。

f. 从定义方法（Specification Method）下拉菜单中选择湍流强度和水力直径（Intensity and Hydraulic Diameter）。

g. 在湍流强度（Turbulent Intensity）栏中输入 5。

h. 在水力直径（Hydraulic Diameter）栏中输入 0.0043。

i. 单击 Thermal 选项卡，在温度（Temperature）栏中输入 293 K。

j. 单击组分（Species）选项卡，在组分质量分数（Species Mass Fractions）组框中 o2 栏中输入 0.23。

k. 单击 OK 按钮，关闭速度入口（Velocity Inlet）对话框。

（5）设置雾化模块外壁（outer-wall）边界条件，如图 9-111 所示。

a. 在剪切条件（Shear Condition）列表中选择 Specified Shear。

b. 其余参数保留默认值。

c. 单击 OK 按钮，关闭壁面（Wall）对话框。

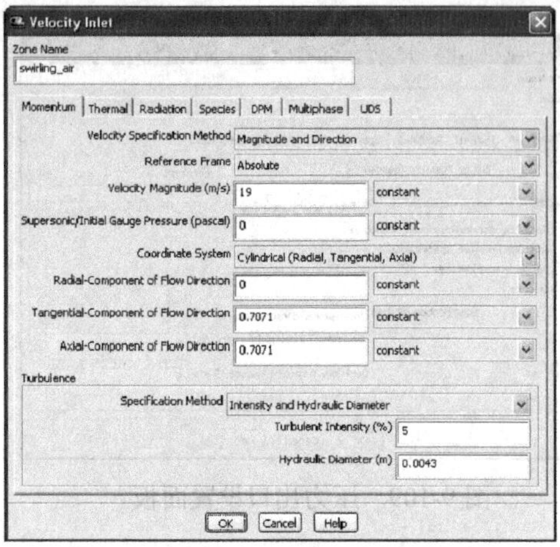

图 9-110　速度进口设置面板

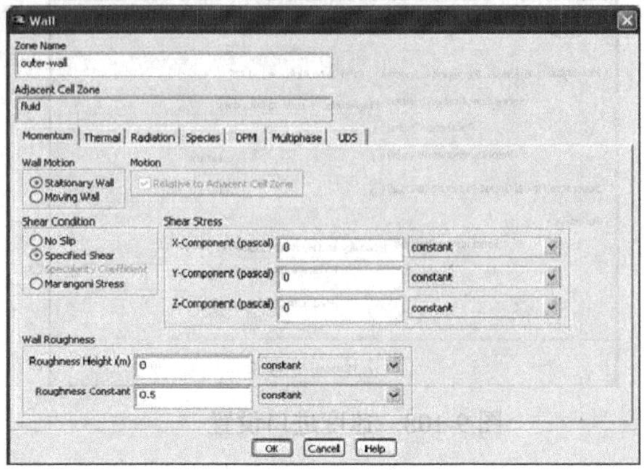

图 9-111　壁面边界条件设置

步骤六：不考虑液滴喷雾情况下的初步求解

首先在不考虑液滴喷雾情况下，进行气流的初步求解和分析。

（1）设置求解控制参数，求解算法（Solution Methods）设置面板，如图 9-112 所示。

a. 在压力速度耦合（Pressure-Velocity Coupling）的 Scheme 下拉菜单中选择耦合（Coupled）。

b. 勾选 Pseudo Transient。

（2）保留默认欠松弛因子的设置（Solution Controls），如图 9-113 所示。

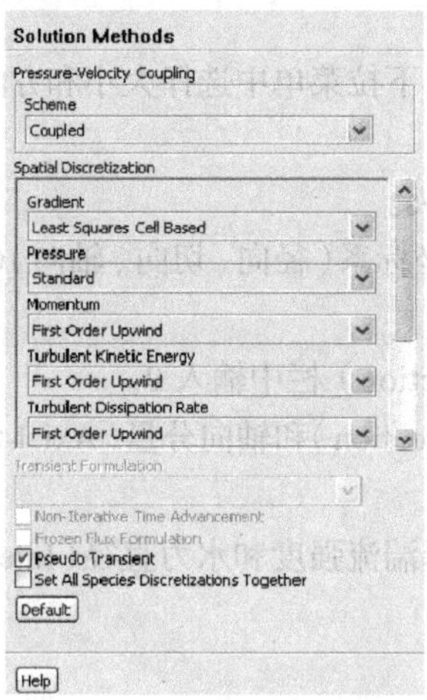

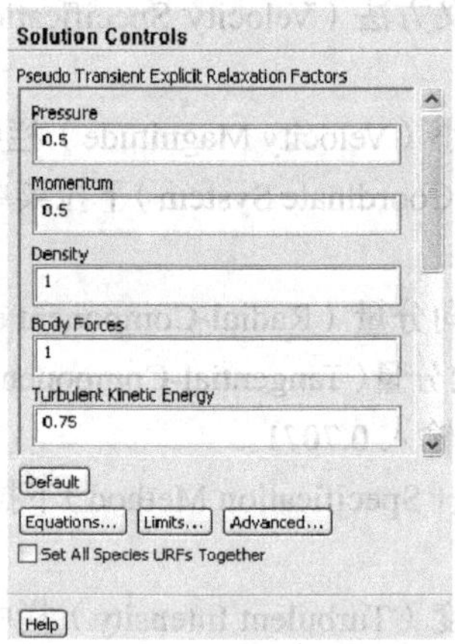

图 9-112　求解算法设置面板　　图 9-113　求解控制设置面板

（3）在求解过程中，激活残差图，如图 9-114 所示。

Monitors → Residuals → Edit...

a. 确认选项（Options）中 Plot 已被勾选。

b. 单击 OK 按钮，关闭残差监视（Residual Monitors）对话框。

（4）流场初始化，如图 9-115 所示。

a. 在初始化算法（Initialization Methods）中选择 Hybrid Initialization。

b. 单击初始化（Initialize）按钮，以初始化参数。

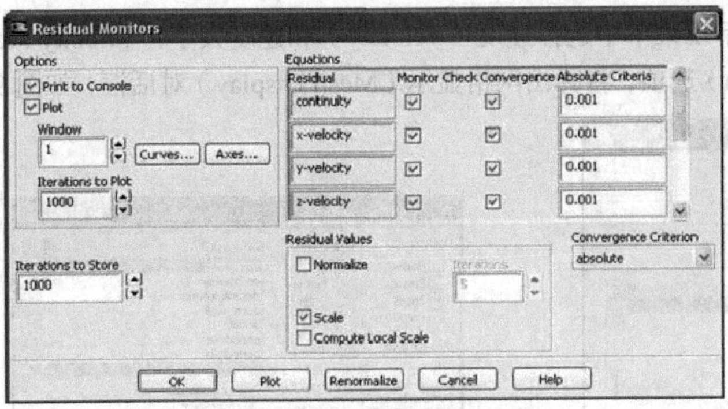

图 9-114　残差监视器设置面板

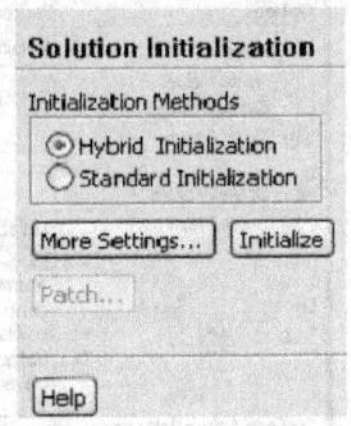

图 9-115　初始化设置面板

注　意：对于复杂计算域的流动问题，相比于标准初始化算法，混合初始化算法可更好地提供初始速度和压力场。一般而言，这有助于提高求解器的收敛性。

（5）保存工况文件（spray1.cas.gz）。

File → Write → Case...

（6）进行 100 步迭代计算（Run Calculation）。

a. 在时间步长算法（Time Step Method）中选择用户指定（User Specified）。

b. Pseudo Time Step 保持为 1s。

c. 在迭代次数（Number of Iterations）一栏中输入 100。

d. 单击计算（Calculate），本次计算将在大约迭代 80 次后收敛。

（7）保存工况和数据文件（spray1.cas.gz 和 spray1.dat.gz）。

File → Write → Case & Data...

注：FLUENT 会提醒读者确定是否要覆盖之前的工况文件。

（8）创建可用于检验喷嘴截面中心流场的剪切平面，如图 9-116 所示。

Surface → Iso-Surface...

a. 在 Surface of Constant 下拉菜单中选择 Mesh… 和 Angular Coordinate 选项。

b. 单击计算（Compute），更新最小值和最大值。

c. 在等值（Iso-Values）栏中输入 15。

d. 在新表面名称（New Surface Name）栏中输入 angle=15。

e. 单击创建（Create），创建等值面。

f. 关闭等值面（Iso-Surface）对话框。

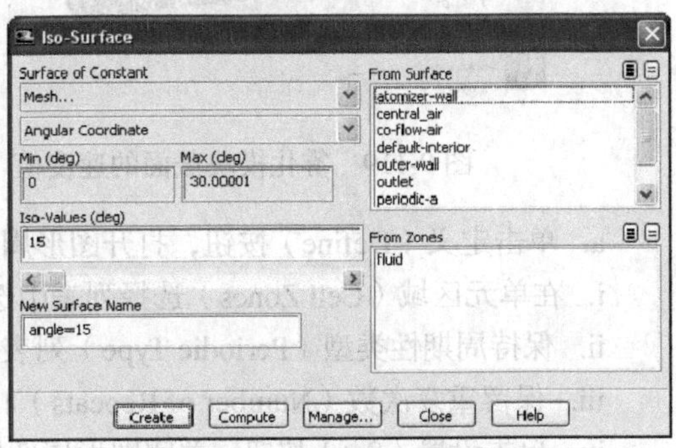

图 9-116　等值面设置面板

（9）通过检查速度大小的云图（见图 9-117），查看求解过程的状态。

Graphics and Animations → Contours → Set Up ...

a. 勾选选项（Options）中的填充（Filled）选项。

b. 在等值线（Contours of）下拉菜单中选择速度（Velocity）和速度大小（Velocity Magnitude）。

c. 勾选网格显示（Draw Mesh）选项，将弹出网格显示（Mesh Display）对话框，如图 9-118 所示。

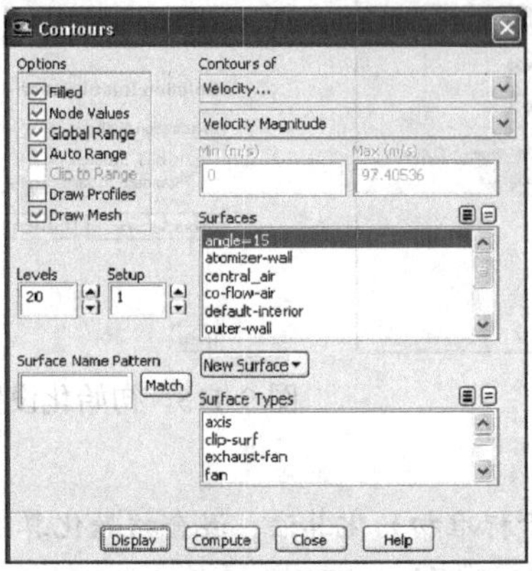

图 9-117 云图显示设置面板

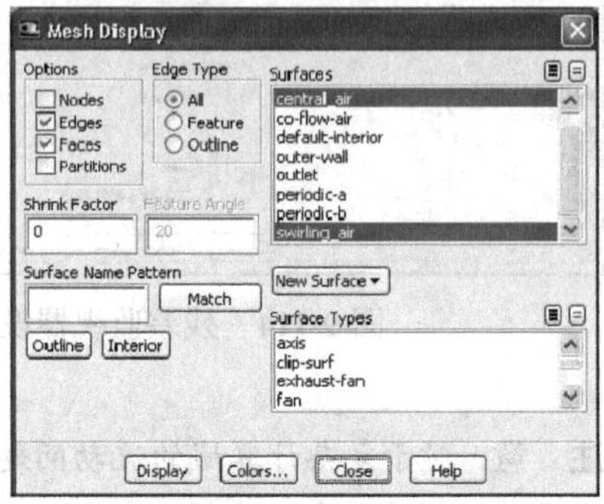

图 9-118 网格显示设置面板

i. 保留现有网格显示的设置。

ii. 关闭网格显示（Mesh Display）对话框。

d. 在表面（Surfaces）选择列表中选择 angle=15。

e. 单击显示（Display）按钮，关闭等值线（Contours）对话框。

f. 使用鼠标获取如图 9-119 所示的图。

（10）调整图像显示，用以将整个雾化模块包括在内，如图 9-120 所示。

Graphics and Animations → Views...

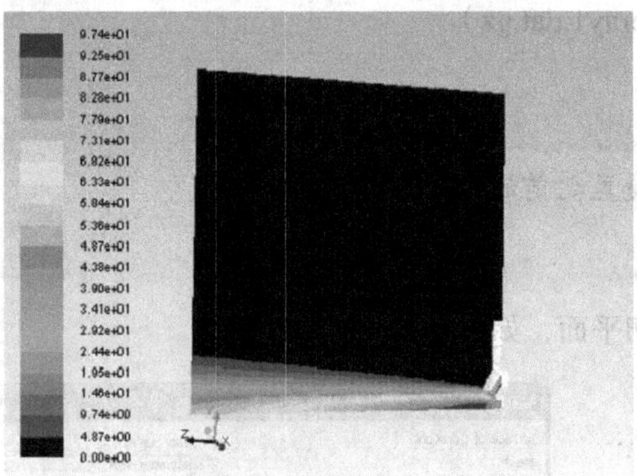

图 9-119 雾化模块截面的速度值

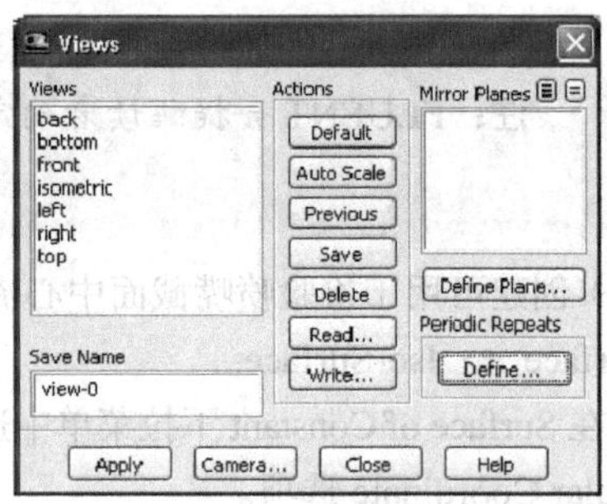

图 9-120 显示设置面板

a. 单击定义（Define）按钮，打开图形周期性（Graphics Periodicity）对话框，如图 9-121 所示。

i. 在单元区域（Cell Zones）选择列表中选择流体（fluid）。

ii. 保持周期性类型（Periodic Type）列表中旋转类型（Rotational）的选择不变。

iii. 保留重复次数（Number of Repeats）12 次不变。

iv. 单击设置（Set）按钮，关闭图形周期性（Graphics Periodicity）对话框。图形显示将更新为整个雾化模块的图像。

b. 单击应用（Apply），关闭图形周期性（Graphics Periodicity）对话框。

（11）显示环形旋流的气流迹线（见图 9-122）。

Graphics and Animations → Pathlines → Set Up...

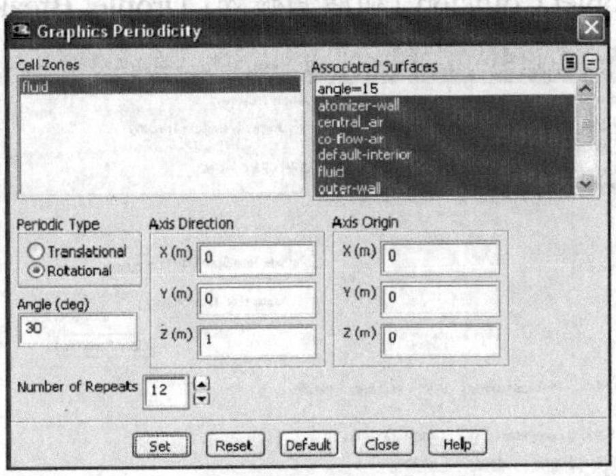

图 9-121　周期性显示效果设置面板

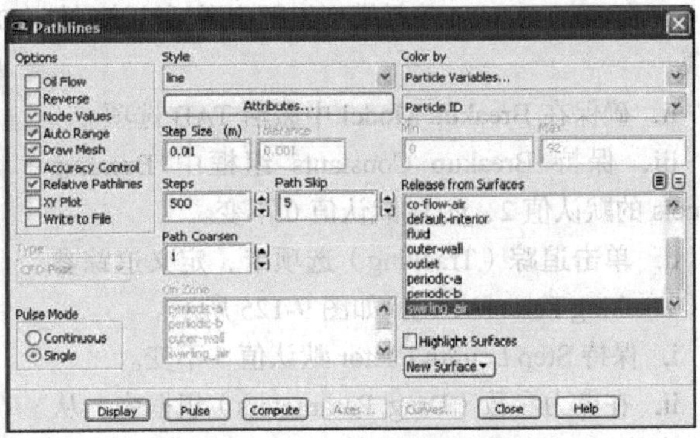

图 9-122　迹线设置面板

a. 将 Path Skip 增加至 5。

b. 在释放表面（Release from Surfaces）选择列表中选择 swirling_air。读者需要将列表向下滚动找到该选项。

c. 在选项（Options）中勾选网格显示（Draw Mesh），将会弹出网格显示（Mesh Display）对话框。

i. 保留网格显示现有设置。

ii. 关闭网格显示（Mesh Display）对话框。

d. 单击显示（Display），并关闭迹线对话框。

e. 使用鼠标获取如图 9-123 的图形。

步骤七：创建液滴喷雾入射流

（1）定义离散相模拟参数，如图 9-124 所示。

Models → Discrete Phase→ Edit...

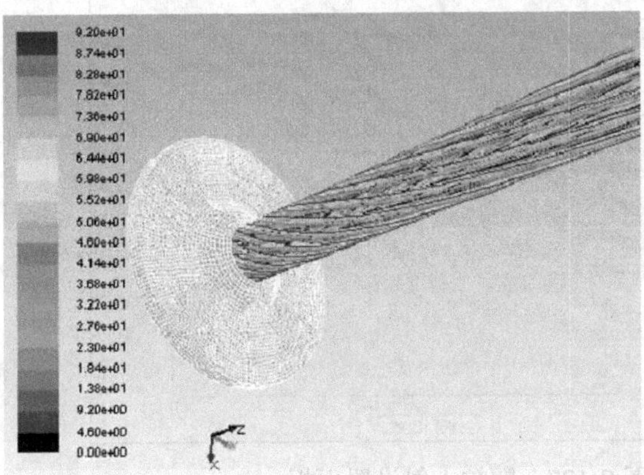

图 9-123　环形旋流的气流迹线

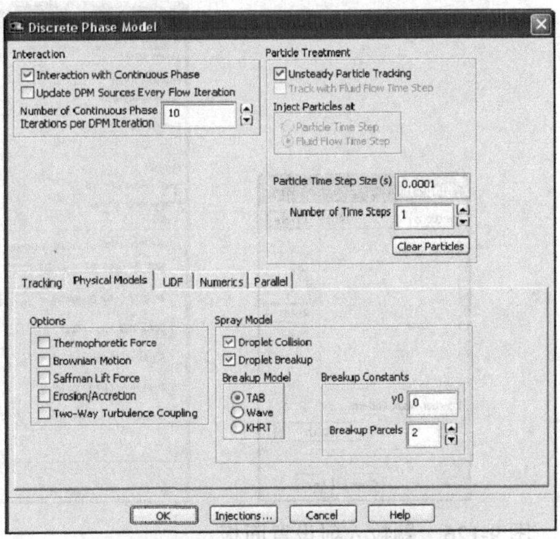

图 9-124　DPM 离散相模型设置面板

a. 激活交互作用（Interaction）中勾选连续相交互作用（Interaction with Continuous Phase）选项。这将在连续相中考虑离散相的作用。

b. 保持 Number of Continuous Phase Iterations per DPM Iteration 一栏默认值 10 不变。

c. 单击物理模型（Physical Models）选项卡，激活实体模型。

i. 在 Spray Model 喷雾模型组框中激活液滴碰撞（Droplet Collision）和液滴破碎（Droplet Breakup）选项。

ii. 确保在 Breakup Model 中激活 TAB 选项。

iii. 保持 Breakup Constants 组框中 Breakup Parcels 的默认值 2、y0 的默认值 0 不变。

d. 单击追踪（Tracking）选项卡，定义追踪参数（Tracking Parameters），如图 9-125 所示。

i. 保持 Step Length Factor 默认值 5 不变。

ii. 在曳力参数（Drag Parameters）组框中，从曳力定律（Drag Law）下拉菜单中选择 dynamic-drag。dynamic-drag 仅适用于使用液滴破碎模型时。

e. 在颗粒处理（Particle Treatment）组框中，保留非稳态颗粒追踪（Unsteady Particle Tracking）选项。

f. 在颗粒时间步长（Particle Time Step Size）一栏中输入 0.0001。

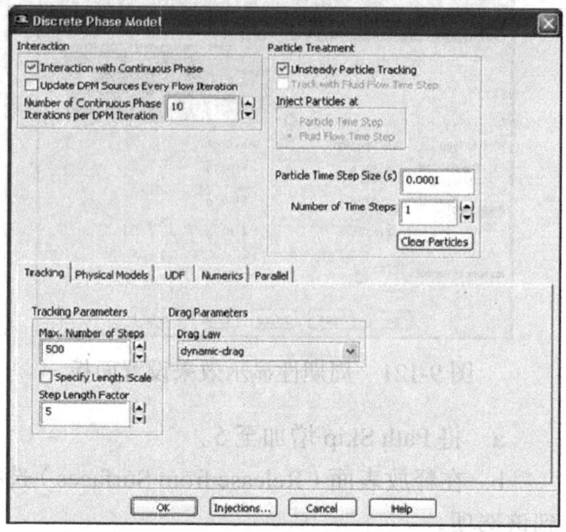

图 9-125　DPM 离散相模型设置面板

g. 在时间步数（Number of Time Steps）一栏中，保持默认值 1 不变。

h. 单击 OK 按钮，关闭离散相模型（Discrete Phase Model）对话框。

i. 单击信息（Information）对话框中的 OK 按钮，继续操作。

（2）创建喷雾入射条件，如图 9-126 所示。

在本步骤中，用户需要定义雾化模块的特性参数。

Define → Injections...

a. 单击创建（Create）按钮，打开 Set Injection Properties 对话框，如图 9-127 所示。

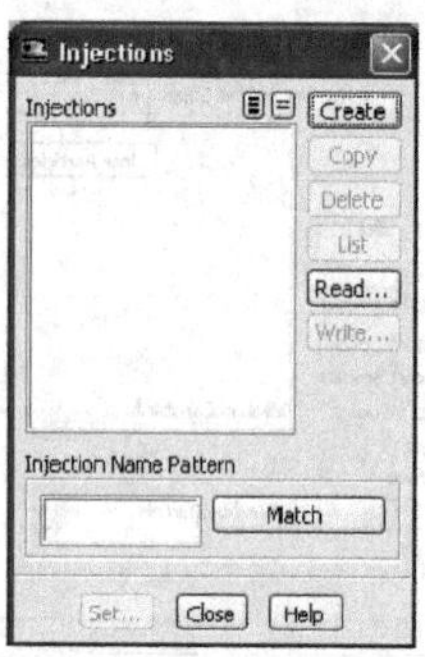

图 9-126　颗粒入射设置面板

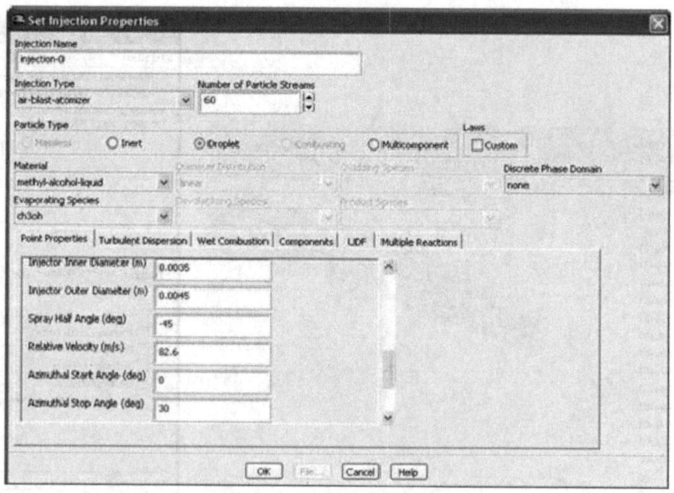

图 9-127　颗粒入射设置面板

b. 在喷射类型（Injection Type）下拉菜单中选择空气雾化喷嘴 air-blast-atomizer。

c. 在 Number of Particle Streams 一栏中输入 60。该选项控制每一时间步长内引入计算域内的颗粒包数量。

d. 在颗粒类型（Particle Type）组框中选择液滴（Droplet）。

e. 在材料（Material）下拉菜单选择 methyl-alcohol-liquid。

f. 在点属性（Point Properties）选项卡中，分别在 x 轴坐标、y 轴坐标和 z 轴坐标（X-Position、Y-Position 和 Z-Position）输入 0、0 和 0.0015。

g. 在 x 轴、y 轴和 z 轴（X-Axis, Y-Axis, and Z-Axis）分别保持 0、0 和 1 的默认值不变。

h. 在温度（Temperature）一栏中输入 263 K。

i. 在流量（Flow Rate）一栏中输入 8.5e-5 kg/s。该值为雾化模块 30° 截面的甲醇流速。实际喷嘴流量为该值的 12 倍。

j. 保留默认开始时间（Start Time）为 0 s，并且在停止时间（Stop Time）一栏中输入 100 s。

k. 在喷嘴内径（Injector Inner Diameter）一栏中输入 0.0035，在喷嘴外径（Injector Outer Diameter）一栏中输入 0.0045。

l. 在射流喷射半角（Spray Half Angle）一栏中输入-45° 。喷射角是液体膜轨迹和喷嘴中心线之间的夹角。在当前情况下，由于液体膜最初向中心线收敛，所以该夹角为负值。

m. 在相对速度（Relative Velocity）一栏中输入 82.6 m/s。相对速度是指雾化气流与液体膜之间的预期相对速度。

n. 保持 Azimuthal Start Angle 为 0° 不变，并在 Azimuthal Stop Angle 一栏中输入 30° 。

这样做的目的是将喷射流限制在所要建模的喷嘴的 30° 截面内。

o. 定义湍流弥散作用。

i. 单击湍流弥散（Turbulent Dispersion）选项卡，如图 9-128 所示。

该对话框的下半部分显示湍流弥散模型的选项。

ii. 勾选随机轨道模型（Stochastic Tracking）组框中颗粒随机轨道模型（Discrete Random Walk Model）和随机涡寿命（Random Eddy Lifetime）选项。这些模型可定义液滴的湍流弥散特性。

p. 单击 OK 按钮，关闭设置喷射特性（Set Injection Properties）对话框。

q. 单击 OK 按钮，关闭信息（Information）对话框激活液滴凝聚。

r. 关闭喷射（Injections）对话框。

（3）设置液滴材料物性，如图 9-129 所示。

Materials → methyl-alcohol-liquid → Create/Edit...

之所以需要设置液滴物性是因为使用了二次雾化模型（破碎和聚并）。

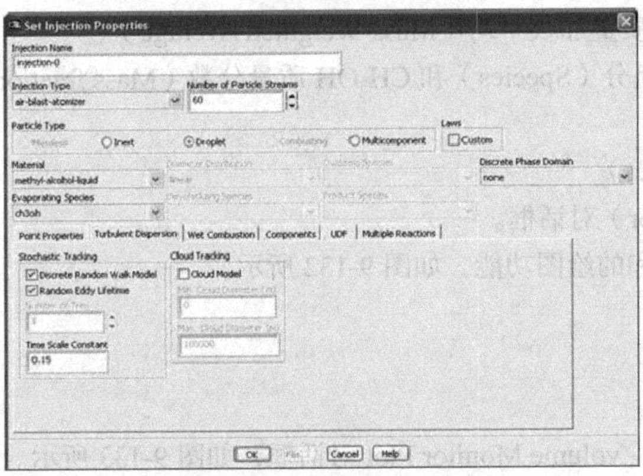

图 9-128　颗粒入射设置面板

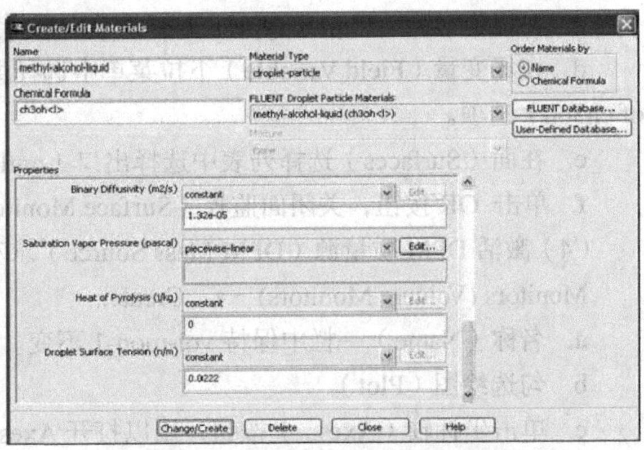

图 9-129　入射颗粒物性设置面板

a. 在材料类型（Material Type）下拉菜单中保留液滴—颗粒（droplet-particle）的默认选择。

b. 在性质（Properties）中粘度（Viscosity）一栏输入 0.0056 kg/m-s。

c. 从饱和蒸汽压（Saturation Vapor Pressure）下拉菜单中选择分段线性（piecewise-linear）选项。

d. 单击饱和蒸汽压（Saturation Vapor Pressure）下拉菜单旁边的编辑（Edit...）按钮。向下滚动鼠标键找到饱和蒸汽压的下拉菜单。之后，将弹出分段线性（Piecewise-Linear Profile）对话框。

i. 单击 OK 按钮，保留默认值，并关闭分段线性（Piecewise-Linear Profile）对话框。

e. 向下滚动鼠标键，在液滴表面张力（Droplet Surface Tension）一栏中输入 0.0222 N/m。

f. 单击变更/创建（Change/Create）按钮，完成甲醇液滴材料性质的变更，并关闭创建/编辑材料（Create/Edit Materials）对话框。

步骤八：求解

（1）将离散相源相（Discrete Phase Sources）的欠松弛因子减小为 0.1（Solution Controls 面板中设置）。

（2）取消勾选所有参数残差的收敛性检查（Check Convergence），如图 9-130 所示。

Monitors → Residuals → Edit...

（3）激活 ch3oh 的质量分数监视，如图 9-131 所示。

Monitors (Surface Monitors) → Create...

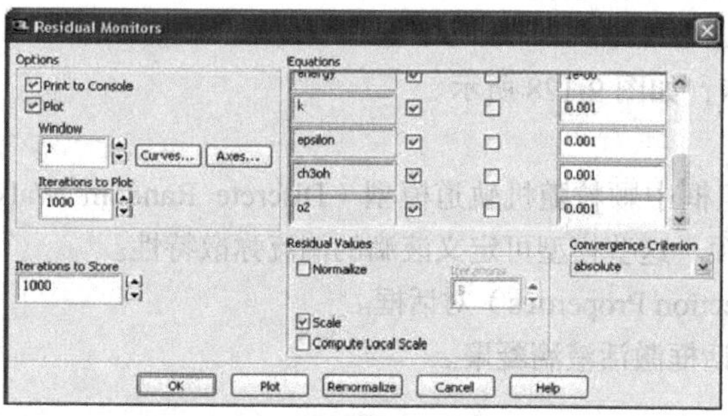

图 9-130　残差监视器设置面板

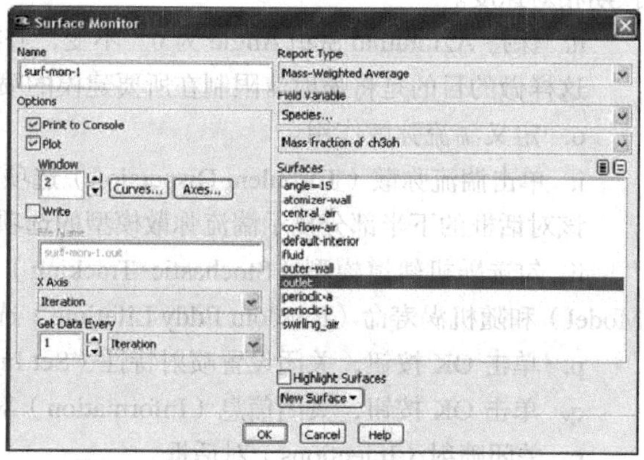

图 9-131　面监视器设置

a. 保留名称（Name）栏中的 surf-mon-1。

b. 勾选绘图（Plot）选项。

c. 在报告类型（Report Type）下拉菜单中选择质量加权平均（Mass-Weighted Average）。

d. 在场变量（Field Variable）下拉菜单中选择组分（Species）和 CH_3OH 质量分数（Mass fraction of ch3oh）选项。

e. 在面（Surfaces）选择列表中选择出口（outlet）。

f. 单击 OK 按钮，关闭面监控（Surface Monitor）对话框。

（4）激活 DPM 质量源（DPM Mass Source）求和的绘图功能，如图 9-132 所示。

Monitors (Volume Monitors) → Create...

a. 名称（Name）一栏中保持 vol-mon-1 不变。

b. 勾选绘图（Plot）。

c. 单击坐标轴（Axes...）按钮，用以打开 Axes - volume Monitor Plot 对话框，如图 9-133 所示。

i. 在坐标轴（Axis）列表中选择 y 轴（Y）。

ii. 在类型（Type）下拉菜单中选择指数（exponential） 选项。

iii. 设置精度（Precision）为 2。

iv. 单击应用（Apply）按钮，关闭 Axes – volume Monitor Plot 对话框。

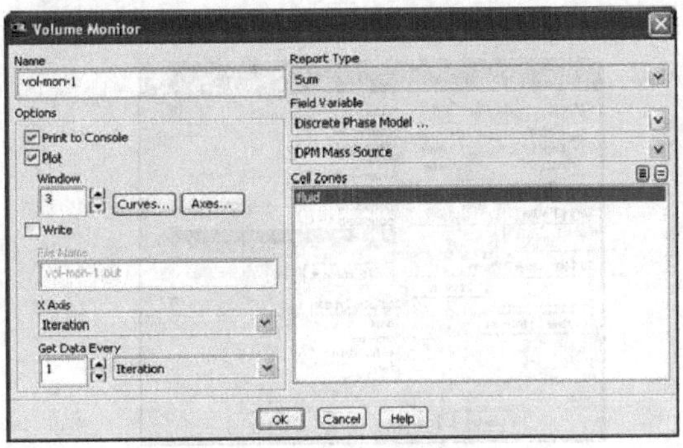

图 9-132　体监视器设置

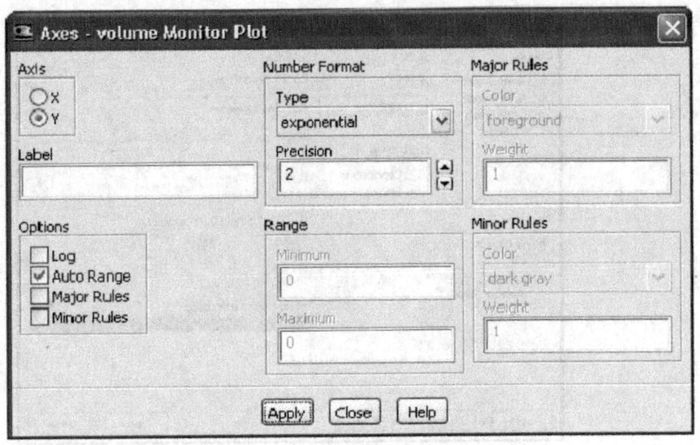

图 9-133　轴设置面板

d. 在报告类型（Report Type）下拉菜单中选择求和（Sum）选项。

e. 在场变量（Field Variable）下拉菜单中选择离散相模型（Discrete Phase Model...）和 DPM 质量源（DPM Mass Source）选项。

f. 在单元区域（Cell Zones）选择列表中选择流体（fluid）选项。

g. 单击 OK 按钮，关闭体积监控（Volume Monitor）对话框。

（5）继续进行 1500 次迭代运算（Run Calculation）（见图 9-134 和图 9-135）。随着迭代次数的增加，颗粒的收敛曲线趋于平坦，且不继续变化，这也是收敛的必要条件。

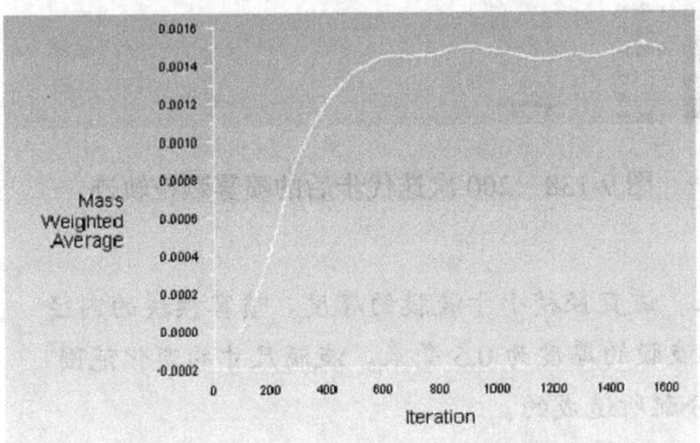

图 9-134　流体中 ch3oh 质量分数收敛记录

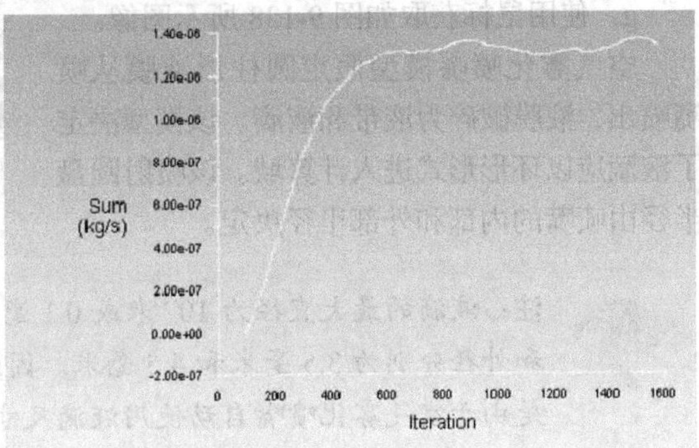

图 9-135　流体中 DPM 质量源收敛记录

（6）保存工况和数据文件（spray2.cas.gz 和 spray2.dat.gz）。

File →Write →Case & Data...

（7）显示喷射过程中液滴的轨迹（见图 9-136）。

Graphics and Animations →Particle Tracks →Set Up...

a. 勾选选项（Options）组框中网格显示（Draw Mesh）选项，将弹出网格显示（Mesh Display）对话框，如图 9-137 所示。

i. 保留现有显示设置不变。

ii. 关闭网格显示（Mesh Display）对话框。

b. 保持类型（Type）下拉菜单中点（Point）的默认选择不变。

c. 在按颜色（Color by）下拉菜单中选择颗粒变量（Particle Variables...）和颗粒直径（Particle Diameter）选项。此步骤可显示液滴的位置，按颗粒直径进行颜色渲染。

d. 在喷射释放（Release from Injections）选择列表中选择 injection-0。

e. 单击显示（Display），并关闭颗粒轨迹（Particle Tracks）对话框。

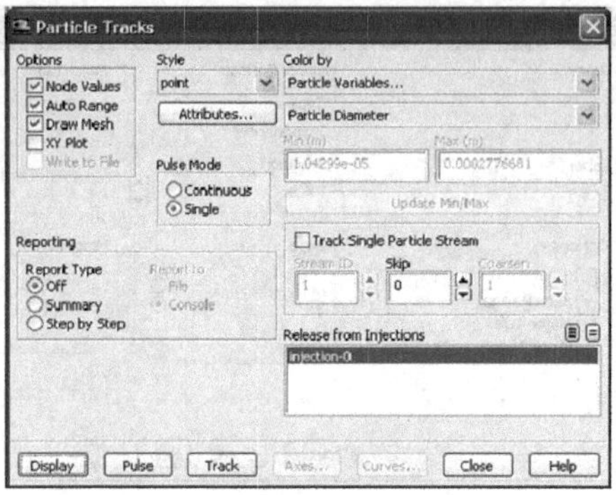

图 9-136 迹线追踪设置面板

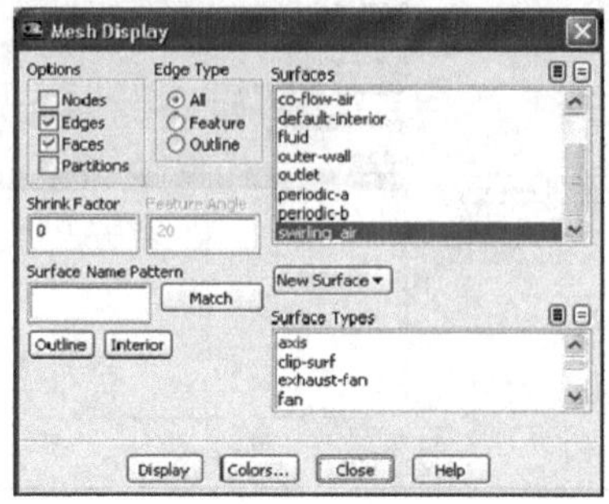

图 9-137 网格显示设置面板

f. 为获取如图 9-138 所示的图像，复原 30° 截面。

Graphics and Animations →Views...

i. 单击定义（Define）按钮，打开图形周期性（Graphics Periodicity）对话框。

ii. 单击重新设置（Reset）对话框，关闭图形周期性（Graphics Periodicity）对话框。

iii. 关闭视图（Views）对话框。

g. 使用鼠标获取如图 9-138 所示图像。

图 9-138 200 次迭代步后的喷雾颗粒轨迹

空气雾化喷嘴模型假定圆柱形液膜从喷嘴喷出，液膜破碎为液带和液滴。该模型决定了液滴应以环形形式进入计算域。该喷射圆盘半径由喷嘴的内部和外部半径决定。

> 注：液滴的最大直径为 10^{-4} 米或 0.1 毫米。该直径稍小于液膜的厚度。喷雾模块的内径和外径分别为 3.5 毫米和 4.5 毫米。因此液膜的厚度为 0.5 毫米。液滴尺寸的变化范围是由于空气雾化喷嘴自动使用液滴尺寸分配所造成的。

同时，需注意液滴喷雾位置距离入射位置有一小段距离。一旦液滴被喷射入计算域，液滴之间可以按照二次雾化模型（碰撞和破碎）的作用进行相互碰撞与聚并。但是，一旦液滴被喷射入计算域，空气雾化模块便不再对液滴起作用。

步骤九：后处理

（1）创建甲醇质量分数的云图，如图 9-139 所示。

Surface →Iso-Surface ...

a. 在等值面（Surface of Constant）下拉菜单中选择组分（Species）和甲醇质量分数（Mass fraction of ch3oh）。

b. 单击计算（Compute）按钮，更新最大值和最小值。

c. 在等值（Iso-Values）一栏中输入 0.002。

d. 在新表面名称（New Surface Name）一栏中输入 methanol-mf=0.002。

e. 单击创建（Create），随后关闭等值面（Iso-Surface）对话框。

（2）显示读者刚创建的等值面（methanol-mf=0.002），如图 9-140 所示。

General →Display...

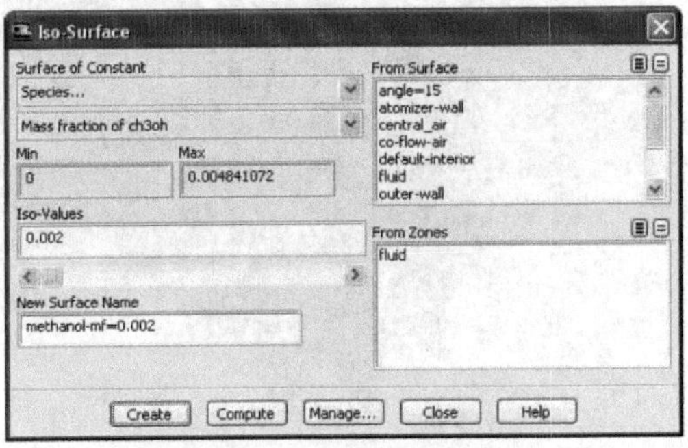

图 9-139　等值面设置面板

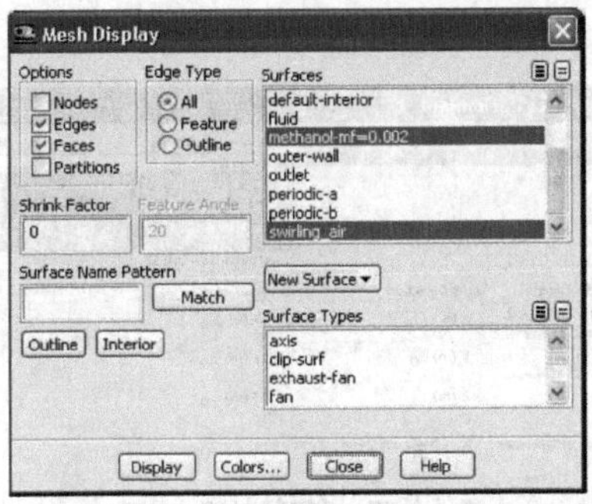

图 9-140　网格显示设置面板

a. 在面（Surfaces）中选择 methanol-mf=0.002 选项，并取消选择 atomizer-wall。

b. 单击颜色（Colors）按钮打开网格颜色（Mesh Colors）对话框，如图 9-141 所示。

i. 在类型（Type）列表中选择面（surface）选项，并在颜色（Colors）列表中选择绿色（Green）选项。鼠标键向下滚动类型（Types）列表，以查找表面（Surface）选项。等值面将显示为绿色，这样可使得与其余网格区域更好地形成对比。

ii. 关闭网格颜色（Mesh Colors）对话框。

c. 单击网格显示（Mesh Display）对话框中显示（Display）按钮。图像显示将会更新显示等值面。

（3）修改图像以显示整个喷嘴，如图 9-142 所示。

Graphics and Animations →Views...

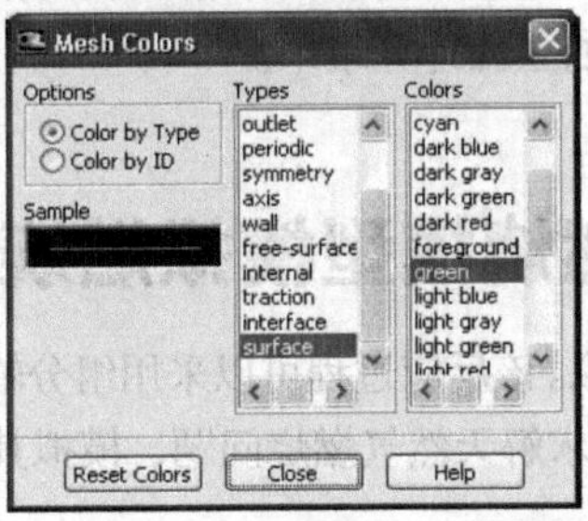

图 9-141　网格颜色设置面板

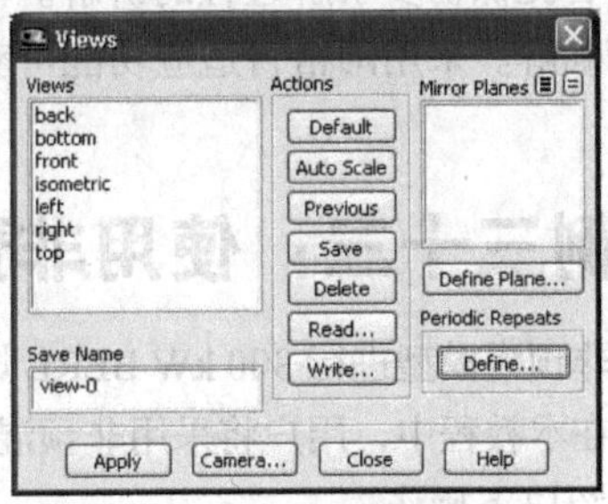

图 9-142　显示效果设置面板

a. 单击定义（Define）按钮，打开图形周期性（Graphics Periodicity）对话框，如图 9-143 所示。

i. 在单元区域（Cell Zones）列表中选择流体（fluid）选项。

ii. 确认在周期性类型（Periodic Type）列表中选择旋转（Rotational）选项，并且设置重复次数（Number of Repeats）为 12。

iii. 单击设置（Set）按钮，关闭图形周期性（Graphics Periodicity）对话框。

b. 单击应用（Apply）按钮，并关闭视图（View）对话框。

c. 单击显示（Display）按钮，并关闭网格显示（Mesh Display）对话框。

d. 使用鼠标获取如图 9-144 所示图像。

（4）保存案例文件和数据文件 (spray3.cas.gz and spray3.dat.gz) 。

File →Write →Case & Data...

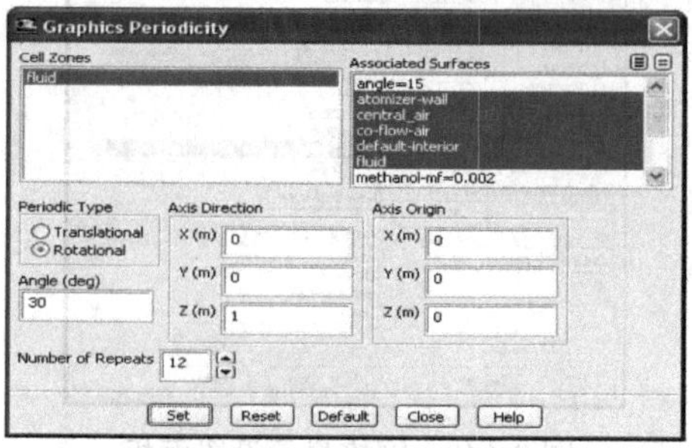

图 9-143　周期性条件显示效果设置面板

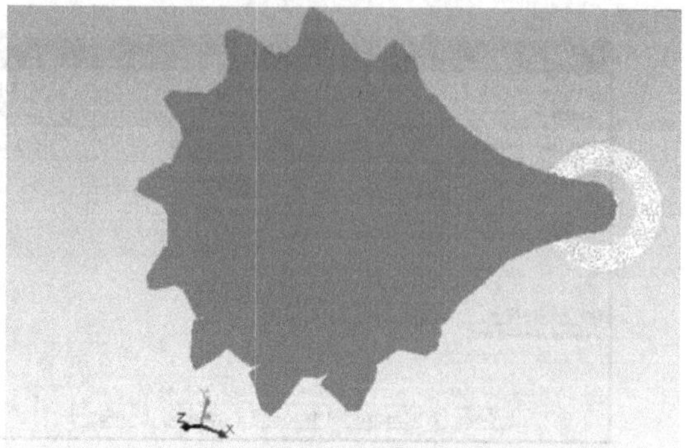

图 9-144　甲醇质量分数整个喷嘴云面显示

9.11　总结

本算例以空气雾化喷嘴模块定义喷雾射流模型，使用 FLUENT 离散相模型进行求解，并且研究甲醇液滴颗粒射出喷嘴后的位置以及甲醇质量分数等值面云图。

9.12　进一步改进

本教程为读者提供初步求解过程的讲解。读者可以通过使用高阶离散格式和网格自适应加密进一步求解来获得精确解。采用网格自适应功能可获得网格独立性计算结果。

9.13　算例三十三：使用非预混燃烧模型模拟燃烧问题

本算例采用非预混模型进行 300 kW BERL 燃烧炉模拟。该反应过程可以采用组分输运模型或非预混燃烧模型模拟。在本教程中，用户将采用非预混燃烧模型求解天然气燃烧问题，模拟其化学反应过程。

本教程将介绍以下操作：

- 为非预混燃烧化学模型定义输入参数；
- 使用 FLUENT 准备 PDF 查表；
- 求解天然气燃烧模拟问题；
- 在燃烧模拟中采用 P-1 辐射模型；
- 使用 k-ε 湍流模型。

非预混燃烧模型使用一或两个守恒量（即混合分数）求解混合分数的输运方程。通过此模型可模拟出化学反应中的中间组分和自由基，这些参数的浓度通过混合分数查表得出。由此，通过查混合分数的化学平衡数据表，获得中间组分和自由基浓度，湍流与化学反应交互过程通过 β 型概率密度函数（PDF）考虑。

9.13.1　前提条件

本算例认为读者已熟悉 FLUENT 的界面和基本操作，因而只会介绍与本算例相关的核心操作。

9.13.2 问题描述

本算例为 300 kW 旋流稳焰燃烧器未分级燃烧的天然气燃烧模拟。该燃烧炉为竖直燃烧炉，有八角形横截面。炉壁可通过水冷却。该燃烧炉拥有 24 个径向燃料喷嘴和一个中心钝体。空气由环形空气进口喷入，并通过旋流叶片产生旋流。图 9-145 描述了该燃烧炉的尺寸，图 9-146 展示的是二维轴对称模型下该燃烧炉的结构特写。其边界条件数据、天然气速度入口边界条件和温度边界条件都基于实验数据[1]。

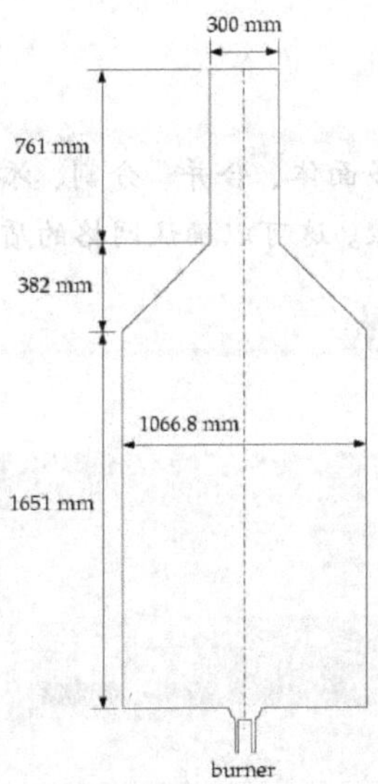

图 9-145 问题描述

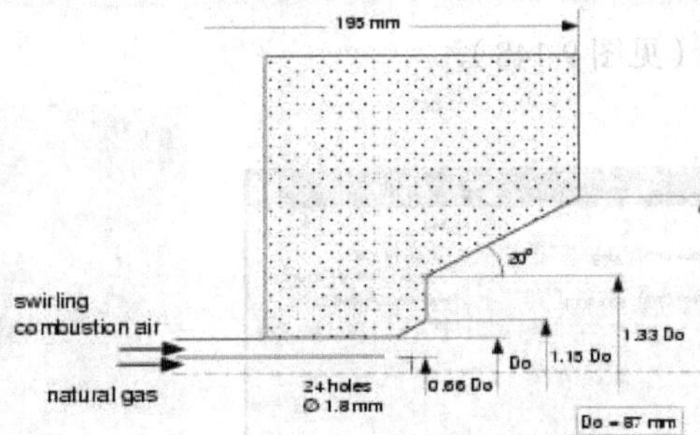

图 9-146 燃烧炉细节结构

9.13.3 设置和求解

准备

（1）复制案例文件至用户的工作文件夹。

（2）找到文件“berl.msh”和“berl.prof”。“berl.msh”是四边形网格文件。

（3）使用 FLUENT Launcher 开始运行 2D 版本 FLUENT 求解器。

（4）确认为双精度求解器（Double-Precision）。

步骤一：网格

读取网格文件“berl.msh”。

步骤：File → Read → Mesh...

FLUENT 控制台会报告该网格包含 9784 个四边形网格单元，并提示警告信息，提示用户考虑对区域类型作出调整或者将问题定义改为轴对称（axisymmetric swirl）。把问题设置成轴对称旋流（axisymmetric swirl）将在步骤二中完成。

步骤二：常规设置

常规设置：

（1）检查网格。

步骤为：General → Check

FLUENT 将对网格进行检查，并向控制台报告进展。用户需确认报告的网格最小体积为正数。

（2）网格缩放，如图 9-147 所示。

步骤为：General → Scale...

a. 从 View Length Unit In 的下拉菜单中选择 mm。所有尺寸将以毫米为计算单位。

b. 在 Scaling 分组框中 Mesh Was Created In 的下拉菜单中选择 mm。

c. 单击 Scale 选项，进行缩放网格。

d. 关闭 Scale Mesh 对话框。

（3）检查网格。

步骤为：General → Check

> 注：在用户对网格进行初步操作之后（包括缩放、转换成多面体、合并、分割、添加计算域或者网格光顺化），再对其进行检查是一个必需的步骤。这可以确认网格的质量满足计算要求。

（4）确认网格（见图 9-148）。

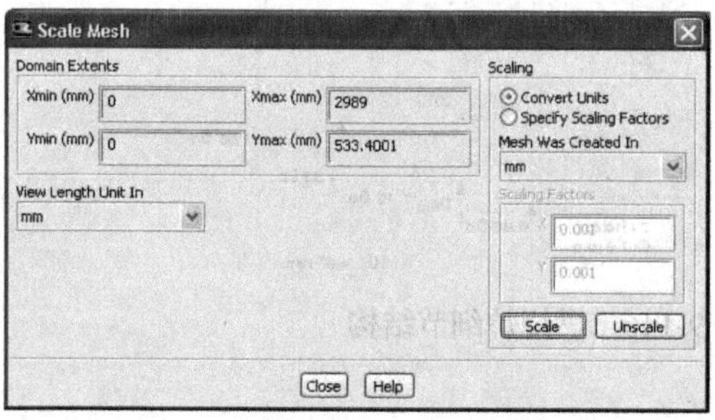

图 9-147 计算域尺寸单位设置

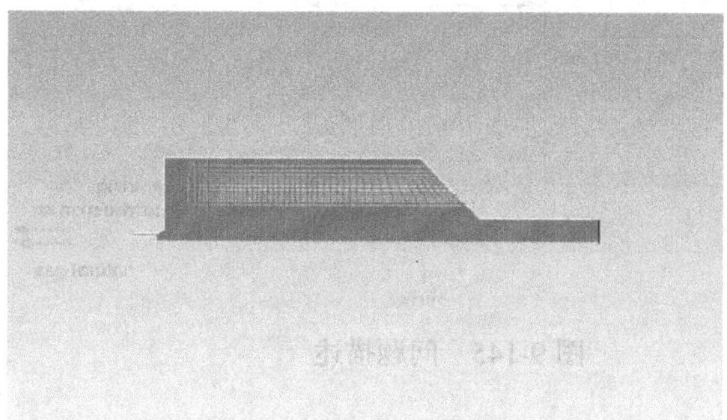

图 9-148 2D BERL 燃烧炉网格显示

（5）对显示的计算域执行镜面对称，如图 9-149 所示。

步骤为：Graphics and Animations → Views...

a. 从 Mirror Planes 选项列表中选择 axis-2 选项。

b. 单击 Apply 按钮，关闭 Views 对话框。

这将显示完整的几何图形，如图 9-150 所示。

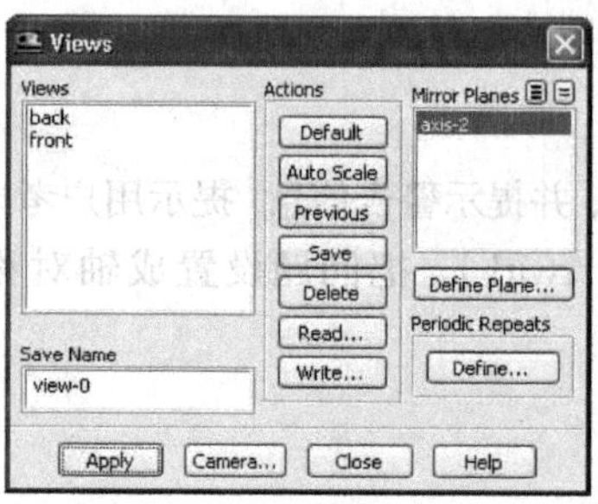

图 9-149 显示方式设置面板

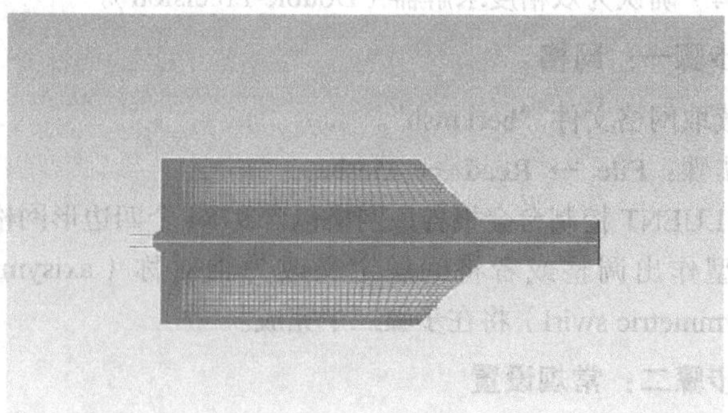

图 9-150 包含对称面的 2D BERL 燃烧炉网格显示图

（6）进行轴对称旋转（Axisymmetric Swirl）的空间设置（General），如图 9-151 所示。

a. 保持 Type 列表中 Pressure-Based 的默认选择。非预混燃烧模型只适用于基于压力的求解器。

b. 在 2D Space 列表中选择 Axisymmetric Swirl 选项。

步骤三：模型（Models）

（1）勾选 Energy Equation（能量方程，见图 152）。

步骤为：Models → Energy → Edit...

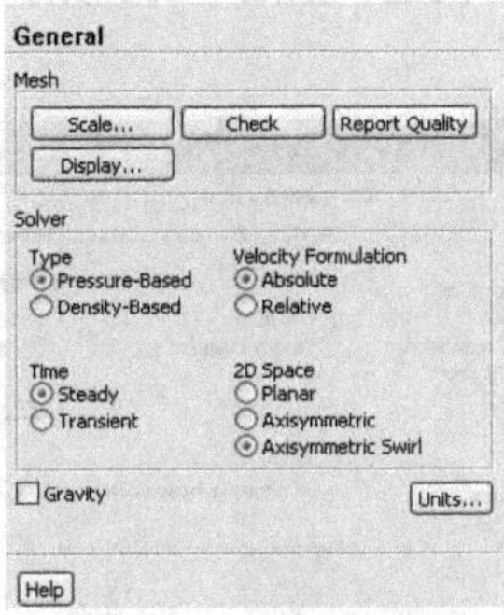

图 9-151　通用设置面板

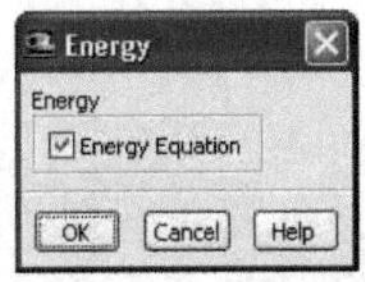

图 9-152　能量方程设置面板

a. 勾选 Energy Equation 选项。

b. 单击 OK 按钮，关闭 Energy 对话框。

因为在这个系统中将产生热传递现象，这要求用户求解能量方程。

（2）选择标准 k-epsilon 湍流模型，如图 9-153 所示。

步骤为：Models → Viscous → Edit...

a. 在 Model 列表中选择 k-epsilon (2eqn)选项。

b. 保持其他所有默认设置。

c. 单击 OK 按钮，关闭 Viscous Model 对话框。

（3）选择 P1 辐射模型，如图 9-154 所示。

步骤为：Models → Radiation → Edit...

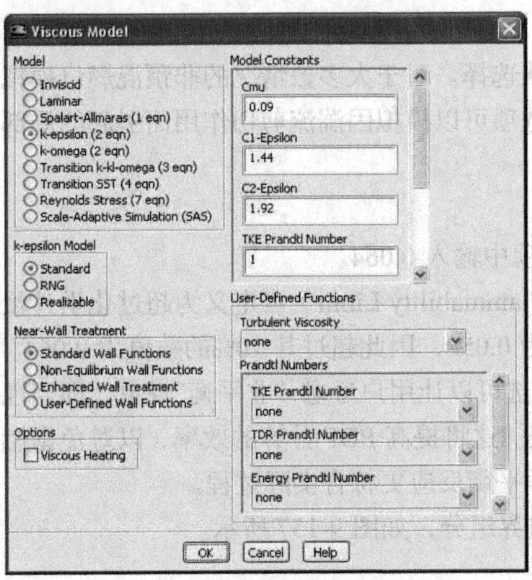

图 9-153　湍流模型设置面板

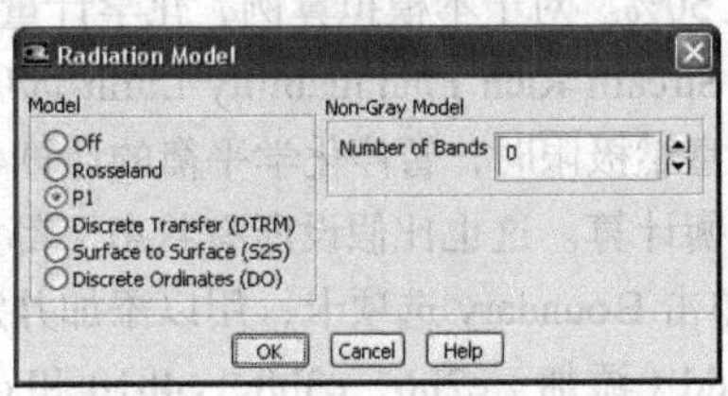

图 9-154　辐射模型设置面板

a. 在 Model 列表中选择 P1 选项。

b. 单击 OK 按钮，关闭 Radiation Model 对话框。

FLUENT 系统会弹出一个 Information（信息）对话框，如图 9-155 所示，提醒用户确认物性属性值。

c. 单击 OK 按钮，关闭 lnformation 对话框。

相比于 P1 辐射模型，DO 辐射模型将提供更加精准的求解结果，但需要耗费更多的 CPU。P1 辐射模型可为该问题提供快速而精度可接受的求解结果。

（4）选择非预混燃烧（Non-Premixed Combustion）模型，如图 9-156 所示。

步骤为：Models → Species → Edit...

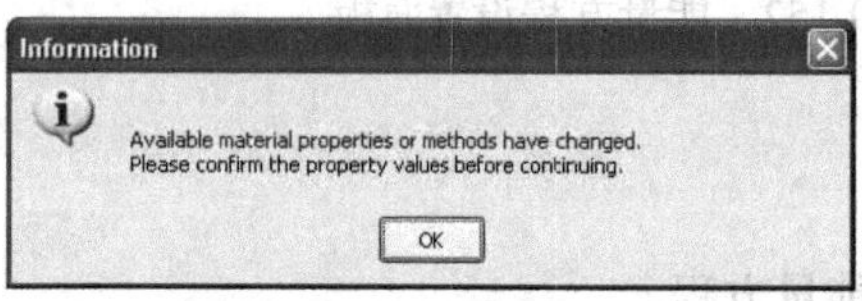

图 9-155　信息提示对话框

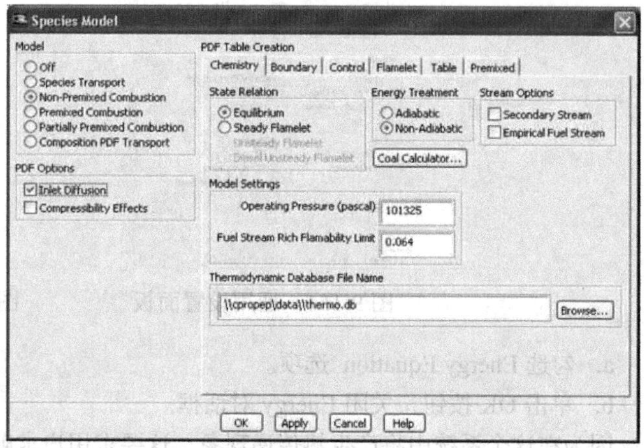

图 9-156　非预混模型设置面板

a. 在 Model 列表中选择 Non-Premixed Combustion 选项。

对话框将展开显示相关输入。用户将使用对话框创建 PDF 查表。

使用非预混燃烧模型时，需要创建 PDF 查表。这一表格包含热化学及其与湍流进行相互作用的相关信息。FLUENT 在求解非预混燃烧模型时将对 PDF 进行插值查表。

b. 在 PDF Options 分组框中勾选 Inlet Diffusion 选项。Inlet Diffusion 选项的勾选可使混合分数通过进、出口进行扩散作用。

c. 定义化学模型。

i. 保持对 Equilibrium 和 Non-Adiabatic 的默认选择。对于大多数情况的非预混燃烧模拟工况，可使用 Equilibrium 化学模型。而 Steady Flamelets 选项可以模拟因湍流剪切作用而引起的局部化学非平衡现象。

ii. 保持 Operating Pressure 选项的默认值。

iii. 在 Fuel Stream Rich Flammability Limit 选项中输入 0.064。

在燃烧模拟中，富燃极限（Fuel Stream Rich Flammability Limit）可定义为超过化学计量混合分数的 10%至 50%。对于本模拟算例，化学计量分数为 0.058，因此超过其 10%的数值为 0.064。

Fuel Stream Rich Flammability Limit 选项的勾选可以让用户考虑“非平衡”现象，即当混合分数超过指定的富燃极限时，暂停化学平衡的计算与建表。这将提高 PDF 计算的效率，以避免富燃区域复杂的化学平衡计算。这也比假设所有状态下都为化学平衡反应更符合实际过程。

d. 单击 Boundary 选项卡，用以添加并定义边界组分，如图 9-157 所示。

i. Add（添加）c2h6、c3h8、c4h10 和 co2。

a. 在 Boundary Species 文本框中输入 c2h6 并单击 Add 按钮。

b. 类似的，添加 c3h8、c4h10 和 co2。

这 4 个组分都会出现在 PDF 查表中。

ii. 在 Species Unit 列表中选择 Mole Fraction 选项。

iii. 保持 n2 和 o2 的 Oxid 默认值。氧化剂（空气）按体积分数计算的话，是由 21%的 O_2（氧气）和 79%的 N_2（氮气）组成的。

iv. 在 Fuel 文本框中输入以下数值用以制定燃料成分。燃料组分 c2h6、c3h8、c4h10 和 co2 的摩尔分数如下表所列。

组　分	摩尔分数
ch4	0.965
n2	0.013
c2h6	0.017
c3h8	0.001
c4h10	0.001
co2	0.003

操作提示：向下滚动鼠标键以查看所有组分。

v. 在 Temperature 分组框中，Fuel 和 Oxid 的文本框中都输入 315 K。

e. 单击 Control 选项卡，保持化学平衡计算的默认设置。

f. 单击 Table 选项卡，以指定表格参数并建立 PDF 查表，如图 9-158 所示。

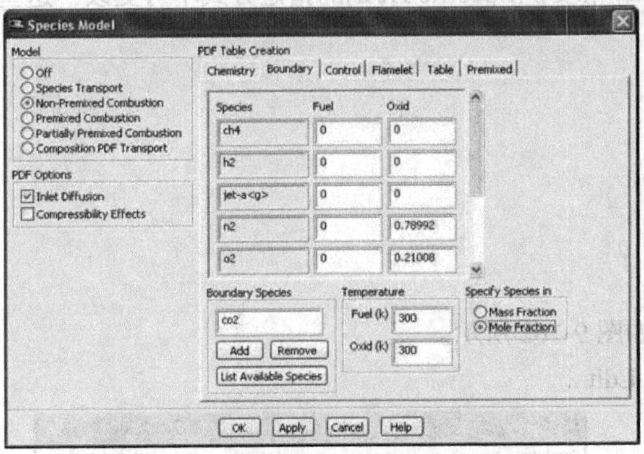

图 9-157　非预混模型设置面板（1）

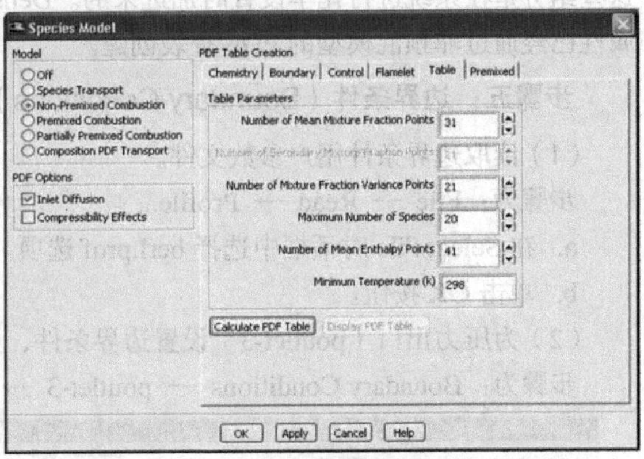

图 9-158　非预混模型设置面板（2）

i. 保持 Table Parameters 分组框中所有参数的默认值。

ii. 单击 Calculate PDF Table 选项以生成非绝热 PDF 查表。

iii. 单击 Display PDF Table...按钮用以打开 PDF Table 对话框，如图 9-159 所示。

a. 保持默认参数并单击 Display 按钮（见图 9-160）。

b. 关闭 PDF Table 表格对话框。

g. 保存 PDF 输出文件（berl.pdf）。

步骤为：File → Write → PDF...

i. 保持 berl.pdf 为 PDF File 的文件名。

ii. 单击 OK 按钮用以写文件。

该文件将默认保存为 ASCII 格式或者文本格式。若想保存为二进制文件，请在 Select File 对话框中勾选 Write Binary Files 选项。

h. 单击 OK 按钮关闭 Species Model 对话框。

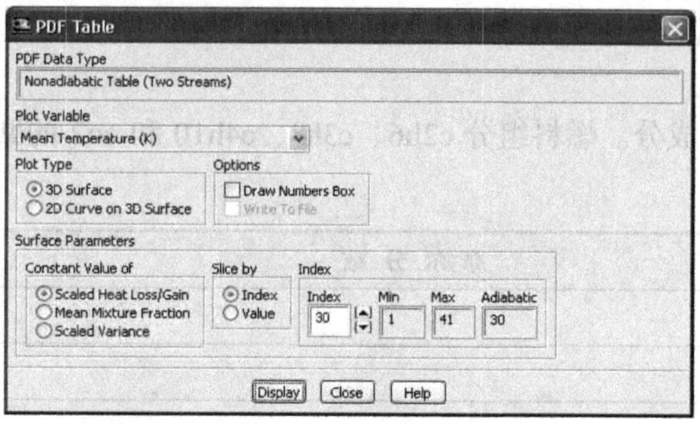

图 9-159 PDF 查表显示对话框

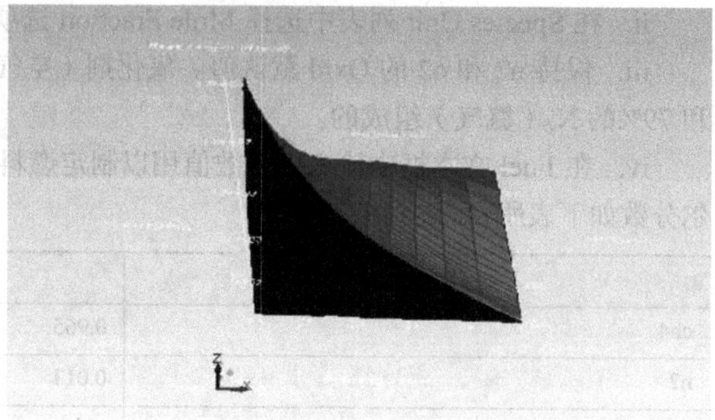

图 9-160 非绝热情况下温度的查表表格

步骤四：材料（Materials）

指定连续相（pdf-mixture）材料物性，如图 9-161 所示。

步骤为：Materials → pdf-mixture → Create/Edit...

a. 在 Absorption Coefficient 下拉菜单中选择 wsggm-domain-based 选项。

b. 单击 Change/Create 按钮，并关闭 Create/Edit Materials 对话框。

用户可以单击 Mixture Species 按钮旁边的 View...按钮，用以查看 pdf-mixture 材料中包含的组分。这些组分是在系统进行化学设置时加进来的。Density 和 Cp (Specific Heat)的指定方式不可更改：这些属性已经通过非预混模型的 PDF 查表创建。

步骤五：边界条件（Boundary Conditions）

（1）读取边界条件用户参数文件。

步骤为：File → Read → Profile...

a. 在 Select File 对话框中选择 berl.prof 选项。

b. 单击 OK 按钮。

（2）为压力出口（poutlet-3）设置边界条件，如图 9-162 所示。

步骤为：Boundary Conditions → poutlet-3 → Edit...

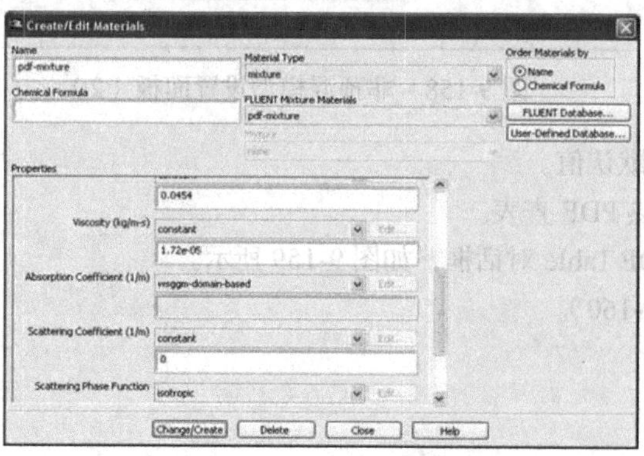

图 9-161 材料物性设置面板

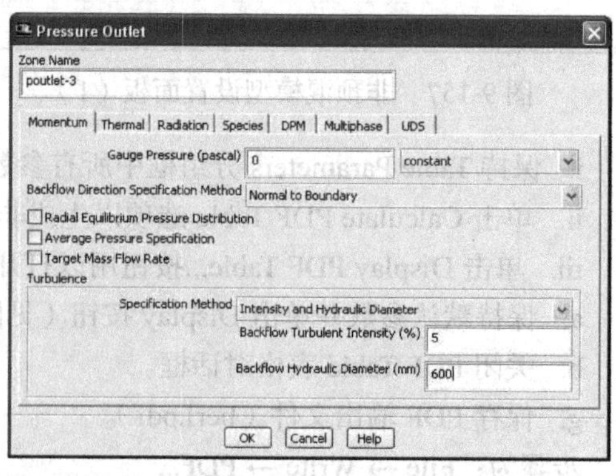

图 9-162 压力出口边界条件设置面板

a. 在 Turbulence 分组框 Specification Method 的下拉菜单中选择 Intensity and Hydraulic Diameter 选项。

b. 在 Backflow Turbulent Intensity 文本框中输入 5%。

c. 在 Backflow Hydraulic Diameter 文本框中输入 600 mm。

d. 单击 Thermal 选项卡并在 Backflow Total Temperature 文本框中输入 1300 K。

（3）为速度入口（air-inlet-4）设置边界条件，如图 9-163 所示。

步骤为：Boundary Conditions → air-inlet-4 → Edit...

a. 在 Velocity Specification Method 下拉菜单中选择 Components 选项。

b. 在 Axial-Velocity 下拉菜单中选择 vel-profu 选项。

c. 在 Swirl-Velocity 下拉菜单中选择 vel-profw 选项。

d. 在 Turbulence 分组框 Specification Method 的下拉菜单中选择 Intensity and Hydraulic Diameter 选项。

e. 在 Turbulent Intensity 文本框中输入 17%。

f. 在 Hydraulic Diameter 文本框中输入 29 mm。

湍流参数的定义基于湍流强度和长度尺度。对燃烧反应流而言，较大的湍流强度可设置为 17%。

g. 单击 Thermal 选项卡，并在 Temperature 文本框中输入 312 K。

对于非预混燃烧模型计算，用户需要在 Species 选项卡中定义入口 Mean Mixture Fraction（平均混合分数）和 Mixture Fraction Variance（混合分数方差）。在这种情况下，气相空气入口混合分数为零。因此，用户可以保持默认设置为零。

h. 单击 OK 按钮用以关闭 Velocity Inlet 对话框。

（4）为速度进口（fuel-inlet-5）设置边界条件，如图 9-164 所示。

步骤为：Boundary Conditions → fuel-inlet-5 → Edit...

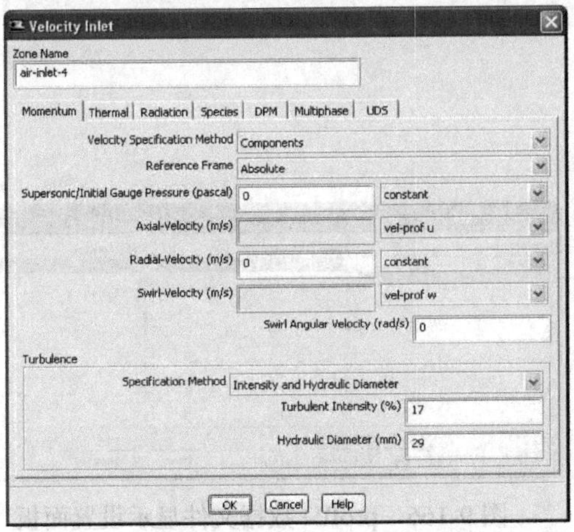

图 9-163　速度进口边界条件设置面板

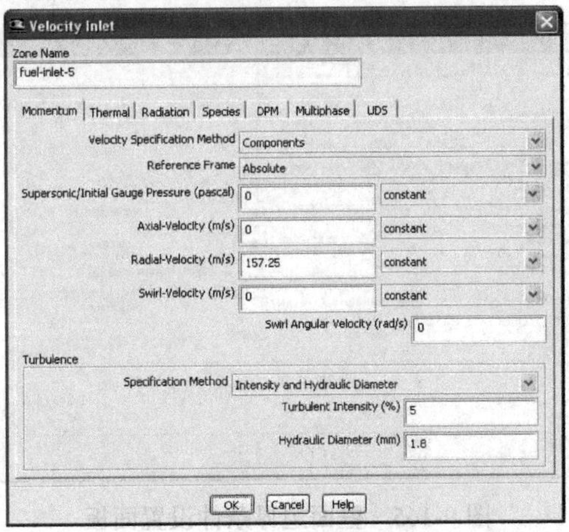

图 9-164　速度进口边界条件设置面板

a. 在 Velocity Specification Method 下拉菜单中选择 Components 选项。

b. 在 Radial-Velocity 文本框中输入 157.25 m/s。

c. 在 Turbulence 分组框中 Specification Method 的下拉菜单中选择 Intensity and Hydraulic Diameter 选项。

d. 在 Turbulent Intensity 文本框中输入 5%。

e. 在 Hydraulic Diameter 文本框中输入 1.8 mm。将水力直径设置为 2D 入口流体高度的两倍。

f. 单击 Thermal 选项卡，并在 Temperature 文本框中输入 308 K。

g. 单击 Species 选项卡，并为燃料入口在 Mean Mixture Fraction 文本框中输入 1。

h. 单击 OK 按钮用以关闭 Velocity Inlet 对话框。

（5）为 wall-6 设置边界条件，如图 9-165 所示。

步骤为：Boundary Conditions → wall-6 → Edit...

a. 单击 Thermal 选项卡。

i. 在 Thermal Conditions 列表中选择 Temperature 选项。

ii. 在 Temperature 文本框中输入 1370 K。

iii. 在 Internal Emissivity 文本框中输入 0.5。

b. 单击 OK 按钮关闭 Wall 对话框。

（6）同样，利用下表所列数值为 wall-7 至 wall-13 设置边界条件。

Zone Name（区域名称）	Temperature（温度）	Internal Emissivity（内部发射率）
wall-7	312	0.5
wall-8	1305	0.5
wall-9	temp-prof t（在下拉菜单中选择）	0.5
wall-10	1100	0.5
wall-11	1273	0.5
wall-12	1173	0.5
wall-13	1173	0.5

（7）为壁面（wall-9）设置温度轮廓数据，如图 9-166 所示。

步骤为：Plots → Profile Data → Set Up...

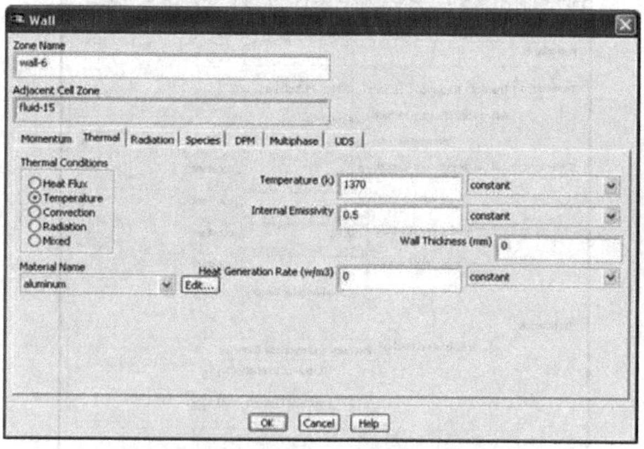

图 9-165 壁面边界条件设置面板

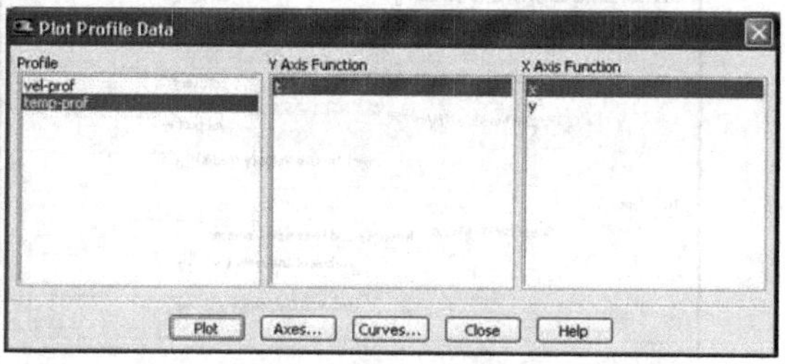

图 9-166 profile 数据文件显示设置面板

a. 在 Profile 选择列表中选择 temp-prof 选项。

b. 在 Y Axis Function 选择列表中保持选择 t 选项，在 X Axis Function 选择列表中保持选择 x 选项。

c. 单击 Plot 按钮（如图 9-167）。

（8）为旋转空气入口（air-inlet-4）设置速度轮廓数据，如图 9-168 所示。

a. 为旋转空气入口设置轴向速度轮廓数据。

步骤为：Plots → Profile Data → Set Up...

i. 在 Profile 选择列表中选择 vel-prof 选项。

ii. 在 Y Axis Function 选择列表中保持选择 u 选项。

iii. 在 X Axis Function 选择列表中保持选择 y 选项。

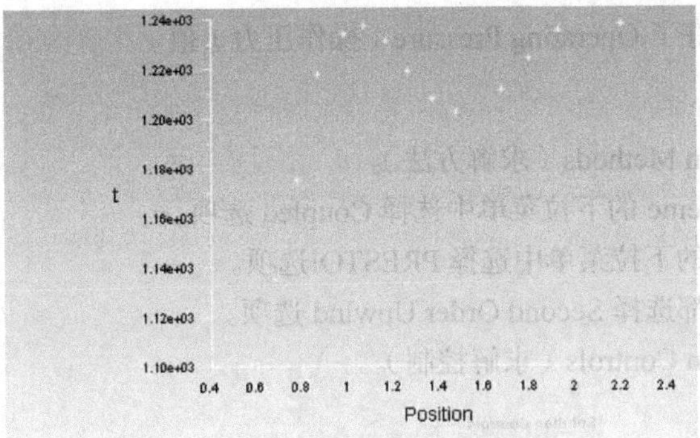

图 9-167　wall-9 温度轮廓数据

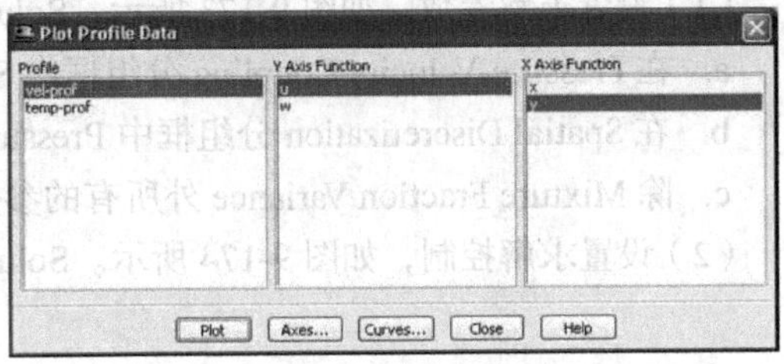

图 9-168　profile 数据文件显示设置面板

iv. 单击 Plot 按钮（见图 9-169）。

b. 为旋转空气入口设置旋转速度轮廓数据，如图 9-170 所示。

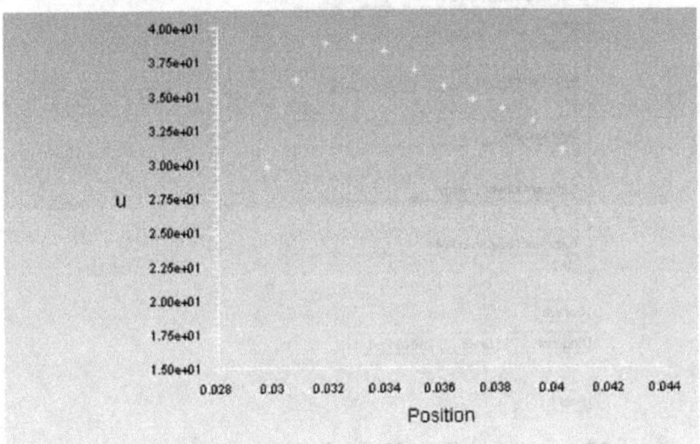

图 9-169　旋转空气入口（air-inlet-4）轴向速度轮廓数据

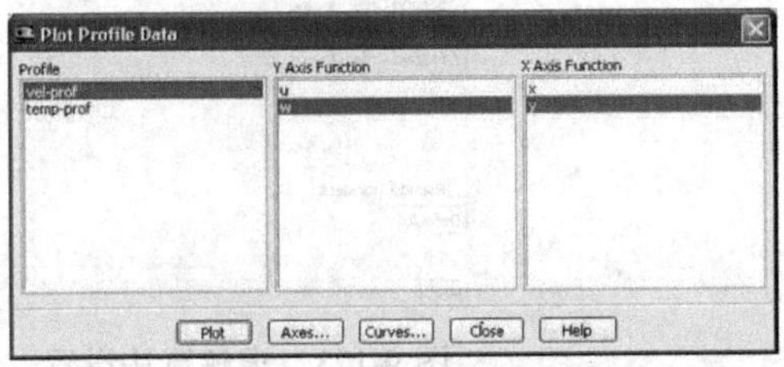

图 9-170　profile 数据文件显示设置面板

i. 在 Profile 选择列表中保持选择 vel-prof 选项。

ii. 在 Y Axis Function 选择列表中选择 w 选项。

iii. 在 X Axis Function 选择列表中保持选择 y 选项。

iv. 单击 Plot 按钮（见图 9-171）并关闭 Plot Profile Data 对话框。

步骤六：操作条件

Boundary Conditions

保持默认工作条件，如图 9-172 所示。

步骤为：Boundary Conditions → Operating Conditions...

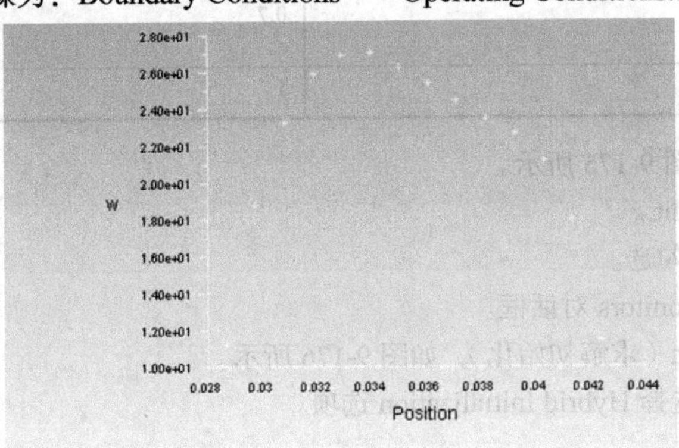

图 9-171　旋转空气入口（air-inlet-4）旋转速度轮廓数据

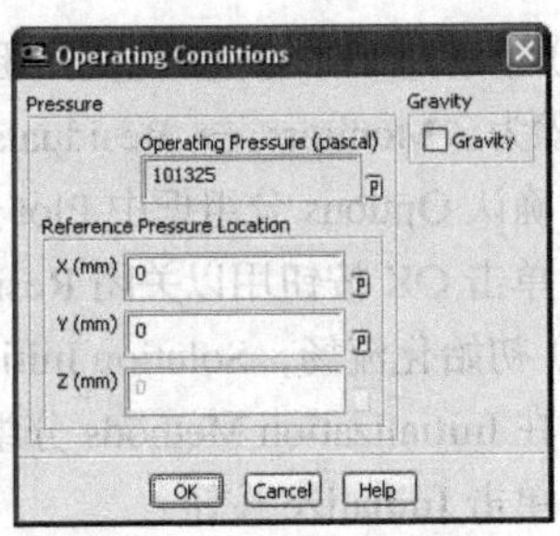

图 9-172　操作条件设置面板

在步骤三中，已在 PDF 查表生成过程中设置好了 Operating Pressure（操作压力）值。

步骤七：求解

（1）设置求解参数，如图 9-173 所示，Solution Methods（求解方法）。

a. 在 Pressure-Velocity Coupling 分组框中 Scheme 的下拉菜单中选择 Coupled 选项。

b. 在 Spatial Discretization 分组框中 Pressure 的下拉菜单中选择 PRESTO!选项。

c. 除 Mixture Fraction Variance 外所有的参数都选择 Second Order Upwind 选项。

（2）设置求解控制，如图 9-174 所示。Solution Controls（求解控制）。

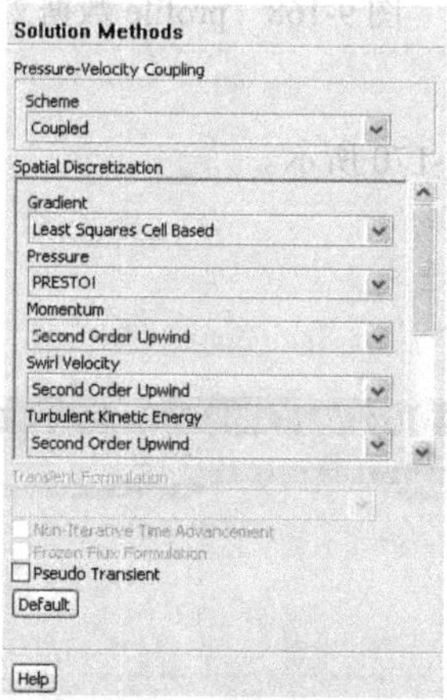

图 9-173　求解算法设置

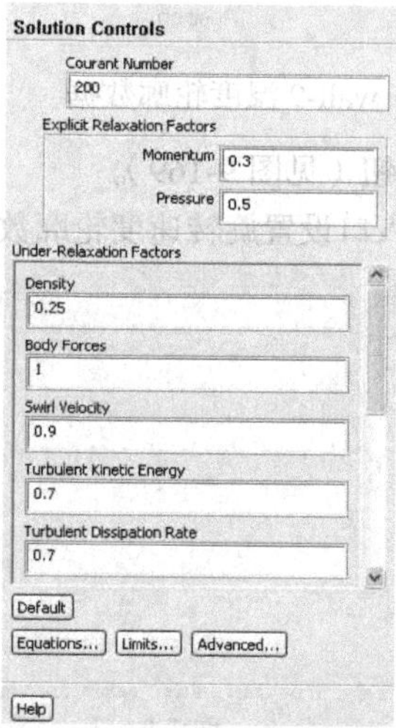

图 9-174　求解控制参数设置

在 Under-Relaxation Factors（欠松弛因子）分组框中设置以下参数。

Under-Relaxation Factors（欠松弛因子）	Value（数值）
Momentum（动量）	0.3
Pressure（压力）	0.5
Density（密度）	0.25
Turbulent Kinetic Energy（湍动能）	0.7
Turbulent Dissipation Rate（湍流耗散率）	0.7
P1	1

（3）求解过程中勾选残差显示图，如图 9-175 所示。

步骤为：Monitors → Residuals → Edit...

a. 确认 Options 分组框中 Plot 选项已勾选。

b. 单击 OK 按钮用以关闭 Residual Monitors 对话框。

（4）初始化流场，Solution Initialization（求解初始化），如图 9-176 所示。

a. 在 Initialization Methods 分组框中选择 Hybrid Initialization 选项。

b. 单击 Initialize 按钮。

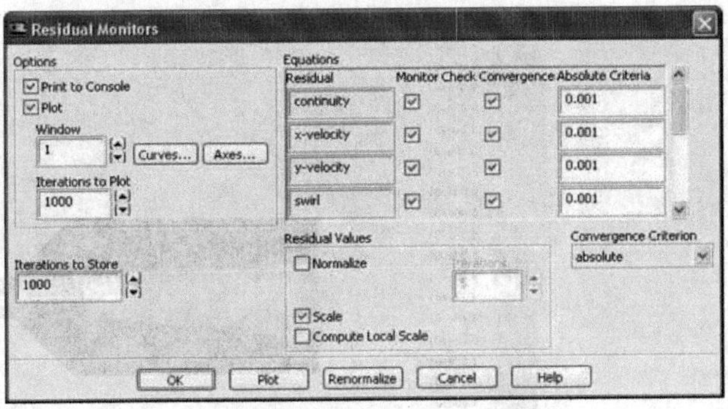

图 9-175　残差监视器设置面板

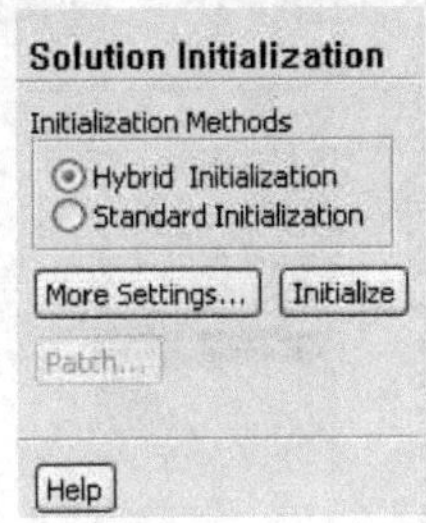

图 9-176　初始化设置

（5）保存工况文件（berl-1.cas.gz）。

步骤为：File → Write → Case...

（6）进行 1500 次迭代计算，Run Calculation（运行迭代），如图 9-177 所示。

该求解将在约 915 步迭代后收敛。

（7）保存收敛解（berl-1.dat.gz）。

步骤为：File → Write → Data...

步骤八：后处理

（1）显示温度场（图 9-178）。

步骤为：Graphics and Animations → Contours → Set Up...

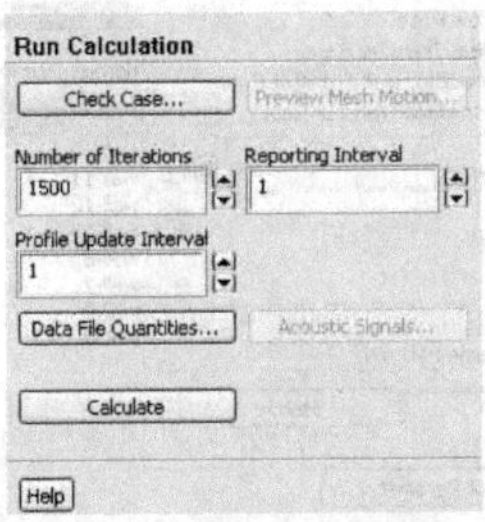

图 9-177　迭代参数设置

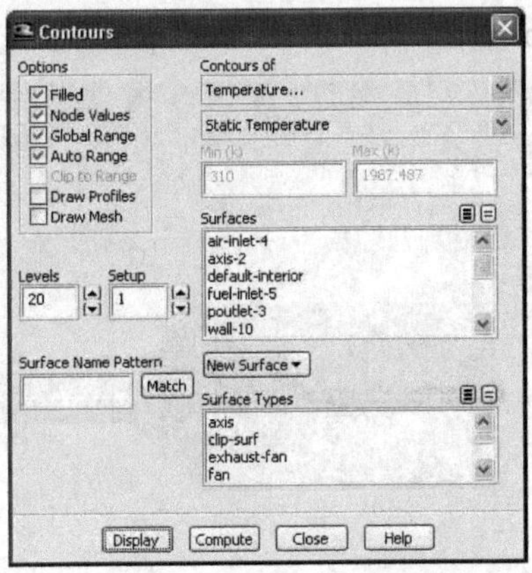

图 9-178　云图显示设置面板

a. 在 Options 分组框中勾选 Filled 选项。

b. 在 Contours of 下拉菜单中选择 Temperature...和 Static Temperature 选项。

c. 单击 Display 按钮。本计算域最高温度为 1987 K，如图 9-179 所示。

（2）显示速度等值线（见图 9-180）。

步骤为：Graphics and Animations → Contours → Set Up...

a. 在 Contours of 下拉菜单中选择 Velocity...和 Velocity Magnitude 选项。

b. 单击 Display 按钮。

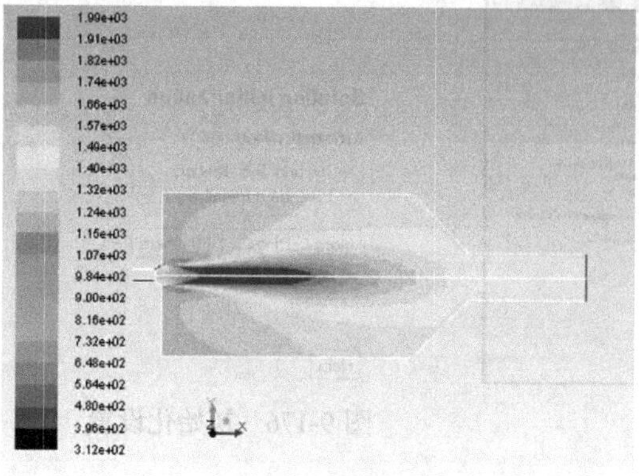

图 9-179　温度等值线

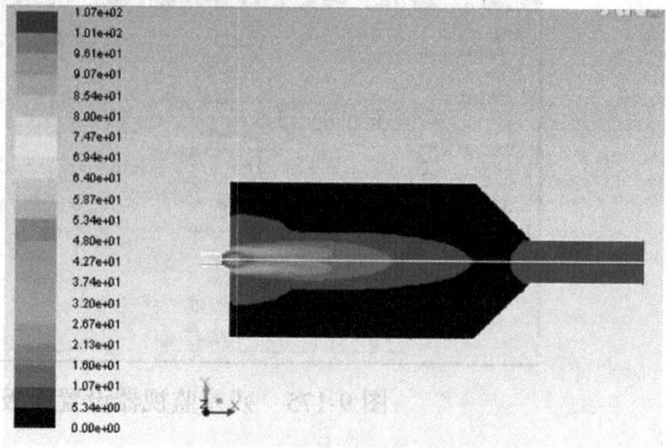

图 9-180　速度等值线

（3）显示 O_2 质量分数等值线（见图 9-181）。

步骤为：Graphics and Animations → Contours → Set Up...

a. 在 Contours of 下拉菜单中选择 Species...和 Mass fraction of o2 选项。

b. 单击 Display 按钮并关闭 Contours 对话框。

步骤九：能量平衡报告

FLUENT 可以报告总能量平衡和传热与传质的详细信息。

（1）计算域边界的气相质量流量，如图 9-182 所示。

步骤为：Reports → Fluxes → Set Up...

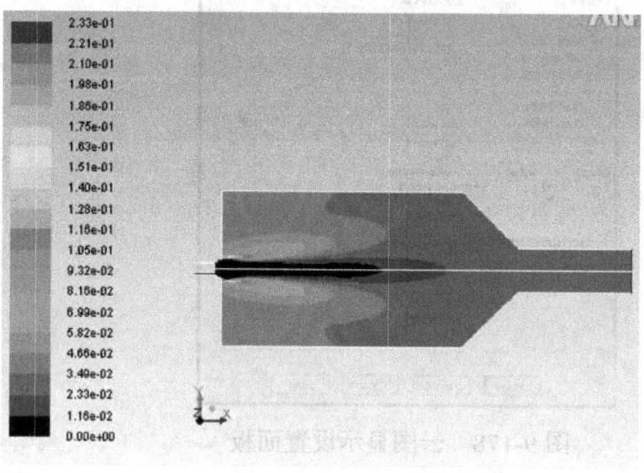

图 9-181　O_2 质量分数等值线

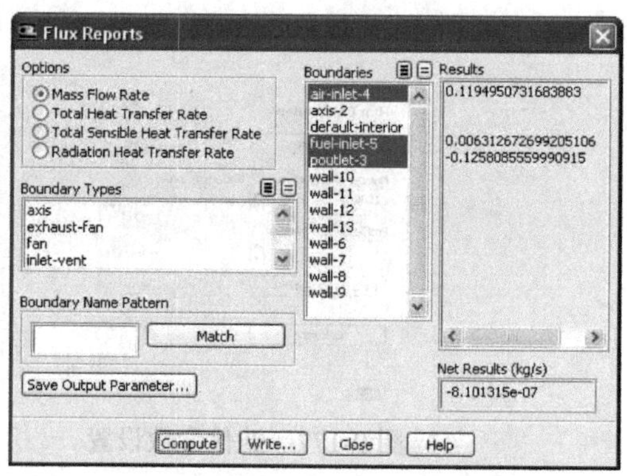

图 9-182　Flux Reports 设置面板

a. 在 Options 分组框中保持默认，选择 Mass Flow Rate 选项。

b. 在 Boundaries 选项列表中选择 air-inlet-4、fuel-inlet-5 和 poutlet-3 等选项。

c. 单击 Compute 按钮。

（2）计算域边界的热流。

步骤为：Reports → Fluxes → Set Up...

a. 在 Options 分组框中选择 Total Heat Transfer Rate 选项。

b. 在 Boundaries 分组框中选定所有区域。

c. 单击 Compute 按钮并关闭 Flux Reports 对话框。

（3）计算压力出口处温度的质量加权平均值，如图 9-183 所示。

步骤为：Reports → Surface Integrals → Set Up...

a. 在 Report Type 下拉菜单中选择 Mass-Weighted Average 选项。

b. 在 Field Variable 下拉菜单中选择 Temperature...和 Static Temperature 选项。

c. 在 Surfaces 选项列表中选择 poutlet-3 选项。

d. 单击 Compute 按钮。控制台显示的数值为 1416.7 K。

e. 关闭 Surface Integrals 对话框。

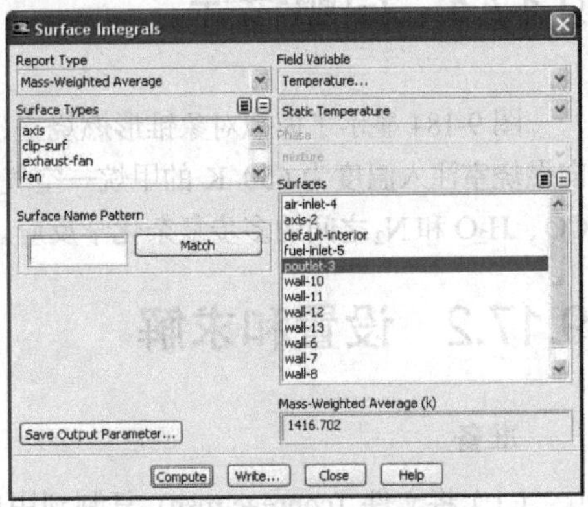

图 9-183　面积分设置面板

9.14　总结

本算例展示了如何利用非预混燃烧模型来模拟气相燃烧化学平衡反应。在该模型中，假定化学反应达到平衡状态。这一平衡化学模型可应用于其他湍流和扩散反应系统中。用户也可以利用有限速率化学反应模型对气体燃烧进行建模。本教程还展示了如何利用 P1 辐射模型和适当的吸收系数来设置并求解气相燃烧问题。

9.15　参考文献

- A. Sayre, N. Lallement, and J. Dugu, and R.Weber “Scaling Characteristics of Aerodynamics and Low-NOx Properties of Industrial Natural Gas Burners”, The SCALING 400 Study, Part IV: The 300 KW BERL Test Results, IFRF Doc No F40/y/11, International Flame Research Foundation,The Netherlands.

9.16　进一步改进

本算例通过初步求解，然后进行二阶离散格式再次求解获得精确解。用户可以采用更高阶的离散格式，或者采用网格自适应加密来进一步改进求解精度。

9.17　算例三十四：使用有限速率化学反应模型分析锥形室内的预混化学反应流

编写本算例的目的是：对由甲烷和空气组成的贫燃预混合气相燃料在锥形反应体中的燃烧问题，为读者提供建立和求解方面的指导与建议。燃烧的模拟将使用 FLUENT 中的有限速率化学反应模型（finite-rate chemistry model ）进行。

本算例将演示以下内容：

- 建立和求解锥形反应体中的甲烷—空气预混合气相燃料的燃烧问题；
- 使用有限速率化学反应的组分输运模型；
- 建立模型并使用合适的求解设定求解模型；
- 结果数据的后处理。

9.17.1　问题描述

图 9-184 显示了模拟对象锥形燃烧室，在燃烧室的中心有一个小型喷嘴，小型喷嘴以 60 m/s 的速度向燃烧室注入温度为 650 K 的甲烷—空气贫燃预混气体（当量比 0.6）。燃烧过程包括 CH_4、O_2、CO_2、CO、H_2O 和 N_2 之间的多步复杂化学反应。高速烟气流在燃烧室另一个方向通过同轴的排气出口排出。

9.17.2　设置和求解

准备

（1）将文件 (conreac.msh) 复制到用户的工作文件夹。

（2）使用 FLUENT 启动程序打开 2D 版本的 FLUENT。

（3）在选项列表中启用 Double-Precision（双精度）。

步骤一：网格

读取网格文件 (conreac.msh)。

File/Read/Mesh…

在网格读取时。FLUENT 会在控制台报告读取进度。

步骤二：总体设置

（1）定义求解器设定。

General/Axisymmetric

从 2D Space 列表中选中 Axisymmetric(轴对称)。

（2）检查网格（见图 9-185）。

General /Check

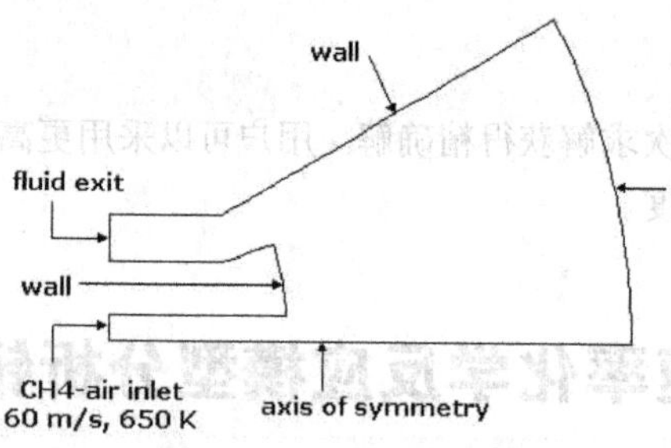

图 9-184　计算域示意图

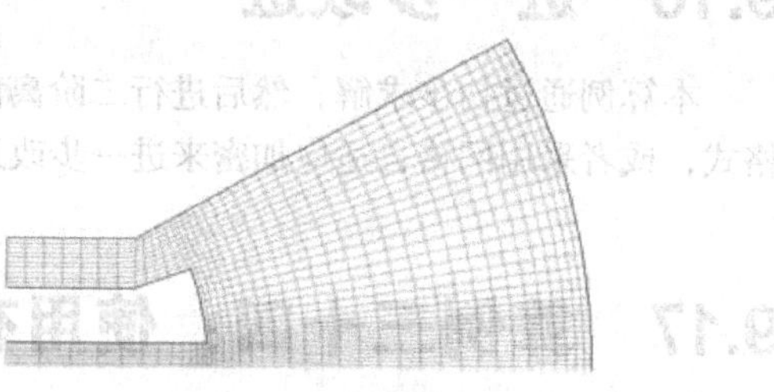

图 9-185　网格显示

FLUENT 将对网格进行多方面的检查，并在控制台中报告进度。请确认报告的网格最小体积是一个正数。

步骤三：建模

（1）启用能量方程。

Models/Energy/Edit…

（2）定义 k-epsilon 湍流模型。

Models/Viscous/Edit…

（a）在模型列表中选中 k-epsilon 来打开 Viscous Model 粘性模型对话框。

（b）保持原有设置并单击 OK 按钮关闭 Viscous Model 粘性模型对话框。

（3）定义组分模型，如图 9-186 所示。

Models/Species/Edit…

在模型（Model）目录中选中组分输运（Species Transport），打开组分模型（Species Model）对话框。

i. 从 Reaction（反应）分组框中启用 Volumtric（容积）选项。

ii. 从混合材料（Mixture Material）的下拉菜单中选中 methane-air-2step（甲烷-空气-两步反应）。

iii. 从 Turbulence-Chemistry Interaction（湍流-化学反应相互作用）分组框中选中 Finite-Rate/Eddy-Dissipation（有限速率/涡耗散）。

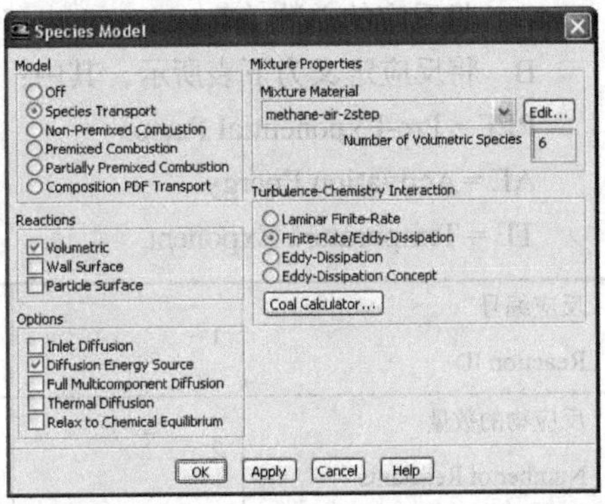

图 9-186 组分输运模型设置面板

iv. 单击 OK 按钮关闭 Species Model 组分模型对话框。一个消息框将弹出通知，提示用户材料属性已经改变，单击 OK 按钮确认。

步骤四：材料物性

（1）Materials/Fluid/Create/Edit…，从数据库复制 nitrogen-oxide (no)。

单击 FLUENT 数据库（FLUENT Database），打开 FLUENT Database Materials 对话框，如图 9-187 所示。

i. 在 Material Type 下拉菜单中选中 Fluid（流体）。

ii. 在 FLUENT Fluid Materials 目录中选中 nitrogen-oxide (no)。

iii. 单击 Copy，然后关闭 FLUENT 材料数据库对话框（FLUENT Database Materials）。

iv. 单击 Change/Create 然后关闭 Create/Edit 材料对话框。

（2）修改混合物材料 methane-air-2step。（Materials /Mixture/Create/Edit…）。

（a）在属性（Properties）分组框中输入 Thermal Conductivity（导热系数）为 0.0241。

（b）在混合组分（Mixture Species）的右侧单击 Edit，打开组分（Species）对话框。

i. 增加 nitrogen-oxide (no)到选中的组分列表（Selected Species）中。

ii. 重新整理组分顺序，这样 nitrogen (n2)将出现在 Selected Species（已选组分）的最后一项。

iii. 单击 OK 关闭组分对话框。

（c）在 Reactions 对话框中指定反应的详细信息。

i. 在 Reaction 的右侧单击 Edit，打开 Reactions 对话框，如图 9-188 所示。

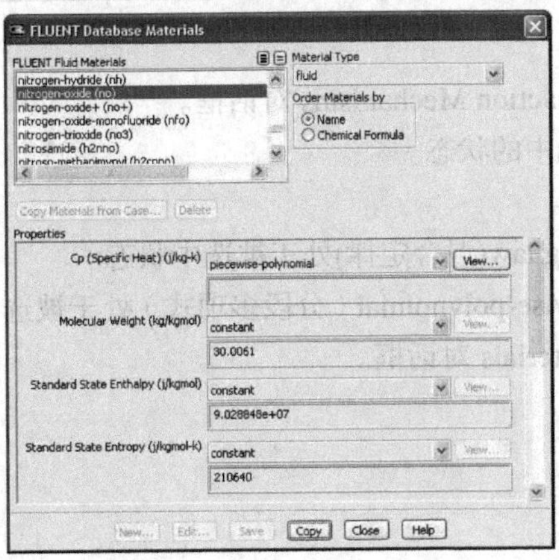

图 9-187 FLUENT 材料数据库

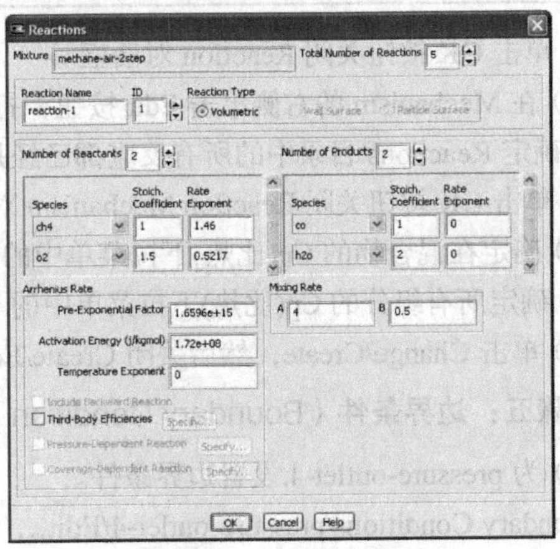

图 9-188 化学反应设置

A. 将反应的总数（Total Number of Reactions）增加到 5。

B. 将反应定义为下表所示，其中：

PEF = Pre-Exponential Factor

AE = Activation Energy

TE = Temperature Exponent

反应编号 Reaction ID	1	2	3	4	5
反应物的数量 Number of Reactants	2	2	1	3	2
组分 Species	ch4, o2	co, o2	co2	n2, o2, co	n2, o2
化学计量系数 stoich. coefficient	ch4 = 1 o2 = 1.5	co = 1 o2 = 0.5	co2 = 1	n2 = 1 o2 = 1 co = 0	n2 = 1 o2 = 1
速率指数 Rate Exponent	ch4 = 1.46 o2 = 0.5217	co = 1.6904 o2 = 1.57	co2 = 1	n2 = 0 o2 = 4.0111 co = 0.7211	n2 = 1 o2 = 0.5
阿伦尼乌斯速率 Arrhenius Rate	PEF=1.6596e+15 AE=1.72e+08	PEF=7.9799e+14 AE=9.654e+07	PEF=2.2336e+14 AE=5.1774e+08	PEF=8.8308e+23 AE=4.4366e+08	PEF=9.2683e+14 AE=5.7276e+08 TE =−0.5
产物的数量 Number of Products	2	1	2	2	1
组分 Species	co, h2o	co2	co, o2	no, co	no
化学计量系数 Stoich. Coefficient	co = 1 h2o = 2	co2 = 1	co = 1 o2 = 0.5	no = 2 co = 0	no = 2
速率指数 Rate Exponent	co = 0 h2o = 0	co2 = 0	co = 0 o2 = 0	no = 0 co = 0	no = 0
混合速率 Mixing Rate	默认值 Default values	默认值 Default values	默认值 Default values	A = 1e+11 B = 1e+11	A = 1e+11 B = 1e+11

ii. 单击 OK 按钮关闭 Reaction 对话框。

（d）在 Mechanism 的右侧单击 Edit 按钮，打开 Reaction Mechanisms 对话框。

i. 确定 Reactions 目录中的所有反应都已经是被选中的状态。

ii. 单击 OK 按钮关闭 Reaction Mechanism 对话框。

（e）确定在混合物的 Cp(比热)下拉菜单中的 mixing law(混合定律)处于被选中状态。

（f）确定所有组分的 Cp(比热)下拉菜单中的 piecewise-polynomial（分段多项式）处于被选中状态。

（3）单击 Change/Create，然后关闭 Create/Edit Materials 对话框。

步骤五：边界条件（Boundary Condition）

（1）为 pressure-outlet-4.设置边界条件。

Boundary Conditions/pressure-outlet-4/Edit…

（a）按照下表所示输入值：

参数 Parameters	参数值 Values
指定方法 Specification Method	湍流强度与长度尺度 Intensity and Length Scale
回流湍流长度尺度 Backflow Turbulent Length Scale	0.003 m
回流温度 Backflow Total Temperature	2500 K
组分质量分数 Species Mass Fractions	o2 = 0.05, co2 = 0.1, and h2o = 0.1

（b）单击 OK 关闭 Pressure Outlet 对话框。

（2）为 velocity-inlet-5 设置边界条件。

Boundary Conditions/velocity-inlet-5/Edit…

（a）按照下表所示输入值：

参数 Parameters	参数值 Values
速度数值 Velocity Magnitude	60 m/s
指定方法 Specification Method	湍流强度与长度尺度 Intensity and Length Scale
湍流长度尺度 Turbulent Length Scale	0.003 m
温度 Temperature	650 K
组分质量分数 Species Mass Fractions	ch4 = 0.034 o2 = 0.225

（b）单击 OK 关闭 Velocity Inlet 对话框。

（3）对于 wall-1 保持默认边界条件。

步骤六：求解

（1）修改组分模型。

Models/Species/Edit…

（a）在 Reaction 目录中不勾选 Volumetric 选项，如图 9-189 所示。

（b）单击 OK 关闭 Species Model 对话框。这样设置以后，会求解冷态非反应流，当获得冷态结果以后，再考虑化学反应模型进行求解。

（2）设置 under-relaxation factors（欠松弛因子）。操作：Solution Controls。

选择 Under-Relaxation Factors 分组框，对于所有的组分（species）和 Energy，输入值 0.95。

（3）求解初始化，Solution Initialization。

（a）从 Compute from 下拉菜单中选中 velocity-inlet-5。

（b）单击 Initialize 初始化。

（4）保存工况文件（5step_cold.cas.gz）。

File/Write/Case…

（5）进行 200 次迭代求解（见图 9-190）。

Run Calculation

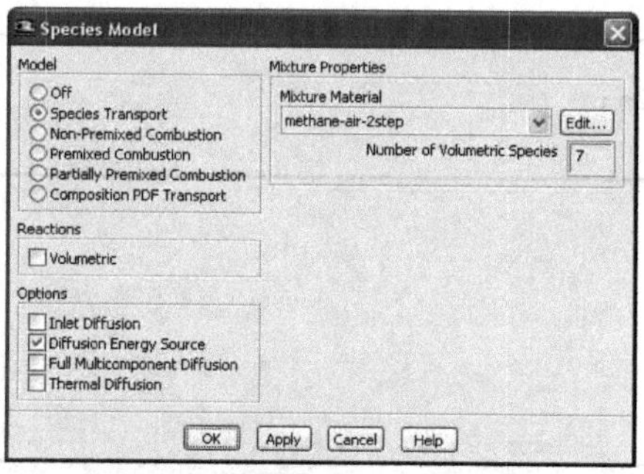

图 9-189　组分输运模型设置

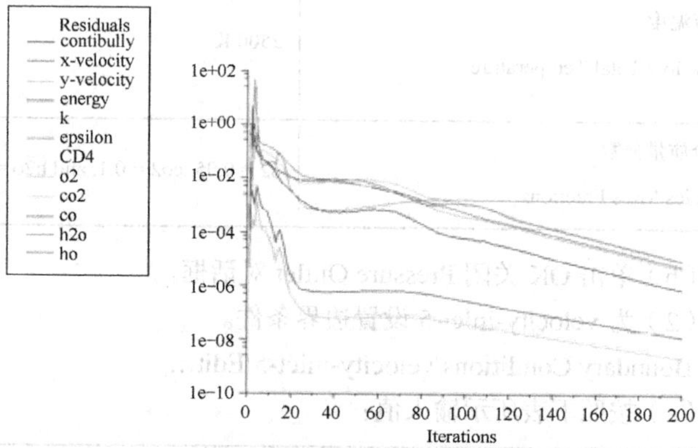

图 9-190　残差收敛曲线

（6）保存工况文件　(5step_cold.dat.gz)。

File→ Write →Data...

步骤七：后处理

（1）显示计算域的速度矢量图（见图 9-191）。

Graphics and Animations/Vectors/Set Up…

（a）在 Scale 中输入 10，然后单击 Display。

（b）关闭 Vectors 对话。

（2）显示流函数的等值线图（见图 9-192）。

Graphics and Animation/Contours/Set Up…

（a）从 Contours 下拉菜单中选中 Velocity 和 Stream Function。

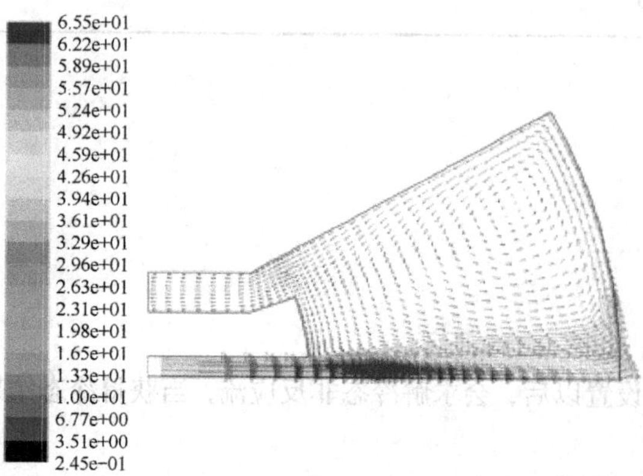

图 9-191　速度矢量图

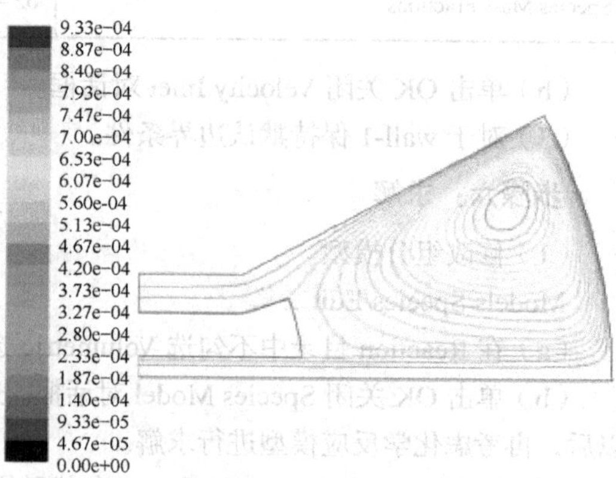

图 9-192　流函数等值线图

（b）关闭 Contours 对话框。

步骤八：化学反应流工况设置

（1）启动体积反应。

Models/Species/Edit…

（a）在 Recations 中启用 Volumetric。

（b）单击 OK，关闭 Species Model 对话框。

（2）修改求解参数。

Solution Controls/Equations

（a）确认所有 Equations 目录中的方程式都处于被选中的状态，然后单击 OK 关闭 Equations 对话框。

（b）以如下参数设置 Under-Relaxation Factors（欠松弛因子）：

参数 Parameters	参数值 Values
密度 Density	0.8
动量 Momentum	0.6
湍流动能 Turbulent Kinetic Energy	0.6
湍流散耗率 Turbulent Dissipation Rate	0.6
湍流粘度 Turbulent Viscosity	0.6
ch4、o2、co2、co、h2o、no（组分）	0.8
能量 Energy	0.8

（3）对温度场进行布局初始化，以启动燃烧过程。

Solution Initialization/Patch

（a）从 Variable 中选中 Temperature。

（b）在 Value 中输入 1000。

（c）在 Zones to Patch(需要修补的计算域)目录中选择 fluid-6。

（d）单击 Patch。

（e）关闭 Patch 对话框。

（4）进行 500 次迭代求解（见图 9-193）。

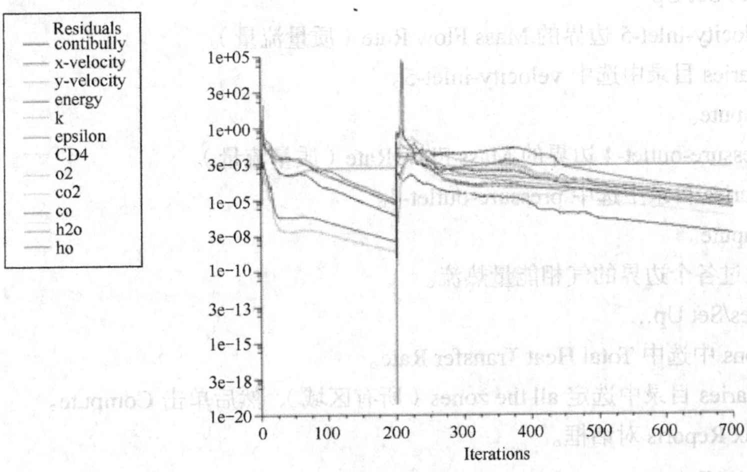

图 9-193　500 次迭代之后的残差收敛曲线

（5）保存工况和数据文件 (5step.cas.gz 和 5step.dat.gz)。

File/Write/Case & Data…

（6）降低组分的收敛判定标准。

Monitors/Residuals/Edit…

（a）对每种组分，将 Absolute Criteria 设置为 1e-06。

（b）单击 OK，关闭 Residual Monitors 对话框。

（7）修改求解参数。

Solution Controls

在 Under-Relaxation Factors 分组框中，对于每种组分和 Energy 都设置为 0.95。

（8）保存工况文件 (5step final.cas.gz)。

File/Write/Case…

（9）再进行 1000 次迭代求解（见图 9-194 所示）。求解将在大约 900 步迭代后收敛。

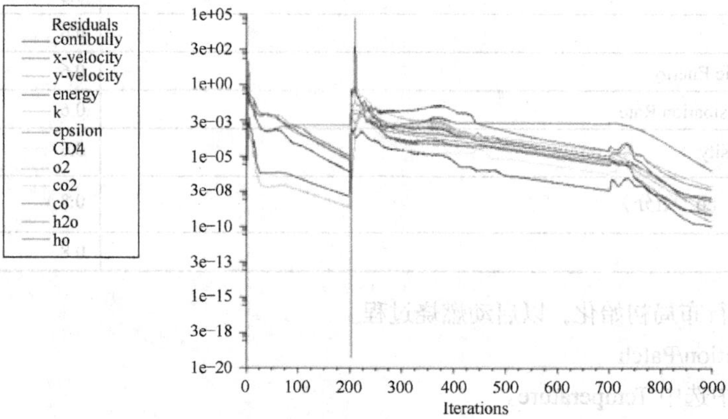

图 9-194　1000 步迭代后的残差收敛曲线

（10）保存工况文件 (5step final.dat.gz)。

File/Write/Data…

（11）计算通过每个边界的气相质量流量。

Reports/Fluxes/Set Up

（a）计算 velocity-inlet-5 边界的 Mass Flow Rate（质量流量）。

i. 从 Boundaries 目录中选中 velocity-inlet-5。

ii. 单击 Compute。

（b）计算 pressure-outlet-4 边界的 Mass Flow Rate（质量流量）。

i. 从 Boundaries 目录中选中 pressure-outlet-4。

ii. 单击 Compute。

（12）计算通过各个边界的气相能量热流。

Reports/Fluxes/Set Up…

（a）从 Options 中选中 Total Heat Transfer Rate。

（b）在 Bondaries 目录中选定 all the zones（所有区域），然后单击 Compute。

（c）关闭 Flux Reports 对话框。

步骤九：后处理

（1）在计算域中显示速度矢量图，比例因子设置为 10（见图 9-195 所示）。

（2）显示流函数的等值线图（见图 9-196 所示）。

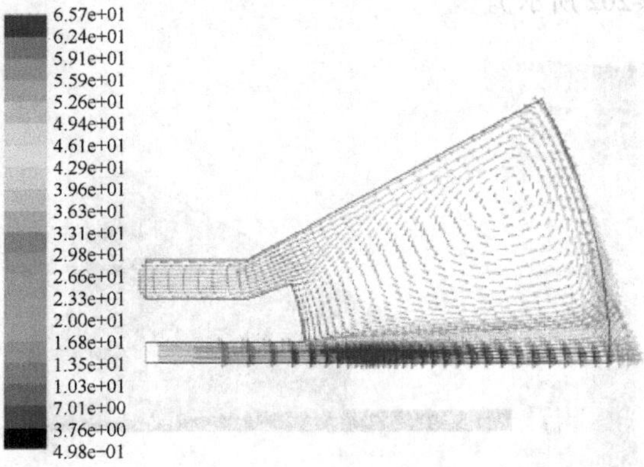

图 9-195　速度矢量图

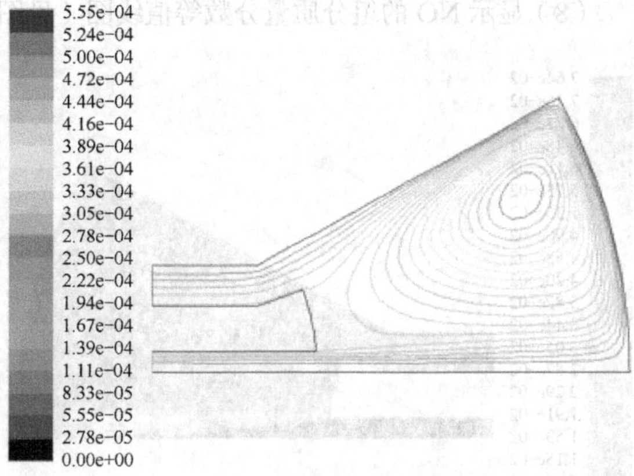

图 9-196　流函数的等值线图

（3）显示温度的填充等值线图（见图 9-197 所示）。

（4）显示 CH_4 的组分质量分数等值线图（见图 9-198 所示）。

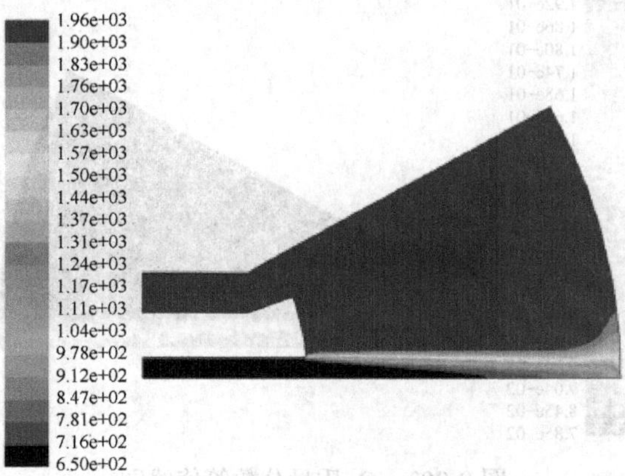

图 9-197　温度等值线图

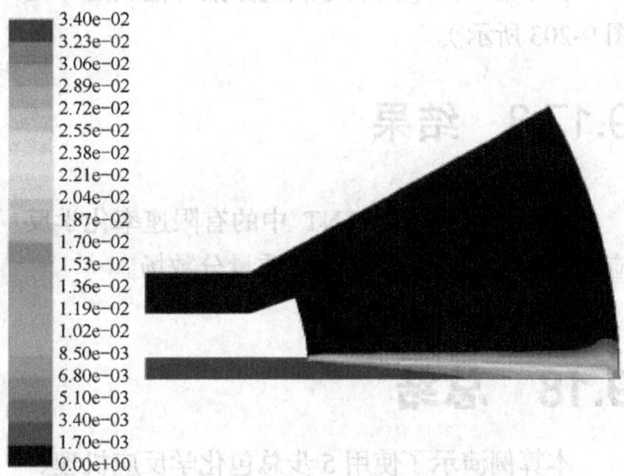

图 9-198　CH_4 质量分数等值线图

（5）显示 CO_2 的组分质量分数等值线图（见图 9-199 所示）。

（6）显示 CO 的组分质量分数等值线图（见图 9-200 所示）。

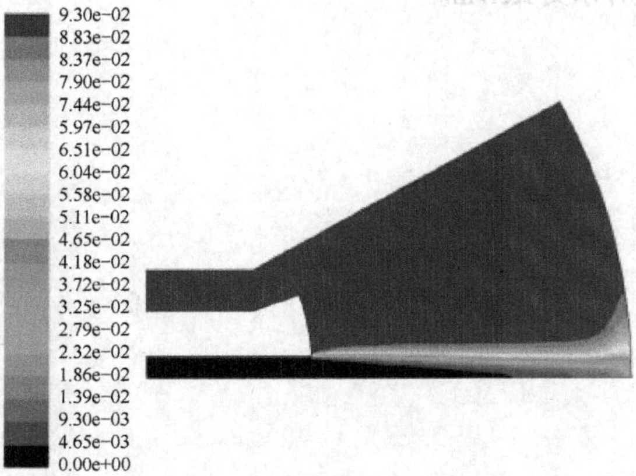

图 9-199　CO_2 质量分数等值线图

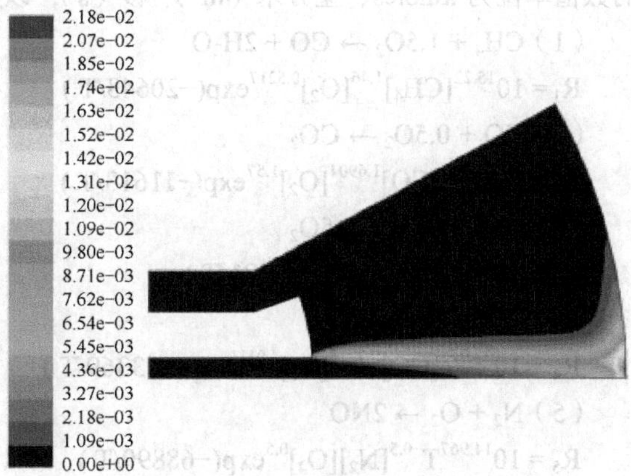

图 9-200　CO 质量分数等值线图

（7）显示 H_2O 的组分质量分数等值线图（见图 9-201 所示）。

（8）显示 NO 的组分质量分数等值线图（见图 9-202 所示）。

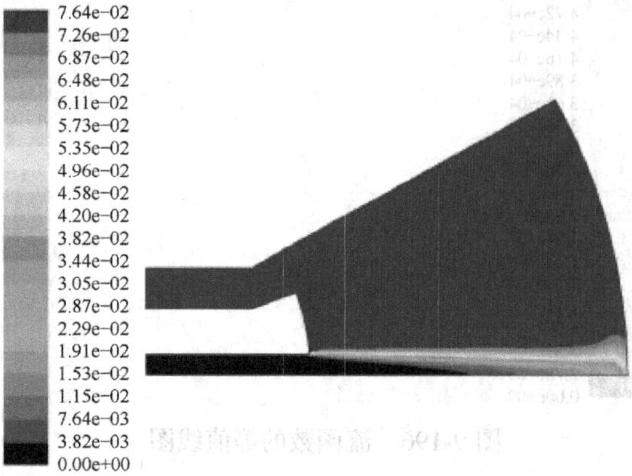

图 9-201　H_2O 质量分数等值线图

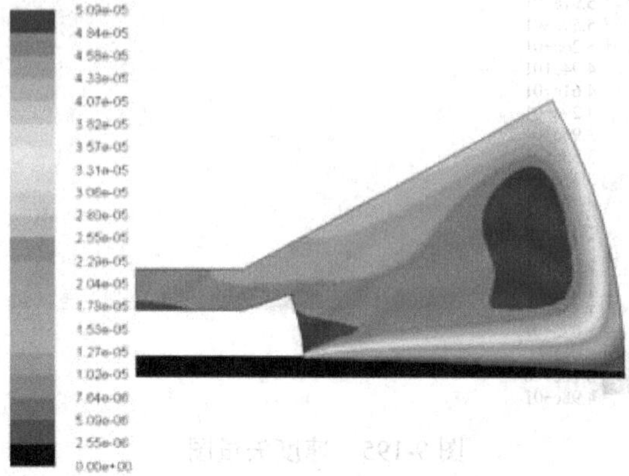

图 9-202　NO 质量分数等值线图

（9）显示 O_2 的组分质量分数等值线图（见图 9-203 所示）。

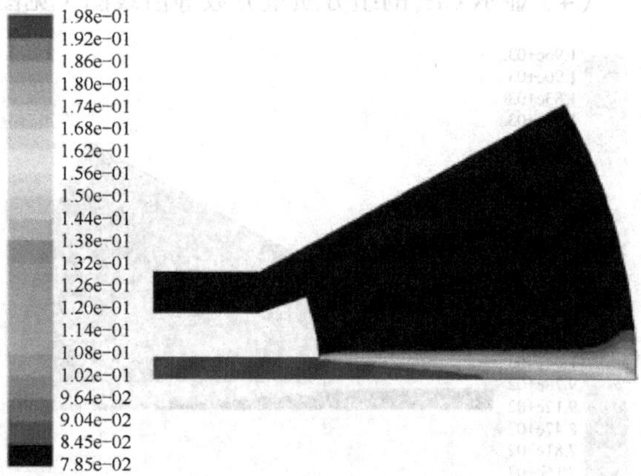

图 9-203　O_2 质量分数等值线图

9.17.3　结果

本算例使用 FLUENT 中的有限速率化学反应模型预测了温度场和组分质量分数场。

9.18　总结

本算例演示了使用 5 步总包化学反应机理、应用有限速率化学反应模型进行燃烧模拟。这个针对甲烷氧化和 NO 形成的 5 步总包化学反应机理是专门为贫燃预混燃烧而开发的。该机理的使用范围为：压力为 1 个大气压，入口温度为 650 K，以及当量比范围在 0.45 ~ 0.70。下列化学机理表达式中的数值单位为 kmoles、立方米（m^3）、秒（s），以及开尔文 Kelvin。

（1）$CH_4 + 1.5O_2 \rightarrow CO + 2H_2O$

$$R_1 = 10^{15.22}[CH_4]^{1.46}[O_2]^{0.5217}\exp(-20643/T)$$

（2）$CO + 0.5O_2 \rightarrow CO_2$

$$R_2 = 10^{14.902}[CO]^{1.6904}[O_2]^{1.57}\exp(-11613/T)$$

（3）$CO_2 \rightarrow CO + 0.5O_2$

$$R_3 = 10^{14.349}[CO_2]\exp(-62281/T)$$

（4）$N_2 + O_2 \rightarrow 2NO$

$$R_4 = 10^{23.946}[CO]^{0.7211}[O_2]^{4.0111}\exp(-53369/T)$$

（5）$N_2 + O_2 \rightarrow 2NO$

$$R_5 = 10^{14.967}T^{-0.5}[N_2][O_2]^{0.5}\exp(-68899/T)$$

9.19 参考文献

Nicol, D.G. A Chemical and Numerical Study of NOx and Pollutant Formation in Low-Emissions Combustion, Ph.D. Dissertation, University of Washington (1995).

9.20 算例三十五：选择性催化还原（SCR）的脱硝过程模拟

本算例展示了使用 FLUENT 进行 SCR 系统设置和模拟的步骤。通过含 N 还原剂，通过选择性催化还原（SCR）方法降低污染物排放，这个还原氮氧化物的物理过程在汽车工业中逐渐引起重视。SCR 过程能去除被法律严格控制的氮氧化物 NO_x。氨通常被用作还原剂，在有催化剂和发动机排气较低的温度工况下与 NO_x 发生还原反应。

为了确保安全、便捷存储和使用，汽车工业中使用氨水对烟气进行后处理。氨水被喷入到 SCR 催化剂上游与烟气混合。液体射流会经历液态雾化和挥发的过程，形成氨、H_2O、氧气和其他组分。这些混合物在 SCR 催化剂上与 NO_x 反应，将其排烟系统的 NO_x 生成。

SCR 的性能通常以其除去 NO_x 的效率或氨的反应速率来表征。这些参数很大程度受烟气温度、NO_x 浓度和催化剂进口位置混合物组分分布的影响。这些因素会影响氨的挥发和分解速率，进而影响 SCR 反应过程。

本算例提供了网格文件。在创建几何体和计算域网格时，需要考虑以下几何方面。

几何体的考虑方面：

（1）计算域包含 3 个部分。

（a）入射位置（喷雾发展区域）。

（b）混合位置。

（c）催化剂。

（2）将计算域分为流体域和多孔介质区域。

（3）创建隔热层，该隔热层将以厚壁面的方式模拟。

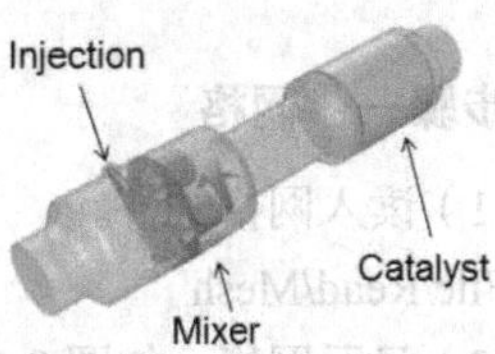

图 9-204 计算域描述

因为隔热效果会影响壁面温度进而影响氨的分解，所以隔热层的模拟很重要。在隔热层区域进行精细的网格划分将提高求解精度，但在很薄的隔热层区域创建网格操作很烦琐。一个简化方式是使用 1D 导热的方式模拟这个隔热层薄体。这样，不需要对隔热层进行网格划分，只需设定其厚度和热量参数即可，FLUENT 将以一维薄壁的方式考虑该厚度的影响。

9.20.1 网格

对于计算域的体网格生成，需考虑以下因素。

（1）喷雾发展的区域和催化剂：应使用均匀化的六面体网格，并使网格方向与喷雾方向正交。

（2）需提供高质量的网格，输入合适的喷雾模型参数，并设置合理的 DPM 时间步长。

本算例进行了如下操作展示：

- 使用 k-ε 湍流模型；
- 使用了层流有限速率模型；
- 设置并进行 SCR 系统的计算；

- 对计算结果进行后处理。

9.20.2　前期准备

本算例假定用户对 FLUENT 的界面很熟悉，本算例将只展示最核心的操作步骤和说明。

9.20.3　问题描述

本算例将模拟汽车 SCR 系统内发生的入射、液滴喷雾、挥发和混合过程。为了检验 SCR 系统的性能，需要使用均匀性指数的概念。均匀性指数也是 SCR 系统去除 NO_x 效率的间接体现。指定变量 Φ 的基于面积平均的均匀性指数定义为：$\gamma_a = 1 - \dfrac{\int_A (\Phi - \overline{\Phi}) dA}{2\overline{\Phi}\int_A dA}$

9.20.4　准备工作

（1）复制文件（SCR_Mesh.msh.gz）到工作文件夹。

（2）启动 FLUENT 3D 双精度（Double Precision）求解器。这里采用双精度求解器，是为了提高 SCR 模拟过程求解的精度。

9.20.5　设置和求解

步骤一：网格

（1）读入网格文件。

File/Read/Mesh

（2）显示网格，如图 9-205 所示。

General/Display

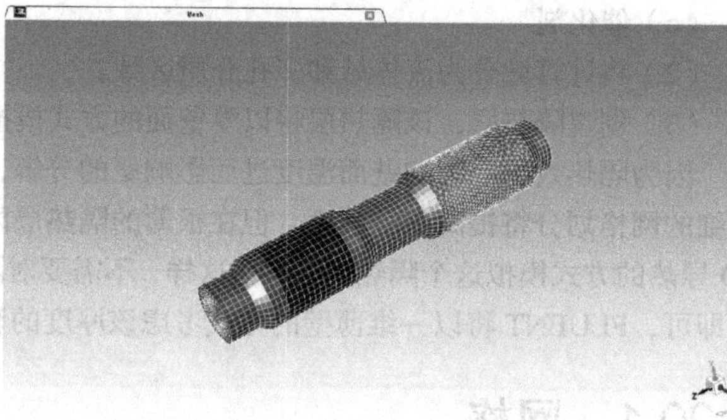

图 9-205　计算域显示

步骤二：求解设置

（1）计算域单位调整。

General/Scale

（a）在 View Length Unit In 下拉菜单中选择 mm。

（b）关闭 Scale Mesh 对话框。

（2）检查网格。

General/Check

FLUENT 将在控制台显示网格检查的提示信息。注意网格的最小体积需为正数。

（3）改变温度显示的单位（见图 9-206）。

General/Units

（a）在 Quantities 一栏选择温度 temperature。

（b）在 Units 列表中选择 c。

（c）关闭 Set Units 对话框。

步骤三：模型

（1）激活 RNG *k-ε* 湍流模型。

Models/Viscous/Edit…

（a）在 Model 一栏选择 k-epsilon(2eqn)。

（b）在 k-epsilon Model 一栏选择 RNG。

（c）单击 OK，关闭 Viscous Model 对话框。

（2）激活组分输运模型（见图 9-207）。

Models/Species/Edit

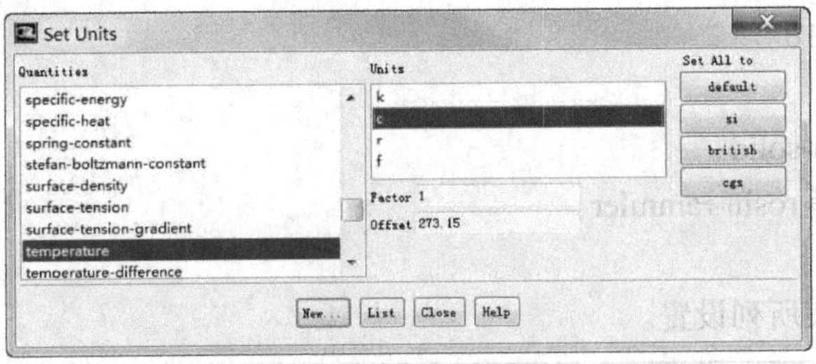

图 9-206　单位设置

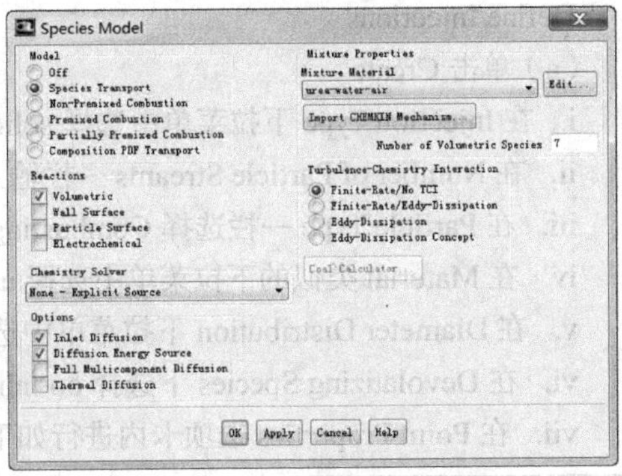

图 9-207　组分输运模型设置

（a）在 Model 一栏选择 Species Transport。

（b）在 Reactions 一栏激活 Volumetric。

（c）在 Options 一栏勾选 Inlet Diffusion 和 Diffusion Energy Source。

（d）在 Mixture Material 下拉菜单中选择 urea-water-air。

（e）单击 OK，此时将出现 Information 对话框，如图 9-208 所示，显示物性有所变化，单击 OK 确认。

注：激活组分输运模型后，能量方程会自动激活。

（3）激活 DPM 离散相模型，如图 9-209 所示。

Model/Discrete Phase/Edit…

图 9-208　信息提示对话框

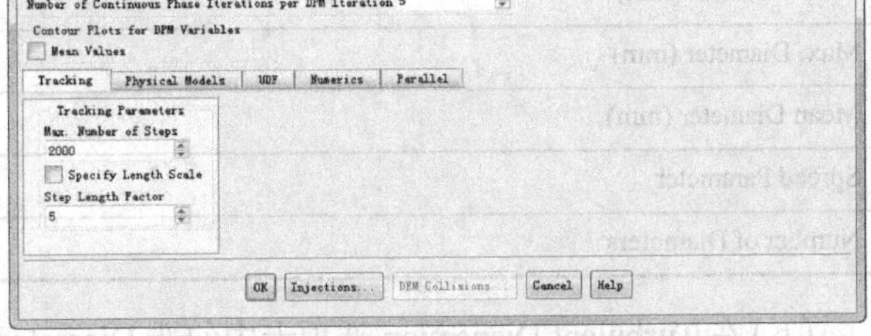

图 9-209　DPM 离散相设置对话框

（a）勾选 Interaction with Continuous Phase。

（b）勾选 Update DPM Sources Every Flow Iteration。

（c）在 Number of Continuous Phase Iterations per DPM Iteration 一栏输入 5。

（d）在 Tracking Parameters 一栏的 Max. Number of Steps 中输入 2000。

（e）在 Physical Models 一栏，激活 Virtual Mass Force、Pressure Gradient Force 和 Temperature Dependent Latent Heat。

（f）单击 OK，关闭 Discrete Phase Model 对话框。

（4）打开 Injections 对话框，如图 9-210 所示。

Define/Injections

（a）单击 Create

i. 在 Injection Type 下拉菜单中选择 solid-cone。

ii. 在 Number of Particle Streams 一栏输入 10。

iii. 在 Particle Type 一栏选择 Combusting。

iv. 在 Material 类似的下拉菜单中选择 urea-solid。

v. 在 Diameter Distribution 下拉菜单中选择 rosin-rammler。

vi. 在 Devolatizing Species 下选择 co<nh2>。

vii. 在 Point Properties 选项卡内进行如下表所列设置。

Variable	Value
X-Position (mm)	0
Y-Position (mm)	124
Z-Position (mm)	180
Temperature (c)	20
Azimuthal Start Angle (deg)	0
Azimuthal Stop Angle (deg)	360
X-Axis	0
Y-Axis	-0.866
Z-Axis	0.5
Velocity Magnitude (m/s)	20
Cone Angle (deg)	10
Radius (mm)	6.25e-02
Total Flow Rate (kg/s)	0.0001798
Min. Diameter (mm)	4e-03
Max. Diameter (mm)	8e-02
Mean Diameter (mm)	5e-02
Spread Parameter	3.5
Number of Diameters	5

（b）在 Turbulent Dispersion 选项卡中勾选 Discrete Random Walk Model，在 Number of Tries 一栏输入 4。

（c）单击 Wet Combustion 选项卡，如图 9-211 所示。

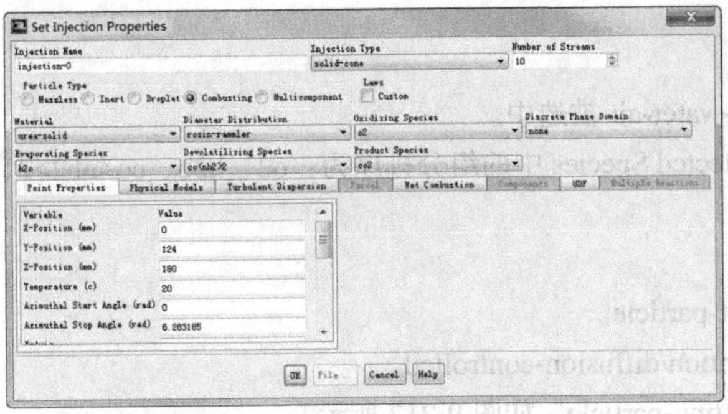

图 9-210　颗粒入射参数设置面板

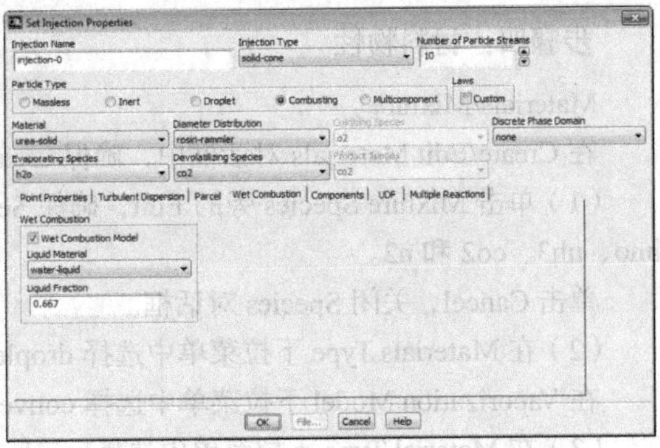

图 9-211　颗粒入射参数设置面板

i. 勾选 Wet Combustion Model。

ii. 在 Liquid Material 下拉菜单中选择 water-liquid。

iii. 在 Liquid Fraction 一栏输入 0.667。该值为液体的体积分数。

iv. 在 Evaporating Species 下拉菜单中选择 h2o。

（5）单击 OK，完成该面板的设置。

（6）设置两个 injections。

（a）在 Injections 对话框中，选择 injection-0，单击 Copy。这将创建 injection-1，其与 injection-0 有相同的特性。

i. 在 Point Properties 选择中，对 injection-1 进行下表所列的参数设置。

Variable	Value
X-Position (mm)	4.48
Y-Position (mm)	123
Z-Position (mm)	172.707
X-Axis	0.15038
Y-Axis	–0.95511
Z-Axis	0.25523

ii. 单击 OK，接受这些设置。

（b）类似的，创建 injection-2，在 Point Properties 选项中进行以下设置。

Variable	Value
X-Position (mm)	-4.48
Y-Position (mm)	123
Z-Position (mm)	172.707
X-Axis	–0.15038
Y-Axis	–0.95511
Z-Axis	0.25523

（c）单击 OK，接受这些设置。

（7）关闭 Injections 对话框。

步骤四：材料物性

Materials/Mixture

在 Create/Edit Materials 对话框中，确保 urea-water-air 被选中。

（1）单击 Mixture Species 旁的 Edit，确保 Selected Species 中的组分排序为：o2、h2o、co<nh2>2、hno、nh3、co2 和 n2。

单击 Cancel，关闭 Species 对话框。

（2）在 Materials Type 下拉菜单中选择 droplet-particle。

在 Vaporization Model 下拉菜单中选择 convention/diffusion-controlled。

（3）在 Material Type 下拉菜单中选择 combusting-particle，如图 9-212 所示。

在 Devolatization Model 下拉菜单中选择 single-rate，如图 9-213 所示。

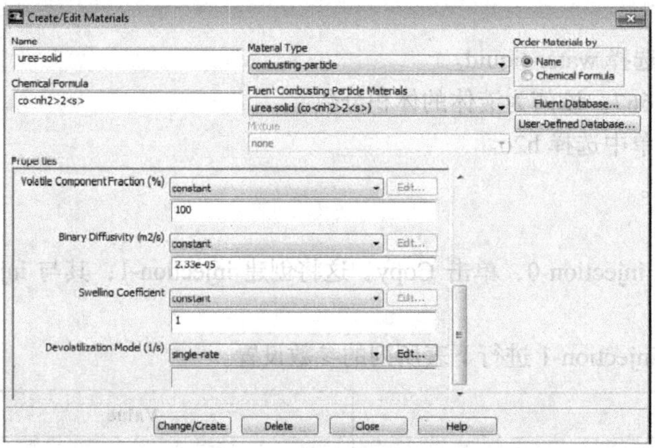

图 9-212　颗粒物性设置面板

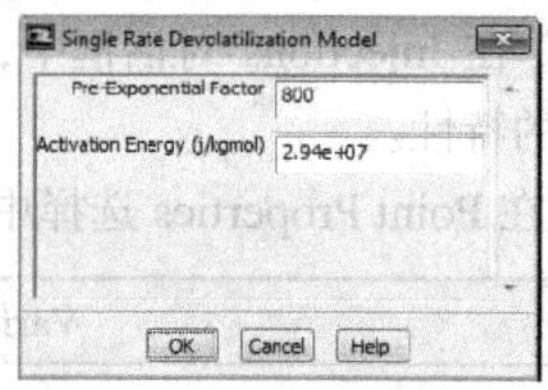

图 9-213　脱挥发模型设置面板

i. 设置 Pre-exponential Factor 为 800。

ii. 设置 Activation Energy 为 2.94e+07。

iii. 单击 OK，关闭 Single Rate Devolatization Model 面板。

（4）单击 Change/Create，关闭 Create/Edit Materials 对话框。

步骤五：计算域条件

选择 catalyst 区域，如图 9-214 所示。

Cell Zone Conditions/catalyst/Edit

（a）在 Fluid 对话框中勾选 Porous Zone 和 Laminar Zone。

（b）选择 Porous Zone 选项。

i. 在 Direction-1 Vector 对话框的 X、Y、Z 中输入 0、0、1。

ii. 在 Direction-2 Vector 对话框的 X、Y、Z 中输入 0、1、0。

iii. 勾选 Relative Velocity Resistance Formulation。

iv. 在 Viscous Resistance 中，对 Direction-1 设置为 2e+7，将 Direction-2 和 Direction-3 设置为 2e+10。

v. 在 Inertial Resistance 中，对 Direction-1 设置为 10，将 Direction-2 和 Direction-3 设置为 9500。

（c）单击 OK，接受这些设置。

步骤六：边界条件

（1）设置 wall、wallacat 的边界条件（Boundary Conditions），如图 9-215 所示。

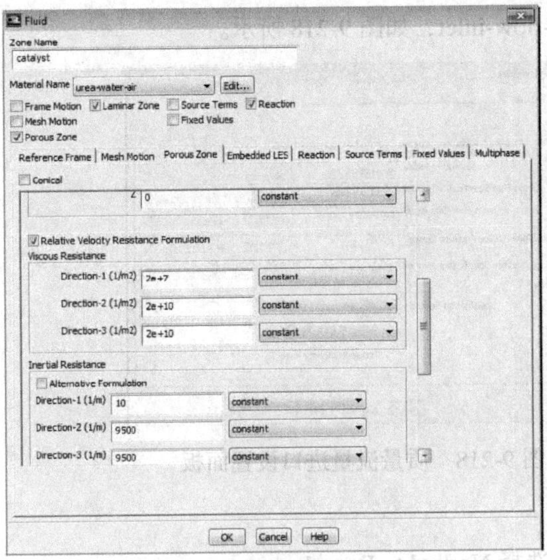

图 9-214 多孔介质参数设置面板

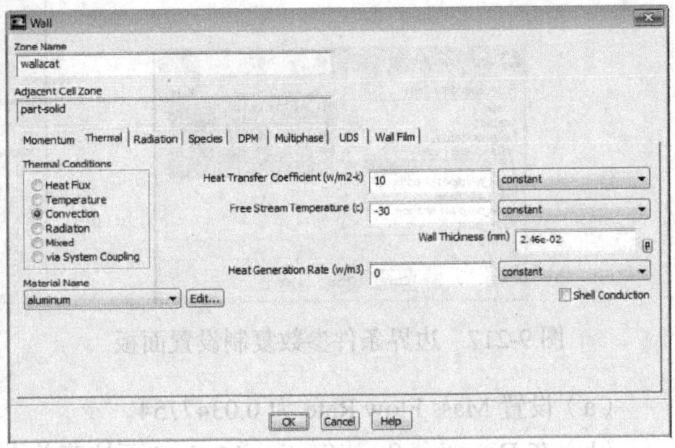

图 9-215 壁面边界条件设置

（a）选择 Thermal 选项。

i. 在 Thermal Conditions 中选择 Convection。

ii. 在 Heat Transfer Coefficient (w/m2·k)一栏输入 10。

iii. 对 Free Stream Temperature (c)输入-30。

iv. 对 Wall Thickness (mm)输入 2.46e-02。

（b）在 Species 选项中确认对于每种组分的下拉菜单中 Zero Diffusive Flux 被勾选。

（c）在 DPM 选项中，从 Boundary Cond. Type 下拉菜单中选择 wall-film，保持 Number of Splashed Drops 的默认值 4。

（d）单击 OK，接受这些设置。

（2）对于 wallbcat 和 wallcat 设置类似的条件。

（3）设置 wall_mixpipes 的边界条件（Boundary Conditions），如图 9-216 所示。

（a）在 Thermal 选项的 Thermal Conditions 中选择 Temperature，在 Temperature 一栏输入 400。

（b）在 Species 选项中，确认每种组分下拉菜单中 Zero Diffusive Flux 被选中。

（c）在 DPM 选项中，确保 Boundary Cond. Type 下拉菜单中 wall-film 被选中，保持 Number of Splashed Drops 的默认值 4。

（d）单击 OK，接受这些设置。

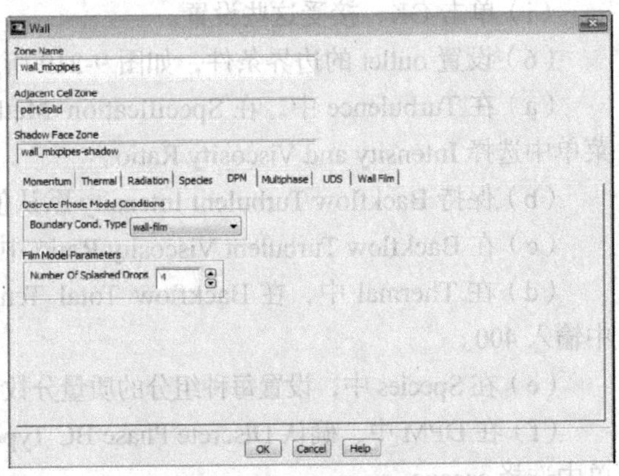

图 9-216 壁面边界条件设置

（4）通过 Copy 按钮，对其他的边界应用相同的边界条件，如图 9-217 所示。

（a）在 From Boundary Zone 中选择 wall_mixpipes。

（b）选择 To Boundary Zones 中所有的区域。

（c）单击 Copy。

（d）关闭 Copy Conditions 对话框。

（5）对 inlet 边界，在 Type 下拉菜单中选择 mass-flow-inlet，如图 9-218 所示。

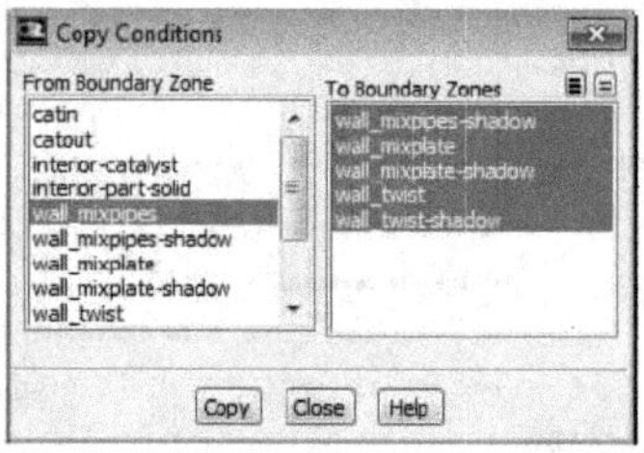

图 9-217　边界条件参数复制设置面板

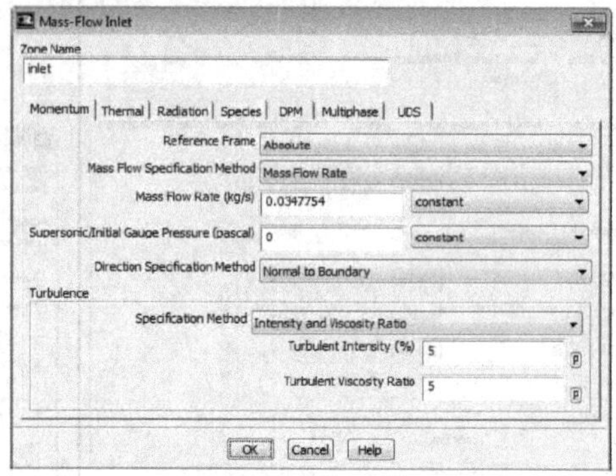

图 9-218　质量流量进口设置面板

（a）设置 Mass Flow Rate 为 0.0347754。

（b）在 Direction Specification Method 下拉菜单中选择 Normal to Boundary。

（c）在 Turbulence 的 Specification Method 下拉菜单中保持 Intensity and Viscosity Ratio 的默认设置。

（d）设置 Turbulent Intensity 为 5。

（e）设置 Turbulent Viscosity Ratio 为 5。

（f）在 Thermal 选项中，对 Total Temperature 一栏输入 400。

（g）在 Species 选项中，进行下表所列设置。

Species	Mass Fraction Value
o2	0.001
h2o	0.08
co2	0.02

（h）在 DPM 选项卡，选择 Discrete Phase BC Type 下拉菜单中的 escape。

（i）单击 OK，接受这些设置。

（6）设置 outlet 的边界条件，如图 9-219 所示。

（a）在 Turbulence 中，在 Specification Method 下拉菜单中选择 Intensity and Viscosity Ratio。

（b）保持 Backflow Turbulent Intensity 默认值 5。

（c）在 Backflow Turbulent Viscosity Ratio 中输入 5。

（d）在 Thermal 中，在 Backflow Total Temperature 中输入 400。

（e）在 Species 中，设置每种组分的质量分数都为 0。

（f）在 DPM 中，确认 Discrete Phase BC Type 下拉菜单中选择 escape。

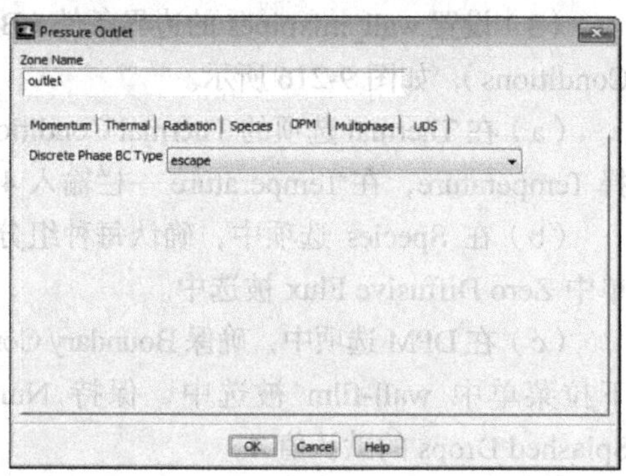

图 9-219　压力出口边界条件设置

（g）单击 OK，接受这些 Pressure Outlet 面板的设置。

步骤七：求解

（1）保持求解器的默认参数（Solution Methods）。

（2）保持欠松弛因子的默认设置（Solution Controls）。

（3）创建面监视器（Monitors/Surface Monitors/Create），如图 9-220 所示。

（a）勾选 Plot 和 Write。

（b）在 Get Data Every 一栏输入 5。

（c）在 Report Type 下拉菜单中选择 Uniformity Index – Area Weighted。

（d）在 Field Variable 下拉菜单中选择 Species 和 Mass Fraction of nh3。

（e）在 Surfaces 中选择 catin。

（f）单击 OK，关闭 Surface Monitor 面板。

（4）类似的，创建另一个面监视器（Surface Monitors），如图 9-221 所示。

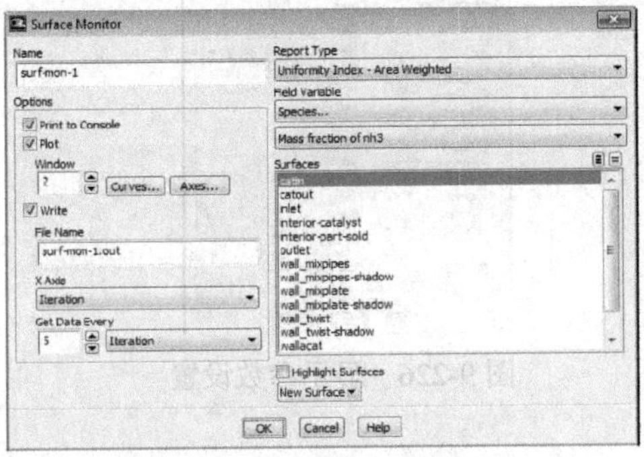

图 9-220　面监视器设置

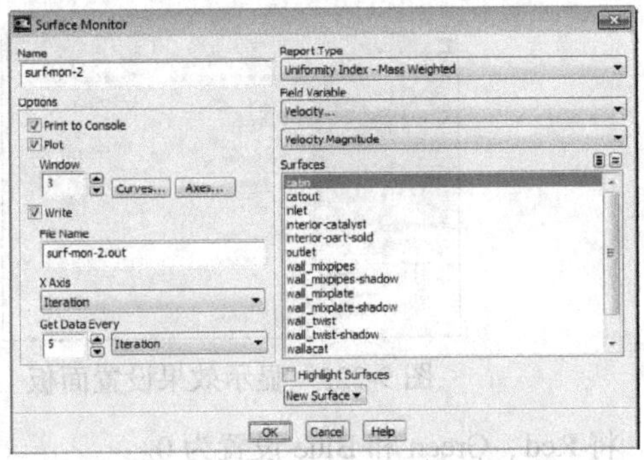

图 9-221　面监视器设置面板

（a）勾选 Plot 和 Write。

（b）在 Get Data Every 一栏输入 5。

（c）在 Report Type 下拉菜单中选择 Uniformity Index – Mass Weighted。

（d）在 Field Variable 下拉菜单中选择 Velocity 和 Velocity Magnitude。

（e）在 Surfaces 中选择 catin。

（f）单击 OK，关闭 Surface Monitor 对话框。

（5）求解初始化。

Solution Initialization/Initialize

（6）保存工况和数据文件（scr.cas/dat.gz）。

File/Write/Case & Data

（7）进行 500 步迭代，如图 9-222 ~ 图 9-224 所示。

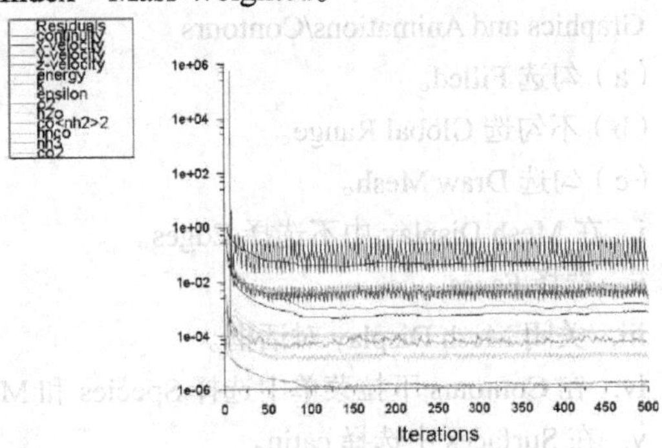

图 9-222　残差收敛曲线

Run Calculation /Calculate

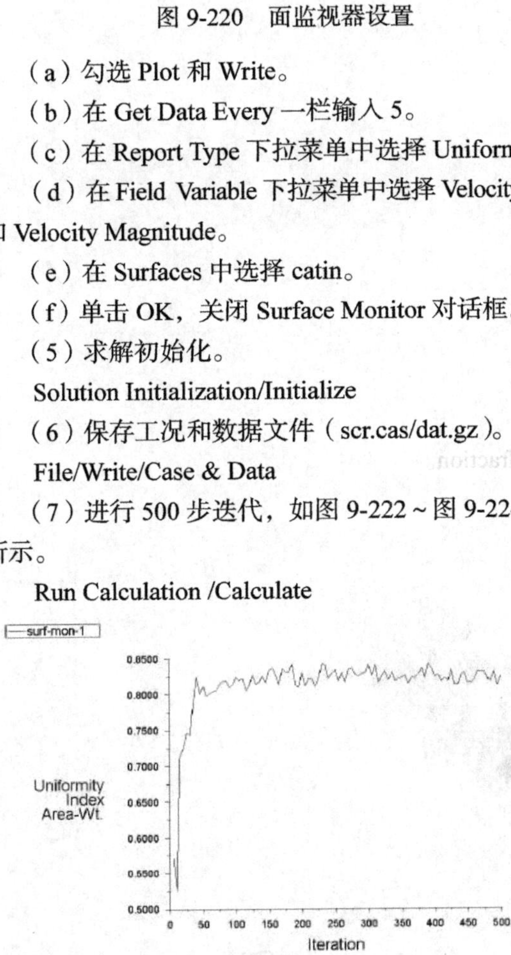

图 9-223　NH3 质量分数的迭代监视曲线

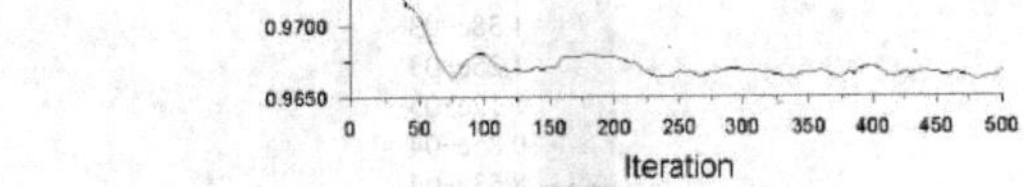

图 9-224　归一化速度值的面监视器

（8）保存收敛的工况和数据文件（scr_converged.cas/dat.gz）。

File/Write/Case & Data

步骤八：后处理

（1）显示透视效果的网格，如图 9-225 所示。

（a）选择 Names 中所有的选项。

（b）单击 Display，如图 9-226 所示。

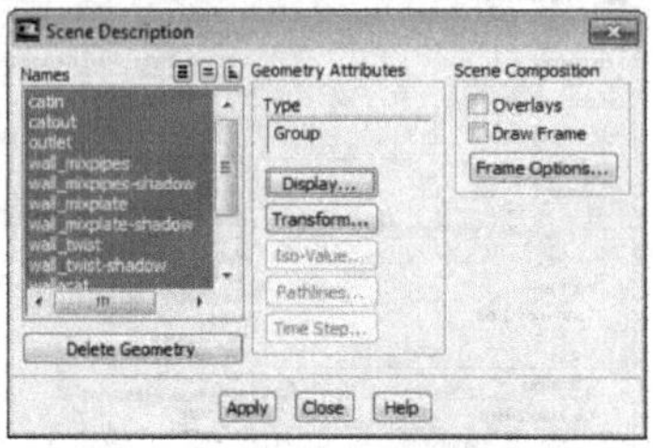

图 9-225　显示效果设置面板

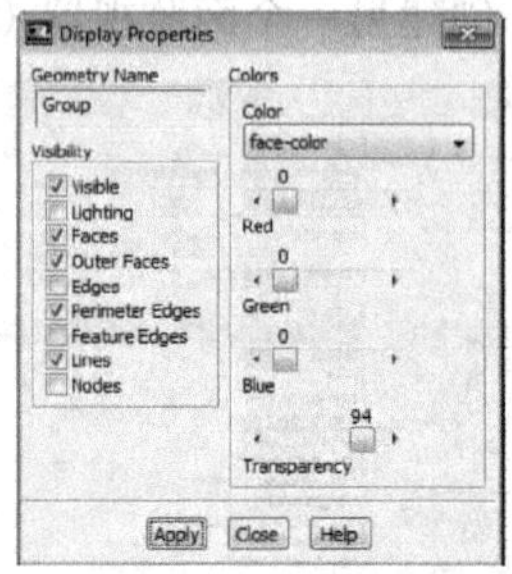

图 9-226　显示参数设置

i. 将 Red、Green 和 Blue 设置为 0。

ii. 将 Transparency 设置为 94。

iii. 单击 Apply，关闭 Display Properties 面板。

（c）关闭 Scene Description 面板。

（2）显示 NH_3 的云图。

Graphics and Animations/Contours

（a）勾选 Filled。

（b）不勾选 Global Range。

（c）勾选 Draw Mesh。

i. 在 Mesh Display 中不选择 Edges。

ii. 选择 Faces。

iii. 关闭 Mesh Display 对话框。

iv. 在 Contours 下拉菜单中选择 Species 和 Mass fraction。

v. 在 Surfaces 中选择 catin。

vi. 单击 Display（见图 9-227 所示）。

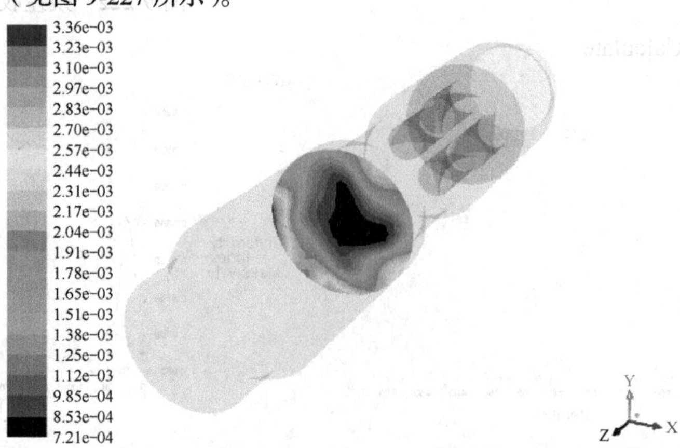

图 9-227　NH_3 的云图

（d）类似的，显示 HNCO 的云图（见图 9-228 所示）。

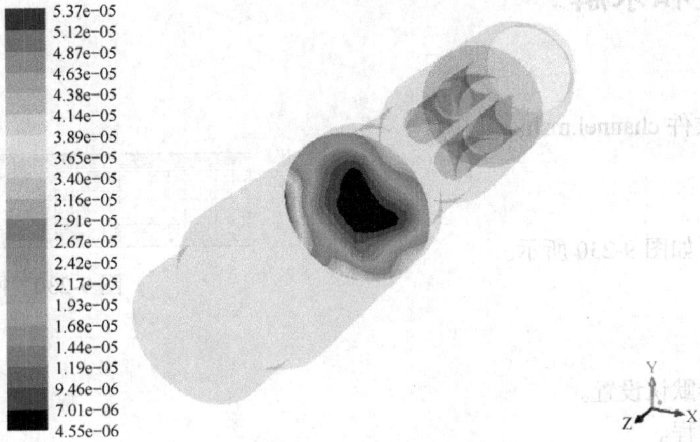

图 9-228　HNCO 的云图

9.21　总结

本算例进行了 SCR 过程的设置、求解和后处理。本模拟考虑了喷雾、雾化、挥发及混合过程。本模拟的方法可用于优化 SCR 系统的设计及喷射点位置。

9.22　算例三十六：壁面温度正弦状变化的 UDF 设置及模拟

本算例模拟二维腔体内的流动过程，腔体内其中的一个壁面通过用户自定义函数（UDF）来设定温度分布。本算例的主要目的是，展示使用用户自定义函数（UDF）来设定沿壁面位置变化而变化的壁面温度。

9.22.1　问题描述

本算例的物理过程如图 9-229 所示。

温度为 300 K 的空气进入 2D 腔体，腔体的上表面保持良好绝热性，下表面有热量传递给流体。下壁面的温度随着 x 轴位置的变化而正弦状变化：

$$T(x)=300+100\sin\left(\frac{\pi x}{0.005}\right)$$

腔体内流动过程的计算将以稳态、不可压缩、层流情况进行。

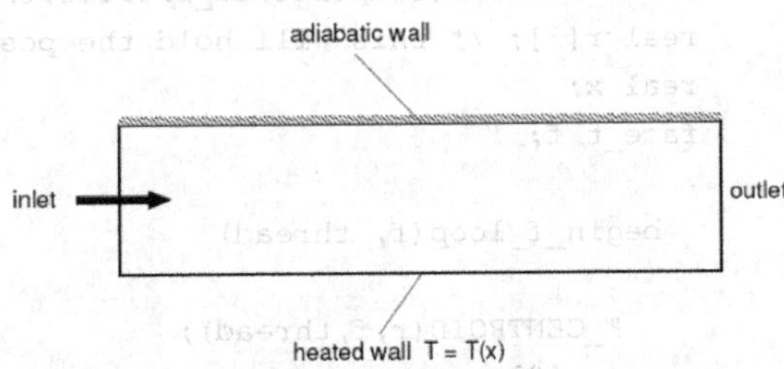

图 9-229　问题描述

9.22.2　准备工作

（1）复制网格文件和 UDF 文件（channel.msh 和 wallprof.c）到工作文件夹。

（2）启动 2D FLUENT 求解器。

9.22.3 设置和求解

步骤一：网格

（1）读入网格文件 channel.msh。

（2）检查网格。

Grid/Check

（3）显示网格，如图 9-230 所示。

Display/Grid

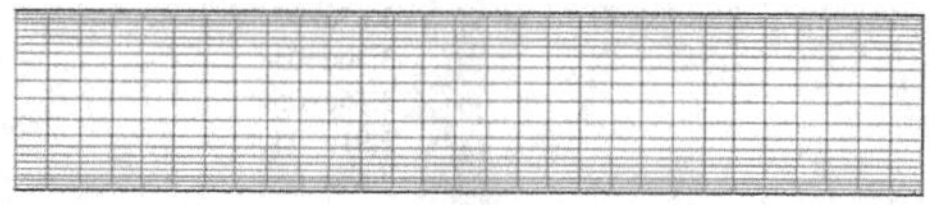

图 9-230　网格显示

步骤二：模型

（1）保持求解器默认设置。

（2）激活能量方程。

Define/Models/Energy…

步骤三：材料物性

本算例将使用默认的空气流体物性，因此不需要改变材料物性的参数。

步骤四：执行 UDF

（1）查看 UDF 内容。

该用户自定义函数 UDF（wallprof.c）用于指定壁面正弦状的温度变化。用户可以通过其他的编译软件打开 UDF 并查看，了解其结构和函数构成。该 UDF 的内容如下：

```
/*********************************************************************/
/*                                                                   */
/*User-Defined Functions for sinusoidal temperature profile */
/*********************************************************************/

#include "udf.h"
#define PI 3.141592654

DEFINE_PROFILE(temperature_profile,thread, position)
 real r[3]; /* this will hold the position vector */
 real x;
 face_t f;

   begin_f_loop(f, thread)

     F_CENTROID(r,f,thread);
     x=r[0];
     F_PROFILE(f,thread, position) = 300.+100.*sin(PI*x/0.05);

   end_f_loop(f,thread)
```

图 9-231　解释 UDF 设置面板

（2）解释 UDF，如图 9-231 所示。

Define/User-Defined/Functions/Interpreted…

（a）单击 Browse…按钮。

（b）在 Select File 面板中选择 wallprof.c 文件。

（c）在 CPP Command Name 中指定 C 预运算器。如果用户要使用 FLUENT 的预运算器，可勾选 Use Contributed CPP 选项。

（d）保持 Stack Size 默认 10000 的设置。Stack Size 设置为大于使用的局部变量数目即可。

（e）单击 Interpret，并关闭 Interpreted UDFs 面板。

步骤五：边界条件

Define/Boundary Condtions

（1）设置 wall-1 的边界条件。

（a）单击 Thermal 选项，在 Thermal Conditions 中选择 Temperature。

（b）在 Temperature 的下拉菜单中选择 udf temperature_profiel。

（c）保持其他参数的默认设置。

（d）单击 OK，关闭 Wall 面板。

（2）设置 velocity-inlet-1 的边界条件。

（a）在 Velocity Specification Method 下拉菜单中选择 Components。

（b）在 X-Velocity 中输入 1。

（c）单击 OK，关闭 Velocity Inlet 面板。

（3）保持其他参数的默认设置。

步骤六：求解

（1）进行求解初始化。

Solve/Initialize/Initialize

（2）将连续项 continuity 的 Absolute Criterion 收敛标准设置为 0.0001。

Solve/Monitors/Residual

（3）进行 100 步迭代计算（如图 9-232 所示）。求解将在约 60 步后收敛。

Solve/Iterate

步骤七：后处理

显示温度的云图（如图 9-233 所示）。

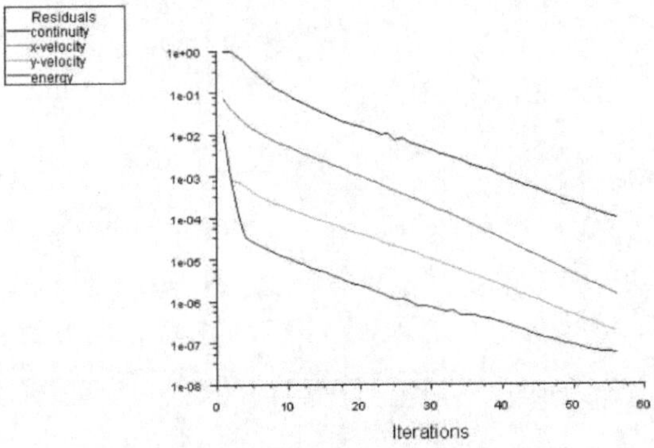

图 9-232 残差收敛曲线

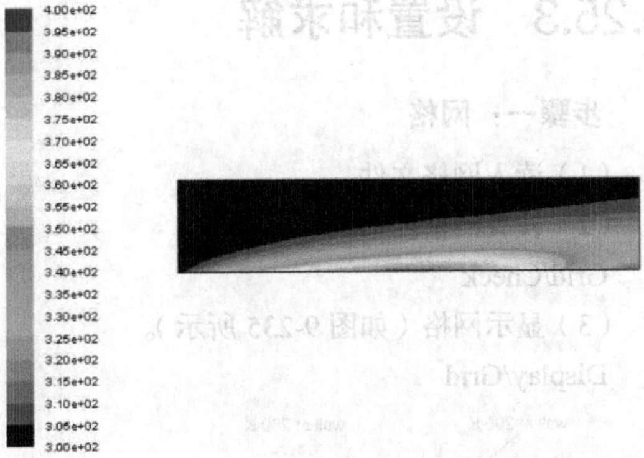

图 9-233 温度云图

9.23 结果

图 9-233 显示了温度云图。由于设定壁面温度的影响，流体在墙体中部位置达到温度最大值。

9.24 总结

本算例使用 UDF 来指定了边界壁面的温度。用此种定义方法也可指定压力、速度进口、压力出口等情况下的边界条件。

9.25 算例三十七：随温度而变化之粘性的 UDF 设置及模拟

本算例研究 2D 腔体内液态金属的流动过程。液体金属的粘性是温度的函数，通过用户自定义函数（UDF）来给定。

9.25.1 问题描述

本算例模拟的问题如图 9-234 所示。由于对称性，本算例只模拟一半计算域。腔体的壁面分为两部分，一部分为 wall-2，其温度为 280 K；另一部分为 wall-3，其温度为 290 K。由于液态金属的粘性随温度而变化，因而其会受到壁面温度变化的影响。

液态金属的粘性被定义为以下随温度变化的函数，函数关系如下：

$$\mu=\begin{cases}5.5\times10^{-3}\,\text{kg/m}\cdot\text{s} & T>288\ \text{K}\\ 143.2135-0.49725\,T\ \text{kg/m}\cdot\text{s} & 286\leqslant T\leqslant 288\ \text{K}\\ 1\ \text{kg/m}\cdot\text{s} & T<286\ \text{K}\end{cases}$$

上式中，T 为流体的温度（K），μ 为流体的粘性（kg/m · s）。

9.25.2 准备工作

（1）复制网格和 UDF 文件到工作文件夹（user-vis.msh 和 viscosity.c）。

（2）启动 FLUENT 2D 求解器。

9.25.3 设置和求解

步骤一：网格

（1）读入网格文件。

（2）检查网格。

Grid/Check

（3）显示网格（如图 9-235 所示）。

Display/Grid

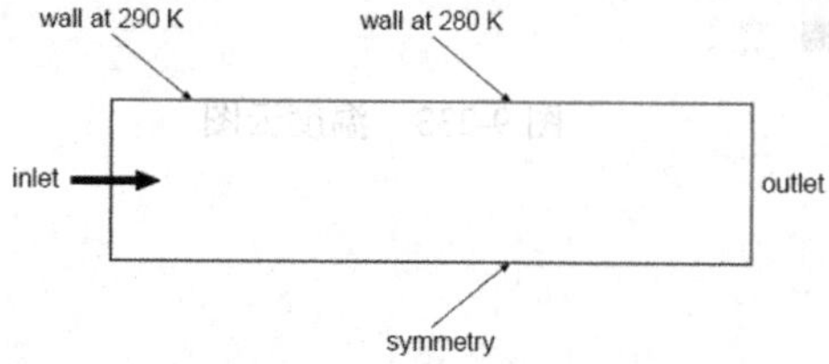

图 9-234 该算例问题描述

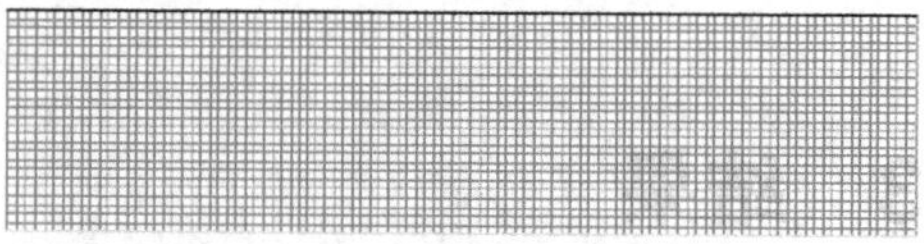

图 9-235 网格显示

步骤二：模型

（1）保持求解器的默认设置。

（2）激活能量方程。

Define/Models/Energy

步骤三：执行 UDF

（1）查看 UDF。

该用户自定义函数（viscosity.c）用于指定随温度而变化的粘性。用户可以使用编译器查看 UDF 的结构和函数。该 UDF 的内容如下所示：

```
/***********************************************************************/
/*                                                                     */
/* User-Defined Function for temperature-dependent viscosity          */
/*                                                                     */
/* Author: Liz Marshall                                                */
/*                                                                     */
/***********************************************************************/

#include "udf.h"

DEFINE_PROPERTY (user_vis, cell, thread)

{

  float temp, mu;

  temp = C_T(cell,thread);

  {

/* If the temperature is high, use a small, constant viscosity */

  if ( temp > 288.)
      mu=5.5e-3;

  else if (temp>=286.)
      mu=143.2135-0.49725*temp;

  else
      mu=1.0
 }
  return mu;
 }
```

（2）解释执行 UDF，如图 9-236 所示。

Define/User-Defined/Functions/Interpreted

（a）单击 Browse 按钮，打开 Select File 对话框。

（b）选择 viscosity.c 文件。

（c）在 CPP Command Name 中指定 C 预运算器。通过选择 Use Contributed CPP 选项，用户可以采用 FLUENT 的 C 预运算器。

（d）保持 Stack Size 默认的 10000 值。只要 UDF 使用的局部变量未超过此值，都可以保持此默认参数。

（e）单击 Interpret。

步骤四：材料物性

Define/Materials

修改流体的物性。

（a）改变 Name 为 liquid_metal。

（b）设置 Density 为 8000，设置 Cp 为 680。

（c）将 Thermal Conductivity 为 30。

（d）在 Viscosity 下拉菜单中选择 user-defined，单击 Edit 按钮，打开 User-Defined Functions 面板，如图 9-237 所示。

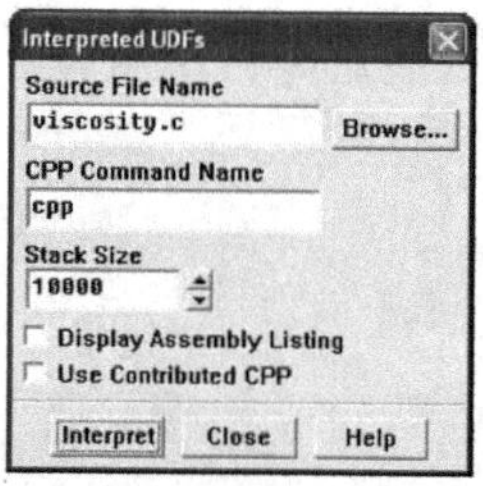

图 9-236　解释 UDF 设置面板

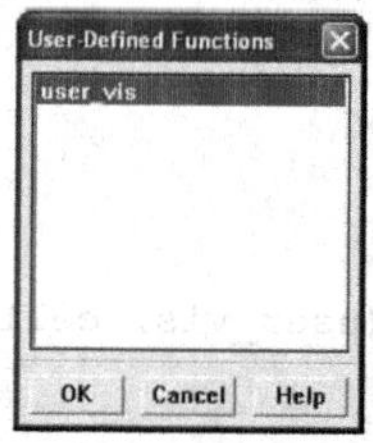

图 9-237　UDF 设置面板

i. 选择 user_vis。

ii. 单击 OK，关闭 User-Defined Functions 面板。

（e）单击 Change/Create，关闭 Materials 面板。

步骤五：边界条件

Define/Boundary Conditions

（1）设置 wall-2 的边界条件。

（a）单击 Thermal 选项，在 Thermal Conditions 中选择 Temperature。

（b）在 Temperature 一栏输入 280 K。

（c）单击 OK，关闭 Wall 面板。

（2）设置 wall-3 的边界条件。

（a）单击 Thermal 选项，在 Thermal Conditions 中选择 Temperature。

（b）在 Temperature 中输入 290 K。

（c）单击 OK，关闭 Wall 面板。

（3）设置 velocity-inlet-6 的边界条件。

（a）在 Velocity Specification Method 下拉菜单中选择 Components。

（b）在 X-Velocity 一栏输入 0.001。

（c）单击 OK，关闭 Velocity Inlet 面板。

（4）设置 pressure-outlet-7 的边界条件。

（a）单击 Thermal 选项，在 Backflow Total Temperature 一栏输入 290 K。

（b）单击 OK，关闭 Pressure Outlet 面板。

（5）保持其他边界的默认设置。

（6）关闭 Boundary Conditions 面板。

步骤六：求解

（1）求解初始化。

Solve/Initialize/Initialize

（2）显示残差监视器的显示。

Solve/Monitors/Residual

（3）进行 300 步迭代（如图 9-238 所示）。

Solve/Iterate

求解将在大约 200 步后收敛。

步骤七：后处理

显示粘度的云图，如图 9-239 所示。

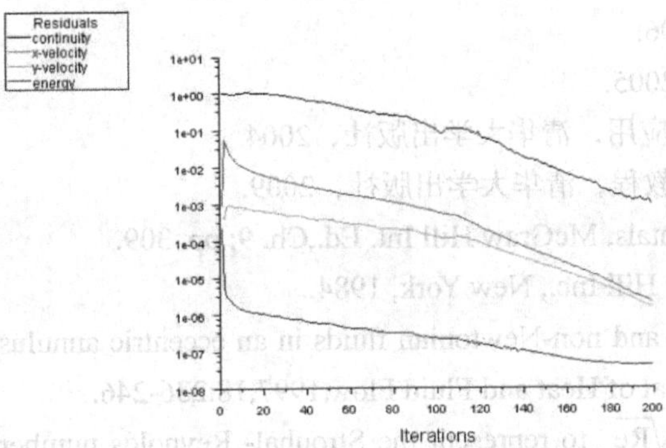

图 9-238　求解残差显示

图 9-239　粘度显示云图

9.26　结果

图 9-239 显示较热的流体经由左侧进入计算区域，流经较冷的壁面，进而发生粘性的变化。

9.27　总结

使用用户自定义函数 UDF 可以指定粘性和导热率，而密度与比热不能通过 UDF 来给定。用户可以参考与本模拟类似的方法自定义导热率。

参考文献

[1] Fluent 17.0 Documentation. ANSYS Inc 2016.

[2] www.ansys.com.

[3] http://www.tecplot.com.

[4] http://www.peraglobal.com.cn.

[5] http://www.hikeytech.com.

[6] http://forum.simwe.com/forum-56-1.html.

[7] http://www.cfd-online.com/Links.

[8] http://www.aoxue.org.

[9] 吴望一，流体力学，北京大学出版社，2004.

[10] 陶文铨，传热学，西北工业大学出版社，2006.

[11] 陶文铨，数值传热学，西安交通大学出版社，2006.

[12] 陶文铨，计算传热学的近代进展，科学出版社，2005.

[13] 王福军，计算流体动力学分析：CFD 软件原理与应用，清华大学出版社，2004.

[14] 温正、石良臣、任毅如，FLUENT 流体计算应用教程，清华大学出版社，2009.

[15] J.B. Hywood, Internal Combustion Engine Fundamentals, McGraw Hill Int. Ed.,Ch. 9: pp. 309.

[16] J.D. Anderson, Modern Compressible Flow, McGraw Hill Inc., New York, 1984.

[17] J. M. Nouri and J. H. Whitelaw, Flow of Newtonian and non-Newtonian fluids in an eccentric annulus with rotation of the inner cylinder, International Journal of Heat and Fluid Flow,1997,18:236-246.

[18] C.H.K. Williamson and G.L. Brown, A Series in $1/\sqrt{Re}$ to represent the Strouhal- Reynolds number relationship of the cylinder wake, J. Fluids Struct., 1998, 12,1073.

[19] A. Sayre, N. Lallement, and J. Dugu, and R.Weber "Scaling Characteristics of Aerodynamics and Low-NOx Properties of Industrial Natural Gas Burners", The SCALING 400 Study, Part IV: The 300 KW BERL Test Results, IFRF Doc No F40/y/11, International Flame Research Foundation,The Netherlands.

[20] Nicol, D.G. A Chemical and Numerical Study of NOx and Pollutant Formation in Low-Emissions Combustion, Ph.D. Dissertation, University of Washington, 1995.